入門 計量経済学

Introduction to Econometrics
2nd ed.

James H. Stock,
Mark W. Watson 著

宮尾 龍蔵 訳

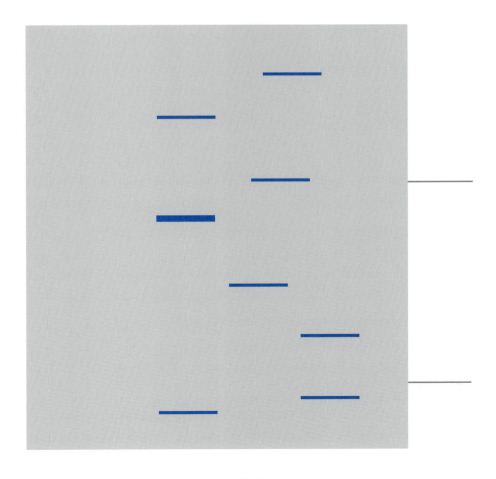

共立出版

INTRODUCTION TO ECONOMETRICS 2nd Edition
BY STOCK, JAMES H.; WATSON, MARK W.

Authorized translation from the English language edition, entitled INTRODUCTION TO ECONO-METRICS, 2nd Edition, ISBN:0321278879 by STOCK, JAMES H.; WATSON, MARK W., published by Pearson Education, Inc., Copyright © 2007 Pearson Education, Inc.

All rights reserved. No part of this book may be reproduced or transmitted in any form or by any means, electronic or mechanical, including photocopying, recording or by any information storage retrieval system, without permission from Pearson Education, Inc.

JAPANESE language edition published by KYORITSU SHUPPAN CO., LTD., Copyright © 2016.

本書は，ピアソン刊行の"INTRODUCTION TO ECONOMETRICS 2nd Edition"の英語版を翻訳したものです．ピアソンからの許諾なしには，本書のいかなる部分も複製・転写・複写・記録することはできません．

訳者まえがき

『入門 計量経済学』（原題 *Introduction to Econometrics 2nd ed.*）は，現実データを用いた実証分析を志すすべての人向けに書かれた，計量経済学の入門テキストです．

本書がこれまでのテキストと大きく異なるのは，具体的な応用例を通じて計量手法の内容と必要性を理解し，応用例に即した計量理論を学んでいくという，その実践的なアプローチにあります．従来のテキストでは，まず計量理論とその背後の仮定を学び，それから実証分析に進むという順番で進められます．しかし，時間をかけて学んだ理論や仮定が現実の実証問題とは必ずしも対応していないと後になって知らされることが少なくありませんでした．本書では，まず現実の問題を設定し，その答えを探るなかで必要な分析手法や計量理論，そしてその限界についても学んでいきます．また各章末には実証練習問題があり，実際にデータ分析を行って理解をさらに深めることができます．読者が自ら問題を設定して実証分析が行えるよう，実践的な観点が貫かれているのです．

本書のもう一つの重要な特徴は，初学者の自学習にも適しているということです．とても平易で丁寧な筆致が徹底されており，予備知識のない初学者であっても各議論のステップが理解できるよう言葉が尽くされています．優れたテキストに共通する特徴ですが，文字どおり「行間」が埋められているのです．翻訳においても，原文と同じく一読して頭に入るよう，読みやすく自然な訳語となるよう心がけました．分厚いテキストですが，それだけ中身がぎっしりと詰まっています．本書を粘り強く読み進めることで，読者を基礎の基礎から上級に近いレベルまで導いてくれます．

さらにもう一点付け加えると，本書は補助教材も大変充実しています．学習者用には，各章の応用例で使われるデータセットと実証結果を複製するファイル，章末の実証練習問題で使われるデータセットが用意されています．実際のデータを利用して演習を行うことで，計量分析の「実行者」としての経験を積むことができます．また，講義で本書を使われる講師の先生には，講師用リソース（パワーポイント講義ノート，練習問題の解答マニュアル）が用意されています．こうした補助教材を活用することで，本書の特徴はさらに際立ち，計量分析への理解をより深めることができるでしょう．[1]

---

[1] 本書の補助教材は共立出版より提供されています．学習者用の補助教材については共立出版ホーム

著者の James Stock 教授（ハーバード大学）と Mark Watson 教授（プリンストン大学）は，世界第一級の計量経済学者です．訳者が著者の一人である Stock 教授と出会ったのは，1990 年の米国留学時になります．当時，訳者はハーバード大学大学院に留学し，コースワーク 1 年目に Stock 教授の上級計量経済学の講義を受講しました．それは「時系列分析（Time series analysis）」と呼ばれる計量分析に関する講義で，本書では第 IV 部で取り扱われるテーマです．時系列分析の手法は，マクロ経済やファイナンス，国際金融などの実証分析にとっていまや欠かせない標準的なツールですが，1990 年代初めはその手法が理論・応用の両面で大きく進展し，学界に広く浸透していくまさにその時期にあたります．講義では基礎から最先端まで網羅され，厳密な計量理論とともに，その手法が現実の経済や政策問題の検証にも有用であることを学びました．心が震えるような感銘を受けたことを昨日のことのように思い出します．Stock 教授の講義をきっかけに訳者は時系列分析を応用した実証研究を志すようになり，博士論文の作成では，論文改善の具体的な助言から科学的なデータ分析に対する姿勢まで指導いただきました．

世界第一級の先生による名著を日本の読者にも届けたい，そして先生から受けた学恩に少しでも報いたい，そうした思いを胸に翻訳作業を続けてきました．しかし，その道のりは平坦ではありませんでした．2003 年刊行の原著は第 2 版（2007 年）で内容が大きく拡充され，その修正作業に思いのほか時間を要しました．さらに本文パートの完成が目前となった 2010 年，訳者は日本銀行政策委員会審議委員に就任することとなり，その結果，作業スケジュールは大幅な遅延を余儀なくされました．

それでもこうして完成の日を迎えることができたのは，周囲の方々から多くのサポートやご配慮を頂戴したからこそだと感じています．祝迫得夫氏（一橋大学経済研究所）は訳者を出版社に紹介してくださり，この翻訳プロジェクトはスタートしました．柴本昌彦氏（神戸大学経済経営研究所）には，忙しい時間を割いて，章末の練習問題と付論の翻訳作業，数式変換を数多く手伝っていただき，停滞していた作業を前に進めることができました．共立出版の石井徹也氏には，プロフェッショナルな編集作業によって翻訳全般についてサポートいただき，また大幅なスケジュール遅延についても理解いただきました．そして妻と二人の娘は，まるで永遠に続くかのような作業を傍で見守り，力を与えてくれました．こうした周囲の温かい理解とサポートがなければ，原著で全 800 ページにも及ぶテキストの翻訳という膨大な仕事を完成させることはできませんでした．お世話になったすべての方々に，深く感謝申し上げる次第です．

校正を重ね，原著と訳文を何度も突き合わせては読み返し，意味の取り違えやタイプミスはないか，日本語として違和感はないか，繰り返しチェックをしました．読みやすさの観点から，必要と判断した個所には，意訳をしたり言葉を補ったりしています．各章末に

ページ（www.kyoritsu-pub.co.jp）のアフターサービス欄をご覧ください．講師用リソースについては text@kyoritsu-pub.co.jp 宛にお問合せください．

ある「概念の復習（Review the Concepts）」は割愛しましたが，要約と練習問題が大変充実しているため，価値は損なわれないと考えています．不備がないよう最善を尽くしましたが，それでも残されている誤りがあれば，それは訳者の責任です．

　最後の18章の校正を終了した際，まるで自分が再び米国で，あの密度の濃い恩師の講義を受け終わったかのような感覚を覚えました．本書は，計量理論をしっかり学び，実証を重んじ，そしてその限界も踏まえつつ，科学的なデータ分析に真摯に取り組むことの大切さを教えてくれます．この名著がより多くの人々に読まれ，計量経済学の楽しさと洞察の深さが広く伝わり，そして実証分析を志す人が少しでも増えたならば，訳者としてこれに勝る喜びはありません．

2016年3月

宮尾　龍蔵

日本語版へのまえがき

　Stock and Watson の "Introduction to Econometrics" に，この日本語版が新しく仲間入りすることを心から歓迎し，嬉しく思います．米国版へのまえがきにも記したように，現実の世界は，それが経済であれビジネスや政府であれ，とても複雑であり，対立する考え方，答えを必要とする問題にあふれています．計量経済学は，数量的な問題に信頼できる回答を提供するさまざまなツールを集めたものです．そうした計量経済学のツールや手法は，科学的な基本原則に基づいて導き出されたもので，結果を再現できるかどうかを重視します．標本データから統計的な推論を行う際には，常にそれに伴う不確実性を定量的に分析します．さらに，データから因果関係の効果を推定するベストの方法とは何か，どのようなときに推定値の信頼性を疑うべきかについても教えてくれます．これらのツール，そしてその背後の基本原則は頑健にできているので，経済や関連する分野の問題に対して，国を越えて——米国において当てはまるのと同じく日本においても——当てはまるでしょう．

　本書は，そうしたツールを学ぶための入門書です．私たち著者は，生徒の皆さんが計量経済学をより良く理解するには，ある特定の実証問題を通して計量手法の学習を進めていくことが良いということを実際の経験から見出しました．したがって，本書では，まず特定の問題を問いかけ（たとえば，小学生はクラス規模が小さいほどより多く学習するか），そしてその答えを得るための計量経済学の手法を段階的に学んでいくという構成を採用しました．実証例の多くは米国に関するものですが（カリフォルニア州における小学生の成績など），これらの実例は，本書の数式とほとんど同じくらいスムーズに日本の読者にも伝わるものと確信しています．

　日本語版への翻訳という仕事を責任をもって引き受けてくれた，宮尾龍蔵教授に感謝します．

ジェームス・ストック，マーク・ワトソン

はじめに

計量経済学は，本来，教える側，学ぶ側，どちらにとっても楽しい科目です．現実の世界は，それが経済であれビジネスや政府であれ，とても複雑であり，対立する考え方，答えを必要とする問題にあふれています．たとえば，飲酒運転を防止するには，道路交通法をより厳格にするべきか，それともアルコールへの税金を増やすべきか．株価が企業収益と比べて歴史的に低いとき，株式を買って儲けをねらうべきか，それとも株価の「ランダム・ウォーク理論」に従って取引を控えるべきか．初等教育の質を改善するには，1クラスの人数を減らせばよいのか，それとも子供たちにモーツァルトを毎日10分聴かせればよいのか．計量経済学は，真っ当な考えとそうでない考えを区別するのに役立ちます．また，重要な定量的な問題に対して，定量的な答えを見出すためにも有用です．計量経済学は複雑な現実世界への窓を開き，人々，企業，政府がさまざまな判断を行う際のベースとなる相互関係を理解させてくれるのです．

この教科書は，計量経済学の学部入門コース用に書かれたものです．入門レベルの計量経済学にとって大切なのは，現実に重要な応用例を通じて計量理論の必要性を理解することであり，また同時に，その理論は現実の応用例に適切に対応していなければなりません．私たち著者がこれまでの講義経験から得たこの単純な原則こそが，本書と旧世代のテキストとを区別する重要な特徴なのです．従来の多くのテキストでは，計量理論とその背後の仮定が現実の応用例と対応しておらず，計量経済学は実際に有用なのかどうか疑問を持たれても不思議ではありませんでした．すなわち，生徒のみなさんは，理論や仮定を学ぶために多くの時間を費やした後で，その仮定は現実的でないと知らされ，そこで仮定と応用例が対応していないという「問題」とその「解決方法」を学ばなければなりませんでした．本書では，まず具体的な応用例から計量手法の必要性を説明し，そして応用例に対応したいくつかのシンプルな仮定を学びますが，このアプローチは計量経済学を学ぶ動機付けとして大変優れていると考えます．本書では計量理論が応用例に直接対応しており，それによって計量経済学は本来の輝きを取り戻せるでしょう．

この第2版では，初版テキストを利用した講師の皆さんから寄せられた数多くの貴重なコメントを反映しています．実際の応用例を通じて理論を学んでいく（決してその逆ではない）という本書の基本姿勢に変わりはありませんが，第2版でもっとも大きな変

更点は，コアとなる回帰分析のパートを再構成し，拡張したことです．第Ⅱ部でクロスセクション・データを使った回帰分析を学びますが，章立ては4つの章から6つの章へと拡張しています．追加したのは，経済学とファイナンス論からの新しい応用例，伝統的な回帰分析理論に関する新しい節（これはオプションです），そして数多くの新しい練習問題，すなわち紙と鉛筆で解ける問題と，新しいデータセット（本書の補助教材）とパソコンを利用して解く実証問題の両方です．第2版での変更箇所に関する詳しい説明は，xiページを参照してください．

本書の特徴

本書は，これまでの他のテキストに比べ，3つの重要な点において異なっています．第1に，現実の問題とデータを計量理論の学習に統合し，ここで得られた実証結果それ自体を真剣に議論するという点です．第2に，本書で取り扱われるトピックスは，近年の理論・応用研究の進展を反映して選別されています．第3に，本書では，応用例に正しく対応した計量理論とその前提を学びます．本書のねらいは，入門コースに適したレベルの数学を用いて，読者の皆さんが計量経済学の「優れた理解者（sophisticated consumer）」となるよう導くことです．

現実の問題とデータ

本書は，定量的な答えが必要となる現実の問題を中心に据え，その周りに計量手法のトピックスを配置するという構成にしています．たとえば1説明変数の回帰分析，多変数回帰分析，そして非線形関数モデルを学ぶ際には，教育における取組みや諸条件（インプット）が教育の成果（アウトプット）へ及ぼす効果（初等教育においてクラス規模が小さければ，テスト成績は向上するか）の推定を考えます．パネルデータ分析の章では，飲酒運転に関する法律が交通事故死亡者数に及ぼす影響を分析します．(0,1)変数に関する回帰分析を扱う際には，住宅ローン市場での人種差別の有無を問題とします．操作変数法を学習する際には，たばこに対する需要の弾力性を推定します．これらの具体例は経済理論に関するものですが，いずれも経済学の入門科目を学べば理解できるものです．また，その多くは，経済学の予備知識がなくても理解可能です．したがって講師の皆さんは，ミクロ経済学やマクロ経済学でなく，計量経済学の講義に集中できるでしょう．

本書では，すべての実証分析の例を真剣に学んでいきます．すなわち，生徒の皆さんには，現実データからいかに学び，同時に実証分析の限界をどう認識すべきかといった批判的な視点も示します．そして，それぞれの応用例について，複数の推定式を検討し，実証結果が頑健な（ロバストな）ものかどうか評価します．実証分析の具体例はいずれも重要であり，そこで得られた結果は，私たちは信頼できるものと考えています．しかし生徒や講師の皆さんはそれに賛同せず，再度データを分析することを薦めます．各データは本書

の補助教材として利用可能です．

現代的なトピックスの選択

　計量経済学は，過去約 20 年で目覚しい進展を遂げました．本書が取り扱うトピックスは，近年の応用計量経済学の進展を反映しています．その広範囲な取扱いは，入門コースだからこそ可能といえるでしょう．ここでは，応用例に共通して利用される推計手法とテスト方法に焦点を当てます．具体的には以下のとおりです．

- **操作変数法**　操作変数法は，説明変数と誤差項との相関を考慮する一般的な手法で，その背後には，除外された変数や連立方程式による相関など多くの理由が考えられます．ここでは操作変数が適切であるための 2 つの条件——誤差項との外生性，説明変数との相関に関する妥当性——は等しく重視されます．操作変数をどう選択するか，過剰識別制約のテスト，および説明変数との相関が弱い操作変数の診断をどう行うかについて詳細に説明し，またこれらの診断から問題が発生した場合どう対処すべきかについても議論します．

- **プログラム評価**　計量経済分析において，近年多くの研究が，ランダムにコントロールされた実験や擬似的な準実験（「自然実験」としても知られる）を分析するようになってきました．これらは「プログラム評価」として知られるトピックスで，第 13 章で取り扱います．実験に基づくアプローチは，除外された説明変数，同時双方向の因果関係，標本セレクションといった問題を回避しうる代替的なアプローチとして提示します．本書では，実験・準実験データに基づく分析の長所と短所を評価します．

- **予測**　予測に関する章（第 14 章）では，大規模な連立方程式からなる構造モデルではなく，1 変数（自己回帰モデル）あるいは多変数の時系列回帰モデルを用いた予測について検討します．単純でも信頼できる，そして実際の応用にも有用な道具として，自己回帰モデルや情報量基準によるモデル選択といったアプローチに焦点を当てます．またこの章では，応用を念頭に置いたトピックスとして，確率トレンド（単位根），単位根テスト，構造変化テスト（構造変化の時期が既知あるいは未知の場合），そして準サンプル外予測といった問題を取り上げ，それぞれが安定的で信頼できる時系列予測モデルかどうかを議論します．

- **時系列回帰分析**　本書では，時系列回帰に関する 2 つの応用，すなわち予測と動学的な因果関係の効果の推定とを明確に区別します．時系列データの因果関係の推論に関する章（第 15 章）では，一般化最小二乗法を含む異なる推定方法がいつ正しい推論をもたらすのか，またどのような場合に動学的な回帰モデルを OLS（最小二乗法）を用いて推定し，また不均一分散や自己相関を考慮した標準誤差を用いるべきかについて，十分注意を払います．

応用例に対応する計量理論

　計量経済学の分析手法は具体的な応用例を通じてその意義が理解されますが，一方で，計量理論自体を学ぶことも分析手法の特徴と限界を理解するために必要です．本書では，必要となる数学は代数レベルにとどめつつ，理論と応用の対応関係をできるだけ緊密に保つように説明していきます．

　近年の応用例に共通の特徴として，(i) データセットが十分に大きい（観測値が数百か，それ以上），(ii) 説明変数は，繰り返し利用可能な固定的な（非確率的な）標本ではなく，ランダムに抽出された標本（あるいはランダムとなるように別のメカニズムによって集められた標本），(iii) データは正規分布に従わない，そして (iv) 誤差項の分散が均一と想定できる理由は事前にはない（多くの場合，分散はむしろ不均一と考えるべき理由がある），といった点が挙げられます．

　これらの特徴から本書では，計量理論の説明を進めるうえで，以下の諸点について他のテキストとは異なるアプローチを採用しました．

- **大標本アプローチ**　近年はデータ数が大きいことから，本書では最初から，大標本理論に基づく正規分布への近似を標本分布に適用し，仮説検定や信頼区間の推定を行います．私たちの経験からいうと，大標本理論の基本原理を教えるほうが，小標本における t 分布，F 分布，自由度修正などを教えるよりも短時間で済むのです．現実には誤差項は正規分布に従わないので，生徒は学んだばかりの正確な分布には意味がないと不満を感じても不思議ではありませんが，大標本アプローチを採用することでそのような不満は解消されます．標本平均を中心とした一連の議論を学ぶことで，仮説検定と信頼区間に関する大標本理論の考え方は，多変数回帰，ロジット・プロビット分析，操作変数法，そして時系列分析の手法へと直ちにつながります．

- **ランダムな標本抽出**　計量経済学の実証分析では，説明変数が固定的（非確率的）であることは非常にまれです．本書でははじめから，すべての変数（説明変数，被説明変数とも）をランダムな標本抽出から得られた確率変数として取り扱います．この想定は，クロスセクション・データに基づく最初の応用例にうまく適合し，パネルデータや時系列データの分析へと直ちに拡張されます．大標本アプローチを採用しているので，その拡張に新しい概念や数学の導入といった追加的な負担はありません．

- **不均一分散**　実際の計量分析では，誤差項の分散が均一でない場合にも対応できる標準誤差がしばしば使われます．本書では不均一分散を，例外ケースあるいは「解決されるべき問題」とみなすのではなく，当初から不均一分散を考慮し，それに対応可能な標準誤差を利用します．均一分散の方が特殊ケースであり，それは最小二乗法の理論を理解するための設定として位置付けられます．

計量分析の「優れた理解者」と「有能な実行者」

　本書の学習を通じて，読者の皆さんが計量分析の「優れた理解者（sophisticated consumers)」になることを目指しています．そのためには，分析手法の使い方を習得するだけではなく，実証研究の良し悪しを評価する方法についても学ばなくてはなりません．

本書では，実証分析の評価について学ぶため，3つのアプローチを考えます．第1に，回帰分析の主な手法を紹介した後，ただちに第9章で，実証分析に関する内部と外部の正当性の問題について検討します．この章では，データの問題や，実証結果を他の設定に一般化できるかといった問題を考えます．そして回帰分析に内在する主要な問題として，除外された説明変数，関数形の特定化の誤り，変数に含まれる計測誤差，標本セレクション，同時双方向の因果関係に起因する問題などを——そしてそれらを実際に認識する方法についても——議論します．

第2に，実証分析の評価に関するこれらの手法を，本書で進めてきた具体的な実証例に応用します．そして，代替的な定式化や上記の諸問題について，系統的に検討します．

第3に，計量分析の「優れた理解者」になるためには，実際の「実行者（producers）」としての経験を積むことも大切です．受身ではない主体的な学習に勝るものはありません．そして計量経済学は，主体的な学習を行う理想的な科目です．本書の補助教材には，そのために必要なデータ，ソフトウェア，別のテーマに関する実証研究の例題などが含まれます．第2版では，この補助教材が大きく拡充されました．

数学への向き合い方と厳密性のレベル

本書のねらいは，講義で使用される数学レベルの如何に関わらず，学生に回帰分析の手法を十分に理解してもらうことです．したがって第I部から第IV部までは，微分積分以前の数学の予備知識しか持たない人にも理解できるようになっています．第I部から第IV部では，多くの入門テキストに比べて数式は少なく，そしてより豊富な具体例が使われます．また学部レベルの数学テキストと比べれば，はるかに少ない数式しか登場しません．しかし数式がより多いことが，より十分な取扱いを意味するわけでもありません．これは私達の経験から言えることですが，ほとんどの生徒にとっては，数式を多用することでより深い理解につながるというわけではないのです．

その一方で，人によって学習の仕方が異なるのも事実です．数学の知識が豊富な学生には，数式を明示した説明のほうが理解は進むでしょう．第V部では，数学に強い学生向けに，計量理論の入門的な解説を行います．第V部の数学的な章と，第I部から第IV部を併せて用いることで，本書は学部上級レベル，あるいは大学院修士課程レベルの計量経済学のテキストとしても使えます．

第2版での変更点

第2版の改訂で変更した点は次の3点です．すなわち，応用例を増やし，コアとなる回帰分析の理論パートを拡張し，そして練習問題を追加しました．

より多くの応用例　第2版では，初版テキストの応用例をそのままに，かなり多くの新しい応用例を追加しています．それら追加した例は，教育の効果の推定，賃金の男女格差についての推論，株式市場の予測の難しさ，株価収益率の「変動率のかたまり（volatility clustering）」のモデルなどです．これらの応用例のためのデータセットは，本書の補助教材に含まれています．第2版は，より多くのボックスも含んでおり，たとえば，アクティブな投資信託の収益がマーケット全体のリターンを上回るかどうかを取り上げ，標本セレクションによるバイアスが誤った結論を導いてしまう可能性について議論します（「生存者バイアス」の問題）．

理論パートの拡張　本書の初版および第2版に共通する考え方として，回帰モデルにおける仮定は実証する応用例によって動機付けられるべきと考えています．そのため，1説明変数の回帰分析を行う際の3つの基本的な仮定には，正規分布や均一分散の想定は含まれません．それらは，現実の計量経済の問題では，いずれも例外的な仮定と言えるからです．その結果，本書では，最初から不均一分散を考慮した大標本に基づく統計的推論を行います．私たちの経験では，生徒はこの進め方を難しいとは感じてきませんでした．生徒にとって難しいのはむしろ伝統的なアプローチの方で，正規分布を仮定しt分布やF分布の統計表の使い方を学んだ後で，「いま学んだ手法は実際の応用では頼りにならない，なぜならそれらの仮定は満たされないからである，したがってその『問題』は『解決』されなければならない」と教わる方が難しいと感じるのです．しかし，この見方にすべての講師の先生が賛同するわけではありません．均一分散で正規分布を仮定した回帰分析を教えることは有益なイントロダクションとの考えは，引き続き存在します．また，たとえ均一分散の仮定は例外的であり通常は満たされないとしても，均一分散を仮定することで，ガウス・マルコフ定理という最小二乗法（OLS）を学ぶ重要な動機付けを議論することが可能となります．

　これらの理由から，第2版では，コアとなる回帰分析の説明を大幅に拡張し，最小二乗法の理論的な動機付けを行う節（ガウス・マルコフ定理），均一分散の正規分布モデルを仮定した小標本推論の節，多重共線性とダミー変数の問題を議論する節を新たに含んでいます．これらの新しい節と実証例，そして新しいボックスと練習問題に対応するため，回帰分析のコアとなる章を2つから4つへと拡張しました．すなわち，1説明変数の線形回帰モデル（第4章），1説明変数回帰モデルの統計的推論（第5章），多変数回帰モデルとOLS（第6章），そして多変数回帰モデルの統計的推論（第7章）の4つです．回帰分析の内容に関するこの拡張が，第2版における最大の変更点です．

　第2版では，講師の皆さんからリクエストのあった追加トピックスも含んでいます．その1つは，パラメーターに関する非線形モデルの特定化と推定の問題です（付論8.1）．別の例としては，パネルデータ回帰における標準誤差で，各主体の誤差項に系列相関がある場合の計算方法も説明します（クラスター標準誤差：10.5節と付論10.2）．3つ目の

追加例としては，説明変数との相関の弱い操作変数をどう発見し対処するか，現在のベスト・プラクティスを紹介します（付論12.5）．4つ目の追加は，最終章の最後に新しい節を追加して，不均一分散を考慮する線形の操作変数回帰における効率的な推定を，一般化モーメント法を使って論じます（18.7節）．

練習問題の追加　　第2版では，「紙と鉛筆」で解く練習問題と，データベース（補助教材として利用可）と統計ソフトを用いて解く問題の両方について，新しい問題を数多く取り入れています．本書の補助教材は，新しいデータが数多く追加され，大幅に拡張されました．

内容と構成

本テキストは5つの部から成ります．本書では，確率・統計学に関する何らかのコースを履修済みであることを前提としていますが，その内容は第I部でも復習します．第II部では，回帰分析の中心的な内容を説明します．続く第III部，第IV部，第V部では，第II部の中心的な内容を踏まえた追加トピックスを取り扱います．

第I部

第1章では計量経済学の紹介を行い，定量的な問題に対して定量的な答えを導き出すことの重要性を強調します．統計的な分析における因果関係について概念を議論し，異なるデータのタイプについても説明します．確率と統計学の内容は，第2章と第3章でそれぞれ復習します．これらの章を講義で教えるか，それとも単に参照用だけにするかは，生徒の予備知識に依存します．

第II部

第4章では，説明変数が1つの場合の回帰分析と最小二乗（OLS）推定を紹介します．第5章では，1説明変数の回帰モデルにおける仮説検定と信頼区間を説明します．第6章では，説明変数が複数の多変数回帰モデルに基づいて，ある説明変数の影響を他の説明変数は一定の下で推定します．そして除外された変数のバイアスがどのように発生するかを学びます．第7章は，多変数回帰モデルにおけるFテストなどの仮説検定と信頼区間をカバーします．第8章では，線形回帰モデルを非線形の回帰関数へと拡張し，特にパラメターに関しては線形となる非線形関数に焦点を当てて議論します（したがってパラメターはOLSで推定可能です）．第9章では，少し戻って，回帰分析の強みと限界をどう捉えるかを学びます．そしてその際，内部と外部の正当性という概念を使って考えます．

第 III 部

　第 III 部では回帰分析手法の拡張を説明します．第 10 章では，パネルデータの使い方を学び，時間を通じて一定の観測されない変数をコントロールします．第 11 章は，0 か 1 のどちらかを取る変数——(0,1) 変数——を被説明変数とする回帰モデルをカバーします．第 12 章では，操作変数を使った回帰分析を説明し，誤差項と説明変数の相関から生じるさまざまな問題への対処方法を学びます．また適切な操作変数をどう選び，どう評価するかについても検討します．第 13 章は，実験，あるいは擬似的な準実験や自然実験から得られるデータ分析を紹介します．これらは「プログラム評価」と呼ばれるトピックスです．

第 IV 部

　第 IV 部では時系列データの回帰分析を取り上げます．第 14 章は，経済変数の予測に焦点を当て，時系列回帰に関する最近の分析手法である単位根テストや回帰係数の安定性テストなどを紹介します．第 15 章は，時系列データを用いて因果関係の効果の推定方法を議論します．第 16 章では，条件付不均一分散など時系列分析に関するさらに進んだ手法を学びます．

第 V 部

　第 V 部は，計量経済理論のイントロダクションです．これまで割愛されてきた数学的な議論の詳細を補完するもので，付論以上の役割を持ちます．ここでは，線形回帰モデルの推定と統計的推論に関する計量理論について，それ自身で完結する（self-contained な）形で説明します．第 17 章は，1 説明変数の回帰分析の理論を学びます．その表記に行列は用いませんが，他の章よりも高い数学レベルが必要となります．第 18 章は，線形の多変数回帰モデル，操作変数法，一般化モーメント法の理論について，すべて行列表記で議論します．

本テキストの中での必要事項

　本テキストを講義で用いる際，強調したい部分や内容は，講師の先生によって異なるでしょう．本書はそのような多様なニーズを念頭において執筆しています．第 III 部，第 IV 部，第 V 部の各章は，それ以前の章をすべてカバーしていなくても講義ができるよう，できるだけ各章で完結する形で記述しています．各章の講義にあたって，事前の理解が必要となる内容は，表 1 に示されています．私たちの経験では，本書のトピックスを順番どおり説明することで講義はうまく進みましたが，異なる順番で使っても支障ないように書かれています．

表1 第Ⅲ部，第Ⅳ部，第Ⅴ部の各章トピックスを学ぶための必要知識

	必要となる章または節								
	第Ⅰ部	第Ⅱ部		第Ⅲ部		第Ⅳ部			第Ⅴ部
章	1-3	4-7,9	8	10.1,10.2	12.1,12.2	14.1—14.4	14.5—14.8	15	17
10	○[a]	○[a]	○						
11	○[a]	○[a]	○						
12.1,12.2	○[a]	○[a]	○						
12.3—12.6	○[a]	○[a]	○	○					
13	○[a]	○[a]	○	○	○				
14	○[a]	○[a]	[b]						
15	○[a]	○[a]	[b]			○			
16	○[a]	○[a]	[b]			○	○	○	
17	○	○	○						
18	○	○	○		○				○

本表は，第1列の各章の内容をカバーするために必要となる章または節の内容を示す．たとえば，時系列データに基づく動学的な因果関係の推定（第15章）には，第Ⅰ部（生徒の予備知識に応じて判断，注aを参照），第Ⅱ部（第8章を除く，注bを参照）そして14.1-14.4節が必要となる．

注a：第10-16章では，標本分布に対する大標本近似を用いるため，オプションである3.6節（平均をテストする t 分布）と5.6節（回帰係数をテストする t 分布）はスキップできる．
　b：第14-16章（時系列分析の章）は，対数変換をパーセント変化の近似とみなして説明することで，第8章（非線形の回帰関数）は説明せずに講義できる．

具体的なコース例

本テキストは，以下のように，いくつかの異なるコースに対応します．

標準的な入門計量経済学

標準的な入門コースでは，まず計量経済学の導入を説明し（第1章），確率と統計学は必要に応じて復習します（第2章，第3章）．そして，1説明変数の回帰分析，多変数回帰分析，関数形の分析の基礎，回帰分析の評価を説明します（第Ⅱ部すべての章）．次に，時間が許せば，パネルデータに基づく回帰分析（第10章），限定された被説明変数（第11章），操作変数法（第12章）へ進みます．最後に，実験や準実験を説明して（第13章），因果関係を推定するという当初の問題意識に立ち返り，コアの回帰分析手法の要点をまとめます．**必須の予備知識：線形代数と初級レベルの統計学．**

入門計量経済学：時系列分析と予測の応用例を追加

標準的な入門コースと同じく，このコースでは，第Ⅰ部のすべての章（必要に応じて）と第Ⅱ部のすべての章をカバーします．オプションとして，パネルデータ分析の簡単な

説明（10.1節，10.2節）と操作変数回帰の入門的な解説（第12章，あるいは12.1節と12.2節）を加えます．そして第IV部へと進み，予測（第14章）と動学的な因果関係の推定（第15章）を説明します．時間が許せば，時系列分析の上級トピックスである変動率のかたまり，条件付不均一分散の問題など（16.5節）を含むことができます．**必須の予備知識：線形代数と初級レベルの統計学．**

応用時系列分析と予測

　本テキストは，応用時系列分析と予測に関する短いコースにも使えます．その場合，回帰分析の予備知識は必須となります．まず，学生の準備状況に応じて，第II部の基本的な回帰分析ツールを復習します．その後，第IV部へ直接移り，予測（第14章），動学的な因果関係の推定（第15章），そしてベクトル自己回帰や条件付不均一分散など時系列分析の上級トピックスを扱います（第16章）．このコースで重要なのは予測の演習を実際に行うことで，そのための講師向けリソースは本書の補助教材に含まれます．**必須の予備知識：線形代数と初級レベルの計量経済学（あるいはそれに相当するもの）．**

計量経済理論の入門コース

　本書は，数学に強い学生を対象とする学部上級レベルの計量経済学，もしくは大学院修士コースの計量経済学にも適しています．このコースでは，まず統計学と確率について必要に応じて復習します（第I部）．次に，数学を使わない回帰分析の説明や応用例を学びます（第II部）．続いて，第17章と第18章（18.5節まで）の理論的な展開を学びます．そして，限定された被説明変数の回帰（第11章），最尤法（付論11.2）を説明します．次に，オプションのトピックスとして，操作変数回帰と一般化モーメント法（第12章，18.7節），時系列手法（第14章），時系列データに基づく因果関係の推定と一般化最小二乗法（第15章，18.6節）をカバーします．**必須の予備知識：線形代数と初級レベルの計量経済学．第18章は行列計算の知識を前提．**

教育面の特色

　本テキストは，読者の皆さんが本質的な考え方をより良く理解・記憶し，そして応用できるよう，教育面のさまざまな特色を有しています．各章の**イントロダクション**は，現実の世界での問題や動機付け，そして展開される議論のロードマップを説明します．**キーワード**は太字で記載され，その背景を踏まえて定義されます．**基本概念**は，中心的な考え方を要約します．**ボックス**では，関連するトピックスの理解を深めるために，テキストで議論された手法や概念を使った実際の研究成果を紹介します．各章最後の**要約**は，主要なポイントを復習する枠組みとして有用です．**練習問題**では各章で議論された概念や手法を集中して学び，**実証練習問題**では学習した内容を現実社会の実証問題に応用して答えを出

はじめに　**xvii**

すことが求められます．巻末にある**参考文献**では詳細な文献リスト，**付論**では統計表，**用語集**では主な用語の定義がそれぞれ掲載されています．

本テキストの補助教材[1]

　本書の講師向け補助教材には，解答マニュアルと，パワーポイント講義ノート（本書の図表と基本概念付き）が含まれます．解答マニュアルには，章末のすべての練習問題への解答が掲載されています．これらの補助教材を希望される講師の先生には，「講師用リソース」があります．

　また本書には，生徒および教員向けの追加的な教材が幅広く提供されています．そこには，本書の応用例で使われたデータセット，本書で報告された実証結果の複製ファイル，章末の実証練習問題で使われるデータセット，EViews と STATA の練習プログラムなどが含まれます．

謝辞

　本テキストの初版の作成にあたり，数多くの人々の意見やコメントが参考になりました．まず，本書の初期のドラフトを授業で使用してくれたハーバード大学とプリンストン大学の同僚教師の皆さんに最も大きな謝意を表したいと思います．ハーバード大学大学院ケネディスクールの Suzanne Cooper は，本書のこれまでのドラフトに対して，貴重な提案と詳細なコメントをしてくれました．彼女は，本コースがケネディスクール修士課程の必修科目として提供される間に，本書の著者（Stock）との共同の講師として，本書の内容を詳しく検討してくれました．

　私たちは，計量経済学専門の友人や同僚研究者と本書の内容について議論を交わし，本当に数多くの有益なコメントを頂戴しました．Bruce Hansen（ウィスコンシン大学マディソン校）と Bo Honore（プリンストン大学）は，本書のごく初期のアウトラインと第 II 部のコア部分の内容に対して有益なフィードバックを示してくれました．Joshua Angrist（マサチューセッツ工科大学）と Guido Imbens（カリフォルニア大学バークレイ校）は，プログラム評価の内容について注意深いコメントを寄せてくれました．本書の時系列分析の説明は，Yacine Ait-Sahalia（プリンストン大学），Graham Elliott（カリフォルニア大学サンディエゴ校），Andrew Harvey（ケンブリッジ大学），そして Christopher Sims（プリンストン大学）との議論から多くの示唆を受けています．そして，以

---

[1]（訳者注）本書の補助教材は共立出版より提供されています．学習者用の補助教材は共立出版ホームページ（www.kyoritsu-pub.co.jp）のアフターサービス欄をご覧ください．また，講師用リソースについては text@kyoritsu-pub.co.jp 宛にお問合せください．なお，原著第 3 版のウェブサイト（wps.aw.com/aw_stock_ie_3/）には，第 2 版と共通する最新の補助教材（統計ソフトの練習プログラム等を含む）が掲載されています．そちらも併せてご参照ください．

下に示す数多くの研究者から，それぞれの専門テーマに関連して，有益なコメントをいただきました．Don Andrews（イェール大学），John Bound（ミシガン大学），Gregory Chow（プリンストン大学），Thomas Downes（タフツ大学），David Drukker（㈱ Stata 社），Jean Baldwin Grossman（プリンストン大学），Eric Hanushek（フーバー研究所），James Heckman（シカゴ大学），Han Hong（プリンストン大学），Caroline Hoxby（ハーバード大学），Alan Krueger（プリンストン大学），Steven Levitt（シカゴ大学），Richard Light（ハーバード大学），David Neumark（ミシガン州立大学），Joseph Newhouse（ハーバード大学），Pierre Perron（ボストン大学），Kenneth Warner（ミシガン大学），Richard Zeckhauser（ハーバード大学）．

データの提供に関しても，多くの方々から大変有難いご協力をいただきました．カリフォルニア州のテスト成績データは，同州教育局の Les Axelrod の協力により作成されました．マサチューセッツ州教育局の Charlie DePascale からは，同州のテスト成績データの詳細についてご助力いただきました．Christopher Ruhm（ノースカロライナ大学グリーンズボロ校）は，飲酒運転の法制度と交通事故死に関するデータセットを提供してくれました．ボストン連邦準備銀行の調査局には住宅ローン貸出における人種差別のデータを集計いただき，特に Geoffrey Tootell からは第 10 章で用いたデータの最新バージョンの提供を，Lynn Browne からはその政策含意について説明を受けました．Jonathan Gruber（マサチューセッツ工科大学）からは第 11 章のたばこ売上げデータを，Alan Krueger（プリンストン大学）からは第 12 章で分析したテネシー州 STAR データを利用させてもらいました．

また，本書ドラフトのレビューを行い，Addison-Wesley 社に対して数多くの建設的かつ詳細で思慮に富むコメントをくださった下記の皆さんに心から感謝いたします．さらに，校正原稿の誤りを注意深くチェックしてくれた方々にも謝意を表します．Kerry Griffin と Yair Listokin はすべての原稿を読み，Andrew Fraker, Ori Heffetz, Amber Henry, Hong Li, Alessandro Tarozzi, Matt Watson はいくつかの章についてチェックしてくれました．

Michael Abbot　クイーンズ大学，カナダ	大学
Richard J. Agnello　デラウエア大学	Alok Bohara　ニューメキシコ大学
Clopper Almon　メリーランド大学	Chi-Young Choi　ニューハンプシャー大学
Joshua Angrist　マサチューセッツ工科大学	Dennis Coates　メリーランド大学ボルティモア郡校
Swarnjit S. Arora　ウィスコンシン大学ミルウォーキー校	Tim Conley　シカゴ大学大学院ビジネススクール
Christopher F. Baum　ボストン・カレッジ	Douglas Dalenberg　モンタナ大学
McKinley L. Blackburn　サウスカロライナ	Antony Davies　デュケイン大学

Joanne M. Doyle　ジェームスマディソン大学
David Eaton　マーレイ州立大学
Adrian R. Fleissig　カリフォルニア州立大学フラトン校
Rae Jean B. Goodman　海軍兵学校
Bruce E. Hansen　ウィスコンシン大学マディソン校
Peter Reinhard Hansen　ブラウン大学
Ian T. Henry　メルボルン大学，オーストラリア
Marc Henry　コロンビア大学
William Horrace　アリゾナ大学
Oscar Jorda　カリフォルニア大学デイビス校
Frederick L. Joutz　ジョージワシントン大学
Elia Kacapyr　イサカ・カレッジ
Manfred W. Keil　クレアモント・マッケナ・カレッジ
Eugene Kroch　ヴィラノヴァ大学
Gary Krueger　マカレスター・カレッジ
Kajal Lahiri　ニューヨーク州立大学アルバニー校
Daniel Lee　シッペンスバーグ大学
Tung Liu　ボール州立大学
Ken Matwiczak　テキサス州立大学オースティン校　公共政策大学院LBJスクール
KimMarie McGoldrick　リッチモンド大学
Robert McNown　コロラド大学ボルダー校
H. Naci Mocan　コロラド大学デンバー校
Mico Mrkaic　デューク大学
Serena Ng　ジョンズホプキンス大学
Jan Ondrich　シラキュー大学
Pierre Perron　ボストン大学
Robert Phillips　ジョージワシントン大学
Simran Sahi　ミネソタ大学
Sunil Sapra　カリフォルニア州立大学ロサンゼルス校
Frank Schorfheide　ペンシルバニア大学
Mototsugu Shintani　ヴァンダービルト大学
Leslie S. Stratton　バージニアコモンウェルス大学
Jane Sung　トゥルーマン州立大学
Christopher Taber　ノースウェスタン大学
Petra Todd　ペンシルバニア大学
John Veitch　サンフランシスコ大学
Edward J. Vytlacil　スタンフォード大学
M. Daniel Westbrook　ジョージタウン大学
Tieman Woustersen　ウエスタンオンタリオ大学
Phanindra V. Wunnava　ミドルベリー・カレッジ
Zhenhui Xu　ジョージア・カレッジ州立大学
Young Yin　ニューヨーク州立大学バッファロー校
John Xu Zheng　テキサス大学オースティン校

　第1版では，卓越したプロジェクト編集者Jane Tuftsによるハードワークとクリエイティブで細部まで行き届いた作業のおかげで，本書はさまざまな面で改善されました．Addison-Wesley社からは，優れた担当編集者Sylvia Malloryをはじめ出版チーム全体を通じて，最上級の支援を受けました．JaneとSylviaは，文体，構成，表現方法につ

いて忍耐強く教示してくれました．その教えは本書のすべてのページに表れています．そして，第2版でもAddison-Wesleyの優れたチームと共に作業を行いました．Adrienne D'Ambrosio（上席編集者），Bridget Page（副メディアプロデューサー），Charles Spaulding（上席デザイナー），Nancy Fenton（編集主幹），改訂プロセスのすべてを担当したNancy FreihoferとThompson Steele社，そしてHeather McNally（副コーディネーター）とDenise Clinton（編集責任者）の皆さんに感謝します．また第2版の校正ではKay Uenoの熟練した作業から恩恵を受けました．

　第2版を準備するにあたり，大変多くの助けを受けました．特に数多くの講師の先生方から私たちに直接コンタクトがあり，改訂への有益なコメントを示してくれました．第2版で採用した修正箇所は，とりわけ以下の方々からの助言，訂正，コメントを取り入れ，反映したものです．Michael Ash, Laura Chioda, Avinash Dexit, Tom Doan, Susan Greene, Peter R. Hansen, Bo Honore, Weibin Huang, Michael Jansson, Manfred Keil, Jeffery Kling, Alan Krueger, Jean-Francois Lamarche, Hong Li, Jeffrey Liebman, Ed McKenna, Chris Murray, Giovanni Oppenheim, Ken Simons, Douglas Staiger, Steve Stauss, George Tauchen, そしてSamuel Thompsonの諸氏に感謝いたします．

　また本版（新しい練習問題を含む）では，以下の方々からデータの提供を受けました．Marianne Bertland, John Donohue, Liran Einav, William Evans, Daniel Hamermesh, Ross Levine, John List, Robert Porter, Harvey Rosen, そしてCecilia Rouseです．また，Motohiro Yogo, Jim Bathgate, Craig A. Depken II, Elena Pesavento, Della Lee Sueからは，練習問題と解答についてご助力いただきました．

　さらに，第2版へのレビューを行い，Addison-Wesleyに対して有益なコメントを提出してくださった下記の方々に謝意を表します．

Necati Aydin　フロリダA&M大学	Rudy Fichtenbaum　ライト州立大学
Jim Bathgate　リンフィールド・カレッジ	Brian Karl Finch　サンディエゴ州立大学
James Cardon　ブリガムヤング大学	Shelby Gerking　セントラルフロリダ大学
I-Ming Chiu　マイノット州立大学	Edward Greenberg　ワシントン大学
R. Kim Craft　サザンユタ大学	Carolyn J. Heinrich　ウィスコンシン大学マディソン校
Brad Curs　オレゴン大学	
Jamie Emerson　クラークソン大学	Christina Hilmer　ヴァージニア工科大学
Scott England　カリフォルニア州立大学フレスノ校	Luojia Hu　ノースウェスタン大学
	Tomomi Kumagai　ウェイン州立大学
Bradley Ewing　テキサス工科大学	Tae-Hwy Lee　カリフォルニア大学リバーサイド校
Barry Falk　アイオワ州立大学	
Gary Ferrier　アーカンソー大学	Elena Pesavento　エモリー大学

Susan Porter-Hudak　ノーザン・イリノイ大学
Louis Putterman　ブラウン大学
Sharon Ryan　ミズーリ大学コロンビア校
John Spitzer　ニューヨーク州立大学ブロックポート校
Kyle Steigert　ウィスコンシン大学マディソン校
Norman Swanson　ルツガー大学
Justin Tobias　アイオワ州立大学
Charles S. Wassel, Jr.　セントラルワシントン大学
Rob Wassmer　カリフォルニア州立大学サクラメント校
Ron Warren　ジョージア大学
William Wood　ジェームス・マディソン大学

　最後に，本プロジェクトを通じて忍耐強く支えてくれたそれぞれの家族に対し，何よりも感謝します．本書の執筆には長い時間がかかり，家族にとってこのプロジェクトはまるで終わりがないように感じられたと思います．テキスト執筆にコミットするという重い負担に誰よりも耐え，協力し支え続けてくれた家族に，心から感謝の気持ちを表します．

目　次

訳者まえがき　　i
日本語版へのまえがき　　v
はじめに　　vii

第 I 部　問題意識と復習　　1

第 1 章　経済学の問題とデータ　　3
1.1　経済学の問題　　3
問題 1.　1 クラスの生徒数を減らすことは，初等教育の質を高めるか？　　4
問題 2.　住宅ローンの借入れに人種差別はあるのか？　　4
問題 3.　たばこ税は喫煙をどれだけ減らすのか？　　5
問題 4.　来年のインフレ率は何パーセントになるか？　　6
数量的な問題に対する数量的な解答　　6
1.2　因果関係の効果と理想的な実験　　7
因果関係の効果の推定　　7
予測と因果関係　　9
1.3　データ：出所と種類　　9
実験データと観測データ　　9
クロスセクション・データ　　10
時系列データ　　11
パネルデータ　　12

第 2 章　確率の復習　　15
2.1　確率変数と確率分布　　16
確率，標本空間，確率変数　　16
離散的な確率変数の確率分布　　16
連続的な確率変数の確率分布　　18
2.2　期待値，平均，分散　　20
確率変数の期待値　　20
標準偏差と分散　　21
確率変数の線形関数に関する平均と分散　　22

　　　　確率分布の形状に関する他の指標　23
2.3　2つの確率変数　25
　　　　結合分布と限界分布　26
　　　　条件付分布　27
　　　　確率変数の独立　30
　　　　共分散と相関　31
　　　　確率変数の和に関する平均と分散　34
2.4　正規分布，カイ二乗分布，ステューデントt分布，F分布　35
　　　　正規分布　35
　　　　カイ二乗分布　39
　　　　ステューデントt分布　40
　　　　F分布　40
2.5　無作為抽出と標本平均の分布　41
　　　　無作為な標本抽出（ランダム・サンプリング）　41
　　　　標本平均の標本分布　42
2.6　大標本の場合の標本分布の近似　44
　　　　大数の法則と一致性　45
　　　　中心極限定理　46
　　　　付論2.1　基本概念2.3の結果の導出　56

第3章　統計学の復習　59

3.1　母集団の平均の推定　60
　　　　推定量とその性質　60
　　　　$\overline{Y}$の性質　61
　　　　無作為な標本抽出（ランダム・サンプリング）の重要性　63
3.2　母集団の平均に関する仮説検定　64
　　　　帰無仮説と対立仮説　65
　　　　p値　65
　　　　σ_Yが既知のときのp値の計算　66
　　　　標本分散，標本標準偏差，標準誤差　67
　　　　σ_Yが未知のときのp値の計算　69
　　　　t統計量　69
　　　　特定の有意水準を使った仮説検定　70
　　　　片側の対立仮説　72
3.3　母集団の平均に関する信頼区間　73
3.4　母集団の異なる平均の比較　75
　　　　2つの平均の差に関する仮説検定　75
　　　　2つの平均の差に関する信頼区間　76
3.5　実験データに基づく因果関係の効果の推定：平均の差による推定　77
　　　　因果関係の効果：条件付期待値の差　77
　　　　平均の差を用いた因果関係の効果の推定　77

3.6 標本数が小さい場合の t 統計量　　81
t 統計量とステューデント t 分布　　81
ステューデント t 分布の実際の利用　　83

3.7 散布図，標本分散，標本相関　　84
散布図　　84
標本共分散と標本相関　　84
付論 3.1　米国の「現代人口調査：Current Population Survey」　　94
付論 3.2　$\overline{Y}$ が μ_Y の最小二乗推定量であることの2つの証明　　95
付論 3.3　標本分散が一致性を持つことの証明　　95

第 II 部　回帰分析の基礎　　97

第 4 章　1 説明変数の線形回帰分析　　99

4.1 線形回帰モデル　　99

4.2 線形回帰モデルの係数の推定　　104
最小二乗推定量　　105
テスト成績と生徒・教師比率との関係に関する OLS 推定値　　107
なぜ OLS 推定量を使うのか？　　108

4.3 回帰式の当てはまりの指標　　110
R^2　　110
回帰の標準誤差　　111
テスト成績データへの応用　　112

4.4 最小二乗法における仮定　　113
仮定 1：X_i が与えられた下で，u_i の条件付分布の平均はゼロ　　113
仮定 2：$(X_i, Y_i), i = 1, \ldots, n$ は独立かつ同一の分布に従う　　115
仮定 3：大きな異常値はほとんど起こりえない　　116
最小二乗法の仮定が果たす役割　　117

4.5 OLS 推定量の標本分布　　118
OLS 推定量の標本分布　　118

4.6 結論　　121
付論 4.1　カリフォルニア州のテスト成績データセット　　127
付論 4.2　OLS 推定量の導出　　127
付論 4.3　OLS 推定量の標本分布　　128

第 5 章　1 説明変数の回帰分析：仮説検定と信頼区間　　133

5.1 1つの回帰係数に関する仮説検定　　133
β_1 に関する両側テスト　　134
β_1 に関する片側テスト　　137
切片 β_0 に関する仮説検定　　139

5.2 1つの回帰係数に関する信頼区間　　139

5.3 X が $(0, 1)$ 変数のときの回帰分析　　141

回帰係数の解釈　141
- **5.4** 不均一分散と均一分散　143
  - 不均一分散，均一分散とは何か？　144
  - 均一分散の数学的意味付け　146
  - 実際にはどんな意味があるのか？　147
- **5.5** 最小二乗法の理論的基礎　149
  - 線形の条件付不偏推定量とガウス・マルコフ定理　149
  - OLS 以外の回帰推定量　151
- **5.6** 標本数が小さい場合の t 統計量　152
  - t 統計量とステューデント t 分布　152
  - ステューデント t 分布の実際の利用　153
- **5.7** 結論　153
  - 付論 5.1　OLS 標準誤差の公式　159
  - 付論 5.2　ガウス・マルコフ条件とガウス・マルコフ定理の証明　161

第 6 章　多変数の線形回帰分析　165

- **6.1** 除外された変数のバイアス　165
  - 除外された変数のバイアス：定義　166
  - 除外された変数のバイアス：公式　168
  - 除外された変数のバイアスへの対応：データのグループ分け　170
- **6.2** 多変数回帰モデル　171
  - 母集団の回帰線　172
  - 母集団の多変数回帰モデル　173
- **6.3** 多変数回帰モデルにおける **OLS** 推定量　175
  - OLS 推定量　175
  - テスト成績と生徒・教師比率への応用　176
- **6.4** 多変数回帰の当てはまりの指標　178
  - 回帰の標準誤差（SER）　178
  - R^2　178
  - 修正済み R^2　179
  - テスト成績への応用　180
- **6.5** 多変数回帰モデルにおける最小二乗法の仮定　180
  - 仮定 1：$X_{1i}, X_{2i}, \ldots, X_{ki}$ が与えられた下で u_i の条件付分布の平均はゼロ　180
  - 仮定 2：$(X_{1i}, X_{2i}, \ldots, X_{ki}, Y_i), i = 1, \ldots, n$ は i.i.d. である　181
  - 仮定 3：大きな異常値はほとんど起こりえない　181
  - 仮定 4：完全な多重共線性はなし　181
- **6.6** 多変数回帰モデルにおける **OLS** 推定量の分布　182
- **6.7** 多重共線性　183
  - 完全な多重共線性の実例　184
  - 不完全な多重共線性　186
- **6.8** 結論　187

付論 6.1　(6.1) 式の導出　194
　　　付論 6.2　説明変数が 2 つで均一分散の場合の OLS 推定量の導出　194

第 7 章　多変数回帰における仮説検定と信頼区間　195
7.1　1 つの係数に関する仮説検定と信頼区間　195
　　　OLS 推定量の標準誤差　195
　　　1 つの係数に関する仮説検定　196
　　　1 つの係数に関する信頼区間　197
　　　テスト成績と生徒・教師比率への応用　198
7.2　結合仮説のテスト　200
　　　2 つ以上の係数に関する仮説検定　200
　　　F 統計量　202
　　　テスト成績と生徒・教師比率の回帰分析への応用　204
　　　均一分散のみに有効な F 統計量　204
7.3　複数の係数が関係する制約のテスト　206
7.4　複数の係数に対する信頼集合　208
7.5　多変数回帰におけるモデルの特定化　209
　　　多変数回帰における除外された変数のバイアス　209
　　　モデル選択の理論と現実　210
　　　R^2 と修正済み R^2 の実際の解釈　211
7.6　テスト成績データの実証分析　212
7.7　結論　217
　　　付論 7.1　結合仮説のボンフェローニ・テスト　222

第 8 章　非線形関数の回帰分析　225
8.1　非線形回帰式をモデル化する一般アプローチ　226
　　　テスト成績と学区の所得　227
　　　非線形モデルにおける X 変化の Y への影響　229
　　　多変数回帰モデルを使って非線形関係をモデル化する一般アプローチ　233
8.2　1 説明変数の非線形モデル　234
　　　多項式　234
　　　対数　236
　　　テスト成績と学区の所得に関する多項式モデルと対数モデル　243
8.3　説明変数間の相互作用　245
　　　2 つの (0,1) 変数の相互作用　245
　　　連続変数と (0,1) 変数の相互作用　247
　　　2 つの連続変数の相互作用　253
8.4　生徒・教師比率がテスト成績に及ぼす非線形の効果　254
　　　回帰分析結果についての議論　257
　　　実証結果の要約　261
8.5　結論　262

付論8.1　パラメターが非線形である回帰関数　271

第9章　多変数回帰分析の評価　275

9.1　内部と外部の正当性　275
内部の正当性を危うくする要因　276
外部の正当性を危うくする要因　277

9.2　多変的回帰分析の内部正当性を危うくする要因　279
除外された変数のバイアス　279
回帰式の関数形の特定化ミス　281
変数の計測誤差　281
標本セレクション　284
同時双方向の因果関係　285
OLS標準誤差が一致性を満たさない要因　288

9.3　回帰式が予測に使われる際の内部と外部の正当性　290
回帰モデルの予測への利用　290
予測に使われる回帰モデルの正当性の評価　291

9.4　具体例：テスト成績とクラス規模　291
外部の正当性　291
内部の正当性　297
議論と含意　299

9.5　結論　300
付論9.1　マサチューセッツ州の小学校のテスト成績データ　304

第III部　回帰分析のさらなるトピック　305

第10章　パネルデータの回帰分析　307

10.1　パネルデータ　308
具体例：交通事故死亡者数とアルコール税　309

10.2　2時点のパネルデータ：「事前と事後」の比較　311

10.3　固定効果の回帰　313
固定効果回帰モデル　313
推定と統計的推論　315
交通事故死亡者数への応用　317

10.4　時間効果の回帰　317
時間効果のみの場合　318
主体と時間両方の固定効果　319

10.5　固定効果回帰モデルの仮定と標準誤差　320
固定効果回帰の仮定　321
固定効果回帰の標準誤差　323

10.6　飲酒運転に対する法律と交通死亡事故　323

10.7　結論　328

目次　xxix

　　　付論 10.1　州の交通事故死亡者に関するデータセット　333
　　　付論 10.2　誤差項に系列相関があるときの固定効果回帰の標準誤差　333

第 11 章　被説明変数が (0, 1) 変数の回帰分析　337

11.1　(0, 1) 被説明変数と線形確率モデル　338
　　　(0, 1) 被説明変数　338
　　　線形確率モデル　340

11.2　プロビット回帰，ロジット回帰　342
　　　プロビット回帰　343
　　　ロジット回帰　347
　　　線形確率，プロビット，ロジットモデルの比較　348

11.3　プロビット，ロジットモデルの推定と統計的推論　349
　　　非線形最小二乗推定　349
　　　最尤推定量　350
　　　当てはまりの指標　352

11.4　ボストン住宅ローンデータへの応用　352

11.5　結論　358
　　　付論 11.1　ボストン住宅ローンデータセット　365
　　　付論 11.2　最尤推定量　365
　　　付論 11.3　その他の限定された被説明変数モデル　368

第 12 章　操作変数回帰分析　371

12.1　操作変数法による推定：1 説明変数，1 操作変数の場合　372
　　　操作変数モデルとその仮定　372
　　　2 段階最小二乗法　373
　　　操作変数法はなぜ機能するのか　374
　　　TSLS 推定量の標本分布　378
　　　たばこ需要への応用　379

12.2　一般的な操作変数回帰モデル　381
　　　一般的な操作変数モデルにおける 2 段階最小二乗法（TSLS）　382
　　　一般的な IV モデルにおける操作変数の妥当性と外生性　384
　　　操作変数回帰の仮定と TSLS の標本分布　384
　　　TSLS を用いた統計的推論　386
　　　たばこ需要への応用　386

12.3　操作変数の正当性の検討　387
　　　仮定 1：操作変数の妥当性　388
　　　仮定 2：操作変数の外生性　391

12.4　たばこ需要への応用　394

12.5　正当な操作変数はどこから見つけるのか？　398
　　　3 つの具体例　399

12.6　結論　403

付論 12.1　たばこ消費のパネルデータセット　409
付論 12.2　(12.4) 式の TSLS 推定量に関する公式の導出　409
付論 12.3　TSLS 推定量の大標本分布　409
付論 12.4　操作変数が正当ではない時の TSLS 推定量の大標本分布　410
付論 12.5　操作変数が弱い場合の操作変数分析　412

第 13 章　実験と準実験　415

13.1　理想的な実験と因果関係の効果　416
ランダムにコントロールされた理想的な実験　416
階差推定量　418

13.2　実際の実験における問題　418
内部正当性の問題　418
外部正当性の問題　421

13.3　実験データに基づく因果関係の効果の推定　423
説明変数が追加される場合の階差推定量　423
階差の階差推定量　427
異なるグループに対する因果関係の効果の推定　430
実験手続きが部分的に順守されないときの推定　430
ランダムかどうかのテスト　431

13.4　少人数クラスの効果：実験に基づく推定　431
実験のデザイン　432
STAR データの分析　433
クラス規模の効果：観察データに基づく推定値と実験による推定値の比較　437

13.5　準実験　439
具体例　440
準実験を分析する計量経済手法　442

13.6　準実験の潜在的な問題　443
内部正当性の問題　443
外部正当性の問題　446

13.7　異質な母集団の下での実験と準実験の推定値　446
母集団の異質性：因果関係の効果は誰の効果なのか？　447
異質な因果関係の効果に関する OLS　448
異質な因果関係の効果に関する IV 回帰　448

13.8　結論　451
付論 13.1　STAR プロジェクトのデータセット　459
付論 13.2　階差の階差推定量の多時点への拡張[9]　459
付論 13.3　条件付平均の独立　460
付論 13.4　因果関係の効果が個人間で異なる場合の IV 推定　461

第 IV 部　経済時系列データの回帰分析　463

第 14 章　時系列回帰と予測の入門　465

- **14.1** 回帰モデルを使った予測　466
- **14.2** 時系列データと系列相関　467
  - アメリカのインフレ率と失業率　467
  - ラグ，1 回の階差，対数，成長率　468
  - 自己相関　471
  - 経済の時系列変数：他の具体例　472
- **14.3** 自己回帰モデル　474
  - 1 次の自己回帰モデル　474
  - p 次の自己回帰モデル　477
- **14.4** 他の予測変数を追加した時系列回帰と自己回帰・分布ラグモデル　478
  - 過去の失業率を用いたインフレ率変化の予測　478
  - 定常性　482
  - 複数の予測変数を含む時系列回帰　483
  - 予測の不確実性と予測区間　486
- **14.5** 情報量基準を使ったラグ次数の選択　487
  - 自己回帰モデルのラグ次数の決定　489
  - ラグ次数の選択：複数の予測変数を含む時系列回帰の場合　491
- **14.6** 非定常性 I：確率トレンド　492
  - トレンドとは何か　493
  - 確率トレンドがもたらす問題　495
  - 確率トレンドの検出：AR 単位根テスト　497
  - 確率トレンドがもたらす問題の回避　502
- **14.7** 非定常性 II：ブレイク（回帰関数の変化）　502
  - ブレイクとは何か　503
  - ブレイクの検出　503
  - 準サンプル外予測　508
  - ブレイクへの対処方法　514
- **14.8** 結論　514
  - 付論 14.1　第 14 章で用いられた時系列データ　522
  - 付論 14.2　AR(1) モデルの定常性　522
  - 付論 14.3　ラグオペレータ表現　523
  - 付論 14.4　ARMA モデル　524
  - 付論 14.5　BIC によるラグ次数推定量の一致性　524

第 15 章　動学的な因果関係の効果の推定　527

- **15.1** オレンジジュース・データの概観　528
- **15.2** 動学的な因果関係の効果　530
  - 因果関係の効果と時系列データ　531

2つのタイプの外生性　533
- 15.3 動学的な因果関係の効果の推定：外生的な説明変数を含む場合　535
  - 分布ラグモデルの仮定　536
  - 自己相関を持つ u_t, 標準誤差, 統計的推論　537
  - 動学乗数と累積的な動学乗数　537
- 15.4 不均一分散・自己相関を考慮した標準誤差　539
  - 誤差項が自己相関を持つ場合の OLS 推定量の分布　539
  - HAC 標準誤差　541
- 15.5 動学的な因果関係の推定：説明変数が強い外生の場合　543
  - AR(1) 誤差項を持つ分布ラグモデル　544
  - ADL モデルの OLS 推定　546
  - GLS 推定　547
  - 追加ラグと AR(p) 誤差項を持つ分布ラグモデル　549
- 15.6 オレンジジュース価格と寒波　552
- 15.7 外生性の仮定は妥当か？いくつかの具体例　557
  - アメリカの所得とオーストラリアの輸出　559
  - 石油価格とインフレーション　559
  - 金融政策とインフレーション　559
  - フィリップス曲線　560
- 15.8 結論　560
  - 付論 15.1　オレンジジュース・データセット　566
  - 付論 15.2　ラグオペレータ表現を使った ADL モデルと一般化最小二乗法　566

第 16 章　時系列回帰分析の追加トピック　569

- 16.1 ベクトル自己回帰モデル　569
  - VAR モデル　570
  - インフレ率と失業率の VAR モデル　572
- 16.2 多期間の予測　573
  - 多期間の繰り返し予測　574
  - 多期間の直接予測　576
  - どの手法を用いるべきか　578
- 16.3 和分の次数と DF-GLS 単位根テスト　579
  - トレンドに関する他のモデルと和分の次数　579
  - DF-GLS 単位根テスト　581
  - なぜ単位根テストは正規分布とは異なる分布に従うのか　584
- 16.4 共和分　585
  - 共和分と誤差修正　587
  - 2 変数が共和分の関係にあるかどうかをどう判断するか　589
  - 共和分係数の推定　591
  - 3 変数以上の共和分への拡張　592
  - 金利への応用　593

16.5 変動率のかたまりと自己回帰の条件付不均一分散　595
変動率のかたまり　595
自己回帰の条件付不均一分散　597
株価ボラティリティへの応用　598

16.6 結論　599
付論 16.1　本章で使われる米国金融データ　604

第 V 部　回帰分析に関する計量経済学の理論　605

第 17 章　線形回帰分析の理論：1 説明変数モデル　607

17.1 最小二乗法の仮定の拡張と OLS 推定量　608
拡張された最小二乗法の仮定　608
OLS 推定量　610

17.2 漸近分布理論の基礎　610
確率における収束と大数の法則　610
中心極限定理と分布における収束　613
スルツキー定理と連続マッピング定理　614
標本平均に基づいた t 統計量への応用　615

17.3 OLS 推定量と t 統計量の漸近分布　615
OLS 推定量の一致性と漸近的な正規性　615
不均一分散を考慮した標準誤差の一致性　616
不均一分散を考慮した t 統計量の漸近的な正規性　617

17.4 誤差項が正規分布に従うときの正確な標本分布　617
誤差項が正規分布に従うときの $\hat{\beta}_1$ の分布　618
均一分散のみに有効な t 統計量の分布　619

17.5 ウエイト付き最小二乗法　620
不均一分散の形状が既知のときの WLS　620
不均一分散の関数形が既知のときの WLS　621
不均一分散を考慮した標準誤差か WLS か　624
付論 17.1　連続的な確率変数に関する正規分布および関連する分布とモーメント　627
付論 17.2　2 つの不等式　629

第 18 章　多変数回帰分析の理論　631

18.1 多変数線形回帰モデルと OLS 推定量の行列表現　632
多変数回帰モデルの行列表現　632
拡張された最小二乗法の仮定　633
OLS 推定量　635

18.2 OLS 推定量と t 統計量の漸近分布　635
多変数の中心極限定理　636
$\hat{\beta}$ の漸近的な正規性　636
不均一分散を考慮した標準誤差　637

予測される効果の信頼区間　638
t 統計量の漸近的な正規性　638

18.3　結合仮説のテスト　639
結合仮説の行列表示　639
F 統計量の漸近分布　639
複数の回帰係数に対する信頼集合　640

18.4　誤差項が正規分布に従うときの回帰統計量の分布　640
OLS 回帰統計量の行列表現　641
誤差項が正規分布の場合の $\hat{\beta}$ の分布　642
$s_{\hat{u}}^2$ の分布　642
均一分散のみに有効な標準誤差　643
t 統計量の分布　643
F 統計量の分布　643

18.5　誤差項が均一分散の下での OLS 推定量の効率性　644
多変数回帰のガウス・マルコフ条件　644
線形の条件付不偏推定量　644
多変数回帰のガウス・マルコフ定理　645

18.6　一般化最小二乗法　646
GLS の仮定　647
Ω が既知のときの GLS　648
Ω が未知パラメーターを含むときの GLS　649
条件付平均ゼロの仮定と GLS　650

18.7　操作変数法と一般化モーメント法推定　652
操作変数（IV）推定量の行列表現　652
TSLS 推定量の漸近分布　653
誤差項が均一分散のときの TSLS 推定量の性質　654
線形モデルにおける一般化モーメント法推定　657

付論 18.1　行列の代数に関する要約　666
付論 18.2　多変数の確率分布　669
付論 18.3　$\hat{\beta}$ の漸近分布の導出　670
付論 18.4　誤差項が正規分布に従うときの OLS テスト統計量：正確な分布の導出　671
付論 18.5　多変数回帰におけるガウス・マルコフ定理の証明　672
付論 18.6　操作変数および GMM 推定に関するいくつかの結果の証明　673

付　表　677
参考文献　685
用語集　691
英（和）索引　705
和（英）索引　713

第 I 部 問題意識と復習

第 1 章　経済学の問題とデータ
第 2 章　確率の復習
第 3 章　統計学の復習

第 1 章 経済学の問題とデータ

何人かの計量経済学者に「計量経済学（econometrics）とは何ですか」と尋ねてみてください．おそらく人によってまったく違った答えが返ってくるでしょう．計量経済学とは「経済理論を検証する科学」と答える人もいれば，「さまざまな経済変数の将来の値——企業の売り上げ，経済全体の成長率，株価など——を予測する手法」という人もいます．別の人は，「経済の数学モデルを現実データに当てはめる手法」と答えるかもしれません．さらには，「政府や企業に関して数値に基づく定量的な政策提案をするための，データ分析の科学でありアート（熟練の技）」と答える人もいるでしょう．

実は，これらはすべて正しい答えです．広く一般的に定義すれば，計量経済学とは，経済理論と統計手法を使って経済データを分析する科学でありアートである，といえます．計量経済学の手法は，ファイナンス，労働経済学，マクロ経済学，ミクロ経済学，マーケティング，経済政策など，経済学の数多くの分野で使われています．また政治学や社会学といった他の社会科学でも応用されています．

この教科書では，計量経済学者が用いるコアとなる分析手法を学びます．そしてその手法を，現実のビジネスや経済政策に関するさまざまな問題に応用します．この章では，その具体例として4つの問題を取り上げ，それらの答えを導き出す計量経済アプローチを，専門用語ではなく一般の言葉を使って議論します．そして最後に，計量経済分析で実際に使われるデータの種類について説明します．

1.1 経済学の問題

現実の経済やビジネスあるいは政府において，何か意思決定を行う場合，私達の身の回りにある変数間の関係を理解することが欠かせません．意思決定のためには，数量的な問題を設定して，それに数量的な解答を与えることが必要となります．

このテキストでは，最近の経済学の問題から定量的な設問をいくつか選び出し，それらを軸に分析を進めていきます．本節では，その具体例として，教育政策，住宅ローンにおける人種のバイアス，たばこの消費，マクロ経済の予測の4つの問題を取り上げます．

問題1．1クラスの生徒数を減らすことは，初等教育の質を高めるか？

アメリカでは，義務教育制度の改革提案をめぐり，激論が交わされました．提案は主に小学校に関するものです．初等教育には，社会生活を営む術を身につけるなど，もともと幅広い目的があります．しかし保護者や教育関係者は，基礎学力の習得，つまり読み書きや計算が最も大切だと考えています．数多くの提案の中でも特に際立ったのが，基礎学力向上のために，小学校の1クラス人数を減らすという提案です．人数が少ないほど教師は生徒一人ひとりにより多く注意を払うことができ，授業を邪魔する生徒も減り，学力は伸びる，成績も向上すると議論されました．

しかし，学級人数を減らすことの効果とは，正確には何なのでしょうか．1クラスの人数を減らすにはコストがかかります．より多くの教師を雇う必要もありますし，教室がすでに一杯であれば，新しい校舎も必要になります．この提案の導入を検討するには，これらのコストとベネフィットを比較しなければなりません．しかしその比較には，ベネフィットが量的にどの程度のものなのか，正確に理解する必要があります．クラス人数が基礎学力に及ぼす効果は大きいのか小さいのか．クラスが小規模になっても生徒の学力に何の影響も及ぼさないということはあるのか．

もちろん常識や身近な経験から，生徒数が少なければ学習量は増えるだろうと想像できます．しかし，その正確な数量的な効果は，常識ではわかりません．その答えを得るには，クラス人数と学力の関係について，実証的な証拠——つまりデータに基づく証拠——を調べなければならないのです．

本書では，1998年カリフォルニア州の420の学区で集められたデータを使って，1学級の大きさと基礎学力との関係を調べます．このカリフォルニア州のデータでは，より小規模学級の学区の生徒のほうが，クラス規模が大きい学区の生徒よりも，共通テストの成績が良い傾向にあることが示されます．この事実は予想どおりといえますが，その一方で，小規模クラスの学区の生徒のほうが他の条件に恵まれていて，単にその違いを反映しているだけという可能性も考えられます．たとえば，小規模クラスの学区にはより豊かな住民が多く，学校以外の塾や習い事などで勉強する機会が多いのかもしれません．つまり，別の学習機会に恵まれていることがテストの好成績につながっていて，クラス人数が原因ではないかもしれないのです．本書の第II部では，多変数の回帰分析を行って，学級人数の影響と，それ以外の要因（生徒の経済状況など）とを区別した分析を行います．

問題2．住宅ローンの借入れに人種差別はあるのか？

多くの人は，家を購入する際，住宅ローンを組みます．それは住宅の価値を担保にした高額のローンです．アメリカの住宅金融機関では，法律により，住宅ローンを承認するかどうか判断する際に人種を考慮することは禁じられています．ローンの応募者が，他の条

件はすべて同じで人種だけ異なる場合には，等しくローンが認められなければなりません．住宅ローンの借入れに人種差別があってはならないのです．

しかし，ボストン連邦準備銀行の研究者による調査では，1990年代初期，黒人の応募者の28%が住宅ローンを承認されなかったのに対して，その率は白人の応募者では9%でした．このデータは，現実には人種差別があることを示しているのでしょうか．もしそうならば，それはどの程度の大きさでしょうか．

ボストン連銀のデータが示す事実だけでは，人種差別の証拠にはなりません．なぜなら，黒人と白人の応募者で，人種以外の特性が異なる可能性があるからです．他の条件が等しい応募者に対して，ローンを承認されない確率に違いがあるかどうか，その違いは大きいのか小さいのかを調べる必要があります．第11章では，そのための具体的な計量分析手法を学習し，人種がローン承認を得る確率に影響を及ぼすかどうかについて，応募者の他の特性——特にローンの返済能力——を一定とした下で検証します．

問題3. たばこ税は喫煙をどれだけ減らすのか？

喫煙が健康に及ぼす悪影響は，世界中で問題となっています．喫煙がもたらす社会的なコスト——喫煙によって病気を患った人の医療費，あるいは数量化しにくいですが，副流煙が周囲の非喫煙者へもたらす健康被害など——は，喫煙者以外の人々に対する負担となります．したがって，そこに政府の役割があり，喫煙者のたばこ消費を抑えるための対策が講じられます．その方策の1つが，たばこへの課税です．

経済学の基本原理によれば，たばこの価格が上がれば，その消費は減るでしょう．しかし，それはどの程度減るのでしょうか．たばこ価格が1%上昇すれば，たばこの販売量は何%減少するでしょうか．1%の価格変化がもたらす需要量のパーセント変化は，「需要の価格弾力性（price elasticity of demand）」と呼ばれます．たとえば，課税によりたばこ消費を20%削減したければ，それに必要な価格の上昇幅を，価格弾力性に基づいて計算しなければなりません．しかし，たばこ需要の価格弾力性とはいくらでしょうか．

経済学は，この問題に答えるために役立つ概念は教えてくれますが，弾力性の実際の数値は教えてくれません．弾力性の値を知るためには，喫煙者と潜在的な喫煙者の行動を実証的に検証する必要があります．言い換えれば，たばこ価格と消費量の関係をデータに基づいて分析しなければならないのです．

本書で利用するデータは，1980年代〜90年代のアメリカにおける，たばこの販売量，価格，税金，そして個人所得です．そのデータを見ると，たばこ税の低い州，つまり価格の低い州ほど喫煙率が高く，税の高い州ほど喫煙率が低い傾向があります．しかし，このデータ分析が難しいのは，可能性として両方向の因果関係が考えられる点です．すなわち，税金が低いのでたばこへの需要が高いという可能性（税 → 消費量）だけでなく，もともとその州に多数の喫煙者がいて，選挙民であるスモーカーの意向を反映して政治家が

税を低く抑えている可能性（消費量 → 税）も考えられます．第12章では，この「同時双方向の因果関係（simultaneous causality）」を取り扱う手法について学習し，それをたばこ需要の価格弾力性の推計に応用します．

問題4. 来年のインフレ率は何パーセントになるか？

　私たちはいつも将来のことを知りたいと考えています．設備投資を計画中の企業にとって，来年の売り上げはいくらになるか？　株価は来月も上昇を続けるのか，そうだとすればいくら上がるのか？　来年の市の税収は，計画されている市政サービスの支出をカバーできるのか？　来週のミクロ経済学の試験問題では，外部性が出るのか，それとも独占か？　この土曜日は，海に行くのに絶好の天気となるか？

　マクロ経済学者やファイナンス研究者が特に関心を持つ将来の1つに，来年の一般物価の上昇率があります．ファイナンスの専門家は，顧客がどの金利条件で借入契約を結ぶべきか助言する際，来年のインフレ率に関する自らの予想を参考にします．アメリカのワシントンD.C.にある連邦準備銀行や，ドイツのフランクフルトにある欧州中央銀行など，各国の中央銀行は，インフレ率をコントロールするという責任を負っています．したがって中央銀行は，政策金利をどう設定するかを決定する際，来年にかけてのインフレ率の見通しを重視します．もしインフレ率が1%ポイント上昇すると予想されるなら，金利をそれ以上に引き上げて景気拡大にブレーキをかけ，経済の過熱を抑えようとするでしょう．もしインフレ率の見通しを誤って，金利水準が高過ぎ，もしくは低過ぎれば，それは不必要な景気後退，あるいは望ましくないインフレ率の高騰をもたらすリスクにつながります．

　正確な予測値を必要とするプロの経済学者は，計量経済モデルを使ってその予測を求めます．予測の仕事とは，過去のデータを使って将来を予想することです．計量経済学者は，経済理論と統計手法を駆使して，過去のデータに見られる変数間の関係を定量的に分析するのです．

　本書でインフレ率の予測に使うデータは，アメリカのインフレ率と失業率です．マクロ経済学における重要な実証的関係の1つに，インフレ率と失業率の関係を表す「フィリップス曲線」があります．そこでは，現在の失業率が低ければ，来年にかけてインフレ率は上昇するという関係が示されます．第14章ではいくつかのインフレ予測を議論して評価しますが，その1つが，このフィリップス曲線に基づく予測です．

数量的な問題に対する数量的な解答

　これら4つの問題は，それぞれ数値による解答が必要です．経済理論は，その答えを出すための手がかりは与えてくれます——たとえば，たばこの消費はその価格が上がると

減少する——，しかしその解答の数量的な値は，実証的にしか，つまりデータを分析しないと，知ることはできません．私たちは，定量的な問題に対して答えを出すために，データを使います．そのため，常に何らかの不確かさが含まれることになります．もし違うデータを使えば，異なる数値が答えとして出てくるでしょう．したがって，分析の基本フレームワークは，問題に対して数値による解答を与えると同時に，その解答の数値がどれだけ正確かを計測する手法も教えてくれなければなりません．

　本書が用いる基本フレームワークは，多変数の回帰モデル，すなわち計量経済学の根幹となるモデルです．このモデルは第II部で紹介されますが，これは，ある変数が変化したときの別の変数への影響を，他の要因は一定の下で，定量的に計測する数学的な手法です．たとえば1クラスの生徒数が変わったときのテスト成績への影響は，生徒の特性（その家の所得など）といった教育委員長がコントロールできない他の要因を一定としたとき，どの程度存在するのか？　住宅ローンの承認を得る確率は，ローンの返済能力などの他の要因を一定として，人種からの影響を受けるのか？　たばこの価格が1% 上がったとき，喫煙者の所得は一定とした下で，たばこの消費にどう影響を与えるのか？　多変数回帰モデルとそれを拡張した分析手法は，データを使ってこれらの問題へ解答を示し，またその解答に含まれる不確かさを数量化するための実証フレームワークなのです．

1.2　因果関係の効果と理想的な実験

　計量経済学に登場する多くの問題は，1.1 節で述べた最初の3つの問題もそうですが，変数間の因果関係に関するものです．一般の言葉で言えば，ある行動がある結果を引き起こすとは，その結果が，行動の直接的な帰結である場合です．たとえば，熱いストーブに触るとやけどをする，水を飲めばのどの渇きが収まる，空気を入れればタイヤは膨らむ，トマト栽培で肥料を与えれば収穫量が増える，等々です．因果性（causality）とは，ある特定の行動（肥料の投与）が，別の測定可能な結果（トマト収穫量の増加）をもたらすことを意味します．

因果関係の効果の推定

　いまトマト栽培の例で因果関係の効果を考えましょう．ある量の（たとえば1平方メートルあたり100グラムの）肥料を与えたとき，トマトの収穫量がどれだけ増えるか（キログラム単位），その効果を測定する最善の方法とはどのようなものでしょうか．

　この効果を測定する1つの方法は，実験を行うことです．その実験では，園芸学の研究者が数多くの区画でトマトを栽培します．各区画はそれぞれ等しく育てられますが，1つだけ違いがあります．いくつかの区画では1平方メートルあたり100グラムの肥料が与えられ，残りの区画では肥料は何も与えられません．さらに，どの区画に肥料が与えら

れるかは，コンピュータによりランダムに決定されます．これにより，区画によって異なる特性は，肥料を与えられるかどうかと無関係であることが保証されます．そして栽培シーズンの終わりに，園芸学の研究者はそれぞれの区画から得られた収穫量を測ります．肥料の有無によって平均収穫量に違いがあれば，それが肥料投与のトマト生産への効果となるのです．

　これは，ランダムにコントロールされた実験（**randomized controlled experiment**）の一例です．ここでコントロールされるというのは，この実験には，処置を受けない（肥料投与なし）コントロール・グループ（**control group**）と，処置（$100\,\mathrm{g/m^2}$の肥料投与）を受けるトリートメント・グループ（**treatment group**）の両方があるという意味です．またランダムというのは，その処置の有無が無作為に割り当てられるという意味です．このランダムな割り当てにより，たとえば区画の陽当たりと肥料投与の有無の間のシステマティックな関係が発生する可能性を排除することができ，コントロール・グループとトリートメント・グループの間のシステマティックな違いは，処置が施されたかどうかだけとなります．この実験が十分大規模に行われれば，処置（$100\,\mathrm{g/m^2}$の肥料投与）が結果（トマト生産量）へ及ぼす因果関係の効果が推定されるのです．

　本書では，因果関係の効果（**causal effect**）は，ある行動や処置が結果に及ぼす効果，と定義します．そしてその効果は，ランダムにコントロールされた理想的な実験によって測定されます．この実験では，コントロール・グループとトリートメント・グループの間で結果に違いが生じた場合，その違いをもたらしたシステマティックな理由は，トリートメント自身であるということです．

　1.1節のはじめの3つの問題に答えるために，このような理想的な実験を想像することは可能です．たとえば，クラス規模の問題を調べるために，異なる生徒グループに対して，異なるクラス人数をランダムに割り当てるという処置を実施することを考えましょう．実験がうまくデザイン・実施され，生徒グループの間でシステマティックに異なるのはクラス人数だけだとします．このとき理論的には，この実験から，クラス人数を減らしたときのテスト成績への影響を，他の条件をすべて一定とした下で推定できるのです．ランダムにコントロールされた理想的な実験を行うことは，因果関係の効果を明確に分析し定義できるという意味で，考え方として有用です．しかし実際には，このような理想的な実験を行うことは不可能でしょう．事実，計量経済学で実験が行われるのはまれです．というのは，実験は倫理的に問題があり，実際に満足のいく形で実施することも難しく，また経済的なコストも非常に高いからです．その一方で，ランダムにコントロールされた実験の考え方自体は，現実データを使って因果関係の効果を分析する際の，理論的なベンチマーク（基準）という役割を果たします．

予測と因果関係

1.1 節のはじめの 3 つの問題は，因果関係の効果に関するものでしたが，4 つ目の問題——インフレ予測——はそうではありません．良い予測を行うのに，因果関係を知る必要はありません．雨が降るかどうか「予測」する 1 つの良い方法は，歩行者が傘を持っているかどうか観察することです．しかし，傘を持つという行動が雨を降らせるわけではありません．

予測には因果関係は必ずしも必要ありませんが，マクロ経済理論は，インフレを予測するために有用な関係や規則性を示唆してくれます．第 14 章で述べるように，多変数の回帰分析によって私たちは，経済理論が教える変数間の関係を過去に遡って定量化して，その関係が時間を通じて安定的かをチェックし，将来に対する数量的な予測をして，それらの予測の正確さを評価することが可能となるのです．

1.3 データ：出所と種類

計量経済学では，データは 2 つの出所から得られます．実験，そして実験以外の観測から得られるデータです．本書では，両者のデータセットについて分析します．

実験データと観測データ

実験データ（experimental data）は，トリートメントや政策を評価するため，あるいは因果関係の効果を検証するためにデザインされた実験から得られます．たとえば，テネシー州は，クラス人数の効果を調べるため，大規模なランダムにコントロールされた実験を 1980 年代に行いました．その実験は，第 11 章でも検討しますが，何千もの学生がランダムに，異なる人数のクラスに振り分けられ，数年間続けて毎年共通テストを受験させたのです．

テネシー州のクラス人数の実験は，何百万ドルもの費用がかかり，また数多くの教育関係者，保護者，教師が数年間協力し続ける必要がありました．現実世界で人を対象とした実験は，管理・運営することも，またコントロールすることも困難で，理想的な実験に比べると多くの不備がありました．さらに言えば，実験は，費用がかかり運営が難しいだけでなく，倫理に反するという問題もあります．（たとえば，ランダムに選ばれた 10 代の若者に安いたばこを提示して，何人がたばこを買うか調べるというのは倫理的でしょうか？）このような金銭面，実際の運営面，そして倫理面の問題があるため，経済学における実験は非常にまれです．それに対して，ほとんどの経済データは，現実世界を観察することで得られるものです．

実験ではなく，実際の行動を観察することで得られるデータは，**観測データ**（observational data）と呼ばれます．観測データは，世論調査（消費者への電話調査など），管理や経営に関する記録（金融機関に残されている住宅ローン申請に関する過去の記録など）により収集されます．

観測データを使って因果関係の効果を推定しようという試みは決して容易ではなく，大変なチャレンジですが，その困難に立ち向かう手法を議論し提供するのが計量経済学です．現実の世界では，「トリートメント」の大きさ（トマト栽培の例では肥料の量，クラス人数の例では生徒・教師比率）は，ランダムに割り当てられません．その結果，「トリートメント」の効果を，考えられる他の要因と区別することは困難です．計量経済学の大部分，そして本書の大部分が，観察データに伴って生じるこの困難をどう乗り越えるか，その方法の検討に当てられます．

実験データか観測データかに関わらず，データセットには3つの種類があります．クロスセクション・データ，時系列データ，そしてパネルデータです．本書では，これら3種類のデータがすべて登場します．

クロスセクション・データ

ある一時期における異なる主体——たとえば，それぞれ異なる労働者，消費者，企業，政府機関など——に関するデータは，クロスセクション・データ（**cross-sectional data**）と呼ばれます．たとえば，カリフォルニア州の学区ごとのテスト成績データはクロスセクションであり，ある1つの時期（1998年）における420個の主体（学区）に関するデータです．一般に，観察される主体数はnで表されます．カリフォルニア州のデータでは，$n = 420$ です．

カリフォルニア州のテスト成績データには，学区ごとに，成績以外の変数に関する指標も記録されています．その一部が表1.1に示されています．それぞれの行には，学区ごとのデータが記載されています．たとえば1番目の学区（「学区1」）では，テスト成績の平均は690.8 です．これは，1998年の共通テスト（スタンフォード達成テスト，Stanford Achievement Test）における，この学区のすべての5年生が受験した算数と理科のテスト成績の平均です．また，この学区の生徒・教師比率は平均で17.89，つまり学区1のすべての生徒数を，すべての教師数で割った値が17.89 です．学区1の生徒1人当たりの平均支出額は6835 ドル．この学区で，まだ英語を学習している生徒の割合，つまり英語が母国語ではなくまだ習熟していない生徒の割合は0％ です．

それ以降の行は，他の学区のそれぞれのデータを表しています．行の順番は任意で，ここでの学区番号——それは**観測値番号**（**observation number**）と呼ばれます——は，データ整備のために任意に割り当てられた番号です．表からわかるように，各変数の値は，学区によってかなり変動します．

クロスセクション・データを入手できれば，ある一時期における人々，企業，その他の

表 1.1　1998 年カリフォルニア州の各学区における観測値：テスト成績と他の変数

観測値（学区）番号	テスト成績の学区平均（5 年生）	生徒・教師比率	生徒 1 人当たりの支出額（ドル）	英語学習者の割合（%）
1	690.8	17.89	$6385	0.0%
2	661.2	21.52	5099	4.6
3	643.6	18.70	5502	30.0
4	647.7	17.36	7102	0.0
5	640.8	18.67	5236	13.9
⋮	⋮	⋮	⋮	⋮
418	645.0	21.89	4403	24.3
419	672.2	20.20	4776	3.0
420	655.8	19.04	5993	5.0

注：カリフォルニア州テスト成績データに関する詳細は，付論 4.1 を参照．

経済主体間の違いを分析し，変数間の関係について学ぶことができるのです．

時系列データ

時系列データ（**time series data**）は，1 つの主体（人，企業，国など）に関するデータが多くの時期について集められたものです．本書のデータセットの 1 つであるアメリカのインフレ率と失業率データは，時系列データの具体例です．このデータセットには，2 つの変数（インフレ率と失業率）の観測値が，1 つの主体（アメリカ），そして 183 の時期について記録されています．ここで，1 つの時期の長さは四半期です（第 1 四半期は 1 月から 3 月，第 2 四半期は 4 月から 6 月，以下同様に定義されます）．このデータセットの観測値は，1959 年第 2 四半期——1959:II と表記される——から始まり，2004 年第 4 四半期（2004:IV）で終わります．時系列データにおける観測値の数（つまり時期の合計数）は T と表されます．1959:II から 2004:IV までの間に 183 四半期あるので，このデータセットには $T = 183$ 個の観測値が含まれています．

表 1.2 には，このデータセットの観測値の一部が表示されています．表のそれぞれの行は，異なる時期（年と四半期）に対応しています．たとえば 1959 年第 2 四半期には，インフレ率は年率で 0.7%，つまり 1959 年第 2 四半期の物価上昇率が 12 ヶ月続けば，一般物価水準（消費者物価指数，Consumer Price Index, CPI）は 0.7% 上昇することを表します．同じ 1959 年第 2 四半期に，失業率は 5.1%，つまり労働力人口の 5.1% の人々が，仕事を持たず，かつ仕事を探していると申告したことを表します．1959 年第 3 四半期では，CPI インフレ率は 2.1%，失業率は 5.3% です．

時系列データは，1 つの主体を時間の経過とともに追跡するもので，時間を通じた変数

表 1.2　アメリカの消費者物価指数（Consumer Price Index, CPI）インフレ率と失業率：四半期データ，1959-2004年

観測値番号	時期（年：四半期）	CPI インフレ率（%，年率）	失業率（%）
1	1959:II	0.7%	5.1%
2	1959:III	2.1	5.3
3	1959:IV	2.4	5.6
4	1960:I	0.4	5.1
5	1960:II	2.4	5.2
⋮	⋮	⋮	⋮
181	2004:II	4.3	5.6
182	2004:III	1.6	5.4
183	2004:IV	3.5	5.4

注：アメリカのインフレ率と失業率データに関する詳細は，付論 14.1 を参照．

の動きや，その将来予測の分析に使われます．

パネルデータ

　パネルデータ（**panel data**），または時間縦断的データ（**longitudinal data**）とは，複数の主体に関するデータで，各主体について 2 つ以上の時期において観察されたデータです．本書で用いるたばこ消費と価格に関するデータは，パネルデータ・セットの具体例で，その一部が表 1.3 に示されています．パネルデータにおける主体の数は n，時期の数は T で表記されます．本書のたばこ消費データには，アメリカの $n = 48$ の大陸州（主体）について，1985 年から 1995 年までの $T = 11$ 年（時期）の観測値があります．したがって合計すると，$n \times T = 48 \times 11 = 528$ 個の観測値が含まれます．

　表 1.3 には，たばこ消費データの一部が表されています．最初の 48 行の観測値ブロックには，1985 年における各州のデータが，アラバマ州からワイオミング州までアルファベット順にまとめられています．次の 48 行のブロックには 1986 年の各州のデータが示され，同様のブロックが 1995 年まで続いています．たとえば，1985 年，アーカンソー州のたばこ売上げは，1 人当たり 128.5 箱（1985 年アーカンソー州で売り上げた全箱数を同年の州人口で割った値が 128.5）です．同年，同州でのたばこ 1 箱の平均価格（税金含む）は 1.015 ドルで，そのうち 37 セントは連邦，州および地域の税金として徴収されます．

　パネルデータは，数多くの異なる主体の経験と，各主体それぞれの時間を通じた変化から，経済変数間の関係を知るために使われます．

　クロスセクション・データ，時系列データ，パネルデータ，それぞれの定義は，基本概念 1.1 にまとめられています．

表 1.3 アメリカの各州，各年におけるたばこの売上げ，価格，税金に関するデータ：1985-1995 年

観測値番号	州	年	たばこ売上げ（1 人当たり箱数）	1 箱当たり平均価格（税金含む）	税金合計（たばこ税＋消費税）
1	Alabama	1985	116.5	$1.022	$0.333
2	Arakansas	1985	128.5	1.015	0.370
3	Arizona	1985	104.5	1.086	0.362
⋮	⋮	⋮	⋮	⋮	⋮
47	West Virginia	1985	112.8	1.089	0.382
48	Wyoming	1985	129.4	0.935	0.240
49	Alabama	1986	117.2	1.080	0.334
⋮	⋮	⋮	⋮	⋮	⋮
96	Wyoming	1986	127.8	1.007	0.240
97	Alabama	1987	115.8	1.135	0.335
⋮	⋮	⋮	⋮	⋮	⋮
528	Wyoming	1995	112.2	1.585	0.360

注：たばこ消費データに関する詳細は，付論 12.1 を参照．

基本概念 1.1　クロスセクション・データ，時系列データ，パネルデータ

- クロスセクション・データは，複数の主体で構成され，ある一時期において観測される．
- 時系列データは，1 つの主体で構成され，複数の時期において観測される．
- パネルデータ（時間縦断的データとも呼ばれる）は，複数の主体で構成され，各主体について 2 つ以上の時期において観測される．

要約

1. 経済やビジネスに関する多くの意思決定には，ある変数の変化が別の変数にどの程度影響を及ぼすのかについて，具体的な数値を必要とする．
2. こうした因果関係の効果を推定する方法として，考え方として有用なのは，ランダムにコントロールされた理想的な実験を行うことである．しかし，そのような実験を実際に行うことは，通常，倫理面や運営面に問題があり，また非常に多くの費用がかかる．

3. 計量経済学は，（実験ではない）観測データや，現実世界における不完全な実験データを使って，因果関係の効果を推定するツールとなる．
4. クロスセクション・データは，複数の主体に関して，ある一時期において観測され，集められたデータである．時系列データは，1つの主体に関して，複数の時期において観測され，集められたデータである．そしてパネルデータは，複数の主体に関して，複数の時期において観測され，集められたデータである．

キーワード

ランダムにコントロールされた実験 [randomized controlled experiment] 8
コントロール・グループ [control group] 8
トリートメント・グループ [treatment group] 8
因果関係の効果 [causal effect] 8
実験データ [experimental data] 9

観測データ [observational data] 9
クロスセクション・データ [cross-sectional data] 10
観測値番号 [observation number] 10
時系列データ [time series data] 11
パネルデータ [panel data] 12
時間縦断的データ [longitudinal data] 12

第 2 章 　確率の復習

　本章では，回帰分析と計量経済学の理解に欠かせない確率の基本概念について復習します．ここでは，読者の皆さんは入門レベルの確率論・統計学のコースを履修済みという前提で説明していきます．もし自分の知識があいまいだと感じるなら，本章を読むことで理解を新たにしてください．自分の理解に自信がある場合でも，本章にざっと目を通して，用語や概念の理解に誤りがないか確認してください．

　私たちの身の回りには，確率的な要素を持つ事象にあふれています．確率理論は，その確率的な現象を数量化して表現するための数学的な分析道具といえます．2.1 節は，1 変数で表される確率変数とその確率分布について復習します．2.2 節は数学的な期待値，平均そして分散について説明します．経済問題は複数の変数に関わるものがほとんどですが，2.3 節では 2 つの確率変数に関する基礎的な理論について紹介します．2.4 節では，統計学・計量経済学で中心的な役割を果たす 3 つの確率分布：正規分布，カイ二乗分布，F 分布について学びます．

　本章の最後の 2 つの節（2.5 節と 2.6 節）では，特に重要な確率的事象として，より大きな母集団から無作為に抽出された標本（サンプル）の確率的事象について説明します．たとえば，無作為に選んだ大学卒業生 10 人の賃金状況を調査し，観察された 10 個のデータの平均賃金を計算するとしましょう．その 10 人はランダムに選ばれたものなので，別の異なる 10 人を無作為に選びだせば，最初とは異なる賃金データ，そして異なる標本平均となるでしょう．つまり，あるサンプルと別のサンプルで標本平均は異なるので，その標本平均自体が確率変数であることがわかります．したがって標本平均も確率分布を持ち，それは標本分布と呼ばれます．なぜならその分布には，他の異なるサンプルから得られるであろう標本平均の異なる値が表現されているからです．

　2.5 節は，無作為な標本抽出（ランダム・サンプリング）と標本平均に関する標本分布について議論します．標本分布は，一般に複雑な形状をしています．しかしサンプル数が十分に大きければ，標本平均に関する標本分布は近似的に正規分布で表されるという結果が，中心極限定理により示されます．この点は 2.6 節で議論されます．

2.1 確率変数と確率分布

確率，標本空間，確率変数

確率と事象 皆さんが次に初めて会う人の性別，試験の成績，期末レポート作成中にパソコンが故障する回数．これらはどれも確率的な要素を持っています．これらの事例は，最終的に実現するまで結果はわからないからです．

起こりうる互いに重複しない結果は，**事象**（**outcomes**）と呼ばれます．たとえばパソコンの例なら「一度も故障しない」，「一度故障する」，「二度故障する」などです．実際の事象としては，その中の 1 つしか起こりません（それが「互いに重複しない」という意味です）．また各事象の起こりやすさは同じではありません．

ある事象の**確率**（**probability**）とは，長い時間をかけてみて，その事象が発生する時間的な割合に当たります．たとえば，期末レポート作成中にパソコンが故障しない確率が 80% ならば，数多くのレポートを書くとき，その 80% の場合で故障なしにレポートを仕上げられるということを意味します．

標本空間とイベント 起こりうるすべての事象の集合は**標本空間**（**sample space**）と呼ばれます．標本空間の中の部分集合は**イベント**（**event**）です．つまりイベントとは，1 つあるいは複数の事象から構成されます．たとえば「自分のパソコンは，多くても一度までしか故障しない」というイベントであれば，「一度も故障しない」「一度故障する」という 2 つの事象からなります．

確率変数 確率変数（random variable）は，確率的な事象を数値を使って表現したものです．レポート作成中のパソコンの故障の回数は，確率的でかつ数値で表されるので，確率変数です．

確率変数には，その値が離れ離れ（離散的，discrete）なものと連続的（continuous）なものとがあります．その名のとおり，**離散的な確率変数**（**discrete random variable**）とは，$0, 1, 2, \cdots$ といった離れた値の集合からなり，**連続的な確率変数**（**continuous random variable**）とは，連続した数値からなります．

離散的な確率変数の確率分布

確率分布 離散的な確率変数の**確率分布**（**probability distribution**）とは，その変数が取り得るすべての値のリストと，それぞれの値が起こる確率を表したものです．そして，それぞれの確率の合計は 1 となります．

たとえば，M を，皆さんが期末レポート作成中に自分のパソコンが故障する回数とし

表 2.1　パソコンが M 回故障する確率

	事象（故障回数）				
	0	1	2	3	4
確率分布	0.80	0.10	0.06	0.03	0.01
累積確率分布	0.80	0.90	0.96	0.99	1.00

ましょう．この確率変数 M の確率分布は，すべての起こりうる値の確率のリストになります．たとえば $M = 0$ の確率，つまり $\Pr(M = 0)$ はパソコンが故障しない確率，$\Pr(M = 1)$ は一度だけ故障する確率，といったように表されます．M の確率分布の一例が，表 2.1 の 2 行目に示されています．この分布によれば，故障ゼロの確率は 80%，故障 1 回の確率は 10%，故障が 2 回，3 回，4 回となる確率は，それぞれ，6%，3%，1%．これらの確率をすべて足し合わせると 100% となります．この確率分布は図 2.1 に描かれています．

イベントの確率　イベントの確率は，確率分布から求められます．「1 回もしくは 2 回故障する」というイベントの確率は，それぞれの確率を合計したものです．すなわち，$\Pr(M = 1 \text{ または } M = 2) = \Pr(M = 1) + \Pr(M = 2) = 0.10 + 0.06 = 0.16$，あるいは 16% です．

累積確率分布　累積確率分布（**cumulative probability distribution**）とは，確率変

図 2.1　パソコン故障回数の確率分布

棒グラフのそれぞれの高さは，それぞれの回数だけパソコンが故障する確率を表す．棒グラフの最初の値は 0.80 なので，回数 0 の確率は 80%．棒グラフの次の値は 0.1，したがって回数 1 となる確率は 10%．

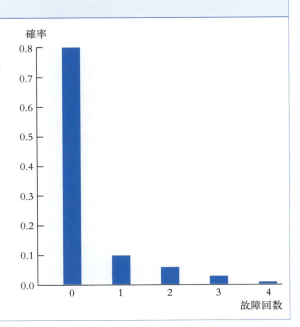

数がある値以下となる確率のことです．表 2.1 の最後の行には，確率変数 M の累積的な確率分布が示されています．たとえば，最大で 1 回の故障が起こる確率，$\Pr(M \leq 1)$ は 90% となります．これは故障ゼロの確率（80%）と故障 1 回の確率（10%）の合計に当たります．

累積確率分布は，**累積分布関数（cumulative distribution function, c.d.f.）** または，**累積分布（cumulative distribution）** とも呼ばれます．

ベルヌーイ分布

離散的な確率変数の重要な例は，確率変数が二者択一で，事象が 0 か 1 の場合です．(0,1) の確率変数は，**ベルヌーイ確率変数（Bernoulli random variable**，17 世紀スイスの数学者・科学者 Jacob Bernoulli にちなむ）と呼ばれ，その確率分布は**ベルヌーイ分布（Bernoulli distribution）**と呼ばれます．たとえば，変数 G は皆さんが次に会う人の性別だとしましょう．$G = 0$ はその会う人が男性の場合，$G = 1$ は女性の場合だとします．G の事象とその確率は，

$$G = \begin{cases} 1 & （確率\ p） \\ 0 & （確率\ 1 - p） \end{cases} \tag{2.1}$$

となり，p は次に会う人が女性である確率を表します．(2.1) 式の確率分布はベルヌーイ分布となります．

連続的な確率変数の確率分布

累積確率分布

変数が連続の場合の累積確率分布は，離散の場合とまったく同様に定義されます．つまり，連続的な確率変数の累積確率分布は，確率変数の値が特定の値以下である確率をさします．

たとえば，自宅から学校まで自動車で通う学生を考えましょう．この学生の通学時間は連続した値をとり，それは天気や道路事情など確率的な要因に依存するので，連続的な確率変数とみなすことができます．図 2.2a には，通学時間に関する，ある架空の累積分布が示されています．たとえば，通学時間が 15 分以内となる確率は 20%，20 分以内となる確率は 78% となります．

確率密度関数

確率変数が連続の場合，取り得るすべての値が連続しているので，離散的な場合の確率分布のように確率変数の値それぞれに確率を考えることはできません．その代わり，連続変数の場合の確率は，**確率密度関数（probability density function）**によって表現されます．確率密度関数の 2 点の間の面積は，確率変数がその 2 点の間に入る確率となります．確率密度関数は，**p.d.f.**，**密度関数（density function）**，あるいは**密度（density）**とも呼ばれます．

図 2.2　通学時間の累積分布関数と確率密度関数

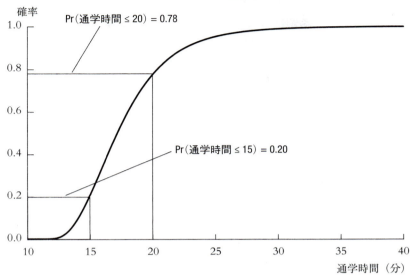

(a) 通学時間の累積分布関数

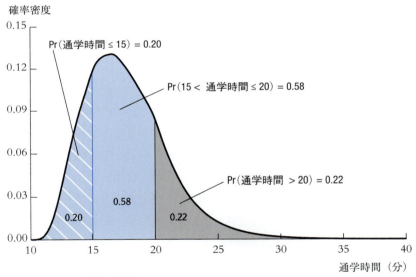

(b) 通学時間の確率密度関数

図 2.2a は，通学時間の累積分布関数（c.d.f.）を表す．通学時間が 15 分以内となる確率は 0.20（20%），20 分以内となる確率は 0.78（78%）．図 2.2b は，通学時間の確率密度関数（p.d.f.）を表す．確率は，確率密度関数より下の面積で求められる．通学時間が 15 分から 20 分の間となる確率は 0.58（58%）で，それは 15 分と 20 分の間の曲線より下の面積で与えられる．

図 2.2b は，図 2.2a の累積分布に対応した，通学時間の確率密度関数を表しています．通学時間が 15 分から 20 分の間となる確率は，p.d.f の 15 分から 20 分の間の面積に相当し，それは 0.58，つまり 58% となります．この確率は，図 2.2a の累積分布では，通学時間が 20 分以下になる確率（78%）と 15 分以下になる確率（20%）の差として求めることができます．このように，確率密度関数と累積確率分布は，同じ情報を異なった表現で表すものです．

2.2 期待値，平均，分散

確率変数の期待値

期待値　ある確率変数 Y の期待値（**expected value**）は，$E(Y)$ と表記され，試行を何回も繰り返すことで得られる長期的な平均値を表します．離散的な確率変数の期待値は，起こりうる事象の加重平均で，そのウエイトはそれぞれの事象が起こる確率を用います．Y の期待値は，Y の期待（**expectation**），Y の平均（**mean**）とも呼ばれ，μ_Y と表されます．

たとえば，いま 100 ドルを 10% の金利で友人に貸したとしましょう．もし貸したお金が戻ってくれば，110 ドル手に入ります（元本 100 ドル + 利子 10 ドル）．しかし 1% の確率ですが友人が破産してしまい，貸したお金が戻ってこないリスクがあるとします．このとき，返済される資金の額は確率変数であり，99% の確率で 110 ドル，1% の確率で 0 ドルという値をとります．このような貸し出しを何度も繰り返し行うと，そのうち 99% の回数で 110 ドル返済され，1% の回数で何も返済されないことになるでしょう．その結果，平均的な返済金額は，110 ドル × 0.99 + 0 ドル × 0.01 = 108.90 ドルとなります．したがって，返済額の期待値（あるいは「平均」返済額）は 108.90 ドルです．

2 つめの例として，コンピュータの故障回数 M を考えましょう．ここで M については，表 2.1 のような確率分布が与えられているものとします．M の期待値は，期末レポートを何度も作成した結果起こる故障回数の平均値で，その際，それぞれの故障回数が発生する頻度をウエイトに用います．その結果，

$$E(M) = 0 \times 0.80 + 1 \times 0.10 + 2 \times 0.06 + 3 \times 0.03 + 4 \times 0.01 = 0.35 \quad (2.2)$$

となり，レポート作成中にパソコンが故障する回数の期待値は 0.35 となります．もちろん，実際の故障回数は整数でなければならず，「レポート作成中にコンピュータは 0.35 回故障する」といっても意味をなさないでしょう．あくまでも (2.2) 式の計算の意味は，このようなレポートを数多く作成する場合の平均的な故障回数は 0.35 というものです．

基本概念 2.1 には，離散的で k 個の異なる値を取る確率変数 Y の場合の期待値の公式がまとめられています．

基本概念 2.1　期待値と平均

いま確率変数 Y は，k 個の異なる値 $y_1,\ldots,y_k$ を取るものとする．ここで y_1 は第 1 の値，y_2 は第 2 の値で，Y が y_1 となる確率は p_1，y_2 となる確率は p_2，といった形で与えられるとする．Y の期待値は $E(Y)$ と表記され，

$$E(Y) = y_1 p_1 + y_2 p_2 + \cdots + y_k p_k = \sum_{i=1}^{k} y_i p_i \tag{2.3}$$

と表される．ここで "$\sum_{i=1}^{k} y_i p_i$" という記号は，「$y_i p_i$ を 1 から k までの i すべてについて合計したもの」を意味する．Y の期待値は，Y の平均，または Y の期待とも呼ばれ，μ_Y という記号が使われる．

ベルヌーイ確率変数の期待値　基本概念 2.1 で述べた一般公式の重要な特別ケースはベルヌーイ確率変数の平均の場合です．G をベルヌーイ確率変数として，確率分布は (2.1) 式で与えられているとしましょう．このとき G の期待値は，

$$E(G) = 1 \times p + 0 \times (1-p) = p \tag{2.4}$$

となります．したがって，ベルヌーイ確率変数の期待値は p，すなわちその値が 1 を取る確率に等しくなります．

連続的な確率変数の期待値　確率変数が連続的な場合でも，期待値は，起こりうる事象を確率で加重平均した値で定義されます．連続的な確率変数の場合，取りうる値は連続しているので，正式な数学的定義には微積分が必要となります．正式な定義は第 17 章の付論 17.1 を参照してください．

標準偏差と分散

分散と標準偏差は，確率分布の散らばり度合い，またはその「幅」を測るものです．分散（**variance**）は，$\mathrm{var}(Y)$ と表記され，Y とその平均との差の二乗に関する期待値，すなわち $\mathrm{var}(Y) = E[(Y - \mu_Y)^2]$ と表されます．

分散を求めるには Y の二乗を使うので，分散の単位は Y の二乗の単位となり，その結果，分散の解釈は少しわかりにくくなります．したがって，分布の散らばりを計測する指標として，標準偏差（**standard deviation**）がよく利用されます．標準偏差は分散に平方根を取った値で，σ_Y と表記されます．標準偏差の単位は Y と同じです．これらの定義

基本概念	分散と標準偏差
2.2	離散的な確率変数 Y の分散, σ_Y^2 は, $$\sigma_Y^2 = \text{var}(Y) = E[(Y-\mu_Y)^2] = \sum_{i=1}^{k}(y_i-\mu_Y)^2 p_i \qquad (2.5)$$ Y の標準偏差 σ_Y は, 分散の平方根である. 標準偏差の単位は, Y の単位と同一である.

は, 基本概念 2.2 にまとめられています.

たとえば, 先のコンピュータの例で考えると, 故障回数 M の分散は, M とその平均 0.35 との差の二乗を確率で加重平均した値となります. すなわち,

$$\begin{aligned}\text{var}(M) &= (0-0.35)^2 \times 0.80 + (1-0.35)^2 \times 0.10 + (2-0.35)^2 \times 0.06 \\ &\quad + (3-0.35)^2 \times 0.03 + (4-0.35)^2 \times 0.01 = 0.6475.\end{aligned} \qquad (2.6)$$

M の標準偏差は分散の平方根なので, $\sigma_M = \sqrt{0.6475} \cong 0.80$ となります.

ベルヌーイ確率変数の分散　　確率分布 (2.1) 式に従うベルヌーイ確率変数 G の平均は $\mu_G = p$ でした ((2.4) 式). したがって, その分散は,

$$\text{var}(G) = \sigma_G^2 = (0-p)^2 \times (1-p) + (1-p)^2 \times p = p(1-p). \qquad (2.7)$$

また, その標準偏差は, $\sigma_G = \sqrt{p(1-p)}$ と表されます.

確率変数の線形関数に関する平均と分散

ここでは, 線形の関係にある確率変数（たとえば X と Y）について考えます. たとえば, ある税金の制度として, 勤労者の所得は 20% 税金として徴収され, その後（無税の）補助金が 2000 ドル与えられるとしましょう. この税制の下, 税引き後の所得 Y は, 税引き前の所得 X との間に次式のような関係があるとします：

$$Y = 2000 + 0.8X. \qquad (2.8)$$

つまり税引き後の所得 Y は, 税引き前所得 X の 80% プラス 2000 ドルとなります.

たとえば来年の課税前の所得が, 平均 μ_X, 分散 σ_X^2 の確率変数だとします. 税引き前所得はランダムなので, 税引き後所得もランダムとなります. この税制の下, 課税後の所得についての平均と標準偏差はいくらになるでしょうか. (2.8) 式の課税後所得の関係式

から，その期待値は，

$$E(Y) = \mu_Y = 2000 + 0.8\mu_X. \tag{2.9}$$

そして，課税後所得の分散は，$(Y - \mu_Y)^2$ の期待値になります．$Y = 2000 + 0.8X$ なので，$Y - \mu_Y = 2000 + 0.8X - (2000 + 0.8\mu_X) = 0.8(X - \mu_X)$ です．したがって，$E[(Y - \mu_Y)^2] = E\{[0.8(X - \mu_X)]^2\} = 0.64E[(X - \mu_X)^2]$ です．この関係から，$\mathrm{var}(Y) = 0.64\mathrm{var}(X)$ となるので，両辺の平方根を取って標準偏差に直すと，Y の標準偏差は，

$$\sigma_Y = 0.8\sigma_X. \tag{2.10}$$

すなわち，課税後所得の分布の標準偏差は，課税前所得の分布の標準偏差の 80% に相当することがわかります．

以上の分析を一般化して，Y が X に依存し，定数項は（2000 ドルの代わりに）a，傾きは（0.8 の代わりに）b だとします．すなわち，

$$Y = a + bX. \tag{2.11}$$

このとき，Y の平均と分散は，

$$\mu_Y = a + b\mu_X \tag{2.12}$$
$$\sigma_Y^2 = b^2 \sigma_X^2 \tag{2.13}$$

と表され，Y の標準偏差は $\sigma_Y = b\sigma_X$ です．先の (2.9), (2.10) 式は，一般的な表現 (2.12), (2.13) 式に $a = 2000$, $b = 0.8$ を代入したものなのです．

確率分布の形状に関する他の指標

平均と標準偏差は，確率分布の2つの重要な特徴，すなわち分布の中心（平均）と散らばり（標準偏差）を測るものでした．この節では，分布の別の2つの特徴を測る指標として，分布の歪み・左右非対称の度合いを測る「歪度」と，分布のすその厚み（あるいはすその「重さ」）を測る「尖度」を説明します．平均，分散，歪度，尖度はすべて分布のモーメント（**moments of a distribution**）と呼ばれるものに基づいています．

歪度 図 2.3 は 4 つの分布を示しており，2 つは対称，残り 2 つは非対称です．一見して，図 2.3d の分布は，図 2.3c よりも対称の状態から離れていることがわかります．分布の歪度とは，左右対称からどれだけ歪んでいるかを測る数学的な指標です．

確率変数 Y の分布に関する歪度（**skewnes**）は，

$$歪度 = \frac{E[(Y - \mu_Y)^3]}{\sigma_Y^3} \tag{2.14}$$

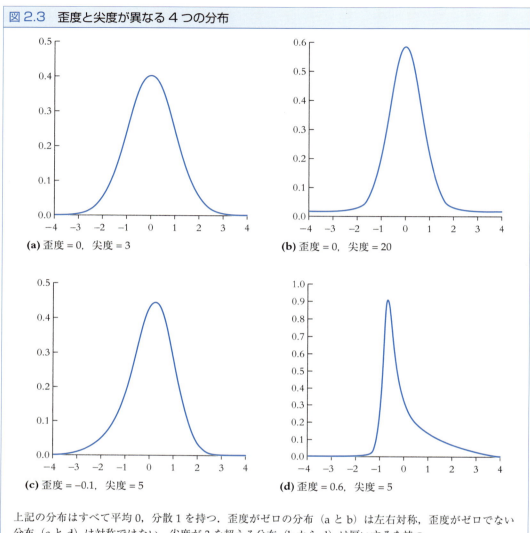

図 2.3 歪度と尖度が異なる 4 つの分布

(a) 歪度 = 0，尖度 = 3
(b) 歪度 = 0，尖度 = 20
(c) 歪度 = −0.1，尖度 = 5
(d) 歪度 = 0.6，尖度 = 5

上記の分布はすべて平均 0，分散 1 を持つ．歪度がゼロの分布（a と b）は左右対称，歪度がゼロでない分布（c と d）は対称ではない．尖度が 3 を超える分布（b から d）は厚いすそを持つ．

で与えられます．ここで σ_Y は Y の標準偏差です．分布が対称であれば，平均をある幅で上回る Y の値は，平均から同じ幅で下回る値と同じ発生確率となるはずです．そのとき，$(Y − \mu_Y)^3$ の正の値は，同じ確からしさを持つ負の値で等しく相殺されるでしょう．したがって，分布が対称であるとき，$E[(Y − \mu_Y)^3] = 0$，つまり対称な分布の歪度はゼロです．一方，分布が対称でなければ，$(Y − \mu_Y)^3$ の正の値は，同じ確からしさをもつ負の値によって平均でみて相殺されません．したがって対称でない分布の歪度はゼロではありません．(2.14) 式では，分母の σ_Y^3 で割ることで，分子の Y^3 の単位が相殺され，その結果，歪度は単位のない値です．言い換えると，Y の単位が変わっても，歪度は変わりません．

図 2.3 では，4 つの分布それぞれの下に歪度が表示されています．もし分布の右側のすそが長ければ，$(Y − \mu_Y)^3$ の正の値は負の値で相殺されず，歪度は正となります．もし分

布の左側のすそが長ければ，歪度は負となります．

尖度　　分布の尖度（**kurtosis**）とは，分布のすその部分がどれだけ厚いかを測る指標です．尖度は，Yの分散のうちどれほどが極端な値によってもたらされるかを表します．Yの極端な値は，**異常値**（**outlier**）と呼ばれます．尖度が大きければ，異常値の起こる可能性が高いことになります．

Yの分布の尖度は，

$$尖度 = \frac{E[(Y-\mu_Y)^4]}{\sigma_Y^4} \tag{2.15}$$

となります．もし分布のすそが厚ければ，平均から極端に離れたYの値が発生しやすくなります．それらの非常に大きな値は，平均で見て，$(Y-\mu_Y)^4$の大きな値につながります．したがって，すそに厚みを持つ分布の尖度は大きくなります．$(Y-\mu_Y)^4$はマイナスにはならないので，尖度も負にはなりません．

正規分布に従う確率変数の尖度は3です．したがって3を上回る尖度を持つ確率変数は，正規分布の場合よりも分布のすそが厚くなります．3を超える尖度を持つ分布は，**急尖的**（**leptokurtic**），あるいは「厚いすそ（**heavy tail**）」と呼ばれます．歪度と同じく尖度も単位はありません．したがって，Yの単位が変わっても尖度は変わりません．

図2.3の4つの分布の下には尖度が表示されています．図2.3bからdの分布は，厚いすそを持ちます．

モーメント　　Yの平均$E(Y)$は，Yの1次のモーメントとも呼ばれます．またYの二乗の期待値$E(Y^2)$は，2次のモーメントと呼ばれます．一般に，Y^rの期待値は，確率変数Yのr次のモーメント（r^{th} **moment**）と呼ばれ，$E(Y^r)$と表記されます．歪度はYの1次，2次，そして3次のモーメントの関数となり，尖度は1次から4次のモーメントの関数となります．

2.3　2つの確率変数

経済学のほとんどの問題は，2つかそれ以上の変数が関係します．大学を卒業した人は，卒業していない人と比べてより就職しやすいか？　働く女性の所得の分布は，男性の場合と比べて異なるのか？　これらの問いに答えるには，2つの確率変数の分布を同時に考慮しなければなりません（最初の例では教育と就職状況，次の例では所得と性別といった具合です）．そしてそのためには，結合分布，限界分布，条件付確率分布といった概念を理解する必要があります．

表 2.2　天気と通学時間の結合分布

	雨が降る（$X=0$）	雨は降らない（$X=1$）	合計
通学時間が長い（$Y=0$）	0.15	0.07	0.22
通学時間が短い（$Y=1$）	0.15	0.63	0.78
合計	0.30	0.70	1.00

結合分布と限界分布

結合分布　2つの離散的な確率変数 X, Y の結合確率分布（**joint probability distribution**）とは，それらが同時に特定の値 (x, y) を取る確率を示します．取りうるすべての x, y の確率を合計すれば1になります．結合確率分布は，$\Pr(X = x, Y = y)$ という関数で表現されます．

たとえば2.1節の例で，天気の状況——雨が降っているかどうか——で，学生の通学時間は影響を受けるでしょう．Y を (0,1) の確率変数とし，もし通学時間が短ければ（20分未満）1，そうでなければ0とします．X も同様に (0,1) の確率変数で，雨が降っている場合は0，それ以外は1とします．これら2つの確率変数の間で，起こりうる事象は次の4つです．雨が降り通学時間が長い（$X = 0, Y = 0$），雨が降り通学時間は短い（$X = 0, Y = 1$），雨は降らず通学時間が長い（$X = 1, Y = 0$），雨は降らず通学時間は短い（$X = 1, Y = 1$）．結合確率分布は，これら4つの事象が起こる度合いを，数多く通学を繰り返すことで求めたものに当たります．

表 2.2 は，結合確率分布の例を表しています．この分布によれば，数多くの通学を繰り返すと，全体の15%の日で雨が降り，通学時間が長くなります（$X = 0, Y = 0$）．したがって，雨で長い通学となる確率は15%，$\Pr(X = 0, Y = 0) = 0.15$ です．同様に，$\Pr(X = 0, Y = 1) = 0.15$, $\Pr(X = 1, Y = 0) = 0.07$, $\Pr(X = 1, Y = 1) = 0.63$ です．これらの4つの事象は，互いに重複せずに標本全体を構成するので，4つの確率の合計は1となります．

限界確率分布　確率変数 Y の限界確率分布（**marginal probability distribution**）は，その確率分布（**probability distribution**）の別の呼び方です．この用語は，Y だけの確率分布（すなわち限界確率分布）と，Y と別の確率変数との結合分布とを区別するために用いられます．

Y の限界分布は，X と Y の結合分布を使って，Y が特定の値を取る場合に起こりうるすべての事象の確率を足し合わせることで計算できます．もし X が l 個の異なる値 $x_1, \ldots, x_l$ を取りうるとすれば，Y がある y という値をとる限界分布は，

$$\Pr(Y = y) = \sum_{i=1}^{l} \Pr(X = x_i, Y = y) \tag{2.16}$$

で求められます．

表2.2の例で考えると，通学時間が長くそして雨が降る確率は15%，通学時間が長くしかし雨の降らない確率は7%です．したがって，通学時間が長くなる限界確率は（雨が降るかどうかにかかわらず）22%です．通学時間に関する限界分布は，表2.2の最後の列に表されています．同じく，雨が降る限界確率は30%で，表2.2の最後の行に示されています．

条件付分布

条件付分布 　別の確率変数Xが特定の値を取るという条件の下で導出される確率変数Yの分布は，Xが与えられた下でのYの条件付分布（**conditional distribution of Y given X**）と呼ばれます．Xがあるxという値を取るとき，Yがyという値を取る条件付確率は，$\Pr(Y = y|X = x)$と表記されます．

たとえば，雨が降る（$X = 0$）とわかっているときに通学時間が長くなる（$Y = 0$）確率はいくらでしょうか．表2.2から，雨が降って短い通学時間となる確率は15%，雨が降って長い通学時間となる確率は15%でした．なので，もし雨が降っていれば，長い通学時間と短い通学時間には，どちらも等しい程度に起こりえます．したがって，雨が降る（$X = 0$）という条件の下で，通学時間が長くなる（$Y = 0$）確率は50%，すなわち$\Pr(Y = 0|X = 0) = 0.50$となります．同じことですが，雨が降る限界確率は30%，つまり何度も通学する中で30%は雨が降るということでした．この30%の通学の中の半分，50%の回数で通学時間が長くなるとも理解できます（0.15/0.30）．

一般に，$X = x$の下でのYの条件付分布は，

$$\Pr(Y = y|X = x) = \frac{\Pr(X = x, Y = y)}{\Pr(X = x)} \tag{2.17}$$

と定義されます．この公式を上記の例に当てはめれば，「雨が降る」下で通学時間が長くなる条件付確率は，$\Pr(Y = 0|X = 0) = \Pr(X = 0, Y = 0)/\Pr(X = 0) = 0.15/0.30 = 0.50$となり，先の答えと同じであることが確認できます．

2つ目の例として，先のパソコン故障の問題を修正した例を考えましょう．いま期末レポートを書くために図書館を利用するとして，図書館では空いているコンピュータが1台ランダムに割り当てられるとします．そして図書館のパソコンは，半分は新しく，半分は旧式だとしましょう．使用するパソコンは無作為に割り当てられるので，パソコンの使用年数A（＝もし新しければ1，古ければ0とします）は確率変数となります．パソコンの故障回数を表す確率変数MとAの結合分布が，表2.3のパネルAで与えられてい

表 2.3　パソコンの故障回数（M）と年式（A）の結合分布と条件付分布

A. 結合分布

	$M=0$	$M=1$	$M=2$	$M=3$	$M=4$	合計
古いパソコン（$A=0$）	0.35	0.065	0.05	0.025	0.01	0.50
新しいパソコン（$A=1$）	0.45	0.035	0.01	0.005	0.00	0.50
合計	0.8	0.1	0.06	0.03	0.01	1.00

B. A が与えられた下での M の条件付分布

	$M=0$	$M=1$	$M=2$	$M=3$	$M=4$	合計
$\Pr(M\|A=0)$	0.70	0.13	0.10	0.05	0.02	1.00
$\Pr(M\|A=1)$	0.90	0.07	0.02	0.01	0.00	1.00

ます．このとき，年式が与えられた下でのパソコン故障の条件付確率は同じ表のパネル B に示されています．たとえば $M=0$ と $A=0$ の結合確率は 0.35 です．コンピュータの半分は古い年式なので，古いパソコンの下で故障しない条件付確率は，$\Pr(M=0|A=0)=\Pr(M=0,A=0)/\Pr(A=0)=0.35/0.50=0.70$，つまり 70% です．一方，新しいパソコンの下で故障しない条件付確率は 90% となります．表 2.3 のパネル B には，条件付分布が示されていますが，それによれば，新しいパソコンは古いパソコンに比べて故障しにくいことがわかります．たとえば，3 回故障する確率は，古いパソコンの場合は 5% ですが，新しいものだと 1% です．

条件付期待値　X が与えられた下での Y の条件付期待値（**conditional expectation of Y given X**）は，X が与えられた下での Y の条件付平均（**conditional mean of Y given X**）とも呼ばれ，X が与えられた下での Y の条件付分布の平均を表します．もし Y が k 個の値を取りうるとして，それを $y_1,\ldots,y_k$ とすると，$X=x$ の下での Y の条件付平均は，

$$E(Y|X=x)=\sum_{i=1}^{k} y_i \Pr(Y=y_i|X=x) \tag{2.18}$$

となります．

たとえば表 2.3 の条件付分布の例で考えると，古いコンピュータの下で，予想される故障回数は，$E(M|A=0)=0\times 0.70+1\times 0.13+2\times 0.10+3\times 0.05+4\times 0.02=0.56$．同様に，パソコンが新しい下で予想される故障回数は，$E(M|A=1)=0.14$ となり，パソコンが古い場合に比べて減少します．

$X=x$ の下での Y の条件付期待値は，$X=x$ の下での Y の平均値にほかなりません．

先の例では，古いコンピュータの下で故障回数の平均値は 0.56，したがって，それがパソコンが古い下での Y の条件付期待値に相当します．同じく，新しいコンピュータの下での故障回数の平均値は 0.14，つまりコンピュータが新しい下での Y の条件付期待値は 0.14 となるのです．

繰り返し期待値の法則　　Y の平均は，X が与えられた下での Y の条件付期待値の加重平均のことで，その際には X の確率分布がウエイトに使われます．たとえば，大人の平均身長は，男性の平均身長と女性の平均身長の加重平均で，そのウエイトには大人全員に占める男女の比率が使われます．Y の平均を数学的に表現すると，もし X の取りうる値が l 個で，$x_1, \ldots, x_l$ とすると，

$$E(Y) = \sum_{i=1}^{l} E(Y|X = x_i) \Pr(X = x_i) \tag{2.19}$$

となります．(2.19) 式は，(2.18) 式と (2.17) 式から導かれます（練習問題 2.19 を参照）．

これを別の表現で表すと，Y の期待値は，X が与えられた下での Y の条件付期待値のさらに期待値となります．つまり，

$$E(Y) = E[E(Y|X)] \tag{2.20}$$

です．ここで右辺カギ括弧の中の期待値は，X が与えられた下での Y の条件付分布を使って計算され，カギ括弧の外の期待値は，X の限界分布を使って計算されます．(2.20) 式は，繰り返し期待値の法則（**law of iterated expectations**）として知られています．

またパソコン故障の例で考えると，故障回数 M の平均値は，古いパソコンの下での M の条件付期待値と，新しいパソコンの下での M の条件付期待値，それぞれの加重平均となります．したがって，$E(M) = E(M|A = 0) \times \Pr(A = 0) + E(M|A = 1) \times \Pr(A = 1) = 0.56 \times 0.50 + 0.14 \times 0.50 = 0.35$．これは，(2.2) 式で求めた，$M$ の限界分布の平均値にほかなりません．

繰り返し期待値の法則から，もし X が与えられた下での Y の条件付平均値がゼロなら，Y の平均値もゼロとなります．これは (2.20) 式からただちにわかるでしょう．すなわち，もし $E(Y|X) = 0$ ならば，$E(Y) = E[E(Y|X)] = E[0] = 0$ だからです．言い換えると，X が与えられた下での Y の平均値がゼロのとき，それらの条件付平均値を確率を使って加重平均してもゼロなので，Y の平均値はゼロとなるのです．

繰り返し期待値の法則は，条件付期待値が複数の確率変数の条件付きの場合にもあてはまります．たとえば，いま X, Y, Z は結合分布を持つ確率変数とします．このとき繰り返し期待値の法則から，$E(Y) = E[E(Y|X, Z)]$ となります．ここで $E(Y|X, Z)$ は，X と Z 両方が与えられた下での Y の条件付期待値です．たとえば表 2.3 のコンピュータ故障の例で，P をパソコンにインストールされているプログラム数とします．このとき $E(M|A, P)$

は，年式 A で P 個のプログラムがインストール済みのパソコンの故障回数の期待値です．故障回数の全体の期待値 $E(M)$ は，年式 A でプログラム P 個のパソコンの故障回数の期待値にさらに加重平均をとったもので，A と P の各値を持つパソコンの割合がウエイトとなります．

練習問題2.20では，複数の確率変数の条件付期待値について，いくつか追加的な性質が取り扱われます．

条件付分散　X の下での Y の条件付分散（**variance of Y conditional on X**）は，X が与えられた下での Y の条件付分布の分散です．それを数学的に表現すると，

$$\mathrm{var}(Y|X=x) = \sum_{i=1}^{k}[y_i - E(Y|X=x)]^2 \Pr(Y=y_i|X=x) \tag{2.21}$$

となります．

再びパソコン故障の例を使うと，古いパソコンの下での故障回数の条件付分散は，$\mathrm{var}(M|A=0) = (0-0.56)^2 \times 0.70 + (1-0.56)^2 \times 0.13 + (2-0.56)^2 \times 0.10 + (3-0.56)^2 \times 0.05 + (4-0.56)^2 \times 0.02 \cong 0.99$ となります．したがって，$A=0$ の下での M の条件付分散の標準偏差は $\sqrt{0.99} = 0.99$ です．一方，$A=1$ の下での M の条件付分散は，表2.3の下段の分布で計算すると0.22となります．また，その標準偏差は $\sqrt{0.22} = 0.47$ です．表2.3の条件付分布の場合，故障回数の期待値は，パソコンが新しい場合（0.14）の方が，パソコンが古い場合（0.56）よりも小さく，また故障回数の分布の散らばりは，条件付標準偏差で測ると，パソコンが新しい場合（0.47）の方が，パソコンが古い場合（0.99）よりも小さいことがわかります．

確率変数の独立

2つの確率変数 X と Y があり，一方の変数の値を知ることでもう一方の変数の情報が何も得られないとき，両者は独立した分布に従う（**independently distributed**），あるいは独立（**independence**）と呼ばれます．具体的には，X が与えられた下での Y の条件付分布が Y の限界分布と等しいとき，X と Y は独立となります．すなわち，以下の式がすべての x と y の値について成立するとき，X と Y は独立して分布することになります：

$$\Pr(Y=y|X=x) = \Pr(Y=y) \quad (X \text{ と } Y \text{ の独立}). \tag{2.22}$$

(2.22) 式を (2.17) 式に代入すると，独立に関する別の表現を導くことができます．X と Y は独立であれば，

$$\Pr(X=x, Y=y) = \Pr(X=x)\Pr(Y=y). \tag{2.23}$$

つまり，2つの独立な確率変数の結合分布は，個々の限界分布の積で表されるのです．

共分散と相関

共分散　2つの確率変数が共に動くとき，その程度を測る尺度の1つが共分散です．X と Y の間の**共分散**（**covariance**）は，期待値 $E[(X-\mu_X)(Y-\mu_Y)]$ と定義されます（ここで μ_X は X の平均，μ_Y は Y の平均です）．共分散は，$\mathrm{cov}(X,Y)$ あるいは σ_{XY} とも表記されます．もし X が l 個の値を取り，Y が k 個の値を取るとすると，共分散は次の公式で計算されます：

$$\begin{aligned}\mathrm{cov}(X,Y) = \sigma_{XY} &= E[(X-\mu_X)(Y-\mu_Y)] \\ &= \sum_{i=1}^{k}\sum_{j=1}^{l}(x_j-\mu_X)(y_j-\mu_Y)\Pr(X=x_j, Y=y_i).\end{aligned} \quad (2.24)$$

この公式の意味を理解するために，いま X がその平均よりも大きいときに（その結果 $X-\mu_X$ が正）Y は平均より大きい傾向にある（その結果，$Y-\mu_Y$ が正），また X がその平均よりも小さいときに（その結果 $X-\mu_X$ が負）Y は平均より小さい傾向にある（その結果，$Y-\mu_Y$ が負）としましょう．どちらの場合も，$(X-\mu_X)(Y-\mu_Y)$ の積は正となる傾向にあるので，したがって共分散は正となります．逆に，もし X と Y は傾向として反対方向に動くのであれば（つまり Y が小さいときは X が大きい，あるいはその逆），共分散は負となります．そして最後に，もし X と Y が独立なら，共分散はゼロとなります（練習問題 2.19 を参照）．

相関　共分散は X と Y それぞれの平均からの乖離の積なので，その単位は X の単位と Y の単位の積となります．それは単位としてはわかりにくいもので，この「単位」問題のため，共分散の数値は解釈しづらくなります．

相関は X と Y の依存関係を測る別の指標で，共分散の「単位」問題を解決してくれます．正確には，X と Y の**相関**（**correlation**）は，X と Y の共分散をそれぞれの標準偏差で割ったものと定義されます：

$$\mathrm{corr}(X,Y) = \frac{\mathrm{cov}(X,Y)}{\sqrt{\mathrm{var}(X)\mathrm{var}(Y)}} = \frac{\sigma_{XY}}{\sigma_X\sigma_Y}. \quad (2.25)$$

(2.25) 式の分子の単位は分母の単位と同じなので，両者は相殺され，したがって単位のない値となります．もし $\mathrm{corr}(X,Y) = 0$ のとき，確率変数 X と Y は**無相関**（**uncorrelated**）といわれます．

相関は常に -1 から 1 の間の値をとります．すなわち，付論 2.1 で証明されるように，

BOX：2004 年米国における賃金の分布

「大学を出れば高い給料がもらえて良い仕事に就ける」と親はよく言います．しかしそれは本当に正しいのでしょうか．大学卒業者と高校卒業者で賃金の分布は違うのでしょうか．違うとすれば，それはどのように違うのでしょうか．また，同じような教育を受けていても，男性と女性で給与の分布は異なるのでしょうか．たとえば，大卒の最も高収入の女性は，同じく大卒の最も高収入の男性と同じ賃金を得ているでしょうか．

これらの問いに答える 1 つの方法は，最終学歴（高卒か大卒か）と性別を条件とする賃金の分布を調べることです．図 2.4 には，これら 4 つの条件付分布が示されています．条件付分布の平均，標準偏差，分位値（パーセンタイル値，percentile）を表す分布表は表 2.4 に示されています[1]．たとえば高卒女性の賃金の条件付平均——つまり $E(賃金 | 最終学歴 = 高卒, 性別 = 女性)$——は時間当たり 13.25 ドルです．

大卒女性の時間当たり賃金の分布（図 2.4b）は，高卒女性の分布（図 2.4a）と比べて，より右側に位置しています．同様の分布の位置関係は，男性の 2 つのグループについても見られます（図 2.4d，図 2.4c）．男性，女性とも，平均賃金は大卒の方が高いことがわかります（表 2.4，最初の数値の列）．興味深いことに，標準偏差で見た分布のちらばりは，大卒者の方が高卒者よりも大きくなっています．また，それ以下のデータの割合が 90% となる収入の水準（90% 分位値）は，男女とも大卒者の方が大きく上回っています．最後の比較は，親の言うとおり，大学を卒業する方がより良い就職機会に恵まれることを示しています．

これらの分布が示す別の特徴として，男性の賃金の分布は女性の賃金の分布よりも右に位置していることがわかります．賃金に関するこの「男女格差（gender gap）」は，賃金の分布が示唆する重要な，そして困った問題です．このトピックは後の章で改めて議論します．

---

[1] この分布は 2005 年 3 月「現代人口調査（Current Population Survey）」のデータを使って推定されています．このデータの詳細については付論 3.1 で説明します．

表 2.4　米国常勤就業者の時間当たり平均賃金の条件付分布：基本統計量，教育水準・男女別，2004 年

			分布表			
	平均	標準偏差	25%	50%（中央値）	75%	90%
(a) 高卒女性	$13.25	$ 7.04	$ 8.79	$12.02	$16.06	$20.75
(b) 大卒女性	21.12	10.85	13.74	19.23	26.04	35.26
(c) 高卒男性	17.63	9.26	11.54	15.87	21.63	28.85
(d) 大卒男性	27.83	14.87	17.31	24.23	35.71	48.08

※時間当たり平均賃金は　税引き前賃金，給料，チップ，そしてボーナスの合計を年間労働時間で割った値．この分布は 2005 年 3 月「現代人口調査（Current Population Survey）」に基づき計算されている．データの詳細は付論 3.1 を参照．

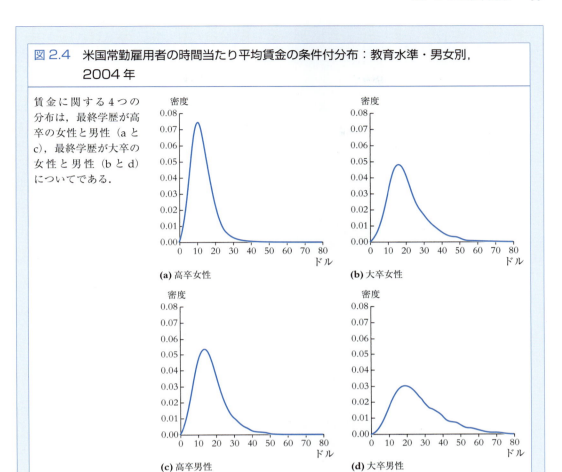

図 2.4　米国常勤雇用者の時間当たり平均賃金の条件付分布：教育水準・男女別，2004年

賃金に関する4つの分布は，最終学歴が高卒の女性と男性（aとc），最終学歴が大卒の女性と男性（bとd）についてである．

(a) 高卒女性
(b) 大卒女性
(c) 高卒男性
(d) 大卒男性

$$-1 \leq \text{corr}(X, Y) \leq 1 \quad \text{（相関の不等式）} \tag{2.26}$$

相関と条件付平均　もし Y の条件付平均が X に依存しない場合，Y と X は無相関となります．すなわち，

$$E(Y|X) = \mu_Y \text{ のとき，} \text{cov}(Y, X) = 0, \text{ そして } \text{corr}(Y, X) = 0. \tag{2.27}$$

以下では，この結果について説明します．まず Y と X はともに平均ゼロと仮定すると，$\text{cov}(Y, X) = E[(X - \mu_X)(Y - \mu_Y)] = E(YX)$ となります．繰り返し期待値の法則（(2.20)式）から $E(YX) = E[E(Y|X)X] = 0$，なぜなら $E(Y|X) = 0$ だからです．したがって，$\text{cov}(Y, X) = 0$ となります．ここで (2.25) 式の定義に $\text{cov}(Y, X) = 0$ を代入すれば (2.27) 式が得られます．Y，X の平均がゼロではない場合には，最初にそれぞれの平均を差し引けば，その後の導出はまったく同じです．

基本概念 2.3　確率変数の和に関する平均，分散，共分散

X, Y, V はそれぞれ確率変数で，X の平均と分散は μ_X と σ_X^2，X と Y の共分散は $\text{cov}(X,Y)$ とする（他の変数についても同様に定義）．また a, b, c は定数とする．このとき，平均，分散，共分散の定義から，以下の関係式が導かれる．

$$E(a + bX + cY) = a + b\mu_X + c\mu_Y, \tag{2.28}$$

$$\text{var}(a + bY) = b^2 \sigma_Y^2, \tag{2.29}$$

$$\text{var}(aX + bY) = a^2 \sigma_X^2 + 2ab\sigma_{XY} + b^2 \sigma_Y^2, \tag{2.30}$$

$$E(Y^2) = \sigma_Y^2 + \mu_Y^2, \tag{2.31}$$

$$\text{cov}(a + bX + cV, Y) = b\sigma_{XY} + c\sigma_{VY}, \tag{2.32}$$

$$E(XY) = \sigma_{XY} + \mu_X \mu_Y, \tag{2.33}$$

$$|\text{corr}(X,Y)| \leq 1 \text{ あるいは } |\sigma_{XY}| \leq \sqrt{\sigma_X^2 \sigma_Y^2} \quad (\text{相関の不等式}). \tag{2.34}$$

しかし，逆に X と Y が無相関のとき，X の下での Y の条件付平均が X に依存しないとは必ずしも言えません．言い換えると，Y の条件付期待値が X の関数となり，同時に Y と X は無相関ということがありうるのです．このような例については，練習問題 2.23 で議論します．

確率変数の和に関する平均と分散

2 つの確率変数 X と Y の和の平均は，それぞれの平均を合計したものになります．すなわち，

$$E(X + Y) = E(X) + E(Y) = \mu_X + \mu_Y. \tag{2.35}$$

一方，X と Y の和の分散は，それぞれの分散を合計したものに両者の共分散を加えたものになります．すなわち，

$$\text{var}(X + Y) = \text{var}(X) + \text{var}(Y) + 2\text{cov}(X,Y) = \sigma_X^2 + \sigma_Y^2 + 2\sigma_{XY}. \tag{2.36}$$

もし X と Y が独立ならば共分散はゼロなので，両確率変数の和の分散は，次のようにそれぞれの分散の和になります：

$$\text{var}(X + Y) = \text{var}(X) + \text{var}(Y) = \sigma_X^2 + \sigma_Y^2 \quad (X \text{ と } Y \text{ が独立の場合}). \tag{2.37}$$

確率変数のウエイト付きの和に関する平均，分散，共分散の表現は，基本概念 2.3 に要約されています．基本概念 2.3 の各結果は，付論 2.1 で導出されます．

2.4 正規分布，カイ二乗分布，ステューデント t 分布，F 分布

計量経済学でもっとも頻繁に登場する確率分布は，正規分布，カイ二乗分布，ステューデント t 分布，そして F 分布です．本節では，それぞれについて説明します．

正規分布

連続的な確率変数が**正規分布**（**normal distribution**）に従うとき，その確率密度関数は，図 2.5 のような，よく知られる釣鐘型の形状をしています．正規分布の確率密度に関する正確な関数形は，付論 17.1 で説明します．図 2.5 で示されているとおり，平均 μ，分散 σ^2 の正規分布の密度関数は，平均を中心にして左右対称であり，$\mu - 1.96\sigma$ と $\mu + 1.96\sigma$ の間に入る確率が 95% です．

正規分布については，次のような特別な記号と用語がよく使われます．平均 μ，分散 σ^2 の正規分布は，簡潔に，$N(\mu, \sigma^2)$ と表されます．**標準正規分布**（**standard normal distribution**）とは，平均 $\mu = 0$，分散 $\sigma^2 = 1$ を持つ正規分布のことです．$N(0, 1)$ の分布に従う確率変数は，しばしば Z という記号が使われます．標準正規分布の累積分布関数はギリシャ文字 Φ が使われ，$\Pr(Z \leq c) = \Phi(c)$ となります（c は定数）．標準正規分布の累積分布関数の値は，巻末の付表 1 に記載されています．

一般的な平均，分散を持つ正規分布の場合には，確率を求める際に，まず平均を差し引き，次に標準偏差で割ることで**標準化**（**standardize**）します．たとえば，Y が $N(1, 4)$，すなわち平均 1，分散 4 の正規分布に従うとします．このとき $Y \leq 2$ となる確率，つまり

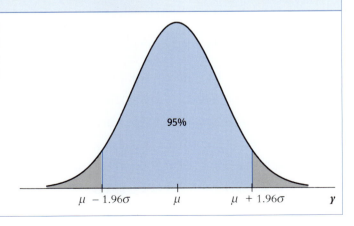

図 2.5　正規分布の確率密度関数

平均 μ，分散 σ^2 を持つ正規分布の確率密度関数は，μ を中心とした釣鐘型の曲線を描く．密度関数の $\mu - 1.96\sigma$ と $\mu + 1.96\sigma$ の間の面積は 0.95．この正規分布は，$N(\mu, \sigma^2)$ と表記される．

図 2.6 Y が正規分布 $N(1, 4)$ に従うときの $Y \leq 2$ となる確率の求め方

$\Pr(Y \leq 2)$ を計算するには，まず Y を標準化し，そのうえで標準正規分布の表を用いる．Y の標準化は，まず平均（$\mu = 1$）を差し引き，それを標準偏差（σ_Y）で割ることで求められる．$Y \leq 2$ となる確率は，図 2.6a に示されている．それに対応する Y の標準化後の確率は図 2.6b に示される．標準化された確率変数 $\frac{Y-1}{2}$ は標準正規分布に従う確率変数（Z）なので，$\Pr(Y \leq 2) = \Pr\left(\frac{Y-1}{2} \leq \frac{2-1}{2}\right) = \Pr(Z \leq 0.5)$ となる．巻末の付表 1 より，$\Pr(Z \leq 0.5) = 0.691$

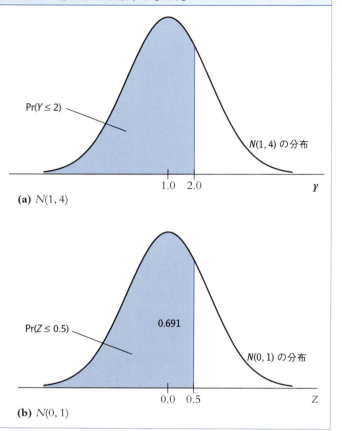

図 2.6a の網掛け部分の割合はいくらでしょうか？ 標準化された Y は，その平均を差し引き，それを標準偏差で割ることで得られます．つまり $(Y-1)/\sqrt{4} = \frac{1}{2}(Y-1)$ です．その結果，確率変数 $\frac{1}{2}(Y-1)$ は，平均ゼロ，分散 1 の正規分布に従うことになり（練習問題 2.8），図 2.6b に示された標準正規分布を持つことになります．いま $Y \leq 2$ は，式変形すれば，$\frac{1}{2}(Y-1) \leq \frac{1}{2}(2-1)$ と等しいので，$\frac{1}{2}(Y-1) \leq \frac{1}{2}$ です．したがって，

$$\Pr(Y \leq 2) = \Pr\left[\frac{1}{2}(Y-1) \leq \frac{1}{2}\right] = \Pr\left(Z \leq \frac{1}{2}\right) = \Phi(0.5) = 0.691. \tag{2.38}$$

ここで 0.691 という値は，巻末の付表 1 から取ったものです．

　これと同じ方法は，正規分布に従う確率変数がある値を上回る確率，あるいはある範囲内の値を取る確率を求める際にも用いることができます．これらの計算ステップは，基本概念 2.4 にまとめられています．ボックス「ウォール街最悪の日」では，正規分布の累積分布関数を通常とは違う形で応用します．

　正規分布は左右対称なので，歪度はゼロです．そして正規分布の尖度は 3 です．

基本概念	**正規分布に従う確率変数における確率の求め方**
2.4	

いま Y が平均 μ, 分散 σ^2 の正規分布, すなわち $N(\mu, \sigma^2)$ に従うとする. Y は, 平均を差し引き, それを標準偏差で割ることで標準化され, $Z = (Y - \mu)/\sigma$ と表される.

c_1 と c_2 は, $c_1 \leq c_2$ を満たす2つの数値とする. また $d_1 = (c_1 - \mu)/\sigma$, $d_2 = (c_2 - \mu)/\sigma$ とする. このとき,

$$\Pr(Y \leq c_2) = \Pr(Z \leq d_2) = \Phi(d_2), \tag{2.39}$$

$$\Pr(Y \geq c_2) = \Pr(Z \geq d_1) = 1 - \Phi(d_1), \tag{2.40}$$

$$\Pr(c_1 \leq Y \leq c_2) = \Pr(d_1 \leq Z \leq d_2) = \Phi(d_2) - \Phi(d_1). \tag{2.41}$$

標準正規分布の累積分布関数 Φ の表は, 巻末の付表1にまとめられている.

多変数正規分布 正規分布は, 複数の確率変数の結合分布にも拡張されます. その場合の分布は, **多変数正規分布**(**multivariate normal distribution**)と呼ばれます. もし2つの確率変数の結合分布であれば, **2変数正規分布**(**bivariate normal distribution**)と呼ばれます. 2変数正規分布の p.d.f. は付論 17.1 に, 一般的な多変数正規分布の p.d.f. は付論 18.1 に与えられます.

多変数正規分布には3つの重要な性質があります. いま X と Y が2変数正規分布で, その共分散が σ_{XY} とします. そして a と b は定数とします. このとき, $aX + bY$ も正規分布に従います. すなわち,

$$aX + bY \text{ の分布は } N(a\mu_X + b\mu_Y, a^2\sigma_X^2 + b^2\sigma_Y^2 + 2ab\sigma_{XY}).$$
$$(X, Y \text{ は2変数正規分布に従う}) \tag{2.42}$$

一般に, n 個の確率変数が多変数正規分布に従うとき, それらの線形結合(たとえばそれらの和)も正規分布に従います. これが第1の性質です.

第2に, 複数の変数が多変数正規分布に従うとき, 個々の変数の限界分布も正規分布に従います(この結果は, (2.42) 式で $a = 1$, $b = 0$ と置くことで導かれます).

第3に, 複数の変数が多変数正規分布に従い, その共分散がゼロのとき, それらは互いに独立となります. もし X と Y が2変数正規分布に従い, その共分散が $\sigma_{XY} = 0$ のとき, X と Y は独立です. 2.3節では, X と Y が独立であれば, それがどのような結合分布であっても, $\sigma_{XY} = 0$ となると説明しました. ここでその分布が正規分布の場合には, 逆も成立するのです. 共分散がゼロであれば独立を意味するというこの結果は, 多変数正規分布の持つ特別な性質ですが, 一般に成立するものではないという点に注意が必要です.

BOX：ウォール街最悪の日

アメリカの株式市場では，株価指数が1日で1%以上上昇あるいは下落することがあります．それ自体大きな変動ですが，しかし1987年10月19日，月曜日に起こったのは，それとはまったく比べ物にならない出来事でした．「ブラック・マンデー（暗黒の月曜日）」と呼ばれたその日，米国のダウ・ジョーンズ工業平均株価（工業大手30社の平均株価指数）は25.6%も下落しました．1980年1月1日から1987年10月16日にかけて，ダウ平均の1日当たり収益率（1日当たり価格変化率）の標準偏差は1.16%でした．ですから，25.6%の下落というのは，22標準偏差分 (25.6/1.16) もの大きな負のリターンだったのです．その日の価格下落がいかに異例であったかは，1980年代のダウ指数の収益率を表した図 2.7 を見れば明らかでしょう．

もし株価変化率が正規分布に従うとすれば，22標準偏差分もの下落が起こる確率は，$\Pr(Z \leq -22) = \Phi(-22)$ で計算できます．この値は，付表1には載っていませんが，コンピュータを使えば計算は可能です（トライしてみてください）．この確率は，1.4×10^{-107}，あるいは 0.000...0.0014 で，合計106個ものゼロが並ぶのです！

図 2.7　1980年代におけるダウ・ジョーンズ工業平均株価の1日当たり変化率

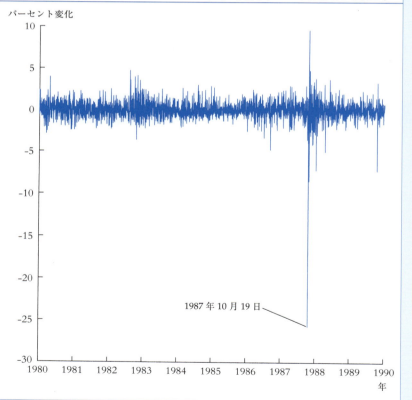

1980年代，ダウ指数1日当たり平均変化率は0.05%，標準偏差は1.16%だった．1987年10月19日「暗黒の月曜日」，ダウ指数は25.6%，すなわち22標準偏差分以上も下落した．

1.4×10^{-107} の確率とは，どれほど小さいのでしょうか？ 次の例を考えてみてください．

- 世界の人口は，約 60 億です．生きているすべての人々の中で，1 人だけランダムに宝くじに当選する確率は 60 億人に 1 人，つまり 2×10^{-10} です．
- 宇宙は誕生から約 150 億年経過したと言われています．秒に換算すれば，5×10^{-17} 秒に相当します．したがって，時間の誕生から現在までのすべての秒の中からある特定の秒を無作為に選ぶ確率は，2×10^{-18} です．
- 地球表面から 1 キロの間の大気中には，およそ 10^{43} 個の分子が存在しています．その中の 1 つの分子を無作為に選ぶ確率は 10^{-43} です．

その日はウォール街にとって最悪の一日でしたが，仮にもそのようなことが起こったということは，その確率は 1.4×10^{-107} よりも大きいのではという可能性を示唆しています．実際，株価変化率は，正規分布よりも両端が分厚い分布を持つことが知られています．つまり，株価が大幅に上昇・下落する日が，正規分布が示すよりももっと頻繁に起こりうるのです．このような理由から，ファイナンス分野の専門家は，株価変化率の分散が時間とともに変化する，したがってある時期の分散が他の時期に比べてより大きくなる計量モデルを使います．分散が変化することで，ウォール街で実際に見られる最悪の——そして最高の——日々をよりうまく説明することができるのです．

カイ二乗分布

カイ二乗分布は，統計学と計量経済学において，特定の仮説をテストする際に使われる分布です．

カイ二乗分布（chi-squared distribution）とは，標準正規分布に従う m 個の独立した確率変数をそれぞれ二乗して合計した値（二乗和）が従う分布に当たります．この分布は m に依存し，m はカイ二乗分布の自由度と呼ばれます．たとえば，Z_1, Z_2, Z_3 を独立した標準正規分布に従う確率変数としましょう．このとき，$Z_1^2 + Z_2^2 + Z_3^2$ は自由度 3 のカイ二乗分布に従います．この分布の名前は，この分布を表すギリシャ文字に由来します．自由度 m のカイ二乗分布は，χ_m^2 と記されます．

χ_m^2 分布の分布表は，巻末の付表 3 にまとめられています．たとえばその付表 3 から，χ_3^2 分布で，下から 95% 領域となる値（95% パーセンタイル値）は 7.81 です．したがって，$\Pr(Z_1^2 + Z_2^2 + Z_3^2 \leq 7.81) = 0.95$ です．

ステューデント t 分布

　自由度 m のステューデント t 分布（**Student t distribution**）とは，標準正規分布の変数と，それとは独立した自由度 m のカイ二乗変数を m で割った値の平方根との比率が従う分布として定義されます．すなわち，いま Z を標準正規変数とし，W を自由度 m のカイ二乗変数とします．そして Z と W は互いに独立としましょう．このとき確率変数 $Z/\sqrt{W/m}$ は，ステューデント t 分布に従います（簡単に t 分布（**t distribution**）とも呼ばれます）．そして t_m と表記されます．ステューデント t 分布の分布表は，巻末の付表2にまとめられています．

　ステューデント t 分布は，自由度 m に依存します．したがって t_m 分布で 95% 領域となる値もまた自由度 m に依存します．ステューデント t 分布は，正規分布と同様に，釣鐘型の形をしています．しかし，m が小さいとき（20 かそれ以下），分布の両端はより厚みがあります．したがって正規分布よりも「分厚い（fatter）」釣鐘型をしています．m が30 かそれ以上のときには，ステューデント t 分布は標準正規分布でうまく近似することができます．そして t_∞ 分布は，標準正規分布と等しくなります．

F 分布

　自由度が m と n の **F 分布**（**F distribution**）は，$F_{m,n}$ と表記され，自由度 m のカイ二乗変数を m で割ったものと，それとは独立した自由度 n のカイ二乗分布を n で割ったものとの比率が従う分布として定義されます．これを数式で表記すると，W を自由度 m のカイ二乗分布の変数，V を自由度 n のカイ二乗分布の変数として，W と V の分布は独立とします．このとき $\frac{W/m}{V/n}$ は $F_{m,n}$ 分布に従う，すなわち分子の自由度 m と分母の自由度 n の F 分布に従います．

　統計学と計量経済学において，F 分布の特別なケースとして重要なのは，分母の自由度が十分大きく，その結果 $F_{m,n}$ 分布が $F_{m,\infty}$ 分布として近似できる場合です．この極限のケースでは，分母の確率変数 V は，無限大の数だけあるカイ二乗分布変数の平均となり，その値は1となります．なぜなら，標準正規分布変数の二乗の平均は1だからです（練習問題2.24）．したがって，$F_{m,\infty}$ 分布は自由度 m のカイ二乗分布を m で割ったものとなり，W/m は $F_{m,\infty}$ 分布と表されます．たとえば，巻末の付表4の分布表から，$F_{3,\infty}$ 分布で下から 95% 領域となる値は 2.60 です．それは，χ_3^2 分布の 95% 領域となる値 7.81（付表2参照）を自由度3で割ったものと等しくなります（$7.81/3 = 2.60$）．

　$F_{m,n}$ 分布の 90%, 95%, 99% 領域となる値は，それぞれの m, n について，巻末の付表5にまとめられています．たとえば，$F_{3,30}$ 分布の 95% 領域となる値は 2.92，$F_{3,30}$ 分布の 95% 領域となる値は 2.71 です．$F_{3,n}$ 分布の 95% 領域となる値は，分母の自由度が大きくなるにつれ，極限である $F_{3,\infty}$ 分布の 95% 領域となる値 2.60 に近づく傾向にあります．

2.5 無作為抽出と標本平均の分布

本書で取り扱う統計・計量手法は，ほとんどすべて標本データの平均もしくは加重平均に基づいています．したがって，標本平均の分布の特徴を理解することは，計量手法のパフォーマンスを理解するための基本ステップとなります．

本節では，無作為な標本抽出（ランダム・サンプリング），そして標本平均の分布に関する基本的な概念を学びます．まず無作為抽出について，そこではより大きな母集団から無作為に標本を引き出すことで，標本平均は確率変数という点を理解します．標本平均は確率変数で分布を持つことから，それは標本分布と呼ばれます．そして最後に，標本平均の分布に関するいくつかの特徴を説明します．

無作為な標本抽出（ランダム・サンプリング）

単純な無作為抽出　たとえば，2.1 節で述べた通学時間の例で，その学生は統計学者になることを志し，何日か通学時間の記録を取るとします．学生は記録する日を学期中からランダムに選ぶものとし，通学時間の累積分布関数は図 2.2a だとしましょう．記録日は無作為に選ばれているので，ある日の通学時間の実際の値を知ることは，別の日の通学時間に関して何ら情報を持たないことを意味します．すなわち，記録日の抽出はランダムなので，それぞれの通学時間は独立した分布を持つ確率変数とみなされます．

いま述べた状況は，統計学では，最も単純なサンプリングの例として知られており，単純な**無作為抽出**（**simple random sampling**）と呼ばれます．n 個の標本は**母集団**（**population**）（ここではすべての通学日＝母集団）からランダムに選ばれるので，母集団のどのメンバー（どの日）も，標本として選ばれる確率は同じになります．

標本内の n 個の観測値は，$Y_1,\ldots,Y_n$ と表記されます．Y_1 は第 1 観測値，Y_2 は第 2 観測値といった具合です．通学時間の例でいえば，Y_1 が，無作為抽出された n 個の日付のなかで 1 番目の日の通学時間，Y_i が，ランダムに選ばれた中の i 番目の日の通学時間になります．

これらの標本メンバーは母集団から無作為に選ばれたものなので，それぞれの観測値 $Y_1,\ldots,Y_n$ もランダムとなります．母集団から異なる標本メンバーが選ばれたとすれば，対応する Y の値もすべて異なるでしょう．したがって，標本を無作為に抽出することは，$Y_1,\ldots,Y_n$ を確率変数とみなしうるということを意味します．標本として選ばれる前には，$Y_1,\ldots,Y_n$ はそれぞれ多くのさまざまな値を取ることが可能です．そして標本として選ばれた後，それぞれに特定の値（通学時間）が記録されるのです．

i.i.d. の抽出　$Y_1,\ldots,Y_n$ は同じ母集団から無作為に選ばれたものなので，Y_i の限界分布——母集団における Y の分布——は，すべての $i=1,\ldots,n$ に対して等しくなります．

基本概念 2.5	単純な無作為抽出と i.i.d. 確率変数
	単純な無作為抽出の下で，n 個のメンバーが母集団からランダムに選ばれ，各メンバーが選ばれる確率は同じとする．無作為に選ばれた i 番目のメンバーに関する確率変数 Y の値は Y_i と表される．各メンバーが選ばれる可能性は皆等しく，Y_i の分布はすべての i に対して同一なので，確率変数 $Y_1,\ldots,Y_n$ は，独立かつ同一の分布（i.i.d.）に従う．すなわち，Y_i の分布はすべての $i=1,\ldots,n$ に対して同一で，Y_1 は $Y_2,\ldots,Y_n$ と独立した分布に従う（そして Y_2 以下についても同様である）．

Y_i が $i=1,\ldots,n$ に対して同一の限界分布を持つとき，$Y_1,\ldots,Y_n$ は同一の分布に従う（**identically distributed**）といいます．

単純なランダム・サンプリングの下で，Y_1 が Y_2 に対して何の情報も持たないことがわかっているとき，Y_1 が与えられた下での Y_2 の条件付分布は，Y_2 の限界分布と等しくなります．言い換えれば，単純な無作為抽出の下では，Y_1 は $Y_2,\ldots,Y_n$ と独立した分布に従うことになります．

$Y_1,\ldots,Y_n$ が同一の分布から抽出され，独立した分布に従うとき，独立で同一の分布に従う（**independently and identically distributed, i.i.d.**）と呼ばれます．

単純な無作為抽出と i.i.d. 抽出は，基本概念 2.5 に要約されています．

標本平均の標本分布

n 個の観測値 $Y_1,\ldots,Y_n$ の標本平均 $\overline{Y}$ は，

$$\overline{Y} = \frac{1}{n}(Y_1 + Y_2 + \cdots + Y_n) = \frac{1}{n}\sum_{i=1}^{n} Y_i \tag{2.43}$$

と表されます．ここで基本的に重要なのは，ランダム・サンプリングにより，標本平均 $\overline{Y}$ も確率変数になるという点です．標本は無作為に選ばれたものなので，Y_i のそれぞれの値はすべてランダムです．$Y_1,\ldots,Y_n$ がすべてランダムなので，それらの平均もランダムとなります．もし異なる標本が選ばれていたなら，観測値もそれらの平均もすべて異なっていたでしょう．$\overline{Y}$ の値は，抽出されるサンプルによって異なるのです．

たとえば，先の通学時間の例で，学生が通学時間の記録作成のために 5 つの日を無作為に選び，その 5 つの観測値（通学時間）の平均を計算したとします．もしその学生が別の 5 つの日を選んでいたら，観測される 5 つの通学時間も異なり，したがってその標本平均も異なる値となります．

$\overline{Y}$ がランダムであれば，それは確率分布に従います．$\overline{Y}$ の分布は，$\overline{Y}$ の**標本分布**（**sampling distribution**）と呼ばれます．異なった標本 $Y_1, \ldots, Y_n$ に対して $\overline{Y}$ はそれぞれ異なる値を取りうるわけで，起こりうるさまざまな $\overline{Y}$ の値に関する確率分布が標本分布です．

平均，または加重平均に関する標本分布は，統計学と計量経済学において中心的な役割を果たします．以下では，$\overline{Y}$ の標本分布を議論するため，$\overline{Y}$ の平均と分散を計算することから始めます．

$\overline{Y}$ の平均と分散　　いま観測値 $Y_1, \ldots, Y_n$ が i.i.d. で，μ_Y と σ_Y^2 は Y_i の平均と分散であるとします（ここで観測値は i.i.d. なので，平均と分散はすべての $i = 1, \ldots, n$ に対して同一です）．$n = 2$ のときには，$Y_1 + Y_2$ の合計の期待値は，(2.28) 式を使うことにより，$E(Y_1 + Y_2) = \mu_Y + \mu_Y = 2\mu_Y$ となります．標本平均の期待値は $E\left[\frac{1}{2}(Y_1 + Y_2)\right] = \frac{1}{2} \times 2\mu_Y = \mu_Y$．一般に，

$$E(\overline{Y}) = \frac{1}{n} \sum_{i=1}^{n} E(Y_i) = \mu_Y \tag{2.44}$$

となります．

$\overline{Y}$ の分散は，(2.37) 式を応用することで求められます．たとえば $n = 2$ のときには，$\text{var}(Y_1 + Y_2) = 2\sigma_Y^2$ となり，したがって ((2.31) 式に $a = b = \frac{1}{2}$ を代入し，$\text{cov}(Y_1, Y_2) = 0$ なので)，$\text{var}(\overline{Y}) = \frac{1}{2}\sigma_Y^2$ が得られます．一般に，$Y_1, \ldots, Y_n$ は i.i.d. なので，Y_i と Y_j は独立した分布に従います $(i \neq j)$．したがって $\text{cov}(Y_i, Y_j) = 0$．その結果，

$$\begin{aligned}
\text{var}(\overline{Y}) &= \text{var}\left(\frac{1}{n} \sum_{i=1}^{n} Y_i\right) \\
&= \frac{1}{n^2} \sum_{i=1}^{n} \text{var}(Y_i) + \frac{1}{n^2} \sum_{i=1}^{n} \sum_{j=1, j \neq i}^{n} \text{cov}(Y_i, Y_j) \\
&= \frac{\sigma_Y^2}{n}.
\end{aligned} \tag{2.45}$$

$\overline{Y}$ の標準偏差は，上式の分散に平方根を取った値，すなわち $\sigma_Y / \sqrt{n}$ となります．

以上を要約すると，$\overline{Y}$ の期待値と分散，そして標準偏差は，次のように表されます：

$$E(\overline{Y}) = \mu_Y, \tag{2.46}$$

$$\text{var}(\overline{Y}) = \sigma_{\overline{Y}}^2 = \frac{\sigma_Y^2}{n}, \tag{2.47}$$

$$\text{std.dev}(\overline{Y}) = \sigma_{\overline{Y}} = \frac{\sigma_Y}{\sqrt{n}}. \tag{2.48}$$

これらの結果は，Y_i の分布がどのようなものであっても成立します．つまり，Y_i が正規分布のような特定の分布に従わなくとも，(2.46)，(2.47)，(2.48) の各式は成り立つのです．

ここで $\sigma_{\overline{Y}}^2$ は，標本平均 $\overline{Y}$ の標本分布の分散を表します．それに対して，σ_Y^2 は，各観測値 Y_i の分散，すなわち各観測値が抽出される母集団の分布の分散を表します．同様に，$\sigma_{\overline{Y}}$ は，標本平均 $\overline{Y}$ の標本分布の標準偏差を意味します．

Y が正規分布に従うときの $\overline{Y}$ の標本分布　　$Y_1, \ldots, Y_n$ が正規分布 $N(\mu_Y, \sigma_Y^2)$ からの i.i.d. 抽出だとしましょう．(2.42) 式で説明したとおり，正規分布からの n 個の確率変数の和も正規分布に従います．$\overline{Y}$ の期待値は μ_Y で，$\overline{Y}$ の分散は σ_Y^2/n であることに注意すると，$Y_1, \ldots, Y_n$ が正規分布 $N(\mu_Y, \sigma_Y^2)$ からの i.i.d. 抽出である場合，$\overline{Y}$ は $N(\mu_Y, \sigma_Y^2/n)$ に従うことが導かれます．

2.6　大標本の場合の標本分布の近似

標本分布は，統計・計量分析全般にとって基本的な役割を果たします．したがって，$\overline{Y}$ の標本分布とは何かについて，その数学的な意味を知っておくことは大切です．ここで2つのアプローチがあります．1つは「正確な（exact）」アプローチ，もう1つは「近似的な（approximate）」アプローチです．

「正確な」アプローチとは，n がどんな値であっても正確に成り立つ標本分布の公式を求めることです．$\overline{Y}$ の分布を正確に描写する標本分布は，$\overline{Y}$ に関する**正確な分布**（**exact distribution**），あるいは**有限標本の分布**（**finite-sample distribution**）と呼ばれます．たとえば，もし Y が正規分布に従い，$Y_1, \ldots, Y_n$ が i.i.d. だとすると，(2.5 節で議論したように) $\overline{Y}$ の正確な分布は，平均 μ_Y，分散 σ_Y^2/n を持つ正規分布となります．残念なことに，もし Y の分布が正規分布でなければ，一般に，$\overline{Y}$ の正確な標本分布を求めることは非常に複雑となり，Y の分布に依存することになります．

一方，「近似的な」アプローチでは，標本数が大きい場合に適用できる標本分布の近似を利用します．標本分布の大標本近似は，しばしば**漸近分布**（**asymptotic distribution**）と呼ばれます．ここで「漸近的（asymptotic）」と呼ばれるのは，$n \to \infty$ の極限では，近似が正しいものとなることを意味しています．本節の議論から明らかになりますが，この近似は，たとえ標本サイズが $n = 30$ ほどであってもかなり正確になりうるものです．計量分析で使う標本数は数百から数千であることが多いので，これらの漸近分布は，正確な標本分布に対するとても良好な近似として信頼できるものなのです．

この節では，大標本近似に使われる2つの基本ツールを紹介します．それらは大数の法則と中心極限定理です．大数の法則とは，標本数が大きいとき，$\overline{Y}$ が μ_Y に非常に高い確率で近づくという性質です．中心極限定理とは，標本数が大きいとき，標準化された標本平均 $(\overline{Y} - \mu_Y)/\sigma_{\overline{Y}}$ の標本分布は近似的に正規分布に従うというものです．

正確な標本分布は複雑で，母集団 Y の分布に依存しますが，漸近分布の方はシンプルです．さらに特筆すべきは，$(\overline{Y} - \mu_Y)/\sigma_{\overline{Y}}$ の漸近的な正規分布は，Y の分布に依存しない

2.6 大標本の場合の標本分布の近似

という点です．近似的に正規分布を利用できるというこの性質は，分析の単純化という意味で非常に重要で，本書の回帰分析理論の基礎をなすものです．

大数の法則と一致性

大数の法則（**law of large numbers**）とは，一般的な条件の下で，標本数 n が大きいとき，$\overline{Y}$ は μ_Y に非常に高い確率で近づくというものです．これは「平均の法則（law of average）」と呼ばれることもあります．同じ期待値を持つ多くの確率変数の平均を取れば，高い値と低い値が平準化されて，それらの標本平均が共通の期待値に近づくことになるのです．

たとえば，先の通学時間の例で，より単純なケースを考えましょう．いま学生は，通学時間が長いか（20 分以上か）短いか（20 分未満か）だけを記録するとします．いま Y_i を，ランダムに選ばれた i 番目の日の通学時間が短い場合に 1 を取り，長い場合にはゼロをとる確率変数とします．学生は単純な無作為抽出を行うので，$Y_1, \ldots, Y_n$ は i.i.d. となります．したがって，Y_i $(i = 1, \ldots, n)$ は，ベルヌーイ確率変数の i.i.d. サンプリングとなり，（表 2.2 から）$Y_i = 1$ となる確率は 0.78 です．ベルヌーイ確率変数の期待値は，その成功確率なので，$E(Y_i) = \mu_Y = 0.78$．そして標本平均 $\overline{Y}$ は，実際の標本の中で通学時間が短かった日数の全サンプルにおける割合に当たります．

図 2.8 は，さまざま標本数の下での $\overline{Y}$ の標本分布を表しています．$n = 2$ の場合（図 2.8a），標本平均は 3 つの値，すなわち 0, $\frac{1}{2}$, 1 を取ることになります（それぞれ，両方とも長い，どちらかが短い，両方とも短い通学時間に対応します）．いずれも，母集団における真の割合 0.78 に特に近いものではありません．しかし，標本数 n が増えるにつれ，$\overline{Y}$ はよりたくさんの値を取り，標本分布は μ_Y を中心とした領域により集まるようになります（図 2.8b–d）．

n が増えるにつれて $\overline{Y}$ はより高い確率で μ_Y に近い値をとるという性質は，**確率における収束**（**convergence in probability**），あるいはより簡潔に，**一致性**（**consistency**）（基本概念 2.6 を参照）と呼ばれます．したがって大数の法則は，ある条件の下で，$\overline{Y}$ は確率の意味で μ_Y へ収束する，$\overline{Y}$ は μ_Y に対する一致性を持つ，ということができます．

大数の法則に必要な条件として本書で用いるのは，Y_i $(i = 1, \ldots, n)$ が i.i.d. ということと，Y_i の分散 σ_Y^2 が有限であるという 2 つです．これらの条件の数学的な役割については，17.2 節で大数の法則を証明する際に明らかにします．もしデータが単純なランダム・サンプリングによって収集されたものならば，i.i.d. の仮定は満たされます．分散が有限であるという仮定は，極端に大きな Y_i の値はごくまれにしか観察されないということを意味します．そうでなければ，その極端に大きな値が $\overline{Y}$ を支配してしまい，標本平均は信頼できなくなるでしょう．この仮定は，本書の応用例では妥当なものと考えられます．たとえば，通学の例で言うと，通学時間にはおのずと上限があるので（渋滞があまり

基本概念	確率における収束，一致性，大数の法則
2.6	標本平均 $\bar{Y}$ が μ_Y へ確率において収束する（または $\bar{Y}$ が μ_Y に対して一致性を持つ）とは，標本数 n が大きくなるにつれ，$\bar{Y}$ が $\mu_Y - c$ と $\mu_Y + c$ の間の範囲に入る確率が 1 に近づく，そしてそれは，どんな（小さな）定数 c についても成り立つということである．このことは，$\bar{Y} \xrightarrow{p} \mu_Y$ と表記される． 大数の法則とは，もし Y_i, $i = 1,\ldots,n$ が独立かつ同一の分布に従い，$E(Y_i) = \mu_Y$, $\text{var}(Y_i) = \sigma_Y^2 < \infty$ ならば，$\bar{Y} \xrightarrow{p} \mu_Y$ となる．

にもひどければ，学生はどこかに駐車して徒歩で学校に行くでしょう），通学時間の分散は有限と考えられます．

中心極限定理

中心極限定理（**central limit theorem**）とは，ある一般的な条件の下，標本数 n が大きいとき，$\bar{Y}$ の分布は正規分布でうまく近似できるというものです．確認すると，$\bar{Y}$ の平均は μ_Y，分散は $\sigma_{\bar{Y}}^2 = \sigma_Y^2/n$ です．中心極限定理によれば，n が大きいとき，$\bar{Y}$ の分布は，近似的に $N(\mu_Y, \sigma_{\bar{Y}}^2)$ となります．2.5 節の最後で説明したように，標本が正規分布 $N(\mu_Y, \sigma_Y^2)$ に従う母集団から抽出されたものであれば，$\bar{Y}$ の分布は，正確に $N(\mu_Y, \sigma_{\bar{Y}}^2)$ となります．中心極限定理は，たとえ $Y_1,\ldots,Y_n$ 自身が正規分布に従わなくとも，この同じ結果が近似的に成立すると述べているのです．

$\bar{Y}$ の分布が，釣鐘型の正規分布に収束していく様子は，（若干ではありますが）図 2.8 に示されています．しかし図では，n が大きくなると分布がかなり引き締まった形になり，これが正規分布に近いと理解するには，目を細めて見る必要があります．これが釣鐘型の形であることは，たとえば虫めがねを使って拡大するとか，図の横軸を少し広げれば，理解しやすくなるでしょう．

正規分布かどうか理解する 1 つの良い方法は，$\bar{Y}$ を標準化することです．すなわち，平均を差し引いて標準偏差で割ることで平均ゼロ，分散 1 となります．それにより，標準化された $\bar{Y}$，すなわち $(\bar{Y} - \mu_Y)/\sigma_{\bar{Y}}$ の分布を調べることになります．中心極限定理によれば，この分布は n が大きいとき近似的に $N(0,1)$ となります．

図 2.9 には，図 2.8 で示した分布を標準化した $(\bar{Y} - \mu_Y)/\sigma_{\bar{Y}}$ の分布が示されています．図 2.9 と図 2.8 はまったく同じものですが，横軸のスケールだけが異なり，どのグラフも平均ゼロ，分散 1 となるように標準化されています．このスケール変更により，標本数 n が十分大きければ，$\bar{Y}$ の分布は正規分布にうまく近似できる様子が見て取れるでしょう．

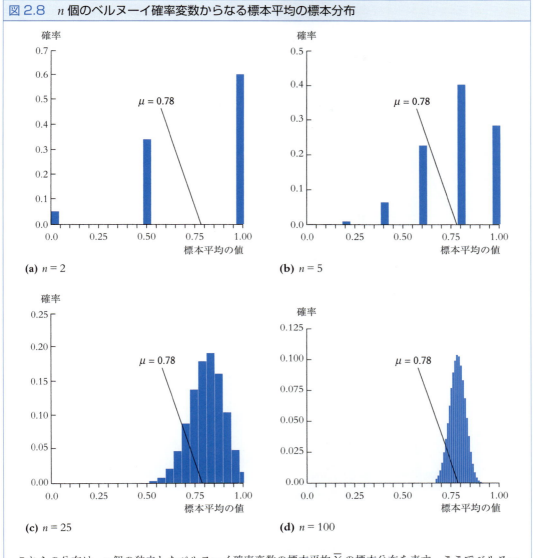

図 2.8　n 個のベルヌーイ確率変数からなる標本平均の標本分布

(a) $n = 2$　(b) $n = 5$　(c) $n = 25$　(d) $n = 100$

これらの分布は，n 個の独立したベルヌーイ確率変数の標本平均 $\overline{Y}$ の標本分布を表す．ここでベルヌーイ確率変数は，$p = \Pr(Y_i = 1) = 0.78$（通学時間が長くなる確率は 78％）．$\overline{Y}$ の標本分布の分散は，n が大きくなるにつれ減少し，標本分布は平均 $\mu = 0.78$ を中心に，より狭い範囲に集中するタイトな形状になる．

では「どのくらい大きければ『十分大きい』と言えるのか」という質問があるかもしれません．$\overline{Y}$ を正規分布と近似するには，実際，どのくらいの標本数 n が必要なのでしょうか．その答えは，「場合による」，つまり正規分布への近似の精度は，標本平均のもととなる Y_i の分布に依存します．これは極端なケースですが，もし Y_i 自体が正規分布ならば，$\overline{Y}$ は（近似ではなく）正確に正規分布に従い，それはどんな標本数 n についても成り立ちます．それに対して，もととなる Y_i の分布が正規分布とかけ離れたものであれば，

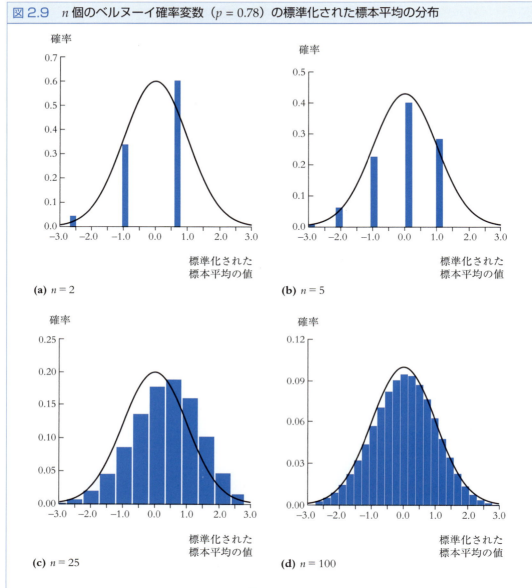

図 2.9　n 個のベルヌーイ確率変数（$p = 0.78$）の標準化された標本平均の分布

(a) $n = 2$
(b) $n = 5$
(c) $n = 25$
(d) $n = 100$

図 2.8 の標本分布を再掲したもので，ここでは $\overline{Y}$ を標準化した後の標本分布が示されている．標準化によって図 2.8 の各分布が中央に移動し，横軸のスケールは $\sqrt{n}$ 倍だけ拡大されている．中心極限定理が示すとおり，標本数が大きくなるにつれ，標本分布は正規分布（実線）へ近づいていくことがわかる．ここで正規分布の高さはその図もおおむね同じになるように調整されている．

近似的には $n = 30$ かそれ以上の標本数が必要となります．

この点を例示するために，図 2.10 には，母集団の分布がベルヌーイ分布とはまったく異なる場合を表しています．図 2.10a からわかるように，この分布では右側の端だけが長くなっています（これは右方向に「歪んでいる（skewed）」と呼ばれます）．そして $n = $

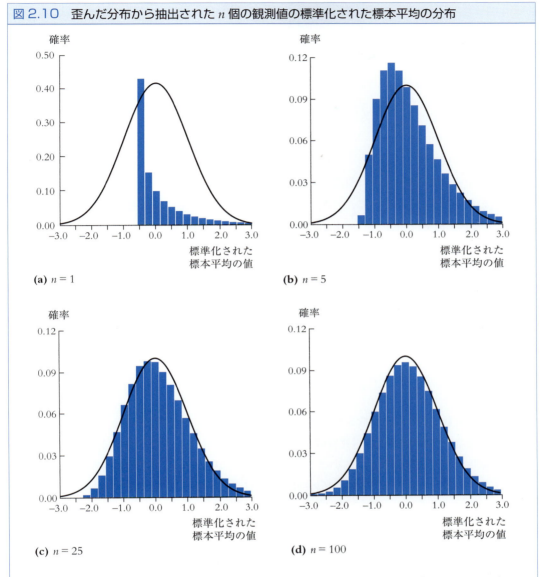

図2.10 歪んだ分布から抽出された n 個の観測値の標準化された標本平均の分布

(a) $n=1$ (b) $n=5$ (c) $n=25$ (d) $n=100$

これらのグラフは，標準化された標本平均の標本分布を表し，そこで n 個の観測値は図 2.10a で示された歪んだ（非対称な）母集団分布から抽出されている．n が小さいとき（$n=5$）の標本分布は，母集団の分布と同じく歪んだ形状をしている．しかし標本数が大きくなると（$n=100$），中心極限定理が示すとおり，標本分布は標準正規分布（実線）に十分近似できることがわかる．ここで正規分布の高さはどの図もおおむね同じになるように調整されている．

5, 25, 100 のときの標準化された $\overline{Y}$ の標本分布が，それぞれ図 2.10b, c, d に表されています．$n=25$ になると釣鐘型に近づきますが，正規分布への近似はまだ不完全に見えます．しかし $n=100$ まで増えれば，近似はかなり良好といえるでしょう．実際 $n \geq 100$ であれば，$\overline{Y}$ の正規分布への近似は，さまざまな母集団の分布に対して良好であることが知

基本概念	中心極限定理
2.7	いま $Y_1, \ldots, Y_n$ が i.i.d. で,$E(Y_i) = \mu_Y$, $\mathrm{var}(Y_i) = \sigma_Y^2$ とし,$0 \leq \sigma_Y^2 \leq \infty$ とする.このとき,$n \to \infty$ につれて,$(\bar{Y} - \mu_Y)/\sigma_{\bar{Y}}$(ここで $\sigma_{\bar{Y}}^2 = \sigma_Y^2/n$)は,標準正規分布に近似的に従う.

られています.

　中心極限定理の結果は画期的といえます.「小標本(small n)」の場合,図 2.9 と図 2.10 のグラフ b と c のように,$\bar{Y}$ の分布はそれぞれ複雑な形をして,互いに大きく異なりますが,「大標本(large n)」の場合には,図 2.9d と図 2.10d のように,その分布はシンプルで,驚くほど同じ形をしています.$\bar{Y}$ の分布は,n がより大きくなるにつれ,正規分布に近づくことから,$\bar{Y}$ は漸近的に正規分布に従う(**asymptotically normally distributed**)と呼ばれます.

　正規分布への近似は,中心極限定理によって幅広く応用され,現代の統計分析には不可欠な考え方です.中心極限定理は,基礎概念 2.7 にまとめられています.

要約

1. 確率変数が異なる値を取る際の確率は,累積分布関数,確率密度関数(離散的な確率変数の場合),確率密度関数(連続的な確率変数の場合)によって表現される.

2. 確率変数 Y の期待値(あるいはその平均 μ_Y とも呼ばれる),$E(Y)$ は,確率でウエイト付けされた加重平均値である.Y の分散は,$\sigma_Y^2 = E[(Y - \mu_Y)^2]$,$Y$ の標準偏差はその分散の平方根である.

3. 2 つの確率変数 X と Y の結合確率は,2 変数の結合確率分布で表される.$X = x$ の下での Y の条件付確率分布は,X が x の値を取るという条件の下での Y の確率分布である.

4. 正規分布に従う確率変数は,図 2.5 のような釣鐘型の確率密度を持つ.正規分布の確率変数に関する確率を計算するには,まず変数を標準化し,そして付表 1 の標準正規累積分布を用いる.

5. 単純な無作為抽出(ランダム・サンプリング)により,独立で同一な分布に従う(i.i.d. の)n 個の観測値 $Y_1, \ldots, Y_n$ が得られる.

6. 標本平均 $\bar{Y}$ は,ランダムに抽出された 1 つの標本と別の標本とで値は変わる.したがって,それは確率変数であり標本分布を持つ.いま $Y_1, \ldots, Y_n$ が i.i.d. であれば,

    a. $\bar{Y}$ の標本分布は,平均 μ_Y,分散 $\sigma_{\bar{Y}}^2 = \sigma_Y^2/n$ を持つ.

    b. 大数の法則より,$\bar{Y}$ は μ_Y へ確率において収束する.

    c. 中心極限定理より,n が大きいとき,$\bar{Y}$ の標準化された値 $(\bar{Y} - \mu_Y)/\sigma_{\bar{Y}}$ は,標準正規

分布 [$N(0,1)$ 分布] に従う.

キーワード

事象 [outcomes]　16
確率 [probability]　16
標本空間 [sample space]　16
イベント [event]　16
離散的な確率変数 [discrete random variable]　16
連続的な確率変数 [continuous random variable]　16
確率分布 [probability distribution]　16
累積確率分布 [cumulative probability distribution]　17
累積分布関数 [cumulative distribution function]（c.d.f.）　18
ベルヌーイ確率変数 [Bernoulli random variable]　18
ベルヌーイ分布 [Bernoulli distribution]　18
確率密度関数 [probability density function]（p.d.f.）　18
密度関数 [density function]　18
密度 [density]　18
期待値 [expected value]　20
期待 [expectation]　20
平均 [mean]　20
分散 [variance]　21
標準偏差 [standard deviation]　21
分布のモーメント [moments of a distribution]　23
歪度 [skewness]　23
尖度 [kurtosis]　25
異常値 [outlier]　25
急尖的 [leptokurtic]（厚いすそ [heavy tail]）　25

r 次のモーメント [r^{th} moment]　25
結合確率分布 [joint probability distribution]　26
限界確率分布 [marginal probability distribution]　26
条件付分布 [conditional distribution]　27
条件付期待値 [conditional expectation]　28
条件付平均 [conditional mean]　28
繰り返し期待値の法則 [law of iterated expectations]　29
条件付分散 [conditional variance]　30
独立 [independence]　30
共分散 [covariance]　31
相関 [correlation]　31
無相関 [uncorrelated]　31
正規分布 [normal distribution]　35
標準正規分布 [standard normal distribution]　35
変数の標準化 [standardize a variable]　35
多変数正規分布 [multivariate normal distribution]　37
2 変数正規分布 [bivariate normal distribution]　37
カイ二乗分布 [chi-squared distribution]　39
ステューデント t 分布 [Student t distribution]　40
F 分布 [F distribution]　40
単純な無作為抽出（ランダム・サンプリング）[simple random sampling]　41
母集団 [population]　41
同一の分布 [identically distributed]　42
独立で同一の分布 [independently and identi-

cally distributed] 42
標本分布 [sampling distribution] 43
正確な分布 [exact distribution]（有限標本の分布 [finite-sample distribution]） 44
漸近分布 [asymptotic distribution] 44
大数の法則 [law of large numbers] 45
確率における収束 [convergence in probability] 45
一致性 [consistency] 45
中心極限定理 [central limit theorem] 46
漸近的な正規分布 [asymptotic normal distribution] 50

練習問題

2.1 2枚のコインを投げたとき，表が出た枚数を Y とします．

 a. Y の確率分布を求めなさい．

 b. Y の累積確率分布を求めなさい．

 c. Y の平均と分散を求めなさい．

2.2 表2.2の確率分布を使って，(a) $E(X)$ および $E(Y)$；(b) σ_X^2 および σ_Y^2；(c) σ_{XY} および $\mathrm{corr}(X,Y)$ を計算しなさい．

2.3 表2.2からの確率変数 X と Y を使って，$W = 3 + 6X$ と $V = 20 - 7Y$ という新たな2つの確率変数を考えます．そのとき，(a) $E(W)$ および $E(V)$；(b) σ_W^2 および σ_W^2；(c) σ_{WV} および $\mathrm{corr}(W,V)$ を計算しなさい．

2.4 X は，$P(X = 1) = p$ であるベルヌーイ確率変数とします．

 a. $E(X^3) = p$ となることを示しなさい．

 b. $k > 0$ のとき，$E(X^k) = p$ となることを示しなさい．

 c. $p = 0.3$ とします．そのとき，X の平均，分散，歪度，尖度を計算しなさい．（ヒント：練習問題2.21に出てくる式が役立つでしょう．）

2.5 シアトルの9月の日中最高気温は華氏で平均70°F，標準偏差は7°Fになります．摂氏°Cの単位での平均，標準偏差，分散はいくらですか．

2.6 以下の表は，1990年の米国国勢調査を基に作成された，アメリカの労働年齢人口における雇用状況と大卒かどうかとの結合分布を表しています．

1990年のアメリカの労働年齢人口に関する雇用状況と大学卒業との結合分布			
	失業（$Y = 0$）	就業（$Y = 1$）	合計
大卒ではない（$X = 0$）	0.045	0.709	0.754
大卒（$X = 1$）	0.005	0.241	0.246
合計	0.050	0.950	1.000

 a. $E(Y)$ を計算しなさい．

 b. 失業率とは，労働年齢人口の内で失業している人の割合のことを言います．失業率は

$1 - E(Y)$ となることを示しなさい．

- **c.** $E(Y|X=1)$ および $E(Y|X=0)$ を計算しなさい．
- **d.** (i) 大卒，および (ii) 大卒ではない人の失業率をそれぞれ計算しなさい．
- **e.** いまこの母集団から無作為に選ばれた人が失業していると答えています．この労働者が大卒である確率はいくらでしょうか．また大卒ではない確率はいくらですか．
- **f.** 学歴と雇用状況は独立でしょうか．説明しなさい．

2.7 共働き男女カップルの母集団において，男性の所得の平均は，年間 \$40,000 で，標準偏差は \$12,000 だとします．また，女性の所得の平均は，年間 \$45,000 で，標準偏差は \$18,000 だとします．カップルの男性の所得と女性の所得の相関は 0.80 だとします．無作為に選ばれたカップルの合計所得を C とします．

- **a.** C の平均はいくらですか．
- **b.** 男性の所得と女性の所得の共分散はいくらですか．
- **c.** C の標準偏差はいくらですか．
- **d.** (a)-(c) の答えを \$ (ドル) から € (ユーロ) に変換しなさい．

2.8 確率変数 Y の平均は 1，分散は 4 であるとします．そして $Z = \frac{1}{2}(Y-1)$ とします．このとき，$\mu_Z = 0$ および $\sigma_Z^2 = 1$ となることを示しなさい．

2.9 X と Y は以下の結合分布に従う離散的な確率変数とします．

		\multicolumn{5}{c}{Y の値}
		14	22	30	40	65
X の値	1	0.02	0.05	0.10	0.03	0.01
	5	0.17	0.15	0.05	0.02	0.01
	8	0.02	0.03	0.15	0.10	0.09

すなわち，$\Pr(X=1, Y=14) = 0.02$ などとなります．

- **a.** Y の確率分布，平均，分散を計算しなさい．
- **b.** $X = 8$ と与えられたときの Y の確率分布，平均，分散を計算しなさい．
- **c.** X と Y の共分散および相関を計算しなさい．

2.10 次の確率を計算しなさい．

- **a.** Y が $N(1, 4)$ に従うときの $\Pr(Y \leq 3)$．
- **b.** Y が $N(3, 9)$ に従うときの $\Pr(Y > 0)$．
- **c.** Y が $N(50, 25)$ に従うときの $\Pr(40 \leq Y \leq 52)$．
- **d.** Y が $N(5, 2)$ に従うときの $\Pr(6 \leq Y \leq 8)$．

2.11 次の確率を計算しなさい．

- **a.** Y が χ_4^2 に従うときの $\Pr(Y \leq 7.78)$．
- **b.** Y が χ_{10}^2 に従うときの $\Pr(Y > 18.31)$．
- **c.** Y が $F_{10,\infty}$ に従うときの $\Pr(Y > 1.83)$．

d. なぜ（b）と（c）の答えは同じになるのでしょうか．

e. Y が χ_1^2 に従うときの $\Pr(Y \leq 1.0)$．（ヒント：χ_1^2 分布の定義を使いなさい．）

2.12 次の確率を計算しなさい．

a. Y が t_{15} に従うときの $\Pr(Y > 1.75)$．

b. Y が t_{90} に従うときの $\Pr(-1.99 \leq Y \leq 1.99)$．

c. Y が $N(0,1)$ に従うときの $\Pr(-1.99 \leq Y \leq 1.99)$．

d. なぜ（b）と（c）の答えは，おおよそ同じになるのでしょうか．

e. Y が $F_{7,4}$ に従うときの $\Pr(Y > 4.12)$．

f. Y が $F_{7,120}$ に従うときの $\Pr(Y > 2.79)$．

2.13 X は $\Pr(X = 1) = 0.99$ であるベルヌーイ確率変数とし，Y は $N(0,1)$ に従い，W は $N(0,100)$ に従うとします．そして $S = XY + (1-X)W$ とします．（つまり，$X = 1$ のとき $S = Y$ であり，$X = 0$ のとき $S = W$ となる．）

a. $E(Y^2) = 1$，および $E(W^2) = 100$ を示しなさい．

b. $E(Y^3) = 0$，および $E(W^3) = 0$ を示しなさい．（ヒント：対称な分布の歪度を求める．）

c. $E(Y^4) = 3$，および $E(W^4) = 3 \times 100^2$ を示しなさい．（ヒント：正規分布の尖度は3であることを使う．）

d. $E(S)$，$E(S^2)$，$E(S^3)$，および $E(S^4)$ を求めなさい．（ヒント：$X = 0$ および $X = 1$ の下で繰り返し期待値の法則を使う．）

e. S の歪度と尖度を求めなさい．

2.14 ある母集団において，$\mu_Y = 100$ および $\sigma_Y^2 = 43$ であるとします．中心極限定理を使って，以下の質問に答えなさい．

a. 無作為に抽出された標本数が $n = 100$ のときの $\Pr(\overline{Y} \leq 101)$．

b. 無作為に抽出された標本数が $n = 165$ のときの $\Pr(\overline{Y} > 98)$．

c. 無作為に抽出された標本数が $n = 64$ のときの $\Pr(101 \leq \overline{Y} \leq 103)$．

2.15 $Y_i (i = 1, \cdots, n)$ は i.i.d. の確率変数で，それぞれが $N(10, 4)$ に従うとします．

a. (i) $n = 20$，(ii) $n = 100$，および (iii) $n = 1000$ のときの，$\Pr(9.6 \leq \overline{Y} \leq 10.4)$ を計算しなさい．

b. c を正の数とします．$\Pr(10 - c \leq \overline{Y} \leq 10 + c)$ は n が大きくなるにつれて 1.0 に近づいていくことを示しなさい．

c. (b) の答えを使って，$\overline{Y}$ は 10 に確率において収束することを説明しなさい．

2.16 いま確率変数 Y は $N(5, 100)$ に従っており，$\Pr(Y < 3.6)$ を計算するとします．ただ残念ながら，手元にテキストがなく，巻末の付表1のような正規分布表を使うことができません．しかし，コンピュータは手元にあり，$N(5, 100)$ の分布から i.i.d. の確率変数を発生させるためのプログラムもあります．このとき，コンピュータを使って，$\Pr(Y < 3.6)$ の精度の高い近似値をどのようにして計算できるのか説明しなさい．

2.17 $Y_i (i = 1, \cdots, n)$ は期待値 $p = 0.4$ を持つ i.i.d. のベルヌーイ確率変数であるとします．標

本平均を $\overline{Y}$ と表します．

    a. 中心極限定理を使って，以下の確率の近似値を計算しなさい．

        i. $n = 100$ のときの $\Pr(\overline{Y} \geq 0.43)$．

        ii. $n = 400$ のときの $\Pr(\overline{Y} \leq 0.37)$．

    b. $\Pr(0.39 \leq \overline{Y} \leq 0.41) \geq 0.95$ であることが保証されるのに必要な n の値はどの程度の大きさでしょうか．（中心極限定理を使って，おおよその数値を計算しなさい．）

2.18 どの年においても，嵐など悪天候により家屋が被害を受けることがあります．毎年その被害はランダムに起こり，各年の被害額（ドル）を Y とします．数多くの年の 95% の場合で $Y = \$0$ となり，5% の場合で $Y = \$20{,}000$ となると仮定します．

    a. 各年の被害の平均と標準偏差はいくつですか．

    b. いま個々の家は十分に離れているものとし，どの年においても異なる家の被害は独立に分布する確率変数として扱えるとします．いまそのような状況にある 100 軒の家から構成される「保険プール（insurance pool）」を考えます．ある年のこれら 100 軒に与えた平均被害額を $\overline{Y}$ とします．（i）平均被害額 $\overline{Y}$ の期待値はいくらですか．（ii）$\overline{Y}$ が \$2000 を超える確率はいくつですか．

2.19 2 つの確率変数 X および Y を考えます．Y は k 個の値 $y_1, \cdots, y_k$ を取り，X は l 個の値 $x_1, \cdots, x_l$ を取ります．

    a. $\Pr(Y = y_j) = \sum_{i=1}^{l} \Pr(Y = y_j | X = x_i) \Pr(X = x_i)$ となることを示しなさい．（ヒント：$\Pr(Y = y_j | X = x_i)$ の定義を使いなさい．）

    b. (a) の答えを使って，(2.19) 式を確かめなさい．

    c. X と Y は独立であるとします．$\sigma_{XY} = 0$ および $\text{corr}(X, Y) = 0$ を示しなさい．

2.20 3 つの確率変数 X，Y，および Z を考えます．Y は k 個の値 $y_1, \cdots, y_k$ を取り，X は l 個の値 $x_1, \cdots, x_l$ を取り，Z は m 個の値 $z_1, \cdots, z_m$ を取ります．X，Y，Z の結合確率分布は $\Pr(X = x, Y = y, Z = z)$ となり，X と Z のある値の下での Y の条件付確率分布は $\Pr(Y = y | X = x, Z = z) = \frac{\Pr(Y = y, X = x, Z = z)}{\Pr(X = x, Z = z)}$ となります．

    a. 結合確率分布から $Y = y$ の限界確率はどのような計算で求められるのか説明しなさい．（ヒント：これは (2.16) 式の一般化です．）

    b. $E(Y) = E[E(Y|X, Z)]$ を示しなさい．（ヒント：これは (2.19) 式，および (2.20) 式の一般化です．）

2.21 X は $E(X)$，$E(X^2)$，$E(X^3)$ などのモーメントを持つ確率変数です．

    a. $E(X - \mu)^3 = E(X^3) - 3[E(X^2)][E(X)] + 2[E(X)]^3$ となることを示しなさい．

    b. $E(X - \mu)^4 = E(X^4) - 4[E(X)][E(X^3)] + 6[E(X)]^2[E(X^2)] - 3[E(X)]^4$ となることを示しなさい．

2.22 あなたには投資するための資金（単純化のため \$1 とします）があるとし，w の割合を株式の投資信託に，残りの $1 - w$ を債券の投資信託に投資しようと計画しているものとします．株式のファンドに \$1 投資すると 1 年後 R_s 得られ，債券ファンドに \$1 投資すると

1年後 R_b 得られます．ここで，R_s は平均 0.08（8%），標準偏差 0.07 となる確率変数で，R_b は平均 0.05（5%），標準偏差 0.04 となる確率変数です．R_s と R_b の相関は 0.25 です．あなたが資金のうち w の割合を株式投資信託に投入し，残りの $1-w$ の割合を債券投資信託に投入するとき，その投資の収益は，$R = wR_s + (1-w)R_b$ となります．

a. $w = 0.5$ とします．R の平均と標準偏差を計算しなさい．

b. $w = 0.75$ とします．R の平均と標準偏差を計算しなさい．

c. R の平均をできるだけ大きくする w の値はいくつですか．この w の値における R の標準偏差はいくつですか．

d. （難問）R の標準偏差を最小化する w の値はいくつですか．（この問題はグラフ，代数，もしくは微積分を用いることで，解くことができます．）

2.23 この練習問題では，確率変数 X と Y のペアについて，X が与えられた下での Y の条件付期待値は X に依存するが，$\mathrm{corr}(X,Y) = 0$ となるような例を示します．X と Z は 2 つの独立に分布している標準正規分布に従う確率変数であり，$Y = X^2 + Z$ であるとします．

a. $E(Y|X) = X^2$ を示しなさい．

b. $\mu_Y = 1$ を示しなさい．

c. $E(XY) = 0$ を示しなさい．（ヒント：標準正規分布に従う確率変数の奇数次のモーメントはすべてゼロとなることを使いなさい．）

d. $\mathrm{cov}(X,Y) = 0$，したがって $\mathrm{corr}(X,Y) = 0$ を示しなさい．

2.24 $Y_i \, (i = 1, \cdots, n)$ は i.i.d. で $N(0, \sigma^2)$ に従うとします．

a. $E(Y_i^2/\sigma^2) = 1$ を示しなさい．

b. $W = \frac{1}{\sigma^2} \sum_{i=1}^{n} Y_i^2$ は χ_n^2 に従うことを示しなさい．

c. $E(W) = n$ であることを示しなさい．［ヒント：(a) の答えを使いなさい．］

d. $V = \dfrac{Y_1}{\sqrt{\dfrac{\sum_{i=2}^{n} Y_i^2}{n-1}}}$ は t_{n-1} に従うことを示しなさい．

付論 2.1 基本概念 2.3 の結果の導出

この付論では，基本概念 2.3 における関係式を導出します．

(2.28) 式は期待値の定義から導出されます．

(2.29) 式を導出するには，分散の定義を使うことで，$\mathrm{var}(a + bY) = E\{[a + bY - E(a + bY)]^2\} = E\{[b(Y - \mu_Y)]^2\} = b^2 E[(Y - \mu_Y)^2] = b^2 \sigma_Y^2$ と表されます．

(2.30) 式を導出するには，分散の定義を使うことで，

$$
\begin{aligned}
\operatorname{var}(aX+bY) &= E\{[(aX+bY)-(a\mu_X+b\mu_Y)]^2\} \\
&= E\{[a(X-\mu_X)+b(Y-\mu_Y)]^2\} \\
&= E[a^2(X-\mu_X)^2] + 2E[ab(X-\mu_X)(Y-\mu_Y)] + E[b^2(Y-\mu_Y)^2] \\
&= a^2\operatorname{var}(X) + 2ab\operatorname{cov}(X,Y) + b^2\operatorname{var}(Y) \\
&= a^2\sigma_X^2 + 2ab\sigma_{XY} + b^2\sigma_Y^2
\end{aligned} \tag{2.49}
$$

と表されます．なお，2つ目の等号は項をまとめることで，3つ目の等号は2次式を展開することで，4つ目の等号は分散と共分散の定義から，それぞれ得られます．

(2.31) 式を導出するには，$E(Y-\mu_Y)=0$ なので，$E(Y^2) = E\{[(Y-\mu_Y)+\mu_Y]^2\} = E[(y-\mu_Y)^2] + 2\mu_Y E(Y-\mu_y) + \mu_Y^2 = \sigma_Y^2 + \mu_Y^2$ と表されます．

(2.32) 式を導出するには，共分散の定義を使うことで，

$$
\begin{aligned}
\operatorname{cov}(a+bX+cV, Y) &= E\{[a+bX+cV - E(a+bX+cV)][Y-\mu_Y]\} \\
&= E\{[b(X-\mu_X)+c(V-\mu_V)][Y-\mu_Y]\} \\
&= E\{[b(X-\mu_X)][Y-\mu_Y]\} + E\{[c(V-\mu_V)][Y-\mu_Y]\} \\
&= b\sigma_{XY} + c\sigma_{VY}
\end{aligned} \tag{2.50}
$$

と表されます．

(2.33) 式を導出するには，$E(XY) = E\{[(X-\mu_X)+\mu_X][(Y-\mu_Y)+\mu_Y]\} = E[(X-\mu_X)(Y-\mu_Y)] + \mu_X E(Y-\mu_Y) + \mu_Y E(X-\mu_X) + \mu_X\mu_Y = \sigma_{XY} + \mu_X\mu_Y$ と表されます．

最後に，(2.34) 式の相関の不等式 $|\operatorname{corr}(X,Y)| \leq 1$ を証明します．$a = -\sigma_{XY}/\sigma_X^2$ および $b=1$ とします．(2.30) 式に適用すると，

$$
\begin{aligned}
\operatorname{var}(aX+Y) &= a^2\sigma_X^2 + \sigma_Y^2 + 2a\sigma_{XY} \\
&= (-\sigma_{XY}/\sigma_X^2)^2\sigma_X^2 + \sigma_Y^2 + 2(-\sigma_{XY}/\sigma_X^2)\sigma_{XY} \\
&= \sigma_Y^2 - \sigma_{XY}^2/\sigma_X^2
\end{aligned} \tag{2.51}
$$

となります．$\operatorname{var}(aX+Y)$ は分散であり，負の値を取ることができないので，(2.51) 式の最後の行から $\sigma_Y^2 - \sigma_{XY}^2/\sigma_X^2 \geq 0$ となります．この不等式を変形すると，

$$
\sigma_{XY}^2 \leq \sigma_X^2\sigma_Y^2 \quad (\text{共分散の不等式}) \tag{2.52}
$$

が得られます．

共分散の不等式から $\sigma_{XY}^2/(\sigma_X^2\sigma_Y^2) \leq 1$，あるいは同じことですが $|\sigma_{XY}/(\sigma_X\sigma_Y)| \leq 1$ となり，（相関の定義を使うと）相関の不等式 $|\operatorname{corr}(X,Y)| \leq 1$ が証明されます．

第3章　統計学の復習

統計学は，データを使って身の回りの物事を理解しようとする科学です．統計学の分析道具は，未知の母集団の確率分布の性質を探るのに役立ちます．たとえば，最近の大学卒業生の平均賃金はいくらなのか？　平均賃金は男性と女性で異なるのか？　もし異なるのであれば，その違いはどれほどなのか？

これらの問題に答えるには，母集団となる雇用者の賃金の分布が必要となります．その1つの方法は，広範囲なアンケート調査を実施して，各雇用者の賃金を計測し，母集団の分布を実際に見出すことです．しかし，実際にそのような調査を行うには膨大なコストがかかります．アメリカでの大規模調査としては10年ごとの国勢調査がありますが，実際，2000年の調査では100億ドルもの費用がかかりました．調査票の作成やアンケート実施要領の準備，そしてデータの集計と分析に10年の期間を要します．このような大変な努力にもかかわらず，調査から漏れてしまう対象者は少なくありません．明らかに，もっと現実的な方法が必要です．

統計学の基本的な役割は，母集団から無作為に（ランダムに）標本を選ぶことで，その母集団の分布の性質を見出すことです．アメリカの全人口を調査するのではなく，たとえば母集団の中の1000人をランダムに選び標本とします．統計学の手法を使えば，この標本から，全母集団の分布の性質に関して暫定的な結論――統計的な推論に基づく結論――を導き出すことができるのです．

計量経済学では，3つのタイプの統計的手法を利用します：推定，仮説検定，そして信頼区間です．推定とは，母集団の分布の特性を表す値（たとえば平均）について「最善の推測（best guess）」を求める作業です．仮説検定とは，母集団に関して特定の仮説を設定し，そして標本を使ってその仮説が正しいかどうか判断することです．信頼区間とは，データを使って未知の母集団の性質に関して，区間や範囲を推定することです．3.1，3.2，3.3節では，それぞれ，未知の母集団の平均に関する推定，仮説検定，そして信頼区間について学びます．

経済学の問題では，2つ以上の変数間の関係や異なる母集団の比較がよく議論されます．たとえば，大卒勤労者の平均賃金は男性と女性で異なるのか，といった問題です．3.4節では，3.1-3.3節の内容を拡張し，2つの異なる母集団の平均を比較する手法を学び

ます．3.5 節では，2 つの平均を比較する手法が，実験における因果関係の推定にどう応用できるかを考えます．3.2-3.5 節では，仮説検定や信頼区間の推定を議論する際，大標本の下での正規分布を利用します．一方，ある特別な状況下では，正規分布ではなくステューデント t 分布が使えます．その特別な状況は，3.6 節で議論されます．最後に 3.7 節では，標本の相関と散布図について説明します．

3.1 母集団の平均の推定

いま，ある母集団における Y の平均値（μ_Y），たとえば大卒女性の平均賃金を知りたいとしましょう．この平均値を推定する自然な方法は，独立で同一の分布（independently and identically distributed, i.i.d.）に従う n 個の観測値 $Y_1, \ldots, Y_n$ を求め，その標本平均 $\overline{Y}$ を計算することです（ここで $Y_1, \ldots, Y_n$ は，無作為に抽出して得られたものであれば i.i.d. となります）．本節では，μ_Y の推定と，μ_Y の推定量としての $\overline{Y}$ の性質について説明します．

推定量とその性質

推定量 標本平均 $\overline{Y}$ は，μ_Y を推定する自然な方法です．しかし，それが唯一の方法ではありません．μ_Y 推定の別の方法として，たとえば第 1 観測値 Y_1 を使うこともできます．$\overline{Y}$，Y_1 とも，μ_Y を推定するために集められたデータの関数です．基本概念 3.1 の用語を使えば，どちらも μ_Y の推定量となります．標本抽出を繰り返し行えば，その標本に応じて，$\overline{Y}$，Y_1 は異なる値（つまり異なる推定値）が得られるでしょう．したがって，$\overline{Y}$，Y_1 とも，それぞれ標本分布を持つことになります．μ_Y の推定量にはさまざまな候補があり，$\overline{Y}$，Y_1 は 2 つの例なのです．

複数の推定量が考えられる場合，どのような性質を満たせば，ある推定量が別の推定量と比べて「より良い」といえるでしょうか．推定量は確率変数なので，この問いはより正確には，推定量の標本分布はどういった性質を持つことが望ましいか，と言い換えることができます．一般にその推定量は，何らかの平均の意味で，真の値にできるだけ近いことが望ましいでしょう．つまり，その推定量の標本分布が，真の値を中心にできるだけ小さな範囲に集まっていることが望ましいといえます．以上の議論から，推定量について 3 つの望ましい性質，不偏性（unbiasedness），一致性（consistency），効率性（efficiency）を挙げることができます．

不偏性（unbiasedness） いま，無作為な標本抽出を何度も繰り返して，推定量を評価するとします．このとき，平均的には，正しい答えが得られると考えてよいでしょう．したがって，推定量の望ましい性質の 1 つは，標本分布の平均が μ_Y と等しいと理解でき

基本概念	推定量と推定値
3.1	推定量（**estimator**）は，母集団からランダムに抽出される標本データの関数として表現される．一方，推定値（**estimate**）は，特定の標本から実際に計算された推定量の値である．推定量は無作為抽出という標本の性質から確率変数となるが，推定値は非確率な値となる．

ます．このとき，その推定量は不偏である（unbiased）と呼ばれます．

この性質を数学的に表現しましょう．$\hat{\mu}_Y$ を μ_Y のある推定量とします（たとえば $\overline{Y}$ や Y_1）．$E(\hat{\mu}_Y) = \mu_Y$ のとき，推定量 $\hat{\mu}_Y$ は不偏性を満たすといわれます（ここで $E(\hat{\mu}_Y)$ は $\hat{\mu}_Y$ の標本分布の平均を表す）．それ以外のときには，推定量 $\hat{\mu}_Y$ は偏りを持つ（biased）といわれます．

一致性（consistency） $\hat{\mu}_Y$ に関する別の望ましい性質は，標本数が大きいとき，$\hat{\mu}_Y$ のランダムな変動に関する不確実性が非常に小さいということです．より正確に表現すれば，$\hat{\mu}_Y$ が真の値 μ_Y を中心にした小さな範囲に収まる確率が，標本数が大きくなるにつれて 1 に近づく，という性質です．このとき，$\hat{\mu}_Y$ は一致性（consistency）を満たすといわれます（基本概念 2.6 を参照）．

分散と効率性（efficiency） いま候補として 2 つの推定量 $\hat{\mu}_Y$ と $\tilde{\mu}_Y$ があり，ともに不偏性を満たすとします．どちらの推定量を選べばよいでしょうか．1 つの方法は，標本分布の散らばり，つまり分散が最も小さい推定量を選べばよいというやり方です．$\hat{\mu}_Y$ の分散が $\tilde{\mu}_Y$ の分散より小さければ，$\hat{\mu}_Y$ は $\tilde{\mu}_Y$ より効率的（efficient）と呼ばれます．「効率性（efficiency）」という用語は，分散の小さい推定量はデータに含まれる情報をより効率的に使うという特徴に由来しています．

不偏性，一致性，効率性は，基本概念 3.2 に要約されます．

$\overline{Y}$ の性質

$\overline{Y}$ は，不偏性，一致性，効率性の 3 つの基準から見て，μ_Y の推定量としてどう評価されるべきでしょうか．

不偏性と一致性 $\overline{Y}$ の標本分布は，2.5 節と 2.6 節ですでに検討されています．2.5 節で示したように，$E(\overline{Y}) = \mu_Y$ なので，$\overline{Y}$ は μ_Y の不偏推定量です．同様に，大数の法則（基

基本概念	不偏性，一致性，効率性
3.2	$\hat{\mu}_Y$ を μ_Y の推定量とする．このとき， • $\hat{\mu}_Y$ の偏り（**bias**）は，$E(\hat{\mu}_Y) - \mu_Y$． • $E(\hat{\mu}_Y) = \mu_Y$ のとき，$\hat{\mu}_Y$ は μ_Y の**不偏推定量**（**unbiased estimator**）となる． • $\hat{\mu}_Y \xrightarrow{p} \mu_Y$ のとき，$\hat{\mu}_Y$ は μ_Y の**一致推定量**（**consistent estimator**）となる． • μ_Y の別の推定量 $\widetilde{\mu}_Y$ があり，$\hat{\mu}_Y$ と $\widetilde{\mu}_Y$ はともに不偏性を満たすとする．このとき，もし $\text{var}(\hat{\mu}_Y) < \text{var}(\widetilde{\mu}_Y)$ であれば，$\hat{\mu}_Y$ は $\widetilde{\mu}_Y$ より**効率的**（**efficient**）と呼ばれる．

本概念 2.6) より，$\overline{Y} \xrightarrow{p} \mu_Y$，つまり $\overline{Y}$ は一致性を満たします．

効率性　$\overline{Y}$ の効率性（efficiency）についてはどうでしょうか．効率性の議論には，他の推定量との比較が問題となるため，比較される推定量をまず特定化する必要があります．

まず $\overline{Y}$ の効率性を，別の推定量 Y_1 と比べてみましょう．$Y_1, \ldots, Y_n$ は i.i.d. なので，Y_1 の標本分布の平均は $E(Y_1) = \mu_Y$，すなわち，Y_1 は μ_Y の不偏推定量です．また，その分散は $\text{var}(Y_1) = \sigma_Y^2$ です．2.5 節より $\overline{Y}$ の分散は σ_Y^2/n となります．したがって，$n \geq 2$ について，$\overline{Y}$ の分散は Y_1 の分散より小さくなり，$\overline{Y}$ は Y_1 よりも効率的であることがわかります．効率性の観点からは，Y_1 よりも $\overline{Y}$ を使うべきとなります．Y_1 は，劣った推定量であることは一目瞭然かもしれません．第 1 観測値だけを使って，他の観測値をすべて捨ててしまうのなら，なぜ n 個の観測値をわざわざ集めたのでしょうか．効率性の概念を使うことで，$\overline{Y}$ は Y_1 に比べてより望ましい推定量であることが正式に示されました．

では，優劣がはっきりしない推定量についてはどうでしょうか．ここではウエイトが 1/2 と 3/2 で交互に変化する加重平均を考えます（観測数 n は偶数と仮定）：

$$\widetilde{Y} = \frac{1}{n}\left(\frac{1}{2}Y_1 + \frac{3}{2}Y_2 + \frac{1}{2}Y_3 + \frac{3}{2}Y_4 + \cdots + \frac{1}{2}Y_{n-1} + \frac{3}{2}Y_n\right). \tag{3.1}$$

ここで $\widetilde{Y}$ の平均は μ_Y，分散は $\text{var}(\widetilde{Y}) = 1.25\sigma_Y^2/n$ です（練習問題 3.11）．$\widetilde{Y}$ は不偏であり，標本数が無限に大きくなると分散はゼロに近づくので，一致性を持ちます．しかし $\widetilde{Y}$ は $\overline{Y}$ より分散が大きい．したがって，$\overline{Y}$ のほうが $\widetilde{Y}$ よりも効率的です．

以上，検討した 3 つの推定量 $\overline{Y}$, Y_1, $\widetilde{Y}$ は，すべて観測値の加重平均という点で共通しています．そして，Y_1, $\widetilde{Y}$ の分散は，$\overline{Y}$ の分散よりも大きくなります．この結果は，より一般的には次のように表されます．すなわち，観測値 $Y_1, \ldots, Y_n$ の加重平均に基づくすべての不偏推定量のなかで，$\overline{Y}$ は最も効率的です．言い換えると，$\overline{Y}$ は**最良な線形不偏推定量**（**Best Linear Unbiased Estimator, BLUE**），すなわち $Y_1, \ldots, Y_n$ の線形で不偏推定量

基本概念 3.3	$\overline{Y}$ の効率性：$\overline{Y}$ は BLUE（最良な線形不偏推定量）である
	$\hat{\mu}_Y$ は μ_Y の推定量で，$Y_1,\ldots,Y_n$ の加重平均とする．つまり $\hat{\mu}_Y = \frac{1}{n}\sum_{i=1}^n a_i Y_i$（$a_1,\ldots,a_n$ は非確率な定数）．もし $\hat{\mu}_Y$ が不偏であれば，$\hat{\mu}_Y = \overline{Y}$ でない限り，$\mathrm{var}(\overline{Y}) < \mathrm{var}(\hat{\mu}_Y)$ となる．したがって $\overline{Y}$ は最良な線形不偏推定量（Best Linear Unbiased Estimator, BLUE）である．すなわち，$Y_1,\ldots,Y_n$ の加重平均で表されるすべての不偏推定量のなかで，$\overline{Y}$ は μ_Y の最も効率的な推定量となる．

の中で最も効率的な（最良な）推定量となります．この結果は，基本概念 3.3 で示され，第 5 章で証明されます．

$\overline{Y}$ は μ_Y の最小二乗推定量　　標本平均 $\overline{Y}$ は，観測値との差の二乗の平均がすべての推定量のなかで最小となり，その意味でデータに最も良くフィットする推定量です．

次の値を最小にする推定量 m を考えましょう：

$$\sum_{i=1}^n (Y_i - m)^2. \tag{3.2}$$

これは推定量 m と観測値との差もしくは距離に相当します．m は $E(Y)$ の推定量に当たるので，Y_i の値の予測とみなせます．したがって，$Y_i - m$ の差は予測ミスともいえます．(3.2) 式で表される二乗和の表現は，予測ミスの二乗和と言い換えることができます．

(3.2) 式の二乗和を最小にする推定量 m は，**最小二乗推定量**（**least squares estimator**）と呼ばれます．m の候補を多数試して，(3.2) 式の値ができるだけ小さくなるような m を探す，そんな試行錯誤から最小二乗問題を解くこともできます．あるいは，付論 3.2 で議論するように，代数もしくは微分を用いて，$m = \overline{Y}$ のとき確かに (3.2) 式の二乗和が最小となる，つまり $\overline{Y}$ は μ_Y の最小二乗推定量となることを示すことができます．

無作為な標本抽出（ランダム・サンプリング）の重要性

ここまでの議論で $Y_1,\ldots,Y_n$ は，無作為に抽出したサンプル，つまり i.i.d であると仮定してきました．この仮定は重要です．なぜなら，もしその標本がランダムに抽出されたものでなければ，$\overline{Y}$ はバイアスを持ってしまうからです．

たとえば，毎月の全国レベルの失業率を推計する問題を考えます．もしデータ収集の際に，ある特殊な標本抽出スキームを採用し，毎月の第 2 水曜日，午前 10 時に都市の公園のベンチに座っている勤労年齢の大人をインタビューするとしましょう．その時間，雇用

> **BOX：ランドン候補の勝利！**
>
> 時は 1936 年の大統領選挙．投票日の少し前に行われた新聞の調査では，「候補者のランドン氏（Alf M. Landon）が現職のルーズベルト氏（Franklin D. Roosevelt）を大差で—57% 対 43% で—破る」という結果が伝えられました．その調査を行ったガゼット紙（Literary Gazette）は，「選挙は大差」という点では正しかったのですが，勝利者についてはまったくの誤りでした．ルーズベルト氏が 59% 対 41% で圧勝したのです．
>
> ガゼット紙はなぜこんな大きなミスを犯してしまったのでしょうか？ ガゼット紙の調査では，電話帳と自動車保有者の登録ファイルからサンプルが抽出されました．しかし 1936 年当時，電話や自動車を持つ世帯は多くなく，それらを持つのはより豊かな，したがって共和党支持者の世帯が多かったと考えられます．つまりガゼット紙の電話調査は，母集団からのランダムな標本ではなく，含まれる民主党支持者が少な過ぎる，偏ったサンプルに基づいていたのです．その結果，推定量にもバイアスがかかり，かくも大きな誤りを犯してしまいました．
>
> では，インターネットによる世論調査には，同じようなバイアスは含まれるでしょうか．皆さんはどう思いますか？

されているほとんどの人は職場で働いているはずで，公園のベンチには座っていません．したがって，その標本抽出は失業者に偏ったものとなり，そこから推計される失業率もバイアスを持つことになります．その理由は，そのサンプリング方法が，母集団よりも過剰に失業者を抽出してしまっているからです．これは仮想の話ですが，しかし「ランドン候補の勝利！」というコラムでは，実際に，標本抽出がランダムではなかった例を紹介しています．

標本の選択方法を考える場合，このようなバイアスをできるだけ小さくすることがとても大切です．付論 3.1 では，アメリカの失業率推計に使われる現代人口調査（Current Population Survey, CPS）と，そこでの標本抽出スキームについて説明しています．

3.2 母集団の平均に関する仮説検定

私たちの周りには，イエスかノーで答えられる問題が数多くあります．最近の大卒者の平均賃金は，時間当たり 20 ドルなのか？ 大卒者の賃金は，男性と女性で同じなのか？ これらは共に，賃金の母集団の分布に関する特定の仮説に関する問題です．統計学では，標本に基づく証拠から，これらの問いに答えなければなりません．この節では，母集団の平均に関する**仮説検定**（**hypothesis test**）について説明します（母集団の平均賃金は時間当たり 20 ドルか？）．2 つの母集団に関する仮説検定は 3.4 節で取り扱います（平均賃金は男性と女性で同じか？）．

帰無仮説と対立仮説

統計学における仮説検定の出発点は，テストされる仮説をまず特定化することです．それは帰無仮説（**null hypothesis**）と呼ばれます．そしてその帰無仮説は，データに基づき，2つ目の仮説と比較されます．それは，帰無仮説が成立しないときに成立する仮説で，対立仮説（**alternative hypothesis**）と呼ばれます．

帰無仮説では，母集団の平均 $E(Y)$ がある特定の値 $\mu_{Y,0}$ と等しい，と設定されます．帰無仮説を H_0 とすると，

$$H_0 : E(Y) = \mu_{Y,0}. \tag{3.3}$$

たとえば「大卒者の賃金は母集団の平均で見て時間当たり 20 ドル」と推測するとき，それが帰無仮説に当たります．数学的に表せば，もし Y が無作為に抽出された最近の大卒者賃金であれば，帰無仮説は $E(Y) = 20$，または (3.3) 式の $\mu_{Y,0} = 20$ となります．

対立仮説は，帰無仮説が誤りの場合に成立する仮説です．もっとも一般的な対立仮説は，$E(Y) \neq \mu_{Y,0}$ と設定されます．これは $E(Y)$ は $\mu_{Y,0}$ より大きい値と小さい値を両方含むことから，両側の対立仮説（**two-sided alternative hypothesis**）と呼ばれます．すなわち，

$$H_1 : E(Y) \neq \mu_{Y,0} \quad (両側の対立仮説). \tag{3.4}$$

もちろん，片側の対立仮説を設定することもできます．それらは本節で後ほど説明します．

統計分析者にとっての問題は，無作為な標本を用いて，帰無仮説 H_0 を採択するのか，あるいはそれを却下して対立仮説を採択するのか，判断を下すことです．帰無仮説を「採択する（accept）」ことは，分析者がこれを真実と断言することではありません．後日，新しい証拠が追加されることで却下されるかもしれないと認識しつつ，帰無仮説を暫定的に正しいと判断することなのです．そのことから，統計的な仮説検定では，「採択する」というよりも，「棄却できない」と理解されます．

p 値

ある標本において，標本平均 $\overline{Y}$ が，仮説で設定される $\mu_{Y,0}$ に一致することはまれです．$\overline{Y}$ と $\mu_{Y,0}$ の差が生じるのは，真の平均が $\mu_{Y,0}$ とは異なる（つまり帰無仮説が誤りである）からなのか，または真の平均は $\mu_{Y,0}$ でも無作為なサンプリングが原因で $\overline{Y}$ は $\mu_{Y,0}$ と異なるのか，どちらかでしょう．しかし，これら2つの可能性を正確に区別することは不可能です．標本データから，帰無仮説について確定的な答えを得ることはできませんが，サンプリングに基づく不確実性を考慮した，統計的な計算に基づく仮説検定を行うことは可

能です．この計算は，帰無仮説に関する p 値を求めることにほかなりません．

p 値（*p*-value），あるいは**有意確率**（**significance probability**）とは，帰無仮説が正しいという仮定の下で，統計量と帰無仮説の値との距離が，手元の標本から測った距離よりも離れてしまう（つまり帰無仮説の成立がより難しくなる），そのような統計量を引き出す確率のことをいいます．先の例では，帰無仮説の下で，手元にある標本平均よりも離れた（分布でいえば，より端の領域に入る）$\overline{Y}$ を抽出する確率を表します．

では具体例で考えましょう．手元の標本における平均賃金が \$22.24 だとします．p 値は，帰無仮説で設定した \$20 との距離で考えて，$\overline{Y}$ が手元の標本平均 \$22.24 を上回る領域に入る（つまり 22.24 を上回る $\overline{Y}$ を抽出する）確率を表します．もし p 値が小さく，たとえば 0.5% であれば，真の平均 = 20 ドルという帰無仮説の下で導出される確率分布の下で，手元にあるようなサンプルを抽出する可能性は非常に低い．つまり，このような確率の低い標本を引き出したということは，前提とした帰無仮説が正しくないと推論してよいということになります．逆に p 値が大きく，たとえば 40% であれば，帰無仮説を否定する証拠としては弱い，すなわち，手元の標本から \$22.24 と観察されたのは，無作為なサンプリングがもたらすばらつきにより真の平均（= 20 ドル）とは異なる標本が抽出されたのだろうと推論されます．したがって，帰無仮説は棄却できないと判断されます．

p 値の定義を数学的に表現しましょう．手元の標本データから得られた標本平均を $\overline{Y}^{act}$ とし，$\Pr_{H_0}$ は帰無仮説の下で計算される（つまり $E(Y_i) = \mu_{Y,0}$ の下で計算される）確率とします．このとき p 値は，

$$p \text{ 値} = \Pr_{H_0}[|\overline{Y} - \mu_{Y,0}| > |\overline{Y}^{act} - \mu_{Y,0}|]. \tag{3.5}$$

すなわち p 値は，帰無仮説を前提とする $\overline{Y}$ の分布において，$|\overline{Y}^{act} - \mu_{Y,0}|$ を超える両端の領域に相当します．もし p 値が大きければ，観察される $\overline{Y}^{act}$ は帰無仮説と整合的となり，逆に p 値が小さければそうではないということになります．

p 値を計算するには，帰無仮説の下での $\overline{Y}$ の標本分布を求める必要があります．2.6 節でも述べたように，サンプル数が小さいときには，この分布の形状は複雑になります．しかし，標本数が大きい場合には，中心極限定理から，$\overline{Y}$ の標本分布は正規分布に近似することができます．帰無仮説の下，この正規分布の平均は $\mu_{Y,0}$，したがって，$\overline{Y}$ は $N(\mu_{Y,0}, \sigma_{\overline{Y}}^2)$ の分布に従います（$\sigma_{\overline{Y}}^2 = \sigma_Y^2/n$）．このように大標本の場合，正規分布へ近似できることで，母集団の Y の分布を知らなくても p 値を計算できます．ただし，その具体的な計算手続きは，σ_Y^2 が既知かどうかに依存するので，注意が必要です．

σ_Y が既知のときの p 値の計算

図 3.1 には，σ_Y がすでにわかっている場合の p 値の計算方法が示されています．もし

図 3.1 p 値の求め方

p 値は，次のような $\overline{Y}$ を引き出す確率のことである．すなわち，$\overline{Y}$ と真の平均 $\mu_{Y,0}$ との差が，$\overline{Y}^{act}$ 以上となる，そのような $\overline{Y}$ の値を抽出する確率を表す．大標本の場合には，$\overline{Y}$ は帰無仮説の下で，$N(\mu_{Y,0}, \sigma_{\overline{Y}}^2)$ に従い，$(\overline{Y} - \mu_{Y,0})/\sigma_{\overline{Y}}$ は $N(0,1)$ に従う．したがって p 値は，図でいえば標準正規分布の両端で，$\pm|(\overline{Y}^{act} - \mu_{Y,0})/\sigma_{\overline{Y}}|$ より外側の領域（網掛け部分）に当たる．

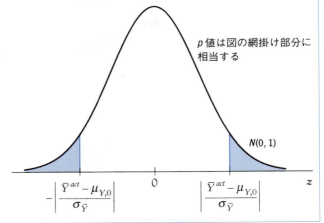

標本数が大きければ，前述のとおり帰無仮説の下，$\overline{Y}$ の標本分布は $N(\mu_{Y,0}, \sigma_{\overline{Y}}^2)$ に従います（$\sigma_{\overline{Y}}^2 = \sigma_Y^2/n$）．その結果，基準化された $\overline{Y}$，すなわち $(\overline{Y} - \mu_{Y,0})/\sigma_{\overline{Y}}$ は標準正規分布に従うことになります．p 値は，$\mu_{Y,0}$ から見て $\overline{Y}$ が $\overline{Y}^{act}$ よりも遠くに位置する，そのような $\overline{Y}$ を引き出す確率です．言い換えれば，$(\overline{Y} - \mu_{Y,0})/\sigma_{\overline{Y}}$ は $(\overline{Y}^{act} - \mu_{Y,0})/\sigma_{\overline{Y}}$ を絶対値で見て上回る，そのような確率です．その確率は，図 3.1 の網掛け部分に示されています．網掛けされた端の領域にくる確率（つまり p 値）を数学的に表現すると，

$$p\text{ 値} = \Pr\nolimits_{H_0}\left(\left|\frac{\overline{Y} - \mu_{Y,0}}{\sigma_{\overline{Y}}}\right| > \left|\frac{\overline{Y}^{act} - \mu_{Y,0}}{\sigma_{\overline{Y}}}\right|\right) = 2\Phi\left(-\left|\frac{\overline{Y}^{act} - \mu_{Y,0}}{\sigma_{\overline{Y}}}\right|\right) \tag{3.6}$$

となります（ここで Φ は標準正規分布の累積密度関数です）．つまり p 値とは，標準正規分布において，$\pm(\overline{Y}^{act} - \mu_{Y,0})/\sigma_{\overline{Y}}$ を超える両端の領域に相当するのです．

(3.6) 式の公式は，母集団の分散 σ_Y^2 に依存します．実際，この分散は通常未知です（例外は，Y_i が 2 項分布でベルヌーイ分布に従う場合です．そのとき，(2.7) 式のように，分散は帰無仮説によって決定されます）．一般に，σ_Y^2 は，p 値が計算されるよりも前に導出されます．そこで次項では，σ_Y^2 の推定という問題を検討します．

標本分散，標本標準偏差，標準誤差

標本分散 s_Y^2 は，母集団の分散 σ_Y^2 の推定量です．標本標準偏差 s_Y は，母集団の標準偏差 σ_Y の推定量となります．そして標本平均 $\overline{Y}$ の標準誤差は，$\overline{Y}$ の標本分布の標準偏差の推定量に相当します．

標本分散と標本標準偏差

標本分散（**sample variance**）s_Y^2 とは，

$$s_Y^2 = \frac{1}{n-1} \sum_{i=1}^{n} (Y_i - \overline{Y})^2 \tag{3.7}$$

と表されます．**標本標準偏差**（**sample standard deviation**）s_Y とは，この標本分散に平方根を取った値です．

標本分散の公式は，母集団の分散の公式と表現はよく似ています．母集団の分散 $E(Y - \mu_Y)^2$ とは，母集団の分布における $(Y - \mu_Y)^2$ の平均値です．同様に，標本分散は，$(Y_i - \mu_Y)^2, i = 1, \ldots, n$ の標本分布における平均値ですが，次の 2 点の修正が施されています．第 1 に，μ_Y は $\overline{Y}$ に変更する，第 2 に，平均を取る際，n ではなく $n-1$ で割るという点です．

最初の修正，すなわち μ_Y を $\overline{Y}$ に置き換える理由は，μ_Y が未知で推定する必要があるからです．第 2 の修正で，n ではなく $n-1$ で割る理由は，μ_Y を $\overline{Y}$ で推計することで，わずかですが $(Y_i - \overline{Y})^2$ にバイアスが混入するからです．具体的には，練習問題 3.18 で示されるとおり，$E[(Y_i - \overline{Y})^2] = [(n-1)/n]\sigma_Y^2$ です．したがって，$E\sum_{i=1}^{n}(Y_i - \overline{Y})^2 = nE[(Y_i - \overline{Y})^2] = (n-1)\sigma_Y^2$ となります．(3.7) 式で，n ではなく $n-1$ で割ることで，この微小なバイアスを修正し，s_Y^2 が不偏となるのです．

n ではなく $n-1$ で割ることは，**自由度**（**degrees of freedom**）の修正と呼ばれます．平均を推定することで，データに含まれている情報の一部分，すなわち「自由度」を 1 だけ使うことになり，残りの自由度は $n-1$ となるのです．

標本分散の一致性　　標本分散は，母集団の分散の一致推定量です．すなわち，

$$s_Y^2 \xrightarrow{p} \sigma_Y^2 \tag{3.8}$$

であり，標本分散は，n が大きくなれば，高い確率で真の分散に近づくことを表しています．

(3.9) 式の結果は，ある条件の下で成立することが付論 3.3 で証明されます．その条件とは，$Y_1, \ldots, Y_n$ が i.i.d. で Y_i が有限の 4 次のモーメントを持つ（$E(Y_i^4) < \infty$）ということです．s_Y^2 が一致性を有する直感的な理由は，それが標本の平均であり，大数の法則に従うからということができます．ただし，基本概念 2.6 で述べたように，s_Y^2 が大数の法則に従うには，$(Y_i - \mu_Y)^2$ が有限の分散を持つ必要があります．そのために，$E(Y_i^4)$ が有限，つまり Y_i が有限の 4 次のモーメントを持つことが必要なのです．

$\overline{Y}$ の標準誤差　　$\overline{Y}$ の標本分布の標準偏差は，$\sigma_{\overline{Y}} = \sigma_Y/\sqrt{n}$ なので，(3.9) 式より，$s_Y/\sqrt{n}$ を $\sigma_{\overline{Y}}$ の推定量として使うことができます．この $s_Y/\sqrt{n}$ は，$\overline{Y}$ の**標準誤差**（**standard error**）と呼ばれ，$SE(\overline{Y})$ または $\hat{\sigma}_{\overline{Y}}$ と表記されます（ここで変数の上の "^" 記号は推定量であることを表します）．$\overline{Y}$ の標準誤差は基本概念 3.4 に要約されています．

基本概念	$\overline{Y}$ の標準誤差
3.4	$\overline{Y}$ の標準誤差は，$\overline{Y}$ の標準偏差の推定量である．$\overline{Y}$ の標準誤差は，$SE(\overline{Y})$，または $\hat{\sigma}_{\overline{Y}}$ とも表記される．$Y_1, \ldots, Y_n$ が i.i.d. のとき， $$SE(\overline{Y}) = \hat{\sigma}_{\overline{Y}} = s_Y/\sqrt{n}. \quad (3.9)$$

いま $Y_1, \ldots, Y_n$ は，成功確率 p のベルヌーイ分布から抽出された i.i.d. 標本とします．このとき，$\overline{Y}$ の分散の公式は，$p(1-p)/n$ となります（(2.7) 式を参照）．標準誤差の公式も $\overline{Y}$ と n のみに依存する単純な形となり，$SE(\overline{Y}) = \sqrt{\overline{Y}(1-\overline{Y})/n}$ と表されます．

σ_Y が未知のときの p 値の計算

s_Y^2 は σ_Y^2 の一致推定量なので，p 値は，(3.6) 式で σ_Y を標準誤差 $SE(\overline{Y}) = \hat{\sigma}_{\overline{Y}}$ に置き換えれば計算できます．σ_Y が未知のとき，$Y_1, \ldots, Y_n$ が i.i.d. の場合，p 値は次式を使って求められます：

$$p \text{ 値} = 2\Phi\left(-\left|\frac{\overline{Y}^{act} - \mu_{Y,0}}{SE(\overline{Y})}\right|\right). \quad (3.10)$$

t 統計量

標準化された標本平均 $(\overline{Y} - \mu_{Y,0})/SE(\overline{Y})$ は，統計的な仮説検定において中心的な役割を果たします．それは t 統計量（***t*-statistic**）または t 比率（***t*-ratio**）——あるいは t 値——と呼ばれます：

$$t = \frac{\overline{Y} - \mu_{Y,0}}{SE(\overline{Y})}. \quad (3.11)$$

一般に，テスト統計量（**test statistic**）とは，仮説検定を行う際に使われる統計量のことです．したがって t 統計量は，テスト統計量の一例なのです．

t 統計量の大標本分布 標本数 n が大きいとき，s_Y^2 は σ_Y^2 に高い確率で近づきます．したがって上記の t 統計量の分布は，近似的に $(\overline{Y} - \mu_{Y,0})/\sigma_{\overline{Y}}$ の分布と同一となり，さらに中心極限定理（基本概念 2.7）から，標準正規分布に従うと理解できます．すなわち，

$$\text{標本数 } n \text{ が大きい場合, } t \text{ は近似的に } N(0,1) \text{ に従う.} \tag{3.12}$$

(3.10) 式で示した p 値の公式は, t 統計量を使って書き直すことができます. いま実際に計算された t 統計量を t^{act} とし, それは

$$t^{act} = \frac{\overline{Y}^{act} - \mu_{Y,0}}{SE(\overline{Y})} \tag{3.13}$$

と表されます. したがって, p 値は以下の式を使って計算できます:

$$p \text{ 値} = 2\Phi(-|t^{act}|). \tag{3.14}$$

仮の例として, $n = 200$ の学部卒業生のサンプルを使って, 平均賃金 $E(Y)$ が時間当たり 20 ドルという帰無仮説をテストするとしましょう. その標本平均は $\overline{Y}^{act}$ = \$22.64, 標本標準誤差は s_Y = \$18.14 とします. このとき, $\overline{Y}$ の標準誤差は, $s_Y/\sqrt{n} = 18.14/\sqrt{200}$ = 1.28 です. t 統計量の値は, t^{act} = (22.64 − 20)/1.28 = 2.06 です. そして付表 1 より, p 値は $2\Phi(-2.06)$ = 0.039 または 3.9% となります. したがって, 帰無仮説が正しいという仮定の下, 手元にある標本平均と同じかそれ以上に帰無仮説の値と離れている標本平均を抽出する確率は, 3.9% です.

特定の有意水準を使った仮説検定

統計的な仮説検定を行う際, 2 つのタイプの誤りを起こしてしまう可能性があります. 1 つは, 帰無仮説が実際には正しいのに誤って棄却してしまうというもの, もう 1 つは, 帰無仮説が誤りで棄却すべきなのに棄却しないというものです. もし, 第 1 のタイプの誤りが発生する確率——正しいにもかかわらず帰無仮説を棄却してしまう確率——をどれだけ容認するか事前に特定してテストしたいのであれば, p 値を計算せずとも仮説検定を行うことができます. その確率をある水準に設定すれば (たとえば 5%), p 値が 0.05 を下回るとき帰無仮説を棄却することになります. このアプローチは, 帰無仮説を優遇するような扱いにはなりますが, 実際多くの応用においてこの取扱いは適切と見られます.

所与の有意水準を使った仮説検定　　いま「p 値が 5% を下回れば帰無仮説を棄却する」と決めたとしましょう. 正規分布の両端の領域は ±1.96 の外側で 5% なので, それは次のようなシンプルなルールを意味します:

$$|t^{act}| > 1.96 \text{ ならば, } H_0 \text{ を棄却する.} \tag{3.15}$$

つまり, t 統計量の絶対値が 1.96 を上回れば帰無仮説を棄却することになります. 標本数 n が十分大きいときには, 帰無仮説の下で, t 統計量は $N(0,1)$ に従います. したがって,

基本概念	**仮説検定に関する用語**
3.5	統計的な仮説検定では2つのタイプの誤りを起こしてしまう可能性がある．**第1のタイプの誤り**（タイプ I エラー，**type I error**）は，帰無仮説が実際には正しいのに誤って棄却してしまうというもの，**第2のタイプの誤り**（タイプ II エラー，**type II error**）は，帰無仮説が実際には誤りで棄却すべきなのに棄却しないというものである．帰無仮説が正しい下で，あらかじめ定められた棄却の確率——つまり第1のタイプの誤りを犯す確率——は，**有意水準**（**significance level**）と呼ばれる．テスト統計量の**臨界値**（**critical value**）とは，与えられた有意水準の下で帰無仮説をちょうど棄却するような統計量の値である．帰無仮説を棄却する統計量の範囲は**棄却域**（**rejection region**），帰無を棄却しない統計量の範囲は**採択域**（**acceptance region**）と呼ばれる．帰無仮説が正しいときに実際誤って棄却してしまう確率は，**テストのサイズ**（**size**）と呼ばれる．対立仮説が正しい（帰無仮説が誤りである）ときに実際正しく帰無仮説を棄却する確率は，**テストのパワー**（**power**）と呼ばれる． p 値は，帰無仮説が正しいという前提の下，実際に得られたテスト統計量よりも帰無仮説の採択に不利となるテスト統計量を抽出する確率を意味する．言い換えると，p 値は，帰無仮説を棄却できる最も小さな有意水準に相当する．

帰無仮説を誤って棄却してしまう確率（実際には帰無仮説が正しいときにそれを棄却する確率）は 5% です．

この仮説検定のフレームワークでは，基本概念 3.5 に要約されるような，特別な用語が使われます．(3.15) 式のテストにおける有意水準は 5%，両側テストの臨界値は 1.96，±1.96 より外側にある t 統計量の値は棄却域，といった具合です．テストにより帰無仮説が 5% の有意水準で棄却されたなら，母集団の平均 μ_Y は，$\mu_{Y,0}$ と 5% 有意水準で統計的に有意に異なる，といわれます．

特定の有意水準で仮説をテストする際，p 値の計算は必要ありません．先ほどの「大卒者の平均賃金は 20 ドル」という仮説検定の例でいえば，t 統計量は 2.06 です．これは 1.96 を上回るので，帰無仮説は 5% 水準で棄却されます．このように 5% の有意水準でテストを行うことは簡単です．しかし，特定の有意水準で棄却されたかどうかだけを報告することは，p 値を報告するよりも情報としては乏しいという点は留意しておく必要があります．

実際どの有意水準を使うべきか？ 統計・計量分析を行う人たちは，多くの場合，5% の有意水準を用います．ただし，5% 水準の仮説検定を数多く行うと，平均して 20 回の

基本概念 3.6	対立仮説 $E(Y) \neq \mu_{Y,0}$ に対する帰無仮説 $E(Y) = \mu_{Y,0}$ の検定
	1. $\overline{Y}$ の標準誤差 $SE(\overline{Y})$ を計算（(3.8) 式）． 2. t 統計量を計算（(3.13) 式）． 3. p 値を計算（(3.14) 式）．もし p 値が 0.05 より小さければ（または $|t^{act}| > 1.96$ ならば），5% 有意水準で帰無仮説を棄却する．

うち 1 回は帰無仮説を誤って棄却している可能性があります．そこで慣例的に，より控えめな有意水準を使う場合があります．たとえば法廷で争われる場合，判決の材料として統計的な証拠が使われることがあります．もし「被告人は無罪」というのが帰無仮説なら，帰無を棄却する（すなわち有罪判決を下す）とき，それは単なるランダム・サンプリングによるばらつきが原因ではないと確信する必要があるでしょう．このように法廷の現場では，この種の誤りを避けるため，1%，あるいは 0.1% とった有意水準が使われることがあります．同様に，政府が新しい薬の販売許可を検討する際にも，とても控えめな有意水準を使うことが適切かもしれません．それによって消費者は市販されている薬は実際に効能があると確信できるでしょう．

一方で，とても低い有意水準を使って慎重を期することには，コストもあります．有意水準がより低ければ，臨界値はより大きくなり，その結果，誤りである帰無仮説を棄却することがより難しくなります．実際，もっとも慎重に事を運びたければ，帰無仮説をまったく棄却しなければよいでしょう．しかし，もしそう考えるのなら，そもそも統計テストを行う必要はありません．「決して棄却しない」という考えは，テストをしても変わらないだろうからです．このように，有意水準をより低くすると，誤った帰無仮説を棄却する力が弱まり，テストのパワーが低下してしまいます．経済や政策問題に応用する際には，多くの場合，法廷のケースほど控えめな有意水準は必要とされません．5% 水準は，ある種の妥協点ではありますが，ほどよい水準とみなされています．

基本概念 3.6 では，母集団の平均に関する仮説検定（両側の対立仮説）の内容が要約されています．

片側の対立仮説

ある状況では，「真の平均が $\mu_{Y,0}$ を上回る」という対立仮説を設定する場合があります．たとえば，教育によって就職条件は良くなると考えるとしましょう．大学卒業者とそうでない人で賃金収入が等しいという帰無仮説をテストする際，対立仮説としては，単に賃金が異なるというだけでなく，大卒者の方が賃金が高いと設定した方がより適切でしょ

う．これは，片側の対立仮説（**one-sided alternative hypothesis**）で，次のように表現されます：

$$H_1 : E(Y) > \mu_{Y,0} \quad \text{（片側の対立仮説）}. \tag{3.16}$$

片側の対立仮説の場合，p 値の求め方や仮説検定の方法は，両側の対立仮説のときと基本的に同じです．唯一の違いは，片側テストの場合には，t 統計量の絶対値ではなく，正の値が大きいときにのみ帰無を棄却するという点です．具体的にいうと，(3.16) 式の片側テストを行う際，まず (3.13) 式の t 統計量を求めます．p 値は，標準正規分布において，求められた t 統計量より右側の領域に当たります．つまり，t 統計量の分布に $N(0,1)$ 近似を応用し，計算される p 値は，

$$p\,\text{値} = \Pr\nolimits_{H_0}(Z > t^{act}) = 1 - \Phi(t^{act}) \tag{3.17}$$

となります．$N(0,1)$ 分布における，片側 5% 有意水準の臨界値は 1.645 です．このテストの棄却域は，1.645 を上回る t 統計量の値すべてになります．

(3.16) 式の片側テストは，μ_Y が $\mu_{Y,0}$ を上回るという仮説を検証しました．もし逆に，対立仮説が $E(Y) < \mu_{Y,0}$ の場合，前のパラグラフの議論は，符号を逆にすることを除けば，すべて成り立ちます．たとえば 5% 有意水準の棄却域は，-1.645 を下回る t 統計量すべての値になります．

3.3 母集団の平均に関する信頼区間

ランダム・サンプリングにはばらつきに基づくエラーがあるため，1 つのサンプルの情報から正確に真の平均の値を知ることは不可能です．しかし，無作為に選ばれた標本から，真の平均 μ_Y をある一定の確率で含む範囲（集合）を求めることは可能です．このような集合は信頼集合（**confidence set**）と呼ばれ，その集合内に μ_Y が含まれるある確率のことは信頼水準（**confidence level**）と呼ばれます．μ_Y に対する信頼集合は，平均に関するある下限から上限までに取りうるすべての値に相当するので，信頼集合は区間，すなわち信頼区間（**confidence interval**）となります．

では，母集団の平均に関する 95% の信頼集合を求める 1 つの方法を説明しましょう．まず，平均に関してある任意の値を選ぶことから始めます．その値を $\mu_{Y,0}$ とします．$\mu_Y = \mu_{Y,0}$ という仮説を，$\mu_Y \neq \mu_{Y,0}$ という対立仮説に対してテストし，t 統計量を計算します．もしそれの絶対値が 1.96 より小さければ，$\mu_{Y,0}$ は 5% 水準で棄却されません．そこで $\mu_{Y,0}$ をリストに書きます．さて次に，別の $\mu_{Y,0}$ の値を選び，テストしてください．もし帰無仮説を棄却できなければ，その t 統計量をまたリストに記してください．これを何度も何度も繰り返し，実際，母集団の平均が取りうるすべての値について繰り返してみてください．すると，両側テストから 5% 水準で棄却できなかった母集団の平均のすべて

の値が集合として得られるのです．

　このリストが便利なのは，手元のデータに基づいてテストした際，どの仮説は棄却できてどの仮説は棄却できないか，すべて網羅されているという点です．もし誰かから「この値はどうか」と尋ねられたら，そのリストを見れば，棄却されるかどうかすぐに答えることができます．そして，そのロジックを理解すれば，このリストは重要な性質を持つことがわかります．すなわち，そのリストに母集団の平均の真の値が含まれる確率は 95% となるのです．

　そのロジックとは以下のようなものです．いま μ_Y の真の値は 21.5 だとします（実際には私たちにはわからないのですが）．そのとき $\overline{Y}$ は，21.5 を中心とする正規分布に従い，$\mu_Y = 21.5$ という帰無仮説をテストする t 統計量は $N(0,1)$ 分布に従います．このように，もし標本数 n が大きければ，$\mu_Y = 21.5$ という帰無仮説を 5% 有意水準で棄却する確率は 5% です．しかしすでに，母集団が取りうるすべての値についてテストしているので，真の値である $\mu_Y = 21.5$ についてもテストをしていることになります．したがって，すべての標本抽出の 95% において，21.5 という仮説を正しく採択するでしょう．つまり，全サンプルの 95% において，そのリストは μ_Y の真の値を含んでいることになります．このように，そのリストは μ_Y に対する 95% の信頼集合となるのです．

　以上のような信頼集合の求め方は実際的ではありません．というのも，帰無仮説として，μ_Y が取りうるすべての値について調べる必要があるからです．幸運にも，もっと簡単な方法があります．(3.10) 式の t 統計量の公式によれば，試みにテストされる $\mu_{Y,0}$ の値が 5% 水準で棄却されるのは，それが $\overline{Y}$ よりも標準誤差の 1.96 倍以上離れているときです．したがって，5% 水準で棄却されない μ_Y の値の集合は，$\overline{Y}$ の $\pm 1.96 SE(\overline{Y})$ の範囲に入ることになります．すなわち，μ_Y に対する 95% 信頼区間は，$\overline{Y} - 1.96 SE(\overline{Y}) \leq \mu_Y \leq \overline{Y} + 1.96 SE(\overline{Y})$ です．このアプローチは，基本概念 3.7 にまとめられています．

　例として，最近の大卒者の平均賃金に関する 95% 信頼区間を求めてみましょう．その際，仮想のランダム・サンプルとして 200 人の大卒者を使い，$\overline{Y} = \$22.64$，$SE(\overline{Y}) = 1.28$ とします．95% 信頼区間は，$22.64 \pm 1.96 \times 1.28 = 22.64 \pm 2.51 = (\$20.13, \$25.15)$ となります．

　これまでの議論では，両側の信頼区間に焦点を当ててきました．一方，片側の信頼区間についても，片側の仮説検定で棄却されない μ_Y の値の集合として求めることが可能です．片側の信頼区間は，統計学の一部の分野では応用されることがありますが，計量経済学での応用はほとんどありません．

カバー確率　　母集団の平均に関する信頼区間のカバー確率（**coverage probability**）とは，標本抽出が繰り返される下で計算される，真の平均を含む確率のことを指します．

基本概念 3.7　母集団の平均に関する信頼区間

μ_Y に対する 95% 信頼区間とは，ランダムに抽出されたすべてのサンプルの 95% で，μ_Y の真の値を含む区間を表す．標本数が大きいとき，μ_Y に対する 95%，90%，99% の信頼区間は，それぞれ以下のとおり．

$$\mu_Y \text{ に対する 95\% 信頼区間} = \{\overline{Y} \pm 1.96 SE(\overline{Y})\},$$

$$\mu_Y \text{ に対する 90\% 信頼区間} = \{\overline{Y} \pm 1.64 SE(\overline{Y})\},$$

$$\mu_Y \text{ に対する 99\% 信頼区間} = \{\overline{Y} \pm 2.58 SE(\overline{Y})\}.$$

3.4　母集団の異なる平均の比較

最近の大卒者の平均賃金は男性と女性で同じなのでしょうか？　この質問に答えるには，2つの異なる母集団の分布の平均を比べる必要があります．本節では，2つの異なる母集団の平均の差に焦点を当て，それに関する仮説検定と信頼区間を説明します．

2つの平均の差に関する仮説検定

μ_w を大卒女性の母集団における平均賃金，μ_m を大卒男性の母集団における平均賃金とします（それぞれ時間当たり）．いま，これら2つの母集団の平均賃金は，ある d_0 の額だけ異なるという帰無仮説を考えましょう．このとき，帰無仮説と両側の対立仮説は，

$$H_0: \mu_m - \mu_w = d_0 \text{ 対 } H_1: \mu_m - \mu_w \neq d_0 \tag{3.18}$$

と表されます．男性と女性で母集団の平均賃金は同じであるという帰無仮説は，(3.18) 式の H_0 において，$d_0 = 0$ と置けばよいことがわかります．

これらの母集団の平均は未知ですから，男性と女性それぞれのサンプルから推定しなければなりません．いま n_m 人の男性と n_w 人の女性のサンプルを無作為抽出により選んだとします．それぞれの標本平均を，$\overline{Y}_m$（男性），$\overline{Y}_w$（女性）としましょう．このとき，$\mu_m - \mu_w$ の推定量は，$\overline{Y}_m - \overline{Y}_w$ です．

$\overline{Y}_m - \overline{Y}_w$ を使って，$\mu_m - \mu_w = d_0$ という帰無仮説をテストするには，$\overline{Y}_m - \overline{Y}_w$ の分布を知らなければなりません．中心極限定理から，$\overline{Y}_m$ は近似的に $N(\mu_m, \sigma_m^2/n_m)$ の分布に従い，そこで σ_m^2 は母集団における男性の平均賃金の分散です．同様に，$\overline{Y}_w$ は近似的に $N(\mu_w, \sigma_w^2/n_w)$ の分布に従い，そこで σ_w^2 は母集団における女性の平均賃金の分散です．さらに 2.4 節で説明したとおり，2つの正規分布に従う確率変数の加重平均は，やはり正

規分布に従います．$\overline{Y}_m$ と $\overline{Y}_w$ は，それぞれ無作為に選ばれた異なるサンプルに基づき得られたものなので，それらは互いに独立した確率変数です．したがって，$\overline{Y}_m - \overline{Y}_w$ は，$N[\mu_m - \mu_w, (\sigma_m^2/n_m) + (\sigma_w^2/n_w)]$ の分布に従います．

もし分散 σ_m^2, σ_w^2 をすでに知っていれば，この近似された正規分布を使って p 値を求め，$\mu_m - \mu_w = d_0$ という仮説をテストすることができます．しかし現実には，それぞれの母集団の分散は未知であり，推定しなければなりません．以前と同じく，それらは (3.7) 式で定義される標本分散を使って推定されますが，ここでは s_m^2, s_w^2 として，男女別々のサンプルから分散が推定されます．以上の結果，$\overline{Y}_m - \overline{Y}_w$ の標準誤差は，

$$SE(\overline{Y}_m - \overline{Y}_w) = \sqrt{\frac{s_m^2}{n_m} + \frac{s_w^2}{n_w}} \tag{3.19}$$

で表されます．

帰無仮説をテストする t 統計量も，母集団の平均が1つであったこれまでと同じ形式で求めることができます．すなわち，推定量 $\overline{Y}_m - \overline{Y}_w$ から帰無仮説で設定されている $\mu_m - \mu_w$ の値を差し引き，それを $\overline{Y}_m - \overline{Y}_w$ の標準誤差で割ればよいことになります．したがって，t 統計量は，

$$t = \frac{(\overline{Y}_m - \overline{Y}_w) - d_0}{SE(\overline{Y}_m - \overline{Y}_w)} \quad \text{(2つの平均を比較する際の t 統計量)} \tag{3.20}$$

となります．もし n_m, n_w がともに大きければ，この t 値は標準正規分布に従います．

(3.20) 式の t 統計量は，帰無仮説の下，n_m, n_w が大きいときに標準正規分布に従うので，両側テストの p 値は，母集団の平均が1つであったときとまったく同じ式，すなわち (3.14) 式によって求められます．

特定の有意水準を使ってテストを行う場合には，(3.20) 式を使って t 統計量を計算し，それを適切な臨界値と比べることになります．たとえば，もし t 統計量の絶対値が 1.96 を上回れば，帰無仮説は 5% の有意水準で棄却されることになります．

もし対立仮説が両側ではなく片側で，$\mu_m - \mu_w > d_0$ の場合には，テストは 3.2 節で示したような方法で修正されます．p 値は (3.17) 式から求められ，5% 有意水準のテストでは，$t > 1.65$ のとき帰無は棄却されることなります．

2つの平均の差に関する信頼区間

3.3 節で述べた信頼区間の求め方は，平均の差 $d = \mu_m - \mu_w$ についても当てはまります．帰無仮説で設定された d_0 の値は，$|t| > 1.96$ のときに 5% 水準で棄却されるので，d_0 は $|t| \le 1.96$ のときに信頼集合に入ります．しかし $|t| \le 1.96$ のときには，推定された平均の差 $\overline{Y}_m - \overline{Y}_w$ と d_0 の距離は，標準誤差の 1.96 倍よりも小さくなっています．したがって，

d に対する 95% 両側の信頼区間は，$\overline{Y}_m - \overline{Y}_w$ の ±1.96 標準誤差の範囲に入ることになります．すなわち，

$$d = \mu_m - \mu_w \text{ に対する 95\% 信頼区間は} \\ (\overline{Y}_m - \overline{Y}_w) \pm 1.96 SE(\overline{Y}_m - \overline{Y}_w). \tag{3.21}$$

これらの公式を踏まえ，次のボックス「米国の大卒者賃金に関する男女格差」では，賃金の男女差の問題について実証的に検証します．

3.5 実験データに基づく因果関係の効果の推定：平均の差による推定

1.2 節で述べたように，「ランダムにコントロールされた実験」では，まず母集団から対象者（人々，より一般には主体）が無作為に選ばれ，そしてトリートメント・グループ（実験における処置が施されるグループ）かコントロール・グループ（処置が施されないグループ）にランダムに振り分けられます．この 2 つのグループの標本平均の差が，トリートメント（処置）による因果関係の効果の推定量となります．

因果関係の効果：条件付期待値の差

トリートメント（処置）による因果関係の効果とは，ランダムにコントロールされた実験において，処置が結果に及ぼす予想される効果です．この効果は，2 つの条件付期待値の差で表現されます．具体的に，処置のレベル x の Y へ及ぼす**因果関係の効果**（**causal effect**）とは，条件付期待値の差 $E(Y|X = x) - E(Y|X = 0)$ で表されます．ここで $E(Y|X = x)$ はトリートメント・グループ（処置のレベル $X = x$ を受けるグループ）における Y の期待値，$E(Y|X = 0)$ はコントロール・グループ（処置のレベル $X = 0$ を受けるグループ）における Y の期待値です．実験の文脈では，因果関係の効果とは，処置の効果（**treatment effect**）とも呼ばれます．もし処置のレベルが 2 つしかなければ（つまりトリートメントが 0 か 1 であれば），$X = 0$ をコントロール・グループ，$X = 1$ をトリートメント・グループと表すことができます．このとき，因果関係の効果（あるいは処置の効果）は，$E(Y|X = 1) - E(Y|X = 0)$ となります．

平均の差を用いた因果関係の効果の推定

ランダムにコントロールされた実験において，トリートメント（処置）が (0,1) 変数であれば，その因果関係の効果は，トリートメント・グループとコントロール・グループの標本平均の差によって推定できます．「その処置に効果はない」という仮説は，2 つの平均が等しいという仮説と同一であり，2 つの平均を比較する t 統計量，すなわち (3.20)

BOX：米国の大卒者賃金に関する男女格差

第2章のボックス「2004年米国における賃金の分布」では，平均すると大卒男性の方が大卒女性より賃金が高いと報告されています．この賃金に関する男女格差（gender gap）について，最近の傾向はどのようなものでしょうか．アメリカの職場の男女差別に関する社会規範や法律制度は，大きく変化してきました．賃金に関する男女格差は，ずっと変わらなかったのでしょうか，それとも時間とともに減少してきたのでしょうか.

表3.1には，米国の1992年，1996年，2000年，2004年における25-34歳までの大卒常勤就業者の時間当たり賃金の推定値が示されています．それらは「現代人口調査（Current Population Survey, CPS）」で集められたデータに基づき計算されています．1992年，1996年，2000年の賃金データは，消費者物価指数を使ってインフレ率の調整が施され，2004年価格に揃えられています[1]．2004年，1901名の男性の時間当たり平均賃金は21.99ドル，標準偏差は10.39ドルでした．同じく，2004年，1739名の女性の平均賃金は18.47ドル，標準偏差は8.16ドルでした．したがって，この男女格差は$3.52(=\$21.99-\$18.47)$，標準誤差は$\$0.31(=\sqrt{(10.39^2/1901)+(8.16^2/1739)})$です．2004年，男女の給与格差に関する95%の信頼区間は，$3.52\pm1.96\times0.31=(\$2.91, \$4.12)$です．

表3.1の結果は，4つの結論を示唆しています．第1に，この男女格差は大きいという点です．賃金の差が3.52ドルとは，あまり大きくはないと思われるかもしれませんが，1年間の合計で見れば7040ドルとなり，決して小さな額ではありません（年間50週，1週間40時間勤務と仮定）．第2に，推定された男女格差は，サンプル期間全体において，時間当たり2.73ドルから3.52ドルへと，0.79ドル上昇しました．しかし，この増加分は，統計的には5%水準で有意とはなりませんでした（練習問題3.17）．第3に，この男女格差は，パーセント表示で計測

表3.1 米国の大卒者賃金の傾向：25-34歳，1992年〜2004年，2004年価格

	男性			女性			男女差		
年	$\bar{Y}_m$	s_m	n_m	$\bar{Y}_w$	s_w	n_w	$\bar{Y}_m - \bar{Y}_w$	$SE(\bar{Y}_m - \bar{Y}_w)$	dに対する95%信頼区間
1992	20.33	8.70	1592	17.60	6.90	1370	2.73**	0.29	2.16–3.30
1996	19.52	8.48	1377	16.72	7.03	1235	2.80**	0.30	2.22–3.40
2000	21.77	10.00	1300	18.21	8.20	1182	3.56**	0.37	2.83–4.29
2004	21.99	10.39	1901	18.47	8.16	1739	3.52**	0.31	2.91–4.13

注：これらの推計値は，現代人口調査において，それぞれの年の翌年3月に調査された常勤就業者25-34歳を対象としたデータから計算（たとえば2004年のデータは2005年3月に集計）．男女差は1%水準(**)で有意にゼロとは異なる．

しても大きいという点です．表 3.1 の推定結果によれば，女性の賃金は男性に比べて 16% 少なく（3.52 ドル/21.99 ドル），1992 年に見られた格差 13%（= 2.73 ドル/20.33 ドル）よりも拡大しています．第 4 に，男女格差は，若い大卒者（表 3.1 で分析されたグループ）の方が，すべての大卒者（表 2.4 の分析対象）よりも小さいという点です．表 2.4 にあるように，2004 年すべての大卒常勤就業者の賃金は女性の平均では 21.12 ドル，男性の平均で 27.83 ドル，男女格差は 24%［=(27.83 − 21.12)/27.83］です．

以上の実証分析は，賃金に関する「男女格差（gender gap）」は存在し，過去数年にわたり比較的安定している（あるいは若干拡大している）ことを示しています．ただし，この分析では，格差の原因については何も教えてはくれません．この差は労働市場における男女差別が原因なのか，それとも男性と女性のスキルや経験，教育の違いが原因なのか，あるいは職業選択の違いの現れなのか，それとも何か別の要因があるのか．これらの問題については，後ほど第 2 部のトピックである多変数回帰分析のツールを学んでから振り返ります．

---

[1] インフレーション（物価上昇）の結果，1992 年の 1 ドルは 2004 年の 1 ドルより価値が高くなります．1992 年の方が物価が安いため，1992 年の 1 ドルは，2004 年の 1 ドルよりも多くのモノやサービスを買うことができるからです．したがって 1992 年の賃金と 2004 年の賃金を直接比較するには，インフレ率を調整しなければなりません．この調整を行う 1 つの方法が，消費者物価指数（Consumer Price Index, CPI）を利用することです．この物価指数は，消費される財・サービスから成る「バスケット」の価格を測る指数で，労働統計局が作成しています．1992 年から 2004 年の 12 年間，CPI のバスケットの価格は 34.6% 上昇しました．言い換えると，1992 年に 100 ドルした財サービスのバスケットは，2004 年には 134.60 ドルに値上がりしたことになります．表 3.1 において，1992 年と 2004 年の賃金を比較可能にするには，1992 年の賃金が CPI で見たインフレの分だけ増やされることが必要で，1992 年の賃金を 1.346 倍して「2004 年価格」に調整されるのです．

式を使ってテストできます．2 グループの平均の差に関する 95% 信頼区間は，因果関係の効果に関する 95% 信頼区間に等しく，したがってそれは (3.21) 式を使って求められます．

実験がうまくデザインされ実行されると，因果関係の効果に関する良好な推定値を得ることができます．それゆえ医学など特定の分野では，ランダムにコントロールされた実験がしばしば用いられます．しかし経済学では，実験を行うにはコストがかかり，実際の運営も難しく，また倫理的な問題を含むケースもあります．したがって経済学での実験はまだ珍しく，少数にとどまっています．そのため計量経済学者は，「自然実験（natural experiments）」もしくは「準実験（quasi-experiments）」と呼ばれるものを分析します．それは，トリートメントや主体の特徴とは無関係な出来事が発生することで，異なるトリートメントを異なる主体に割り振るような効果を持つ場合で，あたかもランダムにコントロールされた実験であるかのような場合です．ボックス「退職後のための貯蓄を増やす新しい方法」は，そのような準実験の一例で，そこではある驚くべき結論が導かれます．

BOX：退職後のための貯蓄を増やす新しい方法

　多くの経済学研究者は，就業者は退職に備えて十分には貯蓄しない傾向にあると考えています．退職に備えて貯蓄を奨励する方法は，従来であれば，金銭面のインセンティブを与えることでした．しかし最近の人々の行動を見ると，必ずしも従来の経済モデルとは合致しない事例が数多く観察されるようになってきました．その結果，経済的な意思決定に影響を及ぼす新しい方法に関心が高まっています．

　2001年に刊行された研究において，Brigitte MadrianとDennis Sheaは，退職に備える貯蓄を奨励する新しい手法を考えました．多くの企業は，退職年金プランを示して，加入した雇用者の給与から貯蓄分を天引きします．そのような企業年金プランは，アメリカの税金コード上の名前にちなんで401(k)と呼ばれ，人々は加入するかどうか常に選択することができます．しかし，企業によっては，雇用者は非加入を申請しない限り，自動的に加入となる取扱いをしています．また別の企業では，雇用者が参加の申請をして初めて加入となります．人々の行動に関する従来の経済モデルによれば，非加入を申請するか加入を申請するかの違いは問題ではないとされていました．加入するかどうかの変更は単に申請書に記入するだけで可能なので，その作成にかかる時間的なコスト（その金銭的な価値）は，その判断がもたらす金銭的な意義に比べると，はるかに小さなものだからです．しかしMadrianとSheaは疑問を持ちました．この従来の説明が誤りである可能性はないのか．その「加入の方法」は，加入率に直接影響を与えるのではないか．

　加入の方法がもたらす影響を測定するために，MadrianとSheaは，401(k)プランのデフォルトの選択肢を非加入から加入へと変更したある企業を分析しました．そこで彼らは，2つのグループを比較します．デフォルト変更前に雇用されており自動加入ではない（申請により加入する）グループと，変更後に雇用されて自動加入となる（申請すれば非加入となる）グループの2つです．利回り等，貯蓄プランの条件に変更はありません．MadrianとSheaは，このデフォルト変更の前後で，就業者に本質的な違いはないと議論しました．したがって，計量経済学的な観点からいえば，この変更はあたかもランダムにコントロールされた実験であり，その変更がもたらす因果関係の効果は，2つのグループの平均の違いにより推定できると考えられます．

　MadrianとSheaは，デフォルトの加入制度が大きな違いをもたらすことを見出しました．申請して加入する（コントロール）グループの加入率は37.4%（$n = 4249$）でしたが，制度変更により自動加入となった（トリートメント）グループの加入率は85.9%（$n = 5801$）だったのです．トリートメントの効果の推定値は48.5%（= 85.9% − 37.4%）です．標本数は非常に大きいので，その95%信頼区間もタイトです（46.8%から50.2%）．

　加入方法は問題ではないとする伝統的な考え方の経済学者にとって，MadrianとShea

の実証結果は大変な驚きでした．就業者は，デフォルトの加入・非加入を，良きアドバイスと見なしたのかもしれません（実際はそうではありません），あるいは単に退職後の生活設計を考えたくなかったのかもしれません．どちらの理由も，経済的に合理的ではありません．しかしいずれの理由も，進展著しい分野である「行動経済学（behavioral economics）」の仮説と整合的であり，人々がデフォルトの選択肢を受け入れることを示唆しています．

この研究は，現実の制度設計にも大きな影響を及ぼしました．2006年8月，国会は年金保護法を成立させました．その法律により，デフォルトが加入である401(k)プランを提供しやすくなったのです．Madrianと Shea らによる計量経済学上の発見が，法案作成の質疑のなかで大きく取り上げられました．行動経済学，そして退職貯蓄プランの骨格などについてより詳しく学びたい読者は，Thaler and Benartzi（2004）を参照してください．

3.6 標本数が小さい場合の t 統計量

3.2節から3.5節まで，t統計量は，標準正規分布からの臨界値に基づき仮説検定や信頼区間の計算に使用されてきました．標準正規分布が使用できるのは中心極限定理に基づいているからであり，それは標本数が大きいときに適用されます．一方，標本数が小さいときには，標準正規分布では t 統計量の分布をうまく近似できません．しかし，もし母集団の分布自体が正規分布に従うならば，そのとき1つの母集団の平均をテストする t 統計量の正確な分布（有限標本の分布，2.6節を参照）は，自由度 $n-1$ のステューデント t 分布となり，臨界値もステューデント t 分布から求められます．

t 統計量とステューデント t 分布

平均をテストする t 統計量　　いまデータ $Y_1, \ldots, Y_n$ を用いて，Y の平均が $\mu_{Y,0}$ という仮説をテストする t 統計量を考えましょう．この統計量の公式は，(3.10)式に与えられており，$\overline{Y}$ の標準誤差は(3.8)式に与えられています．(3.8)式を(3.10)式に代入することで，t 統計量の式は，

$$t = \frac{\overline{Y} - \mu_{Y,0}}{\sqrt{s_Y^2/n}} \tag{3.22}$$

となります．ここで，s_Y^2 は(3.7)式に与えられています．

3.2節で議論したように，一般的な条件の下で t 統計量は，標本数が大きいとき，そして帰無仮説が正しいとき，標準正規分布に従います（(3.12)式を参照）．標準正規分布へ

の近似は，n が大きければ，広くさまざまな Y の分布に対して信頼できるものとなりますが，n が小さいときにはそうでない場合があります．t 統計量の正確な分布は，Y の分布に依存するため，とても複雑な形となります．しかし，t 統計量の正確な分布が比較的単純な形となる特別なケースがあります．もし Y が正規分布に従う場合には，(3.22) 式の t 統計量は，自由度 $n-1$ のステューデント t 分布に従います．

この結果を確認しましょう．まず 2.4 節の議論から，自由度 $n-1$ のステューデント t 分布は，$Z/\sqrt{W/(n-1)}$ の分布で定義されます．そこで Z は標準正規分布に従う確率変数，W は自由度 $n-1$ のカイ二乗分布に従う確率変数，そして Z と W は互いに独立した分布です．$Y_1,\ldots,Y_n$ が i.i.d. であり，Y の母集団の分布が $N(\mu_Y,\sigma_Y^2)$ ならば，t 統計量は上記の比率で書き表されます．具体的に，$Z=(\overline{Y}-\mu_{Y,0})/\sqrt{\sigma_Y^2/n}$，そして $W=(n-1)s_Y^2/\sigma_Y^2$ とします．このとき，若干の計算により，(3.22) 式の t 統計量は，$t=Z/\sqrt{W/(n-1)}$ と表現できます[1]．2.4 節の議論から，$Y_1,\ldots,Y_n$ が i.i.d. であり，Y の母集団の分布が $N(\mu_Y,\sigma_Y^2)$ ならば，$\overline{Y}$ の標本分布は正確に，すべての n に対して $N(\mu_Y,\sigma_Y^2/n)$ となります．したがって，もし帰無仮説 $\mu_Y=\mu_{Y,0}$ が正しいとき，$Z=(\overline{Y}-\mu_{Y,0})/\sqrt{\sigma_Y^2/n}$ は，すべての n に対して標準正規分布に従うこととなります．そして，$W=(n-1)s_Y^2/\sigma_Y^2$ は，すべての n に対して χ_{n-1}^2 分布に従い，$\overline{Y}$ と s_Y^2 は独立した分布となります．したがって，Y が正規分布に従うとき，帰無仮説の下で，(3.22) 式の t 統計量は自由度 $n-1$ のステューデント t 分布に従うことになります．

もし Y の母集団の分布が正規分布であれば，ステューデント t 分布からの臨界値を使って仮説検定や信頼区間の作成が可能となります．具体例として，いま仮に $t^{act}=2.15$，$n=20$，したがって自由度 $n-1=19$ という問題を考えます．巻末の付表 2 から，t_{19} 分布の 5% 両側の臨界値は 2.09 です．いま t 統計量は，絶対値で見て臨界値よりも大きいので（$2.15>2.09$），帰無仮説は，両側の対立仮説に対して，5% 有意水準で棄却されます．μ_Y に対する 95% 信頼区間を，t_{19} の分布を使って求めると，$\overline{Y}\pm 2.09 SE(\overline{Y})$ となります．この信頼区間は，標準正規分布の臨界値 1.96 を使って求められる信頼区間よりも少し幅が広くなります．

平均の差をテストする t 統計量

2 つの平均の差をテストする t 統計量——(3.20) 式——は，たとえ Y の母集団の分布が正規分布であったとしても，ステューデント t 分布に従いません．ここでステューデント t 分布が応用できないのは，(3.19) 式の標準誤差を求める際のベースとなる分散の推定量が，t 統計量の分母，すなわちカイ二乗分布に従う分母を生み出さないからです．

---

[1] この式は，$\sqrt{\sigma_Y^2}$ を掛けて割って，整理することで求められます：

$$t=\frac{\overline{Y}-\mu_{Y,0}}{\sqrt{s_Y^2/n}}=\frac{(\overline{Y}-\mu_{Y,0})}{\sqrt{\sigma_Y^2/n}}\div\sqrt{\frac{s_Y^2}{\sigma_Y^2}}=\frac{(\overline{Y}-\mu_{Y,0})}{\sqrt{\sigma_Y^2/n}}\div\sqrt{\frac{(n-1)s_Y^2/\sigma_Y^2}{n-1}}=Z\div\sqrt{W/(n-1)}.$$

平均の差を検定するt統計量の修正版は，異なる標準誤差の式——「プールされた」標準誤差の式——をベースにして導出され，Yの母集団の分布が正規分布であるとき，その正確な分布はステューデントt分布に従います．しかし，そのプールされた標準誤差が適用できるのは，2つのグループが同じ分散を持っている，あるいは各グループの観測値の数が同じといった特別なケースに限定されます（練習問題3.21）．(3.19)式の記号を採用して，2つのグループをmとwと呼びます．プールされた分散の推定量は，

$$s^2_{pooled} = \frac{1}{n_m + n_w - 2} \left[\sum_{\substack{i=1 \\ \text{group } m}}^{n_m} (Y_i - \overline{Y}_m)^2 + \sum_{\substack{i=1 \\ \text{group } w}}^{n_w} (Y_i - \overline{Y}_w)^2 \right]. \tag{3.23}$$

ここで最初の和記号はグループmの観測値に関するもの，2つ目の和記号はグループwの観測値に関するものです．平均の差に関するプールされた標準誤差は，$SE_{pooled}(\overline{Y}_m - \overline{Y}_w) = s_{pooled} \times \sqrt{1/n_m + 1/n_w}$，そしてプールされた$t$統計量は(3.20)式を使って計算されます．そこで標準誤差はプールされた標準誤差$SE_{pooled}(\overline{Y}_m - \overline{Y}_w)$です．

プールされた分散の推定量s^2_{pooled}を用いることの問題は，それが使えるのは2つの母集団の分散が等しい場合のみだという点です（$n_m \neq n_w$を仮定）．もし2つの母集団の分散が異なるものであれば，プールされた分散推定量にはバイアスが含まれ，一致性が保証されません．このとき，プールされた分散推定量を用いてしまうと，帰無仮説の下でプールされたt統計量は，たとえデータが正規分布に従うとしても，ステューデントt分布には従いません．実際その統計量は，標本数が大きい場合でも，標準正規分布には従いません．したがって，プールされた標準誤差ならびにt統計量を使うのであれば，母集団の分散が等しいと信じるに足る十分な理由が必要です．

ステューデントt分布の実際の利用

Yの平均をテストするという問題では，Yの母集団が正規分布であれば，ステューデントt分布を使うことができます．しかし，経済変数が正規分布に従うことは例外的です（たとえば第2章のボックス「2004年米国における賃金の分布」そして「ウォール街の最悪の日」を参照）．一方で，もともとのデータがたとえ正規分布でなくとも，標本数が大きければ，t統計量の分布を正規分布で近似することは妥当です．したがって，仮説検定や信頼区間作成などの統計的な推論は，大標本の正規近似に基づくことになります．

2つの平均を比較する際，2つのグループで平均が異なることに経済学的な理由がある場合には，2つのグループで分散が異なることも十分考えられます．そのときは，プールされた標準誤差の式は不適切であり，正しい標準誤差はグループごとに異なる分散を容認する(3.19)式のような表現となります．ただし，(3.19)式の標準誤差に基づいて計算されるt統計量は，たとえ母集団が正規分布に従ったとしても，ステューデントt分布には従いません．したがって実際，平均の差に関する統計的推論を行うには，(3.19)式をベース

として，大標本の標準正規分布への近似に依拠する必要があります．

ステューデント t 分布が経済学の実証分析で実際に応用されることはまれですが，統計ソフトによっては，ステューデント t 分布を使って p 値や信頼区間を計算する場合があります．実はこのことは，実際上は大きな問題とはなりません．なぜならば，標本数が大きければ，ステューデント t 分布と標準正規分布の差は無視できるほどわずかだからです．標本数 $n > 15$ のとき，ステューデント t 分布と標準正規分布で計算される p 値の違いが 0.01 を超えることはありません．$n > 80$ であれば，その違いは 0.002 を超えることはありません．現代のほとんどの実証研究において，そして本書のすべての応用例において，標本数は数百もしくは数千と十分大きく，ステューデント t 分布と標準正規分布の違いは無視できるのです．

3.7 散布図，標本分散，標本相関

年齢と賃金の間にはどのような関係があるのでしょうか．この質問は，他の多くの問題と同じく，ある変数 X（年齢）と別の変数 Y（賃金）との関わりを問うものです．本節では，変数間の関係を描写する 3 つの方法，散布図，標本分散，標本相関係数について説明します．

散布図

散布図（**scatterplot**）とは，X_i と Y_i の n 個の観測値を X 軸，Y 軸平面上の点 (X_i, Y_i) としてプロットした図です．たとえば図 3.2 は，情報産業に勤務する技術者 200 人について，年齢（X）と時間当たり賃金（Y）をプロットした散布図です（データ出所は 2005 年 3 月の現代人口調査）．図 3.2 の各点は，(X, Y) の 1 つのペアを表します．1 つのペアは，年齢 40 歳で時間当たり賃金 31.25 ドルを表し，図 3.2 の青色の点に相当します．この標本では年齢と賃金の間に正の関係があることが，散布図から見て取れます．年長の技術者の方が，若い技術者よりも賃金が多いと示唆されます．しかし，この関係は正確なものではなく，賃金は年齢だけでは完全には説明できません．

標本共分散と標本相関

共分散と相関は，確率変数 X, Y の結合確率分布の 2 つの性質として，2.3 節で説明しました．母集団の分布は未知なので，母集団の共分散や相関は実際にはわかりません．しかしそれらは，n 個の主体から成る 1 つの標本を母集団からランダムに取り出し，(X_i, Y_i), $i = 1, \ldots, n$ のデータを集めることで，推定できます．

標本共分散と標本相関は，母集団の共分散と相関の推定量です．それらは，本章で議論

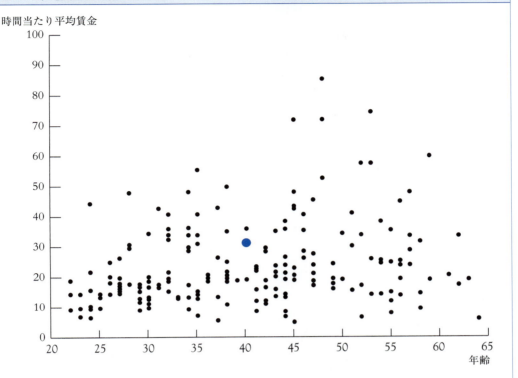

図3.2 平均賃金と年齢の散布図

図の各点は，標本に含まれる200人の就業者それぞれの年齢と平均賃金を表す．青色の点は，年齢40歳で時間当たり賃金が31.25ドルの就業者に対応する．データは情報産業に勤務する技術者に関するもので，2005年3月の現代人口調査より取得．

した他の推定量と同じく，母集団における平均（つまり期待値）を標本における平均に置き換えることで求められます．**標本共分散（sample covariance）** s_{XY} は，

$$s_{XY} = \frac{1}{n-1} \sum_{i=1}^{n}(X_i - \overline{X})(Y_i - \overline{Y}) \tag{3.24}$$

と表されます．標本分散のときと同じく，(3.24) 式の平均は n ではなく $n-1$ で割って計算されます．ここでも，$\overline{X}$ と $\overline{Y}$ を，それぞれの母集団の平均を推定する際に使うため，$n-1$ で割ることになるのです．標本数 n が大きいときには，n で割ろうと $n-1$ で割ろうとほとんど違いはありません．

標本相関係数（sample correlation coefficient），または**標本相関（sample correlation）**は，r_{XY} と表され，標本共分散と標本標準偏差の比率として定義されます．すなわち，

$$r_{XY} = \frac{s_{XY}}{s_X s_Y}. \tag{3.25}$$

標本相関は，n 個の観測値のサンプルにおける X と Y の線形関係の強さを測るものです．母集団の相関と同じく，標本相関には単位がなく，-1 から 1 の間の値をとります．すなわち $|r_{XY}| \leq 1$ です．

すべての i について $X_i = Y_i$ のとき，標本相関は 1 となります．また，すべての i について $X_i = -Y_i$ のとき，標本相関は -1 となります．より一般的に言うと，散布図が直線で表されるとき，相関は ± 1 となります．その直線の傾きが右上がりなら，X と Y の間には正の関係があり，相関は 1 です．もし直線の傾きが右下がりなら，負の関係があって，相関は -1 です．散布図が直線に近ければ近いほど，相関は ± 1 に近くなります．相関が高いということは，直線の傾きが急だということを意味するわけではありません．そうではなく，散布図の各点が直線に非常に近いということを意味するのです．

標本共分散と標本相関の一致性　　標本共分散は，標本分散と同じく，一致性を持ちます．すなわち，

$$s_{XY} \xrightarrow{p} \sigma_{XY}. \tag{3.26}$$

言い換えると，大標本の下で，標本共分散は母集団の共分散に高い確率で近づきます．

(3.26) 式の証明は，(X_i, Y_i) が i.i.d. で有限の 4 次のモーメントを持つという想定の下，付論 3.3 における標本分散の一致性の証明と同様です（練習問題 3.20 を参照）．

標本分散と標本共分散はともに一致性を持つので，標本相関係数も一致性を持ちます．すなわち，$r_{XY} \xrightarrow{p} \text{corr}(X_i, Y_i)$．

具体例　　例として，図 3.2 で示した年齢と賃金のデータを考えましょう．就業者 200 人について，年齢に関する標本標準偏差は $s_A = 10.75$ 年，賃金に関する標本標準偏差は $s_E = 13.79$ ドル/時間．年齢と賃金の間の標本共分散は $s_{AE} = 37.01$（単位は 年×時間当たりドル）．したがって，標本相関係数は $r_{AE} = 37.01/(10.75 \times 13.79) = 0.25$ または 25% となります．相関係数 0.25 とは，年齢と賃金の間に正の関係があることを意味しますが，一方で散布図からも明らかなとおり，その関係は 100% とはほど遠いものです．

相関が単位に依存しないことを確認するために，たとえば賃金がセントで測られたとしましょう．そのとき，賃金の標本標準偏差は 1379 セント/時間，年齢と賃金の間の標本共分散は 3701（単位は 年×セント/時間）．このとき標本相関係数は，$3701/(10.75 \times 1379) = 0.25$ あるいは 25% であり，先と同じであることが確認できます．

図 3.3 は，散布図と相関に関する追加的な例を表しています．図 3.3(a) は 2 変数の間に強い正の線形関係があることを示しており，標本相関は 0.9 です．図 3.3(b) では両者に強い負の関係が示されており，標本相関は -0.8 です．図 3.3(c) は，2 変数の間の関係は明らかではないという散布図が示され，標本相関もゼロです．最後に図 3.3(d) では，ある関係が見てとれます．すなわち X が増加するにつれ，当初 Y は増加しましたが，その後

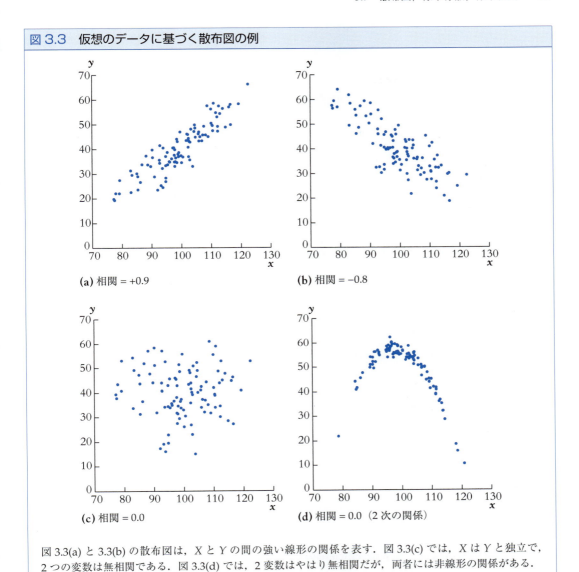

図 3.3 仮想のデータに基づく散布図の例

(a) 相関 = +0.9
(b) 相関 = −0.8
(c) 相関 = 0.0
(d) 相関 = 0.0（2 次の関係）

図 3.3(a) と 3.3(b) の散布図は，X と Y の間の強い線形の関係を表す．図 3.3(c) では，X は Y と独立で，2 つの変数は無相関である．図 3.3(d) では，2 変数はやはり無相関だが，両者には非線形の関係がある．

減少するという関係です．X と Y の関係は顕著ですが，標本相関はゼロです．その理由は，Y の小さい値に対して X は小さい値と大きい値の両方と関連するからです．

この最後の例は，重要なポイントを示唆しています．すなわち，標本相関係数は線形関係の指標であるという点です．図 3.3(d) のように，線形ではない別の関係も存在しうるのです．

要約

1. 標本平均 $\overline{Y}$ は，母集団の平均 μ_Y の 1 つの推定量である．$Y_1, \ldots, Y_n$ が i.i.d. であるとき，
   a. $\overline{Y}$ の標本分布は，平均 μ_Y，分散 $\sigma_{\overline{Y}}^2 = \sigma_Y^2/n$ を持つ．
   b. $\overline{Y}$ は，不偏推定量である．
   c. 大数の法則より，$\overline{Y}$ は一致性を持つ．
   d. 中心極限定理より，$\overline{Y}$ は標本数が大きいとき，正規分布に近似される．
2. t 統計量は，母集団の平均が特定の値を取るという帰無仮説をテストする際に用いられる．標本数 n が大きいとき，t 統計量は，帰無仮説が正しい下で標準正規分布に従う．
3. t 統計量は，帰無仮説をテストする p 値の計算に用いられる．小さい p 値は，帰無仮説が誤りであることの証左である．
4. μ_Y の 95% 信頼区間は，繰り返し抽出される標本の 95% で，μ_Y の真の値が含まれる区間となるよう構築される．
5. 2 つの母集団の平均の差に関する仮説検定と信頼区間は，1 つの母集団の平均に関する仮説検定と信頼区間と，概念的に同様である．
6. 標本相関係数は母集団の相関係数の推定量であり，2 変数間の線形関係，つまり 2 変数の散布図が 1 本の直線でどう近似されるかを測定する．

キーワード

推定量 [estimator]　61
推定値 [estimate]　61
偏り，不偏性，一致性，効率性 [bias, unbiasedness, consistency, and efficiency]　62
最良な線形不偏推定量 [Best Linear Unbiased Estimator, BLUE]　62
最小二乗推定量 [least squares estimator]　63
仮説検定 [hypothesis test]　64
帰無仮説，対立仮説 [null and alternative hypotheses]　65
両側の対立仮説 [two-sided alternative hypothesis]　65
p 値 [p-value]（有意確率 [significance probability]）　66

標本分散 [sample variance]　67-68
標本標準偏差 [sample standard deviation]　68
自由度 [degrees of freedom]　68
推定量の標準誤差 [standard error of an estimator]　68
t 統計量 [t-statistic]（t 比率 [t-ratio]）　69
テスト統計量 [test statistic]　69
第 1 のタイプの誤り（タイプ I エラー）[type I error]　71
第 2 のタイプの誤り（タイプ II エラー）[type II error]　71
有意水準 [significance level]　71
臨界値 [critical value]　71
棄却域 [rejection region]　71

採択域 [acceptance region]　71
テストのサイズ [size of a test]　71
パワー [power]　71
片側の対立仮説 [one-sided alternative hypothesis]　73
信頼集合 [confidence set]　73
信頼水準 [confidence level]　73
信頼区間 [confidence interval]　73
カバー確率 [coverage probability]　74

2つの平均の差のテスト [test for the difference between two means]　75
因果関係の効果 [causal effect]　77
処置の効果 [treatment effect]　77
散布図 [scatterplot]　84
標本共分散 [sample covariance]　85
標本相関係数 [sample correlation coefficient]
（標本相関 [sample correlation]）　85

練習問題

3.1 ある母集団が，$\mu_Y = 100$ および $\sigma_Y^2 = 43$ であるとします．中心極限定理を使って，以下の質問に答えなさい．

 a. 無作為に抽出された標本サイズが $n = 100$ のときの $\Pr(\overline{Y} \leq 101)$．

 b. 無作為に抽出された標本サイズが $n = 64$ のときの $\Pr(101 \leq \overline{Y} \leq 103)$．

 c. 無作為に抽出された標本サイズが $n = 165$ のときの $\Pr(\overline{Y} > 98)$．

3.2 Y は成功確率 $\Pr(Y = 1) = p$ を持つベルヌーイ確率変数とし，$Y_1, \cdots, Y_n$ はその分布から抽出された i.i.d. サンプルとします．また $\hat{p}$ はこのサンプルにおける成功（つまり 1）の割合とします．

 a. $\hat{p} = \overline{Y}$ となることを示しなさい．

 b. $\hat{p}$ が p の不偏推定量であることを示しなさい．

 c. $\mathrm{var}(\hat{p}) = p(1-p)/n$ となることを示しなさい．

3.3 有権者 400 人に対する調査によると，215 人の回答者は現職に投票すると答え，185 人の回答者は新人に投票すると答えました．その調査時点において，有権者全体の中で現職を選ぶ割合を p とし，調査の回答者の中で現職を選ぶと答えた割合を $\hat{p}$ とします．

 a. 調査結果を使って，p を推定しなさい．

 b. $\hat{p}$ の分散の推定値 $\hat{p}(1-\hat{p})/n$ を使って，(a) の推定値の標準誤差を計算しなさい．

 c. 仮説 $H_0 : p = 0.5$ を $H_1 : p \neq 0.5$ に対してテストしたときの p 値はいくつですか．

 d. 仮説 $H_0 : p = 0.5$ を $H_1 : p > 0.5$ に対してテストしたときの p 値はいくつですか．

 e. なぜ (c) と (d) の結果は違うのですか．

 f. この調査で，調査時点において現職が新人をリードしていることを示す統計的に有意な根拠はあるでしょうか．説明しなさい．

3.4 練習問題 3.3 のデータを使って，以下に答えなさい．

 a. p の 95% 信頼区間を求めなさい．

 b. p の 99% 信頼区間を求めなさい．

c. なぜ (a) の信頼区間よりも (b) の信頼区間の方が広くなるのでしょうか.

d. 追加的な計算をせずに, 5% 有意水準の下で, 仮説 $H_0: p = 0.50$ を $H_1: p \neq 0.50$ に対してテストしなさい.

3.5 有権者 1055 人に対して調査が行われ, 投票者に候補者 A と候補者 B のどちらを選んだのか聞きました. 母集団において候補者 A を選ぶ割合を p, サンプルにおいて候補者 A を選ぶ割合を $\hat{p}$ とします.

a. あなたは帰無仮説 $H_0: p = 0.5$ と対立仮説 $H_1: p \neq 0.5$ を比べることに関心があるとします. もし $|\hat{p} - 0.5| > 0.02$ ならば, 仮説 H_0 を棄却すると決めるとします.

  i. このテストのサイズはいくつですか.

  ii. $p = 0.53$ の場合, このテストのパワーを計算しなさい.

b. 調査において, $\hat{p} = 0.54$ だったとします.

  i. 有意水準 5% の下で, 仮説 $H_0: p = 0.5$ を $H_1: p \neq 0.5$ に対してテストしなさい.

  ii. 有意水準 5% の下で, 仮説 $H_0: p = 0.5$ を $H_1: p > 0.5$ に対してテストしなさい.

  iii. p の 95% 信頼区間を求めなさい.

  iv. p の 99% 信頼区間を求めなさい.

  v. p の 50% 信頼区間を求めなさい.

c. この調査は計 20 回行われ, 各調査では投票者を独立に選んでいるものとします. これらの 20 回の調査それぞれに関し, p の 95% 信頼区間を導出します.

  i. 20 個すべての信頼区間に p の真の値が含まれている確率はいくつですか.

  ii. 20 個の信頼区間のうち, p の真の値が含まれていると予想されるのは何個でしょうか.

d. 調査の専門用語において, 「許容誤差 (margin of error)」は $1.96 \times \text{SE}(\hat{p})$, つまり 95% 信頼区間の長さの半分となります. ここで, 許容誤差が最大でも 1% となる調査を設計したいとします. つまり $\Pr(|\hat{p} - p| > 0.01) \leq 0.05$ にしたいとします. 調査が単純なランダム・サンプリングで行われるとき, どのくらいの n が必要でしょうか.

3.6 $Y_1, \cdots, Y_n$ を平均 μ の分布から抽出された i.i.d. サンプルとします. 通常の t 値を使って, 仮説 $H_0: \mu = 5$ を $H_0: \mu \neq 5$ に対してテストすると, p 値が 0.03 と得られました.

a. 95% 信頼区間には $\mu = 5$ を含んでいますか. 説明しなさい.

b. $\mu = 6$ は 95% 信頼区間に含まれているかどうか決めることができますか. 説明しなさい.

3.7 ある所与の母集団において, 有権者の 11% がアフリカ系アメリカ人であるとします. 固定電話 600 回線を使った単純な無作為抽出の調査によると, 8% がアフリカ系アメリカ人であることがわかりました. この調査にバイアスがあるという統計的な根拠はありますか. 説明しなさい.

3.8 大学進学適性試験 (SAT テスト) の新しいバージョンが, 無作為に選ばれた 1000 人の高校 3 年生に対して行われました. その結果, 試験の点数の標本平均は 1110 点で, 標本標準偏差が 123 点です. 高校 3 年生の試験点数の母集団平均に対する 95% 信頼区間を求め

3.9 ある電球製造工場では，平均寿命 2000 時間，標準偏差 200 時間の電球を作っているとします．ある発明家が，標準偏差は以前と同じで，平均寿命がより長い電球を製造する新しい生産プロセスを開発したと主張しています．工場長は，その生産プロセスによって製造された 100 個の電球を無作為に選びました．工場長は，もしそれらの電球の寿命の標本平均が 2100 時間よりも長ければ発明家の主張を信じ，そうでなければ新しい製造工程は古い工程と比べてもそれほど改善されていないと結論付けると述べています．いま μ を新しい製造プロセスによる平均寿命を表すとします．そして，帰無仮説 $H_0 : \mu = 2000$ と対立仮説 $H_1 : \mu > 2000$ を考えます．

　a. 工場長のテスト方法のサイズはいくつですか．

　b. 新しい製造プロセスは実際に改善されており，電球の平均寿命は 2150 時間であるとします．工場長のテスト方法のパワーはいくつですか．

　c. テストのサイズを 5% にしたいのならば，工場長はどのテスト方法を使うべきでしょうか．

3.10 新しい共通テストが，無作為に選ばれたニュージャージー州の小学 3 年生 100 人に行われるとします．テストの点数の標本平均 $\overline{Y}$ は 58 点で，標準偏差 s_Y は 8 点です．

　a. 作成者はニュージャージー州の 3 年生全員にそのテストを行うことを計画しています．ニュージャージー州の 3 年生全員の平均点数の 95% 信頼区間を求めなさい．

　b. 同じテストを無作為に選ばれたアイオワ州の小学 3 年生 200 人に行い，テストの点数の標本平均が 62 点で，標準偏差が 11 点だったとします．アイオワ州とニュージャージー州の平均点の差の 90% 信頼区間を求めなさい．

　c. アイオワ州とニュージャージー州の生徒の母集団平均が異なると，自信を持って結論付けることができますか．（2 つの標本平均の差の標準誤差はいくつですか．平均の差に違いがあるかどうかのテストの p 値はいくつですか．）

3.11 (3.1) 式で定義された推定値 $\widetilde{Y}$ を考えましょう．(a) $E(\widetilde{Y}) = \mu_Y$ および (b) $\text{var}(\widetilde{Y}) = 1.25\sigma_Y^2/n$ を示しなさい．

3.12 ある企業内の男女差別の有無を調査するために，同様の業種に就く男性 100 人と女性 64 人を無作為に選びました．月給を調査した結果，以下のようになりました．

	平均給与（$\overline{Y}$）	標準偏差（s_Y）	n
男性	$3100	$200	100
女性	$2900	$320	64

　a. これらのデータは企業内の賃金格差について何を意味しているでしょうか．データは男女の賃金格差を示す統計的に有意な証拠を表しているでしょうか．（この質問に答えるために，最初に帰無仮説と対立仮説を考えなさい．第 2 に，そのテストの t 統計量を計算しなさい．第 3 に，その t 統計量に対応する p 値を計算しなさい．最後に，p

b. これらのデータから，この企業は給与政策における男女差別という罪に問われるでしょうか．説明しなさい．

3.13 カリフォルニア州にある 420 学区の小学 5 年生のテスト成績データ（読解と算数）から，$\overline{Y} = 646.2$ と標準偏差 $s_Y = 19.5$ が得られました．

a. 母集団における平均テスト成績の 95% 信頼区間を求めなさい．

b. その標本の学区を小人数クラス（先生 1 人当たり生徒 20 人未満）の学区と大人数クラス（先生 1 人当たり生徒 20 人以上）の学区に分けたとき，次のような結果が得られました．

クラスの大きさ	平均成績 ($\overline{Y}$)	標準偏差 (s_Y)	n
小	657.4	19.4	238
大	650.0	17.9	182

小人数クラスの学区の平均成績は大人数クラスよりも高いことを示す統計的に有意な根拠はあるでしょうか．説明しなさい．

3.14 300 人の男子大学生のサンプルから，身長（X インチ）と体重（Y ポンド）の値が記録されています．その基本統計量は，$\overline{X} = 70.5$ インチ，$\overline{Y} = 158$ ポンド，$s_X = 1.8$ インチ，$s_Y = 14.2$ ポンド，$s_{XY} = 21.73$ インチ×ポンド，$r_{XY} = 0.85$ となっています．これらの統計量を，メートル法（メートルとキログラム）に変換しなさい．

3.15 2004 年 9 月 3 日から 5 日の間に 755 人の有権者に対して行われた CNN/USA Today/Gallup 社の世論調査によると，405 人がブッシュ（George W. Bush）大統領を選ぶと答え，350 人がケリー（John Kerry）上院議員を選ぶと答えました．また，2004 年 10 月 1 日から 3 日の間に 756 人の有権者に対して行われた CNN/USA Today/Gallup 社の世論調査によると，378 人がブッシュ大統領を選ぶと答え，378 人がケリー上院議員を選ぶと答えました．

a. 2004 年 9 月初旬時点において，母集団全体の中でブッシュ大統領を選ぶ有権者の割合の 95% 信頼区間を求めなさい．

b. 2004 年 10 月初旬時点において，母集団全体の中でブッシュ大統領を選ぶ有権者の割合の 95% 信頼区間を求めなさい．

c. 2 つの時点間の有権者の意見に統計的に有意な変化はあるでしょうか．

3.16 米国の共通テストの成績は，平均で 1000 点であることが知られています．そのテストが無作為に選ばれたフロリダ州の 453 人の生徒に行われました．その結果，このサンプルでは，テスト成績の平均は 1013 点，標準偏差（s）は 108 点でした．

a. フロリダ州の生徒の平均得点の 95% 信頼区間を求めなさい．

b. フロリダ州の生徒の成績は米国の他の生徒と異なることを示す統計的に有意な根拠は

あるでしょうか.

- **c.** フロリダ州の別の生徒503人が無作為に選ばれました.彼らには,テストが行われる前に,3時間の予習授業が行われました.彼らの平均得点は1019点で,標準偏差は95点でした.
    - **i.** 予習授業による平均得点の変化に関しての95%信頼区間を求めなさい.
    - **ii.** 予習授業は成績向上に役立つことを示す統計的に有意な根拠はあるでしょうか.
- **d.** 最初の453人の生徒に予習授業が行われ,もう一度テストを受けました.彼らの平均得点の変化は9点であり,変化の標準偏差は60点です.
    - **i.** 平均得点の変化に関する95%信頼区間を求めなさい.
    - **ii.** 予習授業を行った後に2回目のテストを受けると成績が良くなるという統計的に有意な根拠はあるでしょうか.
    - **iii.** 2回目のテストで成績が良くなったのは,予習授業を受けたからなのか,あるいは1回テストを受けたという経験をしたからかもしれません.これらの2つの効果を定量化するための実験を説明しなさい.

3.17 本章のボックス「米国の大卒者賃金に関する男女格差」を読んで,次の問いに答えなさい.
- **a.** 1992年から2004年の間における男性の平均賃金の変化について95%信頼区間を求めなさい.
- **b.** 1992年から2004年の間における女性の平均賃金の変化について95%信頼区間を求めなさい.
- **c.** 1992年から2004年の間における平均賃金の男女格差の変化について95%信頼区間を求めなさい(ヒント:$\overline{Y}_{m,1992} - \overline{Y}_{w,1992}$ は,$\overline{Y}_{m,2004} - \overline{Y}_{w,2004}$ とは独立です.)

3.18 いま $Y_1, \cdots, Y_n$ が平均 μ_Y,分散 σ_Y^2 の分布から抽出した i.i.d サンプルであるとき,標本分散が母集団の分散の不偏推定量であることを示します.
- **a.** (2.31)式を使い,$E[(Y_i - \overline{Y})^2] = \text{var}(Y_i) - 2\text{cov}(Y_i, \overline{Y}) + \text{var}(\overline{Y})$ であることを示しなさい.
- **b.** (2.33)式を使い,$\text{cov}(\overline{Y}, Y_i) = \sigma_Y^2/n$ であることを示しなさい.
- **c.** (a)および(b)を使い,$E(s_Y^2) = \sigma_Y^2$ であることを示しなさい.

3.19
- **a.** $\overline{Y}$ は μ_Y の不偏推定量です.$\overline{Y}^2$ は μ_Y^2 の不偏推定量でしょうか.
- **b.** $\overline{Y}$ は μ_Y の一致推定量です.$\overline{Y}^2$ は μ_Y^2 の一致推定量でしょうか.

3.20 (X_i, Y_i) は有限の4次のモーメントを持つi.i.d.確率変数であるとします.標本共分散は母集団共分散の一致推定量,つまり $s_{XY} \xrightarrow{p} \sigma_{XY}$ であることを証明しなさい.なお,s_{XY} は(3.24)式で定義されたものです.(ヒント:付論3.3で示された証明の方針とコーシー・シュワルツの不等式(Cauchy-Schwartz inequality)を使いなさい.)

3.21 プールされた標準誤差 $SE_{pooled}(\overline{Y}_m - \overline{Y}_w)$ の表現((3.23)式の下の式)は,2つのグループの標本数が等しいときの $(n_m = n_w)$ 平均値の差に対する通常の標準誤差((3.19)式)と

等しくなることを示しなさい.

実証練習問題

E3.1 本書の補助教材には，データファイル CPS92_04 があり，そこには表 3.1 で使用したデータセットの拡張版（1992 年と 2004 年について）が含まれています．ファイルには，最終学歴が高卒もしくは理系・文系大卒の 25 歳から 34 歳の常勤雇用者に関するデータが入っています．データの詳細は，CPS92_04_Description に書かれています．これらのデータを使って，以下の問いに答えなさい.

   a. 1992 年および 2004 年の時間当たり平均賃金（average hourly earnings, *AHE*）の標本平均を計算しなさい．また，1992 年および 2004 年それぞれの *AHE* の母集団平均，そしてその 1992 年と 2004 年の間の変化に関して，95% 信頼区間を求めなさい.

   b. 2004 年の消費者物価指数（CPI）の値は 188.9，1992 年の CPI の値は 140.3 でした．2004 年時のドル単位（$2004）で実質化した *AHE* を使って——つまり，1992 年から 2004 年の間の物価上昇率を考慮して 1992 年のデータを調整して——，上記 (a) をもう一度行いなさい.

   c. いま 1992 年から 2004 年の間に人々の購買力がどう変わったのか関心がある場合，(a) あるいは (b) どちらの結果を使うべきでしょうか．説明しなさい.

   d. 2004 年のデータを用いて，高卒の *AHE* の平均に関する 95%信頼区間を求めなさい．また，大卒の労働者の *AHE* の平均に関する 95%信頼区間を求めなさい．また，2 つの平均の差に関する 95%信頼区間を求めなさい.

   e. 2004 年のドル単位で表示した 1992 年のデータを用いて，(d) をもう一度行いなさい.

   f. 高卒者の実質賃金（インフレ率調整後の賃金）は 1992 年から 2004 年にかけて上昇しましたか．説明しなさい．また，大卒者の実質賃金は上昇しましたか．さらに，大卒者と高卒者の賃金の差は拡大しましたか．適切な推定値，信頼区間，検定統計量を用いて説明しなさい.

   g. 表 3.1 は大卒賃金の男女格差に関する情報を表しています．1992 年と 2004 年のデータを用いて，高卒者賃金に関して同様の表を準備しなさい．高卒の結果と大卒の結果で明確な違いはありますか.

付論 3.1 米国の「現代人口調査：Current Population Survey」

米国の労働省・労働統計局は，母集団における雇用，失業，賃金水準といった国の労働力の特徴を捉えるため，「現代人口調査：Current Population Survey（CPS）」を毎月実施しています．すなわち，毎月アメリカの 50,000 以上の家計を調査して，そのデータを作成しています．サンプルは，直近の国勢調査に前回の国勢調査後に増えた新たな家計に関するデータを追加した最新の住所デー

タベースから無作為に抽出された住所によって選ばれます．正確な無作為抽出の手続きはかなり複雑です（まず地理上の小さい地域を無作為に抽出し，次にその地域に住む家計を無作為に抽出します）．詳細は，Handbook of Labor Statistics や労働統計局のウェブサイト（www.bls.gov）で知ることができます．

毎年3月に行われる調査は，他の月よりも詳細で，前年中の賃金に関する質問も尋ねています．表 3.1 の統計は，3月の調査を使って計算されています．CPS 賃金データは，前年に最低 48 週以上，週に 35 時間以上雇用されている常勤就業者に関するものです．

付論 3.2 $\overline{Y}$ が μ_Y の最小二乗推定量であることの 2 つの証明

この付論では，$\overline{Y}$ が (3.2) 式の予測誤差の二乗和を最小化する，つまり，$\overline{Y}$ が $E(Y)$ の最小二乗推定量であることの 2 つの証明（1 つは計算を用いるもので，もう 1 つは用いないもの）を行います．

計算による証明

予測誤差の二乗和を最小化するために，微分し，それをゼロとします．

$$\frac{d}{dm}\sum_{i=1}^{n}(Y_i - m)^2 = -2\sum_{i=1}^{n}(Y_i - m) = -2\sum_{i=1}^{n}Y_i + 2nm = 0. \tag{3.27}$$

最後の式を m について解くと，$m = \overline{Y}$ のとき，$\sum_{i=1}^{n}(Y_i - m)^2$ が最小化されることが示されます．

計算を用いない証明

証明の方針は，最小二乗推定量と $\overline{Y}$ の差がゼロでなければならないことを示すことで $\overline{Y}$ が最小二乗推定量であることを導出します．$d = \overline{Y} - m$ とすると，$m = \overline{Y} - d$ となります．そのとき，$(Y_i - m)^2 = (Y_i - [\overline{Y} - d])^2 = ([Y_i - \overline{Y}] + d)^2 = (Y_i - \overline{Y})^2 + 2d(Y_i - \overline{Y}) + d^2$ となります．したがって，予測誤差の二乗和（(3.2) 式）は，

$$\sum_{i=1}^{n}(Y_i - m)^2 = \sum_{i=1}^{n}(Y_i - \overline{Y})^2 + 2d\sum_{i=1}^{n}(Y_i - \overline{Y}) + nd^2 = \sum_{i=1}^{n}(Y_i - \overline{Y})^2 + nd^2 \tag{3.28}$$

となります．なお，2 番目の等号は，$\sum_{i=1}^{n}(Y_i - \overline{Y}) = 0$ であることを用います．(3.28) 式の最後の式の両方の項は非負であり，1 つ目の項は d に依存しないので，2 つ目の項である nd^2 をできるだけ小さくする d を選ぶことによって，$\sum_{i=1}^{n}(Y_i - m)^2$ は最小化されます．このことは，$d = 0$，つまり $m = \overline{Y}$ にすることで達成されるので，$\overline{Y}$ が $E(Y)$ の最小二乗推定量であることが示されます．

付論 3.3 標本分散が一致性を持つことの証明

この付論では，大数の法則を用いることによって，$Y_1, \cdots, Y_n$ が i.i.d. であり，かつ $E(Y_i^4) < \infty$ であるとき，標本分散 s_Y^2 が，(3.9) 式で示したように，母集団の分散 σ_Y^2 の一致推定量となることを証

明します．

まず，μ_Y を足して引くことによって，$(Y_i - \overline{Y})^2 = [(Y_i - \mu_Y) - (\overline{Y} - \mu_Y)]^2 = (Y_i - \mu_Y)^2 - 2(Y_i - \mu_Y)(\overline{Y} - \mu_Y) + (\overline{Y} - \mu_Y)^2$ と書けます．$(Y_i - \overline{Y})^2$ のこの表現を s_Y^2 の定義（(3.7) 式）に代入することで，

$$s_Y^2 = \frac{1}{n-1} \sum_{i=1}^{n} (Y_i - \overline{Y})^2$$

$$= \frac{1}{n-1} \sum_{i=1}^{n} (Y_i - \mu_Y)^2 - \frac{2}{n-1} \sum_{i=1}^{n} (Y_i - \mu_Y)(\overline{Y} - \mu_Y) + \frac{1}{n-1} \sum_{i=1}^{n} (\overline{Y} - \mu_Y)^2$$

$$= \left(\frac{n}{n-1}\right) \left[\frac{1}{n} \sum_{i=1}^{n} (Y_i - \mu_Y)^2\right] - \left(\frac{n}{n-1}\right)(\overline{Y} - \mu_Y)^2 \tag{3.29}$$

となります．ここで，最後の等号は $\overline{Y}$ の定義（$\sum_{i=1}^{n}(Y_i - \mu_Y) = n(\overline{Y} - \mu_Y)$ を意味する），および項をまとめることによって導かれます．

大数の法則は (3.29) 式の最後の等式の 2 つの項に適用することができます．$W_i = (Y_i - \mu_Y)^2$ と定義します．分散の定義より，$E(W_i) = \sigma_Y^2$ となります．確率変数 $Y_1, \cdots, Y_n$ は i.i.d. なので，確率変数 $W_1, \cdots, W_n$ は i.i.d. となります．加えて，仮定より $E(Y_i^4) < \infty$ なので，$E(W_i^2) = E[(Y_i - \mu_Y)^4] < \infty$ となります．したがって，$W_1, \cdots, W_n$ は i.i.d. であり，かつ $\text{var}(W_i) < \infty$ より，$\overline{W}$ は基本概念 2.6 の大数の法則の条件を満たし，$\overline{W} \xrightarrow{p} E(W_i)$ となります．ただし，$\overline{W} = \frac{1}{n} \sum_{i=1}^{n} (Y_i - \mu_Y)^2$ であり，かつ $E(W_i) = \sigma_Y^2$ なので，$\frac{1}{n} \sum_{i=1}^{n} (Y_i - \mu_Y)^2 \xrightarrow{p} \sigma_Y^2$ となります．また，$n/(n-1) \to 1$ となるので，(3.29) 式の第 1 項は σ_Y^2 に確率収束します．$\overline{Y} \xrightarrow{p} \mu_Y$ なので，$(\overline{Y} - \mu_Y)^2 \xrightarrow{p} 0$ となり，第 2 項はゼロに確率収束します．これらの結果をまとめると，$s_Y^2 \xrightarrow{p} \sigma_Y^2$ が得られます．

第 II 部 回帰分析の基礎

第 4 章　1 説明変数の線形回帰分析
第 5 章　1 説明変数の回帰分析：仮説検定と信頼区間
第 6 章　多変数の線形回帰分析
第 7 章　多変数回帰における仮説検定と信頼区間
第 8 章　非線形関数の回帰分析
第 9 章　多変数回帰分析の評価

第4章 1説明変数の線形回帰分析

　ある州で飲酒運転に対してより厳しい罰則が設けられたとしましょう．それは高速道路での事故死亡率にどのような影響をもたらすでしょうか．ある学区で小学校の1クラスの人数を減少させるとします．それはその学区の共通テストの成績にどのような影響をもたらすでしょうか．皆さんが大学の講義を1年分多く履修したとします．それは将来の賃金収入にどのような影響をもたらすでしょうか．

　これらの3つの設問はすべて，ある変数 X（X は飲酒運転への罰則，クラス規模，教育年数）が変化したときの，別の変数 Y（Y は高速道路での死亡者数，生徒のテスト成績，賃金収入）へ与える効果を問うものです．

　本章では，線形回帰分析を導入し，ある変数 X と別の変数 Y との関係を議論します．このモデルでは X と Y の線形の関係を分析します．X と Y を関係付ける直線の傾きは，X が1単位変化したときの Y への影響に相当します．Y の平均が，Y の母集団の分布に関する未知の特性であったのと同様に，X と Y の間の直線の傾きも，X と Y の母集団の結合分布に関する未知の特性なのです．これら2変数の標本データを使ってこの傾きを推計し，X の1単位の変化が Y へ及ぼす影響を推定する，それがここでの計量経済学の問題です．

　本章は，X と Y の無作為に選ばれたサンプルを用いて，回帰モデルにおける統計的推論の方法を説明します．たとえば，さまざまな学区の1クラス人数とテスト成績のデータを使って，クラス規模を1名分減らすことがテスト成績へ及ぼす予想される効果について推計します．X と Y の間の直線の傾きと切片は，最小二乗法（ordinary least squares, OLS）と呼ばれる手法で推計されます．

4.1 線形回帰モデル

　いま，ある学区の教育委員長（superintendent）は，小学校の教師の数を増やすかどうか決めなければならず，あなたにアドバイスを求めたとしましょう．教師の数を増やせば，教師一人当たりの生徒数（生徒・教師比率）は2名分減少します．保護者もより少人数クラスになることに賛成で，子供たち一人ひとりにより多くの注意が払われることに

なります．しかしより多くの教師を雇うと，当然その分支出が増え，予算を圧迫することになります．そこで教育委員長はあなたに質問します．もし教師の数を増やして1クラス規模を減らすと，生徒の成績はどう変わるのでしょうか？

多くの学区では，生徒の成績は共通テストで測られます．各学区の教育担当の役員は，その成績結果に依存して，雇用契約や給料が定められることもあります．したがって教育委員長の先ほどの質問は，より具体的に言い換えると次のようになります．もし1クラス人数を2人分減らすと，その学区の共通テストの成績はどう変わるのでしょうか？

この質問に対して正確に答えるには，変数の変化を定量的に把握することが必要です．もし1クラス規模をある量だけ変化させたとすると，共通テストの成績はどれだけ変化するのでしょうか．この効果は，ギリシャ文字ベータを使った数学的な関係――$\beta_{ClassSize}$，ここで添え字の「ClassSize（クラス規模）」は他の要因と区別するために記載――によって表されます．すなわち，

$$\beta_{ClassSize} = \frac{TestScore \text{ の変化}}{ClassSize \text{ の変化}} = \frac{\Delta TestScore}{\Delta ClassSize}. \tag{4.1}$$

ここでギリシャ文字 Δ（デルタ）は「〜の変化」を意味します．したがって，$\beta_{ClassSize}$ とは，クラス規模の変化によって生じたテスト成績の変化をクラス規模の変化で割ったものになります．

もし幸運にも $\beta_{ClassSize}$ の値を知っていたら，教育委員長に「クラス人数が1名分減少したとき学区の成績変化の大きさは $\beta_{ClassSize}$ である」と回答することができるでしょう．また，先の教育委員長の実際の質問では，クラス人数が2名分減ったときの効果を尋ねられていました．したがって，その質問に答えるには，(4.1) 式を変形した次の式から回答することもできます：

$$\Delta TestScore = \beta_{ClassSize} \times \Delta ClassSize. \tag{4.2}$$

いま $\beta_{ClassSize} = -0.6$ だとしましょう．このとき，クラス規模を2人減らすと，予想されるテスト成績への影響は，$(-0.6) \times (-2) = 1.2$ です．すなわち，クラス規模を2名分減少させる結果，成績は1.2ポイント上昇すると予想されます．

(4.1) 式は，テスト成績とクラス規模を関係付ける直線の傾きの定義です．この直線は，

$$TestScore = \beta_0 + \beta_{ClassSize} \times ClassSize \tag{4.3}$$

という式で表現されます．ここで β_0 は直線の切片，$\beta_{ClassSize}$ は，すでに述べたとおり，直線の傾きです．(4.3) 式によれば，もし β_0 と $\beta_{ClassSize}$ の値がわかれば，クラス規模の変化が及ぼすテスト成績への変化だけでなく，あるクラス規模に対応するテスト成績の平均水準も予想することができます．

もし教育委員長に (4.3) 式を提示すれば，教育委員長は「この式は何か間違っている」と指摘するでしょう．クラス規模は，初等教育における数多くの側面の1つにすぎず，

仮に2つの学区のクラス規模が同じであっても，他のさまざまな要因からテスト成績は異なりうるからです．一方の学区では教師がより優秀かもしれないし，またより良い教科書を使っているかもしれません．2つの学区で，クラス規模，教師，教科書がすべて同じであっても，母集団である生徒の質や環境が異なる可能性もあります．ある学区では移民がより多く（したがって英語を母国語とする生徒がより少ない），また別の学区では裕福な世帯が多数を占めるかもしれません．さらに，2つの学区でこれらの性質がすべて同一であったとしても，テスト成績は，試験当日の各生徒の調子といったまったくランダムな要因からも異なる可能性があります．これらは，いずれも正しい指摘です．(4.3)式は，すべての学区について厳密に成立する式ではありません．この式は，母集団の学区間で平均的に成立する関係を表したものと理解されるべきなのです．

(4.3)式のような線形の関係がそれぞれの学区で成立するには，それぞれの固有の特性（教師の質，生徒の周囲の環境，テスト当日の運不運など）といった他の要因を組み入れる必要があります．そのための1つの方法は，(4.3)式に重要と考えられる要因を明示的に含むことです（これは第5章で議論する考え方です）．しかしいまのところは，それらをすべて「その他の要因」として括り，以下のように表しましょう：

$$TestScore = \beta_0 + \beta_{ClassSize} \times ClassSize + その他の要因. \tag{4.4}$$

このように，個々の学区におけるテスト成績は，クラス規模の平均的な影響を反映した第1の部分 $\beta_0 + \beta_{ClassSize} \times ClassSize$ と，他のすべての要因を反映した第2の部分によって記述されます．

本章の議論はテスト成績とクラス規模の関係に焦点を当てますが，(4.4)式で表される考え方は，それ自体非常に一般的です．したがって，式の表現も，より一般的な形に直して議論していきましょう．いま手元には n 学区の標本があるとします．そして，第 i 学区の平均テスト成績を Y_i，第 i 学区の平均クラス規模を X_i，第 i 学区で成績に影響を及ぼす他の要因を u_i とします．このとき，(4.4)式は，より一般的な表現として，

$$Y_i = \beta_0 + \beta_1 X_i + u_i \tag{4.5}$$

と表され，この式はそれぞれの学区，つまり $i = 1, \ldots, n$ について成り立ちます．ここで β_0 は直線の切片，β_1 は傾きを表します．((4.5)式では，$\beta_{ClassSize}$ ではなく β_1 という一般的な記号を使いますが，それは X_i という一般的な変数を使うことに対応した取り扱いです）．

(4.5)式は，**1つの説明変数を持つ線形回帰モデル**（**linear regression model with a single regressor**）で，Y は被説明変数（**dependent variable**），X は説明変数（**independent variable** または **regressor**）と呼ばれます．

(4.5)式の最初の部分，$\beta_0 + \beta_1 X$ は，**母集団の回帰線**（**population regression line**）あるいは**母集団の回帰関数**（**population regression function**）と呼ばれます．これは母集

基本概念 4.1　1つの説明変数を持つ線形回帰モデル：いくつかの用語

線形回帰モデルは，以下のように表される：
$$Y_i = \beta_0 + \beta_1 X_i + u_i.$$
ここで，

　添え字 i は，$i = 1, \ldots, n$ の観測値に対応し，

　Y は被説明変数（**dependent variable** あるいは **regressand**），またはより単純に，左辺の変数（**left-hand variable**），

　X は説明変数（**independent variable** あるいは **regressor**），またはより単純に，右辺の変数（**right-hand variable**），

　$\beta_0 + \beta_1 X$ は母集団の回帰線（**population regression line**）または母集団の回帰関数（**population regression function**），

　β_0 は母集団回帰線の切片（**intercept**），

　β_1 は母集団回帰線の傾き（**slope**），そして

　u_i は誤差項（**error term**）

である．

団の Y と X の間で平均的に成立する関係を表します．したがって，もし X の値がわかれば，この母集団の回帰線に従って，被説明変数 Y の値を $\beta_0 + \beta_1 X$ と予想することができます．

　切片（**intercept**）β_0 と傾き（**slope**）β_1 は，母集団の回帰線における係数（**coefficients**）に当たり，母集団の回帰線におけるパラメター（**parameters**）としても知られています．傾き β_1 は，X が1単位変化したときの Y の変化を表します．切片は，$X = 0$ のときの母集団回帰線の値で，その点で回帰線は Y 軸と交わります．計量経済学の分析では，切片が経済学的な意味を持つ場合があります．また別の例では，切片には現実的な意味がないこともあります．たとえば X をクラス規模とすると，切片を定義通りに解釈すれば，クラスに誰も生徒がいないときに予想されるテスト成績（！）となってしまいます．このように，切片に現実的な意味をつけられない場合には，それは回帰線の水準を決定する係数として数学的に理解すればよいでしょう．

　(4.5) 式の u_i 項は，誤差項（**error term**）と呼ばれます．誤差項には，第 i 学区の平均テスト成績と母集団回帰線から予測される値との差を説明するすべての要因が含まれます．つまり誤差項は，ある特定の観測値 i に関して，Y を説明する X 以外の要因をすべて含むことになります．クラス規模の具体例では，各学区における固有の要因として，先生の質，生徒の経済環境，テスト当日の運不運，そして採点時に起こりうるミスといった

図 4.1　テスト成績と生徒・教師比率の散布図（仮想的なデータ）

この散布図では，7つの学区に関する仮想的なデータを表している．母集団の回帰線は $\beta_0 + \beta_1 X$．第 i 観測値と母集団回帰線との間の縦軸方向の距離は $Y_i - (\beta_0 + \beta_1 X_i)$ で，それは第 i データに関する母集団の誤差項 u_i となる．

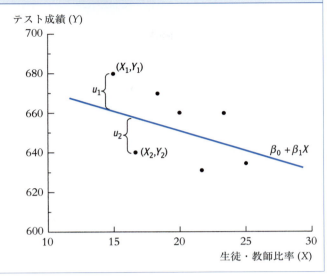

ものまで含まれることになります．

　線形回帰モデルとそこで使われる用語については，基本概念 4.1 にまとめられています．

　図 4.1 は，1つの説明変数を持つ回帰分析の例が，テスト成績（Y）とクラス規模（X）に関する7つの仮想データを使って表されています．母集団の回帰線は，直線 $\beta_0 + \beta_1 X_i$ で表されています．この回帰線の傾きは右下がりであり，$\beta_1 < 0$ です．つまり生徒・教師比率が低いほど（クラス規模が小さいほど）テスト成績は高いという傾向を意味しています．切片 β_0 は，母集団の回帰線が Y 軸と交わる値として，数学的に解釈されます．しかし，すでに述べたとおり，現実的な解釈をここでの切片に与えることはできません．

　テスト成績には他の要因も影響を及ぼすため，図 4.1 における仮想的な観測値は，母集団回帰線の線上にちょうど位置してはいません．第 1 学区の Y の値 Y_1 は，回帰線よりも上方に位置しています．これは第 1 学区のテスト成績は，母集団回帰線による予測よりも良い成績であることを意味しており，この学区に関する誤差項 u_1 は正です．それに対して，Y_2 は母集団回帰線よりも下に位置しており，第 2 学区の成績は予測よりも悪く，$u_2 < 0$ となります．

　ここで教育委員長へのアドバイスという最初の問題に戻りましょう．生徒・教師比率を，教師 1 人当たり生徒 2 名分だけ減少させたとき，テスト成績はどれだけ変化すると予測されるでしょうか．回答は簡単で，予測される変化は $(-2) \times \beta_{ClassSize}$ です．しかし，$\beta_{ClassSize}$ の値はいくらでしょうか？

表4.1 生徒・教師比率と5年生のテスト成績の分布： 1998年，カリフォルニア州K-8地区の420学区データ

			分布表						
	平均	標準偏差	10%	25%	40%	50% (中央値)	60%	75%	90%
生徒・教師比率	19.6	1.9	17.3	18.6	19.3	19.7	20.1	20.9	21.9
テスト成績	665.2	19.1	630.4	640.0	649.1	654.5	659.4	666.7	679.1

4.2 線形回帰モデルの係数の推定

クラス規模と成績の例でもそうですが，実際の応用例では，母集団回帰線における切片 β_0 と傾き β_1 を私たちは知りません．したがって，手元にあるデータを使って，それら未知の切片と傾きを推定することになります．

この推定の問題は，本書の統計学のパートで議論してきた問題と同様です．たとえば，大卒就業者の平均賃金を男性と女性で比較するとしましょう．母集団における平均賃金はそれぞれ未知ですが，無作為に抽出された大卒男性と大卒女性の標本を使って，それぞれの平均を推定することが可能です．たとえば母集団における女性の平均賃金であれば，標本における大卒女性の平均賃金が自然な推定量となります．

これと同じ考え方が，線形回帰モデルにも当てはまります．私たちは，母集団における $\beta_{ClassSize}$ の値，すなわち X（クラス規模）と Y（テスト成績）を関係付ける回帰線の傾きの値を知りません．しかし，ちょうど母集団の平均を，母集団から取り出した標本データを使って推測したように，母集団の傾き $\beta_{ClassSize}$ を推測することが可能です．

ここで分析するデータは，1998年，カリフォルニア州420学区におけるテスト成績とクラス規模です（オリジナルデータの対象は幼稚園から8年生まで）．テスト成績は，5年生に対する読解と算数のテスト成績の各学区の平均値を利用します．クラス規模についてはさまざまな計測方法がありますが，ここでは最も広い計測方法として，地区全体の生徒数を地区全体の教師数で割った生徒・教師比率を使います．それぞれのデータのより詳しい説明については，付論4.1を参照してください．

表4.1には，この標本におけるテスト成績とクラス規模の分布が要約されています．生徒・教師比率の平均は19.6（単位は教師1人当たりの生徒数），標準偏差は1.9（同）です．生徒・教師比率の分布において下から10%に位置する値は17.3，すなわち全体の下から10%の学区で生徒・教師比率が17.3以下となり，分布の下から90%に位置する学区の生徒・教師比率は21.9です．

これら420地区におけるテスト成績と生徒・教師比率データの散布図は，図4.2に示されています．標本相関は −0.23 で，両変数の間には弱い負の関係があることが伺われます．クラス規模が大きければテスト成績はより低いという傾向は示唆されますが，一方で，テスト成績を説明する他の多くの要因があり，その結果，各データは1本の線上に

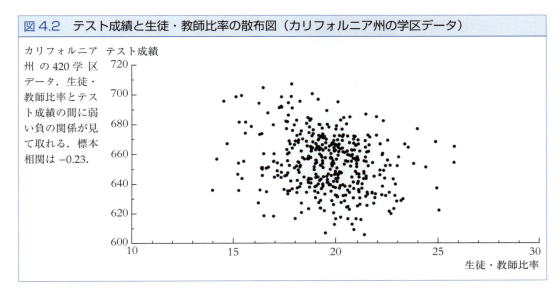

図 4.2 テスト成績と生徒・教師比率の散布図（カリフォルニア州の学区データ）

カリフォルニア州の420学区データ．生徒・教師比率とテスト成績の間に弱い負の関係が見て取れる．標本相関は -0.23．

は乗っていないということも明らかです．

このように相関はあまり高くありませんが，このデータに直線を引くとすれば，その線の傾きは $\beta_{ClassSize}$ の推定値となります．その直線の引き方ですが，鉛筆と定規を使って，よく目を凝らしてベストの直線を引く，ということもできます．しかし，それは方法としては簡単ですが，まったく非科学的であり，引く人によってその線は異なるでしょう．

では，数多くの直線の中から，1つの線をどうやって選べばよいでしょうか．最も一般的な選び方は，「二乗したものを最小にする」という観点からデータへの当てはまりが良い線を選ぶ方法，すなわち最小二乗（OLS）推定量を使うことです．

最小二乗推定量

OLS 推定量とは，観察されるデータに推定される回帰線ができるだけ「近く」なるような回帰係数を選ぶもので，その「近さ」は，与えられた X に基づいて Y を予測したときの誤りを二乗した値の合計で測られます．

3.1 節で議論したように，標本平均 $\overline{Y}$ は，母集団の平均 $E(Y)$ の最小二乗推定量です．$\overline{Y}$ は，推定ミスの二乗の合計 $\sum_{i=1}^{n}(Y_i - m)^2$ を，取りうるすべての m の中で最小にするような m に相当します（(3.2) 式を参照）．

OLS 推定量は，この考え方を線形回帰モデルに応用したものです．b_0 と b_1 をそれぞれ β_0 と β_1 の推定量とします．これらの推定量の下での回帰線は $b_0 + b_1 X_i$ で，その線に基づく Y_i の予想値も $b_0 + b_1 X_i$ です．したがって，第 i 観測値に関する予測ミスは，$Y_i - (b_0 + b_1 X_i) = Y_i - b_0 - b_1 X_i$ です．すべての n 観測値について，その予測ミスの二乗を合計したものは，

基本概念	最小二乗推定量，予測値，残差
4.2	

傾き β_1 と切片 β_0 の OLS 推定量は，

$$\hat{\beta}_1 = \frac{\sum_{i=1}^n (X_i - \overline{X})(Y_i - \overline{Y})}{\sum_{i=1}^n (X_i - \overline{X})^2} = \frac{s_{XY}}{s_X^2} \tag{4.7}$$

$$\hat{\beta}_0 = \overline{Y} - \hat{\beta}_1 \overline{X}. \tag{4.8}$$

OLS 予測値 $\hat{Y}_i$ と残差 $\hat{u}_i$ は，

$$\hat{Y}_i = \hat{\beta}_0 + \hat{\beta}_1 X_i, \ i = i,\ldots,n \tag{4.9}$$

$$\hat{u}_i = Y_i - \hat{Y}_i, \ i = 1,\ldots,n. \tag{4.10}$$

推定された切片 ($\hat{\beta}_0$)，傾き ($\hat{\beta}_1$)，残差 ($\hat{u}_i$) は，すべて X_i と Y_i の n 個の観測値 ($i = 1,\ldots,n$) からなる標本を使って計算される．これらは，母集団における真の切片 (β_0)，傾き (β_1)，誤差項 u_i の推定値となる．

$$\sum_{i=1}^n (Y_i - b_0 - b_1 X_i)^2 \tag{4.6}$$

となります．

(4.6) 式で表されるような線形回帰モデルの予測ミスの二乗和は，(3.2) 式で平均を推定する際に使った二乗和の表現を拡張したものです．実際，もし説明変数がなければ，β_1 は (4.6) 式には登場せず，そのとき (3.2) 式と (4.6) 式は（記号の違いを除けば）まったく同一になります（記号は (3.2) 式のとき m，(4.6) 式のとき b_0）．$\overline{Y}$ が，(3.2) 式を最小化する唯一の推定量であるのと同様に，(4.6) 式を最小化するような β_0 と β_1 の推定量のペアが唯一存在するのです．

予測ミスの二乗和，(4.6) 式を最小にするような切片と傾きの推定量は，β_0 と β_1 の**最小二乗推定量（ordinary least squares〈OLS〉estimator）**と呼ばれます．

OLS には，特別な記号と用語が使われます．β_0 の OLS 推定量は $\hat{\beta}_0$，β_1 の OLS 推定量は $\hat{\beta}_1$．**OLS 回帰線（OLS regression line）**は，OLS 推定量を使って得られた直線，$\hat{\beta}_0 + \hat{\beta}_1 X$．与えられた X_i の下で計算される Y_i の**予測値（predicted value）**は，$\hat{Y}_i = \hat{\beta}_0 + \hat{\beta}_1 X_i$．第 i 観測値に関する**残差（residual）**は，Y_i とその予測値の差，すなわち $u_i = Y_i - \hat{Y}_i$ です．

この OLS 推定量 $\hat{\beta}_0$，$\hat{\beta}_1$ の求め方ですが，異なるさまざまな b_0，b_1 を試して，それを (4.6) 式の最小値が見つかるまで繰り返すという方法も可能です．そうして得られた係数

は，確かに OLS 推定値ですが，しかしこの方法はとても手間がかかるという難点があります．幸運にも，微積分を使って (4.6) 式を最小化する公式があり，それにより OLS 推定量の計算がとても簡便になります．

OLS の公式と用語は，基本概念 4.2 にまとめられています．これらの公式は，ほとんどすべての統計プログラムや表計算ソフトで計算可能です．各公式の導出については，付論 4.2 を参照してください．

テスト成績と生徒・教師比率との関係に関する OLS 推定値

生徒・教師比率とテスト成績との関係を，図 4.2 で示された 420 個のデータを使って OLS 推定すると，推定された傾きは −2.28，推定された切片は 698.9 となります．したがって，この観測データに対する OLS 回帰線は，

$$\widehat{TestScore} = 698.9 - 2.28 \times STR \tag{4.11}$$

となります．ここで $TestScore$ はその学区の平均テスト成績，STR は生徒・教師比率です．(4.11) 式の「$TestScore$」の上につく「^」記号は，これが OLS 回帰線に基づく予測値であることを示しています．図 4.3 には，図 4.2 の散布図の上に，この OLS 回帰線を上書きして掲載しています．

傾き −2.28 とは，生徒・教師比率が 1 クラス 1 名分増加したとき，その学区のテスト成績は平均で 2.28 ポイント低下することを意味します．したがって，生徒・教師比率が 1 クラス 2 名分減少すれば，テスト成績は平均して 4.56 ポイント（= −2 × (−2.28)）上昇すると予想されます．傾きがマイナスであるということは，教師 1 人当たりの生徒数が増えると（1 学級がより大きくなると），テスト成績が悪化することを示唆するのです．

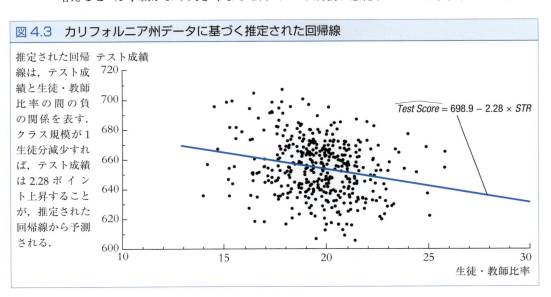

図 4.3 カリフォルニア州データに基づく推定された回帰線

推定された回帰線は，テスト成績と生徒・教師比率の間の負の関係を表す．クラス規模が 1 生徒分減少すれば，テスト成績は 2.28 ポイント上昇することが，推定された回帰線から予測される．

この推定結果から，与えられた生徒・教師比率の下で，テスト成績を予測することが可能です．教師1名につき生徒数20の学区では，テスト成績は698.9 − 2.28 × 20 = 653.3です．もちろん，この予測値は完全に正しいものではなく，テスト成績を決める他の要因が考慮されていません．しかしながら回帰線は，もしそれらの他の要因がないときに，生徒・教師比率からテスト成績はどのような値になるかという予測（OLS予測）を示してくれるのです．

この傾きの推定値は大きいでしょうか小さいでしょうか？ その質問に答えるには，教育委員長の最初の問題に戻る必要があります．教育委員長は，生徒・教師比率を2だけ減少させるのに必要な教師を追加で雇うかどうか検討していました．いま教育委員長の学区は，カリフォルニア州の中央値（メディアン）にあるとしましょう．表4.1から，生徒・教師比率の中央値は19.7，テスト成績の中央値は654.5でした．1クラス当たり生徒2名を減少させて，19.7から17.7へ引き下げることは，分布のちょうど50%の位置から10%近い位置へと移ることになります．これは非常に大きな変化で，そのために数多くの新しい教師を雇わなくてはならなくなるでしょう．これはテスト成績にどのような影響を与えるでしょうか．

(4.11)式から，生徒・教師比率を2だけ減少させると，テスト成績は約4.6ポイント向上することが予測されます．もしその学区のテスト成績が中央値654.5に位置していたなら，それは659.1に上昇することになります．この改善は大きいでしょうか，小さいでしょうか？ 表4.1によれば，この改善は，テスト成績を分布の中央から60%弱の位置へと移動させることになります．したがってまとめると，クラス規模を，全体の分布で見て中央から10%の位置まで移動させるほど減少させることで，テスト成績は中央から60%程度の位置まで上昇することになります．これらの推定結果から，確かに生徒・教師比率を2だけ減少させることは成績向上には役立ち，予算状況が許す限り実行する価値はあるといえますが，万能薬ではなさそうです．

もし教育委員長が，さらに極端な変化を検討し，生徒・教師比率を20から5に低下させるとすればどうなるでしょうか．しかしその場合には，残念なことに，(4.11)式の推定値はあまり参考にはなりません．その回帰式は図4.2のデータに基づいて得られたものであり，図からも明らかなように，生徒・教師比率の最小値は約14です．つまり，このデータには，クラス規模が極端に小さくなったときの成績状況に関する情報は何も含まれていないのです．したがって，極端にクラス規模を減少させた場合の影響を図4.2のデータだけで予測することは，信頼性に乏しいといえるでしょう．

なぜOLS推定量を使うのか？

OLS推定量$\hat{\beta}_0$と$\hat{\beta}_1$を使うのには，実践的，理論的，双方の理由があります．OLSは実際の応用で使われる手法としてもっとも主流であり，経済学，ファイナンス（ボック

BOX：株式の「ベータ」

現代のファイナンスにおける1つの基本的考え方は，投資家がリスクを取るには，金銭的なインセンティブが必要だという点です．その考え方によれば，リスクの高い投資の予想収益率 R は，安全でリスクのない投資の収益率 R_f を上回らなければなりません[1]．したがって，株式投資など高リスクの投資について予想される超過収益 $R-R_f$ は，正になるはずです．

株式のリスクは，その分散で測られるべきと思われるかもしれません．しかしそのリスクの多くは，資産選択（ポートフォリオ）の中に他の株式を含めることで，つまり保有する金融資産を多様化することで，軽減することができます．個々の株式のリスクを測る正しい方法は，それ自身の分散ではなく，マーケット全体との共分散となります．

この考え方をフォーマルにモデル化したのが，資産価格決定モデル（capital asset pricing model, CAPM）です．CAPMによれば，ある金融資産の予想される超過収益は，マーケットで利用可能なすべての資産（マーケット・ポートフォリオ）の超過収益と比例します．すなわち，CAPMの関係式は，

$$R - R_f = \beta(R_m - R_f). \tag{4.12}$$

ここで R_m はマーケット・ポートフォリオの予想収益，β は $R-R_f$ を $R-R_m$ で説明する母集団回帰の係数です．実際の応用では，リスクなしの収益率には米国の短期国債の金利がよく使われます．CAPMによれば，$\beta<1$ の株式は，マーケット・ポートフォリオよりも低リスクで，したがってマーケットよりも低い予想超過収益となります．それに対して，$\beta>1$ の株式は，マーケット・ポートフォリオよりも高リスクで，したがってより高い予想超過収益となるのです．

株式の「ベータ」は，投資業において広く利用される主要概念となり，投資会社のホームページに行けば，何百もの株式について β の推計値が掲示されています．これらの β は，通常，現実の超過収益をより広いマーケットの指数で説明したOLS回帰により推計されます．

下表には，アメリカの6つの株式銘柄の β の推計値が示されています．ケロッグ社のように低リスクの消費財企業では β は低く，マイクロソフト社のように高リスクのハイテク企業では β が高い値を示しています．

会社名	β の推定値
ケロッグ（朝食シリアル）	−0.03
ウォールマート（ディスカウントスーパー）	0.65
ウエイスト・マネージメント（廃棄物処理）	0.70
スプリント・ネクステル（長距離電話）	0.78
バーンズ・アンド・ノーブル（書籍販売）	1.02
マイクロソフト（ソフトウェア）	1.27
ベスト・バイ（電化製品販売）	2.15
アマゾン（オンライン小売）	2.65

出典：SmartMoney.com

---

[1] 投資の収益は，資産価格変化と配当収入の和を当初の価格で割ったものと定義されます．たとえば，ある株式を1月1日に100ドルで購入し，その年に2.5ドルの配当を受け取り，12月31日に105ドルで売却した場合，収益率は $R = [(105-100)+2.50]/100 = 7.5\%$ となります．

スを参照)，そして社会科学全般にとって，回帰分析を行う際の共通の言語になっています．OLS（または後述するそのバリエーション）を使った推計結果を提示することは，他の経済学者や統計学者と「共通の言葉を話す」ことを意味します．OLSはほとんどすべての表計算や統計用ソフトに組み込まれており，みな簡単に使用できます．

OLSは，望ましい理論的性質も持っています．それは3.1節で議論した，母集団の平均の推定量$\overline{Y}$に関する望ましい性質と類似しています．4.4節で検討する仮定の下，OLSは不偏推定量かつ一致推定量です．またOLS推定量は，不偏推定量のある種のグループのなかで最も効率的（分散が最小）となります．しかし，この効率性の結果は，いくつかの特別な条件を追加して得られるもので，詳しい議論は5.5節で行います．

4.3 回帰式の当てはまりの指標

線形回帰式を推定すると，その回帰線がどの程度うまくデータを説明しているか気になります．説明変数は，被説明変数の変動の多くを説明できているのでしょうか．観察データは回帰線の周りに狭く集まっているでしょうか，それとも広く散らばっているでしょうか．

R^2と回帰の標準誤差は，OLS回帰線が現実データといかに当てはまっているか（フィットしているか）を測る2つの重要な指標です．R^2は0から1の間の値を取り，Y_iの分散がX_iの散らばりによってどれだけ説明されるか，その割合を測ります．回帰の標準誤差は，Y_iが回帰線の予測値とどれほど離れているかを測ります．

R^2

回帰のR^2（**regression** R^2）は，Y_iの標本分散がX_iによってどれだけ説明されるか（または予測されるか），その割合を表します．予測値と残差の定義（基本概念4.2）から，被説明変数Y_iは，その予測値$\hat{Y}_i$と残差$\hat{u}_i$の和として表現できます．すなわち，

$$Y_i = \hat{Y}_i + \hat{u}_i. \tag{4.13}$$

この式で考えると，R^2は，$\hat{Y}_i$の標本分散とY_iの標本分散との比率になります．

数学的には，説明された二乗和と全体の二乗和の比率として表記されます．**説明された二乗和**（**explained sum of squares**, *ESS*）とは，Y_iの予測値$\hat{Y}_i$とその平均との差の二乗和，**全体の二乗和**（**total sum of squares**, *TSS*）とは，Y_iとその平均との差の二乗和です．すなわち，

4.3 回帰式の当てはまりの指標

$$ESS = \sum_{i=1}^{n}(\hat{Y}_i - \overline{Y})^2 \tag{4.14}$$

$$TSS = \sum_{i=1}^{n}(Y_i - \overline{Y})^2. \tag{4.15}$$

(4.14) 式で，$\overline{Y}$ は OLS 予測値の標本平均と等しいという結果を使っています（その証明は付論 4.3 を参照）．

R^2 は，説明された二乗和と全体の二乗和との比率として定義されます．すなわち，

$$R^2 = \frac{ESS}{TSS}. \tag{4.16}$$

R^2 はまた，X_i によって説明されない Y_i の分散の比率を使っても表現できます．残差の二乗和（**sum of squared residuals, SSR**）は，OLS 残差の二乗の和で，

$$SSR = \sum_{i=1}^{n} \hat{u}_i^2 \tag{4.17}$$

となります．付論 4.3 で示されるように，$TSS = ESS + RSS$ です．したがって，R^2 は 1 マイナス残差の二乗和と全体の二乗和の比率，

$$R^2 = 1 - \frac{SSR}{TSS} \tag{4.18}$$

と表すこともできます．最後に，Y に対する 1 説明変数 X への回帰における R^2 は，Y と X の相関係数の二乗にもなります．

R^2 は 0 から 1 の間の値をとります．もし $\hat{\beta}_1 = 0$ なら，X_i は Y_i の変動を何ら説明せず，回帰によって予測された Y_i の値は，ちょうど Y_i の標本平均に当たります．このとき，説明された二乗和はゼロで，残差の二乗和は全体の二乗和と等しくなります．その結果，R^2 はゼロです．反対に，X_i が Y_i のすべての変動を説明する場合には，すべての i について $Y_i = \hat{Y}_i$ となり，残差はすべてゼロ（$\hat{u}_i = 0$），したがって $ESS = TSS$，$R^2 = 1$ です．一般に，R^2 は 0 や 1 といった極端な値を取らず，その間の値となります．R^2 が 1 に近いときは，説明変数は Y_i をうまく予測している場合であり，R^2 が 0 に近いときは，Y_i をうまく予測できていないときなのです．

回帰の標準誤差

回帰の標準誤差（**standard error of the regression, SER**）は，回帰誤差 u_i の標準偏差の推定量です．u_i と Y_i の単位は同じなので，SER は観測値が回帰線の周囲に散らばる度合いを被説明変数の単位で表す指標となります．たとえば，被説明変数の単位がドルであれば，SER は，回帰線からどの程度乖離しているか——回帰誤差の大きさはどれくらいか——をドル単位で測ります．

回帰誤差 $u_1, \ldots, u_n$ は観測されないので，その標本に対応した値 $\hat{u}_1, \ldots, \hat{u}_n$ を使って SER は計算されます．SER の公式は，

$$SER = s_{\hat{u}}, \quad \text{ここで } s_{\hat{u}}^2 = \frac{1}{n-2} \sum_{i=1}^{n} \hat{u}_i^2 = \frac{SSR}{n-2}. \tag{4.19}$$

ここで $s_{\hat{u}}^2$ を求める式には，OLS 残差の標本平均がゼロという事実が使われています（詳細は付論 4.3 を参照）．

(4.19) 式の SER の公式は，3.2 節の (3.7) 式で求めた Y の標本標準偏差の公式と基本的に同じです．違いは，(3.7) 式の $Y_i - \overline{Y}$ がここでは $\hat{u}_i$ に差し替えられ，分母は (3.7) 式では $n-1$ だったのが，ここでは $n-2$ という点です．なぜ分母に（n ではなく）$n-2$ を使うのかというと，それは (3.7) 式でなぜ $n-1$ を使うのかと同じ理由によります．ここでは 2 つの回帰係数が推定されるため，その結果わずかに下方バイアスが発生する，それを修正するためという理由です．これは「自由度（degrees of freedom）」の修正と呼ばれます．2 つの係数（β_0 と β_1）が推定され，データから 2 つ「自由度」が失われ，その結果，分母には $n-2$ が使われるのです（この背後の数学的理由については 5.6 節で議論します）．ただし標本数 n が大きいときには，n で割るか，$n-1$ あるいは $n-2$ で割るかは，ほとんど違いはありません．

テスト成績データへの応用

(4.11) 式は，カリフォルニア州のテスト成績データを使って推定された，共通テスト成績（$TestScore$）と生徒・教師比率（STR）との回帰式の結果を示しています．この回帰の R^2 は 0.051，つまり 5.1% で，SER は 18.6 です．

R^2 が 0.051 ということは，説明変数 STR は被説明変数 $TestScore$ の分散の 5.1% を説明することを意味します．図 4.3 には，$TestScore$ と STR の散布図に回帰線が描かれています．この図からわかるとおり，テスト成績データの散らばりは，生徒・教師比率によって少しは説明されますが，その多くは説明されないままです．

SER が 18.6 ということは，回帰残差の標準偏差が 18.6 であり，その単位はテスト成績の点数です．標準偏差は散らばり度合いを表す指標なので，SER が 18.6 であるとは，図 4.3 の散布図において，回帰線を中心とした散らばり度合いが大きいということを意味しています．散らばり度合いが大きいと，生徒・教師比率のみを使ったテスト成績の予測がしばしば大きく誤ってしまうことを意味します．

R^2 が低く，SER が大きいとき，それをどう考えればよいでしょうか．R^2 が低い（そして SER が大きい）ということ自体，その回帰が「良い」「悪い」を意味することではありません．R^2 が低いということは，他の重要な要因もテスト成績に影響を及ぼすということを示しています．それらの要因としては，学区ごとの生徒の特徴の違い，生徒・教師

比率には反映されない学校の質の違い，テストでの運不運などが含まれるでしょう．R^2 が低く，SER が大きいという事実は，それらの要因が何であるかは教えてくれませんが，生徒・教師比率だけではテスト成績の散らばりのわずかな部分しか説明できない，ということは明確に表しているのです．

4.4 最小二乗法における仮定

この節では，最小二乗法が $\hat{\beta}_0$, $\hat{\beta}_1$ の適切な推定量となるための仮定——線形回帰モデルとサンプリングの仕方（標本データの抽出方法）に関する3つの仮定——について議論します．これらの仮定は，はじめは抽象的に見えるかもしれません．しかし，いずれの仮定にも，それぞれに備わっている本来の意味があり，それらを理解することは，OLSが回帰モデルの推計方法として有用か否かを理解するために基本的に重要なのです．

仮定1：X_i が与えられた下で，u_i の条件付分布の平均はゼロ

最小二乗法の仮定（**least squares assumptions**）の第1は，X_i が与えられた下で u_i の条件付分布の平均はゼロ，というものです．これは u_i に含まれる「他の要因」に関するフォーマルな数学的表現で，それらの他の要因と X_i とは次のような意味で無関係である，すなわち，X_i の値が与えられている下で，他の要因に関する分布の平均はゼロ，ということを表しています．

この仮定は，図4.4に例示されています（先のクラス規模と成績の例）．クラス規模とテスト成績との間には，母集団回帰線の関係が平均して成立するものとし，誤差項 u_i は実際のテスト成績と母集団回帰線との差であり，テスト成績を説明する「他の要因」に当たります．図4.4に示されているように，あるクラス規模の下，たとえば1学級20人の下，他の要因は回帰モデルの予想よりも良い成績（$u_i > 0$）をもたらすこともあれば，悪い成績（$u_i < 0$）をもたらすこともある．しかし母集団全体で平均すれば，回帰モデルの予想は正しい，という状況を表しています．言い換えると，$X_i = 20$ の下，u_i の分布の平均はゼロとなります．図4.4では，$X_i = 20$ において，u_i の分布が母集団回帰線を中心に散らばっており，それは他の X_i の値 x についても当てはまっています．つまり，$X_i = x$ という条件の下，u_i の分布は平均ゼロ，数学的に表現すれば $E(u_i|X_i = x) = 0$，あるいは $E(u_i|X_i) = 0$ となります．

なお $E(u_i|X_i) = 0$ と仮定することは，図4.4に示されているとおり，X_i が与えられている下での Y_i の条件付平均と母集団回帰線とが一致することになります（この数学的な証明は練習問題4.6を参照）．

ランダムにコントロールされた実験における誤差項 u の条件付平均　　ランダムにコン

図 4.4　条件付確率分布と母集団の回帰線

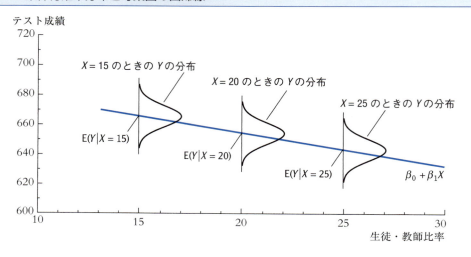

この図は，1 クラス当たり人数が 15 人，20 人，25 人の学区における，テスト成績の条件付確率分布を表す．与えられた生徒・教師比率の下，テスト成績の条件付分布の平均 $E(Y|X)$ は，母集団回帰線の水準となる．つまり，ある与えられた X の値の下で，Y は回帰線の周りに分布しており，誤差 $u = Y - (\beta_0 + \beta_1 X)$ の条件付分布は，X のすべての値の下で，平均ゼロとなる．

トロールされた実験において，対象となる主体は，処置が実施されるトリートメント・グループ（$X = 1$）とそうでないコントロール・グループ（$X = 0$）にランダムに割り当てられます．その割り当ては，多くの場合，対象主体に関する情報を利用しない形でコンピュータ・プログラムにより実施されます．ランダムな割り当てにより，X と u は独立となり，その結果，X が与えられた下での u の条件付平均はゼロとなります．

他方，観察されるデータにおいては，X は実験でランダムに割り当てられたものではありません．その代わり，$E(u_i|X_i) = 0$ が満たされるというまさにその意味において，X はあたかもランダムに割り当てられたものとみなされると考えるのです．観察データを使用する実証分析でこの仮定が成り立つかどうかは慎重な考察と判断が求められるため，この問題については，繰り返し検討していきます．

相関と条件付平均　2.3 節（(2.27) 式）の議論を思い出すと，ある確率変数の条件付平均が，もう一方の確率変数が与えられた下でゼロのとき，2 つの確率変数の共分散はゼロ，互いに無相関となります．したがって，条件付平均の仮定 $E(u_i|X_i) = 0$ は，X_i と u_i は無相関，あるいは $\text{corr}(X_i, u_i) = 0$ を意味します．ただし，相関は線形関係の強さを測るものであり，この議論の逆は正しくありません．つまり，たとえ X_i と u_i が無相関であっても，X_i の下での u_i の条件付平均はゼロでない可能性があります．しかし X_i と u_i に相関があるなら，$E(u_i|X_i)$ は必ずゼロではない値になります．したがって，ここでの条件付平均の仮定は，X_i と u_i の相関に関するものとしてしばしば議論されます．もし X_i と u_i

相関があれば，条件付平均の仮定は満たされなくなるのです．

仮定2：$(X_i, Y_i), i = 1, \ldots, n$ は独立かつ同一の分布に従う

最小二乗法における第2の仮定は，$(X_i, Y_i), i = 1, \ldots, n$ は，すべての観測値の間で，独立かつ同一の分布に従う（i.i.d.）というものです．2.5節（基本概念2.5）で議論したように，これは標本データがどのように抽出されるかに関する1つの表現です．もし観測値が，1つの母集団からの単純なランダム・サンプリングによって得られたものなら，$(X_i, Y_i), i = 1, \ldots, n$ は i.i.d. です．たとえば，X が労働者の年齢で Y がその労働者の賃金だとして，労働者の母集団からある人をランダムに抽出する状況を考えましょう．そこで選ばれた労働者は，それぞれある年齢と賃金を持つ（すなわち X と Y はある値を取る）はずです．n 人の労働者が同じ母集団から抽出されたのなら，$(X_i, Y_i), i = 1, \ldots, n$ は必然的に同一の分布に従うはずであり，また各労働者が無作為に選ばれたのなら，それらの分布は互いに独立したものとなる，したがって i.i.d. となります．

この i.i.d. の仮定は，多くのデータ収集方法にとって妥当なものでしょう．たとえば，母集団からランダムに選ばれた一部分からなるサーベイ・データは，i.i.d. とみなせる典型例です．

しかし，必ずしもすべてのサンプリング方法が，(X_i, Y_i) の i.i.d. 観測値を提供してくれるわけではありません．その一例を挙げると，X の値が，母集団からの無作為標本ではなく，実験の一部として研究者が任意に設定する場合です．たとえば，ある園芸研究者が，雑草を駆除する方法（X）がトマトの収穫量（Y）に与える効果を調査したいと考え，異なる区画にそれぞれ異なる雑草駆除の方法を用いてトマト栽培を行うとしましょう．その研究者は，第 i 番目の区画に対してある駆除方法（X のある水準）を選び，その実験を繰り返し行う際，第 i 区画に対して常に同じ駆除方法を使うものとします．そのとき X_i の値は，どの標本においても変わりません．つまり X_i はランダムではなく（ただし収穫量 Y_i はランダム），したがってこのサンプリング方法は i.i.d. ではないことがわかります．なお後からわかることですが，本章で i.i.d. 説明変数を前提として得られるさまざまな結果は，説明変数がランダムでなくても成り立ちます．しかし，説明変数がランダムではない場合というのは，極めて特殊であることに注意が必要です．近年の実験計画では，園芸研究者がある水準の X（駆除方法）を異なる区画に割り当てる際，コンピュータの乱数発生コードが使われ，それによって研究者個人の何らかのバイアス（たとえば自分のお気に入りの駆除方法を常に日当たりの良い区画に使用するなど）が回避されます．もしこのような新しい実験計画が採用される場合には，X の水準はランダムとなり，(X_i, Y_i) は i.i.d. とみなされます．

サンプリングが i.i.d. とはならない別の例は，ある同じ変数の観測値が時間を通じて観察される場合です．たとえば，企業が保有する在庫の水準（Y）とその企業の借入れ金利

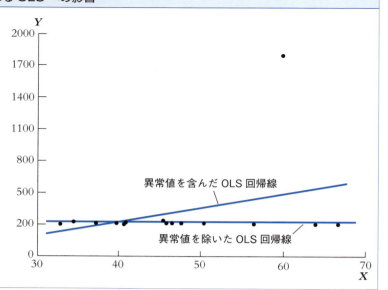

図 4.5　大きな異常値による OLS への影響

この仮想データには1つの異常値が含まれている．異常値を含んで推定される OLS 回帰線からは，X と Y の間に強い正の関係が得られるが，異常値を含まずに推定した OLS 回帰線からは，両者の関係は見出せない．

(X) のデータが，ある特定の企業について一定期間集められたとします．どちらのデータも，年に4回（四半期ごと），30年間記録されたとしましょう．これは時系列データ (time series data) の具体例です．時系列データの大きな特徴は，時点の近い観測値は独立ではなく，互いに相関を持つ傾向があるという点です．それは，もし現在金利が低ければ，次の四半期においても金利は低い傾向にあるということを意味します．このような相関パターンが見られると，i.i.d. の「独立」の部分の仮定が満たされません．時系列データを使うことでいくつかの複雑な問題が発生しますが，その検討は回帰分析の基本ツールをしっかり理解してから行います．

仮定 3：大きな異常値はほとんど起こりえない

　最小二乗法における第 3 の仮定は，大きな異常値—すなわち X_i もしくは Y_i の観測値が，通常の変動幅を超えてしまう—がほとんど起こりえないというものです．大きな異常値は，OLS 回帰の結果を誤ったものにしてしまう恐れがあります．図 4.5 には，OLS は極端な異常値の影響を受けやすいという問題を，仮想データを使って例示しています．

　大きな異常値はほとんど起こりえないという仮定は，本書では数学的な正確な表現として，X と Y はゼロでない有限の 4 次のモーメントを持つと仮定されます：$0 < E(X_i^4) < \infty$，$0 < E(Y_i^4) < \infty$．別の言い方をすれば，X と Y は有限の尖度を持つという仮定です．

　有限の尖度の仮定は，OLS テスト統計量の大標本分布を近似する数学的な議論に使われます．この仮定は，すでに第 3 章で標本分散の一致性を議論する際に登場しました．具体的に述べると，(3.9) 式は，標本分散 s_Y^2 は母集団の分散 σ_Y^2 の一致推定量であること

を表します $(s_Y^2 \xrightarrow{p} \sigma_Y^2)$. もし $Y_1, \ldots, Y_n$ が i.i.d. で Y_i の 4 次のモーメントが有限であれば, 基本概念 2.6 で述べた大数の法則を平均 $\frac{1}{n} \sum_{i=1}^{n} (Y_i - \mu_Y)^2$ に応用し, 付論 3.3 でも証明したとおり, s_Y^2 は一致性を持つことが示されます.

　大きな異常値が発生する原因の 1 つは, データ入力の際の誤りで, タイプミスや使用する単位の誤りなどです. たとえば, 生徒の身長のデータをメートル単位で集計しようとした場合に, 1 人の生徒だけセンチメートル単位で記録してしまうような場合です. そのような異常値を見つける 1 つの方法は, 実際にデータをグラフにプロットすることです. もし異常値がデータ入力の誤りによるものと判断されるのであれば, それを修正するか, 修正が不可能であればデータセットから落とすことです.

　データ入力の誤りという問題を横においておくと, 有限の尖度の仮定は経済データを使う応用にとって妥当なものと考えられます. 学級の人数には教室の物理的な大きさという上限があるでしょうし, 共通テストの成績も, 満点からゼロ点までの範囲しか取りえません. クラス規模もテスト成績も有限の範囲の値に収まるので, それらの 4 次のモーメントは必然的に有限となります. より一般に, 正規分布のような通常よく用いる分布は有限の 4 次のモーメントが存在します. しかし, 数学的な問題としては, 無限に発散する 4 次のモーメントを持つ分布もあり, そういった分布はこの仮定で排除されます. もしこの仮定が満たされていれば, OLS に基づく統計的推論が少数の異常な観測値に左右されるという問題が起こりにくくなります.

最小二乗法の仮定が果たす役割

　いま述べた 3 つの仮定は, 基本概念 4.3 に要約されています. 最小二乗法の仮定は, 次の 2 つの役割を果たし, それらについて本書では, 繰り返し議論されることになります.

　1 つ目は数学的な役割です. もしこれらの仮定が満たされるなら, 次節で述べるとおり, OLS 推定量は大標本において正規分布に従います. そして, この大標本の正規分布は, 仮説検定や信頼区間の方法を議論するカギとなります.

　2 つ目は, OLS 回帰分析にともなう問題を整理するという役割です. 後に明らかになるように, 第 1 の仮定は, 実際の分析において成立するかどうかが最も問われる重要なものです. 第 6 章では, この仮定が成立しないかもしれない理由の 1 つを議論します. また 9.2 節でも別の理由を検討します.

　第 2 の仮定が実際に満たされるかどうかも重要です. その仮定は多くのクロスセクション・データで成り立つと考えられますが, 時系列データにはうまく妥当しません. したがって, 時系列データを用いる際には, この第 2 の仮定に基づく回帰分析手法を修正する必要があります.

　第 3 の仮定は, 標本平均と同じく, OLS は大きな異常値に影響を受けやすいことを思い出させてくれるものです. もしデータセットに大きな異常値が含まれる場合には, それ

> **基本概念 4.3　最小二乗法の仮定**
>
> $$Y_i = \beta_0 + \beta_1 X_i + u_i, \quad i = 1,\ldots,n$$
>
> ここで，
>
> 1. 誤差項 u_i の，X_i が与えられた下での条件付平均はゼロ，つまり $E(u_i|X_i) = 0$，
> 2. (X_i, Y_i)，$i = 1,\ldots,n$ は，独立かつ同一の分布を持つ確率変数，そして，
> 3. (X_i, Y_i) は，ゼロではない有限の 4 次のモーメントを持つ．

らの観測値が正しく記録されデータセットに属するものかどうか，注意深く調べる必要があります．

4.5　OLS 推定量の標本分布

OLS 推定量 $\hat{\beta}_0$，$\hat{\beta}_1$ は，ランダムに抽出されたサンプルから計算されたものなので，推定量自身が確率変数です．その確率分布——標本分布——は，異なる数多くのランダム・サンプルにおいて取り得る値を表します．本節は，この標本分布について説明します．小標本の場合，標本分布は複雑な形をしますが，大標本では，中心極限定理によって近似的に正規分布に従います．

OLS 推定量の標本分布

$\overline{Y}$ の標本分布の復習　2.5 節と 2.6 節では，標本平均 $\overline{Y}$ ——母集団における未知の平均 μ_Y の推定量——の標本分布について説明しました．$\overline{Y}$ は，ランダム・サンプルから計算されるので，$\overline{Y}$ は確率変数です．抽出される標本が変われば，その値も異なります．そして異なる値それぞれの確率を要約したものが標本分布です．$\overline{Y}$ の標本分布は，標本数が小さい場合，複雑な形になることがありますが，どんな標本数 n についても成立する性質を明示することができます．特に，標本分布の平均は μ_Y，つまり $E(\overline{Y}) = \mu_Y$ となり，したがって $\overline{Y}$ は μ_Y の不偏推定量となります．もし標本数が大きければ，標本分布についてはさらに多くのことが言えます．特に，中心極限定理から，その分布は近似的に正規分布に従います（2.6 節）．

$\hat{\beta}_0$，$\hat{\beta}_1$ の標本分布　以上の議論は，推定量 $\hat{\beta}_0$，$\hat{\beta}_1$，すなわち母集団回帰線における未知の切片 β_0 と傾き β_1 に対する OLS 推定量にも当てはまります．OLS 推定量はランダ

基本概念 4.4 $\hat{\beta}_0$ と $\hat{\beta}_1$ の大標本分布

最小二乗法の仮定（基本概念 4.3）が成り立つとき，$\hat{\beta}_0$ と $\hat{\beta}_1$ は大標本において結合正規分布に従う．$\hat{\beta}_1$ の大標本正規分布は $N(\beta_1, \sigma^2_{\hat{\beta}_1})$ と表される．ここでこの分布の分散 $\sigma^2_{\hat{\beta}_1}$ は，

$$\sigma^2_{\hat{\beta}_1} = \frac{1}{n} \frac{\text{var}[(X_i - \mu_X)u_i]}{[\text{var}(X_i)]^2}. \tag{4.20}$$

一方，$\hat{\beta}_0$ の大標本正規分布は，$N(\beta_0, \sigma^2_{\hat{\beta}_0})$．ここで，

$$\sigma^2_{\hat{\beta}_0} = \frac{1}{n} \frac{\text{var}(H_i u_i)}{[E(H_i^2)]^2}, \text{ ここで } H_i = 1 - \left(\frac{\mu_X}{E(X_i^2)}\right) X_i. \tag{4.21}$$

ム・サンプルに基づいて計算されるため，$\hat{\beta}_0$, $\hat{\beta}_1$ は確率変数です．サンプルが異なれば，その値も変わります．そして，それらの異なる値を取る確率を要約したものが標本分布です．

$\hat{\beta}_0$, $\hat{\beta}_1$ の標本分布は，標本数が小さい場合，複雑な形となることがありますが，やはり，どんな標本数 n についても成立する性質があります．特に重要なのは，$\hat{\beta}_0$, $\hat{\beta}_1$ の標本分布の平均はそれぞれ β_0, β_1 となるという性質です．言い換えると，基本概念 4.3 で示した最小二乗法の仮定の下，

$$E(\hat{\beta}_0) = \beta_0 \text{ そして } E(\hat{\beta}_1) = \beta_1, \tag{4.22}$$

つまり，$\hat{\beta}_0$, $\hat{\beta}_1$ は，β_0, β_1 の不偏推定量ということです．$\hat{\beta}_1$ が不偏性を持つことは，付論 4.3 で証明されます．$\hat{\beta}_0$ が不偏であることの証明は，練習問題 4.7 で確認してください．

もし標本数が十分に大きいときには，中心極限定理から，$\hat{\beta}_0$, $\hat{\beta}_1$ の標本分布は 2 変数正規分布に近似できます（2.4 節）．したがって，$\hat{\beta}_0$, $\hat{\beta}_1$ それぞれの限界分布は，大標本において正規分布となります．

この議論には中心極限定理を利用します．技術的にいえば，中心極限定理では，$\overline{Y}$ のように，平均の分布を取り扱います．$\hat{\beta}_1$ を表す (4.7) 式の分子を見れば，それも一種の平均——$\overline{Y}$ のような単純平均ではなく，$(Y_i - \overline{Y})(X_i - \overline{X})$ という積の平均——であることがわかるでしょう．付論 4.3 で論じられるように，中心極限定理はこの平均に応用され，単純平均 $\overline{Y}$ のときと同様に，大標本において正規分布に従うことが示されます．

OLS 推定量の正規分布への近似は，基本概念 4.4 にまとめられています（そこでの公式の導出は付論 4.3 を参照）．ここで，実際の応用を考える上で重要なのは，標本数 n の大きさの問題です．これらの大標本近似が正当で信頼できるものであるためには，n はど

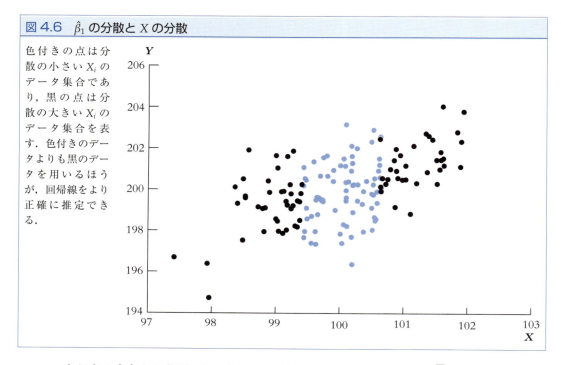

図 4.6 $\hat{\beta}_1$ の分散と X の分散

色付きの点は分散の小さい X_i のデータ集合であり，黒の点は分散の大きい X_i のデータ集合を表す．色付きのデータよりも黒のデータを用いるほうが，回帰線をより正確に推定できる．

れほどの大きさが必要でしょうか．2.6 節では，$n = 100$ もあれば，$\overline{Y}$ の標本分布を正規分布へ近似するのに十分であると述べました．この基準は，回帰分析におけるより複雑な平均にも当てはまります．現代の計量分析では，$n > 100$ であることがほとんどです．したがって，OLS 推定量に対する正規近似は，そうではないとする確かな理由がない限り，信頼できるものとみなせるのです．

また，基本概念 4.4 から，OLS 推定量は一致性を持つこともわかります．すなわち，標本数が大きいと，$\hat{\beta}_0$ と $\hat{\beta}_1$ は，母集団の真の係数 β_0, β_1 に高い確率で近くなります．この性質は，n が大きくなるにつれ，推定量の分散 $\sigma^2_{\hat{\beta}_0}$, $\sigma^2_{\hat{\beta}_1}$ がゼロに向かって減少することから示されます（分散の公式を見ると n は分母にあります）．大標本では分散がより小さいため，OLS 推定量は，β_0, β_1 の周りにタイトに密集して分布することがわかります．

基本概念 4.4 からさらに言えることは，一般に，X_i の分散が大きければ，$\hat{\beta}_1$ の分散 $\sigma^2_{\hat{\beta}_1}$ は小さくなるという性質です．これは数学的には，(4.20) 式で，$\hat{\beta}_1$ の分散が，X_i の分散の二乗と逆比例の関係にあることから明らかでしょう．var(X_i) が大きければ，(4.20) 式の分母が大きく，したがって $\sigma^2_{\hat{\beta}_1}$ はより小さくなります．この背後のメカニズムをより良く理解するには，図 4.6 を見てください．そこでは，X と Y に関する人工的な 150 のデータが，散布図としてプロットされています．色の付いたデータは $\overline{X}$ に近い 75 の観測値を表します．もし黒のデータと色付きのデータのどちらかだけを使って，回帰線をできるだけ正確に引くようにと言われたら，どちらを選ぶでしょうか．より分散が大きい黒のデータを使う方が，線を引きやすいでしょう．X の分散がより大きければ，$\hat{\beta}_1$ はより正確になるのです．

$\hat{\beta}_0$, $\hat{\beta}_1$ の標本分布を正規分布で近似することは，とても強力な分析ツールです．この近似のおかげで，母集団における真の回帰係数について，標本データだけを使って推論することが可能になるのです．

4.6 結論

本章は，最小二乗法に焦点を当て，被説明変数 Y と 1 つの説明変数 X の n 個の観測値を使って，母集団回帰線の切片と傾きを推定する手法について解説しました．散布図の上に直線を引く方法はたくさん考えられますが，OLS を用いることのメリットはいくつかあります．もし最小二乗法の仮定が成り立つならば，切片と傾きの OLS 推定量は不偏性，一致性を持ち，標本数 n に反比例する分散を持つ標本分布に従います．さらに，もし n が大きいときには，OLS 推定量の標本分布は正規分布となります．

OLS 推定量の標本分布に関するこれらの重要な性質は，最小二乗法の 3 つの仮定の下で成り立ちます．

第 1 の仮定は，線形回帰モデルの誤差項は，説明変数 X の下，条件付平均がゼロというものです．この仮定が意味するのは，OLS 推定量は不偏性を有するということです．

第 2 の仮定は (X_i, Y_i) が i.i.d. というもので，それはデータが無作為な標本抽出から得られた場合と同じ想定です．この仮定により，基本概念 4.4 で述べたとおり，OLS 推定量の標本分布の分散に関する公式が求められます．

第 3 の仮定は，大きな異常値はほとんど起こりえないというものです．より正式に言うと，X と Y が有限の 4 次のモーメント（有限の尖度）を持つという想定です．OLS は大きな異常値がある下では信頼できなくなるため，この仮定が想定されます．

本章の最後では，OLS 推定量の標本分布を解説しました．しかし，これらの結果だけでは，β_1 の値に関する仮説のテストや β_1 の信頼区間の作成を行うには十分ではありません．そのためには標本分布の標準偏差の推定量——すなわち，OLS 推定量の標準誤差——が必要となります．このステップ，すなわち $\hat{\beta}_1$ の標本分布からその標準誤差，仮説検定，信頼区間へと進むステップは，次の章で議論されます．

要約

1. 母集団の回帰線 $\beta_0 + \beta_1 X$ は，X の関数で表される Y の平均である．傾き β_1 は，X の 1 単位の変化がもたらす予想される Y の変化である．切片 β_0 は，回帰線の水準（つまり高さ）を決定する．基本概念 4.1 にて，母集団の線形回帰モデルに関する用語が要約される．

2. 母集団の回帰線は，標本データの観測値 $(Y_i, X_i), i = 1, \ldots, n$ に基づき，最小二乗法（OLS）により推定できる．切片と傾きの OLS 推定量は，$\hat{\beta}_0$, $\hat{\beta}_1$ と表される．

3. R^2 と回帰の標準誤差（SER）は，Y_i の各値が推定された回帰線にどれだけ近いかを測る指標である．R^2 は 0 から 1 の値を取り，より大きな値は Y が回帰線に近いことを表す．回帰の標準誤差は，回帰式の誤差項の標準偏差の推定量である．

4. 線形回帰モデルには次の3つの仮定を置く．(1) 回帰式の誤差 u_i は，説明変数 X_i の下で条件付平均がゼロである．(2) 標本データは，母集団からの i.i.d. ランダム標本である．(3) 大きな異常値はほとんど起こりえない．もしこれらの仮定が満たされるなら，OLS推定量 $\hat{\beta}_0$, $\hat{\beta}_1$ は不偏性を持ち，一致性を有し，そして標本数が大きいとき正規分布に従う．

キーワード

1つの説明変数を持つ線形回帰モデル [linear regression model with a single regressor]　101
被説明変数 [dependent variable, regressand]　101
説明変数 [independent variable, regressor]　101
母集団の回帰線 [population regression line]　101
母集団の回帰関数 [population regression function]　101
母集団の切片と傾き [population intercept and slope]　102
母集団の係数 [population coefficients]　102
パラメター [parameters]　102
誤差項 [error term]　102

最小二乗推定量 [ordinary least squares 〈OLS〉 estimator]　106
OLS 回帰線 [OLS regression line]　106
予測値 [predicted value]　106
残差 [residual]　106
回帰の R^2 [regression R^2]　110
説明された二乗和 [explained sum of squares, ESS]　110
全体の二乗和 [total sum of squares, TSS]　110
残差の二乗和 [sum of squared residuals, SSR]　111
回帰の標準誤差 [standard error of the regression, SER]　111
最小二乗法の仮定 [least squares assumptions]　113

練習問題

4.1 いま3年生100クラス分のデータから，1クラス人数（CS）と平均テスト成績のデータを使ってOLS回帰を行い，以下の推定結果を得ました：

$$\overline{TestScore} = 520.4 - 5.82 \times CS, \quad R^2 = 0.08, \quad SER = 11.5.$$

a. あるクラスでは22人の生徒がいます．上記の回帰式から，このクラスの平均テスト成績はいくつと予測されるでしょうか．

b. 昨年，あるクラスには生徒19人がいて，今年は23人です．上記の回帰式から，このクラスの平均テスト成績はどう変化すると予測されるでしょうか．

c. 100クラス分のデータ全体における1クラス人数の標本平均は21.4人です．100クラス分全体におけるテスト成績の標本平均はいくつでしょうか．（ヒント：OLS推定量の公式を復習しなさい．）

d. 100クラス分のデータ全体におけるテスト成績の標本標準偏差はいくつでしょうか．（ヒント：R^2 および SER の公式を復習しなさい．）

4.2 ある母集団から20歳男性200人の標本が無作為に抽出され，これらの男性の身長と体重のデータが記録されています．体重を身長で回帰すると，

$$\widehat{Weight} = -99.41 + 3.94 \times Height, \quad R^2 = 0.81, \quad SER = 10.2$$

という結果が得られました．なお，Weight の単位はポンドで，Height の単位はインチです．

a. この回帰式から，身長70インチの男性の体重はいくつと予測されるでしょうか．また身長65インチ，74インチの男性の体重はいくつと予測されるでしょうか．

b. ある男性は成長期が遅く，1年間で1.5インチも身長が伸びました．上記の回帰式から，この男性の体重はいくら増えると予測されるでしょうか．

c. いま身長および体重の単位を，インチ，ポンドからセンチメートル，キログラムにしたとします．このセンチメートル・キログラム単位に基づく新しい回帰の推計結果はどうなるでしょうか（推定された係数，R^2，SER をすべて求めなさい．）．

4.3 25–65歳の大卒フルタイム労働者の無作為標本データに基づき，週当たり平均賃金（average weekly earnings, AWE, 単位はドル）を年齢（単位は歳）で回帰しました．すると以下のような推定結果が得られました：

$$\widehat{AWE} = 696.7 + 9.6 \times Age, \quad R^2 = 0.023, \quad SER = 624.1.$$

a. 係数の値696.7，9.6は何を意味するのか説明しなさい．

b. 回帰の標準誤差（SER）は624.1です．SERの単位は何ですか．（ドル，歳，それともSERは単位なしでしょうか．）

c. この回帰式における R^2 は0.023です．R^2 の単位は何ですか．（ドル，歳，それとも R^2 は単位なしでしょうか．）

d. この回帰式から，25歳労働者の平均賃金はいくらと予測されるでしょうか．同様に，45歳労働者の平均賃金はいくらと予測されるでしょうか．

e. この回帰式から，99歳労働者の平均賃金に対して信頼できる予測値は得られるでしょうか．理由とともに説明しなさい．

f. 平均賃金の分布についてあなたが知っていることに基づくと，回帰誤差の分布が正規分布ということはもっともらしいでしょうか．（ヒント：あなたは分布が対称である，

もしくは歪みがあると思いますか．平均賃金の最小値はいくつでしょうか．そしてそれは正規分布と整合的ですか．）

g. このサンプルの平均年齢は41.6歳です．このサンプルにおける AWE の平均値はいくつですか．（ヒント：基本概念 4.2 を復習しなさい．）

4.4 4.2 節のボックス「株式の『ベータ』」を読み，以下の問いに答えなさい．

a. ある株式について，β の値が1を超えているとします．この株式の $(R - R_f)$ の分散が $R_m - R_f$ の分散よりも大きいことを示しなさい．

b. ある株式について，β の値が1よりも小さいとします．この株式の $(R - R_f)$ の分散が $R_m - R_f$ の分散よりも大きくなることはありますか．（ヒント：回帰誤差を忘れてはいけません．）

c. ある年，3ヶ月物短期国債（Treasury bill）の利回りは3.5%で，分散投資された株式ポートフォリオ（S&P 500）の収益率は7.3%でした．ボックスの最後の表で挙げた各企業に関し，β の推定値を使って，株式の予想収益率を推定しなさい．

4.5 ある教授が期末試験に対する時間プレッシャーの効果を測るための実験を行うことにしました．彼は自分の講義に出ている400人の生徒それぞれに同じ期末試験を出しましたが，一部の生徒には試験を解くのに90分の時間を与え，別の生徒には120分与えました．各生徒はコイン・トスによってどちらの試験時間かランダムに割り振られます．いま Y_i は i 番目の生徒の試験の点数を表し（$0 \leq Y_i \leq 100$），X_i はその生徒の試験時間を表す（$X_i = 90$ もしくは 120）とし，回帰モデル $Y_i = \beta_0 + \beta_1 X_i + u_i$ を考えます．

a. u_i は何を表しているのでしょうか．説明しなさい．なぜ生徒が異なると，それぞれに異なる u_i の値があるのでしょうか．

b. この回帰モデルにおいて，なぜ $E(u_i|X_i) = 0$ なのか説明しなさい．

c. 基本概念 4.3 の他の仮定は満たされているでしょうか．説明しなさい．

d. 推定された回帰式は $\hat{Y}_i = 49 + 0.24 X_i$ となりました．このとき，

  i. 試験時間90分の生徒について，この回帰式から予測される平均テスト得点を求めなさい．また試験時間120分，150分の生徒の平均得点に関しても計算しなさい．

  ii. 試験時間を追加で10分与えられたとき，この回帰式から予測されるテスト成績の上昇幅を求めなさい．

4.6 最小二乗法の最初の仮定 $E(u_i|X_i) = 0$ は，$E(Y_i|X_i) = \beta_0 + \beta_1 X_i$ を意味していることを示しなさい．

4.7 $\hat{\beta}_0$ は β_0 の不偏推定量であることを示しなさい．（ヒント：$\hat{\beta}_1$ は不偏推定量であるという結果（それは付論 4.3 で示される）を使いなさい．）

4.8 基本概念 4.3 の最小二乗法の仮定は，最初を除きすべて満たされているとします．そして最初の仮定を，$E(u_i|X_i) = 2$ に置き換えることとします．基本概念 4.4 のどの部分が引き続き成立し，またどの部分が変わるでしょうか．またその理由は何でしょうか．説明しな

さい．（$\hat{\beta}_1$ は，大標本において，基本概念4.4の平均と分散をもつ正規分布に従うでしょうか．$\hat{\beta}_0$ に関してはどうでしょうか．）

4.9 **a.** 線形回帰を行った結果，$\hat{\beta}_1 = 0$ となりました．このとき，$R^2 = 0$ となることを示しなさい．

b. 線形回帰を行った結果，$R^2 = 0$ となりました．このことは $\hat{\beta}_1 = 0$ を意味しますか．

4.10 $Y_i = \beta_0 + \beta_1 X_i + u_i$ であるとします．ここで，(X_i, u_i) は i.i.d. であり，X_i は $\Pr(X = 1) = 0.20$ となるベルヌーイ確率変数とします．そして $X = 1$ のとき，u_i は $N(0, 4)$ に従い，$X = 0$ のとき，u_i は $N(0, 1)$ に従うものとします．このとき，

a. 基本概念4.3の仮定が満たされていることを示しなさい．

b. 大標本における $\hat{\beta}_1$ の分散の表現を導出しなさい．（ヒント：(4.20)式にある項を検討しなさい．）

4.11 回帰モデル $Y_i = \beta_0 + \beta_1 X_i + u_i$ を考えます．

a. いま $\beta_0 = 0$ とわかっているものとします．β_1 の最小二乗推定量の式を導出しなさい．

b. いま $\beta_0 = 4$ とわかっているものとします．β_1 の最小二乗推定量の式を導出しなさい．

4.12 **a.** Y を X で回帰した際の R^2 は，X と Y の標本相関の二乗，つまり，$R^2 = r_{XY}^2$ であることを示しなさい．

b. Y を X で回帰した際の R^2 は，X を Y で回帰した際の R^2 と同じであることを示しなさい．

実証練習問題

E4.1 本書の補助教材には，データファイル CPS04 があり，そこには表3.1で使用したデータセットの拡張版（2004年について）が含まれています．ファイルには，高卒もしくは理系・文系大卒の25歳から34歳の常勤雇用者に関するデータが入っています．データの詳細は，CPS04_Description に書かれています．（このファイルのデータは CPS92_04 と同じですが，ここでは2004年に限定されています）．この練習問題では，雇用者の年齢と賃金の関係について調べます．（一般に，より高齢の勤労者はより豊富な職務経験を持っていることから，より生産性が高く報酬も高いと考えられます．）

a. 平均賃金（AHE）を年齢（Age）で回帰しなさい．定数項の推定値，傾きの推定値はそれぞれいくつですか．その推定結果を使うと，労働者の年齢が1歳上がれば，賃金はいくら上がると予測されるでしょうか．

b. ボブは26歳の労働者です．推定結果を使って，ボブの賃金を予測しなさい．アレックスは30歳の労働者です．推定結果を使って，アレックスの賃金を予測しなさい．

c. 年齢は，賃金の分散の大部分を説明するでしょうか．

E4.2 本書の補助教材には，データファイル TeachingRatings があります．そこには，テキサス大学オースティン校での463の講義に関する授業評価，授業の特徴，教授の特徴が

含まれています[1]．データの詳細は，`TeachingRatings_Description` に書かれています．このデータセットの特徴の一つは，教授の「（外見上の）美しさ」が6人の学生からなるパネルによって評価され，指標化されている点です．この練習問題では，授業評価が教授の「美しさ」とどのように関係しているかを調べます．

a. 教授の美しさ（*Beauty*）と平均授業評価（*Course_Eval*）との散布図を作成しなさい．2つの変数間に関係があるように見えるでしょうか．

b. 平均授業評価（*Course_Eval*）を教授の美しさ（*Beauty*）で回帰しなさい．定数項の推定値，傾きの推定値はそれぞれいくつですか．なぜ定数項の推定値は *Course_Eval* の標本平均と等しいのでしょうか．（ヒント：*Beauty* の標本平均はいくつですか．）

c. Watson 教授の *Beauty* の値は平均値であり，Stock 教授の *Beauty* の値は，平均値より1標準偏差高い値です．Stock 教授と Watson 教授の授業評価を予測しなさい．

d. 回帰係数の大きさに関してコメントしなさい．*Beauty* が *Course_Eval* に及ぼす推定された効果は大きいですか，小さいですか．あなたが「大きい」あるいは「小さい」と評価する基準は何ですか．

e. *Beauty* は授業間の評価の分散の大部分を説明していますか．

E4.3 本書の補助教材には，データファイル `CollegeDistance` があり，そこには無作為に抽出された高校3年生が1980年にインタビューされた内容と1986年に再インタビューされた内容が含まれています．この練習問題では，これらのデータを使用して，「教育年数」と「各生徒の高校から最も近接した4年生大学までの距離」との関係を調べます．（大学に近ければ教育費用が節約できるので，大学の近くに住む生徒は，平均すると高等教育を受けた年数が長いはずです．）データの詳細は，`CollegeDistance_Description` に書かれています[2]．

a. 教育年数（*ED*）を，最も近接した大学までの距離（*Dist*）で回帰しなさい．ここで *Dist* の単位は10マイルです（たとえば *Dist* = 2 は，距離が20マイルであることを意味します）．定数項の推定値，傾きの推定値はそれぞれいくつですか．その推定結果を使うと，高校のより近くに大学が建設されたとき，教育年数の平均値はどのくらい変化すると予測されますか．

b. ボブが通う高校は，最も近い大学から20マイルの所にあります．上記の推計結果から，ボブの教育年数を予測しなさい．

c. 大学までの距離は，個々人の学歴の分散の大部分を説明するでしょうか．述べなさい．

d. 回帰の標準誤差の値はいくつですか．また回帰の標準誤差の単位は何ですか．（メート

---

[1] このデータはテキサス大学オースティン校の Daniel Hamermesh 教授から提供されたもので，Amy Parker 氏との共同研究 "Beauty in the Classroom: Instructors' Pulchritude and Putative Pedagogical Productivity" *Economics of Education Review*, August 2005, 24(4): pp. 369–376 で使用されたものです．

[2] これらのデータはプリンストン大学の Cecilia Rouse 教授から提供されたもので，彼女の研究 "Democratization or Diversion? The Effect of Community Colleges on Educational Attainment" *Journal of Business and Economic Statistics*, April 1995, 12(2): pp. 217–224 で使用されたものです．

ル，グラム，年，ドルあるいはセントでしょうか，もしくはそれ以外の別の単位でしょうか．）

E4.4 本書の補助教材には，データファイル Growth があり，そこには 65 ヶ国における 1960 年から 1995 年の平均成長率，そして成長率に潜在的に関連する変数が含まれています．データの詳細は，Growth_Description に書かれています．この練習問題では，成長率と貿易の関係について調べます[3]．

   a. 平均貿易シェア（*TradeShare*）と平均年間成長率（*Growth*）との散布図を作成しなさい．2つの変数間に関係があるように見えるでしょうか．
   b. マルタは，他の国に比べ，貿易シェアが非常に大きい国です．散布図においてマルタを見つけなさい．マルタは異常値のように見えますか．
   c. すべての観測値を使って，*Growth* を *TradeShare* で回帰しなさい．傾きの推定値，定数項の推定値はそれぞれいくつですか．その推定結果を使うと，貿易シェアが 0.5 の国，1.0 の国の成長率はそれぞれいくつと予測されますか．
   d. 同じ回帰式をマルタの観測値を除いて推定しなさい．(c) と同じ質問に答えなさい．
   e. マルタという国はどこにありますか．なぜマルタは貿易シェアがそんなに大きいのでしょうか．マルタは分析に含めるべきですか，それとも除くべきですか．

付論 4.1 カリフォルニア州のテスト成績データセット

「カリフォルニア州共通テスト」データセットは，テスト成績，学校の特徴，生徒の人口統計上のバックグラウンドに関するデータを含んでいます．本書で用いるデータは，すべての 420 の K-6, K-8 学区からなり，1998 年と 1999 年のデータが利用可能です．テスト成績は，「Stanford 9 Achievement テスト」と呼ばれる小学 5 年生向け共通テストに基づくもので，そこでの読解と算数のテスト成績の平均を取った値です．学校の特徴（各学区の平均）は，在籍生徒数，教師の数（常勤の教師），1 クラス当たりのコンピュータ数，生徒 1 人当たりの予算支出額です．生徒・教師比率は，各学区内の生徒数を常勤の教師数で割った比率です．生徒の人口統計上の変数は，同じく各学区の平均の値で，公的支援プログラム（CalWorks，かつては AFDC）を受けている生徒の割合，昼食費減免の援助を受ける生徒の割合，英語学習を続けている（つまり英語を母国語としない）生徒の割合のデータを含みます．データはすべてカリフォルニア州教育局（www.cde.ca.gov）から取得しました．

付論 4.2 OLS 推定量の導出

この付論では，微分記号を使って，基本概念 4.2 の OLS 推定量に関する公式を導出します．予測

---

[3] これらのデータはブラウン大学の Ross Levine 教授から提供されたもので，Thorsten Beck 氏と Norman Loayza 氏との共同研究 "Finance and the Sources of Growth" *Journal of Financial Economics*, 2000, 58: pp. 261-300 で使用されたものです．

誤差の二乗和 $\sum_{i=1}^{n}(Y_i - b_0 - b_1 X_i)^2$ [(4.6) 式] を最小化するために，まず b_0 および b_1 に関し偏微分をすると，

$$\frac{\partial}{\partial b_0}\sum_{i=1}^{n}(Y_i - b_0 - b_1 X_i)^2 = -2\sum_{i=1}^{n}(Y_i - b_0 - b_1 X_i) \tag{4.23}$$

$$\frac{\partial}{\partial b_1}\sum_{i=1}^{n}(Y_i - b_0 - b_1 X_i)^2 = -2\sum_{i=1}^{n}(Y_i - b_0 - b_1 X_i)X_i \tag{4.24}$$

となります．OLS 推定量 $\hat{\beta}_0$ および $\hat{\beta}_1$ は，$\sum_{i=1}^{n}(Y_i - b_0 - b_1 X_i)^2$ を最小化する b_0 および b_1 の値であり，それは (4.23) 式および (4.24) 式がゼロとなる b_0 および b_1 によって得られます．したがって，(4.23) 式および (4.24) 式をゼロとし，項をまとめ，両辺を n で割ると，OLS 推定量 $\hat{\beta}_0$ および $\hat{\beta}_1$ は以下の 2 式を満たします：

$$\overline{Y} - \hat{\beta}_0 - \hat{\beta}_1 \overline{X} = 0 \tag{4.25}$$

$$\frac{1}{n}\sum_{i=1}^{n} X_i Y_i - \hat{\beta}_0 \overline{X} - \hat{\beta}_1 \frac{1}{n}\sum_{i=1}^{n} X_i^2 = 0. \tag{4.26}$$

この 2 式を $\hat{\beta}_0$ および $\hat{\beta}_1$ について解くと，

$$\hat{\beta}_1 = \frac{\frac{1}{n}\sum_{i=1}^{n} X_i Y_i - \overline{X}\,\overline{Y}}{\frac{1}{n}\sum_{i=1}^{n} X_i^2 - (\overline{X})^2} = \frac{\sum_{i=1}^{n}(X_i - \overline{X})(Y_i - \overline{Y})}{\sum_{i=1}^{n}(X_i - \overline{X})^2} \tag{4.27}$$

$$\hat{\beta}_0 = \overline{Y} - \hat{\beta}_1 \overline{X} \tag{4.28}$$

が得られます．(4.27) 式および (4.28) 式は，基本概念 4.2 で与えられた $\hat{\beta}_0$ と $\hat{\beta}_1$ に関する公式であり，公式 $\hat{\beta}_1 = s_{XY}/s_X^2$ は (4.27) 式の分子，分母を $n-1$ で割ることによって得られます．

付論 4.3 OLS 推定量の標本分布

この付論では，OLS 推定量 $\hat{\beta}_1$ が不偏であり，かつ，大標本において，基本概念 4.4 で与えられた正規分布に従うことを示します．

説明変数と誤差項に基づいた $\hat{\beta}_1$ の表現

最初に，$\hat{\beta}_1$ を説明変数と誤差項によって表現することにします．$Y_i = \beta_0 + \beta_1 X_i + u_i$，$Y_i - \overline{Y} = \beta_1(X_i - \overline{X}) + u_i - \overline{u}$ なので，$\hat{\beta}_1$ に関する公式の分子は

$$\sum_{i=1}^{n}(X_i - \overline{X})(Y_i - \overline{Y}) = \sum_{i=1}^{n}(X_i - \overline{X})[\beta_1(X_i - \overline{X}) + (u_i - \overline{u})]$$
$$= \beta_1 \sum_{i=1}^{n}(X_i - \overline{X})^2 + \sum_{i=1}^{n}(X_i - \overline{X})(u_i - \overline{u}) \tag{4.29}$$

と表されます．いま $\sum_{i=1}^{n}(X_i - \overline{X})(u_i - \overline{u}) = \sum_{i=1}^{n}(X_i - \overline{X})u_i - \sum_{i=1}^{n}(X_i - \overline{X})\overline{u} = \sum_{i=1}^{n}(X_i - \overline{X})u_i$ となります．ここで，最後の等式は，$\overline{X}$ の定義から，$\sum_{i=1}^{n}(X_i - \overline{X})\overline{u} = [\sum_{i=1}^{n} X_i - n\overline{X}]\overline{u} = 0$ となることで導かれます．$\sum_{i=1}^{n}(X_i - \overline{X})(u_i - \overline{u}) = \sum_{i=1}^{n}(X_i - \overline{X})u_i$ を (4.29) 式の最後の表現に代入すると，$\sum_{i=1}^{n}(X_i - \overline{X})(Y_i - \overline{Y}) = $

付論 4.3 OLS 推定量の標本分布

$\beta_1 \sum_{i=1}^n (X_i - \overline{X})^2 + \sum_{i=1}^n (X_i - \overline{X}) u_i$ となります. この表現を (4.27) 式の $\hat{\beta}_1$ に関する公式に代入すると,

$$\hat{\beta}_1 = \beta_1 + \frac{\frac{1}{n}\sum_{i=1}^n (X_i - \overline{X}) u_i}{\frac{1}{n}\sum_{i=1}^n (X_i - \overline{X})^2} \tag{4.30}$$

が得られます.

$\hat{\beta}_1$ が不偏であることの証明

$\hat{\beta}_1$ の期待値は, (4.30) 式の両辺に期待値を取ることによって得られます. したがって,

$$\begin{aligned}
E(\hat{\beta}_1) &= \beta_1 + E\left[\frac{\frac{1}{n}\sum_{i=1}^n (X_i - \overline{X}) u_i}{\frac{1}{n}\sum_{i=1}^n (X_i - \overline{X})^2}\right] \\
&= \beta_1 + E\left[\frac{\frac{1}{n}\sum_{i=1}^n (X_i - \overline{X}) E(u_i \mid X_1, \cdots, X_n)}{\frac{1}{n}\sum_{i=1}^n (X_i - \overline{X})^2}\right] = \beta_1
\end{aligned} \tag{4.31}$$

となります. ここで, (4.31) 式の 2 番目の等式は繰返し期待値の法則（2.3 節）を使うことで導かれます. 最小二乗推定量の第 2 の仮定より, u_i は, i 以外のすべての X の観測値とは独立に分布しており, $E(u_i|X_1, \cdots, X_n) = E(u_i|X_i)$ となります. しかし, 最小二乗推定量の第 1 の仮定より, $E(u_i|X_i) = 0$ なので, (4.31) 式の 2 番目の式の大括弧の条件付期待値はゼロとなり, $E(\hat{\beta}_1 - \beta_1|X_1, \cdots, X_n) = 0$, したがって, $E(\hat{\beta}_1|X_1, \cdots, X_n) = \beta_1$ となります. つまり, $\hat{\beta}_1$ は, $X_1, \cdots, X_n$ が所与の下, 条件付きで不偏となります. 繰返し期待値の法則より, $E(\hat{\beta}_1 - \beta_1) = E[E(\hat{\beta}_1 - \beta_1|X_1, \cdots, X_n)] = 0$ となるので, $E(\hat{\beta}_1) = \beta_1$, つまり, $\hat{\beta}_1$ は不偏となります.

OLS 推定量の大標本正規分布

大標本における, $\hat{\beta}_1$ の収束先分布の正規分布への近似（基本概念 4.4）は, (4.30) 式の最後の項の性質を考えることによって得られます.

まず最初に, この項の分子を考えましょう. $\overline{X}$ は一致推定量なので, 標本数が大きいと, $\overline{X}$ は μ_X とほとんど等しくなります. したがって, 近似していくと, (4.30) 式の分子の項は, $v_i = (X_i - \mu_X) u_i$ の標本平均 $\overline{v}$ となります. 最小二乗推定量の第 1 の仮定より, v_i は平均ゼロとなります. 最小二乗推定量の第 2 の仮定より, v_i は i.i.d. です. v_i の分散は $\sigma_v^2 = \text{var}[(X_i - \mu_X) u_i]$ となります. ここで, 最小二乗推定量の第 3 の仮定より, σ_v^2 は非負かつ有限です. したがって, $\overline{v}$ は中心極限定理（基本概念 2.7）の要件をすべて満たしています. ここで $\sigma_{\overline{v}}^2 = \sigma_v^2/n$ とすると, $\overline{v}/\sigma_{\overline{v}}$ は, 大標本において, $N(0,1)$ に従います. したがって, $\overline{v}$ の分布は, $N(0, \sigma_v^2/n)$ の分布に近似できます.

次に, (4.30) 式の分母の表現について考えます. これは X の標本分散になっています [ただしここでは, (n が十分大きければ特に問題ではないのですが) $n-1$ で割る代わりに n で割っています]. 3.2 節の (3.8) 式で議論したように, 標本分散は母集団の分散の一致推定量であるので, 大標本において, X の標本分散は母集団の分散にやがては近づいていきます.

これらの 2 つの結果を合わせると, 大標本において, $\hat{\beta}_1 - \beta_1 \cong \overline{v}/\text{var}(X_i)$ となるので, $\hat{\beta}_1$ の標本分布は, 大標本において, $N(\beta_1, \sigma_{\hat{\beta}_1}^2)$ に従います. ここで, $\sigma_{\hat{\beta}_1}^2 = \text{var}(\overline{v})/[\text{var}(X_i)]^2 = \text{var}[(X_i - \mu_X) u_i]/\{n[\text{var}(X_i)]^2\}$ となり, (4.20) 式の表現となります.

OLS 推定量の計算に関する追加の事実

OLS 残差と予測値は以下の式を満たしています:

$$\frac{1}{n}\sum_{i=1}^{n}\hat{u}_i = 0, \tag{4.32}$$

$$\frac{1}{n}\sum_{i=1}^{n}\hat{Y}_i = \overline{Y}, \tag{4.33}$$

$$\sum_{i=1}^{n}\hat{u}_i X_i = 0 \ \text{そして} \ s_{\hat{u}X} = 0, \tag{4.34}$$

$$TSS = SSR + ESS. \tag{4.35}$$

(4.32) 式から (4.35) 式は,それぞれ,OLS 残差の標本平均がゼロであること,OLS 予測値の標本平均が $\overline{Y}$ に等しいこと,OLS 残差と説明変数の標本共分散がゼロであること,全体の二乗和が残差二乗和と説明された二乗和の合計であること(ESS, TSS, SSR は (4.14) 式, (4.15) 式, (4.17) 式の定義を参照)を表しています.

(4.32) 式を確かめるために,$\hat{\beta}_0$ の定義より OLS 残差が $\hat{u}_i = Y_i - \hat{\beta}_0 - \hat{\beta}_1 X_i = (Y_i - \overline{Y}) - \hat{\beta}_1(X_i - \overline{X})$ と表されることに注意しましょう.したがって,

$$\sum_{i=1}^{n}\hat{u}_i = \sum_{i=1}^{n}(Y_i - \overline{Y}) - \hat{\beta}_1 \sum_{i=1}^{n}(X_i - \overline{X})$$

となります.しかし,$\overline{Y}$ と $\overline{X}$ の定義が $\sum_{i=1}^{n}(Y_i - \overline{Y}) = 0$ および $\sum_{i=1}^{n}(X_i - \overline{X}) = 0$ を意味するので,$\sum_{i=1}^{n}\hat{u}_i = 0$ となります.

(4.33) 式を確かめるために,$Y_i = \hat{Y}_i + \hat{u}_i$ に注目すると,$\sum_{i=1}^{n} Y_i = \sum_{i=1}^{n}\hat{Y}_i + \sum_{i=1}^{n}\hat{u}_i = \sum_{i=1}^{n}\hat{Y}_i$ となります.なお,2 番目の等号は,(4.32) 式の結果によるものです.

(4.34) 式を確かめるために,$\sum_{i=1}^{n}\hat{u}_i = 0$ は,$\sum_{i=1}^{n}\hat{u}_i X_i = \sum_{i=1}^{n}\hat{u}_i(X_i - \overline{X})$ を意味することに注目します.その結果,

$$\begin{aligned}\sum_{i=1}^{n}\hat{u}_i X_i &= \sum_{i=1}^{n}[(Y_i - \overline{Y}) - \hat{\beta}_1(X_i - \overline{X})](X_i - \overline{X}) \\ &= \sum_{i=1}^{n}(Y_i - \overline{Y})(X_i - \overline{X}) - \hat{\beta}_1 \sum_{i=1}^{n}(X_i - \overline{X})^2 = 0\end{aligned} \tag{4.36}$$

となります.ここで (4.36) 式の最後の等式は (4.27) 式の $\hat{\beta}_1$ に関する公式を使って得られます.先ほどの結果と合わせて,この結果は $s_{\hat{u}X} = 0$ となることを意味します.

(4.35) 式は,前の結果といくつかの計算を行うことで,

$$\begin{aligned}TSS &= \sum_{i=1}^{n}(Y_i - \overline{Y})^2 = \sum_{i=1}^{n}(Y_i - \hat{Y}_i + \hat{Y}_i - \overline{Y})^2 \\ &= \sum_{i=1}^{n}(Y_i - \hat{Y}_i)^2 + \sum_{i=1}^{n}(\hat{Y}_i - \overline{Y})^2 + 2\sum_{i=1}^{n}(Y_i - \hat{Y}_i)(\hat{Y}_i - \overline{Y}) \\ &= SSR + ESS + 2\sum_{i=1}^{n}\hat{u}_i\hat{Y}_i = SSR + ESS\end{aligned} \tag{4.37}$$

と導かれます．ここで最後の等式は，前の結果より，$\sum_{i=1}^{n}\hat{u}_i\hat{Y}_i = \sum_{i=1}^{n}\hat{u}_i(\hat{\beta}_0 + \hat{\beta}_1 X_i) = \hat{\beta}_0 \sum_{i=1}^{n}\hat{u}_i + \hat{\beta}_1 \sum_{i=1}^{n}\hat{u}_i X_i = 0$ となることから導かれます．

第5章 1説明変数の回帰分析：仮説検定と信頼区間

本章では，引き続き，説明変数が1つの場合の回帰分析を検討します．第4章では，傾き β_1 の OLS 推定量 $\hat{\beta}_1$ が標本ごとにどう異なるのか，すなわち $\hat{\beta}_1$ はどのような標本分布を持っているのかについて説明してきました．この章では，標本分布に関する知識を使って，β_1 のサンプリングに関する不確実性について議論します．出発点は OLS 推定量の標準誤差で，それは $\hat{\beta}_1$ の標本分布の散らばりを測る指標です．5.1節では，この標準誤差（ならびに切片の OLS 推定量の標準誤差）の表現を示します．そして，$\hat{\beta}_1$ とその標準誤差を使って仮説検定を行います．5.2節では，$\hat{\beta}_1$ の信頼区間の作成方法を説明します．5.3節では，説明変数が (0,1) 変数という特別なケースについて議論します．

5.1節から5.3節までは，第4章で示した最小二乗法の3つの仮定が成り立つと想定します．もし，より強い条件が追加的に満たされるのなら，OLS 推定量の分布についてさらに強い結果を導き出すことができます．そのような追加条件の1つが誤差項の均一分散であり，5.4節で説明します．5.5節では，ガウス・マルコフ定理を解説します．すなわち，ある条件の下で OLS は，あるクラスの推定量の中で効率的（分散が最小）となることが示されます．5.6節は，回帰誤差の母集団分布が正規分布に従う場合の OLS 推定量の分布について議論します．

5.1 1つの回帰係数に関する仮説検定

あなたの顧客である地元の教育委員長から電話があり，また相談を持ちかけられました．納税者が事務所にやって来て「クラス規模を減らしても成績は上がらない，だからこれ以上教師を増やして1クラス生徒数を減らすことは税金の無駄使いだ」と怒っているがどうすればよいか，という相談です．

この納税者の主張は，回帰分析の言葉で言い換えると次のようになります．クラス規模が1単位変化したときのテスト成績への影響は $\beta_{ClassSize}$ なので，納税者は，母集団の回帰線が水平，または母集団回帰線の傾き $\beta_{ClassSize}$ がゼロと主張していることになります．そこで教育委員長は尋ねるでしょう．手元にあるカリフォルニア州の420データのサンプルで，その傾きがゼロではないという証拠はありますか？ 納税者が主張する $\beta_{ClassSize} =$

基本概念	t 統計量の一般表現
5.1	一般に，t 統計量は下記の表現で表される． $$t = \frac{\text{推定量} - \text{仮説の値}}{\text{推定量の標準誤差}} \tag{5.1}$$

0 という仮説を棄却できますか，それとも別の新しい証拠が出るまで暫定的にその主張を受け入れますか？

本節は，母集団回帰線の傾き β_1，切片 β_0 に関する仮説について議論します．まず傾き β_1 についての両側テストを詳しく説明します．その後，片側テスト，そして切片 β_0 の仮説検定を検討します．

β_1 に関する両側テスト

回帰係数に関する仮説検定は，母集団の平均に関する仮説検定と基本的に同じです．まずは，平均に関するテストを手短に復習することから始めましょう．

母集団の平均に関する仮説検定　3.2 節を思い出すと，Y の平均が特定の値 $\mu_{Y,0}$ となるという帰無仮説は $H_0 : E(Y) = \mu_{Y,0}$，両側の対立仮説は $H_1 : E(Y) \neq \mu_{Y,0}$ と表せます．

基本概念 3.6 で要約したように，帰無仮説 H_0 を両側の対立仮説に対して検定する方法は，3 つのステップからなります．第 1 は，$\overline{Y}$ の標準誤差 $SE(\overline{Y})$ を求めます．それは $\overline{Y}$ の標本分布の標準偏差の推定量です．第 2 ステップは，t 統計量を求めます．t 統計量の一般的な形は基本概念 5.1 に表されています．それをここで応用すれば，t 統計量は，$t = (\overline{Y} - \mu_{Y,0})/SE(\overline{Y})$ です．

第 3 ステップは p 値の計算です．p 値とは，手元のテスト統計量を使って帰無仮説を棄却できるもっとも小さい有意水準に当たります．言い換えると，帰無仮説が正しいという前提の下，実際に観察された統計量よりも帰無仮説の値からより遠く離れる，そのような統計量をランダム・サンプリングの結果引き出す確率を表します（基本概念 3.5）．t 統計量は，帰無仮説の下で標準正規分布に従うため，両側テストの p 値は $2\Phi(-|t^{act}|)$，ここで t^{act} は手元のサンプルから実際に計算された t 統計量，Φ は標準正規分布の累積分布関数で，その分布表は付表 1 に掲載されています．この第 3 ステップは，別の方法も可能です．すなわち，望ましい有意水準を設定し，その下で，単純に t 統計量と臨界値を比べるというやり方です．たとえば，5% の有意水準の下で両側テストを行うとき，$|t^{act}| > 1.96$ なら帰無仮説が棄却されます．この場合，母集団の平均は，5% 有意水準で統計的に有意

に帰無仮説の値と異なる，といわれます．

傾き β_1 に関する仮説検定　　理論レベルで考えると，母集団の平均に対する上記のアプローチは，大標本のとき $\overline{Y}$ の標本分布は正規分布に近似できるという性質に基づいています．$\hat{\beta}_1$ も，大標本では正規分布に近似できるので，傾きの真の値 β_1 に関しても，上記と同様のアプローチでテスト可能です．

　テストに先立ち，帰無仮説と対立仮説を明示する必要があります．先ほどの納税者の例では，テストされる帰無仮説は $\beta_{ClassSize} = 0$ でした．一般に，帰無仮説の下，母集団の真の傾き β_1 はある特定の値 $\beta_{1,0}$ を取ると設定されます．両側テストの対立仮説の下では，β_0 は $\beta_{1,0}$ とは等しくないと設定されます．したがって，帰無仮説（**null hypothesis**）と両側の対立仮説（**two-sided alternative hypothesis**）は，

$$H_0 : \beta_1 = \beta_{1,0} \text{ 対 } H_1 : \beta_1 \neq \beta_{1,0} \quad \text{（両側の対立仮説）}. \tag{5.2}$$

そして帰無仮説 H_0 のテストは，母集団の平均の場合と同じ 3 つのステップで行われます．

　第 1 ステップは，$\hat{\beta}_1$ の標準誤差（**standard error of $\hat{\beta}_1$**），$SE(\hat{\beta}_1)$ を求めることです．$\hat{\beta}_1$ の標準誤差は，$\sigma_{\hat{\beta}_1}$ すなわち $\hat{\beta}_1$ の標本分布の標準偏差の推定量です．具体的には，

$$SE(\hat{\beta}_1) = \sqrt{\hat{\sigma}^2_{\hat{\beta}_1}} \tag{5.3}$$

です．ここで，

$$\hat{\sigma}^2_{\hat{\beta}_1} = \frac{1}{n} \times \frac{\frac{1}{n-2}\sum_{i=1}^n (X_i - \overline{X})^2 \hat{u}_i^2}{\left[\frac{1}{n}\sum_{i=1}^n (X_i - \overline{X})^2\right]^2}. \tag{5.4}$$

(5.4) 式で表される分散の推定量の詳細は，付論 5.1 で議論されます．この $\hat{\sigma}^2_{\hat{\beta}_1}$ は複雑な形をしていますが，実際の応用では回帰分析のソフトが標準誤差を計算してくれるので，使いやすいものです．

　第 2 ステップは t 統計量（**t-statistic**）の計算です．すなわち，

$$t = \frac{\hat{\beta}_1 - \beta_{1,0}}{SE(\hat{\beta}_1)}. \tag{5.5}$$

　第 3 ステップでは p 値（**p-value**）を求めます．すなわち，帰無仮説が正しいという仮定の下，$\hat{\beta}_1$ の値が，手元のデータから計算された推定値（$\hat{\beta}_1^{act}$）よりも $\beta_{1,0}$ からより離れている，そのような $\hat{\beta}_1$ を観察する確率を計算します．これを数学的に表現すれば，

基本概念	対立仮説 $\beta_1 \neq \beta_{1,0}$ に対する帰無仮説 $\beta_1 = \beta_{1,0}$ のテスト
5.2	1. $\hat{\beta}_1$ の標準誤差，$SE(\hat{\beta}_1)$ を計算（(5.3) 式）． 2. t 統計量を計算（(5.5) 式）． 3. p 値を計算（(5.7) 式）．もし p 値が 0.05 を下回る，または $\|t^{act}\| > 1.96$ となれば，帰無仮説を 5% 水準で棄却． $\beta_1 = 0$ をテストする際，標準誤差や，一般に t 統計量や p 値は，回帰分析ソフトで自動的に計算される．

$$p \text{ 値} = \Pr\nolimits_{H_0}[|\hat{\beta}_1 - \beta_{1,0}| > |\hat{\beta}_1^{act} - \beta_{1,0}|]$$
$$= \Pr\nolimits_{H_0}\left[\left|\frac{\hat{\beta}_1 - \beta_{1,0}}{SE(\hat{\beta}_1)}\right| > \left|\frac{\hat{\beta}_1^{act} - \beta_{1,0}}{SE(\hat{\beta}_1)}\right|\right] = \Pr\nolimits_{H_0}(|t| > |t^{act}|). \tag{5.6}$$

ここで $\Pr_{H_0}$ は帰無仮説の下で計算される確率を表し，2 つ目の等式はカギ括弧内を $SE(\hat{\beta}_1)$ で割ったもの，t^{act} は手元のサンプルから実際に計算された t 統計量です．$\hat{\beta}_1$ は，大標本では近似的に正規分布に従うので，帰無仮説の下で t 統計量は標準正規分布に従います．したがって，標本が大きければ，

$$p \text{ 値} = \Pr(|Z| > |t^{act}|) = 2\Phi(-|t^{act}|). \tag{5.7}$$

計算して得られた p 値が小さな値，たとえば 5% 以下のとき，それは帰無仮説に反する証拠となります．というのも，帰無仮説が正しいという仮定の下，異なる標本を使って推計を繰り返した場合，手元にある推計値のような $\hat{\beta}_1$ が得られる確率は 5% 以下と非常に低いからです．つまり，もともとの帰無仮説が正しくないために，そのような起こりにくい値が得られたと推論されます．したがってこのとき，帰無仮説は 5% 有意水準で棄却されます．

これに代わる方法としては，単純に t 統計量の値を ± 1.96 という両側テストの臨界値と比較して，5% 有意水準のテストが行われます．もし $|t^{act}| > 1.96$ ならば，帰無仮説が 5% 水準で棄却されます．

これらのステップは基本概念 5.2 にまとめられます．

回帰式の報告，テスト成績への応用　テスト成績を生徒・教師比率で説明する OLS 回帰式は，(4.11) 式で報告されているように，$\hat{\beta}_0 = 698.9$, $\hat{\beta}_1 = -2.28$ です．標準誤差は，それぞれ $SE(\hat{\beta}_0) = 10.4$, $SE(\hat{\beta}_1) = 0.52$ です．

標準誤差の結果は重要なので，それらは通例，推定された OLS 係数と合わせて報告さ

れます．簡便な報告の仕方の1つは，OLS回帰線の各係数の下に括弧書きで記載することです：

$$\overline{TestScore} = 698.9 - 2.28 \times STR, \ R^2 = 0.051, \ SER = 18.6. \tag{5.8}$$
$$\hspace{2.5em} (10.4) \ \ (0.52)$$

(5.8) 式では，推計式に続いて，R^2 と回帰の標準誤差（SER）も報告しています．このように (5.8) 式は，推計された回帰線，傾きと切片のサンプリングに基づく不確実性に関する推定値（標準誤差），そして回帰線のフィットを表す2つの指標（R^2 と SER）が示されています．これが1本の回帰式を報告する典型的なフォーマットであり，以下，本書ではこの形式を用いていきます．

いま，母集団における傾き β_1 がゼロであるという帰無仮説を，5% 有意水準でテストするとしましょう．そのためには，t 統計量を計算し，それを 5% の臨界値（両側検定）である 1.96 と比べます．t 統計量は，(5.5) 式の一般公式に，帰無仮説の下での β_1 の値（ゼロ），傾きの推定値，その標準誤差（(5.8) 式）を代入します．その結果，$t^{act} = (-2.28 - 0)/0.52 = -4.38$ です．この t 統計量は絶対値で 5% 両側の臨界値 1.96 を上回るため，「傾きゼロ」という帰無仮説は 5% 有意水準で棄却され，「ゼロではない」という両側の対立仮説が支持されることになります．

あるいは別のやり方として，-4.38 という t 統計量に対応した p 値を計算することもできます．この確率は，図 5.1 に示されているように，標準正規分布の両端の面積に相当します．この確率は非常に小さく，0.00001 あるいは 0.001% です．これはつまり，もし帰無仮説 $\beta_{ClassSize} = 0$ が正しければ，実際得られた $\hat{\beta}_1$ のような値を得る確率は非常に低く，それは 0.001% を下回ることを意味します．このような事象はまず起こりえないことから，正しいと仮定した帰無仮説の方が誤りだと推論できるのです．

β_1 に関する片側テスト

これまでの議論は，$\beta_0 = \beta_{0,1}$ という仮説を，$\beta_0 \neq \beta_{0,1}$ という仮説に対してテストするというものでした．これは両側テストです．なぜならその対立仮説では，β_1 は $\beta_{1,0}$ より大きい値と小さい値の両方ありうるからです．しかし時には，片側の仮説検定の方が適している場合もあります．たとえばクラス規模とテスト成績の例では，より少人数のクラスの方が学習環境が良いと考える人が多いでしょう．その仮説の下では，β_1 はマイナス，つまり少人数の方がテストの点数は高いと考えられます．したがって，$\beta_1 = 0$（効果なし）を片側の対立仮説 $\beta_1 < 0$ に対してテストすることは，意味のあることに思えます．

片側テストにおける帰無仮説と対立仮説は，

$$H_0 : \beta_1 = \beta_{1,0} \ \text{対} \ H_1 : \beta_1 < \beta_{1,0} \quad \text{(片側の対立仮説)}. \tag{5.9}$$

ここで $\beta_{1,0}$ は帰無仮説における β_1 の値（クラス規模の例では 0），そして対立仮説は，β_1

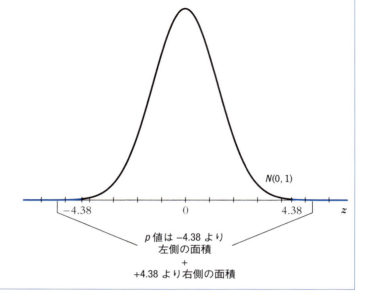

図 5.1　両側テストにおける p 値の計算：$t^{act} = -4.38$ の場合

両側テストにおける p 値は，$|Z| > |t^{act}|$，ここで Z は標準正規分布に従う確率変数，t^{act} は標本から計算された t 統計量である．$t^{act} = -4.38$ のとき，p 値はわずか 0.00001 となる．

は $\beta_{1,0}$ より小さい，というものです．もし対立仮説が，β_1 は $\beta_{1,0}$ より大きい，ということであれば，(5.9) 式の不等号は逆になります．

　片側テストでも両側テストでも帰無仮説は同じなので，t 統計量の求め方も同じです．片側テストと両側テストで唯一違うのは，t 統計量をどう解釈するかという点です．(5.9) 式のような片側の対立仮説に対して帰無仮説は，t 統計量が大きなマイナス値のときに棄却されますが，大きなプラス値のときには棄却されません．たとえば 5% 有意水準で帰無が棄却されるのは，$|t^{act}| > 1.96$ ではなく，$t^{act} < -1.645$ のときなのです．

　片側テストに関する p 値は，正規分布の累積密度関数から，

$$p \text{ 値} = \Pr(Z < t^{act}) = \Phi(t^{act}) \quad (p \text{ 値, 左端の片側テスト}) \tag{5.10}$$

と求められます．

　もし対立仮説が，β_0 が $\beta_{0,1}$ より大きいという設定なら，(5.9) 式，(5.10) 式の不等号の向きが逆になります．したがって p 値は右端の領域の確率，$\Pr(Z > t^{act})$ となります．

片側テストはいつ使われるべきか　実際の応用において，片側テストはいつ使われるべきでしょうか．それは，β_0 が帰無仮説で設定された $\beta_{0,1}$ のどちらか一方の側に入るという明確な理由があるときでしょう．その理由は，経済理論やこれまでの実証結果，あるいはその両方に基づくものと思われます．しかし，たとえ最初は片側が適切な対立仮説であると考えていたとしても，後から見直せば，必ずしもそうでない場合もあります．新しく開発された薬は，これまでに確認されていない副作用によって，実際には害になる可能性

もあるでしょう．クラス規模の例でも，卒業生のジョークにあるように，大学が成功する秘訣は，優秀な学生を入学させ，教師は学生の邪魔をせず放っておく方がよいという見方もあります．このように，どちらか一方になることが必ずしも明確でないときには，しばしば両側テストが行われます．

テスト成績の例への応用　クラス規模はテスト成績に影響しない（(5.9) 式の $\beta_{1,0} = 0$）という仮説検定の t 統計量は $t^{act} = -4.38$ でした．これは，-2.33（1% 有意水準での片側テストの臨界値）よりも小さく，したがって帰無仮説は，片側の対立仮説に対して 1% 水準で棄却されます．実際，p 値を計算すると，0.0006% より小さい値となります．これらの結果から，先の納税者の主張，すなわち傾きの負の推定値は単にランダム・サンプリングによるばらつきによって得られたもので，真の傾きはゼロであるとの主張は，1% 有意水準で棄却できるのです．

切片 β_0 に関する仮説検定

これまでの議論は，傾き β_1 に関する仮説検定に焦点を当ててきました．しかしときには，切片 β_0 に関する仮説も問題となります．切片に関する帰無仮説と両側の対立仮説は，

$$H_0 : \beta_0 = \beta_{0,0} \ \text{対} \ H_1 : \beta_0 \neq \beta_{0,0} \quad \text{（両側の対立仮説）} \tag{5.11}$$

と表されます．

この帰無仮説に関する検定アプローチは，基本概念 5.2 に示されている 3 つのステップを β_0 に応用したものになります（$\hat{\beta}_0$ の標準誤差の式は付論 4.4 に与えられています）．もし対立仮説が片側なら，傾きの場合に議論した直前の小節と同じやり方で修正されます．

仮説検定は，（先の納税者のように）特定の帰無仮説が念頭にある場合には，大変有用です．統計的な根拠に基づき，帰無仮説を受け入れるか棄却するかの判断が可能ということから，それは標本から母集団の特性を推測する際の不確実性に対処するとても強力なツールといえます．しかし，回帰係数に関して唯一つの仮説だけが有力ではなく，データと整合的な係数の範囲を知りたいという場合も少なからずあるでしょう．そのためには，信頼区間を作成する必要があります．

5.2　1 つの回帰係数に関する信頼区間

傾き β_1 の推定値には，サンプリングに伴う不確かさが必ず含まれており，β_1 の真の値を 1 つの標本データから正確に決定することはできません．しかし OLS 推定量とその標準誤差を使って，β_1 や β_0 の信頼区間を作成することは可能です．

基本概念 5.3　β_1 の信頼区間

β_1 に対する 95% 両側の信頼区間は，β_1 の真の値を 95% の確率で（つまり，ランダムに抽出された起こりうるすべてのサンプルの 95% で）含むという区間である．同じ意味だが，5% 水準の両側テストで棄却されない β_1 の値の集合でもある．標本数が大きいとき，それは次式で求められる．

$$\beta_1 \text{ に対する信頼区間} = [\hat{\beta}_1 - 1.96SE(\hat{\beta}_1),\ \hat{\beta}_1 + 1.96SE(\hat{\beta}_1)] \tag{5.12}$$

β_1 の信頼区間　β_1 の 95% 信頼区間（**confidence interval for β_1**）には，同じ意味の 2 つの定義がありました．第 1 の定義は，5% 有意水準の両側テストで棄却できない値の集合．第 2 の定義は，β_1 の真の値を含む確率が 95% であるような区間．つまり，起こりうるすべての標本のなかの 95% で，信頼区間が真の β_1 を含んでいるという定義です．この区間には，可能なすべてのサンプルの 95% で真の値が含まれているので，95% の**信頼水準**（**confidence level**）を持つと呼ばれます．

　これら 2 つの定義が同じなのは，次のような理由によります．5% 有意水準で仮説検定を行うことは，定義により β_1 の真の値を棄却する可能性が，可能なすべての標本のなかの 5% だけあるということです．つまり，起こりうるすべての標本の 95% では，β_1 の真の値は棄却されないだろうということです．95% 信頼区間（第 1 の定義）は，5% 水準で棄却されない β_1 のすべての値の集合なので，β_1 の真の値は，その信頼区間の中に起こりうるすべてのサンプルの 95% で含まれていることになります．

　平均に関する信頼区間の場合と同じく（3.3 節），β_1 に関する 95% 信頼区間は，原則として考えられるすべての β_1 の値について（取りうるすべての $\beta_{1,0}$ の値について帰無仮説 $\beta_1 = \beta_{1,0}$ を設定して）t 統計量を計算し，5% 有意水準で仮説検定することで求められます．ここで 95% 信頼区間とは，棄却されなかった β_1 の値をすべて集めたものに当たります．しかし，すべての β_1 について t 統計量を調べることは，永遠に時間がかかるでしょう．

　より簡便な作成方法は，t 統計量が設定された値 $\beta_{1,0}$ を棄却するのは，$\beta_{1,0}$ が $\hat{\beta}_1 \pm 1.96SE(\hat{\beta}_1)$ よりも外側に位置する，という点に注目して求められます．すなわち，β_1 に関する 95% 信頼区間は，$[\hat{\beta}_1 - 1.96SE(\hat{\beta}_1),\ \hat{\beta}_1 + 1.96SE(\hat{\beta}_1)]$ となります．これは母集団の平均の信頼区間の求め方と同様のものです．

　β_1 に対する信頼区間の求め方は，基本概念 5.3 にまとめられています．

β_0 の信頼区間　β_0 に対する信頼区間は，基本概念 5.3 における $\hat{\beta}_1$，$SE(\hat{\beta}_1)$ を $\hat{\beta}_0$，

$SE(\hat{\beta}_0)$ に置き換えることで求められます．

テスト成績への応用　テスト成績を生徒・教師比率で説明する OLS 回帰は，(5.8) 式で報告されているように，$\hat{\beta}_1 = -2.28$, $SE(\hat{\beta}_1) = 0.52$ です．β_1 に対する 95％ で両側の信頼区間は，$\{-2.28 \pm 1.96 \times 0.52\}$，すなわち $-3.30 \leq \beta_1 \leq -1.26$ です．$\beta_1 = 0$ の値は，この信頼区間に含まれていないので，(5.1 節ですでに議論したように) $\beta_1 = 0$ という仮説は 5％ 有意水準で棄却されます．

X 変化の影響に関する信頼区間　β_1 に関する 95％ 信頼区間は，X 変化の影響についての信頼区間を作成する際に使うことができます．

いま X がある与えられた量 Δx だけ変化する場合を考えます．X が変化することで予想される Y の変化は $\beta_1 \Delta x$ です．β_1 に関する 95％ 信頼区間の片側は，$\hat{\beta}_1 - 1.96 SE(\hat{\beta}_1)$ なので，Δx だけ変化したことで予想される影響は，$[\hat{\beta}_1 - 1.96 SE(\hat{\beta}_1)] \times \Delta x$．信頼区間のもう片側は，$\hat{\beta}_1 + 1.96 SE(\hat{\beta}_1)$，したがって予想される影響は $[\hat{\beta}_1 + 1.96 SE(\hat{\beta}_1)] \times \Delta x$．したがって，$X$ が Δx だけ変化したときの効果に関する 95％ 信頼区間は，

$$\beta_1 \Delta x \text{ に関する 95\% 信頼区間} = [(\hat{\beta}_1 - 1.96 SE(\hat{\beta}_1))\Delta x, \ (\hat{\beta}_1 + 1.96 SE(\hat{\beta}_1))\Delta x] \tag{5.13}$$

となります．

テスト成績の例で考えると，教育委員長は生徒・教師比率を 2 だけ低下させることを検討しています．β_1 に関する 95％ 信頼区間は $(-3.30, -1.26)$ なので，生徒・教師比率を 2 だけ低下させることの影響は，最大で $-3.30 \times (-2) = 6.60$，最小で $-1.26 \times (-2) = 2.52$ です．したがって，生徒・教師比率を 2 だけ減少させると，テスト成績は 2.52 から 6.60 ポイント上昇することが 95％ 信頼区間から予想されます．

5.3　X が $(0,1)$ 変数のときの回帰分析

ここまでの議論では，説明変数が連続変数である場合を取り扱ってきました．しかし回帰分析は，説明変数が 0 か 1 かの 2 つの値しか取らない $(0,1)$ 変数（**binary variable**）の場合にも応用されます．たとえば X は，勤労者の性別（女性なら 1，男性なら 0），学区が都心か郊外か（都心なら 1，郊外なら 0），その学区の 1 学級の規模が小さいか大きいか（小さければ 1，大きければ 0）といった具合です．$(0,1)$ 変数は，インディケーター変数（**indicator variable**）あるいはダミー変数（**dummy variable**）とも呼ばれます．

回帰係数の解釈

$(0,1)$ 説明変数を含む回帰分析のメカニズムは，連続変数の場合と同じものです．しか

し，β_1 の解釈は異なります．そして結果的に，(0,1) 変数に関する回帰分析は，3.4 節で説明した平均の差に関する分析と同じものであることがわかります．

それを理解するため，D_i という (0,1) 変数があり，生徒・教師比率が 20 より低いかどうかで 0 か 1 を取る変数を考えましょう．すなわち

$$D_i = \begin{cases} 1 & (\text{第 } i \text{ 学区の生徒・教師比率} < 20 \text{ の場合}) \\ 0 & (\text{第 } i \text{ 学区の生徒・教師比率} \geq 20 \text{ の場合}) \end{cases} \quad (5.14)$$

です．この D_i を説明変数とする母集団の回帰線は，

$$Y_i = \beta_0 + \beta_1 D_i + u_i, \quad i = 1, \ldots, n \quad (5.15)$$

と表されます．これは連続した説明変数 X_i の場合と同じ式で，説明変数を (0,1) 変数 D_i に変えただけです．D_i は連続変数ではないので，β_1 を回帰線の傾きと解釈することはできません．実際，D_i は 2 つの値しか取らないので，そこに「直線」はなく，傾きを議論することは意味がありません．したがって (5.15) 式の β_1 を傾きとは呼びません．その代わり β_1 は，D_i にかかる係数（coefficient multiplying D_i），あるいはより簡単に D_i の係数（coefficient on D_i）と呼ばれます．

もし (5.15) 式の β_1 が傾きでなければ，それは何でしょうか．β_0 と β_1 を解釈する最も良い方法は，$D_i = 0$ と $D_i = 1$ という 2 つのケースについて，1 つずつ考えるということです．もし生徒・教師比率が高ければ $D_i = 0$ となり，(5.15) 式は，

$$Y_i = \beta_0 + u_i \ (D_i = 0) \quad (5.16)$$

と表されます．$E(u_i \mid D_i) = 0$ なので，$D_i = 0$ のときの Y_i の条件付期待値は，$E(Y_i \mid D_i = 0) = \beta_0$，つまり生徒・教師比率が高い場合の母集団におけるテスト成績の平均値は β_0 です．同様に，$D_i = 1$ のときは，

$$Y_i = \beta_0 + \beta_1 + u_i \ (D_i = 1). \quad (5.17)$$

このように，$D_i = 1$ のときには，$E(Y_i \mid D_i = 1) = \beta_1 + \beta_0$ となります．すなわち，生徒・教師比率が低い場合の母集団におけるテスト成績の平均値は $\beta_0 + \beta_1$ となります．

$\beta_0 + \beta_1$ が $D_i = 1$ の場合の Y_i の母集団平均，β_0 が $D_i = 0$ の場合の Y_i の母集団平均となるので，両者の差 $(\beta_0 + \beta_1) - \beta_0 = \beta_1$ が，2 つの平均の差になります．言い換えると，β_1 は，$D_i = 1$ と $D_i = 0$ で比べた Y_i の条件付期待値の差，もしくは $\beta_1 = E(Y_i \mid D_i = 1) - E(Y_i \mid D_i = 0)$ に当たります．テスト成績の例では，β_1 は，生徒・教師比率が低い学区の平均テスト成績と生徒・教師比率が高い学区の平均テスト成績の差に当たります．

このように，β_1 は母集団における平均の差なので，OLS 推定量 $\hat{\beta}_1$ は，2 つのグループにおける Y_i の標本平均の差とみなすのは自然であり，実際にもそうなるのです．

仮説検定と信頼区間　もし2つの母集団の平均が同じであれば，(5.15) 式の β_1 はゼロです．したがって，2つの母集団平均が等しいという帰無仮説を，両者は異なるという対立仮説に対してテストすることは，$\beta_1 = 0$ という帰無仮説を $\beta_1 \neq 0$ という対立仮説に対してテストすることと同じになります．したがって，この仮説のテストには，5.1節で紹介した方法を応用することができます．具体的に言えば，OLS に基づく t 統計量 $t = \hat{\beta}_1 / SE(\hat{\beta}_1)$ が 1.96 を絶対値で上回れば，5% 水準で帰無仮説は棄却されることになります．同様に，β_1 に関する 95% 信頼区間は，5.2節で議論されたように，$\hat{\beta}_1 \pm 1.96 SE(\hat{\beta}_1)$ と表されますが，それはまた，2つの母集団の平均の差に関する 95% 信頼区間にも相当します．

テスト成績への応用　例として，テスト成績を生徒・教師比率の (0,1) 変数 D（定義は (5.14) 式）で回帰する場合を考えましょう．標本は，図 4.2 で示された 420 の観測値データです．OLS 回帰の結果，

$$\overline{TestScore} = 650.0 + 7.4D, \quad R^2 = 0.037, \quad SER = 18.7. \qquad (5.18)$$
$$\phantom{\overline{TestScore} = } (1.3) \ (1.8)$$

ここで係数 β_0，β_1 の OLS 推計値の標準誤差は，推計値下のカッコ内に記されています．この結果から，生徒・教師比率が 20 以上の標本（$D = 0$ に対応）の平均的なテスト成績は 650，生徒・教師比率が 20 未満の標本（$D = 1$）の平均成績は，$650 + 7.4 = 657.4$ となります．したがって，2つのグループの平均成績の差は 7.4 です．これが β_1 に関する OLS 推計値，すなわち生徒・教師比率に関する (0,1) 変数の係数に相当します．

この2つのグループにおける平均成績の差は，5% 水準で統計的に有意なのでしょうか．この問いに答えるために，β_1 に関する t 統計量を求めましょう．すなわち $t = 7.4/1.8 = 4.04$ です．これは絶対値で 1.96 を上回ります．したがって，生徒・教師比率が高い学区と低い学区で平均テスト成績が同じという仮説は，5% 有意水準で棄却されることがわかります．

OLS 推計量と標準誤差は，真の平均の差に関する 95% 信頼区間を作成するために使われます．それは $7.4 \pm 1.96 \times 1.8 = (3.9, 10.9)$ です．この信頼区間は $\beta_1 = 0$ を含んでいないので，（1つ前のパラグラフで示した結果と同じですが）仮説 $\beta_1 = 0$ は 5% 有意水準で棄却されます．

5.4 不均一分散と均一分散

X_i が与えられた下，u_i の条件付分布に関して唯一想定しているのは，その分布の平均はゼロという仮定です（最小二乗法の第1の仮定）．もしさらに，この条件付分布の分散が X_i に依存せず一定の場合，誤差項は均一分散と呼ばれます．本節では，この均一分散の定義，その理論的な意味付け，均一分散の下で導出される OLS 推定量の標準誤差（よ

図 5.2 不均一分散の例

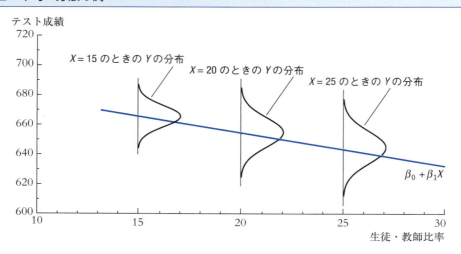

図 4.4 と同じく，この図は，3 つの異なるクラス規模の下でのテスト成績の条件付分布を表す．図 4.4 と異なるのは，クラス規模が大きくなるほど，分布の散らばりが広がる（つまり分散がより大きくなる）という点である．ここでは X の下での u の条件付分布の分散，$\mathrm{var}(u/X)$ が X に依存するので，u は不均一分散となる．

り単純な公式），そして実際の応用の際にその単純な標準誤差を用いる際の問題について議論します．

不均一分散，均一分散とは何か？

不均一分散と均一分散の定義 誤差項 u_i が均一分散（**homoscedastic**）とは，X_i の下での u_i の条件付分布の分散が $i = 1, \ldots, n$ について一定で，特に X_i に依存しない場合，と定義されます．それ以外の場合，誤差項は不均一分散（**heteroscedastic**）となります．

例示のため，図 4.4 に戻りましょう．そこでは誤差項 u_i の分布が，さまざまな x の値について示されています．それぞれの x の値に対して固有の分布が描かれているので，これは $X_i = x$ の下での u_i の条件付分布です．図から明らかなように，それらすべての条件付分布は同じ散らばりを持っています．より正確に言えば，これらの分布の分散は，すべての x の値について同じです．つまり図 4.4 では，$X_i = x$ の下での条件付分散は x の値に依存しません．したがって，図 4.4 で示されている誤差項は，均一分散なのです．

これに対して図 5.2 は，u_i の条件付分布の散らばりが，x が増大するにつれ，より大きくなる場合を示しています．x が小さな値のとき，分布は中心に集まったタイトなものです．しかしより大きな x については，分布の散らばりがより大きくなります．このように図 5.2 は，$X_i = x$ の下での u_i の分散は x につれ増大しており，したがって誤差項は不均一分散なのです．

基本概念 5.4　不均一分散と均一分散

誤差項 u_i が均一分散であるのは，X_i が与えられた下で u_i の条件付分散 $\text{var}(u_i|X_i = x)$ が一定の場合，そして特にその分散が x に依存しない場合である．それ以外の場合には，誤差項は不均一分散となる．

不均一分散と均一分散の定義は基本概念5.4に要約されます．

具体例　「均一分散」「不均一分散」という用語は発音しにくくて，定義も抽象的かもしれません．そこで具体例を使ってより明確に理解しましょう．ここでは，テスト成績の例から離れて，3.5節で使った大卒の男性対女性の賃金の例に戻りましょう．$MALE_i$ を大卒の男性なら1，大卒の女性なら0を取る (0,1) 変数とします．この (0,1) 変数を使って，性別と賃金の関係について回帰モデルを表すと，

$$Earnings_i = \beta_0 + \beta_1 MALE_i + u_i \tag{5.19}$$

となります（$i = 1,\ldots,n$）．説明変数は (0,1) 変数なので，β_1 は2つの母集団の平均の差を表します．この例だと，大卒者の平均賃金の男女差になります．

均一分散の定義は，u_i の分散が説明変数に依存しないというものでした．ここで説明変数は $MALE_i$ なので，誤差項の分散が $MALE_i$ に依存するかが問題となります．それはまた，誤差項の分散が男性と女性で等しいかと言い換えることができます．もし両者が等しければ均一分散で，そうでなければ不均一分散となります．

u_i の分散が $MALE_i$ に依存するかどうか判断するには，この誤差項が実際何なのかをよく考える必要があります．そこで (5.19) 式を2つの式に分けて，男女それぞれについて表記してみましょう：

$$Earnings_i = \beta_0 + u_i \quad (女性) \tag{5.20}$$

$$Earnings_i = \beta_0 + \beta_1 + u_i \quad (男性). \tag{5.21}$$

したがって，女性について，u_i は第 i 番目の女性の賃金が，母集団での女性の平均賃金（β_0）とどれだけ異なるかの差を表し，男性については，u_i は第 i 番目の男性の賃金が，母集団での男性の平均賃金（$\beta_0 + \beta_1$）とどれだけ異なるかの差を表します．このことから，「u_i の分散が $MALE_i$ に依存しない」ということは，「賃金の分散が男性と女性で等しい」ということと同じであることがわかります．言い換えると，この例では，賃金に関する母集団の分布の分散が男女で等しければ誤差項は均一分散，等しくなければ誤差項は不均一分散となります．

均一分散の数学的意味付け

OLS 推定量は不偏性を持ち漸近的に正規分布に従う　基本概念 4.3 で述べた最小二乗法の仮定では、条件付分散については何も想定されていませんでした。したがって、それらは一般ケースである不均一分散、そして特殊ケースである均一分散ともに適用されます。その結果、OLS 推定量は、たとえ特殊な均一分散のケースでも、不偏性と一致性を持ちます。また OLS 推定量の標本分布は、たとえ均一分散のケースでも、やはり大標本の下で正規分布に従います。誤差項が均一分散、不均一分散にかかわらず、OLS 推定量は不偏かつ一致性を持ち、そして漸近的に正規分布に従うのです。

誤差項が均一分散の場合の OLS 推定量の効率性　基本概念 4.3 の最小二乗法の仮定と、それに加えて誤差項が均一分散である場合、OLS 推定量 $\hat{\beta}_0, \hat{\beta}_1$ は、$X_1, \ldots, X_n$ の条件の下、$Y_1, \ldots, Y_n$ に関するすべての線形で不偏な推定量のなかで、もっとも効率的となります。この結果は、ガウス・マルコフの定理として知られており、5.5 節で議論されます。

均一分散のみに有効な分散の公式　もし誤差項が均一分散であれば、基本概念 4.4 で示した $\hat{\beta}_0, \hat{\beta}_1$ の分散の式はより単純な形になります。その結果、均一分散の場合、$\hat{\beta}_0, \hat{\beta}_1$ の標準誤差に関して特別な公式が得られます。$\hat{\beta}_1$ の均一分散のみに有効な標準誤差 (**homoskedasticity-only standard error**) は、付論 5.1 で導出されるように、$SE(\hat{\beta}_1) = \sqrt{\widetilde{\sigma}^2_{\hat{\beta}_1}}$ と表現されます。ここで $\widetilde{\sigma}^2_{\hat{\beta}_1}$ は、均一分散の下での $\hat{\beta}_1$ の分散の推定量で、

$$\widetilde{\sigma}^2_{\hat{\beta}_1} = \frac{s^2_{\hat{u}}}{\sum_{i=1}^n (X_i - \overline{X})^2} \quad \text{(均一分散のみに有効)}, \tag{5.22}$$

$s^2_{\hat{u}}$ は (4.19) 式に表されています。$\hat{\beta}_0$ に関する均一分散のみに有効な標準誤差は付論 5.1 に与えられます。さらに、X が $(0,1)$ 変数という特殊ケースの場合には、均一分散の下での $\hat{\beta}_1$ の分散の推定量（すなわち、均一分散の下での $\hat{\beta}_1$ の標準誤差の二乗）は、平均の差に関するプールされた分散の式となり、(3.23) 式に与えられています。

これらの公式は、均一分散という特別な場合にだけ成立するもので、不均一分散の場合には適用できません。したがって「均一分散のみに有効な標準誤差あるいは分散」の公式と呼ばれます。その名が示すとおり、誤差項が不均一分散のときに、均一分散の場合の標準誤差を用いることは適切ではありません。具体的に言うと、もし誤差項が不均一分散の場合、均一分散の標準誤差を使って計算された t 統計量は、たとえ大標本であっても、標準正規分布に従いません。実際、均一分散のみに有効な t 統計量を使った場合の正確な臨界値は、不均一分散の正確な形状に依存するのです。同様に、不均一分散の場合で、しかし信頼区間を「±1.96× 均一分散のみに有効な標準誤差」という形で作成すると、この区間に係数の真の値が含まれる確率は、たとえ大標本であっても 95% とはなりません。

これに対して，均一分散は不均一分散の特別ケースであることから，$\hat{\beta}_1$, $\hat{\beta}_0$ の分散の推定量である $\hat{\sigma}^2_{\hat{\beta}_1}$, $\hat{\sigma}^2_{\hat{\beta}_0}$ の表現——(5.4) 式と (5.26) 式——は，均一分散，不均一分散にかかわらず有効であり，統計的推論に使うことができます．したがって，これらの標準誤差に基づく仮説検定や信頼区間は，不均一分散かどうかに関係なく，正しいものです．本書でこれまで使ってきた標準誤差（(5.4) 式や (5.26) 式に基づく標準誤差）は，誤差項が不均一分散かどうかにかかわらず有効な統計的推論を実現することから，**不均一分散を考慮した標準誤差（heteroscedasticity-robust standard error）**と呼ばれます．この公式は，Eicker（1967），Huber（1967），White（1980）によって提唱されたもので，そのことから，Eicker-Huber-White の標準誤差とも呼ばれます．

実際にはどんな意味があるのか？

不均一分散と均一分散，どちらがより現実的か？

この質問に対する回答は，実際の応用例によって変わるでしょう．ここでは問題をより明確に理解するために，大卒者賃金の男女格差の例に戻って検討しましょう．不均一分散と均一分散，どちらの想定がより妥当かは，実際に賃金はどう支払われているかを調べることで，その手がかりが得られます．過去長い年月にわたり——そして今日でもある程度はそうですが——，トップクラスの高給の仕事に就いている女性を見かけることはまずありませんでした．低賃金の仕事に就く男性はいつの時代にもいましたが，高給を稼ぐ女性はごくまれにしかいませんでした．このことは，女性の賃金収入の分布は，男性に比べて，よりタイトであることを示唆しています（第 3 章のボックス「米国の大卒者賃金に関する男女格差」を参照してください）．換言すると，女性に関する (5.20) 式の誤差項の分散の方が，男性に関する (5.21) 式の誤差項の分散よりもおそらく小さいと言えます．女性の仕事や給与に「目に見えない天井（glass ceiling）」が存在するという事実は，(5.19) 式の (0,1) 変数の回帰において誤差項は不均一分散であることを示唆しています．これに反対する説得的な理由がないかぎり——私たちはそのような理由は思いつかないのですが——，この例では誤差項を不均一分散とみなすことが妥当であると考えられます．

この賃金モデルの例が示すように，不均一分散は多くの計量経済学の実証で登場します．一般的なレベルで言えば，経済理論から誤差項が均一分散であると信じられるような理由が示されることはほとんどありません．したがって，よほど説得的な理由でもない限り，誤差項は不均一分散に従うと想定するほうが無難でしょう．

実際上の意味合い

以上議論してきたように，実際上の重要な問題は，不均一分散を考慮した標準誤差を使うか，それとも均一分散のみに有効な標準誤差を使うか，という点です．この観点から言えば，両方を計算して，その後でどちらかを選ぶという方法も考えられます．もし両方の標準誤差が同じであれば，不均一分散を考慮した標準誤差を使うこと

BOX：教育年数の経済的価値：均一分散それとも不均一分散？

より多くの教育を受けた人は，平均すると，より多くの収入を得ます．しかし，高い賃金を払う職種には大卒者が就くことが多いので，高学歴の人の方が賃金収入の分布の散らばりは大きいかもしれません．賃金の分布の散らばりは，学歴とともに大きくなるでしょうか．

これはきわめて実証的な問題なので，その回答にはデータの分析が必要です．図5.3は時間当たり賃金と教育年数の散布図を表しています．これは2004年米国における29-30歳のフルタイム就業者2950名に関するデータで，教育年数は6年から18年です．データ出所は，2005年3月の現代人口調査で，詳細は付論3.1に説明されています．

図5.3には2つの際立った特徴があります．1つ目は，賃金収入の分布の平均が教育年数とともに増加している点です．この特徴はOLS回帰線に要約されます．すなわち，

$$\overline{Earnings} = -3.13 + 1.47\, Years\, Education \atop (0.93)\quad (0.07) \qquad (5.23)$$

$$R^2 = 0.130,\ SER = 8.77.$$

この線は図5.3に示されています．OLS回帰線の1.47という傾きの係数の値は，教育年数が1年増えるごとに時間当たり賃金が平均して1.47ドル増えることを意味します．この係数に関する95％信頼区間は$1.47 \pm 1.96 \times 0.07$，つまり1.33から1.61です．

図5.3の2つ目の特徴は，賃金収入の分布の散らばりが教育年数とともに拡大している点です．教育年数が多い人の低賃金は観測されますが，教育年数が少ない人の高賃金はほとんど見られません．このことはOLS回帰線の周りの残差項の散らばりを見ればより明確にわかります．教育期間10年の勤労者について残差項の標準偏差は5.46ドル，高卒の学歴を持つ勤労者ではその標準偏差は7.43ドル，そして大卒の学歴を持つ勤労者について標準偏差を求めると10.78ドルに増えます．これらの標準偏差は教育レベルによって異なるので，(5.23)式の回帰誤差の分散は説明変数（教育年数）に依存します．言い換えると，回帰式の誤差項は不均一分散となります．現実の世界で言えば，大卒者がすべて29歳までに時間当たり賃金50ドルを稼ぐというわけではありませんが，なかにはそのような高給を稼ぐ人もいます．一方，10年間の教育水準しか受けていない人ではそのような高給の職に就いた者はいません．

図5.3　時間当たり賃金と教育年数：2004年米国における29-30歳の就業者

29-30歳のフルタイム就業者2950名に関する時間当たり賃金と教育年数との関係が散布図で表されている．回帰線を中心とした散らばりは，教育年数が増えるにつれ拡大しており，回帰式の誤差は不均一分散であることを示唆している．

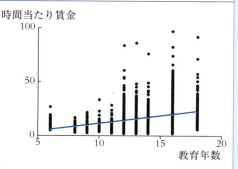

で失われるものは何もありません．もし両者が異なるのであれば，不均一分散の可能性を容認する，より信頼性の高い標準誤差を使うべきでしょう．したがって結局，単純に常に不均一分散に有効な標準誤差を使えばよいということになります．

多くのソフトウェアでは，これまでの経緯から，均一分散のみに有効な標準誤差の方がプログラムの初期設定として組み込まれています．不均一分散を考慮した標準誤差は，利用者がオプションとして設定しなければなりません．その設定の仕方の詳細は，ソフトウェアごとに異なります．

本書で取り扱う実証例では，特に断りがない限り，すべて不均一分散を考慮した標準誤差を用います[1]．

*5.5 最小二乗法の理論的基礎

4.5 節で議論したように，OLS 推定量は不偏であり，一致性を持ち，分散は n と反比例する形となります．そして標本数が大きいとき，標本分布は正規分布に従います．それに加えて，ある条件の下では，OLS 推定量は他の候補となる推定量と比べてより効率的です．具体的には，もし最小二乗法の仮定が満たされ，誤差項が均一分散であれば，OLS 推定量は，$Y_1, \ldots, Y_n$ に関して線形で条件付不偏であるすべての推定量の中で，分散が最小となります．本節ではこの結果について説明し，それをもたらすガウス・マルコフ定理について解説します．そして本節の最後では，ガウス・マルコフ定理の条件が満たされないときに，OLS より効率的となる他の推定量について議論します．

線形の条件付不偏推定量とガウス・マルコフ定理

もし最小二乗法の3つの仮定（基本概念4.3）が成立し，そして誤差項が均一分散であれば，OLS 推定量は，$X_1, \ldots, X_n$ が与えられた下，線形で条件付不偏であるすべての推定量の中で分散が最小となります．言い換えると，OLS 推定量は，最良な線形の条件付不偏推定量（Best Linear conditionally Unbiased Estimator），つまり **BLUE** となります．この結果は，基本概念 3.3 で示された標本平均の効率性に関する結果を回帰分析に拡張したもので，標本平均 $\bar{Y}$ が母集団平均に対する不偏でかつ $Y_1, \ldots, Y_n$ の線形関数（加重平均）で表されるすべての推定量の中で最も効率的（分散最小），という結果の拡張となります．

線形の条件付不偏推定量　　β_1 に対する線形の条件付不偏推定量のグループとは，Y_1,

---
[1] 本書を他のテキストと併用して使う場合，教科書によっては，均一分散が最小二乗法の仮定のリストに追加されることがあるという点に注意してください．しかし，本文で先に議論したとおり，不均一分散を考慮した標準誤差を使う限り，その追加想定は OLS 回帰分析に必要ではありません．

*本節はオプションであり，その内容は後の章で使われることはありません．

基本概念	ガウス・マルコフ定理
5.5	いま基本概念 4.3 の 3 つの最小二乗法の仮定が満たされ，かつ誤差項が均一分散であるとする．このとき OLS 推定量 $\hat{\beta}_1$ は，最良（**Best**，つまり最も効率的）であり，線形で（**Linear**），条件付不偏の（conditionally **Unbiased**）推定量（**Estimator**），つまり **BLUE** となる．

..., Y_n の線形関数でかつ $X_1, ..., X_n$ の下で不偏であるすべての推定量で構成されています．$Y_1, ..., Y_n$ について線形の推定量とは，$Y_1, ..., Y_n$ の加重平均で表されます．すなわち，もし $\widetilde{\beta}_1$ が線形の推定量であれば，次のように書けます：

$$\widetilde{\beta}_1 = \sum_{i=1}^{n} a_i Y_i \quad (\widetilde{\beta}_1 \text{ は線形}). \tag{5.24}$$

ここでウエイト $a_1, ..., a_n$ は，$X_1, ..., X_n$ に依存しうるもので，しかし $Y_1, ..., Y_n$ には依存しないものです．推定量 $\widetilde{\beta}_1$ は，もしその条件付標本分布の平均が $X_1, ..., X_n$ の下で β_1 に等しければ，条件付不偏の推定量です．すなわち推定量 $\widetilde{\beta}_1$ は，次式が満たされるとき，条件付不偏となります：

$$E(\widetilde{\beta}_1 \mid X_1, ..., X_n) = \beta_1 \quad (\widetilde{\beta}_1 \text{ は条件付不偏}). \tag{5.25}$$

そして，$\widetilde{\beta}_1$ が線形で条件付不偏の推定量であるのは，推定量が (5.24) 式の形で表現され（線形），かつ (5.25) 式が成立するときです（条件付不偏）．付論 5.2 では OLS が線形で条件付不偏の推定量となることが示されます．

ガウス・マルコフ定理　　ガウス・マルコフ定理（**Gauss-Markov theorem**）とは，ガウス・マルコフ条件として知られるある条件の下，OLS 推定量 $\hat{\beta}_1$ が，$X_1, ..., X_n$ の下で，線形で条件付不偏のすべての推定量の中で最小の条件付分散を持つ，換言すれば，OLS 推定量は BLUE であるという定理です．ガウス・マルコフ条件は，最小二乗法の 3 つの仮定と誤差項が均一分散であるという想定から導かれるもので，付論 5.2 で説明されます．以上から，もし 3 つの最小二乗法の仮定が成立し，かつ誤差項が均一分散であれば，OLS は BLUE となります．このガウス・マルコフ定理は，基本概念 5.5 に要約され，付論 5.2 で証明されます．

ガウス・マルコフ定理の限界　　ガウス・マルコフ定理は，OLS 推定を用いることが理論的に正当であることを示すものです．しかしながら，この定理には 2 つの重要な限界

があります．第 1 に，その条件は実際には満たされないかもしれないという点です．特に，もし誤差項が不均一分散であれば——それは経済学の応用ではしばしば起こりえますが——，OLS 推定量は BLUE ではなくなります．5.4 節で議論したように，たとえ不均一分散であっても，不均一分散を考慮した標準誤差に基づく推論には影響を及ぼしませんが，しかしそのとき OLS は効率的な線形不偏推定量ではないのです．不均一分散の形状が既知の場合には，OLS に代わる手法として，後述するウエイト付き最小二乗法と呼ばれる手法があります．

　ガウス・マルコフ定理の 2 つ目の限界は，定理に必要な条件が満たされるとしても，線形でない条件付不偏推定量の候補が考えられる点です．ある条件の下で，それらは OLS より効率的なのです．

OLS 以外の回帰推定量

　ある条件の下では，OLS よりも効率的な推定量がいくつか存在します．

ウエイト付き最小二乗法　　もし誤差項が不均一分散なら，OLS は BLUE ではありません．もし不均一分散の性質がわかっていれば——具体的には，もし X_i の下，u_i の条件付分散が一定の比例係数の形になっていれば——，OLS よりも小さな分散を持つ推定量を求めることができます．この手法は，ウエイト付き最小二乗法（**weighted least squares, WLS**）と呼ばれ，第 i 観測値を，X_i の下，u_i の条件付分散の平方根の逆数でウエイト付けして求められます．このウエイトにより，ウエイト付け後の誤差項は均一分散となり，したがってウエイト付けされたデータに OLS を応用すると BLUE になります．理論的には美しいのですが，ウエイト付き最小二乗法の実際上の問題は，u_i の条件付分散が X_i にどう依存するか事前に知らなければならない点です．実際それを知るのは難しいでしょう．

最小絶対乖離推定量　　4.3 節で議論したように，OLS 推定量は異常値に大きく左右されます．極端な異常値が珍しくない場合には，OLS 以外の推定量がより効率的となり，より信頼できる統計的推論を行うことができます．そのような推定量の 1 つが，最小絶対乖離（least absolute deviations, LAD）推定量と呼ばれるもので，そこで回帰係数 β_0, β_1 は，(4.6) 式のような最小化によって求められるのですが，その際，予測誤差の二乗ではなく「絶対値」が使われる点が異なります．すなわち，β_0, β_1 の最小絶対乖離推定量は，$\sum_{i=1}^{n} |Y_i - b_0 - b_1 X_i|$ を最小にする b_0, b_1 の値となります．実際この推定量は，OLS に比べて，u の大きな異常値にあまり敏感に反応しません．

　多くの経済データにとって，u に極端な異常値が起こることはまれであり，LAD 推定量や他の異常値の影響を受けにくい推定量を使うことは一般には見られません．したがっ

*5.6 標本数が小さい場合の t 統計量

標本数が小さいとき，t 統計量の正確な分布は複雑となり，それは母集団データの未知の分布に依存します．しかし，もし 3 つの最小二乗法の仮定が満たされ，回帰誤差は均一分散で，かつ回帰誤差が正規分布に従う場合には，OLS 推定量は正規分布に従い，均一分散の t 統計量はステューデント t 分布に従います．これら 5 つの仮定——3 つの最小二乗法の仮定，誤差項が均一分散，誤差項が正規分布——は全体で，均一分散・正規分布回帰の仮定（**homoscedastic normal regression assumptions**）と呼ばれます．

t 統計量とステューデント t 分布

2.4 節の議論を思い起こすと，自由度 m のステューデント t 分布は，$Z/\sqrt{W/m}$ で定義されます．そこで，Z は標準正規分布に従う確率変数，W は自由度 m のカイ二乗分布に従う確率変数，そして Z と W は独立です．帰無仮説の下，均一分散のみに有効な標準誤差を使って計算される t 統計量は，この式で表現されます．

$\beta_1 = \beta_{1,0}$ をテストする均一分散のみに有効な t 統計量は，$\widetilde{t} = (\hat{\beta}_1 - \beta_{1,0})/\widetilde{\sigma}_{\hat{\beta}_1}$，ここで $\widetilde{\sigma}_{\hat{\beta}_1}^2$ は (5.22) 式で定義されています．均一分散・正規分布回帰の仮定の下で，Y は $X_1, \ldots, X_n$ の条件の下で正規分布に従います．5.5 節で OLS 推定量は $Y_1, \ldots, Y_n$ の加重平均で表され，そのウエイトは $X_1, \ldots, X_n$ に依存します（付論 5.2 の (5.32) 式を参照）．独立した正規確率変数の加重平均は正規分布に従うので，$\hat{\beta}_1$ は $X_1, \ldots, X_n$ が与えられた下，正規分布に従います．このように $(\hat{\beta}_1 - \beta_{1,0})$ は帰無仮説の下，$X_1, \ldots, X_n$ の条件の下で正規分布に従います．それに加えて，（標準化された）均一分散の分散推定量は，$n-2$ で割られて，自由度 $n-2$ のカイ二乗分布に従います．$\widetilde{\sigma}_{\hat{\beta}_1}^2$ と $\hat{\beta}_1$ は独立に分布しています．その結果，均一分散の t 統計量は自由度 $n-2$ のステューデント t 分布に従います．

この結果は，3.6 節で議論した 2 つの標本の平均が同一かどうかをテストする際の結果と関係があります．その問題では，もし 2 つの母集団分布が分散が同じ正規分布で，そして t 統計量がプールされた標準誤差の公式を使って計算されると（(3.23) 式），そのとき（プールされた）t 統計量はステューデント t 分布に従います．X が $(0,1)$ 変数のとき，$\hat{\beta}_1$ に対する均一分散のみに有効な t 統計量は，平均の違いに関するプールされた標準誤差に書き換えることができます．3.6 節の結果は，ここで議論した結果，すなわち均一分散・正規分布回帰の仮定が満たされているなら均一分散のみに有効な t 統計量はステューデント t 分布に従うという結果の特殊ケースとなるのです（練習問題 5.10 を参照）．

---

*本節はオプションであり，その内容は後の章で使われることはありません．

ステューデント t 分布の実際の利用

もし回帰式の誤差が均一分散で正規分布に従い，そして均一分散のみに有効な t 統計量が使われるとき，臨界値は正規分布ではなくステューデント t 分布から取られるべきです（巻末の付表2）．もっともステューデント t 分布と正規分布の違いは，標本数がある程度もしくは大きい場合には無視できるほど小さいので，その区別は標本数が小さいときにのみ重要です．

計量経済学の応用では，誤差項が均一分散で正規分布であると信じられる理由はほとんどありません．しかし，標本数は一般には大きいので，統計的推論は 5.1 節や 5.2 節で述べたように進めることができます．すなわち，はじめに不均一分散を考慮した標準誤差を計算し，次に標準正規分布を求めて p 値，仮説検定，信頼区間を計算します．

5.7 結論

第 4 章のはじめに例示した問題に戻りましょう．教育委員長は，追加で教師を雇って生徒・教師比率を下げるかどうか検討していました．教育委員長にとって，どんなことが有益だったと考えられるでしょうか．

本書での回帰分析は，1998 年カリフォルニア州のテスト成績に関する 420 の観測値を使って，生徒・教師比率とテスト成績の間に負の関係があることを示しました．クラス規模が小さい学区ほどテスト成績が良かったのです．その回帰係数は，実際的な意味でも，ある程度大きいものでした．教師 1 人当たり生徒数が 2 人少ない学区は，平均的にテスト成績は 4.6 ポイント高いという結果が示唆されました．この変化の大きさをテスト成績の分布で考えれば，それは分布の 50 パーセント（中央値）から 60 パーセントの位置へ移ることに相当します．

生徒・教師比率に掛かる係数は，5% 有意水準で統計的に有意にゼロから離れた値です．その係数の値は，ランダムな標本抽出が原因でマイナスと推計されただけで，母集団における真の係数はもしかするとゼロかもしれません．しかし，ランダム・サンプリングによるばらつきが原因でそうなったという確率は（そして β_1 に関する t 統計量がここで得られたものと同じ大きさとなる確率は）きわめて小さく，おおよそ 0.001% でした．β_1 に対する 95% 信頼区間は，$-3.30 \leq \beta_1 \leq -1.26$ です．

このように，教育委員長の質問に回答するという方向で，かなり前進できたのではと考えます．しかし，懸念すべき問題が残っているのも事実です．ここでは生徒・教師比率とテスト成績の間に負の関係があると推定しましたが，その関係は，教育委員長の判断にとって必要な因果関係を本当に意味するのでしょうか？ 推定結果から，生徒・教師比率が低い学区では，平均するとテスト成績がより高いということがわかりました．しかしこれで，生徒・教師比率を下げれば実際にテスト成績が上がるということを意味するのでしょ

うか？

実際，そうではないかもしれないと懸念する理由があります．より多くの教師を雇うには，より多額の費用が掛かります．したがってより裕福な学区ほど，より少人数のクラスによる教育を賄うことができます．しかし裕福な学区では，相対的に貧しい地区に比べて，クラス規模以外にも他の側面で——たとえばより整った施設，より新しい書物，より高給の教師といった面で——有利である可能性があります．さらに，より裕福な学区の生徒は，経済的により豊かな家庭に育っている可能性があり，学校教育とは直接関係のない理由から，成績が優れているかもしれません．たとえばカリフォルニア州には，大きな移民コミュニティがあります．移民の人たちは，人口全体の平均から比べると相対的に貧しいという傾向があり，また移民の子供たちは，多くの場合，母国語は英語ではありません．したがって，ここで見出された生徒・教師比率とテスト成績の負の関係は，クラス規模とも関連する他の多くの要因——そしてテスト成績の真の要因——の結果である可能性があります．

それらの他の要因，すなわち「除外された変数（omitted variable）」があるのなら，ここまでの OLS 分析が教育委員長にとってあまり役に立たないということを意味します．実際，それは誤った結論にもつながりかねません．生徒・教師比率だけを変化させることは，生徒の学業成績を決めるその他の要因には影響を与えないはずです．この問題に取り組むには，生徒・教師比率のテスト成績への影響を，他の要因は一定として取り出す方法が必要です．その方法とは多変数の回帰分析であり，第 6 章，第 7 章で取り扱われます．

要約

1. 回帰係数に関する仮説検定は，母集団の平均に関する仮説検定と類似している．t 統計量を使って p 値を求め，帰無仮説を採択するか棄却する．母集団の平均に関する信頼区間と同じく，回帰係数に関する 95% 信頼区間を「推定量 ± 1.96 標準誤差」で求める．

2. X が $(0,1)$ 変数の場合，回帰モデルは，「$X = 0$」グループと「$X = 1$」グループの母集団平均の差に関する仮説検定に用いることができる．

3. 一般に誤差項は不均一分散である．つまり，X_i がある与えられた値の下での u_i の分散，$\mathrm{var}(u_i|X_i=x)$ は x に依存する．その特別ケースは誤差項が均一分散の場合であり，そのとき $\mathrm{var}(u_i|X_i = x)$ は一定である．誤差項が不均一分散のとき，均一分散のみに有効な標準誤差は正しい統計的推論をもたらさない．しかし，不均一分散を考慮した標準誤差を使えば問題は生じない．

4. もし 3 つの最小二乗法の仮定が成立し，回帰式の誤差が均一分散ならば，ガウス・マルコフ定理の結果から，OLS 推定量は BLUE となる．

5. もし 3 つの最小二乗法の仮定が成立し，回帰誤差が均一分散で，かつ回帰誤差が正規分布に従うとき，均一分散のみに有効な標準誤差を使った OLS t 統計量は，帰無仮説が正

しい下でステューデント t 分布に従う．ステューデント t 分布と正規分布の違いは，標本数がある程度以上大きいときには，無視できるほど小さいものである．

キーワード

帰無仮説 [null hypothesis]　135
両側の対立仮説 [two-sided alternative hypothsis]　135
$\hat{\beta}_1$ の標準誤差 [standard error of $\hat{\beta}_1$]　135
t 統計量 [t-statistic]　135
p 値 [p-value]　135
β_1 の信頼区間 [confidence interval for β_1]　140
信頼水準 [confidence level]　140
インディケーター変数 [indicator variable]　141
ダミー変数 [dummy variable]　141
D_i にかかる係数 [coefficient multiplying D_i]　142
D_i の係数 [coefficient on D_i]　142
不均一分散と均一分散 [heteroscedasticity and homoscedasticity]　144
均一分散のみに有効な標準誤差 [homoskedasticity-only standard error]　146
不均一分散を考慮した標準誤差 [heteroscedasticity-robust standard error]　147
最良な線形の条件付不偏推定量 [Best Linear conditionally Unbiased Estimator, BLUE]　149
ガウス・マルコフ定理 [Gauss-Markov theorem]　150
均一分散・正規分布回帰の仮定 [homoscedastic normal regression assumptions]　152
ガウス・マルコフ条件 [Gauss-Markov conditions]　161

練習問題

5.1 いま 3 年生 100 クラス分のデータから，1 クラス人数 (CS) と平均テスト成績のデータを使って OLS 回帰を行い，以下の推定結果を得ました：

$$\overline{TestScore} = 520.4 - 5.82 \times CS, \ R^2 = 0.08, \ SER = 11.5.$$
$$\phantom{\overline{TestScore} = }(20.4)\ (2.21)$$

    a. 傾きの係数 β_1 について 95% 信頼区間を求めなさい．

    b. 帰無仮説 $H_0 : \beta_1 = 0$ の両側検定を行う際の p 値を計算しなさい．5% の有意水準で帰無仮説を棄却できますか．1% の有意水準ではどうでしょうか．

    c. 帰無仮説 $H_0 : \beta_1 = -5.6$ の両側検定を行う際の p 値を計算しなさい．追加の計算を行わずに，-5.6 が β_1 の 95% 信頼区間に含まれているかどうか判断しなさい．

    d. β_0 の 99% 信頼区間を求めなさい．

5.2 無作為に選ばれた 250 人の男性労働者および 280 人の女性労働者に関する賃金データを使って OLS 回帰を行いました．その結果，

$$\widehat{Wage} = 12.52 + 2.12 \times Male, \ R^2 = 0.06, \ SER = 4.2$$
$$\phantom{\widehat{Wage} = }(0.23)\ (0.36)$$

となりました．ここで Wage の単位はドル/時間，Male は男性の場合に 1，女性の場合に 0 となる (0,1) 変数です．また賃金の男女格差を男性と女性の平均賃金の差として定義します．

a. 推定された（賃金の）男女格差はいくつですか．

b. 推定された男女格差は統計的にゼロと異なりますか（男女格差がないとする帰無仮説をテストした際の p 値を計算しなさい）．

c. 男女格差の 95% 信頼区間を求めなさい．

d. このサンプルにおける女性の平均賃金はいくらですか．また，男性の平均賃金はいくらですか．

e. 別の研究者が，同じデータを使って，女性の場合に 1 を取る (0,1) 変数 Female を使って Wage を回帰してみました．この回帰から計算された推定値はいくつですか．

$$\widehat{Wage} = \underline{\quad\quad} + \underline{\quad\quad} \times Female, \quad R^2 = \underline{\quad\quad}, \quad SER = \underline{\quad\quad}.$$

5.3 ある母集団から無作為に選ばれた 20 歳男性 200 名からなる標本があり，彼らの身長と体重が記録されているとします．体重を身長で回帰すると以下のような推計結果が得られました：

$$\widehat{Weight} = -99.41 + 3.94 \times Height, \quad R^2 = 0.81, \quad SER = 10.2.$$
$$\quad\quad\quad\quad (2.15) \quad (0.31)$$

ここで Weight の単位はポンド，Height の単位はインチです．ある男性は成長期が遅く，1 年間で 1.5 インチも身長が伸びました．この男性の体重の増加に関する 99% 信頼区間を求めなさい．

5.4 5.4 節のボックス「教育年数の経済的価値：均一分散それとも不均一分散？」を読みなさい．(5.23) 式の回帰式に基づいて，以下の問いに答えなさい．

a. 無作為に選ばれた 1 人の 30 歳労働者の教育年数は 16 年でした．この労働者の予想される平均賃金はいくらですか．

b. ある高卒の人（教育年数 12 年）が 2 年コースの大学（コミュニティ・カレッジ）に行くかどうか考えています．この人が大学で学ぶと，平均賃金はいくら増えると予想されるでしょうか．

c. 高校の進路カウンセラーが生徒に話したところでは，大卒者は平均すると高卒者に比べて 10 ドル多く時間当たり賃金をもらえるとのことです．このカウンセラーの話の内容は，回帰式の結果と整合的でしょうか．回帰式の結果と整合的なのはどの範囲の値でしょうか．

5.5 1980 年代，テネシー州では幼稚園児を「通常」クラスと「小」クラスに割り当て，年末に共通テストを課すという実験が行われていました（通常クラスには約 24 人，小クラスには約 15 人の児童がいました）．いま母集団では，共通テストの平均得点が 925 点で，標準偏差が 75 点であるとします．SmallClass は，小クラスの児童は 1 を取りそれ以外は

ゼロを取る (0,1) 変数とします．TestScore を SmallClass で回帰すると，以下の結果が得られました：

$$\widehat{TestScore} = 918.0 + 13.9 \times SmallClass, \quad R^2 = 0.01, \quad SER = 74.6.$$
$$\quad\quad\quad\quad (1.6) \quad (2.5)$$

a. 小クラスに割り当てられるとテスト成績は改善するでしょうか．また，どの程度改善しますか．その効果は大きなものでしょうか．説明しなさい．

b. クラスの大きさがテスト成績に与える効果の推定値は統計的に有意でしょうか．5% 有意水準でテストしなさい．

c. SmallClass がテスト成績に与える効果に関する 99% 信頼区間を求めなさい．

5.6 練習問題 5.5 で説明した回帰式を用いて，次の問いに答えなさい．

a. 回帰誤差は均一分散とみなすのが妥当でしょうか．説明しなさい．

b. (5.3) 式を使って，$SE(\hat{\beta}_1)$ を計算しました．いま回帰誤差は均一分散と仮定します．このことは，練習問題 5.5（c）で導出した信頼区間の妥当性に影響を与えるでしょうか．説明しなさい．

5.7 (Y_i, X_i) は基本概念 4.3 の仮定を満たしているものとします．$n = 250$ の標本が無作為に抽出され，以下の推定結果を得ました：

$$\hat{Y} = 5.4 + 3.2X, \quad R^2 = 0.26, \quad SER = 6.2.$$
$$\quad (3.1) \ (1.5)$$

a. 帰無仮説 $H_0 : \beta_1 = 0$ を対立仮説 $H_1 : \beta \neq 0$ に対して 5% 水準でテストしなさい．

b. β_1 に関する 95% 信頼区間を求めなさい．

c. いま Y_i と X_i は独立だと知ったとします．あなたはそのことに驚きますか．説明しなさい．

d. Y_i と X_i は独立で，標本数 $n = 250$ のサンプルが数多く抽出され，そのたびに回帰モデルを推定し，(a) と (b) の問いに答えたとします．(a) における H_0 を棄却するのは，取り出されたサンプル全体のどのくらいの割合でしょうか．$\beta_1 = 0$ の値が（b）の信頼区間に含まれるのは，発生させたサンプル全体のどのくらいの割合でしょうか．

5.8 (Y_i, X_i) は基本概念 4.3 の仮定を満たし，それに加えて u_i は $N(0, \sigma_u^2)$ に従い，X_i とは独立とします．標本数 $n = 30$ のあるサンプルから，以下の推定結果を得ました：

$$\hat{Y} = 43.2 + 61.5X, \quad R^2 = 0.54, \quad SER = 1.52.$$
$$\quad (10.2) \ (7.4)$$

a. β_0 に関する 95% 信頼区間を求めなさい．

b. $H_0 : \beta_1 = 55$ を $H_1 : \beta_1 \neq 55$ に対して 5% 水準で検定しなさい．

c. $H_0 : \beta_1 = 55$ を $H_1 : \beta_1 > 55$ に対して 5% 水準で検定しなさい．

5.9 以下の回帰モデルを考えます：

$$Y_i = \beta X_i + u_i.$$

ここで，u_i と X_i は基本概念 4.3 の仮定を満たします．いま $\overline{Y}$ と $\overline{X}$ を Y_i と X_i の標本平均とし，$\overline{\beta}$ は $\overline{\beta} = \frac{\overline{Y}}{\overline{X}}$ と表される β の推定値とします．

    a. $\overline{\beta}$ は $Y_1, Y_2, \ldots, Y_n$ の線形関数であることを示しなさい．
    b. $\overline{\beta}$ は条件付不偏であることを示しなさい．

5.10 X_i は $(0,1)$ 変数とし，回帰式 $Y_i = \beta_0 + \beta_1 X_i + u_i$ を考えます．$\overline{Y}_0$ は $X = 0$ の観測値に対応する標本平均，$\overline{Y}_1$ は $X = 1$ の観測値に対応する標本平均を表すものとします．$\hat{\beta}_0 = \overline{Y}_0$，$\hat{\beta}_0 + \hat{\beta}_1 = \overline{Y}_1$，そして $\hat{\beta}_1 = \overline{Y}_1 - \overline{Y}_0$ であることを示しなさい．

5.11 いま無作為に選ばれた労働者の標本には，男性 $n_m = 120$ 人と女性 $n_w = 131$ 人が含まれています．男性の週当たり賃金の標本平均（$\overline{Y}_m = \frac{1}{n_m}\sum_{i=1}^{n_m} Y_{m,i}$）は\$523.10，標本標準偏差（$s_m = \sqrt{\frac{1}{n_m-1}\sum_{i=1}^{n_m}(Y_{m,i} - \overline{Y}_m)^2}$）は\$68.1 です．また，女性の週当たり賃金の標本平均は\$485.10，標本標準偏差は\$51.10 です．Women は女性の場合 1，男性の場合 0 を取る $(0,1)$ 変数であるとし，251 すべての観測値を使って，回帰式 $Y_i = \beta_0 + \beta_1 \text{Women}_i + u_i$ を推計したとします．β_0 と β_1 の OLS 推定値と，それらに対応する標準誤差はいくつでしょうか．

5.12 (4.22) 式からスタートして，付論 5.1 の (5.28) 式で与えられる均一分散の下，$\hat{\beta}_0$ の分散を導出しなさい．

5.13 (Y_i, X_i) は基本概念 4.3 の仮定を満たし，それに加え u_i は $N(0, \sigma_u^2)$ に従い，かつ X_i とは独立とします．このとき，

    a. $\hat{\beta}_1$ は条件付不偏でしょうか．
    b. $\hat{\beta}_1$ は β_1 の線形かつ最良な条件付不偏推定量でしょうか．
    c. もし (Y_i, X_i) が基本概念 4.3 の仮定を満たすことと $\text{var}(u_i \mid X_i = x)$ が一定ということのみ仮定するならば，(a) と (b) の答えはどのように変わるでしょうか．
    d. もし (Y_i, X_i) が基本概念 4.3 の仮定を満たすということだけ仮定するならば，(a) と (b) の答えはどのように変わるでしょうか．

5.14 $Y_i = \beta X_i + u_i$ とします．ここで，(u_i, X_i) は (5.31) 式で与えられるガウス・マルコフ条件を満たしているものとします．

    a. β の最小二乗推定量を導出し，それが $Y_1, \ldots, Y_n$ の線形関数であることを示しなさい．
    b. その推定量が条件付不偏であることを示しなさい．
    c. その推定量の条件付分散を導出しなさい．
    d. その推定値が BLUE であることを証明しなさい．

5.15 ある研究者は，(Y_i, X_i) の観測値について 2 つの独立した標本データを持っています．具体的には，Y_i は賃金，X_i は教育年数を表しており，男性に関するものと女性に関するものの 2 つの独立した標本があるものとします．男性に関する回帰を $Y_{m,i} = \beta_{m,0} + \beta_{m,1} X_{m,i} + u_{m,i}$，女性に関する回帰を $Y_{w,i} = \beta_{w,0} + \beta_{w,1} X_{w,i} + u_{w,i}$ と書きます．$\hat{\beta}_{m,1}$ は男性の標本を使って導出した OLS 推定値，$\hat{\beta}_{w,1}$ は女性の標本を使って導出した OLS 推定値とし，それぞれの標準誤差は $SE(\hat{\beta}_{m,1})$ および $SE(\hat{\beta}_{w,1})$ とします．このとき，$\hat{\beta}_{m,1} - \hat{\beta}_{w,1}$ の標準誤差は，$SE(\hat{\beta}_{m,1} - \hat{\beta}_{w,1}) = \sqrt{[SE(\hat{\beta}_{m,1})]^2 + [SE(\hat{\beta}_{w,1})]^2}$ となることを示しなさい．

実証練習問題

E5.1 実証練習問題 4.1 で説明した CPS04 のデータセットを使って，平均賃金（AHE）を Age で回帰し，以下の問題に答えなさい．

    a. 推定された傾きの係数は統計的に有意でしょうか．すなわち，帰無仮説 $H_0 : \beta_1 = 0$ を両側の対立仮説（$H_1 : \beta_1 \neq 0$）に対して，10%，5%，1% の有意水準で棄却できるでしょうか．係数の t 値に関する p 値はいくつでしょうか．

    b. 傾きの係数の 95% 信頼区間を求めなさい．

    c. 高卒者のデータのみを使って，(a) をもう一度行いなさい．

    d. 大卒者のデータのみを使って，(a) をもう一度行いなさい．

    e. 年齢が賃金に及ぼす効果は，高卒と大卒で異なるでしょうか．説明しなさい．（ヒント：練習問題 5.15 を参照しなさい．）

E5.2 実証練習問題 4.2 で説明した TeachingRatings のデータセットを使って，Course_Eval を Beauty で回帰しなさい．推定された傾きの係数は統計的に有意でしょうか．すなわち，帰無仮説 $H_0 : \beta_1 = 0$ を，両側の対立仮説（$H_1 : \beta_1 \neq 0$）に対して，10%，5%，1% の有意水準で棄却できるでしょうか．係数の t 値に関する p 値はいくつでしょうか．

E5.3 実証練習問題 4.3 で説明した CollegeDistance のデータセットを使って，教育年数（ED）を最も近い大学までの距離（Dist）で回帰し，以下の問題に答えなさい．

    a. 推定された傾きの係数は統計的に有意でしょうか．すなわち，帰無仮説 $H_0 : \beta_1 = 0$ を，両側の対立仮説（$H_1 : \beta_1 \neq 0$）に対して 10%，5%，1% の有意水準で棄却できるでしょうか．係数の t 値に関する p 値はいくつでしょうか．

    b. 傾きの係数の 95% 信頼区間を求めなさい．

    c. 女性のデータのみを使って回帰を行い，(b) をもう一度行いなさい．

    d. 男性のデータのみを使って回帰を行い，(b) をもう一度行いなさい．

    e. 大学までの距離が教育年数へ及ぼす効果は，男性と女性で異なるでしょうか．（ヒント：練習問題 5.15 を参照しなさい．）

付論 5.1　OLS 標準誤差の公式

　この付論では，OLS 標準誤差の公式を議論します．最初に，基本概念 4.3 の最小二乗推定量の仮定の下で OLS 標準誤差を導出します．基本概念 4.3 の仮定は不均一分散のケースも容認することから，これは「不均一分散を考慮した（ロバストな）」標準誤差です．その後，特別ケースである均一分散の場合の OLS 推定量の分散および関連する標準誤差を導出します．

不均一分散を考慮した標準誤差

(5.4) 式で定義された推定量 $\hat{\sigma}^2_{\hat{\beta}_1}$ は，(4.21) 式の母集団の分散を対応する標本分散に置き換えて修正することで得られます．(4.21) 式の分子の分散は，$\frac{1}{n-2}\sum_{i=1}^{n}(X_i - \overline{X})^2 \hat{u}_i^2$ として推定されます．なお，(n の代わりに) $n-2$ で割るのは，下方バイアスを修正するために自由度の調整を施しているためで，4.3 節で SER の定義で使われた自由度の調整と同様です．分母の分散は $\frac{1}{n}\sum_{i=1}^{n}(X_i - \overline{X})^2$ として推定されます．(4.21) 式の $\mathrm{var}[(X_i - \mu_X)u_i]$ と $\mathrm{var}(X_i)$ をこれらの 2 つの推定量で置き換えることによって，(5.4) 式の $\hat{\sigma}^2_{\hat{\beta}_1}$ が得られます．不均一分散を考慮した標準誤差の一致性は，17.3 節で議論されます．

$\hat{\beta}_0$ の分散の推定量は，

$$\hat{\sigma}^2_{\hat{\beta}_0} = \frac{1}{n} \times \frac{\frac{1}{n-2}\sum_{i=1}^{n} \hat{H}_i^2 \hat{u}_i^2}{\left(\frac{1}{n}\sum_{i=1}^{n} \hat{H}_i^2\right)^2} \tag{5.26}$$

です．ここで，$\hat{H}_i = 1 - [\overline{X}/\frac{1}{n}\sum_{i=1}^{n} X_i^2]X_i$ です．$\hat{\beta}_0$ の標準誤差は $SE(\hat{\beta}_0) = \sqrt{\hat{\sigma}^2_{\hat{\beta}_0}}$ です．推定量 $\hat{\sigma}^2_{\hat{\beta}_0}$ の背後にある考え方は，$\hat{\sigma}^2_{\hat{\beta}_1}$ の背後にある考え方と同じで，母集団の期待値を標本平均で置き換えることからくるものです．

均一分散のみに有効な分散

均一分散の場合，X_i が与えられた下で u_i の条件付分散は一定となります．すなわち $\mathrm{var}(u_i|X_i) = \sigma_u^2$ です．もし誤差項が均一分散ならば，基本概念 4.4 の公式は以下のように単純化されます．

$$\sigma^2_{\hat{\beta}_1} = \frac{\sigma_u^2}{n\sigma_X^2}, \tag{5.27}$$

$$\sigma^2_{\hat{\beta}_0} = \frac{E(X_i^2)}{n\sigma_X^2}\sigma_u^2. \tag{5.28}$$

(5.27) 式を導出するためには，(4.20) 式の分子を $\mathrm{var}[(X_i - \mu_X)u_i] = E(\{(X_i - \mu_X)u_i - E(X_i - \mu_X)u_i\}^2) = E\{[(X_i - \mu_X)u_i]^2\} = E[(X_i - \mu_X)^2 u_i^2] = E[(X_i - \mu_X)^2 \mathrm{var}(u_i|X_i)]$ と書きます．ここで 2 番目の等式は (最小二乗法の第 1 の仮定より) $E[(X_i - \mu_X)u_i] = 0$ から導出され，最後の等式は繰返し期待値の法則 (2.3 節) から導出されます．もし u_i の分散が均一ならば，$\mathrm{var}(u_i|X_i) = \sigma_u^2$ なので，$E[(X_i - \mu_X)^2 \mathrm{var}(u_i|X_i)] = \sigma_u^2 E[(X_i - \mu_X)^2] = \sigma_u^2 \sigma_X^2$ となります．(5.27) 式の結果は，この表現を (4.21) 式の分子に代入し，式を簡単にすることで得られます．同様の計算をすると，(5.28) 式が得られます．

均一分散のみに有効な標準誤差

均一分散のみに有効な標準誤差は，(5.27) 式と (5.28) 式の母集団平均と母集団分散に標本平均と標本分散を代入し，u_i の分散を SER の二乗として推定することによって得られます．これらの均一分散のみに有効な分散の推定量は，

$$\widetilde{\sigma}^2_{\hat{\beta}_1} = \frac{s^2_{\hat{u}}}{\sum_{i=1}^n (X_i - \overline{X})^2} \quad \text{(均一分散のみに有効)} \tag{5.29}$$

$$\widetilde{\sigma}^2_{\hat{\beta}_0} = \frac{\left(\frac{1}{n}\sum_{i=1}^n X_i^2\right) s^2_{\hat{u}}}{\sum_{i=1}^n (X_i - \overline{X})^2} \quad \text{(均一分散のみに有効)} \tag{5.30}$$

となります．ここで，$s^2_{\hat{u}}$ は (4.19) 式で与えられます．均一分散のみに有効な標準誤差は，$\widetilde{\sigma}^2_{\hat{\beta}_0}$ および $\widetilde{\sigma}^2_{\hat{\beta}_1}$ の平方根となります．

付論 5.2 ガウス・マルコフ条件とガウス・マルコフ定理の証明

5.5 節で議論されたように，ガウス・マルコフ定理とは，ガウス・マルコフ条件を満たすならば，OLS 推定量は最良な（最も効率的な）線形の条件付不偏推定量（BLUE）となるという定理です．この付論では，まずガウス・マルコフ条件について述べ，そしてそれらの条件は最小二乗法の 3 つの仮定と均一分散の仮定から導かれることを示します．次に，OLS 推定量は線形の条件付不偏推定量であることを示します．最後に，ガウス・マルコフ定理の証明を行います．

ガウス・マルコフ条件

3 つのガウス・マルコフ条件（Gauss-Markov conditions）とは，

$$\begin{aligned}
&\text{(i)} \quad E(u_i | X_1, \ldots, X_n) = 0 \\
&\text{(ii)} \quad \operatorname{var}(u_i | X_1, \ldots, X_n) = \sigma_u^2, \; 0 < \sigma_u^2 < \infty \\
&\text{(iii)} \quad E(u_i u_j | X_1, \ldots, X_n) = 0, \; i \neq j
\end{aligned} \tag{5.31}$$

が $i, j = 1, \ldots, n$ に関して成立することを言います．3 つの条件はそれぞれ，u_i が平均ゼロである，u_i が一定の分散を持つ，誤差項は他の観測値と相関しないということを表しています．これらすべての条件は，X のすべての観測値 $(X_1, \ldots, X_n)$ が与えられた下の条件付で成立しています．

ガウス・マルコフ条件は，最小二乗法の 3 つの仮定（基本概念 4.3）と誤差項が均一分散であるという追加的な仮定から導かれます．観測値は i.i.d. であるので（第 2 の仮定），$E(u_i | X_1, \ldots, X_n) = E(u_i | X_i)$ となり，第 1 の仮定より $E(u_i | X_i) = 0$ となります．したがって，条件 (i) が成立します．同様に，第 2 の仮定より，$\operatorname{var}(u_i | X_1, \ldots, X_n) = \operatorname{var}(u_i | X_i)$ となり，また誤差項は均一分散と仮定されているため，$\operatorname{var}(u_i | X_i) = \sigma_u^2$，つまり一定となります．第 3 の仮定（非ゼロで有限の 4 次モーメントが存在する）より $0 < \sigma_u^2 < \infty$ なので，条件 (ii) が成立します．さらに，条件 (iii) が最小二乗法の仮定から成立することを示すため，$E(u_i u_j | X_1, \ldots, X_n) = E(u_i u_j | X_i, X_j)$ となることに注目します．これは第 2 の仮定より (X_i, Y_i) が i.i.d. であることから得られます．また第 2 の仮定は，$i \neq j$ のとき，$E(u_i u_j | X_i, X_j) = E(u_i | X_i) E(u_j | X_j)$ であることも意味します．すべての i に関し $E(u_i | X_i) = 0$ であるので，すべての $i \neq j$ に関し，$E(u_i u_j | X_1, \ldots, X_n) = 0$ となり，条件 (iii) が成立します．以上から，基本概念 4.3 の最小二乗法の仮定と誤差項の均一分散という仮定から，(5.31) 式のガウス・マルコフ条件が成立することがわかります．

OLS推定量 $\hat{\beta}_1$ は線形の条件付不偏推定量である

$\hat{\beta}_1$ が線形であることを示すために,まず $\sum_{i=1}^{n}(X_i - \overline{X}) = 0$($\overline{X}$ の定義から)となり,したがって $\sum_{i=1}^{n}(X_i - \overline{X})(Y_i - \overline{Y}) = \sum_{i=1}^{n}(X_i - \overline{X})Y_i - \overline{Y}\sum_{i=1}^{n}(X_i - \overline{X}) = \sum_{i=1}^{n}(X_i - \overline{X})Y_i$ が得られます.この結果を (4.7) 式の $\hat{\beta}_1$ の公式に代入すると,

$$\hat{\beta}_1 = \frac{\sum_{i=1}^{n}(X_i - \overline{X})Y_i}{\sum_{j=1}^{n}(X_j - \overline{X})^2} = \sum_{i=1}^{n}\hat{a}_i Y_i,\ \text{ここで}\ \hat{a}_i = \frac{(X_i - \overline{X})}{\sum_{j=1}^{n}(X_j - \overline{X})^2} \tag{5.32}$$

となります.(5.32) 式のウエイト $\hat{a}_i$,$i = 1, \ldots, n$ は,$X_1, \ldots, X_n$ には依存しますが $Y_1, \ldots, Y_n$ には依存しません.したがって OLS 推定量 $\hat{\beta}_1$ は線形推定量となります.

ガウス・マルコフ条件の下,$\hat{\beta}_1$ は条件付不偏であり,かつ $X_1, \ldots, X_n$ が与えられた下で $\hat{\beta}_1$ の条件付分布の分散は,

$$\text{var}(\hat{\beta}_1 | X_1, \ldots, X_n) = \frac{\sigma_u^2}{\sum_{i=1}^{n}(X_i - \overline{X})^2} \tag{5.33}$$

となります.$\hat{\beta}_1$ が条件付不偏であるという結果は,前章の付論 4.3 で示されています.

ガウス・マルコフ定理の証明

最初に,線形の条件付不偏推定量のすべて——つまり,(5.24) 式および (5.25) 式を満たすすべての推定量 $\widetilde{\beta}_1$ ——に成立するいくつかの事実を導出します.$Y_i = \beta_0 + \beta_1 X_i + u_i$ に $\widetilde{\beta}_1 = \sum_{i=1}^{n} a_i Y_i$ を代入し,項を集めると,

$$\widetilde{\beta}_1 = \beta_0 \left(\sum_{i=1}^{n} a_i\right) + \beta_1 \left(\sum_{i=1}^{n} a_i X_i\right) + \sum_{i=1}^{n} a_i u_i \tag{5.34}$$

になります.第 1 のガウス・マルコフ条件より,$E(\sum_{i=1}^{n} a_i u_i | X_1, \ldots, X_n) = \sum_{i=1}^{n} a_i E(u_i | X_1, \ldots, X_n) = 0$ となります.したがって,(5.34) 式の両辺に条件付期待をつけると,$E(\widetilde{\beta}_1 | X_1, \ldots, X_n) = \beta_0 (\sum_{i=1}^{n} a_i) + \beta_1 (\sum_{i=1}^{n} a_i X_i)$ となります.仮定より $\widetilde{\beta}_1$ は条件付不偏なので,$\beta_0 (\sum_{i=1}^{n} a_i) + \beta_1 (\sum_{i=1}^{n} a_i X_i) = \beta_1$ となりますが,この等式がすべての β_0 および β_1 の値について成立するには,$\widetilde{\beta}_1$ が条件付不偏であるとき,

$$\sum_{i=1}^{n} a_i = 0\ \text{そして}\ \sum_{i=1}^{n} a_i X_i = 1 \tag{5.35}$$

でなければなりません.

ガウス・マルコフ条件の下,$X_1, \ldots, X_n$ を条件とした $\widetilde{\beta}_1$ の分散は簡単な形で表せます.(5.35) 式を (5.34) 式に代入すると,$\widetilde{\beta}_1 - \beta_1 = \sum_{i=1}^{n} a_i u_i$ となります.したがって,$\text{var}(\widetilde{\beta}_1 | X_1, \ldots, X_n) = \text{var}(\sum_{i=1}^{n} a_i u_i | X_1, \ldots, X_n) = \sum_{i=1}^{n}\sum_{j=1}^{n} a_i a_j \text{cov}(u_i, u_j | X_1, \ldots, X_n)$ となり,ガウス・マルコフの第 2,第 3 の条件を適用すると,2 重の和記号の中の交差項が消え,条件付分散の表現が以下のように簡単化されます:

$$\text{var}(\widetilde{\beta}_1 | X_1, \ldots, X_n) = \sigma_u^2 \sum_{i=1}^{n} a_i^2. \tag{5.36}$$

(5.35) 式と (5.36) 式の表現は，ウエイト a_i を (5.32) 式で与えられている $\hat{a}_i$ にすることで，OLS 推定量 $\hat{\beta}_1$ にも当てはまります．

では，(5.35) 式の 2 つの制約と (5.36) 式の条件付分散の表現から，もし $\widetilde{\beta}_1 = \hat{\beta}_1$ でなければ，$\widetilde{\beta}_1$ の条件付分散は $\hat{\beta}_1$ の条件付分散より大きいことを示します．いま $a_i = \hat{a}_i + d_i$ とすると，$\sum_{i=1}^n a_i^2 = \sum_{i=1}^n (\hat{a}_i + d_i)^2 = \sum_{i=1}^n \hat{a}_i^2 + 2\sum_{i=1}^n \hat{a}_i d_i + \sum_{i=1}^n d_i^2$ となります．

$\hat{a}_i$ の定義を使うと，

$$\sum_{i=1}^n \hat{a}_i d_i = \sum_{i=1}^n (X_i - \overline{X}) d_i \Big/ \sum_{j=1}^n (X_j - \overline{X})^2 = \left(\sum_{i=1}^n d_i X_i - \overline{X} \sum_{i=1}^n d_i \right) \Big/ \sum_{j=1}^n (X_j - \overline{X})^2$$

$$= \left[\left(\sum_{i=1}^n a_i X_i - \sum_{i=1}^n \hat{a}_i X_i \right) - \overline{X} \left(\sum_{i=1}^n a_i - \sum_{i=1}^n \hat{a}_i \right) \right] \Big/ \sum_{j=1}^n (X_j - \overline{X})^2 = 0$$

となります．ここで，最後の等式は，(5.35) 式（a_i と $\hat{a}_i$ の両方で成立します）から導出されます．したがって，$\sigma_u^2 \sum_{i=1}^n a_i^2 = \sigma_u^2 \sum_{i=1}^n \hat{a}_i^2 + \sigma_u^2 \sum_{i=1}^n d_i^2 = \text{var}(\hat{\beta}_1|X_1,\ldots,X_n) + \sigma_u^2 \sum_{i=1}^n d_i^2$ となります．この結果を (5.36) 式に代入すると，

$$\text{var}(\widetilde{\beta}_1|X_1,\ldots,X_n) - \text{var}(\hat{\beta}_1|X_1,\ldots,X_n) = \sigma_u^2 \sum_{i=1}^n d_i^2 \tag{5.37}$$

が得られます．したがって，もし d_i が任意の $i = 1,\ldots,n$ に関し非ゼロであるならば，$\widetilde{\beta}_1$ は $\hat{\beta}_1$ よりも大きな条件付分散を持つことになります．しかし，もし任意の $i = 1,\ldots,n$ に関し $d_i = 0$ であるならば，$a_i = \hat{a}_i$ かつ $\widetilde{\beta}_1 = \hat{\beta}_1$ なので，このことは OLS が BLUE であることを証明するのです．

X が確率変数でないときのガウス・マルコフ定理

解釈は少し変わりますが，ガウス・マルコフ定理は説明変数が確率的でないケース，つまりサンプル抽出を繰り返しても説明変数の値が変わらない場合にも当てはまります．具体的には，最小二乗法の第 2 の仮定を置き換えて，$X_1,\ldots,X_n$ は非確率的（サンプル抽出を繰り返しても固定値）であり，$u_1,\ldots,u_n$ は i.i.d. と仮定するならば，これまで述べてきたガウス・マルコフ定理の内容および証明は直接適用されます．ただし，非確率の場合には，あるサンプルから別のサンプルに変えても $X_1,\ldots,X_n$ は同じ値を取るので，「$X_1,\ldots,X_n$ を条件として」という文言がすべて不要になります．

標本平均は $E(Y)$ の効率的な線形推定量である

ガウス・マルコフ定理の 1 つの意味合いは，$Y_i,\ldots,Y_n$ が i.i.d. であるとき，標本平均 $\overline{Y}$ は $E(Y_i)$ の最も効率的な線形推定量であるということです．これを理解するために，「X」がない回帰のケース，つまり説明変数は定数項だけという $X_{0i} = 1$ の場合を考えてみましょう．このとき OLS 推定量は，$\hat{\beta}_0 = \overline{Y}$ です．したがって，ガウス・マルコフ条件の下，$\overline{Y}$ が BLUE となります．このケースでは説明変数がないため，誤差項が均一分散というガウス・マルコフの条件は関係なくなります．したがって，もし $Y_1,\ldots,Y_n$ が i.i.d. ならば，$\overline{Y}$ は BLUE となります．この結果は，すでに基本概念 3.3 で示されたものです．

第6章 多変数の線形回帰分析

　第5章は，懸念される問題を指摘して終わりました．カリフォルニア州データセットの分析から，生徒・教師比率が低い学区ではテスト成績が良い傾向にあることが示されましたが，クラス規模の小さい学区には別のプラス要因があって，それが共通テストの好成績をもたらしていたかもしれません．このような可能性は，推計結果にどのような問題や誤りをもたらすのでしょうか．もしそうであれば，それにどう対処すべきでしょうか．

　たとえば生徒のさまざまな特性などのように，分析から除外されている要因があると，最小二乗法（OLS）推定量には誤りが含まれ，より正確にはバイアスが発生します．本章では，この「変数が除外されることによるバイアス（omitted variable bias）」を説明し，その問題への対処方法として，多変数の回帰分析を紹介します．多変数回帰の基本的な考え方は，もしデータがあるのなら，除外された変数を説明変数として回帰モデルに追加し，それにより，ある説明変数（生徒・教師比率）の効果を，他の変数（生徒のさまざまな特性など）一定の下で推計できる，というものです．

　本章は，多変数の線形回帰分析における係数の推定方法を説明します．多変数回帰モデルと第4章，第5章で述べた1説明変数の回帰モデルとは，多くの面で似通っています．多変数回帰モデルの係数はOLSを使ってデータから推定されます．そのOLS推定量は，ランダム・サンプリングに基づくデータから推計しているので確率変数です．大標本では，OLS推定量の標本分布は近似的に正規分布に従います．

6.1　除外された変数のバイアス

　第4章，第5章の実証分析では，生徒・教師比率のみに焦点が当てられたため，テスト成績に影響を及ぼしうる他の潜在的な要因は考慮されず，それらは回帰式の誤差項にすべて含まれていました．除外された要因としては，学校の特性（たとえば教師の質やパソコン環境），そして生徒の特性（たとえば家庭環境）があります．この節では，除外された生徒の特性について考えます．というのも，特にカリフォルニア州では多数の移民が存在し，英語の学習が必要な生徒のいる学区が幅広く見られるからです．

英語学習者の割合を考慮しない場合，傾き（テスト成績の回帰式における生徒・教師比率にかかる係数）に関する OLS 推定量にバイアスが発生する可能性があります．OLS 推定量の標本分布の平均は，生徒・教師比率が 1 単位変化したときのテスト成績への真の効果に一致しないかもしれません．その理由はこうです．英語の学習を続ける生徒のテスト成績は，英語を母国語とする生徒より芳しくないかもしれません．もしクラス規模が大きい学区でより多くの生徒が英語を学んでいるのなら，テスト成績を生徒・教師比率で OLS 回帰すると，誤った相関を検出してしまう，つまり真の影響は小さいあるいはゼロであるときに，（絶対値で見て）より大きな推計値を得てしまうかもしれません．第 4 章，第 5 章の分析結果から，教育委員長は，生徒・教師比率を 2 人分減少させようとより多くの教師を雇うかもしれません．しかし，もしその真の係数が小さい，もしくはゼロであれば，テスト成績の改善効果は見られないでしょう．

カリフォルニア州データを再び眺めると，このような心配には理由があることがわかります．生徒・教師比率と英語学習者（母国語が英語ではなく，いまだ英語をマスターしていない生徒）の割合との間には，0.19 の相関があります．この小さいが正の相関があるという事実は，英語学習者が多い地区では生徒・教師比率が高い（クラス規模がより大きい）ということを示しています．もし生徒・教師比率が英語学習者の割合と無関係なら，テスト成績の回帰式に英語能力を無視しても問題ないでしょう．しかし生徒・教師比率と英語学習者の割合は相関しているので，生徒・教師比率にかかる係数の OLS 推計値にはその影響が含まれる可能性があります．

除外された変数のバイアス：定義

もし説明変数（生徒・教師比率）が分析から除外された変数（英語学習者の比率）と相関があり，その除外された変数は被説明変数（テスト成績）を部分的にでも説明するのなら，OLS 推定量には**除外された変数のバイアス**（**omitted variable bias**）を持つことになります．

除外された変数のバイアスが生じるのは，次の 2 つの条件が成り立つ場合です．(1) 除外された変数が，すでに含まれている説明変数と相関があること．そして (2) 除外された変数が被説明変数の決定要因であることです．これらの条件を具体的に理解するために，テスト成績の例に基づく次の 3 つの事例からこの問題を考えましょう．

例 1：英語学習者の割合

英語学習者の割合は生徒・教師比率と相関があるため，上記の第 1 の条件は満たされています．また，英語をマスターせずいまだ学習している生徒は，英語を母国語とする生徒に比べて，共通テストの成績は悪いかもしれません．それは，英語学習者の割合がテスト成績の決定要因ということを意味するので，第 2 の条件も満たされます．したがって，テスト成績を生徒・教師比率で回帰する OLS 推定量には，

除外された変数——英語学習者の割合——の影響が誤って含まれている可能性があります．つまり除外された変数のバイアスが発生しているかもしれないのです．

例2：テストの実施時刻　分析に考慮されていない別の変数として，テストが実施された時刻という要因が考えられます．この除外された変数については，第1の条件は満たされませんが，第2の条件は満たされています．たとえば，テストの実施時刻が学区によって異なり，それがクラス人数と無関係に異なるのなら，テスト時刻とクラス規模とは相関せず，したがって1つ目の条件は満たされません．他方，テストの実施時刻はテスト成績に影響すると考えられるため（生徒の集中力は一日のうちで変わるでしょう），2つ目の条件は満たされます．結局，テスト時刻は生徒・教師比率とは相関しないため，生徒・教師比率にその影響が誤って混入することはないでしょう．したがってこの例では，除外された変数のバイアスは発生していないと考えられます．

例3：生徒1人当たりの駐車場スペースの数　分析に含まれていない別の変数として，生徒1人当たりの駐車スペースの数（教師用の駐車スペースの数を生徒数で割った値）があります．この変数は1つ目の条件は満たしますが，2つ目の条件は満たしません．すなわち，生徒1人当たりの教師数が多い学区では，より多くの駐車スペースがあると考えられ，したがって第1の条件は満たされます．しかし，生徒の学習は教室で行われるもので駐車場では行われないという前提の下，駐車スペースは生徒の学習に直接の影響を与えないでしょう．つまり第2の条件の方は満たされません．駐車スペースはテスト成績の決定要因とはならないため，その変数を分析に考慮しないことは，やはり除外された変数のバイアスにつながらないと考えられます．

除外された変数のバイアスについては，基本概念6.1にまとめられています．

除外された変数のバイアスと最小二乗法の第1の仮定　除外された変数のバイアスは，最小二乗法の第1の仮定——$E(u_i|X_i) = 0$，基本概念4.3を参照——が成立しないことを意味します．その理由を理解するために，思い出してもらいたいのは，説明変数1つの場合の線形回帰モデルの誤差項 u_i には，X_i 以外の Y_i の決定要因すべてが反映されているという点です．もし，それら他の要因の中の1つが X_i と相関していれば，（この要因を含む）誤差項が X_i と相関することになります．まとめると，除外された変数が Y_i の決定要因であれば，それは誤差項に含まれ，そしてそれが X_i と相関があれば，誤差項は X_i と相関を持つことになります．この最後の相関は，最小二乗法の第1の仮定に反します．その影響は深刻で，OLS推定量はバイアスを持つことになります．さらに，このバイアスは標本数が十分大きくなっても消滅せず，OLS推定量は一致性を持たなくなるのです．

基本概念	**1 説明変数の回帰分析における，除外された変数のバイアス**
6.1	除外された変数のバイアスとは，OLS 推定量におけるバイアスで，それは説明変数 X が除外された変数と相関があるときに生じる．このバイアスが発生するには，次の2つの条件が成立しなければならない． 1. X は除外された変数と相関がある． 2. 除外された変数は被説明変数 Y の決定要因である．

除外された変数のバイアス：公式

除外された変数のバイアスに関する上記の議論は，公式を使って数学的に要約することができます．X_i と u_i の相関を，$\text{corr}(X_i, u_i) = \rho_{Xu}$ とします．そして最小二乗法の第2，第3の仮定は満たされ，一方で第1の仮定については，ρ_{Xu} がゼロではないため満たされないとします．このとき，OLS 推定量は次のように収束します（詳細は付論 6.1 で導出されます）：

$$\hat{\beta}_1 \xrightarrow{p} \beta_1 + \rho_{Xu}\frac{\sigma_u}{\sigma_X}. \tag{6.1}$$

つまり，標本数が大きくなるにつれ，$\hat{\beta}_1$ が $\beta_1 + \rho_{Xu}(\sigma_u/\sigma_X)$ に，より高い確率で近づいていくのです．

(6.1) の公式は，先に議論した除外された変数のバイアスの考え方を要約しています．

1. 除外された変数のバイアスは，標本数の大小にかかわらず問題です．$\hat{\beta}_1$ は真の係数 β_1 に確率収束しないので，$\hat{\beta}_1$ は一致性を持ちません．つまり除外された変数のバイアスがあるとき，$\hat{\beta}_1$ は β_1 の一致推定量ではなくなります．(6.1) 式の $\rho_{Xu}(\sigma_u/\sigma_X)$ の項が $\hat{\beta}_1$ に含まれるバイアスで，それは大標本の場合にも存続します．

2. このバイアスが実際に大きいか小さいかは，説明変数と誤差項の相関 ρ_{Xu} に依存します．$|\rho_{Xu}|$ が大きいほど，バイアスはより大きくなります．

3. $\hat{\beta}_1$ に含まれるバイアスの方向は，X と u の相関が正か負かに依存します．たとえば，先のテスト成績の例で，英語学習者の割合は学区のテスト成績に負の影響を持つと仮定しました（英語をまだ学習中の生徒はテストの点が低い）．このとき英語学習者の割合は，誤差項にマイナスの符号が付く形で含まれます．そしてデータからは，英語学習者の割合と生徒・教師比率との間にはプラスの相関が見られました（英語学習者が多い学区はクラス規模がより大きい）．したがって，生徒・教師比率 (X) は誤差項 (u) と負の相関を持つ，つまり $\rho_{Xu} < 0$ となり，生徒・教師比率に掛かる係数 $\hat{\beta}_1$ は，負の値の方向にバイアスを持つことになります．英語学習者の割

BOX：モーツアルト効果：除外された変数のバイアス？

1993年のNature誌に公表された研究（Rausher, Shaw and Ky, 1993）によれば，モーツアルトを10-15分聴くと，IQが一時的に8ないし9ポイント上昇するという結果が報告されました．この研究は一大ニュースとなり，政治家や保護者たちは子供たちを賢くする簡単な方法だと飛びついたのです．ジョージア州では，一時期，州内の幼児すべてにクラシック音楽のCDを配布したことすらありました．

その「モーツアルト効果」の実証的な証拠とはどのようなものだったのでしょうか．10数の論文をまとめた調査によれば，選択科目の音楽か美術のコースを受けた生徒は，そうでない生徒に比べ，英語や数学のテスト成績が実際に高いことが知られています[1]．しかし，それらの論文をより詳しく見ると，テスト成績が良いことの本当の理由は，音楽や美術のコースとはほとんど関係ないことが示されたのです．その調査の著者によれば，テスト成績と美術や音楽のコースとの相関は，別のさまざまな理由から起こりうるものだというのです．学業の優秀な生徒は，選択科目を取る時間の余裕がある，またはそれらの科目により関心がある，あるいは音楽のカリキュラムが充実している学校は全国的に優秀な学校が多い，などです．

これを回帰分析の言葉で置き換えると，テスト成績と音楽コース受講との間の推定された関係には，除外された変数のバイアスが含まれている可能性があります．生徒の生まれつきの能力や学校の全般的な質といった要因を除外することで，音楽を学ぶことがテスト成績に効果があるという結果が，実際には効果がないにもかかわらず，得られたかもしれません．

では，モーツアルト効果は実際にあるのでしょうか？　それを検証する1つの方法は，ランダムにコントロールされた実験を行うことです（第4章で議論したように，ランダムにコントロールされた実験では，実験参加者を「トリートメント」グループと「コントロール」グループに無作為に割り当てることで，除外された変数のバイアスを回避できます）．モーツアルト効果に関するこれまでの実験結果を全体として見ると，モーツアルトを聴くことでIQが上昇する，またはテスト成績が良くなるといった結果は得られませんでした．しかしその一方で，理由はよくわからないのですが，クラシック音楽を聴くことで，ある特定の事柄については一時的な改善が見られました．それは折り紙で物を作るという点です．折り紙の試験に向けて集中的に練習するようなときには，試しにモーツアルトを一緒に聴くとよいかもしれません．

[1] *Journal of Aesthetic Education*, 34巻3-4号（2000年秋・冬号）を参照．特にEllen WarnerとMonica Cooooperの論文（pp.11-76）およびLois Hetlandの論文（pp.105-148）が参考となる．

合が低ければ，テスト成績は高く，また生徒・教師比率は低い，したがって「小人数クラスがテスト成績を高める」という OLS 推定量が得られた 1 つの理由は，少人数クラスの学区では英語学習者が少なかったからかもしれないのです．

除外された変数のバイアスへの対応：データのグループ分け

この除外された変数のバイアスに対して，どう対処すればよいでしょうか．教育委員長は，自分の学区の教師数を増やすことを検討していますが，しかしその地区における移民の割合をコントロールすることはできません．その結果，教育委員長は，英語学習者の割合といった他の要因は一定の下で，生徒・教師比率がテスト成績に与える効果について知りたいと考えるでしょう．このような新しい問題の立て方から考えると，すべての学区のデータを使うのではなく，英語学習者の割合が自分の学区とほぼ同程度である学区だけにデータを限定して分析すべきかもしれません．その学区のデータだけを使った結果，少人数クラスの学区はやはりテスト成績が高いのでしょうか？

表 6.1 は，クラス人数とテスト成績との関係について，同程度の英語学習者の割合ごとに分けて報告しています．そこでは学区全体が 8 つのグループに分類されています．第 1 に，英語学習者の割合に関する分布に対応して，全学区が 4 つのグループに分類されています．第 2 に，4 つのグループそれぞれについて，生徒・教師比率が小さいか（$STR < 20$）か大きいか（$STR > 20$）によって，さらに 2 つのグループに分けられています．

表 6.1 の最初の行は，英語学習者の割合で分類せず，全体として，生徒・教師比率の高低によって平均テスト成績にどれだけ差があるかを報告しています（この差は，すでに (5.18) 式において，D_i の係数の OLS 推計値として報告されています．そこで D_i は，$STR_i < 20$ のとき 1，そうでなければ 0 を取る (0,1) 変数です）．全サンプル 420 学区で見た場合，生徒・教師比率の低い地区の平均テスト成績は，高い地区に比べて 7.4 ポイント高く，また t 統計量も 4.04 で，平均テスト成績が 2 つのグループで同じという帰無仮説は 1% 水準で棄却されます．

表 6.1 の次の 4 つの行では，テスト成績とその差について，英語学習者の割合で分類された結果が報告されています．それを見ると，また違った姿が浮かび上がってきます．英語学習者が最も少ない地区（< 1.9%）では，生徒・教師比率が低い 76 地区の平均テスト成績が 664.5，生徒・教師比率が高い 27 地区の平均テスト成績が 665.4 です．したがって，英語学習者が最も少ないグループでは，生徒・教師比率が低い地区の方が平均して 0.9 ポイントテスト成績が低いのです！ 2 つ目のグループでは，生徒・教師比率が低い地区の方が平均して 3.3 ポイント高くなっています．この差は，3 番目のグループでは 5.2 ポイント，最後の最も英語学習者の多いグループについては 1.9 ポイントだけとなっています．英語学習者の割合を一定とすることで，生徒・教師比率の高低によるテスト成績の差は，全体の推計値 7.4 ポイントの半分程度（あるいはそれ以下）の大きさとなるの

表 6.1 生徒・教師比率の高低によるテスト成績の差
——カリフォルニア州データ，英語学習者の割合で分類——

	(a) 生徒・教師比率 < 20		(b) 生徒・教師比率 ≥ 20		テスト成績の差 ((a) − (b))	
	平均テスト成績	n	平均テスト成績	n	差	t 統計量
合計	657.4	238	650.0	182	7.4	4.04
英語学習者の割合						
< 1.9%	664.5	76	665.4	27	−0.9	−0.30
1.9–8.8%	665.2	64	661.8	44	3.3	1.13
8.8–23.0%	654.9	54	649.7	50	5.2	1.72
> 23.0%	636.7	44	634.8	61	1.9	0.68

です．

　一見すると，この結果はおかしいと思われるかもしれません．なぜ，全体で見たテスト成績への効果が，グループごとで見た効果の 2 倍もの大きさになるのでしょうか．その答えは，英語学習者が最も多い地区では，生徒・教師比率は最も高くテスト成績は最も低いという両方の傾向があるからです．平均テスト成績の差は，英語学習者の割合が最も低いグループと最も高いグループの間でとても大きく，約 30 ポイントもあります．英語学習者が最も少ない地区では生徒・教師比率は低い傾向にあり，74%（103 のうちの 76）の学区でクラス規模が小さくなっています（STR < 20）．一方，英語学習者が最も多い地区では，42%（105 のうち 44）しかクラス規模が小さくありません．したがって，英語学習者が最多の地区は，他の地区に比べて，テスト成績がより低く，クラス人数もより多いという傾向にあります．

　この考察は，テスト成績を生徒・教師比率で説明する回帰分析に，除外された変数のバイアスの問題が存在することを示しており，教育委員長の懸念を強めるものといえます．英語学習者の割合で分類したグループで見ると（表 6.1 の 2 行目以降），表 6.1 の 1 行目に示された単純な分析は改善されています．しかし，教育委員長にとって必要な推定値，すなわち，クラス人数を変えることのテスト成績への影響を，英語学習者の割合を一定として推定した結果は，まだ得られていません．その推定値は，次に述べる多変数の回帰分析の方法により，求めることができるのです．

6.2　多変数回帰モデル

　多変数回帰モデル（**multiple regression model**）は，第 4 章，第 5 章の 1 変数回帰モデルを拡張し，別の変数を説明変数として追加します．このモデルでは，ある変数（X_{1i}）

の Y_i への影響を，他の説明変数（X_{2i}, X_{3i} など）を一定とした下で推定できます．クラス人数の問題で言えば，生徒・教師比率（X_{1i}）のテスト成績（Y_i）への影響を，英語学習者の割合（X_{2i}）を一定とした下で取り出して推計してくれる，それが多変数回帰モデルです．

母集団の回帰線

いましばらく，説明変数は X_{1i}, X_{2i} の2つだけと仮定しましょう．多変数の線形回帰モデルにおいて，2つの説明変数と被説明変数 Y との間の平均的な関係は，次のような線形関数で表されます：

$$E(Y_i \mid X_{1i} = x_1, X_{2i} = x_2) = \beta_0 + \beta_1 x_1 + \beta_2 x_2. \tag{6.2}$$

ここで $E(Y_i \mid X_{1i} = x_1, X_{2i} = x_2)$ は，$X_{1i} = x_1$ と $X_{2i} = x_2$ が与えられた下での Y_i の条件付期待値です．つまり，もし第 i 番目の地区の生徒・教師比率が x_1 で，第 i 番目の地区の英語学習者の割合が x_2 であるならば，その生徒・教師比率と英語学習者の割合が与えられた下での Y_i の期待値は (6.2) 式で表されます．

(6.2) 式は，多変数回帰モデルにおける**母集団の回帰線**（**population regression line**），あるいは**母集団の回帰関数**（**population regression function**）と呼ばれます．係数 β_0 は**切片**（**intercept**），係数 β_1 は X_{1i} の**傾きの係数**（**slope coefficient of X_{1i}**），またはより単純に X_{1i} の**係数**（**coefficient on X_{1i}**），係数 β_2 は X_{2i} の**傾きの係数**（**slope coefficient of X_{2i}**），またはより単純に X_{2i} の**係数**（**coefficient on X_{2i}**）に，それぞれ当たります．多変数回帰モデルにおける説明変数は，**コントロール変数**（**control variable**）と呼ばれることもあります．

(6.2) 式における β_1 の解釈は，説明変数が1つのときとは異なります．(6.2) 式での β_1 は，X_1 が1単位変化したときの Y への効果ですが，それは X_2 を一定にした下での（**holding X_2 constant**）または X_2 をコントロールした下での（**controlling for X_2**）効果なのです．

β_1 のこの解釈は，以下に述べる定義から明らかです．すなわち，X_2 一定の下で，X_1 の変化――ΔX_1――が及ぼす Y への効果とは，説明変数が $X_1 + \Delta X_1$ と X_2 のときの Y の期待値と，説明変数が X_1 と X_2 のときの Y の期待値との差として定義されます．したがって，(6.2) 式の母集団回帰線を $Y = \beta_0 + \beta_1 X_1 + \beta_2 X_2$ と表し，そこで X_2 は不変のまま，つまり X_2 一定の下，X_1 だけが ΔX_1 の大きさだけ変化した場合を考えます．X_1 が変化したので，Y もいくらか，たとえば ΔY だけ変化します．この変化の結果，Y の新しい値，すなわち $Y + \Delta Y$ は，

$$Y + \Delta Y = \beta_0 + \beta_1(X_1 + \Delta X_1) + \beta_2 X_2 \tag{6.3}$$

となります．ΔY と ΔX_1 との間の式は，(6.3) 式から $Y = \beta_0 + \beta_1 X_1 + \beta_2 X_2$ を差し引けば，$\Delta Y = \beta_1 \Delta X_1$ が得られます．すなわち，

$$X_2 \text{ 一定の下で，} \beta_1 = \frac{\Delta Y}{\Delta X_1}. \tag{6.4}$$

β_1 の係数は，X_2 を固定した下で，X_1 が 1 単位変化したときの Y への（予想される）効果です．β_1 は別の呼び方として，X_2 を固定した下で，X_1 の Y への部分的な効果（**partial effect**）と呼ばれることもあります．

他方，多変数回帰モデルにおける切片 β_0 の解釈は，1 変数回帰モデルにおける切片の解釈と同様です．それは X_{1i} と X_{2i} がゼロのときの Y_i の期待値です．簡単にいえば，切片 β_0 は，母集団回帰線が Y 軸のどの高さからスタートするかを決める値なのです．

母集団の多変数回帰モデル

(6.2) 式の母集団回帰線は，母集団で平均的に成立する Y と X_1，X_2 の関係を表します．しかし，説明変数 1 つの場合とちょうど同じなのですが，厳密に言えばこの関係は成立しません．なぜなら，その他の多くの要因が被説明変数に影響を及ぼすからです．テスト成績は，生徒・教師比率と英語学習者の割合に加えて，たとえば学校の特性，生徒に関する他の特性，そして運にも影響されるでしょう．したがって，(6.2) 式の母集団回帰線では，これらの追加的な要因もさらに考慮する必要があります．

1 つの説明変数の場合と同じく，X_{1i}，X_{2i} 以外の Y_i の決定要因は，(6.2) 式への「誤差」項 u_i として考慮されます．この誤差項は，ある特定の観測値（第 i 地区のテスト成績）と，母集団の平均的な関係式との乖離を表します．その結果，

$$Y_i = \beta_0 + \beta_1 X_{1i} + \beta_2 X_{2i} + u_i, \quad i = 1, \ldots, n \tag{6.5}$$

という式が得られます．ここで添え字 i は，n 個の観測値のなかの第 i 番目を表すものです．

(6.5) 式は，説明変数が X_{1i}，X_{2i} という 2 つの場合の，**母集団の多変数回帰モデル**（**population multiple regression model**）となります．

ここで β_0 を $(0, 1)$ 変数の回帰モデルの文脈で考えると，β_0 は，常に 1 を取る説明変数の係数とみなすことができます．すなわち，$X_{0i} = 1$，$i = 1, \ldots, n$ とすると，β_0 は X_{0i} に掛かる係数と考えられます．このとき，(6.5) 式の母集団の多変数回帰モデルは，

$$Y_i = \beta_0 X_{0i} + \beta_1 X_{1i} + \beta_2 X_{2i} + u_i, \text{ ここで } X_{0i} = 1, i = 1, \ldots, n \tag{6.6}$$

と表すことができます．変数 X_{0i} は，すべての観測値において同じ値——1 の値——を取ることから，一定の説明変数（**constant regressor**）と呼ばれることがあります．同様に，切片 β_0 は，回帰式の定数項（**constant term**）と呼ばれます．

> **基本概念 6.2　多変数回帰モデル**
>
> 多変数回帰モデルは次式で与えられる：
>
> $$Y_i = \beta_0 + \beta_1 X_{1i} + \beta_2 X_{2i} + \cdots + \beta_k X_{ki} + u_i, \quad i = 1, \ldots, n. \tag{6.7}$$
>
> ここで，
>
> - Y_i は被説明変数の第 i 番目の観測値，$X_{1i}, X_{2i}, \ldots, X_{ki}$ は，k 個の説明変数それぞれの第 i 番目の観測値，そして u_i は誤差項である．
> - 母集団の回帰線は，Y とそれぞれの X の間で母集団において平均的に成立する関係で，次のように表される：
>
> $$E(Y \mid X_{1i} = x_1, X_{2i} = x_2, \ldots, X_{ki} = x_k) = \beta_0 + \beta_1 x_1 + \beta_2 x_2 + \cdots + \beta_k x_k.$$
>
> - β_1 は X_1 の傾きの係数，β_2 は X_2 の傾きの係数，といった具合である．係数 β_1 は，$X_{2i}, \ldots, X_{ki}$ 一定の下で，X_{1i} が 1 単位変化することでもたらされる Y_i の予想される変化を表す．他の X に掛かる係数についても同様に解釈できる．
> - 切片 β_0 は，すべての X がゼロのときの Y の期待値である．切片はまた，すべての i について 1 を取る説明変数 X_{0i} の係数とみなすこともできる．

(6.5) 式と (6.6) 式は，ともに母集団回帰モデルを記述する同一の表現です．

これまでの議論は，追加される変数が X_2 1 つだけの場合に限定してきました．しかし，実際の応用では，複数の要因が 1 説明変数モデルにおいて除外されている可能性もあるでしょう．たとえば，生徒の経済的なバックグラウンド（家庭の豊かさ）を考慮しないということは，英語学習者の割合がそうであったのと同じく，除外された変数のバイアスを発生させるかもしれません．こう考えていくと，3 つの説明変数，そしてより一般に，k 個の説明変数を含むモデルを考える必要があることに気づきます．基本概念 6.2 には，k 個の説明変数，$X_{1i}, X_{2i}, \ldots, X_{ki}$ を持つ多変数回帰モデルについて要約されています．

多変数回帰モデルにおける均一分散と不均一分散の定義は，1 変数回帰モデルの場合の定義と同様です．誤差項 u_i が均一分散（**homoscedastic**）であるのは，$X_{1i}, \ldots, X_{ki}$ が与えられた下での u_i の条件付分布の分散，$\mathrm{var}(u_i \mid X_{1i}, \ldots, X_{ki})$ が，すべての $i = 1, \ldots, n$ に対して一定である，したがって $X_{1i}, \ldots, X_{ki}$ の値に依存しないとき，と定義されます．それ以外の場合には，誤差項は不均一分散（**heteroscedastic**）となります．

多変数回帰モデルは，「教育委員長が知りたいことに答える」という当初の約束を果たせる分析手法といえます．すなわち，生徒・教師比率を変化させたときの効果を，教育委員長がコントロールできない他のさまざまな要因を一定とした下で知ることができるから

です．それらの要因には，単に英語学習者の割合だけでなく，テスト成績に影響を及ぼす他の計測可能な要因，たとえば生徒の経済的バックグラウンド（家庭の豊かさ）なども含まれます．もっとも，実際に有用な答えを教育委員長に示すには，母集団回帰モデルにおける未知の係数 $\beta_0, \ldots, \beta_k$ を標本データから推定して，その結果を提示する必要があります．幸いそれらの係数は，最小二乗法を使って推定できます．

6.3 多変数回帰モデルにおける OLS 推定量

本節では，多変数回帰モデルの係数が OLS によってどう推計されるのかを説明します．

OLS 推定量

4.2 節では，1 変数回帰モデルに OLS を応用して，Y と X の標本データから，切片と傾きの係数をどう推定するかについて示しました．そこでの基本的な考え方は，予測の誤りを二乗したものの和を最小にするようにそれらの係数を推定する，つまり，$\sum_{i=1}^{n}(Y_i - b_0 - b_1 X_i)^2$ を最小にするように b_0 と b_1 を選ぶというものでした．そうして求められた推定量が OLS 推定量 $\hat{\beta}_0$ と $\hat{\beta}_1$ です．

この OLS 推定法は，多変数回帰モデルの係数 $\beta_0, \beta_1, \ldots, \beta_k$ の推定にも利用できます．いま $b_0, b_1, \ldots, b_k$ を $\beta_0, \beta_1, \ldots, \beta_k$ の推定量としましょう．これらの推定量を使って計算される Y_i の予測値は，$b_0 + b_1 X_{1i} + \cdots + b_k X_{ki}$，そして Y_i 予測の誤りは，$Y_i - (b_0 + b_1 X_{1i} + \cdots + b_k X_{ki}) = Y_i - b_0 - b_1 X_{1i} - \cdots - b_k X_{ki}$ です．これらの予測ミスを二乗し，それらを n 個の観測値すべてについて合計した値は，

$$\sum_{i=1}^{n}(Y_i - b_0 - b_1 X_{1i} - \cdots - b_k X_{ki})^2 \tag{6.8}$$

となります．(6.8) 式の予測ミスの二乗和は，1 説明変数のとき (4.6) 式で表された予測ミスの二乗和の拡張であることが理解できるでしょう．

係数 $\beta_0, \beta_1, \ldots, \beta_k$ の推定量で，(6.8) 式の予測ミスの二乗和を最小にするような推定量は，$\beta_0, \beta_1, \ldots, \beta_k$ の **OLS 推定量**（**ordinary least squares 〈OLS〉 estimators**）と呼ばれます．それらは，$\hat{\beta}_0, \hat{\beta}_1, \ldots, \hat{\beta}_k$ と記載されます．

多変数回帰モデルで使われる OLS の用語は，1 つの説明変数の場合に述べたものと同じです．**OLS 回帰線**（**OLS regression line**）とは，OLS 推定量を使って作成された直線，つまり $\hat{\beta}_0 + \hat{\beta}_1 X_1 + \cdots + \hat{\beta}_k X_k$ です．$X_{1i}, \ldots, X_{ki}$ が与えられた下，OLS 回帰線に基づく Y_i の予測値（**predicted value**）は，$\hat{Y}_i = \hat{\beta}_0 + \hat{\beta}_1 X_{1i} + \cdots + \hat{\beta}_k X_{ki}$ となります．そして第 i 観測値の **OLS 残差**（**OLS residual**）は，Y_i とその OLS 予測値との差に相当するもので，OLS 残差 $\hat{u}_i = Y_i - \hat{Y}_i$ となります．

> **基本概念**
> **6.3**
>
> **多変数回帰モデルにおける OLS 推定量，予測値，残差**
>
> OLS 推定量 $\hat{\beta}_0, \hat{\beta}_1, \ldots, \hat{\beta}_k$ とは，予測ミスの二乗和 $\sum_{i=1}^{n}(Y_i - b_0 - b_1 X_{1i} - \cdots - b_k X_{ki})^2$ を最小にするような $b_0, b_1, \ldots, b_k$ の値である．OLS 予測値 $\hat{Y}_i$ と残差 $\hat{u}_i$ は，
>
> $$\hat{Y}_i = \hat{\beta}_0 + \hat{\beta}_1 X_{1i} + \cdots + \hat{\beta}_k X_{ki}, \ i = 1, \ldots, n, \tag{6.9}$$
>
> $$\hat{u}_i = Y_i - \hat{Y}_i, \ i = 1, \ldots, n. \tag{6.10}$$
>
> OLS 推定量 $\hat{\beta}_0, \hat{\beta}_1, \ldots, \hat{\beta}_k$ と残差 $\hat{u}_i$ は，n 個の標本データ $(X_{1i}, \ldots, X_{ki}, Y_i)$ から計算される．それらは未知である真の係数 $\beta_0, \beta_1, \ldots, \beta_k$ と誤差項 u_i の推定量である．

　OLS 推定量は，試行錯誤によって，つまり (6.8) 式の二乗和が最小になるまで，異なる $b_0, \ldots, b_k$ の値を繰り返し試すことで計算できます．しかし，もっと簡単な計算方法は，微分によって求められる OLS 推定量の公式を使うことです．その公式は，基本概念 4.2 で 1 変数モデルについて求められた公式と同様のものです．それらの公式は，現代の統計ソフトには組み込まれています．ただし多変数回帰モデルの場合には，行列を使って公式を表現し議論するほうが便利です．そのため公式の表現については，18.1 節で説明します．

　多変数回帰における OLS の定義と用語については，基本概念 6.3 にまとめられています．

テスト成績と生徒・教師比率への応用

　4.2 節では，テスト成績（*TestScore*）と生徒・教師比率（*STR*）との間の回帰式について，切片と傾きの係数を OLS 推定により求めました．用いたデータは，カリフォルニア州の学区に関する 420 の観測値です．推定された OLS 回帰線は，(4.11) 式で報告されているとおり，

$$\overline{TestScore} = 698.9 - 2.28 \times STR \tag{6.11}$$

です．

　私たちが心配していたのは，この関係は，生徒・教師比率の高い学区では多くの英語学習者がいる（したがってテスト成績が低い）という影響を含んでおり，これをクラス規模から成績への効果と解釈するのは誤りではないか，というものでした．OLS 推定量には，除外された変数のバイアスが存在する可能性があるのです．

　そこで，多変数回帰モデルを使って，この問題を検討しましょう．ここでは，被説明変

数はテスト成績（Y_i），説明変数としては生徒・教師比率（X_{1i}），学区における英語学習者の割合（X_{2i}）の2変数で，それぞれの420地区に関する観測値を用います（$i = 1, \ldots, 420$）．この多変数モデルの下，推計されたOLS回帰線は，

$$\overline{TestScore} = 686.0 - 1.10 \times STR - 0.65 \times PctEL. \tag{6.12}$$

ここでPctELはその学区における英語学習者の割合です．切片のOLS推定値（$\hat{\beta}_0$）は686，生徒・教師比率の係数のOLS推定値（$\hat{\beta}_1$）は -1.10，英語学習者比率の係数のOLS推定値（$\hat{\beta}_2$）は -0.65 です．

この推定結果から，生徒・教師比率がテスト成績へ及ぼす効果は，説明変数が1つだけの場合と比べて，約半分の大きさであることがわかります．(6.11)式の1変数モデルでは，STR 1単位減少することでテスト成績は2.28ポイント上昇すると推定されましたが，それが(6.12)式の多変数モデルでは1.10ポイントの上昇と推定されたのです．この違いの原因は，多変数モデルではPctEL一定の下で（またはコントロールされた下で）STR変化の効果が測られたのに対し，1変数モデルではPctELは一定ではなかったのです．

これら2つの結果は，(6.11)式の1変数モデルの推定に除外された変数のバイアスがあると結論づけることで，矛盾なく理解することができます．6.1節で見たように，英語学習者の割合が高い学区では，テスト成績が低いだけでなく，生徒・教師比率も高い傾向にありました．英語学習者の割合が回帰モデルから除外されると，生徒・教師比率を減少させることのテスト成績への効果はより大きく推定されます．しかしその推定値は，生徒・教師比率減少の効果と，そこでは明示されていない英語学習者がより少ないことの効果の両方を反映しているのです．

以上，テスト成績と生徒・教師比率の関係に除外された変数のバイアスが存在するということを，2つの異なるルートから示してきました．1つはデータをグループに分けた表計算によるアプローチ（6.1節），もう1つは多変数回帰アプローチです（(6.12)式）．これら2つを比べると，多変数回帰モデルには2つの重要なメリットがあります．第1は，生徒・教師比率1単位減少の効果について，定量的な推定値を示すことができるという点です．それは，教育委員長が意思決定を行うために必要な情報でした．第2は，説明変数の数が2つを超える場合にも簡単に拡張できるという点です．多変数回帰モデルは，英語学習者の割合だけでなく，それ以外の要因をコントロールする場合にも使えるのです．

本章の残りの説明は，多変数回帰モデルにおけるOLSとその応用を理解することに充てられます．1変数モデルで学んだことの多くが，ほとんど何も修正することなく，多変数回帰モデルにも該当します．したがって以下では，多変数モデルで新しく登場する事柄に重点を置いて説明を進めていきます．ではまず，多変数回帰モデルの当てはまり（フィット）を測る指標から説明を始めましょう．

6.4 多変数回帰の当てはまりの指標

多変数回帰分析においてよく用いられる3つの統計量は，回帰の標準誤差，回帰分析の R^2，そして修正済み R^2（$\overline{R}^2$）です．これら3つの統計量はすべて，多変数回帰線の OLS 推定値がどれほどうまくデータを説明するか，つまりデータにどれだけ「フィット」するかを測る指標です．

回帰の標準誤差（SER）

回帰の標準誤差（standard error of the regression, SER）は，誤差項 u_i の標準偏差の推定量です．したがって SER は，回帰線の周りの Y の分布の散らばりを測定します．多変数回帰における SER は，

$$SER = s_{\hat{u}}, \quad \text{ここで} \quad s_{\hat{u}}^2 = \frac{1}{n-k-1} \sum_{i=1}^{n} \hat{u}_i^2 = \frac{SSR}{n-k-1} \quad (6.13)$$

と表されます．ここで SSR とは残差の二乗和，つまり $SSR = \sum_{i=1}^{n} \hat{u}_i^2$ です．

(6.13) 式の定義と，4.3 節で述べた1説明変数モデルでの SER の定義との間で唯一異なるのは，ここでは分母が $n-2$ ではなく $n-k-1$ だという点です．4.3 節では，（n ではなく）$n-2$ の分母を使うことで，2つの係数（回帰線の傾きと切片）を推定する際に発生する下方バイアスが修正されました．ここでは $n-k-1$ の分母を使うことで，$k+1$ 個の係数（k 個の傾きの係数と定数項）を推定する際の下方バイアスを調整してくれます．4.3 節で議論したとおり，分母に n ではなく $n-k-1$ を使うことは，自由度の修正と呼ばれます．説明変数が1つの場合は $k=1$ であり，したがって 4.3 節の公式と (6.13) 式とは同一です．ただし n が十分大きいときには，自由度の修正の影響は無視できるほど小さいと考えられます．

R^2

回帰の R^2 とは，Y_i の標本分散のなかで，説明変数で説明される（予測される）割合のことです．言い換えると，R^2 は，説明変数では説明されない Y_i の分散の割合を1から引いた値となります．

R^2 の数学的な定義は，説明変数が1つの回帰式の場合と同じです．すなわち，

$$R^2 = \frac{ESS}{TSS} = 1 - \frac{SSR}{TSS}. \quad (6.14)$$

ここで説明された二乗和（explained sum of squares）は $ESS = \sum_{i=1}^{n}(\hat{Y}_i - \overline{Y})^2$，そして全体の二乗和（total sum of squares）は $TSS = \sum_{i=1}^{n}(Y_i - \overline{Y})^2$ です．

多変数回帰分析において説明変数が追加されれば，その新しい変数がもともとの説明変数と完全に多重共線的でない限り，R^2 は上昇します．これを理解するために，はじめは1つの説明変数で，そこから2つ目の説明変数を追加する場合を考えましょう．説明変数が2つのモデルをOLSによって推計すると，OLSは残差の二乗和が最小になるような係数の値を見つけ出します．OLSによって新しい説明変数の係数が正確にゼロとなったのであれば，第2変数が含まれていてもいなくても，残差の二乗和 SSR は同じとなります．しかし，もしOLSによる推計値がゼロ以外の場合には，その新しい説明変数が含まれていない場合と比べ，SSR の値は減少します．実際には，推計された係数がちょうど0となることはきわめてまれなので，一般に SSR は，新しい説明変数が追加されることで減少します．したがって R^2 は，一般に新しい説明変数が追加されると増加する（決して減少しない）ことになります．

修正済み R^2

R^2 は新しい変数が追加されることで増大するため，たとえ R^2 が増加しても，変数の追加によって本当にモデルの当てはまりが改善したのかはっきりしません．その意味で R^2 は，回帰モデルのフィットの良さを過大に推計する指標です．この問題を修正する1つの方法は，ある係数を使って R^2 を低下させるというもので，それがまさに修正済み R^2（$\overline{R}^2$）が行うことです．

修正済み R^2（**adjusted R^2**），あるいは $\overline{R}^2$ とは，R^2 を修正したもので，新しい説明変数が追加されても必ずしも増加しないという性質を持ちます．$\overline{R}^2$ は，

$$\overline{R}^2 = 1 - \frac{n-1}{n-k-1}\frac{SSR}{TSS} = 1 - \frac{s_{\hat{u}}^2}{s_Y^2} \tag{6.15}$$

と表されます．この式と，(6.14)式の R^2 の定義式（2つ目の等式）との違いは，残差の二乗和と全体の二乗和の比率に係数 $(n-1)/(n-k-1)$ が掛けられている点です．(6.15)式の2つ目の表現が示すように，これによって修正済み R^2 は，1からOLS残差の標本分散（(6.13)式の自由度修正済み）と Y の標本分散との比率を引いた値となります．

この $\overline{R}^2$ について，3つの有用な特徴点を述べておきましょう．第1に，$(n-1)/(n-k-1)$ は常に1より大きい，したがって $\overline{R}^2$ は常に R^2 よりも小さいという点です．

第2に，$\overline{R}^2$ は，説明変数を追加することで2つの反対の影響を受けます．まず一方で SSR が減少し，$\overline{R}^2$ を増加させます．他方，係数 $(n-1)/(n-k-1)$ は上昇し，$\overline{R}^2$ を下落させます．最終的に $\overline{R}^2$ が増えるか減るかは，これら2つの効果のどちらが強いかに依存します．

第3に，$\overline{R}^2$ は負になりうるという点です．これは，説明変数全体として，残差の二乗和がわずかしか減少せず，係数 $(n-1)/(n-k-1)$ の上昇の効果を相殺できない場合に起こり得ます．

テスト成績への応用

(6.12) 式では，テスト成績 (*TestScore*) を生徒・教師比率 (*STR*) と英語学習者の比率 (*PctEL*) で説明する多変数回帰について，推定された回帰線を報告しました．この回帰式の R^2 は $R^2 = 0.426$，修正済み R^2 は $\overline{R}^2 = 0.424$，回帰の標準誤差は $SER = 14.5$ です．

これらの当てはまりの指標を，*PctEL* が除去された回帰の場合（(6.11) 式）と比べると，回帰式に *PctEL* を含めることで，R^2 が 0.051 から 0.426 へと増大していることがわかります．説明変数が *STR* のみだと *TestScore* の変動のごくわずかしか説明されませんが，*PctEL* を追加することでテスト成績の変動の 5 分の 2 以上（42.6%）が説明されるのです．この意味で，英語学習者の割合を含めることは回帰式のフィットを大きく改善します．標本数 n が大きく，また (6.12) 式の説明変数は 2 つだけなので，R^2 と修正済み R^2 との差はごくわずかです（$R^2 = 0.426$，$\overline{R}^2 = 0.424$）．

PctEL が除かれた回帰の *SER* は，18.6 です．この値は，*PctEL* が第 2 説明変数として追加されると，14.5 に下がります．*SER* の単位は，被説明変数であるテスト成績の点数となります．したがって *SER* の低下は，*STR* と *PctEL* の両方を説明変数とすることで，テスト成績の予測が大幅に正確となったことを表します．

R^2 と修正済み R^2 の利用の仕方

$\overline{R}^2$（あるいは R^2）は，被説明変数の変動を説明変数がどの程度説明するかを定量化して示すもので，有用な指標です．しかしながら，$\overline{R}^2$ に気を取られすぎることもよくありません．実証研究において，「$\overline{R}^2$ を最大化する」ことで，経済学的あるいは統計学的に意味のある答えを得ることはまれだからです．回帰式にある変数を含めるかどうかは，いま問題としている因果関係の効果をより良く推定できるかどうかで判断されなければなりません．どの変数を含めるべきか——そしてどれを除くべきか——の問題は第 7 章で検討します．しかし，そこに進む前に，まず，OLS 推定量のサンプリングに伴う不確実性を定量化する手法について学ぶ必要があります．その出発点として，第 4 章で議論した最小二乗法の仮定を多変数回帰に拡張しましょう．

6.5 多変数回帰モデルにおける最小二乗法の仮定

多変数回帰モデルでは，4 つの最小二乗法の仮定を考えます．最初の 3 つは，4.3 節の 1 説明変数モデルの仮定と同じもので（基本概念 4.3），それが多変数モデルに拡張されます．4 つ目は新しい仮定で，より詳細に議論されます．

仮定 1：$X_{1i}, X_{2i}, \ldots, X_{ki}$ が与えられた下で u_i の条件付分布の平均はゼロ

第 1 の仮定は，$X_{1i}, X_{2i}, \ldots, X_{ki}$ が与えられた下で，u_i の条件付分布の平均はゼロ，とい

うものです．これは，説明変数が1つの場合の第1の最小二乗法の仮定を，多変数モデルに拡張したものです．この仮定の意味は，Y_i は母集団回帰線を時に上回ったり，または下回ったりしますが，平均すると Y_i は母集団回帰線上に位置する，というものです．したがって，説明変数のどの値に対しても，u_i の期待値はゼロとなります．説明変数が1つの場合と同じく，これは OLS 推定量が不偏であることを示すための鍵となる仮定です．なお，除外された変数のバイアスについては，7.5 節で議論します．

仮定2：$(X_{1i}, X_{2i}, \ldots, X_{ki}, Y_i), i = 1, \ldots, n$ は i.i.d. である

第2の仮定は，$(X_{1i}, X_{2i}, \ldots, X_{ki}, Y_i), i = 1, \ldots, n$ は独立かつ同一の分布に従う（つまり i.i.d. の）確率変数，というものです．この仮定は，もし標本データが単純なランダム・サンプリングから得られたものであれば，自動的に成り立ちます．この仮定については，4.3 節の1説明変数モデルの際にコメントを付しましたが，その議論は多変数モデルにも当てはまります．

仮定3：大きな異常値はほとんど起こりえない

第3の仮定は，大きな異常値——すなわちデータの通常の変動範囲を大きく超える観測値——はほとんど起こりえないという仮定です．この仮定の背景には，説明変数が1つの場合と同じく，多変数回帰モデルにおいても，OLS 推定量は大きな異常値に敏感に反応するという問題があります．

大きな異常値がほとんど起こりえないという仮定は，数学的に正確に表現すると，$X_{1i}, \ldots, X_{ki}$ そして Y_i はゼロでない有限の4次のモーメントを持つ——数式では $0 < E(X_{1i}^4) < \infty, \ldots, 0 < E(X_{ki}^4) < \infty$ そして $0 < E(Y_i^4) < \infty$——というものです．別の表現では，被説明変数と説明変数は有限の尖度を持つという仮定です．OLS 推定量の大標本における特性を証明する際，この仮定が使われることになります．

仮定4：完全な多重共線性はなし

第4の仮定は，多変数回帰モデルにおいて新しく置かれるものです．これは，完全な多重共線性と呼ばれる好ましくない状況——その下では OLS 推定量を計算することができない——を排除します．1つの説明変数が他の説明変数の完全な線形関数で表されるとき，その説明変数は完全に多重共線的（perfectly multicollinear）である，または完全な多重共線性（perfect multicollinearity）を持つ，といわれます．第4の最小二乗法の仮定は，説明変数には完全な多重共線性はないということを表します．

なぜ完全な多重共線性があると OLS 推定量を計算することが不可能なのでしょうか．

これまでと同じく，$TestScore_i$ を STR_i と $PctEL_i$ で回帰する式で STR の係数を推定するとして，いま偶然，誤って STR_i を 2 回表記してしまったとします．つまり，$TestScore_i$ を STR_i と STR_i で回帰することになります．これは完全な多重共線性のケースです．なぜなら，1 つの説明変数（最初の STR）が別の説明変数（2 つ目の STR）の完全な線形関数となるからです．この回帰式を推計しようとすると，ソフト・パッケージにもよりますが，統計ソフトは次の 3 つのどれかを行います．(1) 片方の STR を変数から落とす，(2) OLS を計算することを拒否してエラーメッセージを示す．(3) コンピュータがクラッシュする．この失敗に関する数学的な理由は，完全な多重共線性は，OLS 推定の公式において分母ゼロで割ることになるからです．

直感的なレベルで言えば，完全な多重共線性に関する問題の根本は，非論理的な設問に答えを求めようとさせる点です．$TestScore$ を STR と STR で回帰する仮想の例で言えば，最初の STR の係数とは，STR を一定とした下で STR の変化が $TestScore$ へ及ぼす効果に相当します．これはまったくナンセンスであり，OLS でこのような無意味な部分的効果を推定することはできません．

この仮想的な回帰における完全な多重共線性への解決策は，タイプミスを改め，どちらか一方の STR をもともと含めようとしていた変数に置き換えることです．この例が典型的なのですが，完全な多重共線性の問題が生じたとき，説明変数の選択のロジックに誤りがある，もしくはデータセットにまだ認識されていない特性が含まれている，といった問題を反映していることがよく見られます．一般に，完全な多重共線性への対処法は，説明変数を修正して問題を除去することです．

完全な多重共線性に関する追加的な例は 6.7 節で紹介します．そこでは，不完全な多重共線性についても定義し，議論します．

多変数回帰モデルにおける最小二乗法の仮定は，基本概念 6.4 に要約されます．

6.6 多変数回帰モデルにおける OLS 推定量の分布

データは標本によって異なるものなので，サンプルが異なれば OLS 推定値も異なります．サンプルによって起こりうるこの違いは，母集団の回帰係数 β_0, β_1, ..., β_k の OLS 推定量に不確実さが含まれることを意味します．1 説明変数の回帰モデルのときとまったく同じく，この不確かさは，OLS 推定量の標本分布に要約されます．

4.4 節の議論を思い出してください．最小二乗法の仮定の下，1 変数回帰モデルにおける OLS 推定量（$\hat{\beta}_0$ と $\hat{\beta}_1$）は，未知の係数（β_0, β_1）の不偏かつ一致推定量でした．さらに大標本の下では，$\hat{\beta}_0$ と $\hat{\beta}_1$ の標本分布は 2 変数正規分布に近似されました．

これらの結果は，多変数の回帰分析にも当てはまります．すなわち，基本概念 6.4 の最小二乗法の仮定の下，多変数回帰モデルの OLS 推定量 $\hat{\beta}_0$, $\hat{\beta}_1$, ..., $\hat{\beta}_k$ は，β_0, β_1, ..., β_k の不偏かつ一致推定量となります．大標本では，$\hat{\beta}_0$, $\hat{\beta}_1$, ..., $\hat{\beta}_k$ の結合標本分布は，

基本概念 6.4 多変数回帰モデルにおける最小二乗法の仮定

$$Y_i = \beta_0 + \beta_1 X_{1i} + \beta_2 X_{2i} \cdots + \beta_k X_{ki} + u_i, i = 1, \ldots, n$$

ここで，

1. $X_{1i}, X_{2i}, \ldots, X_{ki}$ の下，u_i の条件付平均はゼロ，すなわち，

$$E(u_i \mid X_{1i}, X_{2i}, \ldots, X_{ki}) = 0.$$

2. $(X_{1i}, X_{2i}, \ldots, X_{ki}, Y_i), i = 1, \ldots, n$ は，独立かつ同一の分布（i.i.d.）に従う確率変数．
3. 大きな異常値はほとんど起こりえない：$X_{1i}, \ldots, X_{ki}$ そして Y_i はゼロでない有限の4次のモーメントを持つ．
4. 完全な多重共線性はない．

多変数正規分布で近似されます．それは2変数正規分布を，より一般的な多変数の結合正規分布に拡張したものです（2.4節）．

多変数となることで代数的にはより複雑になりますが，中心極限定理が多変数回帰モデルに応用される理由は，$\overline{Y}$ や1変数回帰モデルのOLS推定量に応用される際のメカニズムとまったく同じです．OLS推定量 $\hat{\beta}_0, \hat{\beta}_1, \ldots, \hat{\beta}_k$ は，ランダムにサンプリングされたデータの平均です．もし標本数が十分大きければ，その平均の標本分布はそれぞれ正規分布に従います．多変数正規分布は，行列計算を使うと取り扱いがとても容易になるので，OLS推定量の結合分布の表現は後ほど第18章で解説します．

基本概念6.5には，多変数モデルのOLS推定量は，大標本のとき，近似的に結合正規分布に従うという結果が要約されています．一般に，OLS推定量には相関があります．この相関は，説明変数間の相関に依存します．2つの説明変数，誤差項が均一分散の場合のOLS推定量の結合標本分布は，付論6.2で詳しく説明します．一般ケースについては，18.2節で述べます．

6.7 多重共線性

6.5節で議論したように，完全な多重共線性は，ある説明変数が他の説明変数の完全な線形結合となるとき発生します．本節では完全な多重共線性のいくつかの実例を示して，完全な多重共線性がいかにして発生し，どのように排除できるかを，複数の (0,1) 説明変数の回帰に基づき議論します．不完全な多重共線性は，ある説明変数が他の説明変数と非常に高い相関関係にある――しかし完全な相関関係ではない――ときに発生します．完全

> **基本概念**
> **6.5**
> ### $\hat{\beta}_0, \hat{\beta}_1, \ldots, \hat{\beta}_k$ の大標本分布
>
> 最小二乗法の仮定（基本概念6.4）が成り立つとき，大標本におけるOLS推定量 $\hat{\beta}_0, \hat{\beta}_1, \ldots, \hat{\beta}_k$ は結合正規分布に従い，各係数 $\hat{\beta}_j$ の分布は，$N(\beta_j, \sigma^2_{\hat{\beta}_j}), j = 0, \ldots, k$ に従う．

な多重共線性とは異なり，不完全な多重共線性では回帰式を推定できないというわけではなく，説明変数の選択においてもロジカルな問題は起こりません．しかしながら，不完全な多重共線性の場合，一つ以上の回帰係数が不正確に推定されるという問題が発生します．

完全な多重共線性の実例

6.5節の完全な多重共線性の議論を続けて，3つの仮想的な回帰式を検討します．各式では，(6.12)式の $TestScore_i$ の回帰に，STR_i と $PctEL_i$ に加えて3番目の説明変数が追加されます．

例1：英語学習者の比率　　$FracEL_i$ を，第 i 学区における英語学習者の比率（fraction）とし，0から1の間の値を取るとします．もし $FracEL_i$ が第3の説明変数として STR_i と $PctEL_i$ に追加されると，説明変数は完全に多重共線的となります．その理由は，$PctEL$ は英語学習者のパーセント割合なので，すべての学区について $PctEL_i = 100 \times FracEL_i$ となるからです．明らかに，説明変数の1つ（$PctEL_i$）が，他の説明変数（$FracEL_i$）の完全な線形関数として表されます．

この完全な多重共線性のため，$TestScore_i$ を STR_i，$PctEL_i$，$FracEL_i$ で回帰するOLS推定値は計算できません．なぜOLSが不可能かを直感的に考えると，OLSで調べようとするのは，英語学習者の比率を一定としたままで，英語学習者のパーセント割合が1単位変化したときの効果はいくらかという問題です．英語学習者のパーセント割合と比率は完全な線形関係にあり，まったく同じ動きをするので，この設問自体が無意味であり，OLSはそれに答えることはできません．

例2：「あまり小さくない」クラス　　いま NVS_i を (0, 1) 変数とし，第 i 学区の生徒・教師比率が「あまり小さくない」ときに1を取るとします．具体的には，$STR_i \geq 12$ であれば NVS_i は1，そうでなければゼロとします．この変数を追加した回帰モデルも，完全な多重共線性を示すことになりますが，それは先の例1よりも微妙な理由によります．実は，私たちのデータセットには，$STR_i < 12$ となる地区はありません．図4.2の散布図を

見ればわかるように，STR_i の最小値は14，つまり，すべての観測値が $NVS_i = 1$ なのです．ここで定数項を含む線形回帰モデルは，(6.6) 式で表したように，すべての i について1となる説明変数 X_{0i} を含むモデルに相当するということを思い出してください．したがって，私たちのデータセットでは，すべての観測値で $NVS_i = 1 \times X_{0i}$ となり，NVS_i は他の説明変数（つまり定数項）との完全な線形関係で表されます．より正確にいえば，$NVS_i = X_{0i}$ です．

この例では，完全な多重共線性に関する重要なポイントを2つ示しています．第1は，回帰モデルに定数項を含むとき，説明変数に「一定の」変数 X_{0i} を用いると完全な多重共線性が発生するという点です．第2に，完全な多重共線性とは，自分の手元にあるデータセットに依存する問題だという点です．教師1人当たりの生徒数が12人より少ない学区を想像することはできますが，私たちのデータセットにはそのような学区はなかったため完全な多重共線性が発生し，回帰モデルを分析できなかったのです．

例3：英語を話す生徒の割合　　$PctES_i$ を，第 i 学区における「英語を話す生徒（English speakers）」のパーセント割合とします．ここで「英語を話す生徒」とは，英語学習者ではない生徒と定義されます．この変数を回帰モデルに含むとき，説明変数はやはり完全に多重共線的となります．ここで，説明変数間の完全な線形関係には，上記の例2と同じ「一定の」説明変数 X_{0i} も含まれ，すべての学区について，$PctES_i = 100 \times X_{0i} - PctEL_i$ と表されます．

この例は，別の重要なポイントを示しています．完全な多重共線性は，複数の変数の組合せでも示されるという点です．もし，切片あるいは $PctEL_i$ が回帰モデルから除去されていれば，説明変数は完全に多重共線的とはいえなかったのです．

ダミー変数のわな　　完全な多重共線性が起こりうる別の要因として，複数の (0,1) 変数——ダミー変数——が説明変数に用いられる場合が考えられます．たとえば，学区を地域ごとに3つのタイプに分類して，「田園」，「郊外」，「都市」に分けたとします．各学区はどれか1つの（そして1つだけの）分類に属するとします．そしてダミー変数を定義し，$Rural_i$ は田園地域に属する学区の場合1，それ以外は0を取る (0,1) 変数，$Suburban_i$，$Urban_i$ もそれぞれ同様に定義します．もしこれら3つの (0,1) 変数を定数項とともにすべて回帰式に含めると，説明変数は完全な多重共線性となります．すべての学区はどれか1つの，そしてただ1つの分類に属するため，$Rural_i + Suburban_i + Urban_i = 1 = X_{0i}$ となります．ここで X_{0i} は，(6.6) 式で導入された定数項です．したがって回帰式を推定するには，これら4つの説明変数の中の1つ，すなわちダミー変数の1つか定数項かのいずれかを取り除かなければなりません．もし $Rural_i$ が取り除かれる場合には，$Suburban_i$ の係数は，他の説明変数が一定の下で，田園地域と郊外地域のテスト成績の平均的な差に相当します．

一般に，G 個の $(0,1)$ 変数があり，観測値はどれか 1 つ，そしてただ 1 つの分類に属し，さらに回帰式に定数項が含まれて，G 個の $(0,1)$ 変数がすべて説明変数として含まれたとします．そのとき，回帰式は完全な多重共線性のために推定できません．この状況は，ダミー変数のわな（**dummy variable trap**）と呼ばれます．このダミー変数の罠を避ける通常の方法は，$(0,1)$ 変数のどれか 1 つを回帰式から取り除く，すなわち，$G-1$ 個のダミー変数だけを回帰式に含めるというものです．この場合，含められた $(0,1)$ 変数の係数は，他の説明変数一定の下，取り除かれた分類のベース・ケースと比べて，その分類に属することにより追加される効果を表すことになります．また別の方法としては，G 個すべての $(0,1)$ 変数を含む一方，定数項は回帰式から取り除くというやり方もあります．

完全な多重共線性への解決策　　完全な多重共線性が発生する例として典型的なのは，回帰モデルの特定化を誤ってしまったときです．その誤りは，第 1 の例のように見つけやすいときもあれば，第 2 の例のように見つけにくい場合もあります．いずれにしても OLS 推定量は計算できないので，ソフトウェアはその問題の存在を知らせてくれるでしょう．

もし皆さんの計量ソフトが完全な多重共線性を示したなら，それを除去すべく回帰モデルを修正することが重要です．完全な多重共線性が起こったとき，ソフトによってはその処理が信頼できない場合もあります．もし説明変数が完全に多重共線的であれば，少なくとも，説明変数の選択はコンピュータに委ねることになるでしょう．

不完全な多重共線性

不完全な多重共線性は，名前はよく似ていますが，完全な多重共線性とは概念的にまったく異なります．**不完全な多重共線性**（**imperfect multicollinearity**）とは，2 つかそれ以上の説明変数が高い相関を示す場合，すなわち説明変数間に線形関係があり相関が高いという状況を意味します．不完全な多重共線性は，OLS 推定の理論上では何も問題は生じません．実際 OLS の目的とは，さまざまな説明変数の個々の影響を，それらが潜在的に互いに相関する中で，区別して取り出すことだからです．

もし説明変数に不完全な多重共線性が存在するとき，少なくとも 1 つの説明変数に関する係数が正確には推定されなくなります．たとえば，$TestScore$ を STR と $PctEL$ で回帰する例を考えます．いま 3 番目の説明変数として，その学区における第 1 世代移民の割合を追加するとしましょう．一般に第 1 世代移民は英語を第 2 言語として話します．したがって，$PctEL$ と移民割合の変数は高い相関関係にあるでしょう．最近入ってきた移民が多い学区では，いまだ英語を学習中の生徒が多いという傾向にあるからです．これら 2 つの変数は高い相関関係にあるので，移民割合を一定に維持する下で $PctEL$ が増加したときのテスト成績に及ぼす効果を推定することは難しいでしょう．言い換えると，この

データセットでは，英語学習者の割合が低く，しかし移民の比率が高いときにテスト成績がどうなるのかの情報が得られないということです．もし最小二乗法の仮定が成立するのであれば，OLS 推定量は不偏性が確保されます．しかしその分散は，説明変数 PctEL と移民割合が相関しない場合に比べて，より大きくなります．

不完全な多重共線性が OLS 推定量の分散に与える影響は，数学的には付論 6.2 の (6.17) 式をよく見ると理解できます．そこでは，2 つの説明変数（X_1 と X_2）からなる多変数回帰において，均一分散の誤差項という特別ケースを仮定した下で，$\hat{\beta}_1$ の分散が示されます．この場合，$\hat{\beta}_1$ の分散は，$1 - \rho_{X_1,X_2}^2$ の逆数に比例します．そこで ρ_{X_1,X_2} は X_1 と X_2 の相関です．したがって 2 つの説明変数の相関が高いほど，その項はよりゼロに近づき，その結果，$\hat{\beta}_1$ の分散はより大きくなります．より一般に，複数の説明変数が不完全な多重共線性の関係にあるとき，それらの説明変数に関する（1 つないし複数の）係数は分散が大きく，不正確に推定されるのです．

完全な多重共線性の問題は，多くの場合が論理的な誤りでした．それに対して不完全な多重共線性の問題は，必ずしも誤りではなく，それはむしろ OLS 推定，手元のデータ，そして答えを得ようとする現在の設問，それぞれの特徴の結果といえます．もし現在の回帰式の説明変数がもともと含めようと意図したもので，除外された変数のバイアス問題を考慮したものだとします．そのとき不完全な多重共線性が発生することは，手元のデータから変数の部分的な効果を正確に推定することが難しいということを意味するのです．

6.8 結論

説明変数が 1 つの回帰分析では，除外された変数のバイアスの問題が常に気がかりでした．もし除外された変数が被説明変数を決定する要因であり，それが説明変数と相関していれば，傾きの係数に対する OLS 推定量はバイアスを含むことになり，その係数は説明変数と除外された変数の両方の効果を含むことになります．多変数回帰では，除外された変数を含めることで，バイアスを軽減することが可能となります．多変数回帰における説明変数 X_1 の係数は，他の説明変数を一定にした下で，X_1 の変化がもたらす部分的な効果を表します．テスト成績の例で言えば，英語学習者の割合を説明変数として追加することで，生徒・教師比率の変化がテスト成績に及ぼす効果を，英語学習者の割合を一定に維持した下で推定することができました．そうすることにより，生徒・教師比率 1 単位の変化がもたらす影響の推定値は半分に低下しました．

多変数回帰に関する統計理論は，1 説明変数回帰の統計理論を基礎にして構築されています．多変数回帰の最小二乗法の仮定は，1 説明変数の場合に示した 3 つの最小二乗法の仮定を拡張したもので，そこに完全な多重共線性を排除するという 4 つ目の仮定を追加しました．回帰係数は 1 つの標本データから推定されるので，OLS 推定量は結合標本分布であり，サンプリングに起因する不確実性を伴います．このサンプリングに関する不確

実性は，実証分析の手続きの1つとして定量化されなければなりません．そして，その方法を多変数回帰において議論するのが次章のトピックです．

要約

1. 除外された変数のバイアスは，(1) 除外された変数と説明変数に相関があり，かつ (2) 除外された変数が Y の決定要因であるとき，発生する．
2. 多変数回帰モデルは，複数の説明変数 $X_1, X_2, \ldots, X_k$ を含む線形回帰モデルである．各説明変数には回帰係数 $\beta_1, \beta_2, \ldots, \beta_k$ が付与される．係数 β_1 は，他の説明変数一定の下，X_1 の1単位の変化によりもたらされるであろう Y の変化を表す．他の回帰係数も同様に解釈される．
3. 多変数回帰の係数は OLS により推定可能である．基本概念 6.4 に示した最小二乗法の4つの仮定が満たされるとき，OLS 推定量は不偏性と一致性を有し，大標本の下で正規分布に従う．
4. 完全な多重共線性は，ある説明変数が別の説明変数の正確な線形関数として表される場合に発生するもので，通常，多変数回帰の説明変数の選択を誤った結果，発生する．完全な多重共線性の問題を解決するには，説明変数を変更しなくてはならない．
5. 回帰の標準誤差，R^2，そして $\overline{R}^2$ は，多変数回帰の当てはまり（フィット）の良さを測る指標である．

キーワード

除外された変数のバイアス [omitted variable bias]　166

多変数回帰モデル [multiple regression model]　171

母集団の回帰線 [population regression line]　172

母集団の回帰関数 [population regression function]　172

切片 [intercept]　172

X_{1i} の傾きの係数 [slope coefficient of X_{1i}]　172

X_{1i} の係数 [coefficient on X_{1i}]　172

X_{2i} の傾きの係数 [slope coefficient of X_{2i}]　172

X_{2i} の係数 [coefficient on X_{2i}]　172

コントロール変数 [control variable]　172

X_2 を一定にした下で [holding X_2 constant]　172

X_2 をコントロールした下で [controlling for X_2]　172

部分的な効果 [partial effect]　173

母集団の多変数回帰モデル [population multiple regression model]　173

一定の説明変数 [constant regressor]　173

定数項 [constant term]　173

均一分散 [homoscedastic]　174

不均一分散 [heteroscedastic]　174

$\beta_1, \beta_2, \ldots, \beta_k$ の OLS 推定量 [ordinary least squares ⟨OLS⟩ estimators of $\beta_1, \beta_2, \ldots, \beta_k$]　175

OLS 回帰線 [OLS regression line] 175
予測値 [predicted value] 175
OLS 残差 [OLS residual] 175
R^2 178
修正済み R^2 ($\overline{R}^2$) [adjusted R^2] 179
完全に多重共線的 [perfectly multicollinear],

完全な多重共線性 [perfect multicollinearity] 181
ダミー変数のわな [dummy variable trap] 186
不完全な多重共線性 [imperfect multicollinearity] 186

練習問題

最初の4つの練習問題は，CPS データベースの1998年のデータを使って計算された推定結果の表（次ページ）を使います．データセットは4000人の常勤労働者に関する情報からなります．各労働者の学歴は高卒もしくは大卒で，年齢は25歳から34歳の間です．さらに，住んでいる地域，結婚歴，子供の人数に関する情報も含みます．ここでは各変数を以下のように表記するものとします．

AHE = 時間当たり平均賃金（ドル，1998年当時）
$College$ = (0,1) 変数（大卒ならば1，高卒ならば0）
$Female$ = (0,1) 変数（女性ならば1，男性ならば0）
Age = 年齢（歳）
$Ntheast$ = (0,1) 変数（住んでいる地域が北西部ならば1，それ以外は0）
$Midwest$ = (0,1) 変数（住んでいる地域が中西部ならば1，それ以外は0）
$South$ = (0,1) 変数（住んでいる地域が南部ならば1，それ以外は0）
$West$ = (0,1) 変数（住んでいる地域が西部ならば1，それ以外は0）

6.1 表の各回帰式の $\overline{R}^2$ を計算しなさい．

6.2 (1) 列の推定結果を使って，以下の問いに答えなさい
　a. 大卒者は高卒者より平均的に見て賃金が高いでしょうか．どのくらい高いでしょうか．
　b. 男性は女性より平均的に見て賃金が高いでしょうか．どのくらい高いでしょうか．

6.3 (2) 列の推定結果を使って，以下の問いに答えなさい．
　a. 年齢は賃金を決定する重要な要因でしょうか．説明しなさい．
　b. サリーは29歳の大卒女性です．ベッツィーは34歳の大卒女性です．サリーとベッツィーの賃金を予測しなさい．

6.4 (3) 列の推定結果を使って，以下の問いに答えなさい．
　a. 住んでいる地域によって賃金に違いはあるでしょうか．
　b. なぜ説明変数 $West$ は回帰式から除かれているのでしょうか．もし含まれると何が起こるでしょうか．
　c. ジュアニータは南部出身の28歳大卒女性です．ジェニファーは中西部出身の28歳大卒女性です．ジュアニータとジェニファーの賃金の違いを予測しなさい．

平均賃金を性別，学歴，その他の特徴で回帰した推定結果： 現代人口調査（CPS）1998年データを利用			
被説明変数：時間当たり平均賃金（AHE）			
説明変数	(1)	(2)	(3)
College (X_1)	5.46	5.48	5.44
Female (X_2)	−2.64	−2.62	−2.62
Age (X_3)		0.29	0.29
Northwest (X_4)			0.69
Midwest (X_5)			0.60
South (X_6)			−0.27
定数項	12.69	4.40	3.75
主要統計量			
SER	6.27	6.22	6.21
R^2	0.176	0.190	0.194
$\overline{R}^2$			
n	4000	4000	4000

6.5 ある地域で集められた無作為標本220戸の住宅販売データがあります．Priceは販売価格（単位は$1000），BDRは寝室の数，Bathは浴室の数，Hsizeは建物面積（平方フィート），Lsizeは敷地面積（平方フィート），Ageは築年数（年），Poorは家の状態が「悪い」と記録されていれば1を取る(0,1)変数，をそれぞれ表します．推定された回帰式は以下のようになりました：

$$\widehat{Price} = 119.2 + 0.485BDR + 23.4Bath + 0.156Hsize + 0.002Lsize$$
$$+0.090Age - 48.8Poor, \overline{R}^2 = 0.72, SER = 41.5.$$

a. ある家の所有者が部屋の一部を新しい浴室に改築しようとしているとします．その家の価値はいくら増えると予想されますか．

b. ある家の所有者が新しい浴室を増築し，建物面積が100平方フィート分増えたとします．その家の価値はいくら増えると予想されますか．

c. ある家の所有者が家の手入れをせず，評価が「悪い」に下がったとき，その家の価値の損失はいくらになると考えられますか．

d. この回帰のR^2を計算しなさい．

6.6 ある研究者は，アメリカの郡における無作為標本のデータを使って，警察が犯罪に及ぼす因果関係の効果を分析しようとしています．彼は，郡内の犯罪率を郡内の（住民1人当たり）警察官の数で回帰しようと考えています．

a. この回帰には除外された変数バイアスが発生する可能性があります．その理由を説明しなさい．除外された重要な変数をコントロールするために，回帰式にはどんな変数

を加えたらよいでしょうか．

b. (a) の答えと (6.1) 式の除外された変数バイアスに関する表現を使って，回帰式には警察が犯罪率に及ぼす効果を過大評価もしくは過小推計する可能性があるか判断しなさい．（つまり，あなたは $\hat{\beta}_1 > \beta_1$ だと思いますか，それとも $\hat{\beta}_1 < \beta_1$ だと思いますか．）

6.7 提案された以下の研究計画について，それぞれ批判的に検討しなさい．その際，それぞれの研究に含まれる問題点を指摘し，研究計画の改善方法についても示しなさい．また，追加的にデータを集める必要性や，データ分析のための適切な統計手法についても議論しなさい．

a. ある研究者は，航空宇宙関連のある大企業が賃金を設定する際に男女格差が存在するかどうか判断したいと考えています．潜在的な性別格差を調べるために，研究者は，企業の技術者全員の給料と性別情報を集めています．そのとき，研究者は，女性の平均賃金が男性の平均賃金に比べ有意に少ないかどうかを判断するために，「平均値の差」のテストを行うことにしています．

b. ある研究者は，刑務所での服役の経験が賃金に永続的な効果をもつかどうか調査しようと考えています．その研究者は，刑務所から出所して少なくとも 15 年間経過した人の無作為標本に基づくデータを集めました．また，刑務所に一度も入ったことがない人の無作為標本データも集めました．そのデータセットには，それぞれの人の現在の賃金，教育，年齢，民族，性別，在職期間（現在の仕事に就いている期間），職業，組合への加入状況，そして服役経験を表す指標が含まれます．その研究者は，賃金を服役経験の指標（(0,1) 変数）で回帰することで，服役が賃金に与える効果を推定しようと計画しています．なお，その推計には他の決定要因（教育，在職期間，組合加入状況など）も含んでいます．

6.8 ある最近の研究によると，睡眠が 6-7 時間の人の死亡率は，睡眠が 8 時間以上の人の死亡率よりも低く，睡眠が 5 時間以下の人の死亡率よりも高いことがわかりました．この研究で使われた 110 万人の観測値は，30 歳から 102 歳までのアメリカ人の無作為抽出による調査データから取られています．調査の各回答者は 4 年間継続してデータを提供します．7 時間睡眠の人の死亡率とは，睡眠 7 時間と回答して研究調査の期間中に死亡した人数を，7 時間睡眠と回答したすべての人数で割った比率として定義されます．そしてこの計算方法は 6 時間や他の睡眠時間にも適用されます．この研究結果から，睡眠 9 時間のアメリカ人に対して，長生きしたいのであれば睡眠時間を 6-7 時間に減らすよう勧めますか．その理由は何でしょうか．説明しなさい．

6.9 (Y_i, X_{1i}, X_{2i}) は基本概念 6.4 の仮定を満たすものとします．いま，X_1 が Y へ及ぼす因果関係の効果 β_1 に関心があるとします．そして X_1 と X_2 は相関しないものとします．あなたは Y を X_1 で回帰を行う（X_2 を回帰に含めない）ことで β_1 を推定しました．この推定値には除外された変数のバイアスを含んでいるでしょうか．説明しなさい．

6.10 (Y_i, X_{1i}, X_{2i}) は基本概念 6.4 の仮定を満たすものとします．加えて，$\text{var}(u_i | X_{1i}, X_{2i}) = 4$ および $\text{var}(X_{1i}) = 6$ とします．標本数 $n = 400$ の無作為標本を母集団から抽出します．

  a. X_1 と X_2 は相関しないものと仮定します．$\hat{\beta}_1$ の分散を計算しなさい．［ヒント：付論 6.2 の (6.17) 式を参照しなさい．］

  b. $\text{corr}(X_1, X_2) = 0.5$ と仮定します．$\hat{\beta}_1$ の分散を計算しなさい．

  c. 次の見方にコメントしなさい．「X_1 と X_2 が相関するとき，X_1 と X_2 が相関しないときよりも $\hat{\beta}_1$ の分散は大きくなります．したがって，β_1 に関心があるとき，X_2 が X_1 と相関するならば，X_2 を回帰式から取り除く方がよい．」

6.11 （微分の計算が必要です．）次の回帰モデルを考えましょう．すなわち，$i = 1, \ldots, n$ に関し，

$$Y_i = \beta_1 X_{1i} + \beta_2 X_{2i} + u_i.$$

（ここで回帰式に定数項がないことに注意）．付論 4.2 と同様の分析に従って，以下の問いに答えなさい．

  a. OLS により最小化される最小二乗関数を特定化しなさい．

  b. 目的関数を b_1 と b_2 に関して偏微分しなさい．

  c. $\sum_{i=1}^{n} X_{1i} X_{2i} = 0$ とします．$\hat{\beta}_1 = \sum_{i=1}^{n} X_{1i} Y_i / \sum_{i=1}^{n} X_{1i}^2$ を示しなさい．

  d. $\sum_{i=1}^{n} X_{1i} X_{2i} \neq 0$ とします．$\hat{\beta}_1$ の表現をデータ $(Y_i, X_{1i}, X_{2i}), i = 1, \ldots, n$ の関数として導出しなさい．

  e. 回帰モデルに定数項が含まれているものとします：$Y_i = \beta_0 + \beta_1 X_{1i} + \beta_2 X_{2i} + u_i$．最小二乗推定量は $\hat{\beta}_0 = \overline{Y} - \hat{\beta}_1 \overline{X}_1 - \hat{\beta}_2 \overline{X}_2$ を満たすことを示しなさい．

実証練習問題

E6.1 実証練習問題 4.2 で説明した `TeachingRatings` データセットを使って，以下の問題に答えなさい．

  a. *Course_Eval* を *Beauty* で回帰しなさい．推定された傾きの係数はいくつですか．

  b. 授業の種類や教授の特徴をコントロールするため，変数を追加して，*Course_Eval* を *Beauty* で回帰しなさい．具体的には，説明変数に *Intro*, *OneCredit*, *Female*, *Minority*, *NNEnglish* を追加しなさい．*Beauty* が *Course_Eval* へ及ぼす効果の推定値はいくつですか．(a) の回帰には，除外された変数のバイアスが含まれているでしょうか．

  c. スミス教授は平均的な容姿の黒人男性で，英語を母国語としています．彼は 3 単位もの上級科目を教えています．スミス教授の授業評価を予測しなさい．

E6.2 実証練習問題 4.3 で説明した `CollegeDistance` データセットを使って，以下の問題に答えなさい．

  a. 教育年数 (*ED*) を最も近い大学までの距離 (*Dist*) で回帰しなさい．推定された傾き

の係数はいくつですか．

b. 学生の特徴，学生の家族，地方の就職動向をコントロールするため，変数を追加して，ED を $Dist$ で回帰しなさい．具体的には，説明変数に $Bytest$, $Female$, $Black$, $Hispanic$, $Incomehi$, $Ownhome$, $DadColl$, $Cue80$, $Stwmfg80$ を追加しなさい．$Dist$ が ED へ及ぼす効果の推定値はいくつですか．

c. (b) の回帰による $Dist$ の ED への効果は，(a) の回帰での効果と大きく異なりますか．この結果から，(a) の回帰には除外された変数バイアスが含まれていると思われますか．

d. 回帰の標準誤差，R^2, $\overline{R}^2$ を使って，(a) と (b) の回帰の当てはまりを比較しなさい．なぜ，回帰 (b) の R^2 と $\overline{R}^2$ は非常に近い値なのでしょうか．

e. $DadColl$ の係数は正の値を取ります．この係数は何を測っているのでしょうか．

f. 回帰式になぜ $Cue80$ や $Stwmfg80$ が含まれるか説明しなさい．それらの推定された係数の符号（+ か −）は，あなたが予想したものと一致しているでしょうか．これらの係数の大きさについても解釈しなさい．

g. ボブは黒人男性です．彼の高校は最も近い大学から 20 マイルのところにありました．彼の base-year composite テスト（$Bytest$）の得点は 58 点でした．彼の家族の 1980 年の所得は \$26,000 で，彼の家族は家を所有していました．彼の母親は大学に通っていましたが，父親は通っていませんでした．彼のいる郡の失業率は 7.5％ で，州の製造業における時間当たり平均賃金は \$9.75 でした．(b) の回帰の結果を使って，ボブが修了した教育年数を予測しなさい．

h. ジムは，彼の高校が最も近い大学から 40 マイルのところにあるという点を除き，ボブと同じ特徴を持っています．(b) の回帰の結果を使って，ジムが修了した教育年数を予測しなさい．

E6.3 実証練習問題 4.4 で説明した Growth データセット（ただしマルタに関するデータを除く）を使って，以下の問題に答えなさい．

a. $Growth$, $TradeShare$, $YearsSchool$, Oil, Rev_Coups, $Assasinations$, $RGDP60$ の各変数について，標本平均，標準偏差，最小値と最大値を計算し，表にまとめなさい．

b. $Growth$ を $TradeShare$, $YearsSchool$, Rev_Coups, $Assasinations$, そして $RGDP60$ で回帰しなさい．Rev_Coups に関する係数の値はいくつですか．この係数の値について解釈しなさい．その値は，現実的な意味で大きいですか，小さいですか．

c. 回帰結果に基づいて，すべての説明変数について平均値を取るような国の平均経済成長率を予測しなさい．

d. (c) を繰り返しなさい．ただしその際，$TradeShare$ の値は平均値よりも 1 標準偏差分大きいと仮定しなさい．

e. なぜ Oil は回帰式から取り除かれているのでしょうか．もし含めると，何が起こるのでしょうか．

付論 6.1 (6.1) 式の導出

この付論では，(6.1) 式の除外された変数バイアスの公式を導出します．付論 4.3 の (4.30) 式を再掲すると，

$$\hat{\beta}_1 = \beta_1 + \frac{\frac{1}{n}\sum_{i=1}^{n}(X_i - \overline{X})u_i}{\frac{1}{n}\sum_{i=1}^{n}(X_i - \overline{X})^2} \tag{6.16}$$

です．基本概念 4.3 の最後の 2 つの仮定の下，$\frac{1}{n}\sum_{i=1}^{n}(X_i - \overline{X})^2 \xrightarrow{p} \sigma_X^2$，そして $\frac{1}{n}\sum_{i=1}^{n}(X_i - \overline{X})u_i \xrightarrow{p}$ $\text{cov}(u_i X_i) = \rho_{Xu}\sigma_u\sigma_X$ となります．これらの極限値を (6.16) 式に代入すると，(6.1) 式が得られます．

付論 6.2 説明変数が 2 つで均一分散の場合の OLS 推定量の導出

多変数回帰における OLS 推定量の分散の一般的な公式は複雑ですが，もし説明変数が 2 つで（$k=2$）かつ誤差項が均一分散ならば，公式は簡単になり，OLS 推定量の分布に若干の意味合いを付け加えることができます．

誤差項は均一分散なので，u_i の条件付分散は $\text{var}(u_i|X_{1i}, X_{2i}) = \sigma_u^2$ と表されます．2 つの説明変数 X_{1i} と X_{2i} があり，かつ誤差項が均一分散であるとき，大標本において $\hat{\beta}_1$ の標本分布は $N(\beta_1, \sigma_{\hat{\beta}_1}^2)$ となります．ここで，その分布の分散 $\sigma_{\hat{\beta}_1}^2$ は，

$$\sigma_{\hat{\beta}_1}^2 = \frac{1}{n}\left[\frac{1}{1-\rho_{X_1,X_2}^2}\right]\frac{\sigma_u^2}{\sigma_{X_1}^2} \tag{6.17}$$

となります．ここで ρ_{X_1,X_2} は 2 つの説明変数 X_{1i} と X_{2i} の母集団相関で，$\sigma_{X_1}^2$ は X_1 の母集団分散です．

$\hat{\beta}_1$ の標本分布の分散 $\sigma_{\hat{\beta}_1}^2$ は，説明変数間の相関の二乗に依存します．もし X_1 と X_2 が高い正もしくは負の相関をもつならば，ρ_{X_1,X_2}^2 は 1 に近づくので，(6.17) 式の分母における $1-\rho_{X_1,X_2}^2$ の項は小さくなり，ρ_{X_1,X_2} がゼロに近いときよりも $\hat{\beta}_1$ の分散が大きくなります．

OLS 推定量の大標本結合正規分布の別の特徴は，$\hat{\beta}_1$ と $\hat{\beta}_2$ が一般的に相関するということです．誤差項が均一分散であるとき，OLS 推定量 $\hat{\beta}_1$ と $\hat{\beta}_2$ の相関は，2 つの説明変数の相関の負という関係があります．すなわち，

$$\text{corr}(\hat{\beta}_1, \hat{\beta}_2) = -\rho_{X_1,X_2}. \tag{6.18}$$

第7章 多変数回帰における仮説検定と信頼区間

第6章で議論したように，多変数回帰分析では，他の説明変数を含めてそれらの要因の影響をコントロールすることにより，除外された変数のバイアスの問題が軽減されます．多変数回帰モデルの係数はOLSにより推定されます．OLS推定量は，他の推定量と同じく標本データによって推定値が変わりうるため，サンプリングに起因する不確実性があります．

本章では，標準誤差，仮説検定，信頼区間の議論を使って，OLS推定量のサンプリングに伴う不確実性を定量化する方法を示します．多変数回帰の下で起こりうる新たな問題は，複数の回帰係数に関する仮説を同時にテストするという可能性です．そのような「結合した（joint）」仮説をテストする一般アプローチとして，新しい統計量——F統計量——が用いられます．

7.1節は，1説明変数の回帰モデルの統計的推論の手法を多変数回帰に拡張します．7.2節と7.3節では，2つ以上の回帰係数に関する仮説のテスト方法を示します．7.4節では，1つの係数に対する信頼区間の概念を，複数の係数に対する信頼集合へと拡張します．また，どの変数を回帰式に加えるかを決定することは実際上重要な問題であるため，7.5節はこの問題へアプローチする方法について検討します．7.6節では，多変数回帰分析をカリフォルニア州データに応用して，生徒・教師比率の引き下げがテスト成績に及ぼす効果について推定値の改善が得られるかどうか検証します．

7.1 1つの係数に関する仮説検定と信頼区間

この節では，多変数回帰式における1つの係数に関する標準誤差の計算方法，仮説検定の手法，信頼区間の求め方について説明します．

OLS推定量の標準誤差

OLS推定量の分散の推定は，1つの説明変数の場合を思い起こすと，期待値に標本平均を代入することで推定可能であり，結果，(5.4)式の推定量 $\hat{\sigma}^2_{\hat{\beta}_1}$ が得られました．最小二

乗法の仮定の下では，大数の法則より，標本平均が対応する母集団の値に収束します．すなわち，たとえば $\hat{\sigma}^2_{\hat{\beta}_1}/\sigma^2_{\hat{\beta}_1} \xrightarrow{p} 1$ です．$\hat{\sigma}^2_{\hat{\beta}_1}$ の平方根は $\hat{\beta}_1$ の標準誤差，$SE(\hat{\beta}_1)$ であり，$\hat{\beta}_1$ の標本分散の標準偏差の推定量です．

これらはすべて多変数回帰に直接拡張されます．j 番目の回帰係数の OLS 推定量 $\hat{\beta}_j$ には標準偏差があり，それは標準誤差 $SE(\hat{\beta}_j)$ によって推定されます．標準誤差の公式は，行列を使うことで最も簡単に表現されます（18.2 節を参照）．重要な点は，標準誤差に関する限り，1 説明変数と多説明変数の場合で概念的な違いはまったくないという点です．鍵となる考え方——すなわち，大標本の場合に推定量は正規分布に従うこと，そして標本分布から標準偏差の一致推定が可能であること——は，回帰式の説明変数が 1 つでも 2 つでも，あるいは 12 でも同じです．

1 つの係数に関する仮説検定

いま生徒・教師比率の変化は，学区の英語学習者の割合を一定にしたうえで，テスト成績に影響がないという仮説をテストするとしましょう．それは，テスト成績を STR と PctEL で説明する母集団回帰式において，生徒・教師比率にかかる真の係数 β_1 がゼロという仮説に当たります．より一般的に，第 j 番目の説明変数にかかる真の β_j が，$\beta_{j,0}$ という特定の値であるという仮説をテストしたいとします．帰無仮説の値 $\beta_{j,0}$ は，経済理論から，または生徒・教師比率の例のように，その問題における意思決定という文脈から設定されるでしょう．もし対立仮説が両側であれば，それぞれの仮説は数学的に次のように表されます．すなわち，

$$H_0 : \beta_j = \beta_{j,0} \text{ 対 } H_1 : \beta_j \neq \beta_{j,0} \quad \text{（両側の対立仮説）}. \tag{7.1}$$

たとえば，もし第 1 説明変数が STR であれば，生徒・教師比率がテスト成績に影響しないという帰無仮説は，$\beta_1 = 0$（つまり $\beta_{1,0} = 0$）という帰無仮説に相当します．私たちがすべきことは，標本データを使って，帰無仮説 H_0 を対立仮説 H_1 に対してテストすることです．

基本概念 5.2 では，説明変数が 1 つの場合に帰無仮説をテストする手続きを説明しました．その第 1 ステップは，係数の標準誤差を計算することです．第 2 ステップは，基本概念 5.1 で示した一般公式を使って，t 統計量を計算することです．第 3 ステップは，巻末にある付表 1 の累積正規分布表を使って p 値を計算する，あるいはテストの所定の有意水準に対応する臨界値と t 統計量を比較することです．この手続きが理論的に正しいことは，OLS 推定量は大標本の下で正規分布に従い，その分布の平均は帰無仮説で設定された値に等しく，そしてその分布の分散の推定量は一致性を持つ，という性質によって保証されています．

この理論的な根拠は，多変数回帰モデルにも当てはまります．基本概念 6.5 で示された

> **基本概念**
> **7.1**
>
> ## 対立仮説 $\beta_j \neq \beta_{j,0}$ に対する帰無仮説 $\beta_j = \beta_{j,0}$ のテスト
>
> 1. $\hat{\beta}_j$ の標準誤差,$SE(\hat{\beta}_j)$ を計算する.
> 2. t 統計量を求める.すなわち,
>
> $$t = \frac{\hat{\beta}_j - \beta_{j,0}}{SE(\hat{\beta}_j)}. \tag{7.2}$$
>
> 3. p 値を計算する.すなわち,
>
> $$p\,値 = 2\Phi(-|t^{act}|). \tag{7.3}$$
>
> ここで t^{act} は実際に計算された t 統計量.もし p 値が 0.05 を下回る,または $|t^{act}| > 1.96$ となれば,帰無仮説は 5% 水準で棄却.
>
> 標準誤差,そして特に $\beta_j = 0$ をテストする際の t 統計量や p 値は,回帰分析ソフトで自動的に計算される.

ように,$\hat{\beta}_j$ の標本分布は近似的に正規分布に従います.帰無仮説の下,その分布の平均は $\beta_{j,0}$ です.そしてその分散の推定量は一致性を持ちます.したがって,(7.1)式の帰無仮説をテストするには,単純に説明変数 1 つの場合と同じ手続きに従うことができるのです.

基本概念 7.1 には,多変数回帰における 1 つの係数に関する仮説検定の手続きが要約されています.そこで,実際に計算される t 統計量は,t^{act} と表記されています.しかしそれは,単に t と記されることが多いので,本書ではこれ以降,その簡便な記号の方を使うことにします.

1 つの係数に関する信頼区間

多変数回帰における信頼区間の求め方は,ここでも 1 説明変数モデルの場合と同じです.その求め方は基本概念 7.2 にまとめられています.

基本概念 7.1 の仮説検定の手続き,そして基本概念 7.2 の信頼区間の求め方は,OLS 推定量 $\hat{\beta}_j$ の分布に大標本の正規近似が使えるという性質に依存しています.このように,サンプリングの不確実性を定量化するこれらの統計手続きは,大標本の場合にのみ正当であるという点を忘れてはならないのです.

基本概念 7.2 多変数回帰モデルにおける1つの係数に関する信頼区間

係数 β_j に関する 95% 両側の信頼区間は，β_j の真の値が 95% の確率で（つまり，ランダムに抽出された起こりうるすべてのサンプルの 95% において）含まれるという区間である．同じ意味だが，それは 5% 水準の両側テストで棄却されない β_j の値の集合でもある．標本数が大きいとき，95% の信頼区間は次式で求められる：

$$\beta_j \text{ への 95\% 信頼区間} = [\hat{\beta}_j - 1.96\,\text{SE}(\hat{\beta}_j),\ \hat{\beta}_j + 1.96\,\text{SE}(\hat{\beta}_j)]. \tag{7.4}$$

90% の信頼区間は，(7.4) 式の 1.96 を 1.645 に置き換えることで求められる．

テスト成績と生徒・教師比率への応用

生徒・教師比率の変化はテスト成績に影響しないという仮説は，学区における英語学習者の割合をコントロールすれば，棄却できるのでしょうか．生徒・教師比率の変化がテスト成績へ及ぼす影響に関する 95% 信頼区間は，英語学習者の割合をコントロールした下で，どのような範囲になるのでしょうか．私たちは，いまその答えを導き出すことができます．テスト成績を STR と $PctEL$ で説明する回帰式の OLS 推定の結果は，(6.12) 式に与えられていました．それをここで再掲し，係数の下に標準誤差を記載すると，

$$\widehat{TestScore} = 686.0 - 1.10 \times STR - 0.650 \times PctEL \tag{7.5}$$
$$\phantom{\widehat{TestScore} = }(8.7)\quad (0.43) \qquad\quad (0.031)$$

となります．

STR にかかる真の係数が 0 という仮説をテストするには，(7.2) 式の t 統計量をまず求めなければなりません．帰無仮説の下ではこの係数の真の値はゼロなので，t 統計量は，$t = (-1.10 - 0)/0.43 = -2.54$ です．またこれに関する p 値は $2\Phi(-2.54) = 1.1\%$，つまり帰無仮説を棄却できる最小の有意水準は 1.1% となります．この p 値は 5% より小さいので，帰無仮説は 5% 有意水準で棄却されます（ただし 1% 有意水準ではぎりぎり棄却されません）．

STR の母集団の係数に関する 95% 信頼区間は，$-1.10 \pm 1.96 \times 0.43 = (-1.95, -0.26)$ と求められます．すなわち，その係数の真の値が -1.95 と -0.26 の間にあるということに私たちは 95% の確信が持てるといえます．いま，生徒・教師比率を 2 だけ引き下げるかどうかという教育委員長の関心に沿って解釈すれば，その引き下げがテスト成績へ及ぼす効果の 95% 信頼区間は，$(-1.95 \times 2, -0.26 \times 2) = (-3.90, -0.52)$ です．

生徒1人当たり予算額を説明変数に追加した場合
教育委員長は，(7.5) 式で行った多

変数回帰の分析に納得し,これまでの結果から,クラス規模を縮小することはテスト成績を上げるのに役立つと理解したとしましょう.しかし,そこで教育委員長はより微妙な問題を尋ねました.もしより多くの教師を雇うのなら,その費用は別の予算を削減する(たとえば新しいパソコンは買わない,維持管理費を抑制するなど)ことで捻出する,もしくは予算自体を増額しなければなりません.しかし予算の拡大は納税者が反対するでしょう.そこで教育委員長は尋ねました.生徒1人当たり支出を一定として(そして英語学習者の割合もコントロールした上で),生徒・教師比率を引き下げることのテスト成績への効果はどれほどなのか.

この質問には,テスト成績の回帰式を,生徒・教師比率,1人当たり総支出,そして英語学習者の割合を説明変数として推計することで答えることができます.推計の結果,OLS 回帰線は,

$$\widehat{TestScore} = 649.6 - 0.29 \times STR + 3.87 \times Expn - 0.656 \times PctEL \quad (7.6)$$
$$\phantom{\widehat{TestScore} = } (15.5) (0.48) (1.59) (0.032)$$

と表されます.ここで $Expn$ は,その学区における生徒1人当たりの年間総支出(単位:1000 ドル)です.

その結果は驚くべきものでした.1人当たり支出と英語学習者の割合を一定とした下,生徒・教師比率の変化は,テスト成績に非常に小さな影響しか及ぼさないことが判明したのです.STR にかかる係数は,先の (7.5) 式では -1.10 と推計されたのが,(7.6) 式で $Expn$ を説明変数に加えた結果,-0.29 と推計されたのです.さらに,その係数の真の値がゼロかどうかテストする t 統計量は $t = (-0.29 - 0)/0.48 = -0.60$ となります.したがって,真の係数がゼロという仮説は 10% の有意水準から棄却できません($|-0.60| < 1.645$).(7.6) 式の結果から,生徒1人当たりの全体の支出を一定に保った場合,より多くの教師を雇うことでテスト成績が向上するという証拠は得られなかったのです.

(7.6) 式の回帰結果の1つの解釈は,これらカリフォルニア州データでは,教育担当者が予算を効率的に配分しているというものです.もし事実に反して,(7.6) 式の STR の係数がマイナスで大きいとしましょう.そのとき各学区では,他の目的の予算(教科書,情報技術,スポーツなど)を減らして,その予算をより多くの教師の雇用に回してクラス規模を縮小し,支出一定の下でテスト成績を上げることができる,ということになります.しかし,(7.6) 式で STR の係数は小さくて統計的に有意ではないことから,その予算の組み替えはほとんど効果がないということを示唆しています.言い換えると,各学区ではすでに予算を効率的に配分していることになります.

ここで STR の標準誤差は,$Expn$ を追加することで,(7.5) 式の 0.43 から (7.6) 式の 0.48 へと増加している点に注意してください.このことは,6.7 節で不完全な多重共線性の文脈で議論したように,説明変数同士に相関があれば(STR と $Expn$ の相関は -0.62)標準誤差が拡大し,OLS 推定量はより不正確になるという一般的なポイントを示しています.

では，納税者はこの問題をどう考えるでしょうか．生徒・教師比率の係数（β_1）と1人当たり支出の係数（β_2）の真の値が両方ともゼロではないかと主張するでしょう．すなわち，$\beta_1 = 0$ と $\beta_2 = 0$ の両方の仮説を考えるのです．(7.6) 式から $\beta_2 = 0$ をテストする t 統計量は $t = 3.87/1.59 = 2.43$ なので，この仮説は棄却できそうに思えますが，しかしその論拠は正しくありません．納税者が考える仮説は結合仮説です．そしてそれをテストするには新しい手法，すなわち F 統計量が必要となります．

7.2 結合仮説のテスト

本節では，多変数回帰モデルの係数に関する結合仮説をどう設定するか，そして F 統計量を用いてどうテストするかについて説明します．

2つ以上の係数に関する仮説検定

結合帰無仮説 (7.6) 式に戻り，テスト成績を生徒・教師比率，生徒1人当たり支出，英語学習者の割合で回帰した式を考えます．先の納税者の仮説では，英語学習者の割合をコントロールすれば，生徒・教師比率も生徒1人当たり支出もどちらもテスト成績に影響を及ぼさないというものでした．STR は (7.6) 式の第1説明変数，Expn は第2説明変数なので，この仮説は数学的に次のように表すことができます：

$$H_0 : \beta_1 = 0 \text{ と } \beta_2 = 0 \text{ 対 } H_1 : \beta_1 \neq 0 \text{ そして／あるいは } \beta_2 \neq 0. \tag{7.7}$$

生徒・教師比率の係数（β_1）と1人当たり支出の係数（β_2）が両方ともゼロという仮説は，多変数回帰分析における結合仮説の一例に当たります．この例で帰無仮説は，2つの係数の値に制約を加えます．このことは，多変数回帰モデルに2つの**制約**（**restrictions**）——$\beta_1 = 0$ と $\beta_2 = 0$——を課す，といわれます．

一般に，**結合仮説**（**joint hypothesis**）とは，回帰式の係数に2つかそれ以上の制約を課すという仮説です．結合帰無仮説と対立仮説は，次のような形で表現されます：

$$H_0 : \beta_j = \beta_{j,0}, \beta_m = \beta_{m,0}, \ldots \text{ など全部で } q \text{ 個の制約}$$
$$\text{対 } H_1 : H_0 \text{ の } q \text{ 個の制約のうち1つかそれ以上の制約が成り立たない．} \tag{7.8}$$

ここで β_j, β_m などは異なる回帰係数，$\beta_{j,0}, \beta_{m,0}$ などは，帰無仮説で設定されるこれらの係数の値を表します．(7.7) 式の帰無仮説は，(7.8) 式の1つの例であることがわかるでしょう．別の例でいえば，$k = 6$ 個の説明変数を持つ回帰式で，第2，第4，第5説明変数の係数がすべてゼロという帰無仮説，すなわち $\beta_2 = 0, \beta_4 = 0, \beta_5 = 0$ で $q = 3$ 個の制約，という例もあります．一般に，帰無仮説 H_0 の下で，こういった q 個の制約が設定されます．

(7.8) 式の帰無仮説の下で，どれか 1 つ（または 1 つ以上）の等式が誤りであれば，結合帰無仮説そのものが誤りとなります．したがって，帰無仮説 H_0 の等式のうち少なくとも 1 つが成立しない，というのが対立仮説となります．

なぜ個々の係数を 1 つずつテストできないのか　結合仮説のテストは，通常の t 統計量を使って制約を 1 つずつテストすることでもできそうですが，実はそのアプローチは信頼できません．そのことは以下の考察によって理解できます．具体例として，(7.6) 式における結合仮説，$\beta_1 = 0$ と $\beta_2 = 0$ をテストするとしましょう．t_1 を帰無仮説 $\beta_1 = 0$ をテストする際の t 統計量，t_2 を帰無仮説 $\beta_2 = 0$ をテストする際の t 統計量とします．もし「1 つずつ」というテスト方法に従うとき，何が起こるでしょうか．t_1 か t_2 の絶対値が 1.96 を上回るとき，結合した帰無仮説を棄却すべきなのでしょうか？

この問題には t_1 と t_2 という 2 つの確率変数がかかわるため，それに答えるには t_1 と t_2 の結合した標本分布を求めることが必要となります．6.6 節で述べたように，大標本の下では，$\hat{\beta}_1$ と $\hat{\beta}_2$ は結合正規分布に従います．したがって，結合した帰無仮説の下で t_1 と t_2 は 2 変数正規分布に従い，個々の t 統計量は平均ゼロ，分散 1 となります．

ではまず特別ケースとして，2 つの t 統計量は相関がなく，独立としましょう．ここで，「1 つずつテスト」の場合のサイズ，すなわち，帰無仮説が正しい場合にそれを棄却してしまう確率はいくらになるでしょうか．それは 5% 以上となります！　この特別ケースでは，棄却する確率は正確に計算することができます．帰無仮説が棄却されないのは，$|t_1| \leq 1.96$，$|t_2| \leq 1.96$ の両方が成り立つ場合だけです．t 統計量は独立なので，$\Pr(|t_1| \leq 1.96$ かつ $|t_2| \leq 1.96) = \Pr(|t_1| \leq 1.96) \times \Pr(|t_2| \leq 1.96) = 0.95^2 = 0.9025 = 90.25\%$ となります．したがって，帰無仮説が正しいときにそれを棄却する確率は $1 - 0.95^2 = 9.75\%$ です．「1 つずつテスト」のアプローチでは，帰無仮説を過剰に棄却してしまいます．もし最初の t 統計量で棄却できなくても 2 つめの t 統計量で再びトライできるので，この手法では棄却する機会が多すぎるのです．

もし説明変数に相関がある場合には，状況はさらに複雑になります．「1 つずつテスト」のサイズは，説明変数同士の相関の大きさに依存します．「1 つずつ」のテスト手法では誤ったサイズを持つ——すなわち，帰無仮説の下で棄却する確率が所定の有意水準と等しくならない——ので，新しいアプローチが必要となります．

その 1 つのアプローチは，「1 つずつ」の手法を修正して，有意水準とサイズが等しくなるような，従来とは異なる臨界値を用いることです．この手法は，ボンフェローニ法と呼ばれ，付論 7.1 で説明されます．ボンフェローニ法の利点は，その適用範囲がとても広いことです．一方でその問題点は，テストの検出力が低いことで，対立仮説が正しいときに帰無仮説を棄却できないことがしばしば起こります．

幸いにも，結合仮説をテストするより検出力の高い別の手法があり，特に説明変数に相関がある場合でも有効です．それは F 統計量に基づくアプローチです．

F 統計量

F 統計量（**F-statistic**）は，回帰係数に関する結合仮説をテストする際に用いられます．F 統計量を求める公式は，最近の回帰分析ソフトには組み込まれています．まず制約が 2 つの場合について議論し，その後で一般的な q 個の制約の場合について説明します．

制約数 $q = 2$ の場合の F 統計量　結合帰無仮説が 2 つの制約 $\beta_1 = 0$ と $\beta_2 = 0$ である場合，F 統計量は 2 つの t 統計量 t_1, t_2 を合算した次の公式で求められます：

$$F = \frac{1}{2}\left(\frac{t_1^2 + t_2^2 - 2\hat{\rho}_{t_1,t_2} t_1 t_2}{1 - \hat{\rho}_{t_1,t_2}^2}\right). \tag{7.9}$$

ここで $\hat{\rho}_{t_1,t_2}$ は，2 つの t 統計量の相関係数の推定量です．

(7.9) 式の F 統計量を理解するために，まず t 統計量の間に相関はなく，$\hat{\rho}_{t_1,t_2}$ の項はゼロだと仮定しましょう．そうであれば，(7.9) 式はより単純に，$F = \frac{1}{2}(t_1^2 + t_2^2)$ となります．つまり F 統計量は，二乗された t 統計量の平均となります．帰無仮説の下で，t_1 と t_2 は独立した標準正規分布に従う確率変数です（仮定から t 統計量は相関しないので）．したがって帰無仮説の下，F 値は $F_{2,\infty}$ の分布に従います（2.4 節を参照）．対立仮説，すなわち β_1 が非ゼロ，または β_2 が非ゼロ（あるいはその両方）の下では，t_1^2 か t_2^2 のどちらか（あるいは両方）が大きな値となり，それは帰無仮説の棄却につながります．

一般に t 統計量は相関するので，(7.9) 式の F 統計量の公式ではその相関が調整されています．この調整のおかげで F 統計量は，t 統計量に相関があるかどうかにかかわらず，大標本の下で $F_{2,\infty}$ 分布に従うことになります．

制約数が q の場合の F 統計量　(7.8) 式の結合仮説——q 個の制約——をテストする F 統計量の公式は，18.3 節に示されます．この公式は回帰ソフトに組み込まれているので，F 統計量は容易に求めることができます．

帰無仮説の下，F 統計量の標本分布は，大標本であれば $F_{q,\infty}$ となります．すなわち，大標本の場合，帰無仮説の下で，

$$F \text{ 統計量は } F_{q,\infty} \text{ 分布に従う}. \tag{7.10}$$

したがって F 統計量の臨界値は，付表 4 の $F_{q,\infty}$ 分布表において，q の値と所定の有意水準を組み合わせて求められます．

不均一分散を考慮した F 統計量を統計ソフトで計算する方法　もし F 統計量を，一般の不均一分散を考慮した公式を使って計算すると，帰無仮説の下でその大標本分布は，誤差項が均一分散，不均一分散にかかわらず，$F_{q,\infty}$ 分布に従います．5.4 節で議論したよう

に，歴史的な理由から，ほとんどの統計ソフトでは均一分散の標準誤差をデフォルトで計算します．その結果，統計パッケージによっては，「（不均一分散を考慮する）ロバスト」オプションを自分で選択し，不均一分散を考慮した標準誤差を使って（より一般には，不均一分散を考慮した「共分散行列」の推定値を使って），F 統計量を計算しなければなりません．均一分散のみに有効な F 統計量は，本節の最後で議論します．

F 統計量を使った p 値の計算　　F 統計量の p 値は，大標本におけるカイ二乗分布への近似に基づいて求められます．F^{act} を実際に求められた F 統計量だとします．F 統計量は，帰無仮説の下で，大標本の $F_{q,\infty}$ 分布に従うため，p 値は，

$$p \text{ 値} = \Pr[F_{q,\infty} > F^{act}] \tag{7.11}$$

となります．

(7.11) 式の p 値は，$F_{q,\infty}$ の分布表を使って求められます（あるいは，χ_q^2 の分布表からも求められます．なぜなら χ_q^2 分布に従う確率変数は，$F_{q,\infty}$ 分布の確率変数を q 倍したものに相当するからです）．別の方法として，コンピュータを使って p 値を算出することも可能で，カイ二乗分布や F 分布などの累積分布関数は最近のほとんどの統計ソフトに組み込まれています．

回帰式「全体」の F 統計量　　回帰式「全体」の F 統計量とは，傾きの係数すべてがゼロという結合仮説をテストする統計量のことです．つまり，そこでの帰無仮説と対立仮説は，

$$H_0: \beta_1 = 0, \ \beta_2 = 0, \ \ldots, \ \beta_k = 0 \ \text{対} \ H_1: \text{少なくとも 1 つの } j, \ j = 1, \ldots, k \text{ について } \beta_j \neq 0 \tag{7.12}$$

と表されます．この帰無仮説の下では，右辺のどの説明変数も Y_i の変化を説明しません．ただし定数項（=帰無仮説の下で Y_i の平均）はゼロでない可能性はあります．この (7.12) 式の帰無仮説は (7.8) 式の一般的な帰無仮説の特殊ケースであり，回帰式全体の F 統計量は (7.12) 式における帰無仮説について計算される F 統計量です．大標本では，帰無仮説が正しい下で，$F_{k,\infty}$ の分布に従います．

$q = 1$ のときの F 統計量　　$q = 1$ のとき，F 統計量は 1 つの制約式をテストすることになります．つまりこのとき，結合帰無仮説は 1 つの回帰係数に対する帰無仮説となり，F 統計量は t 統計量の二乗となります．

テスト成績と生徒・教師比率の回帰分析への応用

以上の準備をしたうえで，テスト成績の回帰分析に戻りましょう．いま私たちは，生徒・教師比率の係数と生徒1人当たり予算の係数の両方がゼロという帰無仮説を，少なくとも1つの係数がゼロではないという対立仮説に対して，そして英語学習者の割合をコントロールした上で，テストすることができます．

この帰無仮説をテストするには，(7.6)式で TestScore を STR，Expn，PctEL で回帰した推計結果を使って，$\beta_1 = 0$ と $\beta_2 = 0$ をテストする不均一分散に対応する F 統計量を計算しなければなりません．この F 統計量は 5.43 です．帰無仮説の下で，大標本ではこの統計量は $F_{2,\infty}$ 分布に従います．いま $F_{2,\infty}$ 分布における 5% 有意水準の臨界値は 3.00（付表4），1% 水準の臨界値は 4.61 です．データから求めた F 統計量の値は 5.43 なので，4.61 を上回っています．したがって帰無仮説は 1% 有意水準で棄却されます．もし帰無仮説が実際に正しいのであれば，5.43 という高い F 統計量をもたらすサンプルを抽出することはきわめてまれであると解釈できます（p 値は 0.005）．この F 統計量の値に要約されるとおり，(7.6)式の推計結果から，納税者の仮説であった「生徒・教師比率も生徒1人当たり予算も共にテスト成績に影響しない」という仮説は，（英語学習者の割合を一定とした下で）棄却されることになります．

均一分散のみに有効な F 統計量

F 統計量でテストされる問題を別の表現で言い換えると，帰無仮説を構成する q 個の制約をはずすことで回帰式のフィットは十分改善するかどうか，そしてそのフィットの改善は，帰無仮説が正しい下で，単なるランダム・サンプリングに基づくばらつきからは起こりえないほど十分大きいものかどうか調べるものといえます．この表現から，F 統計量と R^2 とは関係があることが示唆されます．F 統計量が大きいということは，制約をはずすことで R^2 が大幅に上昇することと関係があります．実際，誤差項 u_i が均一分散の場合には，この直感は正確な数式で表現されます．すなわち，もし誤差項が均一分散であれば，F 統計量は残差の二乗和か R^2 のどちらかで測った回帰式のフィットの改善を表す項で表現されます．そうして得られた F 統計量は，誤差項が均一分散の場合のみ有効であることから，「均一分散のみに有効な F 統計量」と呼ばれます．それに対して，不均一分散を考慮した F 統計量は，18.3 節の公式を使って得られるもので，誤差項が均一分散でも不均一分散でも有効です．均一分散のみに有効な F 統計量は利用に大きな限界がありますが，その単純な公式は F 統計量の実際の意味を理解できるというメリットがあります．それに加えてその公式は，（たとえ統計ソフトが F 統計量を計算しない場合でも）R^2 という回帰分析の標準的なアウトプットから計算できます．

均一分散のみに有効な F 統計量は，2つの回帰式の残差の二乗和を使っても計算でき

す．1つ目の回帰式は制約付きの回帰（**restricted regression**）と呼ばれ，そこで帰無仮説は正しいという制約が課されます．いま帰無仮説が (7.8) 式のタイプで，テストする値がすべてゼロであれば，制約付きの回帰ではそれらの係数がゼロと置かれる，すなわち対応する説明変数が回帰式から除去されます．2つ目の回帰式は制約なしの回帰（**unrestricted regression**）と呼ばれ，対立仮説が正しいことが容認されます．制約なしの回帰における残差の二乗和が制約付きの回帰に比べて十分に小さければ，テストは帰無仮説を棄却します．

均一分散のみに有効な F 統計量（**homoscedasticity-only F-statistic**）は，公式

$$F = \frac{(SSR_{restricted} - SSR_{unrestricted})/q}{SSR_{unrestricted}/(n - k_{unrestricted} - 1)} \tag{7.13}$$

で与えられます．そこで $SSR_{restricted}$ は制約付きの回帰からの残差の二乗和，$SSR_{unrestricted}$ は制約なしの回帰からの残差の二乗和，q は帰無仮説の下での制約の数，$k_{unrestricted}$ は制約なしの回帰における説明変数の数を表します．同じ均一分散のみに有効な F 統計量の別の表現で，2つの回帰式の R^2 に基づく式は，

$$F = \frac{(R^2_{unrestricted} - R^2_{restricted})/q}{(1 - R^2_{unrestricted})/(n - k_{unrestricted} - 1)} \tag{7.14}$$

となります．

　もし誤差項が均一分散であれば，(7.13) 式あるいは (7.14) 式を使って計算される均一分散のみに有効な F 統計量と不均一分散を考慮した F 統計量との違いは，標本数が大きくなるにつれて消滅します．したがって誤差項が均一分散であるとき，実用的な F 統計量の標本分布は，帰無仮説の下，大標本において $F_{q,\infty}$ となります．

　これらの公式は計算が容易で，制約なし・制約付き回帰のデータへのフィットに基づいた直感的な解釈が可能です．しかし残念なことに，それらは誤差項が均一分散の場合にのみ有効です．均一分散は，経済データを使った実証ではそう起こるものではない特殊ケースです．より一般に，社会科学で扱われるデータの場合，均一分散のみに有効な F 統計量は，不均一分散を考慮した F 統計量の代わりを十分に務めることはできません．

標本数 n が小さいときの均一分散のみに有効な F 統計量の利用　　もし誤差項が均一分散で i.i.d. 正規分布に従うとき，(7.13) 式，(7.14) 式で定義される均一分散のみに有効な F 統計量は，帰無仮説の下，$F_{q, n-k_{unrestricted}-1}$ 分布に従います．この分布の臨界値は，q と $n - k_{unrestricted} - 1$ に依存し，付表5に与えられています．2.4 節で議論したように，$F_{q, n-k_{unrestricted}-1}$ 分布は，n が大きくなるにつれ，$F_{q,\infty}$ に収束します．標本数が大きいと，2つの分布の違いは無視できるほど小さくなります．しかし小標本の場合には，2つの臨界値は異なります．

テスト成績と生徒・教師比率の実証分析への応用 STR と $Expn$ に関する母集団の係数は $PctEL$ をコントロールした下でゼロ, という帰無仮説をテストするには, 制約付き回帰と制約なし回帰それぞれについて SSR (あるいは R^2) を求める必要があります. 制約なしの回帰式は, 説明変数として STR, $Expn$, $PctEL$ が含まれ, (7.6) 式に示されています. その R^2 は 0.4366, すなわち $R^2_{unrestricted}$ = 0.4366 です. そして制約付きの回帰式では, ここでの結合帰無仮説, STR と $Expn$ にかかる係数がともにゼロという制約を課します. つまり, 帰無仮説の下で STR と $Expn$ は母集団回帰式に含まれず, 一方で $PctEL$ は含まれます (帰無仮説では $PctEL$ の係数に対する制約はありません). 制約付きの回帰式は OLS で推定された結果,

$$\overline{TestScore} = 664.7 - 0.671 \times PctEL, \; R^2 = 0.4149 \quad (7.15)$$
$$\phantom{\overline{TestScore} = 66}(1.0) \;\; (0.032)$$

となります. したがって $R^2_{restricted}$ = 0.4149 です. 制約式の数は $q = 2$, 標本数は $n = 420$, そして制約なしの回帰式における説明変数の数は $k = 3$ です. 均一分散のみに有効な F 統計量は, (7.14) 式に基づき計算すると,

$$F = [(0.4366 - 0.4149)/2]/[(1 - 0.4366)/(420 - 3 - 1)] = 8.01.$$

ここで 8.01 は 1% 水準の臨界値 4.61 を上回るため, この実用的アプローチから帰無仮説は 1% 有意水準で棄却されます.

この例は, 均一分散のみに有効な F 統計量のメリットとデメリットを示しています. そのメリットは, 統計量を簡単に電卓で計算できるという点です. そのデメリットは, 均一分散のみに有効な F 統計量と不均一分散を考慮した F 統計量は大きく異なりうるという点です. 実際, この例における不均一分散を考慮した F 統計量は 5.43 であり, 均一分散のみに有効な (したがって信頼性が相対的に低い) 実用アプローチによる統計量 8.01 とは大きく異なるのです.

7.3 複数の係数が関係する制約のテスト

経済理論のなかには, 1 つの制約式に 2 つ以上の回帰係数がかかわるような仮説を示唆することがあります. たとえば, $\beta_1 = \beta_2$, つまり第 1 説明変数と第 2 説明変数の影響は同じという帰無仮説が理論から示唆されるかもしれません. その場合, この帰無仮説は, 2 つの係数が異なるという対立仮説に対してテストされることになります. すなわち,

$$H_0 : \beta_1 = \beta_2 \text{ 対 } H_1 : \beta_1 \neq \beta_2. \quad (7.16)$$

この帰無仮説は制約としては 1 つなので $q = 1$ ですが, しかしその制約には複数の係数 (β_1 と β_2) がかかわっています. このテストを行うには, これまで説明してきた方法を修正しなければなりません. それには 2 つのアプローチがあり, どちらがより使いやすい

かは，皆さんの統計ソフトに依存します．

第1アプローチ：制約を直接テストする　統計ソフトによっては，(7.16) 式のような制約を直接テストする特別なコマンドが準備されている場合があります．その場合，F 統計量は，帰無仮説の下で $F_{1,\infty}$ 分布に従います（2.4 節の議論から，標準正規分布の二乗が $F_{1,\infty}$ 分布となるので，$F_{1,\infty}$ 分布の 95% 領域は $1.96^2=3.84$）．

第2アプローチ：回帰式を変換する　もし皆さんの統計ソフトで制約を直接テストできなければ，(7.16) 式の仮説は次の方法を使ってテストできます．すなわち，もともとの回帰式を書き直して (7.16) 式の制約を 1 つの係数に関する制約に変換するという方法です．具体的に，たとえば 2 つの説明変数 X_{1i} と X_{2i} からなる回帰式を考えましょう．すると，その母集団の回帰式は，

$$Y_i = \beta_0 + \beta_1 X_{1i} + \beta_2 X_{2i} + u_i \tag{7.17}$$

と表されます．

ここでその方法とは，右辺に $\beta_2 X_{1i}$ を引いて足すという操作です．そうすると，$\beta_1 X_{1i} + \beta_2 X_{2i} = \beta_1 X_{1i} - \beta_2 X_{1i} + \beta_2 X_{1i} + \beta_2 X_{2i} = (\beta_1 - \beta_2) X_{1i} + \beta_2 (X_{1i} + X_{2i}) = \gamma_1 X_{1i} + \beta_2 W_i$，ここで $\gamma_1 = \beta_1 - \beta_2$，$W_i = X_{1i} + X_{2i}$ です．したがって，(7.17) 式の母集団回帰式は，

$$Y_i = \beta_0 + \gamma_1 X_{1i} + \beta_2 W_i + u_i \tag{7.18}$$

と書き直されます．この式の係数 γ_1 は $\gamma_1 = \beta_1 - \beta_2$ なので，(7.16) 式の帰無仮説の下では $\gamma_1 = 0$，対立仮説の下では $\gamma_1 \neq 0$ となります．このように (7.17) 式を (7.18) 式に変換することで，2 つの回帰係数がかかわる制約式を 1 つの回帰係数の制約へと変換できます．

いま制約は 1 つの係数 γ_1 にかかわるものなので，(7.16) 式の帰無仮説は，7.1 節で述べた t 統計量を使ってテストできます．実際には，まず 2 つの説明変数の和である新しい説明変数 W_i を作成し，次に Y_i を X_{1i} と W_i で回帰する式を推定します．係数の差 $\beta_1 - \beta_2$ に対する 95% の信頼区間は，$\hat{\gamma}_1 \pm 1.96 SE(\hat{\gamma}_1)$ で求められます．

このアプローチは，回帰係数に関する別の制約式にも同様に拡張できます（練習問題 7.9 を参照）．

これら 2 つのアプローチは，最初の方法での F 統計量が，2 つ目の方法の t 統計量の二乗に等しいという意味で，同一のものです．

$q > 1$ への拡張　上記の議論を一般に q 本の制約式に拡張し，そのいくつかまたはすべての制約において複数の回帰係数がかかわるという帰無仮説を考えることも可能です．7.2 節の F 統計量は，このタイプの結合仮説に拡張されます．F 統計量は，いま述べた $q = 1$ の場合の 2 つのアプローチいずれかで計算できます．実際の応用でどちらのアプ

ローチがよいかは，使用する統計ソフトウェアに依存します．

7.4 複数の係数に対する信頼集合

この節では，2つ以上の回帰係数に対する信頼集合の作成方法を説明します．その方法は，7.1節で t 統計量に基づいて議論した，1つの係数に対する信頼区間の作成方法と概念的に同じものです．違いは，複数の係数に対する信頼集合の場合は F 統計量に基づくという点です．

2つ以上の係数に対する **95% 信頼集合**（**95% confidence set**）とは，ランダムに抽出されたサンプルの 95% において，その係数の母集団の真の値を含む集合のことを指します．したがって信頼集合は，1つの係数に対する信頼区間を，2つかそれ以上の係数へ拡張したものと理解できます．

思い出してもらうと，95% の信頼区間とは，t 統計量を使って 5% の有意水準で棄却できない，そのような係数の値の集合を見つけることで求められました．そのアプローチが，複数の係数の場合に拡張されるのです．いま具体的に，2つの係数 β_1 と β_2 に対する信頼集合を作成するとしましょう．7.2節で，結合帰無仮説 $\beta_1 = \beta_{1,0}, \beta_2 = \beta_{2,0}$ をテストするための F 統計量の使い方を説明しました．考えられる $\beta_{1,0}$ と $\beta_{2,0}$ の値すべてを 5% 水準でテストするとしましょう．候補となる $(\beta_{1,0}, \beta_{2,0})$ のペアそれぞれについて F 統計量を計算し，それが 5% 有意水準の臨界値 3.00 を上回れば棄却されます．そのテストは 5% の有意水準で行われるため，β_1 と β_2 の真の値は，起こりうるすべてのサンプルの 95% において棄却されないでしょう．したがって，5% 水準で F 統計量から棄却されなかった値の集合が，β_1 と β_2 に対する 95% 信頼集合となるのです．

$\beta_{1,0}$ と $\beta_{2,0}$ の取りうるすべての値を試すというこの方法は，理論としてはうまくいくはずですが，実際には信頼集合の公式を使うほうがはるかに簡単です．ある任意の回帰係数の数に対する信頼集合の公式は，F 統計量の公式に基づきます．係数の数が2つのときには，信頼集合は楕円形になります．

例として図 7.1 には，(7.6) 式の回帰式に基づき，英語学習者の割合を一定とした下での，生徒・教師比率と生徒 1 人当たり予算の係数に対する 95% 信頼集合（楕円形）が示されています．この楕円形は，(0,0) の点を含んではいません．このことは，7.2節からすでに知っているとおり，これら2つの係数がともにゼロという帰無仮説が 5% 有意水準で F 統計量から棄却されることを意味します．信頼集合の楕円は太ったソーセージ状の形をしていて，その長い方の部分は左下から右上へ向かって伸びています．楕円の向きが右上がりになるのは，$\hat{\beta}_1$ と $\hat{\beta}_2$ の推定された相関が正であること，そのことは説明変数 STR と Expn の相関が負である（生徒 1 人当たり予算の多い学校は教師 1 人当たりの生徒数が少ない）ことに原因があります．

図7.1 (7.6)式の STR と Expn の係数に対する 95% 信頼集合

STR の係数 (β_1) と Expn の係数 (β_2) に対する 95% 信頼集合は楕円形となる．この楕円は，5% 有意水準で F 統計量から棄却されない β_1 と β_2 のペアの値を含んでいる．

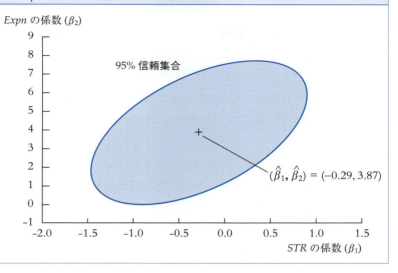

7.5 多変数回帰におけるモデルの特定化

多変数回帰にどの説明変数を含めるかを決めること——すなわち回帰モデルの特定化を選択すること——はとても重要な問題であり，どの状況にも当てはまる万能なルールはありません．しかし，幸いなことに，いくつか有益なガイドラインはあります．モデルの特定化を行う出発点は，除外された変数のバイアスの可能性とその要因を十分に検討することです．実証問題に関する専門的な知見を利用して，いま問題となる因果関係の効果の不偏推定値を得ることに注力することが重要です．R^2 や $\overline{R}^2$ といった単に統計的な指標だけに頼るのはよくありません．

多変数回帰における除外された変数のバイアス

多変数回帰モデルにおいて，除外された Y_i の決定要因と，少なくとも1つの説明変数との間に相関がある場合，OLS 推定量には除外された変数のバイアスが発生します．たとえば，豊かな家庭を持つ生徒は，そうでない生徒に比べて，より多くの学習機会に恵まれ，その結果，よりよいテスト成績につながる可能性があります．さらに，その学区が経済的に豊かであれば，教育予算がより潤沢で生徒・教師比率は低い傾向にあるでしょう．もしそうであれば，生徒の豊かさと生徒・教師比率には負の相関があり，生徒・教師比率の係数の OLS 推定値には，たとえ英語学習者の割合をコントロールした後にも，その学区の平均所得の影響を含む可能性があります．つまり，生徒の経済的バックグラウンドを除外してしまうと，テスト成績を生徒・教師比率と英語学習者の割合で説明する回帰モデルにおいて，除外された変数のバイアスを発生させるかもしれません．

多変数回帰において除外された変数のバイアスが発生する一般条件は，説明変数が1つの場合の条件と同じです．もし除外された変数が Y_i の決定要因で，それが少なくとも1つの説明変数と相関があれば，OLS推定量には除外された変数のバイアスが含まれることになります．6.6節で議論したとおり，各係数のOLS推定量には相関があります．したがってもしある係数にバイアスがあれば，一般にすべての係数のOLS推定量にはバイアスが含まれることになります．除外された変数のバイアスに関する2つの条件については，基本概念7.3に要約されています．

数学的なレベルで言えば，もしこれら2つの条件が満たされるとき，少なくとも1つの説明変数は誤差項と相関を持つことになります．このことは，$X_{1i}, \ldots, X_{ki}$ が与えられた下で u_i の条件付期待値がゼロではなくなることを意味し，したがって最小二乗法の第1の仮定が満たされなくなります．その結果，この除外された変数のバイアスは，標本数がたとえ大きくなっても存続します．すなわち除外された変数のバイアスがあるとき，OLS推定量は一致性を満たさなくなるのです．

モデル選択の理論と現実

理論的には，除外された変数に関するデータが利用可能なときには，その変数を回帰モデルに含めることが問題解決の方法です．しかし現実には，どの変数を含めるかどうかの決定は難しく，何らかの判断が必要になります．

除外された変数のバイアスという潜在的な問題に対処する本書のアプローチは次の2つです．第1に，基本となる説明変数の集合は，専門家としての判断，経済理論，そしてデータ収集方法に関する知識を総合して選ばれるべきであると考えます．こうした基本となる説明変数を使った回帰式は，**基本となるモデル特定化**（**base specification**）と呼ばれることがあります．この基本となるモデル特定化では，問題にかかわる主要変数とコントロール変数を含み，それらは専門家の判断と経済理論から示唆されるものです．もっとも専門家の判断と経済理論は確定的ではなく，また経済理論が示唆する変数は手元のデータにないということもよくあります．したがって第2ステップでは，**代替的なモデル特定化**（**alternative specification**）を設定し，代わりとなる説明変数の候補をリストアップします．もし対象とする係数の推定値が，代替的なモデルを使っても近い値であれば，それは基本モデルの推計結果が信頼できる証拠と理解できます．逆に，代替モデルを使うことで係数に関する推計結果が大きく変化すれば，もともとの基本モデルの推計に除外されたバイアスが含まれていると示唆されます．モデル特定化のこのアプローチについては，後ほど9.2節で，回帰モデルの特定化に関するツールをいくつか学んだ後で，より入念な議論を行います．

基本概念	多変数回帰モデルにおける除外された変数のバイアス
7.3	除外された変数のバイアスとは，1つかそれ以上の説明変数が，除外された変数と相関がある場合に発生するOLS推定量のバイアスである．その発生には，以下の2つの条件が満たされていなければならない． 1. 少なくとも1つの説明変数が，除外された変数と相関を持つ． 2. 除外された変数は，被説明変数 Y の決定要因である．

R^2 と修正済み R^2 の実際の解釈

1 に近い R^2 または $\overline{R}^2$ は，説明変数が被説明変数のサンプルの値をうまく予測できている，逆に 0 に近い R^2 または $\overline{R}^2$ はうまく予測できていない，ということを意味します．したがって R^2 および $\overline{R}^2$ は，回帰式の予測力を表す有用な統計量です．しかし，その一方で注意しなければならないのは，実際それらが意味するよりも多くの解釈を簡単に与えかねないという点です．

以下には，R^2 または $\overline{R}^2$ を使う際の潜在的な落とし穴を4点リストアップします．

1. **R^2 または $\overline{R}^2$ が増大したとしても，それは追加された変数が統計的に有意であることを必ずしも意味しない．** R^2 は，説明変数を追加すると，それが統計的に有意かどうかにかかわらず，必ず増加します．$\overline{R}^2$ は必ず増加するとは限りませんが，しかし増加した場合には，追加された変数の係数が統計的に有意であるとは必ずしも意味しません．追加された変数が統計的に有意かどうかを確かめるには，t 統計量を使って仮説検定を行う必要があります．

2. **R^2 または $\overline{R}^2$ がたとえ高くても，それは説明変数が被説明変数の真の要因であることを意味しない．** いま，テスト成績を生徒1人当たりの駐車スペースで回帰する例を考えてみます．駐車スペースの数は，生徒・教師比率，学校が郊外にあるか都心にあるか，そして学区の所得水準などと相関すると考えられますが，それらはすべてテスト成績とも相関するでしょう．したがって，テスト成績を駐車スペースの数で回帰すれば高い R^2 または $\overline{R}^2$ が得られるかもしれませんが，それが因果関係を意味することにはならないのです（教育委員長に，テスト成績を上げるには駐車スペースを増やすべきだと進言してみてください！）．

3. **R^2 または $\overline{R}^2$ がたとえ高くても，それは除外された変数のバイアスがないことを意味しない．** 6.1節で議論した除外された変数のバイアスの問題を思い起こしてください．テスト成績を生徒・教師比率で回帰する具体例を使って議論しましたが，そこで

基本概念	R^2 と $\overline{R}^2$：そこから何がわかり，何がわからないのか
7.4	R^2 または $\overline{R}^2$ からわかることとは，説明変数が被説明変数のサンプル・データをうまく予測し「説明する」かどうかである．もし R^2（または $\overline{R}^2$）が 1 に近ければ，OLS 残差の分散が被説明変数の分散に比べて小さく，その意味で，説明変数は被説明変数のサンプルをうまく予測できていることを表す．もし R^2（または $\overline{R}^2$）がゼロに近ければ，その逆を表す． R^2 または $\overline{R}^2$ からわからないこととは， 1. 追加的に含まれた説明変数が統計的に有意かどうか， 2. 説明変数が被説明変数の動きを説明する真の要因かどうか， 3. 除外された変数のバイアスがあるかどうか， 4. 最も適切な説明変数を選択しているかどうか， である．

R^2 はまったく登場しませんでした．それは議論の中で論理的な役割を何ら果たさなかったからです．除外された変数のバイアスは，低い R^2，中程度の R^2，高い R^2，いずれであっても起こり得ます．逆に言えば，R^2 が低いからといって，除外された変数のバイアスが必ず発生するとはいえないのです．

4. R^2 または $\overline{R}^2$ が高いからといって，その説明変数が最も適切であるとは必ずしも意味しない．また R^2 または $\overline{R}^2$ の値が低いからといって，それは不適切な説明変数であることを必ずしも意味しない．多変数回帰分析において何が適切な説明変数であるかは難しい問題で，このテキスト全体を通じて検討していきます．説明変数を選択するには，さまざまな側面が考慮されるべきであり，除外された変数のバイアス，データの利用可能性，データの質，そして何よりも，経済理論と検討対象とする問題の中身を考えなければなりません．これらはいずれも，単に R^2 や $\overline{R}^2$ が高いか低いかで答えられるような問題ではありません．

以上の 4 つのポイントは，基本概念 7.4 に要約されます．

7.6 テスト成績データの実証分析

本節では，カリフォルニア州データに基づき，生徒・教師比率がテスト成績に及ぼす効果についての分析を行います．ここでの主目的は，除外された変数のバイアスを緩和するために多変数回帰分析が有用であるという実例を示すことです．第 2 の目的としては，

回帰分析の結果を要約するために表をどう使うかについても例示します.

基本となるモデル特定化と代替的なモデル特定化の検討

この分析では,教育委員長がコントロールできない生徒の特性を一定とした下で,生徒・教師比率がテスト成績へ与える影響を推定することに焦点を当てます.ある学区のテスト成績には,さまざまな潜在的要因が影響します.それらの要因の中には,生徒・教師比率と相関するものもあるでしょう.したがって,それらを除外することは除外された変数のバイアスを発生させます.もし除外された変数のデータが利用可能なら,それらを説明変数として多変量回帰モデルに追加することで問題は解決できます.それができれば,生徒・教師比率の係数から,それら他の要因を一定とした下で生徒・教師比率の効果を測れることになります.

ここでは,生徒の特性というテスト成績にも影響を及ぼしうる要因をコントロールするため,3つの変数を考えます.その1つのコントロール変数は,以前にも使ったもので,英語を学習している生徒の割合です.他の2つは新しい変数で,生徒の経済的なバックグラウンドをコントロールするものです.われわれのデータセットの中には,生徒の経済的背景に関する完全な指標は含まれていないので,学区の所得水準に関する2つの不完全な指標を使います.その1つが,昼食費の補助を受ける,あるいは全額無料となる生徒の割合です.家計の所得が,ある閾値(貧困水準の150%程度)以下であれば,その生徒はこのプログラムの補助を受ける資格があります.2つめの指標は,カリフォルニア州の所得補助プログラムの援助を受けている生徒の割合です.この所得補助プログラムは,1つには家計の所得水準に応じて有資格かどうか判断されますが,その基準となる閾値は昼食援助プログラムの閾値よりも低い(つまりより厳しい)ものです.このように,これらの2つの指標は,学区において経済的にハンデを持つ生徒の割合を測る変数です.両者は関係していますが,完全に相関しているわけではありません(相関係数は0.74).理論的には,経済的バックグラウンドは除外されがちな重要な要因であることは明らかですが,では2つの変数(昼食援助受益者の割合,所得補助受益者の割合)のうちどちらが経済的背景のより良い指標かについては,理論的にもまた専門的な判断からも決定できません.そこで基本モデルには,昼食援助の割合の方を経済バックグラウンドの変数として選びますが,代替モデルの方にはもう一方の指標も合わせて考慮することにします.

テスト成績と上記3つのバックグラウンド変数についての散布図が図7.2に示されています.いずれの指標も,テスト成績と負の相関を持つことがわかります.テスト成績と英語学習者の割合との相関は -0.64,テスト成績と昼食援助受益者の割合との相関は -0.87,そしてテスト成績と所得補助受益者の割合との相関は -0.63 です.

説明変数の単位には何を使うべきか

回帰分析における実際上の問題の1つは,説明変数の単位として何を使うかという点です.図7.2では,説明変数の単位はパーセントです.したがって,データが取りうる最大幅は0から100です.それに代わる方法として

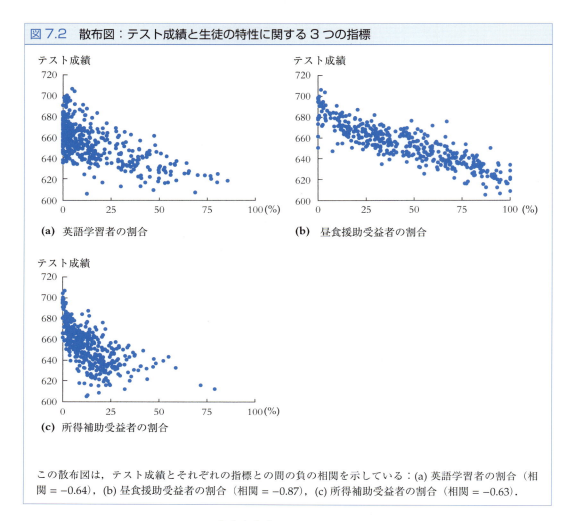

図 7.2　散布図：テスト成績と生徒の特性に関する 3 つの指標

この散布図は，テスト成績とそれぞれの指標との間の負の相関を示している：(a) 英語学習者の割合（相関 = −0.64），(b) 昼食援助受益者の割合（相関 = −0.87），(c) 所得補助受益者の割合（相関 = −0.63）．

は，パーセントではなく，分数の比率で変数を定義することもできます．たとえば PctEL は，英語学習者の比率 FracEL = (PctEL/100) に置き換えて，その結果データの幅も 0 から 100 ではなく，0 から 1 の間になります．より一般に，回帰分析における説明変数と被説明変数の単位については，何らかの判断が必要となります．それでは，どのように単位や尺度を選ぶべきでしょうか？

変数の単位をどう選ぶかという問いに対する一般的な回答としては，回帰分析の結果を読みやすく解釈しやすいものにするかどうかです．テスト成績の応用例で言えば，被説明変数の単位として自然なのはテストの点数そのものです．(7.5) 式に報告されている TestScore を STR と PctEL で回帰した式では，PctEL の係数は −0.650 です．もし代わりに説明変数が FracEL であれば，回帰式はまったく同じ R^2 と SER を持ちます．しかし FracEL の係数は −65.0 となるはずです．PctEL を使ったモデルでは，その係数は，英語学習者の割合が 1 パーセント・ポイント上昇したときに，STR を一定にした下で，テスト成績の予想変化を表します．一方 FracEL のモデルでは，英語学習者の比率が 1 増えた

とき——つまり 100 パーセント・ポイント上昇したとき——，STR を一定にした下でのテスト成績の予想変化を表します．これら 2 つのモデル定式化は数学的にはまったく同一ですが，結果の解釈という目的のためには，PctEL を使ったモデルの方が（少なくとも著者にとっては）より自然に思われます．

変数の単位を決定する際の別の検討事項は，結果として得られる回帰係数が読みやすいかどうかという点です．たとえば，もし説明変数がドル単位で測られており，係数が 0.00000356 であるとすると，説明変数の単位を 100 万ドルに変換した方が読みやすく，係数は 3.56 となります．

実証結果の表の提示　　ここで私たちは，実証結果をどう表示すればよいかというコミュニケーションの問題に直面します．異なる説明変数を含む回帰分析をいくつも行うわけですが，その結果をどう表すことがベストでしょうか？　これまで回帰分析の結果については，(7.6) 式のように，推定された回帰式を表記してきました．この方法は，説明変数が 2～3 個で回帰式の数が 2～3 本なら問題ないでしょう．しかし説明変数や回帰式の数が多い場合には，この表現方法は混乱を招きます．そこで，数多くの回帰式の結果をうまく提示する方法として，表の利用が考えられます．

表 7.1 には，異なる説明変数の組合せに関する回帰分析の結果が示されています．縦の各列が異なる回帰式に対応します．それぞれの回帰式の被説明変数は，同じテスト成績で共通です．最初の 5 つの行には，推計された回帰係数の値，その下の括弧内にはそれぞれの標準誤差が示されています．＊印は，各係数の真の値がゼロという仮説をテストする t 統計量が 5% 水準で有意かどうか（1 つの＊印），あるいは 1% 水準で有意かどうか（2 つの＊印）を表しています．最後の 3 つの行には，回帰式を要約する主要な統計量（回帰の標準誤差 SER，修正済み R^2 ($\overline{R}^2$) とサンプル数（すべての回帰式に共通で，420 観測値）が報告されています．

これまで推計式の形で表してきた情報は，すべてこの表の列に示されています．たとえばテスト成績を，コントロール変数を何も使わず生徒・教師比率だけで説明する回帰式を考えましょう．推計式の表現だと，この回帰モデルの結果は

$$\overline{TestScore} = 698.9 - 2.28 \times STR, \ \overline{R}^2 = 0.049, \ SER = 18.58, \ n = 420. \quad (7.19)$$
$$(10.4) \ (0.52)$$

となります．この情報は，すべて表 7.1 の (1) 列に報告されています．生徒・教師比率の係数 (−2.28) は第 1 行に，その標準誤差 (0.52) は，推定された係数の下の括弧内に表されます．切片 (698.9) とその標準誤差 (10.4) は，「切片」と書かれた行に示されています（これは「定数項 (constant)」と呼ばれることもあります．6.2 節で議論したように，回帰分析の切片とは，常に 1 を取る説明変数にかかる係数と見ることができるからです）．同じく，$\overline{R}^2$(0.049)，SER(18.58)，標本数 (420) も最後の 3 行に掲載されています．他の説明変数の行で空欄となっているのは，その説明変数が回帰式に含まれていないことを示し

表7.1 テスト成績に関する回帰分析の結果：説明変数は生徒・教師比率と生徒の特性に関するコントロール変数，データはカリフォルニア州小学校の学区データ

被説明変数：学区の平均テスト成績

説明変数	(1)	(2)	(3)	(4)	(5)
生徒・教師比率（X_1）	−2.28** (0.52)	−1.10* (0.43)	−1.00** (0.27)	−1.31** (0.34)	−1.01** (0.27)
英語学習者の割合（X_2）		−0.650** (0.031)	−0.122** (0.033)	−0.488** (0.030)	−0.130** (0.036)
昼食援助受益者の割合（X_3）			−0.547** (0.024)		−0.529** (0.038)
所得補助受益者の割合（X_4）				−0.790** (0.068)	0.048 (0.059)
切片	698.9** (10.4)	686.0** (8.7)	700.2** (5.6)	698.0** (6.9)	700.4** (5.5)
主要統計量					
SER	18.58	14.46	9.08	11.65	9.08
$\overline{R}^2$	0.049	0.424	0.773	0.626	0.773
n	420	420	420	420	420

注：これらの回帰式はカリフォルニア州 K-8 学区のデータ（付論 4.1）を使って推計．係数の下の括弧内は標準誤差を表す．各係数の統計的な有意性は両側検定に基づいてテストされる．個々の係数は，5％ 水準 (*)，1％ 水準 (**) でそれぞれ有意．

ています．

　この表では t 統計量は報告していませんが，それは表に示されている結果から計算できます．たとえば，(1) 列の生徒・教師比率の係数がゼロという仮説をテストする t 統計量は，−2.28/0.52=−4.38 です．この仮説は 1％ 水準で棄却され，その結果が係数値の横の 2つのアスタリスクによって示されています．

　生徒の特性を測るコントロール変数を含む回帰式の結果は，(2) 列から (5) 列に報告されています．(2) 列は，テスト成績を生徒・教師比率と英語学習者の割合で説明する場合の回帰分析の結果で，以前の (7.5) 式ですでに示されています．

　(3) 列はここでの基本モデルに当たります．説明変数は，生徒・教師比率と 2つのコントロール変数——英語学習者の割合と昼食援助受益者の割合——です．

　(4) 列と (5) 列は代替的なモデルで，生徒の経済的バックグラウンド指標が変わることによる影響を調べることができます．(4) 列では，公的な所得補助を受ける生徒の割合が使われ，(5) 列では，2つの経済バックグラウンドの変数がともに回帰式に含まれています．

実証結果の検討　これらの推計結果から，以下の 3つの結論が示唆されます．
1. 生徒の特性をコントロールすることで，テスト成績に及ぼす生徒・教師比率の効果の

大きさは，おおよそ半分に減少する．推定されたこの効果は，回帰式にどのコントロール変数を用いても，大きくは変わらない．すべてのケースにおいて，生徒・教師比率の係数は5%水準で統計的に有意であった．コントロール変数を含む4つの推計モデル——回帰モデル(2)から(5)——において，生徒・教師比率を1減らすと，生徒の特性を一定にした下で，平均テスト成績は約1ポイント分上昇する．

2. 生徒の特性を表す指標は，テスト成績を非常にうまく予測する変数である．生徒・教師比率だけではテスト成績のごくわずかな変動しか説明できず，(1)列の$\overline{R}^2$は0.049である．しかし，生徒の特性に関する変数を追加すると，$\overline{R}^2$は大きく増加する．たとえば基本モデル(3)の$\overline{R}^2$は0.773である．生徒の特性指標に関する係数の符号も，図7.2で見られたパターンと整合的である．英語学習者の多い学区，そして低所得水準の子供が多い学区ほど，テスト成績は低い．

3. 個々のコントロール変数は，いつも統計的に有意とは限らない．モデル(5)で，所得補助割合にかかる係数がゼロという仮説は，5%水準で棄却されない（t統計量は-0.82）．このコントロール変数を基本モデル(3)に追加することで，生徒・教師比率の係数の推定値と標準誤差はほとんど影響を受けず，またこの変数自体の係数も有意ではない．したがって，少なくともここでの分析目的にとって，このコントロール変数は余分である．

7.7 結論

第6章では，ある懸念すべき問題を指摘することから始めました．テスト成績を生徒・教師比率で回帰する際，テスト成績に影響を及ぼすような（そして回帰モデルでは除外されている）生徒の特性に関する指標は，生徒・教師比率と相関があるかもしれない．もしそうならば，推計される生徒・教師比率の効果には，除外された生徒の特性がテスト成績にもたらす効果が含まれているかもしれない．したがって，OLS推定量には除外された変数のバイアスが含まれているのではないか．そういう問題でした．

この除外された変数のバイアスという潜在的な問題を軽減するために，本章では，生徒のさまざまな特性をコントロールする変数（英語学習者の割合と経済バックグラウンドに関する2つの指標）を追加した回帰分析を行いました．それにより，生徒・教師比率1単位の変化がもたらす影響の推定値は，半分に低下しました．ただし，それらのコントロール変数が一定の下で，テスト成績への真の効果はゼロという仮説は5%有意水準で棄却され，生徒・教師比率の効果は統計的に有意であることがわかりました．ここでは生徒の特性がもたらす除外された変数のバイアスが取り除かれているので，多変数回帰モデルの推定値，仮説検定，信頼区間は，教育委員長に助言する際に，第4章，第5章の1変数モデルの推定結果と比べてはるかに有用です．

本章および前章までの分析では，真の回帰式は線形であり，説明変数が与えられた下で

の Y_i の条件付期待値は直線と仮定してきました．しかし，実際にそうだと考える理由は特にありません．事実，生徒・教師比率を引き下げる効果は，クラス規模が大きい学区とすでにクラス規模が小さい学区とでかなり異なるかもしれません．もしそうなら，真の回帰線は X について線形ではなく，X の非線形関数となるでしょう．しかし分析を非線形へと拡張するには，そのためのツールが必要となり，それを次章で検討します．

要約

1. 多変数回帰において，1つの回帰係数に関する仮説検定と信頼区間は，1変数回帰モデルで使われたのと基本的に同じ手法で実施される．
2. 回帰係数に関する2つ以上の制約式からなる仮説は結合仮説と呼ばれる．結合仮説は，F 統計量を使ってテストされる．
3. 回帰モデルの特定化を行うには，まず除外された変数のバイアスの問題を考慮して変数を選択し，基本となるモデル特定化を決定する．基本モデルは，それ以外にも考えられうる除外された要因の問題をさらに考慮して，説明変数を追加的に含めることで修正される．単純にもっとも高い R^2 という観点からモデルを選択すると，因果関係の効果の推定にはならない恐れがある．

キーワード

制約 [restrictions]　200
結合仮説 [joint hypothesis]　200
F 統計量 [F-statistic]　202
制約付きの回帰 [restricted regression]　205
制約なしの回帰 [unrestricted regression]　205
均一分散のみに有効な F 統計量
　[homoscedasticity-only F-statistic]　205

95% 信頼集合 [95% confidence set]　208
基本となるモデル特定化 [base specification]　210
代替的なモデル特定化 [alternative specification]　210
ボンフェローニ・テスト [Bonferroni test]　223

練習問題

最初の6つの練習問題は，CPSデータベースの1998年のデータを使って計算された推定結果の表（次ページ）を使います．データセットは4000人の常勤労働者に関する情報からなります．各労働者の学歴は高卒もしくは大卒で，年齢は25歳から34歳の間です．さらに，住んでいる地域，結婚歴，子供の人数に関する情報も含みます．ここでは各変数を以下のように表記するものとします．

AHE = 時間当たり平均賃金（ドル，1998年当時）

平均賃金を性別，学歴，その他の特徴で回帰した推定結果： 現代人口調査（CPS）1998年データを利用			
被説明変数：時間当たり平均賃金（AHE）			
説明変数	(1)	(2)	(3)
$College(X_1)$	5.46 (0.21)	5.48 (0.21)	5.44 (0.21)
$Female(X_2)$	−2.64 (0.20)	−2.62 (0.20)	−2.62 (0.20)
$Age(X_3)$		0.29 (0.04)	0.29 (0.04)
$Northeast(X_4)$			0.69 (0.30)
$Midwest(X_5)$			0.60 (0.28)
$South(X_6)$			−0.27 (0.26)
定数項	12.69 (0.14)	4.40 (1.05)	3.75 (1.06)
主要統計量と結合テスト			
「地域効果 = 0」に対する F 統計量			6.10
SER	6.27	6.22	6.21
R^2	0.176	0.190	0.194
n	4000	4000	4000

$College = (0,1)$ 変数（大卒ならば1, 高卒ならば0）

$Female = (0,1)$ 変数（女性ならば1, 男性ならば0）

$Age =$ 年齢（歳）

$Northeast = (0,1)$ 変数（住んでいる地域が北西部ならば1, それ以外は0）

$Midwest = (0,1)$ 変数（住んでいる地域が中西部ならば1, それ以外は0）

$South = (0,1)$ 変数（住んでいる地域が南部ならば1, それ以外は0）

$West = (0,1)$ 変数（住んでいる地域が西部ならば1, それ以外は0）

7.1 係数の統計的な有意性を示すために，上記の表に「*」(5%)，「**」(1%)の記号を付けなさい．

7.2 (1) 列の推定結果を使って，以下の問いに答えなさい．

　a. この回帰によって推定された大卒者と高卒者の賃金の差は5%水準で統計的に有意でしょうか．その差に関する95%信頼区間を求めなさい．

　b. 男性と女性の賃金の差は5%水準で統計的に有意でしょうか．その差に関する95%信頼区間を求めなさい．

7.3 (2) 列の推定結果を使って，以下の問いに答えなさい．

　a. 年齢は賃金を決定する重要な要因でしょうか．適切な仮説検定あるいは信頼区間を使

って，あなたの答えを説明しなさい．

b. サリーは29歳の大卒女性です．ベッツィーは34歳の大卒女性です．サリーとベッツィーの予想される賃金の差について95%信頼区間を求めなさい．

7.4 (3) 列の推計結果を使って，以下の問いに答えなさい．

a. 地域間の格差はあるでしょうか．適切な仮説検定を使って，あなたの答えを説明しなさい．

b. ジュアニータは南部出身の28歳大卒女性です．モリーは西部出身の28歳大卒女性です．ジェニファーは中西部出身の28歳大卒女性です．

  i. ジュアニータとモリーの予想される賃金の差について95%信頼区間を求めなさい．

  ii. ジュアニータとジェニファーの予想される賃金の差について95%信頼区間の導出方法を説明しなさい．（ヒント：回帰に $West$ を含め，$Midwest$ を除くと，何が起こるでしょうか．）

7.5 (2) 列の回帰を1992年のデータを用いて再推計しました．そのデータは，1993年3月のCPS（現代人口調査）から無作為に抽出された4000個の観測値で，消費者物価指数を用いて1998年のドル水準に変換されています．推定結果は以下のようになりました：

$$\widehat{AHE} = 0.77 + 5.29\,College - 2.59\,Female + 0.40\,Age, \quad SER = 5.85, \quad \overline{R}^2 = 0.21.$$
$$\quad\;\;(0.98)\;\;(0.20)\qquad\quad(0.18)\qquad\quad(0.03)$$

この推定結果と，(2) 列に示されている1998年の結果を比較すると，$College$ の係数には統計的に有意な変化が見られるでしょうか．

7.6 次の見解を評価しなさい．「すべての回帰において，$Female$ の係数は負で大きく，統計的にも有意である．このことは，アメリカの労働市場に男女差別が存在することを示唆する強力な統計的証拠となる．」

7.7 練習問題6.5 では，次の推定結果が示されました（ここでは標準誤差も追加されています）．以下の問いに答えなさい．

$$\widehat{Price} = 119.2 + 0.485\,BDR + 23.4\,Bath + 0.156\,Hsize + 0.002\,Lsize$$
$$\qquad\;\;(23.9)\;\;(2.61)\qquad\quad(8.94)\qquad\;(0.011)\qquad\;(0.00048)$$
$$+ 0.090\,Age - 48.8\,Poor, \quad \overline{R}^2 = 0.72, SER = 41.5.$$
$$\;\;(0.311)\qquad\;(10.5)$$

a. BDR に関する係数は，ゼロとは統計的に有意に異なりますか．

b. 通常，寝室が5つある家は，寝室が2つの家よりも高い価格で売り出されています．このことは，(a) の答え，そしてより一般に上記の回帰式の結果と整合的ですか．

c. ある家の所有者は，敷地に隣接した2000平方フィートの土地を購入します．その所有者の家の価値の変化について99%信頼区間を求めなさい．

d. 敷地の広さは平方フィートで測っていますが，別の単位で測った方がより適切だと思いますか．その理由は何ですか．

e. 回帰式から BDR と Age を取り除くことに対する F 統計量は $F = 0.08$ となります．

BDR と Age に関する両方の係数は，10% 水準でゼロと統計的に異なりますか．

7.8 本文の表 7.1 を見て，以下の問いに答えなさい．

a. 各回帰における R^2 を求めなさい．

b. (5) 列の回帰において，$\beta_3 = \beta_4 = 0$ をテストするための均一分散のみに有効な F 統計量を導出しなさい．導出した統計量は 5% 水準で有意ですか．

c. 付論 7.1 で議論されるボンフェローニ・テストを使って，(5) 列の回帰において $\beta_3 = \beta_4 = 0$ をテストしなさい．

d. (5) 列の回帰における β_1 の 99% 信頼区間を求めなさい．

7.9 回帰モデル $Y_i = \beta_0 + \beta_1 X_1 + \beta_2 X_2 + u_i$ を考えます．以下の仮説を t 統計量を使ってテストできるように，7.3 節の「第 2 アプローチ」に基づいて回帰式を変換しなさい．

a. $\beta_1 = \beta_2$

b. $\beta_1 + a\beta_2 = 0$ (a は定数)

c. $\beta_1 + \beta_2 = 1$ (ヒント：回帰式における被説明変数を再定義しなければなりません．)

7.10 (7.13) 式および (7.14) 式は，均一分散のみに有効な F 統計量に関する 2 つの公式を示しています．2 つの公式は同値であることを示しなさい．

実証練習問題

E7.1 実証練習問題 4.1 で説明した CPS04 データセットを使って，以下の問題に答えなさい．

a. 平均賃金 (AHE) を Age で回帰しなさい．推定された定数項はいくつですか．推定された傾きの係数はいくつですか．

b. 平均賃金 (AHE) を Age，性別 ($Female$)，および教育 ($Bachelor$) で回帰しなさい．Age が賃金に及ぼす効果の推定値はいくつですか．回帰式における Age に関する係数の 95% 信頼区間を求めなさい．

c. Age が AHE へ及ぼす効果について，(b) の結果は (a) の結果と本質的に異なりますか．(a) の結果には，除外された変数バイアスが含まれていると考えられますか．

d. ボブは 26 歳の高卒男性です．(b) の回帰の推定結果を使って，ボブの賃金を予測しなさい．アレクシスは 30 歳の大卒女性です．同じく (b) の回帰から，アレクシスの賃金を予測しなさい．

e. 回帰の標準誤差，R^2，$\overline{R}^2$ を使って，(a) と (b) の回帰の当てはまりを比較しなさい．なぜ，回帰 (b) の R^2 と $\overline{R}^2$ は非常に近い値なのでしょうか．

f. 性別と教育は賃金の決定要因となっているでしょうか．$Female$ を回帰式から除くという帰無仮説をテストしなさい．$Bachelor$ を回帰式から除くという帰無仮説をテストしなさい．そして $Female$ と $Bachelor$ の両方を回帰式から除くという帰無仮説をテストしなさい．

g. 2 つの条件が満たされるとき，回帰には除外された変数バイアスが含まれます．その

2 つの条件とは何でしょうか．これらの条件は，ここでは満たされているでしょうか．

E7.2 実証練習問題 4.2 で説明した `TeachingRatings` データセットを使って，以下の問題に答えなさい．

    a. *Course_Eval* を *Beauty* で回帰しなさい．*Beauty* が *Course_Eval* へ及ぼす効果の 95% 信頼区間を求めなさい．

    b. データセットにあるさまざまなコントロール変数について考えてみましょう．どの変数を回帰式に含めるべきだと思いますか．表 7.1 と同様の表を作成して，(a) で導出した信頼区間の頑健性を調べてみましょう．*Beauty* が *Course_Eval* へ及ぼす効果について，妥当な 95% 信頼区間を求めなさい．

E7.3 実証練習問題 4.3 で説明した `CollegeDistance` データセットを使って，以下の問題に答えなさい．

    a. ある教育活動グループは，最寄の大学までの距離が 20 マイル近づくと，その人の学歴（教育年数）は平均して約 0.15 年増加すると主張しています．教育年数 (*ED*) を最寄りの大学までの距離 (*Dist*) で回帰してみましょう．教育活動グループの主張は回帰の推定結果と整合的でしょうか．説明しなさい．

    b. 人々の教育年数は他の要因から影響を受けます．他の要因をコントロールすると，大学までの距離が教育年数に及ぼす効果に変化があるでしょうか．この質問に答えるために，表 7.1 と同様の表を作成し，最も単純なモデル特定化（(a) で回帰したもの），基本となるモデル特定化（いくつかのコントロール変数を加えたもの），そして基本モデルにいくつか修正を加えた特定化を含めなさい．*Dist* が *ED* へ及ぼす効果の推定値は，特定化によってどう変わるか，議論しなさい．

    c. 他の要因をコントロールすると，白人よりも黒人やヒスパニック系の人の方が大学での教育年数が長いと主張されてきました．その主張は，(b) で導出した回帰結果と整合的でしょうか．

E7.4 実証練習問題 4.4 で説明した `Growth` データセット（ただしマルタに関するデータは除く）を使って，以下の問題に答えなさい．

    a. *Growth* を *TradeShare*, *YearsSchool*, *Rev_Coups*, *Assasinations*, *RGDP60* で回帰しなさい．*TradeShare* の係数に関する 95% 信頼区間を求めなさい．その係数は 5% 水準で統計的に有意でしょうか．

    b. *YearsSchool*, *Rev_Coups*, *Assasinations*, *RGDP60* を一括りにして，回帰式から取り除くことができるかどうかテストしなさい．F 統計量の p 値はいくつですか．

付論 7.1 結合仮説のボンフェローニ・テスト

7.2 節の手法（F テスト）は，多変数回帰における結合仮説のテストとしてよく用いられる手法で

す．しかし，ある研究において推定結果は報告されていても，あなたがテストしたい結合仮説については検定されておらず，その原データを持っていないとします．このとき，7.2 節の F 統計量を計算することはできません．この付論では，推定結果の表しかない場合でも実行できる結合仮説のテスト方法を説明します．この方法はボンフェローニの不等式をもとにした，より一般的な検定アプローチを応用したものです．

ボンフェローニ・テストは，個々の仮説に関する t 統計量に基づいて結合仮説をテストするものです．つまりボンフェローニ・テストは，7.2 節の結合テストを 1 つずつの t テストに基づいて適切に実施していくという手法です．臨界値 $c > 0$ をもとに，結合帰無仮説 $\beta_1 = \beta_{1,0}$ かつ $\beta_2 = \beta_{2,0}$ のボンフェローニ・テスト（**Bonferroni test**）は次のルールを使います．

$$|t_1| \leq c \text{ そして } |t_2| \leq c \text{ ならば採択; それ以外であれば棄却} \tag{7.20}$$
$$\text{（ボンフェローニの 1 つずつ実施する } t \text{ テスト）}$$

ここで，t_1 は β_1 に関する t 統計量，t_2 は β_2 に関する t 統計量をそれぞれ指しています．

ポイントは，ここでの臨界値 c の選び方について，1 つずつの t テストを実施する際の棄却する確率が通常の有意水準（たとえば 5%）ではない値で選ばれるという点です．より具体的には，ボンフェローニの不等式を使って，2 つの制約を検定しているという事実，そして t_1 と t_2 が相関するかもしれないという可能性，その両方を容認する形で臨界値 c が選ばれます．

ボンフェローニの不等式

ボンフェローニの不等式は，確率理論における基本的な結果の 1 つです．いま A と B はイベントを表します．$A \cap B$ は「A と B の両方」というイベント（A と B の共通部分，あるいは積集合）を表し，$A \cup B$ は「A あるいは B またはその両方」というイベント（A と B の合計，あるいは和集合）を表します．そのとき，$\Pr(A \cup B) = \Pr(A) + \Pr(B) - \Pr(A \cap B)$ となります．$\Pr(A \cap B) \geq 0$ なので，$\Pr(A \cup B) \leq \Pr(A) + \Pr(B)$ となります．するとこの不等式は，$1 - \Pr(A \cup B) \geq 1 - [\Pr(A) + \Pr(B)]$ を意味します．一方，A^c および B^c は，それぞれ A の補集合および B の補集合，つまり「A ではない」および「B ではない」というイベントを表します．$A \cup B$ の補集合は $A^c \cap B^c$ であるので，$1 - \Pr(A \cup B) = \Pr(A^c \cap B^c)$ となり，ボンフェローニの不等式 $\Pr(A^c \cap B^c) \geq 1 - [\Pr(A) + \Pr(B)]$ が得られます．

いま $|t_1| > c$ となるイベントを A とし，$|t_2| > c$ となるイベントを B とします．そのとき，不等式 $\Pr(A \cup B) \leq \Pr(A) + \Pr(B)$ より，

$$\Pr(|t_1| > c \text{ あるいは } |t_2| > c \text{ またはその両方}) \leq \Pr(|t_1| > c) + \Pr(|t_2| > c) \tag{7.21}$$

が得られます．

ボンフェローニ・テスト

「$|t_1| > c$ あるいは $|t_2| > c$ またはその両方」というイベントは，1 つずつ行うテストの棄却域となります．したがって (7.21) 式は，「1 つずつ行う」t テストが大標本において適切な有意水準でのテストとなるような臨界値 c の選択方法を示しています．大標本において，帰無仮説の下，$\Pr(|t_1| > c) = \Pr(|t_2| > c) = \Pr(|Z| > c)$ となります．したがって，(7.21) 式は，帰無仮説の下，1 つずつのテストが

表 7.3 結合仮説を 1 つずつの t テストで検定するボンフェローニ・テストの臨界値 c

制約の数（q）	有意水準		
	10%	5%	1%
2	1.960	2.241	2.807
3	2.128	2.394	2.935
4	2.241		3.023

帰無仮説の下で棄却する確率は，

$$\Pr\nolimits_{H_0}(1\text{ つずつ行うテストによる棄却}) \leq 2\Pr(|Z| > c) \tag{7.22}$$

となることを意味しています．

(7.22) 式の不等式は，帰無仮説の下で棄却する確率が，通常の有意水準に等しくなるような臨界値 c を選択する方法を表しています．ボンフェローニ・アプローチは 2 つ以上の係数にも適用することができます．もし帰無仮説の下で q 個の制約があるのならば，(7.22) 式右辺の 2 の部分を q に置き換えます．

表 7.3 は，さまざまな有意水準および $q = 2, 3, 4$ の場合の，1 つずつのボンフェローニ・テストを行うための臨界値 c を表しています．たとえば，望まれる有意水準が 5% で $q = 2$ としましょう．表 7.3 によると，臨界値 c は 2.241 です．この臨界値は標準正規分布の 1.25% 分位値，つまり $\Pr(|Z| > 2.241) = 2.5\%$ となっています．したがって (7.22) 式から，大標本において 1 つずつのテスト（(7.20) 式）は帰無仮説の下で最大 5% の割合で棄却することがわかります．

表 7.3 の臨界値は 1 つの制約をテストするための臨界値よりも大きくなります．たとえば，$q = 2$ のケースだと，仮説 1 つずつに対して行うテストでは，少なくとも 1 つの t 統計量が絶対値の意味で 2.241 を超えていれば棄却されます．この臨界値は 1.96 よりも大きくなります．なぜならば，7.2 節で議論したように，2 つの t 値を見ることによって，結合帰無仮説を棄却する 2 回目のチャンスがあるという事実を適切に修正するためです．

もし個々の t 統計量が不均一分散を考慮した標準誤差に基づくならば，ボンフェローニ・テストは不均一分散かどうかにかかわらず有効です．一方，もし t 値が均一分散のみに有効な標準誤差に基づくならば，ボンフェローニ・テストも均一分散の場合だけに有効です．

テスト成績データへの応用

(7.6) 式において，テスト成績の係数と 1 人当たり支出の係数がともにゼロという結合帰無仮説をテストする t 統計量は，$t_1 = -0.60$ と $t_2 = 2.43$ となります．ここで $|t_1| < 2.241$ ですが，$|t_2| > 2.241$ なので，ボンフェローニ・テストから結合帰無仮説は 5% 有意水準で棄却されます．しかし，t_1 と t_2 とも絶対値で 2.807 より小さいので，1% 有意水準では棄却できません．これに対して，7.2 節の F 統計量を使うと，帰無仮説は 1% 有意水準で棄却することができます．

第8章 非線形関数の回帰分析

　第4章から第7章では，母集団の回帰式は線形と仮定してきました．言い換えると，真の回帰式の傾きは一定で，Xの1単位の変化によるYへの影響は，X自身の値には依存しませんでした．しかしXの変化によるYへの影響が，Xや他の独立した変数に依存する場合にはどうなるでしょうか．その場合，真の回帰式は非線形となります．

　本章では，非線形の回帰式を検出しモデル化する手法を2つのグループに分けて学びます．第1のグループは，独立変数X_1のYへの影響が，X_1自身の値に依存するときに用いられる手法です．たとえば，教師1人当たり生徒数を1だけ縮小することの効果は，大人数クラスよりも小規模のクラスの方が，生徒のコントロールが容易なので，より大きいかもしれません．もしそうならば，テスト成績(Y)は，生徒・教師比率(X_1)の非線形の関数になり，傾きはX_1が小さいほど急になるでしょう．このような性質を持つ非線形関数は図8.1に表されています．図8.1aの線形回帰式だと傾きは一定ですが，図8.1bのような非線形関数の回帰式だと，X_1の値が小さいほど傾きが急となります．この第1グループの手法は，8.2節で説明します．

　第2グループの手法は，X_1変化のYへの影響が別の独立変数，X_2の値に依存する場合に有用です．たとえば，まだ英語を学んでいる生徒の方が，先生から1対1の指導を受けることのメリットが特に大きいかもしれません．もしそうならば，生徒・教師比率を低下させることのテスト成績への効果は，英語学習者の多い学区の方がより大きいでしょう．この例では，生徒・教師比率(X_1)の低下によるテスト成績(Y)への影響が，その学区の英語学習者の割合(X_2)に依存することになります．図8.1cに示されているように，このタイプの母集団回帰式では，その傾きがX_2の値に依存します．この第2グループの手法は8.3節で議論されます．

　本章のモデルでは，母集団回帰式は独立変数の非線形関数で表されます．すなわち，条件付期待値$E(Y_i/X_{1i},\ldots,X_{ki})$が，1つかそれ以上の$X$の非線形関数となります．モデルは$X$の非線形関数ですが，それらは母集団回帰モデルの未知の係数（パラメター）の線形関数で表されます．したがって，第6章と第7章で学んだ多変数回帰モデルの一種となります．非線形関数の未知の係数は，第6章と第7章の手法を使って推定しテストできるのです．

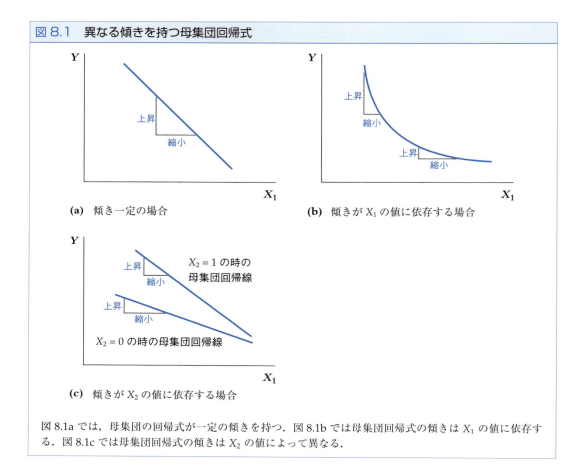

図 8.1a では，母集団の回帰式が一定の傾きを持つ．図 8.1b では母集団回帰式の傾きは X_1 の値に依存する．図 8.1c では母集団回帰式の傾きは X_2 の値によって異なる．

8.1 節と 8.2 節は，説明変数が 1 つの設定の下で，非線形回帰式を紹介します．8.3 節では，それを 2 つの説明変数へと拡張します．説明を単純化するために，8.1 節から 8.3 節の実証例では追加的な説明変数は省略されます．しかし実際には，他のコントロール変数を追加して，除外された変数のバイアスを解消することが重要です．8.4 節では，非線形回帰式にコントロール変数を追加して，生徒の特性を一定とした下で，テスト成績と生徒・教師比率との非線形関係をより詳しく検討します．

8.1 非線形回帰式をモデル化する一般アプローチ

この節では，非線形回帰式をモデル化するための一般的なアプローチについて説明します．このアプローチでは，非線形モデルは多変数回帰モデルの拡張であり，したがって第 6 章，第 7 章の手法を使って推定や検定が行われます．でははじめに，カリフォルニア州データセットに戻り，テスト成績と所得の関係について考えましょう．

テスト成績と学区の所得

　第7章では，生徒の経済的なバックグラウンドが，テスト成績を説明する重要な要因の1つであることを見出しました．そこでは，経済バックグラウンドに関する2つの変数（昼食援助を受ける生徒の割合と所得補助を受ける家庭の割合）を用いて，貧しい家庭環境にある生徒の割合を測りました．ここでは，それとは異なるより広い指標として，学区の1人当たり平均年間所得（「学区の所得」）を用います．カリフォルニア州データのなかには，1998年の価値で測った（単位は1000ドル）学区の所得が含まれています．標本データには広範囲な所得階層が含まれており，420学区のうち，学区所得の中央値は13.7（つまり1人当たり13,700ドル）で，5.3（1人当たり5,300ドル）から55.3（1人当たり55,300ドル）の幅で広がっています．

　図8.2は，カリフォルニア州データセットにおける5年生のテスト成績と学区所得の関係を散布図で表しています．図中の直線は2つの変数の関係を表すOLS回帰線です．この図から，テスト成績と学区の平均所得には強い正の相関があることがわかります（相関係数は0.71）．つまり豊かな学区の生徒は，そうではない学区の生徒に比べてテスト成績が良いのです．しかし，この散布図には，際立った特徴が1つ見られます．多くの観測点は所得が非常に低い（10,000ドル以下）か非常に高い（40,000ドル以上）ときにOLS回帰線より下に位置し，所得が15,000ドルから30,000ドルの間であれば回帰線より上に位置しています．テスト成績と所得の間には，直線では捉えきれない，曲線の関係があるように見えます．

　つまり学区の所得とテスト成績の関係は，直線ではなく，むしろ非線形なのです．非線形の関数では傾きが一定ではありません．関数 $f(X)$ は線形であるということは，$f(X)$ の傾きが X のすべての値について同じであるということです．一方，もし傾きが X の値に依存する場合には，$f(X)$ は非線形となります．

　両変数の関係を表すのに直線が適切でないならば，何が適切でしょうか？　ここで，図8.2の観測点にうまくフィットするような曲線を思い描いてみてください．その曲線は，学区の所得が低いときには傾きが急で，所得水準が高まるにつれ緩やかになるでしょう．そのような曲線を数学的に近似する1つの方法は，2次関数を使ってモデル化することです．すなわち，テスト成績を所得そして所得の二乗の関数として定式化することができます．

　2次の母集団回帰モデルを数式で表現すれば，

$$TestScore_i = \beta_0 + \beta_1 Income_i + \beta_2 Income_i^2 + u_i. \qquad (8.1)$$

ここで β_0，β_1，β_2 は係数，$Income_i$ は第 i 学区の所得，$Income_i^2$ は第 i 学区の所得の二乗，u_i は誤差項で（いつもどおり）テスト成績を決定する他のすべての要因が反映されています．(8.1)式は**2次の回帰モデル（quadratic regression model）**と呼ばれます．なぜ

図 8.2 テスト成績と学区の所得に関する散布図と線形回帰モデル

テスト成績と学区の所得には正の相関がある（相関係数 = 0.71）．しかし線形の OLS 回帰線では，両変数の関係を必ずしもうまく描写できない．

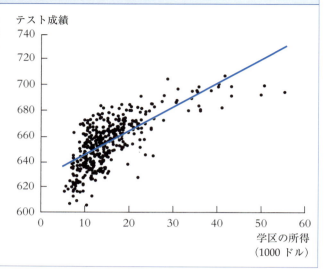

なら，母集団回帰式——$E(TestScore_i/Income_i) = \beta_0 + \beta_1 Income_i + \beta_2 Income_i^2$——が説明変数 $Income$ の 2 次関数で表されるからです．

もし (8.1) 式の真の係数 β_0, β_1, β_2 がわかれば，所得水準に基づき各学区のテスト成績を予測できます．しかしそれらの真の係数は未知であるため，標本データを使って推計しなくてはなりません．

一見すると，図 8.2 のデータにもっともよくフィットするような 2 次関数の係数を見つけることは難しそうです．しかし，この (8.1) 式を基本概念 6.2 の多変数回帰モデルと比較すれば，(8.1) 式は実は，2 つの説明変数——第 1 説明変数 $Income$，第 2 説明変数 $Income^2$ の 2 つ——からなる多変数回帰モデルの 1 つということがわかるでしょう．説明変数を $Income$ と $Income^2$ と定義することで，(8.1) 式の非線形モデルは 2 つの説明変数を持つ多変数回帰モデルとして表現できるのです．

2 次の回帰モデルは多変数回帰モデルの一形態なので，その真の係数は第 6 章，第 7 章の OLS によって推計しテストすることができます．図 8.2 で示された 420 個の観測データを使って (8.1) 式の係数を OLS 推計したところ，

$$\widehat{TestScore} = 607.3 + 3.85\, Income - 0.0423\, Income^2, \quad \overline{R}^2 = 0.554 \qquad (8.2)$$
$$\phantom{\widehat{TestScore} = }(2.9)\ \ (0.27) \qquad (0.0048)$$

となりました．ここで（いつもと同じく）推計された係数の標準誤差はカッコ内に示されています．推計された回帰式 (8.2) 式は，図 8.3 に，データの散布図に上書きする形で示されています．推計された 2 次関数は散布図の曲線をうまく捉えており，傾きは所得が低いときに急で，所得が高いときに緩やかになっています．2 次の回帰モデルは線形モデルよりもデータによくフィットしているといえるでしょう．

以上の見た目での比較からもう 1 歩進んで，所得とテスト成績の関係が線形かどうか，

図 8.3 テスト成績と学区の所得に関する散布図と線形および 2 次の回帰モデル

2 次の OLS 回帰線は，線形の OLS 回帰線よりもデータによくフィットする．

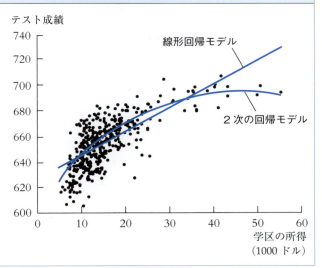

フォーマルにテストすることができます．もし関係が線形であれば，(8.1) 式は，$Income^2$ の説明変数を含めない下で正しい定式化となります．すなわち，関係が線形の場合，(8.1) 式は $\beta_2 = 0$ の下で成立します．したがって，帰無仮説「真の回帰モデルが線形」を対立仮説「2 次の回帰モデル」に対してテストすることは，帰無仮説「$\beta_2 = 0$」を対立仮説「$\beta_2 \neq 0$」に対してテストすればよいということがわかります．

(8.1) 式は多変数回帰モデルの 1 つなので，$\beta_2 = 0$ の帰無仮説は，t 統計量を使ってテストできます．ここで t 統計量は $t = (\hat{\beta}_2 - 0)/SE(\hat{\beta}_2)$ と表され，(8.2) 式の推計結果から，$t = -0.0423/0.0048 = -8.81$ となります．この値は絶対値で 5% 水準の臨界値 (1.96) を上回ります．実際，この t 統計量に対応する p 値は 0.01 より小さいので，$\beta_2 = 0$ という仮説は，通常よく用いられるすべて有意水準から棄却することができます．このフォーマルな仮説検定により，図 8.2 と図 8.3 で行ったインフォーマルな観察は裏付けられました．2 次関数モデルは線形モデルよりもデータによくフィットするのです．

非線形モデルにおける X 変化の Y への影響

テスト成績の例からいったん離れて，一般的な問題を考えましょう．独立した説明変数 X_1 が ΔX_1 だけ変化したとき，他の説明変数 $X_2, \ldots, X_k$ は一定の下で，被説明変数 Y がどのように変化するかを知りたいとします．母集団の回帰式が線形であれば，この効果は容易に計算できます．(6.4) 式に示されているように，予想される Y の変化は，$\Delta Y = \beta_1 \Delta X_1$，ここで β_1 は X_1 にかかる回帰係数です．しかし，回帰式が非線形であれば，予想される Y の変化の計算はより複雑で，説明変数に依存することになります．

非線形回帰モデルの一般式[1]

本章の非線形回帰モデルは，以下の形をとります：

$$Y_i = f(X_{1i}, X_{2i}, \ldots, X_{ki}) + u_i, \quad i = 1, \ldots, n. \tag{8.3}$$

ここで $f(X_{1i}, X_{2i}, \ldots, X_{ki})$ は，母集団の非線形回帰関数（**nonlinear regression function**），すなわち説明変数 $X_{1i}, X_{2i}, \ldots, X_{ki}$ の非線形関数，そして u_i は誤差項です．たとえば，(8.1) 式の 2 次の回帰モデルでは説明変数としては 1 つだけで，X_1 は Income，回帰関数は $f(Income_i) = \beta_0 + \beta_1 Income_i + \beta_2 Income_i^2$ となります．

母集団の回帰式は，$X_{1i}, X_{2i}, \ldots, X_{ki}$ が与えられた下での Y_i の条件付期待値なので，(8.3) 式から算出される条件付期待値は $X_{1i}, X_{2i}, \ldots, X_{ki}$ の非線形関数となります．すなわち，$E(Y_i|X_{1i}, X_{2i}, \ldots, X_{ki}) = f(X_{1i}, X_{2i}, \ldots, X_{ki})$ です（ここで f は非線形となりうる関数）．もし母集団回帰式が線形なら，$f(X_{1i}, X_{2i}, \ldots, X_{ki}) = \beta_0 + \beta_1 X_{1i} + \beta_2 X_{2i} + \cdots + \beta_k X_{ki}$ と表され，(8.3) 式は基本概念 6.2 の線形回帰モデルとなります．しかしながら，(8.3) 式は非線形の関数形も容認するのです．

X_1 変化の Y へ及ぼす効果

6.2 節で議論したとおり，他の説明変数 $X_2, \ldots, X_k$ 一定の下，X_1 変化（ΔX_1）の Y への効果は，説明変数が $X_1 + \Delta X_1, X_2, \ldots, X_k$ の値のときの Y の期待値と，説明変数が $X_1, X_2, \ldots, X_k$ の値のときの Y の期待値との差で求められます．これら 2 つの期待値の差を ΔY とすると，それは X_1 が ΔX_1 分だけ変化したとき，他の変数 $X_2, \ldots, X_k$ を一定として，母集団の Y が平均としてどれほど変化するかに当たります．(8.3) 式の非線形回帰モデルでは，この Y への効果は，$\Delta Y = f(X_1 + \Delta X_1, X_2, \ldots, X_k) - f(X_1, X_2, \ldots, X_k)$ と表されます．

回帰関数 f は未知であるため，X_1 変化の Y への効果も未知です．その効果を推定するには，まず母集団の回帰関数を推定しなければなりません．いま一般的に考えて，推定された関数を $\hat{f}$ と表しましょう．その一例は (8.2) 式の推定された 2 次の回帰式です．X_1 変化の Y への効果 ($\Delta \hat{Y}$) は，予測された Y の 2 つの値の差，すなわち説明変数が $X_1 + \Delta X_1, X_2, \ldots, X_k$ の値のときの Y の予測値と，説明変数が $X_1, X_2, \ldots, X_k$ のときの Y の予測値の差になります．

X_1 変化が Y へ及ぼす予想される効果の計算方法は，基本概念 8.1 に要約されます．

テスト成績と所得への応用

ではテスト成績の例に戻りましょう．(8.2) 式で示された 2 次の回帰式の推計結果を使うと，学区の所得が 1000 ドル分変化したときにテスト成績はどれだけ変化すると予測されるでしょうか？ 回帰式は 2 次関数であるため，その影

---

[1] 「非線形回帰」という用語は，2 つの異なるグループのモデルに当てはまります．1 つ目は，母集団の回帰式が説明変数 X の非線形関数で，しかし未知のパラメーター（それぞれの β）の線形関数で表される場合．2 つ目は，母集団の回帰式が未知パラメーターの非線形関数で，説明変数 X については非線形関数かもしれないし，そうでないかもしれない場合です．本章のモデルはすべて第 1 グループのものです．付論 8.1 では第 2 グループのモデルを取り上げます．

> ## 基本概念 8.1　非線形回帰モデル (8.3) 式において X_1 変化が Y へ及ぼす予想される効果
>
> $X_2,\ldots,X_k$ 一定の下，X_1 変化 (ΔX_1) によって予想される Y への効果 (ΔY) は，$X_2,\ldots,X_k$ を一定として，X_1 を変化させる前後の母集団回帰式の差に相当する．すなわち，予想される Y の変化は，
>
> $$\Delta Y = f(X_1 + \Delta X_1, X_2, \ldots, X_k) - f(X_1, X_2, \ldots, X_k) \tag{8.4}$$
>
> 母集団におけるこの未知の差に対する推定量は，2 つの関数の予測値の差となる．いま $\hat{f}(X_1, X_2, \ldots, X_k)$ を，母集団回帰関数の推定量 $\hat{f}$ に基づく Y の予測値とする．このとき，予測される Y の変化は，
>
> $$\Delta \hat{Y} = \hat{f}(X_1 + \Delta X_1, X_2, \ldots, X_k) - \hat{f}(X_1, X_2, \ldots, X_k). \tag{8.5}$$

響は変化前の所得水準に依存します．そこで 2 つの場合を考えましょう．すなわち学区の所得が 10 から 11 へ (10,000 ドルから 11,000 ドルへ) 増える場合，そして 40 から 41 へ増える場合です．

まず所得が 10 から 11 へと変化したときの $\Delta \hat{Y}$ を計算しましょう．そのためには，(8.5) 式の一般式を 2 次の回帰式に応用することができます．その結果，

$$\Delta \hat{Y} = (\hat{\beta}_0 + \hat{\beta}_1 \times 11 + \hat{\beta}_2 \times 11^2) - (\hat{\beta}_0 + \hat{\beta}_1 \times 10 + \hat{\beta}_2 \times 10^2) \tag{8.6}$$

が得られます．ここで $\hat{\beta}_0$, $\hat{\beta}_1$, $\hat{\beta}_2$ は OLS 推定量です．

(8.6) 式右辺の最初のカッコは $Income = 11$ のときの Y の予測値，2 つ目のカッコは $Income = 10$ のときの Y の予測値に当たります．これらの予測値は (8.2) 式の各係数の推計値を使って求められます．したがって $Income = 10$ のときのテスト成績の予測値は，$607.3 + 3.85 \times 10 - 0.0423 \times 10^2 = 641.57$，$Income = 11$ のときの予測値は，$607.3 + 3.85 \times 11 - 0.0423 \times 11^2 = 644.53$ となります．これら 2 つの予測値の差は，$\Delta \hat{Y} = 644.53 - 641.57 = 2.96$ ポイント，つまり平均所得が 11000 ドルの学区と 10000 ドルの学区との間で予想されるテスト成績の違いは，2.96 点となります．

2 つ目のケースとして，所得が 40,000 ドルから 41,000 ドルへと変化した場合を考えましょう．(8.6) 式から得られる 2 つの予測値の差は，$\Delta \hat{Y} = (607.3 + 3.85 \times 41 - 0.0423 \times 41^2) - (607.3 + 3.85 \times 40 - 0.0423 \times 40^2) = 694.04 - 693.62 = 0.42$ です．このように所得 1000 ドル分の変化は，当初の所得が 10,000 ドルの方が，40,000 ドルの場合よりも大きな効果をもたらすことがわかります (2.96 点に対して 0.42 点)．言い換えれば，図 8.3 の推計された 2 次の回帰線は，所得が低い場合 (10,000 ドルなど) の方が，所得が高い場合

(40,000 ドルなど) に比べて，より傾きが急となるのです．

推定された効果の標準誤差

X_1 変化の Y への効果の推定量は，母集団の回帰関数の推定量 $\hat{f}$ に依存します．その $\hat{f}$ はサンプルによって異なるため，推計された効果にはサンプリング・エラーが含まれます．このサンプリングに起因する不確実性の程度を定量的に捉える方法は，真の効果に対する信頼区間を計算することです．そのためには，(8.5) 式の $\Delta \hat{Y}$ の標準誤差が必要です．

回帰関数が線形であれば，$\Delta \hat{Y}$ の標準誤差は容易に求めることができます．X_1 変化による影響は $\hat{\beta}_1 \Delta X_1$ と推定されます．したがって，その推定された効果に関する 95% 信頼区間は，$\hat{\beta}_1 \Delta X_1 \pm 1.96 SE(\hat{\beta}_1) \Delta X_1$ となります．

一方，本章の非線形回帰モデルにおいて $\Delta \hat{Y}$ の標準誤差は，7.3 節で説明したような複数の係数が関係する制約式のテスト手法により計算できます．この手法を例示するために，所得が 10 から 11 へと変化したときのテスト成績への影響 ((8.6) 式) を考えましょう．その推定された効果は，$\Delta \hat{Y} = \hat{\beta}_1 \times (11 - 10) + \hat{\beta}_2 \times (11^2 - 10^2) = \hat{\beta}_1 + 21\hat{\beta}_2$ です．したがって，予測された Y の変化の標準誤差は，

$$SE(\Delta \hat{Y}) = SE(\hat{\beta}_1 + 21\hat{\beta}_2) \tag{8.7}$$

となります．

もし $\hat{\beta}_1 + 21\hat{\beta}_2$ の標準誤差が計算できれば，$\Delta \hat{Y}$ の標準誤差が求まります．この手法には 2 つのアプローチがあり，ともに標準的な回帰分析ソフトを使って計算できます．それらは 7.3 節で説明した，複数の係数がかかわる制約式をテストする 2 つのアプローチに対応します．

最初の方法は 7.3 節の「第 1 アプローチ」で，$\beta_1 + 21\beta_2 = 0$ という仮説をテストする F 統計量を計算します．$\Delta \hat{Y}$ の標準誤差は，

$$SE(\Delta \hat{Y}) = \frac{|\Delta \hat{Y}|}{\sqrt{F}} \tag{8.8}$$

で与えられます[2]．(8.2) 式の 2 次の回帰式に応用して，$\beta_1 + 21\beta_2 = 0$ の仮説をテストする F 統計量を求めると，$F = 299.94$ となります．$\Delta \hat{Y} = 2.96$ なので，(8.8) 式から $SE(\Delta \hat{Y}) = 2.96/\sqrt{299.94} = 0.17$ です．したがって，予測される Y の変化に対する 95% 信頼区間は $2.96 \pm 1.96 \times 0.17$，あるいは $(2.63, 3.29)$ です．

2 つ目の方法は 7.3 節の「第 2 アプローチ」で，右辺の説明変数を変形し，変形された回帰式の係数が $\beta_1 + 21\beta_2$ となるようにします．この式変形は練習問題で試してみてください (練習問題 8.9)．

---

[2] (8.8) 式は，F 統計量が t 統計量の二乗であることに注意すれば導出できます．すなわち，$F = t^2 = [(\hat{\beta}_1 + 21\hat{\beta}_2)/SE(\hat{\beta}_1 + 21\hat{\beta}_2)]^2 = [\Delta \hat{Y}/SE(\Delta \hat{Y})]^2$ であり，そこから $SE(\Delta \hat{Y})$ イコールの表現を求めれば導出できます．

非線形モデルにおける係数の解釈について　第 6 章，第 7 章の多変数回帰モデルでは，回帰係数には自然な解釈が可能でした．たとえば β_1 は，X_1 が変化したときに予想される Y の変化で，それは他の説明変数は一定の下で求められる予想値です．しかし，すでに見てきたように，この解釈は非線形モデルでは一般には当てはまりません．(8.1) 式の β_1 を，「学区の所得の二乗を一定とした下で，学区の所得が変化したときの影響」とみなすことはできません．非線形の回帰モデルは，それをグラフに描写して，1 つ以上の説明変数が変化したときの Y への効果を予測するアプローチと解釈するのがベストなのです．

多変数回帰モデルを使って非線形関係をモデル化する一般アプローチ

本章で取り上げられるような非線形回帰式をモデル化するアプローチは，一般に，次の 5 点からなります．

1. **非線形関係の可能性について識別．**　重要なことは，経済理論を使い，あるいは非線形関係を示唆する具体例を使って，非線形の可能性について考えることです．データを見る以前に，Y と X を関係づける回帰式の傾きが X の値に依存するのかどうか，あるいは他の説明変数に依存するのか，自問自答してみてください．なぜそのような非線形の依存関係が存在するのか？　その非線形関係はどのような形状が示唆されるのか？　たとえば，クラス規模を変更する問題を考えれば，学級人数を 18 から 17 へ削減することは 30 から 29 へと削減するよりも大きな効果が予想されるでしょう．
2. **非線形関数を特定化し，そのパラメーターを OLS により推定．**　8.2 節と 8.3 節では，OLS で推定できる非線形回帰式を検討します．両節の内容を一通り理解すれば，各非線形モデルの特性が理解できるでしょう．
3. **非線形モデルが線形モデルよりも改善するかを決定．**　回帰式が非線形だと考えられるとしても，実際に非線形とは限りません．非線形モデルが適切かどうか，実証的に調べる必要があります．多くの場合，t 統計量や F 統計量を使って，真の回帰モデルが線形という帰無仮説を，非線形という対立仮説に対してテストします．
4. **推計された非線形の回帰式を図に表示．**　推計された回帰式は現実データをうまく説明するでしょうか？　図 8.2 と図 8.3 では，2 次関数のモデルが線形モデルよりもデータによりよくフィットすることが示唆されました．
5. **X 変化の Y への影響を推定．**　最後のステップは，推定された回帰式を使って，1 つ以上の説明変数 X が変化したときの Y への効果を計算することです．その手法は基本概念 8.1 に述べられています．

8.2 1説明変数の非線形モデル

本節では，非線形回帰式をモデル化する2つの方法を説明します．ここでは単純に，1つの説明変数 X だけが関係する非線形モデルについて取り上げます．しかし，8.5節で述べるように，これらのモデルは複数の説明変数の場合へと拡張することができます．

本節で議論する最初の手法は多項式の回帰で，前節のテスト成績と所得の例でモデル化した2次の回帰式を拡張したものです．2つ目は，X そして／あるいは Y に対して対数を取る手法です．これらは分けて説明されますが，組み合わせて使うことも可能です．

多項式

非線形の回帰式を特定化する1つの方法は，X に関する多項式を使うことです．一般に，回帰モデルに含められる最大の累乗の次数を r とします．次数 r の**多項式回帰モデル**（**polynomial regression model**）は，

$$Y_i = \beta_0 + \beta_1 X_i + \beta_2 X_i^2 + \cdots + \beta_r X_i^r + u_i \tag{8.9}$$

と表されます．$r = 2$ のとき，(8.9) 式は 8.1 節で議論した2次の回帰モデルとなります．$r = 3$ のときは，X に関する最大の累乗は X^3 となり，(8.9) 式は **3次の回帰モデル**（**cubic regression model**）と呼ばれます．

多項式回帰モデルは第5章の多変数回帰モデルと同様の形をしていて，違いは第5章の右辺は個別に異なる説明変数であったのに対し，ここでは同じ説明変数 X の累乗，すなわち X，X^2，X^3 などが右辺に使われる点です．したがって，多変数回帰モデルにおける推定や推論の方法がここでも応用できます．特に (8.9) 式の未知の係数 β_0，$\beta_1, \ldots, \beta_r$ は，Y_i を X_i，$X_i^2, \ldots, X_i^r$ に対して OLS 回帰することで推定されます．

真の回帰式が線形という帰無仮説のテスト　もし真の回帰関数が線形であれば，2次，あるいはより高次の項は母集団の回帰式に入ってきません．その結果，回帰式が線形という帰無仮説 (H_0)，そして r 次の多項式という対立仮説 (H_1) は，

$$H_0 : \beta_2 = 0, \beta_3 = 0, \ldots, \beta_r = 0 \text{ 対 } H_1 : \text{少なくとも 1 つの } j, j = 2, \ldots, r, \text{について } \beta_j \neq 0 \tag{8.10}$$

に相当します．

(8.10) 式の H_0 を H_1 に対してテストすることで，母集団の回帰式が線形という帰無仮説は，r 次の多項式という対立仮説に対してテストされます．H_0 は，多項式回帰モデルの係数に関する $q = r - 1$ 本の制約式から成る結合帰無仮説なので，7.2 節で示された F 統計量を使ってテストできます．

何次の多項式を用いるべきか？

多項式回帰モデルに何次の累乗まで含めるべきでしょうか．その答えは，推計上の柔軟性と統計面での正確性というトレードオフ関係をどうバランスさせるかに依存します．次数 r を上げていくと，回帰式の形状はより柔軟に対応可能となり，より多くの形にマッチさせることができます．グラフで言えば，r 次の多項式は，$r-1$ 回の湾曲（つまり $r-1$ 個の変曲点）まで持つことが可能です．しかし r を増やすことは右辺の変数をより多く追加することなので，係数の推定に関する正確性が損なわれてしまいます．

したがって，項をどれだけ含めればよいのかという設問への答えは，「非線形の回帰関数を適切にモデル化するのに十分な項を含めるべきだが，それ以上は含めるべきではない」となります．ただ残念ながらこの答えでは，実際にはあまり役に立ちません．

多項式の次数を決定する実践的な方法は，(8.9) 式の最大の r に関する係数がゼロかどうか調べることです．もし係数がゼロならば，その項は回帰モデルから取り除くことができます．この方法は，個々の仮説が 1 つひとつ順番に沿って（つまり逐次的に）テストされることから「逐次的 (sequential) な仮説検定」と呼ばれ，その手続きは以下のステップに要約されます．

1. r の最大値を決め，その r の下で多項式回帰モデルを推定する．
2. t 統計量を使って，X^r にかかる係数（(8.9) 式の β_r）がゼロという仮説をテストする．もしそれが棄却されるなら，X^r は回帰式に含められるべきであり，次数 r の多項式を推計に使う．
3. ステップ 2 で $\beta_r = 0$ を棄却できなければ，回帰から X^r を取り除き，次数 $r-1$ の多項式を推定する．そして X^{r-1} にかかる係数がゼロかどうかテストする．もし棄却できれば，次数 $r-1$ の多項式を使う．
4. ステップ 3 で $\beta_{r-1} = 0$ を棄却できなければ，最大の累乗項の係数が有意となるまでこの手続きを続ける．

この方法には 1 つ欠けているステップがあります．それは最初に設定される最大の次数 r についてです．経済データに関する応用では，非線形関数はスムーズで，急激なジャンプや「屈折 (spike)」は含まれません．そうであれば，2, 3, 4 といった比較的小さな最大次数を選ぶことが適切となります．上記ステップ 1 では，$r = 2, 3$ または 4 といった値から始めればよいでしょう．

学区の所得とテスト成績の応用

学区の所得とテスト成績に関する 3 次の回帰式を推定すると，

$$\widehat{TestScore} = 600.1 + 5.02\, Income - 0.096\, Income^2 + 0.00069\, Income^3, \ \overline{R}^2 = 0.555 \quad (8.11)$$
$$\qquad\qquad\quad (5.1)\ (0.71) \qquad\quad (0.029) \qquad\quad (0.00035)$$

という結果が得られました．$Income^3$ に関する t 統計量は 1.97 です．したがって，回帰

式が 2 次という帰無仮説は，回帰式が 3 次という対立仮説に対して 5% 水準で棄却されます．さらに，$Income^2$ と $Income^3$ の係数がともにゼロという結合帰無仮説をテストすると，F 統計量は 37.7 で p 値は 0.01% より低い値でした．したがって，回帰関数が線形という帰無仮説は，それが 3 次関数であるという対立仮説に対して棄却されました．

多項式回帰モデルの係数の解釈　多項式回帰モデルの係数は，単純に解釈することはできません．多項式回帰を解釈するベストの方法は，推計された回帰線を図にプロットする．そして X 変化の Y への推定された影響を，いくつかの異なる X の値について計算することです．

対数

非線形回帰モデルを特定化するもう 1 つの方法は，Y もしくは X あるいはその両方に自然対数を取ることです．対数を取ることで，変数の変化はパーセント単位の変化率へと変換されます．多くの関係はパーセント単位で表すことが自然で，以下にその具体例を挙げます．

- 第 3 章のボックス「米国の大卒賃金に関する男女格差」では，大卒男性と女性の賃金格差を検討しました．その議論では，賃金の差はドルで測られました．しかし業種ごと，あるいは時間を通じて賃金差を比較するときには，パーセント単位で表示したほうが容易に比較できます．
- 8.1 節で，学区の所得とテスト成績の間には非線形の関係があることを見出しました．しかしこの関係は，もしパーセント変化を使えば線形になるでしょうか？ つまり所得変化が 1000 ドルではなく 1% 変化するときのテスト成績への影響は，所得の大きさにかかわらず一定と近似できるでしょうか？
- 消費者の需要を経済学的に分析する際，価格が 1% 上昇したとき，需要される量がある一定のパーセント分だけ減少するとしばしば仮定されます．1% の価格上昇によってもたらされる需要量のパーセント変化は，価格の**弾力性**（**elasticity**）と呼ばれます．

自然対数を使って回帰モデルを特定化すれば，こういったパーセント単位で表される関係を推定することができます．詳しい特定化を議論する前に，その基礎となる指数関数と自然対数関数について復習しておきましょう．

指数関数と自然対数　指数関数，そしてその逆関数である自然対数は，非線形回帰式をモデル化する際に重要な役割を果たします．x の指数関数（**exponential function**）は e^x，すなわち e の x 乗と表され，e は $2.71828\cdots$ という定数です．指数関数は，$\exp(x)$ とも表されます．**自然対数**（**natural logarithm**）は指数関数の逆関数です．すなわち，$x = $

図 8.4　対数関数, $Y = \ln(X)$

対数関数 $Y = \ln(X)$ の傾きは，X の値が大きいときよりも小さいときに急であり，$X > 0$ についてのみ定義される．また，その傾きは $1/X$ である．

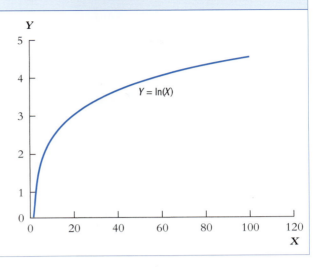

$\ln(e^x)$ または $x = \ln[\exp(x)]$ と表される関数 ln が自然対数です．自然対数の底は e です．他の底，たとえば 10 を底とする対数もありますが，本書では底を e とする対数 = 自然対数のみを考えます．したがって本書で「対数」という場合には，常に「自然対数」を意味します．

図 8.4 には対数関数，$y = \ln(x)$ が表示されています．対数関数は，x の正の値についてのみ定義されることに注意してください．対数関数の傾きは，はじめは急で，その後徐々に緩やかになります（もっとも関数は増加しつづけます）．対数関数 $\ln(x)$ の傾きは $1/x$ です．

対数関数には次のような便利な性質があります：

$$\ln(1/x) = -\ln(x); \tag{8.12}$$

$$\ln(ax) = \ln(a) + \ln(x); \tag{8.13}$$

$$\ln(x/a) = \ln(x) - \ln(a); \tag{8.14}$$

$$\ln(x^a) = a\ln(x). \tag{8.15}$$

対数とパーセント　対数とパーセントの関係は，ある鍵となる事実に基づいています．すなわち，Δx が小さいとき，$(x + \Delta x)$ の対数と x の対数との差は近似的に $\frac{\Delta x}{x}$ と表され，x のパーセント変化（100 で割った値）となります．つまり，

$$\ln(x + \Delta x) - \ln(x) \cong \frac{\Delta x}{x} \quad \left(\frac{\Delta x}{x} \text{ が小さい場合}\right). \tag{8.16}$$

ここで「$\cong$」は「近似的に等しい」という意味です．この近似関係の導出には微分積分が必要ですが，x と Δx のいくつかの値を試すことでも理解できます．たとえば $x = $

100, $\Delta x = 1$ のとき, $\Delta x/x = 1/100 = 0.01\,(1\%)$ ですが, 他方, $\ln(x + \Delta x) - \ln(x) = \ln(101) - \ln(100) = 0.00995\,(0.995\%)$ です. したがって, $\Delta x/x\,(=0.01)$ は $\ln(x+\Delta x)-\ln(x)$ $(=0.00995)$ と非常に近いことがわかります. $\Delta x = 5$ のときには, $\Delta x/x = 5/100 = 0.05$ ですが, $\ln(x+\Delta x)-\ln(x) = \ln(105) - \ln(100) = 0.04879$ です.

3 つの対数回帰モデル　　対数関数が回帰分析に用いられる場合, 次の 3 つのケースが考えられます. X は対数を取り Y は対数を取らない場合, Y は対数を取り X は対数を取らない場合, そして X, Y ともに対数を取る場合です. 回帰係数の解釈はそれぞれのケースで異なります. これら 3 つの場合について, 順に検討しましょう.

ケース I：X は対数を取り, Y は対数を取らない場合　　この場合, 回帰モデルは,

$$Y_i = \beta_0 + \beta_1 \ln(X_i) + u_i, \ i = 1,\ldots,n \tag{8.17}$$

と表されます. Y は対数を取らず, X には対数を取るので, **線形・対数モデル**（**linear-log model**）と呼ばれることがあります.

　　線形・対数モデルでは, X の 1% 変化は Y の $0.01\beta_1$ 分の変化をもたらします. このことを理解するために, X の値が ΔX だけ異なる場合の母集団回帰式の差を考えましょう. それは $[\beta_0 + \beta_1\ln(X+\Delta X)] - [\beta_0 + \beta_1\ln(X)] = \beta_1[\ln(X+\Delta X) - \ln(X)] \cong \beta_1(\Delta X/X)$ となり, 最後のステップは (8.16) 式の近似を用いています. もし X が 1% 変化したなら, $\Delta X/X = 0.01$ です. したがってこのモデルでは, X の 1% 変化は Y の $0.01\beta_1$ 分の変化をもたらします.

　　(8.17) 式の回帰モデルと第 4 章の 1 変数回帰モデルとの唯一の違いは, 右辺の変数がここでは X そのものではなく, X の対数であるという点です. (8.17) 式の係数 β_0 と β_1 を推定するには, まず新しい変数 $\ln(X)$ を計算します. これは表計算や統計ソフトを使うとただちに計算できます. そして β_0 と β_1 は, Y_i を $\ln(X_i)$ で OLS 回帰することで推定され, β_1 に関する仮説検定は t 統計量を使って行われ, また β_1 に関する 95% 信頼区間は $\hat{\beta}_1 \pm 1.96 SE(\hat{\beta}_1)$ により求められます.

　　一例として, 学区の所得とテスト成績の関係に戻って考えましょう. ここでは 2 次関数に代わって, (8.17) 式の線形・対数モデルを用います. これを OLS で推定すると,

$$\overline{TestScore} = 557.8 + 36.42\ln(Income),\ \overline{R}^2 = 0.561 \tag{8.18}$$
$$\hspace{3.3em}(3.8)\ \ (1.40)$$

という結果が得られます. (8.18) 式によれば, 所得の 1% 増加はテスト成績を $0.01\times 36.42 = 0.36$ ポイント分増加させます.

　　X の変化を, 対数ではなくもともとの 1000 ドル単位で測り, その Y への影響を推定するには, 基本概念 8.1 の手法を用いることができます. たとえば, 平均所得が 10,000 ドルの学区と 11,000 ドルの学区でテスト成績はどれだけ違うのでしょうか？　推定される

図 8.5 線形・対数回帰モデル

推定された線形・対数回帰モデル $\hat{Y} = \hat{\beta}_0 + \hat{\beta}_1 \ln(X)$ は，テスト成績と学区の所得の間の非線形関係をうまく捉えている．

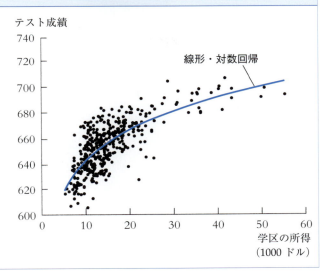

ΔY の値は，Y に対する予測値の差に相当します．すなわち，$\Delta \hat{Y} = [557.8+36.42 \ln(11)]-[557.8 + 36.42 \ln(10)] = 36.42 \times [\ln(11) - \ln(10)] = 3.47$ となります．同様に，平均所得が 40,000 ドルの学区と 41,000 ドルの学区で予測されるテスト成績の違いは，$36.42 \times [\ln(41) - \ln(40)] = 0.90$ です．したがって 2 次の回帰モデルと同じく，このモデルでも所得が 1,000 ドル増加することによるテスト成績への影響は，裕福な学区より貧しい学区の方が大きいということがわかります．

図 8.5 には，(8.18) 式で推定された線形・対数回帰モデルがプロットされています．(8.18) 式の説明変数は所得ではなく所得の自然対数値なので，推定される回帰線は直線ではありません．図 8.3 の 2 次の回帰式と同じく，その傾きは当初は急で，所得水準が高くなるにつれ緩やかになります．

ケース II：Y は対数を取り，X は対数を取らない場合　　この場合，回帰モデルは，

$$\ln(Y_i) = \beta_0 + \beta_1 X_i + u_i \tag{8.19}$$

となります．Y は対数を取り，X は対数を取らないので，**対数・線形モデル**（**log-linear model**）と呼ばれます．

対数・線形モデルでは，X の 1 単位の変化（$\Delta X = 1$）は Y の $100 \times \beta_1$ % 分の変化をもたらします．このことを理解するために，X の値が ΔX だけ異なる場合の $\ln(Y)$ の予測値を比較しましょう．X が与えられている下，$\ln(Y)$ の予測値は $\ln(Y) = \beta_0 + \beta_1 X$ です．一方 X が $X+\Delta X$ のとき，その予測値は $\ln(Y+\Delta Y) = \beta_0 + \beta_1 (X+\Delta X)$ となります．したがって，これらの予測値の差は，$\ln(Y+\Delta Y) - \ln(Y) = \beta_0 + \beta_1(X+\Delta X) - [\beta_0 + \beta_1 X] = \beta_1 \Delta X$ となります．しかし (8.16) 式の近似によれば，もし $\beta_1 \Delta X$ が小さければ，$\ln(Y+\Delta Y) - \ln(Y) \cong \Delta Y/Y$ で

す．したがって，$\Delta Y/Y \cong \beta_1 \Delta X$ となります．もし $\Delta X = 1$，つまり X が 1 単位だけ変化すれば，$\Delta Y/Y$ は β_1 の分だけ変化します．パーセント単位に直すと，X の 1 単位の変化は，Y の変化 $100 \times \beta_1$ % に相当します．

例として，3.7 節の実証問題に戻り，年齢と大卒者の所得との関係について検討します．多くの雇用契約では，勤務年数が増えるごとに，一定のパーセントで賃金が増加します．このパーセントの関係は，(8.19) 式の対数・線形モデルで推定できます．すなわち，年数の追加 (X) が，母集団の平均で見て，収入 (Y) の一定パーセントの増加をもたらすという関係です．そこで新しい被説明変数として $\ln(Earings_i)$ を計算し，未知の係数 β_0, β_1 は，$\ln(Earings_i)$ を Age_i で回帰することで推定されます．この関係を 2005 年現代人口調査（CPS，データの詳細は付論 3.1 を参照）の大卒者 12777 観測値を使って推計したところ，それは，

$$\overline{\ln(Earings)} = 2.655 + 0.0086 \, Age, \ \overline{R}^2 = 0.030 \quad (8.20)$$
$$\phantom{\overline{\ln(Earings)} = }(0.019) \ (0.0005)$$

となりました．この回帰式の結果から，年齢が 1 増えるごとに賃金は 0.86%（(100×0.0086)%）増加すると予測されます．

ケース III：X，Y ともに対数を取る場合 両変数とも対数を取る場合には，回帰モデルは，

$$\ln(Y_i) = \beta_0 + \beta_1 \ln(X_i) + u_i \quad (8.21)$$

となります．Y，X とも対数表現のため，これは対数・対数モデル（**log-log model**）と呼ばれます．

対数・対数モデルでは，X の 1% の変化が Y の β_1% の変化をもたらします．したがって β_1 は X に関する Y の弾力性に当たります．これは基本概念 8.1 を応用すればやはり理解できます．すなわち，$\ln(Y + \Delta Y) - \ln(Y) = [\beta_0 + \beta_1 \ln(X + \Delta X)] - [\beta_0 + \beta_1 \ln(X)] = \beta_1 [\ln(X + \Delta X) - \ln(X)]$ です．この両辺に (8.16) 式の近似を当てはめれば，

$$\frac{\Delta Y}{Y} \cong \beta_1 \frac{\Delta X}{X}, \ \text{あるいは}$$
$$\beta_1 = \frac{\Delta Y/Y}{\Delta X/X} = \frac{100 \times (\Delta Y/Y)}{100 \times (\Delta X/X)} = \frac{Y \text{のパーセント変化}}{X \text{のパーセント変化}} \quad (8.22)$$

が得られます．したがって，対数・対数モデルでは，β_1 は Y のパーセント変化と X のパーセント変化の比率となります．もし X の変化が 1% であれば（つまり，もし $\Delta X = 0.01X$ ならば），β_1 は X の 1% 変化がもたらす Y のパーセント変化になります．つまり，β_1 は X に関する Y の弾力性なのです．

例として，所得とテスト成績の関係に戻りましょう．その関係が対数・対数モデルで特定化されるとすれば，未知の係数はテスト成績の対数値を所得の対数値で回帰することで

図 8.6 対数・線形回帰モデルと対数・対数回帰モデル

対数・線形回帰モデルでは、$\ln(Y)$ は X の線形関数で表される。対数・対数回帰モデルでは、$\ln(Y)$ は $\ln(X)$ の線形関数で表される。

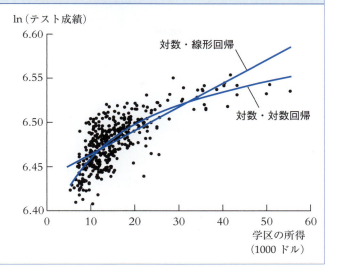

推定されます。推定の結果、得られた式は、

$$\widehat{\ln(TestScore)} = 6.336 + 0.0554 \ln(Income), \quad \overline{R}^2 = 0.557 \quad (8.23)$$
$$\phantom{\widehat{\ln(TestScore)} =\ }(0.006)\ (0.0021)$$

です。この推定結果によれば、所得が1%増加すればテスト成績は0.0554%上昇することになります。

図 8.6 には、(8.23) 式で推定された回帰式がプロットされています。Y には対数が取られているので、図 8.6 の縦軸はテスト成績の対数値です。比較のため、図 8.6 には対数・線形モデルで推定された回帰式も示しています。その推計結果は、

$$\widehat{\ln(TestScore)} = 6.439 + 0.00284\, Income, \quad \overline{R}^2 = 0.497 \quad (8.24)$$
$$\phantom{\widehat{\ln(TestScore)} =\ }(0.003)\ (0.00018)$$

です。縦軸が対数なので、(8.24) 式の回帰式は図 8.6 では直線で描かれます。

この図に見られるように、対数・対数モデルの方が、対数・線形モデルよりも若干よくフィットしています。これは対数・対数モデルの $\overline{R}^2$ (0.557) の方が、対数・線形モデル (0.497) よりも高いことと整合的です。ただしそれでも、対数・対数モデルが特別によくデータにフィットしているというわけではなさそうです。所得が低いとき、多くの観測値が対数・対数曲線の下側に位置し、所得水準が中ほどのときには多くが回帰線の上側に位置しているからです。

以上3つの対数回帰モデルは、基本概念 8.2 にまとめられます。

対数モデルを比較する際の問題 ではどの対数モデルがデータにもっともよくフィットするのでしょうか？ (8.23) 式と (8.24) 式で議論したように、対数・対数モデルと対数・線形モデルの比較には $\overline{R}^2$ が使えます。上記の例では対数・対数モデルの方が高い $\overline{R}^2$ で

基本概念 8.2　回帰分析における対数：3つのケース

対数は被説明変数 Y, 説明変数 X, あるいはその両方を変換するために用いられる（ただしその変数は正でなければならない）．以下の表は，それら3つのケースと回帰係数 β_1 の解釈をまとめたものである．それぞれのケースにおいて β_1 は，被説明変数そして／または説明変数に対数を取った後に OLS を応用して推定される．

ケース	回帰式の定式化	β_1 の解釈
I	$Y_i = \beta_0 + \beta_1 \ln(X_i) + u_i$	X の1%変化は Y の $0.01\beta_1$ の変化をもたらす
II	$\ln(Y_i) = \beta_0 + \beta_1 X_i + u_i$	X の1単位の変化 ($\Delta X = 1$) は Y の $100\beta_1$% の変化をもたらす
III	$\ln(Y_i) = \beta_0 + \beta_1 \ln(X_i) + u_i$	X の1%変化は Y の β_1% の変化をもたらす．したがって β_1 は X に関する Y の弾力性となる．

した．同様に $\overline{R}^2$ は，(8.18) 式の線形・対数モデルと Y を X で回帰する線形モデルとの比較にも使うことができます．テスト成績と所得の回帰の場合では，線形・対数モデルの $\overline{R}^2$ は 0.561 で，線形モデルの $\overline{R}^2$ は 0.508 でした．したがって，線形・対数モデルの方がより良いフィットを示しています．

では線形・対数モデルと対数・対数モデルはどうやって比較すればよいでしょうか？残念ながら $\overline{R}^2$ は2つの回帰モデルの比較に使うことはできません．なぜなら被説明変数が Y_i と $\ln(Y_i)$ で異なるからです．$\overline{R}^2$ が何だったかといえば，それは被説明変数の分散のうち説明変数によって説明される割合を測ったものでした．両モデルで被説明変数が異なるので，それぞれの $\overline{R}^2$ を比較することは意味がありません．

ここで私たちが取りうる最善の方法は，Y に対数を取ることが意味のある妥当なことなのかどうか，経済理論やその分野の専門家の知見を使って問題ごとに判断することです．たとえば労働経済学では，収入には一般に対数値が使われます．なぜなら賃金の比較や契約賃金の上昇などの問題はパーセント単位でしばしば議論されるからです．一方，テスト成績の説明式をモデル化する場合には，パーセント単位よりも点数単位で議論することが（少なくとも著者たちにとっては）自然に思えます．したがって以下では，対数を取らずテスト成績をそのまま被説明変数とするモデルに絞って考えることにします．

Y に対数を取る場合の Y の予測値の計算[3]
被説明変数 Y が対数に変換される場合，

---
[3] 本項はより上級の説明となるため，読み飛ばしてもテキストの連続性は失われません．

$\ln(Y_i)$ の予測値は推計された回帰式から直接計算されます．しかし Y_i そのものの予測値を計算するのは少し面倒になります．

それを理解するために，(8.19) 式の対数・線形回帰モデルを考えます．(8.19) 式を書き換えて $\ln(Y)$ ではなく Y で特定化してみましょう．そのためには同式の両辺に指数関数を取ります．その結果，

$$Y_i = \exp(\beta_0 + \beta_1 X_i + u_i) = e^{\beta_0 + \beta_1 X_i} e^{u_i} \tag{8.25}$$

が得られます．もし u_i が X_i と独立ならば，X_i が与えられた下での Y_i の期待値は，$E(Y_i|X_i) = E(e^{\beta_0+\beta_1 X_i} e^{u_i}|X_i) = e^{\beta_0+\beta_1 X_i} E(e^{u_i})$ となります．問題は，$E(u_i) = 0$ であっても $E(e^{u_i}) \neq 1$ ということです．したがって Y_i の予測値は，単純に $\hat{\beta}_0 + \hat{\beta}_1 X_i$ の指数関数をとっても求められません．もし $\hat{Y}_i = e^{\hat{\beta}_0 + \hat{\beta}_1 X_i}$ と設定すると，$E(e^{u_i})$ の要因が考慮されていないため，この予測値にはバイアスが含まれてしまいます．

この問題に対する 1 つの解決策は，その要因 $E(e^{u_i})$ を推定し，それを Y の予測値の計算に使うことです．しかしその手続きは複雑なので，本書ではこれ以上議論しません．

別の解決策は，それは本書で採用するアプローチですが，Y の対数値の予測を計算するだけで，Y の原数値については予測値を計算しないというものです．実際，多くの応用では，被説明変数に対数値が使われる場合，分析を通じて対数モデルおよびそのパーセントの解釈を使うことが最も自然であり，それで不都合はないからです．

テスト成績と学区の所得に関する多項式モデルと対数モデル

実際の応用では，経済理論あるいは専門家の判断により，分析に用いる関数形が選択されます．しかし結局のところ，母集団回帰式の真の形状を知ることはできません．したがって，非線形関数のフィットを議論する際には，どの方法，あるいはそれらのコンビネーションが最も当てはまりが良いか判断することになります．具体例として，学区の所得とテスト成績の問題に戻って，対数モデルと多項式モデルを比較します．

多項式モデル *Income* の累乗を使った多項式モデルとしては，2 次の多項式モデル ((8.2) 式) と 3 次の多項式モデル ((8.11) 式) の 2 つを考えてきました．(8.11) 式の $Income^3$ の係数は 5% 水準で有意だったので，3 次モデルは 2 次モデルを改善しています．したがって，ここでは 3 次モデルをより望ましいものとして選択します．

対数モデル (8.18) 式の対数モデルは現実データによくフィットしていましたが，それについて正式には検証していませんでした．その検証の 1 つの方法は，所得の対数値に対するより高次の累乗を追加することです．もしこれらの追加項が統計的にゼロと異ならなければ，(8.18) 式のモデルは対数の多項式モデルに対して棄却できないという意味で適

切といえます．（所得の対数値の累乗に基づく）推定された 3 次の回帰モデルは，

$$\widehat{TestScore} = 486.1 + 113.4 \ln(Income) - 26.9[\ln(Income)]^2$$
$$(79.4) \quad (87.9) \quad\quad\quad (31.7)$$
$$+ 3.06[\ln(Income)]^3, \ \overline{R}^2 = 0.560 \quad\quad (8.26)$$
$$(3.74)$$

となりました．

　3 次の項の係数に関する t 統計量は 0.818 で，真の係数がゼロという帰無仮説は 10% 水準でも棄却されません．2 次と 3 次の項の係数がともにゼロという結合仮説の F 統計量は 0.44，p 値は 0.64 です．したがって結合帰無仮説は 10% 水準で棄却されません．すなわち (8.26) 式の 3 次の対数モデルは，(8.18) 式の線形・対数モデルに比べて統計的に有意な改善をもたらさないことがわかります．

3 次の多項式モデルと線形・対数モデルの比較　　図 8.7 には，(8.11) 式の 3 次関数モデルと (8.18) 式の線形・対数モデルそれぞれの推計された回帰線が示されています．2 つの回帰式はとてもよく似ています．これらを比較する統計ツールの 1 つは $\overline{R}^2$ ですが，3 次モデルの $\overline{R}^2$ は 0.555，線形・対数モデルでは 0.561 で，$\overline{R}^2$ で見れば後者の対数モデルが若干上回っています．また対数モデルでは高次の累乗を使わずにデータへフィットさせることができます．それらの理由から，(8.18) 式の線形・対数モデルを採用することにします．

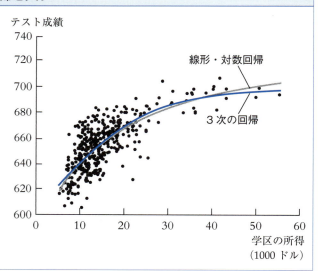

図 8.7　線形・対数モデルと 3 次の回帰モデル

推定された 3 次の回帰モデル（(8.11) 式）と推定された線形・対数回帰モデル（(8.18) 式）はこのサンプルではほとんど同一となる．

8.3 説明変数間の相互作用

本章のイントロダクションでは，生徒・教師比率を下げることのテスト成績への影響は英語学習者がより多い地区ほど大きいだろうか，と問いました．それは，英語をいまだ学習する生徒の方が，1 対 1 や少人数グループで教育が与えられるとより多くのメリットを得るという状況に当たります．もしそうなら，生徒・教師比率のテスト成績への効果は英語学習者の割合に依存することになり，多くの英語学習者が存在することと生徒・教師比率の役割とは関わり合うことになります．

本節では，説明変数間のこのような依存関係を多変数回帰モデルにどう取り込むかを説明します．生徒・教師比率と英語学習者の割合との依存関係は，説明変数の変化による Y への影響が他の説明変数の値に依存するという一般的なケースの一例に当たります．ここでは次の 3 つのケースを考えます．2 つの説明変数が両方とも (0, 1) 変数．1 つが (0, 1) 変数でもう 1 つが連続変数，そして両方とも連続変数の場合です．

2 つの (0, 1) 変数の相互作用

ここでは次のような母集団回帰モデルを考えます．すなわち，対数を取った賃金 Y_i ($Y_i = \ln(Earnings_i)$) を被説明変数とし，それを 2 つの (0, 1) 変数——個人の性別（D_{1i}，それは第 i 番目の個人が女性ならば 1，男性ならばゼロ），そして大卒かどうか（D_{2i}，それは第 i 番目の個人が大卒ならば 1，そうでないならばゼロ）——で説明するとします．Y_i をこれら 2 つの (0, 1) 変数で説明する母集団回帰モデルは，

$$Y_i = \beta_0 + \beta_1 D_{1i} + \beta_2 D_{2i} + u_i \tag{8.27}$$

で表されます．この回帰モデルで β_1 は，教育水準が一定の下で女性であることの賃金（対数値）への効果を，β_2 は，性別一定の下で大卒の学位を持つことの賃金への効果を，それぞれ測ります．

(8.27) 式の定式化には，1 つ重要な限界があります．この定式化において，性別一定の下で大卒学位を持つことの効果は，男性と女性で同じです．しかし，そうである理由は必ずしもありません．それを数学的に表現すれば，D_{1i} 一定の下，D_{2i} の Y_i への影響は D_{1i} の値に依存する可能性があります．換言すれば，性別と大卒の学位との間には相互作用の関係があり，就職市場での学位の評価は男性と女性で異なるかもしれません．

(8.27) 式の定式化では，性別と学位の間の依存関係は容認されません．しかし，モデルを修正し，別の説明変数として 2 つの (0,1) 変数の積 $D_{1i} \times D_{2i}$ を新しく追加すれば容認されます．その回帰モデルは，

$$Y_i = \beta_0 + \beta_1 D_{1i} + \beta_2 D_{2i} + \beta_3 (D_{1i} \times D_{2i}) + u_i \tag{8.28}$$

基本概念 8.3	(0, 1) 変数を使う回帰分析において係数を解釈する方法
	まず，複数の (0, 1) 変数が取りうるすべての値の組合せについて，Y の条件付期待値を計算する．次にそれらの期待値を比較する．モデルの各係数は，期待値として，あるいは2つかそれ以上の期待値の差として表される．

と表されます．新しい説明変数 $D_{1i} \times D_{2i}$ は相互作用項（**interaction term**），あるいは相互作用の説明変数（**interacted regressor**）と呼ばれ，(8.28) 式のような母集団回帰モデルは (0, 1) 変数に基づく相互作用回帰モデル（**interaction regression model**）と呼ばれます．

(8.28) 式の相互作用の項は，大卒の学位を持つこと（D_{2i} が 0 から 1 へ変化すること）の賃金（対数値）への影響が性別（D_{1i}）により異なりうるという部分に当たります．これを数学的に理解するために，D_{2i} 変化の母集団における影響を基本概念 8.1 で述べた方法で計算してみましょう．第 1 ステップは，$D_{2i} = 0$ で D_{1i} が所与の値の下での Y_i の条件付期待値を計算することです．それは $E(Y_i|D_{1i} = d_1, D_{2i} = 0) = \beta_0 + \beta_1 \times d_1 + \beta_2 \times 0 + \beta_3 \times (d_1 \times 0) = \beta_0 + \beta_1 d_1$ となります．第 2 ステップは，変化後，すなわち $D_{2i} = 1$ で D_{1i} は同じ所与の値の下での Y_i の条件付期待値を計算することです．それは $E(Y_i|D_{1i} = d_1, D_{2i} = 1) = \beta_0 + \beta_1 \times d_1 + \beta_2 \times 1 + \beta_3 \times (d_1 \times 1) = \beta_0 + \beta_1 d_1 + \beta_2 + \beta_3 d_1$ となります．D_{2i} 変化による影響は，これら 2 つの期待値の差（(8.4) 式）に相当します．つまり，

$$E(Y_i|D_{1i} = d_1, D_{2i} = 1) - E(Y_i|D_{1i} = d_1, D_{2i} = 0) = \beta_2 + \beta_3 d_1 \tag{8.29}$$

となります．

したがって，(8.28) 式の (0, 1) 変数の相互作用を含むモデルにおいて，大卒の学位取得（D_{2i} が 1 変化）の効果は，個人の性別（D_{1i} の値，(8.29) 式の d_1）に依存します．男性（$D_{1i} = 0$）ならば学位取得の効果は β_2，女性なら $\beta_2 + \beta_3$ です．相互作用の項にかかる係数 β_3 は，学位取得の効果の男女差を表すのです．

上記の例では，賃金の対数値，性別，学位の有無といった変数を使いましたが，そこで議論したポイントは一般的なものです．(0, 1) 変数を使った相互作用回帰モデルでは，1 つの (0, 1) 変数の変化がもたらす効果は，もう 1 つの (0, 1) 変数の値によって異なりうるという可能性が考慮されるのです．

ここで議論してきた係数の解釈に関する考え方は，実際，(0, 1) 変数のどのような組合せにも当てはまります．それは (0, 1) 変数を使う回帰分析全般に適用可能なもので，そのエッセンスが基本概念 8.3 にまとめられています．

生徒・教師比率と英語学習者の割合の例　いま $HiSTR_i$ を生徒・教師比率が 20 以上の場合 1, そうでない場合は 0 を取る (0,1) 変数とします. そして $HiEL_i$ を英語学習者の割合が 10% 以上の場合 1, そうでない場合に 0 を取る (0,1) 変数とします. テスト成績を $HiSTR_i$ と $HiEL_i$ で説明する相互作用回帰モデルは,

$$\overline{TestScore} = \underset{(1.4)}{664.1} - \underset{(2.3)}{18.2} HiEL - \underset{(1.9)}{1.9} HiSTR - \underset{(3.1)}{3.5}(HiSTR \times HiEL) \tag{8.30}$$

$$\overline{R}^2 = 0.290$$

と推計されました.

　生徒・教師比率が低い学区から高い学区へと移ることで予測される効果は, 英語学習者の割合一定の下, (8.29) 式で与えられており, そこで母集団の係数を推定された係数に置き換えれば求まります. (8.30) 式の推定値によれば, この効果は $-1.9 - 3.5 HiEL_i$ と予測されます. もし英語学習者の割合が低ければ ($HiEL_i = 0$), 生徒・教師比率が $HiSTR_i = 0$ から 1 へと移行することによりテスト成績は 1.9 ポイント低下すると予測されます. 一方, もし英語学習者の割合が高ければ, テスト成績は $1.9 + 3.5 = 5.4$ ポイント低下すると予測されます.

　(8.30) 式の推定結果は, (0,1) 変数の 4 つの組合せそれぞれの場合の平均テスト成績を推定するのにも使われます. それは基本概念 8.3 のアプローチを使えば求まります. 生徒・教師比率が低く ($HiSTR_i = 0$), 英語学習者の割合が低い ($HiEL_i = 0$) 学区におけるテスト成績の標本平均は 664.1. $HiSTR_i = 1$ (高い生徒・教師比率) で $HiEL_i = 0$ (低い英語学習者割合) の学区における標本平均は 662.2 (= 664.1 − 1.9). $HiSTR_i = 0$ で $HiEL_i = 1$ の場合, 標本平均は 645.9 (= 664.1 − 18.2). $HiSTR_i = 1$, $HiEL_i = 1$ の場合には, 標本平均は 640.5 (= 664.1 − 18.2 − 1.9 − 3.5) となります.

連続変数と (0,1) 変数の相互作用

　次に, 賃金の対数値 ($Y_i = \ln(Earnings_i)$) を, 連続変数である勤務経験年数 (X_i), そして (0,1) 変数である大卒学位の有無 (D_i, 学位を持っていれば $D_i = 1$) で回帰するモデルを考えましょう. 図 8.8 に示されているように, Y と連続変数 X との母集団回帰線は, 3 つの異なるパターンで (0,1) 変数 D に依存します.

　図 8.8(a) では, 2 つの回帰線は切片のみ異なっています. その母集団回帰モデルは,

$$Y_i = \beta_0 + \beta_1 X_i + \beta_2 D_i + u_i \tag{8.31}$$

と表されます. これはすでに学んだ多変数回帰モデルで, X_i と D_i についての線形モデルです. ここで $D_i = 0$ のとき, 母集団回帰式は $\beta_0 + \beta_1 X_i$ となり, 切片 β_0, 傾きは β_1 です. 一方 $D_i = 1$ のとき, 母集団回帰式は $\beta_0 + \beta_1 X_i + \beta_2$ となり, 傾きは β_1 のままですが, 切

図 8.8　(0,1) 変数と連続変数を含む回帰モデル

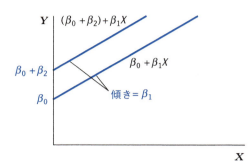

(a) 切片は異なるが，傾きは同じ

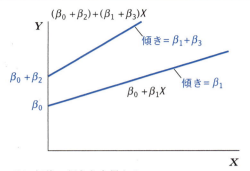

(b) 切片，傾きとも異なる

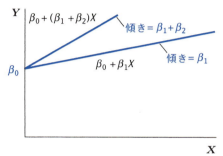

(c) 切片は同じだが，傾きが異なる

(0,1) 変数と連続変数との相互作用により，母集団回帰式は 3 つの異なるパターンに分かれる．(a) $\beta_0 + \beta_1 X + \beta_2 D$ は，切片は異なるが傾きは同じ．(b) $\beta_0 + \beta_1 X + \beta_2 D + \beta_3 (X \times D)$ は，切片，傾きとも異なる．(c) $\beta_0 + \beta_1 X + \beta_2 (X \times D)$ は，切片は同じだが傾きが異なる．

片は $\beta_0 + \beta_2$ となります．したがって β_2 は，図 8.8(a) に示されるように，2 つの回帰線の切片の違いに相当するのです．賃金の例を使って言えば，β_1 は大卒学位の有無を一定とした下で勤務年数が 1 年増えたときの賃金への影響を表し，β_2 は勤務年数一定の下，学位保有が賃金へ及ぼす効果を表します．この特定化では，勤務年数の賃金への影響は大卒者でも非大卒者でも同じです．すなわち，図 8.8(a) の 2 つの回帰線は同じ傾きとなるのです．

図 8.8(b) は，2 つの回帰線は傾きも切片も異なっています．傾きが異なるので，勤務年数の賃金への効果は大卒者とそうでない人で異なる可能性が認められます．傾きの違いを容認するためには，相互作用の項を (8.31) 式に追加して，

$$Y_i = \beta_0 + \beta_1 X_i + \beta_2 D_i + \beta_3 (X_i \times D_i) + u_i \tag{8.32}$$

と表されます．ここで $X_i \times D_i$ は新しい変数で X_i と D_i の積です．この回帰式の係数を解釈するために，基本概念 8.3 を応用しましょう．その結果，もし $D_i = 0$ ならば母集団回帰式は $\beta_0 + \beta_1 X_i$，$D_i = 1$ ならば回帰式は $(\beta_0 + \beta_2) + (\beta_1 + \beta_3) X_i$ となります．したがってこ

基本概念 8.4 (0,1) 変数と連続変数との相互作用

相互作用を表す積の項 $X_i \times D_i$ を含めることで，Y_i を連続変数 X_i で説明する母集団回帰式は，(0,1) 変数 D_i の値に依存して異なる傾きを持つことになる．それには次の 3 つの可能性がある．

1. 切片は異なるが，傾きは同じ（図 8.8(a)）

$$Y_i = \beta_0 + \beta_1 X_i + \beta_2 D_i + u_i$$

2. 切片，傾きとも異なる（図 8.8(b)）

$$Y_i = \beta_0 + \beta_1 X_i + \beta_2 D_i + \beta_3 (X_i \times D_i) + u_i$$

3. 切片は同じだが，傾きが異なる（図 8.8(c)）

$$Y_i = \beta_0 + \beta_1 X_i + \beta_2 (X_i \times D_i) + u_i$$

の特定化では，図 8.8(b) のとおり，D_i の値に応じて 2 つの異なる母集団回帰線が描かれることになります．その切片の違いは β_2，傾きの違いは β_3 です．賃金の例で考えると，β_1 は非大卒者 ($D_i = 0$) にとっての勤務年数追加の効果，$\beta_1 + \beta_3$ は大卒者にとっての効果なので，確かに β_3 が両者の効果の差に相当するのです．

3 つ目の可能性は，図 8.8(c) に示されているように，2 つの回帰線で傾きは異なるものの，切片は同じという場合です．このケースの相互作用回帰モデルは，

$$Y_i = \beta_0 + \beta_1 X_i + \beta_2 (X_i \times D_i) + u_i \tag{8.33}$$

と表されます．この特定化の係数も，基本概念 8.3 を使って解釈できます．収入の例で言えば，勤務経験が収入に及ぼす効果は大卒者と非大卒者で異なりますが，勤務未経験のときの予想収入は両グループで同じと設定されています．言い方を換えれば，大卒者と非大卒者の就職当初の賃金は母集団の平均で見て同一と仮定されているのです．この特定化は，ここでの収入の例に応用するにはあまり現実的とはいえません．実際このモデルは，切片，傾きとも異なる (8.32) 式と比べると，まれにしか使われません．

これら 3 つの定式化——(8.31)，(8.32)，(8.33) 式——は，いずれも第 6 章で述べた多変数回帰モデルの 1 バージョンです．$X_i \times D_i$ という新しい変数を追加すれば，係数はすべて OLS で推定されます．

(0,1) 変数と連続変数を含むこれら 3 つの回帰モデルは基本概念 8.4 に要約されています．

BOX：教育の経済的メリットと男女格差

　教育を受けることは，知的な喜びだけでなく，経済的なメリットももたらします．第3章と第5章のボックスが示すように，より多くの教育を受けた人はより多くの賃金を得る傾向にあります．ただし，それらのボックスでの分析は，少なくとも次の3つの理由から不完全でした．第1に，賃金の決定要因となり学歴とも相関しうる変数をコントロールしておらず，その結果，教育年数に関する係数には除外された変数のバイアスが含まれている可能性があります．第2に，第5章で使われた関数は単純な線形モデルであり，教育年数が1年増えるごとに時間当たり賃金は一定額変化すると仮定されていましたが，実際の賃金の変化額は教育水準が高いほどより大きいかもしれません．第3に，第5章のボックスの分析では，第3章のボックスで注目した男女格差の問題を無視していました．

　これらの問題点は，多変数回帰モデルに拡張して賃金の他の決定要因を含めること，そして教育と賃金の間の非線形の関数を

表 8.1　教育の経済的メリットと男女格差：2004 年米国に関する回帰分析結果

	被説明変数：時間当たり賃金の対数値			
説明変数	(1)	(2)	(3)	(4)
教育年数	0.0914** (0.0008)	0.0934** (0.0008)	0.0861** (0.0011)	0.0899** (0.0011)
女性ダミー		−0.237** (0.004)	−0.484** (0.023)	−0.521** (0.022)
女性ダミー×教育年数			0.0180** (0.0016)	0.0207** (0.0016)
勤務経験				0.0232** (0.0008)
勤務経験^2				−0.000368** (0.000018)
中西部ダミー				−0.058** (0.006)
南部ダミー				−0.078** (0.006)
西部ダミー				−0.030** (0.006)
定数項	1.545** (0.011)	1.621** (0.011)	1.721** (0.015)	1.415** (0.018)
$\overline{R}^2$	0.174	0.220	0.221	0.242

※データ出所は 2005 年 3 月の現代人口調査（CPS データセット，付論 3.1 を参照）．各回帰式の標本数は $n = 57863$．「女性ダミー」は女性の場合 1，男性の場合 0 を取るダミー変数．「中西部ダミー」，「南部ダミー」，「西部ダミー」は勤労者が居住する米国内の各地域を表すダミー変数．たとえば「中西部ダミー」は勤労者が中西部地域に住んでいれば 1，そうでなければ 0 を取る（ここで除外された地域は「北東部」）．標準誤差は推定された係数の下にカッコ内で表記．個々の係数は 5％（*）および 1％（**）水準で統計的に有意．

用いることで対処可能となります．表 8.1 には，30-64 歳のフルタイム勤労者データを使った回帰分析の結果を表しています（データ出所は現代人口調査．詳細は付論 3.1 に説明されています）．被説明変数は時間当たり賃金の対数を取り，教育年数が増えるにつれて（一定の金額ではなく）一定のパーセントで賃金が増える関係を表しています．

表 8.1 は際立った 4 つの結果を表しています．第 1 に，モデル (1) において性別の違いを説明変数に含まないことは，大きな除外された変数バイアスをもたらしていないという点です．モデル (2) の結果から性別に関する係数は有意で値も大きいですが，一方で性別と教育年数は無相関であり，平均すると男性も女性も同じ教育レベルにあるというのが背景です．第 2 に，教育の経済的メリットは男女間で統計的にも有意な違いがあるという点です．モデル (3) において，両者は同じであるという仮説をテストする t 統計量は 11.25(= 0.0180/0.0016) で有意に棄却されました．第 3 に，モデル (4) では人々が居住する地域をコントロールして，教育年数が地域により制度的に異なる場合に発生しうる除去された変数のバイアスを考慮しました．地域の影響をコントロールしても，教育年数に関する推定された係数には，モデル (3) と比較して大きな違いは見られませんでした．第 4 に，モデル (4) では，人々の潜在的な勤務経験を最終学歴卒業以後の年数で測り，その影響をコントロールしました．推定された係数の結果から，経験年数が増えるごとに追加 1 年がもたらす賃金へのメリットは減少することが示されました．

モデル (4) において，推定された教育の経済的メリットは，男性では教育 1 年ごとに 8.99% の賃金増加，女性では 11.06%（= 0.0899 + 0.0207，単位：パーセント）の賃金増加という結果が得られました．教育年数に関する傾きの係数は男性と女性で異なるので，男女格差は教育年数に依存することがわかります．教育を 12 年受けた場合，男女の賃金差は 27.3%（= 0.0207 × 12 − 0.521，単位：パーセント），16 年の場合，賃金格差は縮小して 19.0% になります．

教育の経済的メリットと性別格差に関する以上の推定結果には，依然いくつかの限界が残されています．たとえば，他の除外された変数のバイアスの可能性として勤労者自体の能力，そして現代人口調査のデータ測定方法に関する潜在的な問題が考えられます．しかしながら表 8.1 の推定結果は，これらの限界点を注意深く検討した専門家の分析結果とも整合的です．計量経済学者 David Card (1999) による既存研究に関する最近のサーベイによれば，教育のメリットに関して労働経済学者が示したベストな推定値は 8% から 11% の間に入る，そしてそのメリットは教育の質に依存する，ということが示されています．教育の経済的メリットに関してより詳細に知りたい読者は Card (1999) を参照してください．

生徒・教師比率と英語学習者の割合への応用　ではテスト成績の例に戻りましょう．生徒・教師比率の引き下げによるテスト成績への効果は，英語学習者の割合が高いか低いか

によって違ってくるでしょうか．この問いに対する解答方法の 1 つは，英語学習者の割合の高低に応じて 2 つの異なる回帰線を持つよう特定化することです．これを切片・傾きとも異なるモデルを使って分析した結果，

$$\overline{TestScore} = 682.2 - 0.97\,STR + 5.6\,HiEL - 1.28(STR \times HiEL), \atop \qquad\quad (11.9)\ \ (0.59)\qquad (19.5)\qquad\quad (0.97)\hfill$$
$$\overline{R}^2 = 0.305 \tag{8.34}$$

が得られました．ここで $(0, 1)$ 変数 $HiEL_i$ は，学区における英語学習者の割合が 10% 以上であれば 1，そうでなければ 0 を取ります．

英語学習者の割合が低い学区 ($HiEL = 0$) については，推定された回帰線は $682.2 - 0.97STR_i$ です．英語学習者の割合が高い学区（$HiEL = 1$）については，推定された回帰線は $682.2 + 5.6 - 0.97STR_i - 1.28STR_i = 687.8 - 2.25STR_i$ です．これらの推定結果から，生徒・教師比率を 1 引き下げると，テスト成績は英語学習者の割合が低い地域で 0.97 ポイント，その割合が高い地域で 2.25 ポイント，それぞれ上昇すると予測されます．これら 2 つの効果の差 1.28 は，(8.34) 式における相互作用の項の係数に当たります．

(8.34) 式の OLS 推計の結果は，母集団回帰線に関するさまざまな仮説検定に使うことができます．まず，2 つの回帰線が同一という仮説は，$HiEL_i$ の係数と相互作用の項 $STR_i \times HiEL_i$ の係数がともにゼロという結合仮説をテストする F 統計量から検定できます．F 統計量は 89.9 となり，1% 水準で有意に棄却されます．

第 2 に，2 つの回帰線が同じ傾きを持つという仮説は，相互作用の項の係数がゼロかどうかをテストすれば検定できます．その t 統計量は $-1.28/0.97 = -1.32$ で，1.645 よりも絶対値で小さい，したがって 2 つの回帰線の傾きが同じという帰無仮説は，10% 有意水準の両側テストによって棄却されません．

第 3 に，2 つの回帰線が同じ切片を持つという仮説は，$HiEL_i$ にかかる母集団の係数がゼロかどうかによって検定されます．その t 統計量は $t = 5.6/19.5 = 0.29$ で，切片が同じという帰無仮説は 5% 水準で棄却されません．

これら 3 つのテスト結果は，一見して矛盾して見えるかもしれません．F 統計量を使った結合テストからは，切片と傾きが等しいという結合仮説を棄却しました．しかし，t 統計量を使った個別のテストからは各仮説を棄却できませんでした．その理由は，説明変数 $HiEL$，$STR \times HiEL$ が互いに相関しているからです．その結果，個々の係数の標準誤差は大きくなってしまいます．どちらの係数が非ゼロかは判断できませんが，両方ともゼロだという仮説は強く否定されるのです．

最後に，生徒・教師比率がこの説明式に入らないという仮説は，STR と相互作用の項の係数がともにゼロという結合仮説の F 統計量からテストできます．この F 統計量は 5.64 となり，p 値は 0.004 です．したがって生徒・教師比率に関する係数は，1% 水準で統計的に有意であることがわかります．

2つの連続変数の相互作用

いま2つの説明変数 (X_{1i}, X_{2i}) がともに連続変数だとしましょう．一例は，Y_i が第 i 勤労者の賃金の対数値で，X_{1i} は勤務年数，X_{2i} は教育を受けた年数とします．もし母集団回帰式が線形なら，勤務経験が1年増えることの賃金への影響は，教育年数に依存して変わることはありません．しかし現実には，この2つの変数には相互にかかわりがあり，勤務経験の賃金への効果は教育年数の値に依存するかもしれません．この相互依存は，線形回帰モデルに X_{1i} と X_{2i} の積の項を追加することでモデル化できます．すなわち，

$$Y_i = \beta_0 + \beta_1 X_{1i} + \beta_2 X_{2i} + \beta_3 (X_{1i} \times X_{2i}) + u_i. \tag{8.35}$$

相互作用の項を追加することにより，X_{1i} の1単位変化の影響が X_{2i} に依存することが可能になります．それを理解するために，基本概念8.1で述べた一般的な方法を使い，非線形回帰モデルで効果を捉える議論を応用しましょう．(8.4) 式の差に対応する式を (8.35) 式の相互作用回帰モデルに応用すれば，$\Delta Y = (\beta_1 + \beta_3 X_2)\Delta X_1$ が得られます（練習問題 8.10(a) を参照）．したがって X_2 一定の下，X_1 変化の Y への影響は，

$$\frac{\Delta Y}{\Delta X_1} = \beta_1 + \beta_3 X_2 \tag{8.36}$$

となり，X_2 に依存することがわかります．賃金の例で言えば，β_3 が正であれば，教育を受けた年数が多いほど勤務年数の賃金（対数値）へ及ぼす効果は大きくなります．

同じような計算をすれば，X_1 一定の下，X_2 変化 (ΔX_2) の Y への効果は，$\frac{\Delta Y}{\Delta X_2} = (\beta_2 + \beta_3 X_1)$ となることがわかります．

これら2つの効果を合わせて考えると，相互作用の項にかかる係数 β_3 は，X_1 と X_2 がともに変化するときの影響に相当し，それは X_1 単独の効果と X_2 単独の効果の合計を超える部分になります．すなわち，もし X_1 が ΔX_1 だけ変化し，かつ X_2 が ΔX_2 だけ変化すると，予測される Y の変化は，$\Delta Y = (\beta_1 + \beta_3 X_2)\Delta X_1 + (\beta_2 + \beta_3 X_1)\Delta X_2 + \beta_3 \Delta X_1 \Delta X_2$ となります（練習問題 8.10(c) を参照）．右辺第1項は X_2 一定の下で X_1 変化の効果，第2項は X_1 一定の下で X_2 変化の効果，そして最後の項 $\beta_3 \Delta X_1 \Delta X_2$ が X_1, X_2 両方の変化による超過分の効果になります．

基本概念8.5には，2つの連続変数の相互作用について要約されています．

相互作用の積の項が対数変換と同時に使われると，価格弾力性を推計する際，それが財の特性に依存するような場合にも推計可能となります（その具体例として，p.255 のボックス「経済学専門誌への需要」を参照してください）．

生徒・教師比率と英語学習者の割合への応用　　先の例では，生徒・教師比率と英語学習者の割合が高いか低いかを表す (0, 1) 変数との相互作用を検討しました．ここでは違ったアプローチとして，生徒・教師比率と連続変数である英語学習者の割合 (*PctEL*) との相互

基本概念	多変数回帰モデルにおける相互作用
8.5	2つの説明変数 X_1 と X_2 の相互作用の項は，それらの積 $X_1 \times X_2$ である．この項を含めることで，X_1 変化の Y への効果は X_2 の値に依存する，また逆に X_2 変化の Y への効果は X_1 の値に依存する，という可能性が考慮される． $X_1 \times X_2$ の係数は，X_1 と X_2 の両方が1単位増加する際の効果を測るもので，X_1 単独で1単位増加するときの効果と X_2 単独で1単位増加するときの効果の合計を超える部分となる．これは，X_1 または X_2 が連続変数か (0, 1) 変数かにかかわらず成立する．

作用を考察しましょう．その相互作用を含む回帰モデルを推定した結果，

$$\overline{TestScore} = 686.3 - 1.12\,STR - 0.67\,PctEL + 0.0012(STR \times PctEL),$$
$$\phantom{\overline{TestScore} = }(11.8) (0.59)(0.37)(0.019)$$
$$\overline{R}^2 = 0.422 \tag{8.37}$$

となりました．

　英語学習者の割合が中央値 ($PctEL = 8.85$) のとき，テスト成績と生徒・教師比率の間の回帰線の傾きは $-1.11\,(= -1.12 + 0.0012 \times 8.85)$ となります．英語学習者の割合が分布全体の 75% 分位 ($PctEL = 23.0$) のとき，回帰線の傾きはより緩やかになり，傾きは $-1.09\,(= -1.12 + 0.0012 \times 23.0)$ となります．つまり，英語学習者が全体の 8.85% 存在する学区では，生徒・教師比率の1単位の引き下げはテスト成績を 1.11 ポイント上昇させますが，一方，英語学習者が全体の 23% 存在する学区では，テスト成績を 1.09 ポイント上昇させると予測されます．しかし，推定されたそれら2つの効果の差は，統計的に有意ではありません．相互作用の項の係数がゼロかどうかテストする t 統計量は，$t = 0.0012/0.019 = 0.06$ となり，帰無仮説は 10% 水準で棄却されません．

　議論を非線形モデルに限定するために，8.1-8.3 節の特定化では，生徒の経済的バックグラウンドなど他の追加的なコントロール変数は含まれていませんでした．したがって，その推計には，除外された変数のバイアスが含まれている可能性があります．生徒・教師比率引き下げの影響について確かな結論を導くためには，コントロール変数を追加しなければなりません．その問題を次節で検証します．

8.4　生徒・教師比率がテスト成績に及ぼす非線形の効果

　本節では，テスト成績と生徒・教師比率に関する以下の3つの問いを検討します．第1に，学区における経済的要因の違いをコントロールした後，生徒・教師比率の引き下げが

BOX：経済学専門誌への需要

プロの経済学者は，それぞれの専門分野における最新の研究動向を把握します．経済学研究のほとんどは，最初に経済学の専門雑誌に登場します．したがって経済学者――そして経済学関係の図書館――は，経済学の専門誌を購入します．

図書館による経済学雑誌への需要は，価格変化に対してどれほど弾力的でしょうか？　そこで，アメリカの図書館における雑誌購読数（Y_i）と，その図書館購入価格の間の関係を調べてみました．データは 2000 年における 180 の経済学専門誌を対象とし

たものです．雑誌で生産されるものとは，印刷された紙ではなく，そこに含まれるアイデアや考えです．したがって雑誌の価格は，本来，年ごとやページごとの価格ではなく，アイデアごとの価格で測られるべきです．その「アイデア」は直接計測できませんが，間接的な指標として，他の研究者が雑誌の中の論文を引用する回数で測ることができます．したがって，ここでは雑誌の価格を「引用 1 回当たりの価格」として測ります．その価格幅は非常に大きく，$\frac{1}{2}$¢（American Economic Review）から，

図 8.9　経済学専門誌に対する図書館の購読数と価格

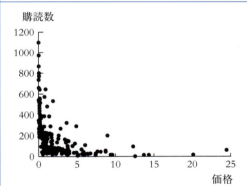

(a) 購読数と価格

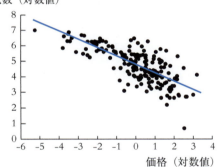

(b) 購読数（対数値）と価格（対数値）

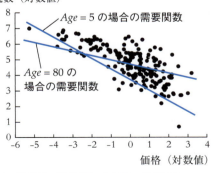

(c) 購読数（対数値）と価格（対数値）

米国の図書館での経済学雑誌購読数（量）と引用 1 回当たりの図書館購読価格（価格），その両者の間には，図 8.9(a) に見られるように，非線形で反比例の関係がある（180 観測値，2000 年）．しかし，図 8.9(b) が示唆するとおり，量の対数と価格の対数の間にはほぼ線形の関係が成立する．図 8.9(c) によれば，新しい雑誌（$Age = 5$）の方が，伝統ある雑誌（$Age = 80$）よりも需要は価格弾力的である．

20¢かそれ以上になる雑誌もあります．ある雑誌は引用回数が少ないため非常に高価となり，別の雑誌は図書館の年間講読料が非常に高いため高価となります．2000年においてJournal of Econometricsの図書館での年間購読料は約1,900ドルで，American Economic Reviewの講読料の40倍もの値段です！

ここでは価格弾力性の推定に関心があるので，対数・対数モデル（基本概念8.2）を使います．この対数による変換は，図8.9(a)と同図(b)の散布図から実証的に支持されます．長い伝統があり権威のある雑誌は引用回数当たりで見れば最も安価なので，雑誌購読数の対数値を価格の対数値で回帰する場合には，除外された変数のバイアスが発生する恐れがあります．そこで2つのコントロール変数を含めることにします．すなわち，その雑誌のこれまでの刊行年数（対数値），そして雑誌1年間に含まれる合計文字数（対数値）です．

回帰分析の結果は表8.2にまとめられています．その推計結果から次のような結論を導きだせます（以下の結論の根拠を表から見出せるか確認してください）．

表 8.2　経済学専門誌の需要関数の推定値

被説明変数：米国の図書館における購読数（対数値，2000年，180観測値）

説明変数	(1)	(2)	(3)	(4)
$\ln(Price\ per\ citation)$	−0.533** (0.034)	−0.408** (0.044)	−0.961** (0.160)	−0.899** (0.145)
$[\ln(Price\ per\ citation)]^2$			0.017 (0.025)	
$[\ln(Price\ per\ citation)]^3$			0.0037 (0.0055)	
$\ln(Age)$		0.424** (0.119)	0.373** (0.118)	0.374** (0.118)
$\ln(Age) \times \ln(Price\ per\ citation)$			0.156** (0.052)	0.141** (0.040)
$\ln(Characters \div 1,000,000)$		0.206* (0.098)	0.235* (0.098)	0.229* (0.096)
定数項	4.77** (0.055)	3.21** (0.38)	3.41** (0.38)	3.43** (0.38)
F統計量と主要統計量				
2次と3次の項の係数がともにゼロをテストするF統計量			0.25 (0.779)	
SER	0.750	0.705	0.691	0.688
$\overline{R}^2$	0.555	0.607	0.622	0.626

F統計量は，$[\ln(Price\ per\ citation)]^2$ と $[\ln(Price\ per\ citation)]^3$ にかかる係数がともにゼロという仮説をテストする．係数の下のカッコ内には標準誤差，F統計量の下のカッコ内にはp値がそれぞれ示されている．個々の係数は5%（*）および1%（**）水準で統計的に有意．

> 1. 新しい雑誌より古い雑誌ほど，需要の価格弾力性は低い．
> 2. 実証結果は，価格の3次関数ではなく線形の関係を支持している．
> 3. 価格と年数一定の下，文字数が多い雑誌ほど需要が大きい．
>
> では経済学専門誌の需要に対する価格弾力性はいくらでしょうか？ それはその雑誌の刊行年数に依存します．80年の歴史がある雑誌の需要曲線と，創刊から5年の雑誌の需要曲線が図 8.9(c) の散布図に上書きされています．より歴史ある雑誌の需要の弾力性は $-0.28 (SE = 0.06)$ で，新しい雑誌の方は $-0.67 (SE = 0.08)$ です．
>
> この需要関数はかなり非弾力的です．需要は価格変化にほとんど反応せず，それは特により歴史ある雑誌に顕著です．図書館にとっては，最新の研究を手元に置くことは贅沢品ではなく必需品です．比較のため，たばこに対する需要の弾力性の推計値は，専門研究によれば，-0.3 から -0.5 です．つまり経済学専門誌は，たばこと同じくらい依存性が強いといえます．ただし皆さんの健康にははるかに良いでしょう！
>
> [1] これらのデータは，Theodore Bergstrom 教授（カリフォルニア州立大サンタバーバラ校経済学部）から提供を受けました．経済学専門誌の経済学についてより詳しく学びたい人は，Bergstrom(2001) を参照してください．

テスト成績に及ぼす効果は英語学習者の割合に依存するのか？ 第2に，その効果は生徒・教師比率自身の値に依存するのか？ 第3に，これが最も重要なのですが，経済要因や非線形性を考慮したうえで（第4章の教育委員長が検討したように）生徒・教師比率を教師1人当たり生徒2名分低下させると，そのテスト成績への影響はどうなると推定されるのか？

これら3つの問いについて，8.2 節と 8.3 節で議論した非線形回帰モデルに経済バックグラウンドの2つの指標——昼食援助受益者の割合，学区の平均所得（対数値）——を追加考慮して考えます．学区の所得の対数値が使われるのは，それによってテスト成績と所得との非線形関係がうまく捉えられることが 8.2 節の実証分析から示唆されたからです．なおここでは，7.6 節と同じく，生徒1人当たりの教育支出を説明変数に含めていません．生徒・教師比率の引き下げの効果を測る際，生徒1人当たりの支出が増加することを容認し，それを一定とはみなしていないのです．

回帰分析結果についての議論

OLS 回帰分析の結果は表 8.3 にまとめられています．(1)列から(7)列には，それぞれの回帰分析の結果が示されています．表の各行には，係数，標準誤差，F 統計量と p 値，主要統計量などが記載されています．

第1列の回帰結果——モデル(1)——は，表 7.1 の回帰モデル(3)の結果を比較のため再

掲したものです．この回帰式では学区の所得がコントロールされていません．したがって最初に確認すべきなのは，所得の対数値がコントロール変数として追加されることで推計結果が大きく変わるかどうかです．その結果は表 8.3 のモデル (2) に与えられています．学区の所得の対数値は 1% 水準で統計的に有意，そして生徒・教師比率の係数はゼロに近づき，-1.00 から -0.73 へ低下しました．もっともその係数は 1% 水準で統計的に有意のままです．モデル (1) と (2) を比較すると STR の係数の変化は十分大きく，ここで所得を含めることで除外された変数のバイアスが抑制されていることが伺われます．その意味で，残りの回帰式に所得の対数値を含めることは適切だといえます．

表 8.3 の回帰モデル (3) は (8.34) 式の相互作用を考慮した定式化で，英語学習者の割合に関する (0,1) 変数は含まれますが，他の経済要因を表す変数は含まれていません．経済要因をコントロールする変数（昼食援助受益者の割合，所得の対数値）を追加すると表のモデル (4) となり，係数値は変化します．しかしいずれの場合にも，相互作用の項の係数は 5% 水準で有意ではありません．モデル (4) の結果に基づくと，STR の影響は英語学習者割合の低い学区と高い学区で同一という仮説は 5% 水準で棄却できないという結果が示されます（t 統計量は $t = -0.58/0.50 = -1.16$）．

回帰モデル (5) は，生徒・教師比率の変化の影響が生徒・教師比率の値に依存するかどうかを検証するもので，STR の 3 乗までをモデル (4) に含めて行います（ただし HiEL × STR の項はモデル (4) で統計的に有意ではなかったため，ここでは含みません）．モデル (5) の推定結果から，生徒・教師比率は非線形の効果を持つことが示唆されます．回帰式が線形であるという帰無仮説は，それが 3 次関数という対立仮説に対して，1% 有意水準で棄却されます（STR^2 と STR^3 の真の係数がともにゼロという結合仮説をテストする F 統計量は 6.17，p 値 < 0.001）．

モデル (6) はさらに分析を進めて，生徒・教師比率の効果が生徒・教師比率の値に依存するだけでなく，英語学習者の割合にも依存するかどうかを検証します．HiEL と STR，STR^2，STR^3 の相互作用の項を含めることで，（3 次関数の可能性もある）母集団回帰線が英語学習者比率の高低によって異なるかどうかチェックできます．その検証を行うため，3 つの積の項の係数がすべてゼロという制約をテストします．その F 統計量は 2.69，p 値は 0.046 となり，したがって 5% の有意水準では棄却されますが 1% 水準では棄却されません．この結果から，英語学習者の割合によって回帰式に違いがあることが示唆されました．しかしモデル (6) と (4) を比較すると，その違いは STR の 2 次と 3 次の項を含むことで現れたものだということがわかります．

モデル (7) はモデル (5) を修正したもので，英語学習者の割合をコントロールする際，(0,1) 変数 HiEL の代わりに連続変数 PctEL を使った定式化です．この修正を行っても，他の説明変数の係数におおむね変化は見られません．したがって，モデル (5) の結果は英語学習者割合の指標に依存しないということがわかります．

なお，どの特定化においても，生徒・教師比率が回帰式に入らないという仮説は 1%

表 8.3 テスト成績の非線形モデル

被説明変数：学区の平均テスト成績，420 観測値

説明変数	(1)	(2)	(3)	(4)	(5)	(6)	(7)
生徒・教師比率 (STR)	−1.00** (0.27)	−0.73** (0.26)	−0.97 (0.59)	−0.53 (0.34)	64.33** (24.86)	83.70** (28.50)	65.29** (25.26)
STR^2					−3.42** (1.25)	−4.38** (1.44)	−3.47** (1.27)
STR^3					0.059** (0.021)	0.075** (0.024)	0.060** (0.021)
英語学習者の割合	−0.122** (0.033)	−0.176** (0.034)					−0.166** (0.034)
英語学習者の割合 ≥ 10% ((0,1) 変数, $HiEL$)			5.64 (19.51)	5.50 (9.80)	−5.47** (1.03)	816.1* (327.7)	
$HiEL \times STR$			−1.28 (0.97)	−0.58 (0.50)		−123.3* (50.2)	
$HiEL \times STR^2$						6.12* (2.54)	
$HiEL \times STR^3$						−0.101* (0.043)	
昼食援助受益者の割合	−0.547** (0.024)	−0.398** (0.033)	−0.411** (0.029)	−0.420** (0.029)	−0.418** (0.029)	−0.402** (0.033)	
学区の平均所得（対数値）		11.57** (1.81)		12.12** (1.80)	11.75** (1.78)	11.80** (1.78)	11.51** (1.81)
定数項	700.2** (5.6)	658.6** (8.6)	682.2** (11.9)	653.6** (9.9)	252.0 (163.6)	122.3 (185.5)	244.8 (165.7)
結合仮説に対する F 統計量と p 値							
(a) すべての STR 変数と相互作用の項の係数がゼロ			5.64 (0.004)	5.92 (0.003)	6.31 (< 0.001)	4.96 (< 0.001)	5.91 (0.001)
(b) STR^2 と STR^3 の係数がゼロ					6.17 (< 0.001)	5.81 (0.003)	5.96 (0.003)
(c) $HiEL \times STR$, $HiEL \times STR^2$, $HiEL \times STR^3$ の係数がゼロ						2.69 (0.046)	
SER	9.08	8.64	15.88	8.63	8.56	8.55	8.57
$\overline{R}^2$	0.773	0.794	0.305	0.795	0.798	0.799	0.798

注：これらの回帰式はカリフォルニア州 K-8 学区のデータ（付論 4.1）を使って推計．係数の下のカッコ内には標準誤差，F 統計量の下のカッコ内には p 値がそれぞれ示されている．個々の係数は 5%（*）および 1%（**）水準で統計的に有意．

水準で棄却されます．

　表 8.3 の非線形回帰の結果は，グラフを使って容易に解釈できます．図 8.10 には，観測値のプロットとともに，線形モデル (2) と 3 次関数モデル (5) と (7) で推定された回帰線

図 8.10　テスト成績と生徒・教師比率に関する 3 つの回帰線

表 8.3 のモデル (5) と (7) の 3 次の回帰式はほとんど同一で，テスト成績と生徒・教師比率の間の非線形性の程度もわずかである．

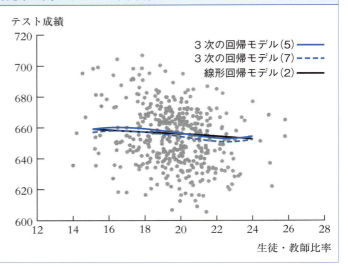

がそれぞれ表されています[4]．これらの回帰線は，生徒・教師比率を説明要因とするテスト成績の予測値が表されており，他の説明変数は一定の下で算出されています．いずれの回帰線も互いに近接していることがわかります．もっとも 3 次の回帰モデルでは生徒・教師比率が高いと傾きはより緩やかになる傾向も見られます．

回帰モデル (6) は，英語学習者の割合が高いか低いかによりテスト成績の 3 次の回帰式が統計的に有意に異なることを示しています．図 8.11 にはこれら 2 つの回帰線が描かれています．そこで示される両曲線の違いは，統計的に有意であることに加えて，実際にも重要です．図 8.11 から見て取れるとおり，生徒・教師比率が 17 から 23 の範囲——観測値の 88% がその範囲内に入ります——にある場合，2 つの回帰線には約 10 ポイントの開きがあり，しかしそれ以外の形状はほぼ同様です．すなわち，17 から 23 までの STR について，生徒・教師比率一定の下，英語学習者の割合が低い学区の方がテスト成績が良く，しかし生徒・教師比率変化による効果は 2 つのグループで基本的に同じです．生徒・教師比率が 16.5 以下の場合には 2 つの回帰線の形状は異なっていますが，しかしその結果は強調しすぎないよう注意しなければなりません．$STR < 16.5$ の学区は全体の 6% に過ぎず，非常に低い生徒・教師比率の学区における差異を反映したものだからです．したがって図 8.11 に基づけば，生徒・教師比率の変化によるテスト成績への影響は，ほとんどのデータが観測される範囲内において，英語学習者の割合に依存しないと結論づけることができます．

---

[4] それぞれの回帰曲線を導出する際，STR 以外の説明変数についてはサンプル平均値を使い，表 8.3 で推計された係数にその固定された値（= サンプル平均）を掛けることでテスト成績の予測値を計算しています．この計算がさまざまな STR の値について行われ，各回帰線のグラフが，他の変数を標本平均の水準で一定とした下で導出されています．

図8.11 英語学習者の割合が高い学区と低い学区の回帰式

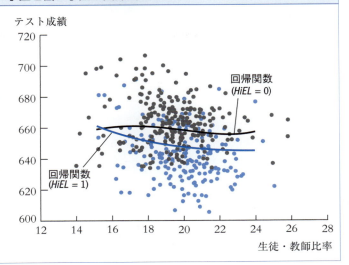

英語学習者の割合が低い学区 (*HiEL* = 0) の観測点は黒色で、*HiEL* = 1 の観測点は色付きで表されている。*HiEL* = 1, *HiEL* = 0 それぞれについての3次の回帰式は、表8.3 のモデル(6)に基づき算出される。両者を $17 \leq STR \leq 23$ の範囲で比較すると、*HiEL* = 1 の回帰線の方が約10ポイント低い。しかしそれ以外の形状や傾きについて、2つの回帰線はほぼ同じである。回帰線の傾きは *STR* が非常に高いあるいは低い場合に異なるが、その場合の観測値はごくわずかである。

実証結果の要約

以上の結果から、本節の最初に提示した3つの問いに対して解答を与えましょう。

第1に、経済要因をコントロールした後で見て、その学区にいる英語学習者の数が多いか少ないかは、生徒・教師比率の変化によるテスト成績への効果に重要な影響を及ぼすことはありませんでした。線形モデルで定式化した場合、その差異について統計的に有意な推計結果は得られませんでした。モデル(6)の3次関数を使った定式化の場合、英語学習者の比率が高いか低いかで回帰線は異なるという仮説が統計的に有意に（5% 水準で）支持されました。しかし、図8.11 で示したとおり、推計された2つの回帰線は、ほとんどの観測値が入る範囲において、ほぼ同じ傾きを持つことが示されました。

第2に、経済要因をコントロールした後で見て、生徒・教師比率がテスト成績に与える影響には非線形の効果が示されました。この効果は 1% 水準で統計的に有意でした（STR^2 と STR^3 の係数は常に 1% 水準で有意）。

第3に、第4章で最初に問題となった教育委員長の質問に戻りましょう。教育委員長は、生徒・教師比率を教師1人当たり生徒2名分引き下げることでテスト成績への効果はどれほどか答えを必要としています。線形の回帰モデル(2)の場合なら、この効果は生徒・教師比率の値に依存せず一定です。推定されるテスト成績向上の効果は 1.46 ポイント（$= -0.73 \times 2$）となります。一方、非線形モデルの場合、その効果は生徒・教師比率の値に依存することになります。いま生徒・教師比率が 20 であれば、教育委員長はそれを 18 に引き下げることを検討します。モデル(5)に基づけば、その引き下げによりテスト成績は 3.00 ポイント上昇すると推定され、モデル(7)に基づけばその効果は 2.93 と推定されます。もし現在の生徒・教師比率が 22 であれば、20 への引き下げを検討することにな

ります．そのとき，モデル (5) に基づけば成績向上の効果は 1.93 ポイントと推定され，モデル (7) に基づけば 1.90 となります．非線形モデルの推定から，生徒・教師比率引き下げの効果は，すでにその比率が低いほうがより大きいという結果が示唆されます．

8.5 結論

本章では，非線形回帰式をモデル化するいくつかの方法を提示しました．これらはいずれも多変数回帰モデルの 1 つであるため，未知の係数は OLS により推定されます．またその値に関するテストも，第 7 章で議論した t 統計量，F 統計量を使って行われます．この非線形モデルにおいては，他の説明変数 $X_2, \ldots, X_k$ 一定の下，ある説明変数 X_1 の変化がもたらす Y への影響は，一般に説明変数 $X_1, X_2, \ldots, X_k$ の値に依存します．

本章では多くの異なるモデルを紹介したため，実際の応用ではどのモデルを使うべきか戸惑うかもしれません．実際，非線形性の可能性はどう分析すればよいでしょうか？ 8.1 節では，そのための一般的なアプローチについて説明しました．しかしその過程では，何らかの決定や判断が必要となることも述べました．どの応用例にも使える有効な方法があれば大変便利なのですが，実際のデータ分析ではそう単純にはいきません．

非線形回帰モデルを特定化する際，唯一つ最も重要なステップは，「よく考える（use your head）」ということです．データを見る前に，経済理論やその分野の専門的な判断から，真の回帰式の傾きがそれ自身あるいは他の説明変数の値に依存するという理由は何か存在するのか？ もしそうなら，どのような依存関係が予想されるのか？ そして最も重要なこととして，その非線形性のタイプは現在の問題にとってどのような意味合いを持つのか？ これらの点を注意深く検討し答えを出すことで，分析はより焦点の絞られたものとなります．たとえばテスト成績の実証では，これらの点を考察することで，多くの教師を雇うことが英語学習者の割合が高い学区でより大きな効果をもたらすかどうか——なぜならその学区の生徒にとって注意の行き届いた教育は明らかなベネフィットだと思われるからです——を調べることが可能となりました．問題を明確に設定することで，明確な答えを得ることができます．そして，背後の経済的要因をコントロールして実証した結果，そのような相互作用について統計的に有意な証拠は見出せませんでした．

要約

1. 非線形回帰では，真の回帰関数の傾きは 1 つ以上の説明変数の値に依存する．
2. 説明変数の変化が Y へ及ぼす効果は，回帰関数を説明変数の 2 つの値で評価することで求められる．その手法は基本概念 8.1 に要約されている．
3. 多項式回帰は X の累乗を説明変数に含む．2 次の回帰は X と X^2 を含み，3 次の回帰は，X, X^2, X^3 を含む．

4. 対数値の小さな変化はその変数のパーセント変化と解釈できる．対数が含まれる回帰モデルはパーセント変化と弾力性を推定するのに使われる．
5. 2つの変数の積は相互作用項と呼ばれる．相互作用項が説明変数として含まれると，ある変数に関する傾きはもう一方の変数の値に依存する．

キーワード

2 次の回帰モデル [quadratic regression model]　227
非線形回帰関数 [nonlinear regression function]　230
多項式回帰モデル [polynomial regression model]　234
3 次の回帰モデル [cubic regression model]　234
弾力性 [elasticity]　236
指数関数 [exponential function]　236
自然対数 [natural logarithm]　236
線形・対数モデル [linear-log model]　238

対数・線形モデル [log-linear model]　239
対数・対数モデル [log-log model]　240
相互作用項 [interaction term]　246
相互作用の説明変数 [interacted regressor]　246
相互作用回帰モデル [interaction regression model]　246
非線形最小二乗法 [nonlinear least squares]　273
非線形最小二乗推定量 [nonlinear least squares estimator]　273

練習問題

8.1 ある会社の 2001 年の売上は，196（百万ドル）で，2002 年には 198（百万ドル）に増えました．次の問いに答えなさい.

　a. 売上の増加率を，通常の公式 $100 \times \frac{Sales_{2002} - Sales_{2001}}{Sales_{2001}}$ を使って計算しなさい．この値を，近似値 $100 \times [\ln(Sales_{2002}) - \ln(Sales_{2001})]$ と比べなさい．

　b. 2002 年の売上が $Sales_{2002} = 205$，$Sales_{2002} = 250$; $Sales_{2002} = 500$ であるとして，それぞれ（a）について答えなさい．

　c. 変化が小さいとき，対数による近似はどう良くなりますか．変化率（%）が増えるにつれて近似の質は低下するでしょうか．

8.2 ある研究者が，過去にある地域で販売された住宅のデータを集め，次ページの表のような回帰分析の結果を得ました．以下の問いに答えなさい.

　a. (1) 列の結果に基づくと，住宅を 500 平方フィート増築することで予想される価格の変化はいくらでしょうか．価格の変化率（%）に関する 95% 信頼区間を求めなさい．

　b. (1) 列と (2) 列の結果を比較すると，住宅価格を説明するのに $Size$ と $\ln(Size)$ のどちらを使う方がいいでしょうか．

練習問題 8.2 の回帰分析の結果

被説明変数：住宅価格の対数値（$\ln(Price)$）

説明変数	(1)	(2)	(3)	(4)	(5)
$Size$	0.00042 (0.000038)				
$\ln(Size)$		0.69 (0.054)	0.68 (0.087)	0.57 (2.03)	0.69 (0.055)
$\ln(Size)^2$				0.0078 (0.14)	
$Bedrooms$			0.0036 (0.037)		
$Pool$	0.082 (0.032)	0.071 (0.034)	0.071 (0.034)	0.071 (0.036)	0.071 (0.035)
$View$	0.037 (0.029)	0.027 (0.028)	0.026 (0.026)	0.027 (0.029)	0.027 (0.030)
$Pool \times View$					0.0022 (0.10)
$Condition$	0.13 (0.045)	0.12 (0.035)	0.12 (0.035)	0.12 (0.036)	0.12 (0.035)
定数項	10.97 (0.069)	6.60 (0.39)	6.63 (0.53)	7.02 (7.50)	6.60 (0.40)
記述統計					
SER	0.102	0.098	0.099	0.099	0.099
$\overline{R}^2$	0.72	0.74	0.73	0.73	0.73

変数の定義：$Price$ は住宅の販売価格（ドル），$Size$ は建物面積（平方フィート），$Bedroom$ はベッドルームの数，$Pool$ はプールの有無を表す (0,1) 変数（プール有りが 1，無しが 0），$View$ は眺望の有無を表す (0,1) 変数（眺望有りが 1，無しが 0），$Condition$ は住宅の状況を表す (0,1) 変数（大変良好であれば 1，それ以外は 0）.

c. (2) 列の結果を使うと，プールの有無が価格に及ぼす効果はいくらと予測されるでしょうか（正しい単位を使うよう確認しましょう）．この効果に関する 95% 信頼区間を求めなさい．

d. (3) 列の回帰式には，ベッドルームの数を加えています．ベッドルームの有無が価格へ及ぼす効果はどのくらいの大きさと予想されるでしょうか．その効果は統計的に有意でしょうか．なぜあなたは推定された効果がかなり小さいと考えるのでしょうか．（ヒント：他のどの変数が一定のままなのでしょうか．）

e. 2 次の項 $\ln(Size)^2$ は重要でしょうか．

f. (5) 列の回帰を使って，眺望なしの住宅にプールを付けたときの価格変化の予測値を計算しなさい．また，眺望付きの住宅に関しても同様に計算しなさい．両者に大きな違いはありますか．その違いは統計的に有意でしょうか．

8.3 本章のテスト成績とクラス規模の分析を読んだ後，ある教育者が以下のようにコメント

しました.「私の経験では, 生徒の成績はクラスの規模に依存するものの, あなたの回帰分析のようにはなっていない. むしろ, 生徒たちはクラス規模が 20 人以下の時に成績が良く, クラスの規模が 25 人以上だと非常に成績が悪い. クラス規模を 20 人以下であればそれ以上減らしても成績は良くならず, 20 人から 25 人の間の中間域でもその関係は一定で, クラスの規模が 25 人以上であれば規模を増やしても成績がより悪くなることはない.」つまり, その教育者は,『閾値効果 (threshold effect)』と呼ばれる効果を説明しています. すなわち, 学生の成績は 20 人以下のクラス規模に関して一定, 20 人から 25 人の間に入ると成績はジャンプ (悪化) し, その領域の中では一定, そして 25 人以上のクラス規模になると成績はまたジャンプ (悪化) し, その領域の中では一定というものです. このような閾値効果をモデル化するために, 以下のような (0,1) 変数を定義します.

$STR < 20$ なら $STRsmall = 1$, それ以外なら $STRsmall = 0$,

$20 \leq STR \leq 25$ なら $STRmoderate = 1$, それ以外なら $STRmoderate = 0$,

$STR > 25$ なら $STRlarge = 1$, それ以外なら $STRlarge = 0$ となる.

a. いま回帰モデル $TestScore_i = \beta_0 + \beta_1 STRsmall_i + \beta_2 STRlarge_i + u_i$ を考えます. この回帰関数について, 教育者のコメントと整合的になるような係数の仮の値を置いて, 描写しなさい.

b. 回帰モデル $TestScore_i = \beta_0 + \beta_1 STRsmall_i + \beta_2 STRmoderate_i + \beta_3 STRlarge_i + u_i$ を推定しようとすると, パソコンが停止してしまいました. なぜでしょうか.

8.4 8.3 節のボックス「教育の経済的メリットと男女格差」を読んで, 以下の問いに答えなさい.

a. いま教育年数 16 年, 経験年数 (最終学歴修了後の年数) 2 年の西部出身の人がいるとします. 表 8.1 の (4) 列の結果, そして基本概念 8.1 の手法を使って, 経験年数が 1 年増えることで平均賃金 (対数値) はどう変化すると予想されるか, その変化幅を推定しなさい.

b. その人の経験年数は 10 年と仮定して, (a) の問いに答えなさい.

c. (a) と (b) でなぜ答えが違うのか, 説明しなさい.

d. (a) と (b) の答えの違いは, 5% 水準の下, 統計的に有意な違いですか. 説明しなさい.

e. (a)-(d) までの答えは, もしその人が女性であれば, 異なるでしょうか. もし南部出身であればどうでしょうか. 説明しなさい.

f. 経験年数の賃金へ及ぼす効果が男性と女性で異なると疑われる場合, 回帰式をどのように変更しますか.

8.5 8.3 節のボックス「経済学専門誌への需要」を読んで, 以下の問いに答えなさい.

a. ボックスには 3 つの結論があります. 表の結果から, 各結論を導く根拠は何でしょうか.

b. ボックスでは, (4) 列の結果を使って, 80 年の歴史を持つ雑誌の需要の弾力性は −0.28

と報告しています．

　　　i. この値は回帰分析の結果からどのようにして導かれたのか．

　　　ii. ボックスによると，推定された弾力性の標準誤差は 0.06 と報告されています．あなたはこの標準誤差をどのように導出しますか．（ヒント：基本概念 8.1 の下にあるパラグラフ「推定された効果の標準誤差」の議論を参照しなさい．）

　c. 変数 *Characters* を 1000 で割る代わりに 1000000 で割ったとします．(4) 列の結果はどのように変わりますか．

8.6 表 8.3 を参照して，次の問いに答えなさい．

　a. ある研究者は，昼食援助受益者の比率（%）はテスト成績に対して非線形の効果を持つのではと考えています．具体的には，この比率が 10% から 20% に上昇してもほとんど効果はないが，50% から 60% に上昇するとテスト成績により大きな効果があるのではと推測しています．

　　　i. この非線形効果をモデル化するために，どのような特定化をすればよいか説明しなさい．

　　　ii. その非線形の特定化は表 8.3 の (7) 列の線形の特定化よりも望ましいかどうかについて，どのようにテストしますか．

　b. ある研究者は，所得水準がテスト成績へ及ぼす効果について，その効果はクラス規模が大きい学区と小さい学区とで異なるのではと考えています．

　　　i. この非線形効果をモデル化するために，どのような特定化をすればよいか説明しなさい．

　　　ii. その非線形の特定化は表 8.3 の (7) 列の線形の特定化よりも望ましいかどうかについて，どのようにテストしますか．

8.7 この練習問題は，会社の役員クラスの報酬における「男女格差」に関する研究 [Bertrand and Hallock (2001)] に触発されて考えられたものです．その研究では，1990 年代米国の株式公開企業における役員報酬を比較しています（これらの株式公開企業では，毎年上位 5 名の役員報酬を報告しなければなりません）．

　a. *Female* を女性ならば 1，男性ならば 0 を取る (0,1) 変数とします．報酬額の対数値を *Female* で回帰すると以下の結果が得られます：

$$\overline{\ln(Earnigs)} = 6.48 - 0.44\,Female,\ SER = 2.65.$$
$$\quad\quad\quad\quad\quad (0.01)\ (0.05)$$

　　　i. *Female* に関する係数の推定値は -0.44 です．この値は何を意味するのか説明しなさい．

　　　ii. *SER* は 2.65 です．この値は何を意味するのか説明しなさい．

　　　iii. この回帰式は，女性役員は男性役員よりも報酬が少ないことを意味しているのでしょうか．説明しなさい．

　　　iv. この回帰式は，男女格差の存在を意味しているでしょうか．説明しなさい．

b. 企業の市場価値（企業の大きさの指標，百万ドル）と株価収益率（企業パフォーマンスの指標，%）の2つの新しい変数を回帰に加えます：

$$\overline{\ln(Earnings)} = 3.86 - 0.28\,Female + 0.37\ln(MarketValue) + 0.004\,Return,$$
$$(0.03)\ (0.04) \qquad\qquad (0.004) \qquad\qquad (0.003)$$
$$n = 46{,}670,\ \overline{R}^2 = 0.345.$$

  i. $\ln(MarketValue)$ に関する係数は 0.37 です．この値は何を意味するのか説明しなさい．

  ii. $Female$ に関する係数は -0.28 です．(a) の回帰の結果からなぜ変わったのか説明しなさい．

  c. 大企業は小企業よりも女性役員が多い傾向にあるでしょうか．説明しなさい．

8.8 X は 5 から 100 までの間の値をとる連続変数です．Z は $(0,1)$ 変数です．次の回帰関数を図に示しなさい．（横軸に 5 から 100 までの X の値をとり，縦軸に $\hat{Y}$ の値をとる．）

  a. $\hat{Y} = 2.0 + 3.0 \times \ln(X)$
  b. $\hat{Y} = 2.0 - 3.0 \times \ln(X)$
  c. i. $\hat{Y} = 2.0 + 3.0 \times \ln(X) + 4.0Z$，ここで $Z = 1$
     ii. (i) と同じ，ただし $Z = 0$
  d. i. $\hat{Y} = 2.0 + 3.0 \times \ln(X) + 4.0Z - 1.0 \times Z \times \ln(X)$，ここで $Z = 1$
     ii. (i) と同じ，ただし $Z = 0$
  e. $\hat{Y} = 1.0 + 125.0X - 0.01X^2$

8.9 (8.8) 式のすぐ下で議論した信頼区間について，7.3 節の「第 2 アプローチ」に基づいて計算する方法を説明しなさい．（ヒント：この計算には，異なる定義の説明変数と被説明変数を使って，新しい回帰式を推定する必要があります．）

8.10 回帰モデル $Y_i = \beta_0 + \beta_1 X_{1i} + \beta_2 X_{2i} + \beta_3(X_{1i} \times X_{2i}) + u_i$ を考えます．基本概念 8.1 を使って，次のことを示しなさい．

  a. $\frac{\Delta Y}{\Delta X_1} = \beta_1 + \beta_3 X_2$ （X_2 一定の下での X_1 変化の効果）
  b. $\frac{\Delta Y}{\Delta X_2} = \beta_1 + \beta_3 X_1$ （X_1 一定の下での X_2 変化の効果）
  c. X_1 が ΔX_1 だけ変化し，X_2 が ΔX_2 だけ変化するとき，$\Delta Y = (\beta_1 + \beta_3 X_2)\Delta X_1 + (\beta_2 + \beta_3 X_1)\Delta X_2 + \beta_3 \Delta X_1 \Delta X_2$．

実証練習問題

E8.1 実証練習問題 4.1 で説明した CPS04 データセットを使って，以下の問題に答えなさい．

  a. 平均賃金 (AHE) を，年齢 (Age)，性別 ($Female$)，教育 ($Bachelor$) で回帰しなさい．Age が 25 歳から 26 歳になれば，賃金はどう変化すると予想されますか．Age が 33 歳から 34 歳になれば，賃金はどう変化すると予想されますか．

b. 平均賃金の対数値 ($\ln AHE$) を，Age，$Female$，$Bachelor$ で回帰しなさい．Age が 25 歳から 26 歳になれば，賃金はどう変化すると予想されますか．Age が 33 歳から 34 歳になれば，賃金はどう変化すると予想されますか．

c. 平均賃金の対数値 ($\ln(AHE)$) を，$\ln(Age)$，$Female$，$Bachelor$ で回帰しなさい．Age が 25 歳から 26 歳になれば，賃金はどう変化すると予想されますか．Age が 33 歳から 34 歳になれば，賃金はどう変化すると予想されますか．

d. 平均賃金の対数値 ($\ln AHE$) を，Age，Age^2，$Female$，そして $Bachelor$ で回帰しなさい．Age が 25 歳から 26 歳になれば，賃金はどう変化すると予想されますか．Age が 33 歳から 34 歳になれば，賃金はどう変化すると予想されますか．

e. あなたは (b) の回帰より (c) の回帰を好みますか．説明しなさい．

f. あなたは (b) の回帰より (d) の回帰を好みますか．説明しなさい．

g. あなたは (c) の回帰より (d) の回帰を好みますか．説明しなさい．

h. (b)，(c)，(d) から，高卒男性に関する Age と $\ln AHE$ の回帰の関係をグラフに示しなさい．推定された回帰関数の間で，共通点，相違点を述べなさい．もし同じ回帰関数を大卒女性に関してグラフに示した場合，あなたの答えは変わりますか．

i. 平均賃金の対数値 ($\ln AHE$) を，Age，Age^2，$Female$，$Bachelor$，そして交差項 $Female \times Bachelor$ で回帰しなさい．その交差項の係数は何を測るのでしょうか．アレクシスは 30 歳の大卒女性です．その回帰から，アレクシスにとっての $\ln AHE$ はいくらと予想されますか．ジェーンは 30 歳の高卒女性です．ジェーンにとっての $\ln AHE$ はいくらと予想されますか．アレクシスとジェーンの賃金の差はいくらと予測されますか．ボブは 30 歳の大卒男性です．ボブにとって $\ln AHE$ はいくらと予想されますか．ジムは 30 歳の高卒男性です．ジムにとって $\ln AHE$ はいくらと予想されますか．ボブとジムの賃金の差はいくらと予測されますか．

j. Age が賃金に及ぼす効果は女性と男性で異なるでしょうか．この問題に答えるための回帰式を特定化し，推定しなさい．

k. Age が賃金に及ぼす効果は大卒と高卒で異なるでしょうか．この問題に答えるための回帰式を特定化し，推定しなさい．

l. これらすべての回帰式を推定してみて（そして関心あるその他のモデルも推定して），年齢が賃金に及ぼす効果について要約しなさい．

E8.2 実証練習問題 4.2 で説明した `TeachingRatings` データセットを使って，以下の問題に答えなさい．

a. $Course\_Eval$ を $Beauty$，$Intro$，$OneCredit$，$Female$，$Minority$ そして $NNEnglish$ で回帰しなさい．

b. 回帰式に Age と Age^2 を追加しなさい．Age は $Course\_Eval$ へ非線形の効果を及ぼしますか．また Age は $Course\_Eval$ へ効果を及ぼしますか．

c. $Beauty$ が $Course\_Eval$ へ及ぼす効果が男性と女性で異なるように (a) の回帰を修正し

なさい．その効果の男女の違いは，統計的に有意ですか．

d. スミス教授は男性です．彼は美容整形手術を受けて「容姿」の指標が上昇し，指標は平均から1標準偏差下の値から，平均より1標準偏差上の値となりました．手術前，手術後の Beauty の値は，それぞれいくらですか．(c) の回帰式を使って，Course_Eval の上昇幅に関する95％信頼区間を求めなさい．

e. 女性であるジョーンズ教授に対して，(d) と同じ問題に答えなさい．

E8.3 実証練習問題4.3で説明した CollegeDistance データセットを使って，以下の問題に答えなさい．

a. ED を，Beauty, Dist, Female, Bytest, Tuition, Black, Hispanic, Incomehi, Ownhome, DadColl, MomColl, Cue80, そして Stwmfg80 で回帰しなさい．Dist が2から3に（つまり20から20マイルへ）変化したとき，教育年数はどう変化すると予想されますか．Dist が6から7に（つまり60から70マイルへ）変化したとき，教育年数はどう変化すると予想されますか．

b. ln(ED) を，Beauty, Dist, Female, Bytest, Tuition, Black, Hispanic, Incomehi, Ownhome, DadColl, MomColl, Cue80, そして Stwmfg80 で回帰しなさい．Dist が2から3に（つまり20から20マイルへ）変化したとき，教育年数はどう変化すると予想されますか．Dist が6から7に（つまり60から70マイルへ）変化したとき，教育年数はどう変化すると予想されますか．

c. ED を，Beauty, Dist, $Dist^2$, Female, Bytest, Tuition, Black, Hispanic, Incomehi, Ownhome, DadColl, MomColl, Cue80, そして Stwmfg80 で回帰しなさい．Dist が2から3に（つまり20から20マイルへ）変化したとき，教育年数はどう変化すると予想されますか．Dist が6から7に（つまり60から70マイルへ）変化したとき，教育年数はどう変化すると予想されますか．

d. (a) の回帰に比べて (c) の回帰の方が好ましいですか．説明しなさい．

e. ヒスパニックの女性で，Tuition = \$950, Bytest = 58, Incomehi = 0, Ownhome = 0, DadColl = 1, MomColl = 1, Cue80 = 7.1, Stwmfg80 = \$10.06 とします．

   i. (a) と (c) の回帰式から，Dist と ED の関係を図に示しなさい（横軸の Dist は0から10の間，つまり0から100マイルまでの間）．2つの推定された回帰関数の類似点と相違点を述べなさい．もし，対象が白人男性で，その他の特徴はすべて同じであるとき，あなたの答えは変わるでしょうか．

   ii. (c) の回帰関数で Dist > 10 の場合，どのような形になるでしょうか．Dist > 10 のとき観察値はいくつあるでしょうか．

f. (c) の回帰式に，交差項 DadColl × MomColl を追加しなさい．交差項にかかる係数は，何を測るでしょうか．

g. メアリー，ジェーン，アレクシスそしてボニーは，以下の変数についてすべて同じ値です：Dist, Bytest, Female, Black, Hispanic, Fincome, Ownhome, DadColl,

$MomColl$, $Cue80$, そして $Stwmfg80$. メアリーの両親はどちらも大学に通っていません. ジェーンの父親は大卒ですが, 母親は違います. 一方, アレックスの母親は大卒ですが, 父親は違います. そして, ボニーは両親とも大卒です. (f) の回帰式を使って, 以下の問いに答えなさい.

　　　i. その回帰式から, ジェーンとメアリーの教育年数の違いはどう予測されるでしょうか.

　　　ii. その回帰式から, アレクシスとメアリーの教育年数の違いはどう予測されるでしょうか.

　　　iii. その回帰式から, ボニーとメアリーの教育年数の違いはどう予測されるでしょうか.

　h. $Dist$ が ED に及ぼす効果は, 家族の所得に依存するという証拠はあるでしょうか.

　i. 以上すべての回帰分析（そしてあなたが行ったその他の回帰分析）の結果を踏まえ, $Dist$ が教育年数に及ぼす効果について要約しなさい.

E8.4 実証練習問題 4.4 で説明した Growth データセット（ただしマルタに関するデータは除く）を使って, 以下の 5 つの回帰を行いなさい. すなわち, $Growth$ を, (1) $TradeShare$ と $YearsSchool$ で回帰する, (2) $TradeShare$ と $\ln(YearsSchool)$ で回帰する, (3) $TradeShare$, $\ln(YearsSchool)$, Rev_Coups, $Assasinations$, そして $\ln(RGDP60)$ で回帰する, (4) $TradeShare$, $\ln(YearsSchool)$, Rev_Coups, $Assasinations$, $\ln(RGDP60)$, そして $TradeShare \times \ln(YearsSchool)$ で回帰する, (5) $TradeShare$, $TradeShare^2$, $TradeShare^3$, $\ln(YearsSchool)$, Rev_Coups, $Assasinations$ そして $\ln(RGDP60)$ で回帰する.

　a. $Growth$ と $YearsSchool$ の散布図を描きなさい. その関係は, 線形, 非線形のどちらに見えるか, 説明しなさい. その散布図を用いて, なぜ (2) の回帰は (1) の回帰よりもフィットが良いのか, 説明しなさい.

　b. 1960 年, ある国では, 平均就学年数を 4 年から 6 年に増やすという教育政策を検討しています. (1) の回帰に基づくと, その政策の結果, $Growth$ はどれだけ増加すると予想されるでしょうか. (2) の回帰に基づくと, $Growth$ はどれだけ増加すると予想されるでしょうか.

　c. (3) の回帰を使って, $Assasinations$ と Rev_Coups の係数はともにゼロかどうかをテストしなさい.

　d. (4) の回帰を使って, $TradeShare$ が $Growth$ に及ぼす効果はその国の教育水準に依存すると言えるかどうか根拠を調べなさい.

　e. (5) の回帰を使って, $TradeShare$ は $Growth$ に非線形の効果を及ぼすかどうか根拠を調べなさい.

　f. 1960 年, ある国では, $TradeShare$ の平均値を 0.5 から 1 へと増やす貿易政策を検討しています. (3) の回帰に基づくと, その政策の結果, $Growth$ はどれだけ増加すると予想されるでしょうか. (5) の回帰に基づくと, $Growth$ はどれだけ増加すると予想され

るでしょうか.

付論 8.1 パラメターが非線形である回帰関数

8.2 節と 8.3 節で議論した非線形回帰関数は，X に関する非線形関数でしたが，未知のパラメター（係数）に関しては線形関数となっていました．未知パラメターについては線形関数であったため，元の X を非線形に変換して新たな説明変数を定義した後は，そのパラメターは OLS で推定できました．この種の非線形回帰関数は種類が豊富で，推計も便利です．しかし，いくつかの応用例では，経済理論から，パラメターが非線形関数となる場合があります．そのような回帰関数は OLS では推計できませんが，OLS の拡張版である非線形最小二乗法を使うことで推定できるのです.

パラメターが非線形である関数

まず具体例として，パラメターに関して非線形となる 2 つの関数を挙げます．その後，一般的な定式化を行います．

ロジスティック曲線　　いま，ある技術の市場浸透度——たとえば，データベース管理ソフトが異なる産業でどう採用されているか——を研究しているものとします．被説明変数は当該産業においてそのソフトを採用している企業の割合，説明変数 X はその産業の特性，そして全部で n 産業のデータがあるものとします．被説明変数は，0（どの企業も採用していない）から 1（100% すべての企業が採用）までの値を取ります．線形回帰モデルでは，被説明変数の値は 0 以下，もしくは 1 より大きい値を予測してしまうため，0 から 1 の間の値をもたらす関数を使うことは意味があります.

ロジスティック関数は，最小値 0 から最大値 1 までの間をスムーズに増加する関数です．1 つの説明変数 X を持つロジスティック回帰モデルは，

$$Y_i = \frac{1}{1 + e^{-(\beta_0 + \beta_1 X_i)}} + u_i \tag{8.38}$$

となります．図 8.12a は，1 つの X を持つロジスティック回帰モデルをグラフに示したものです．このグラフからわかるように，ロジスティック関数は，横に引き伸ばされた「S」の形をしています．X が小さい値のとき，関数の値は 0 に近く，傾きは水平に近くなります．X が中ほどの値のとき，傾きは比較的急になります．X が大きな値になると，関数の値は 1 に近づき，傾きは再び水平に近くなります.

負の指数関数的成長　　8.2 節で，テスト成績と所得の関係をモデル化した関数には，いくつかの問題がありました．たとえば，多項式回帰モデルでは，所得の値によっては関数の傾きが負になる場合があり，それはもっともらしくはありません．対数モデルでは，所得のすべての値について傾きは正となりますが，所得が増えるにつれて関数の値は際限なく増えていきます．その結果，所得の値によっては，テスト成績の予測値が取り得る最高得点（テストの満点の値）を超えることもありえます.

負の指数成長モデル（negative exponential growth model）は，すべての所得の値で正の傾きを

図8.12 パラメターに関して非線形となる2つの関数

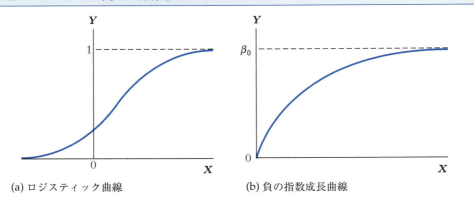

(a) ロジスティック曲線　　　　(b) 負の指数成長曲線

(a) 図は，(8.38) 式のロジスティック関数を図示したもので，関数の値は0と1の間を取る．(b) 図は，(8.39) 式の負の指数成長関数を図示したもので，傾きは常に正，X が増えるにつれ傾きは緩やかになる．そして，関数の値は，X が無限大に近づくにつれて β_0 へ収束する．

持ち，所得が低いときの傾きは急で，所得が増えるにつれて傾きはより緩やかになり，関数の値には上限があります（つまり所得が無限大に近づくにつれて，ある値に収束します）．負の指数成長回帰モデルは

$$Y_i = \beta_0[1 - e^{-\beta_1(X_i - \beta_2)}] + u_i \tag{8.39}$$

となります．図 8.12b には，負の指数成長関数がグラフに示されています．X が小さい値のとき傾きは急であり，X が増加するにつれて β_0 の漸近線に近づいていきます．

パラメターに関して非線形となる一般的な関数　　ロジスティック回帰モデルや負の指数成長回帰モデルは，以下のような一般的な非線形回帰モデルの特殊ケースと理解することができます：

$$Y_i = f(X_{1i}, \ldots, X_{ki}, \beta_0, \ldots, \beta_m) + u_i. \tag{8.40}$$

ここで，k 個の説明変数と $m+1$ 個のパラメター $\beta_0, \cdots, \beta_m$ が含まれます．8.2 節と 8.3 節のモデルでは，X に関しては非線形の形でこの関数に入り，パラメターに関しては線形の形で入ります．この付論の例では，X と同様にパラメターに関しても非線形の形でこの関数に入ってきます．もしパラメターが既知ならば，効果の予測値は 8.1 節で説明した方法を使って計算できるでしょう．しかし，実際の応用では，パラメターは未知であり，データから推定しなければなりません．非線形な形で入っているパラメターは OLS では推計できませんが，非線形最小二乗法で推計することができます．

非線形最小二乗推定

非線形最小二乗法は，母集団回帰関数においてパラメターに関して非線形であるときに，その未

知のパラメーターを推定するための一般的な方法です．

多変数線形回帰モデルの OLS 推定量に関する議論（5.3 節）を思い出しましょう．OLS 推定量は，(5.8) 式で表される予測誤差の二乗和 $\sum_{i=1}^{n}[Y_i - (b_0 + b_1 X_{1i} + \cdots + b_k X_{ki})]^2$ を最小化するものです．原則的に，OLS 推定量は，$b_0, \cdots, b_k$ に対して多くの値を試して，その試行した値の中で誤差の二乗和を最小化する値として求められます．

(8.40) 式の一般的な非線形回帰モデルの場合も，これと同じアプローチに基づいてパラメーターを推定できます．回帰モデルは係数に関して非線形なので，この方法は**非線形最小二乗法**（**nonlinear least squares**）と呼ばれます．パラメーターの試行値 $b_0, \cdots, b_m$ に対して誤差の二乗和を導出します：

$$\sum_{i=1}^{n}[Y_i - f(X_{1i}, \ldots, X_{ki}, b_1, \ldots, b_m)]^2. \tag{8.41}$$

$\beta_0, \cdots, \beta_m$ の**非線形最小二乗推定量**（**nonlinear least squares estimators**）は，(8.41) 式の誤差の二乗和を最小化する $b_0, \cdots, b_m$ の値です．

線形回帰モデルにおける OLS 推定量は，データの関数として表現され，比較的単純な式となります．しかし，非線形最小二乗法では，残念ながらそのような一般的な公式はありません．非線形最小二乗推定量は，コンピュータを使って数値解析に基づき求めなければなりません．ただし回帰分析ソフトには，非線形回帰の最小化問題を解くためのアルゴリズムが組み込まれています．ですので，実際に非線形最小二乗推定量を計算する作業自体は単純なものといえます．

関数 f と X に関する一般的な条件の下，非線形最小二乗推定量は，2 つの基本的な性質において線形モデルの OLS 推定量と共通しています．その 2 つの性質とは，一致推定量であること，そして大標本において正規分布に従うということです．非線形最小二乗法を扱う回帰分析ソフトでは，一般に推定されたパラメーターの標準誤差がアウトプットとして報告されます．その結果，パラメーターに関する統計的推論は，通常通り行うことができます．特に t 値は，基本概念 5.1 の一般的なアプローチを使って求められますし，95% 信頼区間は，係数の推定値 ±1.96 標準誤差として導出できます．また，線形回帰モデルと同様に，非線形回帰モデルの誤差項が不均一分散である可能性もあるので，不均一分散を考慮した標準誤差を使うことが重要です．

テスト成績と所得の関係への応用

負の指数成長モデルは，地区の所得 (X) とテスト成績 (Y) の関係に当てはめることができ，望ましい性質，すなわち関数の傾きが常に正であり——(8.39) 式の β_1 が正のとき——，所得が無限大に向かって増えるにつれ漸近的な値 β_0 に近づくという性質を持ちます．カリフォルニア州のテスト成績データを使って，(8.39) 式の β_0，β_1 そして β_2 を推定すると，$\hat{\beta}_0 = 703.2$（不均一分散を考慮した標準誤差 = 4.44），$\hat{\beta}_1 = 0.0552$（$SE = 0.0068$），$\hat{\beta}_2 = -34.0$（$SE = 4.48$）となりました．この推定された非線形回帰関数は，

$$\overline{TestScore} = \underset{(4.44)}{703.2}[1 - e^{-\underset{(0.0068)}{0.0552}(Income + \underset{(4.48)}{34.0})}] \tag{8.42}$$

と表されます（係数の下のカッコ内は標準誤差の推定値）．

推定された回帰関数は図 8.13 に示されており，そこには線形・対数回帰関数とデータの散布図も

図8.13 負の指数成長回帰関数と線形・対数回帰関数

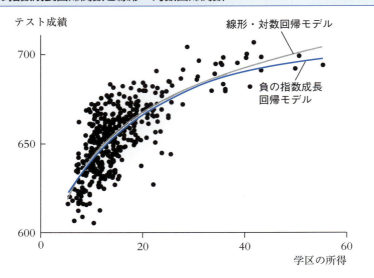

負の指数成長回帰関数（(8.42) 式）と線形・対数回帰関数（(8.18) 式）はともにテスト成績と所得の非線形の関係を表す．これら2つの関数における違いの1つは，負の指数成長モデルでは所得が無限大に近づくにつれて漸近的な値に収束するが，線形・対数モデルではそうならない点である．

共に示されています．2つのモデルは，この場合，とてもよく似ています．ただし違いは，負の指数成長曲線では所得の最も高いところで水平となり，漸近的な値に収束する点です．

第9章 多変数回帰分析の評価

これまでの5つの章では，現実データを用いて変数間の関係を分析する多変数回帰の使い方を説明してきました．本章では一歩立ち戻って，次の問題を考えます．多変数回帰を使って分析する際，どのような場合にその研究は信頼され，どのようなとき信頼されないのでしょうか？ここではある説明変数（たとえば1学級の人数）の変化が別の被説明変数（たとえばテスト成績）へ与える影響を推定するといった統計分析に焦点を当てます．したがって，このような因果関係を分析する際，多変数回帰の推定結果はどういう場合に有用で，どういったときに有用でないのでしょうか？

この質問に答えるため，本章では，回帰分析を含む統計分析全般を評価するフレームワークを説明します．このフレームワークでは，「内部と外部の正当性（internal and external validity）」という考え方を使います．ある分析が「内部に正当である」とは，そこでの統計的な推論が，分析される母集団や設定にとって正当である状況を表します．また「外部に正当である」とは，その統計的推論が，他の母集団や設定にも妥当であり一般化可能な状況を表します．9.1節と9.2節では，内部と外部の正当性の内容，それぞれの正当性を危うくする恐れのあるさまざまな要因，そしてそれらの要因を実際の応用研究でどう判別するかについて議論します．9.1節と9.2節の議論では，観察データから因果関係の効果を推定することに焦点を当てます．9.3節では回帰モデルの異なる利用法——予測——について説明し，回帰モデルを使って行われる予測の妥当性とその問題について紹介します．

9.4節では，内部と外部の正当性というフレームワークの具体例として，第4-8章で考察してきた生徒・教師比率引き下げのテスト成績への効果に関する実証を取り上げ，そこでの内部と外部の正当性を評価します．

9.1 内部と外部の正当性

統計分析における「内部と外部の正当性」という考え方は，基本概念9.1に定義されるように，ある設問に答えるために統計・計量分析がどう有用か評価するフレームワークとなるものです．

> ## 基本概念 9.1　内部と外部の正当性
>
> 統計分析が**内部に正当**（**internally valid**）であるとは，因果関係の効果に関する統計的な推論が，いまの分析対象の母集団や設定にとって正当である状況を表す．また**外部に正当**（**externally valid**）であるとは，その統計的推論が，より一般に他の母集団や設定にも妥当である状況を表す．

ここで「内部」と「外部」は，母集団や設定がいま分析されているものか，それとも他の一般的な母集団や設定にも応用可能かで区別されます．**分析される母集団**（**population studied**）とは，そこから標本データが抽出される主体——人々，企業，学区など——の母集団です．より一般化して，**関心ある母集団**（**population of interest**）とは，分析した結果が関心ある別の母集団にも応用可能である，そのような母集団を指します．たとえば，ある高校の校長は，カリフォルニア州の小学校の学区（＝分析される母集団）におけるクラス規模とテスト成績についての検証結果を見て，それを高校の母集団（＝関心ある母集団）にも一般化できると考えるかもしれません．

次に「設定（setting）」とは，制度的，法的，社会的，そして経済的な環境のことを意味します．たとえば，有機トマトの栽培方法を評価する研究室での実験結果が，実際の畑に応用できるのか，すなわち研究室でうまくいく方法が現実の世界でもうまくいくのかを知ることは重要でしょう．母集団と設定に関する他の具体例については，本節で後ほど説明します．

内部の正当性を危うくする要因

内部の正当性は2つの部分からなります．第1に，係数の推定量が不偏で一致性を持つことです．もし $\hat{\beta}_{STR}$ が，生徒・教師比率がテスト成績へ及ぼす影響のOLS推定量ならば，$\hat{\beta}_{STR}$ は，母集団における真の影響 β_{STR} の不偏かつ一致性を持つ推定量でなければなりません．

第2に，仮説検定は設定されたとおりの有意水準を持つべき（すなわち，帰無仮説の下での実際の棄却率が有意水準と等しくなるべき）で，信頼区間も設定されたとおりの信頼水準を持つべきです．たとえば，信頼区間が $\hat{\beta}_{STR} \pm 1.96 SE(\hat{\beta}_{STR})$ として設定されるならば，この信頼区間には，母集団における真の影響 β_{STR} が，繰り返しサンプルの95%で含まれているべきです．

回帰分析において，因果関係の効果は回帰式を使って推定され，仮説検定は推定された回帰係数とその標準誤差を使って行われます．したがって，OLS回帰に基づく分析で

は，内部の正当性を満たすための要件として，OLS 推定量は不偏でかつ一致性を持つこと，標準誤差は信頼区間について設定されたとおりの信頼水準を持つように計算されること，これらが必要となります．一方，これらの要件が実現しなくなる理由もさまざま考えられ，それらが内部正当性を脅かす要因となります．それらの要因により，基本概念 6.4 で明記した最小二乗法の仮定は満たされなくなります．たとえば，すでに詳細に議論しましたが，除外された変数によるバイアスの問題があります．このとき説明変数は誤差項と相関を持つことになり，最小二乗法の第 1 の仮定に反します．もしその除外された変数のデータがあれば，それを追加的な説明変数として回帰式に追加することで対処可能でしょう．

9.2 節では，多変数回帰分析における内部の正当性を危うくする要因について詳細に議論し，それらを軽減する方法について示します．

外部の正当性を危うくする要因

外部の正当性を危うくする要因は，分析される母集団・設定と関心のある母集団・設定との違いに由来します．

母集団の違い　分析される母集団と関心ある母集団との違いは，外部正当性を脅かす要因となります．たとえば，化学薬品の有毒性を研究室で検証するには，ネズミなどの動物の母集団（分析される母集団）を使いますが，その結果は，人間の母集団（関心ある母集団）に対する健康や安全の規制を定めるのに使われます．ネズミと人間が外部正当性を脅かすほど大きく異なるかどうかは議論すべき点です．

より一般に，因果関係の真の効果は，分析される母集団と関心ある母集団とで同じでないかもしれません．それは母集団の特性の違い，地理的な違い，あるいは分析が古いといった理由で，実際に同じではないかもしれないのです．

設定の違い　たとえ分析される母集団と関心ある母集団が一致していたとしても，もし**設定**（**setting**）が異なれば，分析結果を一般化できないかもしれません．たとえば，飲酒抑止のキャンペーン広告が大学生の飲酒にどう影響するかという分析があるとしましょう．その分析結果は，別の同じ大学生に一般化しようとしても，もしそれぞれの大学で法定の飲酒可能年齢が異なれば一般化できません．この場合では，分析が行われた場所での法的な設定と，その結果を応用しようとする場所での法的な設定が異なるのです．

より一般に，設定の違いは，制度的環境の違い（公立大学か宗教大学か），法律の違い（法定飲酒年齢の違い），物理的環境の違い（南カリフォルニアでの野外パーティでの飲酒とアラスカでの飲酒）などが例としてあげられます．

テスト成績と生徒・教師比率への応用　第7章と第8章では，生徒・教師比率の引き下げによるテスト成績の改善効果について，それは統計的には有意であっても，しかし量的には小さな効果であるという推定結果を示しました．この分析結果は，カリフォルニア州の学区についてのものです．いまこの結果は内部には正当と仮定しましょう．このとき，関心ある他のどのような母集団や設定に対してこの結果は適用できるでしょうか？

関心ある母集団や設定が，分析された母集団と設定に近ければ近いほど，外部の正当性は強まります．たとえば，大学生および大学教育は，小学生および小学校での教育と大きく異なります．したがって，カリフォルニア州の小学校の学区データから推定されたクラス人数引き下げの効果を，大学へ一般化することは適切ではないでしょう．他方，小学校の生徒，カリキュラム，組織などは，全米どの地域でもほぼ同様です．したがって，カリフォルニア州の結果を，小学校の別の学区へ適用することは正当と考えられます．

外部の正当性をどう評価するか　外部の正当性は，分析された母集団・設定と関心ある別の母集団・設定，それぞれに関する知識を使って判断されなければなりません．両者に重要な違いがある場合には，外部正当性について疑念が生じます．

時には，関連する異なる母集団に関して，複数の分析結果が存在することがあります．その場合には，それらの結果を比較することで，外部正当性をチェックすることができます．たとえば9.4節では，マサチューセッツ州の小学校学区データを使ってテスト成績とクラス人数の関係を分析し，それをカリフォルニア州の結果と比較します．一般に，もし2つかそれ以上の研究で同様の結果が得られたら，外部正当性を強めることになり，一方で，もしそれらの結果が異なり，その違いをうまく説明できなければ，外部正当性は疑わしいものとなります[1]．

外部に正当である分析をどうデザインするか　外部正当性が確保されないのは，母集団や設定をうまく比較できないからです．したがってこういった懸念は，分析の初期段階，データを集める前の段階から，できるだけ小さくしておくことが大切です．分析デザインは本テキストの守備範囲を超えますが，興味ある読者はShadish, Cook, and Campbell（2002）を参照してください．

---

[1] 同じトピックで多くの関連研究を比較することは，「メタ分析（meta-analysis）」と呼ばれます．たとえば第6章のボックス「モーツアルト効果」の議論は，メタ分析に基づきます．数多くの研究についてメタ分析を行うことには，それ自身の課題もあります．優れた研究とそうでない研究をどう区別するか？　被説明変数が異なる場合にどう比較するか？　大規模な研究の結果は，小規模な研究と比べてより重視すべきなのか？　メタ分析とその課題に関する議論は本書のカバーする範囲を超えますが，興味のある読者はHedges and Olkin（1985），Cooper and Hedges（1994）などを参照してください．

9.2 多変的回帰分析の内部正当性を危うくする要因

　回帰分析が内部に正当ということは，推定された回帰係数が不偏で一致性を持ち，標準誤差を計算すれば設定されたとおりの信頼水準を持つ信頼区間が得られる，そういう状況を指します．この節では，多変数回帰分析のOLS推定量が，たとえ大標本であってもバイアスを持つ（不偏性が満たされない）ことになる5つの要因——除外された変数，関数形の特定化ミス，説明変数の計測誤差，標本セレクション，そして同時双方向の因果関係——について検討します．バイアスをもたらすこれら5つの要因は，いずれも母集団の回帰式において説明変数が誤差項と相関を持つために発生します．その結果，基本概念6.4に示したOLSの第1の仮定は満たされません．各要因について，このバイアスを縮小するにはどうすればよいか議論します．そして最後に，一致性を持たない標準誤差をもたらすような状況と，その解決には何をすべきか検討します．

除外された変数のバイアス

　除外された変数のバイアスは，Yの決定要因であり，他の説明変数と相関がある変数が，回帰式から除外されたときに発生します．このバイアスは，たとえサンプル数が十分大きくなっても存在します．したがってOLS推定量は一致性を満たさなくなります．このバイアスをどう最小化にするかは，除外されている変数のデータが利用可能かどうかに依存することになります．

除外された変数バイアスの解決策：除外された変数が観察される場合　　除外されている変数のデータが手元にある場合には，その変数を回帰分析に含めることで問題を解決できます．しかし，新しい変数を追加することには，コストとベネフィットの両方が考えられます．もしその変数を追加しなければ，除外された変数のバイアスが発生します．他方，不必要な変数（すなわち真の回帰式における係数がゼロ）を含めてしまうと，他の回帰係数の推定量がより不正確になってしまいます．言い換えると，変数を追加するかどうかの決定は，バイアスの抑制と推定される係数の分散との間のトレードオフ関係にあるのです．回帰モデルに変数を追加すべきかどうか実際に判断する材料として，4つのステップがあります．

　第1ステップは，回帰式のなかで最も関心のある係数を見出すことです．テスト成績の回帰式であれば，それは生徒・教師比率の係数です．なぜなら，生徒・教師比率を下げたときのテスト成績への影響を知りたいというのがそもそもの問題だったからです．

　第2ステップとしては，次のような問いを考えます．この回帰式で，除外されている変数のバイアスとして最もありえそうな要因は何なのかという問題です．この問いに答えるには経済理論と専門家の知識が必要であり，その答えは回帰分析を行う前に出さなけれ

> **基本概念 9.2　除外された変数のバイアス：回帰式により多くの変数を含めるべきか？**
>
> いま多変数回帰分析に別の変数を含めると，除外された変数バイアスの可能性を取り除ける一方で，関心を持っている係数の推定量の分散が大きくなるかも知れない．追加的な変数を含めるかどうかを判断するための指針を以下に示す．
>
> 1. どの係数に関心があるのか特定する．
> 2. 先験的な推論を行い，除外された変数バイアスのもっともあり得そうな要因を調べる．それにより基本の回帰式と，「疑わしい」変数を導き出す．
> 3. 追加した疑わしい変数がゼロではない係数を持つかどうかテストする．
> 4. 分析結果は表にまとめて完全に開示する．開示することで，変数の追加が関心のある係数にどのような影響を及ぼしたのか理解できる．疑わしい変数を含めることで，結果は変わるだろうか？

ばなりません．これはデータ分析の前になされることから，「先験的な（a priori，事実観察より前の）」推論と呼ばれます．テスト成績の例でいえば，このステップは，テスト成績の決定要因のなかで，もしそれを無視してしまうとクラス規模の影響の推定にバイアスをもたらしかねない，そういった要因を探し当てることを意味します．このステップの結果，基本となる，そして実証分析のスタートとなる回帰式が特定化され，と同時に，追加すれば除外された変数バイアスを軽減するかもしれない「疑わしい」変数のリストが得られます．

第3ステップは，基本の回帰式にいま得られた疑わしい変数を追加して，それらの係数がゼロという仮説をテストすることです．もし追加された変数の係数が統計的に有意である，あるいは変数の追加によって関心のある係数の推定値が大きく変わる場合には，それらの変数を回帰式に留め，基本式を修正する必要があります．こういった状況が該当しなければ，追加した変数は回帰式から除外できます．

第4ステップは，分析結果を要約したものを正確に表にして提示することです．結果に疑いを持つ人に対しても完全に公開することで，それぞれ独自に結論を考えることができます．表7.1や表8.3は，この戦略の具体例です．たとえば表8.3では，モデル（7）の回帰の結果だけ示すことも可能でした．なぜならその回帰式は，他の回帰式でも見られる妥当な効果と非線形性を要約する形で含んでいるからです．しかし，他の結果も提示しておけば，疑いを持つ読者でもそれぞれ独自の結論を考えることができます．

これらのステップは基本概念9.2にまとめられています．

除外された変数バイアスの解決策：除外された変数が観察されない場合　除外されている変数のデータが手元にない場合には，その変数を回帰分析に含めることはできません．しかしそれでも，除外された変数のバイアスに対処する別の3つの方法が考えられます．それらの方法は，いずれも異なるタイプのデータを利用することでバイアスの問題を回避しようとするものです．

1つ目の方法は，同じ観察データの違う時点のデータを利用することです．たとえば，各学区のテスト成績とそれに関連するデータは1995年や2000年にも収集されています．この形式のデータはパネルデータと呼ばれます．第10章で説明するように，もし観察されない除外された変数が時間を通じて一定であれば，パネルデータを利用することでその影響をコントロールできます．

2つ目の方法は，操作変数に基づく回帰を行うことです．この方法は，「操作変数」と呼ばれる新しい変数に依拠するものです．操作変数回帰は第12章で議論されます．

3つ目の対処法は，いま関心のある効果（たとえばクラス規模を小さくすることのテスト成績への影響）に関して，ランダムにコントロールされた実験を用いた研究をデザインすることです．ランダムにコントロールされた実験は第13章で議論されます．

回帰式の関数形の特定化ミス

もし真の回帰関数が非線形で，しかし推定された回帰モデルは線形の場合，それは**関数形の特定化ミス**（**functional form misspecification**）となり，OLS推定量にはバイアスが発生します．このバイアスは，除外された変数のバイアスの一種です．すなわち，この場合，非線形性を表す項が回帰式から除外されています．もし，たとえば真の回帰関数が2次の多項式だとすると，説明変数の2乗の項を除外した回帰には除外された変数のバイアスが含まれます．関数形の特定化ミスから生じるバイアスについては，基本概念9.3にまとめられています．

関数形の特定化ミスへの対処法　被説明変数が連続変数（たとえばテスト成績）であるとき，潜在的な非線形性の問題は第8章で議論した手法により対処されます．しかし，被説明変数が離散変数もしくは(0, 1)変数（たとえばY_iは第i番目の人が大学卒であるとき1，そうでなければ0を取る変数）であるときは，問題はより複雑になります．被説明変数が離散変数であるときの回帰は第11章で議論されます．

変数の計測誤差

いまテスト成績の回帰分析において，不注意にもデータを取り違えて，5年生のテスト成績をその地区の10年生の生徒・教師比率で回帰してしまったとしましょう．生徒・教

基本概念	関数形の特定化ミス
9.3	関数形の特定化ミスは，推定された回帰関数の形状が母集団の回帰関数の形状と異なるとき発生する．もし関数形が誤って特定化されると，一般に，ある変数の変化がもたらす部分的な効果の推定量にバイアスが発生する．関数形の特定化ミスは，データと推定された回帰式をプロットすることでしばしば検出される．そして，異なる関数形を用いることで修正できる．

師比率は5年生と10年生の間で相関があるかもしれませんが，それらは同じではありません．したがって，この取り違えは，推計された係数にバイアスをもたらします．これは**変数の計測誤差によるバイアス（errors-in-variables bias）**の一例です．というのも，説明変数の計測に誤差があることがバイアスの要因だからです．このバイアスは標本数が十分大きい場合にも存続するので，計測誤差がある場合 OLS 推定量は一致性を持ちません．

計測誤差にはさまざまな要因が考えられます．データがアンケート調査によって集計されたものであれば，アンケートに回答した人が誤った答えを出したかもしれません．たとえば，人口調査アンケートで昨年の収入を尋ねたとしましょう．回答者は正確な収入額を知らない，あるいは何らかの理由で誤った数値を記載するかもしれません．もしデータが行政のコンピュータ化された記録から得られたものであれば，最初のデータ入力の際に記入ミスがあったかもしれません．

変数の計測誤差によるバイアスは，説明変数と誤差項の相関によって発生します．そのことを理解するために，いま1つの説明変数 X_i（たとえば現実の所得）があり，しかし X_i が誤って $\widetilde{X}_i$（たとえば回答者による所得の推定値）で計測されたとします．X_i ではなく $\widetilde{X}_i$ が観測されるため，回帰式で実際に推計されるのは $\widetilde{X}_i$ に基づく式です．誤って計測された変数 $\widetilde{X}_i$ で式を書くと，母集団の回帰式 $Y_i = \beta_0 + \beta_1 X_i + u_i$ は，

$$Y_i = \beta_0 + \beta_1 \widetilde{X}_i + [\beta_1(X_i - \widetilde{X}_i) + u_i]$$
$$= \beta_0 + \beta_1 \widetilde{X}_i + v_i \tag{9.1}$$

と表されます．ここで $v_i = \beta_1(X_i - \widetilde{X}_i) + u_i$ です．したがって，$\widetilde{X}_i$ を使って書かれた母集団回帰式は，誤差項に X_i と $\widetilde{X}_i$ の差の項が含まれています．もしこの差が観測された $\widetilde{X}_i$ と相関していれば，説明変数 $\widetilde{X}_i$ は誤差項と相関することになり，β_1 は不偏ではなく一致性も持ちません．

β_1 に含まれるバイアスの正確な大きさと方向は，$\widetilde{X}_i$ と $(X_i - \widetilde{X}_i)$ の間の相関に依存します．そしてこの相関は，計測誤差がどういう性質のものかに依存することになります．

一例として，アンケート調査の回答者が，説明変数 X_i の現実の値をできる限りベスト

基本概念 9.4　変数の計測誤差によるバイアス

OLS 推定量の「変数の計測誤差によるバイアス（errors-in-variables bias）」とは，説明変数が不正確に計測されたときに発生する．このバイアスは，計測誤差の性質に依存し，たとえ標本数が十分大きくなっても存続する．もし観察される変数が，現実の値プラス平均ゼロで独立な分布に従う計測誤差の項で表されるのなら，説明変数が 1 つの回帰式の OLS 推定量はゼロ方向へのバイアスを含む．その確率収束の表現は (9.2) 式に与えられる．

な推測または記憶に基づいて答えたとしましょう．この状況を数学的に表現する便利な方法は，観測された X_i の値は，観測されない現実の値に純粋にランダムな部分 w_i が加わったものと想定されます．したがって，観測された値 $\widetilde{X}_i$ は，$\widetilde{X}_i = X_i + w_i$ となります．その計測誤差は純粋にランダムで，w_i は平均ゼロ，分散 σ_w^2 を持つ確率変数，そして X_i または回帰式の誤差項 u_i とは無相関であるとします．この仮定の下では，若干の計算によって，$\hat{\beta}_1$ は次のような確率収束の表現，すなわち

$$\hat{\beta}_1 \xrightarrow{p} \frac{\sigma_X^2}{\sigma_X^2 + \sigma_w^2} \beta_1 \tag{9.2}$$

を持つことが示されます[2]．

つまり，計測が不正確であることで，説明変数の現実の値に確率的な要素が加わると，$\hat{\beta}_1$ は一致性を満たさなくなります．その比率 $\frac{\sigma_X^2}{(\sigma_X^2 + \sigma_w^2)}$ は 1 より小さいので，$\hat{\beta}_1$ は，たとえ大標本であっても，ゼロ方向へのバイアスを含むことになります．極端なケースとして，計測誤差が非常に大きく X_i に関する情報をほとんど含まない場合には，(9.2) 式の分散比率がゼロとなり $\hat{\beta}_1$ はゼロに確率収束します．逆にもし計測誤差がまったくなければ，$\sigma_w^2 = 0$ なので $\hat{\beta}_1 \xrightarrow{p} \beta_1$ となります．

(9.2) 式の結果は，ある特定のタイプの計測誤差に当てはまるものですが，これはより一般的な性質を例示するものでもあります．すなわち，もし説明変数が不正確に計測されているならば，OLS 推定量はたとえ大標本であってもバイアスを持つのです．変数の誤差によるバイアスは基本概念 9.4 に要約されます．

変数の計測誤差によるバイアスの解決策　　変数の計測誤差の問題を解決する最善の方法は，X に関する正確な指標を得ることです．しかし，もしそれが不可能なら，計量経済

---

[2] この計測誤差の仮定の下，$v_i = \beta_1(X_i - \widetilde{X}_i) + u_i = -\beta_1 w_i + u_i$，$\mathrm{cov}(\widetilde{X}_i, u_i) = 0$，そして $\mathrm{cov}(\widetilde{X}_i, w_i) = \mathrm{cov}(X_i + w_i, w_i) = \sigma_w^2$．したがって，$\mathrm{cov}(\widetilde{X}_i, v_i) = -\beta_1 \mathrm{cov}(\widetilde{X}_i, w_i) + \mathrm{cov}(\widetilde{X}_i, u_i) = -\beta_1 \sigma_w^2$．その結果，(6.1) 式から，$\hat{\beta}_1 \xrightarrow{p} \beta_1 - \beta_1 \sigma_w^2 / \sigma_{\widetilde{X}}^2$．ここで $\sigma_{\widetilde{X}}^2 = \sigma_X^2 + \sigma_w^2$ なので，$\hat{\beta}_1 \xrightarrow{p} \beta_1 - \beta_1 \sigma_w^2 / (\sigma_X^2 + \sigma_w^2) = [\sigma_X^2 / (\sigma_X^2 + \sigma_w^2)] \beta_1$．

学の手法を使ってこのバイアスを軽減することもできます．

そのような 1 つの方法が操作変数法です．これは，現実の値 X_i と相関はあるが計測誤差とは相関がないような別の変数（「操作変数」と呼ばれます）が必要となります．この手法は第 12 章で学びます．

2 つ目の方法は，計測誤差の数学モデルを構築し，可能ならば，結果として得られた公式を使って推定値を修正することです．たとえば，観測される変数は現実の値と確率的な計測誤差の項の和であると信じることができ，そして比率 σ_w^2/σ_X^2 を知っている，あるいは推定できるのなら，(9.2) 式を使って下方バイアスを修正した β_1 の推定量を計算できます．このアプローチには計測誤差の性質について個々に特有の知識が必要であるため，その詳細はデータごと，そして計測上の問題ごとに異なるものです．したがって本書では，このアプローチについてはこれ以上の説明は行いません．

標本セレクション

標本セレクションによるバイアス（**sample selection bias**）とは，標本を選別するプロセスがデータの利用可能性に影響を及ぼし，それが被説明変数の値とも関係する場合に発生します．このような標本選別のプロセスは，誤差項と説明変数の間に相関をもたらすことから，OLS 推定量にバイアスを発生させるのです．

標本セレクションが被説明変数の値と関係しない場合にはバイアスは起こりません．たとえば，データが単純な無作為抽出によって母集団から取られた場合には，このサンプリングの手法（母集団からのランダム・サンプリング）は被説明変数の値とは無関係です．このような標本抽出の方法であればバイアスは発生しません．

サンプリング手法が被説明変数の値と関係するとき，バイアスが起こりえます．投票における標本セレクションのバイアスの例は第 3 章のボックスで紹介しました．その例では，標本抽出の手法（自動車保有者の電話番号からのランダム・サンプリング）が被説明変数の値（1936 年の大統領選挙で各個人が支持した候補者）と関係がありました．なぜなら，1936 年当時に電話を持ち自動車を保有している個人とは，（裕福な）共和党員である可能性がより高いからです．

経済学における標本セレクション・バイアスの一つの具体例は，賃金を教育で回帰して，教育期間を 1 年追加したときの賃金への影響を推定する際に発生します．定義から，仕事を持っている人だけが賃金を得ます．ある人が仕事を持っているか否かを決める要因には，教育，経験，住環境，才能，運などが考えられますが，それらは雇用されたときの賃金額を決定する要因とも共通します．したがって，ある人が雇用されているという事実から，賃金の説明式における誤差項は，他の条件を一定として，正であるということが示唆されます．言い換えると，ある人が仕事を持つかどうかが，賃金説明式の誤差項に含まれる除外された変数によっても一部決定されているのです．このように，ある人が雇用さ

基本概念 9.5　標本セレクションによるバイアス

標本セレクションによるバイアスは，標本を抽出する方法がデータ利用可能性に影響し，その方法が被説明変数と関係がある場合に発生する．標本セレクションは説明変数と誤差項の相関をもたらすため，OLS 推定量にはバイアスが発生し，一致性も満たされない．

れており，したがってデータセットとして現れるという単純な事実は，少なくとも平均すると，回帰式の誤差項が正となり，そして説明変数と相関するかもしれないという情報を含んでいます．これもまた OLS 推定量のバイアスをもたらします．

標本セレクションのバイアスは，基本概念 9.5 でまとめられています．ボックス「株式投資信託はマーケットの収益率を上回るか？」は，ファイナンス分野での標本セレクション・バイアスの一例を示しています．

標本セレクション・バイアスの解決策　これまで議論してきた方法では，標本セレクションによるバイアスを取り除くことはできません．標本セレクションの問題がある場合のモデルの推定方法は，本書のカバー範囲を超えます．その手法は第 11 章で説明するテクニックに依拠するもので，より詳しい文献についてはそこで紹介します．

同時双方向の因果関係

ここまでの議論では，説明変数から被説明変数への方向の因果関係（X が原因で Y が起こる）を前提としてきました．しかし，もし同時に被説明変数から説明変数への因果関係も存在する（Y が原因で X が起こる）とすればどうなるでしょうか．このとき因果関係はある方向とともに逆方向も存在する，つまり**同時双方向の因果関係**（**simultaneous causality**）があることになります．このような双方向の因果関係が同時に存在する場合，OLS 回帰は両方の影響を捉えることになるため，OLS 推定量はバイアスを持ち，また一致性は満たされなくなります．

たとえば，テスト成績に関する検証では，生徒・教師比率引き下げの影響に焦点を当ててきました．したがって，そこでの因果関係は，生徒・教師比率からテスト成績への方向であると仮定してきたのです．しかし，もし政府の政策で，テスト成績の悪い学区では教師を雇う際に補助金を与えるという制度があればどうでしょうか．そうなれば，因果関係は両方向となります．すなわち，通常の教育効果という理由から，低い生徒・教師比率は高いテスト成績をもたらすでしょう．しかし一方で，政府の補助金プログラムにより，低いテスト成績が低い生徒・教師比率につながるかもしれないのです．

BOX：株式投資信託はマーケットの収益率を上回るか？

株式投資信託は，株式ポートフォリオ（複数の株式銘柄の組合せ）からなる投資商品です．小口の投資家は，株式投資信託を購入することで，幅広い多様な個別企業の株式の組合せを簡単かつ低コストで購入することができます．投資信託によっては，単純なマーケット指標（たとえば米国の株式指数 S&P500 社の株式）と同じ組合せにする場合もあれば，投資の専門家がマーケット全体のリターンや競争相手の投資信託の収益を上回るよう積極的に銘柄を選別する場合もあります．しかし，それらの選別された投資信託は実際に目的を達成しているのでしょうか？ 一貫して他の投資信託やマーケットのリターンを上回る投資信託はあるのでしょうか？

これらの問いに答える1つの方法は，過去に高い収益を挙げた投資信託のリターンを，他の投資信託およびマーケット全体と比較することです．その比較をする際，ファイナンス研究者はよく理解しているように，投資信託のサンプルを注意深く選別しなければなりません．しかしその選別作業は思ったほど簡単ではないのです．データベースには，現在購入できる投資信託に関する過去のデータが含まれています．しかしそのようにアプローチすると，最もパフォーマンスが悪かった投資信託はデータセットから除外されることになります．パフォーマンスの悪い投資信託は，すでに終了しているか，あるいは他の投資信託に吸収されているからです．このため，現在利用できる投資信託の過去のパフォーマンス・データを使った研究には，標本セレクションによるバイアスを含んでいる恐れがあります．そのサンプルは被説明変数である収益の値に基づいて選別されており，リターンの低い投資信託はサンプルから除外されているからです．（低リターンのものも含む）すべての投資信託の過去10年間の平均収益は，現存する投資信託の平均収益より低いでしょう．したがって後者の現存する投資信託のみを扱う研究は，その投資パフォーマンスが過大に評価されることになります．このように，データセットには良い投資実績の投資信託データしか残されていないことから，ファイナンス研究者はこの標本セレクション・バイアスのことを「生存者バイアス（survivorship bias）」と呼んでいます．

ファイナンス研究者が低パフォーマンスの投資信託データも含めることで生存者バイアスを修正すると，ファンドマネジャーが銘柄選別した投資信託が示していた輝かしい実績は消えてしまいます．生存者バイアスを修正すると，積極的に銘柄選別された投資信託は平均で見てマーケット全体のパフォーマンスを上回らず，過去の良い実績から将来の良いパフォーマンスは期待されないことがわかりました．投資信託と生存者バイアスに関するより詳しい文献は，Malkiel (2003, 第11章) と Carhart (1997) を参照してください．

同時双方向の因果関係が存在すると，説明変数と誤差項の相関が発生します．テスト成績の例で，いま，テスト成績を低くする何らかの除外された要因があるとしましょう．政府の補助金プログラムにより，低い成績をもたらすこの要因は，低い生徒・教師比率をもたらします．したがって，テスト成績の真の回帰式における負の誤差項はテスト成績を低下させますが，しかし政府のプログラムのおかげで生徒・教師比率も低下させます．つまり，生徒・教師比率は誤差項と正の相関が存在することになります．そしてこれが，同時双方向の因果関係によるバイアスを発生させ，OLS 推定量の一致性も満たされなくなるのです．

このような誤差項と説明変数の相関は，逆方向の因果関係を表す式をもう 1 本追加することで，数学的に正確に表現できます．いま議論の単純化のため，変数は X と Y の 2 つだけとし，他の説明変数は無視して考えましょう．そうすると，2 つの式が考えられます．すなわち 1 つは X が原因となって Y が決まるという式であり，もう 1 つの式は Y が原因となって X が決まるという式です．すなわち：

$$Y_i = \beta_0 + \beta_1 X_i + u_i \tag{9.3}$$

$$X_i = \gamma_0 + \gamma_1 Y_i + v_i. \tag{9.4}$$

(9.3) 式はおなじみの式で，β_1 は X 変化による Y への影響を表します．一方 (9.4) 式は，Y から X への逆の因果関係を表しています．テスト成績の問題では，(9.3) 式がクラス規模のテスト成績への教育効果を表し，(9.4) 式が，政府のプログラムによって発生したテスト成績からクラス規模への逆方向の因果関係を表します．

同時双方向の因果関係は，(9.3) 式の X_i と誤差項 u_i の間の相関をもたらします．この点を理解するために，いま u_i が負の値で Y_i を減少させると想像してください．しかし，より低い Y_i の値は，2 本目の式を通じて X_i に影響を及ぼします．もし γ_1 が正であれば，低い Y_i は低い X_i につながります．したがって，γ_1 が正であれば，X_i と u_i には正の相関が生じるのです[3]．

このことは 2 つの同時方程式からなるシステムを使って数学的に表現できるため，同時双方向の因果関係バイアスは，**同時方程式バイアス（simultaneous equations bias）**とも呼ばれます．同時双方向の因果関係によるバイアスは，基本概念 9.6 で要約されます．

同時双方向の因果関係バイアスへの解決策　　同時双方向の因果関係によるバイアスを軽減する方法としては 2 つ考えられます．1 つは，操作変数法を用いることで，これは第 12 章のトピックです．もう 1 つは，ランダムにコントロールされた実験をデザインし実

---

[3]これを数学的に示しましょう．(9.4) 式から，$\text{cov}(X_i, u_i) = \text{cov}(\gamma_0 + \gamma_1 Y_i + v_i, u_i) = \gamma_1 \text{cov}(Y_i, u_i) + \text{cov}(v_i, u_i)$. ここで $\text{cov}(v_i, u_i) = 0$ と仮定すると，(9.3) 式より，$\text{cov}(X_i, u_i) = \gamma_1 \text{cov}(Y_i, u_i) = \gamma_1 \text{cov}(\beta_0 + \beta_1 X_i + u_i, u_i) = \gamma_1 \beta_1 \text{cov}(X_i, u_i) + \gamma_1 \sigma_u^2$. $\text{cov}(X_i, u_i)$ で解いて整理すると，$\text{cov}(X_i, u_i) = \gamma_1 \sigma_u^2 / (1 - \gamma_1 \beta_1)$ となります．

基本概念	同時双方向の因果関係によるバイアス
9.6	同時双方向の因果関係によるバイアス，あるいは同時方程式バイアスは，Y を X で回帰する際に，X から Y への因果関係に加えて，Y から X への因果関係も同時に存在する場合に発生する．逆方向の因果関係によって，X は，母集団回帰式において，誤差項と相関をもつことになる．

行することで，そこで逆方向の因果関係の経路は消滅します．このような実験については第 13 章で議論します．

OLS 標準誤差が一致性を満たさない要因

一致性を持たない標準誤差は，内部の正当性を危うくする別の要因となります．たとえ OLS 推定量が一致性を満たしていて標本数が十分大きくても，一致性を満たさない標準誤差を使うと，仮説検定は設定されたとおりの有意水準とは異なるサイズを持ち，また「95％」信頼区間も，繰り返しサンプルの 95％ で真の値が含まれなくなります．

標準誤差の一致性が満たされなくなる要因としては，主に 2 つ考えられます．不均一分散が適切に取り扱われていないこと，そして誤差項が観測値間で相関していることです．

不均一分散 5.4 節で議論したように，歴史的経緯から，回帰分析のソフトウェアには均一分散を仮定した標準誤差しか計算しないものがあります．しかし，もし誤差項が分散不均一であれば，その標準誤差は仮説検定や信頼区間の計算には使えません．この問題への解決策は，不均一分散を考慮した標準誤差，そして不均一分散を考慮した分散の推定量を用いることです．不均一分散を考慮した標準誤差は，近年のソフトパッケージではオプションとして与えられています．

誤差項の観測値間の相関 ある設定の下，母集団回帰の誤差項は，観察値の間で相関することがあります．これは，もしデータが母集団からランダムに抽出されていれば起こらない問題です．なぜならランダム・サンプリングの手法の下で誤差項は，ある観測値と隣の観測値の間で独立して分布することが保証されているからです．しかし時には，サンプリングが部分的にしかランダムでない場合があります．そのもっとも典型的な状況は，同じ主体についてのデータが時間を通じて繰り返し観察される場合で，たとえば同一学区で異なる年について観察されるデータです．もし誤差項に含まれる除外された要因が持続的

基本概念	多変数回帰分析の内部正当性を危うくする要因
9.7	多変数回帰分析の内部正当性を危うくする要因には，主として次の5つが考えられる． 1. 除外された変数 2. 関数形の特定化ミス 3. 変数の計測誤差 4. 標本セレクション 5. 同時双方向の因果関係 これらのいずれかが発生すると，最小二乗法の第1の仮定が満たされず，$E(u_i\|X_{1i},\ldots,X_{ki})$ $\neq 0$ となる．その結果，OLS推定量にはバイアスが発生し，一致性は満たされない． 　また標準誤差の算出ミスも内部正当性を阻害する要因となる．不均一分散が存在するとき，均一分散のみに有効な標準誤差を使うことは正当ではない．パネルデータや時系列データに起こりうるように，もし変数に観測値間の相関がある場合には（系列相関），正しい標準誤差を得るために，標準誤差の公式をさらに修正する必要がある． 　多変数回帰分析に起こりうるこれら要因のリストをチェックすることは，実証研究の内部正当性を評価するシステマティックな方法である．

ならば（たとえば学区の人口など），回帰式の誤差項には時間を通じた「系列相関（serial correlation）」が発生します．誤差項の系列相関は，パネルデータ（複数の学区と複数の年に関するデータ）にも，時系列データ（1つの学区について多くの年に関するデータ）にも起こり得ます．

　誤差項が系列相関を持つ別の状況としては，サンプリングが地理的な単位で行われる場合があります．もし地理的な影響を反映するような除外された変数があれば，その除外された変数は，隣接した観測値の間で誤差項の相関をもたらします．

　誤差項の観測値間の相関は，OLS推定量にはバイアスを発生させず，一致性も満たされます．しかしそれは基本概念6.4で述べた2番目の最小二乗法の仮定に反します．その結果として，OLS標準誤差は，均一分散のみに有効な場合と不均一分散を考慮した場合ともに不正確で，設定されたとおりの信頼水準を持つ信頼区間とはなりません．

　多くの場合，この問題は，標準誤差の別の表現を使うことで修復できます．第10章（パネルデータに基づく回帰）と第15章（時系列データに基づく回帰）では，不均一分散と系列相関のどちらの可能性も考慮した標準誤差の公式が導出されます．

　基本概念9.7には，多変数回帰分析の内部正当性を危うくする要因について要約しています．

9.3 回帰式が予測に使われる際の内部と外部の正当性

ここまでの議論は，多変数回帰分析において，因果関係の効果を推定することに焦点を当ててきました．しかし回帰モデルは，予測など別の目的にも使われます．回帰モデルが予測に使われるときには，外部の正当性が確保されるかどうかが大変重要であり，因果関係の効果の推定で懸念されたバイアスの問題はあまり重要ではありません．

回帰モデルの予測への利用

第4章では，教育委員長の問題を取り上げ，クラス規模を小さくしたときに学区のテスト成績はどの程度上がるのかという問題の検討から始めました．つまり，教育委員長は，クラス規模の変化がテスト成績へ及ぼす因果関係の効果を知りたかったのです．そして第4-8章では，回帰分析を用いて観察データから因果関係の効果を推定することに焦点を当ててきました．

ここでは違う問題を考えます．ある親が大都市圏に引っ越すことになったため，地域の学校の質を考えて住む場所を選ぼうと計画しているとします．その親は共通テストの成績が学区によってどう違うかを知りたいのですが，いまテスト成績のデータは利用できません（おそらくデータが非公開のため）．一方，クラス規模のデータは利用できます．このような状況の下，親は限られた情報に基づいて，テスト成績が学区によりどう異なるかを推測しなければなりません．つまり，その親にとっての問題は，各学区の平均テスト成績をテスト成績に関連する情報——とりわけクラス規模——に基づいて予測することです．

ではその予測をどのように行えばよいのでしょうか．第4章で，テスト成績を生徒・教師比率で回帰した推定結果を思い起こしてください：

$$TestScore = 698.9 - 2.28 \times STR. \tag{9.5}$$

わたしたちは，この回帰式の結果は教育委員長にとって有用ではないと結論づけました．なぜなら，生徒の特性や学外の学習機会などの除外された変数があり，傾きの係数に関するOLS推定量はバイアスを持っているからです．

それでもなお，(9.5)式は，住む地域を選ぼうとする親にとっては有用となりえます．確かにクラス規模はテスト成績の唯一の決定要因ではありませんが，この親の立場から見て重要なのは，クラス規模がテスト成績を予測する変数として信頼できるかどうかです．ここではテスト成績の予測に関心があるのであって，(9.5)式からクラス規模がテスト成績へ及ぼす因果関係の効果が正しく推定されているかどうかは関心ありません．親が望むのは，むしろ，その回帰がテスト成績の学区間の変動の多くを説明し，安定していること，そしていま引越しを検討している地域に当てはめるということです．因果関係の効果の観点からは，除外された変数によるバイアスのため(9.5)式は役に立ちませんが，予測

にとっては有用となりえます．

一般に，たとえ係数が因果関係の効果として解釈できなくとも，回帰モデルは信頼できる予測を行う可能性があります．この認識が，回帰モデルを使って予測を行う際の基本となります．

予測に使われる回帰モデルの正当性の評価

教育委員長の問題と親の問題とは考え方が大きく異なるので，回帰モデルの正当性に必要な要件も異なります．因果関係の効果に関して信頼できる推定値を求めるのであれば，基本概念9.7で要約したように内部正当性を危うくする要因をチェックしなければなりません．

それに対して，信頼できる予測値を求めるのであれば，推定された回帰式は説明力が高く，係数は正確に推定され，モデルは安定的である，すなわち1つのデータから推定された回帰モデルが別のデータに基づく予測にも信頼して使えることが必要となります．回帰モデルが予測に使われる際に，もっとも大切な点は，モデルが外部正当性を有しているか，すなわち，そのモデルは安定し，予測が行われる別の環境に定量的に応用できるかです．第IV部では，時系列データの将来の値を予測する回帰モデルについて，その正当性を評価する問題に戻ります．

9.4 具体例：テスト成績とクラス規模

内部と外部の正当性というフレームワークを使って，カリフォルニア州テスト成績データの分析から私たちは何を学んだのか——そして何を学んでいないか——について，批判的に検討していきましょう．

外部の正当性

カリフォルニア州の分析を一般化できるのか——すなわち，その分析は外部に対して正当なのか——は，その一般化が行われる母集団と設定に依存します．ここでは，米国の他の公立学区における別の共通テストに分析結果を一般化して当てはめることができるのか，検討します．

9.1節で指摘したように，同じトピックについて複数の研究があれば，それらの結果を比較することで外部の正当性を互いに評価できるでしょう．テスト成績とクラス規模の問題でいえば，他の比較可能なデータセットは実際存在し，利用できます．この節では，1998年マサチューセッツ州，220の公立学区における4年生の共通テスト結果というデータを使って検証します．マサチューセッツ州のテストとカリフォルニア州のテス

表9.1 カリフォルニア州とマサチューセッツ州のテスト成績データ：統計量の要約

	カリフォルニア州		マサチューセッツ州	
	平均	標準誤差	平均	標準誤差
テスト成績	654.1	19.1	709.8	15.1
生徒・教師比率	19.6	1.9	17.3	2.3
英語学習者の割合	15.8%	18.3%	1.1%	2.9%
昼食援助受益者の割合	44.7%	27.1%	15.3%	15.1%
学区の平均所得	$15,317	$7,226	$18,747	$5,808
観測値数	420		220	
年	1999		1998	

トは，詳細に違いはありますが，ともに生徒の知識と学力を広く測定するものです．同様に，2つの州の学校指導要領についても小学校レベルでは全般に同じです（アメリカの公立小学校の学区のほとんどについて同じことがいえます）．もっとも，財政面やカリキュラム面での違いはあります．したがって，生徒・教師比率によるテスト成績への影響について，カリフォルニア州とマサチューセッツ州で同様の結果が得られるなら，それはカリフォルニア州の分析結果に外部正当性が認められるという証拠になるでしょう．逆に，2つの州で異なる結果が得られたとすれば，少なくともどちらか一方の研究に，内部あるいは外部の正当性について問題があることが示唆されます．

カリフォルニア州とマサチューセッツ州データの比較 カリフォルニア州データと同じく，マサチューセッツ州データも学区レベルのものです．マサチューセッツ州データの変数の定義は，カリフォルニア州のものと同じ，あるいはほとんど同じです．付論9.1には，変数の定義も含め，マサチューセッツ州データに関するより詳細な情報が与えられています．

表9.1は両州の標本データに関する統計量が要約されています．テスト成績の平均はマサチューセッツ州の方が高いですが，しかしテスト内容は異なるので，成績を直接比較することは適切ではありません．生徒・教師比率の平均はカリフォルニア州の方が高くなっています（19.6対17.3）．学区所得の平均はマサチューセッツ州のほうが20%高いですが，所得の標準偏差ではカリフォルニア州の方が上回っています．つまり学区の所得の散らばりはカリフォルニアの方がマサチューセッツよりも大きいことがわかります．英語学習者の割合，昼食援助受益者の割合は，どちらもカリフォルニアの方がマサチューセッツよりも非常に高くなっています．

テスト成績と学区の平均所得 紙幅の節約のため，ここですべてのマサチューセッツ州データを図示することはしません．しかし，第8章でも議論したように，テスト成績と

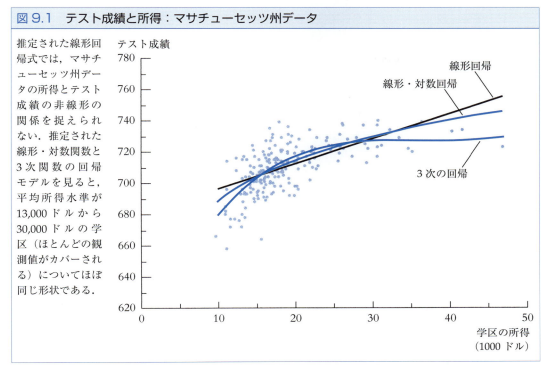

図 9.1 テスト成績と所得：マサチューセッツ州データ

推定された線形回帰式では，マサチューセッツ州データの所得とテスト成績の非線形の関係を捉えられない．推定された線形・対数関数と3次関数の回帰モデルを見ると，平均所得水準が 13,000 ドルから 30,000 ドルの学区（ほとんどの観測値がカバーされる）についてほぼ同じ形状である．

学区の平均所得との関係をマサチューセッツ州について調べることは有益です．その散布図は図 9.1 に示されています．この散布図の全般的な傾向は図 8.2 のカリフォルニア州データと同様です．所得とテスト成績の関係は，所得が低ければ急であり，所得が高ければより水平になるという傾向が見られます．明らかに，図に示される線形の回帰式では，この非線形性を考慮できません．3次関数と対数関数に基づく回帰線も図 9.1 に示されています．$\overline{R}^2$ は，3次の回帰モデルの方が対数関数よりも若干高くなっています（0.486 対 0.455）．図 8.7 と図 9.1 を比較すると，全般的な非線形の傾向は両州で共通していることがわかります．しかし一方で，その非線形性を最もよく表す関数形の正確な形状は異なります．マサチューセッツ州では3次関数モデル，カリフォルニア州では線形・対数モデルがそれぞれのデータに最もよくフィットします．

多変数回帰分析の結果　マサチューセッツ州データによる回帰分析の結果は表 9.2 に示されています．表の(1)列に表されている最初の回帰分析では，説明変数は生徒・教師比率のみです．傾きはマイナス（−1.72），係数がゼロという仮説は 1% 有意水準で棄却されます（$t = -1.72/0.50 = -3.44$）．

表の残りの列は，生徒の特性をコントロールする変数，非線形性を考慮する変数を追加した場合の推計結果を報告しています．英語学習者の比率，昼食援助受益者の割合，そして学区の平均所得をコントロールすることで，生徒・教師比率の係数の推定値は 60% ほど低下しています．回帰モデル(1)で −1.72 だったのが，モデル(2)では −0.69，モ

表 9.2　生徒・教師比率とテスト成績の多変数回帰分析の結果：マサチューセッツ州データ

被説明変数：学区内の英語・数学・理科の平均テスト成績，4年生，220観測値

説明変数	(1)	(2)	(3)	(4)	(5)	(6)
生徒・教師比率 (STR)	−1.72** (0.50)	−0.69* (0.27)	−0.64* (0.27)	12.4 (14.0)	−1.02** (0.37)	−0.67* (0.27)
STR^2				−0.680 (0.737)		
STR^3				0.011 (0.013)		
英語学習者の割合		−0.411 (0.306)	−0.437 (0.303)	−0.434 (0.300)		
英語学習者割合 > 中央値 ((0,1)変数, HiEL)					−12.6 (9.8)	
HiEL × STR					0.80 (0.56)	
昼食援助受益者の割合		−0.521** (0.077)	−0.582** (0.097)	−0.587** (0.104)	−0.709** (0.091)	−0.653** (0.72)
学区の平均所得（対数値） ln(Income)		16.53** (3.15)				
Income			−3.07 (2.35)	−3.38 (2.49)	−3.87* (2.49)	−3.22 (2.31)
$Income^2$			0.164 (0.085)	0.174 (0.089)	0.184* (0.090)	0.165 (0.085)
$Income^3$			−0.0022* (0.0010)	−0.0023* (0.0010)	−0.0023* (0.0010)	−0.0022* (0.0010)
定数項	739.6** (8.6)	682.4** (11.5)	744.0** (21.3)	665.5** (81.3)	759.9** (23.2)	747.4** (20.3)

変数グループの有意性をテストする F 統計量と p 値

	(1)	(2)	(3)	(4)	(5)	(6)
すべての STR 変数と相互作用の項の係数がゼロ				2.86 (0.038)	4.01 (0.020)	
STR^2 と STR^3 の係数がゼロ				0.45 (0.641)		
$Income^2$, $Income^3$ の係数がゼロ			7.74 (< 0.001)	7.75 (< 0.001)	5.85 (0.003)	6.55 (0.002)
HiEL, HiEL × STR の係数がゼロ					1.58 (0.208)	
SER	14.64	8.69	8.61	8.63	8.62	8.64
$\overline{R}^2$	0.063	0.670	0.676	0.675	0.675	0.674

注：これらの回帰式はマサチューセッツ州小学校の学区のデータ（付論9.1）を使って推計．係数の下のカッコ内には標準誤差，F 統計量の下のカッコ内には p 値がそれぞれ示されている．個々の係数は5％（*）および1％（**）水準で統計的に有意．

ル(3)では −0.64 へとそれぞれ低下します.

モデル(2)と(3)の $\overline{R}^2$ を比較すると,所得の3次関数を含む(3)の方が,対数モデル(2)よりもテスト成績と所得の関係を表すより良いモデルであることがわかります(生徒・教師比率を一定とした下でも).一方,テスト成績と生徒・教師比率の間には,非線形の関係を統計的に有意に支持する証拠は見出せません.すなわち,モデル(4)で母集団の STR^2 と STR^3 の係数がゼロかどうかをテストすると,その p 値は 0.641 でした.同様に,生徒・教師比率の低下の効果が英語学習者の割合の高低により異なるといった結果も得られませんでした(モデル(5)の $HiEL \times STR$ の t 統計量は 0.80/0.56 = 1.43).最後に,モデル(6)の結果から,生徒・教師比率の係数の推定値は,(モデル(3)で有意ではなかった)英語学習者の割合を取り除いても大きく変わりませんでした.まとめると,モデル(3)の結果は,関数形やモデルの特定化を変えても影響を受けないことが判明しました(表 9.2 のモデル(4)-(6)の結果と比較して).したがってモデル(3)を,マサチューセッツ州データに基づいて得られた基本結果として採用することにします.

マサチューセッツ州とカリフォルニア州の結果の比較　カリフォルニア州データからは次の結果を得ました.

1. 生徒のバックグラウンドをコントロールする変数を追加すると,生徒・教師比率の係数が −2.28(表 7.1 のモデル(1))から −0.73(表 8.3 のモデル(2))へと減少した.これは 68% の減少に相当する.
2. 生徒・教師比率の真の係数がゼロという仮説は 1% 有意水準で棄却される.これは生徒のバックグラウンドと学区の経済的特性をコントロールした後でも見られる.
3. 生徒・教師比率を引き下げることの効果は,学区内の英語学習者の割合に大きくは依存しない.
4. テスト成績と生徒・教師比率の間には非線形の関係がある.

これらと同じ結果がマサチューセッツ州についても見出せたのでしょうか？　上記の結果(1),(2),(3)については,答えはイエスです.追加的なコントロール変数を含むことで,生徒・教師比率の係数は −1.72(表 9.2 のモデル(1))から −0.69(表 9.2 のモデル(2))に減少し,これは 60% の減少に相当します.生徒・教師比率の係数は,コントロール変数を追加した後も有意でした.マサチューセッツ州データの場合には,これらは 5% 水準で有意ですが,カリフォルニア州データでは 1% 水準で有意でした.しかしながら,カリフォルニア州データの観測値はマサチューセッツ州の約 2 倍近い数があるので,カリフォルニアの結果がより正確であっても不思議ではありません.生徒・教師比率と英語学習者割合の高低を表す (0,1) 変数との関係については,カリフォルニア州と同じくマサチューセッツ州でも統計的に有意な結果は得られませんでした.

しかし結果(4)については,マサチューセッツ州の結果からは支持されませんでした.生徒・教師比率とテスト成績の関係が線形という仮説を,3次関数という対立仮説に対し

てテストした結果，仮説は5%水準で棄却されなかったのです．

　2つの共通テストは異なるので，係数の値そのものを直接比較することはできません．マサチューセッツ州のテストでの1点は，カリフォルニア州のテストでの1点と同じではありません．しかし，もしテスト成績を同じ単位に直すことができれば，クラス規模の効果の推定値は比較可能となります．その1つの方法は，テスト成績を標準化して変換することです．すなわち，標本平均を差し引き標本標準偏差で割ることで，平均ゼロ，分散1に標準化されます．この変換されたテスト成績を使った回帰式の傾きは，もともとの回帰式の傾きの係数をテスト成績の標準偏差で割ったものと等しくなります．したがって，生徒・教師比率の係数も，テスト成績の標準偏差で割ることで比較可能となるのです．

　表9.3ではこの比較が行われています．第1列は生徒・教師比率の係数についてのOLS推定値で，そこでは英語学習者の割合，昼食援助受益者の割合，学区の平均所得がコントロール変数として含まれています．第2列はテスト成績の標準偏差を報告しています．最後の2列は，（もともとの教育委員長の提案であった）教師1人当たり生徒数2名分生徒・教師比率を低下させた場合のテスト成績への影響（推定値）を表していて，最初が個々のテストの単位で，次が標準偏差の単位で示されています．線形モデルで特定化した場合，カリフォルニア州データに基づくOLS推定値は-0.73，したがって生徒・教師比率を2名分削減した効果は，テスト成績を$-0.73 \times (-2) = 1.46$ポイント引き上げると推定されます．テスト成績の標準偏差は19.1なので，これはテスト成績の分布の$1.46/19.1 = 0.076$標準偏差分に相当します．この推定値の標準誤差は$0.26 \times 2/19.1 = 0.027$．非線形モデルについての推定された効果とその標準偏差は，8.1節で述べた手法により計算されています．

　カリフォルニア州データを使った線形モデルの結果から，教師1人当たり生徒数を2名分減少させると，テスト成績は0.076標準偏差分だけ上昇し，その標準誤差は0.027です．カリフォルニア州データの非線形モデルは，いくらかより大きな効果を示唆しており，その具体的な大きさは当初の生徒・教師比率に依存します．一方マサチューセッツ州データを使うと，推定された効果は0.085標準偏差単位で，その標準誤差は0.036でした．

　これらの推定結果は，実際ほとんど同じです．生徒・教師比率を削減することはテスト成績を上昇させますが，その改善幅は小さいものです．たとえばカリフォルニア州データでは，分布の中央値に位置する学区と分布の下から75%に位置する学区との間で，テスト成績は12.2ポイント（表4.1），あるいは$0.64 (= 12.2/19.1)$標準偏差分の開きがあります．線形モデルで推定された改善効果は，この約10分の1の大きさしかありません．言い換えると，この推定結果によれば，生徒・教師比率を2だけ削減することで，学区のテスト成績は分布の中央値から75%分位への10分の1だけ移動することにしかならないのです．生徒・教師比率を2名分も削減することは，その学区にとっては大きな変化

表9.3 生徒・教師比率とテスト成績：カリフォルニア州とマサチューセッツ州の推計値の比較

	OLS推定値 $\hat{\beta}_{STR}$	テスト成績の標準偏差	生徒・教師比率を2名分引き下げたときの効果（下記の単位）	
			テストの点数	標準偏差
カリフォルニア州				
線形モデル：表8.3（2）	−0.73 (0.26)	19.1	1.46 (0.52)	0.076 (0.027)
3次関数モデル：表8.3（7） STRを20から18へ引き下げ	—	19.1	2.93 (0.70)	0.153 (0.037)
3次関数モデル：表8.3（7） STRを22から20へ引き下げ	—	19.1	1.90 (0.69)	0.099 (0.036)
マサチューセッツ州				
線形モデル：表9.2（3）	−0.64 (0.27)	15.1	1.28 (0.54)	0.085 (0.036)

注：標準誤差はカッコ内に与えられている．

です．しかし，表9.3で推定されたそのメリットは，ゼロではないにしても，小さいものだといえます．

マサチューセッツ州データの分析から，カリフォルニア州の結果は，少なくともアメリカの小学校の学区へ一般化される限り，外部に正当であることが示唆されます．

内部の正当性

カリフォルニア州とマサチューセッツ州で結果が同様であるということは，内部の正当性を保証するものではありません．9.2節では，推定結果にバイアスをもたらし，内部の正当性を危うくする恐れのある5つの要因について説明しました．以下では，これらの要因について順に検討していきます．

除外された変数　本章までの多変数回帰分析では，以下の変数についてコントロールしています．すなわち，生徒の特性（英語学習者の割合），家計の経済的なバックグラウンド（昼食の援助を受けている生徒の割合），そしてその学区の裕福さを測る一般的な指標（学区の平均所得）です．

除外された変数は，学校や生徒に関する他の特性など，まだ残っている可能性があり，それらを含んでいないことで除外された変数のバイアスが発生するかもしれません．たとえば，生徒・教師比率は教師の質と相関があるでしょう（おそらく優れた教師は小規模クラスに引き寄せられるので）．そしてもし教師の質がテスト成績に影響するのなら，教師の質を説明変数に含まないことで生徒・教師比率の係数にバイアスが発生します．同

様に，生徒・教師比率が低い学区では，多くの課外学習を行っているかもしれません．また，生徒・教師比率の低い学区では，家庭教育により熱心な家族を引き寄せるかもしれません．これらの要因を分析に除外してしまうことで，バイアスをもたらしうるのです．

　除外された変数のバイアスを除去する（少なくとも理論的に正当な）1つの方法は，実験を行うことです．たとえば，生徒をランダムに異なるクラス規模へ振り分けて，共通テストの成績を比較することは可能かもしれません．このような研究は実際にテネシー州で行われました．これについては第13章で検討します．

関数形　　本章あるいは第8章の分析において，さまざまな関数形を試しました．非線形性の可能性については統計的に有意ではない場合があり，一方で，統計的に有意であっても生徒・教師比率の効果には影響しないという結果も示されました．関数形に関して分析をさらに深めることは可能ですが，以上の結果から，異なる非線形関数を試しても主要結果は変わらないだろうと予想されます．

変数の計測誤差　　学区平均の生徒・教師比率は，クラス規模を捉える全般的な，そして潜在的には不正確な，指標です．たとえば，生徒は学区に転入したり転出したりするので，生徒・教師比率データは，実際にテストを受ける生徒のクラス規模を正確に反映していないかもしれません．それは推定されるクラス規模の効果にゼロ方向へのバイアスをもたらす可能性があります．潜在的な計測誤差の可能性がある別の変数としては，学区の平均所得が考えられます．このデータは1990年の国勢調査から取られたものですが，他のデータは1998年（マサチューセッツ）あるいは1999年（カリフォルニア）のものです．もし学区の経済状況が1990年代で大幅に変わっていたならば，これは実際の平均所得に関する不正確な指標かもしれません．

標本セレクション　　カリフォルニア州とマサチューセッツ州データは，ある最低規模以上のすべての公立小学校をカバーしています．したがって，ここで標本セレクションが問題となるような理由はありません．

同時双方向の因果関係　　同時双方向の因果関係の問題は，共通テストの結果が生徒・教師比率に影響を及ぼす場合に発生します．このことが起こりうるのは，たとえば，テスト成績が悪い学校や地区に財政援助をするという行政上あるいは政治的なメカニズムがあり，その結果，より多くの教師を雇うという場合です．マサチューセッツ州では，共通テストが行われた時期，このような学力レベル均等化を目指す財政メカニズムは存在しませんでした．カリフォルニア州では，学校財政の均等化につながるような判例がいくつか見られました．しかしその再分配政策は，生徒の成績に基づいたものではありませんでした．したがって，マサチューセッツ州，カリフォルニア州とも同時双方向の因果関係につ

いては問題ないように思われます．

不均一分散，誤差項の観測値間の相関　本章および以前の章における結果はすべて，不均一分散を考慮した標準誤差を用いています．したがって，不均一分散が原因で内部の正当性が損なわれることはないでしょう．しかし，観測値間における誤差項の相関については，標準誤差の一致性にとって問題となります．というのも，ここでは単純なランダム・サンプリングは使われていないからです（標本データは州内のすべての小学校学区です）．この状況に対応可能な標準誤差の公式もありますが，その詳細は複雑で専門的なので，説明はより上級テキストに任せることにします．

議論と含意

　マサチューセッツ州の結果とカリフォルニア州の結果が同様であったことから，これらの研究は外部に正当であり，その主要結果はアメリカの他の小学校学区のテスト成績にも応用できると考えられます．

　内部正当性を脅かす要因のなかで重要なもののいくつかは，生徒のバックグラウンドと家庭の経済バックグラウンド，学区の裕福さをコントロールすることで対処し，また回帰モデルの非線形性のチェックも行いました．しかし内部正当性を危うくする潜在的な要因はまだ残っています．とりわけ除外された変数によるバイアスがその有力候補で，現在のコントロール変数では，学区に関する他の特性や課外学習の機会といった要因を捉えきれていないからです．

　カリフォルニア州とマサチューセッツ州データの両方から，4.1 節の教育委員長の設問に答えることができます．家庭の経済バックグラウンド，生徒の特性，そして学区の裕福さをコントロールした下で，そしてモデルの非線形性も考慮にいれたうえで，生徒・教師比率を教師 1 人当たり生徒 2 名分引き下げることの効果を測ると，テスト成績は分布の標準偏差で測って約 0.08 標準偏差分上昇すると予想できます．この効果は統計的に有意ですが，しかしとても小さいものでした．この小さな効果は，クラス規模とテスト成績の関係を検証した多くの先行研究とも整合的です．

　教育委員長はこの推定値を使って，クラス規模を縮小するかどうか判断できます．その判断を下す際，規模縮小によるコストとベネフィットを比較しなければなりません．コストは教師の給与や教室の増設費用などです．ベネフィットは学力向上で，それを私たちは共通テストの成績で測ってきました．しかし検証はしてはいませんが，他の潜在的なベネフィットもあります．たとえば中退する生徒の減少，将来所得の増大などです．共通テストの成績向上に関する推定結果は，教育委員長のコスト・ベネフィットの計算にとって 1 つの重要なインプットなのです．

9.5 結論

内部と外部の正当性という考え方は，計量経済分析から学んできた知見を評価するためのフレームワークです．

回帰分析に基づく研究が内部に正当であるとは，推定された係数が不偏で一致性を持ち，そして標準誤差にも一致性が満たされる場合のことを指します．内部の正当性を危うくする要因には，除外された変数，関数形の特定化の誤り（非線形性），説明変数の不正確な計測（変数の計測誤差），標本セレクション，そして同時双方向の因果関係があります．これらはいずれも説明変数と誤差項の相関をもたらし，その結果 OLS 推定量はバイアスを持ち，一致性が満たされなくなります．時系列データが特にそうであるように，誤差項が観測値間で相関する場合には，また誤差項が不均一分散でありながら標準誤差は均一分散のみに有効な公式で求める場合には，内部の正当性は損なわれてしまいます．なぜなら標準誤差の一致性は満たされなくなるからです．ただし後者の問題は，標準誤差を適切に計算することによって対処可能です．

回帰分析に基づく研究が外部に正当であるとは，その実証結果がいまの分析対象である母集団や設定を超えて一般化できる場合をいいます．同じトピックで実施された 2 つ以上の実証研究を比較できれば，外部正当性の評価に役立てることができます．しかし，実際にそういった研究が複数あるかどうかにかかわらず，外部の正当性を評価する際に必要なのは，分析される母集団や設定と，その結果が一般化される母集団や設定とがどれだけ似通っているか，その判断を行うことです．

続く第 III 部，第 IV 部では，内部の正当性を危うくする要因を検討し，回帰分析だけでは解決できない場合の対処方法について説明します．第 III 部では，OLS 推定量のバイアスをもたらす 5 つの要因すべてを軽減する方向で，多変数回帰分析を拡張します．第 III 部ではまた，内部の正当性を達成する別のアプローチとして，ランダムにコントロールされた実験についても議論します．第 IV 部では，時系列データを分析する手法，そして時系列データを使っていわゆるダイナミックな（つまり時間とともに変化する）因果関係の効果を推定する方法を学びます．

要約

1. 統計分析は，内部そして外部に正当かどうかを調べることで評価される．研究が内部に正当であるとは，因果関係の効果に関する統計的推論が，分析される母集団において正当であるという状況をさす．研究が外部に正当であるとは，統計的推論とその結論が，分析される母集団や設定から他の母集団や設定へも一般化される状況をさす．

2. 因果関係の効果の回帰分析では，内部正当性を危うくする要因に 2 つのタイプがある．第 1 は，説明変数と誤差項に相関があり，OLS 推定量は一致性を持たない．第 2 に，標

準誤差が正しくはなく，仮説検定や信頼区間が正当ではない．
3. 説明変数と誤差項に相関が生じるのは，除外された変数が存在する，誤った関数形が使われる，説明変数に計測誤差がある，標本が母集団から無作為でない形で選別される，あるいは被説明変数と説明変数の間に同時双方向の因果関係が存在する，といった場合である．
4. 標準誤差が正しくない場合とは，誤差項が不均一分散であるのに，統計ソフトが均一分散のみに有効な標準誤差を使う場合，あるいは誤差項の観測値の間に相関がある場合である．
5. 回帰モデルが予測のみに使われる場合は，回帰式の係数は因果関係の効果に関する不偏推定値である必要はない．しかし，そのとき回帰モデルは，予測する問題に対して外部正当性が確保されなければならない．

キーワード

内部の正当性 [internal validity] 276
外部の正当性 [external validity] 276
分析される母集団 [population studied] 276
関心ある母集団 [population of interest] 276
設定 [setting] 277
関数形の特定化ミス [functional form misspecification] 281
変数の計測誤差によるバイアス [errors-in-variables bias] 282
標本セレクションによるバイアス [sample selection bias] 284
同時双方向の因果関係 [simultaneous causality] 285
同時方程式バイアス [simultaneous equations bias] 287

練習問題

9.1 いまあなたは，たばこの広告が需要へ及ぼす効果について分析した詳細な実証研究を読み終えました．その研究によると，1970年代のニューヨークのデータを使って検証した結果，バスや地下鉄で掲示された広告の方が，一般の印刷広告よりも有効であると結論付けられています．外部正当性の考え方を使って，この結果を1970年代のボストン，1970年代のロサンゼルス，そして2006年のニューヨークに適用できるかどうか議論しなさい．

9.2 1説明変数の回帰モデル $Y_i = \beta_0 + \beta_1 X_i + u_i$ を考えます．ここで基本概念4.3の仮定は満たされているとします．いま Y_i の計測には誤差が含まれるものとし，その観測データを $\widetilde{Y}_i = Y_i + w_i$ とします．ここで w_i は i.i.d. の測定誤差で，Y_i や X_i とは独立であるとします．以上のもとで，母集団の回帰モデル $\widetilde{Y}_i = \beta_0 + \beta_1 X_i + v_i$ を考えましょう．ここで v_i は，計測誤差を含んだ被説明変数 $\widetilde{Y}_i$ を使ったときの回帰誤差です．

    a. $v_i = u_i + w_i$ となることを示しなさい．

b. 回帰モデル $\widetilde{Y}_i = \beta_0 + \beta_1 X_i + v_i$ は，基本概念 4.3 の仮定を満たしていることを示しなさい（w_i は，すべての i, j について，Y_j および X_j と独立であり，有限の 4 次モーメントを持つと仮定します）．

c. OLS 推定量は一致推定量でしょうか．

d. 信頼区間は，通常の方法で求めることができるでしょうか．

e. 次の意見を論評しなさい．「X の計測誤差は深刻な問題である．Y の計測誤差は深刻な問題ではない．」

9.3 女性の賃金の決定要因を研究している労働経済学者が，ある不可解な実証結果を発見しました．無作為に抽出された働く女性のデータを使って，賃金を子供の人数といくつかのコントロール変数（年齢，教育，職業など）で回帰したところ，他の要素をコントロールしても，子供が多い女性ほどより高い賃金を得ているという結果が得られたのです．この結果をもたらす要因として，標本セレクションのバイアスは考えられるでしょうか．説明しなさい．（ヒント：このサンプルには，働く女性しか含まれていないことに注目しましょう．）（このパズルは，James Heckman による標本セレクション・バイアスの研究に発展するきっかけとなり，彼はその研究業績により 2000 年ノーベル経済学賞を受賞しました．）

9.4 表 8.3 の (2) 列と表 9.2 の (2) 列で示された推定結果を使って，表 9.3 のような表を作成しなさい．そして，学区の平均所得が 10% 上がった場合のテスト成績へ及ぼす効果の推定値を，カリフォルニア州とマサチューセッツ州で比較しなさい．

9.5 ある財に対する需要関数は，$Q = \beta_0 + \beta_1 P + u$ として与えられています．ここで Q は財の量，P は価格，u は需要を決定する価格以外の要因です．また，ある財に対する供給関数は，$Q = \gamma_0 + \gamma_1 P + v$ として与えられています．ここで，v は供給を決定する価格以外の要因です．u と v はともに平均ゼロで，それぞれ σ_u^2 と σ_v^2 の分散を持ち，互いに無相関です．

a. Q と P がどのように u と v に依存するか示すために，2 つの連立方程式を解きなさい．

b. P と Q の平均を導出しなさい．

c. P の分散，Q の分散，P と Q の共分散を導出しなさい．

d. (Q_i, P_i) に関する無作為標本の観測値を集め，Q_i を P_i で回帰しました（つまり Q_i が被説明変数，P_i が説明変数とします）．いま大標本を仮定します．

　i. (b) と (c) の答えを使って，回帰係数の値を求めなさい．（ヒント：(4.7) 式と (4.8) 式を使いなさい．）

　ii. ある研究者は，この傾きの係数を需要関数の傾きの推定値として使いました．推定された傾きは大きすぎるでしょうか，小さすぎるでしょうか．（ヒント：需要関数は右下がりで，供給関数は右上がりであるという事実を使いなさい．）

9.6 (Y_i, X_i) に関する i.i.d. 観測値（$n = 100$）を使って，以下のとおり回帰式を推定しました：

$$\hat{Y} = 32.1 + 66.8X, \ SER = 15.1, \ R^2 = 0.81.$$
$$\quad\quad (15.1) \ (12.2)$$

別の研究者も同じ回帰式に関心があるのですが，回帰ソフトにデータを組み入れる際，間違って，各観測値を2回ずつ入れてしまいました．つまり，第1観測値が2回入り，第2観測値も2回入り，その結果，データの観測値は倍の200個となりました．

a. このような200個の観測値を使うと，回帰ソフトの推計から，どのような結果が得られるでしょうか．（ヒント：YとXの「間違った」標本平均，分散，および共分散を，それぞれの「正しい」値の関数として書きましょう．その結果を使って，回帰式の各統計量を推定しなさい．）

$$\hat{Y} = \_\_\_ + \_\_\_ X, \ SER = \_\_\_, \ R^2 = \_\_\_$$
$$\quad\quad (\_\_\_) \ (\_\_\_)$$

b. 内部正当性の条件の中で，（もしあるとすれば）どの条件が満たされていないですか．

9.7 次の意見は正しいか，誤りか，論評しなさい．

a. 「YをXで説明する最小二乗回帰で，もしXが誤差項と相関するならば，一致推定量にはならない．」

b. 「内部正当性を阻害する5つの主要な要因は，いずれも，Xが誤差項と相関することを意味している．」

9.8 (9.5)式の回帰は，マサチューセッツ州のある学区のテスト成績を予測するのに有用でしょうか．また，その理由は何でしょうか．

9.9 *TestScore* を *Income* で説明する図8.2の線形回帰と，(8.18)式の非線形回帰を考えましょう．この2つの回帰のうち，所得がテスト成績へ及ぼす効果について，信頼できる推定値が得られるのはどちらでしょうか．また，テスト成績を予測する信頼できる方法はどちらでしょうか．説明しなさい．

9.10 8.3節のコラム「教育の経済的メリットと男女格差」を読みなさい．教育が賃金へ及ぼす効果（推定値）について，内部正当性と外部正当性を議論しなさい．

9.11 8.3節のコラム「経済学専門誌への需要」を読みなさい．引用1回当たりの価格が雑誌購読数へ及ぼす効果（推定値）について，内部正当性と外部正当性を議論しなさい．

実証練習問題

E9.1 実証練習問題4.1で説明したCPS04データセットを使って，以下の問題に答えなさい．

a. 実証練習問題8.1(1)で使用した回帰式について，その内部正当性を議論しなさい．除外された変数バイアスの可能性，回帰式の関数形の特定化の誤り，変数の測定誤差によるバイアス，標本セレクション，同時双方向の因果関係，OLS標準誤差が一致性を持たないといった点について議論しなさい．

b. 実証練習問題 3.1 で説明した CPS92_04 データセットは 2004 年と 1992 年のデータが含まれています．これらのデータを使って，実証練習問題 8.1(1) で得られた結論の（一時的な）外部正当性を調べなさい．［注：実証練習問題 3.1(b) で説明したように，インフレに対する調整を思い出しましょう．］

E9.2 学部教育の向上を目的とするあなたの大学の委員会が，学部長に報告する前にあなたのアドバイスを必要としています．その委員会は，教員を採用する際に外見を考慮すべきかどうかについて，計量経済学の専門家であるあなたの助言を求めています（採用に外見を考慮することは，それが人種や宗教，年齢，性別と無関係である限り，法的に問題ありません）．あなたには自分でデータを集める時間はないので，実証練習問題 4.2 で説明したデータセット TeachingRatings の分析を基にアドバイスしなければなりません．このデータの分析に基づき，あなたは何と助言しますか．以前の章の実証練習問題で，このデータを使った回帰分析がいくつか行われてきました．そこでの内部正当性および外部正当性について注意深くかつ徹底的に評価を行うことで，あなたのアドバイスが正当であることを議論しなさい．

E9.3 実証練習問題 4.3 で説明した CollegeDistance データセットを使って，以下の問題に答えなさい．

a. 実証練習問題 8.3(i) で使用した回帰式について，その内部正当性を議論しなさい．除外された変数バイアスの可能性，回帰式の関数形の特定化の誤り，変数の測定誤差によるバイアス，標本セレクション，同時双方向の因果関係，OLS 標準誤差が一致性を持たないといった点について議論しなさい．

b. データセット CollegeDistance には，西部の州の生徒が除かれています．この生徒のデータは，CollegeDistanceWest データセットに含まれています．これらのデータを使って，実証練習問題 8.3(i) の結論について，（地理的な）外部正当性を調べなさい．

付論 9.1 マサチューセッツ州の小学校のテスト成績データ

マサチューセッツ州のデータは，1998 年の公立小学校の各学区における平均を取ったものです．テスト成績は，「マサチューセッツ州包括評価システム（Massachusetts Comprehensive Assessment System, MCAS）テスト」から取られており，1998 年春に州内すべての公立小学校の 4 年生に対して実施されたテストに基づいています．そのテストは，マサチューセッツ州教育部の主催によって実施されたもので，すべての公立学校に義務付けられています．ここで使われるテスト成績のデータは，テストの全体的な成績，具体的には，英語，数学，理科のテストの合計点が使われています．生徒・教師比率，昼食援助を受ける生徒の割合，英語学習を続けている生徒の割合のデータは，1997-1998 年度の小学校各学区の平均を取ったもので，マサチューセッツ州教育部から取得したものです．学区の平均所得データは，1990 年の米国人口調査から取られています．

第 III 部 回帰分析のさらなるトピック

第 10 章　パネルデータの回帰分析
第 11 章　被説明変数が (0, 1) 変数の回帰分析
第 12 章　操作変数回帰分析
第 13 章　実験と準実験

第 10 章 パネルデータの回帰分析

多変数回帰分析は，データがすべて手元にあれば，変数の影響をコントロールするのに優れたツールです．しかし，データが利用できない場合には，その変数を回帰分析に含めることができず，OLS 推定による係数は除外された変数のバイアスを持つかもしれません．

本章では，観察できない変数がある場合に，除外された変数の影響をコントロールする方法を説明します．その方法は，「パネルデータ」と呼ばれる特別な種類のデータを使います．パネルデータは，各単位（主体）の観測値が複数の時点にわたって観察されるデータです．異なる時点間の被説明変数の変化を見ることで，主体ごとに異なるものの時間を通じて一定であるような要因について，除外された変数の影響を取り除くことが可能となります．

本章では，飲酒運転に関する応用例を使って議論します．アルコール税と飲酒運転に関する法制度は，交通事故死亡者数にどう影響するでしょうか？　本章ではこの問題を分析するために，米国 48 州の交通事故死亡者数，酒税，飲酒運転に関する法制度，その他関連する変数について，1982 年から 1988 年の 7 年分のデータを用います．このパネルデータにより，たとえば飲酒運転に対する人々の態度など，州によって異なる観察されない変数で，しかし時間とともには変わらない要因の影響をコントロールすることができます．パネルデータはまた，新車の安全性能の進展などのように，時間とともに変化するものの州によって変わらない要因の影響をコントロールすることも可能です．

10.1 節は，パネルデータの構造を説明し，飲酒運転データについて述べます．パネルデータ分析の主要ツールである固定効果の推定手法は，多変数回帰分析の拡張であり，主体によって異なるものの時間を通じて一定である変数をコントロールするために用いられます．固定効果の推定は 10.2 節と 10.3 節で説明します．そこではまず，時点が 2 つだけの場合を説明し，その後で時点が 3 つ以上の場合について説明します．10.4 節では，これらの手法がいわゆる時間の固定効果を考慮する形に拡張され，主体を通じて一定で，しかし時間とともに変化する観察されない変数の影響がコントロールされます．10.5 節では，パネルデータ回帰の仮定と標準誤差について議論します．10.6 節では以上の手法を応用し，アルコール税と飲酒運転に関する法律が交通事故死者数に及ぼす影響について検

> **基本概念**
> **10.1**
>
> ### パネルデータに関する記号
>
> パネルデータは n 主体の 2 つ以上の T 時点における観測値からなる．もしデータセットが X と Y の 2 変数からなる場合には，データは，
>
> $$(X_{it}, Y_{it}),\ i = 1,\ldots,n, \text{ そして } t = 1,\ldots,T. \tag{10.1}$$
>
> ここで最初の添え字 i は主体を，2 つ目の添え字 t は観察される時点を表す．

証します．

10.1 パネルデータ

　1.3 節でも述べたように，パネルデータ（**panel data**）とは，n 個の主体それぞれについて，異なる T 時点で観察されるデータを表します．この章で取り扱う州別の交通事故死者数データはパネルデータです．それは $n = 48$ の主体（州）からなり，それぞれについて $T = 7$（1982,…,1988 年）の時点で観察されるデータで，全体で $7 \times 48 = 336$ の観測値からなります．

　クロスセクション・データを表記するには，主体を表す添え字が使われました．たとえば Y_i は，変数 Y の第 i 主体についての値を表します．一方，パネルデータを表記する際には，記号を追加して主体と時点の両方を記さなければなりません．そのために 1 つではなく 2 つの添え字を使います．まず i は主体を表します．そして t はデータが観測される時点を表します．したがって Y_{it} は，全部で n 個の主体のうちの第 i 主体，T 個の時点のうちの第 t 時点の変数 Y の値を表します．この記号の使い方は基本概念 10.1 に要約されています．

　さらに，パネルデータに関する別の用語で，観測値に欠落があるかどうかを表す表現もあります．バランスしたパネル（**balanced panel**）とは，すべての観測値が揃っている，すなわち，各主体と各時点の観測値がすべて揃っている場合を指します．ある主体に関する観測値がたとえ 1 時点であっても欠けていれば，それはアンバランスなパネル（**unbalanced panel**）と呼ばれます．交通事故死亡者データの場合は，48 州につきすべて 7 年分のデータが揃っているので，バランスしたパネルです．しかし，もし欠落している観測値があれば（たとえば，ある州で 1983 年の死亡者数データがなければ），そのデータセットはアンバランスなパネルとなります．この章で説明する手法は，バランスしたパネルを念頭に置いています．それらの手法はアンバランスなパネルに使うこともできますが，正確にどう応用するかは，用いるソフトウェアによって異なります．

具体例：交通事故死亡者数とアルコール税

アメリカでは，ハイウェイでの死亡事故により，毎年約40,000人もの人々が亡くなっています．死亡事故のおよそ3分の1が飲酒運転によるもので，その割合は飲酒がピークとなる時間帯に高まります．ある研究（Levitt and Porter, 2001）では，午前1時から午前3時の間に運転するドライバーの約25%が飲酒していると推定され，また酒酔い運転のドライバーは，そうでないドライバーに比べて死亡事故を起こす確率が13倍以上も高まると報告されています．

本章では，飲酒運転防止をめざす政府の政策が，死亡事故を減らすうえで実際どれほど効果的かを検証します．ここでのパネルデータセットは死亡事故と飲酒に関する変数を含み，各州・毎年の交通事故死者数，各州・毎年の飲酒運転に関する法制度，そして各州のビール税が含まれます．交通事故死亡者数の指標としては，死亡者比率，すなわち州人口10,000人当たりの年間の交通事故死亡者数を用います．アルコール税の指標としては，ビール1ケースに課せられる酒税――ビール税――の「実質値」，すなわち1988年の物価水準で測った税額を用いて，物価上昇率の影響を調整します[1]．各データの詳細は，付論10.1にまとめられています．

図10.1(a)は，1982年における交通事故死亡者比率と実質ビール税の散布図を示しています．この図の点は，ある州における1982年の死亡者比率と実質ビール税を表します．また同図には，死亡者比率を実質ビール税で回帰したOLS回帰線も示されています．その推定された回帰線は，

$$\overline{FatalityRate} = 2.01 + 0.15\,BeerTax \quad (1982年データ) \tag{10.2}$$
$$\phantom{\overline{FatalityRate} = }(0.15)\ (0.13)$$

です．実質ビール税にかかる係数は正ですが，10%水準で統計的に有意ではありません．

いまデータは複数年分あるので，同じ関係を別の年について調べることができます．それが図10.1(b)です．先と同じ散布図ですが，1988年のデータを使っている点が異なります．このデータに基づくOLS回帰線は

$$\overline{FatalityRate} = 1.86 + 0.44\,BeerTax \quad (1988年データ) \tag{10.3}$$
$$\phantom{\overline{FatalityRate} = }(0.11)\ (0.13)$$

となります．1982年データの回帰線と違って，実質ビール税にかかる係数は1%水準で統計的に有意です（t統計量は3.43）．興味深いことに，推計された係数の値は，1982年，1988年ともに正です．これを文字通り解釈すれば，実質ビール税が高いほど，予想とは反対に，より多くの交通事故死亡者が発生することになります．

ではビール税を増やせば交通事故による死亡者が増えると結論づけてよいのでしょ

---

[1] 税額について，時間を通じて比較可能にするため，消費者物価指数（Consumer Price Index, CPI）を使って「1988年価格」で表示します．たとえば，物価上昇の結果，1982年における1ドルの税は，1988年価格で測れば1.23ドルの税に相当します．

図 10.1 交通事故死亡者比率とビール税

パネル (a) は，48 州の交通事故死亡者比率とビール 1 ケースの実質税額（1988 年価格），1982 年の散布図．パネル (b) は，その 1988 年のデータ．両図とも，死亡者比率と実質ビール税との間に正の関係を示している．

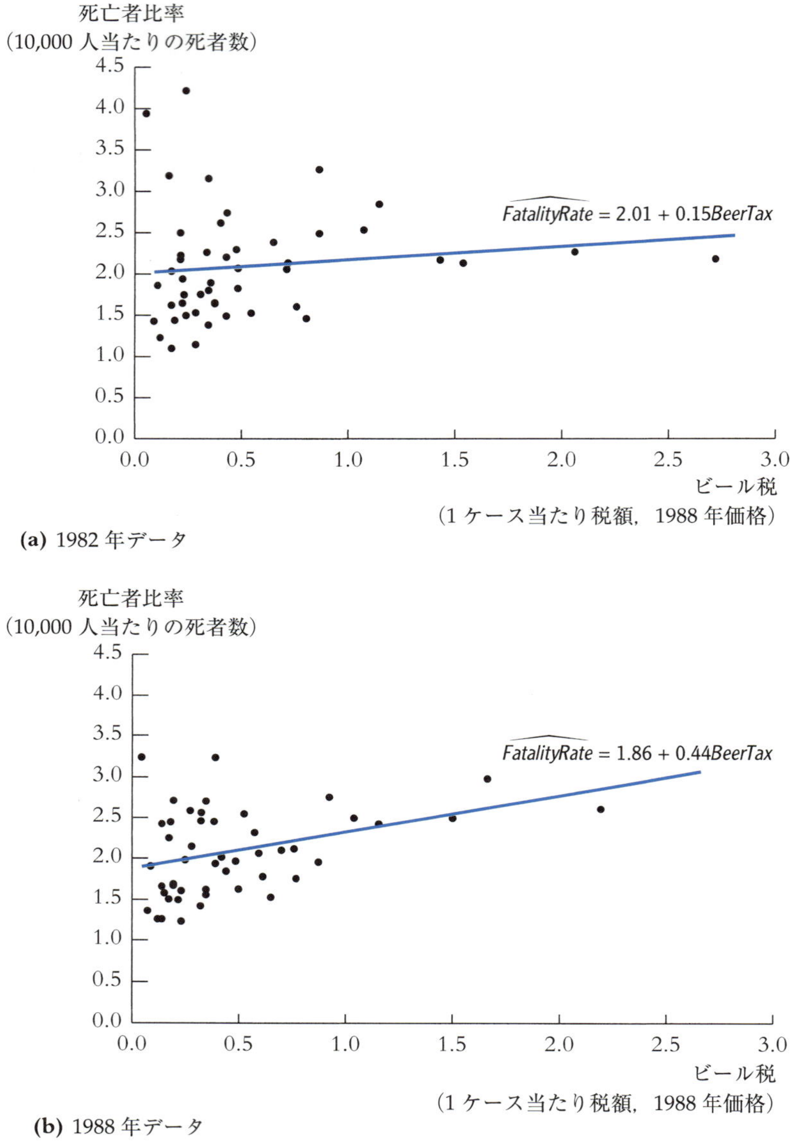

(a) 1982 年データ

$\widehat{FatalityRate} = 2.01 + 0.15 BeerTax$

(b) 1988 年データ

$\widehat{FatalityRate} = 1.86 + 0.44 BeerTax$

か？ 必ずしもそうではありません．なぜなら，この回帰分析には非常に多くの除外された変数のバイアスを含みうるからです．死亡者比率には多くの要因が影響するはずです．たとえば，その州で運転される乗用車の質，州ハイウェイの補修状態，州の主要な自動車道は田園部にあるのか都市部にあるのか，道路の渋滞状況はどうか，そして飲酒運転は社会的に容認されているかどうか，等です．これらの要因はどれもアルコール税と相関があるかもしれません．もしそうであれば，それらは除外された変数のバイアスをもたらします．そのバイアスに対処する 1 つのアプローチは，それぞれの変数のデータをすべて収

集して，(10.2) 式と (10.3) 式のクロスセクション回帰に追加することです．しかし残念なことに，飲酒運転に対する社会の容認といった要因は測定が非常に難しく，そのデータ収集は不可能かもしれません．

しかし，もしこれらの要因が州ごとに一定なら，別の方法も考えられます．いまパネルデータがあるため，たとえ測定できなくとも，それらの要因を一定と取り扱うことが可能です．それを実現するアプローチが，固定効果を含む OLS 推定です．

10.2　2 時点のパネルデータ：「事前と事後」の比較

各州のデータが 2 つの時点（$T=2$）で得られるとき，第 2 時点と第 1 時点の被説明変数の値を比較することができます．被説明変数の変化に注目して「事前と事後」を比較する際，州ごとに異なる観察されない要因で，しかし時間とともに変化しない要因は，一定に保たれます．

Z_i を第 i 州の死亡者比率を決定する変数とし，それは時間とともに一定であるとします（したがって添え字 t は省かれています）．たとえば Z_i は，飲酒運転に対するその地方の文化的な態度を表すとします．それはゆっくりとしか変化しないため，1982 年から 1988 年の間で一定とみなすことができるでしょう．その結果，死亡者比率を Z_i と実質ビール税で説明する母集団の線形回帰式は，

$$FatalityRate_{it} = \beta_0 + \beta_1 BeerTax_{it} + \beta_2 Z_i + u_{it} \tag{10.4}$$

と表されます．ここで u_{it} は誤差項で $i=1,\ldots,n,\ t=1,\ldots,T$ です．

Z_i は時間とともに一定であるため，それは (10.4) 式の回帰モデルにおいて 1982 年と 1988 年の間で死亡者比率の変化をもたらしません．したがって，この回帰式での Z_i の影響は，2 時点の死亡者比率の変化を分析することで除去することができます．これを数学的に理解するために，(10.4) 式を 1982 年と 1988 年でそれぞれ考えましょう：

$$FatalityRate_{i1982} = \beta_0 + \beta_1 BeerTax_{i1982} + \beta_2 Z_i + u_{i1982}, \tag{10.5}$$

$$FatalityRate_{i1988} = \beta_0 + \beta_1 BeerTax_{i1988} + \beta_2 Z_i + u_{i1988}. \tag{10.6}$$

(10.6) 式から (10.5) 式を引くと Z_i の影響が取り除かれます．すなわち，

$$FatalityRate_{i1988} - FatalityRate_{i1982} = \beta_1(BeerTax_{i1988} - BeerTax_{i1982}) + u_{i1988} - u_{i1982}. \tag{10.7}$$

この式は直感的に解釈することができます．飲酒運転に対する文化的な態度は，酒酔い運転の頻度に，したがって交通事故死亡率に影響するでしょう．しかし，人々の態度がもし 1982 年と 1988 年の間で変化しなければ，その州の死亡者比率に対しては何ら変化をもたらしません．時間を通じた死亡者比率の変化は，むしろ別の要因によってもたらされることになります．(10.7) 式では，ビール税の変化，あるいは誤差項の変化（文化的態度と

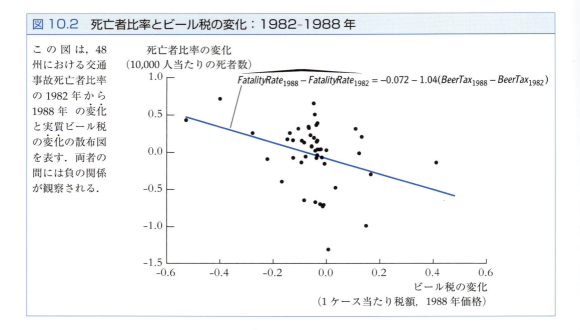

図 10.2 死亡者比率とビール税の変化：1982-1988 年

この図は，48州における交通事故死亡者比率の 1982 年から 1988 年の変化と実質ビール税の変化の散布図を表す．両者の間には負の関係が観察される．

ビール税以外の要因の変化）がそれらの別の要因となります．

(10.7) 式のように回帰モデルを変化で定式化することで，時間を通じて一定で観察されない変数 Z_i の影響を取り除くことができます．言い換えると，X の変化と Y の変化の関係を分析することで，時間を通じて一定である変数をコントロールする効果があり，その結果，このタイプの除外された変数のバイアスを取り除くことができるのです．

図 10.2 は，48 州データセットにおける死亡者比率の 1982 年から 1988 年の変化と実質ビール税の 1982 年から 1988 年の変化の散布図を表しています．図 10.2 の各点は，ある州における 1982 年から 1988 年にかけての死亡者比率の変化と実質ビール税の変化に相当します．これらのデータを使って推計された OLS 回帰線は，図にも示されているように，

$$\overline{FatalityRate_{1988} - FatalityRate_{1982}} = -0.072 - 1.04(BeerTax_{1988} - BeerTax_{1982}) \quad (10.8)$$
$$(0.065)\ (0.36)$$

となります．ここでは定数項が含まれており，死亡率の平均値が変化する可能性が容認されています．

先に示したクロスセクションの回帰分析と異なり，実質ビール税の影響はマイナスと推定され，経済理論どおりの結果が得られました．母集団における傾きがゼロという仮説は 5% の有意水準で棄却されます．推定された係数によれば，ビール 1 ケース当たりの実質ビール税を 1 ドル増税すると，10,000 人当たりの交通事故死亡数が 1.04 だけ減少します．データセットの平均死亡率はおよそ 2（すなわち人口 10,000 人当たり年間の死亡者数 2件）なので，この推定された効果は大変大きいものです．ビール税を 1 ドル増税するだけで，交通死亡者数をほぼ半分に減らすことができると示唆されます．

死亡者比率の変化を分析することで，飲酒運転に対する文化的態度といった固定的な要因を (10.8) 式でコントロールすることができます．しかし，交通の安全性に影響する要因はほかにも数多くあり，もしそれらが時間とともに変化し，かつ実質ビール税との相関があれば，それらをモデルに含めないことは除外された変数のバイアスを発生させます．10.5 節では，それらの要因をコントロールするより注意深い分析を行います．したがっていまのところ，実質ビール税が交通死亡者数へ及ぼす影響について最終的な結論を導き出すことは控えるべきでしょう．

この「事前と事後」の分析は，データが 2 つの異なる年に観察される場合にうまく行うことができます．しかし私たちのデータセットには，7 年分の観測値が含まれており，潜在的に有用なそれらのデータを使わない手はありません．一方で，「事前と事後」の手法は $T > 2$ の場合に直接応用することはできません．パネルデータセットのすべての観察値を使うため，次節で述べるような固定効果の回帰を行います．

10.3 固定効果の回帰

固定効果の回帰は，パネルデータにおける除外された変数の影響をコントロールする手法で，その除外された変数が主体（州）ごとに異なり，かつ時間を通じて一定の場合に使われます．10.2 節の「事前と事後」の比較と違って，2 時点以上の観測値があるときに用いられます．

固定効果の回帰モデルには，主体ごとに異なる n 個の定数項が含まれます．これらの定数項は，(0,1) 変数（またはインディケーター変数）の集合によって表現できます．これらの (0,1) 変数は主体ごとに異なる除外された変数の影響を和らげる役割を果たします．

固定効果回帰モデル

(10.4) 式の回帰モデルを考えましょう．被説明変数（*FatalityRate*）と観察される説明変数（*BeerTax*）を Y_{it}，X_{it} と表記すると，

$$Y_{it} = \beta_0 + \beta_1 X_{it} + \beta_2 Z_i + u_{it} \tag{10.9}$$

となります．ここで Z_i は，州ごとに異なる観察されない変数で，しかし時間を通じて一定の変数を表します（たとえば Z_i は飲酒運転に対する文化的態度）．ここで β_1，すなわち X の Y への影響を，観察されない州の特性 Z を一定とした下で推定します．

Z_i は州ごとに違う要因で時間を通じて一定であるため，(10.9) 式の母集団回帰式には州ごとに n 個の定数項があると解釈できます．いま $\alpha_i = \beta_0 + \beta_2 Z_i$ としましょう．すると (10.9) 式は，

$$Y_{it} = \beta_1 X_{it} + \alpha_i + u_{it} \tag{10.10}$$

となります．(10.10) 式は，固定効果回帰モデル（**fixed effects regression model**）と呼ばれるもので，$\alpha_1, \ldots, \alpha_n$ は州ごとに推定される未知の定数項です．α_i を各州に固有の定数項と解釈するのは，第 i 州の母集団回帰線，$\alpha_i + \beta_1 X_{it}$ を考えればわかります．ここで回帰線の傾きの係数 β_1 はすべての州で同じですが，定数項は州ごとに異なります．定数項が異なる理由は，変数 Z_i が州により異なるものの時間を通じて一定であるからです．

(10.10) 式の定数項 α_i は，主体 i（現在の例では州）であることの「効果」と解釈できるので，$\alpha_1, \ldots, \alpha_n$ は**主体の固定効果（entity fixed effects）**と呼ばれます．主体の固定効果を変化させるには，(10.9) 式の Z_i のように，主体ごとに変化するものの時間とともには変化しない変数を追加することです．

固定効果回帰モデルにおける州ごとの定数項は，個々の州を表す $(0,1)$ 変数を使っても表現できます．8.3 節では観測値が 2 つのグループのどちらかに属し，母集団回帰線の傾きは両グループで同一，しかし定数項は異なるという場合を検討しました（図 8.8(a)）．その母集団回帰線は，一方のグループを表す $(0,1)$ 変数を 1 つ用いて数学的に表現できます（基本概念 8.4 のモデル 1）．もし私たちのデータセットに州が 2 つしかなければ，この $(0,1)$ 変数を含む回帰モデルが有効です．しかしここでは 2 つを超える州があるため，$(0,1)$ 変数をさらに追加して (10.10) 式の州固有の定数項をすべて捉える必要があります．

$(0,1)$ 変数を使った固定効果回帰モデルを構築するために，$D1_i$ は $i = 1$ のときに 1 を取りそれ以外にはゼロとなる $(0,1)$ 変数，$D2_i$ は $i = 2$ のときに 1 を取りそれ以外にはゼロとなる $(0,1)$ 変数，以下同様に定義します．ここで，n 個すべての $(0,1)$ 変数と各州共通の定数項を同時に含むことはできません．なぜなら，説明変数が完全な多重共線性を持ってしまうからです（これは 6.7 節で説明した「ダミー変数の罠」の問題です）．したがってここでは，第 1 グループの $(0,1)$ 変数である $D1_i$ を省くことにします．その結果，(10.10) 式の固定効果回帰モデルは，以下の表現に書き直すことができます：

$$Y_{it} = \beta_0 + \beta_1 X_{it} + \gamma_2 D2_i + \gamma_3 D3_i + \cdots + \gamma_n Dn_i + u_{it}. \tag{10.11}$$

ここで $\beta_0, \beta_1, \gamma_2, \ldots, \gamma_n$ は推定される未知の係数です．(10.11) 式の係数と (10.10) 式の定数項との関係を求めるために，各州の母集団回帰線を 2 つの式で比べてみましょう．(10.11) 式では，第 1 州の母集団回帰線は $\beta_0 + \beta_1 X_{it}$，したがって $\alpha_1 = \beta_0$ です．第 2 州とそれ以降の州の母集団回帰線は $\beta_0 + \beta_1 X_{it} + \gamma_i$，したがって $\alpha_i = \beta_0 + \gamma_i$, $i \geq 2$ となります．

以上のように，固定効果回帰モデルの表現には，(10.10) 式と (10.11) 式の方法があります．(10.10) 式では n 個の州固有の定数項を使って表現されます．(10.11) 式では 1 つの共通の定数項と $n-1$ 個の $(0,1)$ 変数が用いられます．どちらの定式化でも，X にかかる傾きの係数はどの州についても同じです．(10.10) 式の州固有の定数項と (10.11) 式の $(0,1)$

基本概念 10.2　固定効果回帰モデル

固定効果回帰モデルは，

$$Y_{it} = \beta_1 X_{1,it} + \cdots + \beta_k X_{k,it} + \alpha_i + u_{it}. \tag{10.12}$$

ここで $i = 1, \ldots, n$, $t = 1, \ldots, T$ を表し，また $X_{1,it}$ は i 主体，t 時点の第 1 説明変数の値，$X_{2,it}$ は第 2 説明変数の値といったように定義される．そして $\alpha_1, \ldots, \alpha_n$ は各主体に固有の定数項である．

同じく固定効果回帰モデルは，共通の定数項，説明変数 X，そして $n-1$ 個の (0,1) 変数を使っても表現される．すなわち

$$\begin{aligned} Y_{it} = \beta_0 &+ \beta_1 X_{1,it} + \cdots + \beta_k X_{k,it} + \gamma_2 D2_i \\ &+ \gamma_3 D3_i + \cdots + \gamma_n Dn_i + u_{it}. \end{aligned} \tag{10.13}$$

ここで (0,1) 変数は $i = 2$ のとき $D2_i = 1$，それ以外はゼロとなるといった具合に定義される．

説明変数で，背後の要因は共通しています．それは観察されない要因で，州によって変わるものの時間とともに変化しない Z_i という変数です．

複数の説明変数 X への拡張　もし Y の決定要因で X と相関を持ち，そして時間とともに変化するような変数が他にあれば，それらは回帰式に含めて除外される変数のバイアスを回避するべきです．これは複数の説明変数を持つ固定効果回帰モデルで，基本概念 10.2 に要約されています．

推定と統計的推論

　(0,1) 変数を使った固定効果回帰モデル（(10.13) 式）は，原則として OLS 推定が可能です．しかしその回帰には $k+n$ 個の説明変数があり（k 個の説明変数，$n-1$ 個の (0,1) 変数，そして定数項），OLS 回帰の計算は面倒です．主体の数が多い場合には，推定不可能となるソフトウェアもあります．したがって計量経済ソフトでは，固定効果モデルの OLS 推定のために特別な計算ルーティーンが準備されています．そのルーティーンは (0,1) 変数をフルに使った回帰モデルの OLS 推定と同じものですが，式変形により数学的表現は単純になるため，計算スピードは速くなります．

「主体の平均除去」に基づく OLS 推定量の計算法　　固定効果の OLS 推定量は，一般的な回帰分析ソフトでは，2 つのステップで計算されます．第 1 ステップでは，主体ごとの平均が各変数から差し引かれます．第 2 ステップでは，その「主体の平均除去」後の変数を使って OLS 推定量が計算されます．では具体的に，(10.10) 式の 1 説明変数に基づく固定効果回帰モデルを考えましょう．まず (10.10) 式で，主体ごとに両辺の平均を求めると，$\overline{Y}_i = \beta_1 \overline{X}_i + \alpha_i + \overline{u}_i$，ここで $\overline{Y}_i = \frac{1}{T}\sum_{t=1}^{T} Y_{it}$，そして $\overline{X}_i$, $\overline{u}_i$ は同様に定義されます．したがって (10.10) 式から，$Y_{it} - \overline{Y}_i = \beta_1(X_{it} - \overline{X}_i) + (u_{it} - \overline{u}_i)$ となります．いま $\widetilde{Y}_{it} = Y_{it} - \overline{Y}_i$, $\widetilde{X}_{it} = X_{it} - \overline{X}_i$, そして $\widetilde{u}_{it} = u_{it} - \overline{u}_i$ と表記すると，

$$\widetilde{Y}_{it} = \beta_1 \widetilde{X}_{it} + \widetilde{u}_{it} \tag{10.14}$$

と表されます．したがって β_1 は，主体の平均を除去した変数 $\widetilde{Y}_{it}$ を $\widetilde{X}_{it}$ で OLS 回帰することにより推定できます．実際この推定量は，$n-1$ 個の (0,1) 変数を使った (10.10) 式における β_1 の OLS 推定量と同じになります（練習問題 18.6）．

「事前と事後」の回帰対固定効果推定　　(10.11) 式の (0,1) 変数モデルと (10.7) 式の「事前と事後」モデルは見た目ではまったく異なりますが，$T = 2$ という特殊ケースでは，(0,1) 変数モデルでの β_1 の OLS 推定量と，「事前と事後」モデルでの推定量とは同一です．したがって，$T = 2$ の場合には，β_1 を OLS 推定する方法は 3 通りあります．(10.7) 式の「事前と事後」モデル，(10.11) 式の (0,1) 変数モデル，そして (10.14) 式の「主体平均の除去」モデルです．これらの 3 つの方法はすべて同じで，したがって同一の OLS 推定値をもたらします．

標本分布，標準誤差，統計的推論　　クロスセクション・データを使った多変数回帰において，基本概念 6.4 で示した最小二乗法の 4 つの仮定が満たされるとき，OLS 推定量の標本分布は大標本において正規分布に従います．この標本分布の分散はデータから推定されます．そしてその分散の推定量の平方根——つまり標準誤差——は t 統計量に基づく仮説検定や信頼区間の導出に使うことができます．

　同様にパネルデータに基づく多変数回帰において，後述する仮定——固定効果回帰の仮定——が満たされるとき，固定効果 OLS 推定量の標本分布は大標本において正規分布に従い，この標本分布の分散はデータから推定され，そしてその推定量の平方根，つまり標準誤差は t 統計量や信頼区間の導出に使うことができます．その標準誤差の下，統計的推論——仮説検定（F 統計量に基づく結合仮説テストも含む）や信頼区間の構築——は，クロスセクション・データに基づく多変数回帰の場合とまったく同じ手続きで進められます．

　固定効果回帰の仮定と標準誤差については，10.5 節でより詳しく議論されます．

交通事故死亡者数への応用

応用例に戻って，実質ビール税と交通事故死亡者比率の関係を表す固定効果回帰線を OLS 推定すると，7 年分のデータすべて（336 観測値）を用いた場合，

$$\overline{FatalityRate} = \underset{(0.20)}{-0.66} BeerTax + StateFixedEffects \quad (10.15)$$

という推定値が得られます．ここで各州に固有の定数項の推定値は，慣例に従って表示していません．その理由はスペース節約のためと，本分析の主要な関心事ではないからです．

(10.8) 式の「差」のモデルと同様に，(10.15) 式で得られた固定効果回帰の推定値はマイナスです．したがって，経済理論が予想するとおり，実質ビール税が高ければ交通事故死亡者数は減少することが示され，最初のクロスセクション回帰（(10.2) 式と (10.3) 式）とは反対の符合となりました．(10.8) 式と (10.15) 式の回帰は同一ではありません．なぜなら，(10.8) 式では 1982 年と 1988 年のデータ（正確には 2 つの年の差）しか使っておらず，一方 (10.15) 式は，7 年間すべてのデータを使っています．より多くの観測値が追加され，(10.15) 式の標準誤差は (10.8) 式よりも小さくなっています．

各州に固有の固定効果を含めて死亡者比率の回帰分析を行うことは，除外された変数のバイアスを防ぐことであり，たとえば飲酒運転に対する文化的態度のように，州ごとに異なるものの時間を通じて一定となる要因を考慮することになります．しかしその一方で，別の要因から発生する除外された変数バイアスはまだ残っているのではという懸念も否定できません．たとえばこの期間，自動車はより安全になり，人々はシートベルトを着用するようになりました．1980 年代の間に実質ビール税の効果が見出されたとしても，それは自動車の安全性が全般的に高まったことの影響を測っている可能性もあります．しかし，安全性が時間とともに改善し，かつその改善がすべての州で同じであれば，私たちはその影響を時間に関する固定効果を含めることで除去することができます．

10.4 時間効果の回帰

各主体の固定効果は，時間とともに一定で主体ごとに異なる変数の影響をコントロールするものです．それと同様に，時間効果（時間の固定効果）は，州の間では一定で時間とともに変化する変数の影響をコントロールします．

新車の安全性の改善は全国レベルで見られるものなので，それはすべての州で交通事故死亡者数を減少させる役割を果たすでしょう．したがって自動車の安全性は，時間とともに変化するもののすべての州で共通である除外された変数となります．(10.9) 式の母集団回帰式は，自動者の安全性——以下では S_t という記号を使います——の影響を含む形で修正できます．すなわち，

$$Y_{it} = \beta_0 + \beta_1 X_{it} + \beta_2 Z_i + \beta_3 S_t + u_{it}. \tag{10.16}$$

ここで S_t は観測されない変数で，添え字 "t" しか付いていないのは，自動車の安全性は時間とともに変化するものの，州の間では一定であるからです．$\beta_3 S_t$ は Y_{it} の決定要因なので，もし S_t が X_{it} と相関しているのであれば，S_t を回帰式に含まないことは除外された変数のバイアスをもたらします．

時間効果のみの場合

いま変数 Z_i はないものとして (10.16) 式から $\beta_2 Z_i$ の項が除かれ，$\beta_3 S_t$ は含まれるという状況を考えます．ここでの目的は，S_t をコントロールしながら β_1 を推定することです．

S_t はたとえ観測できなくとも，その影響は分析から取り除くことができます．なぜなら，それは時間とともに変化するものの州の間では一定の要因だからです．そのメカニズムは，州によって変化するものの時間を通じて一定の Z_i の影響を取り除いた方法にちょうど対応します．主体の固定効果モデルでは，Z_i の存在により，(10.10) 式の固定効果回帰モデルが導かれ，そこでは各州がそれぞれの定数項（つまり固定効果）を持ちます．同様に，S_t は時間とともに変化して州ごとには変わらないため，S_t の存在により，各時点でそれぞれの定数項を持つ回帰モデルが導かれます．

時間の固定効果回帰モデル（**time fixed effects regression model**）は，説明変数が 1 つの場合，

$$Y_{it} = \beta_1 X_{it} + \lambda_t + u_{it} \tag{10.17}$$

と表されます．このモデルは各時点で異なる定数項 λ_t を持ちます．(10.17) 式の定数項 λ_t は，t 年（より一般には時点 t）であることの「効果」と解釈できるので，$\lambda_1, \ldots, \lambda_T$ は**時間の固定効果**（**time fixed effects**）と呼ばれます．時間の固定効果を変化させるには，(10.16) 式の S_t のように，時間を通じて変化するものの主体ごとには変化しない変数を追加することです．

主体の固定効果回帰モデルは $n-1$ 個の $(0,1)$ 変数を使って表現できましたが，それとまったく同様に，時間の固定効果回帰モデルは，$T-1$ 個の $(0,1)$ 変数を使って表現できます：

$$Y_{it} = \beta_0 + \beta_1 X_{it} + \delta_2 B2_t + \cdots + \delta_T BT_t + u_{it}. \tag{10.18}$$

ここで $\delta_2, \ldots, \delta_T$ は未知の係数，$(0,1)$ 変数 $B2_t, \ldots, BT_t$ は，$t = 2$ のとき $B2_t = 1$ でそれ以外は $B2_t = 0$，といった具合で定義されます．(10.11) 式の固定効果回帰モデルと同様に，このバージョンの時間効果回帰モデルでは定数項が含まれています．そして完全な多重共

線性を避けるため，最初の $(0,1)$ 変数 $B1_t$ は省かれています．

もし追加すべき観察される説明変数 "X" がある場合には，(10.17) 式，(10.18) 式に追加されます．

交通事故死者数の回帰分析で，(10.17) 式のような時間の固定効果モデルを用いることはメリットがあります．すなわち，全国的に導入された自動車安全基準といったような，時間とともに変化するものの同一年では各州に共通するような変数を除外することのバイアスを回避することができるのです．

主体と時間両方の固定効果

除外された変数のうち，いくつかは時間とともに一定で州によって異なる要因（たとえば文化的態度），別のものは州の間で共通で時間とともに変化する要因（たとえば全国の自動車安全基準）である場合，主体と時間の固定効果の両方を含めることが適切となります．

両者を合わせた主体と時間の固定効果回帰モデル（**entity and time fixed effects regression model**）は，

$$Y_{it} = \beta_1 X_{it} + \alpha_i + \lambda_t + u_{it} \tag{10.19}$$

と表されます．ここで α_i は主体の固定効果，λ_t は時間の固定効果を表します．このモデルは，$n-1$ 個の主体の $(0,1)$ 変数と $T-1$ 個の時間の $(0,1)$ 変数を使って，定数項とともに次のように表現されます：

$$\begin{aligned} Y_{it} = \beta_0 + \beta_1 X_{it} + \gamma_2 D2_i + \cdots + \gamma_n Dn_i \\ + \delta_2 B2_t + \cdots + \delta_T BT_t + u_{it}. \end{aligned} \tag{10.20}$$

ここで $\beta_0, \beta_1, \gamma_2, \ldots, \gamma_n, \delta_2, \ldots, \delta_T$ は未知の係数です．

もし追加すべき観察される説明変数 "X" があるときには，(10.19) 式，(10.20) 式に追加されます．

両効果を合わせた州と時間の固定効果回帰モデルは，時間とともに一定であるような観察されない変数，州の間で一定であるような観察されない変数，両方からもたらされる除外された変数のバイアスをともに取り除くことができます．

推定 時間の固定効果モデル，そして主体と時間の固定効果モデルは，ともに多変数回帰モデルのバリエーションです．したがって，その係数は，時間に関する $(0,1)$ 変数を追加した式に基づき OLS で推定できます．あるいは別の方法として，バランスしたパネルデータでは，最初に Y と X からそれぞれの主体と時間両方の平均を差し引いて，平均から乖離した Y を平均から乖離した X で回帰することで，X の係数を求めることができま

す．このアルゴリズム（計算手続き）は回帰分析ソフトで一般に使われており，(10.20) 式のように (0,1) 変数をフルに使う必要がなくなります．同じ方法としては，Y，X，そして時間の (0,1) 変数について，それぞれの州平均（時間平均ではない）からの乖離を取り，平均から乖離した Y を平均から乖離した X と平均から乖離した時間の (0,1) 変数で回帰することで，$k+T$ 個の係数を求めることができます．最後に，もし $T=2$ であれば，主体と時間の固定効果回帰は，10.2 節の「事前と事後」アプローチを使って，定数項を回帰式に含めて推定されます．(10.8) 式の「事前と事後」回帰では，1982 年から 1988 年への死亡者比率の変化が同じ 2 年の間のビール税変化と定数項に回帰されましたが，この回帰は主体と時間の固定効果を含み，1982 年と 1988 年のデータを使って死亡者比率をビール税で回帰した係数と同じとなります．

交通事故死亡者数への応用　先の州固定効果に時間効果を追加して OLS 推定を行った結果，推定された回帰線は，

$$\overline{FatalityRate} = \underset{(0.25)}{-0.64} BeerTax + StateFixedEffects + TimeFixedEffects \qquad (10.21)$$

となります．

　このモデルには，実質ビール税，47 州の (0,1) 変数（州固定効果），6 年の (0,1) 変数（時間固定効果），そして定数項が含まれています．したがって，実際には $1+47+6+1=55$ 個もの説明変数が含まれます．時間と州の (0,1) 変数にかかる係数と定数項の係数は，主要な関心事ではないためここでは報告しません．

　時間効果を含めたことの影響を調べると，それは実質ビール税と死亡者比率の間の推定結果にほとんど影響を与えていないことがわかります（(10.15) 式と (10.21) 式の比較から）．実質ビール税にかかる係数も 5% 水準で有意のままです（$t=-0.64/0.25=-2.56$）．

　ここで推定された関係においては，時間を通じて一定，あるいは州の間で一定である要因に起因するバイアスが取り除かれています．しかしながら，交通事故死亡の重要な決定要因の多くはこのカテゴリーに入らず，したがって上記の推計モデルはいまだ除外された変数バイアスの問題を含んでいるかもしれません．そこで 10.6 節では，多様な要因をコントロールした，より完全な形の実証研究を行います．その分析に進む前に，まずパネルデータ回帰の背後に想定されている仮定と，固定効果推定量の標準誤差の導出について次節で検討します．

10.5 固定効果回帰モデルの仮定と標準誤差

　これまで本章で報告された標準誤差は，通常の不均一分散に有効な公式を使って計算されてきました．この不均一分散に有効な標準誤差がパネルデータにおいて有効なのは，T がある程度以上に大きく，固定効果回帰の仮定と呼ばれる 5 つの仮定が満たされてい

基本概念 10.3　固定効果回帰の仮定

主体の固定効果を持つパネルデータ回帰モデル（基本概念 10.2）に対して，5 つの仮定が置かれる．説明変数 1 つの場合について表記すると，5 つの仮定は以下のとおり．

1. $E(u_{it}|X_{i1}, X_{i2}, \ldots, X_{iT}, \alpha_i) = 0$.
2. $(X_{i1}, X_{i2}, \ldots, X_{iT}, u_{i1}, u_{i2}, \ldots, u_{iT})$, $i = 1, \ldots, n$ は，独立かつ同一の分布（i.i.d.）に従う確率変数．
3. 大きな異常値はほとんど起こりえない：(X_{it}, u_{it}) はゼロでない有限の 4 次のモーメントを持つ．
4. 完全な多重共線性はない．
5. 各主体について誤差項は，説明変数が与えられた下で，時間を通じて無相関．具体的には，$\mathrm{cov}(u_{it}, u_{is}|X_{i1}, X_{i2}, \ldots, X_{iT}, \alpha_i) = 0, t \neq s$.

説明変数が複数の場合，X_{it} は，説明変数の全リスト $X_{1,it}, X_{2,it}, \ldots, X_{k,it}$ に置き換えられる．

る場合です．その仮定のうち最初の 4 つは，クロスセクション・データに基づく 4 つの最小二乗法の仮定（基本概念 6.4）をパネルデータに拡張したものです．5 つ目の仮定は，誤差項 u_{it} が主体ごとに時間に関して無相関というものです．パネルデータの設定の中には，5 番目の仮定が満たされない場合があります．その場合には，異なる標準誤差の公式を使う必要があります．表記をできるだけ簡潔にするため，本節では時間の固定効果はないものとし，10.3 節で説明した主体の固定効果回帰モデルに焦点を当てます．

固定効果回帰の仮定

　固定効果回帰の仮定は，基本概念 10.3 に要約されています．そのなかで最初の 4 つの仮定は，クロスセクション・データにおける 4 つの最小二乗法の仮定（基本概念 6.4）をパネルデータに拡張したものです．

　第 1 の仮定は，各主体の X すべての値の下で，誤差項は条件付平均がゼロというものです．この仮定は，基本概念 6.4 の第 1 の最小二乗法の仮定と同じ役割を果たし，除外された変数のバイアスがないことを意味します．

　第 2 の仮定は，ある主体に関する変数は他の主体に関する変数と同じ分布に従い，かつ独立である，すなわち変数は，すべての主体 $i = 1, \ldots, n$ につき，主体を横断して i.i.d. である，というものです．基本概念 6.4 の第 2 の最小二乗法の仮定と同じく，この第 2 の

仮定は，主体が母集団からの単純なランダム・サンプリングによって選択されていれば成り立ちます．

　第3と第4の仮定についても，基本概念6.4のクロスセクション・データに関する第3，第4の最小二乗法の仮定と同様のものです．

　第5の仮定は，固定効果回帰の誤差項 u_{it} は，説明変数が与えられた下で，時間を通じて無相関であるというものです．この仮定は新しいもので，時間の次元を持たないクロスセクション・データでは生じません．この仮定の意味を理解するために思い出すと，u_{it} は時間とともに変動し，Y_{it} の決定要因で説明変数には含まれていないものからなるということです．交通死亡事故の例では，そのような要因に天候が考えられます．ミネソタ州で特別に雪の多い冬――すなわち，ミネソタ州の固定効果はすでに回帰式に含まれているので，ここではミネソタ州の平均以上に雪が降った冬のことです――は，いつも以上に危険な運転が発生し，いつも以上に多くの死亡事故が発生します．もしある年に降るミネソタ州の雪の量は次の年の雪の量と相関がなければ，この除外された変数（雪の量）はある年と次の年で相関はありません．より一般的に言うと，説明変数（ビール税）および州の固定効果（ミネソタ州）が与えられている下で，もし u_{it} に含まれるランダムな要因（雪の量など）がある年と次の年で無相関であれば，そのとき，説明変数の下で u_{it} は時間を通じて無相関であり，その結果，第5の仮定が満たされます．

　しかし，第5の仮定が満たされない例も存在します．たとえば，もしミネソタ州で異常に雪の多い冬になると次の年以降もその傾向が続くのであれば，その除外されている要因は時間を通じて相関することになります．あるいは，地域経済の落ち込みはレイオフ（一時解雇）を増やし，通勤の交通量を減らすため，交通死亡事故も減少するでしょう．そうなると労働者は新しい仕事を探し，通勤パターンは徐々に変更されていくので，交通死亡事故の減少は2年以上にわたり続くことになります．大規模な道路補修工事は，同様の理由から，完成した年だけでなくその後の年についても交通事故数を減らすでしょう．これらの除外された要因はその影響が複数年にかけて持続するため，時間を通じた相関をもたらします．

　もし u_{it} と u_{is} とが相関するのであれば（t と s は異なる時点）――すなわち，もしある主体に関して u_{it} が時間を通じて相関するのであれば――，u_{it} は**自己相関がある**（**autocorrelated**）――つまり異なる時点の自分自身と相関がある――，もしくは**系列相関がある**（**serially correlated**）と呼ばれます．したがって第5の仮定は，言い換えると，X と主体の固定効果が与えられた下，u_{it} の自己相関はないという想定になります．もし u_{it} に自己相関があれば，第5の仮定は満たされません．自己相関は，時系列データに幅広く見られる重要な特徴であり，第IV部でより詳しく検討します．

固定効果回帰の標準誤差

基本概念 10.3 の仮定 5 が成り立つとき，説明変数が与えられた下で，u_{it} は時間を通じて相関はありません．その場合，T がある程度以上に大きいとき，いつもの（不均一分散を考慮した）標準誤差は正しいものとして使えます．

もし誤差項に自己相関があるのなら，いつもの標準誤差の公式は正しくはありません．それを理解するために，不均一分散の場合の議論とのアナロジー（類推）で考えます．クロスセクション・データを使った回帰分析において，もし誤差項が不均一分散であれば，（5.4 節で議論したように）均一分散のみに有効な標準誤差は正しくありません．なぜなら，それは均一分散という誤った仮定の下で導出されているからです．同様に，もしパネルデータにおける誤差項に自己相関があるのなら，いつもの標準誤差は正しくありません．なぜなら，それは誤差項の自己相関はないという誤った仮定の下で導出されているからです．付論 10.2 では，回帰誤差に自己相関があるとき，いつもの標準誤差がなぜ正しくないのか数学的に説明します．

もし u_{it} が潜在的に不均一分散で，かつ潜在的に時間を通じた相関があるとき，その下で妥当な標準誤差は，不均一分散と自己相関を考慮した標準誤差（**heteroscedasticity- and autocorrelation-consistent〈HAC〉standard error**）と呼ばれます．付論 10.2 で述べる標準誤差は HAC 標準誤差の一種であり，クラスター標準誤差（**clustered standard error**）と呼ばれます．なぜなら，その誤差項は，ある同じクラスター／グループの中で相関があり，しかし同じクラスターではない誤差項に対しては無相関となるからです．パネルデータの自己相関という文脈で言えば，クラスターは，同じ主体についてすべての時点 $t = 1, \ldots, T$ の観測値からなります．u_{it} が時間を通じて相関があるとき，クラスター標準誤差を使うべきなのです．

10.6 飲酒運転に対する法律と交通死亡事故

アルコールに対する税は飲酒運転を抑制する 1 つの方法にすぎません．飲酒運転に対する罰則規定は州によって異なります．飲酒運転を厳しく取り締まる州では，アルコール税を上げるとともに法律を厳しくして，全面的に対処するでしょう．その場合，法制度の影響を考慮しなければ，州固定効果・時間効果を考慮した回帰モデルにおいてさえも除外された変数のバイアスが発生します．さらに言えば，自動車の使用量はドライバーが仕事を持っているかどうかにも依存するでしょうし，また税制の変化は経済状況を反映しうる（州財政の赤字は増税につながりうる）ので，州の経済状況もまた除外された変数バイアスをもたらすかもしれません．

本節ではこれまでの検証を拡張し，飲酒に関する法制度（ビール税を含む）の交通事故死亡者数への影響について，経済状況を一定とした下で分析します．ここでは，他の飲酒

運転に関する法律や州の経済状況を表す説明変数をパネル回帰モデルに含めて推定を行います．

その推定結果は表 10.1 にまとめられています．表の形式は，これまで第 7〜9 章で議論した推定結果の表と同じもので，表の各列はそれぞれ異なる回帰モデルの結果を，各行は係数の推定値，標準誤差，F 統計量，p 値，そして回帰分析のその他の情報を報告しています．

表 10.1 の (1) 列は，州と時間の固定効果をともに考慮しない場合の結果を表しており，実質ビール税が死亡者比率にもたらす OLS 推定の結果が報告されています．1982 年および 1988 年のクロスセクション回帰（(10.2) 式と (10.3) 式）のように，実質ビール税にかかる係数はプラス（0.36）で，5% 水準で統計的に有意にゼロとは異なるという結果が示されています．この推定値によれば，ビール税を上げることで交通事故死亡者が増えることになります！　しかし，(2) 列の回帰式の結果は（先に (10.15) 式で説明したものですが），州の固定効果を考慮しており，モデル (1) で推定された正の係数値は除外された変数バイアスの結果であることを示唆しています（実質ビール税の係数は -0.66）．固定効果を考慮することで回帰の $\overline{R}^2$ は 0.090 から 0.889 へとジャンプしました．州の固定効果は明らかにデータ変動の大きな部分を説明しています．

(3) 列の結果が示すように，(2) 列のモデルに時間効果を追加しても，推計結果はほとんど変わりません（この結果は先に (10.21) 式で議論したとおりです）．(1) 列から (3) 列までの結果は，除外された固定的な要因——歴史的・文化的要因，一般的な道路状況，人口密度，飲酒運転に対する人々の態度など——のバイアスの存在と整合的で，それらは州をまたがって交通事故死亡者数が変動する重要な要因であることがわかります．

表 10.1 の次の 3 つの回帰モデルは，時間効果・州の固定効果とともに，死亡者比率の潜在的な決定要因を追加考慮したものです．基本モデルは (4) 列に示されているとおり，飲酒運転の法制度にかかわる 2 種類の変数，運転量をコントロールする変数，全般的な州の経済状況を表す変数が含まれています．飲酒運転に関する 1 つ目の変数は，法的な飲酒可能年齢が 18，19，そして 20 歳です（ここで法的飲酒年齢が 21 歳かそれ以上は「除外されたグループ」）．2 つ目の変数は，初めて飲酒運転で起訴された場合の罰則に関するもので，罰則規定として刑務所への入所が義務付けられるかどうか，あるいは地域サービスを義務付けられるかどうかです（これらよりも厳しくない罰則規定は除外されたグループに相当する）．運転量と経済状況に関する 3 つの変数は，運転手 1 人当たりの平均運転距離（マイル），失業率，そして 1 人当たり実質個人所得（1988 年価格で評価）の対数値です．所得に対数値を取ることで，所得のパーセント変化で係数を解釈できるようになります（8.2 節を参照）．

(4) 列の回帰分析から，4 つの興味深い結果が得られました．

1. 説明変数を追加することで，実質ビール税の係数の推定値がモデル (3) に比べて小さくなりました．推定された係数（-0.45）はマイナスで，5% 水準で統計的に有意で

表 10.1　飲酒運転に対する法律の交通事故死亡者数への影響：回帰分析の結果

被説明変数：交通事故死亡者比率（10,000 人当たり死亡者数）

説明変数	(1)	(2)	(3)	(4)	(5)	(6)	(7)
ビール税	0.36** (0.05)	−0.66** (0.20)	−0.64* (0.25)	−0.45* (0.22)	−0.70** (0.25)	−0.46* (0.22)	−0.45 (0.32)
飲酒可能年齢 18 歳				0.028 (0.066)	−0.011 (0.064)		0.028 (0.076)
飲酒可能年齢 19 歳				−0.019 (0.040)	−0.078 (0.049)		−0.019 (0.054)
飲酒可能年齢 20 歳				0.031 (0.046)	−0.102* (0.046)		0.031 (0.055)
飲酒可能年齢						−0.002 (0.017)	
刑務所入所の義務付け				0.013 (0.032)	−0.026 (0.065)		0.013 (0.018)
地域サービスの義務付け				0.033 (0.115)	0.147 (0.137)		0.033 (0.144)
刑務所入所または地域サービスの義務付け						0.039 (0.084)	
平均運転距離				0.008 (0.008)	0.017 (0.010)	0.009 (0.008)	0.008 (0.007)
失業率				−0.063** (0.012)		−0.063** (0.012)	−0.063** (0.014)
1 人当たり実質所得（対数値）				1.81** (0.47)		1.79** (0.45)	1.81* (0.69)
州効果の有無	no	yes	yes	yes	yes	yes	yes
時間効果の有無	no	no	yes	yes	yes	yes	yes
クラスター標準誤差の利用	no	no	no	no	no	no	yes
変数グループの有意性をテストする F 統計量と p 値							
時間効果 = 0			2.47 (0.024)	11.44 (< 0.001)	2.28 (0.037)	11.62 (< 0.001)	8.64 (< 0.001)
飲酒可能年齢の係数 = 0				0.48 (0.696)	2.09 (0.102)		0.30 (0.825)
刑務所と地域サービスの係数 = 0				0.17 (0.845)	0.59 (0.557)		0.28 (0.758)
失業率と 1 人当たり所得の係数 = 0				38.29 (< 0.001)		40.15 (< 0.001)	25.88 (< 0.001)
$\overline{R}^2$	0.090	0.889	0.891	0.926	0.893	0.926	0.926

注：これらの回帰式は，アメリカ 48 州の 1982 年から 1988 年のパネルデータ（336 観測値，データの定義は付論 10.1）を使って推計．係数の下のカッコ内には標準誤差，F 統計量の下のカッコ内には p 値がそれぞれ示されている．個々の係数は 5％（*）および 1％（**）水準で統計的に有意．

す．係数の大きさを評価する1つの方法は，ある州で実質ビール税を2倍に増やした場合を考えることです．このデータセットの実質ビール税は1ケース当たり平均で0.50ドルなので，0.50ドル／ケースの増税を意味します．(4)列の推定値によれば，(1988年価格換算で)ビール税0.50ドルの増税により，死亡者比率は人口10,000人当たり$0.45 \times 0.50 = 0.23$人の死亡者数の減少が予想されます．この推定された効果は大きいものです．なぜなら，平均の死亡者比率は10,000人当たり2なので，0.23の減少は10,000人当たりの交通事故死亡者比率を1.77へ引き下げることを意味するからです．その上で，この推定値はかなり不正確です．この係数の標準誤差は0.22なので，この効果に関する95%信頼区間は$-0.45 \times 0.50 \pm 1.96 \times 0.22 \times 0.50 = (-0.44, -0.01)$．95%信頼区間は広く，真の効果が取りうる範囲はゼロに非常に近い値も含んでいます．

2. 法的に飲酒可能な下限年齢は，交通事故死亡者数にほとんど影響を与えないと推定されました．飲酒可能年齢に関する係数がすべてゼロという結合仮説をテストしたところ，10%有意水準でも棄却されませんでした．それら3つの係数＝ゼロをテストするF統計量は0.48で，p値は0.696です．さらに推定値の大きさも小さいものです．たとえば法定飲酒年齢の下限が18歳である州では，それが21歳である州と比べて，人口10,000人当たりの死亡者比率は（他の要因は一定の下で）0.028だけ高いに過ぎません．

3. 初犯の場合の罰則に関する係数についても推定値は小さく，それらの係数は，結合テストから，10%水準で統計的に有意にゼロとは異なりませんでした（F統計量は0.17）．

4. 経済状況に関する変数は交通事故死亡者数に対してかなりの説明力を持ちます．高い失業率は死亡者比率を減少させ，失業率が1%ポイント上昇すれば10,000人当たりの死亡者数を0.063低下させます．同様に，実質1人当たり所得が増えれば，死亡者比率は高まります．その係数は1.81なので，実質1人当たり所得が1%増えれば交通事故死亡者比率は人口10,000人当たり0.0181高まります（この係数の解釈については，基本概念8.2のケースIを参照）．これらの推定結果から，良い経済状況はより高い死亡者比率をもたらすことがわかります．おそらくその理由は，失業率が低ければより自動車交通量が増え，また所得が高まればアルコール消費量が増えるためと考えられます．これら2つの経済変数に関する結合テストを行うと，0.1%有意水準で有意でした（F統計量は38.29）．

表10.1の(5)列と(6)列は，基本モデルのこれらの結論が変わらないかどうかチェックするものです．(5)列のモデルでは，経済状況をコントロールする変数を落としています．その結果，実質ビール税の推定された効果が上昇する一方，他の係数については特に変化は見られませんでした．このビール税の効果が敏感に反応するという結果は，それらの係数が有意であったことと合わせて，基本モデルに経済変数を残しておくべきである

と示唆しています．(6)列の回帰式では，飲酒可能年齢に関して異なる関数形を想定して（3つの $(0,1)$ 変数ではなく，飲酒可能年齢自体を1つの変数として使う），なおかつ2つの罰則制度の変数を合体させて，推定結果への影響を調べています．しかし(4)列の結果は，これらの変更によって影響を受けませんでした．

表10.1 の最後の列の結果は，(4)列の回帰と同じですが，10.5 節および付論 10.2 で議論したクラスター標準誤差，すなわち各主体の中で誤差項の自己相関を容認する標準誤差を用いています．推定された係数は(4)列と(7)列で同じであり，標準誤差だけが異なります．(7)列のクラスター標準誤差の方が，(4)列の標準誤差より大きくなっています．その結果，(4)列の回帰の結論，すなわち飲酒可能年齢と飲酒運転に対する法律に関する係数は統計的に有意ではないという結論は，(7)列の HAC 標準誤差を使った場合でも得られました．(7)列の F 統計量の値は，(4)列に比べると小さいですが，F 統計量や p 値の結果に質的な違いはありません．(7)列の結果で1つ大きな違いが見られるのは，ビール税の係数にかかる HAC 標準誤差が(4)列の標準誤差よりも大きいという点です．その結果，ビール税の変化が死亡者比率へ及ぼす効果の 95% 信頼区間は $(-1.09, 0.20)$ となり，これは(4)列の信頼区間 $(-0.89, -0.01)$ よりも幅が広く，また信頼区間にゼロを含んでいます．

この分析の強みは，州固定効果と時間効果の両方を考慮して，観測されない変数——時間とともに変化しない要因（飲酒運転に対する文化的態度など），そして州によって変化しない要因（自動車運転の安全性の向上など）——がもたらす除外された変数バイアスの問題を軽減しようとしている点です．しかしながら，いつもと同じく，本分析の限界についても考えておかなければなりません．除外された変数バイアスとして潜在的に考えられる要因は，ここで用いたアルコール税指標，つまり実質ビール税が，他のアルコール関連の税と一緒に変化するという可能性です．そうだとすれば，ここでの推定結果はビールだけでなく，より広くアルコール全般にも成り立つと解釈できるかもしれません．より微妙な可能性としては，実質ビール税は，おそらく政治的なプレッシャーを背景とした公的教育のキャンペーンに関係していることも考えられます．もしそうならば，実質ビール税の変化には，飲酒運転を減らすためのより広いキャンペーンの影響を含んでいるかもしれません．

以上の推定結果は，飲酒運転を減らす対策と交通事故死亡者数の関係について，論議を呼ぶことになるでしょう．先の推定値は，飲酒運転に対する厳罰化も，また飲酒可能年齢の引き上げも，交通事故死者数に重要な影響を及ぼさないと示唆しています．それとは対照的に，実質ビール税で測ったアルコール税の引き上げが交通事故死者数を減らすのに有効であるという実証結果が示されました．ただしその影響の大きさについては，不正確にしか推定されませんでした[2]．

---

[2]これらのデータに基づくさらなる分析に関心のある読者は，Ruhm（1996）を参照．アルコールと飲酒運転，そしてより一般にアルコールに関する経済分析については，Cook and Moore（2000）を参照．

10.7 結論

　本章では，同じ主体について時間の経過とともに得られる観測値が，モデルから除外された観察されない変数（主体ごとに異なり，時間を通じて一定の要因）の影響をコントロールするのに使われる様子を説明しました．鍵となる考え方は，もし観察されない変数が時間とともに一定であれば，被説明変数が変化するのは，主体ごとに固定された特性以外の要因によるものだという点です．たとえば，飲酒運転に対する文化的態度が各州で7年間ほぼ一定であれば，交通事故死者数の変化はそれ以外の要因によって説明されることになります．

　この考え方を利用するには，同一主体について2つ以上の時点で観察されるデータ，つまりパネルデータが必要です．パネルデータがあれば，第2部で学んだ多変数回帰モデルの手法に基づき，各主体に対応した(0,1)変数を含んだモデルへと拡張されます．それが固定効果回帰モデルであり，OLS推定が可能です．固定効果回帰モデルをさらに拡張し，時間効果を追加的に考慮して，時間とともに変化するが主体の間では一定であるような観察されない変数の影響をコントロールできます．主体の固定効果と時間効果を両方考慮すれば，時間とともに一定である要因と主体間で一定である要因の影響をコントロールできるのです．

　これらのメリットにもかかわらず，固定効果・時間効果の回帰モデルでは，主体間と時点間の両方で変化するような観察されない要因をコントロールすることはできません．そして自明なことですが，パネルデータ分析にはパネルデータが必要です．しかしパネルデータが利用できない場合も少なくありません．したがって，パネルデータの手法が使えない場合に，除外された観察されない変数の影響を取り除く方法が必要です．そのための有力なそして一般的な手法が，第12章のトピックである操作変数回帰モデルなのです．

要約

1. パネルデータは複数の主体（n）——州，企業，人々など——の観測値からなり，各主体の観測値は2つ以上の時点（T）で観察される．
2. 主体の固定効果を含む回帰は，主体によって異なるものの時間を通じて一定であるような観察されない変数をコントロールする．
3. データが2時点のとき，固定効果回帰は「事前と事後」の回帰，すなわち第1期から第2期へのYの変化をXの変化で回帰して行なわれる．
4. 主体の固定効果回帰モデルは，$(n-1)$個の主体の(0,1)変数，観察される説明変数（X），それに定数項を含めて推定される．
5. 時間の固定効果は，主体の間では同一であるが時間とともに変化するような観察されない変数をコントロールする．

6. 主体と時間の固定効果回帰モデルは，$(n-1)$ 個の主体の $(0,1)$ 変数，$(T-1)$ 個の時間の $(0,1)$ 変数，そして説明変数 X と定数項を含めて推定される．

キーワード

パネルデータ [panel data]　*308*

バランスしたパネル [balanced panel]　*308*

アンバランスなパネル [unbalanced panel]　*308*

固定効果回帰モデル [fixed effects regression model]　*314*

主体の固定効果 [entity fixed effects]　*314*

時間の固定効果回帰モデル [time fixed effects regression model]　*318*

時間の固定効果 [time fixed effects]　*318*

主体と時間の固定効果回帰モデル [entity and time fixed effects regression model]　*319*

自己相関 [autocorrelated]　*322*

系列相関 [serially correlated]　*322*

不均一分散と自己相関を考慮した（HAC）標準誤差 [heteroscedasticity and autocorrelation-consistent〈HAC〉standard error]　*323*

クラスター標準誤差 [clustered standard error]　*323*

練習問題

10.1 この問題では，表 10.1 で要約された飲酒運転に関するパネルデータ回帰について考えます．

    a. ニュージャージー州は，人口 8100 万人の母集団を有します．いまニュージャージー州で，ビール 1 ケース当たり（1988 ドルから）1 ドル増税したとします．(4) 列の結果を使い，次の年に死亡しなかった人の数を予測しなさい．また，その答えに関する 95% 信頼区間を求めなさい．

    b. ニュージャージー州の飲酒年齢は 21 歳です．ニュージャージー州が飲酒年齢を 18 歳に下げたとします．(4) 列の結果を使い，次の年の交通事故死亡者数の変化を予測しなさい．また，その答えに関する 95% 信頼区間を求めなさい．

    c. ニュージャージー州の 1 人当たり実質所得が次の年に 1% 上昇したとします．(4) 列の結果を使い，次の年の交通事故死亡者数の変化を予測しなさい．また，その答えに関する 95% 信頼区間を求めなさい．

    d. 時間効果を回帰式に含めるべきでしょうか．また，その理由はなんでしょうか．

    e. (5) 列のビール税に関する係数の推定値は 1% 水準で有意です．(4) 列の推定値は 5% 水準で有意です．このことは，(5) 列の推定値の方が，より信頼できることを意味するでしょうか．

    f. ある研究者は，失業率が交通事故死亡者数に与える影響について，西部の州と他の州で異なると推測しています．あなたは，この仮説をどのようにしてテストしますか．

(用いる回帰式の特定化や統計的なテストに関して，具体的に説明しなさい．)

10.2 (10.11) 式で表される (0,1) 変数を使った固定効果モデルに，説明変数 $D1_i$ を追加します．つまり，以下の式を考えます．

$$Y_{it} = \beta_0 + \beta_1 X_{it} + \gamma_1 D1_i + \gamma_2 D2_i + \cdots + \gamma_n Dn_i + u_{it}$$

a. $n = 3$ とします．(0,1) 説明変数と定数項が完全に多重共線性を持っている，つまり，変数 $D1_i, D2_i, D3_i$ と $X_{0,it}$ の中の 1 つが他の変数の完全に線形関数となっていることを示しなさい（そこで，すべての i, t に関して，$X_{0,it} = 1$）．

b. 一般的な n について，(a) の結果を示しなさい．

c. もしこの回帰係数を OLS で推定しようとすると，何が起こるでしょうか．

10.3 9.2 節では，回帰を行う際の内部正当性に対する 5 つの潜在的な問題をリストアップしました．このリストを 10.6 節の実証分析に適用し，内部正当性に関する結論を導き出しなさい．

10.4 (10.11) 式の回帰式を用いて，以下の主体と時点における傾きと定数項を導出しなさい．

a. 第 1 主体，第 1 時点

b. 第 1 主体，第 3 時点

c. 第 3 主体，第 1 時点

d. 第 3 主体，第 3 時点

10.5 1 説明変数の回帰モデル $Y_{it} = \beta_1 X_{1,it} + \alpha_i + \mu_t + u_{it}$ を考えます．また，このモデルは以下の式のように書き換えることができます：

$$Y_{it} = \beta_0 + \beta_1 X_{1,it} + \delta_2 B2_t + \cdots + \delta_T BT_t + \gamma_2 D2_i + \cdots + \gamma_n Dn_i + u_{it}.$$

ここで，$t = 2$ のときに $B2_t = 1$，それ以外は 0，そして $i = 2$ のときに $D2_i = 1$，それ以外は 0 であり，他の B, D に関しても同様に定義されます．係数 $(\beta_0, \delta_2, \cdots, \delta_T, \gamma_2, \cdots, \gamma_n)$ は係数 $(\alpha_1, \cdots, \alpha_n, \mu_1, \cdots, \mu_T)$ とどのように関係するでしょうか．

10.6 10.5 節の固定効果回帰の仮定を満たしているものとします．(10.28) 式において，$t \neq s$ のとき $\text{cov}(\widetilde{v}_{it}, \widetilde{v}_{is}) = 0$ であることを示しなさい．

10.7 ある研究者は，道路が凍結しているときには交通事故死亡者が増加するので，積雪が多い州は，他の州よりも交通事故死亡者数が多いと考えています．積雪が交通事故死亡者へ及ぼす影響を推定するために，以下の方法について考えました．コメントしなさい．

a. その研究者は，各州の平均積雪量のデータ ($AverageSnow_i$) を収集し，それを説明変数として表 10.1 の回帰式に加えました．

b. その研究者は，各州・各年の積雪量データ ($Snow_{it}$) を収集し，それを説明変数として回帰式に加えました．

10.8 以下の線形パネルデータ・モデルの観測値 (Y_{it}, X_{it}) について考えます：

$$Y_{it} = X_{it}\beta_1 + \alpha_i + \lambda_i t + u_{it}, \ t = 1, \ldots, T, \ i = 1, \ldots, N.$$

ここで，$\alpha_i + \lambda_i t$ は観察できない主体特有の時間トレンドです．あなたはどのようにして β_1 を推定しますか．

10.9 固定効果モデルにおいて，10.5 節の仮定 5 はなぜ重要なのか説明しなさい．仮定 5 が満たされない場合，何が起こるでしょうか．

10.10 a. 固定効果モデルにおいて，主体の固定効果 α_i は，T を固定した下で，$n \to \infty$ のとき一致推定量となるでしょうか．（ヒント：X のないモデル $Y_{it} = \alpha_i + u_{it}$ を分析しなさい．）

b. n は大きく（たとえば $n = 2000$），T は小さい（たとえば $T = 4$）とき，α_i の推定値は正規分布で近似できると考えますか．その理由は何でしょうか．（ヒント：X のないモデル $Y_{it} = \alpha_i + u_{it}$ を分析しなさい．）

10.11 労働者の賃金に関するパネルデータを用いて教育が賃金に与える影響を研究するとします．ある研究者は，固定効果モデルを用いて，賃金を年齢，教育，組合加入の有無，前年の賃金で回帰しました．この回帰により，各説明変数の賃金に与える効果について，信頼できる推定値を得ることができるでしょうか．説明しなさい．（ヒント：10.5 節の固定効果回帰の仮定をチェックしなさい．）

実証練習問題

E10.1 アメリカのいくつかの州では，市民に銃の携帯を認める法律を制定しています．この法律は，州民であり，心身正常で責任能力をもち，かつ重罪の有罪判決を受けたことがない（州によっては追加的な規定もある）申請者全員に対して銃携帯の許可証を発行することができるために，「shall issue」法として知られています．その法律を支持している人は，もし多くの人が銃を携帯していたら，犯罪者が他人を襲うことを思いとどまらせるので，犯罪が減るだろうと主張しています．一方反対している人は，事故もしくは勝手に銃を使用することによって，犯罪は増えるだろうと主張しています．この練習問題では，凶悪犯罪に対する銃携帯の法律の効果を分析します．本書の補助教材で，1977 年から 1999 年までのアメリカ 50 州とコロンビア特別区のバランスしたパネルデータを含むデータファイル Guns を見つけましょう[3]．データの詳細は，Guns_Description を見てください．

a. 次の回帰を行いなさい．(1) ln(vio) を shall で回帰，(2) ln(vio) を shall, incarc_rate, density, avginc, pop, pb1064, pw1064, pm1029 で回帰．

i. 回帰 (2) の shall の係数について解釈しなさい．この推定値は「現実的な」意味

---

[3] これらのデータはスタンフォード大学の John Donohue 教授から提供されたもので，Ian Ayres との共同研究である "Shooting Down the 'More Guns Less Crime' Hypothesis" *Stanford Law Review* 2003; 55:1193–1312 で使用されたものです．

で大きいですか，それとも小さいですか．

    ii. 回帰 (2) でコントロール変数を追加したことによって，回帰 (1) の「shall carry」法の効果の推定値は統計的に有意に違いが生じましたか．「現実的な」意味で有意に違いが生じていますか．

    iii. 州によっては異なるものの時間を通じてあまり（もしくはまったく）変化がないと考えられる要因で，回帰 (2) で除外された変数のバイアスを引き起こす可能性がある変数を挙げなさい．

  b. 州の固定効果を考慮すると，結果は変わりますか．もしそうならば，どの回帰の結果がより信頼できるでしょうか．また，その理由は何でしょうか．

  c. 時間効果を考慮すると，結果は変わりますか．もしそうならば，どの回帰の結果がより信頼できるでしょうか．また，その理由は何でしょうか．

  d. $\ln(vio)$ の代わりに $\ln(rob)$ と $\ln(mur)$ を使って，もう一度分析を行いなさい．

  e. あなたの意見では，この回帰分析の内部の正当性を危うくする最も大きな問題は何だと思いますか．

  f. この実証分析から，銃携帯に関する法律が犯罪率へ及ぼす効果に関して，どのような結論が導かれますか．

E10.2 交通事故は 5 歳から 32 歳までのアメリカ人にとって一番の死因です．さまざまな支出政策を通じて，連邦政府は州に対してシートベルト着用を義務化する法律を制定して，死亡者や重症者の数を減らすよう働きかけています．この練習問題では，これらの法律がシートベルトの使用を増やし，死亡者を減らすことにどのくらい有効か分析します．本書の補助教材で，1983 年から 1997 年までのアメリカ 50 州とコロンビア特別区のパネルデータを含むデータファイル Seatbelts を見つけましょう[4]．データの詳細は，Seatbelts_Description を見てください．

  a. 死亡者に対するシートベルトの使用の効果を推定するために，FatalityRate を sb_useage, speed65, speed70, ba08, drinkage21, $\ln(income)$, age で回帰してみましょう．回帰の推定結果は，シートベルトの使用を増やすと死亡者が減ることを示していますか．

  b. 州の固定効果を考慮すると結果は変わりますか．結果が変わる理由を直感的に説明しなさい．

  c. 時間効果と州による固定効果を考慮すると結果は変わりますか．

  d. どの回帰の特定化——(a) か (b) か (c) か——がより信頼できそうでしょうか．理由を説明しなさい．

  e. (c) の結果を使って，sb_useage の係数の大きさを議論しなさい．大きいでしょうか．小さいでしょうか．シートベルトの使用を 52% から 92% に増やしていたら，どのく

---

[4] これらのデータはスタンフォード大学の Liran Einav 教授から提供されたもので，Alma Cohen との共同研究である "The Effects of Mandatory Seat Belt Laws on Driving Behavior and Traffic Fatalities" *The Review of Economics and Statistics* 2003; 85(4):828-843 で使用されたものです．

f. シートベルト着用を義務とする法律を実際に施行するには，2つの方法があります．「第1の（primary）」施行の仕方は，もし警察官がシートベルトをしていない運転者を見つけたら，車を止めて違反切符を切ることができるというものである．「第2の（secondary）」施行の仕方は，警察官はシートベルトをしていない運転者を見つけたら違反切符を切ることができるものの，車を止めるには別の理由が必要であるというものです．データセットには，primary という第1の施行に関する (0,1) 変数があり，secondary という第2に関する (0,1) 変数があります．sb_useage を primary, secondary, speed65, speed70, ba08, drinkage21, ln(income), age，そして固定効果と時間効果を含めて回帰を行いなさい．第1の施行の仕方は，シートベルトの使用を増やすでしょうか．第2の施行の仕方に関してはどうでしょうか．
g. 2000 年にニュージャージーは第 2 の施行から第 1 の施行の仕方に変更しました．この変更によって命が助かった人の数を 1 年ごとに推定しなさい．

付論 10.1　州の交通事故死亡者に関するデータセット

このデータは，1982 年から 1988 年にかけてのアメリカ 48 州（アラスカ州とハワイ州を除く）の年次データです．交通事故の死亡者比率は，ある年のある州に住む 10,000 人当たりの交通事故死亡者数となっています．交通事故死亡者のデータはアメリカの交通死亡事故分析システム局（U.S. Department of Transportation Fatal Accident Reporting System から得ることができます．ビール税は，ビール 1 ケース当たりの税金で，それは一般に州のアルコール税の指標です．表 10.1 の飲酒年齢に関する変数は (0,1) 変数で，法律で定められている飲酒年齢が 18 歳，19 歳，もしくは 20 歳かどうかを表します．表 10.1 の 2 つの罰則に関する (0,1) 変数は，飲酒運転で初めて有罪判決が出た際の州での最も少ない量刑を表しています．「拘置を義務付けているか？」という変数は，ある州が拘置を科す場合は 1，そうでなければ 0 となる変数で，「社会奉仕活動を義務付けているか？」という変数は，ある州が社会奉仕活動を行わせる場合は 1，そうでなければ 0 となる変数を表しています．州ごとの年間走行距離（マイル）に関するデータは，交通局から得ることができます．個人所得はアメリカの経済分析局から得ることができ，失業率はアメリカの労働統計局から得られます．

これらのデータは，ノースカロライナ大学経済学部の Christopher J. Ruhm 教授により提供されました．

付論 10.2　誤差項に系列相関があるときの固定効果回帰の標準誤差

この付論では，誤差項に系列相関があるとき，具体的には基本概念 10.3 の仮定 5 が満たされていないときの，固定効果回帰の標準誤差に関する公式を導出します．もし u_{it} が X の条件付として自己相関するならば，通常の標準誤差の公式は適切ではありません．この付論ではなぜそうなるのかを説明するとともに，誤差項が不均一分散，かつ（もしくは）自己相関がある場合にも適用できる標準誤差，つまり不均一分散と自己相関を考慮した（heteroscedasiticity- and autocorrelation-consisitent, HAC）標準誤差の公式を導出します．

この付論では，説明変数が 1 つで，主体間の平均を各変数から除去した固定効果回帰を考えます．練習問題 18.15 では，この付論の公式を多変数回帰に拡張しています．全体を通じ，主体の数は多いけれども時点の数 T は少ないというケースに焦点を絞ぼります．これは，数学的には，n は無限大にまで増加する一方，T は固定したままとして取り扱うことに対応しています．

固定効果モデルの推定量の漸近分布

β_1 の固定効果推定量は，(10.14) 式の各主体の平均を除いた回帰，つまり，$\widetilde{Y}_{it} = Y_{it} - \bar{Y}_i, \widetilde{X}_{it} = X_{it} - \bar{X}_i, \bar{Y}_i = T^{-1}\sum_{t=1}^{T} Y_{it}, \bar{X}_i = T^{-1}\sum_{t=1}^{T} X_{it}$ としたときの $\widetilde{Y}_{it}$ を $\widetilde{X}_{it}$ で回帰したときの OLS 推定量となります．OLS 推定量の公式は，(4.7) 式の $X_i - \bar{X}$ を $\widetilde{X}_{it}$，$Y_i - \bar{Y}$ を $\widetilde{Y}_{it}$ で置き換え，(4.7) 式では 1 つの総和であったものを主体全体 ($i = 1, \cdots, n$) および時点全体 ($t = 1, \cdots, T$) の 2 つの総和で置き換えます[5]：

$$\hat{\beta}_1 = \frac{\sum_{i=1}^{n}\sum_{t=1}^{T} \widetilde{X}_{it}\widetilde{Y}_{it}}{\sum_{i=1}^{n}\sum_{t=1}^{T} \widetilde{X}_{it}^2}. \tag{10.22}$$

$\hat{\beta}_1$ の標本分布の導出はクロスセクション・データに関する OLS 推定量の標本分布の導出の仕方（付論 4.3）と同様です．まず最初に，$\widetilde{Y}_{it} = \beta_1 \widetilde{X}_{it} + \widetilde{u}_{it}$ [(10.14) 式] を (10.22) 式の分子に代入し，書き換えると以下の式を得ます：

$$\hat{\beta}_1 - \beta_1 = \frac{\sum_{i=1}^{n}\sum_{t=1}^{T} \widetilde{X}_{it}\widetilde{u}_{it}}{\sum_{i=1}^{n}\sum_{t=1}^{T} \widetilde{X}_{it}^2}. \tag{10.23}$$

次に，(10.23) 式の右辺の分母を nT で割り，分子を $\sqrt{nT}$ で割り，左辺に $\sqrt{nT}$ を掛け，そして $\sum_{t=1}^{T} \widetilde{X}_{it}\widetilde{u}_{it} = \sum_{t=1}^{T} \widetilde{X}_{it} u_{it} [\sum_{t=1}^{T}(\widetilde{X}_{it} - \bar{X}_i)]\bar{u}_{it} = \sum_{t=1}^{T} \widetilde{X}_{it} u_{it}$ であることに注意すると，以下のようになります：

$$\sqrt{nT}(\hat{\beta}_1 - \beta_1) = \frac{\sqrt{\frac{1}{n}\sum_{i=1}^{n}\eta_i}}{\hat{Q}_{\widetilde{X}}}, \text{ここで } \eta_i = \sqrt{\frac{1}{T}\sum_{t=1}^{T}\widetilde{v}_{it}}. \tag{10.24}$$

また，$\widetilde{v}_{it} = \widetilde{X}_{it} u_{it}, \hat{Q}_{\widetilde{X}} = \frac{1}{nT}\sum_{i=1}^{n}\sum_{t=1}^{T} \widetilde{X}_{it}^2$ です．(10.24) 式のスケール・ファクター nT は標本の総数です．

基本概念 10.3 の最初の 4 つの仮定の下，$\hat{Q}_{\widetilde{X}} \xrightarrow{p} Q_{\widetilde{X}} = E[T^{-1}\sum_{t=1}^{T}\widetilde{X}_{it}^2]$ となります．また，中心極限定理により，$\sqrt{\frac{1}{n}\sum_{i=1}^{n}\eta_i}$ は，n が十分大きいとき $N(0, \sigma_\eta^2)$（σ_η^2 は η_i の分散）に従います．(10.24) 式から，仮定 1-4 の下，

---

[5] 2 重の総和は，1 つの総和を 2 重に拡張したものです：

$$\sum_{i=1}^{n}\sum_{t=1}^{T} X_{it} = \sum_{i=1}^{n}\left(\sum_{t=1}^{T} X_{it}\right)$$
$$= \sum_{i=1}^{n}(X_{i1} + X_{i2} + \cdots + X_{iT})$$
$$= (X_{11} + X_{12} + \cdots + X_{1T}) + (X_{21} + X_{22} + \cdots + X_{2T}) + \cdots + (X_{n1} + X_{n2} + \cdots + X_{nT}).$$

付論 10.2 誤差項に系列相関があるときの固定効果回帰の標準誤差

（n が大きいとき）　$\sqrt{nT}(\hat{\beta}_1 - \beta_1)$ は $N(0, \sigma_\eta^2/Q_{\tilde{X}}^2)$ に従う． (10.25)

ここで，

$$\sigma_\eta^2 = \text{var}(\eta_i) = \text{var}\left(\sqrt{\frac{1}{T}} \sum_{t=1}^{T} \widetilde{v}_{it}\right) \tag{10.26}$$

です．(10.25) 式から $\hat{\beta}_1$ の大標本分布の分散は，

$$\text{var}(\hat{\beta}_1) = \frac{1}{nT} \frac{\sigma_\eta^2}{Q_{\tilde{X}}^2} \tag{10.27}$$

となります．

基本概念 10.3 の仮定 5 の下，(10.26) 式の σ_η^2 の表現は簡単になります．2 つの確率変数 U と V に関して，$\text{var}(U+V) = \text{var}(U) + \text{var}(V) + 2\text{cov}(U,V)$ となることを思い出しましょう．したがって，(10.26) 式の和の分散は，分散と共分散の和として書くことができます：

$$\begin{aligned}
\text{var}\left(\sqrt{\frac{1}{T}}\sum_{t=1}^T \widetilde{v}_{it}\right) &= \frac{1}{T}\text{var}(\widetilde{v}_{i1} + \widetilde{v}_{i2} + \cdots + \widetilde{v}_{iT}) \\
&= \frac{1}{T}[\text{var}(\widetilde{v}_{i1}) + \text{var}(\widetilde{v}_{i2}) + \cdots + \text{var}(\widetilde{v}_{iT}) \\
&\quad + 2\text{cov}(\widetilde{v}_{i1}, \widetilde{v}_{i2}) + \cdots + 2\text{cov}(\widetilde{v}_{iT-1}, \widetilde{v}_{iT})].
\end{aligned} \tag{10.28}$$

仮定 5 の下，X が与えられた下で，誤差項は時間に関して無相関なので，(10.28) 式の共分散すべてがゼロとなります（練習問題 10.6）．しかし，もし u_{it} に自己相関があれば，(10.28) 式の共分散は一般的にゼロとはなりません．通常の不均一分散を考慮した分散の推定量はこれらの共分散をゼロと設定しているので，もし u_{it} に自己相関があれば，通常の不均一分散を考慮した分散の推定量は σ_η^2 の一致推定量にはなりません．

一方，いわゆるクラスター分散の推定量は，たとえ u_{it} が条件付きで自己相関があったとしても正当です．クラスター分散の推定量は，

$$\hat{\sigma}_{\eta,clustered}^2 = \frac{1}{nT}\sum_{i=1}^n \left(\sum_{t=1}^T \hat{v}_{it}\right)^2 \tag{10.29}$$

となります．ここで，$\hat{v}_{it} = \widetilde{X}_{it}\hat{u}_{it}$ で，$\hat{u}_{it}$ は OLS 固定効果回帰の残差です．（ソフトウェアの中には自由度を調整したクラスター分散の式を計算するものもあります．）パネルデータのクラスター標準誤差は以下のようになります：

$$SE(\hat{\beta}_1) = \sqrt{\frac{1}{nT}\frac{\hat{\sigma}_{\eta,clustered}^2}{\hat{Q}_{\tilde{X}}^2}} \quad \text{（クラスター標準誤差）}. \tag{10.30}$$

クラスター分散の推定量 $\hat{\sigma}_{\eta,clustered}^2$ は，$n \to \infty$ で T を固定した際，たとえ分散が不均一であったり，自己相関があった場合でさえ，σ_η^2 の一致推定量となります（練習問題 18.15）．つまり，分散推定量は不均一分散と自己相関を考慮したものです．この分散推定量は，誤差項が（同じ主体で，異なる時点に関する）クラスター内では相関を持つが，クラスター間では相関をもたないように観測値をグループに分けるので，クラスター分散推定量と呼ばれます．

(10.29) 式のクラスター分散の推定量が信頼できるものになるためには，n は大きくなければなりません．経済パネルデータにおける HAC 標準誤差を使った実証研究例に関しては，Bertrand, Duflo, and Mullainathan (2004) を参照してください．

u_{it} が主体間で相関を持つときの標準誤差

u_{it} が主体間で相関をもつケースもあります．たとえば，賃金に関して分析する際，単純なランダム・サンプリング抽出によって世帯を選択するように標本抽出を行い，世帯内のすべての兄弟姉妹が反映されているでしょう．誤差項に含まれる除外された要因には兄弟姉妹に関する共通の要因が含まれるので，（たとえ異なる家族間の個人に関しては独立であったとしても）兄弟姉妹に関して誤差項が独立であると仮定するのは妥当ではありません．

この兄弟姉妹のケースでは，家族は，u_{it} がクラスター内では相関をもちますが，クラスター間では相関を持たないといった自然な形でクラスター，ないしはグループに分けることができます．(10.29) 式を導出した際のクラスター化された分散の導出の仕方は，個体間でクラスターを分けたり（たとえば，家族），個体と時間両方に関してクラスターを分けるように修正することができます．

第11章 被説明変数が (0, 1) 変数の回帰分析

　いま性格や能力はまったく同じで人種だけが異なる二人が，銀行に住宅ローンを借りに行くとします．そして同じ家を買うために同額のローンを申し込んだとしましょう．銀行はその二人をまったく同じように取り扱うでしょうか．二人の住宅ローン申請がともに認められる可能性はどの程度でしょうか．法律では彼らはまったく同じように取り扱われなければなりません．しかし現実はどうなのか．それは銀行の規制・監督官にとっても重大な関心事です．

　銀行ローンは，正当なさまざまな理由から，承認されたり否認されたりします．たとえば，ローンの毎月の返済額が，毎月の所得のほとんどを占めるようであれば，そのローンは当然認められないでしょう．また銀行の貸付担当者も人間なので，悪意のないミスから，未婚で少数民族（マイノリティ）の応募者のローンが否認されることもありえます．しかし，その場合は差別とはまったく無関係です．このように差別に関する多くの研究では，差別の証拠があるかどうか統計的な検証を行います．そして，白人とマイノリティで異なる取り扱いをされているかどうか，大きなデータセットを使って検証するのです．

　しかし住宅ローン市場での差別の統計的証拠については，どうすれば正確にチェックできるでしょうか．まずできることは，住宅ローンを否認された人の割合をマイノリティと白人で比較することです．本章では，1990年マサチューセッツ州ボストンでの住宅ローン応募のデータを使います．そこでは黒人の応募者の28%が否認されたのに対し，白人応募者で否認された割合は9%でした．しかし，この比較からでは冒頭の設問に必ずしも答えることはできません．なぜなら黒人と白人の応募者は，人種以外はすべて同じとはいえないからです．応募者に関する他の特性は一定の下で，否認された割合を比較する分析手法が必要です．

　これは多変数回帰分析と同じと思われるかもしれません．実際そのとおりなのですが，しかし少し修正点があります．その修正点とは，被説明変数——応募者のローンが否認されるかどうか——が (0, 1) 変数という点です．第II部では (0, 1) 変数を説明変数として使用し，そのことで特に問題は生じませんでした．一方，もし被説明変数が (0, 1) である場合には，分析はより難しくなります．0と1しか取らない被説明変数に回帰線をフィットさせることは，何を意味するのでしょうか．

この問題に対する答えは，回帰式を「予測される確率」と解釈することです．この解釈については11.1節で議論します．そう解釈することにより，第Ⅱ部の多変数回帰モデルを $(0,1)$ の被説明変数へ応用することができます．11.1節ではこの「線形確率モデル」を注意深く検討します．しかし，予測される確率と解釈できるのならば，別の非線形の回帰モデルでも確率をうまくモデル化できるかもしれません．それは「プロビット」と「ロジット」回帰と呼ばれる手法で，11.2節で議論されます．11.3節は上級の内容を含むオプションで，プロビットとロジット回帰モデルの係数を推定する方法，すなわち最尤推定量を説明します．11.4節では，これらの手法をボストンの住宅ローン応募データに応用し，住宅貸付に人種による偏りが見られるかどうか検証します．

本章で議論する $(0,1)$ の被説明変数は，その変動範囲が限定される被説明変数，すなわち**限定された被説明変数**（**limited dependent variable**）の1つの例です．このほかの限定された被説明変数——たとえば複数の整数値を取る被説明変数——については付論11.3でサーベイします．

11.1 $(0,1)$ 被説明変数と線形確率モデル

住宅ローンの申請が承認されるか否認されるかは $(0,1)$ 変数の一例です．それ以外にも多くの重要な問題が $(0,1)$ 変数を使って表現されます．授業料免除の奨学金は，人々が大学へ進学するかどうかの決定にどう影響を及ぼすか．10代の若者の喫煙は何が原因なのか．ある国が海外からの援助を受けるかどうかの判断の決め手は何か．就職活動で成功する秘訣は何か．これらの例で，結果として起こる事柄はすべて $(0,1)$ です．生徒が大学へ進学するかどうか，若者が喫煙するかどうか，国が海外援助を受けるかどうか，求職者が職を得るかどうかなどです．

この節では，被説明変数が $(0,1)$ の場合と連続的な変数の場合で何が異なるのかを議論します．そのうえで $(0,1)$ の被説明変数を用いる最も単純なモデルとして線形確率モデルを説明します．

$(0,1)$ 被説明変数

本章では，応用例として，人種を理由に住宅ローン申請が否認されるかについて検討します．ここでの $(0,1)$ 被説明変数は，ローン申請が却下されるかどうかです．データは，ボストン連邦準備銀行の研究者が住宅ローン情報公開法（Home Mortgage Disclosure Act, HMDA）の下で作成した大規模データセットの一部で，1990年のマサチューセッツ州ボストン地域の住宅ローン応募に関するものです．ボストンHMDAデータの詳細は，付論11.1にまとめられています．

住宅ローンの申請書は複雑で，融資担当者による審査プロセスも込み入っています．銀

11.1 (0,1) 被説明変数と線形確率モデル

図 11.1　住宅ローン申請の可否と返済・所得比率の散布図

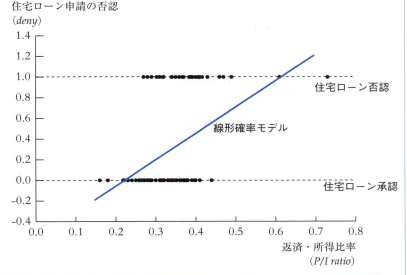

ローン返済額の所得に占める比率（P/I ratio）が高い申請者は，否認される可能性が高い（否認の場合 deny = 1，承認の場合 deny = 0）．線形確率モデルは，P/I ratio が与えられる下で，否認される確率を直線でモデル化する．

　行の融資担当者は，応募者が無事返済を完了するかどうか予測しなければなりません．1つの重要な情報としては，応募者の所得と比べたローン返済額の大きさです．お金を借りた人なら誰でもわかるように，返済額が自分の所得の50%よりも10%であるほうが返済はずっと楽です．したがって私たちは，まず次の2つの変数——deny と P/I ratio——の関係を調べます．deny は (0,1) の被説明変数で，ローン申請が否認されたら1，承認されたら0を取ります．一方，P/I ratio は連続変数で，予想される毎月の返済額（payment）と毎月の所得（income）との比率（返済・所得比率）です．

　図 11.1 には，deny と P/I ratio の散布図を表しています．ここではデータセットの 2380 観測値のうち，127 だけを示しています（散布図としては，データセットのこの一部分を使うほうが読み取りやすいため）．この散布図は，deny が (0,1) 変数であるため，第 II 部で示した散布図とは異なって見えます．それでもなお，deny と P/I ratio との間には何らかの関係が伺われます．すなわち，返済・所得比率が 0.3 を下回る申請者のなかで否認された人はほとんどいませんが，同比率が 0.4 を上回る申請者はほとんど否認されています．

　この P/I ratio と deny の間の正の関係は，図 11.1 では，127 観測値から推計された OLS 回帰線で示されています．これまでと同じく，この線は予測された deny の値をプロットしたもので，説明変数である返済・所得比率の関数として表現されます．たとえば，P/I ratio = 0.3 の場合，予測される deny の値は 0.2 です．しかし，(0,1) 変数である deny の予測値が 0.2 というのは，正確にはどういう意味があるのでしょうか？

　この質問へ回答する鍵は——より一般に (0,1) 被説明変数の回帰を理解するポイントでもありますが——，その推定された回帰式を，被説明変数が 1 となる確率と解釈するこ

とです．そうだとすれば，予測値が 0.20 とは，*P/I ratio* が 0.3 のとき，ローン申請が否認される確率が 20% と推定されたと解釈されます．別の言い方をすると，もし *P/I ratio* = 0.3 という応募が多数あれば，そのなかの 20% が却下されることになります．

この解釈は次の 2 つの事実から導き出されます．1 つは，第 II 部の議論から，母集団の回帰式は，説明変数を所与とした被説明変数 Y の期待値，すなわち $E(Y|X_1,\ldots,X_k)$ であること．2 つ目に，2.2 節の議論から，もし Y が (0,1) 変数であるならば，その期待値（あるいは平均）は $Y = 1$ となる確率，すなわち $E(Y) = \Pr(Y = 1)$ であることです．回帰分析の文脈で言えば，期待値は説明変数の条件付となるので，確率も X の条件付で表されます．したがって，$E(Y|X_1,\ldots,X_k) = \Pr(Y = 1|X_1,\ldots,X_k)$ です．以上をまとめると，(0,1) 変数について，母集団回帰式の予測値は，X が所与の下で $Y = 1$ となる確率に相当するのです．

(0,1) 被説明変数に多変数線形回帰モデルを応用した式は，線形確率モデルと呼ばれます．なぜ「線形」かというと，それが直線だからであり，またなぜ「確率モデル」かというと，被説明変数が 1 である確率――具体例ではローン申請が否認される確率――をモデル化しているからです．

線形確率モデル

線形確率モデル（**linear probability model**）とは，第 II 部の多変数回帰モデルで被説明変数が連続ではなく (0,1) 変数であるときの名称です．被説明変数が (0,1) なので，母集団回帰式は，説明変数 X が与えられた下で被説明変数が 1 となる確率に相当します．X に関する真の係数 β_1 は，X 1 単位の変化によってもたらされる $Y = 1$ となる確率の変化に相当します．同様に，推計された回帰式から得られる OLS 予測値 $\hat{Y}_i$ は，被説明変数 = 1 となる確率の予測値，OLS 推定量 $\hat{\beta}_1$ は，X 1 単位の変化によってもたらされる $Y = 1$ となる確率の変化をそれぞれ推定するものです．

第 II 部で学んだ分析ツールは，ほとんどすべて線形確率モデルに当てはまります．95% 信頼区間は推定値 ±1.96 標準誤差の形で求められ，複数の係数に関する仮説は第 7 章で論じた F 統計量を使ってテストできます．変数間の相互作用も，8.3 節の手法によりモデル化できます．線形確率モデルの誤差項は常に不均一分散なので（練習問題 11.8），統計的推論には不均一分散を考慮した標準誤差を使うことが重要です．

ここで以前の分析ツールが当てはまらないのは，R^2 についてです．被説明変数が連続変数の場合，R^2 が 1，すなわちデータがすべて回帰線上にある状況を想像することができます．しかし被説明変数が (0,1) の場合，説明変数も (0,1) でない限り，これは不可能です．したがってここで R^2 は，特に有用な統計量ではありません．線形確率モデルの当てはまりの指標については，次節で議論します．

線形確率モデルは，基本概念 11.1 に要約されます．

基本概念 11.1 線形確率モデル

線形確率モデルは，線形の多変数回帰モデル

$$Y_i = \beta_0 + \beta_1 X_{1i} + \beta_2 X_{2i} + \cdots + \beta_k X_{ki} + u_i \tag{11.1}$$

で Y_i が (0, 1) 変数の場合である．したがって，

$$\Pr(Y = 1 | X_1, X_2, \ldots, X_k) = \beta_0 + \beta_1 X_1 + \beta_2 X_2 + \cdots + \beta_k X_k.$$

回帰係数 β_1 は，他の説明変数を一定とした下で，X_1 1 単位の変化により $Y = 1$ となる確率がどれだけ変化するかに相当する．β_2 以降も同様に解釈できる．回帰係数は OLS で推定可能であり，信頼区間や仮説検定には通常の（不均一分散を考慮した）標準誤差が用いられる．

ボストン住宅ローンデータへの応用　　(0, 1) 被説明変数 *deny* を返済・所得比率 *P/I ratio* で回帰する OLS 回帰式について，2380 の観測値すべてを使って推計した結果，

$$\widehat{deny} = -0.080 + 0.604 \, P/I \, ratio \tag{11.2}$$
$$\quad\;\;(0.032)\;(0.098)$$

となりました．

P/I ratio に関する推定された係数は正で，母集団の真の係数は 1% 水準で統計的に有意に 0 とは異なるという結果が得られています（*t* 統計量は 6.13）．したがって，より高い返済・所得比率を持つローン申請者は，申請が否認される確率がより高いということがわかります．そしてこの係数は，説明変数の変化によって否認される確率がどれだけ変化するかの予測値を表します．(11.2) 式によれば，たとえばもし *P/I ratio* が 0.1 だけ上昇すれば，否認される確率が $0.604 \times 0.1 \cong 0.060$，つまり 6.0 パーセント・ポイント上昇すると予想されます．

推定された線形確率モデル (11.2) 式は，ローン申請が否認される確率を *P/I ratio* の関数として予測する場合にも使われます．たとえば，もし予定されている返済額が申請者の所得の 30% ならば，*P/I ratio* は 0.3 で，(11.2) 式に基づく予測値は $-0.080 + 0.604 \times 0.3 = 0.101$ です．すなわち，この線形確率モデルに基づけば，返済・所得比率が 30% の申請者は 10.1% の確率でローン申請が却下されるという結果が示唆されます．（これは図 11.1 の回帰線に基づく約 20% の確率とは異なります．なぜなら，図中の線の推計には 127 の観測値しか使っていませんが，(11.2) 式の方は 2380 の観測値すべてを使っているからです．）

では，*P/I ratio* 一定の下，人種の違いがローン否認の確率に与える影響はどの程度で

しょうか．いま問題を単純化して，黒人と白人の違いに焦点を当てることにします．P/I ratio を一定とした下で人種の影響を推定するために，いま (11.2) 式の説明変数に，申請者が黒人なら 1 を，白人なら 0 を取る (0,1) 変数（$black$）を追加します．推定された線形確率モデルは，

$$\widehat{deny} = -0.091 + 0.559\, P/I\,ratio + 0.177\, black \quad (11.3)$$
$$\quad\quad\quad\;\;(0.029)\;\;(0.089)\quad\quad\quad\;(0.025)$$

となります．

$black$ にかかる係数 0.177 は，返済・所得比率を一定とした下で，アフリカ系アメリカ人が住宅ローン申請を却下される確率が白人よりも 17.7% 高いということを示しています．この係数は 1% 水準で有意です（t 統計量は 7.11）．

この結果を文字通り受け取ると，住宅ローン申請の可否に人種のバイアスが存在することになります．しかし，その結論は性急すぎる恐れがあります．返済・所得比率は，ローン審査の判断にとって考慮すべき 1 つの要因ですが，それ以外にも，たとえば応募者の稼ぐ能力や過去の返済歴など，重要な要因が多数考えられます．もしそれらの要因のなかに説明変数 P/I ratio や $black$ と相関するものがあれば，(11.3) 式には除外された変数のバイアスが発生することになります．したがって，住宅ローン貸出に差別があるかどうかの結論は，11.3 節の拡張された分析まで待つ必要があるのです．

線形確率モデルの短所　線形確率モデルで「線形」であるという点は，取り扱いが容易という意味では長所ですが，それは同時に大きな短所でもあります．図 11.1 を再び見ると，予測される確率を表す推定された回帰線は，P/I ratio の値が非常に低ければゼロを下回って落ち込み，逆に非常に高ければ 1 を超えてしまいます．しかしこれはナンセンスで，確率は 0 を下回ったり 1 を超えたりはしません．線形モデルでは，このような意味をなさない状況を避けることができません．この問題に対処するために，(0,1) 被説明変数のために特別に考案された新しい非線形モデルを導入します．それが次節で議論するプロビット，ロジット回帰モデルです．

11.2　プロビット回帰，ロジット回帰

プロビット（**probit**）回帰，ロジット（**logit**）回帰は，(0,1) 被説明変数のために特別に考案された非線形の回帰モデルです．(0,1) の被説明変数 Y の回帰は，$Y=1$ となる確率をモデル化するので，ここではモデルの予測値が 0 と 1 の間に必ず入るような非線形関数を利用します．確率の累積分布関数（cumulative distribution function, c.d.f.）は，0 から 1 の間で確率を与えるものなので（2.1 節），それらがプロビット，ロジット回帰で使われます．プロビット回帰は，標準正規分布の c.d.f. を利用します．一方，ロジット回帰——ロジスティック回帰（**logistic regression**）とも呼ばれる——では，「ロジスティ

ック」c.d.f. を用います．

プロビット回帰

プロビット回帰：説明変数が 1 つの場合
1 つの説明変数からなるプロビット回帰モデルは，

$$\Pr(Y = 1|X) = \Phi(\beta_0 + \beta_1 X) \tag{11.4}$$

と表されます．そこで Φ は，標準正規分布の累積分布関数です（巻末の付表 1 に掲載）．

　例として，Y がローン申請の否認を表す $(0,1)$ 変数 deny，X が返済・所得比率（P/I ratio），$\beta_0 = -2$，$\beta_1 = 3$ としましょう．このとき，P/I ratio = 0.4 の場合の否認される確率はいくらになるでしょうか？　(11.4) 式によれば，その確率は，$\Phi(\beta_0 + \beta_1 P/I\ ratio) = \Phi(-2 + 3P/I\ ratio) = \Phi(-2 + 3 \times 0.4) = \Phi(-0.8)$ となります．正規分布の累積分布関数表（付表 1）から，$\Phi(-0.8) = \Pr(Z \leq -0.8) = 21.2\%$ です．つまり P/I ratio が 0.4 のとき，$\beta_0 = -2$，$\beta_1 = 3$ という係数のプロビットモデルから計算すると，申請が否認される確率の予測値は 21.2% となります．

　プロビットモデルでは，$\beta_0 + \beta_1 X$ の項は，付表 1 の標準正規の累積分布表における z に相当します．したがって，上のパラグラフで行った計算は，まず「z の値」として $z = \beta_0 + \beta_1 X = -2 + 3 \times 0.4 = -0.8$ を求め，次に $z = -0.8$ より左側の分布の面積から確率を探し出します．それが 21.2% なのです．

　もし (11.4) 式の β_1 が正なら，X の増加は $Y = 1$ となる確率を上昇させます．もし β_1 が負ならば，X の増加は $Y = 1$ となる確率を低下させます．しかし，そのこと以上にプロビットモデルの係数 β_0 や β_1 を直接解釈することは簡単ではありません．係数は，確率や確率の変化という間接的な形で解釈されるべきものです．説明変数が 1 つだけの場合，その確率をプロットすることでプロビット回帰の解釈は容易になります．

　図 11.2 は，127 の観測値を使って deny を P/I ratio でプロビット回帰したときの推定された回帰式を示しています．推定されたプロビット回帰式は，横に伸びた S 字の形をしています．P/I ratio の値が小さければ，ほぼゼロで水平です．P/I ratio が中ほどの値で曲がって上昇し，値が大きくなれば再び 1 の近くでほぼ水平となります．返済・所得比率が低いとき，申請が否認される確率は小さいものです．たとえば P/I ratio = 0.2 のとき，図 11.2 のプロビット推定から得られる否認の確率は，$\Pr(deny = 1 | P/I\ ratio = 0.2) = 2.1\%$ です．P/I ratio が 0.3 のときには推定された否認の確率は 16.1% です．P/I ratio が 0.4 のときは確率 51.9%，P/I ratio が 0.6 のときには確率 98.3% です．この推定されたプロビットモデルによれば，返済・所得比率が高い申請者は却下される確率がほぼ 1 となるのです．

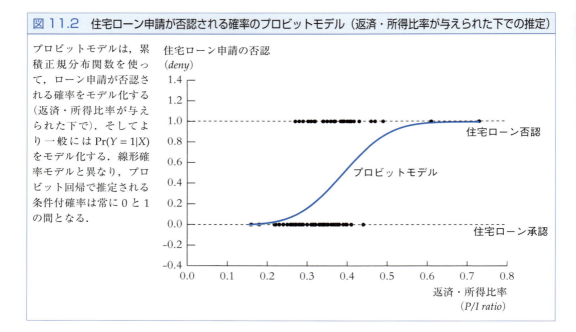

図 11.2 住宅ローン申請が否認される確率のプロビットモデル（返済・所得比率が与えられた下での推定）

プロビットモデルは，累積正規分布関数を使って，ローン申請が否認される確率をモデル化する（返済・所得比率が与えられた下で）．そしてより一般には $\Pr(Y=1|X)$ をモデル化する．線形確率モデルと異なり，プロビット回帰で推定される条件付確率は常に 0 と 1 の間となる．

プロビット回帰：説明変数が複数の場合 これまで学んできたすべての回帰分析では，Y の決定要因であり説明変数とも相関がある変数を考慮し忘れると，除外された変数バイアスが発生しました．プロビット回帰も例外ではありません．線形モデルでの解決方法は，説明変数を追加することでした．それはプロビット回帰においても解決策となります．

複数の説明変数のプロビットモデルは，説明変数 1 つのプロビットモデルに変数を追加して拡張し，z の値を計算します．その結果，たとえば 2 つの説明変数 X_1 と X_2 を含むプロビット回帰モデルは，次のように表されます：

$$\Pr(Y=1|X_1, X_2) = \Phi(\beta_0 + \beta_1 X_1 + \beta_2 X_2). \tag{11.5}$$

いま，たとえば $\beta_0 = -1.6$，$\beta_1 = 2$，$\beta_2 = 0.5$ とします．もし $X_1 = 0.4$，$X_2 = 1$ なら，z の値は $z = -1.6 + 2 \times 0.4 + 0.5 \times 1 = -0.3$ となります．したがって，$X_1 = 0.4$，$X_2 = 1$ の下で $Y=1$ となる確率は，$\Pr(Y=1|X_1 = 0.4, X_2 = 1) = \Phi(-0.3) = 38\%$ です．

X の変化による効果 一般に，X の変化による Y への効果は，X の変化がもたらす Y の予想される変化で測られます．Y が (0,1) 変数のとき，その条件付期待値は，Y が 1 となる条件付確率になります．したがって，X の変化がもたらす Y の予想される変化は，$Y=1$ となる確率の変化で捉えられます．

8.1 節を思い出すと，母集団回帰式が X の非線形関数であるとき，その予想される変化は次の 3 つのステップで推定されました．第 1 に，推定された回帰式を使って，元の X の値を使って予測値を計算する．第 2 に，変化後の X の値，$X + \Delta X$ を使って予測値を計

基本概念 11.2　プロビットモデル，予測される確率，推定される効果

複数の説明変数を持つ真のプロビットモデルは，

$$\Pr(Y = 1 | X_1, X_2, \ldots, X_k) = \Phi(\beta_0 + \beta_1 X_1 + \beta_2 X_2 + \cdots + \beta_k X_k) \tag{11.6}$$

で表される．ここで被説明変数 Y は $(0, 1)$ 変数，Φ は標準正規累積分布関数，X_1, X_2 などは説明変数である．プロビットモデルの係数 β_0, β_1 などは，それ自体単純には解釈できない．このモデルは，予測される確率，および説明変数の変化による効果を計算することで，最も良く解釈される．

$X_1, X_2, \ldots, X_k$ の値が与えられた下，予測される $Y = 1$ となる確率は，z の値 $z = \beta_0 + \beta_1 X_1 + \beta_2 X_2 + \cdots + \beta_k X_k$ を計算し，この z の値を正規分布表（巻末の付表1）で対照することで求められる．

説明変数の変化による効果は，(1) 説明変数の初期の値の下で予測される確率を計算する，(2) 新しい，あるいは変化後の説明変数の値の下で予測される確率を計算する，(3) 両者の差を計算する，という 3 つのステップにより算出される．

算する．第 3 に，2 つの予測値の差を求める．以上のステップですが，この手続きは基本概念 8.1 にまとめられています．8.1 節で強調したように，X 変化の予測される影響を計算する場合，この方法はどんな複雑な非線形モデルであっても常に有効です．これをプロビットモデルに応用する場合には，基本概念 8.1 で述べた方法で，$Y = 1$ となる確率への影響が推定されます．

プロビット回帰モデル，予測される確率，推定される効果は，それぞれ基本概念 11.2 で要約されます．

住宅ローンデータへの応用　では具体例として，住宅ローン申請の否認（*deny*）と返済・所得比率（*P/I ratio*）の 2380 の観測値を使って，プロビットモデルをフィットさせてみましょう．その結果，次の推定式が得られました：

$$\overline{\Pr(deny = 1 | \text{P/I ratio})} = \Phi(\underset{(0.16)}{-2.19} + \underset{(0.47)}{2.97} \, \text{P/I ratio}). \tag{11.7}$$

推定された係数 −2.19 と 2.97 は，それ自体解釈することは困難です．なぜなら，それらは z の値を通じて否認される確率に影響を及ぼすからです．実際，この推定されたプロビット回帰式（(11.7) 式）から導き出せることは，*P/I ratio* とローン申請を却下される確率とは正の関係にあり（*P/I ratio* の係数が正），この関係は統計的に有意である（$t = 2.97/0.47 = 6.32$）ということだけです．

返済・所得比率が 0.3 から 0.4 へと増加したとき，予測されるローン否認の確率はどれほど変化するでしょうか？ この問題に答えるため，基本概念 8.1 の手続きに従います．P/I ratio = 0.3 のときの却下の確率を計算し，次に P/I ratio = 0.4 のときの確率を計算，そして両者の差を求めます．P/I ratio = 0.3 のときの否認される確率は，$\Phi(-2.19 + 2.97 \times 0.3) = \Phi(-1.30) = 0.097$ です．一方，P/I ratio = 0.4 のときの否認の確率は，$\Phi(-2.19 + 2.97 \times 0.4) = \Phi(-1.00) = 0.159$ です．その結果，否認される確率の変化は，$0.159 - 0.097 = 0.062$ と推定されます．つまり，返済・所得比率が 0.3 から 0.4 へ上昇することで，ローン申請が否認される確率は 9.7% から 15.9% へ，つまり 6.2% ポイント増加すると考えられます．

プロビット回帰式は非線形なので，X 変化の影響は X の初期値に依存します．たとえば，もし P/I ratio = 0.5 なら，(11.7) 式に基づく否認の確率は，$\Phi(-2.19 + 2.97 \times 0.5) = \Phi(-0.71) = 0.239$ です．したがって，P/I ratio が 0.4 から 0.5 へと増加する場合の確率への影響は，$0.239 - 0.159$，つまり 8% ポイント変化（上昇）すると予測されます．これは先ほどの 6.2% ポイントよりも大きな効果です．

返済・所得比率を一定とした下で，人種の違いはローン申請の否認の確率にどう影響を及ぼすでしょうか？ その影響を推定するために，説明変数として P/I ratio と black の両方を含むプロビット回帰を推定します．その結果，

$$\overline{\Pr(deny=1|\text{P/I ratio}, black)} = \Phi(-2.26 + 2.74\,\text{P/I ratio} + 0.71\,black) \quad (11.8)$$
$$\phantom{\overline{\Pr(deny=1|\text{P/I ratio}, black)} = \Phi(}(0.16)\ \ (0.44)\phantom{\,\text{P/I ratio}}\ \ (0.083)$$

が得られました．

ここでも係数の値それ自体を解釈することは困難ですが，係数の符号やその統計的な有意性については解釈できます．black に関する係数は正なので，アフリカ系アメリカ人は白人よりも否認される確率が高いという結果を示しています．この係数は 1% 水準で統計的に有意です（black に関する t 統計量は 8.55）．白人で P/I ratio = 0.3 の申請者は，ローンが否認される確率 7.5% と予測されますが，黒人で P/I ratio = 0.3 の申請者は 23.3% と予測されます．2 人の仮想的な申請者の確率の差は 15.8% ポイントにもなります．

プロビット係数の推定　　上記のプロビットモデルの係数は，最尤法により推定されました．最尤法は，(0,1) 被説明変数の回帰分析などに幅広く応用され，効率的な（つまり分散最小の）推定量をもたらします．最尤推定量は一致性を持ち，大標本の下で正規分布に従うため，係数に関する t 統計量や信頼区間はこれまでと同じ方法で求められます．

プロビットモデルを推定する回帰分析ソフトでは，通常，最尤法が用いられ，プロビットは実際にも応用しやすい簡便な手法です．そのソフトウェアで計算される標準誤差は，回帰係数の標準誤差と同じ方法で統計的推論に使われます．たとえば，真のプロビット係数に関する 95% 信頼区間は，推定された係数 ± 1.96 標準誤差の形で求められます．同

> **基本概念**
> **11.3**
>
> ## ロジット回帰
>
> $(0, 1)$ の被説明変数 Y,複数の説明変数を持つ真のロジットモデルは,
>
> $$\Pr(Y = 1|X_1, X_2, \ldots, X_k) = F(\beta_0 + \beta_1 X_1 + \beta_2 X_2 + \cdots + \beta_k X_k)$$
> $$= \frac{1}{1 + e^{-(\beta_0 + \beta_1 X_1 + \beta_2 X_2 + \cdots + \beta_k X_k)}} \qquad (11.9)$$
>
> で表される.ロジット回帰はプロビット回帰と同じもので,違いは累積分布関数だけである.

様に,最尤推定量を使って得られた F 統計量は結合仮説のテストに使うことができます.最尤法の推定については 11.3 節でより詳しく議論します.また追加的な詳細については付論 11.2 で説明します.

ロジット回帰

ロジット回帰モデル　ロジット回帰モデルはプロビット回帰モデルとほとんど同じもので,違いは (11.6) 式の標準正規累積分布関数 Φ が,標準ロジスティック累積分布関数 F に置き換えられる点だけです.ロジット回帰モデルは基本概念 11.3 に要約されています.ロジスティック累積分布関数は,指数関数の項を含む特別な関数形をしていて,それは (11.9) 式の最後に表されています.

プロビットと同じくロジットモデルの係数も,予測される確率および予測される確率の差を計算することで解釈されます.

ロジットモデルの係数は,同じく最尤法で推定できます.最尤推定量は一致性を持ち,大標本の下で正規分布に従うため,係数に関する t 統計量や信頼区間はこれまでと同じ方法で求められます.

ロジット回帰式はプロビット回帰式とよく似ています.図 11.3 には,図 11.1 と図 11.2 で使ったのと同じ 127 観測値に基づいて最尤法で推定したプロビットとロジット回帰関数(被説明変数 *deny*,説明変数 *P/I ratio*)を図示しています.2 つの関数形の違いはごくわずかであることがわかります.

歴史的に,ロジット回帰が用いられた主な理由は,ロジスティック累積分布関数の方が正規分布の累積分布関数よりも計算が速いことにありました.しかし,より高性能のコンピュータが開発された現代,この違いはもはや重要ではないといえるでしょう.

ボストン住宅ローンデータへの応用　ボストン住宅ローンデータセットの 2380 の観測

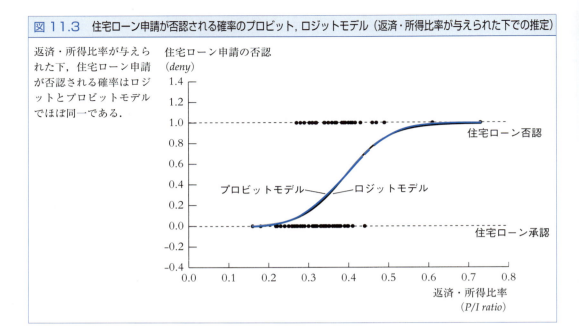

図 11.3 住宅ローン申請が否認される確率のプロビット, ロジットモデル（返済・所得比率が与えられた下での推定）

返済・所得比率が与えられた下，住宅ローン申請が否認される確率はロジットとプロビットモデルではほぼ同一である．

値に基づき，deny を P/I ratio と black で説明するロジット回帰を行いました．その結果，推定された回帰式は，

$$\overline{\Pr(deny = 1 | P/I\ ratio, black)} = F(-4.13 + 5.37\ P/I\ ratio + 1.27\ black) \quad (11.10)$$
$$\phantom{\overline{\Pr(deny = 1 | P/I\ ratio, black)} = F(}(0.35)\ \ (0.96) (0.15)$$

と表されます．

　black に関する係数は正であり，1% 水準で統計的に有意です（t 統計量は 8.47）．P/I ratio = 0.3 の白人応募者が否認される確率は，$1/[1 + e^{-(-4.13+5.37\times 0.3 + 1.27\times 0)}] = 1/[1 + e^{2.52}] = 0.074$ あるいは 7.4% と予測されます．同じく P/I ratio = 0.3 でアフリカ系アメリカ人応募者が否認される確率は，$1/[1+e^{1.25}] = 0.222$ あるいは 22.2% と予測されます．したがって 2 つの確率の差は 14.8% ポイントです．

線形確率，プロビット，ロジットモデルの比較

　以上検討してきた 3 つのモデル——線形確率，プロビット，ロジットモデル——は，いずれも未知の母集団回帰関数 $E(Y|X) = \Pr(Y = 1|X)$ の近似にすぎません．線形確率モデルは，実際に使うにも解釈するにも便利ですが，しかし真の回帰関数の非線形性は捉えられません．プロビットとロジット回帰は，その非線形性をモデル化するものですが，一方で回帰係数の解釈はより困難となります．実際にはどのモデルを使うべきなのでしょうか？

　その正しい答えは 1 つではなく，現実には研究者によって異なるモデルが使われます．プロビットとロジット回帰は，多くの場合，ほぼ同じ結果が得られます．たとえば，

(11.8) 式のプロビットモデルにおいて，黒人と白人の否認される確率の違い（P/I ratio = 0.3）は 15.8% ポイントでしたが，(11.10) 式のロジットモデルでは 14.8% ポイントでした．これら 2 つの推定値は実際非常に近いものです．プロビットとロジットでどちらをどう選ぶかですが，手元にある統計ソフトウェアでより使いやすい方を選ぶというのが 1 つの方法です．

　線形確率モデルは，非線形の母集団回帰関数の近似としては最も意味をなさないものです．もっとも，データセットによれば，説明変数に関する極端な値はわずかしか含まれず，線形確率モデルが適切な近似となりうる場合もあります．(11.3) 式の推定結果によれば，黒人と白人で推定された確率の差は 17.7% ポイントでした．これはプロビットやロジットの推定結果よりも大きな値ですが，それでも数量的には近い値です．ただし，こういったことがわかるには，線形と非線形の両方のモデルを推定して予測される確率を比較しなければなりません．

11.3　プロビット，ロジットモデルの推定と統計的推論[1]

　8.2 節と 8.3 節で学んだ非線形モデルは説明変数の非線形関数でしたが，未知の係数（パラメター）については線形の関数で表現されました．その結果，未知の係数は OLS で推定可能でした．それに対して，プロビットとロジット回帰の関数は，係数についての非線形関数です．つまり，(11.6) 式のプロビット係数 β_0, β_1 などは，標準正規累積分布関数 Φ のカッコ内に現れ，(11.9) 式のロジット係数は，標準ロジスティック累積分布関数 F のカッコ内に現れています．母集団の回帰関数が，係数 β_0, β_1 などの非線形関数なので，これらの係数は OLS では推定できません．

　本節では，プロビットとロジット係数を推定する標準的手法として，最尤法（maximum likelihood）を紹介します．数学上の詳細については付論 11.2 で追加説明します．最尤推定量は現代の統計ソフトに組み込まれているので，プロビット係数を実際に推定することは容易です．しかし，最尤法の理論は，最小二乗法の理論よりも複雑です．そこで，別の推定方法である非線形最小二乗法をはじめに議論し，その後で最尤法を説明します．

非線形最小二乗推定

　非線形最小二乗法は，プロビット係数のように，未知の係数が真の回帰関数の非線形の形で入っている場合に使われる一般的な推定手法です．付論 8.1 で議論された非線形最小二乗推定量は，OLS 推定量を拡張し，パラメターの非線形関数を持つ回帰関数を推定し

---

[1] この節はより上級の内容を含んでおり，本節を飛ばして次節に進んでも，内容的な連続性は失われません．

ます．非線形最小二乗推定は，OLS と同じく，モデルが生み出す予測ミスの二乗和を最小化して求められます．

具体的に，プロビットモデルのパラメターに関する非線形最小二乗推定量を考えましょう．X が与えられた下，Y の条件付期待値は，$E(Y|X_1,\ldots,X_n) = 1 \times \Pr(Y=1|X_1,\ldots,X_n) + 0 \times \Pr(Y=0|X_1,\ldots,X_n) = \Pr(Y=1|X_1,\ldots,X_n) = \Phi(\beta_0 + \beta_1 X_1 + \cdots + \beta_k X_k)$ となります．非線形最小二乗法による推定は，パラメターの非線形関数であるこの条件付期待値を，被説明変数にフィットさせるものです．つまり，プロビット係数の非線形最小二乗推定量は，次の予測ミスの二乗和を最小化する $b_0, \ldots, b_k$ の値となります：

$$\sum_{i=1}^{n}[Y_i - \Phi(b_0 + b_1 X_{1i} + \cdots + b_k X_{ki})]^2. \tag{11.11}$$

非線形最小二乗推定量と線形回帰モデルの OLS 推定量は，2 つの鍵となる性質が共通しています．その推定量は一致性を持ち（推定量が真の値のごく近い範囲に入る確率が，標本数が大きくなるにつれて 1 に近づく），大標本では正規分布に従います．しかしその一方で，非線形最小二乗推定量よりも分散が小さい推定量も存在します．そのために，非線形最小二乗法が実際のプロビット推定に使われることはあまりなく，代わりに最尤法が使われます．

最尤推定量

尤度関数（**likelihood function**）は，データの結合確率分布で，未知の係数の関数として表現されます．未知の係数の**最尤推定量**（**maximum likelihood estimator, MLE**）は，尤度関数を最大にする係数の値として求められます．MLE は尤度関数を最大にする未知の係数を選びますが，尤度関数は結合確率分布なので，現実に観察されたデータを引き出す確率を最大にするようなパラメターの値を選ぶことになります．その意味で MLE は，現実データを生み出す「可能性がもっとも高い（most likely）」パラメターの値であるといえます．

最尤推定量を例示するために，(0,1) 被説明変数に関する 2 つの i.i.d. 観測値 Y_1 と Y_2 を考えます（ただし説明変数はなし）．したがって Y はベルヌーイ確率変数，推定される唯一の未知の係数は $Y=1$ となる確率 p で，それは Y の平均でもあります．

最尤推定量を得るためには，尤度関数の表現が必要です．そしてそのためには，データの結合確率分布が必要となります．2 つの観測値 Y_1 と Y_2 の結合確率分布は，$\Pr(Y_1=y_1,Y_2=y_2)$ です．いま Y_1 と Y_2 は独立して分布しているので，結合分布はそれぞれの分布の積で表されます（(2.23) 式）．したがって，$\Pr(Y_1=y_1,Y_2=y_2) = \Pr(Y_1=y_1)\Pr(Y_2=y_2)$ です．ベルヌーイ分布は公式 $\Pr(Y=y) = p^y(1-p)^{1-y}$ で表現されます．$y=1$ のときは $\Pr(Y=1) = p^1(1-p)^0 = p$，$y=0$ のときは $\Pr(Y=0) = p^0(1-p)^1 = 1-p$ となります．し

がって，Y_1 と Y_2 の結合分布は，$\Pr(Y_1 = y_1, Y_2 = y_2) = [p^{y_1}(1-p)^{1-y_1}] \times [p^{y_2}(1-p)^{1-y_2}] = p^{y_1+y_2}(1-p)^{2-(y_1+y_2)}$ となります．

尤度関数は結合確率分布で，未知の係数の関数で表されます．ベルヌーイ確率変数の $n = 2$ の i.i.d. 観測値について，尤度関数は，

$$f(p; Y_1, Y_2) = p^{(Y_1+Y_2)}(1-p)^{2-(Y_1+Y_2)} \tag{11.12}$$

となります．

p の最尤推定量は，(11.12) 式の尤度関数を最大にする p の値です．すべての最大化・最小化問題と同じく，ここでも試行錯誤により解を得ることができます．すなわち，異なる p の値を試して実際に尤度 $f(p; Y_1, Y_2)$ を計算し，関数が最大化されたと納得できるまで続けるのです．しかしこの具体例では，尤度関数の最大化問題を微積分に基づき解くことで，MLE の簡単な公式が得られます．MLE は $\hat{p} = \frac{1}{2}(Y_1 + Y_2)$ です．言い換えると，確率 p についての MLE は，単に標本平均だということです！ 実際，一般に n 個の観測値の場合，ベルヌーイ確率 p の MLE 推定量 $\hat{p}$ は標本平均，つまり $\hat{p} = \overline{Y}$ です（この結果は付論 11.2 で示されます）．この例では，MLE は通常の p の推定量で，$Y_i = 1$ の回数を標本数で割った値となります．

ここでの例は，プロビット回帰，ロジット回帰の未知の係数を推定する問題と同じです．注意すべきは，それらのモデルで成功確率 p は一定ではなく，むしろ X に依存する点です．つまり成功確率は X の条件付確率で，プロビットモデルについては (11.6) 式，ロジットモデルでは (11.9) 式で与えられています．したがって，プロビットとロジット尤度関数は (11.12) 式の尤度関数とよく似ており，違いは成功確率が観測値によって異なる（なぜなら X_i に依存するから）という点だけです．プロビットとロジットの尤度関数は付論 11.2 で示されます．

非線形最小二乗推定量と同じく，MLE は一致性を持ち，大標本で正規分布に従います．回帰分析ソフトでは，一般に，プロビット係数は MLE で計算されるため，実際に推定するのも非常に簡単です．本章で報告されるプロビットとロジット推定はすべて MLE を使って求められています．

MLE に基づく統計的推論 MLE は大標本において正規分布に従うので，プロビットとロジット係数の統計的推論は，線形回帰モデルにおける OLS 推定量での推論と同じ方法で行うことができます．すなわち，仮説検定は t 統計量を使って行われ，95% 信頼区間は推定値 ±1.96 標準誤差の形で求められます．複数の係数に関する結合仮説のテストは，第 7 章の線形回帰モデルと同様の方法で，F 統計量が使われます．これらはすべて線形回帰モデルでの統計的推論とまったく同様に行われます．

1 つ注意点を述べると，ある統計ソフトでは結合仮説のテストに F 統計量が使われ，別のソフトではカイ二乗統計量が使われることがあります．カイ二乗統計量は $q \times F$ で表さ

れます（ここで q はテストされる制約の数）．F 統計量は，帰無仮説の下，大標本において χ_q^2/q に従うので，$q \times F$ は大標本では χ_q^2 の分布に従います．これら 2 つのアプローチの違いは q で割るかどうかだけなので，それらは同じ統計的推論をもたらします．自分のソフトウェアでどちらの手法が使われているか理解し，それに応じた正しい臨界値を使わなければなりません．

当てはまりの指標

11.1 節で，R^2 は線形確率モデルの当てはまり（フィット）の指標としては有用ではないと述べました．この点はプロビット，ロジット回帰についても同じく言えます．(0, 1) 被説明変数のモデルのフィットについては，2 つの指標があります．1 つは「正しく予測される割合」，もう 1 つは「疑似的 R^2」です．正しく予測される割合（**fraction correctly predicted**）とは，次のようなルールに従います．もし $Y_i = 1$ でかつ予測される確率が 50% を上回るなら，あるいは $Y_i = 0$ で予測される確率が 50% を下回るなら，「Y_i は正しく予測される」と呼ばれます．そうでなければ「Y_i は誤って予測される」と呼ばれます．「正しく予測される割合」とは，n 個の観測値 $Y_1, \ldots, Y_n$ の中で正しく予測された割合に当たります．

この指標が優れているのは，理解しやすい方法だという点です．一方で問題は，予測の質を反映できないという点にあります．もし $Y_i = 1$ の場合，予測される確率が 51% であっても 90% であっても，その観測値はすべて「正しく予測される」に分類されてしまうからです．

疑似的 R^2（**pseudo-R^2**）は，尤度関数を使ってモデルのフィットを計測します．MLE は尤度関数を最大化するので，プロビットやロジットモデルに別の説明変数を追加すると最大化される尤度は増大します．これは線形回帰モデルで説明変数を追加すると残差の二乗和がより縮小するのと同じです．この考え方を利用し，最大化された尤度を，説明変数をすべて使う場合とまったく使わない場合とで比較することで，プロビットモデルのフィットの計測が可能と考えられます．これが実際に疑似的 R^2 の考え方です．疑似的 R^2 の公式は，付論 11.2 に与えられています．

11.4 ボストン住宅ローンデータへの応用

これまでの 2 節の回帰分析から，住宅ローン申請が否認される確率は，返済・所得比率を一定とした下，黒人の応募者の方が白人よりも高いという結果が示されました．しかし銀行の住宅ローン担当者は，各申請の可否を判断する際，他の数多くの要因を考慮するでしょう．そしてもし，そういった他の要因が人種によってシステマティックに異なるならば，これまでの分析結果には除外された変数のバイアスが含まれることになります．

11.4 ボストン住宅ローンデータへの応用

本節では，ボストン住宅ローンデータ（HMDA データ）に差別に関する統計的事実があるかどうか，より詳細に検討します．特にここでの目的は，銀行のローン担当者が考慮するであろう応募者の特性を一定とした下で，申請が否認される確率が人種により異なるかどうか推定することです．

表 11.1 には，ボストン住宅ローンデータセットに含まれる変数で，ローン申請の審査にとって重要と考えられる変数のリストが挙げられています．これらは本節の実証モデルで用いる変数です．最初の 2 つの変数は，その住宅ローンに伴う金銭的負担の直接的な指標で，所得との対比で測られます．その 1 つ目の変数は P/I ratio，2 つ目は住居関連支出の所得に対する比率です．次の変数はローンの大きさの指標で，住宅の資産価値との比率で測られます．もしローン・資産価値比率がほぼ 1 に近ければ，応募者が返済不能となり銀行が抵当権を行使しても，ローンの全額を取り戻すことは難しいかもしれません．最後の 3 つの金融変数は，応募者の債務の返済歴に関するものです．もし応募者が過去の借金の返済について信頼できない面があれば，ローン審査の担当者は応募者の返済能力や返済への意志について疑問を持つでしょう．3 つの変数は，それぞれ違うタイプの債務履歴を測る指標で，ローン担当者がそれぞれを重視するウエイトは異なるでしょう．第 1 はクレジットカードなどの消費者金融の返済歴，第 2 は過去の住宅ローン返済歴，第 3 は破産などの深刻な債務問題の公的な記録があるかどうかを表す変数です．

表 11.1 には，ローン担当者の判断にとって有益な他の変数もリストアップしています．住宅ローンの応募者は民間の住宅ローン保険への応募を求められることがあります[2]．ローン担当者は過去に住宅ローン保険の申請で否認されたことがあるかどうか知っており，その情報はローン審査にはマイナス要因となります．次の 3 つの変数は，雇用状況，婚姻，学歴に関する応募者の情報で，いずれもローンの返済能力に関係します．抵当権を行使する際，住宅資産の特性も関係するため，その次の変数はその資産がコンドミニアム（分譲マンション）かどうかを表す指標です．表 11.1 の最後の 2 つの変数は，応募者が黒人か白人か，そしてローン申請が否認されたか承認されたかを表します．このデータでは，応募者の 14.2% が黒人で，全体の 12% の申請が否認されています．

表 11.2 は，これらの変数に基づく回帰分析の結果を示しています．基本モデルは (1)-(3) 列で，表 11.1 の金融変数に加えて，住宅ローン保険が否認されたかどうか，応募者が自営業かどうかの変数を含む定式化です．ローン審査の際，ローン・資産価値比率は通常ある閾値を超えるかどうかが判断基準とされるため，その比率が高い（≥ 0.95），中間（0.8 と 0.95 の間），あるいは低い（< 0.8，ただしこの変数は完全な多重共線性を避けるために除かれる）を表す (0,1) 変数を用いています．これら最初の 3 列の説明変数は，ボストン連邦準備銀行が行ったオリジナルの分析で使われた基本モデルと同様です[3]．

---

[2]住宅ローン保険は，もし借り手が返済不能となった場合，保険会社が銀行に対して返済を毎月行うという保険契約です．分析の対象となった時期では，ローン・資産価値比率が 80% を超える場合，応募者はこの保険に加入することを求められます．

[3]本節の (1)-(3) 列の説明変数と Munnell et al.（1996）との違いは，Munnell 等では住宅の住所と貸し手

表 11.1　住宅ローン承認の回帰モデルに含まれる変数

説明変数	定義	標本平均
金融変数		
P/I ratio	ローン返済額合計（月額）の所得に対する比率	0.331
住居費・所得比率	住居費（月額）の所得に対する比率	0.255
ローン・資産価値比率	ローン規模の不動産価値に対する比率	0.738
消費者金融の返済歴	返済の遅れや不履行がなければ 1 返済の遅れや不履行が 1 回か 2 回ならば 2 返済の遅れが 3 回以上ならば 3 審査に必要な十分な返済歴がなければ 4 60 日以上の延滞があれば 5 90 日以上の延滞があれば 6	2.1
住宅ローンの返済歴	住宅ローン返済の遅延がなければ 1 ローン借入の経験がなければ 2 返済の遅れが 1 回か 2 回ならば 3 返済の遅れが 3 回以上ならば 4	1.7
破産等の公的記録	債務歴に関する公的記録（破産，差し押さえなど）があれば 1，なければ 0	0.074
その他の申請者の特性		
住宅ローン保険の否認	住宅ローン保険に応募し否認されたことがあれば 1，そうでなければ 0	0.020
自営業	自営業ならば 1，そうでなければ 0	0.116
未婚	未婚ならば 1，そうでなければ 0	0.393
高卒学位	高校卒業していれば 1，そうでなければ 0	0.984
失業率	申請者の産業の失業率（1989 年マサチューセッツ州）	3.8
分譲マンション	分譲マンションならば 1，そうでなければ 0	0.288
黒人（black）	黒人ならば 1，白人ならば 0	0.142
ローン申請の否認（deny）	ローン申請の否認は 1，そうでなければ 0	0.120

(1)–(3)列の回帰モデルの違いは，否認される確率をどうモデル化するかだけであり，それぞれ線形確率モデル，ロジットモデル，プロビットモデルを用いています．

(1)列の回帰は線形確率モデルなので，その係数は，説明変数 1 単位の変化による予測される確率の変化を意味します．したがって，P/I ratio が 0.1 上昇することにより，否認される確率が 4.5％ ポイント増大することがわかります（(1)列の P/I ratio の係数が 0.449 で，$0.449 \times 0.1 \cong 0.045$）．同様に，ローン・資産価値比率が高まると否認される確率が大きくなります．ローン・資産価値比率が 95％ を超えると，その比率が 80％ を下回る

銀行の名前を表す指標を含む（ただしそれらは非公開データ），複数世帯の家かどうかの指標を含む（ただし本節の分析では 1 世帯用の住宅だけにデータを限定しているので不要），純資産を含む（それらは少数の非常に大きな正の値と負の値の観測値を含み，推定結果がそれら「異常値」の影響を受ける恐れがある）という点です．

（ここでは除外された）ケースと比較して，否認される確率が18.9%ポイント高まります（係数が0.189）．過去の返済歴が芳しくない応募者も，他のすべての要因を一定とした下で，ローンの承認を得ることが難しくなります．もっとも，消費者金融に関する係数は統計的に有意ですが，住宅ローン履歴に関する係数は有意ではありませんでした．破産などの公的記録を持つ応募者は，ローンを認められることが非常に困難であることがわかります．他の要因をすべて一定とした下で，深刻な公的記録を持つ場合には，否認される確率が0.197，つまり19.7%ポイント増大すると推定されました．さらに，民間の住宅ローン保険を否認されたという事実は，ローンの可否に決定的な影響をもたらします．推定された係数は0.702です．住宅ローン保険を否認された場合，他の要因をすべて一定とした下で，ローンが否認される確率は70.2%ポイント増大するのです．人種（black）を除く9つの変数の結果を見ると，2つを除くすべてについて係数が5%水準で統計的に有意となりました．これは住宅ローンの実際の審査において，数多くの要因が考慮されていることを示唆しています．

(1)列の回帰において，blackの係数は0.084です．これは，他のすべての要因を一定とした下で，応募者が黒人か白人かによって否認される確率が8.4%ポイント違うという結果を示しています．そしてこの結果は，1%水準で統計的に有意です（$t = 3.65$）．

(2)，(3)列に表されているロジット，プロビットモデルの推定値からも同様の結論が得られます．ロジットとプロビットモデルでは，人種を除く9変数の係数のうち8つまでもが5%水準で統計的に有意であり，blackに関する係数は1%水準で統計的に有意です．11.2節で議論したように，これらのモデルは非線形なため，黒人と白人応募者の否認される確率の違いを推定しようとすると，すべての説明変数について特定の値を設定しなければなりません．一般によく使われる方法は，ある「平均的な」応募者を想定し，その応募者は人種以外のすべての説明変数について標本平均の値を持つと考えるのです．表11.2の最後の行には，この平均的な応募者の値で評価された確率の違いの推定値が示されています．人種による確率の違いはいずれもよく似た推定値が得られており，線形確率モデルでは8.4%ポイント（(1)列），ロジットモデルでは6%ポイント（(2)列），プロビットモデルでは7.1%ポイント（(3)列）です．これらの推定された人種の効果，そしてblackの係数の大きさは，以前の説明変数がP/I ratioとblackだけの場合の結果と比べて小さいものです．したがって，以前の推定値には除外された変数バイアスが含まれていたと考えられます．

(4)–(6)列の回帰は，(3)列の結果がどれだけ頑健かについて，(3)列のモデルの特定化を変更することで調べます．(4)列は，(3)列に他の応募者の特性を追加考慮して修正したものです．これらの特性も，否認される確率を予測する上で役立つものです．たとえば，少なくとも高卒の学歴を持つことは，否認される確率を減少させます（係数の推定値はマイナスで，1%水準で統計的に有意）．しかし，これらの個人の特性をコントロールしても，blackの係数の推定値や否認される確率の違い（6.6%ポイント）は重要な影響を

表 11.2 住宅ローンの可否に関する回帰分析：ボストン住宅ローンデータ

被説明変数：*deny*（住宅ローン申請が否認されると 1，承認されると 0）；観測値数 2380

回帰モデル 説明変数	線形確率 (1)	ロジット (2)	プロビット (3)	プロビット (4)	プロビット (5)	プロビット (6)
black	0.084** (0.023)	0.688** (0.182)	0.389** (0.098)	0.371** (0.099)	0.363** (0.100)	0.246 (0.448)
P/I ratio	0.449** (0.114)	4.76** (1.33)	2.44** (0.61)	2.46** (0.60)	2.62** (0.61)	2.57** (0.66)
住居費・所得比率	−0.048 (.110)	−0.11 (1.29)	−0.18 (0.68)	−0.30 (0.68)	−0.50 (0.70)	−0.54 (0.74)
中程度のローン・資産価値比率 （0.80 ≤ ローン・資産価値比率 ≤ 0.95）	0.031* (0.013)	0.46** (0.16)	0.21** (0.08)	0.22** (0.08)	0.22** (0.08)	0.22** (0.08)
高いローン・資産価値比率 （ローン・資産価値比率 ≥ 0.95）	0.189** (0.050)	1.49** (0.32)	0.79** (0.18)	0.79** (0.18)	0.84** (0.18)	0.79** (0.18)
消費者金融の返済歴	0.031** (0.005)	0.29** (0.04)	0.15** (0.02)	0.16** (0.02)	0.34** (0.11)	0.16** (0.02)
住宅ローンの返済歴	0.021 (0.011)	0.28* (0.14)	0.15* (0.07)	0.11 (0.08)	0.16 (0.10)	0.11 (0.08)
破産等の公的記録	0.197** (0.035)	1.23** (0.20)	0.70** (0.12)	0.70** (0.12)	0.72** (0.12)	0.70** (0.12)
住宅ローン保険の否認	0.702** (0.045)	4.55** (0.57)	2.56** (0.30)	2.59** (0.29)	2.59** (0.30)	2.59** (0.29)
自営業	0.060** (0.021)	0.67** (0.21)	0.36** (0.11)	0.35** (0.11)	0.34** (0.11)	0.35** (0.11)
未婚				0.23** (0.08)	0.23** (0.08)	0.23** (0.08)
高卒学位				−0.61** (0.23)	−0.60** (0.24)	−0.62** (0.23)
失業率				0.03 (0.02)	0.03 (0.02)	0.03 (0.02)
分譲マンション					−0.05 (0.09)	
black × *P/I ratio*						−0.58 (1.47)
black × 住居費・所得比率						1.23 (1.69)
追加的な債務歴の指標	no	no	no	no	yes	no
定数項	−0.183** (0.028)	−5.71** (0.48)	−3.04** (0.23)	−2.57** (0.34)	−2.90** (0.39)	−2.54** (0.35)

変数グループの有意性をテストする F 統計量と p 値						
未婚，高卒学位，産業の失業率			5.85 (< 0.001)	5.22 (0.001)		5.79 (< 0.001)
追加的な債務歴の指標					1.22 (0.291)	
人種の相互作用項と *black*						4.96 (0.002)
人種の相互作用項のみ						0.27 (0.766)
予測される否認の確率の違い，黒人対白人（% ポイント）	8.4%	6.0%	7.1%	6.6%	6.3%	6.5%

注：これらの回帰式は，ボストン住宅ローンデータセットの 2380 観測値を使って推定（データの詳細は付論 9.1）．線形確率モデルは OLS により推定，プロビット，ロジット回帰は最尤法により推定．標準誤差は係数の下のカッコ内に，p 値は F 統計量の下のカッコ内にそれぞれ示されている．最後の行にある予測される確率の違いは，人種以外の説明変数の値が標本平均と等しいという仮想的な応募者を設定して計算されている．個々の係数は 5%（*）および 1%（**）水準で統計的に有意．

受けず，基本ケースとほぼ変わりありません．

　(5)列は，消費者金融の返済歴に関する 6 つのカテゴリーと住宅ローン返済歴の 4 つのカテゴリーを取り出して別に追加し，これら 2 つの変数が線形モデルとして入るかどうかをテストします（F テスト）．さらに住宅が分譲マンションかどうかの指標も追加します．債務履歴の変数が z の値の表現として線形で入るという帰無仮説（追加した債務歴の係数はグループでゼロ）は棄却されず，また分譲マンション指標も 5% 水準で有意ではありませんでした．ここで重要なのは，人種の違いにより否認される確率の差異（6.3% ポイント）は，(3)列や (4)列の結果と本質的に同じ値であったということです．

　(6)列の回帰では，説明変数間に相互作用があるかどうかを調べます．返済・所得比率や住居費・所得比率を評価する際，応募者が黒人か白人かによって異なる基準が使われているでしょうか？　その答えはノーのようです．2 つの相互作用項の有意性に関する結合テストから，5% 水準で統計的に有意ではありませんでした．しかし人種の違いは全体として有意な影響を与え続けており，人種の指標と相互作用の項を併せたテストでは 1% 水準で統計的に有意です．そして再び，人種の違いにより否認される確率の差異（6.5% ポイント）は，他のプロビット回帰の結果と本質的に変わりませんでした．

　これら 6 つの特定化すべてにおいて，否認される確率へ及ぼす人種の影響は，応募者の他の特性を一定とした下で，1% 水準で統計的に有意です．黒人と白人との間で否認される確率の差異は，6.0% ポイントから 8.4% ポイントまでと推定されました．

　この差異の値が大きいか小さいかを評価する 1 つの方法は，本章の冒頭で述べた質問に戻ることです．いま 2 人の個人，白人と黒人が住宅ローンを申請するとしましょう．その際，(3)列に示される他の独立した説明要因についてはすべて同じ値とします．特に人種以外について，(3)列の回帰式の説明変数は HMDA データセットの標本平均の値を取るとします．白人の応募者は 7.4% の否認される確率に直面し，黒人の応募者は 14.5%

の否認される確率に直面します．その確率の差異 7.1% ポイントは，黒人の応募者が否認される可能性は白人に比べて 2 倍近く高いということを意味します．

表 11.2 の推定結果（そしてオリジナルであるボストン連銀の結果）は，住宅ローン申請の可否において，法律では存在すべきでない人種による差異が現実に存在しうることを示した統計的な証拠です．この統計的事実は，銀行監督に関する政策変更を促すのに重要な役割を果たしました[4]．一方，経済学者は議論好きであり，これらの結果は活発な論争を巻き起こしました．

銀行貸出に人種差別がある（あった）という結果はさまざまな批判を呼んだので，ここで論争のいくつかのポイントについて手短に振り返りましょう．そのために第 9 章で議論したフレームワークを利用し，表 11.2 の結果に関する内部と外部の正当性を検討します．オリジナルであるボストン連邦準備銀行の研究に向けられた批判の多くは，内部の正当性に関するものでした．データに含まれる誤差，他の非線形関数，追加的な相互作用などの問題です．オリジナルのデータは注意深く検査され，いくつかの誤りも見つかりました．本書で報告した結果（そしてボストン連銀が最終的に出版した結果）は，それらの誤りを除去した「クリーンな」データに基づくものです．他の特定化に基づく推定——別の関数形や追加的な説明変数を考慮した推定——からも，やはり表 11.2 とほぼ同じ確率の差異が得られました．一方，潜在的により難しい問題もあります．それは，ローン申請票には記録されていない，面接審査でのみ得られるような情報（人種以外の金融面の情報）があるかどうかです．その情報は人種と相関する可能性があり，もしそうならば表 11.2 の結果には除外された変数のバイアスが含まれるかもしれません．最後に，外部正当性の問題も指摘されました．1990 年のボストンに人種差別があったとしても，それが他の地域のいま現在の貸し手にも当てはまると考えるのは誤りです．外部正当性の問題を解決する唯一の方法は，他の地域，他の年のデータについて検討することです[5]．

11.5 結論

被説明変数 Y が (0,1) 変数であるとき，真の回帰関数は，説明変数が与えられた下で $Y=1$ の確率に相当します．この母集団回帰式を推定することは，確率として適切に解釈できる関数形を見つけ出し，その関数の係数を推定し，得られた結果を解釈することを意味します．被説明変数の予測値は予測される確率であり，説明変数 X の変化による影響は，X の変化がもたらす $Y=1$ の確率の変化として推定されます．

---

[4] これらの政策変更には，連邦準備銀行の監督官による貸出公正性の調査の変化，米国法務省の調査内容の変化，銀行や住宅ローン金融機関に対する教育プログラムの拡充などがあります．

[5] このトピックの文献にさらに関心のある人は，*Journal of Economics Perspectives*，1998，春号に掲載の人種差別と経済学に関するシンポジウム報告を参照．その中で Helen Ladd (1998) は，住宅ローンにおける人種差別の証拠や論争をサーベイしています．より詳細な考察としては Goering and Wienk (1996) があります．

BOX：James Heckman，Daniel McFadden 両教授のノーベル賞受賞

2000年のノーベル経済学賞は2人の計量経済学者に授与されました．受賞者はシカゴ大学のヘックマン教授（James J. Heckman）とカリフォルニア州立大バークレー校のマクファデン教授（Daniel L. McFadden）で，個人と企業のデータ分析に対して基本的な貢献を行ったことが受賞の理由です．彼らの業績の多くは，限定された被説明変数によって発生する問題を取り扱っています．

ヘックマン教授は，標本セレクションの問題に対処する手法を開発し，受賞者となりました．9.2節で議論したように，データの利用可能性が，被説明変数の値に関する標本選別のプロセスから影響を受ける場合，標本セレクションのバイアスが発生します．たとえばいま，母集団からのランダムサンプルを使って，賃金とある説明変数Xとの関係を推定するとしましょう．もし，雇用されている（つまり正の賃金を稼ぐ）労働者からなる部分サンプルを使ってその回帰式を推定すると，そのOLS推定には標本セレクションのバイアスが発生します．ヘックマン教授の解決策は，(0,1) の被説明変数を持つ予備的な式を設定し，そこで労働者が労働力にカウントされるかどうか（部分サンプルにはいるかどうか）という被説明変数を用いました．そして，その式と賃金決定式を連立方程式システムとして取り扱ったのです．この一般的なアプローチは，数多くの分野の標本セレクションの問題に拡張され，労働経済学，産業組織論からファイナンスまで幅広く応用されています．

マクファデン教授は，離散的な選択に関するデータ（たとえば高卒の学生が軍隊に入るのか，大学へ進学するのか，それとも就職するのか）を分析する手法を開発しました．彼はまず，個人がそれぞれの選択の期待効用を最大化する問題を検討し，それは観察可能なデータ（たとえば賃金，仕事の特性，家族のバックグラウンドなど）に依存します．そして，個人の選択の確率を未知の係数とともにモデル化し，その係数を最尤法で推定します．これらのモデルとその拡張は，離散的な選択問題の分析にとって幅広く有益であることが示され，労働経済学，医療経済学，そして交通経済学などに応用されました．

これら2人を含むノーベル経済学受賞者の詳しい情報については，ノーベル財団のホームページ（www.nobel.se/ecoomics）を訪ねてみてください．

James J. Heckman　　　Daniel L. McFadden

説明変数が与えられた下，$Y = 1$ の確率をモデル化する自然な方法は，累積分布関数 (c.d.f.) を利用することです．そして c.d.f. のカッコ内の部分は説明変数に依存すると考えます．プロビット回帰は正規分布の c.d.f. を利用し，ロジット回帰はロジスティック関数の c.d.f. を利用します．これらのモデルは未知の係数に関する非線形関数なので，これらのパラメーターの推定は線形回帰モデルよりも複雑です．その標準的な推定方法は最尤法ですが，最尤推定量を使った統計的推論は，多変数線形回帰モデルの場合と同じ手続きで行われます．たとえば係数の 95% 信頼区間は，推定された係数 ±1.96 標準誤差で求められます．

母集団の回帰関数は，その内在する非線形性にもかかわらず，線形確率モデルを使ってうまく近似できる場合もあります．その場合，多変数の線形回帰に基づいて直線で表されます．線形確率モデル，プロビットモデル，ロジットモデルをボストンの住宅ローンデータに応用すると，最終的にはすべて同じ答えが得られました．3 つのモデルすべてから，応募者が黒人か白人かによって，ローン申請が否認される確率に重要な違いがあることが推定されたのです．

$(0, 1)$ の被説明変数は，被説明変数が限られた範囲の値しか取らない「限定された被説明変数」の最も典型的な例です．20 世紀の最後の 25 年には，他の限定された被説明変数を分析する計量手法が目覚しく進展しました（ノーベル賞受賞者のボックスを参照）．それらの手法のいくつかについては，付論 11.3 の解説を参照してください．

要約

1. Y が $(0, 1)$ 変数である場合の線形多変数回帰モデルは，線形確率モデルと呼ばれる．母集団の回帰線は，$X_1, X_2, \ldots, X_k$ が所与の下で $Y = 1$ となる確率を表す．
2. プロビットおよびロジット回帰モデルは，Y が $(0, 1)$ 変数であるときの非線形回帰モデルである．線形確率モデルと異なり，プロビットおよびロジット回帰モデルでは，$Y = 1$ となる予測される確率が，すべての X の値について，0 と 1 の間に入る．
3. プロビット回帰は，標準正規累積分布関数を用いる．ロジット回帰はロジスティック累積分布関数を用いる．プロビットおよびロジット係数は最尤法により推定される．
4. プロビットおよびロジット回帰の係数の値は，容易には解釈できない．1 つもしくは複数の X の変化による $Y = 1$ となる確率の変化は，基本概念 8.1 における非線形モデルの一般手続きにより計算される．
5. 線形確率モデル，プロビットおよびロジットモデルの係数に関する仮説検定は，通常の t 統計量と F 統計量を使って行われる．

キーワード

限定された被説明変数 [limited dependent variable] *338*

線形確率モデル [linear probability model] *340*

プロビット [probit] *342*

ロジット [logit] *342*

ロジスティック回帰 [logistic regression] *342*

尤度関数 [likelihood function] *350*

最尤推定量（MLE）[maximum likelihood estimator] *350*

正しく予測される割合 [fraction correctly predicted] *352*

擬似的 R^2 [pseudo-R^2] *352*

練習問題

練習問題 11.1 から 11.5 は，次の設定に基づいています：400 人の運転免許申請者を無作為に選び，彼らが免許試験に合格したか ($Pass_i = 1$) 否か ($Pass_i = 0$) を尋ねました．さらに，性別（男性ならば $Male_i = 1$ で女性ならば 0）と運転経験（年数，$Experience_i$）に関するデータも収集しました．次の表には，いくつかのモデルの推定結果が要約されています．

被説明変数：Pass							
	プロビット	ロジット	線形確率	プロビット	ロジット	線形確率	プロビット
	(1)	(2)	(3)	(4)	(5)	(6)	(7)
Experience	0.031 (0.009)	0.040 (0.016)	0.006 (0.002)				0.041 (0.156)
Male				−0.333 (0.161)	−0.622 (0.303)	−0.071 (0.034)	−0.174 (0.259)
Male × Experience							−0.015 (0.019)
定数項	0.712 (0.126)	1.059 (0.221)	0.774 (0.034)	1.282 (0.124)	2.197 (0.242)	0.900 (0.022)	0.806 (0.200)

11.1 (1) 列の推定結果を使って，以下の問いに答えなさい．

  a. 試験に合格する確率は *Experience* に依存しますか．説明しなさい．

  b. マシューは 10 年の運転経験があります．彼が試験に合格する確率はいくつでしょうか．

  c. クリストファーは新しく運転免許をとりました（運転経験は 0 年）．彼が試験に合格する確率はいくつでしょうか．

  d. いま標本の中には *Experience* の値が 0 から 40 の間の値が入っており，運転経験が 30

年以上の人は 4 人だけいます．ジェドは 95 歳で，15 歳から運転をしています．ジェドが試験に合格する確率に関して，モデルからの予測値はいくつですか．この予測は信頼できると思いますか．その理由は何ですか．

11.2 **a.** (2) 列の推定結果を使って，練習問題 11.1 の (a)-(c) を答えなさい．

b. (1) 列と (2) 列のプロビットとロジットの推計結果から，*Experience* の値 0 から 60 までに対する合格確率の予測値を求めなさい．プロビットモデルとロジットモデルの結果は似ていますか．

11.3 **a.** (3) 列の推定結果を使って，練習問題 11.1 の (a)-(c) を答えなさい．

b. (1) 列と (3) 列のプロビットと線形確率モデルの結果から，*Experience* の値 0 から 60 までに対する合格確率の予測値を求めなさい．ここでは線形確率モデルは適切だと思いますか．その理由は何ですか．

11.4 (4)-(6) 列の推定結果を使って，以下の問いに答えなさい．

a. 男性と女性の合格確率の推定値を計算しなさい．

b. (4)-(6) 列のモデルは異なっていますか．その理由は何ですか．

11.5 (7) 列の推定結果を使って，以下の問いに答えなさい．

a. アキラは運転歴 10 年の男性です．彼が試験に合格する確率はいくつですか．

b. ジェーンは運転歴 2 年の女性です．彼女が試験に合格する確率はいくつですか．

c. 運転経験が試験の結果に及ぼす効果は性別に依存しますか．説明しなさい．

11.6 (11.8) 式のプロビットモデルの推定結果を使って，以下の問いに答えなさい．

a. ある黒人の住宅ローンの申請者は *P/I ratio* が 0.35 です．彼の申込が否認される確率はいくつですか．

b. その応募者の *P/I ratio* が 0.30 に低下したとしましょう．このことは，彼の住宅ローンが否認される確率にどのような影響があるでしょうか．

c. ある白人の申請者に関しても，(a) と (b) を行いなさい．

d. 住宅ローンの否認確率に対する *P/I ratio* の追加的な影響は，人種に依存しますか．説明しなさい．

11.7 (11.10) 式のロジットモデルを使って，練習問題 11.6 を繰り返しなさい．ロジットモデルとプロビットモデルの結果は似ていますか．説明しなさい．

11.8 線形確率モデル $Y_i = \beta_0 + \beta_1 X_i + u_i$ について考えます．ここで $P(Y_i = 1|X_i) = \beta_0 + \beta_1 X_i$ です．以下の問いに答えなさい．

a. $E(u_i|X_i) = 0$ であることを示しなさい．

b. $\text{var}(u_i|X_i) = (\beta_0 + \beta_1 X_i)[1 - (\beta_0 + \beta_1 X_i)]$ となることを示しなさい（ヒント：(2.7) 式を見直しなさい）．

c. u_i は不均一分散でしょうか．説明しなさい．

d. (11.3 節の理解が必要ですが) 尤度関数を導出しなさい．

11.9 表 11.2 の (1) 列で表される線形確率モデルの推定結果を使って，以下の問いに答えなさ

い.
  a. いま住宅ローンへの申請者が2人いて，1人は白人，もう1人は黒人です．そして人種以外の説明変数は，2人とも同じ値になっています．黒人の住宅ローン申請は，白人と比べて，どれくらい否認されやすいでしょうか．
  b. (a) の答えに関する95％信頼区間を求めなさい．
  c. (a) の答えにバイアスをもたらしうる除外された変数について考えましょう．その変数は何でしょうか．それは推定結果にはどのようなバイアスをもたらすでしょうか．

11.10 (11.3 節の理解と微積分が必要ですが) いま確率変数 Y は，次のような確率分布を持っているとします：$Pr(Y=1) = p$, $P(Y=2) = q$, $Pr(Y=3) = 1-p-q$．標本数 n の無作為標本がこの分布から抽出され，その確率変数は $Y_1, Y_2, \cdots, Y_n$ です．
  a. パラメーター p と q に関する尤度関数を導出しなさい．
  b. p と q の MLE に関する式を導出しなさい．

11.11 (付論 11.3 の理解が必要です) 以下の問題を分析する際，あなたはどの推計モデルを使用しますか．
  a. 1ヶ月間の携帯電話の通話時間
  b. 経済原論の大講義の成績（A から F まで）
  c. 消費者による，コカコーラ，ペプシ，ノーブランド・コーラの選択
  d. 一家で所有する携帯電話の数

実証練習問題

E11.1 職場で禁煙を導入すると，スモーカーは喫煙の機会が減るため，たばこをやめる機会になるかもしれないとの見方があります．この練習問題では，1991–1993 年の米国勤労者 10000 人のサンプルを使って，職場での禁煙の導入が喫煙者に及ぼす影響を推定します（データは，本書の補助教材の Smoking というファイルにあります）．データファイルには，各勤労者について，職場での禁煙が導入されているかどうか，喫煙しているかどうか，およびそれ以外の特性に関する情報が含まれています[6]．データの詳細は，Smoking_Description を参照してください．
  a. (i) すべての勤労者，(ii) 職場での禁煙が導入されている勤労者，(iii) 禁煙が導入されていない勤労者，それぞれについて，喫煙する確率を求めなさい．
  b. 職場での禁煙が導入されている勤労者と，そうでない勤労者の間で，喫煙する確率の違いはいくらでしょうか．線形確率モデルを使って，この違いが統計的に有意かどうか調べなさい．

---

[6] これらのデータはメリーランド大学 William Evans 教授により提供されたもので，Matthew Farrelly と Edward Montgomery との共著論文 "Do Workplace Smoking Bans Reduce Smoking?" (*American Economic Review* 1999, 89(4): 728–747) で使われました．

c. 喫煙者かどうか（smoker）を被説明変数とし，以下を説明変数とする線形確率モデルを推定しなさい：職場禁煙（smkban），女性（female），年齢（age），年齢の二乗（age^2），高校中退（hsdrop），高卒（hsgrad），何らかの大学卒（colsome），4年制大卒（colgrad），黒人（black），ヒスパニック（hispanic）．この回帰式から推定される禁煙の効果と，(b) の結果とを比べなさい．推定される効果が (b) と (c) で異なる理由を，回帰分析の内容に基づいて，説明しなさい．

d. (c) の母集団回帰式において，smkban の係数がゼロであるという仮説を 5% 有意水準でテストしなさい（対立仮説は係数が非ゼロ）．

e. (c) の回帰式において，喫煙の確率が教育水準に依存しないという仮説をテストしなさい．教育水準が高まると，喫煙の確率は上昇するでしょうか，下落するでしょうか．

f. (c) の回帰式に基づくと，年齢と喫煙の確率の間に非線形の関係があるでしょうか．白人でヒスパニックでない 4 年制大卒男性で，職場禁煙が導入されていない場合の，喫煙の確率と年齢（$18 \leq age \leq 65$）との関係を散布図で示しなさい．

E11.2 この問題では，実証練習問題 11.1 と同じデータを使います．以下の問いに答えなさい．

a. 実証練習問題 11.1(c) と同じ説明変数を使って，プロビットモデルを推定しなさい．

b. このプロビットモデルの母集団回帰式において，smkban の係数がゼロであるという仮説を 5% 有意水準でテストしなさい（対立仮説は係数が非ゼロ）．その t 統計量とテスト結果について，線形確率モデルに基づく実証練習問題 11.1(d) の結果と比べなさい．

c. このプロビット回帰式において，喫煙の確率が教育水準に依存しないという仮説をテストしなさい．そのテスト結果と，線形確率モデルに基づく実証練習問題 11.1(e) の結果と比べなさい．

d. A 氏は，ヒスパニック系でない 20 歳の白人男性で，高校中退です．(a) のプロビット回帰式に基づき，職場で禁煙は導入されていない場合の，A 氏が喫煙する確率を求めなさい．同じ確率を，職場禁煙が導入されていると仮定して求めなさい．職場での禁煙の導入が，喫煙の確率に与える効果はいくらでしょうか．

e. (d) と同じ問題を，B さん（40 歳，黒人女性，4 年制大卒）についても答えなさい．

f. 実証練習問題 11.1(c) と同じ線形確率モデルを使って，(d) と (e) の問題に答えなさい．

g. (d) から (f) の答えに基づくと，プロビットモデルと線形確率モデルで結果は異なるでしょうか．もし異なるのであれば，どちらの結果がより意味があると思いますか．推定された効果は，現実的な意味で，大きいと言えるでしょうか．

h. 内部の正当性が満たされない可能性は残っていますか．

E11.3 この練習問題では，米国の 8000 人を超える無作為標本データを用いて，医療保険，健康状態，雇用について調べます．データは，本書の補助教材の Insurance というファイルにあります[7]．データの詳細は，Insurance_Description を参照してください．

---

[7] これらのデータはプリンストン大学 Harvey Rosen 教授より提供されたもので，Craig Perry との共著論文 "The Self-Employed Are Less Likely Than Wage-Earners to Have Health Insurance. So What?" (in

a. 自営業者は，賃金労働者と比べて，健康保険へ加入しない傾向があるのでしょうか．もしそうならば，その違いは，現実的な意味で大きいでしょうか．その違いは，統計的に有意ですか．
b. 自営業者は，賃金労働者と比べて，もともと年齢や教育水準などの特性が異なるかもしれません．これらの要因をコントロールした下で，自営業者は，賃金労働者と比べて，健康保険へ加入しない傾向があるでしょうか．
c. 健康保険への加入状況は，年齢によって変わるでしょうか．高齢の労働者は健康保険に加入する傾向にあるでしょうか．それとも加入しない傾向にあるのでしょうか．
d. 自営業者が健康保険の加入状況へ及ぼす影響は，年齢によって異なるでしょうか．
e. 自営業者は健康保険へ加入しない傾向にあるにも関わらず，自営業者は賃金労働者と同様に健康だという議論があります．これは本当でしょうか．この議論は，若い労働者に当てはまるものですか，それとも高齢の労働者に当てはまりますか．この種の統計分析の内部正当性が満たされない可能性として，同時双方向の因果関係の問題は考えられますか．

付論 11.1　ボストン住宅ローンデータセット

　ボストン住宅ローン（HMDA）データセットは，ボストン連邦準備銀行の研究者によって作成されました．データセットは，住宅ローン申請に関する情報と，申請を受け付けた銀行など金融機関のその後の調査データを合わせたものです．データは，1990年，ボストン大都市圏の住宅ローン申請に関するものです．全データセットは，2925個のサンプルからなり，黒人，ヒスパニック応募者のすべての申請と無作為抽出された白人応募者の申請の合計したものです．

　本章では分析の範囲を狭めるために，そのデータの一部のみを利用し，1世帯用の住宅を対象とし（したがって多世帯用住宅のデータは除きました），かつ黒人と白人の応募者だけを対象としました（したがって，それ以外のマイノリティ・グループの応募者データは除きました）．その結果，サンプルは2380個となります．本章で用いる変数の定義は，表11.1に与えられています．

　これらのデータは，ボストン連銀調査局の Geoffrey Tootell 氏から提供されました．このデータセットに関するより詳しい情報と，ボストン連銀研究者による分析結果は，次の論文を参照してください：Alicia H. Munnel, Geoffrey M.B.Tootell, Lynne E. Browne and James McEneaney, "Mortgage Lending in Boston: Interpreting HMDA Data," *American Economic Review*, 1996, pp.25-53.

付論 11.2　最尤推定量

　この付論では，この章で議論された(0,1)変数モデルにおける最尤法推定を簡単に紹介します．はじめに，ベルヌーイ確率変数の n 個の i.i.d. 観測値に関する成功確率 p の最尤推定量（MLE）を導

Douglas Holtz-Eakin and Harvey S. Rosen, eds., *Enterpeneurship and Public Policy*, MIT Press, 2004) で使われました．

出します．次に，プロビットモデルおよびロジットモデルについて説明し，擬似的 R^2 を議論します．最後に，予測された確率の標準誤差に関する議論を行います．この付論では，2ヶ所で微積分を用います．

n 個の i.i.d. ベルヌーイ確率変数に関する MLE

MLE を計算するとき，最初に結合確率分布を導出します．ベルヌーイ確率変数に従う n 個の i.i.d. 観測値に関して，この結合確率分布は，11.3 節の $n = 2$ の場合を一般的な n に拡張します．すなわち，

$$\Pr(Y_1 = y_i, Y_2 = y_2, \ldots, Y_n = y_n)$$
$$= [p^{y_1}(1-p)^{(1-y_1)}] \times [p^{y_2}(1-p)^{(1-y_2)}] \times \cdots \times [p^{y_n}(1-p)^{(1-y_n)}] \quad (11.13)$$
$$= p^{(y_1+\cdots+y_n)}(1-p)^{n-(y_1+\cdots+y_n)}.$$

尤度関数は結合分布であり，未知の係数の関数として表されます．$S = \sum_{i=1}^{n} Y_i$ とします．そのとき，尤度関数は，

$$f_{Bernoulli}(p\,;Y_1,\ldots,Y_n) = p^S(1-p)^{n-S}. \quad (11.14)$$

p に関する MLE は，(11.14) 式の尤度を最大にする p の値となります．尤度関数は微分を使って最大化できます．ここで尤度そのものではなく，尤度の対数を最大化することが有用です（なぜならば対数は厳密な増加関数で，尤度自身でもその対数値でも最大化すれば同じ推定量を得るからです）．対数尤度は $S\ln(p) + (n-S)\ln(1-p)$ となり，対数尤度を p に関して微分すると，

$$\frac{d}{dp}\ln[f_{Bernoulli}(p\,;Y_1,\ldots,Y_n)] = \frac{S}{p} - \frac{n-S}{1-p} \quad (11.15)$$

となります．(11.15) 式の微分をゼロとし，そして p に関して解くと，MLE $\hat{p} = S/n = \overline{Y}$ が得られます．

プロビットモデルの MLE

プロビットモデルに関して，$X_{1i}, \cdots, X_{ki}$ を条件にした下で，$Y_i = 1$ となる確率は，$p_i = \Phi(\beta_0 + \beta_1 X_{1i} + \cdots + \beta_k X_{ki})$ となります．i 番目の観測値に関する条件付確率分布は $\Pr[Y_i = y_i | X_{1i}, \cdots, X_{ki}] = p_i^{y_i}(1-p_i)^{1-y_i}$ となります．$i = 1, \cdots, n$ に関して，$(X_{1i}, \cdots, X_{ki}, Y_i)$ を i.i.d. とすると，X を条件にした下での $Y_1, \cdots, Y_n$ の結合確率分布は

$$\Pr(Y_1 = y_1, \ldots, Y_n = y_n | X_{1i}, \ldots, X_{ki}, i = 1, \ldots, n)$$
$$= \Pr(Y_1 = y_1 | X_{11}, \ldots, X_{k1}) \times \cdots \times \Pr(Y_n = y_n | X_{1n}, \cdots, X_{kn}) \quad (11.16)$$
$$= p_1^{y_1}(1-p_1)^{1-y_1} \times \cdots \times p_n^{y_n}(1-p_n)^{1-y_n}$$

となります．

尤度関数は，未知の係数の関数として表された結合確率分布となります．ここで尤度の対数を取ると便利です．よって対数尤度関数は，

$$\ln[f_{probit}(\beta_0,\ldots,\beta_k\,;Y_1,\ldots,Y_n|X_{1i},\ldots,X_{ki}, i=1,\ldots,n)]$$
$$= \sum_{i=1}^{n} Y_i \ln[\Phi(\beta_0 + \beta_1 X_{1i} + \cdots + \beta_k X_{ki})]$$
$$+ \sum_{i=1}^{n} (1-Y_i) \ln[1 - \Phi(\beta_0 + \beta_1 X_1 i + \cdots + \beta_k X_{ki})] \quad (11.17)$$

となります．ここで，この表現は，条件付確率に関するプロビットモデルの公式 $p_i = \Phi(\beta_0 + \beta_1 X_{1i} + \cdots + \beta_k X_{ki})$ を取り込んだものです．

プロビットモデルの MLE は，尤度関数，あるいは同じく (11.17) 式の対数尤度関数を最大化したものです．MLE について簡単な公式はないので，プロビット尤度関数はコンピュータの数値アルゴリズムを使って最大化します．

一般的な条件の下，最尤推定量は大標本において一致性をもち，正規分布に従います．

ロジットモデルの MLE

ロジットモデルの尤度は，プロビットモデルの尤度と同様の方法で導出されます．唯一の違いは，ロジットモデルの条件付成功確率 p_i が (11.9) 式で与えられることです．したがって，ロジットモデルの対数尤度は，(11.17) 式の $\Phi(\beta_0 + \beta_1 X_{1i} + \cdots + \beta_k X_{ki})$ を，$[1 + e^{-(\beta_0 + \beta_1 X_{1i} + \cdots + \beta_k X_{ki})}]$ に置き換えたものとなります．プロビットモデルと同様に，ロジットモデルでも MLE に関する簡単な公式がないため，対数尤度は数値アルゴリズムを使って最大化します．

擬似的 R^2

擬似的 R^2 は，推定されたモデルの尤度の値を，X が説明変数に含まれていないときの尤度の値とを比較したものです．具体的には，プロビットモデルの擬似的 R^2 は，

$$擬似的\ R^2 = 1 - \frac{\ln(f_{probit}^{\max})}{\ln(f_{Bernoulli}^{\max})} \quad (11.18)$$

ここで，$f_{probit}^{\max}$ は，最大化されたプロビット尤度の値（X の値を含む），$f_{Bernoulli}^{\max}$ は，最大化されたベルヌーイ尤度の値です（すべての X の値を除いたプロビットモデル）．

予測された確率の標準誤差

単純化のために，プロビットモデルで説明変数 1 つのケースを考えましょう．説明変数 x のある値の下での予測された確率は，$\hat{p}(x) = \Phi(\hat{\beta}_0^{MLE} + \hat{\beta}_1^{MLE} x)$ となります．ここで $\hat{\beta}_0^{MLE}$ と $\hat{\beta}_1^{MLE}$ は，それぞれのプロビット係数に関する MLE です．この予測された確率は，推定量 $\hat{\beta}_0^{MLE}, \hat{\beta}_1^{MLE}$ に依存し，それらは標本分布を持つので，予測された確率もまた標本分布を持ちます．

$\hat{p}(x)$ の標本分布の分散は，$\hat{\beta}_0^{MLE}$ と $\hat{\beta}_1^{MLE}$ の非線形関数である $\Phi(\hat{\beta}_0^{MLE} + \hat{\beta}_1^{MLE} x)$ を，$\hat{\beta}_0^{MLE}$ と $\hat{\beta}_1^{MLE}$ の線形関数で近似することで計算されます．具体的には，

$$\hat{p}(x) = \Phi(\hat{\beta}_0^{MLE} + \hat{\beta}_1^{MLE} x) \cong c + a_0(\hat{\beta}_0^{MLE} - \beta_0) + a_1(\hat{\beta}_1^{MLE} - \beta_1). \tag{11.19}$$

ここで，定数 c と係数 a_0 と a_1 は x に依存し，微分を用いて導出できます．[(11.19) 式は 1 次のテイラー展開です．すなわち，$c = \Phi(\beta_0 + \beta_1 x)$，$a_0$ と a_1 は偏微分，$a_0 = \partial\Phi(\beta_0 + \beta_1 x)/\partial\beta_0|_{\hat{\beta}_0^{MLE}, \hat{\beta}_1^{MLE}}$，$a_1 = \partial\Phi(\beta_0 + \beta_1 x)/\partial\beta_1|_{\hat{\beta}_0^{MLE}, \hat{\beta}_1^{MLE}}$ となります．] $\hat{p}(x)$ の分散は，(11.19) 式の近似式と，(2.31) 式の 2 つの確率変数の和に関する分散の表現を使って計算します：

$$\begin{aligned}\mathrm{var}[\hat{p}(x)] &\cong \mathrm{var}[c + a_0(\hat{\beta}_0^{MLE} - \beta_0) + a_1(\hat{\beta}_1^{MLE} - \beta_1)] \\ &= a_0^2 \mathrm{var}(\hat{\beta}_0^{MLE}) + a_1^2 \mathrm{var}(\hat{\beta}_1^{MLE}) + 2a_0 a_1 \mathrm{cov}(\hat{\beta}_0^{MLE}, \hat{\beta}_1^{MLE}).\end{aligned} \tag{11.20}$$

(11.20) 式を使うと，$\hat{p}(x)$ の標準誤差は，それぞれの MLE の分散と共分散を使って求めることができます．

付論 11.3　その他の限定された被説明変数モデル

この付論では，(0,1) 変数以外で，計量経済学の実証でよく登場する限定された被説明変数モデルをいくつか紹介します．ほとんどのケースで，限定された被説明変数モデルの OLS 推定量は一致性を持たず，そのため最尤法により推定されます．より詳細に関心がある読者は，上級の参考文献として，たとえば，Ruud (2000) や Maddala (1983) を参照してください．

取り除かれた回帰モデル

ある年の各個人の自動車購入額に関するクロスセクション・データがあるとします．自動車購入額は，連続的な確率変数とみなせる正の支出ですが，購入していない人は支払い$0 です．したがって，自動車への支出の分布は，離散分布（0 の点）と連続分布を結合したものとなります．

ノーベル賞受賞者の James Tobin は，一部は連続，一部は離散の分布を持つ被説明変数に関して，有用なモデルを開発しました (Tobin, 1958)．Tobin は，標本の i 番目の個人が潜在的に望ましい支出額 Y_i^* を持っており，それは線形回帰モデルに基づく説明変数（たとえば家族の人数）で表現されると考えました．すなわち，いま説明変数が 1 つであれば，潜在的な支出水準は，

$$Y_i^* = \beta_0 + \beta_1 X_i + u_i, \ i = 1, \ldots, n \tag{11.21}$$

と表されます．もし Y_i^*（消費者が支出したい額）が，自動車の最低価格などの境界値を超えていたならば，消費者は自動車を購入し $Y_i = Y_i^*$ を支払います．そして，その支出額は観測されます．しかし，Y_i^* がその境界値以下ならば，支出は行われず，Y_i^* の代わりに $Y_i = 0$ が観測されます．

Y_i^* の代わりに，観測される支出額 Y_i を使って (11.21) 式を推定すると，OLS 推定量は一致性を持ちません．Tobin は，u_i が正規分布に従うという追加的な仮定を使って尤度関数を導出することで，この問題を解決しました．この最尤推定量は，実証研究者によって，さまざまな経済問題の分析に応用されています．Tobin の貢献を称え，正規分布に従う誤差項の仮定を組み入れた (11.21) 式は，「トービット（**tobit**）回帰モデル」と呼ばれています．トービットモデルは，被説明変数がある境界値を上回るか下回るか検査された上で削除される（censored）ため，取り除かれた回帰モデル（**censored regression model**）と呼ばれます．

切断された回帰モデルと標本セレクション・モデル

取り除かれた回帰モデルでは，購入者と非購入者両方のデータが存在し，成人の母集団から無作為サンプリングによって得られたかのようなデータが使われました．しかし，もしそのデータが売上げ税の記録から収集されたのであれば，購入者に関するデータしか含まれていません．つまり，非購入者のデータはまったくないのです．ある値以上もしくは以下の観測値しか含まれていないデータ（たとえば購入者のみのデータ）は，「切断された（truncated）データ」と呼ばれます．**切断された回帰モデル**（**truncated regression model**）は，被説明変数のデータがある境界値以上もしくは以下しか利用できない場合に応用される回帰モデルのことです．

切断された回帰モデルは，標本セレクション・モデルの一例で，そこでの選択メカニズム（自動車を購入したおかげでサンプルに含まれる）は，被説明変数の値（自動車価格）と関連しています．11.4 節のボックスで議論したように，標本セレクション・モデルを推定するときの 1 つの方法は，2 本の式を考えることで，1 つは Y_i^* に関する式，もう 1 つは Y_i^* が存在するか否かに関する式です．そして，モデルのパラメーターは，最尤法で推定するか，あるいはステップに分けて，1 段階目でデータが選択されるか否かを推定し，2 段階目で Y_i^* に関する式を推定して求めることができます．より詳しい議論は，Rudd（2000，28 章），Greene（2000，20.4 節），Wooldridge（2002，17 章）などを参照してください．

カウントデータ

カウントデータ（**count data**）とは，被説明変数が自然数（たとえば 1 週間のうちに消費者がレストランで食事した回数）の場合に生じるデータです．もしその数が大きければ，変数を近似的に連続変数とみなすことができますが，数が小さい場合，連続変数として近似することは問題となります．もっとも，たとえ回数が少なくても，線形回帰モデルの OLS 推定をカウントデータに使うことができます．その回帰を用いた予測値は，説明変数が与えられた下での被説明変数の期待値として扱われます．そこで，被説明変数がレストランでの食事の回数である場合，予測値が 1.7 であることは，平均すると週に 1.7 回レストランで食事を行っていることを意味します．しかしながら，(0,1) 変数の場合と同様，OLS はカウントデータの特殊な構造をうまく利用しておらず，無意味な予測結果が得られる場合があります（たとえば，1 週間でレストランに行く回数が −0.2 回など）．被説明変数が (0,1) 変数である場合，プロビットやロジットモデルが無意味な予測を排除するのと同様に，カウントデータについてもそれを排除してくれる特殊モデルがあります．最もよく使われるのは，ポアソンモデルと負の二項分布回帰モデルです．

順序付けられた反応

順序付けられた反応データ（**ordered response data**）とは，互いに重複しない質的なカテゴリーが順序付けられている場合（たとえば，高卒，大学中退，大卒といった場合）に生じるデータです．カウントデータ同様，順序付けられた反応データには順番は付けられますが，カウントデータと違い，数値がありません．

順序付けられた反応データには数値がないため，OLS は適切ではありません．その代り，順序付

けられたデータには，順序付けられたプロビットモデル（**ordered probit model**）と呼ばれるプロビットの一般化モデルを用いて分析が行われます．順序付きプロビットモデルでは，独立変数（たとえば両親の所得）の条件の下でそれぞれの結果（たとえば大学教育）の確率を，累積正規分布を使ってモデル化します．

離散選択データ

離散選択（**discrete choice**）あるいは複数選択（**multiple choice**）変数は，順序関係のない複数の定性的な値を取る変数です．経済学での一例は，通勤者の交通手段です．ある女性は，地下鉄，バス，車，自力（徒歩か自転車）のうち，どれかの交通手段をとります．もしこれらの選択を分析するのであれば，被説明変数には4つの結果（地下鉄，バス，自動車，自力）があることになります．これらの結果には順序関係はありません．その代り，これらは質的に区別された選択肢から選ばれた結果となっています．

計量経済学で行うことは，個人の特性（通勤者の家が地下鉄の駅からどのくらい離れているか）や各選択肢の特徴（地下鉄の値段）のようなさまざまな説明変数が与えられた下で，さまざまな選択肢を選ぶ確率をモデル化することです．11.4節のボックスで議論したように，離散選択データを分析するためのモデルは，効用最大化の原理から発展したものです．個人の選択確率はプロビットかロジットの形で表現され，それらは多項プロビット（**multinominal probit**）回帰モデル，多項ロジット（**multinominal logit**）回帰モデルと呼ばれます．

第12章 操作変数回帰分析

第9章では，除外された変数，変数の計測誤差，同時双方向の因果関係などによって，誤差項と説明変数が相関を持つという問題を議論しました．除外された変数のバイアスについては，多変数回帰モデルに除外された変数自身を含めることで直接対処できますが，それはそのデータがある場合にのみ可能な方法です．因果関係が X から Y，そして Y から X へと両方向に存在するとき，したがって同時双方向の因果関係のバイアスがあるときには，多変数回帰分析ではそのバイアスを取り除くことはできません．直接の対処方法がそもそも存在しない，または利用できないとき，新しい方法が必要です．

操作変数回帰（instrumental variables〈IV〉regression）は，説明変数 X が誤差項 u と相関を持つときに，回帰係数の一致推定量を得るための一般的な方法です．IV 回帰がどのようなものか理解するために，X の変動を 2 つの部分に分けて考えます．1 つ目は何らかの理由で u と相関がある部分です（そしてこの部分がバイアスを引き起こします）．一方，2 つ目は u とは相関しない部分です．いま何らかの情報を使って 2 つ目の部分を切り離すことができるなら，u と相関のない X の変動だけに焦点を絞ることができ，バイアスをもたらす X の変動については考えずに済みます．これがまさに IV 回帰が行うことなのです．u と相関のない X の変動に関する情報は，**操作変数**（instrumental variables あるいは **instruments**）と呼ばれる追加的な変数から集められます．操作変数回帰は，これらの追加的な変数をツールもしくは「道具（instrument）」として利用して u と無相関な X の変動部分を取り出し，そこから回帰係数の一致推定量を求めるのです．

本章では最初の 2 つの節で，IV 回帰の仕組みと仮定について説明します．具体的には，IV 回帰分析はなぜうまく機能するのか．適切な操作変数とは何か．そして最も典型的な IV 回帰の手法である 2 段階最小二乗法の使い方と解釈について説明します．操作変数法による実証分析を成功させる鍵は，適切な操作変数を見つけることです．そこで 12.3 節は，操作変数が正当かどうかの評価方法の問題を取り上げます．12.4 節では，具体例として，たばこ需要の弾力性を IV 回帰により推定します．最後に 12.5 節では，そもそも正当な操作変数をどう探すかという難問について検討します．

12.1 操作変数法による推定：1説明変数，1操作変数の場合

まず説明変数 X が1つで，誤差項 u との間に相関があるかもしれないという場合を考えましょう．もし X と u が相関すれば，OLS 推定量は一致性を持たず，たとえ標本数が非常に多くても推定量は回帰係数の真の値には近づきません（(6.1) 式参照）．9.2 節で議論したように，X と u の相関はさまざまな要因によって起こり得るもので，除外された変数，変数の誤差（説明変数の計測誤差），同時双方向の因果関係（X から Y への「前向きの」因果関係だけでなく，Y から X への「逆向きの」因果関係もあるとき）などが含まれます．その相関の要因が何であれ，もし適切な操作変数 Z があれば，X の1単位変化の Y への影響は操作変数推定量を使って推定できるのです．

操作変数モデルとその仮定

Y_i を X_i で説明する母集団回帰式は，

$$Y_i = \beta_0 + \beta_1 X_i + u_i, \quad i = 1, \ldots, n. \tag{12.1}$$

ここで u_i はいつもと同じく誤差項で，Y_i を決定する他のさまざまな要因が含まれています．もし X_i と u_i に相関があれば，OLS 推定量は一致性を持ちません．操作変数法による推定では，追加的な変数である操作変数 Z を使って，u_i とは無相関な X の変動部分を取り出し，それを実際の推定に利用します．

内生性と外生性 操作変数回帰には，誤差項と相関がある変数と相関がない変数を区別するための特別の用語があります．誤差項と相関がある変数は**内生変数**（**endogenous variable**），相関がない変数は**外生変数**（**exogenous variable**）と呼ばれます．この用語は，伝統的な連立方程式システムにおける用語に由来しており，そこではモデル内部で決定される変数は「内生」変数，モデル外部で決定される変数は「外生」変数と呼ばれます．たとえば 9.2 節では，テスト成績が低ければ政治的な介入や財政資金投入などによって生徒・教師比率が低下する可能性を考えました．そのとき因果関係は，生徒・教師比率からテスト成績へという方向と，テスト成績から生徒・教師比率へという両方向が存在することになります．これは数学的には2本の同時方程式システム（(9.3) 式と (9.4) 式）で表現され，各式がそれぞれの因果関係を表します．9.2 節で議論したように，テスト成績も生徒・教師比率もそのモデル内で決定されるので，どちらも母集団の誤差項 u と相関します．したがって，この例でどちらの変数も内生的なのです．これに対して，モデル外で決定される外生変数は u とは相関を持ちません．

操作変数が正当であるための2つの条件 正当な操作変数は，2つの条件，すなわち操

作変数の妥当性（**instrument relevance**）と操作変数の外生性（**instrument exogeneity**）を満たす必要があります．すなわち，

1. 操作変数の妥当性：$\text{corr}(Z_i, X_i) \neq 0$.
2. 操作変数の外生性：$\text{corr}(Z_i, u_i) = 0$.

もし操作変数が妥当ならば，操作変数の変動は説明変数 X_i の変動と関係します．さらに操作変数が外生的であれば，操作変数によって捉えられる X_i の変動も外生となります．したがって，妥当で外生的な操作変数は，X_i の外生的な変動を捉えることができるのです．この外生的な変動が，今度は母集団の（つまり真の）係数 β_1 を推定するのに使われます．

正当な操作変数のためのこれら2つの条件は，操作変数回帰にとって決定的に重要です．本章でも，繰り返しこれらの条件に立ち返ります（複数の説明変数，複数の操作変数の場合など）．

2段階最小二乗法

もし操作変数 Z が妥当性と外生性の条件を満たすならば，係数 β_1 は，**2段階最小二乗法**（**two stage least squares, TSLS**）と呼ばれる IV 推定量を使って推定できます．その名前が表すように，この推定方法は2段階で計算されます．第1段階では X が2つの部分に分けられます．すなわち，誤差項と相関する問題の部分と，誤差項と相関のない（つまり問題のない）部分とに分けられるのです．そして第2段階では，その問題のない部分を使って β_1 を推定します．

第1段階は，X と Z の関係に関する母集団回帰式から始まります．すなわち，

$$X_i = \pi_0 + \pi_1 Z_i + v_i. \tag{12.2}$$

ここで π_0 は切片，π_1 は傾き，v_i は誤差項です．この回帰式により X_i の変動が分解されます．1つ目の部分が $\pi_0 + \pi_1 Z_i$ で，X_i の変動のうち Z_i によって予測される部分です．ここで Z_i は外生的なので，この部分の X_i の変動は (12.1) 式の誤差項 u_i とは相関を持ちません．もう1つの X_i の変動部分は v_i で，これが u_i と相関を持つ問題の部分となります．

2段階最小二乗法の背後にある考え方は，X_i 変動の問題ない部分である $\pi_0 + \pi_1 Z_i$ を利用し，v_i の方は利用せず捨ててしまうことにあります．その際，唯一難しいところは，π_0 や π_1 の値が未知なため，$\pi_0 + \pi_1 Z_i$ をすぐに計算できないという点です．したがって TSLS の第1段階は (12.2) 式に OLS を当てはめ，OLS 回帰からの予測値 $\hat{X}_i = \hat{\pi}_0 + \hat{\pi}_1 Z_i$ を利用します（そこで $\hat{\pi}_0$ と $\hat{\pi}_0$ は OLS 推定値）．

TSLS の第2段階は簡単です．Y_i を $\hat{X}_i$ で OLS 回帰するのです．この2段階目の回帰から得られた推定量が TSLS 推定量 $\hat{\beta}_0^{TSLS}, \hat{\beta}_1^{TSLS}$ です．

操作変数法はなぜ機能するのか

以下では 2 つの具体例を紹介して，操作変数がなぜ首尾よく X_i と u_i の相関の問題を解決するのか直感的な理由を説明します．

具体例 1：フィリップ・ライトの問題　　操作変数に基づく推定方法が最初に公表されたのは，1928 年のフィリップ・ライト（Philip G. Wright）による著作（Wright 1928）における付論でした．この付論は，彼の息子であり著名な統計学者であるセウォール・ライト（Sewall Wright）が書いたものと言われています．フィリップ・ライトは，その当時の重要な経済問題に直面していました．それは動物性や植物性の油や脂肪（バターや大豆油など）に対する輸入関税（輸入品に対する税金）をどう設定するかという問題です．1920 年代，輸入関税はアメリカにとって重要な税収源でした．関税の経済効果を理解するには，その財の需要，供給曲線の形状について具体的な数値が必要となります．供給の価格弾力性とは，価格の 1% 上昇によって生じる供給量のパーセント変化を表し，需要の価格弾力性とは価格の 1% 上昇による需要量のパーセント変化を表します．フィリップ・ライトは，これら弾力性の推定値を必要としていたのです．

具体的に，バターの需要に関する弾力性を推定するとしましょう．基本概念 8.2 より，$\ln(Y_i)$ を $\ln(X_i)$ で説明する式の係数は，X に関する Y の弾力性と解釈されます．ライトの問題では，バター需要の式は，

$$\ln(Q_i^{butter}) = \beta_0 + \beta_1 \ln(P_i^{butter}) + u_i. \tag{12.3}$$

ここで Q_i^{butter} はバター消費量の第 i 観測値，P_i^{butter} はバター価格の第 i 観測値 u_i は，バター需要に影響するその他の要因（所得や消費者の好みなど）を反映した誤差項を表します．(12.3) 式において，バター価格の 1% 上昇は β_1% の需要の変化をもたらします．したがって β_1 が需要の弾力性となります．

フィリップ・ライトは，1912 年から 1922 年までのアメリカのバターの年間消費量と年平均価格のデータを持っていました．このデータを使って (12.3) 式を OLS で推定し，弾力性推定値を得ることは簡単だったかもしれません．しかし彼らは重要な点に気づいていました．需要と供給の相互関係から，説明変数 $\ln(P_i^{butter})$ は誤差項と相関があるのではと考えていたのです．

この点を理解するために，図 12.1(a) を見てみましょう．そこでは市場におけるバターの需要曲線と供給曲線が 3 つの年についてそれぞれ描かれています．第 1 年の需要曲線と供給曲線は D_1 と S_1 で，均衡価格と数量は両曲線の交点で決定されます．2 年目には（たとえば所得が増えた結果）バターへの需要が D_1 から D_2 へと増加し，（たとえばバター生産のコストが上昇した結果）供給が S_1 から S_2 へと減少するとします．均衡価格と数量は，新しい需要・供給曲線の交点で決定されます．第 3 年には，需要と供給の

BOX：誰が操作変数回帰を発明したか？

　操作変数回帰は，同時双方向の因果関係という問題への解決方法として初めて提唱され，フィリップ・ライトの1928年の著作『動物性油と植物性油への関税（*The Tariff on Animal and Vegetable Oils*）』の付論で示されました．20世紀初めの時期，動物性の油と植物性の油がどのように生産，輸送，販売されていたのか知りたければ，この本の最初の285ページをお読みください．しかし計量経済学者は，この本の付論Bにより強い関心を持ちます．その付論では，「外部要因を導入する方法」——いま私たちが操作変数推定量と呼んでいるもの——の2つの導出が与えられており，操作変数回帰が，バターと亜麻油の需要・供給弾力性の推定に使われています．フィリップは，この付論以外には経済学者としてあまり知られておらず，後世に残る業績も乏しいものでした．しかし，彼の息子セウォールは，卓越した人口遺伝学者・統計学者となりました．この付論の数学的な内容が，本のそれ以外の記述とはあまりに異なっていたため，計量学者の間では，この付論は息子のセウォールが匿名で書いたものと見られてきました．付論Bは，一体誰が執筆したのでしょうか？

　実際，父か息子のどちらかが作者でありえました．フィリップ・ライト（1861-1934）は，1887年，ハーバード大学から経済学修士号を取得しており，イリノイ州の小さな大学で数学と経済学を（そして文学と物理学も）教えました．彼のある書評（Wright(1915)）では，図12.1の(a)，(b)のような図を使って，数量を価格で回帰することが需要関数の推定にはならず，いかに需要関数と供給関数の組合せを推定するかを示しています．一方，セウォール・ライトは，1920年代初め頃，遺伝学における因果関係について，連立方程式の統計分析を研究していました．そしてその研究の成果により，1930年，シカゴ大学での教授ポストを得たと見られています．

　いまとなっては，フィリップまたはセウォールに，どちらが付論を書いたのか尋ねることはできません．しかし，統計的な捜索を行うことは可能です．計量文献学（Stylometics）は統計学の一分野で，Frederick Mosteller and David Wallace(1963) により開発されました．そこでは，無意識に生まれるわずかな文体の違いを利用して，文法上の構成や単語の選び方から，文書の著者を識別しようとします．その成果の一例をあげると，Donald Foster(1996) は，政治小説 *Primary Colors* の著者が Joseph Klein であることを突き止めました．そこで，問題の付論Bを，フィリップとセウォールがそれぞれ別々に書いた文書と統計的に比較すると，結果は明白でした．フィリップが作者だと判明したのです．

　では，このことは，フィリップ・ライトが操作変数回帰を発明したことを意味するのでしょうか．そうとは言い切れません．最近になって，1920年代半ばに交わされたフィリップとセウォールとの手紙が脚光を浴びています．そのやり取りによれば，操作変数回帰の開発は，父と息子との知的な共同作業であったことが示されています．より詳しくは，Stock and Trebbi(2003) を参照してください．

図 12.1

(a) 価格と数量は，需要・供給曲線の交点で決定される．第1期の均衡は需要曲線 D_1 と供給曲線 S_1 の交点で与えられる．第2期の均衡は D_2 と S_2 の交点，第3期の均衡は D_3 と S_3 の交点となる．

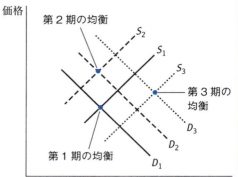

(a) 3つの時点での需要と供給

(b) この散布図は，異なる11時点の均衡価格と数量を示したものである．ここで需要・供給曲線は隠されている．散布図のこれらの点から，需要曲線と供給曲線を区別し決定することはできるだろうか？

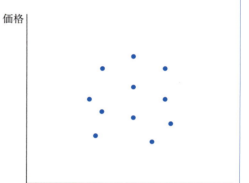

(b) 11の時点での均衡価格と数量

(c) 供給曲線が S_1，S_2，S_3 とシフトし，しかし需要曲線は D_1 のままであるとき，均衡価格と数量は需要曲線に沿って移動する．

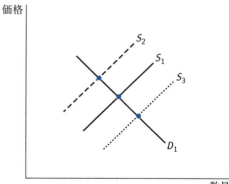

(c) 供給曲線だけがシフトするときの均衡価格と数量

要因が再び変化し，需要はさらに D_3 へと増加，供給は S_3 へと増加します．そして新しい均衡の価格と数量が決定されます．図 12.1(b) は，これら 3 年とその後 8 年についての均衡数量と価格のペアを示しています．そこでは毎年，価格以外の要因が変化することで，需要曲線・供給曲線がシフトしています．ライトも当時のデータを図示した結果，これと同じような散布図を得ていたかもしれません．彼が推測したように，これらの観測点に OLS で回帰線をフィットさせようとしても，需要曲線も供給曲線も推定できません．図の各点は，需要と供給がともに変化して決定されていたからです．

　ライトは，この問題を回避する方法は，供給だけを変化させ，需要には影響を及ぼさないような第 3 の変数を見つけることではないかと気づきました．図 12.1(c) は，そのような変数が供給曲線をシフトさせ，しかし需要曲線は安定しているときの状況を表しています．このとき均衡価格と数量のペアは，すべて安定した需要関数の上に位置しており，需要曲線の傾きも容易に推定できることがわかります．ライトの問題では，この第 3 の変数が価格と相関があり（それは供給を変化させ価格変化をもたらす），しかし u とは相関がない（需要関数は安定したまま）ということから，操作変数に当たるのです．ライトはいくつかの潜在的な操作変数について議論しました．1 つは天候です．たとえば，酪農地域における降雨量が例年の平均よりも少なければ，牧草量が減少する結果，ある価格水準の下での生産量は減少するでしょう（それは供給曲線を左へシフトさせ均衡価格は上昇）．したがって，酪農地域の降雨量は操作変数の妥当性の条件を満たします．一方，酪農地域の降雨量はバターの需要へ直接の影響を持つとは考えられないので，降雨量と u_i との相関はゼロでしょう．つまり酪農地域の降雨量は操作変数の外生性の条件も満たすのです．

具体例 2：クラス人数がテスト成績へ及ぼす効果の推定　　第 II 部ではクラス人数がテスト成績へ及ぼす効果を推定しました．そこでは生徒の特性や地区の特徴をコントロールしましたが，除外された変数のバイアスがまだ残されているかもしれません．校外での学習機会や教師の質など，測定できない変数の影響が考えられるからです．もしそれらのデータが利用できなければ，多変数回帰にその変数を直接含めることでバイアスを解消するという方法は取れなくなります．

　操作変数回帰は，これに代わるアプローチとして問題の解決を図るものです．次のような仮想的な例を考えましょう．カリフォルニア州で地震が発生し，いくつかの学校が校舎の修理のために閉鎖を余儀なくされたとします．震源地により近い学区ほど損害は大きいでしょう．閉鎖校を含む学区では，1 校当たりの生徒数を倍にして，一時的にクラス人数を増やさなければなりません．このとき震源地からの距離はクラス人数と相関を持つので，操作変数の妥当性の条件を満たすことになります．そしてもし震源地からの距離が，生徒のテスト成績に影響を及ぼす他の要因（生徒がまだ英語を学習しているかどうかなど）と無関係であれば，それは誤差項と相関せず，したがって外生変数となります．したがって，震源地からの距離という操作変数は，除外された変数バイアスを回避してクラス

人数のテスト成績への影響を推定するのに有用となるでしょう.

TSLS 推定量の標本分布

　TSLS 推定量の小標本における正確な分布を求めることは容易ではありません. しかし, OLS 推定量と同じく, その大標本での分布は単純です. TSLS 推定量は一致性を持ち, 正規分布に従います.

TSLS 推定量の公式　　TSLS は 2 段階の推定を行うため複雑と思われがちですが, この節で仮定しているように, 説明変数 X が 1 つ, 操作変数 Z が 1 つの場合には, TSLS 推定量には単純な公式があります. s_{ZY} を Z と Y の標本共分散, s_{ZX} を Z と X との標本共分散とします. 付論 12.2 で示すように, 1 つの操作変数の場合の TSLS 推定量は,

$$\hat{\beta}_1^{TSLS} = \frac{s_{ZY}}{s_{ZX}}. \tag{12.4}$$

つまり β_1 の TSLS 推定量は, Z と Y の標本共分散と Z と X の標本共分散の比率になるのです.

標本数が大きいときの $\hat{\beta}_1^{TSLS}$ の標本分布　　(12.4) 式の公式は, $\hat{\beta}_1^{TSLS}$ が一致性を持ち, 大標本の下で正規分布に従うという性質を示すのに使われます. 以下では議論の要約を説明しますが, 数学的な詳細については付論 12.3 を参照してください.

　$\hat{\beta}_1^{TSLS}$ の一致性は, 操作変数 Z_i が妥当で外生的という仮定, そして標本共分散が一致性を持つ (真の共分散に収束する) という性質とを組み合わせることで示すことができます. はじめに, (12.1) 式の $Y_i = \beta_0 + \beta_1 X_i + u_i$ から,

$$\text{cov}(Z_i, Y_i) = \text{cov}[Z_i, (\beta_0 + \beta X_i + u_i)] = \beta_1 \text{cov}(Z_i, X_i) + \text{cov}(Z_i, u_i) \tag{12.5}$$

が得られます. ここで 2 つ目の等式の成立は共分散の性質 ((2.33) 式) から示すことができます. 操作変数の外生性の仮定から, $\text{cov}(Z_i, u_i) = 0$. そして操作変数の妥当性の仮定から, $\text{cov}(Z_i, X_i) \neq 0$. したがって, もし操作変数が正当なら,

$$\beta_1 = \frac{\text{cov}(Z_i, Y_i)}{\text{cov}(Z_i, X_i)}. \tag{12.6}$$

すなわち, 真の係数 β_1 は, Z と Y の真の共分散と Z と X の真の共分散の比率となります.

　3.7 節で議論したように, 標本共分散は真の共分散の一致推定量です. したがって, $s_{ZY} \xrightarrow{p} \text{cov}(Z_i, Y_i)$, そして $s_{ZX} \xrightarrow{p} \text{cov}(Z_i, X_i)$ となります. (12.4) 式と (12.6) 式より, TSLS 推定量は一致性を持つ, つまり,

$$\hat{\beta}_1^{TSLS} = \frac{s_{ZY}}{s_{ZX}} \xrightarrow{p} \frac{\text{cov}(Z_i, Y_i)}{\text{cov}(Z_i, X_i)} = \beta_1. \tag{12.7}$$

(12.4) 式の公式は，$\hat{\beta}_1^{TSLS}$ の標本分布が大標本で正規分布に従うという性質を示すのにも用いられます．導出のロジックは，これまで検討した最小二乗推定量の場合と同じです．TSLS 推定量は確率変数の平均で表されます．標本数が大きい場合，中心極限定理から，確率変数の平均は正規分布に従うことが示されます．具体的には，(12.4) 式の $\hat{\beta}_1^{TSLS}$ の分子は，$s_{ZY} = \frac{1}{n-1} \sum_{i=1}^{n} (Z_i - \overline{Z})(Y_i - \overline{Y})$，つまり $(Z_i - \overline{Z})(Y_i - \overline{Y})$ の平均です．付論12.3 の数式展開から，この平均化によって中心極限定理が適用され，大標本において $\hat{\beta}_1^{TSLS}$ は $N(\beta_1, \sigma^2_{\hat{\beta}_1^{TSLS}})$ という正規分布に近似的に従うことになります．そこで分散の表現は，

$$\sigma^2_{\hat{\beta}_1^{TSLS}} = \frac{1}{n} \frac{\text{var}[(Z_i - \mu_Z)u_i]}{[\text{cov}(Z_i, X_i)]^2} \tag{12.8}$$

です．

大標本分布を使った統計的推論　分散 $\sigma^2_{\hat{\beta}_1^{TSLS}}$ は，(12.8) 式に現れる分散と共分散項を推定することで推定できます．そして $\sigma^2_{\hat{\beta}_1^{TSLS}}$ の推定値の平方根は，IV 推定量の標準誤差です．この導出は計量経済ソフトの TSLS コマンドで自動的に計算されます．$\hat{\beta}_1^{TSLS}$ が大標本で正規分布に従うため，β_1 に関する仮説検定は t 統計量を求めて実施されます．95% の大標本信頼区間は，$\hat{\beta}_1^{TSLS} \pm 1.96 SE(\hat{\beta}_1^{TSLS})$ で与えられます．

たばこ需要への応用

　フィリップ・ライトはバター需要の弾力性に関心がありました．しかし今日の公共政策の議論では，たばこなど別の商品がより重要な位置を占めます．喫煙による病気や死亡者の数を減らす——そしてその病気のために社会が負担するコストや負の外部性を減らす——，そのための1つの手段は，たばこに重い税を課すことです．それにより現在の喫煙者はたばこ消費量を減らし，潜在的な新しいスモーカーは喫煙が習慣化するのをためらうでしょう．しかし人々のたばこ消費を著しく減らすには，正確にどの程度の課税が必要でしょうか？　たとえば，たばこ消費を 20% 減少させるには，課税後の販売価格をいくらに設定すればよいでしょうか？

　この質問への回答は，たばこ需要の弾力性に依存します．もし価格弾力性が −1 ならば，20% という消費量の削減目標は，価格を 20% 上昇させることで達成できます．もし弾力性が −0.5 ならば，消費量を 20% 減らすには価格を 40% 上昇させなければなりません．もちろん私たちは，たばこ需要の弾力性を一般的に知っているわけではなく，それを価格と販売量のデータから推定しなければなりません．しかしバターの場合と同じく，その観測点は需要と供給の交点で決定されるため，数量の対数値を価格の対数値で OLS 回帰することで弾力性の一致推定量を得ることはできません．

そこで私たちは，1985-1995年における48州の年次データを使って，たばこ需要の弾力性をTSLSに基づいて推定しました（データの詳細は付論12.1を参照）．当面，すべての結果は，1995年のクロスセクション州データに基づいています．それ以前の年のデータ（パネルデータ）を使った結果は12.4節で説明します．

次に操作変数 $SalesTax_i$ ですが，これは一般の売上税に占めるたばこ税の割合で測られます（たばこ税は1パックごとの実質単位で測られ，実質化には消費者物価指数が使われます）．たばこ消費量（$Q_i^{cigarettes}$）は各州のたばこ販売数（1人当たりパック数），たばこ価格（$P_i^{cigarettes}$）はすべての税金を含むたばこ1パックの平均価格です．

TSLSを使う前に，操作変数の正当性に関する2つの条件についてチェックしなければなりません．この問題は12.3節で詳しく取り上げますが，そこではその評価のための統計ツールを議論します．統計ツールによる検討も大切ですが，状況判断も重要な役割を果たします．これらを使って，たばこ税が2つの条件を満たすかどうか考えます．

では操作変数の妥当性から考えましょう．たばこ税の増大はトータルの販売価格 $P_i^{cigarettes}$ を上昇させます．したがって，たばこ税は妥当性の条件を満たすと考えてよいでしょう．

次に操作変数の外生性について検討します．たばこ税が外生であるためには，需要式の誤差項と無相関でなくてはなりません．つまりたばこ税は，販売価格を通じた間接的な経路を通じてのみ，たばこ需要に影響を与えるということを意味します．これは，もっともらしいと考えられます．一般の売上税の税率は州ごとに異なりますが，それは各州で公共支出を賄うための租税の組合せ――売上税，所得税，固定資産税，そしてその他の税の組合せ――が異なるからです．これらの組合せがどう選択されるかは，それぞれの州の政治的な判断によるものであり，たばこ需要に関連した要因とは無関係でしょう．この仮定の信頼性については12.4節でより詳しく議論しますが，当面は作業仮説として仮定できるものとします．

最近の統計ソフトでは，TSLSの第1段階は自動的に推定されます．皆さん自身がその回帰を行う必要はありません．しかしここでは，第1段階の回帰式の結果を明示しておきましょう．1995年，48州のデータから，

$$\overline{\ln(P_i^{cigarettes})} = 4.63 + 0.031\, SalesTax_i \qquad (12.9)$$
$$(0.03)\ (0.005)$$

が得られました．この回帰の R^2 は47%で，たばこ税の変動は州をまたがるたばこ価格の分散の47%を説明します．

TSLSの第2段階では，OLSにより $\ln(Q_i^{cigarettes})$ を $\overline{\ln(P_i^{cigarettes})}$ で回帰します．推定された回帰式は，

$$\overline{\ln(Q_i^{cigarettes})} = 9.72 - 1.08\, \overline{\ln(P_i^{cigarettes})} \qquad (12.10)$$

です．この回帰式では，説明変数は予測値 $\overline{\ln(P_i^{cigarettes})}$ であることが明記されています．

しかし表記上は $\overline{\ln(P_i^{cigarettes})}$ ではなく $\ln(P_i^{cigarettes})$ が使われることが多く，またその方がよりすっきりします．その表記方法に従って，TSLS 推定値と不均一分散を考慮した標準誤差を報告すると，次のようになります：

$$\overline{\ln(Q_i^{cigarettes})} = 9.72 - 1.08 \ln(P_i^{cigarettes}). \tag{12.11}$$
$$\quad\quad\quad (1.53)\ \ (0.32)$$

この TSLS 推定値からたばこ需要は，その高い習慣性にもかかわらず，価格変化に対してとても弾力的であることがわかります．1% の価格上昇は，たばこ消費を 1.08% 減少させることになります．しかし，操作変数の外生性の議論を思い起こすと，おそらくこの推定結果をまだ真剣に受け取るべきではないでしょう．弾力性は操作変数を使って推定されましたが，たばこ税と相関がある変数を除外している可能性が残されています．その候補となる変数は所得です．より高所得の州では，売上税にあまり頼らずとも所得税によって州政府の財政資金を調達できるでしょう．そして，たばこ需要は所得水準に依存するかもしれません．このように考えると，所得を追加的な説明変数として加えて，需要式を再推定する必要があります．しかしそのためには，まず IV 回帰モデルを修正し，追加的な説明変数を含む設定に拡張しなければなりません．

12.2 一般的な操作変数回帰モデル

一般的な操作変数（IV）回帰モデルは，4 つの変数が含まれます．被説明変数 Y，誤差項と相関を持つかもしれない内生的な説明変数 X（例：たばこ価格），誤差項とは相関のない追加的な説明変数——「付加された外生変数（**included exogenous variables**）」——W，そして操作変数 Z の 4 つです．一般には，複数の内生的な説明変数 (X's)，複数の付加された外生的な説明変数 (W's)，そして複数の操作変数 (Z's) が含まれます．

IV 回帰を行うためには，内生的な説明変数 (X's) と少なくとも同じ数の操作変数 (Z's) がなくてはなりません．12.1 節では，1 つの内生的な説明変数と 1 つの操作変数が存在しました．1 つの内生的な説明変数に対して（少なくとも）1 つ操作変数が必要です．操作変数がなければ TSLS の第 1 段階の回帰を行うことができず，したがって操作変数推定量を計算することはできません．

操作変数の数と内生的な説明変数の数との関係は非常に重要で，それ自体を表す用語があります．もし操作変数の数 (m) と内生的な説明変数の数 (k) が等しければ（つまり $m = k$ ならば），回帰係数は「過不足なく識別される（**exactly identified**）」と呼ばれます．操作変数の数が内生的な説明変数の数を上回れば ($m > k$ ならば)，回帰係数は「過剰に識別される（**overidentified**）」と呼ばれます．そして操作変数の数が内生的な説明変数の数より小さければ ($m < k$ ならば)，回帰係数は「過少に識別される（**underidentified**）」と呼ばれます．係数が IV 回帰によって推定されるためには，過不足なく識別されるか，過剰に識別されるかのどちらかでなければなりません．

基本概念 12.1　一般的な操作変数回帰モデルとその用語

一般的な操作変数（IV）回帰モデルは，

$$Y_i = \beta_0 + \beta_1 X_{1i} + \cdots + \beta_k X_{ki} + \beta_{k+1} W_{1i} + \cdots + \beta_{k+r} W_{ri} + u_i. \quad i = 1,\ldots,n \quad (12.12)$$

そこで，

- Y_i は被説明変数
- u_i は誤差項で，変数の測定誤差および／あるいは除外された要因を反映する
- $X_{1i},\ldots,X_{ki}$ は k 個の内生的な説明変数で，潜在的に u_i との相関を持つ
- $W_{1i},\ldots,W_{ri}$ は r 個の付加された外生的な説明変数で，u_i とは相関を持たない
- $\beta_0, \beta_1, \ldots, \beta_{k+r}$ は未知の回帰係数
- $Z_{1i},\ldots,Z_{mi}$ は m 個の操作変数

である．

操作変数の数が内生的な説明変数の数を上回れば（$m>k$ ならば）回帰係数は過剰に識別される．もし $m<k$ ならば係数は過少に識別される．$m=k$ ならば過不足なく識別される．IV回帰モデルの推定には，過不足ない識別か過剰識別かのどちらかが必要である．

一般的な操作変数回帰モデルとその用語については，基本概念 12.1 に要約されています．

一般的な操作変数モデルにおける 2 段階最小二乗法（TSLS）

1 つの内生的な説明変数を持つ TSLS　内生的な説明変数が 1 つ，そして付加された外生変数がいくつかある場合，推計式は，

$$Y_i = \beta_0 + \beta_1 X_i + \beta_2 W_{1i} + \cdots + \beta_{1+r} W_{ri} + u_i \quad (12.13)$$

となります．ここで X_i は誤差項と相関があるかもしれませんが，$W_{1i},\ldots,W_{ri}$ はそうではありません．

母集団における TSLS 回帰の第 1 段階は，X を外生変数 W's と操作変数 Z's で回帰します．すなわち，

$$X_i = \pi_0 + \pi_1 Z_{1i} + \cdots + \pi_m Z_{mi} + \pi_{m+1} W_{1i} + \cdots + \pi_{m+r} W_{ri} + v_i. \quad (12.14)$$

ここで $\pi_0, \pi_1, \ldots, \pi_{m+r}$ は未知の回帰係数，v_i は誤差項です．

(12.14) 式は，X の**誘導形**（**reduced form**）の式と呼ばれることがあります．ここで内

基本概念 12.2　2 段階最小二乗法

一般的な操作変数回帰モデル (12.12) 式における TSLS 推定量は，2 段階で計算される．

1. **第 1 段階の回帰（first-stage regression(s)）**：X_{1i} を操作変数 ($Z_{1i}, \ldots, Z_{mi}$) と付加された外生変数 ($W_{1i}, \ldots, W_{ri}$) で OLS により回帰する．この回帰からの予測値を計算し，それを $\hat{X}_{1i}$ とする．この推定をすべての内生的な説明変数 $X_{2i}, \ldots, X_{ki}$ について繰り返し，予測値 $\hat{X}_{1i}, \ldots, \hat{X}_{ki}$ を求める．
2. **第 2 段階の回帰（second-stage regression）**：Y_i を，内生的な説明変数の予測値 ($\hat{X}_{1i}, \ldots, \hat{X}_{ki}$) と付加された外生変数 ($W_{1i}, \ldots, W_{ri}$) で OLS により回帰する．TSLS 推定量 $\hat{\beta}_0^{TSLS}, \ldots, \hat{\beta}_{k+r}^{TSLS}$ は，この第 2 段階の回帰で得られた推定量である．

実際の応用では，これら 2 つの段階は，統計ソフトの TSLS コマンドによって自動的に計算される．

生変数 X は利用可能なすべての外生変数——目的とする回帰式での外生変数（W）と操作変数（Z）——で関連づけられます．

TSLS の第 1 段階では，(12.14) 式の未知の係数が OLS により推定されます．そして，この回帰からの予測値 $\hat{X}_1, \ldots, \hat{X}_n$ が得られます．

TSLS の第 2 段階では，(12.13) 式が OLS により推定されますが，ここでは X_i に代わって第 1 段階で求められた予測値が使われます．つまり Y_i が $\hat{X}_i, W_{1i}, \ldots, W_{ri}$ で OLS により回帰されます．その結果得られる $\beta_0, \beta_1, \ldots, \beta_{1+r}$ の推定量が TSLS 推定量です．

複数の内生的な説明変数への拡張　内生的な説明変数が複数ある場合，すなわち $X_{1i}, \ldots, X_{ki}$ の場合でも，TSLS の計算方法は同様です．違いは，それぞれの内生変数について個別に第 1 段階の回帰が行われるという点だけです．第 1 段階のそれぞれの回帰は (12.14) 式と同じ形となります．つまり被説明変数は複数ある X's の中の 1 つとなり，説明変数はすべての操作変数 (Z's) とすべての付加された外生変数 (W's) です．これらすべてを合わせて，第 1 段階の回帰によりそれぞれの内生的な説明変数の予測値が計算されます．

TSLS の第 2 段階では，(12.12) 式が OLS を使って推定されますが，そこでの内生的な説明変数 (X's) はそれぞれの予測値 ($\hat{X}$'s) に置き換えられます．その結果得られる $\beta_0, \beta_1, \ldots, \beta_{k+r}$ の推定量が TSLS 推定量となります．

実際の応用では，TSLS の 2 つの段階は，統計ソフトの TSLS コマンドによって自動的に計算されます．一般的な TSLS 推定量は基本概念 12.2 にまとめられます．

基本概念 12.3　操作変数が正当であるための2つの条件

m 個の操作変数 $(Z_{1i}, \ldots, Z_{mi})$ が正当であるための2つの条件は次の通り．

1. **操作変数の妥当性**
   - 一般に（X が複数の場合），X_{1i} を操作変数（Z's）と付加された外生変数（W's）で回帰し，その予測値を $\hat{X}_{1i}^*$ とする．そして，すべての観測値が1を取る説明変数を "1" とする（その係数は定数項となる）．このとき，$(\hat{X}_{1i}^*, \ldots, \hat{X}_{ki}^*, W_{1i}, \ldots, W_{ri}, 1)$ に完全な多重共線性は存在しない．
   - X が1つの場合，上記の条件が成立するためには，X を説明する母集団の回帰式（複数の Z's と W's が説明変数）に，少なくとも1つの Z が入っていなければならない．

2. **操作変数の外生性**
   操作変数は誤差項と無相関である．すなわち，$\text{corr}(Z_{1i}, u_i) = 0, \ldots, \text{corr}(Z_{mi}, u_i) = 0$．

一般的な IV モデルにおける操作変数の妥当性と外生性

操作変数の妥当性と外生性の条件は，一般的な IV モデル用に修正が必要となります．

内生変数が1つで，しかし操作変数が複数ある場合，操作変数の妥当性の条件は次のようになります．すなわち，少なくとも1つの Z が，W が与えられた下で X を予測するのに役立つことが条件となります．この条件は，内生変数が複数になればより複雑になります．というのも，母集団の回帰において完全な多重共線性を排除しなくてはならないからです．直感的には，内生変数が複数の場合の操作変数は，それらの外生的な変動に関する十分な情報を提供して，それぞれの Y に対する個別の影響を区別することが求められます．

操作変数の外生性に関する一般的な条件は，それぞれの操作変数が誤差項 u_i と無相関でなければならないと表現されます．正当な操作変数のための一般的な条件は，基本概念 12.3 にまとめられています．

操作変数回帰の仮定と TSLS の標本分布

IV 回帰の仮定の下，TSLS 推定量は一致性を持ち，その標本分布は大標本において正規分布に近似されます．

操作変数回帰の仮定　　IV 回帰の仮定は，多変数回帰モデルにおける最小二乗法の仮定

基本概念 12.4　操作変数回帰の仮定

IV 回帰モデル（基本概念 12.1）における変数および誤差項は，次の条件を満たすと仮定する．

1. $E(u_i | W_{1i}, \ldots, W_{ri}) = 0$.
2. $(X_{1i}, \ldots, X_{ki}, W_{1i}, \ldots, W_{ri}, Z_{1i}, \ldots, Z_{mi}, Y_i)$ は，それらの結合分布からの i.i.d. 抽出である．
3. 大きな異常値はほとんど起こりえない：X's, W's, Z's はすべてゼロではない有限の 4 次のモーメントを持つ．
4. 基本概念 12.3 で示された正当な操作変数であるための 2 つの条件が成立する．

（基本概念 6.4）を修正したものです．

IV 回帰の第 1 の仮定は，基本概念 6.4 の条件付平均に関する仮定を修正して，それを付加された外生変数にのみ当てはめるというものです．IV 回帰の第 2 の仮定は，多変数回帰モデルの 2 番目の仮定とまったく同じく，標本抽出が i.i.d，すなわちデータが単純な無作為抽出（ランダム・サンプリング）により集められるのと同じ性質を持つということです．同じく，IV 回帰の第 3 の仮定は，大きな異常値はほとんど起こりえないということです．

IV 回帰の第 4 の仮定は，基本概念 12.3 で示された操作変数が正当であるための 2 つの条件が成立するというものです．操作変数の妥当性の条件は，第 2 段階の回帰において完全な多重共線性はないと仮定するので，基本概念 6.4 の第 4 の仮定（完全な多重共線性はない）を含むものです．IV 回帰に関する以上の仮定は，基本概念 12.4 に要約されます．

TSLS 推定量の標本分布　IV 回帰の仮定の下，TSLS 推定量は一致性を持ち，大標本で正規分布に従います．これは 12.1 節（そして付論 12.3）において，特別ケースとして，1 つの内生的な説明変数，1 つの操作変数，そして付加された外生変数なしという設定の下で示されました．考え方として言えば，12.1 節で議論したロジックは，より一般ケースである複数の内生的な説明変数，複数の操作変数の場合にも当てはまります．しかしながら，この一般ケースでは表現が複雑になります．詳細については第 18 章を参照してください．

TSLS を用いた統計的推論

TSLS の標本分布は大標本において正規分布に近似されるため，多変数回帰モデルで使った統計的推論（仮説検定と信頼区間）の基本手続きは，TSLS 回帰でも有効です．たとえば，95% 信頼区間は，TSLS 推定量 ±1.96 標準誤差で求められます．同様に，係数の真の値に関する結合仮説は，基本概念 7.2 で説明したように，F 統計量を使ってテストされます．

TSLS 標準誤差の計算　TSLS 推定量の標準誤差を計算する際には 2 つの点に留意する必要があります．第 1 に，第 2 段階の OLS 推定で報告される標準誤差は正しくありません．なぜならそれは，2 つのステップの中の第 2 段階の推定であるとは認識されていないからです．具体的に言うと，第 2 段階の回帰において内生変数の予測値を説明変数として使っているという事実は，標準誤差の計算において考慮されていません．この問題に対する必要な調整については，公式が計量ソフトの TSLS 回帰コマンドに組み込まれており，調整された標準誤差を計算できます．したがって，この TSLS 回帰コマンドを利用すれば，問題は解決されます．

第 2 に，いつもそうですが，誤差項 u は不均一分散かもしれないという点です．したがって，不均一分散を考慮した標準誤差を計算することが重要です．これは，多変数回帰モデルの OLS 推定量について不均一分散を考慮した標準誤差が重要であるのとまったく同じ理由です．

たばこ需要への応用

12.1 節では，1995 年アメリカ 48 州の年間消費データを使って，たばこ需要の弾力性について TSLS 推定を行いました．そこでは 1 つの説明変数（たばこ 1 パックの実質価格，対数値）と 1 つの操作変数（1 パック当たりのたばこ売上税，実質値）が使われました．しかし所得もまた，たばこ需要に影響を及ぼす要因と考えられるので，それは母集団回帰式の誤差項に含まれることになります．12.1 節で議論したように，もし州のたばこ税が州の所得と関係するならば，それは需要式の誤差項と相関することになり，操作変数の外生性の条件が満たされない恐れがあります．その場合，12.1 節の IV 推定量は一致性を持たなくなります．この問題を解決するには，所得を回帰式に追加しなければなりません．

したがって，たばこ需要式に所得の対数値を追加した別の推計モデルを考えます．基本概念 12.1 の用語に従えば，被説明変数 Y はたばこ消費の対数値 $\ln(Q_i^{cigarettes})$，内生的な説明変数 X はたばこの実質価格の対数値 $\ln(P_i^{cigarettes})$，付加された外生変数 W は 1 人当たり州所得の対数値 $\ln(Inc_i)$，そして操作変数は 1 パック当たりたばこ売上税の実質値 $SalesTax_i$ と表されます．TSLS 推定値と（不均一分散を考慮した）標準誤差は，

$$\overline{\ln(Q_i^{cigarettes})} = 9.43 - 1.14 \ln(P_i^{cigarettes}) + 0.21 \ln(Inc_i) \qquad (12.15)$$
$$\phantom{\overline{\ln(Q_i^{cigarettes})} = 9.43\ }(1.26)\ (0.37)\phantom{\ln(P_i^{cigarettes})\ }(0.31)$$

となりました.

この回帰には 1 つの操作変数 $SalesTax_i$ を使いましたが,実際には別の操作変数の候補も考えられます.一般の売上税に加えて,州ではたばこや葉巻商品を対象に特別な税金を課しています.このたばこ特別税($CigTax_i$)は,2 つ目の操作変数になりうる変数です.たばこ特別税は消費者の購入価格を引き上げるので,操作変数の妥当性の条件は満たされるでしょう.もしたばこ需要式の誤差項と相関がなければ,それは外生的な操作変数となります.

この操作変数を追加することで,操作変数は実質のたばこ売上税と実質のたばこ特別税(いずれも 1 パック当たり)の 2 つとなります.2 つの操作変数に 1 つの内生的な説明変数なので,需要の弾力性は過剰に識別されることになります.つまり操作変数の数($SalesTax_i$ と $CigTax_i$ で $m = 2$)が内生変数の数($P_i^{cigarettes}$,したがって $k = 1$)を上回ります.需要の弾力性を TSLS を使って推定しますが,そこで第 1 段階の回帰では付加された外生変数 $\ln(Inc_i)$ と 2 つの操作変数が説明変数となります.

2 つの操作変数 $SalesTax_i$ と $CigTax_i$ を使って TSLS 推定を行った結果,

$$\overline{\ln(Q_i^{cigarettes})} = 9.89 - 1.28 \ln(P_i^{cigarettes}) + 0.28 \ln(Inc_i) \qquad (12.16)$$
$$\phantom{\overline{\ln(Q_i^{cigarettes})} = 9.89\ }(0.96)\ (0.25)\phantom{\ln(P_i^{cigarettes})\ }(0.25)$$

が得られました.

(12.15) 式と (12.16) 式を比較すると,推定された価格弾力性の標準誤差が (12.16) 式の方が 3 分の 1 ほど小さくなっています((12.16) 式では 0.25,(12.15) 式では 0.37).標準誤差が低下した理由は,(12.16) 式の方が (12.15) 式よりも多くの情報を使って推定しているからです.(12.15) 式では 1 つの操作変数(たばこ売上税)が使われましたが,(12.16) 式では 2 つの操作変数(たばこ売上税とたばこ特別税)が利用されています.2 つの操作変数を使うことで,たばこ価格の変動をより多く説明できるため,それが価格弾力性のより小さな標準誤差に反映されているのです.

これらの推定値は信頼できるでしょうか? 結果の信頼性は,最終的には,操作変数——ここでは 2 つの税金——が正当であるための 2 条件を満たしているかどうかに依存します.したがって,これらの操作変数が本当に正当かどうか評価することは決定的に重要であり,それが次節のトピックとなります.

12.3 操作変数の正当性の検討

ある応用において操作変数法が有用かどうかは,その操作変数が正当であるかどうかに依存します.正当でない操作変数を使えば,得られた結果は意味のないものになります.それぞれの応用において,操作変数の集合が正当かどうかを評価・検討することは大変に

重要です．

仮定 1：操作変数の妥当性

　　IV 回帰における操作変数の妥当性条件の役割は微妙なものです．妥当性条件を考える 1 つの方法は，標本数に似た役割を持つという見方です．操作変数がより妥当で，X の変動のより多くの部分が操作変数によって説明されると，IV 回帰により多くの情報が利用可能となることを意味します．したがって，より妥当な操作変数はより正確な推定量をもたらします．それはサンプル数が大きくなることでより正確な推定量が得られるのと同じ理由によるものです．さらに，TSLS に基づく統計的推論は，TSLS 推定量が正規分布に近似できるという性質に依拠していますが，中心極限定理によればその近似には多くの（必ずしも小さくない）サンプル数が必要です．もしより妥当な操作変数を持つことがより多くのサンプル数に相当するのなら，TSLS 推定量の標本分布を正規分布に近似するには，操作変数が単に妥当というだけでなく，大いに妥当でなければなりません．

　　X の変動を少ししか説明しない操作変数は，**弱い操作変数**（**weak instruments**）と呼ばれます．たばこ需要の例で言えば，たばこ製造工場から州までの距離は弱い操作変数となるでしょう．距離が遠ければ輸送コストが増えますが（したがって供給関数を左にシフトさせ均衡価格を上昇），たばこは軽いので輸送費はたばこ価格のごく一部にしか過ぎません．だとすれば輸送費の変動，したがって製造工場からの距離が説明するたばこ価格の変動はおそらく非常に小さいでしょう．

　　この小節では，弱い操作変数はなぜ問題なのか，操作変数の弱さをどうチェックするか，そして弱い操作変数の場合にどう対処するかについて議論します．以下では，操作変数は外生的であると仮定します．

弱い操作変数はなぜ問題なのか　　もし操作変数が弱ければ，たとえサンプル数が大きくとも，TSLS 推定量の標本分布を正規分布に近似することが難しくなります．その結果，統計的推論を行う通常の手続きが，たとえ大標本であっても，理論的に支持されなくなってしまいます．実際，操作変数が弱いとき，TSLS 推定量は大きなバイアスを持つことが知られています．その結果，「推定量 ± 1.96 標準誤差」で構築される 95% 信頼区間が係数の真の値を含むのは，95% よりもかなり小さな割合となってしまいます．要するに，操作変数が弱ければ，TSLS は信頼できなくなるのです．

　　TSLS の標本分布に大標本の正規近似を適用することがなぜ問題かを理解するために，12.1 節の例に戻って，内生的な説明変数 1 つ，操作変数 1 つ，付加される外生変数なしという特別ケースを考えましょう．もし操作変数が正当ならば，$\hat{\beta}_1^{TSLS}$ は一致性を持ちます．なぜなら s_{ZY} と s_{ZX} が一致性を持つからです．つまり，$\hat{\beta}_1^{TSLS} = s_{ZY}/s_{ZX} \xrightarrow{p}$ cov(Z_i, Y_i)/cov$(Z_i, X_i) = \beta_1$（(12.7) 式）．しかしいま，操作変数が単に弱いだけでなく，ま

基本概念 12.5　操作変数の弱さをチェックする判断基準

第 1 段階での F 統計量とは，2 段階最小二乗法の第 1 段階の回帰で，操作変数 $Z_{1i}, \ldots, Z_{mi}$ にかかる係数がすべてゼロという仮説をテストする F 統計量のことである．内生的な説明変数が 1 つの場合，第 1 段階の F 統計量が 10 より小さいとき操作変数は弱いと示唆される．そのとき TSLS 推定量には（たとえ大標本であっても）バイアスが発生し，TSLS の t 統計量や信頼区間も信頼できなくなる．

ったく妥当でないとしましょう．つまり $\mathrm{cov}(Z_i, X_i) = 0$ です．このとき $s_{ZX} \xrightarrow{p} \mathrm{cov}(Z_i, X_i) = 0$ となります．これを文字通り解釈すると，収束先である右側の表現 $\mathrm{cov}(Z_i, Y_i)/\mathrm{cov}(Z_i, X_i)$ の分母がゼロとなってしまいます！ $\hat{\beta}_1^{TSLS}$ が一致性を持つという議論は，操作変数の妥当性条件が満たされなければ成立しません．付論 12.4 で示すように，一致性が満たされないことで，TSLS 推定量はたとえ大標本であっても非正規分布に従うことになります．実際，操作変数が妥当でない場合，$\hat{\beta}_1^{TSLS}$ の大標本分布は正規分布ではなく，正規分布に従う 2 つの確率変数の比率の分布となります．

実際の応用では，このような妥当性を完全に欠いた操作変数を使うことはないかもしれません．しかし，この議論は重要な問題を提起します．すなわち，正規分布が良好な近似となるためには，実際に操作変数はどの程度妥当であるべきなのか，という問題です．一般的な IV モデルでこの解答を考えることは大変複雑です．しかし，内生的な説明変数が 1 つの場合には，幸運にも単純な判断基準があります．

内生的な説明変数が 1 つの場合に操作変数の弱さをチェックする方法　　内生的な説明変数が 1 つの場合，操作変数が弱いかどうかチェックする方法は，TSLS の第 1 段階の回帰で「操作変数にかかる係数がすべてゼロ」という仮説を F 統計量からテストすることです．この**第 1 段階での F 統計量**（**first-stage F-statistic**）は，操作変数に含まれる情報内容を測る尺度となります．情報内容が多いほど，期待される F 統計量の値は大きくなります．1 つの単純な判断基準として，操作変数の弱さを心配しなくてもよいのは，第 1 段階の F 統計量が 10 を超えるときです（なぜ 10 なのか？　それは付論 12.5 を参照してください）．以上の議論が，基本概念 12.5 に要約されます．

操作変数が弱い場合はどうすればよいか？　　「状況による」というのがその答えです．もしたくさんの操作変数がある場合には，その中のいくつかは他の操作変数よりも弱いでしょう．もし強い操作変数を少数，そして弱い操作変数を多数持っているのなら，最も弱い操作変数を捨て去って，最も妥当な操作変数の集合を TSLS 回帰に使うほうが有利で

BOX：恐い回帰分析

　もう1年学校へ行くことで（つまり1年間学校に戻ることで），賃金は何パーセント増加するでしょうか．その効果を推定する1つの方法は，個人データを使って，賃金の対数値を学歴年数で回帰することです．しかし，能力のある人が労働市場でより成功し（つまりより高い賃金を得て）同時により長く在学する（おそらく勉強は容易なことなので）とすれば，教育を受けた年数は除去された変数（生まれつきの能力）と相関を持つでしょう．したがって，復学の効果に関するOLS推定量はバイアスを持ちます．生まれつきの能力を測定するのは極めて困難で，したがって説明変数には使えません．そこで労働経済学者はIV回帰を利用して，復学の効果を推定しようとします．しかし，教育年数と相関して，かつ賃金回帰式の誤差項と無相関であるような変数，つまり正当な操作変数とは何でしょうか？

　労働経済学者であるJoshua AngristとAlan Kruegerは，誕生日を提案しました．彼らの議論によれば，義務教育の法制度により，あなたの誕生日は教育年数と相関します．もし法律により16歳の誕生日まで通学することが義務付けられており，そしてあなたが10年次生の途中の1月に16歳になると，1月の誕生日の時点で学校を辞めてしまうかもしれません．しかしもし7月に16歳になるのなら，10年次生の課程を修了しているでしょう．もしそうなら，誕生日は操作変数の妥当性の条件を満たします．しかし1月生まれか7月生まれかは，あなたの賃金に対して（教育年数を通じる以外）直接の影響を及ぼすものではありません．したがっ

て，誕生日は操作変数の外生性の条件も満たします．彼らは，個人の誕生日の四半期（3ヶ月の期間）を操作変数として，このアイデアを実行しました．アメリカの人口調査からの非常に大きな標本データを使い（彼らの回帰分析は少なくとも329,000もの観測値に基づいています），労働者の年齢などの他の要因もコントロールします．

　しかし別の労働経済学者であるJohn Boundは，この分析に対して懐疑的でした．彼は弱い操作変数の問題がTSLS推定量の信頼性を低下させるということを知っていました．非常に大きなサンプル数であっても，いくつかの特定化において，誕生日の四半期は弱い操作変数ではないかと心配したのです．そこでBoundがKruegerとランチで出会ったとき，Angrist-Kruegerの操作変数は弱いものかどうかが必然的に議論となりました．Kruegerは弱くはないと考えており，それを調べる新しい方法を提案しました．本当に妥当でない操作変数を使って回帰分析を行い——具体的には，真実の誕生日の四半期を，コンピュータでランダムに生成された偽の誕生日を四半期に置き換えてIV回帰を行い——，真実の誕生日に基づく場合と偽の操作変数を使った場合とを比較するという方法です．そして彼らが発見した結果は驚くべきものでした．真実の誕生日の四半期を使っても，偽の誕生日の四半期を使っても，TSLSは基本的に同じ答えを出したのです！

　これは，労働経済学の計量分析者にとって，とても恐い回帰結果です．真実の誕生日データを使ったTSLSの標準誤差から，復学の効果は正確に推定されたという結果を示し

ましたが，しかし偽の誕生日データを使った場合でも標準誤差から同じ結果が示されたのです．もちろん，偽の操作変数はまったく妥当性を有していないので，そこから復学の効果を正確に推定することは不可能です．ここで懸念されることは，真実のデータに基づくTSLS推定値は，偽のデータに基づく推定結果と同じく信頼できないということなのです．

問題は，AngristとKruegerの回帰の中に，操作変数が非常に弱い場合が実際にあったという点です．彼らの特定化において，第1段階のF統計量が2を下回るケースがありました．これは便宜的ルールの基準値である10を大きく下回るものです．別の特定化では，第1段階のF統計量はより大きく，その場合のTSLSの推論には弱い操作変数の問題は発生しませんでした．ちなみに，それらの問題のない特定化において，復学の賃金への効果はおよそ8%と推定され，それはOLSで推定された場合よりも幾分大きいものでした[1]．

[1] オリジナルのIV回帰はAngrist and Krueger (1991) に報告されています．そして，偽の操作変数を使った再検証の結果はBound, Jaeger and Baker(1995) に公表されています．

す．弱い操作変数を落とすことで，TSLSの標準誤差は大きくなるかもしれませんが，もともとの標準誤差はあまり大きな意味を持たなかったということを忘れないでください．

しかし，もし係数が過不足なく識別される場合には，その弱い操作変数を捨て去ることはできません．たとえ係数が過剰に識別される場合でも，識別を実現するための強い操作変数は十分にないかもしれず，弱い操作変数を捨て去ってもあまり助けにはならないでしょう．この場合，対処するには2つの方法があります．1つは追加的な，より強い操作変数を見つけることです．これは「言うは易く行うは難し」で，いま手元にある問題を十分深く理解し，データセットと実証分析の構想を練り直すことが必要となります．2つ目の方法は，弱い操作変数を使って推定しますが，TSLSとは別の推定方法を利用することです．本章ではTSLSに焦点を当ててきましたが，あまり一般には使われない別の手法では，弱い操作変数の影響を受けにくいものがあります．その手法については付論12.5で議論されます．

仮定2：操作変数の外生性

もし操作変数が外生的でなければ，TSLSは一致性を持ちません．TSLS推定量は，真の回帰係数とは異なる別の値に確率収束します．結局，操作変数回帰の考え方とは，操作変数が誤差項u_iとは相関のないX_iの変動について情報を含むという点です．もし実際に操作変数が外生でなければ，このX_iの外生的な変動を捉えることはできず，その結果，IV回帰から一致性を持つ推定量は得られません．この議論の背後にある数学は付論12.4

にまとめられています．

操作変数が外生という仮定は統計的にテストできるのか？ 答えはイエスでありノーです．係数が過不足なく識別される場合，操作変数が外生かどうかテストすることはできません．他方，係数が過剰に識別される場合には，過剰識別制約のテストを行うことができます．つまり，いま係数を識別するための正当な操作変数が十分あるとの仮定の下で，「余分にある」操作変数が外生的かどうかテストすることが可能です．

いま内生的な説明変数と同じ数だけ操作変数を持っているとしましょう（係数は過不足なく識別）．このとき，操作変数が実際に外生であるという仮説を統計的にテストすることは不可能です．言い換えると，操作変数が外生性の条件を満たすかどうかを知るために実証的な証拠を求めることはできないのです．この場合，操作変数が外生かどうか評価する唯一の方法は，現在の問題に関する専門家の知見と研究者自身の知識を利用することです．たとえば，フィリップ・ライトは農業の需給に関する自らの知識を使うことで，平均より少ない降雨量はバターの供給曲線をシフトさせ，需要曲線には直接影響を与えないと思い至ったのです．

操作変数が外生かどうかを評価することは，その問題に関する研究者自身の知識に基づいた専門家の判断を必ず必要とします．しかし，もし内生的な説明変数よりも多くの操作変数がある場合には，有用な統計ツールがあります．それは過剰識別制約のテストと呼ばれます．

過剰識別制約のテスト いま 1 つの内生的な説明変数と 2 つの操作変数があり，そして付加された外生変数はないものとしましょう．このとき，2 つの異なる TSLS を求めて比べることができます．1 つ目の TSLS は最初の操作変数を使い，2 つ目の TSLS は 2 番目の操作変数を使います．これら 2 つの推定量は，サンプル抽出に基づく変動があるので，同一ではありません．しかし，もしどちらの操作変数も外生的なら，それらは互いに近い推定量になるはずです．では 2 つの推定量から互いに大きく異なる推定値が得られた場合にはどうすればよいのでしょうか？ このとき，どちらか一方の操作変数――もしくは両方――に何か問題があると結論づけるでしょう．つまり，どちらか一方，あるいは両方の操作変数が外生ではないと結論づけることが適切と考えられます．

過剰識別制約のテスト（**test of overidentifying restrictions**）は，暗黙のうちにこの比較を行います．「暗黙のうちに」と表現したのは，このテストですべての異なる IV 推定値を実際に計算するわけではないからです．考え方は次のようなものです．操作変数の外生性とは，それらが誤差項 u_i とは相関がないということでした．このことが示唆するのは，操作変数は近似的に $\hat{u}_i^{TSLS}$ と相関がないということです．ここで $\hat{u}_i^{TSLS} = Y_i - (\hat{\beta}_0^{TSLS} + \hat{\beta}_1^{TSLS} X_{1i} + \cdots + \hat{\beta}_{k+r}^{TSLS} W_{ri})$ であり，これは操作変数をすべて使って推定された TSLS 回帰の残差に当たります（なお「近似的」というのは，サンプリングの変動があるためで

基本概念 12.6　過剰識別制約のテスト（J 統計量）

(12.12) 式の TSLS 推定による残差を $\hat{u}_i^{TSLS}$ とする．そして，OLS を使って，次式の回帰係数を推定する：

$$\hat{u}_i^{TSLS} = \delta_0 + \delta_1 Z_{1i} + \cdots + \delta_m Z_{mi} + \delta_{m+1} W_{1i} + \cdots + \delta_{m+r} W_{ri} + e_i. \tag{12.17}$$

ここで e_i は回帰式の誤差項である．いま F を，$\delta_1 = \cdots = \delta_m = 0$ という仮説をテストする均一分散ベースの F 統計量とする．過剰識別制約テストの統計量は $J = mF$ である．すべての操作変数が外生という帰無仮説の下で，大標本の場合，J は χ^2_{m-k} に従う．ここで $m-k$ は「過剰識別の度合い」，つまり「操作変数の数マイナス内生的な説明変数の数」に相当する．

す．またここでの残差は，第 1 段階での予測値ではなく真の X's の値を使って計算されています）．もし操作変数が実際に外生的ならば，$\hat{u}_i^{TSLS}$ を操作変数と付加された外生変数で回帰したとき，操作変数の係数がすべてゼロとなるべきで，この仮説がテスト可能となります．

過剰識別制約テストを計算するこの方法は，基本概念 12.6 に要約されています．この統計量は，均一分散をベースとした F 統計量を使って算出されます．テスト統計量は一般に J 統計量と呼ばれます．

大標本の場合，操作変数が弱くはなく誤差項が均一分散であれば，操作変数が外生であるという帰無仮説の下で J 統計量は自由度 $m-k$ のカイ二乗分布（χ^2_{m-k}）に従います．テストされる制約数は m ですが，J 統計量の漸近分布の自由度は $m-k$ であることに注意が必要です．その理由は，ここでは過剰な識別制約をテストすることだけが可能であり，その数が $m-k$ なのです．

係数が過不足なく識別されるとき（$m = k$），説明変数の外生性をテストできません．そのことを理解するもっとも簡単な方法は，内生変数が 1 つの場合を考えることです（$k = 1$）．もし 2 つの操作変数があれば，それぞれを使った 2 つの TSLS を計算することができ，それらが近い値かどうか比較することが可能です．しかし，もし操作変数が 1 つしかなければ，1 つの TSLS 推定量しか計算できず，比較するものがありません．実際，係数が過不足なく識別され $m = k$ のとき，過剰識別テストの統計量 J はまさにゼロとなります．

12.4 たばこ需要への応用 [2]

たばこ需要の弾力性を推定するという問題は，(12.16) 式の TSLS 推定でストップしていました．そこでは所得が付加された外生変数として加えられ，2 つの操作変数，たばこ売上税とたばこ特別税を用いました．これらの操作変数について，私たちは今，より注意深く評価することができます．

12.1 節で論じたように，2 つの操作変数は妥当だと考えることができます．なぜなら，税金はたばこ価格の大きな割合を占めるからです．この点は後ほど実証的に確認します．しかしまず，これら 2 つの操作変数が外生的かどうかという難しい問題に焦点を当てます．

ある操作変数が外生かどうかを評価する最初のステップは，それがなぜ外生か，またはなぜ外生ではないのかの議論をよく検討することです．たばこ需要式の誤差項はどんな要因の影響を受けるのか，それらの要因は操作変数と関係あるのかどうか，よく考えなければなりません．

なぜある州は他の州に比べて 1 人当たりのたばこ消費量が多いのでしょうか？ 1 つの要因として，州の間の所得の変動が考えられます．しかし，州所得は (12.16) 式にすでに含んでいるため，誤差項の一部には入りません．別の要因としては，たばこ需要に影響を与える歴史的な要因が考えられます．たとえば，たばこを栽培する州では，他の州よりも喫煙率が高いことが知られています．この要因はたばこ税と関係するでしょうか？ それは十分あり得るでしょう．もしたばこ栽培が州における重要な産業であれば，これらの産業はたばこ特別税を低く抑えるよう圧力をかけるでしょう．このことは，たばこ需要式で除外されている要因——その州がたばこを栽培・生産しているかどうか——が，たばこ特別税と相関を持つ可能性を示唆しています．

誤差項と操作変数（たばこ特別税）の間に相関がある場合，その解決策は，たばこ産業の規模に関する情報を推計に含めることです．これは先に，州所得を需要式の説明変数に追加したのと同じアプローチです．しかし，たばこ消費についてはパネルデータが利用可能なので，その情報を必要としない別のアプローチも可能です．第 10 章で議論したように，パネルデータは，主体（州）の間で異なるが時間を通じて一定であるような要因——気候，その州のたばこ産業の規模に関連する歴史的要因など——の影響を取り除くことができます．これについては 2 つの方法を第 10 章で説明しました．各変数について 2 つの異なる時点間の変化を表すデータを作成すること，そして固定効果の回帰を行うことの 2 つです．ここでは分析をできるだけ単純にするために，前者の方法を採用します．そして 10.2 節で説明したような回帰分析を，異なる 2 つの年の間の変化に基づいて行います．

2 つの年の間の長さは，推定された弾力性をどう解釈するかに影響します．喫煙には習

---

[2] この節では，10.1 節と 10.2 節で説明したパネルデータ（$T = 2$）に関する知識を前提としています．

BOX：喫煙の外部性

喫煙のコストは，喫煙者によって完全には負担されないものであり，したがって喫煙は外部性を生み出します．たばこに税金を課すことは，それらの外部性を「内部化」するという意味で，経済学的に正当なものです．理論的には，たばこ1パックに掛かる税金は，1パックの喫煙がもたらす外部性のドル価値と等しくなければなりません．しかしドル価値で測られる喫煙の外部性とは，正確にはどのようなものでしょうか？

いくつかの研究において，計量経済学的な方法により喫煙の外部性が推定されてきました．喫煙者以外が負担させられる負の外部性——つまりコスト——には，健康を害したスモーカーに対して政府が負担する医療費，2次的な煙の害によって周囲のノンスモーカーに発生する医療費，たばこの不始末による火災などです．

しかし，純粋に経済学的な観点から言えば，喫煙は正の外部性——つまりベネフィット——ももたらします．喫煙による最大のベネフィットは，喫煙者は社会保障（公的年金）費を，自らが将来受け取る金額よりもはるかに多く支払う傾向にあることです．また老人ホームの高齢者向け支出勘定には，喫煙者はあまり長生きではないので，多額の貯蓄が残されています．喫煙による負の外部性は喫煙者が生存している間に発生しますが，正の外部性は喫煙者の死後発生するため，たばこ1パックがもたらす外部性のネットの現在価値（ベネフィットを差し引いたネットのコストを現在に割り引いた値）は割引率に依存します．

これまでの研究では，ネットの外部性のドル価値について合意は得られていません．いくつかの研究によれば，適切に割り引いた結果，ネットの外部性の価値は極めて小さく，現在の税額を下回ると推定されます．実際，最も極端な推定値によれば，ネットの外部性は正である，つまり喫煙には補助金を与えられるべきという結果が示唆されています．別の研究では，おそらく重要であるけれども数量化が難しいコスト（たとえば母親が喫煙者であるため健康を害した乳幼児へのケア）を取り込み，その結果，外部性のコストは1パック当たり1ドルかそれ以上と推定されます．しかしながら，すべての研究で合意されているのは，喫煙者は中年の終わり頃に死去する傾向があることから，退職後に受け取る年金額よりもはるかに多くの社会保障税を支払うという点です．

---

[3] 喫煙の外部性に関する初期の推定値は，Willard G. Manning et al.(1989) に報告されています．皆がもし喫煙をやめると社会保障費用が上昇すると指摘した計算結果は Barendregt et al.(1997) に示されています．喫煙の外部性に関する他の研究については，Chaloupka and Warner(2000) に要約されています．

慣性があるので，価格の変化が人々の態度に影響を及ぼすには時間がかかるかもしれません．最初はたばこ価格が変化しても需要へはほとんど影響ないでしょう．しかし時間が経過すると，価格の上昇によって喫煙者は禁煙を考えるかもしれませんし，さらに非喫煙者は喫煙の習慣に陥らないよう自制するかもしれません．このように，価格変化に対する需

要の反応は，短期的には小さいかもしれませんが，長期的には大きいと考えられます．言い換えると，たばこのような習慣性のある商品の場合，需要は短期的には非弾力的で短期の価格弾力性はゼロに近く，一方長期にはより弾力的になるのではと考えられます．

この分析では，特に長期の価格弾力性に焦点を当てて推定を行います．そこでは 10 年間の量と価格の変化に着目します．具体的には，10 年間の数量（対数値）の変化 $\ln(Q_{i,1995}^{cigarettes}) - \ln(Q_{i,1985}^{cigarettes})$ を，10 年間の価格（対数値）の変化 $\ln(P_{i,1995}^{cigarettes}) - \ln(P_{i,1985}^{cigarettes})$，そして 10 年間の所得（対数値）の変化 $\ln(Inc_{i,1995}) - \ln(Inc_{i,1985})$ で回帰します．そして次の 2 つの操作変数が使われます：10 年間のたばこ売上税の変化 $SalesTax_{i,1995} - SalesTax_{i,1985}$，および 10 年間のたばこ特別税の変化 $CigTax_{i,1995} - CigTax_{i,1985}$ です．

推定結果は表 12.1 に報告されています．これまでと同じく，表の各列はそれぞれ異なる回帰分析の結果を表します．説明変数はすべて同じで，各係数は TSLS により推定されます．3 つの回帰分析の間で唯一の違いは操作変数です．(1)列の回帰では，たばこ売上税が操作変数，(2)列ではたばこ特別税，(3)列の回帰では両方ともが操作変数として使われます．

IV 回帰では，回帰係数の信頼性は，操作変数の正当性に依存します．したがって，まず表 12.1 で，操作変数の正当性を評価する統計量をチェックしましょう．

最初に，操作変数は妥当でしょうか？ 第 1 段階の F 統計量は，3 つの回帰分析について 33.7，107.2，88.6 であり，いずれも目安である 10 を上回っています．この結果から，操作変数は弱いものではないと結論づけてよいでしょう．したがって，推定された係数値や標準誤差を使って，通常の統計的推論（仮説検定や信頼区間）を行います．

次に，操作変数は外生的でしょうか？ (1)列と(2)列の回帰では，1 つの操作変数と 1 つの内生的な説明変数を使っています．つまり，ここでの係数は過不足なく識別されており，J テストを利用することはできません．一方，(3)列の回帰は 2 つの操作変数と 1 つの内生的な説明変数なので過剰識別となり，過剰識別制約式が 1 つ存在します（$m - k = 2 - 1 = 1$）．J 統計量は 4.93 です．これは χ_1^2 分布に従うため，5% 有意水準は 3.84 です（巻末の付表 3 を参照）．2 つの操作変数が外生的であるという帰無仮説は 5% 有意水準で棄却されます（この推論は，表 12.1 の p 値が 0.026 であることから直接導かれます）．

J 統計量が帰無仮説を棄却する理由は，2 つの操作変数がかなり異なる推定値をもたらすことに求められます．操作変数がたばこ売上税の場合（(1)列），推定された価格弾力性は -0.94 でした．一方，操作変数にたばこ特別税を使う場合，推定された価格弾力性は -1.34 です．ここで J 統計量の基本アイデアを思い出すと，もし操作変数が両方とも外生的であるなら，2 つの TSLS 推定量は一致性を持ち，それらが異なるのはランダム・サンプリングの変動だけが原因でした．しかしもし，どちらか一方の操作変数が外生的でもう一方が外生的でない場合，内生的な操作変数に基づく推定値は一致性を持たず，それが J 統計量に反映されていると考えられます．この例では，2 つの価格弾力性推定値の違いはかなり大きく，したがって両方の操作変数が外生的という仮説が J テストにより棄却さ

表 12.1　2 段階最小二乗法によるたばこ需要の推定結果：アメリカ 48 州パネルデータ

被説明変数：$\ln(Q^{cigarettes}_{i,1995}) - \ln(Q^{cigarettes}_{i,1985})$

説明変数	(1)	(2)	(3)
$\ln(P^{cigarettes}_{i,1995}) - \ln(P^{cigarettes}_{i,1985})$	−0.94** (0.21)	−1.34** (0.23)	−1.20** (0.20)
$\ln(Inc_{i,1995}) - \ln(Inc_{i,1985})$	0.53 (0.34)	0.43 (0.30)	0.46 (0.31)
定数項	−0.12 (0.07)	−0.02 (0.07)	−0.05 (0.06)
操作変数	たばこ売上税	たばこ特別税	たばこ売上税とたばこ特別税
第 1 段階での F 統計量	33.70	107.20	88.60
過剰識別制約の J テストと p 値	—	—	4.93 (0.026)

注：これらの回帰式は，アメリカ 48 州のデータ（10 年間の変化に関する 48 観測値）を使って推定（データの詳細は付論 12.1 を参照）．過剰識別制約の J テストは基本概念 12.6 に説明されている（カッコ内には p 値）．第 1 段階での F 統計量は基本概念 12.5 を参照．個々の係数は 5％(*) および 1％(**) 水準で統計的に有意．

れたのです．

　J 統計量による棄却は，(3)列の回帰が正当でない操作変数に基づく（操作変数の外生性条件を満たさない）ということを意味します．この結果は，(1)列と(2)列の推定値に対してどのような意味を持つのでしょうか？　J 統計量により棄却されたということは，少なくとも 1 つの操作変数が内生的であることを意味します．したがって次の 3 つの可能性が考えられます．(i)たばこ売上税は外生的だが，たばこ特別税がそうではない．この場合には(1)列の結果が信頼できます．(ii)たばこ特別税は外生的だが，たばこ売上税はそうではない．この場合には，(2)列の結果が信頼できます．(iii)どちらの税も外生的ではない．この場合にはどちらの回帰も信頼できません．統計的な結果からはどの可能性が正しいか区別できません．したがって，自分たちで何らかの判断を下す必要があります．

　私たちは，たばこ売上税が外生的である方が，たばこ特別税よりも可能性が高いと考えます．なぜなら，たばこ特別税の変化は政治プロセスの影響を受け，たばこ市場の変化や喫煙政策と密接に関係しうるからです．たとえば，ある州で喫煙者が減少したとしましょう（理由は，たとえば喫煙が流行しなくなったから）．このとき，喫煙者の数が減少したことで，たばこ特別税を求める陳情者が増えるでしょう．それにより実際にたばこ特別税が上昇するかもしれません．したがって人々の嗜好（誤差項 u の一部）の変化は，たばこ特別税（操作変数）と相関するかもしれません．このことから，たばこ特別税を操作変数として使った IV 推定の結果は割り引いて考えなければなりません．たばこ売上税の方を操作変数として得られた物価弾力性 −0.94 を結果として採用すべきとなります．

　−0.94 という推定値は，たばこ消費が価格変化に対して非弾力的ではないという結果を

示唆しています．価格が 1% 上昇すると，消費が 0.94% 減少します．これはたばこ製品の習慣性を考えると驚くべき結果です．しかし他方で，忘れてはならないのは，この価格弾力性は 10 年間の変化に対応して計算された長期の弾力性だという点です．この推定結果から，少なくとも長期的には，増税によりたばこ消費量は相当程度減少することが示唆されます．

価格弾力性が，10 年ではなく，5 年の変化（1985 年から 1990 年）を使って推定される場合，推定された弾力性（操作変数はたばこ売上税）は -0.79 です．別の 5 年の変化（1990 年から 1995 年）の場合には -0.68 です．これらの推定値から，10 年よりも 5 年の期間の方が，たばこ需要はより非弾力的といえます．より長期の弾力性の方が高いという結果は，たばこ消費に関する数多くの既存研究とも整合的です．そこで弾力性推定値は -0.3 から -0.5 の範囲に入ることが多いのですが，それらは短期の弾力性です．ある最近の研究では，長期の弾力性は短期の弾力性の約 2 倍と報告されています[4]．

12.5 正当な操作変数はどこから見つけるのか？

実際の応用において，IV 推定の最も難しい部分は，妥当で外生的な操作変数を見つけることです．ここではそのための 2 つの主要なアプローチを紹介します．それらは計量経済学や統計学のモデルに対する 2 つの異なる見方をそれぞれ反映したものです．

最初のアプローチは，経済理論を使って操作変数を探すというものです．たとえばフィリップ・ライトは，農産物市場に関する経済学のロジックを理解しており，供給曲線はシフトさせるが需要曲線には影響を及ぼさないような操作変数を探しました．こういった理論に基づくアプローチが特に有効なのはファイナンス分野です．投資家行動の経済モデルでは，投資家がどう予測を立てるのかの記録が関係しますが，その際いくつかの変数は誤差項と無相関であることがわかります．また，それらのモデルは，データに関してもまた係数に関しても非線形となる場合があり，そのときには本章で議論した IV 推定量は使えません．IV 推定量を非線形モデルへ拡張して，一般化モーメント法（generalized method of moments）と呼ばれる推定手法が使われます．しかしながら，経済理論は抽象的であり，データを分析する際に必要なニュアンスや詳細を考慮しない場合があります．したがって，このアプローチが常にうまくいくとは限りません．

操作変数を見つける 2 つ目のアプローチは，X の変動を引き起こす外生要因を探すことです．内生的な説明変数のシフトを引き起こすランダムな現象から，その候補が浮かび上がってくるかもしれません．たとえば 12.1 節の仮想的な例では，地震による被害は，ある学区のクラス規模を増やし，そしてそのクラス規模の変化は生徒の成績に影響を及ぼす潜在的な除外された要因とは相関を持ちません．このアプローチでは，対象となる問題

---
[4] 喫煙の経済学に関してより多くを学びたい読者は，Chaloupka and Warner(2000) および Gruber(2001) を参照．

に関して豊富な知識を持ち，データの詳細についての十分な注意が必要となります．それを以下の具体例を使って説明しましょう．

3つの具体例

ここでは IV 回帰を使った3つの実証研究を紹介し，研究者が自らの専門知識を活かしてどのように操作変数を見つけるか，具体例を通じて学びます．

犯罪者を刑務所に入れることは犯罪数を減少させるか？ これは経済学者しか考えない問題です．犯罪者は刑務所に入っている限り犯罪は起こせません．また，ある犯罪者が逮捕され刑務所に入ったという事実は，他の犯罪の発生も抑制するでしょう．しかし両方の効果の合計——刑務所人口の 1% 増加によって説明される犯罪比率の変化——がどれほどになるかは，実証的な問題です．

この効果を推定する1つの方法は，適切な行政区（たとえばアメリカの州）ごとの年次データを使って，犯罪比率（人口10万人当たりの犯罪数）を囚人者比率（10万人当たりの囚人数）で回帰することです．この回帰分析には，経済状況（一般に景気状況が悪化すると犯罪が増える）や人口動態（若年者の犯罪数は老年者よりも多い）に関する指標をコントロール変数として含めることができます．しかしここで，双方向の因果関係によるバイアスが発生し，分析に悪影響を及ぼす可能性が考えられます．もし犯罪比率が上昇すると警察が取り締まりを強化し，囚人数が増えるでしょう．つまり，囚人数が増えれば犯罪比率は減少する一方で，犯罪比率の上昇は囚人数を増やすことになります．図 12.1 のバター需給の例と同様に，この同時双方向の因果関係により，犯罪比率と囚人者比率で回帰する OLS は，これら2つの影響が複雑に合わさったものを推計することになります．この問題は，より良いコントロール変数を見つけることで解決できるものではありません．

この同時双方向の因果関係のバイアスは，適切な操作変数を見つけて2段階最小二乗法を行うことで，取り除くことができます．操作変数は，囚人者比率と相関し（つまり妥当で），しかし推計式の誤差項とは無相関で（つまり外生で）なければなりません．言い換えると，操作変数は囚人者比率に影響を与えるもので，しかし犯罪比率を決定する観測されない要因とは無関係でなければならないのです．

囚人数に影響を及ぼし，しかし犯罪比率には直接の影響がない変数——そんな変数はどこで見つけられるでしょうか．1つの可能性は，既存の刑務所の収容人数が外生的に変化するような場合です．刑務所を建設するのは時間がかかるので，収容量の短期的な制約から，その州は当初の刑期よりも早く囚人を釈放したり，囚人者比率を低下させたりするかもしれません．このアイデアを使って，Levitt(1996) は，刑務所の混雑解消を目的とする訴訟数が操作変数になるのではと考えました．彼は 1972 年から 1993 年までの米国州

データを使って，このアイデアを実際に分析したのです．

では刑務所の過密に関する訴訟数は，正当な操作変数になりうるでしょうか？ Levitt は第 1 段階の F 統計量を報告していませんが，刑務所の収容オーバーに関する訴訟は，彼のデータにおける囚人者比率の伸びを抑制するものでした．これはその操作変数が妥当であることを示唆しています．その訴訟が，刑務所の収容状況によって引き起こされるものであって，犯罪比率やその決定要因とは無関係であれば，この操作変数は外生的です．Levitt は訴訟をいくつかのタイプに分類して，複数の操作変数を作成しました．そして過剰識別制約のテストを行い，J 統計量からその制約を棄却できないことを示しました．それにより，彼の操作変数は正当であるという主張を強化したのです．

これらの操作変数と TSLS を用いて，Levitt は囚人数の犯罪比率への影響は相当な大きさであると推定しました．推定されたその効果は，OLS で推定された効果よりも 3 倍大きいもので，実際 OLS は大きな同時性バイアスを含んでいたことが示されました．

クラス規模を小さくするとテスト成績は向上するか？　第 II 部の実証分析で見てきたように，小規模学級の生徒は経済的により豊かである傾向にあり，したがって学校内外での課外学習の機会も多いでしょう．第 II 部では多変数回帰分析を使って，生徒の経済状況を表す指標や英語能力などをコントロールすることで，除外された変数のバイアスに対処してきました．しかしそれでもなお，本当にそれで十分なのかという疑問は残ります．もし何か重要な要因を見落としていれば，クラス規模の効果の推定値には依然バイアスが含まれてしまいます．

この潜在的な除外された変数バイアスは，正しいコントロール変数を含めることで対処可能ですが，しかしそれらのデータが利用不可能であれば（学外の学習機会のように測定が困難な場合），それに代わるアプローチとして IV 回帰を使うことが考えられます．その回帰を行う際，操作変数はクラス人数と相関があり（妥当性），そしてテスト成績の決定要因として除外されている要因（たとえば教育に対する親の関心，校外の学習機会，先生や学校設備の質など）すなわち推計式の誤差項と無相関でなければなりません（外生性）．

クラス規模には影響を及ぼし，テスト成績の他の要因とは無関係であるような操作変数は，どこで探せばよいでしょうか？ Hoxby(2000) は，生物学的な面に着目しました．人々が誕生するタイミングはランダムなので，幼稚園のクラス人数は年によって異なります．実際に幼稚園に入学する子供数は内生的かもしれません（学級規模に関するニュースが報じられると，それにより子供を私学の幼稚園に入れるかどうかの判断が影響を受けるかもしれません）．しかし，幼稚園に入学する潜在的な子供数——その地区内の 4 歳児の数——は，子供の誕生日というランダムな変化によって決まってくると Hoxby は考えました．

この潜在的な入園者数は正当な操作変数でしょうか？ それが外生的かどうかは，学級

規模の目に見えない決定要因と相関しているかどうかにかかわってきます．確かに，潜在的な入園者数は生物学的な変動であり外生です．しかし，幼児を持つ親が教育環境の優れた地区に引っ越してくることで，潜在的な入園者数が変動することもあるでしょう．もしそうならば，潜在的な入園者数は，学校運営の質という目に見えない要因と相関しているかもしれず，その結果，操作変数としては正当ではなくなってしまいます．Hoxby はこの問題について検討し，この理由によって潜在的な入園者数が変化する際には何年もかけてスムーズに変化し，他方，誕生日のランダムな変化によって変化する場合には入園者数は短期的かつ急激に変化するはずだと議論しました．したがって，Hoxby は潜在的な入園者数そのものではなく，その長期的なトレンド線からの乖離を操作変数として用いたのです．この乖離で見た指標は，操作変数の妥当性の基準も満たします（第 1 段階の F 統計量はすべて 100 を超える）．Hoxby はこの操作変数は外生であるという説得的な議論を行いました．しかしその仮定は，すべての IV 分析に共通することですが，最終的にはそれぞれの判断に依拠するものなのです．

Hoxby は，1980 年代・1990 年代のコネティカット州小学校に関するパネルデータに基づき，この推計アプローチを採用しました．パネルデータであるため，固定効果を含めることができ，操作変数に加えて学校レベルにおける除外された変数バイアスに対処することができます．最終的な TSLS 推定値によれば，クラス規模がテスト成績に及ぼす影響は小さく，ほとんどの場合において統計的にゼロとは異ならないという結果が示されました．

心臓発作への積極治療によって生存年数は延びるか？ 心臓発作（正確には急性心筋梗塞，acute myocardial infarctions, AMI）に対する新しい治療方法が開発され，患者の命を救う手段として注目されています．その新しい治療法——心臓カテーテル治療[5]——が一般に承認される前には，臨床試験やランダムにコントロールされた実験などにより，その効果と副作用が検証されます．しかし，臨床試験での良い結果と，現実の効果とは別のものです．

心臓カテーテル治療の現実の効果を推定する際，自然な第 1 ステップは，その治療を受けた患者とそうではない患者を比較することです．具体的には，患者の生存年数を $(0,1)$ の治療変数（カテーテル治療を受けたかどうか）と他のコントロール変数（年齢，体重，その他の健康状態の指標など）によって回帰することが考えられます．そこで $(0,1)$ 指標に掛かる母集団の係数は，その治療がもたらす生存年数の増分に当たります．しかし残念なことに，その OLS 推定量にはバイアスが含まれます．カテーテル治療の治療は，患者にランダムな形で「単に発生する」わけではありません．むしろ，医者も患者自身もその治療は効果的と判断して実行されるものです．もし彼らの判断が，患者の健康

---
[5]心臓カテーテル治療では，カテーテル（チューブ）が血管に挿入されて心臓まで到達し，心臓や冠状動脈の情報を得て治療が行われます．

状態に関係する観察されない要因に基づくものであれば，治療するかどうかの決定は，回帰式の誤差項と相関を持つことになります．もし最も健康的な患者が治療を受けるのであれば，OLS 推定量はバイアスを含みます（治療したかどうかは除外された変数と相関します）．その結果，治療には現実の効果よりも過大な効果があると推定されてしまいます．

この潜在的なバイアスは，正当な操作変数を用いた IV 回帰を行うことで取り除くことが可能です．操作変数は治療の有無と相関があり（妥当であり），しかし生存年数に影響する除外された要因とは無相関で（つまり外生的で）なければなりません．

治療の決定に影響し，しかし治療の効果以外では健康面の結果には影響を及ぼさないような要因とは，どこを探せば見つかるでしょうか？ McClellan，McNeil と Newhouse (1994) は，地理的な面に着目しました．彼らのデータセットにある病院のほとんどは，カテーテル治療を専門とはしていません．したがって患者の多くは，カテーテル治療を行う病院よりも，治療を行わない「通常の」病院の近くに住んでいます．そこで McClellan，McNeil と Newhouse は，操作変数として，AMI 患者の住まいと最も近いカテーテル治療病院との距離，患者の住まいと種類を問わず最も近くの病院との距離，それら 2 つの距離の差を考えました．この距離の差は，もし最も近い病院がカテーテル治療を行う病院であればゼロとなり，そうでなければ正の値となります．もしこの距離の差が，治療を受ける確率に影響するならば，それは妥当な操作変数となります．もしこの距離の差が，AMI 患者の中にランダムに分布しているのなら，それは外生的な操作変数となります．

実際，最寄りのカテーテル治療病院に関する相対的な距離は，正当な操作変数となるでしょうか？ McClellan，McNeil と Newhouse は，第 1 段階の F 統計量を報告していませんが，それに代わる検証から，操作変数が弱くはないことを示す実証結果を報告しています．ではその距離の差は外生的でしょうか．彼らは 2 つの議論を行いました．第 1 に，彼らは医学の専門的知見とヘルスケア制度の知識を使い，病院との距離は，AMI 治療の結果に影響する観察されない要因と何ら相関がないであろうと論じました．第 2 に，AMI 治療の結果に影響する追加的な変数のデータ——患者の体重など——を使い，彼らの距離の指標が，観察される治療結果の要因と相関がないことを示しました．この検証により，距離の差は誤差項に含まれる観察されない要因とも無相関という設定がより信頼できると主張しました．

McClellan，McNeil と Newhouse は，1987 年アメリカの 64 歳以上の AMI 患者に関する 205,201 個の観察値を用いて，驚くべき結論に到達しました．彼らの TSLS 推定値から，カテーテル治療は限られた，おそらくゼロの効果しか健康面の結果には及ぼさない，すなわち，カテーテル治療により生存年数は大きく伸びない，という結論が示唆されたのです．これに対して，OLS 推定値からは大きな正の効果が検出されました．彼らはこの推定結果の違いから，OLS 推定には確かにバイアスが含まれていると解釈したのです．

McClellan，McNeil と Newhouse の IV 推定から，ある興味深い解釈が可能です．OLS 推定は実際の治療を説明変数としましたが，しかしその治療そのものが患者と医者による判断の結果であるため，実際の治療が誤差項と相関を持つことになります．一方，TSLS は，予測された治療を使います．そこで予測された治療は，操作変数の変動によって変化します．カテーテル治療病院のより近くに住む患者は，治療を受ける可能性がより高いと考えられます．

この解釈には 2 つの意味合いがあります．第 1 に，IV 回帰が推定する効果とは，ランダムに選別された典型的な患者に対する治療の効果ではなく，治療するかどうかの判断の際に病院との距離が重要な要因となるような患者に対する治療の効果を推定しているのです．これらの患者に対する効果は，典型的な患者への効果とは異なるでしょう．これは，臨床試験から推定された効果が，McClellan，McNeil と Newhouse の IV 推定よりも大きいことの説明になります．第 2 に，この検証は，このタイプの問題において操作変数を見出すための一般的な方法を示唆します．それは，処置が施される確率に影響するけれども，処置を通じる効果以外の説明要因とは無関係であるような操作変数を見つけ出すことです．これらの含意は，第 13 章で取り扱う実験および「準実験」に関する研究にも応用されます．

12.6 結論

本章の IV 推定は，まずバターの価格が上昇すれば人々の購入量はどれだけ減少するかを推定するという問題から説明を始めました．そして，より一般的な問題として，1 つまたは複数の説明変数が誤差項と相関を持つ場合の推定へと拡張してきました．操作変数回帰は，操作変数を使うことで，内生的な説明変数の変動のなかで誤差項とは相関しない部分を取り出します．これが 2 段階最小二乗法の第 1 段階に当たります．これにより，2 段階最小二乗法の第 2 段階における，もともとの関心事である効果の推定を可能にするのです．

IV 回帰をうまく行うためには，正当な操作変数が必要です．つまり，妥当であり（説明変数との相関は弱くなく），かつ外生的な操作変数が必要なのです．もし操作変数が弱ければ，TSLS 推定量は大標本であってもバイアスを持ってしまいます．そして TSLS の t 統計量や信頼区間は誤った統計的推論を導いてしまいます．幸運にも内生的な説明変数が 1 つの場合には，操作変数が弱いかどうか，第 1 段階の F 統計量をチェックすることで調べることができます．

もし操作変数が外生的でなければ，つまり 1 つまたは複数の操作変数が誤差項と相関を持つならば，TSLS 推定量は一致性を満たさなくなります．内生的な説明変数よりも操作変数の数が多ければ，操作変数の外生性は J 統計量を用いて過剰識別制約をテストすることで検証できます．しかし，コアとなる仮定——内生的な説明変数と少なくとも同じ数

の外生的な操作変数が存在するという仮定——自体はテストできません．したがって，実証研究者と批判的な読者は共に，分析する問題に関する知識を用いて，その仮定が理にかなうものかどうか評価しなければなりません．

　IV 回帰のロジック，すなわち，内生的な説明変数の外生的な変動を情報として利用するという側面は，応用する問題によっては，操作変数を探すうえでの有用なガイドとなります．プログラム評価というタイトルで知られる研究分野では，その実証研究のベースにこのロジックがまさに存在しています．そこでは実験や準実験が，プログラム，政策，あるいは他の介入の効果を推定するために使われます．これらの応用研究では，その他さまざまな問題も追加的に議論されます．たとえば，カテーテル治療の例と同じく，同じ「処置」に対して「患者」はそれぞれ違った反応をするとき，IV 推定の結果をどう解釈するかといった問題です．こういったプログラム評価の実証的な諸問題は，第 13 章で取り上げられます．

要約

1. 操作変数回帰は，説明変数が誤差項と相関がある場合に回帰係数を推定する方法である．
2. 内生変数とは，分析対象とする式の誤差項と相関がある変数である．外生変数とは，その誤差項と相関のない変数である．
3. 操作変数が正当であるためには，式に含まれる内生変数と相関を持ち，かつ外生でなければならない．
4. 操作変数回帰を行うには，式に含まれる内生変数と同じかそれ以上の数の外生変数が必要である．
5. 2 段階最小二乗法は 2 つの段階からなる．第 1 段階では，式に含まれる内生変数を，操作変数と付加された外生変数で回帰する．第 2 段階では，被説明変数を，第 1 ステップで得られた内生変数の予測値と付加された外生変数で回帰する．
6. 弱い操作変数（内生変数とほとんど相関のない操作変数）は，2 段階最小二乗推定量にバイアスをもたらし，その信頼区間と仮説検定は信頼できなくなる．
7. 操作変数が外生でなければ，2 段階最小二乗推定量は一致性を持たない．

キーワード

操作変数回帰 [instrumental variables ⟨IV⟩ regression]　371
操作変数 [instrumental variable, instrument]　371
内生変数 [endogenous variable]　372

外生変数 [exogenous variable]　372
操作変数の妥当性 [instrument relevance]　373
操作変数の外生性 [instrument exogeneity]　373

2 段階最小二乗法 [two stage least squares, TSLS] 373
付加された外生変数 [included exogenous variables] 381
過不足ない識別 [exact identification] 381
過剰な識別 [overidentification] 381
過少な識別 [underidentification] 381
誘導形 [reduced form] 382
第 1 段階の回帰 [first-stage regression] 383
第 2 段階の回帰 [second-stage regression] 383
弱い操作変数 [weak instruments] 388
第 1 段階での F 統計量 [first-stage F-statistic] 389
過剰識別制約のテスト [test of overidentifying restrictions] 392

練習問題

12.1 この問題は，表 12.1 のパネルデータ回帰の結果を参照します．

  a. いま連邦政府は新しいたばこ税の導入を検討しており，その税によって販売価格は 1 パック$0.10 上がるとします．現在のたばこ価格が 1 パック当たり$2.00 である場合，表の (1) 列の回帰を使って需要の変化を予測しなさい．また，その需要の変化に関する 95% 信頼区間を導出しなさい．

  b. 米国の景気が後退し，所得が 2% 低下したとします．表の (1) 列の回帰を使って需要の変化を予測しなさい．

  c. 景気後退は通常 1 年も続きません．(1) 列の回帰の結果から，(b) の質問に対して信頼できる答えを得ることができると思いますか．その理由は何ですか．

  d. いま (1) 列の F 値が 33.6 ではなく 3.6 だとします．この回帰の結果から，(a) の質問に対して信頼できる答えを得ることができますか．その理由は何ですか．

12.2 1 説明変数の回帰モデル $Y_i = \beta_0 + \beta_1 X_i + u_i$ を考えます．いま基本概念 4.3 の仮定は満たしているものとします．

  a. X_i は正当な操作変数であることを示しなさい．すなわち，$Z_i = X_i$ として基本概念 12.3 が満たされることを示しなさい．

  b. $Z_i = X_i$ としたとき，基本概念 12.4 の IV 回帰の仮定は満たされることを示しなさい．

  c. $Z_i = X_i$ として導出した IV 推定量は OLS 推定量と同一であることを示しなさい．

12.3 ある学生が (12.1) 式の誤差項の分散を推定したいと考えています．

  a. その学生は TSLS の 2 段階目の回帰からの推定量，$\hat{\sigma}_a^2 = \frac{1}{n-2}\sum_{i=1}^n (Y_i - \hat{\beta}_0^{TSLS} - \hat{\beta}_1^{TSLS}\hat{X}_i)^2$，(ここで $\hat{X}_i$ は 1 段階目の回帰の予測値) を使ったとします．この推定量は一致性を持つでしょうか．(この問いのために，いまサンプル数は大変大きく，TSLS 推定量は真の β_0 と β_1 とほぼ等しいとします．)

  b. $\hat{\sigma}_b^2 = \frac{1}{n-2}\sum_{i=1}^n (Y_i - \hat{\beta}_0^{TSLS} - \hat{\beta}_1^{TSLS}X_i)^2$ は一致推定量でしょうか．

12.4 1 つの内生変数と 1 つの操作変数の TSLS 推定を考えます．そのとき，1 段階目の回帰からの予測値は $\hat{X}_i = \hat{\pi}_0 + \hat{\pi}_1 Z_i$ です．標本分散と標本共分散の定義を用いて，$s_{\hat{X}Y} = \hat{\pi}_1 s_{ZY}$

と $s_{\hat{X}}^2 = \hat{\pi}_1^2 s_Z^2$ となることを示しなさい．この結果を使って，付論 12.2 で議論する (12.4) 式の導出のステップを補いなさい．

12.5 以下の操作変数回帰モデルを考えます．

$$Y_i = \beta_0 + \beta_1 X_i + \beta_2 W_i + u_i$$

ここで X_i は u_i と相関し，Z_i は操作変数であるとします．また基本概念 12.4 の最初の 3 つの仮定は満たされているとします．以下の状況のとき，どの IV 仮定が満たされなくなるでしょうか．

- **a.** Z_i は (Y_i, X_i, W_i) と独立
- **b.** $Z_i = W_i$
- **c.** すべての i に関して，$W_i = 1$
- **d.** $Z_i = X_i$

12.6 1 つの説明変数 X_i と 1 つの操作変数 Z_i の操作変数回帰モデルを考えます．X_i を Z_i で回帰すると，$R^2 = 0.05$ となり $n = 100$ です．Z_i は強い操作変数でしょうか．（ヒント：(7.14) 式を参照しなさい．）$R^2 = 0.05$ で $n = 500$ ならば，あなたの答えは変わりますか．

12.7 1 つの説明変数 X_i と 2 つの操作変数 Z_{1i} と Z_{2i} の操作変数回帰モデルを考えます．いま J 統計量は，$J = 18.2$ となりました．

- **a.** このことは，$E(u_i|Z_{1i}, Z_{2i}) \neq 0$ を意味していますか．説明しなさい．
- **b.** このことは，$E(u_i|Z_{1i}) \neq 0$ を意味していますか．説明しなさい．

12.8 ある財市場において，供給関数 $Q_i^s = \beta_0 + \beta_1 P_i + u_i^s$，需要関数 $Q_i^d = \gamma_0 + u_i^d$，市場の均衡条件は $Q_i^s = Q_i^d$ であると考えます．ここで u_i^s と u_i^d は，互いに独立の i.i.d. 確率変数で，共に平均がゼロとします．

- **a.** P_i と u_i^s は相関していることを示しなさい．
- **b.** β_1 の OLS 推定量は一致性を持たないことを示しなさい．
- **c.** β_0，β_1 および γ_0 をどのように推定しますか．

12.9 ある研究者は，軍隊への参加経験が人的資本にどのような影響を及ぼすか関心を持っています．その研究者は，40 歳の労働者 4000 人の無作為標本からデータを収集し，OLS 回帰 $Y_i = \beta_0 + \beta_1 X_i + u_i$ を行いました．ここで Y_i は労働者の年収，X_i は (0,1) 変数で軍の経験がある人には 1，それ以外は 0 を取ります．

- **a.** OLS 推定はなぜ信頼できないとみられるのか，その理由を説明しなさい．（ヒント：どのような変数が回帰から除かれていますか．その変数は軍隊への参加経験と相関しますか．）
- **b.** ベトナム戦争の間，徴兵制が実施され，徴兵の順番は全国のくじで決められました（誕生日がランダムに選ばれ，1 番から 365 番の順に番号付けられました．そこで 1 番の誕生日の人がまず徴兵され，その次に 2 番の誕生日の人といった具合に，順に徴兵されたのです）．このくじが，軍経験の年収への影響を推定するための操作変数として

使えるかどうか，説明しなさい（この問題のより詳細は，次の論文を参照：Joshua D. Angrist, "Lifetime Earnings and the Vietnam Era Draft Lottery: Evidence from Social Security Administration Records," *American Economic Review*, June 1990.）

12.10 操作変数回帰モデル $Y_i = \beta_0 + \beta_1 X_i + \beta_2 W_i + u_i$ を考えます．Z_i は操作変数です．いま W_i に関するデータは利用できず，回帰式から W_i を除いたモデルを推定します．

a. Z_i と W_i は相関していないとします．IV 推定量は一致性を持つでしょうか．

b. Z_i と W_i が相関しているとします．IV 推定量は一致性を持つでしょうか．

実証練習問題

E12.1 1880 年代の米国では，「合同行政委員会（Joint Executive Committee, JEC）」として知られるカルテルがあり，中西部から東部都市への穀物の鉄道輸送をコントロールしていました．そのカルテルは，1890 年シャーマン反トラスト法（Sherman Antitrust Act）施行以前のもので，競争価格よりも高い価格設定や引き上げが合法的に行われていました．また，カルテルメンバーが協定を破る事案が発生し，設定された協定価格が崩壊することもありました．この練習問題では，カルテル崩壊に伴って発生した供給量の変化を利用して，穀物の鉄道輸送への需要弾力性を推定します．本書の補助教材には JEC というファイルがあり，そこには 1880-1886 年，鉄道輸送価格と他の要因の週次データが含まれています[6]．データの詳細は，JEC_Description を参照してください．

いま穀物の鉄道輸送に関する需要曲線を，$\ln(Q_i) = \beta_0 + \beta_1 \ln(P_i) + \beta_2 Ice_i + \sum_{j=1}^{12} \beta_{2+j} Seas_{j,i} + u_i$（ここで Q_i は第 i 週に輸送される穀物量（トン），P_i は穀物 1 トン当たりの輸送価格，Ice_i は氷結のため 5 大湖が航行不能の場合 1 を取る (0,1) 変数，$Seas_{j,i}$ は需要の季節変動を捉える (0,1) 変数）とします．変数 Ice が含まれるのは，もし 5 大湖が航行可能であれば，船での輸送も可能だからです．以下の問いに答えなさい．

a. 需要関数を OLS で推定しなさい．需要の価格弾力性に関する推定値およびその標準誤差はいくつですか．

b. 需要と供給の相互作用により，弾力性に関する OLS 推定量にはバイアスが含まれる可能性があります．その理由を説明しなさい．

c. $\ln P$ に対する操作変数として，*cartel* を使うことができるか考えなさい．経済学的な理由を用いて，*cartel* は正当な操作変数のための 2 つの条件を満たすかどうか議論しなさい．

d. 操作変数法の第 1 段階の推定を行いなさい．*cartel* は弱い操作変数ですか．

e. 操作変数回帰により需要関数を推定しなさい．需要の価格弾力性に関する推定値およ

---

[6] これらのデータはノースウェスタン大学の Robert Potter 教授から提供されたもので，彼の研究 "A study of Cartel Stability: The Joint Executive Committee, 1880-1886," (*The Bell Journal of Economics* 1983, 14(2): 301-314) で使われています．

びその標準誤差はいくつですか．

f. 実証結果から，カルテルは利潤を最大化する独占価格を設定していたと示唆されますか．説明しなさい．（ヒント：価格弾力性が1より低いとき，独占企業はどうするでしょうか．）

E12.2 出産は労働供給にどう影響するでしょうか．言い換えると，女性が出産すると，女性の労働供給はどのくらい減少するでしょうか．この練習問題では，1980年米国人口統計の既婚女性のデータを使って，その効果を推定します[7]．データは，本書の補助教材にある Fertility というファイルに収められており，その詳細は Fertility_Description を参照してください．データセットには，年齢21-35歳，2人あるいはそれを超える子供を持つ既婚女性の情報が含まれています．

a. OLSを使って，*weeksworked* をインディケーター変数 *morekids* で回帰しなさい．2人を超える子供を持つ女性は，2人の子供を持つ女性と比べて，平均して，働く時間が少ないですか．

b. (a)で推定されたOLS回帰は，出産（*morekids*）が労働供給（*weeksworked*）へ及ぼす因果関係の効果の推定には適さないと見られています．その理由は何でしょうか，説明しなさい．

c. データセットには，*samesex* という変数が含まれています．これは，最初の2人の子供の性別が同じとき（男-男または女-女），1を取るダミー変数です．最初の子供2人の性別が同じ場合，3人目の子供を持つ傾向が見られますか．その傾向は大きいですか．また統計的に有意ですか．

d. *weeksworked* を *morekids* で操作変数回帰を行う際，*samesex* は正当な操作変数となる理由を説明しなさい．

e. *samesex* は弱い操作変数ですか．

f. *samesex* を操作変数として用いて，*weeksworked* を *morekids* で回帰しなさい．出産が労働供給に及ぼす影響はどの程度大きいですか．

g. 労働供給関数に，*agem*1，*black*，*hispan*，そして *othrace* の変数を含めたとき（つまりこれらをモデルの外生変数として含めたとき），実証結果は変わりますか．なぜそうなるのか，理由を説明しなさい．

E12.3 （この問題には付論12.5の知識が必要です）本書の補助教材には WeakInstrument というデータセットがあり，そこには，操作変数回帰 $Y_i = \beta_0 + \beta_1 X_i + u_i$ に関するデータとして，(Y_i, X_i, Z_i) の200の観測値が収められています．

a. $\hat{\beta}_1^{TSLS}$，その標準誤差，そして β_1 に関する95% 信頼区間を求めなさい．

b. X_i を Z_i で回帰したときの F 統計量を求めなさい．「弱い操作変数」の問題を示唆する

---

[7] これらのデータはメリーランド大学の William Evans 教授から提供されたもので，彼と Joshua Angrist との研究 "Children and Their Parents' Labor Supply: Evidence from Exogenous Variation in Family Size," (*American Economic Review* 1998, 88(3): 450-477) で使われています．

根拠はありますか．
- **c.** β_1 に関する 95％ 信頼区間を，Anderson-Rubin 手法を用いて求めなさい．
- **d.** (a) と (c) で求めた信頼区間の違いについてコメントしなさい．どちらがより信頼できるでしょうか．

付論 12.1 たばこ消費のパネルデータセット

このデータセットは，1985 年から 1995 年の米国 48 州の年次データからなります．たばこ消費量は，州税データから得られる各年度の 1 人当たりたばこ販売量（パック数）で測られます．価格は，実質の（つまりインフレ率を調整した）平均小売価格で税込みです．一般の売上税はすべての消費財に適用される州の売上税です．たばこ特定税はたばこだけに課せられる税です．本章の回帰分析に使われる価格，所得，税はすべて消費者物価指数で割り引かれており，一定のドル価格に基づくものです（実質値）．これらのデータを提供してくれた MIT の Jonathan Gruber 教授に感謝します．

付論 12.2 (12.4) 式の TSLS 推定量に関する公式の導出

TSLS の 1 段階目は，X_i を操作変数 Z_i で OLS 回帰し，OLS 予測値 $\hat{X}_i$ を計算します．2 段階目は，Y_i を $\hat{X}_i$ で OLS 回帰します．したがって，予測値 $\hat{X}_i$ で表現された TSLS 推定量の公式は，基本概念 4.2 の OLS 推定量の公式で言えば，X_i を $\hat{X}_i$ に置き換えたものです．つまり，$\hat{\beta}_1^{TSLS} = s_{\hat{X}Y}/s_{\hat{X}}^2$ となり，そこで $s_{\hat{X}}^2$ は $\hat{X}_i$ の標本分散，$s_{\hat{X}Y}$ は Y_i と $\hat{X}_i$ の標本共分散です．

$\hat{X}_i$ は 1 段階目の回帰における X_i の予測値なので，$\hat{X}_i = \hat{\pi}_0 + \hat{\pi}_1 Z_i$ となり，標本分散と標本共分散の定義から，$s_{\hat{X}Y} = \hat{\pi}_1 s_{ZY}$，$s_{\hat{X}}^2 = \hat{\pi}_1^2 s_Z^2$ が導かれます（練習問題 12.4）．したがって，TSLS 推定量は $\hat{\beta}_1^{TSLS} = s_{\hat{X}Y}/s_{\hat{X}}^2 = s_{ZY}/(\hat{\pi}_1 s_Z^2)$ となります．最後に，$\hat{\pi}_1$ は TSLS の 1 段階目の傾きに関する OLS 推定量なので，$\hat{\pi}_1 = s_{ZX}/s_Z^2$ となります．$\hat{\pi}_1$ に関するこの式を，公式 $\hat{\beta}_1^{TSLS} = s_{ZY}/(\hat{\pi}_1 s_Z^2)$ に代入すると，(12.4) 式の TSLS 推定量に関する公式を得ることができます．

付論 12.3 TSLS 推定量の大標本分布

この付論では，12.1 節で考えたケース，つまり 1 操作変数，1 内生変数で，外生変数はなしの場合の TSLS 推定量の大標本分布を学びます．

はじめに，TSLS 推定量の公式を誤差項の形で導出します．これは付論 4.3 の (4.30) 式で求めた OLS 推定量に関する表現と同様のもので，今後の議論のベースとなるものです．(12.1) 式から，$Y_i - \overline{Y} = \beta_1(X_i - \overline{X}) + (u_i - \overline{u})$ となります．したがって，Z と Y の標本共分散は以下のように書くことができます：

$$
\begin{aligned}
s_{ZY} &= \frac{1}{n-1}\sum_{i=1}^{n}(Z_i-\overline{Z})(Y_i-\overline{Y}) \\
&= \frac{1}{n-1}\sum_{i=1}^{n}(Z_i-\overline{Z})[\beta_1(X_i-\overline{X})+(u_i-\overline{u})] \\
&= \beta_1 s_{ZX} + \frac{1}{n-1}\sum_{i=1}^{n}(Z_i-\overline{Z})(u_i-\overline{u}) \\
&= \beta_1 s_{ZX} + \frac{1}{n-1}\sum_{i=1}^{n}(Z_i-\overline{Z})u_i.
\end{aligned}
\tag{12.18}
$$

ここで，$s_{ZX} = \frac{1}{n-1}\sum_{i=1}^{n}(Z_i-\overline{Z})(X_i-\overline{X})$ であり，また最後の等式は，$\sum_{i=1}^{n}(Z_i-\overline{Z}) = 0$ であるため成立します．s_{ZX} の定義と (12.18) 式の最後の表現を $\hat{\beta}_1^{TSLS}$ の定義に代入し，分子と分母に $(n-1)/n$ を掛けると，以下の式が得られます：

$$
\hat{\beta}_1^{TSLS} = \beta_1 + \frac{\frac{1}{n}\sum_{i=1}^{n}(Z_i-\overline{Z})u_i}{\frac{1}{n}\sum_{i=1}^{n}(Z_i-\overline{Z})(X_i-\overline{X})}.
\tag{12.19}
$$

基本概念 12.4 の IV 回帰の仮定が成立しているときの $\hat{\beta}_1^{TSLS}$ の大標本分布

TSLS 推定量の (12.19) 式は，分子が X ではなく Z である点と分母が X の分散ではなく Z と X の共分散である点を除けば，OLS 推定量に関する付論 4.3 の (4.30) 式に似ています．これらの類似点と Z が外生であるため，OLS 推定量が大標本において正規分布に従うという付論 4.3 の議論は，$\hat{\beta}_1^{TSLS}$ に拡張することができます．

具体的には，標本数が大きいとき，$\overline{Z} \cong \mu_Z$ であるので，分子は近似的に $\overline{q} = \frac{1}{n}\sum_{i=1}^{n}q_i$ と表されます（ここで $q_i = (Z_i-\mu_Z)u_i$）．操作変数は外生であるため，$E(q_i) = 0$ となります．基本概念 12.4 の IV 回帰の仮定より，q_i は i.i.d. となり，その分散は $\sigma_q^2 = \mathrm{var}[(Z_i-\mu_Z)u_i]$ となります．したがって，$\mathrm{var}(\overline{q}) = \sigma_{\overline{q}}^2 = \sigma_q^2/n$ となり，中心極限定理より，$\overline{q}/\sigma_{\overline{q}}$ は，大標本において N(0,1) に従います．

標本共分散は母集団共分散の一致推定量となるので，$s_{ZX} \xrightarrow{p} \mathrm{cov}(Z_i,X_i)$ となり，操作変数は妥当であるため，それは非負です．したがって，(12.9) 式より $\hat{\beta}_1^{TSLS} \cong \beta_1 + \overline{q}/\mathrm{cov}(Z_i,X_i)$ となり，大標本において $\hat{\beta}_1^{TSLS}$ の分布は，近似的に $N(\beta_1, \sigma_{\hat{\beta}_1^{TSLS}}^2)$ に従います．ここで，$\sigma_{\hat{\beta}_1^{TSLS}}^2 = \sigma_{\overline{q}}^2/[\mathrm{cov}(Z_i,X_i)]^2 = (1/n)\mathrm{var}[(Z_i-\mu_Z)u_i]/[\mathrm{cov}(Z_i,X_i)]^2$ となり，(12.8) 式の表現となります．

付論 12.4 操作変数が正当ではない時の TSLS 推定量の大標本分布

この付論では，12.1 節の設定（1 つの X，1 つの Z）の下で，操作変数の正当性に関する条件のうち，1 つもしくはそれ以外の条件が成立していないときの TSLS 推定量の大標本分布について考えます．操作変数の妥当性の条件が成立していない（つまり操作変数が弱い）場合には，TSLS 推定量の大標本分布は正規分布に従わなくなります．実際その分布は，正規分布に従う 2 つの確率変数の比率となります．もし操作変数の外生性の条件が成立しないならば，TSLS 推定量は一致推定量ではなくなります．

操作変数が弱い場合の $\hat{\beta}_1^{TSLS}$ の大標本分布

まず，操作変数が妥当ではないケース，つまり $\text{cov}(Z_i, X_i) = 0$ のケースについて考えます．このとき，付論 12.3 の導出では，ゼロで割る必要があります．この問題を避けるために，母集団共分散がゼロとなる場合の (12.19) 式の分母の動きを見る必要があります．

最初に，(12.19) 式を書き換えます．大標本において，標本平均には一致性があるので，$\overline{Z}$ は μ_Z へ，$\overline{X}$ は μ_X へ近づいていきます．したがって，(12.19) 式の分母は，近似的に，$\frac{1}{n}\sum_{i=1}^{n}(Z_i - \mu_Z)(X_i - \mu_X) = \frac{1}{n}\sum_{i=1}^{n} r_i = \bar{r}$（ここで $r_i = (Z_i - \mu_Z)(X_i - \mu_X)$）となります．$\sigma_r^2 = \text{var}[(Z_i - \mu_Z)(X_i - \mu_X)]$，$\sigma_{\bar{r}}^2 = \sigma_r^2/n$ とし，$\bar{q}, \sigma_{\bar{q}}^2, \sigma_q^2$ は付論 12.3 で定義したものと同様であるとします．このとき (12.19) 式は，大標本の下で，以下のようになります：

$$\hat{\beta}_1^{TSLS} \cong \beta_1 + \frac{\bar{q}}{\bar{r}} = \beta_1 + \left(\frac{\sigma_{\bar{q}}}{\sigma_{\bar{r}}}\right)\left(\frac{\bar{q}/\sigma_{\bar{q}}}{\bar{r}/\sigma_{\bar{r}}}\right) = \beta_1 + \left(\frac{\sigma_q}{\sigma_r}\right)\left(\frac{\bar{q}/\sigma_{\bar{q}}}{\bar{r}/\sigma_{\bar{r}}}\right). \tag{12.20}$$

もし操作変数が妥当でなければ，$E(r_i) = \text{cov}(Z_i, X_i) = 0$ となります．$\bar{r}$ は $i = 1, \cdots, n$ の確率変数 r_i の標本平均ですが，そこで確率変数 r_i は i.i.d. を満たし（最小2乗法の2番目の仮定），分散 $\sigma_r^2 = \text{var}[(Z_i - \mu_Z)(X_i - \mu_X)]$ を持ち（操作変数推定における3番目の仮定から有限），平均はゼロとなります（操作変数が妥当ではないため）．そして $\bar{r}$ に中心極限定理を応用し，具体的な表現としては，$\bar{r}/\sigma_{\bar{r}}$ は $N(0,1)$ 分布に近似されます．以上の結果，(12.20) 式の最後の表現から，大標本の下で $\hat{\beta}_1^{TSLS} - \beta_1$ の分布は aS の分布として表され，そこで $a = \sigma_q/\sigma_r$，S はそれぞれが標準正規分布を持つ2つの確率変数の比率となります（これら2つの確率変数は相関します）．

言い換えると，操作変数が妥当でない場合，中心極限定理は TSLS 推定量の分子だけではなく分母にも応用されるのです．大標本の下で，TSLS 推定量の分布は，正規分布に従う2つの確率変数の比率で表される分布となります．X_i と u_i は相関するので，正規分布に従う2つの確率変数も相関することになり，操作変数が妥当でない場合の TSLS 推定の大標本分布は複雑な形を持つことになります．実際，妥当ではない操作変数を使った TSLS 推定量の大標本分布は，OLS 推定量の確率収束した先が分布の中心となります．したがって，操作変数が妥当でない場合，TSLS は OLS の偏りを除去できない上に，大標本ですら正規分布に従わなくなります．

操作変数が弱く，しかし妥当ではある場合，TSLS 推定量の分布は引き続き正規分布に従わないため，操作変数が妥当ではない極端なケースの議論は，操作変数が弱い場合にも当てはまります．

操作変数が内生であるときの $\hat{\beta}_1^{TSLS}$ の大標本分布

(12.19) 式の最後の項の分子は，$\text{cov}(Z_i, u_i)$ に確率収束します．もし操作変数が外生ならば，この部分はゼロとなり，(操作変数は弱くはないという仮定の下) TSLS 推定量は一致性を持ちます．しかし，もし操作変数が外生ではない場合，操作変数が弱くなければ，$\hat{\beta}_1^{TSLS} \xrightarrow{p} \beta_1 + \text{cov}(Z_i, u_i)/\text{cov}(Z_i, X_i) \neq \beta_1$ となります．つまり，もし操作変数が外生でないならば，TSLS 推定量は一致性を持ちません．

付論 12.5 操作変数が弱い場合の操作変数分析

この付論では，操作変数が潜在的に弱い場合に，操作変数分析を行うためのいくつかの方法について議論します．以下では，内生的な説明変数が 1 つであるケースに焦点を当てます［(12.13) 式と (12.14) 式］．

弱い操作変数に関するテスト

基本概念 12.5 のルールでは，1 段階目の F 統計量が 10 以下だと操作変数が弱いことが示唆される，と述べました．このルールが得られた 1 つの背景は，TSLS のバイアスに関する近似的な表現にあります．いま β_1^{OLS} を，β_1 に対する OLS 推定量の確率極限とし，$\beta_1^{OLS} - \beta_1$ を OLS 推定量の漸近的なバイアスとします（もし説明変数が内生ならば，$\hat{\beta}_1 \xrightarrow{p} \beta_1^{OLS} \neq \beta_1$ となります）．操作変数が多いとき，TSLS のバイアスは近似的に $E(\hat{\beta}_1^{TSLS}) - \beta_1 \approx (\beta_1^{OLS} - \beta_1)/[E(F) - 1]$ となります（ここで $E(F)$ は，1 段階目の F 統計量の期待値）．もし $E(F) = 10$ ならば，TSLS のバイアスは，OLS のバイアスと比較して，近似的に 1/9，つまり 10% を少し超える程度となり，多くの実証研究で十分受け入れられるぐらい小さな値となります．$E(F) > 10$ を $F > 10$ で置き換えると，基本概念 12.5 のルールが得られます．

いま述べた議論では，操作変数が数多く存在する下で，TSLS 推定量のバイアスの近似式に基づきました．しかし実際の実証分析では，操作変数の数 m は小さいことがほとんどです．Stock and Yogo (2005) は，m が十分に大きいという近似を使わずに，弱い操作変数に関するフォーマルなテストを提案しています．Stock-Yogo テストでの帰無仮説は「操作変数が弱い」，対立仮説は「操作変数が強い」というもので，そこで強い操作変数とは，TSLS 推定量のバイアスが OLS 推定量のバイアスの 10% かそれ以下になるものとして定義されています．このテストは，1 段階目の F 統計量を，操作変数の数に依存する臨界値と比較することで行われます．意外にも，5% 有意水準でのテストに対する臨界値は 9.08 と 11.52 の間となり，F 値を 10 と比較するというルールは，Stock-Yogo テストをうまく近似したものになっています．

β に関する仮説検定と信頼集合

もし操作変数が弱ければ，TSLS 推定量はバイアスをもち，正規分布ではない分布となります．$\beta_1 = \beta_{1,0}$ に対する通常の t テストも信頼できません．しかし，操作変数の妥当性の条件を必要とせず，この帰無仮説をテストする方法があります．つまり操作変数が強い，弱い，妥当であるかどうかに関わらず，実行できるテスト方法があるのです．その中で最もシンプル，かつ古くからある方法は Anderson-Rubin (1949) 統計量に基づくテストです．

$\beta_1 = \beta_{1,0}$ に対する Anderson-Rubin テストは 2 段階で行います．1 段階目に，新たな変数として $Y_i^* = Y_i - \beta_{1,0} X_i$ を計算します．2 段階目には，Y_i^* を外生変数 (W) と操作変数 (Z) で回帰します．Anderson-Rubin 統計量は，Z に関する係数すべてがゼロという仮説をテストする際の F 統計量です．$\beta_1 = \beta_{1,0}$ という帰無仮説の下，もし操作変数が外生性の条件（基本概念 12.3 の条件 2）を満たしていれば，操作変数はこの回帰の誤差項と相関はなく，帰無仮説は 5% 水準で棄却されるでしょ

う.

　3.3 節と 7.4 節で議論したように，信頼集合は仮説検定で棄却されないパラメータの値の集合として導出されます．よって，5% の Anderson-Rubin テストで棄却されない β_1 の値の集合は，β_1 に関する 95% 信頼集合を導出していることになります．均一分散のみに有効な公式を使って Anderson-Rubin の F 統計量を計算するとき，2 次方程式を解くことによって，Anderson-Rubin の信頼集合を導出できます（実証練習問題 12.3）．

　Anderson-Rubin 統計量を導出する際のロジックでは，操作変数の妥当性を決して仮定していません．Anderson-Rubin の信頼集合は，操作変数が強い，弱い，そして妥当であるかどうかに関わらず，大標本の下では 95% のカバー確率を持ちます．Anderson-Rubin の信頼集合には特有の性質がいくつかあります．たとえば，空集合になったり，非連続になったりする可能性があります．欠点は，操作変数が強く（つまり TSLS が妥当）係数が過剰識別である場合，Anderson-Rubin の信頼区間は TSLS を基にした信頼区間よりも幅が広くなるという意味で非効率になります．

β の推定

　もし操作変数が妥当でなければ，たとえ大標本であったとしても，β_1 の不偏推定量を得ることはできません．にもかかわらず，操作変数が弱い場合に，操作変数推定量のいくつかは，TSLS よりも β_1 の真の値を分布の中心に持つ傾向があります．そのうちの 1 つが，限定情報最尤（limited information maximum likelihood, LIML）推定量です．その名前が意味するように，LIML 推定量は (12.13) 式と (12.14) 式のシステムにおける β_1 に関する最尤推定量のことです（最尤推定量に関する議論は，付論 11.2 を参照）．LIML 推定量は，均一分散のみに有効な Anderson-Rubin 統計量を最小化した $\beta_{1,0}$ の値にもなっています．したがって，もし Anderson-Rubin 信頼集合が空集合でないならば，その信頼区間には LIML 推定量が含まれていることになります．

　操作変数が弱ければ，LIML 推定量は TSLS 推定量よりも β_1 の真の値の近くに分布の中心を持つことになります．操作変数が強ければ，LIML 推定量と TSLS 推定量は大標本の下で同じものとなります．LIML 推定量の欠点は，極端な異常値が推定値となるケースがあることです．操作変数が弱い場合，LIML の標準誤差を使って計算された LIML 推定量周辺の信頼区間は，TSLS 標準誤差を使って計算された TSLS 推定量周辺の信頼区間よりもより信頼できるものとなっていますが，Anderson-Rubin の信頼区間よりは信頼度が低いものとなっています．

　操作変数が弱い場合の操作変数回帰における推定，検定，信頼区間の問題は，現在進行中の研究分野となっています．このトピックスに関して更に知りたい場合は，本書のウェブサイトを見てください．

第13章 実験と準実験

心理学や医学など多くの分野では，因果関係の効果の検証は実験によって行われます．たとえば，医薬品の使用が認可される前には実験的な試行を経なければなりません．その実験では，薬が投与される患者がランダムに選ばれ，残りの患者には「偽薬（プラシーボ：無害かつ効果を持たない薬）」が投与されます．このようなランダムにコントロールされた実験を行い，その薬は安全で効果があるという説得的な統計的証拠が得られて初めて認可されるのです．

経済学ではランダムにコントロールされた実験が行われることは多くありませんが，それを計量経済学で学ぶのは次の3つの理由が考えられます．第1に，概念として，ランダムにコントロールされた理想的な実験の考え方を学ぶことは，実際に因果関係の効果の推定値を判断する際の基準となります．第2に，現実に実験が行われると，その結果は非常に影響力があります．したがって，現実の実験が持つ限界や危険性について理解しておくことは重要です．第3に，外的な状況によって，「あたかも」ランダムな実験に相当する状況が作り出されることがあります．たとえば，ある法律がある州では可決され，隣の州では可決されなかったとしましょう．州の住民は「あたかも」ランダムに配置されると見なせるとすると，その法律が可決される場合，その州の住民は「あたかも」ランダムにその法律の影響を受け，他の州の住民は影響を受けないと解釈することができます（前者は，ランダムな実験における「処置を施されたグループ（treatment group）」，後者は処置を受けなかった「コントロール・グループ（control group）」に対応します）．したがって，法律の可決は，「準実験（quasi experiment）」または「自然実験（natural experiment）」と呼ばれるものに相当することになります．実際の実験から学ぶ多くの教訓は，準実験にも（いくつかの修正を経て）応用されます．

本章では，経済学における実験と準実験について検討します．この章で使われる統計ツールは多変数回帰分析，パネルデータ回帰分析，そして操作変数（IV）回帰です．本章の議論の特徴は，分析ツールに関するものではなく，分析されるデータのタイプ，そして実験や準実験の分析に特有の意義や課題について学ぶという点です．

本章で検討される手法は，しばしばプログラム評価に用いられます．プログラム評価（**program evaluation**）とは，あるプログラム，政策，あるいはその他の介入などの「処

置（treatment）」の効果の推定に関する研究分野です．たとえば，職業訓練プログラムの賃金収入への効果はどれほどでしょうか．最低賃金を増加させると，低技能労働者の雇用にはどれほどの影響があるでしょうか．奨学金をある程度豊かなミドルクラスの学生にも拡大すると，大学生の入学者数へはどのような効果があるでしょうか．この章では，こういったプログラムや政策が，実験や準実験を使ってどのように評価できるかを議論します．

まず13.1節で，第1章で議論した理想的な実験と因果関係の効果について議論を深めることから始めます．人を対象として行う実験には実際さまざまな問題があり，それによって内部と外部の妥当性が低下するリスクがあります．13.2節ではそのリスクについて議論します．さらに，13.3節で検討するように，そのリスクは回帰分析の方法——「階差の階差（differences-in-differences）」推定量や操作変数回帰など——を使って分析・評価することができます．13.4節ではその手法を使って，小学生が人数の違うクラスにランダムに割り当てられるという実際の実験（1980年代後半のテネシー州で実施）について分析します．

13.5節は準実験について取り上げ，準実験を使って因果関係の効果がどう推定されるか議論します．準実験の正当性は13.6節で検討します．実験，準実験に共通して発生する1つの問題は，処置の効果は母集団のメンバー1人ひとりで異なりうるという点です．母集団が多様であるとき因果関係の効果はどう解釈すべきかについて，13.7節で検討されます．

13.1 理想的な実験と因果関係の効果

1.2節で論じたように，ランダムにコントロールされた実験とは，対象となるサンプル（個人，より一般に主体）を母集団からランダムに選び，それを実験的な処置が実施されるトリートメント・グループと，そうではないコントロール・グループにランダムに割り当てるというものです．その処置に関する因果関係の効果とは，コントロールされた実験において処置がもたらすと予想される効果のことを指します．

ランダムにコントロールされた理想的な実験

理想的な実験とは何でしょうか．ただちに思いつくのは，他はすべて同じ個人を2人用意して，そのうちの1人に処置を実施し，2人に表れる結果の違いを（他のすべての影響を一定とした下で）比較するというものです．しかし，これは現実的な実験ではありません．なぜなら2人のまったく同じ人を見つけることは不可能だからです．たとえ一卵性の双子であってもその人生経験は異なるので，あらゆる面で同一とはなりません．

理想的な実験の基本的な考え方は，母集団から個人をランダムに選び，その中の何人か

に対してランダムに処置を実施することで，その因果関係の効果を測定できるというものです．もし処置がランダムに——たとえば硬貨の表裏で，あるいはコンピュータの乱数発生によって——実施されれば，処置の有無やレベルは他の要因とはまったく独立に分布しており，したがって除外された変数のバイアスの可能性を排除することができます（基本概念 6.1）．たとえば，職業訓練プログラムへの参加が人々にランダムに割り当てられたとします．以前に勤務経験があるかどうかは，プログラム終了後の就職可能性に影響を及ぼすでしょう．しかし，訓練プログラムへの参加（すなわち「処置」）がランダムに割り当てられている限り，勤務経験に関する分布は，トリートメント・グループとコントロール・グループで同じはずです．すなわち，プログラムへの参加は，過去の職業経験と独立して分布しており，プログラム参加と過去の勤務経験との間には相関はありません．その結果，訓練プログラムが将来の雇用へ及ぼす効果を推定する際，勤務経験の変数が分析から除外されていたとしても，除外された変数のバイアスは発生しないのです．

　ランダムな割り当てが果たす役割は，説明変数1つの回帰モデルを使って表現できます：

$$Y_i = \beta_0 + \beta_1 X_i + u_i. \tag{13.1}$$

ここで X_i は処置のレベル，そして u_i はいつもどおり，Y_i に対する他のすべての決定要因を含む誤差項です．もしトリートメント・グループのすべてのメンバーに対して同じ処置が実施される場合には，X_i は (0,1) 変数となります．すなわち，第 i 個人が処置を受ければ $X_i = 1$，処置を受けなければ $X_i = 0$ です．もし受ける処置のレベルがトリートメント・グループ内で異なれば，X_i はその処置の大きさとなります．たとえば X_i は処方される薬の量，受講する職業訓練プログラムの週の数などであり，一方，処置を受けなければ $X_i = 0$ です（たとえば薬の量がゼロ）．もし X_i が (0,1) 変数なら，(13.1) 式の線形回帰モデルは母集団に関数形の制約を課すことになりませんが，一方，X_i が複数の値を取る場合には，(13.1) 式は真の回帰関数を線形と仮定していることになります（非線形性は，8.2 節の手法を使えば対応可能です）．

　X_i がランダムに割り当てられるなら，X_i は u_i に含まれる除外された要因とは独立して分布します．除外された要因と X_i は独立して分布するため，(13.1) 式より $E(Y_i|X_i) = \beta_0 + \beta_1 X_i$ となります．別の言い方をすれば，X_i を所与とした u_i の条件付期待値が X_i に依存しない，すなわち $E(u_i|X_i) = 0$ です．このように，X_i をランダムに割り当てることは，1説明変数の回帰における最小二乗法の第1の仮定（基本概念 4.3）が自動的に成立することを意味するのです．

　3.5 節の議論を思い起こすと，処置のレベル x が Y に及ぼす**因果関係の効果**（**causal effect**）とは，条件付期待値の差，$E(Y|X = x) - E(Y|X = 0)$ に当たります．ここで $E(Y|X = x)$ は，理想的な実験において，トリートメント・グループの処置レベル x の下での Y の期待値，$E(Y|X = 0)$ はコントロール・グループにおける Y の期待値を表します．実験の

用語で言えば，因果関係の効果は**処置の効果**（**treatment effect**）とも呼ばれます．ランダムな割り当ての結果，(13.1) 式から $E(u_i|X_i) = 0$ となるので，β_1 は X の 1 単位の変化がもたらす因果関係の効果となります．それは，トリートメント・グループとコントロール・グループの予想される結果の違いによって測られます．

階差推定量

因果関係の効果は，X_i が $(0, 1)$ 変数の場合には，トリートメント・グループとコントロール・グループのサンプル平均の差によって推定できます（3.5 節を参照）．同じことですが，5.3 節で論じたように，β_1 は Y_i を X_i で回帰する OLS 推定によって求めることもできます．処置がランダムに割り当てられる場合，(13.1) 式において $E(u_i|X_i) = 0$ なので，$\hat{\beta}_1$ は不偏です．ここで，Y_i を X_i で回帰した OLS 推定量 $\hat{\beta}_1$ は，**階差推定量**（**differences estimator**）と呼ばれます．なぜなら，もし処置が $(0, 1)$ 変数なら，その係数はトリートメント・グループとコントロール・グループの結果に関する標本平均の差となるからです．

処置がランダムに割り当てられることにより，理想的な実験では処置 X_i と誤差項 u_i との相関が取り除かれ，したがって階差推定量は不偏で一致性を持ちます．しかし実際には，現実世界の実験は理想的な実験とは異なり，X_i と u_i の相関をもたらすような問題が発生します．

13.2 実際の実験における問題

基本概念 9.1 を思い起こすと，統計分析が内部に正当であるとは，因果関係の効果に関する統計的推論が対象とする母集団にとって正しいという場合でした．そして統計分析が外部に正当であるとは，いまの母集団や設定から得られる統計的推論や結論が他の母集団や設定へも一般化できるという場合でした．実際の実験では，現実世界のさまざまな問題により，内部と外部の正当性が損なわれる恐れがあります．

内部正当性の問題

ランダムにコントロールされた実験において，内部正当性を脅かす可能性としては，ランダムな割り当ての失敗，処置が計画どおりに実行されない場合，人員の縮小，実験参加の影響，そして小標本サイズの問題などが考えられます．

ランダムな割り当ての失敗　トリートメント・グループとコントロール・グループへランダムに割り当てることは，ランダムにコントロールされた実験において因果関係の効果

を推定するための最も基本的な特徴です．もし処置がランダムに割り当てられず，対象となる個人の特性や好みなどに基づくならば，実験の結果は，処置の効果とランダムでない割り当ての影響の両方を反映することになります．たとえば，職業訓練プログラムの実験で，参加者の名字がアルファベットの前半か後半かで処置を割り当てるとします．名字は人種により異なるため，トリートメントとコントロールの両グループで人種が体系的に異なる可能性があります．これまでの職業経験や教育，その他の労働市場の特性が人種によって異なる限り，それらの除外された要因がトリートメントとコントロールの両グループで体系的に異なるかもしれません．

より一般に，ランダムでない割り当てが行われると，処置 X_i と誤差項の間に相関が発生します．なぜなら処置を受けるかどうかは，個人の特性によって一部決定され，その特性は誤差項に含まれるからです．その結果，割り当てがランダムでなければ，一般に，階差推定量にはバイアスが発生します．

処置の実施手順に従わない場合　実際の実験では，人々は言われたとおり処置を実行するとは限りません．たとえば職業訓練プログラムの実験で，トリートメント・グループに割り当てられた参加者の何人かは訓練に現れず，プログラムを受けないかもしれません．同様に，コントロール・グループに割り当てられた人が，講師に特別に依頼するなど何らかの形で実際には訓練を受けるかもしれません．

このように，割り当てられる処置はランダムであっても，実際に受ける処置はランダムでない可能性があります．実際に受ける処置は，部分的にランダムな割り当てによって（職業訓練プログラムを受ける資格がランダムに与えられて），また部分的には個人の特性によって（職業訓練に対する参加者の要求により）決定されることになります．教師も学生もよくわかっているように，学生に対して講義を必修にすることはできますが，実際に授業に出席させることはより難しいのです．

ランダムに割り当てられた処置に完全に従わない状況は，処置の実施計画に対する部分的な順守（**partial compliance**）と呼ばれます．実験の実施者にとって，その処置が実際に受けられたかどうか（実際に訓練プログラムに参加したかどうか）わかる場合，実際に受けた処置が X_i という値で記録されます．ただし被験者は処置を受けるかどうか選択できる面があるので，たとえ割り当てがランダムであっても，X_i（実際に受けた処置レベル）は u_i（動機や生まれつきの能力などを含む）と相関するかもしれません．すなわち，部分的な順守の下では，トリートメントとコントロールの両グループはもはや母集団から抽出されたランダムサンプルではなくなってしまいます．その代わりに，両グループは自己選択の要素を持つことになります．このように処置の実施計画に従わない場合，OLS 推定量にはバイアスが含まれます．

別のケースとして，実験の実施者は，被験者が実際に処置を受けたかどうかわからない場合があります．たとえば，臨床試験で患者は薬を与えられますが，患者は医者に気づか

れずに，その薬を飲まないとしましょう．そのとき処置を受けた（薬を飲んだ）という記録は誤りとなります．実際に受けた処置に対する測定誤差もまた，階差推定量のバイアスをもたらします．

人員減少　　人員減少（**attrition**）とは，トリートメントかコントロールかどちらかのグループに割り当てられた後，参加者が実験から退出する状況をさします．人員減少は，処置の計画とは無関係な理由により発生することがあります．たとえば職業訓練プログラムでは，親族の看病のためにプログラムから離れざるを得ない参加者もいるでしょう．しかし，人員減少が実験の処置自体に関係した理由で起こる場合には，それは OLS 推定量にバイアスをもたらします．たとえば，職業訓練プログラムで最も有能な参加者が，習得した技術によって就職が決定して町を離れ，一方で実験の最後には最も能力の低い参加者がトリートメント・グループに残るとします．そのとき，他の要因（能力）の分布は，コントロール・グループとトリートメント・グループで異なる可能性が出てきます（処置をすることで，最も有能な参加者がプログラムから出て行ってしまうため）．言い換えると，実験で最後までの残ったサンプルについて，処置のレベル X_i と u_i（能力を含む）の間に相関が発生し，その結果，階差推定量はバイアスが発生します．人員減少のケースでは，ランダムではない形でサンプルが選別されるため，処置と関係して発生する人員減少は，標本セレクションのバイアスにつながります（基本概念 9.4）．

実験参加による影響　　人を対象とする実験の場合，自分が実験に参加しているという事実だけで行動が変化するかもしれません．それはホーソン効果（**Hawthorne effect**）と呼ばれます（次ページのボックスを参照）．たとえば，実験プログラムに参加することでより張り切ったり集中し，いつも以上に努力することで結果に影響を与えるという場合です．

　実験によっては，「ダブル・ブラインド（双方とも目隠しの）」の計画手順を実施することで，実験参加による影響を軽減することができます．実験の参加者，実施者とも，自分たちが実験に参加していることは知っていますが，被験者がトリートメント・グループかコントロール・グループのどちらに属しているか，参加者自身も実施者ともにわからないと設定するのです．たとえば薬の臨床試験では，対象となる薬と無害の偽薬（プラシーボ）が見かけ上同じで，医者も患者も投与する薬が本物かプラシーボかわからない状況です．臨床試験がダブル・ブラインドだと，トリートメントとコントロールの両グループで実験参加による影響は同じと考えられます．したがって，両グループの結果に違いがあれば，それは薬の効果だと判断できるのです．

　ダブル・ブラインドの実験を，経済学の現実の実験で実施することはできません．実験の実施者も参加者自身も，被験者が職業訓練プログラムに参加していることを知っています．実験手順をうまく計画できなければ，実験参加による影響は大きくなるでしょう．た

> ### BOX：ホーソン効果
>
> 1920年代から30年代にかけて，General Electric社は，従業員の生産性に関する一連の研究をホーソン（Hawthorne）工場で行いました．1つの実験では，電球のワット数を替えて，照明の明るさが電子部品を組み立てる女性従業員の生産性にどう影響するか調べました．別の実験では，休憩時間を増やしたり減らしたり，職場のレイアウトを変更したり，勤務日数を削減したりしました．これらの実験の結果，電球が明るいか暗いか，勤務日数が長いか短いか，労働条件が改善したかどうかに一切かかわらず，生産性は上昇を続けるという結果が報告されました．研究者たちは，生産性の向上は職場環境の変化によるものではなく，実験における彼らの役割が特別だと彼ら自身が気づき，より懸命に勤務に励んだ結果であると結論づけたのです．それ以降，実験に参加しているという事実が被験者の行動に影響するという考えは，ホーソン効果として知られるようになりました．
>
> しかし，この話には若干問題もあります．ホーソン工場のデータを注意深く検証したところ，実際にはホーソン効果はないという結果が得られたのです（Gillepie, 1991; Jones, 1992）．しかし，いくつかの実験では，とりわけ実験の結果に依存して報酬がもらえるようなケースでは，実験に参加しているだけで行動が変わります．ホーソン効果，あるいはより一般に，実験参加による影響は——たとえホーソン効果がオリジナルのホーソン工場データでは明らかではなくとも——内部正当性を脅かす重要な問題なのです．

とえば職業訓練プログラムの教官は，この実験プログラムが成功するように（そして自分たちの職を失わないように），特に一生懸命に努力するでしょう．実験参加による影響により実験結果にバイアスが発生するかどうかの判断は，実験が何を評価し，実験がどう実施されたかといった詳細に関する評価に依存します．

小標本 人を対象として実験を行うのは多大な費用がかかるため，標本数が小さくなる場合があります．小標本だからといって，因果関係の効果の推定にバイアスが発生するわけではありません．しかし，その効果の推定が不正確となる可能性はあります．

外部正当性の問題

外部の正当性に対する問題とは，現在の分析結果を他の母集団や設定に拡張することがより困難となる状況を指します．ここで2つの問題を考えます．1つ目は，実験で用いる標本が母集団の代表となっていないとき，2つ目は，実験での処置が，より幅広く実施される実際の処置と異なるとき，これら2つの問題です．

標本が代表的ではない場合　実験の結果を一般化するためには，分析される母集団と別の関心ある母集団とが十分に同じである必要があります．もし職業訓練プログラムが，かつての囚人を対象とした実験で評価されるなら，その分析結果は他の囚人にも一般化できるかもしれません．しかし，犯罪歴は雇用主にとって大きな懸念事項となるため，その結果は犯罪歴のない労働者には一般化されないでしょう．

　代表となっていない標本の別の例として，実験参加者がボランティアの場合があります．ボランティアがトリートメントとコントロールの両グループにランダムに割り当てられたとしても，ボランティアは一般の人々よりは動機付けが強く，その結果，処置はより大きな効果を生み出すかもしれません．一般に，関心あるより大きな母集団からランダムでない形で標本を抽出する場合，分析される母集団（たとえばボランティア）からの結果を関心ある母集団へ拡張することが難しくなります．

実際のプログラムや政策を代表しない場合　実験結果を一般化するためには，実験されるプログラムが実際に関心のあるプログラムや政策と十分似通っていなければなりません．1つ重要な点は，小規模で厳密に監視された実験は，実際のプログラムとは大きく異なりうるという点です．そのプログラムが幅広く実施される場合，より規模の拡大したプログラムは小規模の実験版と同様の質のコントロール，あるいは予算を確保することができないかもしれません．いずれにせよ，大規模プログラムにおける効果は小規模実験と比べてより限定的となる可能性があります．実験プログラムと実際のプログラムとの別の違いは，その継続期間です．実験プログラムは，実験が行われる期間だけに限られますが，実際のプログラムはより長期に続くと考えられます．

一般均衡的な影響　規模や継続期間にかかわる問題として，経済学者が「一般均衡的な」影響と呼ぶものがあります．小規模・一時的な実験プログラムを広範囲・永続的なプログラムに移行すると，その経済的環境を変化させ，したがって実験の結果は一般化できなくなります．たとえば職業訓練に関する小規模の実験プログラムでは，雇用者による訓練が実施されるかもしれませんが，広範囲なプログラムでは雇い主による訓練ではなくなり，したがってプログラムの効果は減少するでしょう．同様に，広範囲な教育制度改革——たとえば教育の引換券システムや小規模学級システム——は教師への需要を増やし，その結果，教師になろうとする人のタイプが変化する可能性があります．したがって大規模な教育改革の最終的な効果を議論する際には，教員のタイプの変化まで考慮に入れる必要があります．計量経済学の用語で言えば，内部に正当な小規模実験は，市場や政策の環境を一定とした下では，因果関係の効果を正しく測定するでしょう．しかし，そのプログラムが広範囲に実施されると，一般均衡的な影響から，それらの環境要因は現実には一定ではなくなるのです．

処置の効果対参加資格の効果　外部正当性に対する別の問題は，経済的・社会的なプログラム全般において，現実の（実験ではない）プログラムに参加するのは通常は自発的だという点です．実験では参加者がランダムに割り当てられてプログラムの効果が測定されますが，実際のプログラムでは参加するかどうかについて自ら決定できます．そのため，実験で得られた効果は，一般に，実際のプログラムの効果の不偏推定量とはならないでしょう．職業訓練プログラムはそれを受けようと選択した人々にとっては大変有効である一方，母集団からランダムに選ばれた人々にとってはあまり有効ではないと考えられます．

　この問題に対処する1つの方法は，現実の世界で実施されるプログラムにできるだけ近づけて実験を考案することです．たとえば，現実の職業訓練プログラムでは，所得制限を満たす人々のみが参加可能となります．そこで実験においても同様のルールを採用します．ランダムに選別されたトリートメント・グループは，プログラムへの参加資格という「処置」が与えられ，コントロール・グループは参加資格が与えられないと考えるのです．この場合，階差推定量は，プログラムへの参加資格の効果を推定することになり，もともと参加資格のある母集団からランダムに選ばれた人々のプログラム効果を推定することとは異なります．

13.3　実験データに基づく因果関係の効果の推定

　ランダムにコントロールされた理想的な実験では，処置が(0,1)変数である場合，因果関係の効果は階差推定量，すなわち(13.1)式のβ_1のOLS推定量を使って推定されます．処置がランダムに実施される場合，階差推定量は不偏です．しかし，それは必ずしも効率的（分散が最小）ではありません．しかも，前節で議論したような現実問題が発生すれば，X_iとu_iに相関が発生し，$\hat{\beta}_1$はバイアスを持ちます．

　本節では，実験データを分析するための追加的な回帰分析の手法を学びます．目的は，階差推定量よりも効率的な推定量を求めること，そして内部正当性に何らかの問題があるときに，不偏性もしくは少なくとも一致性は保証される推定量を求めることです．本節の最後には，処置がランダムかどうかのテスト方法についても検討します．

説明変数が追加される場合の階差推定量

　実験の効果に影響を及ぼす要因としては，人々の他の特性などのデータがしばしば利用可能です．たとえば人々の賃金は過去に受けた教育に依存するため，職業訓練プログラムの評価における賃金は，訓練プログラムだけでなく過去の教育にも依存します．薬の臨床試験では，健康状態への効果は，その薬の処方だけでなく，患者の特性——年齢，体重，性別，そのときの健康状態など——にも依存するでしょう．$W_{1i}, \ldots, W_{ri}$を第i個人のr個の特性を測る変数とし，これらの特性は処置の影響は受けないと仮定します（たと

えば職業訓練プログラムに参加することは過去の教育を変化させない）．これら個人の特性が，処置 X_i に加えて成果 Y_i の決定要因であれば，それらの変数は暗黙に (13.1) 式の誤差項に含まれていることになります．したがって (13.1) 式は，これらの特性が明示的に説明変数となるように修正できます．それぞれの特性は線形で入ると仮定すると，それは多変数回帰モデル，

$$Y_i = \beta_0 + \beta_1 X_i + \beta_2 W_{1i} + \cdots + \beta_{1+r} W_{ri} + u_i, \quad i = 1, \ldots, n \tag{13.2}$$

となります．

(13.2) 式の β_1 の OLS 推定量は説明変数を追加した階差推定量（**differences estimator with additional regressors**）となります．

(13.2) 式において，X は処置に関するトリートメント変数，W は個人の特性などのコントロール変数です．これまでトリートメント変数とコントロール変数について頻繁に区別してきましたが，両者の明確な違いについてはまだ説明していませんでした．

コントロール変数とは何か　本書を通じて「コントロール変数」という用語は，もしその要因を回帰式に含めなければ除外された変数のバイアスをもたらすような，そうした要因をコントロールするために含まれる変数のことを表します．7.6 節のクラス規模ならびに生徒・教師比率の具体例では，昼食援助受益者の割合（$LchPct$）を回帰式に含めることで，生徒の社会経済的な特性で，テスト成績に影響を与え，かつ生徒・教師比率と相関するかもしれない要因をコントロールしました．（他の要因とともに）$LchPct$ をコントロールすることで，クラス規模の縮小がテスト成績へ及ぼす因果関係の効果について，より信頼できる推定値を得ることができました．同時に，$LchPct$ の係数に関しては，因果関係の効果を推定しているわけではないという暗黙の理解もありました．昼食援助をなくすことで（つまり無料昼食のプログラムを廃止して，$LchPct$ をゼロと設定することで），テスト成績が目覚ましく向上することはないでしょう．

トリートメント変数とコントロール変数の違いは，数学的には，基本概念 6.4 で示した最小二乗法の第 1 の仮定——条件付平均ゼロの仮定——を，条件付平均の独立と呼ばれる仮定に置き換えることで正確に説明されます．**条件付平均の独立（conditional mean independence）**とは，X_i と W 変数を所与とした u_i の条件付期待値は，X_i には依存せず W には依存しうるというものです．その数学的な条件は，付論 13.3 に示されています．条件付平均の独立の仮定は，基本概念 6.4 の条件付平均ゼロの仮定よりも弱いものです．条件付平均の独立の下で，コントロール変数 W は誤差項と相関することがあり得ますが，コントロール変数が所与という条件の下で，誤差項の平均はトリートメント変数に依存しません．クラス規模の例で考えると，$LchPct$ は，誤差項に含まれる要因——学校外での学習機会——と相関する可能性があります．実際，この相関のおかげで，$LchPct$ は有用なコントロール変数となるのです．$LchPct$ と誤差項に相関があることは，$LchPct$

の係数は因果関係として解釈できないことを意味します．条件付平均の独立という仮定が意味するのは，回帰式に含まれる（$LchPct$ などの）コントロール変数の下で，誤差項の平均が生徒・教師比率に依存せず，その結果，生徒・教師比率の係数には因果関係という解釈が実際与えられる，そして $LchPct$ の係数には与えられない，ということなのです．

実験データの文脈では，条件付平均ゼロの仮定が満たされず，条件付平均の独立の仮定が成立する2つのケースがあります．

第1のケースは，処置がランダムに割り当てられる場合です．ランダムの割り当てにより，X_i は個人の特性すべてと独立となり，それは個人の特性が回帰式に（W 変数として）含まれていても，あるいは（誤差項に含まれていて）回帰式に含まれていなくとも，成立します．したがって，X_i は（式に含まれていてもいなくても）個人の特性がもたらす効果を取り出すことはできないのです．その結果，X は W とも誤差項とも独立して分布します．一方 W は誤差項と相関を持つことがあり，その場合には，条件付平均の独立は X に関しては成立し，しかし誤差項は，X と W が与えられる下で，条件付平均ゼロとはなりません．

第2のケースは，X_i が W_i という条件の下でランダムに割り当てられる場合です．このとき X_i はランダムに割り当てられますが，トリートメント・グループに入る確率は W_i に依存します．たとえば職業訓練プログラムの参加者が，高校を卒業したグループとそうでないグループに分けられたとします．そして高校卒業者の30%，非卒業者の50%がそれぞれトリートメント・グループにランダムに割り当てられたとしましょう．各高校卒業者にとってトリートメント・グループに割り当てられる確率は同じなので，u_i の平均はトリートメントとコントロール両グループの高校卒業者にとって同じです．同様に，u_i の平均はトリートメントとコントロール両グループの非卒業者にとっても同じです．しかし高校卒業者と非卒業者の u_i の平均は一般に異なります（高校卒業は，除外された能力や動機付けなどの変数と相関する）．その場合，X_i は条件付でランダムとなります（高卒かどうかのステータス W_i を所与として，X_i がランダムに割り当てられる）．もし X_i が条件付ランダムであれば，付論13.3 で議論されるように，条件付平均の独立が成立し，説明変数が追加された階差推定量が一致性を持つことになります．

(13.2) 式の説明変数 W_i は，実験による結果ではないという点が重要です．たとえば Y_i を職業訓練プログラム後の賃金，W_i は訓練プログラム後に就職するかどうか，そして X_i は処置だとします．もし将来の雇用状況を回帰式に含めてしまうと，X_i の係数はもはやプログラムの効果を表しません．むしろ将来の就職を一定とした下で，プログラムの部分的な影響を測ることになります．さらに，将来の雇用状況は X_i と相関し（訓練プログラムは将来の就職につながる），また誤差項とも相関します（より能力の優れた参加者が職を得る）．このとき，条件付平均の独立は成立しません．したがって，(13.2) 式における W 変数は，処置前の特性を表していて，かつ実験の結果には影響を受けない要因にのみ限定することとします．

説明変数を追加した階差推定量の一致性　多変数回帰における4つの最小二乗法の仮定（基本概念 6.4）が成立するとき，(13.2) 式におけるすべての係数の OLS 推定量は不偏で一致性を持ち，そして通常の統計的推論が可能となります．

もし最小二乗法の第1の仮定が置き換えられて，コントロール変数の W の下で u が X に対して条件付平均の独立であるならば，そして残りの3つの最小二乗法の仮定が成立するなら，OLS 推定の $\hat{\beta}_1$ は大標本の下で一致性を持ち，正規分布に従います．一方，W 変数の係数は，W 変化の因果関係の効果に関する一致推定量とはなりません．条件付平均の独立の下での $\hat{\beta}_1$ の一致性について，その数学的な取扱いは，付論 13.3 を参照してください．

説明変数を追加した階差推定量を用いる理由　この推定量を用いるのは3つの理由があります．

1. **効率性**　もし処置がランダムに割り当てられるなら，多変数回帰モデル（(13.2) 式）における β_1 の OLS 推定量は，1 説明変数回帰モデル（(13.1) 式）の OLS 推定量より効率的である．その理由は，(13.2) 式で Y の追加的な決定要因を含めることで，誤差項の分散が小さくなるからである（練習問題 18.7）．

2. **ランダムかどうかのチェック**　処置がランダムに割り当てられない場合，特に W と関連する形で割り当てられる場合，階差推定量（(13.1) 式）は一致性を持たず，説明変数を追加した階差推定量（(13.2) 式）とは異なる確率収束を持つ．したがって，2つの OLS 推定値の大きな違いは，実際に X_i がランダムに割り当てられていないことを示唆している．

3. **条件付ランダムな割り当てとなるような調整**　先に議論したように，トリートメント・グループに割り当てられる確率は，対象となる主体の分類，すなわち処置前の特性 W_i によって異なる可能性がある．その場合には，W 変数を含めることで，参加者がトリートメント・グループに割り当てられる確率がコントロールされる．

実際には，2つ目と3つ目の理由は相互に関連しています．もしランダムかどうかのチェックにより，ランダムな割り当てではないと示唆されれば，回帰分析にコントロール変数を追加することで，ランダムでない割り当てを調整することが可能です．しかし，これが実際に可能かどうかは，ランダムでない割り当ての詳細に依存します．割り当ての確率が観測される変数 W のみに依存するのであれば，(13.2) 式によってランダムでない割り当てを調整することができます．しかし割り当ての確率が観察されない変数にも依存する場合には，説明変数 W を追加することによる調整は不完全となります．

階差の階差推定量

実験データは，しばしばパネルデータとなります．各個人について実験の前と後の観測値（つまり2時点）が存在するからです．パネルデータの場合には，因果関係の効果は，「階差の階差」推定量を使って推定できます．それは，実験に伴って発生するトリートメント・グループの Y の平均の変化，マイナス，コントロール・グループの Y の平均の変化で定義されます．この推定量は，個人の特性を表す説明変数を追加した回帰モデルからも計算できます．

階差の階差推定量　いま $\overline{Y}^{treatment,before}$ を，トリートメント・グループにおける Y の実験前の標本平均，$\overline{Y}^{treatment,after}$ を同グループの Y の実験後の標本平均とします．同様に $\overline{Y}^{control,before}$，$\overline{Y}^{control,after}$ はコントロール・グループにおける実験前と実験後の標本平均です．したがって実験によるトリートメント・グループの標本平均の変化は，$\overline{Y}^{treatment,after} - \overline{Y}^{treatment,before}$，コントロール・グループの標本平均の変化は，$\overline{Y}^{control,after} - \overline{Y}^{control,before}$ と表されます．階差の階差推定量（**differences-in-differences estimator**）は，トリートメント・グループの Y の標本平均の変化マイナスコントロール・グループの Y の標本平均の変化，

$$\begin{aligned}\hat{\beta}_1^{diffs\text{-}in\text{-}diffs} &= (\overline{Y}^{treatment,after} - \overline{Y}^{treatment,before}) - (\overline{Y}^{control,after} - \overline{Y}^{control,before}) \\ &= \Delta\overline{Y}^{treatment} - \Delta\overline{Y}^{control}\end{aligned} \tag{13.3}$$

と表されます．ここで $\Delta\overline{Y}^{treatment}$ はトリートメント・グループの Y の平均の変化，$\Delta\overline{Y}^{control}$ はコントロール・グループの Y の平均の変化です．もし処置がランダムに割り当てられるなら，$\hat{\beta}_1^{diffs\text{-}in\text{-}diffs}$ は因果関係の効果に関する不偏で一致性を持つ推定量となります．

階差の階差推定量は回帰式でも表現できます．いま ΔY_i は第 i 個人の Y の実験による変化，つまり実験後の Y の値から実験前の Y の値を引いたものとします．いま処置を表す X_i は $(0,1)$ 変数でランダムに割り当てられると仮定すると，因果関係の効果は母集団の回帰式における係数 β_1 で表されます．すなわち，

$$\Delta Y_i = \beta_0 + \beta_1 X_i + u_i. \tag{13.4}$$

ここで OLS 推定量 $\hat{\beta}_1$ は，ΔY のグループ平均の差として求められます（5.3節）．つまり $\hat{\beta}_1$ は (13.3) 式の階差の階差推定量に当たります．

階差の階差推定量を用いる理由　階差の階差推定量は，1回だけの階差推定量（(13.1)式）と比べて，2つの利点があります．

1. **効率性**　もし処置がランダムに割り当てられるなら，階差の階差推定量は階差推定量

図 13.1　階差の階差推定量

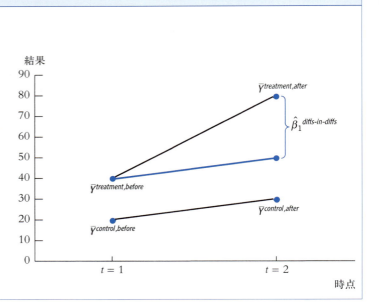

トリートメントとコントロールの両グループの処置後の違いは $80 - 30 = 50$，しかしこの違いは処置の効果を過大に評価している可能性がある．なぜならトリートメント・グループの処置前の標本平均 $\overline{Y}$ は，$40 - 20 = 20$ だけすでに高かったからである．階差の階差推定量は，処置前後の変化の差を測定する．つまり $\hat{\beta}_1^{diffs\text{-}in\text{-}diffs} = (80 - 30) - (40 - 20) = 30$ である．あるいは，階差の階差推定量はトリートメント・グループの平均の変化マイナスコントロール・グループの平均の変化とも表される．すなわち，$\hat{\beta}_1^{diffs\text{-}in\text{-}diffs} = \Delta \overline{Y}^{treatment} - \Delta \overline{Y}^{control} = (80 - 40) - (30 - 20) = 30$ である．

よりも効率的となりえます．これは，各個人の観察されない Y_i の決定要因が時間を通じて持続的である場合（たとえば職業訓練プログラムにおける性別や過去の教育など）に当てはまります．階差推定量と階差の階差推定量のどちらがより効率的かは，持続的な個人特有の特性が Y_i の変化をどれほど大きく説明するかに依存します（練習問題 13.6）．

2. **実験前の Y の違いを取り除く**　もし処置が実験前の Y_i の値と相関し，しかし (13.4) 式で $E(u_i|X_i) = 0$ ならば，階差推定量はバイアスを持ちますが，階差の階差推定量にはバイアスが含まれません．これは図 13.1 に例示されます．その図では，トリートメント・グループの Y の標本平均は実験前で 40，一方コントロール・グループの標本平均は 20 です．実験により，コントロール・グループの Y の標本平均は 30 に増大し，一方トリートメント・グループでは 80 に増大しました．したがって，処置後の標本平均の違いは $80 - 30 = 50$ です．しかし，この違いにはトリートメントとコントロールの両グループで処置前の異なる平均が反映されています．トリートメント・グループは当初からコントロール・グループより平均が上回っています．階差の階差推定量は，トリートメント・グループの改善幅を，コントロール・グループと比較の上，測定するもので，この例では $(80 - 40) - (30 - 20) = 30$ です．より一般に，階差の階差推定量は，実験の前後での Y の変化に焦点を当てることで，トリートメントとコントロールの両グループで体系的に異なる当初の Y の値の影響を取り除くことができるのです．

説明変数を追加した階差の階差推定量

階差の階差推定量は，追加的な説明変数 $W_{1i}, \ldots, W_{ri}$ を含むモデルへと拡張することが可能です．そこで追加されるのは，実験前の各個人の特性を測る変数です．たとえば，職業訓練プログラムの評価の例で，Y が賃金だとすると，W 変数の1つとして実験参加者の過去の教育が考えられます．これらの追加的な説明変数は，多変数回帰モデルを使って，

$$\Delta Y_i = \beta_0 + \beta_1 X_i + \beta_2 W_{1i} + \cdots + \beta_{1+r} W_{ri} + u_i, \quad i = 1, \ldots, n \tag{13.5}$$

と組み入れることができます．

(13.5) 式における β_1 の OLS 推定量は，説明変数を追加した階差の階差推定量（**differences-in-differences estimator with additional regressors**）です．もし X_i がランダムに割り当てられれば，(13.5) 式における β_1 の OLS 推定量は不偏となります．

(13.5) 式でなぜ追加的な説明変数 W を含めるのか，その理由は，(13.2) 式で――そこでは処置後のデータしか利用しませんでしたが――W を含めたときの3つの理由と同じです．すなわち，(i) もし X_i がランダムに割り当てられるなら，説明変数を追加することで効率性が高まる，(ii) 説明変数を追加することで，割り当てがランダムかどうか確認できる，(iii) 説明変数を追加することで，条件付のランダムな割り当て――観察できる W に依存するランダムな割り当て――になるように調整可能となる，という3点です．そこで重要なのは，(13.2) 式を使って議論したとおり，実験の結果そのものとなるような変数は W には含めないという点です．

(13.5) 式における変数 W の解釈は，(13.2) 式の階差推定量の場合とは異なります．(13.2) 式では，処置後の結果だけが比較されるので，変数 W は Y_i の水準の違いを説明します．それに対して (13.5) 式では，変数 W は，実験前後における Y_i の変化の違いを説明することになります．職業訓練プログラムの例で言えば，(13.5) 式の被説明変数は実験によってもたらされた賃金の変化，X_i は実験参加者がトリートメント・グループにいるかどうか，そして W_i は過去の教育です．過去の教育を回帰モデルに含めることによって，より多くの教育を受けた個人は，実験（訓練プログラム）がもたらす賃金の変化が――トリートメント・グループかコントロール・グループかにかかわらず――より大きくなるという可能性を考慮することができるのです．

階差の階差推定量の複数期間への拡張

実験によっては，参加者の行動や特性は，単に2時点ではなく，より多くの時点で観測されることがあります．職業訓練プログラムの実験では，各個人の所得と雇用状況は，1年かそれ以上の期間，毎月観察されるかもしれません．そういったケースに対しては，(13.4) 式や (13.5) 式の母集団回帰モデルは応用できません．なぜなら，両式のモデルは処置前の1つの観測値と処置後の1つの観測値の間の変化に基づいているからです．しかし，毎月観察されるようなデータは，8.3 節の固定効果回帰モデルを使って分析できます．詳細は付論 13.2 を参照してください．

異なるグループに対する因果関係の効果の推定

因果関係の効果は個人の特性に依存するもので，人により異なります．たとえば，コレステロール抑制薬の効果は，コレステロール値が高い患者の方が，コレステロール値がすでに低い患者よりも大きいでしょう．同様に，職業訓練プログラムで考えると，男性よりも女性の方がその効果は大きいかもしれませんし，動機付けが弱い人に比べて強い人の方がその効果は大きいでしょう．一般に，因果関係の効果は，1つ以上の変数に依存し，その変数は観察できる場合もあれば（性別など），できない場合もあります（動機付けなど）．

因果関係の効果が観察可能な変数 W_i に依存する場合，それは (13.2) 式あるいは (13.5) 式で，処置の変数 X_i と W_i の相互の影響を考慮しながら推定されます．たとえば，もし W_i が $(0,1)$ 変数であれば，相互作用を考慮する特定化を採用することで，W_i の2つの異なる値に対応して，2つの異なるグループの処置の効果をそれぞれ推定できます．一般に，観測可能な説明変数に依存する因果関係の効果は，8.3節で議論した手法を応用して推定されます．

因果関係の効果が観測できない変数に依存する場合，その推定値をどう解釈するかについては 13.7 節で議論します．

実験手続きが部分的に順守されないときの推定

もし実験手続きが部分的にしか順守されないとき，処置のレベル X_i は観察できない個人の特性 u_i と相関し，これまで議論してきた OLS 推定量は一致性を持たなくなります．たとえば，職業訓練プログラムに非常に動機付けの強い人が参加すると，そのプログラムは有効と見えるかもしれません．しかしその結果は，その人が非常に熱心な努力家で，訓練プログラムを受けても受けなくても就職して成功することを表しているだけかもしれないのです．

第 12 章で説明したように，説明変数と誤差項が相関する場合，（操作変数が利用可能という前提の下）操作変数法が問題を解決してくれます．部分的にしか手続きが守られないような実験の場合，割り当てられた処置レベルが，実際の処置レベルに関する操作変数の役割を果たします．

第 12 章の議論を思い起こすと，ある変数が正当な操作変数となるには，操作変数の妥当性と外生性という2つの条件を満たす必要がありました（基本概念 12.3）．いま実験手順は部分的にしか守られていないので，実際の処置のレベル X_i は，割り当てられた処置のレベル Z_i の一部となり，操作変数 Z_i は妥当といえます．割り当てられた処置がランダムに決定されたのであれば，そしてその割り当ては処置の影響を通じる以外には結果に影響しないのであれば，Z_i は外生的です．したがって，Z_i のランダムな割り当ては，

$E(u_i|Z_i) = 0$ を意味します．ここで u_i は (13.1) 式の階差推定量の誤差項，あるいは (13.4) 式の階差の階差推定量の誤差項で，用いる推定量により異なります．このように実験手続きが部分的にしか守られず，また割り当てがランダムの場合，当初ランダムに割り当てられた処置のレベルが正当な操作変数となるのです．

ランダムかどうかのテスト

処置がランダムかどうかは，それが観察される個人の特性に依存するかどうかをチェックすることでテスト可能です．

処置をランダムに受け取るかどうかのテスト　もし人々が実際の処置をランダムに受け取るなら，X_i は観察される個人の特性と無相関となるでしょう．したがって，処置をランダムに受け取るという仮説は，X_i を $W_{1i}, \ldots, W_{ri}$ で説明する回帰式において，$W_{1i}, \ldots, W_{ri}$ にかかる係数がすべてゼロという仮説をテストすればよいことになります．職業訓練プログラムの例では，プログラムの受講 (X_i) を，性別，人種，過去の教育 (W 変数) で回帰し，W にかかる係数がすべてゼロかどうかをテストする F 統計量を計算します．そして「実際の処置をランダムに受け取る」という帰無仮説を，「処置の受け取りは性別，人種，過去の教育に依存する」という対立仮説に対してテストされるのです[1]．

処置がランダムに割り当てられるかどうかのテスト　もし処置がランダムに割り当てられれば，割り当て Z_i は観察される個人の特性と無相関となります．したがって処置がランダムに割り当てられるという仮説は，Z_i を $W_{1i}, \ldots, W_{ri}$ で回帰して，説明変数の傾きの係数がすべてゼロという仮説をテストすればよいことになります．

13.4　少人数クラスの効果：実験に基づく推定

この節では第 II 部で検討した問いに戻り，小学校で 1 学級の規模を縮小するとテスト成績へどのような効果があるかについて検討します．1980 年代後半のテネシー州で，予算数億円の大規模な実験が実施され，初等教育の質を高めるためにクラス規模を縮小することが有効な方法かどうか調査されました．この実験の結果は，クラス人数減少の効果に関する私たちの理解に多大な影響を与えました．

---

[1] この例では X_i は $(0,1)$ 変数なので，第 11 章で議論したように，X_i を $W_{1i}, \ldots, W_{ri}$ で回帰する式は線形確率モデルとなり，したがって不均一分散を考慮した標準誤差を求めることが非常に重要となります．別のアプローチで，X_i が $(0,1)$ 変数のとき $E(X_i|W_{1i}, \ldots, W_{ri})$ が $W_{1i}, \ldots, W_{ri}$ に依存しないという仮説をテストするには，プロビットかロジットモデルを使う方法があります（11.2 節参照）．

実験のデザイン

テネシー州の少人数クラスに関する実験は，STAR（Student-Teacher Achievement Ratio）プロジェクトとして知られており，クラス規模縮小による学習効果を評価する4年間のプロジェクトです．これはテネシー州が予算を負担し，4年間で1200万ドルもの費用がかかりました．この調査では，幼稚園入学から小学3年までの間，3つの異なるクラス類型が比較されました．通常規模のクラス（1学級22-25人，教師1名）で補助の教師なし，小人数クラス（1学級13-17人）で補助の教師なし，通常規模のクラスで補助教師1名の3つです．

この実験に参加する学校は各タイプの学級を少なくとも1つ設定し，参加学校に入る生徒も3つのグループのいずれかにランダムに割り当てられました（1985-86年）．教師も3つのグループのいずれかにランダムに割り当てられました．

当初の実験手順では，生徒は自分が割り当てられたクラス・タイプに4年間（幼稚園から小学3年生まで）留まると定められていました．しかしながら，保護者の強い要望により，最初通常クラス（補助付き，なしとも）に割り当てられた生徒は，小学1年生のはじめに，通常クラスの補助教員付きか通常クラスの補助教員なしかのどちらかにランダムに割り当てられることになり，当初小人数クラスに割り当てられた生徒はその後も小規模クラスに割り当てられることとなりました．小学1年生，つまり実験2年目から入学した生徒については（幼稚園入学は選択制のため），入学時に3つのクラス・タイプにランダムに割り当てられます．実験に参加した生徒は，毎年，国語（読解）と算数の共通テスト（スタンフォード達成テスト）を受験しました．

この実験では，各クラス・タイプを実現するために追加雇用される教師と補助教員の費用もプロジェクトから支払われました．調査1年目には約6,400名の生徒が参加し，それぞれ108の小規模クラス，101の通常クラス，そして99の補助教員付き通常クラスに割り当てられました．4年間通してみると，約11,600名の生徒，そして約80の学校がこの調査に参加しました．

実験デザインからの乖離　実験手順によれば，小学1年時の再割り当てを除き，生徒はクラスのグループを替えることはできません．しかしながら，その後全体の約10%の生徒が，クラスになじまない，態度に問題があるといった理由から，クラス・タイプを変更しました．これらのクラス変更は，ランダム割り当ての計画から離れるもので，変更の性質によっては調査結果にバイアスをもたらす恐れがあります．純粋に周囲との摩擦を避けるという理由でクラス・タイプが変更されたなら，それは実験とはおおむね無関係でありバイアスは発生しないでしょう．しかしそれが，子供の教育に人一倍関心の強い保護者が学校にプレッシャーを与えて引き起こした変更――小人数クラスへの変更――であれば，それは小人数クラスの効果を過大評価する方向のバイアスをもたらすでしょう．実

験手順からの別の乖離としては，クラス・タイプの変更や他学区からの（または他学区への）引越しにより，1 クラスの人数が時間とともに変化したという点も挙げられます．

STAR データの分析

この実験では 2 つのトリートメント・グループ——少人数クラスと補助教員付き通常クラス——があるので，階差推定量の回帰分析は 2 つのトリートメント・グループと 1 つのコントロール・グループを取り扱うための修正が必要です．その修正は，2 つの $(0, 1)$ 変数——1 つは少人数クラスに属するかどうか，もう 1 つは補助教員付き通常クラスに属するかどうか——を導入することです．その結果，母集団の回帰式は，

$$Y_i = \beta_0 + \beta_1 SmallClass_i + \beta_2 RegAide_i + u_i \tag{13.6}$$

となります．そこで $SmallClass_i$ は第 i 番目の生徒が少人数クラスに属すれば 1，そうでなければ 0，$RegAide_i$ は第 i 番目の生徒が補助教員付き通常クラスに属すれば 1，そうでなければ 0，そして Y_i はテスト成績です．通常クラスと比べた小規模クラスのテスト成績への効果は β_1，通常クラスと比べた補助教員付き通常クラスの効果は β_2 です．この実験の階差推定量は，(13.6) 式の β_1，β_2 を OLS 推定することで求められます．

表 13.1 には，小規模クラスおよび補助教員付き通常クラスそれぞれのテスト成績に対する効果の階差推定値が示されています．回帰モデルの被説明変数 Y_i は，共通テストの数学と国語（読解）の成績の合計です．表 13.1 の推定値によれば，幼稚園の生徒にとっては，少人数クラスにいることで，通常クラスに比べて成績が 13.9 ポイント上昇します．各学年について，小規模クラスによって成績が改善しないという帰無仮説は 1% 有意水準の両側テストで棄却されます．しかし補助教員付き通常クラスに入ることで，補助なしの通常クラスと比べて成績が改善しないという帰無仮説は，1 年生を除き棄却されませんでした．少人数クラスによる改善効果の大きさは，幼稚園，2 年生，3 年生と総じて同程度と推定され，一方 1 年生についてはより大きな推定値が得られました．

表 13.1 の階差推定値から，クラス規模を縮小することはテスト成績を改善する効果があり，一方補助教員を通常クラスに付けることの効果はより小さく，ゼロの可能性が高いという結果が示唆されました．13.3 節で議論したように，表 13.1 の回帰モデルに別の説明変数（(13.2) 式の説明変数 W）を追加すると，因果関係の効果について，より効率的な推定を得ることができます．さらに，もし実験手順に従わず実際の処置の受け取りがランダムでなくなれば，説明変数を追加したときの効果の推定値は表 13.1 の階差推定値とは違ってきます．これら 2 つの理由により，(13.6) 式に説明変数を追加した推定を行いました．表 13.2 には，幼稚園生に関する結果が報告されています．表 13.2 の第 1 列は，表 13.1 の第 1 列（幼稚園生）の結果を再掲し，残りの 3 列は追加説明変数として教師の特性，学校の特性，そして生徒の特性を表す指標を順に付加します．

表 13.1　STAR プロジェクト：クラス規模に関するトリートメント・グループがテスト成績へ及ぼす効果の階差推定値

説明変数	学年			
	幼稚園	1	2	3
少人数クラス	13.90** (2.45)	29.78** (2.83)	19.39** (2.71)	15.59** (2.40)
補助教員付き通常クラス	0.31 (2.27)	11.96** (2.65)	3.48 (2.54)	−0.29 (2.27)
定数項	918.04** (1.63)	1039.39** (1.78)	1157.81** (1.82)	1228.51** (1.68)
観測値数	5786	6379	6049	5967

注：これらの回帰式は，STARプロジェクトの公開データセットに基づいて推定（データの詳細は付論13.1を参照）．被説明変数は，スタンフォード達成テストの算数と国語の成績の合計．標準誤差は係数の下のカッコ内に記されている．個々の係数は 1％（**）水準で統計的に有意（両側テスト）．

　表 13.2 から得られる主要な結論は，表の最後の 3 列に報告されている 2 つの処置（少人数クラス，補助教員付き通常クラス）の因果関係の効果は，第 1 列で推定された効果と同様という点です．観測される説明変数を追加しても推定された効果に変わりはなかったという事実は，少人数クラスへの割り当てはランダムであり観測されない変数に依存しないとする見方を補強するものです．期待されるとおり，説明変数を追加することで $\bar{R}^2$ は増加し，標準誤差も（1）列の 2.45 から（4）列の 2.16 へと低下しています．

　教師は学校内で各クラス・タイプにランダムに割り当てられるため，この実験から教師の経験がテスト成績へ及ぼす効果についても推定できます．しかし教師は，参加する学校間でランダムに割り当てられるわけではありません．ある学校は別の学校に比べて経験豊富な教師が多いということもありえます．その結果，教師の経験は誤差項と相関をもつ可能性があります．なぜなら，もし経験豊富な教師のいる学校により多くの教育資源があり，テスト成績も高ければ，その相関が起こりうるからです．したがって，教師の経験がテスト成績へ及ぼす効果を推定するためには，学校に関する他の特性（「学校効果」）をコントロールする必要があります．そのために，生徒が属する各学校を表す (0,1) 変数を用います．教師は学校内ではランダムに割り当てられるので，学校の特性が与えられた下での u_i の条件付期待値は処置に依存しません．付論 13.3 の用語を使えば，学校内でのランダム割り当ての結果，条件付平均の独立は満たされます．そして追加された説明変数 W は学校効果に対応します．この学校効果が推定に含まれると，教師経験の効果の推定値は，（2）列の 1.47 から（3）列の 0.74 へと半分に低下します．しかしながら，（3）列のその推定値は統計的に有意のままであり，値も比較的大きいものです．教師の経験年数が 10 年あれば，7.4 ポイントの成績上昇が予測されます．

　ここで表 13.2 の他の係数についても解釈したくなるかもしれません．たとえば，幼稚園生の男子は女子に比べて共通テストの成績は低いといった解釈です．しかし，そこで

13.4 少人数クラスの効果：実験に基づく推定 435

表13.2 STAR プロジェクト：説明変数を追加した場合の幼稚園生に関する階差推定値

説明変数	(1)	(2)	(3)	(4)
少人数クラス	13.90** (2.45)	14.00** (2.45)	15.93** (2.24)	15.89** (2.16)
補助教員付き通常クラス	0.31 (2.27)	−0.60 (2.25)	1.22 (2.04)	1.79 (1.96)
教師の経験年数		1.47** (0.17)	0.74** (0.17)	0.66** (0.17)
男子生徒				−12.09** (1.67)
昼食援助の資格者				−34.70** (1.99)
黒人生徒				−25.43** (3.50)
白人・黒人以外の人種				−8.50 (12.52)
定数項	918.04** (1.63)	904.72** (2.22)		
学校に関する (0,1) 変数	no	no	yes	yes
$\overline{R}^2$	0.01	0.02	0.22	0.28
観測値数	5786	5766	5766	5748

注：これらの回帰式は，STAR プロジェクトの公開データセットに基づいて推定（データの詳細は付論 13.1 を参照）．被説明変数は，スタンフォード達成テストの算数と国語（読解）の成績の合計．データの欠損値のため観測値は回帰式により異なる．標準誤差は係数の下のカッコ内に記されている．個々の係数は 5% 水準 (*)，1% (**) 水準で統計的に有意（両側テスト）．

個々の生徒の特性はランダムに割り当てられるものではなく（テストを受ける生徒の性別はランダムには割り当てられません），したがって，これらの説明変数は除外された変数と相関がある可能性があります．たとえば，人種や昼食援助の資格などは学校外の学習機会（表 13.2 では除外されている）と相関するのであれば，それらの係数はこの除外されている変数の影響を反映するでしょう．13.2 節で議論したとおり，処置がランダムに割り当てられればその係数の推定量は，他の説明変数が誤差項と相関するしないにかかわらず，一致性を持ちます．しかし追加された説明変数が誤差項と相関する場合には，それらの係数には除外された変数のバイアスが含まれます．

推定されたクラス規模の効果の解釈　表 13.1 や表 13.2 で推定されたクラス規模の効果は，実際上，大きいでしょうか，小さいでしょうか？　その回答は 2 つの方法から導き出せます．1 つは，推定されたテスト素点の変化をテスト成績の標準偏差の単位に変換して解釈することです．その結果，表 13.1 の推定値は学年間で比較可能となります．2 つ目は，クラス規模の効果を表 13.2 の他の係数と比較することです．

テスト成績の分布は学年ごとに同じではないので，表 13.1 の推定された効果は学年間

で直接は比較できません．この問題は 9.4 節でも起こりましたが，そこでは生徒・教師比率削減のテスト成績への効果について，カリフォルニア州データを使った推定値とマサチューセッツ州データに基づく推定値を比較しようと試みました．しかし，それら 2 つは異なるテストだったため，係数は直接比較できませんでした．9.4 節での解決策は，推定された効果をテストの標準偏差の単位に変換することです．その結果，生徒・教師比率の 1 単位の減少は，テスト成績の標準偏差の割合で表されます．

　ここではそのアプローチを利用し，表 13.1 の推定結果を学年間で比較します．たとえば，幼稚園生のテスト成績の標準偏差は 73.7 です．したがって，幼稚園時に少人数クラスにいることの効果は，表 13.1 から，13.9/73.7 = 0.19，標準誤差は 2.45/73.7 = 0.03 です．表 13.3 には，このように表 13.1 のクラス規模の効果を標準偏差の単位に変換した値がまとめられています．標準偏差単位で表現することで，幼稚園生，2 年生，3 年生についての少人数クラスの効果は同様で，それぞれ標準偏差の約 5 分の 1 であることがわかります．同じく補助教員付きの通常クラスの効果は，幼稚園生，2 年生，3 年生についてほぼゼロとなっています．他方，1 年生における処置の効果は他の学年よりも大きいものです．しかし，少人数クラスと補助教員付き通常クラスの効果の差は 1 年生について 0.20 で，これは他の学年と同じ大きさです．したがって，1 年生の結果に関する 1 つの解釈は，コントロール・グループにいる 1 年生——補助教員なしの通常クラス——はその年たまたまテスト成績が悪かった，それはたぶんランダムな標本抽出の結果ではないかというものです．

　小人数クラスの効果の大きさを評価する別の方法は，推定された処置の効果を表 13.2 の他の係数と比較することです．幼稚園生について，少人数クラスにいることの推定された効果は 13.9 ポイントでした（表 13.2 の最初の行）．人種，教師の経験年数，昼食援助の資格者，およびトリートメント・グループを一定とした下で，男子生徒であることは，女子生徒と比較して約 12 ポイント共通テストの点が低くなります（表 13.2 の (4) 列）．このように，小規模クラスにいることの効果は，女子と男子のテスト成績のギャップよりも幾分大きいということがわかります．別の比較としては，同じ (4) 列で，教師の経験年数にかかる係数は 0.66，したがって 20 年の経験を持つ教師に教わればテスト成績は 13 ポイント上昇すると推定されます．したがって，少人数クラスにいることの効果の大きさは，20 年の経験を持つベテラン先生に教わることの効果とほぼ同じということです．これらの比較から，少人数クラスの推定された効果は非常に大きいと示唆されます．

追加的な結果　計量経済学者，統計学者，そして初等教育の専門家はこの実験のさまざまな面を研究しました．ここではその中で見い出された結果をいくつか紹介します．

　その 1 つは，少人数クラスの効果は最初の学年に集中するという点です．この結果は表 13.3 に現れています．小人数クラスと通常クラスのテスト成績のギャップは，1 年生の変則的な結果を別にすると，基本的にどの学年も同じでした（幼稚園生については標準

表 13.3 クラス規模の効果の学年比較：テスト成績の標準偏差単位で測った場合

説明変数	学年			
	幼稚園	1	2	3
少人数クラス	0.19** (0.03)	0.33** (0.03)	0.23** (0.03)	0.21** (0.03)
補助教員付き通常クラス	0.00 (0.03)	0.13** (0.03)	0.04 (0.03)	0.00 (0.03)
テスト成績の標本標準偏差（s_Y）	73.70	91.30	84.10	73.30

注：最初の2行の推定値と標準誤差は，表13.1の推定された効果を共通テストの標本標準偏差（本表の最後の行）で割った値．標準誤差は係数の下のカッコ内に記されている．個々の係数は1%（**）水準で統計的に有意（両側テスト）．

偏差の単位で測って 0.19，2年生は 0.23，3年生は 0.21）．初年度に少人数クラスに割り当てられた生徒はそのまま小人数クラスにいつづけるので，少人数クラスに留まることの追加的なプラスはなかったということです．当初に得られたプラス効果は高学年となっても維持されますが，しかしトリートメント・グループとコントロール・グループの差は拡大しません．

この実験から得られるもう1つの結果は，表13.3の第2行に示されている通り，通常規模のクラスに補助教師を追加しても効果はほとんどないという点です．この結果の解釈に関する1つの心配は，実験手順を守らず，その後小人数クラスへ移った生徒がいるという点です．最初の幼稚園時の割り当てがランダムでテスト成績へ直接関係ないのであれば，当初のクラス割り当ては操作変数として利用できます．当初の割り当ては，実際の割り当てに部分的に（しかし完全ではなく）影響を与えるからです．このアプローチはKrueger（1999）によって追求され，彼はクラス規模の影響を推定するために2段階最小二乗法を用いました（操作変数は当初のクラス割り当て）．その結果，2段階最小二乗法も OLS 推定値は同様であり，実験手順からの乖離は OLS 推定値に大きなバイアスはもたらさないと結論づけています[2]．

クラス規模の効果：観察データに基づく推定値と実験による推定値の比較

第Ⅱ部では，カリフォルニア州とマサチューセッツ州の観察されるデータに基づいて多変数回帰分析を行い，クラス規模の効果に関する推定値を提示しました．そのデータではクラス規模はランダムな割り当てではなく，代わりに地方の教育行政者が教育目的と予算上の現実とをバランスして決定したものです．これらの観察データに基づく推定値は，

---

[2] STAR プロジェクトに関するより詳しい文献は，Mosteller（1995），Mosteller, Light, and Sachs（1996），Krueger（1999）を参照．Ehrenberg, Brewer, Gamoran and Willms（2001a, 2001b）は STAR プロジェクトをクラス規模に関する政策論争というコンテクストに位置付けて議論します．同プロジェクトに対する批判的な研究として Hanushek（1999a），より一般にクラス規模とテスト成績の関係に対する批判的な見方に Hanushek（1999b）があります．

表 13.4　生徒・教師比率 7.5 引き下げの効果：STAR データとカリフォルニア州・マサチューセッツ州の観察データ

説明変数	$\hat{\beta}_1$	生徒・教師比率の変化	テスト成績の標準偏差（生徒間）	推定された効果	95% 信頼区間
STAR 幼稚園生	−13.90** (2.45)	少人数クラス 対 通常クラス	73.8	0.19** (0.03)	(0.13, 0.25)
カリフォルニア州	−0.73** (0.26)	−7.5	38.0	0.14** (0.05)	(0.04, 0.24)
マサチューセッツ州	−0.64* (0.27)	−7.5	39.0	0.12* (0.05)	(0.02, 0.22)

注：STAR プロジェクトで推定された係数 $\hat{\beta}_1$ は，表 13.2 の (1) 列より採用．カリフォルニア州とマサチューセッツ州データに基づく推定された係数は，表 9.3 第 1 列より採用した．推定された効果とは，通常クラスと比較して少人数クラスに入ることの効果 (STAR)，あるいは生徒・教師比率を 7.5 低下させることの効果（カリフォルニア州・マサチューセッツ州の分析）．生徒・教師比率低下の 95% 信頼区間は，推定された効果 ±1.96 標準誤差．標準誤差は係数の下のカッコ内に記されている．個々の係数は 5%（*），1%（**）水準で統計的に有意（両側テスト）．

　STAR プロジェクトの実験データに基づく推定値とどのように比較されるでしょうか．
　カリフォルニア州とマサチューセッツ州の推定値を表 13.3 の推定値と比べるには，同じクラス規模の縮小幅で評価し，そして効果をテスト成績の標準偏差単位で表すことが必要です．STAR プロジェクトの 4 年間では，小人数クラスは通常クラスより平均して 7.5 名分人数が少なくなります．したがって観察データからの推定値を用いて，1 クラス 7.5 名分の減少がもたらすテスト成績への効果を測定します．表 9.3 第 1 列（線形モデル）にある OLS 推定値に基づくと，カリフォルニア州データの推定結果から，7.5 名分の生徒・教師比率の減少はテスト成績を 5.5 ポイント上昇させます（0.73 × 7.5 ≅ 5.5 ポイント）．カリフォルニアでテスト成績の生徒間の標準偏差は約 38 ポイントなので，7.5 名分縮小の効果は，標準偏差の単位で表すと，5.5/38 ≅ 0.14 標準偏差となります[3]．また推定された傾きの係数の標準誤差は 0.26（表 9.3）なので，7.5 名減少の効果の標準誤差は，標準偏差単位で測ると，0.26 × 7.5/38 ≅ 0.05 です．したがって，カリフォルニア・データにおいてクラス規模を 7.5 名分減少させることの効果は，テスト成績の生徒間の標準偏差の単位で測ると，0.14 標準偏差，その標準誤差は 0.05 と推定されます．これらの計算とマサチューセッツ州データに基づく同様の計算，さらに STAR プロジェクトの幼稚園生に関する計算（表 13.2 の (1) 列）は，表 13.4 にまとめられています．
　カリフォルニア州とマサチューセッツ州データで推定された効果は，STAR プロジェクトの推定値よりも幾分小さくなっています．推定値が研究によって異なる 1 つの理由は，ランダムな標本抽出による変動です．したがって，推定された効果の信頼区間を 3

---

[3] 表 9.3 では，推定された効果はテスト成績の学区間の標準偏差で測られ，一方表 13.3 では，推定された効果はテスト成績の生徒間の標準偏差で測られました．生徒間の標準偏差は学区間の標準偏差よりも大きくなります．カリフォルニア州データでは，生徒間の標準偏差は 38，しかし学区間の標準偏差は 19.1 です．

つの研究で比較することは意味のあることです．STARデータ（幼稚園生）に基づくと，95%信頼区間は0.13から0.25（表13.4の最後の列）です．カリフォルニア州データによる95%信頼区間は0.04から0.24，マサチューセッツ州データでは0.02から0.22です．この結果から，カリフォルニアとマサチューセッツの信頼区間はSTAR幼稚園データの信頼区間を概ね含んでいます．このように見ると，3つの研究は全体としてほぼ同じ範囲の推定値を得ているといえます．

　実験による推定値と観測データに基づく推定値が異なるのは多くの理由が考えられます．1つの理由は，9.4節で議論したように，観察データの研究には内部正当性に関する問題がまだ残されているかもしれないという点です．たとえば，生徒は引越しにより学区の内外に移動するので，学区の生徒・教師比率は，実際に生徒が直面する生徒・教師比率を反映していない恐れがあります．その結果，カリフォルニア州・マサチューセッツ州調査における生徒・教師比率の係数には，変数の計測誤差によるゼロ方向へのバイアスが含まれているかもしれません．別の理由として，外部正当性に関する問題もあります．観察データでの生徒・教師比率の学区平均は，実際の1クラス当たり生徒数と同じではありません．STARプロジェクトは1980年代の南部の州で実施されましたが，1998年のカリフォルニア州とマサチューセッツ州とは潜在的に異なります．そして比較される学年も異なります（STARでは幼稚園生から3年生，マサチューセッツ州では4年生，カリフォルニア州では5年生）．異なる推定値をもたらすであろうこれらすべての要因から考えると，3つの研究の分析結果は驚くほどよく似ています．観察データに基づく結果とSTARプロジェクトの推定値が同様であるという事実は，観察データの推定値に残されている内部正当性の問題がマイナーであることを示唆しています．

13.5 準実験

　真にランダムにコントロールされた実験は多大な費用がかかり——STAR実験では1200万ドルも掛かりました——，そのうえしばしば倫理的な問題を引き起こします．医学の分野で，たとえば喫煙による寿命への影響を測定するための実験を行い，人々を喫煙するトリートメント・グループと喫煙しないコントロール・グループにランダムに振り分けてその影響を決定することは倫理に反します．経済学では，ランダムに選ばれた高校生に安い政府価格のたばこを売って，未成年者のたばこの需要関数を推定することは倫理に反するでしょう．コスト，倫理，そして実際上の理由から，経済学で真にランダムにコントロールされた実験が行われるのはまれです．

　それでもなお，統計学的な知見とランダムにコントロールされた実験の手法は，非実験の設定にも引き継がれます．**準実験**（**quasi-experiment**）または**自然実験**（**natural experiment**）において，ランダムに決定される部分は，個人の環境が変化することで処置があたかもランダムに実施されたように見える，という形で導入されます．個人の環境変

化が起こるのは，法制度，場所，政策やプログラム実施のタイミングなどに関する予期せぬ変化，誕生日や降雨などのランダムな自然の営み，因果関係の効果と無関係なその他の要因などによります．

準実験には2つのタイプがあります．1つ目は，個人（あるいは，より一般に，主体）が処置を受け取るかどうかがあたかもランダムに決定されるかのように見えるというタイプです．この場合，因果関係の効果は処置 X_i を説明変数として OLS で推定されます．

準実験の2つ目のタイプは，「あたかも」ランダムと見える変動が，処置の部分的な決定要因である場合です．13.3節では，実験において，ランダムな割り当てがどのように実際の処置に影響を及ぼす操作変数として用いられるか議論しました．それと同様に，準実験においても，ランダムと見える変動が実際に受け取る処置（X_i）に影響する操作変数（Z_i）となります．その結果，因果関係の効果は操作変数回帰により推定されます（そこでは「あたかも」ランダムに見える変動が操作変数に当たります）．

具体例

では準実験の2つのタイプを，具体例を使って示しましょう．最初の例は，処置があたかもランダムに決定されるかのように見えるという準実験です．2番目，3番目の例は，あたかもランダムに見える変動が，処置のレベルに影響を与えるものの，しかしそれを完全には決定しない場合の準実験です．

例1：移民の労働市場への影響

移民は賃金を引き下げるでしょうか？ 経済理論が教えるところでは，移民の流入によって労働の供給が増えれば，労働の価格——すなわち賃金——は低下します．しかし，他の条件をすべて一定として，移民は労働への需要が旺盛な都市部に引き寄せられます（労働需要と移民が関係する）．したがって，移民の影響に関する OLS 推定量はバイアスを持ちます．移民の賃金への影響を推定するためのランダムにコントロールされた理想的実験では，異なる移民の数（異なる「処置」）が異なる労働市場（「対象」）にランダムに割り当てられ，賃金（「結果」）への影響を測定します．しかしこのような実験は，実際面，財政面，倫理面での大きな問題に直面します．

そこで労働経済学者 David Card（1990）は準実験を試みました．1980年キューバからの移民に関する制限が一時的に緩和されたため，大量のキューバ人移民がマイアミ，フロリダに流入したのです．移民の半数は，すでに大きなキューバ人街があるマイアミに定住しました．Card は階差の階差推定量を用いて，マイアミにおける低技能労働の賃金変化をアメリカの他の都市での賃金変化と比べることで，移民の影響を推定したのです．その結果，移民流入は低技能労働者の賃金に対して無視できるほどの影響しかないと結論づけました．

例2:兵役による賃金への影響　兵役に従事することは,その後の労働市場での成功の可能性を高めるでしょうか? 兵役に従事すれば,将来の雇用主が評価するようなさまざまな訓練を受けます.しかし退役後の一般市民としての賃金を過去の兵役でOLS回帰すると,兵役の影響の推定値にはバイアスを含むことになります.なぜなら軍に入ることは,少なくとも部分的には,個人の選択や特性によって決定されるからです.軍は最低限の体力の基準を満たしたものを採用します.民間の労働市場が低迷していれば,より多くの人々が軍に入ることを志願するでしょう.

　これらの選別に伴うバイアスを回避するために,Joshua Angrist(1990)は準実験を行いました.彼はベトナム戦争時に兵役に従事した人々の労働市場での歴史を調べたのです.当時,兵役に召集されるかどうかは生年月日に基づく国のくじ引き制度で一部決定されていました.ランダムに配布されたくじ番号が小さければ軍に召集される資格者となり,くじ番号が大きければ資格者とはなりませんでした.実際に兵役に参加するかどうかは,体力測定や免除などに関する複雑なルールによって決定され,また自発的に軍に参加する若者もいました.このように,兵役に招集される資格があるかどうかは,軍への参加を部分的に決定し,かつランダムに割り当てられるという操作変数の役割を果たします.この例では,兵役召集のくじ引きというランダムな割り当てが実際に行われました.しかしそのランダムな割り当ては,兵役の効果を評価する実験の一部として実施されたのではなかったため,これは準実験となります.Angrist は兵役の長期的な影響を調べた結果,白人の退役者の賃金は減少し,白人以外ではそうではないとの結論を得ました.

例3:心臓カテーテル治療の効果　12.5節でMcClellan, McNeil and Newhouse(1994)の研究を説明したように,彼らは,心臓発作患者の自宅と心臓カテーテル治療を行う病院との距離(カテーテル治療施設のない病院への距離との相対的な比較)に着目し,それを実際のカテーテル治療に関する操作変数として用いました.この研究は,処置を部分的に決定する変数を含む準実験です.処置自体,すなわちカテーテル治療自体は,患者個人の特性や患者と医者の判断によって決められます.しかしそれは,近くの病院がその治療を実施できるかどうかにも影響を受けます.もし患者の居場所が「あたかも」ランダムに割り当てられ,(治療を受ける確率への影響を通じる以外)治療の結果と無関係ならば,カテーテル治療を行う病院への相対的な距離は適切な操作変数となります.

その他の例　準実験の分析方法は他の分野にも応用されています.Garvey and Hanka(1999)は米国の州法の違いを使って,企業買収防止法の企業ファイナンス構造(たとえば企業の債務比率)への影響を分析しています.Meyer, Viscusi and Durbin(1995)は,ケンタッキー州とミシガン州における失業保険手当て支給額の大きな変化――それは高収入と低収入の労働者へ違った影響を与える――を使って,失業手当の変化が失業期間へ及ぼす影響について推定しています.Meyer(1995), Rosenzweig and Wolpin(2000),

そして Angrst and Krueger（2001）らの調査は，経済学と社会政策の分野における他の準実験の例を提供しています．

準実験を分析する計量経済手法

準実験を分析する計量経済手法は，ほとんどの部分で，13.3 節で説明した真の実験の分析手法と同じです．もし処置のレベル X が「あたかも」ランダムに決定されているならば，X にかかる係数の OLS 推定量は，因果関係の効果の不偏推定量です．もし処置のレベルが部分的にのみランダムで，「あたかも」ランダムに割り当てられた変数 Z の影響を受けるのなら，因果関係の効果は Z を操作変数とする操作変数回帰で推定されます．

準実験は通常，真にランダムな割り当てを持たないので，トリートメント・グループとコントロール・グループの間には体系的な違いがありえます．その場合には，処置前の特性を表す変数の観察可能な指標を準備しておくことが重要です（13.3 節の変数 W）．13.3 節で議論したように，一般に，処置の結果となる説明変数 W を含めると，因果関係の効果の一致推定量は得られなくなります．

通常，準実験のデータは，特定の調査のために集められるわけではありません．したがって，準実験の各主体についてのパネルデータはなかなか揃わないのが実情です（例外は最低賃金に関するボックス）．その場合には，クロスセクション・データを時点ごとに集めて繰り返しのクロスセクション・データを作成し，13.3 節の手法をそのデータ用に修正することが必要です．

繰り返しクロスセクション・データを使った階差の階差推定量

繰り返しクロスセクション・データ（**repeated cross-sectional data**）は，異なる時点のクロスセクション・データを集計したデータセットです．たとえば 2001 年には 400 個人の観測値，2002 年には 500 個人の観測値，合計 900 の異なる個人に関するデータセットなどです．繰り返しクロスセクション・データの 1 つの実例は政治の世論調査データで，各政党への支持状況などがランダムに選ばれた回答者（将来の投票者）の答えにより測定されます．その調査は異なる時点で実施され，それぞれの調査で回答者は異なります．

繰り返しのクロスセクション・データを使う前提は次の通りです．もし各個人が同じ母集団からランダムに選ばれるとすれば，前の時点のクロスセクションにおける人々は，後の時点のクロスセクションにおけるトリートメント・グループとコントロール・グループを代理する役割を果たします．たとえば，いま労働市場とは無関係に資金面の余裕が生まれ，カリフォルニア州南部では職業訓練プログラムが拡張され，一方北部では拡張されなかったとしましょう．そして，ランダムに選ばれたカリフォルニア州成人から成るクロスセクションのサーベイデータが 2 つあるとします．1 つは訓練プログラムが拡張前，もう 1 つは拡張後のものです．このとき「トリートメント・グループ」はカリフォルニア州南

部の人々,「コントロール・グループ」はカリフォルニア州北部の人々になります.手元には実際に処置を受けたカリフォルニア南部の人々のデータはありませんが(パネルデータがないため),処置を受けた人と統計的に似ているカリフォルニア南部の人々のデータはあります.したがって,カリフォルニア南部の第1時点でのクロスセクション・データは,トリートメント・グループの処置前の観測値の代理として,カリフォルニア北部のクロスセクション・データはコントロール・グループの処置前の観測値の代理として,それぞれ用いることができます.

2つの時点があるとき,繰り返しクロスセクション・データの回帰モデルは,

$$Y_{it} = \beta_0 + \beta_1 X_{it} + \beta_2 G_i + \beta_3 D_t + \beta_4 W_{1it} + \cdots + \beta_{3+r} W_{rit} + u_{it}. \tag{13.7}$$

ここで X_{it} は,第 i 個人,t 期($t = 1, 2$)の実際の処置,D_t は第1期を0,第2期を1とする(0,1)変数,G_i は各個人がトリートメント・グループに属するかどうか(観測値が処置前の時点であれば代理のトリートメント・グループに属するかどうか)を表す(0,1)変数です.第 i 個人は,第2期にトリートメント・グループに属していれば処置を受けます.(13.7)式で言えば,$X_{it} = G_i \times D_t$,つまり X_{it} は G_i と D_t の相互作用を表します.

もしこの準実験で,X_{it} が「あたかも」ランダムに受け取られた処置とみなせるのであれば,因果関係の効果は,(13.7)式の β_1 の OLS 推定量で推定できます.もし時点が2より多い場合には(13.7)式は修正され,それぞれ異なる時点を表す $T-1$ 個の(0,1)変数が含まれます(付論13.2を参照).

一方,もしこの準実験で,処置 X_{it} は部分的にのみランダムに受け取られたものとみなされる場合には,一般に X_{it} は u_{it} と相関します.その結果,OLS 推定量はバイアスを持ち,一致性も満たされません.この場合には,処置レベルに影響を与え,かつ「あたかも」ランダムに割り当てられたとみなせるような操作変数 Z_{it} を利用して対処します.いつもと同じく,Z_{it} が正当な操作変数となるためには,妥当で(つまり,実際の処置 X_{it} と相関し),かつ外生的でなければなりません.

13.6 準実験の潜在的な問題

すべての実証研究と同じく,準実験も内部と外部の正当性の問題に直面します.特に内部正当性にとって重要な問題は,準実験の「あたかも」ランダムという取り扱いが,真のランダムな処置と本当に見なしうるかという点です.

内部正当性の問題

13.2節では,ランダムにコントロールされた実験に関する内部正当性の問題をリストアップしました.それらは準実験にも当てはまりますが,その際,若干の修正が必要で

BOX：最低賃金は雇用にどう影響するか？

　最低賃金を増やすと低技能労働者への需要はどれほど減少するでしょうか？　経済理論では，価格が上昇すれば需要は減少します．しかし正確にどの程度減少するかは実証的な問題です．価格と数量は供給と需要の双方によって決定されるので，雇用を賃金で回帰したOLS推定量には，同時双方向の因果関係のバイアスが発生します．ランダムにコントロールされた仮想的な実験では，異なる最低賃金水準を異なる雇い主にランダムに割り当て，トリートメント・グループとコントロール・グループの間で雇用の変化（結果）を比較します．しかし，この仮想的な実験を，実際にはどうやって実施するのでしょうか？

　労働経済学者であるDavid CardとAlan Krueger（1994）は，その実験を行うことに決めました．しかし彼らは，「自然」に——より正確には地理に——ランダムな割り当てを任せたのです．1992年，ニュージャージー州の最低賃金は時給4.25ドルから5.05ドルへと引き上げられました．しかし隣接するペンシルバニア州では，最低賃金に変化はありませんでした．この実験では，最低賃金の上昇という「処置」——つまり，住まいがニュージャージー州かペンシルバニア州か——が，「あたかも」ランダムに割り当てられているとみなします．その際，最低賃金が上昇するかどうかは，雇用変化の他の決定要因とは相関しないと仮定されています．CardとKruegerは，2つの州のファストフード店の雇用データを，賃金上昇の前後の期間について収集しました．そして階差の階差推定量を計算したところ，驚くべき結果を得ました．ニュージャージー州のファストフード店の雇用が——ペンシルバニア州の店と違って——減少するという証拠は何も得られなかったのです．実際，彼らの推定値の中には，ニュージャージー州の店の雇用が，最低賃金の上昇後ペンシルバニア州と比べて増加したという結果も示されました．

　この結果はミクロ経済理論と整合的ではなく，大きな論争になりました．その後の分析で，異なる雇用データを使った場合，ニュージャージー州の雇用が賃金上昇後わずかに減少したとの結果も示されました（Neumark and Wascher, 2000）．この準実験における正確な賃金弾力性については議論の余地がありますが，最低賃金上昇の雇用への影響は，経済学者がこれまで考えていたよりも小さいもののようです．

す．

　ランダムとみなせない場合　準実験では，個人の環境の違い——法制度の変化，突然の無関係な出来事など——によって処置のレベルが「あたかも」ランダムとみなしうると考えました．しかしこの「あたかも」ランダムな出来事がランダムな処置レベル X（あるいは操作変数 Z）を生み出さなければ，OLS推定量にはバイアスが発生します（操作変数推定量は一致性が満たされません）．

真の実験の場合と同様に，ランダムかどうかをテストする1つの方法は，トリートメントとコントロールの両グループ間に体系的な違いがあるかどうかをチェックすることです．たとえば，X（またはZ）を個人の特性（W）で回帰し，Wにかかる係数がすべてゼロという仮説をテストします．もし準実験の性質からは説明できないような違いが存在するなら，この準実験では真にランダムな処置は実施されていないことを意味します．もしX（またはZ）とWの間に関係がなくとも，X（またはZ）は誤差項uに含まれる観察されない要因と関係があるかもしれません．それらの要因は観測不能なため，テストすることもできません．したがってこの場合，「あたかも」ランダムという仮定の正当性は，当該分野の専門家による知識と判断を使って評価されなければならないのです．

処置の実施手順に従わない場合　真の実験で，処置の手順に従わないという問題は，トリートメント・グループのメンバーが処置を受け取らないとき，もしくはコントロール・グループのメンバーが処置を受け取るときに発生します．その結果，因果関係の効果に関するOLS推定量は標本セレクション・バイアスが発生します．準実験でこの種の問題は，「あたかも」ランダムな割り当てが処置のレベルに対して部分的に影響するものの，それを完全には決定しない場合に起こります．この場合，処置のレベルに影響を及ぼすZを用いた操作変数推定量は，一致性が満たされます（OLS推定量では満たされません）．

人員減少　準実験における人員減少の問題は，真の実験の場合と同じものです．もしそれが参加者個人の選択や特性によって引き起こされれば，処置レベルと誤差項に相関が発生します．それは標本セレクション・バイアスとなり，OLS推定量はバイアスを含み，一致性が満たされなくなります．

実験参加による影響　準実験の1つの利点は，それは真の実験ではないため，各個人が被験者であると考える理由がないという点です．したがって，ホーソン効果のような実験参加という事実がもたらす影響は，一般に準実験では問題にはなりません．

準実験における操作変数の正当性　操作変数回帰を評価する際に重要なのは，その操作変数が実際に正当かどうか慎重に検討するというステップです．この一般原則は，操作変数を利用する準実験にも当てはまります．第12章で議論したように，操作変数が正当であるためには，操作変数が妥当であり外生であることがともに必要です．操作変数の妥当性をチェックする統計手法は基本概念12.5で要約しているので，ここでは第2の，より判断が要求される外生性に焦点を当てます．

　ランダムに割り当てられた操作変数は必然的に外生となると思われるかもしれませんが，必ずしもそうではありません．それを13.5節の例で考えてみましょう．兵役がもたらす賃金への効果を調査した研究で，Angrist（1990）は徴兵のくじ番号を操作変数とし

て使いましたが，くじ番号は実際にランダムに割り当てられたものです．しかし，Angrist（1990）が指摘するように，くじ番号の小さい数を引くことが徴兵を免れることになるのなら，そして徴兵を免れることでその後の賃金に影響を及ぼすのなら，低いくじ番号（Z_i）は，退役後の賃金を決定する観測されない要因（u_i）と関係します．つまり，Z_i がたとえランダムに割り当てられても，Z_i と u_i は相関します．別の例を考えると，McClellan, McNeil and Newhouse（1994）の研究では，心臓発作患者に対するカテーテル治療の効果が検証されました．そこでは，カテーテル治療が可能な病院への距離があたかもランダムに割り当てられたものとして仮定されます．しかし，著者たちも議論するように，カテーテル治療可能な病院の近くに住む患者が，病院から遠く離れた場所に住む人々よりも健康であれば（おそらく医療サービス全般へのアクセスが良いため），そのときは，病院までの距離は誤差項に含まれる除外された変数と相関することになります．まとめると，操作変数がランダムに決定される，あるいは「あたかも」ランダムに決定されるという理由だけで，即それが，$\text{corr}(Z_i, u_i) = 0$ という意味の外生であることを意味しないのです．このように，外生性については，たとえ準実験でランダムな操作変数を用いる場合でも，慎重に検討されなければならないのです．

外部正当性の問題

　準実験の研究は観察されるデータを使います．そして，準実験の研究における外部正当性の問題は，観察データを使う通常の回帰分析（9.1 節）の場合と同様です．

　1 つ重要な点は，準実験のコアである「あたかも」ランダムという取り扱いを可能にする特別なイベントについてです．それは，外部正当性を阻害する別の特徴を持っています．たとえば，13.5 節で議論した Card（1990）の研究で，移民の労働市場への影響が分析されました．その際，キューバ移民がマイアミとフロリダへ流入することから，「あたかも」ランダムという取り扱いが可能とされました．しかしキューバ移民，マイアミ，そしてマイアミのキューバ人コミュニティには独得の特徴があり，それが他の国からの移民や他の都市への流入に一般化する際の障害となっています．同様に，Angrist（1990）によるアメリカ兵役の影響の研究でも，それはベトナム戦争期の分析であり，その結果を平時の兵役の効果に一般化できないでしょう．これまでと同じく，ある分析結果が他の特定の母集団や設定に一般化できるかどうかはその研究の詳細に依存しており，それぞれのケースごとに検討されなければなりません．

13.7　異質な母集団の下での実験と準実験の推定値

　因果関係の効果は個人の特性に依存します．すなわちその効果は母集団のあるメンバーと別のメンバーで異なるものです．13.3 節では，異なるグループにおける効果の推定に

ついて議論しました．そこでは相互作用を使って分析し，実際の差異の原因——たとえば性別など——が観察されるケースを検討しました．本節では，その効果に観察されない違いがある場合について議論します．ここで，因果関係の効果に目に見えない違いがあるという状況は，母集団が異質である状況と理解されます．本節ではまず母集団の異質性について議論し，そして異質な母集団の下での OLS や IV 推定量の解釈について触れます．以下では議論を単純化するために，処置の変数 X_i は $(0,1)$ 変数，追加の説明変数はなしというケースに焦点を当てます．

母集団の異質性：因果関係の効果は誰の効果なのか？

因果関係の効果が母集団のメンバー全員にとって同一であれば，その意味で母集団は同質的と呼ばれます．(13.1) 式で，1 つの因果関係の効果 β_1 は，母集団のすべてのメンバーに当てはまります．しかし現実には，母集団は異質かもしれません．特に，因果関係の効果は，個人の周囲の環境，背景，その他の特性に依存することがあります．たとえば職業訓練プログラムの雇用見通しへの効果を考えると，履歴書を書く能力を持たない人についての効果は，その能力をすでに持つ人と比べて，より大きいでしょう．同様に，医療処置の効果は，患者の食習慣や喫煙，飲酒の習慣に依存するでしょう．

もし因果関係の効果が人によって異なるのであれば，(13.1) 式はもはや使えません．代わりに，第 i 個人独自の処置の効果 β_{1i} を設定することになります．したがって，母集団の回帰式は

$$Y_i = \beta_{0i} + \beta_{1i}X_i + u_i \tag{13.8}$$

と表されます．たとえば，β_{1i} が履歴書作成の訓練プログラムの効果だとして，第 i 番目の人が履歴書の書き方をすでに知っているとすると，β_{1i} はゼロとなります．β_{1i} は人により異なり，各個人は母集団からランダムに選ばれるので，β_{1i} は確率変数とみなせます．そしてそれは，ちょうど u_i と同じく，観察されない個人間の差異を表します（たとえば，履歴書作成能力の個人間の違い）．

13.1 節で議論したように，ある母集団における因果関係の効果は，母集団のメンバーがランダムに選ばれるという実験から得られた効果の期待値です．母集団が異質であれば，この因果関係の効果は，実際には因果関係の平均的な効果（**average causal effect**），あるいは処置の平均的な効果（**average treatment effect**）と呼ばれるもので，個人の因果関係の効果の母集団の平均値となります．(13.8) 式で考えると，母集団における因果関係の平均的な効果とは，因果関係の効果に関する母集団の平均値 $E(\beta_{1i})$，つまり，母集団からランダムに選ばれたメンバーの効果の期待値なのです．

もし (13.8) 式のような母集団の異質性が存在するなら，13.3 節で議論した推定量は一体何を推定しているのでしょうか？　はじめに，X_i が「あたかも」ランダムに決定され

ている場合の OLS 推定量を検討します．このケースで OLS 推定量は，因果関係の平均的な効果の一致推定量となります．しかしこの結果は，IV 推定量には一般に当てはまりません．その代わり，もし X_i が部分的に Z_i の影響を受ける場合，操作変数 Z を使った IV 推定量は各人の因果関係の効果の加重平均を推定することになります．加重平均のウエイトについては，操作変数の影響が最も強い個人に最も大きなウエイトが与えられます．

異質な因果関係の効果に関する OLS

いま，受け取る処置 X_i がランダムに割り当てられ，実験手順も正確に順守されたとしましょう．あるいは準実験であれば，X_i が「あたかも」ランダムに割り当てられたとしましょう．したがって，$E(u_i|X_i) = 0$ です．このとき，階差推定量を使うのが妥当であり，Y_i を X_i で回帰して得られた OLS 推定量 $\hat{\beta}_1$ が使われます．

ここで，母集団の因果関係の効果に異質性があり，かつ X_i がランダムに割り当てられる場合，階差推定量が因果関係の平均的な効果の一致推定量となることを今から示します．OLS 推定量は，$\hat{\beta}_1 = s_{XY}/s_X^2$ です（(4.7) 式を参照）．観察データが i.i.d. なら，標本共分散と標本分散は，それぞれ母集団の共分散と分散の一致推定量となります．したがって，$\hat{\beta}_1 \xrightarrow{p} \sigma_{XY}/\sigma_X^2$ となります．もし X_i がランダムに割り当てられるなら，X_i は個人の特性——観察される特性，観察されない特性とも——と独立した確率分布に従います．特に β_{0i} や β_{1i} とは独立して分布します．その結果，$\hat{\beta}_1$ の OLS 推定量は，次のように収束します：

$$\hat{\beta}_1 = \frac{s_{XY}}{s_X^2} \xrightarrow{p} \frac{\sigma_{XY}}{\sigma_X^2} = \frac{\operatorname{cov}(\beta_{0i} + \beta_{1i}X_i + u_i, X_i)}{\sigma_X^2} = \frac{\operatorname{cov}(\beta_{1i}X_i, X_i)}{\sigma_X^2} = E(\beta_{1i}). \tag{13.9}$$

ここで 3 番目の等式は，共分散に関して成立する性質（基本概念 2.3）と $\operatorname{cov}(u_i, X_i) = 0$——これは $E(u_i|X_i) = 0$ より得られる（(2.27) 式参照）——を使います．そして最後の等式は，X_i がランダムに決定され，β_{1i} が X_i と独立に分布することから導出されます（練習問題 13.9）．以上のように，もし X_i がランダムに決定されれば，$\hat{\beta}_1$ は，平均的な因果関係の効果 $E(\beta_{1i})$ の一致推定量となることが示されました．

異質な因果関係の効果に関する IV 回帰

いま処置は部分的にのみランダムに決定され，Z_i は正当な操作変数（妥当で外生的）であり，さらに Z_i の X_i への影響は人により異なるものとします．より具体的に，X_i は Z_i と線形モデルで関係があり，

$$X_i = \pi_{0i} + \pi_{1i}Z_i + v_i. \tag{13.10}$$

ここで係数 π_{1i} は人により異なります．この (13.10) 式は，2 段階最小二乗法（TSLS）の

1 段階目の式（(10.2) 式）ですが，Z_i 変化の X_i への影響は個人によって異なる点が修正されています．

TSLS 推定量は，$\hat{\beta}_1^{TSLS} = s_{ZY}/s_{ZX}$（(12.4) 式），つまり Z と Y の標本共分散と Z と X の標本共分散の比率です．もし観測値が i.i.d. なら，これらの標本共分散は真の共分散の一致推定量となります．したがって，$\hat{\beta}_1^{TSLS} \xrightarrow{p} \sigma_{ZY}/\sigma_{ZX}$ です．ここで π_{0i}, π_{1i} と β_{0i}, β_{1i} は，u_i, v_i, Z_i と独立して分布しているとします．すなわち $E(u_i|Z_i) = E(v_i|Z_i) = 0$，また $E(\pi_{1i}) \neq 0$ です（操作変数の妥当性）．付論 13.4 で示されるように，これらの仮定の下，

$$\hat{\beta}_1^{TSLS} = \frac{s_{ZY}}{s_{ZX}} \xrightarrow{p} \frac{\sigma_{ZY}}{\sigma_{ZX}} = \frac{E(\beta_{1i}\pi_{1i})}{E(\pi_{1i})} \tag{13.11}$$

が成立します．すなわち TSLS 推定量は，β_{1i} と π_{1i} の積の期待値と π_{1i} の期待値の比率に確率収束します．

(13.11) 式の最後の比率は，各個人の因果関係の効果 β_{1i} の加重平均と解釈することができます．ここでウエイトは $\pi_{1i}/E\pi_{1i}$ で，第 i 個人が処置を受けるかどうかに操作変数がどれだけ影響を及ぼすか，その強さを表します．このように，TSLS 推定量は，各個人の因果関係の効果の加重平均に対する一致推定量となり，そこでのウエイトが最も大きいのは操作変数の処置への影響が最も強い個人となります．TSLS により推定される因果関係の加重平均の効果は，処置のローカル平均の効果（**local average treatment effect**）と呼ばれます．「ローカル」という言葉を使うのは，操作変数の処置への影響が最も強い個人（より一般には主体）に最も大きなウエイトを課すという加重平均であることを強調するためです．

特別なケースとして，処置のローカル平均の効果と処置の平均的な効果が等しくなる場合が 3 つあります：

1. すべての個人にとって処置の効果が同じである場合．このとき，すべての i について $\beta_{1i} = \beta_1$ です．この場合 (13.11) 式の最後の表現は単純化され，$E(\beta_{1i}\pi_{1i})/E(\pi_{1i}) = \beta_1 E(\pi_{1i})/E(\pi_{1i}) = \beta_1$ となります．

2. 操作変数の影響はすべての個人に対して同じである場合．このとき，すべての i について $\pi_{1i} = \pi_1$ です．この場合，(13.11) 式の最後の表現は，$E(\beta_{1i}\pi_{1i})/E(\pi_{1i}) = \pi_1 E(\beta_{1i})/\pi_1 = E(\beta_1)$ となります．

3. 処置の効果の異質性と操作変数の影響の異質性に相関がない場合．このとき β_{1i} と π_{1i} はランダムであり，$\text{cov}(\beta_{1i}, \pi_{1i}) = 0$ となります．(2.34) 式より $E(\beta_{1i}\pi_{1i}) = \text{cov}(\beta_{1i}, \pi_{1i}) + E(\beta_{1i})E(\pi_{1i})$ なので，$\text{cov}(\beta_{1i}, \pi_{1i}) = 0$ ならば $E(\beta_{1i}\pi_{1i}) = E(\beta_{1i})E(\pi_{1i})$．したがって (13.11) 式の最後の表現は単純化され，$E(\beta_{1i}\pi_{1i})/E(\pi_{1i}) = E(\beta_{1i})E(\pi_{1i})/E(\pi_{1i}) = E(\beta_{1i})$ が得られます．

これらの 3 つのケースそれぞれについて，操作変数の影響，処置の効果，あるいはその両方において，母集団における異質性が認められます．しかし，処置のローカル平均の効果は，処置の平均的な効果と等しくなります．つまり，これら 3 つのケースにおいて，

TSLSは処置の平均的な効果の一致推定量となるのです．

これら3つの特殊ケースを横に置くと，一般に処置のローカル平均の効果は処置の平均的な効果と異なります．たとえば，いま操作変数 Z_i は母集団の半分の人々の処置の決定にまったく影響を与えない（彼らにとって $\pi_{1i} = 0$），そして残りの半分の人々に対して Z_i は同一でゼロでない影響を与えるとしましょう（彼らにとって π_{1i} は非ゼロの定数）．このとき TSLS 推定量は，操作変数が影響を及ぼす半分の人々の処置の平均的な効果の一致推定量となります．具体的には，いま職業訓練プログラムへ参加資格のある労働者にランダムな優先数字 Z が与えられ，その数字はプログラム参加が認められるかどうかに影響を与えるとします．半分の労働者は，このプログラムにより自分たちはメリットを受けることを知っています．彼らにとっては，$\beta_{1i} = \beta_1^+ > 0$，$\pi_{1i} = \pi_1^+ > 0$ です．残り半分の労働者は，そのプログラムは自分たちには効果がないことがわかっており，仮に参加が認められたとしても参加しません．つまり $\beta_{1i} = 0$，$\pi_{1i} = 0$ です．このとき，処置の平均的な効果は，$E(\beta_{1i}) = \frac{1}{2}(\beta_1^+ + 0) = \frac{1}{2}\beta_1^+$ です．処置のローカル平均の効果は，$E(\beta_{1i}\pi_{1i})/E(\pi_{1i})$ です．いま $E(\pi_{1i}) = \frac{1}{2}\pi_1^+$，そして $E(\beta_{1i}\pi_{1i}) = E[\beta_{1i}E(\pi_{1i}|\beta_{1i})] = \frac{1}{2}(0 + \beta_1^+\pi_1^+) = \frac{1}{2}\beta_1^+\pi_1^+$，したがって $E(\beta_{1i}\pi_{1i})/E(\pi_{1i}) = \beta_1^+$ となります．このように，この具体例では，処置のローカル平均の効果はプログラムに参加する労働者の因果関係の効果となり，プログラムに参加しない労働者にはウエイトはかかりません．対照的に，処置の平均的な効果の方は，プログラムに参加するか否かに関わらずすべての個人に同じウエイトを課して求められます．人々は，プログラム参加が自分にとってどれだけ効果的なのかという知識に基づいて，参加するかどうか決めるので，この具体例では，処置のローカル平均の効果の方が処置の平均的な効果を上回ります．

インプリケーション　　以上の議論は次の2つの意味合いを持っています．第1に，通常OLSが一致性を満たす環境——つまり $E(u_i|X_i) = 0$——では，たとえ母集団の因果関係の効果が異質であっても，OLS推定量は一致性を満たします．しかしながら，異質である結果，ただ1つの因果関係の効果は存在しないため，OLS推定量は，母集団における因果関係の平均的な効果の一致推定量となります．

第2に，もし処置を受けるかどうかの決定が処置の効果に依存するのであれば，TSLSは一般に，因果関係の平均的な効果の一致推定量にはなりません．その代わりに，TSLSは処置のローカル平均の効果を推定します．そこでは操作変数の影響を最も強く受ける個人に最も大きなウエイトが課されます．このとき，2人の研究者がともに正当な（つまり妥当で外生的な）異なる操作変数を持っていて因果関係の効果を推定すると，たとえ大標本であっても2人は異なる推定値を得ることになるでしょう．どちらの推定量も，(13.11)式の加重平均を通じて因果関係の効果の分布についての知見を示しますが，どち

らも因果関係の平均的な効果の一致推定量ではないという点に注意が必要です[4].

例：心臓カテーテル治療に関する研究　12.5 節と 13.5 節では McClellan, McNeil and Newhouse（1991）の心臓カテーテル治療に関する研究——すなわち心臓発作患者が心臓カテーテル治療を受けることの死亡数への影響——について議論しました．著者たちは操作変数回帰を使い，カテーテル治療を行う最寄りの病院までの相対的な（カテーテル治療を行わない最寄りの病院と比較した）距離を操作変数として利用しました．その TSLS 推定値によれば，心臓カテーテル治療はその後の健康状態にほとんど，あるいはまったく効果がないという結果が得られました．この結果は驚くべきものです．というのも，カテーテル治療などの医療処置は，広く一般に使われる前に厳密な臨床試験が実施されるからです．さらに心臓カテーテル治療の場合，外科医による大掛かりな医療チェックも実施され，患者の長期的な健康に良いとされています．ではこの実証研究では，心臓カテーテル治療の有効性をどうして見出せなかったのでしょうか？

　その 1 つの回答は，心臓カテーテル治療の効果に異質性があったのではという説明です．ある患者にとっては効果的な治療であっても，他のより健康的な患者にとっては，この治療の効果は小さく，外科手術に伴うリスクをも勘案するとネットで効果なしとなる可能性があります．したがって，心臓発作患者の母集団において，因果関係の平均的な効果は正だと推測されます．しかし IV 推定量は，平均の効果ではなく限界的な効果を測ります．ここで限界的な効果とは，病院までの距離が治療を受けるかどうかの重要な判断材料となるような患者に対する治療の効果のことです．しかし，そのような患者は比較的健康で，カテーテル治療の効果は相対的に小さい患者であるかもしれません．もしそうならば，McClellan, McNeil and Newhouse（1991）の TSLS 推定量は，限界的な患者（治療の効果が相対的に小さい患者）に対する治療の効果を測定していて，平均的な患者（治療が有効な患者）に対する効果は含まれていない可能性があるのです．

13.8　結論

　第 1 章では，因果関係の効果を，ランダムにコントロールされた理想的な実験によって予想される効果と定義しました．もしランダムにコントロールされた実験が利用可能で，もしくは実際に実施できるのなら，それは因果関係の効果に関する非常に重要な証拠となります．もっとも，ランダムにコントロールされた実験であっても，内部と外部の正

---

[4] 母集団の異質性がプログラム評価の推定量にどのような影響を与えるかについては，いくつかの優れた（そして上級の）議論があります．Heckman, LaLonde and Smith（1999, 7 節），James Heckman のノーベル経済学賞レクチャー（Heckman（2001, 7 節））などです．後者の文献，および Angrist, Graddy, and Imbens（2000）は，変量効果モデル（random effect model，そこでは個人間で異なる β_{1i} を容認する）について詳細に議論し，(13.11) 式の結果をより一般化したバージョンを解説しています．処置のローカル平均の効果という考え方は，Angrist and Imbens（1994）によって導入され，彼らはそれが一般に処置の平均的な効果と異なることを示しました．

当性の問題は慎重に検討する必要があります．

　経済学における実験は，その利点にもかかわらず，倫理上の問題やコストの面で厳しいハードルがあります．実験に関する分析手法は，準実験に応用することが可能で，そこでは特別な出来事や環境変化により「あたかも」ランダムな割り当てが起こったかのように見なされます．準実験において因果関係の効果は，階差の階差推定量を使って，そして適宜説明変数を追加して推定されます．もしその「あたかも」ランダムな割り当てが部分的にしか処置に影響しないのであれば，代わりに操作変数法が用いられます．準実験の重要なメリットは，データが「あたかも」ランダムだとする拠り所が通常明白で，具体的にチェック可能だという点です．一方，準実験が直面する重要な問題は，「あたかも」ランダムという設定が実際にはランダムではないケースです．その場合には，処置の変数（あるいは操作変数）が除外された変数と相関し，因果関係の効果の推定量にバイアスが発生します．

　準実験は，通常の観察データを使う分析とランダムにコントロールされた真の実験とをつなぐ架け橋といえます．本章の準実験の分析に使った計量手法は，OLS，パネルデータ推定，操作変数回帰といったもので，違った文脈ではありますが，いずれも以前の章で説明されたものです．準実験と，第II部や第III部前半の応用と何が違うのかといえば，それは計量手法の解釈と用いるデータセットの違いです．準実験を理解することで，計量経済学の研究者は，どうすれば新しいデータセットを入手できるのか，操作変数の意義や役割をどう考えるか，OLSと操作変数法の基礎である外生性の仮定をどう評価するかなどについて，より深く考えることができるでしょう[5]．

要約

1. 因果関係の効果は，ランダムにコントロールされた理想的な実験において定義され，処置を受けるトリートメント・グループとそうでないコントロール・グループの平均的な結果の違いから推定される．人を対象とする実際の実験は，理想的な実験とはさまざまな面で異なり，とりわけ実験の手順が順守されないなどの問題がある．

2. もし実際の処置のレベル X_i がランダムであれば，処置の効果は，その成果を処置で回帰することで——必要ならば，処置前の特性を説明変数に追加して効率性を高めることで——推定できる．もし割り当てられた処置 Z_i がランダムであり，しかし実際の処置 X_i は個人の選択の結果として部分的に決定されるのであれば，因果関係の効果は，Z_i を操作変数とする操作変数回帰により推定できる．

3. 準実験では，法律，環境，自然の出来事などの変化によって，トリートメント・グループ

---

[5] Shadish, Cook and Campbell（2002）は，社会科学と心理学における実験と準実験についてわかりやすく解説しています．経済学における実験の例は，負の所得税の実験（たとえば www.aspe.hhs.gov/hsp/sime-dime83 を参照），ランド研究所による医療保険の実験（Newhouse（1983））があります．

とコントロール・グループが「あたかも」ランダムに割り当てられたものと取り扱われる．もし実際の処置が「あたかも」ランダムであれば，因果関係の効果は回帰することで（必要ならば処置前の特性を説明変数に追加して）推定できる．もし割り当てられた処置が「あたかも」ランダムであれば，因果関係の効果は操作変数回帰により推定できる．

4. 準実験において，内部の正当性が阻害される重要な問題は，「あたかも」ランダムという部分が本当に外生的かどうかという点である．人々の行動や反応の結果，操作変数が「あたかも」ランダムな出来事で生み出されたからといって，正当な操作変数を保証するための要件という意味での外生性が必ず保証されるというわけではない．

5. 処置の効果が個人によって異なる場合，OLS 推定量が因果関係の平均的な効果の一致推定量となるのは，実際の処置がランダムに決定されている，または「あたかも」ランダムに決定されている場合である．一方，操作変数推定量は，個人の処置の効果の加重平均となり，そこでは操作変数の影響が最も強い個人が最も大きなウエイトを持つことになる．

キーワード

プログラム評価 [program evaluation]　415
因果関係の効果 [causal effect]　417
処置の効果 [treatment effect]　417
階差推定量 [differences estimator]　418
部分的な順守 [partial compliance]　419
人員減少 [attrition]　420
ホーソン効果 [Hawthorne effect]　420
説明変数を追加した階差推定量 [differences estimator with additional regressors]　424
条件付平均の独立 [conditional mean independence]　424
階差の階差推定量 [differences-in-differences estimator]　427
説明変数を追加した階差の階差推定量 [differences-in-differences estimator with additional regressors]　429
準実験 [quasi-experiment]　439
自然実験 [natural experiment]　439
繰り返しクロスセクション・データ [repeated cross-sectional data]　442
因果関係の平均的な効果 [average causal effect]　447
処置の平均的な効果 [average treatment effect]　447
処置のローカル平均の効果 [local average treatment effect]　449

練習問題

13.1 表 13.1 の結果を使って，各学年に関して以下の計算をしなさい．通常クラスと比較した小人数クラスの処置の効果の推定値，その標準誤差，その 95% 信頼区間（この練習問題に関しては，補助教員付き通常クラスの結果は無視してよい）．

13.2 表 13.2 の (4) 列の結果を使って，以下の計算をしなさい．2 つの学級 A と B を考え，次の点を除けば，表 13.2 の (4) 列の説明変数と同一の値をとるものとします．

a. クラス A は「小クラス」で，クラス B は「通常クラス」です．平均テスト成績の差の予測値に関する 95% 信頼区間を求めなさい．

b. クラス A には教育年数 5 年の先生がいて，クラス B には教育年数 10 年の先生がいます．平均テスト成績の差の予測値に関する 95% 信頼区間を求めなさい．

c. クラス A は教育年数 5 年の先生がいる小クラスで，クラス B は教育年数 10 年の先生がいる通常クラスです．平均テスト成績の差の予測値に関する 95% 信頼区間を求めなさい．（ヒント：STAR において，先生は異なるクラス・タイプに対してランダムに配置されています．）

d. (4) 列では，なぜ定数項が除かれているのでしょうか．

13.3 SAT（大学進学適性テスト）の予備コースが SAT のテスト成績へ及ぼす効果について，ランダムにコントロールされた実験を行ったところ，以下の結果が報告されました．

	トリートメント・グループ	コントロール・グループ
平均 SAT 成績 ($\overline{X}$)	1241	1201
SAT 成績の標準誤差 (s_X)	93.2	97.1
男子の数	55	45
女子の数	45	55

a. テスト成績に対する処置の平均的な効果を推定しなさい．

b. 割り当てがランダムでないという証拠はありますか．説明しなさい．

13.4 13.5 節のボックス「最低賃金は雇用にどう影響するか？」を読みなさい．いま具体的に，Card と Krueger は 1991 年（ニュージャージー州の最低賃金変化の前年）と 1993 年（ニュージャージー州の最低賃金変化の翌年）にデータを収集したとします．追加的な説明変数 W を除いて (13.7) 式を考えましょう．

a. 以下について，X_i, G_i, D_t の値はいくつでしょうか．
  i. 1991 年のニュージャージー州のファストフード店
  ii. 1993 年のニュージャージー州のファストフード店
  iii. 1991 年のペンシルバニア州のファストフード店
  iv. 1993 年のペンシルバニア州のファストフード店

b. 係数 $\beta_0, \beta_1, \beta_2, \beta_3$ を使うと，以下について，従業員の数はいくつと予想されますか．
  i. 1991 年のニュージャージー州のファストフード店
  ii. 1993 年のニュージャージー州のファストフード店
  iii. 1991 年のペンシルバニア州のファストフード店
  iv. 1993 年のペンシルバニア州のファストフード店

c. 係数 $\beta_0, \beta_1, \beta_2, \beta_3$ を使うと，最低賃金が雇用者数に及ぼす因果関係の平均的な効果はいくつになりますか．

d. なぜ Card と Krueger は，因果関係の効果について階差の階差推定量を使って，階差推定量「最低賃金上昇前後のニュージャージー・データの差」あるいは階差推定量「1993 年のニュージャージー・データとペンシルバニア・データの差」を使わなかったのでしょうか．

13.5 学生寮の部屋でのインターネット接続が，成績にどのような効果を及ぼすか評価しようと考えています．ある大きな学生寮では，半分の部屋がランダムにインターネットに接続されます（トリートメント・グループ）．そして学年末テストの成績が寮生全員から集められます．内部の正当性に問題が生じるのは，次のどのケースでしょうか．またその理由は何でしょうか．

a. 学期の途中で，運動部所属の男子学生すべてがある友愛団体に移り，大学を中退した（したがって，彼らの試験結果は観察されなかった）．

b. コントロール・グループに割り当てられた工学部の学生が，共同でローカルネットワークを立ち上げ，費用を分担して民間のワイヤレスインターネットを利用した．

c. トリートメント・グループに割り当てられた芸術学部の学生が，インターネット接続へのアクセス方法を知らなかった．

d. トリートメント・グループの経済学部の学生が，コントロール・グループの学生に有料でインターネット接続へのアクセスを提供した．

13.6 ランダムにコントロールされた実験に関して，2 期間（$T = 2$）のパネルデータが存在するものとします．第 1 期（$t = 1$）は実験の前，第 2 期（$t = 2$）は実験の後にそれぞれデータが取られています．処置は (0,1) 変数で，処置が施されたグループで $t = 2$ ならば $X_{it} = 1$ であり，それ以外は 0 であるとします．さらに，処置の効果は以下の特定化を用いてモデル化できるものとします：

$$Y_{it} = \alpha_i + \beta_1 X_{it} + u_{it}.$$

ここで，α_i は個人特有の効果で [(13.10) 式参照]，平均ゼロ，分散 σ_α^2 です．そして u_{it} は均一分散の誤差項で，$\text{cov}(u_{i1}, u_{i2}) = 0$，すべての i に関し $\text{cov}(u_{it}, \alpha_i) = 0$ です．$\hat{\beta}_1^{differences}$ を階差推定量，つまり Y_{i2} を X_{i2} と定数項で回帰したときの OLS 推定量を表し，$\hat{\beta}_1^{diffs-in-diffs}$ を階差の階差推定量，つまり $\Delta Y_i = Y_{i2} - Y_{i1}$ を $\Delta X_i = X_{i2} - X_{i1}$ と定数項で OLS 回帰して得られる β_1 の推定量を表すものとします．以下の問いに答えなさい．

a. $n\text{var}(\hat{\beta}_1^{differences}) \longrightarrow (\sigma_u^2 + \sigma_\alpha^2)/\text{var}(X_{i2})$ となることを示しなさい．（ヒント：付論 5.1 で示した，誤差項が均一分散であるときの OLS 推定量の分散の公式を使いなさい．）

b. $n\text{var}(\hat{\beta}_1^{diffs-in-diffs}) \longrightarrow 2\sigma_u^2/\text{var}(X_{i2})$ となることを示しなさい．（ヒント：$\Delta X_i = X_{i2}$ となることに注意しましょう．なぜそうなるのでしょうか．）

c. (a) と (b) の答えに基づき，推定量の効率性だけに着目すると，階差推定量よりも階差の階差推定量のほうが望ましいと考えられるのはどのような場合でしょうか．

13.7 ある実験に関して，$T = 2$（$t = 1, 2$）のパネルデータがあるとします．パネルデータ回帰モ

デルを考え，主体の固定効果，時間効果，時間を通じて変化しない個別の特徴 W_i（性別など）が含まれるとします．処置は (0,1) 変数とし，処置が施されたグループで $t = 2$ ならば $X_{it} = 1$，それ以外は 0 とします．次の母集団回帰モデルを考えます：

$$Y_{it} = \alpha_i + \beta_1 X_{it} + \beta_2 (D_t \times W_i) + \beta_0 D_t + v_{it}.$$

ここで，α_i は主体の固定効果，D_t は (0,1) 変数で $t = 2$ のとき 1，$t = 1$ のとき 0 を取る，$D_t \times W_i$ は D_t と W_i の交差項，α と β は未知の係数です．$\Delta Y_i = Y_{i2} - Y_{i1}$ とします．この回帰モデルから，(13.5) 式（1 つの W の説明変数，つまり $r = 1$ のケース）を導出しなさい．

13.8 いま，練習問題 13.7 と同じデータ（2 期間，n 個の観測値から成るパネルデータ）があり，しかし W の説明変数は無視するものとします．代替的な以下の回帰式を考えましょう：

$$Y_{it} = \beta_0 + \beta_1 X_{it} + \beta_2 G_i + \beta_3 D_t + u_{it}.$$

ここで，その個人がトリートメント・グループならば $G_i = 1$，コントロール・グループならば $G_i = 0$ となります．β_1 の OLS 推定量は，(13.3) 式の階差の階差推定量となることを示しなさい．（ヒント：8.3 節を参照．）

13.9 (13.9) 式の最後の等式を導出しなさい．（ヒント：共分散の定義，そして，実際の処置 X_i がランダムであるので β_{1i} と X_i は独立に分布するという事実を使いなさい．）

13.10 以下のような，主体ごとに異なる係数を持つ回帰モデルを考えます：

$$Y_i = \beta_{0i} + \beta_{1i} X_i + v_i.$$

ここで，$(v_i, X_i, \beta_{0i}, \beta_{1i})$ は i.i.d. 確率変数で，$\beta_0 = E(\beta_{0i})$ かつ $\beta_1 = E(\beta_{1i})$ です．

a. このモデルは，$Y_i = \beta_0 + \beta_1 X_i + u_i$ ($u_i = (\beta_{0i} - \beta_0) + (\beta_{1i} - \beta_1)X_i + v_i$) と書き直せることを示しなさい．

b. $E[\beta_{0i}|X_i] = \beta_0, E[\beta_{1i}|X_i] = \beta_1, E[v_i|X_i] = 0$ とします．$E[u_i|X_i] = 0$ を示しなさい．

c. 基本概念 4.3 の仮定 1 と 2 を満たしていることを示しなさい．

d. 異常値が起こるのはまれで，(u_i, X_i) は有限の 4 次モーメントを持つものとします．OLS そして第 4 章と第 5 章の手法を使って，β_{0i} や β_{1i} の平均値を推定したり統計的にテストしたりするのは適切でしょうか．

e. いま β_{1i} と X_i は正の相関があり，X_i の観測値がその平均値よりも大きければ，β_{1i} の観測値も平均よりも大きくなる傾向があるとします．基本概念 4.3 の仮定（最小二乗法の 3 つの仮定）は満たされているでしょうか．もし満たされていないなら，どの仮定が満たされていないのでしょうか．OLS そして第 4 章と第 5 章の手法を使って，β_{0i} や β_{1i} の平均値を推定したり統計的にテストしたりするのは適切でしょうか．

13.11 第 12 章では，州レベルのパネルデータを使い，州の売上税を操作変数としてたばこ需要の価格弾力性を推定しました．表 12.1 の (1) 列の回帰を考えます．このケースでは，処置のローカル平均の効果は処置の平均的な効果と異なると判断されますか．説明しなさ

い.

実証練習問題

E13.1 いま雇い主は次の2種類の履歴書を受け取ります．1つは白人の応募者からのもので，もう1つはアフリカ系アメリカ人からのものです．雇い主は白人の応募者をより面接に呼ぶ傾向があるでしょうか．この問いに答えるために，Marianne Bertrand と Sendhil Mullainathan は，ランダムにコントロールされた実験を行いました．人種は通常履歴書には記入されないので，「白人のような名前」なのか（たとえば Emily Walsh や Gregory Baker）なのか，それとも「アフリカ系アメリカ人のような名前」なのか（たとえば Lakisha Washington や Jamal Jones）をもとに履歴書を区別しました．多くの架空の履歴書を作成し，名前の「響き」から事前に想定した「人種」を各履歴書にランダムに付与しました．そのように作成された履歴書を雇い主に送り，どの履歴書だと雇い主から面接の電話連絡が来るのかを見てみました．実験結果に関するデータおよびデータの詳細は，本書の補助教材にあるファイル Names および Names_Description に記されています[6].

a. 雇い主から電話連絡があった履歴書の割合を，「電話連絡の割合」と定義します．白人の電話連絡の割合はいくつでしょうか．アフリカ系アメリカ人の割合はどうでしょうか．両者の電話連絡の割合の差に関する 95% 信頼区間を計算しなさい．両者の差は統計的に有意でしょうか．現実の社会において，その差は大きいと言えるでしょうか．

b. アフリカ系アメリカ人と白人の電話連絡の割合の差は，男性と女性で異なるでしょうか．

c. しっかりとした質の高い履歴書とそうではない履歴書で，電話連絡の割合は異なるでしょうか．白人の応募者に関して履歴書の質による電話連絡の割合の違いはいくつでしょうか．アフリカ系アメリカ人についてはどうでしょうか．履歴書の質の高さによる違いは，白人とアフリカ系アメリカ人とで統計的な差があるのでしょうか．

d. この研究を行った研究者たちは，人種は履歴書にランダムに付与されたと主張します．ランダムに付与されていないという証拠はありますか．

E13.2 いまある人に1ドルで野球カードを購入する機会が与えられましたが，その人はカードの購入を断りました．もしその人に野球カードを与えると，その人はそのカードを1ドルで売ろうとするでしょうか．標準的な消費理論では「売る」という答えになります．しかし，行動経済学者たちは，「所有権」によって消費者にとっての財の価値が上昇するということを発見しました．つまり，消費者はカードを購入するときは1$以下（たとえば，$0.88）しか払うつもりがない場合でも，売るときは$1 以上（たとえば，$1.20）でないと

---

[6] ここでのデータは，シカゴ大学の Marianne Bertrand 教授から提供されたもので，Sendhil Mullainathan 氏との共同研究である "Are Emily and Greg More Employable Than Lakisha and Jamal? A Field Experiment on Labor Market Discrimination" *American Economic Review* 2004, 94(4) で使用されたものです．

手放さないかもしれません．行動経済学者たちはこの現象を「賦与の効果（endowment effect）」と呼んでいます．John List は，この賦与の効果について，スポーツ記念品のトレーダーの売買におけるランダムな実験を行って分析しました．トレーダーは，市場価値のほとんど等しい 2 つのスポーツ・コレクション（商品 A と B）の 1 つをランダムに受け取ります[7]．商品 A を受け取ったトレーダーは，商品 B に交換できる権利が与えられます．一方，商品 B を受け取ったトレーダーは，商品 A に交換できる権利が与えられます．実験結果に関するデータおよびデータの詳細は，本書の補助教材にあるファイル Sportscards および Sportscards_Description に記されています[8]．

a. i. いま賦与の効果はなく，被験者であるトレーダー全員が商品 B よりも商品 A を好んでいるとします．受け取った商品を別の商品と交換しようとする人の割合はどのくらいになると予想されるでしょうか．（ヒント：ランダムに実施された実験であるということは，対象者の 50% は商品 A を受け取り，もう 50% が商品 B を受け取ったことを意味します．）

ii. 賦与の効果はなく，被験者の 50% は商品 B よりも商品 A を好み，それ以外の 50% の人は商品 A よりも商品 B を好んでいるものとします．受け取った商品を別の商品と交換しようとする被験者の割合はどのくらいになると予想されるでしょうか．

iii. 賦与の効果はなく，被験者の X% は商品 B よりも商品 A を好み，それ以外の $(100 - X)$% の人は商品 A よりも商品 B を好んでいるものとします．受け取った商品を別の商品と交換しようとする被験者の割合が 50% になると予想されることを示しなさい．

b. スポーツカード・データを用いて，与えられた商品を交換した被験者の割合を求めてみましょう．その割合は 50% と有意に異なるでしょうか．商品 A を受け取った人が商品 B と交換した割合を求めなさい．商品 B を受け取った人が商品 A と交換した割合を求めなさい．賦与の効果に関する証拠は見られるでしょうか．

c. 一部の人は，賦与の効果は存在するかもしれないが，トレーダーが売買経験を積むにつれてその効果は小さくなる傾向にあると主張しました．被験者の半数は販売業者で，それ以外の半数は業者ではありませんでした．販売業者は売買経験が豊富です．販売業者とそれ以外の人に分けて，(b) を再度行ってみましょう．彼らの行動に有意な違いが見られるでしょうか．実証結果は，トレーダーが売買経験を積むにつれて賦与の効果は小さくなるという仮説と整合的でしょうか．

d. データセットには，売買経験に関する別の 2 つの指標があります．1 つは月ごとの取引回数で，もう 1 つは年間の取引回数です．販売業者ではない人に関し，彼らの取引

---

[7] 商品 A は Cal Ripken, Jr. が連続試合出場記録を更新した試合のチケットの半券で，商品 B は Nolan Ryan が 300 勝した試合での記念品です．
[8] ここでのデータは，シカゴ大学の John List 教授から提供されたもので，彼の研究である "Does Market Experience Eliminate Market Anomalies" *Quartely Journal of Economics* 2003, 118(1):41-71 で使用されたものです．

経験が増えるにつれて，賦与の効果は減少するという証拠は見られるでしょうか．

付論 13.1 STAR プロジェクトのデータセット

　STAR プロジェクトに関する公開データセットには，実験が行われた 1985-1986 年から 1988-1989 年までの 4 年間のテスト得点，トリートメント・グループ，生徒と教師の特徴に関するデータが収録されています．この章で分析を行ったテスト得点のデータは，スタンフォード学力テストの算数と国語（読解）の得点の合計です．表 13.2 の「男子生徒」は，生徒が男子（= 1）か女子（= 0）かを表す (0,1) 変数です．「黒人生徒」と「白人・黒人以外の人種」は生徒の人種を表す (0,1) 変数です．「昼食援助資格者」は，給食費免除の資格者かどうかを表す (0,1) 変数です．教師の経験年数は，テストデータに対応する学年に担当していた先生の総経験年数となっています．データセットには，さらに，生徒が当該年にどの学校に通っていたかを表す変数も収録されているために，学校ごとの (0,1) 変数を作成できます．

付論 13.2 階差の階差推定量の多時点への拡張 [9]

　時点が 2 つ以上ある場合，10 章の固定効果回帰モデルを用いて因果関係の効果を推定することができます．

　まず追加的な説明変数 W がないケースについて考えてみましょう．そのとき，母集団回帰モデルは，以下のような時間効果と固定効果を含んだ回帰モデル〔(10.20) 式〕になります：

$$Y_{it} = \beta_0 + \beta_1 X_{it} + \gamma_2 D2_i + \cdots + \gamma_n Dn_i + \delta_2 B2_t + \cdots + \delta_T BT_t + v_{it}. \tag{13.12}$$

ここで $i = 1, \cdots, n$ は個人を表し，$t = 1, \cdots, T$ は測定時の時点を表します．また，X_{it} は時点 t において i 番目の個人が処置を受けるならば 1 を，受けなければ 0 となる変数，$D2_i$ は i 番目の個人であることを表す (0,1) 変数（つまり，$i = 2$ のときに $D2_i = 1$ となり，それ以外はゼロ），$B2_t$ は第 2 期であることを表す (0,1) 変数，そして他の (0,1) 変数に関しては上記と同様に定義されます．さらに，v_{it} は誤差項，$\beta_0, \beta_1, \gamma_2, \cdots, \gamma_n, \delta_2, \cdots, \delta_T$ は未知の係数とします．時点を表す (0,1) 変数を含めることによって，個人がトリートメント・グループかコントロール・グループかにかかわらず結果に影響する時点間の違い——たとえば職業訓練プログラムの実験中に起こった景気後退のような要因——をコントロールすることができます．$T = 2$ のときには，(13.12) 式の時間および固定効果回帰モデルは，(13.4) 式のような階差の階差回帰モデルに単純化されます．(13.12) 式の β_1 の推定方法に関しては，10.4 節の議論を参照してください．

　追加的な説明変数 (W) を考慮することで，処置を行う前の特徴や，時間を通じて変化しない特徴を，固定効果回帰のフレームワークに組み入れることができます．(13.5) 式で議論したように，階差の階差回帰の特定化では，追加的な説明変数 W は，Y の水準ではなく，Y の時点間の変化に影響します．たとえば，ある個人の事前の教育レベルは，その人が職業訓練プログラムに参加するか否かにかかわらず，賃金の変化に影響しうる観測可能な要因です．したがって，(13.5) 式を多期間に拡張する場合には，説明変数 W は，時間効果の (0,1) 変数と影響を及ぼし合います．単純化のために，

---

[9] この付論では，10.3 節および 10.4 節の議論を利用します．

説明変数 W は 1 つである場合を考えると，(13.5) 式を多期間に拡張したモデルは以下のようになります：

$$Y_{it} = \beta_0 + \beta_1 X_{it} + \beta_2 (B2_t \times W_i) + \cdots + \beta_T (BT_t \times W_i)$$
$$+ \gamma_2 D2_i + \cdots + \gamma_n Dn_i + \delta_2 B2_t + \cdots + \delta_T BT_t + v_{it}. \tag{13.13}$$

ここで，たとえば $B2_t \times W_i$ は，(0,1) 変数 $B2_t$ と W_i との交差項です．2 期間だけの場合，母集団回帰モデルは固定効果，時間効果，説明変数 W，W と (0,1) 変数 $B2_t$ との交差項を含み，それは (13.5) 式の母集団回帰モデルと同じになります（練習問題 13.7）．

多期間パネルデータを，時間を通じた因果関係の効果——たとえば，職業訓練プログラムの所得への効果は長く持続するのか，それとも時間とともに減衰していくのか——を測るために使うことも可能です．このための分析方法は，時系列データを用いて因果関係の効果を推定する第 15 章で議論します．

付論 13.3 条件付平均の独立

この付論では，13.3 節で言及した条件付平均の独立の仮定，およびその仮定が共通の処置の効果 β_1 を推定する際に果たす役割について議論します．ここでの議論では，説明変数を追加した階差推定量 ［(13.2) 式の $\hat{\beta}_1$］ に焦点を当てますが，その考え方は，説明変数を追加した階差の階差推定量に一般化することができます．

条件付平均の独立の仮定は，(13.2) 式の誤差項 u_i の条件付平均が，コントロール変数 $W_{1i}, \cdots, W_{ri}$ には依存するがトリートメント変数 X_i には依存しない，ということを指します．具体的には，

$$E(u_i|X_i, W_{1i}, \ldots, W_{ri}) = \gamma_0 + \gamma_1 W_{1i} + \cdots + \gamma_r W_{ri} \tag{13.14}$$

となります．条件付平均の独立の仮定の下，観察されない u_i の特徴は，観測可能なコントロール変数 W と相関を持つことができますが，W を所与とした下で，u_i の条件付平均は処置には依存しません．

もし W_i がすべて (0,1) 変数から成るならば，(13.14) 式の線形の仮定は強い制約ではありません．もし変数 W が連続変数であるならば，(13.14) 式の線形の条件付期待値は，W を適切に定義し直すことで，非線形の条件付期待値としても解釈できます．たとえば，8.2 節で議論したように，(13.14) 式の右辺で追加された項は，もともとは連続変数である W の多項式関数として表すことができます．

(13.14) 式を満たす 3 つのケースを考えましょう．最初のケースは，基本概念 6.4 の最小二乗法の第 1 の仮定を満たしているケースです．その場合，$E(u_i|X_i, W_{1i}, \cdots, W_{ri}) = 0$ となるので，(13.14) 式を満たし，条件付期待値はゼロとなります．

(13.14) 式を満たす 2 つ目のケースは，処置 X_i が実験でランダムに実施されており，したがってすべての個人の特性とは独立に分布しているケースです．そこでその個人の特性は，観測可能で回帰モデルに含まれているか（W 変数），観測されずに誤差項に含まれているかは関係ありません．もし X_i が u_i や W_i と独立に分布しているならば，W_i と X_i を所与とした場合の u_i の条件付分布は X_i に依存しないので，特にその条件付分布の平均は（たとえ W_i には依存したとしても）X_i には依存しません．職業訓練プログラムの例では，もし処置がランダムに行われているならば，過去の教育水

準を表す変数が説明変数に含まれているか誤差項の一部になっているかにかかわらず，そこに過去の教育の効果が含まれることはありません．

3つ目のケースは，処置 X_i が，W_i を条件として，ランダムに実施されているケースです．このケースの場合，W_i が与えられている下で処置はランダムに行われているため，u_i の平均は X_i に依存しません．もし，W_i の条件の下で，u_i と X_i が独立ならば，W_i を所与とした u_i の条件付分布は X_i に依存しないので，その条件付平均は，W_i には依存しても，X_i には依存しません．もし W_i が $(0,1)$ 変数であるならば，条件付平均の独立は，処置 X_i が，$(0,1)$ 変数で定義された各グループ内，もしくは「ブロック」内ではランダムに行われているものの，処置の確率はブロックごとには変わりうることを意味します．個人のブロック内でランダムに処置が実施されることは，ブロック化されたランダム処置（**block randomization**）と呼ばれることがあります．

条件付平均の仮定の下，β_1 は処置の効果を指します．これを確認するために，(13.2) 式の両辺の条件付期待値を計算してみましょう：

$$\begin{aligned}E(Y_i|X_i, W_{1i}, \ldots, W_{ri}) &= \beta_0 + \beta_1 X_i + \beta_2 W_{1i} + \cdots + \beta_{r+1} W_{ri} + E(u_1|X_i, W_{1i}, \ldots, W_{ri}) \\ &= \beta_0 + \beta_1 X_i + \beta_2 W_{1i} + \cdots + \beta_{r+1} W_{ri} + \gamma_0 + \gamma_1 W_{1i} + \cdots + \gamma_r W_{ri}.\end{aligned} \quad (13.15)$$

ここで，2番目の等号は条件付平均の独立の仮定 [(13.14) 式] から導かれます．(13.15) 式の条件付期待値を，$X_i = 1$（トリートメント・グループ）および $X_i = 0$（コントロール・グループ）で評価し，それらの差をとると以下のようになります：

$$E(Y_i|X_i = 1, W_{1i}, \ldots, W_{ri}) - E(Y_i|X_i = 0, W_{1i}, \ldots, W_{ri}) = \beta_1. \quad (13.16)$$

(13.16) 式の左辺は，個人の特性 W を所与とした下で，個人がトリートメント・グループとコントロール・グループにランダムに割り当てられる実験での因果関係の効果であり，それは結果の期待値の差で表されています．この因果関係の効果は W に依存しないので，母集団からランダムに選ばれたメンバーに関する因果関係の効果にもなっています．

(13.14) 式を満たしており，基本概念 6.4 の第 2 から第 4 の最小二乗法の仮定も満たされている下で，説明変数を追加した階差推定量は一致性を持ちます．直感的には，W_i を説明変数に加えることで，そのときの階差推定量は，処置の確率が W_i に依存しうるという事実をコントロールしていることになります．条件付平均の独立の仮定の下，$\hat{\beta}_1$ の一致性に関する数学的な導出は，行列計算を伴うため，練習問題 18.9 で行うことにします．

条件付平均の独立は，観測データを使って回帰式を解釈するフレームワークを提供するもので，そこではコントロール変数に掛かる係数は因果関係として解釈されず，他の係数で因果関係が解釈されます．それは表 7.1，表 8.3，表 9.2 での解釈と同様です．

付論 13.4 因果関係の効果が個人間で異なる場合の IV 推定

この付論では，(13.11) 式で表される TSLS 推定量の確率収束の表現を導出します．ここでは，処置の効果および操作変数が処置の水準に及ぼす影響について，母集団で異質性が存在する場合について考えます．具体的には，(13.8) 式および (13.10) 式は主体ごとに効果が異なる形で成立し，それ以外には基本概念 12.4 の操作変数回帰の仮定が満たされていると想定します．さらに，$\pi_{0i}, \pi_{1i}, \beta_{0i}, \beta_{1i}$ は，u_i, v_i, Z_i と独立に分布している，$E(u_i|Z_i) = E(v_i|Z_i) = 0$，そして $E(\pi_{1i}) \neq 0$ を仮

定します．

$(X_i, Y_i, Z_i), i = 1, \cdots, n$ は 4 次のモーメントを持つ i.i.d. なので，基本概念 2.6 における大数の法則を適用して，

$$\hat{\beta}_1^{TSLS} = s_{ZY}/s_{ZX} \xrightarrow{p} \sigma_{ZY}/\sigma_{ZX} \tag{13.17}$$

となります（付論 3.3 および練習問題 17.2 を参照）．したがって，ここでは σ_{ZY} および σ_{ZX} を，π_{1i} と β_{1i} のモーメントに関する表現で導出します．いま $\sigma_{ZX} = E[(Z_i - \mu_Z)(X_i - \mu_X)] = E[(Z_i - \mu_Z)X_i]$ です．(13.10) 式を σ_{ZX} に関する表現に代入すると，

$$\begin{aligned}
\sigma_{ZX} &= E[(Z_i - \mu_Z)(\pi_{0i} + \pi_{1i}Z_i + v_i)] \\
&= E(\pi_{0i}) \times 0 + E[\pi_{1i}Z_i(Z_i - \mu_Z)] + \text{cov}(Z_i, v_i) \\
&= \sigma_Z^2 E(\pi_{1i})
\end{aligned} \tag{13.18}$$

となります．ここで 2 つ目以降の等号は，$\text{cov}(Z_i, v_i) = 0$（これは $E(v_i|Z_i) = 0$ の仮定から導出されます．(2.27) 式を参照してください），$E[(Z_i - \mu_Z)\pi_{0i}] = E\{E[(Z_i - \mu_Z)\pi_{0i}]\} = E\{E[(Z_i - \mu_Z)\pi_{0i}|Z_i]\} = E[(Z_i - \mu_Z)E(\pi_{0i}|Z_i)] = E(Z_i - \mu_Z) \times E(\pi_{0i})$（これは繰り返し期待値の法則と π_{0i} と Z_i は独立であることを使います），そして $E[\pi_{1i}Z_i(Z_i - \mu_Z)] = E\{E[\pi_{1i}Z_i(Z_i - \mu_Z)|Z_i]\} = E(\pi_{1i})E[Z_i(Z_i - \mu_Z)] = \sigma_Z^2 E(\pi_{1i})$（これは繰り返し期待値の法則と π_{1i} と Z_i は独立であることを使います）であるため，成立します．

次に，σ_{ZY} について考えましょう．(13.10) 式を (13.8) 式に代入すると $Y_i = \beta_{0i} + \beta_{1i}(\pi_{0i} + \pi_{1i}Z_i + v_i) + u_i$ となるので，

$$\begin{aligned}
\sigma_{ZY} &= E[(Z_i - \mu_Z)Y_i] \\
&= E[(Z_i - \mu_Z)(\beta_{0i} + \beta_{1i}\pi_{0i} + \beta_{1i}\pi_{1i}Z_i + \beta_{1i}v_i + u_i)] \\
&= E(\beta_{0i}) \times 0 + \text{cov}(Z_i, \beta_{1i}\pi_{0i}) \\
&\quad + E[\beta_{1i}\pi_{1i}Z_i(Z_i - \mu_Z)] + E[\beta_{1i}v_i(Z_i - \mu_Z)] + \text{cov}(Z_i, u_i)
\end{aligned} \tag{13.19}$$

となります．ここで，$(\pi_{0i}\beta_{1i})$ と Z_i は独立して分布するので，$\text{cov}(Z_i, \beta_{1i}\pi_{0i}) = 0$ です．また β_{1i} は v_i, Z_i と独立して分布し，$E(v_i|Z_i) = 0$ なので，$E[\beta_{1i}v_i(Z_i - \mu_Z)] = E(\beta_{1i})E[v_i(Z_i - \mu_Z)] = 0$ となります．さらに，$E(u_i|Z_i) = 0$ なので，$\text{cov}(Z_i, u_i) = 0$ です．そして，β_{1i} と π_{1i} は Z_i と独立して分布するので，$E[\beta_{1i}\pi_{1i}Z_i(Z_i - \mu_Z)] = \sigma_Z^2 E(\beta_{1i}\pi_{1i})$ となります．以上の結果を (13.19) 式の最後の表現に代入すると，

$$\sigma_{ZY} = \sigma_Z^2 E(\beta_{1i}\pi_{1i}) \tag{13.20}$$

が得られます．

(13.18) 式と (13.20) 式を (13.17) 式に代入すると，$\hat{\beta}_1^{TSLS} \xrightarrow{p} \sigma_Z^2 E(\beta_{1i}\pi_{1i})/\sigma_Z^2 E(\pi_{1i}) = E(\beta_{1i}\pi_{1i})/E(\pi_{1i})$ となり，(13.11) 式の結果が得られます．

第 IV 部　経済時系列データの回帰分析

第 14 章　時系列回帰と予測の入門
第 15 章　動学的な因果関係の効果の推定
第 16 章　時系列回帰分析の追加トピック

第14章 時系列回帰と予測の入門

　時系列データとは，ある主体について異なる時点で集められたデータをさします．時系列データがあれば，クロスセクション・データでは対応できなかった定量的な問題に答えを出すことができます．その一例として，変数 X の Y に及ぼす因果関係の効果は時間を通じてどのように変化するか，という問題があります．換言すると，X 変化の Y へ及ぼす動学的な因果関係の効果はどのようなものか，という問題です．たとえばドライバーにシートベルト着用を義務付ける法律は，交通事故死亡者数に対して，法律施行当初およびその後法律が浸透するにつれて，どのような影響を及ぼすでしょうか？　時系列データが取り扱う別の問題としては，ある変数の将来の値に関するもっとも良い予測値は何か，という問題があります．たとえば来月のインフレ率，金利，株価はそれぞれいくらと予測されるでしょうか？　これら2つの問題——1つは動学的な因果関係の効果，もう1つは経済変数の予測——は，ともに時系列データを使って答えることができる問題です．しかし時系列データの分析には独自の特別な課題があり，その克服には新しい手法が必要となります．

　第14章から第16章では時系列データを使った計量経済分析の手法を紹介し，それらを予測と動学的な因果関係の効果の推定に応用します．第14章では，時系列データの回帰分析について基本的な概念と手法を学び，それを経済変数の予測に応用します．第15章では，基本概念と手法を動学的な因果関係の効果の推定に応用します．第16章はより上級のトピックスを取り上げ，多変数時系列モデルにおける予測，分散が時間を通じて変化するモデルなどを説明します．

　本章では実証問題として，インフレ率，すなわち一般物価指数のパーセント変化の予測を取り扱います．予測は，ある意味で回帰分析の応用ですが，しかしそれは，これまで本書の焦点であった因果関係の効果の推定とは基本的に異なります．14.1節で議論するように，予測に使われるモデルから因果関係に関する解釈が引き出せるとはかぎりません．街で傘を持っている人を見かけたら雨が降ると予測できますが，人々が傘を持つことが降雨を引き起こすわけではないからです．14.2節では，時系列分析の基本概念をいくつか説明し，経済の時系列データの具体例を紹介します．14.3節では，被説明変数の過去の値が説明変数となる時系列回帰モデルについて説明します．これらの「自己回帰」モデ

ルは，インフレ率の過去の値をそれ自身の将来の予測に用います．また，自己回帰モデルに基づく予測では，別の追加的な変数とその過去の値（つまり「ラグ」）を説明変数に含めることで予測が改善されることがあります．これらの「自己回帰・分布ラグモデル」は14.4 節で説明されます．たとえばインフレ率の予想には，インフレ率のラグに加えて失業率のラグも用いることで——つまりフィリップス曲線の実証モデルに基づいた予測により——，自己回帰モデルの場合よりも予測が改善されます．さらに実際的な問題として，自己回帰モデル，自己回帰・分布ラグモデルにおけるラグ次数についても決定しなくてはなりません．14.5 節ではその決定方法について説明します．

将来は過去と同じようなものであるという仮定は，時系列データを用いる回帰分析にとって重要です．その仮定は大変重要であるため，「定常性」という名前が付けられています．しかし時系列変数は，さまざまな理由により定常性を満たさないことがあります．その中でも，経済の時系列分析において特に検討すべき状況として次の2つが考えられます．すなわち，(1) 変数に持続的・長期的な動きが含まれる，つまりトレンドが存在する場合，そして (2) 母集団の回帰式が時間を通じて安定しておらず，その関係に変化（ブレイク）がある場合です．これらの状況が発生し定常性が満たされなくなると，時系列回帰に基づく予測や統計的推論には問題が生じます．幸いなことに，トレンドや回帰式の変化を検出する統計手法は存在し，そしてそれらが検出されればモデルを修正するための手法も存在します．これらの統計手法については 14.6 節，14.7 節で議論されます．

14.1 回帰モデルを使った予測

第 4 章から第 9 章にかけて検討してきた実証問題は，生徒・教師比率がテスト成績に及ぼす因果関係を推定するという問題でした．第 4 章の最も単純な回帰式は，テスト成績を生徒・教師比率（STR）で説明するという式で，

$$TestScore = 989.9 - 2.28 \times STR \tag{14.1}$$

でした．この式は，第 6 章で議論したように，より多くの教員を雇ってクラス規模を小さくすべきか検討している校長にとって，あまり有用ではありません．なぜなら，(14.1) 式にはテスト成績の説明要因となる学校や生徒の特性を含んでおらず，同式で推定された傾きの係数には，除外された変数のバイアスが含まれている恐れがあるからです．

それに対して，第 9 章で議論したように，どの学区へ引越すかを検討している親にとっては，(14.1) 式は有用です．その係数は因果関係としては解釈できませんが，テスト成績の予測には使うことができます．より一般的に回帰式は，たとえその係数がどれ 1 つとして因果関係として解釈できなくとも，予測には有用なのです．予測という観点から述べると，モデルはできるだけ正確な予測を行うことが重要です．もちろん完全な予測といったものはありませんが，それでも回帰式を使えば正確で信頼できる予測を求めることが

可能です．

　本章での応用例は，テスト成績とクラス規模の関係式で検討してきた問題と異なります．というのは，この章では時系列データを使って将来を予測するからです．たとえば親は，子供が学校に入った後，来年のテスト成績が実際に気になるとします．もちろんテスト自体はまだ実施されていないわけですから，親は現在利用可能な情報を使ってその成績を予測しなければなりません．もしテスト成績の過去の年の値がわかるなら，出発点としては，現在と過去のテスト成績データを使って将来のテスト成績を予測すればよいでしょう．この議論は14.3節の自己回帰モデルに直接つながるもので，ある変数の過去の値が線形回帰式の説明変数として用いられ，その系列の将来の値が予測されます．次のステップは，14.4節で議論されますが，自己回帰モデルを拡張して，クラス規模など別の説明変数を含めることです．(14.1) 式と同じく，このような回帰モデルはたとえ係数が因果関係として解釈できなくても正確で信頼できる予測を行うことが可能となります．なお第15章では，校長が直面する問題に戻り，時系列変数に基づき因果関係の推定について議論します．

14.2　時系列データと系列相関

　この節では，時系列分析に登場する基本概念や用語について紹介します．どのような時系列分析でもまず行うことは，データを図にプロットすることです．では，そこから始めましょう．

アメリカのインフレ率と失業率

　図14.1はアメリカのインフレ率——消費者物価指数（Consumer Price Index, CPI）で測られた物価の年変化率——を1960年から2004年までプロットしています（データの詳細は付論14.1を参照）．インフレ率は1960年代に低く，1970年代に上昇して1980年第1四半期（つまり1980年の1月，2月，3月）に15.5%という戦後のピークを記録，その後，1990年代の終わりには3%を下回る水準まで下落しました．図14.1(a) に見られるように，インフレ率の変動は大きく，四半期ごとに1%ポイント以上変化することもあります．

　アメリカの失業率——労働人口に占める失業者の割合，データ出所は現代人口調査（Current Population Survey, 詳細は付論3.1）——は図14.1(b) に示されています．失業率の変化は主に米国の景気循環に関係しています．たとえば1960-61年，1970年，1974-75年の不況期，1980年と1981-82年の双子の不況期，1990-91年と2001年の不況期，それぞれで失業率は上昇しており，それは図14.1(b) の影の時期で表されています．

468 第14章 時系列回帰と予測の入門

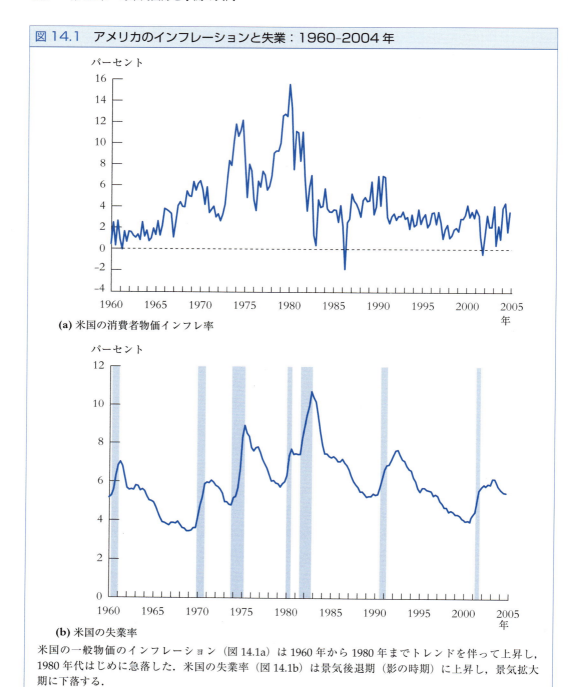

図14.1 アメリカのインフレーションと失業：1960-2004年

(a) 米国の消費者物価インフレ率

(b) 米国の失業率

米国の一般物価のインフレーション（図14.1a）は1960年から1980年までトレンドを伴って上昇し，1980年代はじめに急落した．米国の失業率（図14.1b）は景気後退期（影の時期）に上昇し，景気拡大期に下落する．

ラグ，1回の階差，対数，成長率

時系列変数 Y の t 期の観測値は Y_t，観測値数の合計は T で表されます．観測値の間隔，すなわち t 期の観測値と $t+1$ 期の観測値の間の期間は，週，月，四半期（3ヶ月の単位），

基本概念	ラグ，1回階差，対数，成長率
14.1	・時系列 Y_t の1期のラグは Y_{t-1}，j 期のラグは Y_{t-j} と表される． ・ある系列の1回階差 ΔY_t は，その $t-1$ 期と t 期の間の変化，つまり $\Delta Y_t = Y_t - Y_{t-1}$ と表される． ・Y_t の対数の1回階差は，$\Delta \ln(Y_t) = \ln(Y_t) - \ln(Y_{t-1})$ と表される． ・Y_t の $t-1$ 期と t 期の間のパーセント変化は，近似的に $100\Delta \ln(Y_t)$ と表される．その近似はパーセント変化が小さいときに最も正確となる．

もしくは年といった時間の単位となります．たとえば本章で分析するインフレ率のデータは四半期なので，時間の単位（つまり「1期」）は4分の1年です．

Y の過去および将来の値を表すには特別な用語および記号が使われます．Y の前期の値は，**1期のラグ値**（**first lagged value**）あるいは**1期ラグ**（**first lag**）と呼ばれ，Y_{t-1} と表されます．その j 期間前の値は j **期のラグ値**（あるいは j **期ラグ**）と呼ばれ，Y_{t-j} と表されます．同様に，Y_{t+1} は1期先の将来の Y の値を表します．

$t-1$ 期と t 期の間における Y の変化は，変数 Y の**1回階差**（**first difference**）と呼ばれます．時系列データでは1回階差を表すために "Δ" の記号が使われます．したがって $\Delta Y_t = Y_t - Y_{t-1}$ と表されます．

経済の時系列変数は，しばしばその対数値，もしくは対数値の変化を取って分析されます．その1つの理由は，国民総生産（Gross Domestic Product，GDP）などの多くの経済変数はほぼ指数的に成長する，つまり長い期間で見ると平均してある一定の率で成長する傾向が見られるからです．そのとき，対数を取った系列はほぼ直線に沿って（線形に）成長します．別の理由は，多くの経済変数の標準偏差は，近似的にその水準に比例する，つまり標準偏差が変数の水準のパーセントで表示されるからです．そのとき，対数を取った系列の標準偏差はほぼ一定となります．どちらの場合にせよ，元の系列の変化に比例する形で変換後の系列も変化する，そのような変換を施すことは便利であり，それは対数を取ることで実現できるのです[1]．

ラグ，1回階差，成長率については，基本概念14.1に要約されます．

表14.1は，ラグ，変化，パーセント変化について，米国のインフレ率を使った具体例

---

[1] 対数値の変化は，その変数の変化の割合に等しくなります．つまり $\ln(X + a) - \ln(X) \cong a/X$ で，この近似は a/X が小さいときにうまくいきます（(8.16)式とその前後の議論を参照）．いま X を Y_{t-1} に，a を ΔY_t に置き換えて，$Y_t = Y_{t-1} + \Delta Y_t$ に注目します．すると，Y_t の $t-1$ 期と t 期の間の変化の割合は，近似的に，$\ln(Y_t) - \ln(Y_{t-1}) = \ln(Y_t + \Delta Y_t) - \ln(Y_{t-1}) \cong \Delta Y_t / Y_{t-1}$ です．ここで $\ln(Y_t) - \ln(Y_{t-1})$ は $\ln(Y_t)$ の1回階差，すなわち $\Delta \ln(Y_t)$．したがって，$\Delta \ln(Y_t) \cong \Delta Y_t / Y_{t-1}$ となります．パーセント変化は変化の割合を100倍したものなので，系列 Y_t のパーセント変化は $100\Delta \ln(Y_t)$ で近似されるのです．

表 14.1　アメリカのインフレーション：2004 年～2005 年第 1 四半期

四半期	米国 CPI	インフレ率 (前期比年率, Inf_t)	1 期ラグ (Inf_{t-1})	インフレ率の変化 (ΔInf_t)
2004:I	186.57	3.8	0.9	2.9
2004:II	188.60	4.4	3.8	0.6
2004:III	189.37	1.6	4.4	−2.8
2004:IV	191.03	3.5	1.6	1.9
2005:I	192.17	2.4	3.5	−1.1

注：インフレ率（前期比年率）は，CPI の前四半期から今四半期へのパーセント変化を求め，その 4 倍として計算．インフレ率の 1 期ラグは前四半期の値．インフレ率の変化は今期のインフレ率マイナスその 1 期ラグ．すべての値は小数第 1 位へと四捨五入されている．

を示しています．第 1 列は日付，つまり期を表し，2004 年第 1 四半期は 2004:I，2004 年第 2 四半期は 2004:II と表されます．第 2 列は該当する四半期の CPI の値が示され，第 3 列はインフレ率が示されています．たとえば 2004 年第 1 四半期から第 2 四半期へ消費者物価指数は 186.57 から 188.60 へと増えました．パーセント変化では，100 × (188.60 − 186.57)/186.57 = 1.09％ となり，これはある四半期から次の四半期にかけてのパーセント増加分を表します．また，年率ベースのインフレ率（そしてマクロ経済の時系列に関する他の成長率）が報告される場合もあります．それは物価が 1 年間同じ率で成長し続けたと仮定したときのパーセント増加分に当たります．1 年には 4 四半期あるので，2004:II のインフレ率は年率では 1.09 × 4 = 4.36，近似すると年 4.4％ となります．

このパーセント変化は，基本概念 14.1 で述べた対数値の階差による近似からも求められます．2004:I と 2004:II の間での CPI の対数値の差は，ln(188.60) − ln(186.57) = 0.0108 となり，近似的な四半期パーセント変化は 100 × 0.0108 = 1.08％ です．年率ベースだと 1.08 × 4 = 4.32，あるいは 4.3％ となり，パーセント成長率を直接求めた値と基本的に同じになります．これらの計算をまとめると，

$$\text{インフレ率（前期比年率）} = Inf_t \cong 400[\ln(CPI_t) - \ln(CPI_{t-1})] \\ = 400\Delta \ln(CPI_t). \tag{14.2}$$

ここで CPI_t は消費者物価指数の t 期の値です．400 倍されているのは，変化の割合をパーセントに変換（100 倍）し，そして四半期パーセント変化を年率に換算する（4 倍する）からです．

表 14.1 の最後の 2 列は，インフレ率のラグと変化を表しています．2004:II のインフレ率の 1 期ラグは 3.8％，これは 2004:I のインフレ率です．インフレ率の 2004:I から 2004:II の変化は 4.4％ − 3.8％ = 0.6％ です．

基本概念 14.2 自己相関（系列相関）と自己共分散

系列 Y_t に関する j 次の自己共分散は，Y_t とその j 期ラグ Y_{t-j} との間の共分散，そして j 次の自己相関は Y_t と Y_{t-j} の間の相関である．すなわち，

$$j 次の自己共分散 = \mathrm{cov}(Y_t, Y_{t-j}) \tag{14.3}$$

$$j 次の自己相関 = \rho_j = \mathrm{corr}(Y_t, Y_{t-j}) = \frac{\mathrm{cov}(Y_t, Y_{t-j})}{\sqrt{\mathrm{var}(Y_t)\mathrm{var}(Y_{t-j})}}. \tag{14.4}$$

j 次の自己相関は，j 次の系列相関と呼ばれることもある．

自己相関

時系列データでは，ある期の Y の値が次の期の値と相関することがよくあります．ある系列の自分自身のラグ値との相関は，**自己相関**（**autocorrelation**），または**系列相関**（**serial correlation**）と呼ばれます．1 次の自己相関（または**自己相関係数**〈**autocorrelation coefficient**〉）は，Y_t と Y_{t-1} の間の相関，つまり 2 期連続した Y の間の相関です．2 次の自己相関は Y_t と Y_{t-2} の間の相関，j 次の自己相関は Y_t と Y_{t-j} の間の相関です．同様に j 次の自己共分散（j^{th} **autocovariance**）は，Y_t と Y_{t-j} の間の共分散です．自己相関と自己共分散は，基本概念 14.2 に要約されています．

基本概念 14.2 で表された j 次の真の（母集団の）自己共分散および自己相関は，j 次の標本自己共分散 $\widehat{\mathrm{cov}(Y_t, Y_{t-j})}$ および標本自己相関 $\hat{\rho}_j$ により推定できます．すなわち，

$$\widehat{\mathrm{cov}(Y_t, Y_{t-j})} = \frac{1}{T} \sum_{t=j+1}^{T} (Y_t - \overline{Y}_{j+1,T})(Y_{t-j} - \overline{Y}_{1,T-j}) \tag{14.5}$$

$$\hat{\rho}_j = \frac{\widehat{\mathrm{cov}(Y_t, Y_{t-j})}}{\widehat{\mathrm{var}(Y_t)}}. \tag{14.6}$$

ここで $\overline{Y}_{j+1,T}$ は Y_t の標本平均で観測値は $t = j+1, \ldots, T$，そして $\widehat{\mathrm{var}(Y_t)}$ は Y の標本分散です[2]．

インフレ率とインフレ率の変化に関する最初の 4 次の標本自己相関は，表 14.2 にまとめられています．これらの値から，インフレ率は強い正の自己相関があることがわかります（たとえば 1 次の自己相関は 0.84）．標本自己相関は，ラグ次数が増えるにつれて低下

---

[2] (14.5) 式では和記号は T で割られていますが，標本共分散の通常の公式では標本数から自由度を差し引き調整した数で割られます（(3.24) 式を参照）．(14.5) 式は，自己共分散を実際に計算する際によく使われます．また (14.6) 式の導出には，$\mathrm{var}(Y_t)$ と $\mathrm{var}(Y_{t-j})$ が同一という仮定——Y が「定常的」という仮定の 1 つのインプリケーション——が置かれています．この点は 14.4 節で詳細に議論します．

表14.2 米国インフレ率とその変化に関する最初の4次の標本自己相関：1960:I-2004:IV

ラグ次数	自己相関	
	インフレ率 (Inf_t)	インフレ率の変化 (ΔInf_t)
1	0.84	−0.26
2	0.76	−0.25
3	0.76	0.29
4	0.67	−0.06

しますが，しかし4次の自己相関の値は依然大きいものです．一方，インフレ率の変化は負の自己相関が示唆されます．つまり，ある四半期でインフレ率が上昇すれば，次の四半期にはインフレ率が下落する傾向にあります．

インフレ率の水準には正の相関があり，その変化には負の相関があるという結果は，一見すると矛盾しているように見えます．しかしこれら2つの自己相関は，異なるものを測っています．インフレ率の強い正の自己相関は，図14.1から明らかなように，その長期的なトレンドを反映しています．1965年第1四半期のインフレ率が低ければ第2四半期も低い，1981年第1四半期に高ければ第2四半期も高い，といった具合です．これに対して，インフレ率の変化に見られる負の自己相関は，平均してみると，ある四半期にインフレ率が上昇すれば，次の期には下落することを意味します．

経済の時系列変数：他の具体例

経済の時系列変数の動きは，系列により大きく異なります．図14.2には，経済時系列変数の4つの例，米国のフェデラルファンド・レート，米ドルと英国ポンドの間の為替レート，日本の実質GDPの対数値，米国のスタンダード・プアーズ500株価指数（S&P 500）の日次の収益率が示されています．

米国フェデラルファンド・レート（図14.2(a)）とは，銀行間で資金を1日借りる際に支払う金利です．この金利は，アメリカの中央銀行である連邦準備銀行によりコントロールされるもので，金融政策のスタンスを表す主要な指標（操作指標）として重要です．この系列を図14.1の失業率，インフレ率と比べると，フェデラルファンド・レートの急激な上昇はその後の不況と関係があることがわかります．

ポンド／ドル為替レート（図14.2(b)）は，米ドル単位で測った英国1ポンド（£）の価格です．1972年以前，先進国は固定為替レート制度――ブレトンウッズ制度――を採用しており，各国政府は為替レートが変動しないように一定水準を維持していました．1972年，高インフレの圧力によりこの制度は崩壊しました．それ以降，主要国通貨の為替レートは変動することとなり，外国為替市場の需要と供給によりレートが決定されます．1972年以前のポンドの為替レートはほぼ一定でした．唯一変動したのは1968年の

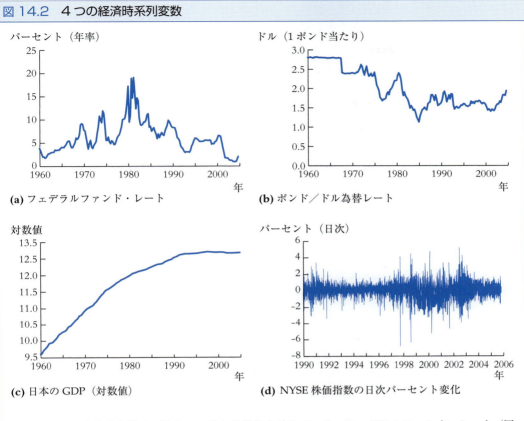

図 14.2　4つの経済時系列変数

(a) フェデラルファンド・レート
(b) ポンド／ドル為替レート
(c) 日本のGDP（対数値）
(d) NYSE株価指数の日次パーセント変化

これら4つの時系列変数は，際立って異なる動きを示している．フェデラルファンド・レート（図14.2(a)）は，一般物価のインフレーションと同じように動く．ポンド／ドル為替レート（図14.2(b)）は，1972年，固定相場制度であるブレトンウッズ体制が崩壊して以降，個々に非連続的な変動を示す．日本の実質GDPの対数値（図14.2(c)）は比較的スムーズな成長を示しているが，成長率は1970年代そして再び1990年代に低下している．NYSE株価指数の日次パーセント変化（図14.2(d)）は本質的に予測不可能であるが，その分散は一定ではなく変化しており，「変動率のかたまり（volatility clustering）」を示している．

切り下げ時で，そのときポンドの価値（対ドル）は2.40ドルへと引き下げられました．1972年以降，為替レートは非常に大きな幅で変動しています．

日本の四半期の実質GDP（図14.2(c)）は，日本国内で四半期に生産された財サービスの価値の合計で，価格変化の影響が取り除かれた実質値です．GDPは1国全体の経済活動を表す最も広範囲な指標です．図14.2(c)にはその対数値が示されており，この系列の変化は成長率と解釈されます．1960年代から1970年代初めにかけて，日本の実質GDPは急速に成長しましたが，1970年代後半から1980年代にかけてその成長スピードは鈍化しました．1990年代にはさらに減速し，1990-2004年の平均成長率は1.2％です．

ニューヨーク証券取引所（New York Stock Exchange, NYSE）株価指数は同取引所で取引される全銘柄を集計した広範囲な株価指数です．図14.2(d)は，1990年1月2日

から 2005 年 11 月 11 日までの日次パーセント変化をプロットしています（全 4003 観測値）．図 14.2 の他の系列と異なり，これらの日次変化には系列相関がほとんど見られません．もし系列相関があれば，過去の日次データを使って収益を予測することができ，上昇が予想される場合には現在購入して，下落が予想される場合には売却して利益を上げることができます．日次の変化そのものは本質的に予測不可能ですが，図 14.2(d) から，その変動率（volatility）にはあるパターンが観察されます．たとえば日次パーセント変化の標準偏差は 1990-1991 年と 1998-2003 年には比較的大きく，1995 年と 2005 年には比較的小さくなっています．このような「変動率のかたまり（volatility clustering）」は多くのファイナンスの時系列データに見られる現象で，この特別なタイプの不均一分散をモデル化する計量経済モデルは，16.5 節で取り上げられます．

14.3 自己回帰モデル

一般物価のインフレーション——全般的な物価のパーセント増加——は来年いくらになるでしょうか？ 米国ウォール街の投資家は，債券にいくら投資するかを決める際，インフレーションの予測を利用します．アメリカ連邦準備銀行など中央銀行のエコノミストは，インフレ予想を使って金融政策方針を決定します．企業は自らの売上げを予想する際，インフレ予想を参照するでしょうし，地方政府はインフレの予測値を使って翌年度の予算を検討するでしょう．本節では，**自己回帰**（autoregression）モデル——すなわち，時系列変数を自分の過去の値で説明する回帰モデル——を使って，経済変数の予測を検討します．

1 次の自己回帰モデル

ある時系列変数の将来を予測するために，直近の過去の値を見ることから始めてみましょう．たとえば，今期から来期（次の四半期）までのインフレ率の変化を予測するとします．その際，直前の四半期にインフレ率が上昇したか下落したかを参考にするかもしれません．今期のインフレーションの変化 ΔInf_t を，1 期前の四半期の変化 ΔInf_{t-1} を使ってシステマティックに予測する方法は，ΔInf_t を ΔInf_{t-1} で OLS 回帰することです．1962-2004 年までのデータを使って推定したところ，その回帰式は，

$$\widehat{\Delta Inf_t} = 0.017 - 0.238 \Delta Inf_{t-1} \tag{14.7}$$
$$\phantom{\widehat{\Delta Inf_t} = }(0.126)\ (0.096)$$

となりました．ここで，いつもと同じく，推定された係数の下のカッコ内は標準誤差であり，$\widehat{\Delta Inf_t}$ は，推定された回帰線に基づく ΔInf_t の予測値を表します．(14.7) 式のモデルは 1 次の自己回帰と呼ばれます．「自己回帰」であるのは，その系列の自分自身のラグ ΔInf_{t-1} への回帰だからであり，「1 次」であるのは説明変数が 1 期ラグだけだからです．

(14.7) 式の係数はマイナスであるため，ある四半期でインフレ率が上昇すれば，次の四半期にはインフレ率は下落することを意味します．

1 次の自己回帰は AR(1) と略されます．ここで "1" とは 1 次のラグ次数を表します．したがって，時系列 Y_t に関する母集団の AR(1) モデルは，

$$Y_t = \beta_0 + \beta_1 Y_{t-1} + u_t \tag{14.8}$$

となり，u_t は誤差項です．

予測と予測誤差　いま Y について過去のデータがあり，その将来の値を予測したいとしましょう．もし Y_t が (14.8) 式の AR(1) モデルに従うなら，そして β_0 と β_1 の値を知っていれば，Y_T に基づく Y_{T+1} の予測値は，$\beta_0 + \beta_1 Y_T$ となります．

実際には β_0 と β_1 は未知であるため，予測には β_0 と β_1 の推定値を用いることになります．そこで私たちは，過去のデータから計算される OLS 推定量 $\hat{\beta}_0$, $\hat{\beta}_1$ を用います．一般に $\hat{Y}_{T+1/T}$ は，T 期までのデータを使って推定されたモデルに基づき，T 期までの情報を用いて計算された Y_{T+1} の予測を表します．したがって，(14.8) 式の AR(1) モデルに基づく予測は

$$\hat{Y}_{T+1|T} = \hat{\beta}_0 + \hat{\beta}_1 Y_T. \tag{14.9}$$

ここで $\hat{\beta}_0$, $\hat{\beta}_1$ は T 期までの過去のデータを使って推定されたものです．

予測誤差（**forecast error**）とは，予測の誤りのことで，Y_{T+1} の実際の値と Y_T に基づくその予測との差に当たります．すなわち，

$$予測誤差 = Y_{T+1} - \hat{Y}_{T+1/T}. \tag{14.10}$$

予測対 OLS 予測値　予測（forecast）は OLS 予測値（predicted value）とは異なります．予測誤差と OLS 残差（residual）もまた同じではありません．OLS 予測値とは，回帰式の推定に使われたサンプル期間内の観測値に対して計算されるものです．それに対して予測は，回帰式の推定に使われるデータセットを超えて計算されます．したがって予測される被説明変数の実際の値は，回帰式を推定する際のサンプルには含まれていません．同様に OLS 残差は，サンプル内における Y の現実値と OLS 予測値との差で表されます．一方，予測誤差は，（推定のサンプルには含まれない）Y の将来の値とその予測値との差になります．別の言い方をすれば，予測と予測誤差は「サンプル外の（out-of-sample）」観測値に適用され，一方 OLS 予測値と OLS 残差は「サンプル内の（in-sample）」観測値に適用される概念です．

予測の平方根平均二乗誤差　予測の平方根平均二乗誤差（**root mean squared forecast**

error, RMSFE）は，予測誤差の大きさを測る（つまり予測モデルの誤りの程度を測る）指標です．RMSFE は，予測誤差の二乗の平均に平方根を取った値，すなわち，

$$\text{RMSFE} = \sqrt{E[(Y_{T+1} - \hat{Y}_{T+1|T})^2]} \tag{14.11}$$

と表されます．

　RMSFE には誤差の発生源が 2 つあります．1 つは将来の u_t が未知であるために発生する誤差，もう 1 つは係数 β_0 と β_1 の推定に含まれる誤差です．もし第 1 の誤差が第 2 の誤差に比べて十分に大きければ——それはたとえばサンプル数が大きければありうることですが——，RMSFE は近似的に $\sqrt{\text{var}(u_t)}$，すなわち母集団の回帰式（(14.8) 式）の誤差 u_t の標準偏差に等しくなります．そして u_t の標準偏差は，回帰の標準誤差（SER，4.3 節参照）から推定されます．このように，もし回帰係数の推定に起因する不確実性・エラーが無視できるほど小さければ，RMSFE は回帰の標準誤差から推定することができます．両方のエラーの発生源を含む場合の RMSFE の推定については 14.4 節で取り上げます．

インフレ率の予測への応用　　(14.7) 式の AR(1) モデルは 2004:IV までのデータを使って推定されましたが，その推定されたモデルに基づいて，2004:IV 時点に予測される 2005 年第 1 四半期（2005:I）のインフレ率はいくらでしょうか．表 14.1 から，2004:IV のインフレ率は 3.5%（$Inf_{2004:\text{IV}} = 3.5\%$）で，2004:III から比べて 1.9 パーセントポイント上昇しています（$\Delta Inf_{2004:\text{IV}} = 1.9$）．これらの値を (14.7) 式に代入すると，インフレ率変化の予測は，$\widehat{\Delta Inf}_{2005:\text{I}} = 0.017 - 0.238 \times \Delta Inf_{2004:\text{IV}} = 0.017 - 0.238 \times 1.9 = -0.43 \cong -0.4$（小数第 1 位へ四捨五入）．予測されるインフレ率は，過去のインフレ率プラスその予測された変化なので，

$$\widehat{Inf}_{T+1|T} = Inf_T + \widehat{\Delta Inf}_{T+1|T} \tag{14.12}$$

と表されます．$Inf_{2004:\text{IV}} = 3.5\%$ で，また 2004:IV から 2005:I への予測されたインフレーションの変化は -0.4 なので，予測される 2005:I のインフレ率は，$\widehat{Inf}_{2005:\text{I}} = Inf_{2004:\text{IV}} + \widehat{\Delta Inf}_{2004:\text{IV}} = 3.5\% - 0.4\% = 3.1\%$ となります．このように，上記 AR(1) モデルからは，インフレ率は 2004:IV の 3.5% から 2005:I には 3.1% へ下落すると予測されるのです．

　この AR(1) 予測は，どの程度正確なのでしょうか？　表 14.1 より，2005:I の実際の値は 2.4% です．したがって AR(1) 予測は 0.7 パーセントポイントも現実の値よりも高く，予測誤差は -0.7% となります．AR(1) モデルの $\overline{R}^2$ は 0.05 しかなく，したがってインフレ率変化の 1 期ラグはサンプル内のインフレーションの変動のごく小さな割合しか説明してないことがわかります．この低い $\overline{R}^2$ は，(14.7) 式を使って得られた 2005:I のインフレ予想が良好でなかったという結果と整合的です．より一般に，$\overline{R}^2$ が低いとき，AR(1) モデルでは，インフレ率変化の変動のごく小さな割合しか予測できません．

　(14.7) 式の回帰の標準誤差は 1.65 です．係数の推定に関係する不確実性を無視できる

とすると，(14.7) 式に基づくインフレ予想に対する RMSFE の推定値は，1.65% となります．

p 次の自己回帰モデル

AR(1) モデルは Y_{t-1} を使って Y_t を予測します．しかしその予測では，潜在的に有用なより過去の情報は無視されています．その情報を取り込む1つの方法は，AR(1) モデルに追加的なラグを含めることです．それは p 次の自己回帰，AR(p) モデルとなります．

p 次の自己回帰モデル（p^{th} **order autoregressive model, AR(p)**）は，Y_t を p 個のラグ値の線形関数として表します．すなわち AR(p) モデルにおいて説明変数は，Y_{t-1}, $Y_{t-2}, \ldots, Y_{t-p}$ プラス定数項です．ラグの数 p は，自己回帰の次数（order）あるいはラグの長さ（lag length）と呼ばれます．

たとえばインフレ率の変化に関する AR(4) モデルは，説明変数としてインフレ率の変化の4つのラグを使います．1962–2004 年の期間について OLS 推定した結果，AR(4) モデルは，

$$\widehat{\Delta Inf}_t = \underset{(0.12)}{0.02} - \underset{(0.09)}{0.26} \Delta Inf_{t-1} - \underset{(0.08)}{0.32} \Delta Inf_{t-2} + \underset{(0.08)}{0.16} \Delta Inf_{t-3} - \underset{(0.09)}{0.03} \Delta Inf_{t-4} \quad (14.13)$$

となりました．追加された3つのラグ変数に関する係数の有意性を検定したところ，F 統計量は 6.91（p 値 < 0.001）となり，係数は3つ合わせて 5% 水準で有意にゼロとは異なることがわかりました．この結果は，$\overline{R}^2$ が AR(1) モデルの 0.05 から AR(4) モデルの 0.18 へと改善したことを反映しています．同様に，AR(4) モデルの SER は 1.52 で，AR(1) モデルの 1.65 よりも改善しています．

AR(p) モデルは基本概念 14.3 に要約されています．

AR(p) モデルにおける予測と誤差項の性質　　ここで，Y_t の過去の値が与えられた下で誤差項 u_t の条件付期待値がゼロ（$E(u_t|Y_{t-1}, Y_{t-2}, \ldots) = 0$）という仮定は，2つの重要な意味を持ちます．

第1の意味は，過去すべての歴史を使って Y_t のベストの予測を求めると，それは直近の p 期のラグ値のみに依存するという点です．具体的に述べると，いま過去すべての歴史が与えられた下での Y_{T+1} の条件付期待値を $Y_{T+1/T}$ とし，$Y_{T+1/T} = E(Y_{T+1}|Y_T, Y_{T-1}, \ldots)$ とします．このとき $Y_{T+1/T}$ は，Y の歴史に基づく予測値のなかで最も小さい RMFSE を持ちます（練習問題 14.5）．もし Y_t が AR(p) に従う場合には，その条件付平均は

$$Y_{T+1|T} = \beta_0 + \beta_1 Y_T + \beta_2 Y_{T-1} + \cdots + \beta_p Y_{T-p+1}. \quad (14.14)$$

これは (14.15) 式の AR(p) モデルと $E(u_t|Y_{t-1}, Y_{t-2}, \ldots) = 0$ の仮定から導出されます．実際には $\beta_0, \beta_1, \ldots, \beta_p$ は未知であり，AR(p) モデルに基づく予測値は (14.14) 式に推定された

基本概念 14.3 自己回帰

p 次の自己回帰モデル（AR(p) モデル）は，Y_t を p 個のラグ値の線形関数として表す．すなわち，

$$Y_t = \beta_0 + \beta_1 Y_{t-1} + \beta_2 Y_{t-2} + \cdots + \beta_p Y_{t-p} + u_t. \tag{14.15}$$

ここで $E(u_t|Y_{t-1}, Y_{t-2}, \ldots) = 0$．ラグの数 p は，自己回帰の次数またはラグの長さと呼ばれる．

係数を使って求められます．

第 2 の意味は，誤差項 u_t に系列相関はないという点で，その結果は (2.27) 式から得られます（練習問題 14.5）．

インフレ率の予測への応用　(14.13) 式で推定された AR(4) モデルに基づいて，2004:IV までのデータを使って 2005:I のインフレーションを予測するといくらになるでしょうか．その予測を求めるために，2004 年のインフレ率変化に関する 4 つの四半期データの値を (14.13) 式に代入します．すなわち，$\widehat{\Delta Inf}_{2005:I|2004:IV} = 0.02 - 0.26 \Delta Inf_{2004:IV} - 0.32 \Delta Inf_{2004:III} + 0.16 \Delta Inf_{2004:II} - 0.03 \Delta Inf_{2004:I} = 0.02 - 0.26 \times 1.9 - 0.32 \times (-2.8) + 0.16 \times 0.6 - 0.03 \times 2.9 \cong 0.4$ となります．ここで 2004 年のインフレ率変化の値は，表 14.1 の最後の列から得ました．

この結果，予測される 2005:I のインフレ率は，3.5% + 0.4% = 3.9% となります．予測誤差は，現実値 2.4% マイナス予測値，つまり 2.4% − 3.9% = −1.5% で，AR(1) の予測誤差 −0.7% よりも絶対値で大きい値です．

14.4 他の予測変数を追加した時系列回帰と自己回帰・分布ラグモデル

経済理論からは，予測を改善するような他の変数の存在がよく示唆されます．これらの他の変数，すなわち予測変数（predictors）を自己回帰モデルに追加して，複数の予測変数からなる時系列回帰モデルを構築できます．他の変数とそのラグが自己回帰モデルに追加されると，自己回帰・分布ラグモデルとなります．

過去の失業率を用いたインフレ率変化の予測

高い失業率は，その後のインフレ率低下をもたらす傾向があります．この負の関係は，短期のフィリップス曲線として知られ，図 14.3 の散布図——そこではインフレ率の対前

BOX：市場に勝てるか？〈パート1〉

　株式市場に勝って，手っ取り早く金持ちになりたいと夢見たことはないでしょうか？もし株価が上昇すると思うのなら，今日株式を購入して後日株価が下がる前に売却すべきです．もし株価の変動をうまく予測できるのであれば，このような積極的な投資戦略は，消極的な「バイアンドホールド（購入してそのまま保有する）」戦略よりも多くの利益を生み出すでしょう．問題は，もちろん，将来の株式収益について信頼できる予測を得られるかどうかです．

　株式収益の過去の値に基づく予測は，「モメンタム（momentum）予測」と呼ばれます．もし今月株価が上昇したら，その動きには勢い（つまりモメンタム）があり，したがって来月も上昇すると考えるのです．そのとき，株価収益には自己相関が現れ，自己回帰モデルに基づく予測は有益となります．モメンタムベースの戦略に従って，特定の株式あるいは市場全体の価値を表す株式指数に対する投資を実行することができます．

　表14.3には，ある株式指数——CRSPバリュー・ウエイト指数——の超過収益に関する自己回帰モデルを，1960:1から2002:12までの月次データを使って推計した結果が示されています．月次の超過収益とは，前月末に株式を購入して今月末に売却したときの収益（パーセント表示）から同じ期間に安全資産

表14.3 株式の月次超過収益に関する自己回帰モデル：1960:1–2002:12

被説明変数：CRSP バリュー・ウエイト指数の超過収益（excess return）

	(1)	(2)	(3)
モデル特定化	AR(1)	AR(2)	AR(4)
説明変数			
excess return$_{t-1}$	0.050 (0.051)	0.053 (0.051)	0.054 (0.051)
excess return$_{t-2}$		−0.053 (0.048)	−0.054 (0.048)
excess return$_{t-3}$			0.009 (0.050)
excess return$_{t-4}$			−0.016 (0.047)
定数項	0.312 (0.197)	0.328 (0.199)	0.331 (0.202)
すべての係数に関する F統計量（p値）	0.968 (0.325)	1.342 (0.261)	0.707 (0.587)
$\overline{R}^2$	0.0006	0.0014	−0.0022

注：超過収益はパーセント表示．データの詳細は付論14.1を参照．すべての回帰式は1960:1–2002:12（標本数 $T = 516$）の期間で推定され，それ以前の観測値はラグ変数の初期値として用いられる．説明変数の推定値の下には，不均一分散を考慮した標準誤差がカッコ内に示されている．最後の2行は，不均一分散を考慮したF統計量——回帰式のすべての係数がゼロという帰無仮説をテスト——と，修正済みR^2を表す．

（米国債）で運用したときの収益を差し引いて得られる値です．株式の収益には，価格変化によって得られるキャピタル・ゲイン（またはロス）に加えて，その月に得られる配当収入も含まれます．このデータのより詳細は付論 14.1 に示されています．

残念ながら，表 14.3 の結果からは，このモメンタム戦略は支持されませんでした．AR(1) モデルの過去の収益に関する係数は統計的に有意ではありませんでした．また，AR(2) や AR(4) モデルの過去の収益に関する係数がすべてゼロという帰無仮説も棄却できませんでした．実際，1 つのモデルでは修正済み R^2 がマイナスとなり，他の 2 つのモデルでもわずかにプラスとなるだけで，いずれのモデルも予測には有用ではないことが示されています．

これらの否定的な結果は，効率的な資本市場の理論と整合的です．効率市場仮説とは，株価には現時点で利用可能な情報がすべて反映されているため，その超過収益は予測不可能であるという理論仮説です．その理由は単純で，もし来月に正の超過収益が得られると市場参加者が予測するのであれば，人々はその株式をいま買うでしょうから，株価は超過利潤が得られない水準まで直ちに上昇するはずというメカニズムです．その結果，一般に利用可能な過去の情報を使って，あるいは少なくとも表 14.3 の回帰式を使って，将来の超過収益を予測することはできないのです．

年変化と失業率の前年の値がプロットされている――からも明らかに見て取れます．たとえば 1982 年の失業率は 9.7%，その翌年にインフレ率は 2.9% 下落しています．全体として図 14.3 における相関は -0.36 です．

図 14.3 の散布図から，失業率の過去の値には，将来のインフレ率の経路に関して過去のインフレ率変化には含まれていない別の情報が含まれていることが示唆されます．この推測は，(14.13) 式の AR(4) モデルに失業率の 1 期ラグを追加することでただちに確かめられます．

$$\widehat{\Delta Inf}_t = \underset{(0.53)}{1.28} - \underset{(0.09)}{0.31} \Delta Inf_{t-1} - \underset{(0.09)}{0.39} \Delta Inf_{t-2} + \underset{(0.08)}{0.09} \Delta Inf_{t-3}$$
$$- \underset{(0.09)}{0.08} \Delta Inf_{t-4} - \underset{(0.09)}{0.21} Unemp_{t-1}.$$
(14.16)

この結果を見ると，$Unemp_{t-1}$ に関する t 統計量は -2.23 となり，この項は 5% 水準で有意です．この回帰の $\overline{R}^2$ は 0.21 であり，AR(4) モデル $\overline{R}^2$ の 0.18 より改善しています．

2005:I におけるインフレ率変化の予測値は，2004 年のインフレ率変化の値と 2004:IV の失業率（5.4%）を (14.16) 式に代入して求められます．その予測値は，$\widehat{\Delta Inf}_{2005:I|2004:IV}$ = 0.4 です．したがって，2005:I のインフレ率の予測値は 3.5% + 0.4% = 3.9% となり，予測誤差は $-1.5%$ です．

もし失業率の 1 期ラグがインフレ率の予測に役立つのなら，複数のラグを使えばもっ

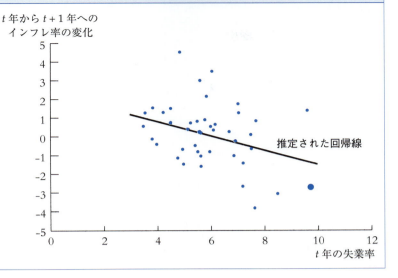

図14.3 失業率（t 年）とインフレ率の変化（t 年から $t+1$ 年）の散布図：1961-2004年

1982年，米国の失業率は9.7%であり，1983年のインフレ率は2.9%下落した（図中の大きい点）．一般に，t 年における高い失業率は翌 $t+1$ 年のインフレ率の低下をもたらす．両者の相関は -0.36 である．

と役立つかもしれません．ここで失業率のラグを3つ追加して推定すると，

$$\widehat{\Delta Inf}_t = \underset{(0.44)}{1.30} - \underset{(0.08)}{0.42}\Delta Inf_{t-1} - \underset{(0.09)}{0.37}\Delta Inf_{t-2} + \underset{(0.08)}{0.06}\Delta Inf_{t-3} - \underset{(0.08)}{0.04}\Delta Inf_{t-4}$$
$$- \underset{(0.46)}{2.64}Unemp_{t-1} + \underset{(0.86)}{3.04}Unemp_{t-2} - \underset{(0.89)}{0.38}Unemp_{t-3} - \underset{(0.45)}{0.25}Unemp_{t-4} \tag{14.17}$$

となります．

失業率の2次から4次までのラグの有意性を合わせてテストすると，F 統計量は10.76（p 値 < 0.001）となり，それらは有意となりました．(14.17)式の回帰の $\overline{R}^2$ は0.34で，(14.16)式の0.21よりも改善しています．失業率のすべての係数に関する F 統計量は8.91（p 値 < 0.001）で，14.3節の AR(4) モデル（(14.13)式）よりも統計的に有意な改善を示しています．(14.17)式の回帰の標準誤差は1.36で，AR(4) モデルの SER 1.52 よりも大きく改善しています．

2004:IV から2005:I へのインフレ率の変化は，(14.17)式の説明変数の値を代入することで計算されます．失業率は 2004:I が 5.7%，2004:II が 5.6%，そして 2004:III と 2004:IV が 5.4% でした．(14.17) 式に基づいて算出される 2004:IV から 2005:I へのインフレ率変化の予測値は，

$$\widehat{\Delta Inf}_{2005:I|2004:IV} = 1.30 - 0.42 \times 1.9 - 0.37 \times (-2.8) + 0.06 \times 0.6 - 0.04$$
$$\times 2.9 - 2.64 \times 5.4 + 3.04 \times 5.4 - 0.38 \times 5.6 - 0.25 \times 5.7 = 0.1. \tag{14.18}$$

したがって，2005:I のインフレ率の予測値は 3.5% + 0.1% = 3.6%．予測誤差は -1.2% です．

> **基本概念**
>
> **14.4**
>
> ## 自己回帰・分布ラグモデル
>
> Y_t の p 期ラグと X_t の q 期ラグからなる自己回帰・分布ラグモデル，ADL(p,q) は，
>
> $$Y_t = \beta_0 + \beta_1 Y_{t-1} + \beta_2 Y_{t-2} + \cdots + \beta_p Y_{t-p} \\ + \delta_1 X_{t-1} + \delta_2 X_{t-2} + \cdots + \delta_q X_{t-q} + u_t. \tag{14.19}$$
>
> ここで $\beta_0, \beta_1, \ldots, \beta_p, \delta_1, \ldots, \delta_q$ は未知の係数，そして u_t は $E(u_t|Y_{t-1}, Y_{t-2}, \ldots, X_{t-1}, X_{t-2}, \ldots) = 0$ を満たす．

自己回帰・分布ラグモデル (14.16) 式，(14.17) 式は，自己回帰・分布ラグモデル（autoregressive distributed lag〈ADL〉model）と呼ばれます．「自己回帰」であるのは，被説明変数のラグ値が説明変数に含まれているからです．そして「分布ラグ」であるのは，追加された予測変数の複数のラグ（つまり複数期間に分布するラグ）が含まれているからです．一般に，被説明変数 Y_t の p 期ラグ，追加された予測変数 X_t の q 期ラグを含む自己回帰・分布ラグモデルは **ADL(p,q)** モデルと呼ばれます．この記号を使えば，(14.16) 式は ADL(4,1) モデル，(14.17) 式は ADL(4,4) モデルです．

自己回帰・分布ラグモデルは基本概念 14.4 に要約されています．これらすべての説明変数を含むと，(14.19) 式はやや冗長な表現です．別の表現としてラグオペレーターを使う表現があり，それは付論 14.3 で説明されます．

ADL モデルの誤差項には，Y と X の過去すべての値を所与としてその条件付平均がゼロという仮定が置かれます．つまり $E(u_t|Y_{t-1}, Y_{t-2}, \ldots, X_{t-1}, X_{t-2}, \ldots) = 0$ という仮定ですが，それは Y についても X についてもそれ以上のラグは必要ないことを意味します．別の言い方をすれば，ラグ次数 p と q は真のラグ次数で，それ以上ラグを追加しても係数はゼロとなるのです．

ADL モデルは，被説明変数のラグ（自己回帰パート）と追加された予測変数 X の分布ラグを含みます．しかしながら，一般に，予測変数は複数追加するほうが予測は改善するでしょう．ここでは，複数の予測変数を持つ一般的な時系列回帰モデルに進む前に，次節で議論となる定常性の概念について説明します．

定常性

時系列データに基づく回帰分析では，過去のデータを使って歴史的な関係を定量化します．もし将来が過去と同様であれば，これらの歴史的な関係は将来を予測するのに使うことができます．しかし，もし将来が過去と根本的に異なるのであれば，それらの歴史的関

14.4 他の予測変数を追加した時系列回帰と自己回帰・分布ラグモデル 483

> **基本概念 14.5　定常性**
>
> ある時系列変数 Y_t が定常的（**stationary**）であるとは，その確率分布が時間を通じて変化しないとき，すなわち $(Y_{s+1}, Y_{s+2}, \ldots, Y_{s+T})$ の結合分布が s に依存しない場合を指す．もしそれが満たされない場合には，Y_t は非定常的（**nonstationary**）と呼ばれる．時系列変数のペア X_t と Y_t が結合して定常的（**jointly stationary**）であるとは，結合分布 $(X_{s+1}, Y_{s+1}, X_{s+2}, Y_{s+2}, \ldots, X_{s+T}, Y_{s+T})$ が s に依存しない場合を指す．定常性は，少なくとも確率の意味において，将来が過去と同様であることを意味する．

係は将来に対する信頼できる指針とはならないでしょう．

時系列回帰分析では，過去の歴史的関係が将来へも応用されるという考え方は，**定常性**（**stationarity**）という概念で正式に議論されます．定常性の正確な定義は，基本概念 14.5 で与えられるように，時系列変数の確率分布が時間を通じて変わらないということです．

複数の予測変数を含む時系列回帰

複数の予測変数を含む一般的な時系列回帰モデルは，先の ADL モデルを拡張して複数の予測変数とそのラグを含めます．このモデルは基本概念 14.6 に要約されます．複数の予測変数とラグを含めることで，2 重の添え字記号が回帰係数と説明変数に付与されます．

時系列回帰モデルの仮定　基本概念 14.6 の仮定は，クロスセクション・データの多変数回帰モデルで設定した 4 つの最小二乗法の仮定（基本概念 6.4）を時系列データ用に修正したものです．

第 1 の仮定は，u_t の条件付平均がゼロというもので，それはすべての説明変数に加えて説明変数のすべてのラグ（回帰分析に含まれるラグ次数を超えるすべてのラグ）が与えられた下での条件付平均です．この仮定は，AR モデルや ADL モデルで使った仮定を拡張したもので，Y と X のすべての過去の値を使って求める Y のベストの予測は (14.20) 式で表現されることを意味します．

クロスセクション・データの 2 つ目の最小二乗法の仮定（基本概念 6.4）は，$(X_{1i}, \ldots, X_{ki}, Y_i), i = 1, \ldots, n$ は独立かつ同一の分布に従う（independently and identically distributed, i.i.d.）というものでした．時系列回帰の第 2 の仮定は，その i.i.d. 仮定をより適切な 2 つの部分からなる仮定に置き換えたものです．パート (a) は，データが定常的な分布から抽出されるということを表し，その結果，今日のデータの分布は過去の分布と同

基本概念	複数の予測変数を含んだ時系列回帰モデル
14.6	

　一般的な時系列回帰モデルでは，k 個の予測変数が追加され，ラグ項については第 1 予測変数には q_1 個のラグ，第 2 予測変数には q_2 個のラグといった形で含められる．すなわち，

$$\begin{aligned} Y_t = {} & \beta_0 + \beta_1 Y_{t-1} + \beta_2 Y_{t-2} + \cdots + \beta_p Y_{t-p} \\ & + \delta_{11} X_{1t-1} + \delta_{12} X_{1t-2} + \cdots + \delta_{1q_1} X_{1t-q_1} \\ & + \cdots + \delta_{k1} X_{kt-1} + \delta_{k2} X_{kt-2} + \cdots + \delta_{kq_k} X_{kt-q_k} + u_t. \end{aligned} \quad (14.20)$$

ここで，

1. $E(u_t | Y_{t-1}, Y_{t-2}, \ldots, X_{1t-1}, X_{1t-2}, \ldots, X_{kt-1}, X_{kt-2}, \ldots) = 0$,
2. (a) 確率変数 $(Y_t, X_{1t}, \ldots, X_{kt})$ は定常的な分布を持ち，(b) $(Y_t, X_{1t}, \ldots, X_{kt})$ と $(Y_{t-j}, X_{1t-j}, \ldots, X_{kt-j})$ は j が大きくなるにつれ独立となる，
3. $X_{1t}, \ldots, X_{kt}$ と Y_t は非ゼロで有限の 4 次のモーメントを持つ，そして
4. 完全な多重共線性は存在しない．

　じであることを意味します．これは，i.i.d. 仮定における「同一の分布」の時系列バージョンです．すなわち，各データ抽出の分布が同一であるというクロスセクションでの要件は，ラグも含めたすべての変数の結合分布が時間とともに一定であるという時系列バージョンの要件に置き換わっています．実際には，多くの経済時系列データは非定常であるように見え，この仮定は満たされない恐れがあります．もし時系列変数が非定常であれば，時系列回帰には次のような問題が発生します．すなわち，時系列回帰に基づく予測はバイアスを持ち，効率的とはならない（同じデータに基づく別の予測の方がより小さな分散を持つ），あるいは OLS に基づく通常の統計的推論（たとえば OLS の t 統計量を ± 1.96 と比べる仮説検定）は誤りとなり得る，といった問題です．これらのうち実際にどれが起こるのか，そしてその対処方法は何かについては，非定常性の中身に依存します．14.6 節と 14.7 節では，経済の時系列変数にとって重要な 2 つのタイプの非定常性，トレンドと構造変化について取り上げ，それがもたらす問題，その検出方法，そして解決策について学びます．しかし現在のところは単純に，時系列データは結合して定常的であると仮定し，したがって定常変数の回帰分析に焦点を当てて議論します．

　第 2 の仮定のパート (b) は，確率変数を分け隔てる時間が大きくなると互いに独立した分布になるという要件です．これは，ある観測値と別の観測値は独立して分布するというクロスセクションでの要件を，時間的に長期間離れると独立して分布するという時系列の要件に置き換えたものです．この仮定は，弱依存性（**weak dependence**）と呼ばれるこ

基本概念 14.7 グレンジャーの因果性テスト（予測力のテスト）

グレンジャーの因果性統計量は，(14.20) 式のある変数に関する係数すべて——たとえば $X_{1t-1}, X_{1t-2}, \ldots, X_{1t-q_1}$ にかかる係数がすべて——ゼロという仮説をテストする F 統計量に当たる．この帰無仮説は，当該説明変数は他の説明変数を上回る Y_t に関する予測情報を持っていない，ということを意味する．そして，この帰無仮説のテストがグレンジャーの因果性テストと呼ばれる．

とがあります．それは，大標本では，大数の法則と中心極限定理が成立するほど十分なランダムさがデータにあることが必要です．この弱依存性条件の正確な数学的表現はここでは議論しませんが，詳しくは Hayashi(2000, 第 2 章) を参照してください．

第 3 の仮定は，すべての変数はゼロでない 4 次のモーメントを持つというもので，クロスセクション・データの第 3 の最小二乗仮定と同じです．

最後に，第 4 の仮定は，これもクロスセクション・データの場合と同じく，説明変数は完全な多重共線性にはないという要件です．

統計的推論とグレンジャーの因果性テスト　　基本概念 14.6 の仮定の下，OLS 回帰係数に関する統計的推論は，クロスセクション・データの場合と同じ方法で行われます．

時系列の予測において，次のような F 統計量の応用がよく使われます．すなわち，ある説明変数のラグ値が，モデル内の他の説明変数を上回ってさらに有用な予測情報を持っているかどうかのテストです．ある変数が予測に役立つ追加情報を持っていないという主張は，その変数のラグに関する係数がすべてゼロという帰無仮説に相当します．この帰無仮説を検定する F 統計量はグレンジャーの因果性統計量（**Granger causality statistic**），そしてそのテストはグレンジャーの因果性テスト（**Granger causality test**）と呼ばれます（Granger (1969)）．このテストは基本概念 14.7 に要約されます．

グレンジャーの因果性は，本書の別の箇所で使われる因果関係とはほとんど関係ありません．第 1 章で因果関係は，ランダムにコントロールされた理想的な実験において定義され，そこでは X の異なる値が実験的に割り当てられ，その結果 Y へ及ぼす効果が観察されるというものでした．グレンジャーの因果性とは，もし X が Y に対してグレンジャーの因果性を持つということは，回帰分析の他の説明変数の影響をコントロールした上で，X が Y に対して有用な予測変数であるという意味です．おそらく「グレンジャーの因果性」というよりも「グレンジャーの予測力（Granger predictability）」という方がより正確な用語なのですが，前者の「因果性」という表現が計量経済学の専門用語の 1 つとして定着したのです．

具体例として，インフレ率の変化と，その過去の値および失業率の過去の値との関係式について考えましょう．(14.17) 式の OLS 推定値に基づき，失業率の 4 つのラグすべての係数がゼロという帰無仮説をテストする F 統計量を求めると，8.91 です（$p < 0.001$）．基本概念 14.7 の用語で言えば，失業率はインフレ率の変化に対して（1% 有意水準で）グレンジャーの因果性を有すると結論づけられます．ただしこの結果は，失業率の変化が——第 1 章の意味で——原因となってインフレ率の変化を引き起こすということを必ずしも意味するものではありません．この結果は，失業率の過去の値は，インフレ率の変化を予測する際に（過去のインフレ率の値に含まれている以上に）有用な情報を含むだろうということを意味するのです．

予測の不確実性と予測区間

どんな推定の問題においても，その推定値に関する不確実性の指標を報告することは望ましいことです．予測についても例外ではありません．予測値の不確実性に関する 1 つの指標は，予測の平方根平均二乗誤差（RMSFE）です．誤差項が正規分布に従うという追加想定の下，RMSFE は予測区間，すなわちある確率でその変数の将来値を含む区間を求める際に使われます．

予測の不確実性　予測誤差は 2 つの部分からなります．1 つは回帰係数の推定に起因する不確実性，もう 1 つは誤差項 u_t の将来値が未知であることに起因する不確実性です．係数の数が少なく観測値が多い回帰分析であれば，2 つ目の不確実性の方が 1 つ目よりははるかに大きいでしょう．しかし一般には，どちらの要因による不確実性も重要です．以下では，これら 2 つの要因を取り込んだ RMSFE の表現を導出します．

表記を単純にするため，予測変数が 1 つの ADL(1,1) モデル，$Y_t = \beta_0 + \beta_1 Y_{t-1} + \delta_1 X_{t-1} + u_t$ に基づく Y_{T+1} の予測を考えます．u_t は均一分散を仮定します．その予測値は $\hat{Y}_{T+1|T} = \hat{\beta}_0 + \hat{\beta}_1 Y_T + \hat{\delta}_1 X_T$，予測誤差は，

$$Y_{T+1} - \hat{Y}_{T+1|T} = u_{T+1} - [(\hat{\beta}_0 - \beta_0) + (\hat{\beta}_1 - \beta_1) Y_T + (\hat{\delta}_1 - \delta_1) X_T] \tag{14.21}$$

となります．

u_{T+1} は条件付平均ゼロで均一分散なので，u_{T+1} の分散は σ_u^2 で，また (14.21) 式の最後のカギ括弧内との相関はありません．したがって，予測の平均二乗誤差（mean squared forecast error, MSFE）は，

$$\begin{aligned} \text{MSFE} &= E[(Y_{T+1} - \hat{Y}_{T+1|T})^2] \\ &= \sigma_u^2 + \text{var}[(\hat{\beta}_0 - \beta_0) + (\hat{\beta}_1 - \beta_1) Y_T + (\hat{\delta}_1 - \delta_1) X_T] \end{aligned} \tag{14.22}$$

であり，RMSFE は MSFE の平方根です．

MSFE の推定は (14.22) 式の 2 つの部分からなります．第 1 項 σ_u^2 は，14.3 節で議論したように，回帰の標準誤差の二乗から推定できます．第 2 項は，回帰係数の加重平均の分散の推定が必要となり，そのための方法は 8.1 節で議論されました ((8.7) 式に続く議論を参照)．

MSFE を推定する別の方法は，準サンプル外予測の分散を使うことで，その方法は 14.7 節で議論されます．

予測区間　予測区間とは，予測に関することを除けば，信頼区間と同様です．すなわち，95% 予測区間 (**forecast interval**) とは，予測値の系列が，繰り返された予測の 95% で入る区間のことです．

予測区間と信頼区間の 1 つ重要な違いは，95% 信頼区間の通常の公式 (推定量 ± 1.96 標準誤差) については，中心極限定理によりそれが保証されていたため，幅広い多様な誤差項の分布について成立しました．それに対して予測区間を求めるには，(14.21) 式の予測誤差は誤差項の将来値 u_{T+1} を含むため，誤差項の分布を推定するか，あるいは分布について何か仮定を置くかのどちらかが必要となります．

実際には，u_{T+1} について正規分布を仮定することが便利です．そう仮定すれば，(14.21) 式と $\hat{\beta}_0$, $\hat{\beta}_1$, $\hat{\delta}_1$ に中心極限定理を応用し，予測誤差は 2 つの独立した正規分布に従う項の和になります．その結果，予測誤差そのものが正規分布に従い，その分散は MSFE と等しくなります．したがって，95% 信頼区間は，$\hat{Y}_{T+1|T} \pm 1.96 SE(Y_{T+1} - \hat{Y}_{T+1/T})$ となり，ここで $SE(Y_{T+1} - \hat{Y}_{T+1/T})$ は RMSFE の推定量で求められます．

以上の議論では，誤差項 u_{T+1} が均一分散であるケースに焦点を当ててきました．もし代わりに u_{T+1} が不均一分散であれば，不均一分散のモデルを特定化したうえで，直近の Y と X の値の下，(14.22) 式の σ_u^2 が推定されます．そして条件付不均一分散のモデル化の方法については，16.5 節で示されます．

将来の出来事に対して不確実性——すなわち，u_{T+1} に関する不確実性——が存在するため，95% の予測区間は大きくなることがあり，その結果を何らかの意思決定へ使うことは難しくなります．プロの予測家は 95% よりも小幅な，たとえば 1 標準偏差の予測区間 (それは誤差が正規分布に従うのであれば 68% の予測幅) をしばしば報告します．あるいは別のやり方として，複数の予測区間を報告する場合もあります．それらは，たとえば英国中央銀行のエコノミストがインフレ予想を公表する際に報告されます (次ページにあるボックス「血液の川」を参照)．

14.5　情報量基準を使ったラグ次数の選択

14.3 節，14.4 節で推定されたインフレ率の回帰式には，予測変数の 1 期あるいは 4 期のラグが含まれていました．1 期のラグはある程度意味があるかもしれませんが，ではな

BOX:「血液の川」

　金融政策の決定内容を国民に知らせる手段の1つとして，英国銀行（イギリスの中央銀行）はインフレ率の予測を定期的に公表しています．その予測値は，英国銀行所属の計量分析のプロによる計量経済モデルの推定結果と，金融政策委員会や幹部のメンバーによる総合的な判断の両者を組み合わせたものです．予測値は予測区間とセットで公表されます．予測区間は，インフレ率が将来どうだろう（その専門家たちが予測する）経路の範囲を示しています．英国のインフレーション・レポートでは，その予測の範囲が赤色で示されており，予測の中心部は最も濃い赤で表示されています．英国銀行はこれを「扇形チャート（fan chart）」と呼びますが，マスコミはこの赤く広がる影の図を「血液の川（river of blood）」と呼びました．

　図14.4には，2005年5月の「血液の川」が示されています（本書では血液は赤ではなく青ですが，実際には赤だと想像してください）．この図から，2005年5月の時点で英国銀行エコノミストは，当初インフレ率は2%程度にまで上昇し，その後は不変と予測していることがわかります．一方，この予測には大きな不確実性があります．レポートの議論によれば，消費支出と世界経済の今後の見通しが，不確実性の要因とされています．実際，6ヶ月先のインフレ率の予測は2.1%（2005年11月時点），現実のインフレ率は2.3%で，この間の原油価格の上昇を考慮すれば大変正確な予測といえます．

　英国銀行は中央銀行における情報公開を率先して行ってきた先駆者であり，現在は他の中央銀行もインフレ率の予測を公表しています．金融政策当局による政策判断は難しいもので，それは

図14.4　「血液の川」

2005年5月の英国銀行の扇形（ファン）チャートで，インフレ率予測の範囲を表す．点線は，レポートの公表から2年後の2007年5月のところで引かれている．

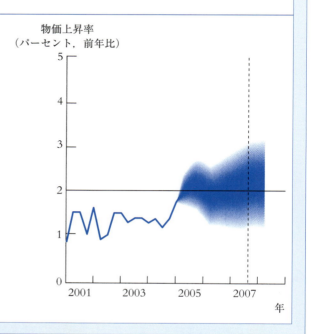

> 多くの国民の生活——そして財布の中身——に影響を与えます．民主的な情報化社会において，中央銀行の経済見通しや難しい政策判断の背後にある理由を国民が理解するのはとても重要です．
> 　オリジナルの赤色の「血液の川」を見るには，英国銀行のホームページを訪れてみてください（www.bankofengland.co.uk/inflationreport）．また，英国銀行によるインフレ予測をより詳しく学ぶには，Clements(2004) を参照してください．

ぜ4期なのでしょうか？　この節ではラグ次数を選択する統計手法を議論します．はじめに自己回帰モデルにおける選択，次に複数の予測変数を含む時系列回帰モデルにおける選択を，それぞれ考えます．

自己回帰モデルのラグ次数の決定

　自己回帰のラグ次数 p の実際の選択においては，より多くのラグを含むことの追加的なメリットと，推定の不確実性が増大するという追加的なコストの両方のバランスが求められます．もし推定される自己回帰のラグ次数が低すぎれば，潜在的に有用なより長いラグに含まれる情報を除外してしまうことになります．他方，もしラグ次数が高すぎれば，必要以上の係数を推定することとなり，予測には追加的な推定誤差が入り込んでしまいます．

F 統計量アプローチ　　次数 p を選択する1つのアプローチは，多くのラグ次数を含めるモデルから始めて，最後のラグの仮説検定を行う方法です．たとえば，AR(6) モデルから推定をはじめて，6期ラグの係数が5% 水準で有意かどうかテストします．もし有意でなければその項を除外し，AR(5) モデルを推定します．そして5期ラグの有意性をテストして…というように続きます．この方法の問題は，大きすぎるモデルを選択することが，少なくともいくつかの場合で考えられるという点です．仮に真の AR 次数が5で，6番目の係数がゼロであっても，t 統計量を使って5% テストで判断すると，偶然にも5% の割合で帰無仮説を誤って棄却してしまう可能性があるのです．つまり，p の真の値が5であるとき，このテストでは5% の割合で $p=6$ と推定しまう恐れがあります．

BIC　　この問題を回避する1つの方法は，「情報量基準」を最小化することで p を推定することです．そのような情報量基準の1つはベイズ情報量基準（**Bayes information criterion, BIC**）です．それはシュワルツ情報量基準（**Schwarz information criterion, SIC**）とも呼ばれます：

表14.4 ベイズ情報量基準（BIC）と R^2：米国インフレ率の自己回帰モデル，1962–2004

p	$SSR(p)/T$	$\ln(SSR(p)/T)$	$(p+1)\ln(T)/T$	$BIC(p)$	R^2
0	2.900	1.065	0.030	1.095	0.000
1	2.737	1.007	0.060	1.067	0.056
2	2.375	0.865	0.090	0.955	0.181
3	2.311	0.838	0.120	0.957	0.203
4	2.309	0.837	0.150	0.986	0.204
5	2.308	0.836	0.180	1.016	0.204
6	2.308	0.836	0.209	1.046	0.204

$$\mathrm{BIC}(p) = \ln\left(\frac{SSR(p)}{T}\right) + (p+1)\frac{\ln T}{T}. \tag{14.23}$$

ここで $SSR(p)$ は推定された AR(p) モデルの残差二乗和です．p の BIC 推定量，$\hat{p}$ は，可能な選択肢 $p = 0, 1, \ldots, p_{max}$（ここで p_{max} は検討する p の最大値）のなかで BIC(p) を最小にする値です．

BIC の公式は，はじめは少し謎めいて見えるかもしれませんが，直感に訴えかけるものがあります．回帰係数は OLS で推定されるため，残差の二乗和はラグを追加することで必ず減少します（あるいは少なくとも増加しません）．それに対して，第 2 項は推定される係数の数（ラグの数 p プラス定数項の 1）$\times (\ln T)/T$ です．この第 2 項はラグを追加するごとに増加します．BIC ではこれら 2 つの要因はトレードオフ関係にあり，その結果，BIC を最小化するラグ次数は，真のラグ次数の一致推定量を満たします．この議論の数学的な導出は付論 14.5 に示されます．

では具体例として，インフレ率変化の自己回帰モデルの AR 次数を推定しましょう．BIC 算出のための各ステップの計算が表 14.4 に示されています．ここで最大次数は 6 です ($p_{max} = 6$)．たとえば (14.7) 式の AR(1) モデルであれば，$SSR(1)/T = 2.737$，したがって $\ln(SSR(1)/T) = 1.007$ です．いま $T = 172$（43 年間で 1 年に 4 つの四半期がある）であるから，$\ln(T)/T = 0.030$，$(p+1)\ln(T)/T = 2 \times 0.030 = 0.060$ です．その結果，BIC(1) = 1.007 + 0.060 = 1.067 となります．

算出された BIC は表 14.4 から $p = 2$ のときに最小となります．したがって，ラグ次数の BIC 推定値は 2 です．表 14.4 からわかるように，ラグの数を増やしていけば R^2 は増大し SSR は減少していきます．R^2 の増加は，ラグを 1 から 2 へ増やしたとき大きく，2 から 3 へ増やすとより小さくなり，3 から 4 へ増やすと非常に小さくなります．BIC は，ラグの追加を正当化するために R^2 がどれだけ増える必要があるかを決めるものです．

AIC BIC は唯一の情報量基準ではありません．別の基準として，赤池情報量基準

(**Akaike information criterion, AIC**) があります．それは，

$$\text{AIC}(p) = \ln\left(\frac{SSR(p)}{T}\right) + (p+1)\frac{2}{T} \tag{14.24}$$

と表されます．

　AIC と BIC の違いは，BIC の "$\ln T$" の項が AIC では「2」に置き換わっている点で，その結果 AIC の第 2 項はより小さな値になります．たとえば 172 観測値を使ってインフレ率の自己回帰モデルを推計する場合，$\ln T = \ln(172) = 5.15$ です．したがって，BIC の第 2 項は AIC よりも 2 倍以上大きくなります．このように，ラグ次数の追加を正当化するのに必要な SSR の減少幅はより小さくて済みます．理論的な問題としては，AIC の第 2 項は，正しいラグ次数が選択されるために必要となる十分な大きさがありません．この問題は大標本でも存在するため，したがって AIC 推定量は一致性を満たしません．付論 14.5 で議論するように，AIC は大標本においてラグ次数 p を過大に推定してしまうことがゼロではない確率で起こります．

　この理論的な欠点にもかかわらず，実際の応用研究では AIC は幅広く利用されています．もし BIC によるラグが小さすぎると心配ならば，AIC はありうべき代替手法となります．

情報量基準を求める際の留意点　　2 つの異なる回帰モデルのフィットの良さは，同じデータセットに基づくことで適切に評価されます．BIC と AIC はこの比較を行うフォーマルな方法なので，自己回帰モデルは同じ観測データを使って推定されなければなりません．たとえば，表 14.4 では，すべての回帰が 1962:I-2004:IV の 172 観測値について推定されています．自己回帰モデルではインフレ率変化のラグを含むため，1962:I より前のインフレ率変化の値は予備の観測値として使われます．違う言い方をすると，表 14.4 のそれぞれの回帰は $\Delta Inf_t, \Delta Inf_{t-1}, \ldots, \Delta Inf_{t-p}, t = 1962:I, \ldots, 2004:IV$ の観測値を用いており，それは，被説明変数と説明変数の 172 個の観測値に当たります．したがって (14.23) 式と (14.24) 式において，すべて $T = 172$ です．

ラグ次数の選択：複数の予測変数を含む時系列回帰の場合

　ラグ次数の選択におけるトレードオフは，複数の予測変数を含む一般的な時系列回帰モデル ((14.20) 式) においても，自己回帰モデルと同様に起こります．すなわち，ラグの長さが短すぎると，予測に有用な情報が失われるため，予測の正確さが損なわれてしまいます．一方で，ラグ次数を増やすことは推定の不確実性を増加させます．ラグ次数の選択は，追加情報を用いるメリットと，追加の係数を推定することのコストをバランスさせなければなりません．

F 統計量アプローチ　自己回帰モデルと同様に，ラグ次数の選択は，F 統計量を用いて係数の集合がゼロかどうか結合テストすることで判断できます．たとえば (14.17) 式の議論では，失業率の 2 期から 4 期ラグまでの係数がすべてゼロという仮説をテストしました．結果，その仮説は 1% 水準で棄却され，より長いラグ次数を使うことが支持されたのです．もし比較するモデル数が少なければ，F 統計量の手法は簡単に行えます．しかし一般に，この手法は，真のラグ次数を過大に推定するという意味で，大きすぎるモデルを採択する恐れがあります．

情報量基準　自己回帰モデルと同じく，複数の予測変数を含む時系列回帰モデルのラグ次数は，BIC と AIC を使って推定することができます．回帰モデルに K 個の係数（定数項を含む）がある場合，BIC は

$$\mathrm{BIC}(K) = \ln\left(\frac{SSR(K)}{T}\right) + K\frac{\ln T}{T} \tag{14.25}$$

となります．AIC は同様に定義され，(14.25) 式の $\ln T$ を 2 に置き換えます．各候補のモデルにつき BIC（または AIC）を求め，最も低い BIC（または AIC）をもたらすモデルが情報量基準に基づく望ましいモデルとなります．

情報量基準を使ってラグ次数を推定する際，重要な実際上の問題を 2 点指摘しておきます．第 1 に，自己回帰モデルでも指摘したように，候補となるモデルはすべて同じサンプルに基づいて推定されなければなりません．(14.25) 式の記号でいえば，モデルの推定に使われる観測値数 T はすべてのモデルで同じでなければなりません．第 2 に，複数の予測変数が含まれる場合，数多くの異なるモデル（ラグの長さに関する数多くの組合せ）がありうるので，その計算は大変です．実際に応用する際，簡便な方法としては，すべての説明変数を同じラグ次数として $p = q_1 = \cdots = q_k$ と設定し，$p_{max} + 1$ のモデルを比較します（対応する候補のラグ次数は $p = 0, 1, \ldots, p_{max}$）．

14.6 非定常性 I：確率トレンド

基本概念 14.6 では，被説明変数と説明変数は定常的と仮定されました．しかし，もしそうではない場合，すなわち被説明変数そして／または説明変数が定常的ではない場合，通常の仮説検定や信頼区間，予測は信頼できなくなります．非定常性がもたらす問題，そしてそれに対する解決策は，非定常性の性質に依存します．

本節と次節では，経済の時系列データにおいてもっとも重要な 2 つのタイプの非定常性，確率トレンドと回帰関数の変化について検討します．各節では，はじめにそれぞれの非定常性の性質について説明し，非定常性が考慮されない場合，時系列回帰にどのような問題が生じるか議論します．次に非定常性に関するテスト方法を提示し，各タイプの非定常性がもたらす問題への処方箋，あるいは解決策について議論します．ではトレンドから

始めましょう．

トレンドとは何か

　トレンド（**trend**）とは，変数の持続的な長期の動きを表します．時系列変数は，このトレンドの周りを変動すると理解されます．

　図 14.1a を見ると，米国インフレ率は 1982 年までは上昇トレンド，その後は下落トレンドを持つことが観察されます．図 14.2(a,b,c) はそれぞれトレンドが見て取れますが，しかしそれらはまったく異なっています．米国フェデラルファンド・レートのトレンドは米国インフレ率のトレンドと同様です．ポンド／ドル為替レートは 1972 年の固定相場制の崩壊後，長期的な下降トレンドが見て取れます．一方，日本の実質 GDP（対数値）のトレンドは複雑で，当初は高い成長率で上昇し，次に落ち着いたペースとなり，最後には低成長を示しています．

決定論的トレンドと確率トレンド　　時系列データのトレンドには，決定論的なものと確率的なものの 2 種類があります．**決定論的トレンド**（**deterministic trend**）は，非確率的な時間の関数で表されます．たとえば，ある決定論的トレンドは，時間に関する線形の関数で表現されます．もしインフレ率が決定論的線形トレンドを持ち，1 四半期ごとに，0.1 パーセント・ポイントずつ増加するのなら，このトレンドは $0.1\,t$ と表されます（ここで t は四半期単位の時間）．これに対して**確率トレンド**（**stochastic trend**）は，時間とともに変化するトレンドです．たとえば，インフレ率に含まれる確率トレンドは，長期にわたり増加し，その後長期にわたって減少するような——ちょうど図 14.1 の米国インフレ率のような——動きを示すかもしれません．

　多くの計量経済学者と同じく，本書でも，経済の時系列変数は決定論的トレンドではなく確率トレンドを持つとモデル化する方がより適切と考えます．現実の経済はとても複雑です．決定論的トレンドが意味する予測可能な状況と，勤労者や企業，政府が日々直面する複雑な状況やサプライズとを矛盾なく理解することは困難です．たとえば，米国のインフレ率は 1970 年代に上昇しましたが，永遠に上昇し続ける，または下落し続けると決まっているわけではありません．むしろ当時の緩やかな上昇トレンドは，運の悪さと金融政策運営の誤りが原因で起こったものと理解されています．その後の上昇トレンドの沈静化についても，連邦準備銀行による断固とした政策決定の結果であると見られています．同様にポンド／ドル為替レートは，1972 年から 1985 年にかけて下降する傾向にありその後上昇に転じますが，これらの動きもまた，複雑な経済要因の結果と言えます．背後の経済要因は予測不可能な形で変化するので，それらのトレンドも予測できないランダムな部分を多く含むと考えられます．

　以上の理由から，経済時系列データに含まれるトレンドの取り扱いは，確率トレンドに

焦点を当てて議論を進めます．本書で「トレンド」という用語を使うときには，特に断りがない限り，確率トレンドを意味します．この節では，確率トレンドの最も単純なモデルであるランダムウォーク・モデルを説明し，その他のモデルについては 16.3 節で説明します．

確率トレンドのランダムウォーク・モデル　確率トレンドを持つ最も単純なモデルはランダムウォークです．ある時系列変数 Y_t がランダムウォーク（**random walk**）に従うとは，もし Y_t の変化が i.i.d. であるとき，すなわち，

$$Y_t = Y_{t-1} + u_t \tag{14.26}$$

が成立することを意味します．ここで u_t は i.i.d. です．しかし本書では「ランダムウォーク」という用語をより一般的なケースにも使います．そこでは u_t は条件付平均がゼロ，すなわち $E(u_t|Y_{t-1}, Y_{t-2}, \ldots) = 0$ です．

ランダムウォークの基本的な考え方は，その系列の翌日の値は今日の値プラス予測されない変化で表現されるというものです．Y_t がたどる経路は，ランダムな増加分である「階段（ステップ）」u_t からなるので，その経路は「ランダムウォーク」と呼ばれるのです．$t-1$ 期までのデータに基づく Y_t の条件付平均は Y_{t-1} です．すなわち，$E(u_t|Y_{t-1}, Y_{t-2}, \ldots) = 0$ なので，$E(Y_t|Y_{t-1}, Y_{t-2}, \ldots) = Y_{t-1}$ となります．言い換えると，もし Y_t がランダムウォークに従うのであれば，翌日の値のベストの予測は今日の値となります．

変数によっては，図 14.2(c) の日本の GDP（対数値）のように，明らかな増加傾向が見られる場合があります．その場合，系列のベストな予測には，増加傾向を調整する項をモデルに含める必要があります．つまり，ある一方向へ「漂う（ドリフトする）」傾向をランダムウォーク・モデルに含める形で拡張されます．この拡張されたモデルはドリフト付きランダムウォーク（**random walk with drift**）と呼ばれ，次のように表されます：

$$Y_t = \beta_0 + Y_{t-1} + u_t. \tag{14.27}$$

ここで $E(u_t|Y_{t-1}, Y_{t-2}, \ldots) = 0$，$\beta_0$ はこのランダムウォークの「ドリフト」項です．もし β_0 が正なら，Y_t は平均的に増加します．ドリフト付きランダムウォーク・モデルでは，翌日の値のベストの予測は，今日の値プラスドリフト項 β_0 となります．

ランダムウォーク・モデル（必要に応じてドリフト付き）は単純ですが，用途の広いモデルで，本書で使うトレンドの主要モデルです．

ランダムウォークは非定常的　Y_t がランダムウォークに従う場合，それは定常的ではありません．ランダムウォークの分散は時間の経過とともに増大し，したがって Y_t の分布は時間とともに変化します．それを理解するために，Y_t の分散を使って考えましょう．(14.26) 式の u_t は系列相関がないので，$\text{var}(Y_t) = \text{var}(Y_{t-1}) + \text{var}(u_t)$ と表されます．Y_t

が定常であるためには，var(Y_t) は時間に依存できません．したがって，特に var(Y_t) = var(Y_{t-1}) が成立する必要があります．しかしこれは var(u_t) = 0 でなければ起こりえません．これを理解する別の方法は，Y_t がゼロから始まり，$Y_0 = 0$ だとします．すると $Y_1 = u_1$, $Y_2 = u_1 + u_2$ などとなり，その結果 $Y_t = u_1 + u_2 + \cdots + u_t$ となります．u_t には系列相関がないので，var(Y_t) = var($u_1 + u_2 + \cdots + u_t$) = $t\sigma_u^2$. このように Y_t の分散は時間 t に依存し，実際 t の増加とともに分散は増大していきます．Y_t の分散が t に依存するので，その分布も t に依存する，つまり非定常的となります．

ランダムウォークの分散は際限なく増加するので，その母集団の自己相関は定義できません（1次の自己相関と分散は無限大に発散し，その比率はうまく定義できません）．しかし，ランダムウォークの特徴として，標本の自己相関は 1 に非常に近くなる傾向にあります．実際，ランダムウォークの j 期離れた標本自己相関は 1 へ確率収束します．

確率トレンド，自己回帰モデルと単位根　　ランダムウォークは，AR(1) モデル（(14.8)式）の $\beta_1 = 1$ となる特殊ケースです．言い換えると，もし Y_t が $\beta_1 = 1$ の AR(1) モデルに従う場合，Y_t は確率トレンドを持ち，非定常となります．しかし，もし $|\beta_1| < 1$ で u_t が定常であれば，Y_t とそのラグとの結合分布は t に依存しません（その導出は付論14.2を参照）．したがって，u_t が定常であれば Y_t も定常です．

　AR(p) モデルが定常的となるための同様の条件式は，AR(1) モデルの $|\beta_1| < 1$ より複雑です．そのフォーマルな表現は，多項式 $1 - \beta_1 z - \beta_2 z^2 - \cdots - \beta_p z^p$ の解に基づきます（この多項式の解とは，$1 - \beta_1 z - \beta_2 z^2 - \cdots - \beta_p z^p = 0$ の解に当たります）．AR(p) モデルが定常であるためには，この多項式の解がすべて絶対値で 1 よりも大きくなければなりません．AR(1) モデルであれば，その解は $1 - \beta_1 z = 0$ を解いて得られる z の値，すなわち $z = 1/\beta_1$ です．したがって，解が絶対値で 1 より大きいという条件は，ちょうど $|\beta_1| < 1$ に相当するのです．

　もし AR(p) モデルが 1 となる解（または「根（root）」）を持つのなら，(1 は英語で "unit" なので) その系列は**自己回帰の単位根**（**unit autoregressive root**），あるいはより単純に，**単位根**（**unit root**）を持つと呼ばれます．もし Y_t が単位根を持つのであれば，それは確率トレンドを含みます．もし Y_t が定常であれば（そして単位根を持たないのであれば），確率トレンドを含みません．この理由から，「確率トレンド」と「単位根」とは同じ意味を表す言葉として使います．

確率トレンドがもたらす問題

　説明変数に確率トレンドがある場合（単位根がある場合），その係数に関する OLS 推定量，そして OLS の t 統計量は，たとえ大標本であっても，標準的でない（つまり正規分布ではない）分布に従うことになります．以下ではこの問題を特に 3 つの面から検討

します．第1に，AR(1) における自己回帰係数の真の値が1のとき，その係数の推定量はゼロの方向へバイアスを持つ．第2に，確率トレンドを持つ説明変数に関する t 統計量は，大標本であっても，非正規の分布を持つ．第3に，確率トレンドがもたらす問題の極端な例として，互いに独立な2つの系列がともに確率トレンドを持つ場合，両者の間には誤って，しかも高い確率で，相関があるように見えてしまう「見せかけの回帰 (spurious regression)」と呼ばれる状況が発生する．

問題1：自己回帰の係数はゼロ方向へのバイアスを持つ

いま Y_t は (14.26) 式のランダムウォークに従い，しかしそのことを計量経済学者は知らずに，代わりに (14.8) 式の AR(1) モデルを推定したとします．Y_t は非定常なので，基本概念 14.6 で述べた時系列回帰に対する最小二乗法の仮定は満たされません．その結果，一般的な問題として，大標本における通常の正規分布に基づく推定量および統計テストは信頼して使うことができません．実際この例で，AR 係数 $\hat{\beta}_1$ の OLS 推定量は，一致性は満たされますが，たとえ大標本であっても正規分布には従いません．$\hat{\beta}_1$ の漸近分布はゼロ方向に移動します．$\hat{\beta}_1$ の期待値は近似的に $E(\hat{\beta}_1) = 1 - 5.3/T$ となります．経済の実証で通常使われるサンプル数を考えると，これは大きなバイアスを意味します．たとえば20年間の四半期データを使う場合，観測値は 80．したがって $\hat{\beta}_1$ の期待値は，$E(\hat{\beta}_1) = 1 - 5.3/80 = 0.934$ となります．さらに，この分布の裾野は左側により長くなります．$\hat{\beta}_1$ に関して分布表での 5% の位置は，近似的に $1 - 14.1/T$ となり，$T = 80$ の場合 0.824 となります．つまり，繰り返し試行したとすると，その 5% の割合で，$\hat{\beta}_1 < 0.824$ となるのです．

ゼロ方向へのバイアスが持つ意味は次のようなものです．Y_t が実際にランダムウォークに従う場合，AR(1) モデルを使った予測は，真の $\beta_1 = 1$ を仮定したランダムウォーク・モデルの予測よりも大幅に悪くなります．この結論は，より高次の自己回帰モデルにも当てはまります．つまり実際にある系列が単位根を含むとき，高次の AR モデルについても単位根の仮定を課すことで（つまりレベルではなく1回階差の AR モデルを推定することで）予測は改善されます．

問題2：t 統計量は非正規の分布に従う

もし説明変数に確率トレンドがあるのなら，OLS の t 統計量は，たとえ大標本であっても，帰無仮説の下で非正規の分布に従います．分布が非正規であるということは，通常の信頼区間は正しくなく，仮説検定もいつもどおり行うことができません．一般に，この t 統計量の分布は簡単に作成できません．というのも，その分布は，問題とする説明変数と他の説明変数との関係にかかわるからです．1つ重要な例で，単位根を持つ自己回帰モデルの中で，実際の分布を作成可能なケースがあります．この特別なケースについては，確率トレンドを含む場合の統計テストのセクションで改めて説明します．

14.6 非定常性 I：確率トレンド

問題 3：見せかけの回帰　確率トレンドが含まれる場合，実際は無関係である 2 つの系列があたかも関係あるかのように見えてしまうという問題，すなわち見せかけの回帰（**spurious regression**）の問題が生じます.

たとえば，米国のインフレ率は 1960 年代半ばから 1980 年代初めまで絶えず上昇し，そして同時期，日本の GDP も着実に増大してきました（日本の GDP の対数値は図 14.2(c) で示されています）．これらの 2 つのトレンドが重なることで，通常の手法を使うと「有意」に見えるような回帰分析が生まれるのです．1965 年から 1981 年のデータに基づき OLS で推定すると，回帰式は

$$\overline{U.S.Inflation}_t = -37.78 + 3.83 \times \ln(JapaneseGDP_t), \quad \overline{R}^2 = 0.56 \qquad (14.28)$$
$$\phantom{\overline{U.S.Inflation}_t = }(3.99)\ (0.36)$$

となります.

傾きの係数に関する t 統計量は 10 を上回り，通常の基準では 2 つの系列の間に強い正の関係が存在することが示唆されます．しかしながら，この回帰モデルを 1982 年から 2004 年までのデータを使って推計したところ，

$$\overline{U.S.Inflation}_t = 31.20 - 2.17 \times \ln(JapaneseGDP_t), \quad \overline{R}^2 = 0.08 \qquad (14.29)$$
$$\phantom{\overline{U.S.Inflation}_t = }(10.41)\ (0.80)$$

でした.

(14.28) 式と (14.29) 式の回帰の結果は，非常に異なっています．これを文字通り解釈すると，(14.28) 式からは強い正の関係があり，(14.29) 式からは弱いながら統計的には有意な負の関係が示唆されます.

このように結果が相反する理由は，両系列とも確率トレンドを持つからです．2 つのトレンドは，1965 年から 1981 年までは偶然にも同調して動きましたが，1982 年から 2004 年まではそうではありませんでした．実際，これら 2 つの系列に関係があるとみなす経済学的あるいは政治的な理由には思い当たりません．したがって，これらの回帰は見せかけなのです.

(14.28) 式と (14.29) 式の回帰では，実際の系列に確率トレンドが含まれるときに OLS 回帰を行うことは誤りとなりうるという理論的なポイントを例示しています（この結果を生み出すようなシミュレーションについては練習問題 14.6 を参照）．回帰分析の手法が信頼できる 1 つの特殊ケースは，2 つの系列のトレンド部分が同じ，つまり共通した確率トレンド（*common* stochastic trend）が含まれる場合です．このとき，それらの系列は共和分の関係にある（cointegrated）と呼ばれます．共和分関係を検出し分析する計量手法は，16.4 節で議論されます.

確率トレンドの検出：AR 単位根テスト

時系列データのトレンドは，インフォーマルな方法とフォーマルな方法で検出されま

す．インフォーマルな方法は，14.2 節で行ったように，時系列データのプロットを観察して自己相関係数を計算することです．確率トレンドを含む場合，1 期の自己相関係数は 1 に近くなるため，少なくとも大標本において，1 期の自己相関係数が小さく，時系列のプロットが明らかなトレンドを示していない場合には，その系列は確率トレンドを持っていないと示唆されます．しかし，もし疑いが残るなら，フォーマルな統計手続きにより，確率トレンドが存在するという帰無仮説を，トレンドがないという対立仮説に対してテストすることができます．

この節では，Dickey-Fuller テスト——その開発者である David Dickey と Wayne Fuller (1979) の名前にちなんでそう呼ばれています——を用いて，確率トレンドのテストを行います．Dickey-Fuller テストは確率トレンドをテストする唯一の手法ではありませんが（他のテスト方法は 16.3 節で議論されます），実際の応用では最もよく使われるテスト手法で，また最も信頼できるテスト手法の 1 つです．

AR(1) モデルにおける Dickey-Fuller テスト　Dickey-Fuller テスト（**Dickey-Fuller test**）を説明する最初のモデルは自己回帰モデルです．すでに見たように，(14.27) 式のランダムウォークは AR(1) モデルの特殊ケースで $\beta_1 = 1$ を仮定したものです．もし $\beta_1 = 1$ であれば，Y_t は非定常で（確率）トレンドを含みます．したがって，AR(1) モデルにおいて，Y_t がトレンドを持つという仮説は，次式によりテストされます：

$$Y_t = \beta_0 + \beta_1 Y_{t-1} + u_t \text{ において } H_0 : \beta_1 = 1 \text{ 対 } H_1 : \beta_1 < 1 \qquad (14.30)$$

もし $\beta_1 = 1$ なら，AR(1) モデルは 1 となる自己回帰部分の解（すなわち単位根）を 1 つ持つことになります．したがって，(14.30) 式の帰無仮説は「AR(1) モデルは 1 つの単位根を持つ」，対立仮説は「モデルが定常的」ということになります．

このテストは，(14.30) 式を修正して両辺から Y_{t-1} を差し引いた式を推定することで，簡単に行うことができます．$\delta = \beta_1 - 1$ とします．すると (14.30) 式は，

$$\Delta Y_t = \beta_0 + \delta Y_{t-1} + u_t \text{ において } H_0 : \delta = 0 \text{ 対 } H_1 : \delta < 0 \qquad (14.31)$$

となります．

$\delta = 0$ をテストする OLS t 統計量は，**Dickey-Fuller 統計量**（**Dickey-Fuller statistics**）と呼ばれます．(14.31) 式の形が便利なのは，回帰分析ソフトは自動的に $\delta = 0$ をテストする t 統計量を計算してくれる点です．なお Dickey-Fuller テストは片側テストであるという点に注意してください．そこで適切な対立仮説は $\beta_1 < 1$ あるいは $\delta < 0$ だからです．Dickey-Fuller 統計量は，「ロバストでない」標準誤差，つまり付論 5.1 で説明した「均一分散のみに有効な」標準誤差を使って計算されます（説明変数が 1 つの場合には (5.29)

式，複数の説明変数の場合には 18.4 節を参照してください)[3].

AR(p) モデルにおける Dickey-Fuller テスト 　(14.31) 式で説明した Dickey-Fuller テストは AR(1) のみに応用可能でした．14.3 節で説明したように，AR(1) モデルでは Y_t のすべての系列相関を捉えられないことがあり，その場合にはより高次の AR モデルが適切です．

Dickey-Fuller テストの AR(p) モデルへの拡張は，基本概念 14.8 にまとめられています．帰無仮説の下では，$\delta = 0$ そして ΔY_t は定常的な AR(p) となります．対立仮説の下では，$\delta < 0$ で Y_t が定常的です．このバージョンの Dickey-Fuller 統計量の算出には ΔY_t のラグが追加（augment）されるため，最終的に得られる t 統計量は，**augmented Dickey-Fuller（ADF）統計量（augmented Dickey-Fuller〈ADF〉statistic）** と呼ばれます．

一般にラグ次数 p は未知ですが，情報量基準を (14.32) 式の回帰に当てはめて，さまざまな p の値について調べることができます．ADF 統計量に関する既存研究では，ラグ次数は小さすぎるより大きすぎる方がよいことが示唆されています．したがって，その観点からは，BIC よりも AIC を使うほうが推奨されます[4].

線形トレンド周りの定常性という対立仮説に対するテスト 　ここまでの議論では，変数が単位根を持つという帰無仮説とそれが定常的という対立仮説を考えてきました．定常性という対立仮説は，インフレ率など長期的な成長を示さない系列には適切です．しかし，たとえば日本の GDP（図 14.2(c)）のように，長期的な成長を示す系列があり，そういった変数に対して決定論的トレンドを含まない定常性を対立仮説とすることは適切ではありません．そこで，よく用いられる対立仮説は，決定論的な時間トレンド，すなわち時間に関する決定論的な関数の周りで定常的という仮説です．

この対立仮説の定式化の 1 つは，時間トレンドを線形とし，時間 t の線形の関数とすることです．その結果，帰無仮説では単位根を持つ，対立仮説では単位根を持たず決定論的な線形の時間トレンドを持つ，と設定されます．Dickey-Fuller 回帰は，それらの帰無仮説と対立仮説に応じて修正されなければなりません．その修正は，基本概念 14.8 の (14.33) 式に要約されているとおり，回帰式に線形の時間トレンド（説明変数 $X_t = t$）を追加することで行われます．

線形の時間トレンドは，決定論的な時間トレンドを特定化する唯一の方法ではありません．たとえば 2 次関数も決定論的な時間トレンドになります．また線形で，しかし屈折する（つまり線形の傾きがサンプルの 2 つの期間で異なる）場合も決定論的な時間トレ

---
[3] 単位根の帰無仮説の下では，驚くべき特別な結果として，通常の「ロバストでない」標準誤差を用いても不均一分散に対してロバストな t 統計量が得られることが示されます．
[4] Dickey-Fuller テストおよび他の単位根テストに関する小標本特性については，Stock（1994）や Haldrup and Jansson（2006）によるシミュレーション研究のレビューを参照．

> **基本概念**
>
> **14.8**
>
> ## 自己回帰モデルの単位根に対する augmented-Dickey Fuller テスト
>
> 自己回帰モデルの単位根に対する augmented Dickey-Fuller(ADF) テストは，次の回帰式において，帰無仮説 $H_0 : \delta = 0$ を片側の対立仮説 $H_1 : \delta < 0$ に対してテストすることである．すなわち，
>
> $$\Delta Y_t = \beta_0 + \delta Y_{t-1} + \gamma_1 \Delta Y_{t-1} + \gamma_2 \Delta Y_{t-2} + \cdots + \gamma_p \Delta Y_{t-p} + u_t. \quad (14.32)$$
>
> 帰無仮説の下では，Y_t は確率トレンドを持つ．対立仮説の下では，Y_t は定常的である．ここで ADF 統計量は，(14.32) 式で $\delta = 0$ をテストする OLS t 統計量である．
>
> もし対立仮説が，Y_t は決定論的な線形の時間トレンドの周りで定常である場合，そのトレンド "t"（観測値の番号）が説明変数として追加されなければならない．そのとき Dicky-Fuller 回帰式は，
>
> $$\Delta Y_t = \beta_0 + \alpha t + \delta Y_{t-1} + \gamma_1 \Delta Y_{t-1} + \gamma_2 \Delta Y_{t-2} + \cdots + \gamma_p \Delta Y_{t-p} + u_t \quad (14.33)$$
>
> となる．ここで α は未知の係数で，ADF 統計量は (14.33) 式で $\delta = 0$ をテストする OLS t 統計量である．
>
> ラグ次数 p は BIC あるいは AIC を使って推定される．ADF 統計量は，たとえ大標本であっても正規分布に従わない．ADF テスト（片側テスト）の臨界値は，(14.32) 式と (14.33) 式のどちらかに依存する．具体的な臨界値は表 14.5 に与えられている．

ンドになります．これらの非線形の決定論的トレンドを使うことは，経済理論から示唆されるべきです．単位根を非線形の決定論的トレンド周りの定常性に対してテストする手法は，Maddala and Kim (1998, 第 13 章) を参照してください．

ADF 統計量の臨界値　単位根の帰無仮説の下で ADF 統計量は，たとえ大標本であっても正規分布に従いません．その分布は標準的なものではないため，ADF 統計量から単位根をテストする際，正規分布に基づく通常の臨界値を使うことはできません．帰無仮説の下で導出される ADF 統計量の分布から特別な臨界値を求め，それを使わなければなりません．

ADF テストに用いられる臨界値は表 14.5 に与えられています．定常性の対立仮説は (14.32) 式と (14.33) 式で $\delta < 0$ を意味するので，ADF テストは片側検定です．たとえば，回帰式に時間トレンドを含まない場合，ADF 統計量が -2.86 より小さいとき，単位根の帰無仮説は 5% 有意水準で棄却されます．時間トレンドを含む場合には，その臨界値は -3.41 となります．

14.6 非定常性 I：確率トレンド

表 14.5　augmented Dickey-Fuller テストの大標本臨界値

決定論的な説明変数	10%	5%	1%
定数項のみ	−2.57	−2.86	−3.43
定数項と時間トレンド	−3.12	−3.41	−3.96

表 14.5 の臨界値は，標準正規分布における片側の臨界値である −1.28（10% 水準）や −1.645（5% 水準）と比べると，絶対値でかなり大きい（よりマイナスの）値です．ADF 統計量の分布が非標準であることは，確率トレンドを持つ説明変数の OLS t 統計量が非正規分布に従うことの一例であることを示しています．ADF 統計量はなぜ標準的な大標本分布に従わないのかについては，16.3 節で検討します．

米国インフレ率は確率トレンドを持つか？

インフレ率が確率トレンドを持つという帰無仮説は，定常的という対立仮説に対して ADF テストにより検定されます．Inf_t に関する 4 期のラグを含む ADF 回帰式は，

$$\widehat{\Delta Inf_t} = \underset{(0.21)}{0.51} - \underset{(0.04)}{0.11}\,Inf_{t-1} - \underset{(0.08)}{0.19}\,\Delta Inf_{t-1} - \underset{(0.08)}{0.26}\,\Delta Inf_{t-2} + \underset{(0.08)}{0.20}\,\Delta Inf_{t-3} + \underset{(0.08)}{0.01}\,\Delta Inf_{t-4} \quad (14.34)$$

と推定されました．ADF t 統計量は，「Inf_{t-1} の係数 = ゼロ」の仮説をテストする t 統計量で，$t = -2.69$ です．一方，表 14.5 から 5% 水準の臨界値は −2.86 です．ADF 統計量の −2.69 は −2.86 よりマイナス値は小さいので，このテストでは 5% 有意水準で棄却しません．(14.34) 式の推定結果から，インフレ率が自己回帰部分の単位根を持つ，すなわち確率トレンドを持つという帰無仮説は，それが定常であるという対立仮説に対して，(5% 有意水準で) 棄却されませんでした．

(14.34) 式の ADF 回帰式では，ΔInf_t の 4 期までのラグを含んで ADF 統計量を求めました．ラグ次数を AIC を使って推定すると $(0 \leq p \leq 5)$，AIC 推定量は 3 になります．3 期までのラグを用いた場合（すなわち，$\Delta Inf_{t-1}, \Delta Inf_{t-2}, \Delta Inf_{t-3}$ を説明変数として追加），ADF 統計量は −2.72 となり，−2.86 よりはマイナス値は小さいものでした．したがって，ADF 回帰のラグ次数を AIC で選択しても，確率トレンドを持つという帰無仮説は 5% 水準で棄却されません．

以上のテストは 5% 有意水準を用いて行われました．しかし，10% 有意水準からは，単位根を持つという帰無仮説は棄却されます．ADF 統計量 −2.69（4 ラグ），−2.72（3 ラグ）は，10% 水準の臨界値 −2.57 と比べてよりマイナスです．このように ADF 統計量からはやや曖昧な結果が得られたため，予測を行う際には，インフレ率が確率トレンドを有するかどうか，別の情報も使って総合的な判断を下す必要があります．明らかに図 14.1(a) のインフレ率には長期的なスウィングが見られ，確率トレンドモデルと整合的です．また現実にも多くの予測者が，米国インフレ率は確率トレンドを持つという取り扱いをしています．そこで本書でもその方針に従うことにします．

確率トレンドがもたらす問題の回避

トレンドを持つ系列に対して行う最も信頼できる対処方法は，その系列を変換してトレンドを持たなくすることです．もしその系列に確率トレンドがあれば（すなわち単位根を持つのなら），1回の階差を取ることでトレンドを持たなくなります．たとえば Y_t がランダムウォークに従い，$Y_t = \beta_0 + Y_{t-1} + u_t$ であれば，$\Delta Y_t = \beta_0 + u_t$ となり定常的です．このように，1回階差は系列に含まれるランダムウォークのトレンドを除去してくれます．

実際の応用では，ある系列が確率トレンドを持つかどうか確信を持てることはまれにしかありません．一般的な留意点として思い起こすと，帰無仮説が棄却されないという結果は，帰無仮説が正しいということを必ずしも意味するわけではなく，むしろそれは，その仮説が誤りであると結論づけるには証拠が不十分と言っているのに過ぎないということです．したがって，ADFテストから単位根を持つという帰無仮説が棄却されない場合でも，その系列が単位根を持つことを必ずしも意味しません．たとえばAR(1)モデルの真の係数 β_1 が1に非常に近く，たとえば0.98である場合，ADFテストの検出力は低く，帰無仮説を正確に棄却する確率が低くなります．以上見てきたように，帰無仮説を棄却できないことは単位根を持つということを必ずしも意味しないのですが，それでもなお，真の自己回帰部分の解を1と近似して，その系列の水準ではなく階差を使うことは理に適うものといえます[5].

14.7 非定常性Ⅱ：ブレイク（回帰関数の変化）

非定常性の2つ目のタイプは，真の回帰関数がサンプル期間に応じて変化するという場合です．経済学では，その変化はさまざまな理由で起こりえます．たとえば経済政策の変化，経済構造の変化，ある特定の産業を根本から変えるイノベーションなどです．そういった変化，あるいは「ブレイク（break）」が起こると，それを考慮しない回帰分析は誤った推論や予測を導いてしまう恐れがあります．

本節では，時系列回帰関数の変化（＝ブレイク）をチェックする2つの方針について説明します．最初の方針は，仮説検定の観点から潜在的な変化を検出し，F 統計量を使って回帰係数の変化をテストするというアプローチです．2つ目の方針は，予測の観点から潜在的な変化を調べる方法です．そこでは実際に手元にあるサンプルよりも早い時期にサンプルが終わったと仮定して，予測のパフォーマンスを評価します．もし予測のパフォーマンスが期待していたよりも大幅に悪ければ，ブレイクが検出されます．

---

[5] 経済時系列データの確率トレンド，およびそれが回帰分析へもたらす問題に関して，より詳細な議論は，Stock and Watson（1988）を参照．

ブレイクとは何か

ブレイク（＝回帰関数の変化）は次の2つのパターンで起こりえます．1つは母集団回帰式の係数が，ある日付で個別に変化する場合，もう1つは回帰係数がより長い期間をかけて徐々に変化する場合です．

マクロ経済データにおいて個別のブレイク（前者のパターン）が起こる1つの理由は，マクロ経済政策における大きな変化です．たとえば，ブレトンウッズ体制と呼ばれる固定為替相場制度が1972年に崩壊しましたが，それは図14.2(b) からも明らかなように，ポンド／ドル為替レートの時系列データの動きを根本的に変化させました．1972年以前は，為替レートは基本的に一定でした．例外は1968年の切り下げで，その際ポンドのドルに対する公式レートが下落しました．それに対して1972年以降では，為替レートは大きな変動幅で動いています．

またブレイクは，母集団の回帰式が時間を通じて変化することで，もっとゆっくりと起こることもあります（後者のパターン）．たとえば経済政策がゆっくりと進化する，経済構造が徐々に変化するといった場合です．ブレイクを検出する方法は，これら2つのタイプ（際立った変化とゆっくりとした進化）の両方を調べることができます．

ブレイクがもたらす問題　母集団回帰関数におけるブレイクがサンプル期間内に発生するとき，全サンプル期間に関するOLS回帰の推定値は，2つの異なる期間を合わせた形で得られたものとなります．その意味で，サンプル期間内で「平均的に」成立する関係を推定することになります．そのブレイクの位置と大きさによって，その「平均的な」回帰関数は，サンプル末期の真の回帰関数とはまったく異なる可能性があり，その場合，予測の精度は悪化するでしょう．

ブレイクの検出

ブレイクを検出する1つの方法は，個別の変化，すなわち回帰係数の変化をテストすることです．その具体的な方法は，変化が疑われる時期——ブレイクの日付（**break date**）——を知っているかどうかに依存します．

日付が既知の場合のブレイクの検出　問題によっては，ブレイクの日付がすでにわかっている状況で，ブレイクの可能性を疑うことがあります．たとえば，国際貿易に関する実証関係を1970年代からのデータを使って分析する場合，1972年，すなわちブレトンウッズ体制が崩壊して固定相場制から変動相場制へ移行した時期に，母集団の回帰関数に変化が生じたという仮説が考えられます．

もし候補となる係数の変化時期があらかじめわかっている場合，ブレイクなしという帰

無仮説は，第8章（基本概念8.4）で議論したような(0, 1)変数を掛け合わせた交差項を使ってテストできます．説明の単純化のため，いまADL(1,1)モデルを考えます．そこでは定数項とY_tの1期ラグとX_tの1期ラグが説明変数です．いまτを想定されるブレイク日付とし，$D_t(\tau)$をブレイク前は0，ブレイク後は1を取る(0, 1)変数とします．したがって，$t \leq \tau$ならば$D_t(\tau) = 0$，$t > \tau$ならば$D_t(\tau) = 1$です．このとき，(0, 1)のブレイク指標およびすべての交差項を含む回帰式は，

$$Y_t = \beta_0 + \beta_1 Y_{t-1} + \delta_1 X_{t-1} + \gamma_0 D_t(\tau) + \gamma_1 [D_t(\tau) \times Y_{t-1}] + \gamma_2 [D_t(\tau) \times X_{t-1}] + u_t \quad (14.35)$$

と表されます．

もしブレイクがなければ，母集団の回帰式は2つの期間で同一なので，(0, 1)のブレイク指標は(14.35)式に入りません．つまり，ブレイクなしという帰無仮説の下では，$\gamma_0 = \gamma_1 = \gamma_2 = 0$です．ブレイクありという対立仮説の下では，ブレイク日付τの前後で母集団の回帰関数が異なるため，少なくとも1つのγはゼロではないということになります．このように，ブレイクがあるどうかの仮説検定は，$\gamma_0 = \gamma_1 = \gamma_2 = 0$の帰無仮説を，少なくとも1つの$\gamma$はゼロでないという対立仮説に対してテストする$F$統計量を使って行うことができます．この既知のブレイク日付に対するテストは，開発者Gregory Chow (1960)の名前にちなんで，「チャウ・テスト」と呼ばれます．

もし複数の予測変数やより多くのラグ次数を用いるのであれば，このテスト方法ではすべての説明変数に対して(0, 1)ダミー変数を掛け合わせた交差項を設定し，$D_t(\tau)$がかかるすべての係数がゼロという仮説をテストすることになります．

このアプローチでは，関心のある一部の係数だけのブレイクを検証することが可能です．その場合には，着目する変数だけについて交差項を含めてテストするという形で修正されます．

ブレイク日付が未知の場合のブレイクの検出

ブレイクの日付については，未知であるか，一定の範囲で起こったとしかわからない，ということがよくあります．たとえば，ある係数のブレイクがτ_0からτ_1の間のどこかで起こったと疑われるとしましょう．このとき，先のチャウ・テストを修正してこの問題に対処することができます．すなわち，τ_0からτ_1の間のすべての日付τについてチャウ・テストを行い，得られたF統計量のなかの最大値を使って未知の日付でのブレイクをテストするのです．この修正されたチャウ・テストにはさまざまな呼び名がありますが，クウォント尤度比統計量（**Quandt likelihood ratio statistic, QLR**）——Quandt（1960）を参照，本書ではこの呼び名を使います——，あるいは少しわかりにくいですが，最大ワルド統計量（**sup-Wald statistic**）とも呼ばれます．

QLR統計量は多くのF統計量の中の最大値なので，その分布は個々のF統計量とは異なります．したがってQLR統計量の臨界値もその特別な分布から求められます．F統計

14.7 非定常性 II：ブレイク（回帰関数の変化）

表 14.6　QLR 統計量の臨界値：サンプルの両端 15% がカットされる場合

制約の数 (q)	10%	5%	1%
1	7.12	8.68	12.16
2	5.00	5.86	7.78
3	4.09	4.71	6.02
4	3.59	4.09	5.12
5	3.26	3.66	4.53
6	3.02	3.37	4.12
7	2.84	3.15	3.82
8	2.69	2.98	3.57
9	2.58	2.84	3.38
10	2.48	2.71	3.23
11	2.40	2.62	3.09
12	2.33	2.54	2.97
13	2.27	2.46	2.87
14	2.21	2.40	2.78
15	2.16	2.34	2.71
16	2.12	2.29	2.64
17	2.08	2.25	2.58
18	2.05	2.20	2.53
19	2.01	2.17	2.48
20	1.99	2.13	2.43

注：これらの臨界値は，$\tau_0 = 0.15T$，$\tau_1 = 0.85T$（最も近い整数に近似）の場合．したがって，F 統計量はサンプルの中心部 70% における潜在的なブレイク時点すべてについて計算される．制約数 q は，個々の F 統計量においてテストされる制約の数．サンプル両端の他のカット率に関する臨界値表は，Andrews（2003）に示されている．

量と同様に，その分布はテストされる仮説の数 q，すなわち対立仮説においてブレイクの可能性がある（定数項を含む）係数の数に依存します．QLR 統計量の分布は，τ_0/T と τ_1/T にも依存します．それらは，F 統計量が計算される部分的なサンプル（サブ・サンプル）の両端の時点 τ_0 と τ_1 を全サンプル数の比率で表現した値です．

QLR 統計量の大標本時の分布をうまく近似するために，サブ・サンプルの両端の点は全サンプルの両端に近すぎてはいけません．その理由から，QLR を実際に求める場合，サンプルの両端がカットされた範囲で計算されます．よく用いられるのは 15% のカット，つまり $\tau_0 = 0.15T$，$\tau_1 = 0.85T$（小数点の場合には最も近い整数に近似）と設定されます．15% カットにより F 統計量はサンプルの中心部 70% のブレイク時点について計算されます．

QLR 統計量（両端 15%）の臨界値は表 14.6 に要約されています．これらの臨界値を

基本概念	係数の安定性に関する QLR テスト
14.9	

$F(\tau)$ を，回帰係数が日付 τ の時点で変化するという仮説をテストする F 統計量とする．それは，たとえば (14.35) 式の回帰において，$\gamma_0 = \gamma_1 = \gamma_2 = 0$ という帰無仮説をテストする F 統計量である．QLR（または最大ワルド）テストの統計量は，$\tau_0 \leq \tau \leq \tau_1$ の範囲での最大の統計量となる．すなわち

$$\text{QLR} = \max[F(\tau_0), F(\tau_0 + 1), \ldots, F(\tau_1)]. \tag{14.36}$$

1. F 統計量と同じく，QLR 統計量は回帰係数のすべて，あるいは一部にブレイクがあるかどうかのテストに使われる．
2. 大標本において，QLR 統計量の帰無仮説の下での分布は，テストされる制約の数 q，そして調べる期間の両端 τ_0 と τ_1（T に占める割合）に依存する．表 14.6 には，全サンプル期間を 15% カットして調べる場合の臨界値が与えられる（$\tau_0 = 0.15T$，$\tau_1 = 0.85T$ で最も近い整数に近似）．
3. QLR 統計量は，回帰関数の一度のブレイク，複数のブレイク，そしてあるいはゆっくりとした変化を検出する．
4. 回帰関数に一度の際立ったブレイクがある場合，チャウ統計量が最大となる日付はブレイク日付の推定量となる．

$F_{q,\infty}$ 分布と比べると（巻末の付表 4），QLR 統計量の臨界値の方が大きいことがわかります．これは QLR 統計量が個々の F 統計量の最大値を求めていることを反映しています．候補となる数多くのブレイク日について F 統計量を調べるので，QLR 統計量は棄却する機会をたくさん持つことになります．したがって QLR の臨界値は個々の F 統計量の臨界値よりも大きな値となるのです．

チャウ・テストと同じく，QLR テストでも，回帰係数の一部にのみブレイクが起こる可能性を調べることが可能です．これはまず，ブレイクが疑われる係数に関してのみその変数の交差項を考え，候補となるブレイク日付についてチャウ・テストを行います．次に，$\tau_0 \leq \tau \leq \tau_1$ の範囲について計算されたチャウ・テスト統計量の最大値を求めることで行われます．このタイプの QLR テストの臨界値も，表 14.5 から取ることができます．そこで制約の数 (q) は，実施される F テストでの制約の数に相当します．

テストの範囲内の日付でブレイクがある場合，QLR 統計量は大標本において，係数にブレイクなしという帰無仮説を高い確率で棄却するでしょう．しかも，F 統計量が最大値を取る日付 $\hat{\tau}$ は，ブレイク日付 τ の推定値です．この推定値は，ある技術的な条件の下で $\hat{\tau}/T \xrightarrow{p} \tau/T$ となる，すなわちブレイクが起こる日付のサンプル内の比率が一致性を満

たして推定されるため，その意味で良い推定値です．

大標本において QLR 統計量は，複数時点でブレイクがあるときでも，もしくは回帰関数がゆっくりと変化する場合でも，やはり高い確率で係数一定という仮説を棄却します．このことは，QLR 統計量が 1 回の個別のブレイク以外の不安定性についても検出することを意味しています．その結果，QLR が帰無仮説を棄却する場合には，一度の個別のブレイクがある，複数時点でブレイクがある，あるいは回帰関数がゆっくりと変化する，これらのいずれかを意味するのです．

QLR 統計量の内容は，基本概念 14.9 に要約されています．

注意点：ブレイク日付は知っているつもりでもおそらく本当のところはわからない　専門家の中にはブレイク日付を知っていると信じる人がいて，その場合は QLR テストではなくチャウ・テストが行われます．しかし，もしこの知識が分析される系列に関する専門家の知識に基づくのなら，この日付は，たとえインフォーマルであっても，データを使って推定されたものとなります．ブレイク日付に関してあらかじめ推定が行われたとすると，そのブレイク日付に関してチャウ・テストを行う際，通常の F 統計量の臨界値は使えません．したがって，このような状況においては QLR 統計量を使うことが適切なのです．

応用例：フィリップス曲線は安定的か？　QLR テストは，フィリップス曲線が 1962 年から 2004 年まで安定的だったかどうか調べるのに使うことができます．特にここでは (14.17) 式の ADL(4,4) モデルにおいて，失業率のラグ値の係数と定数項に変化があったのかという問題に焦点を絞りたいと思います．その回帰式には，ΔInf_t と $Unemp_t$ の 4 期までのラグが含まれます．

チャウ・テストの F 統計量は，(14.17) 式における定数項と $Unemp_{t-1}, \ldots, Unemp_{t-4}$ が一定という帰無仮説を，ある与えられた日付でそれらが変化するという対立仮説に対してテストするもので，サンプル中心部 70% のブレイク候補時点に対して計算された F 統計量が図 14.5 に示されています．たとえば，1980:I 時点のブレイクをテストする F 統計量は 2.85 で，その値が図に記されています．各 F 統計量は 5 つの制約（定数項および失業率のラグにかかる 4 つの係数に変化なし）をテストします．したがって $q = 5$ です．これらの F 統計量の最大値は 5.16 で，それは 1981:IV の時点でした．そしてこれが QLR 統計量となります．5.16 と表 14.6 の $q = 5$ の臨界値と比べると，それらの係数が一定という仮説は 1% 有意水準で棄却されます（臨界値 4.53）．したがって，5 つの係数のなかで少なくとも 1 つの係数がサンプル期間内で変化したという証拠は見出されました．

図 14.5 (14.17)式のブレイクを異なる日付についてテストしたF統計量

図に示されたF統計量は，ある与えられたブレイク日付の下，(14.17)式における定数項と$Unemp_{t-1}$, $Unemp_{t-2}$, $Unemp_{t-3}$, $Unemp_{t-4}$ にかかる係数のうち少なくとも1つが変化するかどうかテストする．たとえば1980:I時点のブレイクをテストするF統計量は2.85．QLR統計量はF統計量の最大値で5.16となる．これは1%水準の臨界値4.53を上回る．

準サンプル外予測

　予測モデルをテストする究極の方法は，サンプル外のパフォーマンス，すなわちモデルが推定された後の「現実の時間（real time）」における予測のパフォーマンスを調べることです．**準サンプル外予測**（**pseudo out-of-sample forecasting**）は，予測モデルのリアルタイムのパフォーマンスを模擬的に計算する手法です．準サンプル外予測の考え方は単純です．サンプル期間の終点近くの日を1つ選び，その時点までのデータを使ってモデルを推定する．そして，その推定されたモデルを使って予測を計算するというものです．サンプル終期近くの複数時点についてこの計算を行うと，「準」予測値と「準」予測誤差の系列が得られます．その準予測誤差を使って，もし予測する関係式が定常であれば満たされるであろう性質を表しているか調べるのです．

　この方法が「準」サンプル外予測と呼ばれる理由は，それは本当のサンプル外予測とは異なるからです．本当のサンプル外予測はリアルタイムに計算されるもので，系列の将来の値を知らずに予測されます．一方，準サンプル外予測は，モデルを使ってリアルタイム予測を模擬的に計算するものですが，そこで「将来の」データは手元にあり，予測値との比較が可能です．準サンプル外予測はリアルタイムの予測をまねたものですが，新しいデータの入手を待たずに行えるのです．

14.7 非定常性 II：ブレイク（回帰関数の変化）

基本概念 14.10　準サンプル外予測

準サンプル外予測は，次のステップで計算される．

1. 準サンプル外予測を計算する観測値数 P を選択する．たとえば P はサンプル数の 10% または 15% といった値．そして $s = T - P$ とする．
2. 予測に使う回帰式を，短くなったデータ $t = 1, \ldots, s$ について推定する．
3. 推定したサンプル期間後の最初の期（$s+1$ 期）について予測値を計算する．その予測値を $\widetilde{Y}_{s+1|s}$ とする．
4. 予測誤差を計算する，すなわち $\widetilde{u}_{s+1} = Y_{s+1} - \widetilde{Y}_{s+1|s}$．
5. 2 から 4 のステップを，残りの日付 $s = T - P + 1$ から $T - 1$ まで繰り返す（各日付で回帰式を再推定する）．準サンプル外の予測値は $\widetilde{Y}_{s+1|s}, s = T - P, \ldots, T - 1$，準サンプル外の予測誤差は $\widetilde{u}_{s+1}, s = T - P, \ldots, T - 1$ となる．

準サンプル外予測を行うと，サンプルの終わりにかけてモデルがいかにうまく予測するのか感触をつかむことができます．その結果，モデルがうまく予測できていて自信を強めるか，最近は予測がはずれ気味と示唆されるか，いずれにしてもこれらは貴重な情報です．準サンプル外予測の手法については，基本概念 14.10 にまとめられています．

準サンプル外予測の他の利用方法　　準サンプル外予測の 2 つ目の利用方法としては，RMSFE の推定に使われます．準サンプル外の予測には予測日以前のデータのみが使われるので，その予測誤差には誤差項の将来の値に関する不確実性と回帰係数の推定に関する不確実性の両方が反映されます．つまり準サンプル外予測の誤差には，(14.21) 式の両方の要因のエラーが含まれるのです．したがって，準サンプル外の予測誤差の標本標準偏差は，RMSFE の推定量となります．14.4 節で議論したように，RMSFE の推定量は予測値の不確実性を定量化し予測区間を作成するのに使われます．

準サンプル外予測の 3 つ目の利用法は，2 つかそれ以上の予測モデルの比較に使われます．データのフィットがともに良好な 2 つのモデルが，準サンプル外予測ではまったく異なるパフォーマンスを示す可能性があります．モデルが異なり，たとえば含まれる予測変数が異なるとき，準サンプル外予測は 2 つのモデルを予測の信頼性という観点から比較する便利な方法となるのです．

応用例：フィリップス曲線は 1990 年代にシフトしたか？　　QLR 統計量を使って，フィリップス曲線の関係が安定的であるという帰無仮説を，ブレイクがあるという対立仮説に対してテストした結果，帰無仮説は棄却されました（図 14.5 参照）．F 統計量の最大

BOX：市場に勝てるか？〈パート2〉

株式投資について，「株式はその企業の収益が株価に比べて高いときに買うべき」といったアドバイスを聞かれたことがあるかもしれません．実際，株式を買うことは，企業収益から支払われる将来の配当を買うことにほかなりません．もし将来の配当の見通しが現在の株価に比べて際立って大きければ，その企業は過小評価されていると判断できるでしょう．もし現在の配当が将来の配当を予測する指標となるならば，配当利回り——現在の配当を株価で割った比率——によって将来の株式超過収益を予測できるかもしれません．もし配当利回りが高ければ，株式が過小評価されており，株式のリターンは上昇すると予測されるからです．

この議論から，配当利回りを説明変数として，株式超過収益の自己回帰・分布ラグモデルを分析することが考えられます．しかしそのアプローチには問題もあります．すなわち，配当利回りの変動は大変持続的で，確率トレンドが含まれるかもしれないという点です．そこで，1960:1-2002:12 の期間の月次データ——CRSP バリュー・ウエイト指数，データの詳細は付論 14.1 を参照——を用いて，配当・株価比率の対数値について，Dickey-Fuller 単位根テスト（定数項を含む）を行ったところ，1 つの単位根を含むという帰無仮説は 10% 有意水準で棄却できませんでした．いつも強調しているように，「帰無仮説を棄却できない」という結果は，「帰無仮説が正しい」ということを意味するわけではありません．しかしそれは，配当利回りの変動は非常に持続性が高いという事実を裏付けるものです．14.6 節のロジックに従えば，この結果から，説明変数としては，配当利回り対数値のレベルではなく階差を用いるべきということがわかります．

表 14.7 は，配当利回り指標を説明変数に使った株式超過収益 ADL モデルの推定結果を表しています．(1)列と (2)列のモデルでは配当利回りが階差で用いられ，個々の t 統計量，結合仮説に対する F 統計量から，「株式超過収益は予測できない」という帰無仮説は棄却されません．これらの推定モデルは，14.6 節の議論が薦めるモデル特定化に沿ったものですが，一方でそれは，本ボックスの冒頭で述べた経済学的な説明，つまり超過収益は配当利回りのレベルと関係があるという説明と整合的ではありません．そこで (3)列では，超過収益の ADL(1,1) モデルについて，配当利回りの対数値を使って，また 1992:12 までの期間について，推定した結果が示されています．t 統計量は 2.25 となり，通常の 5% 水準の臨界値である 1.96 を上回っています．しかしながら，説明変数の変動が非常に持続的なので，t 統計量の分布が正しいかどうか疑わしく，1.96 という臨界値を利用することは適切でないかもしれません．（ここで F 統計量は報告していませんが，それは説明変数の持続性のために，たとえ大標本であっても，分布は必ずしもカイ二乗分布に従わないからです．）

表 14.7，(3)列から，超過収益は予測可能と示されたわけですが，それを別の角度から評価する方法として，準サンプル外予測が考えられます．サンプル外となる 1993:1-2002:12 の期間について予測を行った結果，予測の平方根平均二乗誤差（RMSFE）

は4.08％となりました．一方，全期間の予測に関するRMSFEは4.00％，定数項のみの予測（逐次的に推定される予測モデルが定数項のみ含む）ではRMSFEは3.98％でした．つまり，ADL(1,1)モデルに基づいて配当利回り対数値（レベル）を使った準サンプル外予測の方が，説明変数を何も含まない予測よりもパフォーマンスが悪かったのです！

この予測力の欠如は，効率的市場仮説の強いバージョン，すなわち株価には利用可能な公表データすべての情報が織り込まれており，株式リターンは公表されているデータを使って予測されない，という仮説と整合的です（効率的市場仮説の弱いバージョンは，過去のリターンのみによって予測される）．「超過利潤は簡単には予測されない」という基本メッセージは直感的にも理解しやすいものです．もし超過利潤が予測されるのなら，期待される超過利潤が消滅する水準まで株価は速やかに上昇すると考えられるからです．

表14.7のような結果とその解釈は，これまでもファイナンス研究者の間で活発に議論されてきました．予測力が欠如しているという結果は効率的市場仮説の証拠とみなす研究者は少なからず存在します（たとえばGoyal and Welch(2003)を参照）．その一

表14.7 株式の月次超過収益に関する自己回帰・分布ラグモデル			
被説明変数：CRSPバリュー・ウエイト指数の超過収益			
	(1)	(2)	(1)
モデル特定化	ADL(1,1)	ADL(2,2)	ADL(1,1)
推定期間	1960:1-2002:12	1960:1-2002:12	1960:1-1992:12
説明変数			
$excess\ return_{t-1}$	0.059 (0.158)	0.042 (0.162)	0.078 (0.057)
$excess\ return_{t-2}$		−0.213 (0.193)	
$\Delta \ln(dividend\ yield_{t-1})$	0.009 (0.157)	−0.012 (0.163)	
$\Delta \ln(dividend\ yield_{t-2})$		−0.161 (0.185)	
$\ln(dividend\ yield_{t-1})$			0.026[a] (0.012)
定数項	0.0031 (0.0020)	0.0037 (0.0021)	0.090[a] (0.039)
すべての係数に関する F 統計量（p 値）	0.501 (0.606)	0.843 (0.497)	
$\bar{R}^2$	−0.0014	−0.0008	0.0134

注：データの詳細は付論14.1を参照．各列には係数の推定値，その下には不均一分散を考慮した標準誤差がカッコ内に示されている．最後の2行は，不均一分散を考慮した F 統計量（すべての係数がゼロという帰無仮説をテスト），カッコ内にはその p 値，そして修正済み $\bar{R}^2$ がそれぞれ示されている．a: $|t| > 1.96$.

方で，より長いサンプル期間や予測期間を使って，そして変動が持続的な説明変数に対処する手法を使って分析すれば，予測力は存在すると主張する研究者もいます（Campbell and Yogo (2006) を参照）．予測可能性は，景気の循環により投資家のリスクへの態度が変化するといった合理的な経済活動によって（Campbell (2003)），あるいは「非合理的な熱狂（irrational exuberance）」（Shiller (2006)）によって，発生するのかもしれません．

表 14.7 の結果は月次リターンに関するものですが，もっと短い予測期間に着目するファイナンス研究者もいます．「市場のミクロ構造」——株式市場の分刻みの動き——の理論が教えるところでは，超過収益が予測可能となる期間がたとえ一瞬であっても存在するため，優秀ですばやく動く投資家はその収益機会を利用して利益を生み出すことができるとされています．ただしそれを実際に実行するには，相当な度胸に加え，膨大な計算力と有能な計量経済学者の助けが必要でしょう．

値は 1981:IV で得られたため，1980 年代初めにブレイクが発生したことが示唆されます．この結果から，失業率のラグを使ってインフレ率を予測する際には，1981:IV のブレイク以降のサンプルに基づいて推定すべきとなります．その上で，次のような問題が残ります．フィリップス曲線の予測モデルは，1981:IV のブレイク後の期間において安定していたのでしょうか．

もしフィリップス曲線の係数が，1982:I-2004:I の間のどこかの時点で変化したのなら，1982:I に始まるデータを使って計算された準サンプル外予測は悪化するはずです．インフレ率の準サンプル外予測値が，1982:I 以降のデータを使って，4期ラグのフィリップス曲線モデルに基づいて 1999:I から 2004:IV の期間について計算されました．その予測値は，インフレ率の現実値とともに図 14.6 に示されています．たとえば 1999:I のインフレ予測は，1998:IV までのデータを使って ΔInf_t を $\Delta Inf_{t-1}, \ldots, \Delta Inf_{t-4}, Unemp_{t-1}, \ldots, Unemp_{t-4}$ そして定数項で回帰し，推定された係数と 1998:IV までのデータを使って予測値 $\widehat{\Delta Inf}_{1999:I|1998:IV}$ が計算されます．すなわち，1999:I のインフレ予測は，$\widehat{Inf}_{1999:I|1998:IV} = \widehat{Inf}_{1998:IV} + \widehat{\Delta Inf}_{1999:I|1998:IV}$ です．この一連の手続きが，1999:I までのデータを使って再び行われ，$\widehat{Inf}_{1999:II|1999:I}$ が計算されます．そしてこの計算が 1999:I-2004:IV までの 24 期間すべてについて繰り返し行われ，その結果が図 14.6 に表示されているのです．準サンプル外予測の誤差は，現実インフレ率と準サンプル外予測値との差であり，それは図 14.6 では 2 つの線の差に相当します．たとえば 2000:IV の現実のインフレ率は前期に比べて 0.8% ポイント下落しましたが，$\Delta Inf_{2000:IV}$ に対する準サンプル外予測値は 0.3% ポイントでした．その結果，準サンプル外予測の誤差は，$\Delta Inf_{2000:IV} - \widehat{\Delta Inf}_{2000:IV|2000:III} = -0.8 - 0.3 = -1.1\%$ ポイントです．言い換えると，ADL(4,4) モデルのフィリップス曲線に基づき，2000:III までのデータを使って予測すると，2000:IV のインフレ率は 0.3%

図 14.6 米国インフレ率と準サンプル外予測

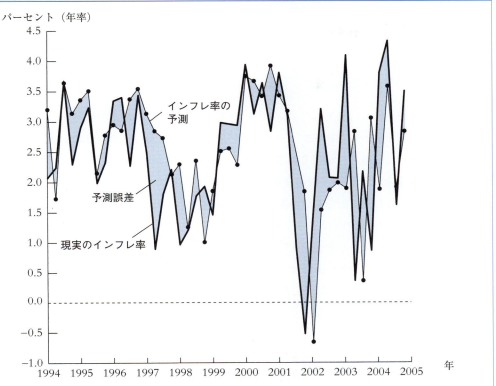

準サンプル外予測値は，(14.17) 式のフィリップス曲線 4 期ラグモデルに基づいて計算されている．予測値は全般的に現実のインフレ率をトラックしており，フィリップス曲線予測モデルは 1982 年以降安定的という見方と整合的である．

ポイント上昇すると予測されたのですが，実際には 0.8% ポイント下落したのです．

　準サンプル外予測の平均と標準偏差は，モデルのサンプル内のフィットとどのように比較できるでしょうか？　4 期ラグに基づくフィリップス曲線モデルの回帰の標準誤差は，1982:I から 1998:IV までのデータを用いた場合 1.30 でした．したがって，このサンプル内のフィットから，準サンプル外予測誤差は平均ゼロ，予測の平方根平均二乗誤差（RMSFE）1.30 と予想されます．実際，1999:I-2004:IV の準サンプル外予測の期間において，予測誤差の平均は 0.11 であり，予測誤差の平均が 0 という仮説の t 統計量は 0.41 でした．したがって，予測誤差の平均がゼロという仮説は棄却されません．また，準サンプル外予測期間の RMSFE は 1.32 であり，1982:I-1998:IV の回帰の標準誤差の値 1.30 と非常に近い値となりました．さらに，図 14.6 で示されている予測値と予測誤差のプロットから，現実値からの大きな乖離や異常値は見られません．

　この準サンプル外予測の分析から，1999:I-2004:IV の期間におけるフィリップス曲線予測モデルのパフォーマンスは，1982:I-1998:IV のサンプル期間内のパフォーマンスに匹敵

するものといえます．QLR 統計量では 1980 年代初めの不安定性が示されましたが，この準サンプル外予測の結果から，1980 年代初めのブレイク以降，フィリップス曲線の関係は安定的であることが示唆されます．

ブレイクへの対処方法

母集団回帰式に発生したブレイクに対処する最善の方法は，そのブレイクの原因が何かに依存します．個別のブレイクがある特定の日付に起こったのであれば，それは QLR 統計量から高い確率で検出されます．そしてブレイク日付も推定されます．この場合には，$(0,1)$ 変数によりブレイク前後のサブ・サンプルが明示され，必要に応じて説明変数との交差項を含む形で回帰関数が推定されます．もしすべての係数が変化するのであれば，回帰式は (14.35) 式の形となり τ は推定されたブレイク日付 $\hat{\tau}$ に置き換えられます．一方，もし一部の係数のみ変化するのであれば，該当する交差項だけが回帰式に含まれます．そして実際にブレイクがあれば，回帰係数に関する統計的推論は通常通りの手続きで進められます．たとえば t 統計量に基づく仮説検定であれば，いつもの正規分布に基づく臨界値が使われます．それに加えて，推定された回帰モデルを使って，サンプル終期にかけての予測値も計算されます．

もしブレイクが個別に発生するのではなく，ゆっくり時間をかけてパラメーターが変化する場合には，その対処方法はより難しくなります．それは本書の守備範囲を超えるためここでは割愛します[6]．

14.8 結論

時系列データでは，一般に，ある観測値とその次の期の観測値との間に相関が見られます．この相関の結果，線形回帰モデルでは，現在と過去の値を使って時系列データの将来の値を予測することができます．時系列回帰分析の出発点は自己回帰モデルで，そこでは被説明変数のラグが説明変数として使われます．もし追加的な予測変数が利用できれば，そのラグも回帰式に含められます．

この章では，時系列データを使った回帰式を推定し利用する際の，いくつかの技術的な問題を検討してきました．その 1 つの問題は，回帰式に含まれるラグ次数の決定です．14.5 節で議論したように，BIC を最小化するようにラグ次数を選択すると，推定されたラグ次数は真のラグ次数に対して一致性を持ちます．

別の問題としては，分析される変数が定常的かどうかという問題です．もしその系列

---

[6] 個別のブレイクがある場合の推定と検定に関しては，Hansen（2001）の議論も参考になります．また，ゆっくりと係数が変化する場合の推定および予測については，Hamilton（1994，第 13 章）の議論を参照してください．

が定常的であれば，統計推論の通常の手続き（t 統計量を正規分布の臨界値と比較するなど）を利用できます．また母集団の回帰関数は時間を通じて安定しているので，過去のデータを使って推定された回帰式は，将来に対する予測にも信頼して使うことができます．しかし，もしその系列が非定常であれば事態は複雑になり，その複雑さは非定常性のタイプに依存します．たとえば，その系列には確率トレンドが含まれるため非定常だとすると，OLS 推定量と t 統計量は，たとえ大標本であっても，標準的ではない分布（つまり非正規分布）に従います．そして予測のパフォーマンスは，回帰式を 1 回階差で定式化することにより改善されます．このタイプの非定常性を検出する方法は augmented Dickey-Fuller テストと呼ばれ，14.6 節で説明しました．別のタイプの非定常性として，母集団の回帰関数にブレイク（係数の変化）が存在するのであれば，それを考慮しないまま回帰式を推定することで，バイアスを含む不正確な予測を生み出すことになります．回帰関数のブレイクを検出する方法は 14.7 節で議論しました．

　本章では，時系列回帰の手法が経済変数の予測に応用されました．そして予測モデルの係数は因果関係を表すとは解釈しませんでした．将来を予測するためには，原因と結果の関係は必ずしも必要ではありません．因果関係の解釈を考慮しないことで，より自由な形で予測を追求できます．しかしながら，応用例によっては，予測モデルを構築するのが目的ではなく，時系列変数間の因果関係を推定することが目的である場合があります．それはすなわち，X の変化が Y に対して時間を通じて及ぼす動学的な因果関係の効果を推定することです．本章で議論した手法，およびそれと密接に関連する手法は，適切な条件が満たされれば，動学的な因果関係の効果を推定する際にも利用できます．それが次章のトピックとなります．

要約

1. 予測に用いられる回帰モデルでは，因果関係の解釈は必要ない．
2. 時系列変数は，一般に，自分自身の過去の値（1 つ以上のラグ値）との相関，すなわち系列相関を持つ．
3. p 次の自己回帰モデルとは，被説明変数の p 期までのラグが説明変数となる多変数線形回帰モデルである．AR(p) モデルの係数は OLS によって推定でき，推定された回帰関数は予測に用いることができる．ラグ次数 p は BIC などの情報量基準に基づいて推定できる．
4. 自己回帰モデルに他の変数とそのラグを追加すると予測パフォーマンスが向上することがある．時系列回帰における最小二乗法の仮定（基本概念 14.6）の下では，OLS 推定量は大標本において正規分布に従い，統計的推論はクロスセクション・データの場合と同じ手続きで進められる．
5. 予測区間は，予測の不確実性を定量化する 1 つの手法である．誤差項が正規分布に従うとき，約 68% の予測区間は，予測値プラスマイナス予測の平方根平均二乗誤差（RMSFE:

root mean squared forecast error）の推定値で得られる．

6. 確率トレンドを含む系列は非定常となり，基本概念 14.6 で示した最小二乗法の第 2 の仮定に反する．説明変数が確率トレンドを含む場合，その係数に関する OLS 推定量や t 統計量は標準的でない分布に従う可能性があり，通常の手続きでは，バイアスを含む推定量，非効率な予測，誤った統計的推論をもたらす恐れがある．確率トレンドに対するテストには ADF 統計量を用いることができる．ランダムウォークの確率トレンドは，その変数の 1 回階差を取ることで除去することができる．

7. 母集団回帰関数が時間とともにシフトする場合，そのシフトを無視した OLS 統計量を統計的推論や予測に使うことは望ましくない．回帰関数の変化，すなわちブレイクに対するテストには，QLR 統計量を用いることができる．もし一度限りのブレイクが見つかった場合には，そのブレイクを考慮する形で回帰関数を再推計することができる．

8. 準サンプル外予測は，サンプル期間の終点に向かってモデルの安定性を調べる，予測の平方根平均二乗誤差を推定する，そして異なる予測モデルを比較するための手法として用いられる．

キーワード

1 期ラグ [first lag]　469

j 期ラグ [j^{th} lag]　469

1 回階差 [first difference]　469

自己相関 [autocorrelation]　471

系列相関 [serial correlation]　471

自己相関係数 [autocorrelation coefficient]　471

j 次の自己共分散 [j^{th} autocovariance]　471

自己回帰 [autoregression]　474

予測誤差 [forecast error]　475

予測の平方根平均二乗誤差（RMSFE）[root mean squared forecast error]　475

p 次の自己回帰モデル [p^{th} order autoregressive model, AR(p)]　477

自己回帰・分布ラグ（ADL）モデル [autoregressive distributed lag〈ADL〉model]　482

ADL(p,q)　482

定常性 [stationarity]　483

弱依存性 [weak dependence]　484

グレンジャーの因果性統計量 [Granger causality statistic]　485

グレンジャーの因果性テスト [Granger causality test]　485

予測区間 [forecast interval]　487

ベイズ情報量基準（BIC）[Bayes information criterion]　489

シュワルツ情報量基準（SIC）[Schwarz information criterion]　489

赤池情報量基準（AIC）[Akaike information criterion]　490

トレンド [trend]　493

決定論的トレンド [deterministic trend]　493

確率トレンド [stochastic trend]　493

ランダムウォーク [random walk]　494

ドリフト付ランダムウォーク [random walk with drift]　494

単位根 [unit root]　495

見せかけの回帰 [spurious regression] *497*

Dickey-Fuller テスト [Dickey-Fuller test] *498*

Dickey-Fuller 統計量 [Dickey-Fuller statistics] *498*

augmented Dickey-Fuller（ADF）統計量 [augmented Dickey-Fuller〈ADF〉statistic] *499*

ブレイクの日付 [break date] *503*

クウォント尤度比（QLR）統計量 [Quandt likeihood ratio〈QLR〉statistic] *504*

最小ワルド統計量 [sup-Wald statistic] *504*

準サンプル外予測 [pseudo out-of-sample forecasting] *508*

練習問題

14.1 いま AR(1) モデル $Y_t = \beta_0 + \beta_1 Y_{t-1} + u_t$ を考え，それは定常的であるとします．

　　a. $E(Y_t) = E(Y_{t-1})$ となることを示しなさい．（ヒント：基本概念 14.5 を参照．）

　　b. $E(Y_t) = \beta_0/(1-\beta_1)$ となることを示しなさい．

14.2 鉱工業生産指数 (IP_t) とは，ある月に生産された鉱工業製品の数量を計った月次の時系列データです．この問題では，アメリカにおける生産指数データを使います．推計期間は 1960:1 から 2000:12 まで（つまり 1960 年 1 月から 2000 年 12 月まで）です．いま $Y_t = 1200 \times \ln(IP_t/IP_{t-1})$ とします．

　　a. ある経済予測者が，Y_t は年率のパーセントポイントで測った IP_t の前月比変化率を示すと述べています．これは正しいでしょうか．その理由は何でしょうか．

　　b. その予測者は，Y_t に関して以下の AR(4) モデルを推定したとします．

$$\hat{Y}_t = \underset{(0.062)}{1.377} + \underset{(0.078)}{0.318} Y_{t-1} + \underset{(0.055)}{0.123} Y_{t-2} + \underset{(0.068)}{0.068} Y_{t-3} + \underset{(0.056)}{0.001} Y_{t-4}$$

この AR(4) に基づき，以下の 2000 年 7 月から 2000 年 12 月までの IP の値を使って，2001 年 1 月の Y_t の値を予測しなさい．

年月	2000:7	2000:8	2000:9	2000:10	2000:11	2000:12
IP	147.595	148.650	148.973	148.660	148.206	147.300

　　c. その予測者は，潜在的な季節変動が心配になり，Y_{t-12} を自己回帰モデルに加えました．Y_{t-12} の係数の推定値は -0.054 で，標準誤差は 0.053 です．この係数は統計的に有意でしょうか．

　　d. その予測者は，潜在的な構造変化の可能性が心配になり，AR(4) モデルの定数項と AR 係数に関して（両端 15 ％ の）QLR テストを計算しました．その QLR 統計量の結果は 3.45 でした．構造変化の証拠が得られたでしょうか．説明しなさい．

　　e. その予測者は，モデルに含まれるラグの数が少なすぎる，もしくは多すぎることを心配し，AR(p) モデルを $p = 1,\cdots,6$ について同じサンプル期間で推定しました．推定された各モデルの残差二乗和が下の表に示されています．BIC を使って，自己回帰モ

デルに含まれるべきラグ次数を推定しなさい．AICを使うとその結果は異なるでしょうか．

AR 次数	1	2	3	4	5	6
SSR	29,175	28,538	28,393	28,391	28,378	28,317

14.3 練習問題 14.2 と同じデータを使い，ある研究者が以下の回帰式を用いて $\ln(IP_t)$ の確率トレンドに関する検定を行います．

$$\widehat{\Delta \ln(IP_t)} = \underset{(0.024)}{0.061} + \underset{(0.00001)}{0.00004\,t} - \underset{(0.007)}{0.018 \ln(IP_{t-1})} + \underset{(0.075)}{0.333\,\Delta \ln(IP_{t-1})} + \underset{(0.055)}{0.162\,\Delta \ln(IP_{t-2})}$$

ここで，カッコ内に示されている標準誤差は，均一分散のみに有効な公式を使って計算されたもので，説明変数 "t" は線形の時間トレンドです．

  a. ADF 統計量を使って，$\ln(IP)$ の確率トレンド（単位根）に関してテストしなさい．
  b. これらのテスト結果は，練習問題 14.2 の特定化を支持しますか．説明しなさい．

14.4 練習問題 14.2 の予測者は，IP 成長率の AR(4) モデルに，3 か月もの米国債金利 R_t（年率，% ポイント）の階差 ΔR_t の 4 期までラグを追加しました．

  a. ΔR_t の 4 期までのラグに関してグレンジャーの因果性テストを行ったところ，F 統計量は 2.35 でした．短期金利は IP 成長率を予測するのに有用でしょうか．説明しなさい．
  b. その予測者は，さらに ΔR_t を，定数項，ΔR_t の 4 期までのラグ，および IP 成長率の 4 期までのラグで回帰しました．IP 成長率の 4 期までのラグに関してグレンジャーの因果性テストを行ったところ，F 統計量は 2.87 でした．IP 成長率は金利を予測するのに有用でしょうか．説明しなさい．

14.5 条件付期待値，予測値，予測誤差について，以下の結果を証明しなさい．

  a. W を平均 μ_W，分散 σ_W^2 を持つ確率変数とし，c は定数とします．$E[(W-c)^2] = \sigma_W^2 + (\mu_W - c)^2$ を示しなさい．
  b. いま $Y_{t-1}, Y_{t-2}, \cdots$ のデータを使って Y_t を予測するという問題を考えます．f_{t-1} を Y_t の予測値とし，ここで f_{t-1} の下付き文字は，その予測が $t-1$ 期までのデータの関数であることを表しています．$E[(Y_t - f_{t-1})^2 | Y_{t-1}, Y_{t-2}, \cdots]$ は，予測値 f_{t-1} の条件付平均二乗誤差で，$t-1$ 期までの Y を条件としたものです．その条件付平均二乗誤差は，$f_{t-1} = Y_{t|t-1}$（ここで，$Y_{t|t-1} = E(Y_t | Y_{t-1}, Y_{t-2}, \cdots)$）のとき，最小となることを示しなさい．（ヒント：(a) の結果を条件付期待値に拡張しなさい．）
  c. u_t は (14.14) 式の誤差項を表すとします．$j \neq 0$ に関して，$\mathrm{cov}(u_t, u_{t-j}) = 0$ となることを示しなさい．（ヒント：(2.27) 式を使いなさい．）

14.6 この練習問題では，モンテカルロ実験を行って，14.6 節で議論した見せかけの回帰の問題を考えます．モンテカルロ実験では，人工的なデータをコンピュータで発生させ，そのデータを使って統計量を計算します．この方法により，たとえ統計量の分布の数式表現

が複雑であっても，あるいは未知のモデルであっても，その統計量の分布を計算することができます．この練習問題では，独立に分布する2つのランダムウォーク変数 Y_t と X_t を発生させます．具体的なステップは以下のとおりです．

　　　i. コンピュータを使って，$T = 100$ の i.i.d. の標準正規分布に従う確率変数を発生させます．その変数を $e_1, e_2, \cdots, e_{100}$ と呼びます．$Y_1 = e_1$ そして $Y_t = Y_{t-1} + e_t$ ($t = 2, 3, \cdots, 100$) と設定します．

　　　ii. コンピュータを使って，$T = 100$ の i.i.d. の標準正規分布に従う新たな確率変数 $a_1, a_2, \cdots, a_{100}$ を発生させます．$X_1 = a_1$ そして $X_t = X_{t-1} + a_t$ ($t = 2, 3, \cdots, 100$) と設定します．

　　　iii. Y_t を定数項と X_t で回帰します．OLS推定量，回帰の R^2，β_1（X_t に関する係数）がゼロであるという帰無仮説を検定するための t 統計量（均一分散の場合）を計算します．

このアルゴリズムを使って，以下の問いに答えなさい．

a. アルゴリズム (i)-(iii) を一度行いなさい．(iii) から t 値を計算し，通常の5%有意水準の臨界値1.96を使って $\beta_1 = 0$ の帰無仮説をテストしてみましょう．回帰の R^2 はどのような値ですか．

b. (a) を1000回繰り返し，各回の R^2 と t 値を保存しなさい．そして R^2 と t 値のヒストグラムを導出しなさい．R^2 と t 値の分布における 5%，50%，95% 分位値はどのような大きさですか．1000回分のシミュレーションデータセットの中で，t 値の絶対値が1.96を超える割合はどのような大きさですか．

c. 観測数を変えて（たとえば $T = 50$ や $T = 200$），(b) を行いなさい．Y と X は独立な分布からデータを発生させていますが，標本数が増えるにつれて，帰無仮説を棄却する回数の割合は 5% に近づくでしょうか．この割合は T が大きくなるにつれて別の極限値に近づくように思いますか．それはどのような値でしょうか．

14.7 Y_t は定常的な AR(1) モデル $Y_t = 2.5 + 0.7 Y_{t-1} + u_t$ に従うものとします．ここで u_t は，$E(u_t) = 0$，$\text{var}(u_t) = 9$ の i.i.d. 変数とします．

　a. Y_t の平均と分散を計算しなさい．（ヒント：練習問題14.1を参照．）

　b. Y_t の最初の2次の自己共分散を計算しなさい．（ヒント：付論14.2を読みなさい．）

　c. Y_t の最初の2次の自己相関を計算しなさい．

　d. $Y_T = 102.3$ であるとします．$Y_{T+1|T} = E(Y_{T+1}|Y_T, Y_{T-1}, \cdots)$ を計算しなさい．

14.8 Y_t は，米国の月間新規住宅着工件数とします．天候のため，Y_t にははっきりとした季節性が見られます．たとえば，1月の住宅着工数は少なく，6月の住宅着工数は多くなります．μ_{Jan} を1月の住宅着工数の平均値を表すものとし，$\mu_{Feb}, \mu_{Mar}, \cdots, \mu_{Dec}$ を他の月の住宅着工数の平均値を表すものとします．$\mu_{Jan}, \mu_{Feb}, \cdots, \mu_{Dec}$ の値を OLS 回帰 $Y_t = \beta_0 + \beta_1 Feb_t + \beta_2 Mar_t + \cdots + \beta_{11} Dec_t + u_t$ から推定できることを示しなさい．ここで，Feb_t は t が2月ならば1をとり，それ以外ならば0となる (0,1) 変数，Mar_t は t が3月ならば1を

とり，それ以外ならば 0 となる (0,1) 変数，それ以降も同様です．さらに，$\beta_0 = \mu_{Jan}$, $\beta_0 + \beta_1 = \mu_{Feb}$, $\beta_0 + \beta_2 = \mu_{Mar}, \cdots$ となることを示しなさい．

14.9 q 次の移動平均モデル（moving average model）は，以下のように表されます．

$$Y_t = \beta_0 + e_t + b_1 e_{t-1} + b_2 e_{t-2} + \cdots + b_q e_{t-q}$$

ここで，e_t は系列相関のない確率変数で，平均 0，分散が σ_e^2 です．

  a. $E(Y_t) = \beta_0$ を示しなさい．
  b. Y_t の分散は，$\text{var}(Y_t) = \sigma_e^2(1 + b_1^2 + b_2^2 + \cdots + b_q^2)$ となることを示しなさい．
  c. $j > q$ のとき，$\rho_j = 0$ となることを示しなさい．
  d. いま $q = 1$ とします．Y の自己共分散を求めなさい．

14.10 ある研究者が，両端 25% を除去し，制約数 $q = 5$ の QLR テストを実行します．表 14.6 の値（両端 15% のときの QLR 統計量の臨界値）と巻末の付表 4（$F_{m,\infty}$ 分布の臨界値）を使って，以下の問いに答えなさい．

  a. QLR F 統計量は 4.2 です．研究者は 5% 有意水準で帰無仮説を棄却すべきでしょうか．
  b. QLR F 統計量は 2.1 です．研究者は 5% 有意水準で帰無仮説を棄却すべきでしょうか．
  c. QLR F 統計量は 3.5 です．研究者は 5% 有意水準で帰無仮説を棄却すべきでしょうか．

14.11 ΔY_t は，AR(1) モデル $\Delta Y_t = \beta_0 + \beta_1 \Delta Y_{t-1} + u_t$ に従うものとします．

  a. Y_t は AR(2) モデルに従うことを示しなさい．
  b. Y_t の AR(2) の係数を β_0 と β_1 の関数として導出しなさい．

実証練習問題

本書の補助教材には，米国のマクロ経済変数の四半期データが含まれているデータファイル USMacro_Quarterly があります．ファイル USMacro_Quarterly_Description には，データの詳細が記されています．$Y_t = \ln(GDP_t)$（実質 GDP の対数値）と ΔY_t（GDP の四半期成長率）を求めなさい．実証練習問題 14.1-14.6 では，標本期間 1955:1-2004:4 までを使います．（必要に応じて，回帰のラグに関する初期値として，1955 年以前のデータを使う場合もあります．）

E14.1
  a. ΔY_t の平均を推定しなさい．
  b. 平均成長率を年率のパーセントポイントで表しなさい．（ヒント：(a) の標本平均に 400 を掛けなさい．）
  c. ΔY_t の標準偏差を推定しなさい．その答えを年率のパーセントポイントで表しなさい．
  d. ΔY_t の最初の 4 次の自己相関を推定しなさい．自己相関の単位は何ですか．（四半期の成長率でしょうか，年率のパーセントポイントでしょうか，単位はないのでしょうか．）

E14.2 a. ΔY_t の AR(1) モデルを推定しなさい．推定された AR(1) 係数はどのような値ですか．

その係数は統計的に有意にゼロと異なるでしょうか．母集団の AR(1) 係数に関する 95% 信頼区間を求めなさい．

b. ΔY_t の AR(2) モデルを推定しなさい．推定された AR(2) 係数は統計的に有意にゼロと異なるでしょうか．このモデルは，AR(1) モデルよりも望ましいでしょうか．

c. AR(3) および AR(4) モデルを推定しなさい．(*i*) 推定された AR(1)-AR(4) モデルを利用し，BIC に基づいて AR モデルのラグ次数を選びなさい．(*ii*)AIC を使うと，いくつのラグ次数が選択されますか．

E14.3 augmented Dickey-Fuller 統計量を使い，Y_t の AR モデルにおける単位根テストを行いなさい．対立仮説としては，Y_t は決定論的トレンドの周りで定常的であるとします．

E14.4 QLR テストを使って，ΔY_t の AR(1) モデルに関する構造変化をテストしなさい．

E14.5 a. R_t は 3 か月もの短期国債の金利を表します．ΔR_t のラグを追加的な予測変数として，ΔY_t に関する ADL(1,4) モデルを推定しなさい．ADL(1,4) モデルと AR(1) モデルを比較して，$\overline{R}^2$ がどの程度変わるのか調べなさい．

b. グレンジャーの因果性テストによる F 統計量は有意でしょうか．

c. QLR テストを使って，定数項と ΔR のラグの係数にブレイクがあるか検定しなさい．ブレイクを示す証拠はありますか．

E14.6 a. AR(1) モデルを用いて，1989:4 からサンプル終期までの準サンプル外予測値を求めなさい（すなわち，$\widehat{\Delta Y}_{1990:1|1989:4}, \widehat{\Delta Y}_{1990:2|1990:1}$ などを計算しなさい．）

b. ADL(1,4) モデルを用いて，準サンプル外予測値を導出しなさい．

c. 次の「単純な」モデルを使って，準サンプル外予測値を導出しなさい：

$$\Delta Y_{t+1/t} = (\Delta Y_t + \Delta Y_{t-1} + \Delta Y_{t-2} + \Delta Y_{t-3})/4.$$

d. 各モデルについて，準サンプル外予測の誤差を計算しなさい．予測値にバイアスがあるモデルはありますか．予測の平方根平均二乗誤差（RMSFE）が最も小さいのはどのモデルでしょうか．最もパフォーマンスが良いモデルの RMSFE はどのくらいの大きさでしょうか（年率のパーセントポイントで表示）．

E14.7 本章のボックス「市場に勝てるか？＜パート 1，パート 2 ＞」を読みなさい．次に本書の補助教材の中に，ボックスで使われているデータセットの拡張バージョンを見つけなさい．データファイルは Stock_Returns_1931_2002，データの詳細は Stock_Returns_1931_2002_Description に記載されています．

a. 表 14.3 で示されている推計を，同じ回帰式に基づいて，1932:1–2002:12 のサンプル期間について行いなさい．

b. 表 14.7 で示されている推計を，同じ回帰式に基づいて，1932:1–2002:12 のサンプル期間について行いなさい．

c. 配当利回り変数（$\ln(dividend\ yield)$）は非常に持続的ですか．説明しなさい．

d. 株式超過収益に関する準サンプル外予測を，1932:1 から始まる回帰式を使って，

1983:1–2002:12 の期間について計算しなさい.

e. (a) から (d) の結果から，ボックスの結論とは異なる何か重要な違いは示唆されますか．説明しなさい．

付論 14.1 第14章で用いられた時系列データ

米国におけるマクロ経済の時系列データは，さまざまな政府機関で作成され，公表されています．米国の消費者物価指数は，労働統計局（Bureau of Labor Statistics, BLS）によって月次調査により作成されています．失業率は，BLS の現代人口調査から計算されます（付論 3.1 を参照）．ここで用いる四半期データは，月次データの平均を取ることで算出されます．フェデラルファンド・レートは連邦準備銀行が公表する日次データを月平均に変換し，ポンド／ドル為替レートは日次データの月中平均値で，ともに四半期の最後の月の値を取って四半期データとしています．日本の GDP データは，OECD から採用しました．ニューヨーク証券取引所の株価指数（NYSE Composite Index）の日次パーセント変化は，$100\Delta \ln(NYSE_t)$ と定義されます．そこで $NYSE_t$ は，ニューヨーク証券取引所の終値の指数です．週末や祝日は株式取引は行われないので，分析期間は平日の営業日です．これらの，また他の数千の，経済時系列データは，さまざまな統計作成局のウェブサイトから自由に利用できます．

表 14.3 と表 14.7 の回帰分析には，米国の月次金融データが使われています．株価（P_t）は，株価リサーチセンター（Center for Research in Security Prices, CRSP）で作成された，時価で加重平均された広義の株価指数（NYSE と AMEX）を用いています．月次の株式超過収益は，$100 \times \{\ln[(P_t + Div_t)/P_{t-1}] - \ln(TBill_t)\}$ と定義され，そこで Div_t は CRSP 指数の株式に支払われる配当，$TBill_t$ は t 期の月における 30 日もの短期国債のグロス・リターン（1 プラス金利）です．配当を株価で割った配当利回り（つまり配当・株価比率）は，過去 12 ヶ月の配当を当月の株価で割って作成されます．これらのデータを作成し手助けしてくれた Motohiro Yogo 氏に感謝します．

付論 14.2 AR(1) モデルの定常性

この付論では，$|\beta_1| < 1$ かつ u_t が定常的ならば，Y_t は定常的であることを示します．基本概念 14.5 から，$(Y_{s+1}, \cdots, Y_{s+T})$ の結合分布が s に依存しないならば，時系列変数 Y_t は定常となることを思い出しましょう．説明を簡単にするために，$\beta_0 = 0$ かつ $\{u_t\}$ は i.i.d. 変数で $N(0, \sigma_u^2)$ に従うと仮定し，$T = 2$ のときに上記のことを正式に示します．

最初に，u_t を使った Y_t の表現を導出します．$\beta_0 = 0$ なので，(14.8) 式は $Y_t = \beta_1 Y_{t-1} + u_t$ となります．これに $Y_{t-1} = \beta_1 Y_{t-2} + u_{t-1}$ を代入すると，$Y_t = \beta_1(\beta_1 Y_{t-2} + u_{t-1}) + u_t = \beta_1^2 Y_{t-2} + \beta_1 u_{t-1} + u_t$ となります．この代入をもう 1 ステップ続けると，$Y_t = \beta_1^3 Y_{t-3} + \beta_1^2 u_{t-2} + \beta_1 u_{t-1} + u_t$ となり，それを無限に繰り返すと，以下の式が得られます：

$$Y_t = u_t + \beta_1 u_{t-1} + \beta_1^2 u_{t-2} + \beta_1^3 u_{t-3} + \cdots = \sum_{i=0}^{\infty} \beta_1^i u_{t-i}. \tag{14.37}$$

このように，Y_t は現在と過去の u_t の加重平均で表されます．u_t は正規分布に従い，正規分布に従

う確率変数の加重平均は正規分布に従うので（2.4 節），Y_{s+1} と Y_{s+2} は 2 変数正規分布に従います．2.4 節から，2 変数正規分布は，2 変数の平均，分散，そして共分散によって完全に決定されます．したがって，Y_s が定常的であることを示すには，(Y_{s+1}, Y_{s+2}) の平均，分散，および共分散が s に依存しないことを示す必要があります．以下で使う説明を拡張すると，$(Y_{s+1}, Y_{s+2}, \cdots, Y_{s+T})$ の分布が s に依存しないことが示されます．

Y_{s+1} と Y_{s+2} の平均と分散は，(14.37) 式の添え字 t を $s+1$ および $s+2$ に変えることで計算できます．まず，すべての t に関して $E(u_t) = 0$ なので，$E(Y_t) = E\left(\sum_{i=0}^{\infty} \beta_1^i u_{t-i}\right) = \sum_{i=0}^{\infty} \beta_1^i E(u_{t-i}) = 0$ となり，Y_{s+1} および Y_{s+2} の平均は共にゼロで，特に s に依存しません．次に，$\text{var}(Y_t) = \text{var}\left(\sum_{i=0}^{\infty} \beta_1^i u_{t-i}\right) = \sum_{i=0}^{\infty} (\beta_1^i)^2 \text{var}(u_{t-i}) = \sigma_u^2 \sum_{i=0}^{\infty} (\beta_1^i)^2 = \sigma_u^2/(1-\beta_1^2)$ となります．ここで，最後の等式は，$|a| < 1$ ならば $\sum_{i=0}^{\infty} a^i = 1/(1-a)$ という事実から導出されます．したがって，$\text{var}(Y_{s+1}) = \text{var}(Y_{s+2}) = \sigma_u^2/(1-\beta_1^2)$ となり，$|\beta_1| < 1$ である限り，これら分散は s に依存しません．最後に，$Y_{s+2} = \beta_1 Y_{s+1} + u_{s+2}$ なので，$\text{cov}(Y_{s+1}, Y_{s+2}) = E(Y_{s+1} Y_{s+2}) = E[Y_{s+1}(\beta_1 Y_{s+1} + u_{s+2})] = \beta_1 \text{var}(Y_{s+1}) + \text{cov}(Y_{s+1}, u_{s+2}) = \beta_1 \text{var}(Y_{s+1}) = \beta_1 \sigma_u^2/(1-\beta_1^2)$ となります．共分散は s に依存しないので，以上から，Y_{s+1} と Y_{s+2} は s に依存しない結合分布を持つことになります．つまり，それらの結合分布は定常的となります．もし $|\beta_1| \geq 1$ ならば，ここまでの議論が成立しなくなります．(14.37) 式の無限和が収束せず，Y の分散が無限大に発散するからです．このように，$|\beta_1| < 1$ ならば Y_t は定常的となりますが，$|\beta_1| \geq 1$ ではそうなりません．

これまでの説明は，$\beta_0 = 0$ かつ u_t が正規分布に従うという仮定の下で行われました．$\beta_0 \neq 0$ の場合，これまでと同様に議論されますが，違うのは Y_{s+1} と Y_{s+2} の平均が $\beta_0/(1-\beta_1)$ となり，(14.37) 式は，ゼロでない平均に応じて修正しなければならない点です．u_t が i.i.d. で正規分布に従うという想定は，u_t は有限の分散を持ち定常的であるという仮定に置き換えることができます．なぜなら，(14.37) 式より Y_t は引き続き現在と過去の u_t の関数として表現できるので，u_t の分布が定常的で，(14.37) 式の無限和の表現が収束すると示せる限り（そのためには $|\beta_1| < 1$ が必要），Y_t の分布は定常的となります．

付論 14.3　ラグオペレータ表現

本章とそれに続く 2 つの章における式の表現は，ラグオペレータと呼ばれる記号を用いることで大幅に簡素化されます．L をラグオペレータ（**lag operator**）とすると，それはある変数をラグに変換する性質を持ちます．つまり，ラグオペレータ L は，$LY_t = Y_{t-1}$ という性質を持つのです．このラグオペレータを 2 回使うと，2 期ラグが得られます．すなわち，$L^2 Y_t = L(LY_t) = L(Y_{t-1}) = Y_{t-2}$ となります．一般に，ラグオペレータを j 回使うと，j 期のラグが得られます．以上をまとめると，ラグオペレータは，次の性質を持ちます：

$$LY_t = Y_{t-1}, \ L^2 Y_t = Y_{t-2}, \ \text{そして} \ L^j Y_t = Y_{t-j}. \tag{14.38}$$

ラグオペレータを使うと，ラグ多項式（**lag polynominal**）を定義することができます．それは，ラグオペレータに関する多項式として，

$$a(L) = a_0 + a_1 L + a_2 L^2 + \cdots + a_p L^p = \sum_{j=0}^{p} a_j L^j \tag{14.39}$$

と表されます．ここで $a_0, \cdots, a_p$ はラグ多項式の係数，そして $L^0 = 1$ です．(14.39) 式のラグ多項式 $a(L)$ の次数は p です．$a(L)$ に Y_t を掛けると，

$$a(L)Y_t = \left(\sum_{j=0}^{p} a_j L^j\right) Y_t = \sum_{j=0}^{p} a_j (L^j Y_t) = \sum_{j=0}^{p} a_j Y_{t-j} = a_0 Y_t + a_1 Y_{t-1} + \cdots + a_p Y_{t-p} \tag{14.40}$$

となります．

(14.40) 式の表現から，(14.14) 式の AR(p) モデルは，簡潔に，

$$a(L)Y_t = \beta_0 + u_t \tag{14.41}$$

と表すことができます．ここで $a_0 = 1$, $a_j = -\beta_j$ ($j = 1, \cdots, p$) です．同様に，ADL(p,q) モデルは，

$$a(L)Y_t = \beta_0 + c(L)X_{t-1} + u_t \tag{14.42}$$

と表されます．ここで $a(L)$ は次数 p のラグ多項式（$a_0 = 1$），$c(L)$ は次数 $q-1$ のラグ多項式です．

付論 14.4 ARMA モデル

自己回帰・移動平均モデル（**autoregressive-moving average〈ARMA〉model**）は，自己回帰モデルを拡張して，誤差項 u_t に系列相関を容認するモデルであり，具体的には，別の観測されない誤差項に関する分布ラグ（あるいは「移動平均」）として表されるモデルです．付論 14.3 節のラグオペレータを使うと，$u_t = b(L)e_t$ です．ここで e_t は系列相関のない観測されない確率変数で，$b(L)$ は次数 q のラグ多項式，$b_0 = 1$ です．このとき，ARMA(p,q) モデルは，

$$a(L)Y_t = \beta_0 + b(L)e_t \tag{14.43}$$

となります．ここで，$a(L)$ は次数 p のラグ多項式，$a_0 = 1$ です．

AR モデル，ARMA モデルは共に，Y_t の自己共分散を近似する手法です．有限の分散を持つ定常的な時系列 Y_t は，AR モデルか MA モデルのいずれかで，系列相関のない誤差項を使って表現されるからです．もっとも，AR, MA モデルは無限の次数で表されることもあります．また，定常的な変数は移動平均モデルで表現されるという結果は，ワルド分解定理（Wold decomposition theorem）として知られており，定常時系列分析の理論のベースとなる基本的な結果の 1 つです．

理論的には，ラグ多項式が十分に高次である限り，AR, MA, ARMA モデルは，それぞれ豊かなバラエティがあります．ただし，自己共分散をうまく近似するには，低い次数の ARMA(p, q) モデルのほうが，2～3 期のラグの AR モデルよりも優れている場合があります．他方，実践的には，ARMA モデルの推定は AR モデルよりも難しく，また説明変数を追加する場合も，ARMA モデルの方が AR モデルよりも難しいということが知られています．

付論 14.5 BIC によるラグ次数推定量の一致性

この付論では，自己回帰モデルのラグ次数に対する BIC 推定量 $\hat{p}$ は，大標本の下で正しい，つまり $\Pr(\hat{p} = p) \to 1$ となる議論について要約します．なお，この議論は，AIC 推定量には当てはまりま

せん．AIC では，たとえ大標本であっても，次数 p を過大に推計する傾向があるのです．

BIC

まず，特別なケースとして，自己回帰モデルの真のラグ次数が 1 であるときに，BIC を使って，ラグ次数を 0，1，2 から選択するという問題を考えます．以下で証明されるのは，(i) $\Pr(\hat{p}=0) \to 0$,そして (ii) $\Pr(\hat{p}=2) \to 0$ です．これらから，$\Pr(\hat{p}=1) \to 1$ が示されます．この議論を拡張して，一般的に $0 \geq p \geq p_{max}$ から次数を選択する場合には，$\Pr(\hat{p}<p) \to 0$ そして $\Pr(\hat{p}>p) \to 0$ を示します．これらを示すための議論の道筋は，下記の (i) と (ii) で使われているものと同じです．

(i) と (ii) の証明

(i) の証明 $\hat{p}=0$ を選択するには，BIC(0) < BIC(1) でなければなりません．つまり BIC(0) − BIC(1) < 0 です．いま BIC(0) − BIC(1) = $[\ln(SSR(0)/T) + (\ln T)/T] - [\ln(SSR(1)/T) + 2(\ln T)/T]$ = $\ln(SSR(0)/T) - \ln(SSR(1)/T) - (\ln T)/T$ となります．ここで，$SSR(0)/T = [(T-1)/T]s_Y^2 \xrightarrow{p} \sigma_Y^2$, $SSR(1)/T \xrightarrow{p} \sigma_u^2$, そして $(\ln T)/T \to 0$ です．これらを合わせると，BIC(0) − BIC(1) $\xrightarrow{p} \ln \sigma_Y^2 - \ln \sigma_u^2 > 0$, なぜなら $\sigma_Y^2 > \sigma_u^2$ だからです．したがって，$\Pr[BIC(0) < BIC(1)] \to 0$ となり，$\Pr(\hat{p}=0) \to 0$ が示されます．

(ii) の証明 $\hat{p}=2$ を選択するには，BIC(2) < BIC(1)，あるいは BIC(2) − BIC(1) < 0 でなければなりません．いま $T[BIC(2) - BIC(1)] = T\{[\ln(SSR(2)/T) + 3(\ln T)/T] - [\ln(SSR(1)/T) + 2(\ln T)/T]\}$ = $T\ln[SSR(2)/SSR(1)] + \ln T = -T\ln[1+F/(T-2)] + \ln T$ となります．ここで $F = [SSR(1) - SSR(2)]/[SSR(2)/(T-2)]$ は均一分散の場合の F 統計量（(7.13) 式）で，AR(2) モデルにおいて，帰無仮説 $\beta_2 = 0$ をテストします．もし u_t が均一分散であれば，F は漸近的に χ_1^2 分布に従います．もし均一分散でないならば，F はそれ以外の漸近分布に従うことになります．したがって，$\Pr[BIC(2)-BIC(1) < 0] = \Pr\{T[BIC(2)-BIC(1)] < 0\} = \Pr\{-T\ln[1+F/(T-2)]+(\ln T) < 0\} = \Pr\{T\ln[1+F/(T-2)] > (\ln T)\}$ となります．T が増えるにつれ，$T\ln[1+F/(T-2)] - F \to 0$ です．これは，対数近似 $\ln(1+a) \cong a$ において，$a \to 0$ につれてより正確になる，という結果によるものです．したがって，$\Pr[BIC(2)-BIC(1) < 0] \to \Pr(F > \ln T) \to 0$ となり，$\Pr(\hat{p}=2) \to 0$ が示されます．

AIC

上記と同じく，真の AR(1) モデルにおいて，ラグ次数を 0，1，2 から選択するという特別ケースを考えます．このとき (i) は，$\ln T$ の項を 2 に差し替えた上で，AIC に適用されます．すなわち $\Pr(\hat{p}=0) \to 0$ です．(ii) についても，$\ln T$ の項を 2 に差し替えた上で，BIC で用いた証明のステップがすべて AIC に適用されます．その結果，$\Pr[BIC(2) - BIC(1) < 0] \to \Pr(F > 2) > 0$ となります．もし u_t が均一分散であれば，$\Pr(F > 2) \to \Pr(\chi_1^2 > 2) = 0.16$ となり，$\Pr(\hat{p}=2) \to 0.16$ です．一般に，$\hat{p}$ が AIC から選択されると，$\Pr(\hat{p}<p) \to 0$ ですが，$\Pr(\hat{p}>p)$ は正の値となり，$\Pr(\hat{p}=p)$ が 1 へと近づかないのです．

第15章 動学的な因果関係の効果の推定

1983年の映画「Trading Places（邦題：「大逆転」）」で，Dan Aykroyd と Eddie Murphy 演じる主人公は，フロリダのオレンジがその冬をどう乗り切るかについての内部情報を使って，濃縮オレンジジュースの先物市場——大量の濃縮オレンジジュースを将来取引する先物契約に関する市場——で何億も稼ぎ出しました．現実の世界でも，オレンジジュース先物のトレーダーはフロリダの天候に多くの注意を払っています．寒波がフロリダを襲うとオレンジは冷害により不作となり，アメリカの濃縮オレンジジュースの供給源がほぼ全滅してしまいます．その結果，供給が減少，価格は高騰します．しかし寒波によって正確にどの程度価格は上昇するのか？ 価格は即座に上昇するのか，それとも遅れて上昇するのか？ 現実のオレンジジュース先物市場のトレーダーは，取引で成功するために，これらの質問に対する答えを必要としているでしょう．

本章では，変数 X の変化が変数 Y の現在および将来にどのような影響を及ぼすのか，すなわち X 変化の Y に対する**動学的な因果関係の効果**（**dynamic causal effect**）の問題を取り上げます．たとえば，フロリダでの寒波の発生は，オレンジジュース価格の時間を通じた経路に対してどのような影響を及ぼすでしょうか？ 動学的な因果関係をモデル化し推定する出発点は，「分布ラグ回帰モデル（または分布ラグモデル）」と呼ばれるもので，そこで Y_t は，X_t の現在と過去の値の関数で表されます．15.1 節は，フロリダの寒波がオレンジジュース価格へ及ぼす影響を題材にして，分布ラグモデルを紹介します．15.2 節では，動学的な因果関係の効果とは正確に何を意味するのか，より詳しく検討します．

動学的な因果関係の効果を推定する1つの方法は，分布ラグ回帰モデルの係数を OLS により推計することです．15.3 節で議論するように，X の現在と過去の値が所与の下，回帰式の誤差項の条件付平均がゼロであれば，その推定量は一致性を持ちます．その条件は，（第12章で議論した）外生性の条件に相当します．一方，モデルで考慮されていない Y_t の決定要因に時間を通じた相関があれば（つまり系列相関があれば），分布ラグモデルの誤差項も系列相関を持つことになります．この系列相関の可能性がある場合，標準誤差の計算には不均一分散と自己相関を考慮する（heroscedasiticity- and autocorrelation-consisitent, HAC）標準誤差を求める必要が生じます．

動学的な因果関係を推定する2つ目の方法は，15.5 節で検討するように，誤差項の

系列相関を自己回帰モデルとして定式化し，自己回帰・分布ラグ（autoregressive distributed lag model, ADL）モデルを求めることです．また分布ラグモデルの係数を，OLS に代わって，一般化最小二乗法（generalized least squares, GLS）を使って推定することも考えられます．ADL も GLS も，より強い外生性（「強外生性（strict exogeneity）」）を必要とします．そこでは回帰式の誤差項の条件付平均が，過去，現在そして将来の X の値が与えられた下でゼロとなります．

15.6 節では，天候とオレンジジュース価格の関係について，より詳細な分析を行います．この応用例では，天候はコントロール不可能であり，外生的です（もっとも 15.6 節で論じるように，経済理論から考えると強い意味の外生とは必ずしもいえません）．外生性は動学的な因果関係の効果を推定するために必要であり，15.7 節はこの仮定をマクロ経済と金融分野の応用例を使って検討します．

本章は，14.1 節—14.4 節の内容がベースとなって組み立てられています．一方，15.6 節の実証分析を除けば，14.5 節—14.8 節の予備知識は必要ありません．

15.1 オレンジジュース・データの概観

フロリダのオレンジ産地の中心であるオーランドは，通常晴天が多く暖かな気候です．しかし時として寒波が襲い，氷点下の気温が続けば，オレンジは育たず木も凍ってしまいます．寒波の後は，オレンジジュース濃縮物の供給が減少し価格は上昇します．しかし，その価格上昇のタイミングはやや複雑です．というのも，オレンジジュース濃縮物は「耐久財」，すなわち貯蔵可能な商品であり，若干のコストをかければ冷凍保存が可能だからです．したがって，オレンジジュース濃縮物の現在の価格は，現在の供給量だけではなく，将来の供給量の予想にも依存します．現在寒波が発生すると，将来のオレンジ濃縮物の供給は減少しますが，冷凍保存されている濃縮物は，将来だけでなく現在の需要を満たすのにも使われるため，濃縮物の価格は現時点でも上昇するのです．では寒波が襲ってきたとき，濃縮物の価格は正確にどれほど上昇するのでしょうか？ これに対する答えは，オレンジの取引業者はもちろんのこと，より一般に現代の商品市場動向に関心を持つ人々にとって重要なものでしょう．天候の変化によってオレンジジュース価格がどれほど変化するかを知るには，まずオレンジジュース価格と天候に関するデータを分析しなければなりません．

図 15.1 には，冷凍濃縮されたオレンジジュース価格の月次データ，その価格の前月からのパーセント変化，そしてフロリダ州オレンジ産地における気温データが，1950 年 1 月から 2000 年 12 月の期間について示されています．図 15.1(a) の価格データは，オレンジジュース濃縮物の卸売り段階における平均実質価格です．この価格指数は最終財の生産者価格指数で割られており，それにより一般物価のインフレーションの影響が除去されています．図 15.1(b) には同価格のパーセント変化が前月からの変化率で示されてい

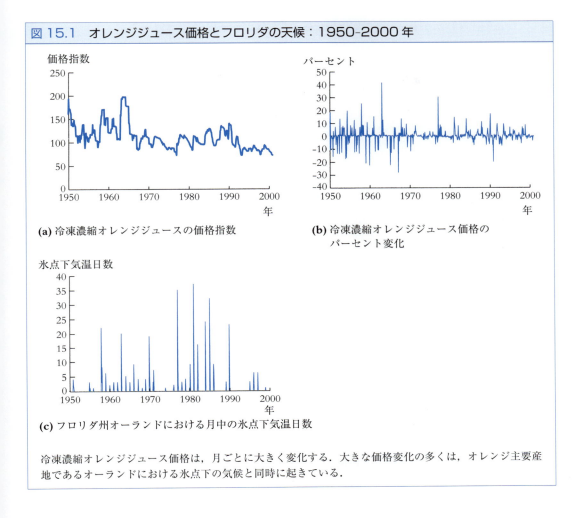

図 15.1　オレンジジュース価格とフロリダの天候：1950–2000 年

(a) 冷凍濃縮オレンジジュースの価格指数

(b) 冷凍濃縮オレンジジュース価格のパーセント変化

(c) フロリダ州オーランドにおける月中の氷点下気温日数

冷凍濃縮オレンジジュース価格は，月ごとに大きく変化する．大きな価格変化の多くは，オレンジ主要産地であるオーランドにおける氷点下の気候と同時に起きている．

ます．図 15.1(c) の気温データは，フロリダ州オーランド空港における「氷点下気温日数 (freezing degree days)」，すなわち，ある月で最低気温がゼロ度以下となった日について，ゼロを下回った分の温度をすべての日について合計した値（＝延べ気温・日数）を表しています．たとえば，1950 年 11 月に気温零下となった日は 2 回あり，25 日（−1 度），29 日（−3 度）だったので，合計で 4 氷点下気温日数となります（データのより詳細については付論 15.1 を参照）．図 15.1 の 3 つのグラフを比較すると，オレンジジュース価格は大きな振幅を示しており，それはフロリダ州の氷点下の気候とある程度関係があるように見えます．

では，オレンジジュース価格と天候の関係について分析をはじめましょう．まず，気温零下となったときオレンジジュース価格がどれほど上昇するか，その大きさを回帰分析により推定します．被説明変数は価格のパーセント変化（$\%ChgP_t$，ここで $\%ChgP_t = 100 \times \Delta \ln(P_t^{OJ})$，$P_t^{OJ}$ はオレンジジュースの実質価格），説明変数は氷点下気温日数（FDD_t）です．この回帰は 1950 年 1 月から 2000 年 12 月の月次データ，合計 $T = 612$ の観測値を使

って行なわれます（本章の回帰分析はすべて同じ期間です）．すなわち，

$$\overline{\%ChgP}_t = -0.40 + 0.47\,FDD_t \qquad (15.1)$$
$$\phantom{\overline{\%ChgP}_t = }(0.22)\ (0.13)$$

この節の回帰分析で報告される標準誤差は，通常のOLSの標準誤差ではなく，誤差項の不均一分散と自己相関を考慮した（heteroscedasticity- and autocorrelation-consistent, HAC）標準誤差です．HAC標準誤差については15.4節で議論しますが，それまでは特に説明なしで用いることにします．

この回帰分析によれば，零下の気温日数が1増えると，その月の濃縮オレンジジュース価格は0.47%上昇します．したがって，氷点下気温日数が4の月（たとえば1950年11月など）では，それがゼロであった月と比べて，濃縮オレンジジュース価格は1.88%（$4 \times 0.47\% = 1.88\%$）上昇していたと推定されます．

(15.1)式の回帰では同時点（同じ月）の天候しか含まれていないため，寒波がその後の価格に与える持続的な影響については捉えられません．それらを捉えるために，FDDの同時点とラグの両方を用いて，そのオレンジジュース価格への影響を検証します．それは，(15.1)式の回帰式に，たとえば過去6ヶ月までのFDDのラグ値を追加することで検証されます：

$$\overline{\%ChgP}_t = -0.65 + 0.47\,FDD_t + 0.14\,FDD_{t-1} + 0.06\,FDD_{t-2}$$
$$\phantom{\overline{\%ChgP}_t = }(0.23)\ (0.14)\quad\ (0.08)\qquad\ (0.06)$$
$$+\,0.07\,FDD_{t-3} + 0.03\,FDD_{t-4} + 0.05\,FDD_{t-5} + 0.05\,FDD_{t-6}. \qquad (15.2)$$
$$(0.05)\qquad\ (0.03)\qquad\ (0.03)\qquad\ (0.04)$$

この(15.2)式は分布ラグ回帰モデルです．そこでFDD_tの係数から，気温零下となった月でオレンジジュース価格が何パーセント上昇したかが推定されます．その結果，零下の気温日数が1増えると，その月の価格は0.47%上昇すると推定されます．FDD_tの1期ラグであるFDD_{t-1}の係数は，前月の寒波が今月のオレンジジュース価格へ及ぼす影響を，同じく2期ラグの係数は2ヶ月前の寒波が今月のオレンジジュース価格へ及ぼす影響をそれぞれ推定し，それ以降のラグについても同様の形で推定されます．同じことですが，FDDの1期ラグの係数は，今期のFDD 1単位の上昇の1ヶ月後の影響を測定します．したがって(15.2)式で推定された係数は，FDD_t 1単位増加による$\%ChgP_t$の現在と将来への効果，すなわちFDD_tの$\%ChgP_t$へ及ぼす動学効果を推定するのです．たとえば，1950年11月，零下の気温日数が4増えたことで，同月中にオレンジジュース価格は1.88%上昇，1950年12月には追加的に0.56%（$= 4 \times 0.14$）上昇，1951年1月にはさらに0.24%（$= 4 \times 0.06$）上昇といった具合にその効果が推定されます．

15.2 動学的な因果関係の効果

動学的な因果関係の推定方法についてより詳しく学ぶ前に，その「動学的な因果関係の

効果」とは正確に何を意味するのか，考えてみたいと思います．その意味を明らかにすることは，推定のための条件をより明確に理解することにつながります．

因果関係の効果と時系列データ

1.2 節で因果関係の効果とは，ランダムにコントロールされた理想的な実験の結果であると定義しました．具体例として，園芸農家のトマト栽培を考えると，肥料を与える区画と与えない区画を無作為に分けてトマトの収穫量を測定し，両区画の収穫量の違いが肥料のトマト収穫への効果となります．しかしこういった実験では，考え方として，複数の実験主体（複数のトマト栽培区画，複数の人々など）が想定されており，したがって分析されるデータはクロスセクション・データ（収穫末期におけるトマトの収穫量），またはパネル・データ（職業訓練プログラムの実験前後における人々の所得）となります．主体が複数であることで，処置を施したトリートメント・グループと施していないコントロール・グループの両方が存在し，それによって処置が及ぼす因果関係の効果を推定できるのです．

一方，時系列データに基づく応用の場合には，実験の文脈で考えられた因果関係の効果の定義は修正する必要があります．具体的に，マクロ経済学のある重要な問題を考えましょう．すなわち，短期金利の予想されない変化が経済活動（たとえば GDP）に対して，現在そして将来にわたりどのような効果を持つのか推定するとします．この問題を，1.2 節のようなコントロールされた実験で文字通り考えると，複数の国をトリートメント・グループとコントロール・グループに無作為に分ける必要があります．トリートメント・グループにある中央銀行はランダムに短期金利を変化させ，コントロール・グループの中央銀行は短期金利を変化させません．両グループについて，その後 2〜3 年の経済活動（たとえば GDP）が測定され，比較されることになります．しかし，もしこの効果をある特定の国，たとえば米国だけについて測るとすればどうでしょうか．その場合には，主体としてアメリカ経済の「コピー」を複数用意して，いくつかの「コピー」をトリートメント・グループに，また別の「コピー」をコントロール・グループに割り当てる必要が生じます．明らかに，こういった「別の宇宙」に基づく実験は実現不可能です．

その代わり，時系列データを用いる場合のコントロールされた実験とは，同じ主体（たとえばアメリカ経済）に対して異なる処置（ランダムに割り当てられた金利の変化）が異なる時点（1970 年代，1980 年代など）で施されると考えます．この枠組みでは，同じ主体の異なる期間の状況が，トリートメント・グループとコントロール・グループの役割を担います．すなわち，アメリカ連邦準備制度（Federal Reserve System, Fed）はある時点で短期金利を変更し，別の時点では変更しません．データは時間を通じて集められるので，動学的な因果関係の効果，すなわち処置が及ぼす効果の時間経路を測定することは可能です．たとえば，予想されない短期金利の上昇が 1 四半期の間，2 パーセントポイント

生じた場合，生産に対して当初はごく限られた影響しか及ぼさないかもしれません．そして 2 四半期後には GDP 成長率は鈍化し，1 年半後には最大の落ち込みを記録，そしてさらに 2 年かけて，GDP 成長率は正常なレベルへ戻るといった効果が考えられます．このような因果関係の効果の時間を通じた推移が，金利の予想されない変化の GDP 成長率へ及ぼす動学的な因果関係の効果なのです．

2 つ目の例として，氷点下気温日数のオレンジジュース価格へ及ぼす因果関係の効果を考えましょう．さまざまな仮想的な実験を思い描くことができ，それぞれ違った因果関係の効果をもたらします．1 つの実験は，フロリダ州オレンジ産地の天候の変化で，他の地域——たとえばテキサス州のグレープフルーツ産地や他の柑橘類の生産地域——の天候は一定とします．この実験では，他地域の天候を一定とした，部分的な効果を測定します．2 つ目の実験はすべての地域の天候が変化する場合で，そこでは全般的な天候パターンの変化が「トリートメント」となります．もし競争関係にある農産物の生産地間で天候が相関するのであれば，これらの 2 つの実験がもたらす動学的な因果関係の効果は異なるでしょう．本章では，後者の実験の効果，すなわち全般的な天候パターンの変化がもたらす因果関係の効果を検討します．したがってここでは，フロリダ州の天候変化の価格への動学的な効果を，他の農産物地域の天候を一定としない下で測定することになります．

動学的な効果と分布ラグモデル　　動学的な効果は時間とともに発生するため，その推定に使われる計量経済モデルにはラグが含まれることになります．具体的には，Y_t が X_t の現在の値と r 期までの過去の値で説明されるモデル，すなわち，

$$Y_t = \beta_0 + \beta_1 X_t + \beta_2 X_{t-1} + \beta_3 X_{t-2} + \cdots + \beta_{r+1} X_{t-r} + u_t \tag{15.3}$$

と表現されます．ここで u_t は誤差項で，そこには Y_t の測定誤差や除外された Y_t の決定要因の影響などが含まれます．(15.3) 式のモデルは，X_t とその r 期のラグを Y_t と関連付ける**分布ラグモデル**（**distributed lag model**）と呼ばれます

(15.3) 式の具体例として，トマト栽培と肥料の実験の修正版を考えましょう．施された肥料は将来も土地に残るため，農家は肥料がトマト収穫量へ及ぼす時間を通じた効果を測定したいと考えます．そこで農家は 3 年間の実験を考え，栽培用農地を 4 つのグループに分けます．第 1 は初年のみ肥料が与えられる区画，第 2 は 2 年目のみ肥料が与えられる区画，第 3 は 3 年目にのみ肥料が与えられる区画，第 4 はコントロール・グループで一切肥料が与えられない区画です．3 つのトリートメント・グループは，3 つの (0, 1) 変数，X_{t-2}，X_{t-1} そして X_t に区別されます．t は収穫量が測られる 3 年目に当たります．もしその区画が第 1 グループ（2 年前に肥料が施された区画）であれば $X_{t-2} = 1$，1 年前に肥料が与えられた区画であれば $X_{t-1} = 1$，最終年に肥料が与えられたのであれば $X_t = 1$ をそれぞれ取ります．(15.3) 式では，最終年に肥料が与えられた時の効果は β_1，1 年前に肥料が与えられた場合の効果は β_2，2 年前の場合には β_3 となります．もし肥料の効果が

それを与えた年に最大となるのであれば，β_1 は β_2 や β_3 よりも大きくなるでしょう．

より一般に，X_t の同時点の値にかかる係数 β_1 は，X_t の 1 単位変化が Y_t へ及ぼす同時点つまり即座に現れる効果を表します．X_{t-1} にかかる係数 β_2 は，X_{t-1} 1 単位変化の Y_t への効果を（あるいは同じことですが，X_t 1 単位変化の Y_{t+1} への効果を）表します．つまり，β_2 は X の 1 単位変化が Y へ及ぼす 1 期後の効果を表すのです．一般に，X_{t-h} にかかる係数は，X の 1 単位変化が Y へ及ぼす h 期後の効果を表します．動学的な因果関係の効果とは，X_t の変化が Y_t，Y_{t+1}，Y_{t+2} などへ及ぼす効果，すなわち Y の現在と将来の値へ与える一連の因果関係の効果をさします．このように，(15.3) 式の分布ラグモデルに基づけば，動学的な因果関係の効果とは，$\beta_1, \beta_2, \ldots, \beta_{r+1}$ という一連の係数に相当するのです．

時系列データを使った実証分析への含意　このように時系列データを用いる場合の動学的な因果関係の効果とは，異なるレベルの処置が同じ主体に繰り返し実施されるような実験を想定し，そこで予想される結果として定式化されます．このことは，時系列データに基づき動学的な因果関係の効果を推定する実証分析に対して，2 つの意味合いを含んでいます．1 つ目は，動学的な因果関係の効果は手元データのサンプル期間内で変化してはならないという点です．この点は，データはいずれも定常的（基本概念 14.5）という前提から示されます．14.7 節で議論したように，母集団の回帰関数が時間を通じて安定的であるという仮説は，係数の変化を調べる QLR テストを使うことで検証できます．その場合，異なる複数のサブ・サンプルを使って動学的な因果関係の効果が推定されます．2 つ目は，X は誤差項と無相関でなければならないという点です．この点について，以下で詳しく検討します．

2 つのタイプの外生性

12.1 節では，回帰式の誤差項と無相関である変数を「外生的な」変数，誤差項と相関がある変数を「内生的な」変数と定義しました．この定義の由来は，複数式からなる連立方程式モデルに遡ります．すなわち，「内生的な」変数はモデル内部で（連立方程式システムの解として）決定され，「外生的な」変数はモデルの外で決定されるというものです．いまごく簡単に述べると，もし (15.3) 式の分布ラグモデルで動学的な因果関係の効果を推定できるとすれば，説明変数（X とそのラグ）と誤差項は相関しない，つまり X は外生的でなければなりません．しかし，いま私たちは時系列データを使っており，外生的という言葉をより詳しく定義する必要があります．実際，ここで議論する外生性には 2 つの異なる考え方があります．

外生性に関する第 1 の考え方は，現在とすべての過去の X_t が与えられた下で，誤差項の条件付平均がゼロ，すなわち $E(u_t|X_t, X_{t-1}, X_{t-2}, \ldots) = 0$ というものです．これは，ク

ロスセクション・データ回帰における標準的な条件付平均の仮定（基本概念 6.4 の仮定 1）を修正したものです．基本概念 6.4 の仮定では，含まれる説明変数の下でのみ u_t の条件付平均はゼロ，すなわち $E(u_t|X_t, X_{t-1}, X_{t-2}, \ldots, X_{t-r}) = 0$ となります．ここで条件付期待値に X_t の過去すべてのラグを含めることは，より遠い（すなわち r 期のラグを越える）因果関係の効果はすべてゼロを意味しています．つまり，この仮定の下，(15.3)式で r 個の分布ラグの係数が動学的な因果関係の効果を表します．私たちはこの仮定——$E(u_t|X_t, X_{t-1}, X_{t-2}, \ldots) = 0$——を，**過去と現在の外生性**（**past and present exogeneity**）と呼びます．しかし，この定義は第 12 章で定義した外生性と同様なので，単に外生性（**exogeneity**）という用語を使います．

外生性に関する第 2 の考え方は，現在と過去そして将来すべての X_t が与えられた下で，誤差項の条件付平均がゼロ，すなわち $E(u_t|\ldots, X_{t+2}, X_{t+1}, X_t, X_{t-1}, X_{t-2}, \ldots) = 0$ というものです．これは**強い外生性**（**strict exogeneity**）と呼ばれます．あるいは正確に，**過去，現在そして将来の外生性**（**past, present, and future exogeneity**）と呼ばれることもあります．この強い外生性を考える理由は，動学的因果関係の推定の際，もし X が強い意味で外生であれば，(15.3) 式における分布ラグの OLS 推定量よりも効率的な推定量が考えられるからです．

外生性（過去と現在の外生性）と強い外生性（過去，現在そして将来の外生性）の違いは，強い外生性には条件付期待値に X の将来の値が含まれているという点です．したがって，強い外生性は外生性を意味しますが，逆は成り立ちません．2 つの考え方を理解する 1 つの方法は，X と u の相関についての意味を考えることです．もし X が（過去と現在の）外生であれば，u_t は X_t の現在と過去の値と無相関です．もし X が強い外生であれば，u_t はそれに加えて X_t の将来の値とも無相関です．たとえばもし Y_t の変化が X_t の将来の値に関係するなら，X_t は強い意味の外生ではありません．ただし（過去と現在の）外生である可能性はあります．

具体例として，トマト栽培と肥料に関する複数年の実験を (15.3) 式に従って考えてみましょう．この仮想的な実験において，肥料はランダムに与えられるので，それは外生です．今日のトマト収穫量は将来の肥料の量に依存しないので，肥料の時系列データは強い意味での外生となります．

2 つ目の具体例として，天候とオレンジジュース価格の例を考えます．そこで Y_t はオレンジジュース価格の毎月のパーセント変化，X_t はその月の氷点下気温日数です．オレンジジュースの市場から見れば，天候——すなわち氷点下気温日数——は，人間にはコントロール不可能という意味でランダムに割り当てられたものといえます．もし FDD（氷点下気温日数）の影響が線形で，r か月以後は価格に影響を与えないのであれば，天候は外生です．しかし天候は強い意味で外生でしょうか？　もし将来の FDD を与えた下で u_t の条件付平均がゼロでないのなら，FDD は強い意味の外生ではありません．この問題に答えるには，誤差項 u_t には正確に何が含まれているのか注意深く検討しなければなり

基本概念 15.1　分布ラグモデルと外生性

分布ラグモデル,

$$Y_t = \beta_0 + \beta_1 X_t + \beta_2 X_{t-1} + \beta_3 X_{t-2} + \cdots + \beta_{r+1} X_{t-r} + u_t \tag{15.4}$$

では，2つの異なるタイプの外生性が考えられる．すなわち，2つの外生性の条件とは，
　過去と現在の外生性（外生性）：

$$E(u_t | X_t, X_{t-1}, X_{t-2}, \ldots) = 0; \tag{15.5}$$

　過去，現在そして将来の外生性（強い外生性）：

$$E(u_t | \ldots, X_{t+2}, X_{t+1}, X_t, X_{t-1}, X_{t-2}, \ldots) = 0. \tag{15.6}$$

もし X が強い外生であれば X は外生となるが，逆に，外生であることは強い外生性を意味するわけではない．

ません．特に，オレンジジュース市場の参加者が現在の市場価格で取引量を決定する際に FDD の予測値を使うのであれば，現在のオレンジジュース価格，そして誤差項 u_t には，将来の FDD に関する情報が含まれるかもしれません．すなわち u_t は将来の FDD を予測する変数となります．そしてそのとき，u_t は将来の FDD の値と相関があることを意味します．このロジックでは，u_t は将来のフロリダ地域の天候の予測を含んでいるため，FDD は（過去と現在の）外生ですが，強い外生ではありません．この例とトマト栽培の例との違いは，トマト収穫量は将来の肥料量には影響されませんが，オレンジジュース市場の参加者はフロリダ州の将来の天候の予想に影響されるという点です．FDD が強い意味での外生かどうかについては，15.6 節で実際のデータを詳細に分析する際に改めて考えます．

外生性に関する2つの定義は，基本概念 15.1 にまとめられています．

15.3　動学的な因果関係の効果の推定：外生的な説明変数を含む場合

もし X が外生であれば，Y への動学的な因果関係の効果は，(15.4) 式の分布ラグ回帰モデルにおいて OLS で推定されます．この節では，そういった OLS 推定量が正当な統計的推論を導く条件についてポイントをまとめ，そして動学的な乗数，累積的な動学乗数という概念について説明します．

基本概念	分布ラグモデルの仮定
15.2	分布ラグモデルは基本概念 15.1（(15.4) 式）で与えられる．そこでは， 1. X は外生である，すなわち $E(u_t|X_t, X_{t-1}, X_{t-2}, \ldots) = 0$. 2. (a) 確率変数 Y_t，X_t は定常的な分布を持つ． (b) (Y_t, X_t) と (Y_{t-j}, X_{t-j}) は，j が大きくなるにつれて独立となる． 3. Y_t と X_t は 8 次以上のゼロではない有限のモーメントを持つ． 4. 完全な多重共線性は存在しない．

分布ラグモデルの仮定

分布ラグ回帰モデルにおける4つの仮定は，クロスセクション・データに基づく多変数回帰モデルでの4つの仮定（基本概念6.4）と同様で，それらを時系列データ用に修正したものです．

第1の仮定は，X が外生という想定で，それはクロスセクション・データでの条件付平均ゼロの仮定を X の過去すべてのラグを含む形に拡張したものです．15.2節で議論したように，この仮定は，(15.3) 式における r 個の分布ラグ係数がすべての動学的な因果関係の効果に相当するということを意味します．その意味で，母集団の回帰式は，X 変化の Y へ及ぼすすべての動学的な効果を要約して表すことになります．

第2の仮定は2つのパートからなります．パート(a)は，変数は定常的な分布を持つこと，そしてパート(b)は，変数は時点が十分大きく離れると互いに独立した分布に従うこと，この2つです．この仮定は，ADL モデルでの対応する仮定（基本概念14.6 の第2の仮定）と同じもので，その仮定に関する14.4節の議論がここでも当てはまります．

第3の仮定は，8次以上のゼロではない有限のモーメントが存在するという条件です．これは本書の別の箇所で想定された4次の有限のモーメントを持つという仮定よりも強いものです．15.4節で議論するように，HAC 分散推定量の背後の計算で使われます．

第4の仮定は，完全な多重共線性は存在しないという条件で，これはクロスセクション・データの多変数回帰モデルの場合と同じです．

分布ラグモデルとそこでの仮定は，基本概念 15.2 に要約されています．

複数の X を含むモデルへの拡張　　上記の分布ラグモデルは，複数の X からなるモデルへと直ちに拡張できます．追加される X とそのラグは分布ラグモデルの説明変数として含まれ，基本概念15.2 の仮定についても，追加された説明変数を含む形で修正されます．複数の X への拡張は考え方としては単純ですが，その表記は複雑となり，分布ラグモデ

ルの推定や推論に関する基本的な考え方はわかりづらくなります．そのため，本章では複数 X のモデルは明示的に取り扱わず，それは単一 X の分布ラグモデルの単純な拡張と述べるに留めることにします．

自己相関を持つ u_t，標準誤差，統計的推論

分布ラグ回帰モデルにおいて，誤差項 u_t には自己相関が存在する，つまり u_t が自らのラグと相関する可能性があります．この自己相関は，時系列データの場合，u_t に含まれている除外された要因に系列相関がある場合に発生することになります．たとえば，オレンジジュースへの需要は所得にも依存するとしましょう．すなわち，オレンジジュース価格に影響を及ぼす 1 つの要因として，消費者の総所得（集計された所得）が考えられるとします．そのとき総所得は，オレンジジュース価格の分布ラグ回帰モデルで除外された要因となります．しかし総所得にはおそらく系列相関があります．所得は景気後退期に減少し，景気拡大期に増大する傾向があるため，系列相関を持つのです．そしてそれが誤差項の一部として含まれるので，u_t に系列相関が存在することになります．これは典型的な例ですが，一般に除外された Y の決定要因に系列相関があると，分布ラグモデルの u_t は自己相関を持ちます．

u_t に自己相関があっても，OLS 推定量の一致性は維持され，バイアスも発生しません．しかし誤差項に自己相関があると，OLS 推定量の標準誤差は一致性を持たず，異なる公式を使わなければなりません．その修正は，不均一分散の場合と同様です．誤差項が不均一分散であるとき，均一分散のみに有効な標準誤差は「間違い」であり，誤った統計的推論を導く危険性があります．同様に，誤差項に系列相関がある場合，i.i.d. を仮定して計算された標準誤差は「間違い」であり，やはり誤った統計的推論を導いてしまう恐れがあります．この問題への対処方法は，不均一分散・自己相関を考慮した標準誤差（heteroskedasticity- and autocorrelation-consistent 〈HAC〉 standard error）を用いることで，それが 15.4 節のトピックです．

動学乗数と累積的な動学乗数

動学的な因果関係の効果は，別名として「動学乗数」とも呼ばれます．また「累積的な動学乗数」とは，あるラグ次数までの因果関係の効果を累積したものです．したがって累積的な動学乗数は，X 変化の Y への累積的な効果を測るのです．

動学乗数　X の 1 単位変化が Y へ及ぼす h 期後の効果——(15.4) 式での β_{h+1}——は，h 期の**動学乗数**（**dynamic multiplier**）と呼ばれます．したがって，X から Y への動学乗数は，(15.4) 式の X_t およびそのラグの係数に相当します．たとえば β_2 は 1 期の動学乗

数，β_3 は 2 期の動学乗数といった具合です．この用語に基づけば，ゼロ期の（つまり同時点の）動学乗数，あるいはインパクト効果（**impact effect**）とは，β_1，すなわち X 変化の Y への同じ時点の効果に当たります．

動学乗数は OLS 回帰係数によって推定されるため，その標準誤差には OLS 回帰係数の HAC 標準誤差を使います．

累積的な動学乗数

h 期の累積的な動学乗数（**cumulative dynamic multiplier**）とは，X の 1 単位変化が Y に対して h 期間及ぼす累積的な効果のことです．したがって，累積的な動学乗数とは，動学乗数を順次足し合わせた値に相当します．(15.4) 式の分布ラグモデルの係数を使えば，0 期の累積的な乗数は β_1，1 期の累積的乗数は $\beta_1 + \beta_2$，h 期の累積的乗数は $\beta_1 + \beta_2 + \cdots + \beta_{h+1}$ と表されます．個々の動学乗数のすべての合計，すなわち $\beta_1 + \beta_2 + \cdots + \beta_{r+1}$ は，X の 1 単位変化が Y へ及ぼす長期的な累積効果を表し，**長期の累積的な動学乗数**（**long-run cumulative dynamic multiplier**）と呼ばれます．

たとえば，(15.2) 式の回帰を考えます．氷点下気温日数が 1 増えることで即座に現れる影響は，濃縮オレンジジュース価格が 0.47% 上昇することでした．次の月にかけて発生する価格変化の累積効果は，インパクト効果と 1 ヶ月先の動学効果の合計です．したがって価格への累積効果は，当初の 0.47% 上昇に翌月の 0.14% 上昇を加えた合計 0.61% となります．同様に，2 ヶ月間の累積的な動学乗数は 0.47% + 0.14% + 0.06% = 0.67% です．

累積的な動学乗数は，(15.4) 式の分布ラグ回帰を修正した式で直接推定できます．その修正した回帰式とは，

$$Y_t = \delta_0 + \delta_1 \Delta X_t + \delta_2 \Delta X_{t-1} + \delta_3 \Delta X_{t-2} + \cdots + \delta_r \Delta X_{t-r+1} + \delta_{r+1} X_{t-r} + u_r \qquad (15.7)$$

です．

(15.7) 式の係数，$\delta_1, \delta_2, \ldots, \delta_{r+1}$ は，実際，累積的な動学乗数に当たります．これは若干の計算で示すことができます（練習問題 15.5）．すなわち，(15.7) 式と (15.4) 式の母集団回帰は同一で，$\delta_0 = \beta_0$，$\delta_1 = \beta_1$，$\delta_2 = \beta_1 + \beta_2$，$\delta_3 = \beta_1 + \beta_2 + \beta_3$ といった具合となることを示せばよいのです．X_{t-r} に掛かる係数 δ_{r+1} は，長期の累積的な動学乗数です，すなわち $\delta_{r+1} = \beta_1 + \beta_2 + \beta_3 + \cdots + \beta_{r+1}$ です．(15.7) 式の係数の OLS 推定量は，(15.4) 式の OLS 推定量の対応する累積的な和に等しくなります．たとえば $\hat{\delta}_2 = \hat{\beta}_1 + \hat{\beta}_2$ です．(15.7) 式を使って推定する主要なメリットは，係数の OLS 推定量が累積的な動学乗数の推定量となるため，(15.7) 式の係数の HAC 標準誤差が累積的な動学乗数の HAC 標準誤差になるという点です．

15.4 不均一分散・自己相関を考慮した標準誤差

誤差項 u_t に系列相関があるとき，OLS 推定量は一致性を有しますが，クロスセクション・データで用いた通常の OLS 標準誤差は一致性を持ちません．このことは一般に，通常の OLS 標準誤差に基づく統計的推論——仮説検定や信頼区間——では誤った結論を導く恐れがあることを意味します．たとえば，OLS 推定量 $\pm 1.96 \times$ 通常の標準誤差で求められる信頼区間は，繰り返しサンプルの 95% で真の値を必ずしも含まない，たとえ大標本であっても含まないという状況が考えられるのです．本節では，まず系列相関がある場合の OLS 推定量の分散について正しい公式を導出します．次に，不均一分散と自己相関を考慮した（HAC）標準誤差について説明します．

本節は時系列データに関する HAC 標準誤差に焦点を当てます．パネルデータに関する HAC 標準誤差は 10.5 節と付論 10.2 で導入しました．もっとも本節はそれ自身で説明が完結するもので，第 10 章を事前に理解する必要はありません．

誤差項が自己相関を持つ場合の OLS 推定量の分布

いまモデルを単純化して，分布ラグモデルにおいてラグがない場合，つまり説明変数が X_t 1 つの線形回帰モデルにおける OLS 推定量 $\hat{\beta}_1$ を考えます．すなわち，

$$Y_t = \beta_0 + \beta_1 X_t + u_t. \tag{15.8}$$

ここで基本概念 15.2 の諸仮定は満たされているとします．本節で示すのは，$\hat{\beta}_1$ の分散は 2 つの項の積で表されるということです．すなわち，u_t に系列相関がない場合の分散の項 $\text{var}(\hat{\beta}_1)$ と，それに u_t の自己相関——より正確には $(X_t - \mu_X)u_t$ の自己相関——から生じる修正項を掛け合わすことで求められます．

付論 4.3 で示したように，基本概念 4.2 の OLS 推定量 $\hat{\beta}_1$ の公式は，次のように表現できます：

$$\hat{\beta}_1 = \beta_1 + \frac{\frac{1}{T}\sum_{t=1}^T (X_t - \overline{X})u_t}{\frac{1}{T}\sum_{t=1}^T (X_t - \overline{X})^2}. \tag{15.9}$$

ここで，この (15.9) 式は (4.30) 式の記号を変えたもので，i と n が t と T に差し替えられています．$\overline{X} \xrightarrow{p} \mu_X$，$\frac{1}{T}\sum_{t=1}^T (X_t - \overline{X})^2 \xrightarrow{p} \sigma_X^2$ なので，大標本において $\hat{\beta}_1 - \beta_1$ は近似的に，

$$\hat{\beta}_1 - \beta_1 \simeq \frac{\frac{1}{T}\sum_{t=1}^T (X_t - \mu_X)u_t}{\sigma_X^2} = \frac{\frac{1}{T}\sum_{t=1}^T v_t}{\sigma_X^2} = \frac{\overline{v}}{\sigma_X^2} \tag{15.10}$$

と表されます．ここで $v_t = (X_t - \mu_X)u_t$，そして $\overline{v} = \frac{1}{T}\sum_{t=1}^T v_t$ です．したがって，

$$\text{var}(\hat{\beta}_1) = \text{var}\left(\frac{\overline{v}}{\sigma_X^2}\right) = \frac{\text{var}(\overline{v})}{(\sigma_X^2)^2} \tag{15.11}$$

となります.

もし v_t が――基本概念 4.3 でクロスセクション・データ向けに仮定したのと同じく――i.i.d. なら,$\text{var}(\overline{v}) = \text{var}(v_t)/T$ となり,基本概念 4.4 で示した $\hat{\beta}_1$ の分散の公式が当てはまります.しかし,もし u_t と X_t が時間を通じて独立した分布に従わなければ,v_t は一般に系列相関を持ち,基本概念 4.4 での $\overline{v}$ の分散の公式は当てはまりません.そのかわり,もし v_t に系列相関があれば,$\overline{v}$ の分散は,以下の式で与えられます:

$$\begin{aligned}\text{var}(\overline{v}) &= \text{var}[(v_1 + v_2 + \cdots + v_T)/T] \\ &= [\text{var}(v_1) + \text{cov}(v_1, v_2) + \cdots + \text{cov}(v_1, v_T) \\ &\quad + \text{cov}(v_2, v_1) + \text{var}(v_2) + \cdots + \text{var}(v_T)]/T^2 \\ &= [T \text{var}(v_t) + 2(T-1)\text{cov}(v_t, v_{t-1}) \\ &\quad + 2(T-2)\text{cov}(v_t, v_{t-2}) + \cdots + 2\text{cov}(v_t, v_{t-T+1})]/T^2 \\ &= \frac{\sigma_v^2}{T} f_T.\end{aligned} \tag{15.12}$$

ここで,

$$f_T = 1 + 2\sum_{j=1}^{T-1}\left(\frac{T-j}{T}\right)\rho_j \tag{15.13}$$

であり,$\rho_j = \text{corr}(v_t, v_{t-j})$ です.大標本において,f_T はある極限値へ向かって収束します,すなわち $f_T \to f_\infty = 1 + 2\sum_{j=1}^{\infty} \rho_j$.

(15.10) 式の $\hat{\beta}_1$ の表現とその分散,そして (15.12) 式 $\text{var}(\overline{v})$ の表現とをあわせると,v_t に自己相関がある場合の $\hat{\beta}_1$ の分散の公式が求まります.すなわち,

$$\text{var}(\hat{\beta}_1) = \left[\frac{1}{T}\frac{\sigma_v^2}{(\sigma_X^2)^2}\right] f_T. \tag{15.14}$$

ここで f_T は (15.13) 式で与えられています.

(15.14) 式から,$\hat{\beta}_1$ の分散は 2 つの項の積で表現されています.カギ括弧の第 1 項は,基本概念 4.4 で与えられた $\hat{\beta}_1$ の分散の公式で,系列相関がないときの表現です.第 2 項は修正項 f_T で,系列相関による調整を行います.この追加項により,もし誤差項に系列相関があるのなら,(5.4) 式を使って計算された OLS 標準誤差は正しくないことがわかります.すなわち,もし $v_t = (X_t - \mu_X)u_t$ に系列相関があれば,分散の推定量は f_T の分だけずれてしまいます.

HAC 標準誤差

もし (15.13) 式で定義される修正項 f_T を知っていれば，通常のクロスセクション・データで利用した分散推定量に f_T を掛けて，$\hat{\beta}_1$ の分散を推定できます．しかしその修正項は，v_t に関する未知の自己相関に依存しており，したがって推定されなければなりません．この修正項を考慮した $\hat{\beta}_1$ の分散の推定量は，たとえ不均一分散あるいは v_t の自己相関が存在したとしても，一致性を持ちます．したがってこの推定量は，$\hat{\beta}_1$ の分散に関する不均一分散と自己相関を考慮した（**heteroscedasticity- and autocorrelation-consistent, HAC**）推定量と呼ばれます．そしてその HAC 分散推定量の平方根は，$\hat{\beta}_1$ の **HAC 標準誤差**（**HAC standard error**）となります．

HAC 分散の公式

$\hat{\beta}_1$ の不均一分散・自己相関を考慮した分散の推定量は，

$$\tilde{\sigma}^2_{\hat{\beta}_1} = \hat{\sigma}^2_{\hat{\beta}_1} \hat{f}_T \tag{15.15}$$

と表されます．ここで $\hat{\sigma}^2_{\hat{\beta}_1}$ は，系列相関がない場合の $\hat{\beta}_1$ の分散の推定量で，(5.4) 式に当たります．また $\hat{f}_T$ は (15.13) 式の修正項 f_T の推定量です．

ここで重要な問題は，$\hat{f}_T$ の一致推定量を求めることです．それがなぜ重要かを理解するために，2 つの極端なケースを考えましょう．1 つの極端なケースは，(15.13) 式の公式の下，母集団の自己相関 ρ_j を標本自己相関 $\hat{\rho}_j$（(14.6) 式で定義）に置き換えて，推定量 $1 + 2\sum_{j=1}^{T-1}\left(\frac{T-j}{T}\right)\hat{\rho}_j$ が得られます．しかしこの推定量は，推定された自己相関を多数含むため一致性を持ちません．直感的に述べると，推定された個々の自己相関は推定誤差を含むため，多数の自己相関を推定して，たとえ大標本で $\hat{f}_T$ の推定量を計算したとしても，そこに含まれる推定誤差は大きいまま残ります．他方，別の極端なケースとして，少数の標本自己相関のみを使う場合，具体的には 1 次の（1 期離れた）標本自己相関のみを用いて，より高次の（2 期以上時点の離れた）自己相関を無視する場合を考えます．この推定量では，あまりに多くの自己相関を推定するという問題は回避されますが，別の問題があります．それは (15.13) 式に示されている追加的な自己相関が無視されているため，一致性が保証されないという点です．要約すると，自己相関が多すぎると推定量の分散が大きくなり，少なすぎるとより高次の自己相関を無視してしまいます．その結果，これら 2 つの極端なケースでは，いずれも推定量は一致性を持ちません．

実際に用いられる $\hat{f}_T$ の推定量は，これら両極端のケースの間のバランスを取り，標本数 T に依存して自己相関の数が選択されます．標本数が小さければ，2〜3 の自己相関しか使われません．しかし，もしサンプル規模が大きい場合には，より多くの（しかし T よりはかなり少ない数の）自己相関が使われます．具体的に，次式のような $\hat{f}_T$ が与えられます：

$$\hat{f}_T = 1 + 2\sum_{j=1}^{m-1}\left(\frac{m-j}{m}\right)\widetilde{\rho}_j. \tag{15.16}$$

ここで $\widetilde{\rho}_j = \sum_{t=j+1}^{T}\hat{v}_t\hat{v}_{t-j}/\sum_{t=1}^{T}\hat{v}_t^2$，そして $\hat{v}_t = (X_t - \overline{X})\hat{u}_t$（$\hat{\sigma}_{\hat{\beta}_1}^2$ の定義にあるものと同様）です．(15.16) 式のパラメター m は，HAC 推定のトランケーション・パラメター（**truncation parameter**）と呼ばれます．なぜなら，合計される自己相関の次数が短縮され（両端がカットされ），母集団の公式（(15.13) 式）にあった $T - 1$ 個の自己相関の代わりに $m - 1$ 個のみの自己相関を含んでいるからです．

$\hat{f}_T$ が一致性を持つためには，m は大標本のときには大きい値が，しかし T よりはかなり小さい値が選択されなければなりません．実際に m を選択するガイドラインとして，次の公式があります：

$$m = 0.75T^{1/3}. \tag{15.17}$$

そしてここで得られた値が整数に近似されます．この公式は，v_t にある程度の自己相関が存在するという仮定の下，m がサンプル数に依存して決定される際のベンチマークとなります[1]．

(15.17) 式から得られたトランケーション・パラメター m は，対象とするデータ系列に関する知識があれば，それを使って修正されます．v_t に非常に高次の自己相関があるのであれば，(15.17) 式で求めた値を超えて m を増やしても構いません．逆に，もし系列相関がほとんど存在しないのであれば，m を減らします．m の選択にはこのように曖昧な面があるため，実際の実証研究では，1 つのモデルにつき少なくとも 1 つか 2 つの異なる m の値を試して，結果が m の選択に依存しないことを確認するとよいでしょう．

(15.15) 式の HAC 推定量とそこで使われる (15.16) 式の $\hat{f}_T$ は，提唱者である計量経済学者 Whitney Newey と Kenneth West にちなんで，**Newey-West の分散推定量**（**Newey-West variance estimator**）と呼ばれます．彼らは，(15.17) 式のようなルールに従ったとき，一般的な条件の下でこの推定量が $\hat{\beta}_1$ の分散に対する一致推定量であることを示しました．彼らの証明（そして Andrew (1991) の証明）では，v_t は，4 次以上のモーメントを持つことが仮定されており，それは X_t と u_t が 8 次以上のモーメントを持つことを意味します．これが，基本概念 15.2 の第 3 仮定で，X_t と u_t が 8 次以上のモーメントを持つと仮定される理由なのです．

他の HAC 推定量

Newey-West 推定量は唯一の HAC 推定量ではありません．たとえば，(15.16) 式のウエイト $(m - j)/m$ は，違うウエイトに置き換えることが可能です．違う

---

[1] (15.17) 式は，u_t と X_t が 1 次の自己相関を持つ系列（1 次の自己相関係数は 0.5）の場合に，「ベストな」m を選択する式です．ここで「ベスト」とは，その推定量が $E(\widetilde{\sigma}_{\hat{\beta}_1}^2 - \sigma_{\hat{\beta}_1}^2)^2$ を最小化するという意味です．(15.17) 式は，より一般的な公式（Andrew(1991, (5.3) 式)）に基づいています．

> 基本概念 15.3
>
> ## HAC 標準誤差
>
> 問題：分布ラグモデル（基本概念 15.1）の誤差項 u_t は系列相関を持ちうる．誤差項が系列相関を持つ場合，係数の OLS 推定量は一致性を持つ．しかし OLS 標準誤差は一般に一致性が保証されず，誤った仮説検定や信頼区間を導く可能性がある．
>
> 解決法：標準誤差は，不均一分散と自己相関を考慮した（HAC）分散推定量を用いて求めなければならない．HAC 推定量は，$m-1$ 次の自己共分散と分散の推定量を必要とする．説明変数が 1 つの場合，その公式は (15.15) 式と (15.16) 式で与えられる．
>
> 実際に HAC 標準誤差を用いるには，トランケーション・パラメター m を選択しなければならない．そのために，(15.17) 式の公式がベンチマークとして用いられる．その上で，説明変数や誤差項が持つ系列相関の程度に応じて，m を増減させるとよい．

ウエイトを使う場合には，(15.17) 式で示したトランケーション・パラメターの選択ルールは応用できません．そのウエイト向けに作られた別の選択ルールを用いる必要があります．他のウエイトを使った HAC 推定量に関する議論は本書のカバー範囲を超えるため，より詳細については，Hayashi（2000，6.6 節）を参照してください．

多変数の回帰への拡張　　この節で議論した問題は，複数のラグを含む分布ラグモデル（基本概念 15.1），あるいは多変数回帰モデルへと，ともに系列相関のある誤差項を含む形で拡張できます．とりわけ，誤差項が系列相関を持つ場合に OLS 標準誤差は統計推論のベースとしては信頼できず，代わりに HAC 標準誤差を用いるべきだという議論はまったく同じです．HAC 分散の推定量に Newey-West 推定量（ウエイト $(m-j)/m$ に基づく HAC 分散推定量）が使われるのであれば，説明変数が 1 つでも複数であっても，トランケーション・パラメター m は (15.17) 式のルールから選べます．多変数回帰分析における HAC 標準誤差の公式は，時系列データを分析する最近の回帰分析ソフトに組み込まれています．その公式は行列の計算を伴うのでここでは割愛します．数学の詳細について関心のある方は，Hayashi（2000，6.6 節）を参照してください．

HAC 標準誤差は基本概念 15.3 に要約されています．

15.5　動学的な因果関係の推定：説明変数が強い外生の場合

X_t が強い意味の外生であるとき，動学的な因果関係の効果を推定する際に 2 つの推定量が考えられます．第 1 は，分布ラグモデルの代わりに自己回帰・分布ラグモデル（ADL）を使って，推定された ADL の係数から動学乗数を推定する方法です．この手法

は，分布ラグモデルの OLS 推定よりも少ない係数の推定で済むため，推定誤差を潜在的に小さくできるというメリットがあります．第 2 は，分布ラグの係数を OLS ではなく**一般化最小二乗法（generalized least squares, GLS）**を用いて推定する方法です．推定される係数の数は OLS も GLS も同じですが，GLS 推定量ではより小さな分散が得られます．以下では，シンプルな表記を維持するため，まず 1 期ラグと AR(1) 誤差項を仮定した分布ラグモデルに基づきこれら 2 つの手法を説明していきます．しかし，これらの手法の潜在的なメリットは，分布ラグモデルに多数のラグが含まれる場合に最も大きくなります．したがって，その後に，より高次のラグを持つ一般的な分布ラグモデルへ拡張します．

AR(1) 誤差項を持つ分布ラグモデル

いま X 変化の Y へ及ぼす因果関係の効果は 2 期間だけ続くとします．つまり当初のインパクト効果は β_1，次の期の効果は β_2 で，それ以降の効果はないものとします．このとき，分布ラグモデルとして適切なのは，X_t の現在と過去の値のみを含むモデル，すなわち，

$$Y_t = \beta_0 + \beta_1 X_t + \beta_2 X_{t-1} + u_t \tag{15.18}$$

です．

15.2 節で議論したように，一般に (15.18) 式の誤差項 u_t は系列相関を含みます．その系列相関がもたらす 1 つの結果として，分布ラグの係数が OLS 推定されると，通常の OLS 標準誤差に基づく統計的推論は誤りとなる可能性があります．そのため，15.3 節と 15.4 節では，(15.18) 式の β_1，β_2 を OLS 推定する際に HAC 標準誤差を使うことが大切だという点を強調してきました．

この節では，u_t の系列相関に対して違うアプローチを取ります．このアプローチは X_t が強い外生の場合に可能となるもので，u_t の系列相関に自己回帰モデルを当てはめ，その AR モデルに基づいて OLS 推定量よりも効率的な（つまり分散がより小さい）推定量を導出するというものです．

具体的には，u_t が AR(1) モデルに従うと仮定します．すなわち，

$$u_t = \phi_1 u_{t-1} + \widetilde{u}_t. \tag{15.19}$$

ここで ϕ_1 は自己回帰の係数，$\widetilde{u}_t$ は系列相関のない誤差項，そして $E(u_t) = 0$ なので定数項は必要ありません．(15.18) 式と (15.19) 式から，誤差項に系列相関を含む分布ラグモデルは，誤差項に系列相関がない自己回帰・分布ラグモデルに書き換えられます．その式変形は，(15.18) 式の両辺にラグを取り，それに ϕ_1 を掛けた式を元の両辺から差し引くというもので，

$$Y_t - \phi_1 Y_{t-1} = (\beta_0 + \beta_1 X_t + \beta_2 X_{t-1} + u_t) - \phi_1(\beta_0 + \beta_1 X_{t-1} + \beta_2 X_{t-2} + u_{t-1})$$
$$= \beta_0 + \beta_1 X_t + \beta_2 X_{t-1} - \phi_1 \beta_0 - \phi_1 \beta_1 X_{t-1} - \phi_1 \beta_2 X_{t-2} + \widetilde{u}_t. \quad (15.20)$$

ここで 2 つ目の等式には，$\widetilde{u}_t = u_t - \phi_1 u_{t-1}$ を利用しています．(15.20) 式を整理すると，

$$Y_t = \alpha_0 + \phi_1 Y_{t-1} + \delta_0 X_t + \delta_1 X_{t-1} + \delta_2 X_{t-2} + \widetilde{u}_t. \quad (15.21)$$

ここで，

$$\alpha_0 = \beta_0(1 - \phi_1), \ \delta_0 = \beta_1, \ \delta_1 = \beta_2 - \phi_1 \beta_1, \ \text{そして} \ \delta_2 = -\phi_1 \beta_2 \quad (15.22)$$

であり，β_0, β_1, β_2 は (15.18) 式の係数，ϕ_1 は (15.19) 式の自己回帰の係数です．

(15.21) 式は，X の同時点の値と 2 期ラグを含む ADL モデルです．本書では (15.21) 式を，誤差項に系列相関がある分布ラグモデル ((15.18) 式，(15.19) 式) の ADL 表現と呼びます．

(15.20) 式は，(15.21) 式・(15.22) 式と中身は同じですが，別の形に整理することもできます．いま $\widetilde{Y}_t = Y_t - \phi_1 Y_{t-1}$ を，Y_t の疑似的階差（**quasi-difference**）と呼ぶことにします．ここで「擬似的」とは，それが Y_t の階差（Y_t と Y_{t-1} の差）ではなく，Y_t と ϕY_{t-1} の差であるからです．同様に，$\widetilde{X}_t = X_t - \phi_1 X_{t-1}$ を X_t の擬似的階差と定義します．このとき，(15.20) 式は，

$$\widetilde{Y}_t = \alpha_0 + \beta_1 \widetilde{X}_t + \beta_2 \widetilde{X}_{t-1} + \widetilde{u}_t \quad (15.23)$$

と書き直されます．本書では (15.23) 式を，誤差項に系列相関がある分布ラグモデル ((15.18) 式，(15.19) 式) の擬似的な階差表現と呼びます．

(15.21) 式の ADL 表現（プラス (15.22) 式の係数の制約）と (15.23) 式の擬似的な階差表現とは同一です．両モデルとも $\widetilde{u}_t$ に系列相関はありません．ただし，この 2 つのモデル表現は，それぞれ異なる推定アプローチに対応します．しかし，その推定アプローチを議論する前に，まず動学乗数 β_1 と β_2 の一致推定量を得るための仮定について検討しましょう．

ADL(2.1) および擬似的階差モデルにおける条件付平均ゼロの仮定

(15.21) 式（プラス (15.22) 式の係数の制約）と (15.23) 式は同一なので，その推定に関する条件も同じです．以下ではより簡便な (15.23) 式に基づき検討します．

(15.23) 式の擬似的階差モデルは，擬似的な階差変数に基づいた，そして誤差項に系列相関がない分布ラグモデルです．したがって，係数の OLS 推定に関する条件は，基本概念 15.2 で述べた分布ラグモデルの最小二乗法の仮定を $\widetilde{u}_t$ と $\widetilde{X}_t$ で表したものに相当します．ここで特に重要なのは第 1 の仮定で，(15.23) 式に当てはめると，$\widetilde{X}_t$ が外生という仮定に相当します．すなわち，

$$E(\widetilde{u}_t|\widetilde{X}_t, \widetilde{X}_{t-1}, \ldots) = 0. \tag{15.24}$$

ここで条件付期待値は $\widetilde{X}_t$ の十分長いラグに依存しており，母集団の回帰関数には (15.23) 式に現れている以外のラグは追加されません．

$\widetilde{X}_t = X_t - \phi_1 X_{t-1}$，すなわち $X_t = \widetilde{X}_t + \phi_1 X_{t-1}$ なので，$\widetilde{X}_t$ とそのラグすべてで条件付けることは，X_t とそのラグすべてで条件付けることと同じです．したがって，(15.24) 式の条件付期待値は，$E(\widetilde{u}_t|X_t, X_{t-1}, \ldots) = 0$ という条件と等しくなります．さらに，$\widetilde{u}_t = u_t - \phi_1 u_{t-1}$ なので，その条件は，

$$\begin{aligned}
0 &= E(\widetilde{u}_t|X_t, X_{t-1}, \ldots) \\
&= E(u_t - \phi_1 u_{t-1}|X_t, X_{t-1}, \ldots) \\
&= E(u_t|X_t, X_{t-1}, \ldots) - \phi_1 E(u_{t-1}|X_t, X_{t-1}, \ldots)
\end{aligned} \tag{15.25}$$

を意味します．

(15.25) 式の等号が ϕ_1 の一般的な値について成立するには，$E(u_t|X_t, X_{t-1}, \ldots) = 0$ と $E(u_{t-1}|X_t, X_{t-1}, \ldots) = 0$ の両方が成立しなければなりません．$E(u_{t-1}|X_t, X_{t-1}, \ldots) = 0$ の条件は，時間の添え字を 1 期ずらすと，

$$E(u_t|X_{t+1}, X_t, X_{t-1}, \ldots) = 0 \tag{15.26}$$

となり，それは（期待値繰り返しに関する法則から）$E(u_t|X_t, X_{t-1}, \ldots) = 0$ も意味します．以上を要約すると，(15.24) 式の条件付平均ゼロの仮定が一般的な ϕ_1 の値について成立することは，(15.26) 式の条件の成立と同じであることを意味するのです．

ここで (15.26) 式の条件は，X_t が強い意味の外生であれば満たされますが，X_t が単に（過去と現在の）外生であれば満たされません．したがって，(15.23) 式の分布ラグモデルでの最小二乗法の仮定は，X_t が強い外生であれば成立しますが，X_t が（過去と現在の）外生であるだけでは不十分なのです．

ADL 表現（(15.21) 式，(15.22) 式）は，擬似的階差表現（(15.23) 式）と同一です．したがって，擬似的階差モデルの係数推定に必要な条件付平均の仮定（$E(u_t|X_{t+1}, X_t, X_{t-1}, \ldots) = 0$）は，ADL 表現の係数推定に必要な条件付平均の仮定でもあります．

では次に，各モデル表現に使われる推定アプローチ，すなわち ADL モデルの係数の推定と疑似的階差モデルの係数の推定について，順に説明しましょう．

ADL モデルの OLS 推定

最初のアプローチは，(15.21) 式の ADL モデルの係数を OLS により推定することです．(15.21) 式の導出から明らかなように，Y のラグと X の追加ラグを含めることで誤差項の系列相関がなくなります（誤差項が 1 次の自己回帰モデルという仮定の下）．したが

って，(15.21) 式の ADL モデルを OLS 推定する場合，通常の OLS 標準誤差を使うことができるため，HAC 標準誤差は必要ありません．

ADL モデルの係数はそれ自体が動学乗数の推定値ではありませんが，ADL 係数から動学乗数を計算することができます．動学乗数を求める一般的な方法は，推定する回帰式を X_t の現在と過去の関数と表し，Y_t を回帰式から取り除くことです．そのために，Y_t のラグを推定される回帰式に繰り返し代入していきます．具体的には，推定された回帰式，

$$\hat{Y}_t = \hat{\phi}_1 Y_{t-1} + \hat{\delta}_0 X_t + \hat{\delta}_1 X_{t-1} + \hat{\delta}_2 X_{t-2} \tag{15.27}$$

を考えます．定数項には動学乗数の表現が入らないため，ここでは推定された定数項が除かれています．(15.27) 式の両辺に 1 期ラグを取ると，$\hat{Y}_{t-1} = \hat{\phi}_1 Y_{t-2} + \hat{\delta}_0 X_{t-1} + \hat{\delta}_1 X_{t-2} + \hat{\delta}_2 X_{t-3}$ となります．そして，(15.27) 式の Y_{t-1} を $\hat{Y}_{t-1}$ で置き換え，整理すると，

$$\begin{aligned}\hat{Y}_t &= \hat{\phi}_1(\hat{\phi}_1 Y_{t-2} + \hat{\delta}_0 X_{t-1} + \hat{\delta}_1 X_{t-2} + \hat{\delta}_2 X_{t-3}) + \hat{\delta}_0 X_t + \hat{\delta}_1 X_{t-1} + \hat{\delta}_2 X_{t-2} \\ &= \hat{\delta}_0 X_t + (\hat{\delta}_1 + \hat{\phi}_1 \hat{\delta}_0) X_{t-1} + (\hat{\delta}_2 + \hat{\phi}_1 \hat{\delta}_1) X_{t-2} + \hat{\phi}_1 \hat{\delta}_2 X_{t-3} + \hat{\phi}_1^2 Y_{t-2}\end{aligned} \tag{15.28}$$

となります．

この代入プロセスを，Y_{t-2}, Y_{t-3} へと逐次繰り返すと，

$$\begin{aligned}\hat{Y}_t &= \hat{\delta}_0 X_t + (\hat{\delta}_1 + \hat{\phi}_1 \hat{\delta}_0) X_{t-1} + (\hat{\delta}_2 + \hat{\phi}_1 \hat{\delta}_1 + \hat{\phi}_1^2 \hat{\delta}_0) X_{t-2} \\ &\quad + \hat{\phi}_1(\hat{\delta}_2 + \hat{\phi}_1 \hat{\delta}_1 + \hat{\phi}_1^2 \hat{\delta}_0) X_{t-3} + \hat{\phi}_1^2(\hat{\delta}_2 + \hat{\phi}_1 \hat{\delta}_1 + \hat{\phi}_1^2 \hat{\delta}_0) X_{t-4} + \cdots\end{aligned} \tag{15.29}$$

が得られます．

(15.29) 式の係数は動学乗数の推定量で，(15.21) 式の ADL モデルの OLS 推定から計算されたものです．(15.22) 式の係数の制約が推定された係数にも成り立つならば，2 次を超える動学乗数（すなわち X_{t-2}, X_{t-3} などの係数）はすべてゼロとなります[2]．しかし，この推定アプローチの下でそれらの係数制約は厳密には満たされません．したがって，(15.29) 式の 2 次を超える推定された乗数は一般にゼロではありません．

GLS 推定

X_t が強い外生の下，動学乗数を推定する第 2 のアプローチは，一般化最小二乗法（GLS）を利用するもので，それは (15.23) 式の推定に用いられます．GLS 推定量を解説するために，はじめに ϕ_1 の値は既知であると仮定します．現実にはそれは未知であるため，その推定量は実行不可能（infeasible）なので，それは実行不可能な GLS 推定量と呼ばれます．他方でその推定量は ϕ_1 の推定量を使うことで修正することができるので，それが実行可能な GLS 推定量となります．

---

[2] (15.22) 式の各等式を代入して整理すると，それらの等式が正しいという前提の下で，$\delta_2 + \phi_1 \delta_1 + \phi_1^2 \delta_0 = 0$ という関係式が得られます．

実行不可能な GLS　いま ϕ_1 が既知と仮定すると，擬似的な階差変数 $\widetilde{X}_t$, $\widetilde{Y}_t$ は直接計算できます．(15.24) 式と (15.26) 式の議論で示したように，X_t が強い外生であれば，$E(\widetilde{u}_t|\widetilde{X}_t, \widetilde{X}_{t-1}, \ldots) = 0$ となります．したがって，X_t が強い外生で ϕ_1 が既知のとき，(15.23) 式の係数 $\alpha_0, \beta_1, \beta_2$ は，$\widetilde{Y}_t$ を $\widetilde{X}_t$ と $\widetilde{X}_{t-1}$ で OLS 回帰することで推定されます（定数項含む）．その結果得られる β_1, β_2 の推定量——ϕ_1 が既知の下での (15.23) 式の傾きの係数——は，**実行不可能な GLS 推定量**（**infeasible GLS estimators**）です．この推定量が実行不可能なのは，実際には ϕ_1 が未知であるためです．$\widetilde{X}_t, \widetilde{Y}_t$ は計算できず，OLS 推定量も計算できません．

実行可能な GLS　実行不可能な GLS 推定量を修正したのが**実行可能な GLS 推定量**（**feasible GLS estimator**）で，そこでは予備的な ϕ_1 の推定量（$= \hat{\phi}_1$）を使って擬似的な階差変数の推定値を計算します．具体的に述べると，β_1, β_2 の実行可能な GLS 推定量は，(15.23) 式で β_1, β_2 の OLS 推定量を計算して求めるのですが，その際，$\widetilde{Y}_t$ を $\widetilde{\widehat{X}}_t$ と $\widetilde{\widehat{X}}_{t-1}$ で回帰します（定数項含む）．ここで $\widetilde{\widehat{X}}_t = X_t - \hat{\phi}_1 X_{t-1}$, $\widetilde{\widehat{Y}}_t = Y_t - \hat{\phi}_1 Y_{t-1}$ です．

　予備的な推定量 $\hat{\phi}_1$ は，まず (15.18) 式の分布ラグ回帰式を OLS で推定し，次に (15.19) 式で，観測されない誤差項 u_t を OLS 残差 $\hat{u}_t$ に置き換えたうえで ϕ_1 を OLS 推定して求めます．このバージョンの GLS 推定量は，コクレン・オーカット（Cochrane-Orcutt (1949)）推定量と呼ばれます．

　コクレン・オーカット法の 1 つの拡張は，この計算過程を繰り返すことで行われます．すなわち，(i) β_1, β_2 の GLS 推定値を使って，改訂された u_t 推定値を計算する．(ii) 新しい残差を使って ϕ_1 を再推定する．(iii) 改訂された ϕ_1 推定値を使って，改訂された疑似的階差の推定値を求める．(iv) その擬似的階差を使って，β_1, β_2 を再推定する．そして (v) この計算過程を β_1, β_2 の推定値が収束するまで続ける．このようにして得られる推定量は，**繰り返しコクレン・オーカット推定量**と呼ばれます．

GLS 推定量の非線形最小二乗法による解釈　上記の GLS 推定量と同じ解釈として，(15.21) 式の ADL モデルに (15.22) 式のパラメター制約を課して推定しても得られます．それらのパラメター制約は，元のパラメター $\beta_0, \beta_1, \beta_2, \phi_1$ の非線形関数で表されるため，OLS では推定できません．その代わりに，パラメターは非線形最小二乗法（**nonlinear least squares, NLLS**）で推定できます．付論 8.1 で論じたように，NLLS は推定された回帰関数の誤差の二乗和を最小としますが，そこで回帰関数は推定されるパラメターの非線形関数で表されます．一般に NLLS 推定は，未知パラメターの非線形関数の最小化という上級のアルゴリズム（解法手順）が必要となります．しかし，この特別ケースの場合には，それらのアルゴリズムは必要ありません．むしろ上述した繰り返しコクレン・オーカット法の計算手順を使って NLLS は求められます．このように，繰り返しコクレン・オーカット法の GLS 推定量は，(15.22) 式の非線形制約を課した ADL 係数の NLLS

推定量となるのです．

GLSの効率性　GLS推定量の利点は，Xが強い外生で，変形後の誤差項$\widetilde{u}_t$が均一分散であるとき，少なくとも大標本において，線形推定量のなかで最も効率的となる点です．この点を理解するために，まず実行不可能なGLS推定量を考えましょう．いま$\widetilde{u}_t$が均一分散，ϕ_1が既知で（その結果，$\widetilde{X}_t$と$\widetilde{Y}_t$はあたかも観察された変数のように取り扱われます），そしてX_tが強い外生であるとします．このとき，ガウス・マルコフの定理から，(15.23)式の$\alpha_0, \beta_1, \beta_2$のOLS推定量は，線形かつ条件付不偏であるすべての推定量のなかで最も効率的です．言い換えると，(15.23)式の係数のOLS推定量は最良な線形不偏推定量（best linear unbiased estimator, BLUE, 5.5節参照）となります．(15.23)式のOLS推定量は実行不可能な推定量なので，これは実行不可能なGLS推定量がBLUEであることを意味します．実行可能なGLS推定量は，ϕ_1が推定されるという点を除けば，実行不可能なGLS推定量と同じです．ϕ_1の推定量は一致性を持ち，その分散はTの逆数と比例関係にあるので，実行可能GLSと実行不可能GLSは大標本ではともに同じ分散を持ちます．この意味で，もしX_tが強い外生である場合，実行可能GLSは大標本においてBLUEです．特に，X_tが強い外生であるとき，GLSは15.3節の分布ラグ係数のOLS推定量よりも効率的です．

　コクレン・オーカット法，そして繰り返しコクレン・オーカット法は，GLS推定の特別ケースです．一般にGLS推定は，回帰モデルを変形して，誤差項は均一分散で系列相関はゼロの形にします．そして，変形された回帰モデルの係数をOLSで推定します．一般にGLS推定量は，Xが強い意味の外生である場合，一致性を持ち，BLUEです．しかし，Xが単に（過去と現在の）外生である場合には，一致性は保証されません．GLSに関する計算には行列が必要となることから，その説明は18.6節にて行います．

追加ラグとAR(p)誤差項を持つ分布ラグモデル

　上記の議論は，(15.18)式と(15.19)式に基づく分布ラグモデル，すなわちX_tのラグが1つで誤差項がAR(1)の場合でしたが，それは一般的な複数のラグで誤差項がAR(p)の分布ラグモデルにも当てはまります．

自己回帰モデルの誤差項を持つ一般的な分布ラグモデル　r期ラグとAR(p)誤差項を持つ一般的な分布ラグモデルは，

$$Y_t = \beta_0 + \beta_1 X_t + \beta_2 X_{t-1} + \cdots + \beta_{r+1} X_{t-r} + u_t, \tag{15.30}$$

$$u_t = \phi_1 u_{t-1} + \phi_2 u_{t-2} + \cdots + \phi_p u_{t-p} + \widetilde{u}_t. \tag{15.31}$$

ここで$\beta_1, \ldots, \beta_{r+1}$は動学乗数，$\phi_1, \ldots, \phi_p$は誤差項の自己回帰係数です．誤差項がAR($p$)

モデルに従うので，$\widetilde{u}_t$ には系列相関はありません．

(15.21) 式の ADL モデルを導出したのと同じような計算から，(15.30) 式と (15.31) 式に基づき Y_t は次のような ADL 表現で書き表せます．すなわち，

$$Y_t = \alpha_0 + \phi_1 Y_{t-1} + \cdots + \phi_p Y_{t-p} + \delta_0 X_t + \delta_1 X_{t-1} + \cdots + \delta_q X_{t-q} + \widetilde{u}_t. \tag{15.32}$$

ここで $q = r + p$，また $\delta_0, \ldots, \delta_q$ は，(15.30) 式と (15.31) 式の係数 β と係数 ϕ の関数です．同じく，(15.30) 式と (15.31) 式から，次のような擬似的階差モデルでも表現できます．すなわち，

$$\widetilde{Y}_t = \alpha_0 + \beta_1 \widetilde{X}_t + \beta_2 \widetilde{X}_{t-1} + \cdots + \beta_{r+1} \widetilde{X}_{t-r} + \widetilde{u}_t. \tag{15.33}$$

ここで $\widetilde{Y}_t = Y_t - \phi_1 Y_{t-1} - \cdots - \phi_p Y_{t-p}$，$\widetilde{X}_t = X_t - \phi_1 X_{t-1} - \cdots - \phi_p X_{t-p}$ です．

ADL 係数の推定に関する条件　前述した ADL 係数の一致推定に関する議論（誤差項は AR(1) ケース）は，誤差項が AR(p) の一般モデルにも拡張されます．(15.33) 式における条件付平均ゼロの仮定は，

$$E(\widetilde{u}_t | \widetilde{X}_t, \widetilde{X}_{t-1}, \ldots) = 0 \tag{15.34}$$

と表されます．$\widetilde{u}_t = u_t - \phi_1 u_{t-1} - \cdots - \phi_p u_{t-p}$，$\widetilde{X}_t = X_t - \phi_1 X_{t-1} - \cdots - \phi_p X_{t-p}$ なので，この条件は下記の表現と同じです．すなわち，

$$E(u_t | X_t, X_{t-1}, \ldots) - \phi_1 E(u_{t-1} | X_t, X_{t-1}, \ldots) - \cdots - \phi_p E(u_{t-p} | X_t, X_{t-1}, \ldots) = 0. \tag{15.35}$$

(15.35) 式が $\phi_1, \ldots, \phi_p$ の一般的な値について成り立つためには，それぞれの条件付期待値がゼロでなければなりません．その結果，

$$E(u_t | X_{t+p}, X_{t+p-1}, X_{t+p-2}, \ldots) = 0 \tag{15.36}$$

が得られます．

この条件は，X_t が（過去と現在の）外生であるだけでは導かれず，X_t は強い外生でなければなりません．実際，もし p が無限大となる極限では（つまり，分布ラグモデルの誤差項が無限大の次数の自己回帰モデルに従うとき），(15.36) 式の条件は，基本概念 15.1 で述べた強い外生性の条件にほかなりません．

ADL モデルの OLS 推定　1 期ラグと AR(1) 誤差項の分布ラグモデルと同様に，動学乗数の値は，(15.32) 式の ADL 係数の OLS 推定量により計算できます．一般的な公式は，(15.29) 式に類似した，しかしより複雑な表現となり，ラグオペレータを使うことでうまく表現されます．その公式の詳細は，付論 15.2 で説明します．実際の応用では，時系列回帰分析用の統計ソフトが公式を計算してくれます．

基本概念 15.4　説明変数が強い外生である場合の動学乗数の推定

r 期ラグと AR(p) 誤差項を持つ一般的な分布ラグモデルは

$$Y_t = \beta_0 + \beta_1 X_t + \beta_2 X_{t-1} + \cdots + \beta_{r+1} X_{t-r} + u_t, \tag{15.37}$$

$$u_t = \phi_1 u_{t-1} + \phi_2 u_{t-2} + \cdots + \phi_p u_{t-p} + \widetilde{u}_t \tag{15.38}$$

と表される．X_t が強い外生ならば，動学乗数 $\beta_1, \ldots, \beta_{r+1}$ は次の手続きから推定できる．まず次の ADL モデルの係数を OLS 推定から求める：

$$Y_t = \alpha_0 + \phi_1 Y_{t-1} + \cdots + \phi_p Y_{t-p}$$
$$+ \delta_0 X_t + \delta_1 X_{t-1} + \cdots + \delta_q X_{t-q} + \widetilde{u}_t. \tag{15.39}$$

ここで $q = r + p$．そして，次に回帰分析ソフトを使って動学乗数を計算する．別のアプローチとしては，動学乗数は，(15.37) 式の分布ラグの係数を GLS 推定することで求められる．

GLS 推定　　別のアプローチとして，動学乗数は（実行可能な）GLS により推定されます．そのためには，推定された擬似的な階差を使って，(15.33) 式の擬似的階差モデルの係数を OLS で推定します．その推定された擬似的な階差は，AR(1) の場合と同様に，自己回帰の係数 $\phi_1, \ldots, \phi_p$ の予備的な推定値を使って計算されます．GLS 推定量は漸近的に BLUE で，それは前述の AR(1) ケースで議論したのと同じ意味において成り立ちます．

強い外生性の下，動学乗数の推定方法は，基本概念 15.4 に要約されます．

OLS と GLS：どちらを使うべきか？　　2 つの推定アプローチ，すなわち ADL 係数の OLS 推定と分布ラグ係数の GLS 推定には，それぞれメリットとデメリットがあります．

ADL アプローチの優れたところは，動学乗数の推定に必要なパラメータ数を，分布ラグの OLS 推定に比べて，減らすことができるという点です．たとえば (15.27) 式のような推定される ADL モデルは，(15.29) 式のように無限のラグを持つ分布ラグモデルに変換されます．分布ラグの r 期ラグという設定は，より長いラグを持つ分布ラグモデルの近似であることから考えても，ADL モデルに基づくアプローチは，より長期のラグを 2〜3 個程度の未知係数で推定する簡便な方法といえます．したがって，実際の応用では，分布ラグの OLS 推定で必要な r 期ラグよりもはるかに少ないラグ次数 p と q で，(15.39) 式の ADL モデルを推定できます．換言すると，ADL 表現は，長い複雑な分布ラグをコンパクトに節約して要約したものといえます（付論 15.2 の追加的な議論を参照）．

GLS 推定の長所は，分布ラグモデルのラグ次数 r が所与の下，分布ラグ係数の GLS

推定は OLS 推定よりも，少なくとも大標本において，効率的だという点です．その上で，実際には ADL 表現の方が GLS よりも少ないパラメータ数で推定を可能にするので，ADL アプローチのメリットが勝ると考えられます．

15.6 オレンジジュース価格と寒波

この節では，時系列回帰の分析ツールを使って，フロリダ州の気温とオレンジジュース価格データから追加的な知見を引き出そうと試みます．第 1 に，氷点下の気温が価格に及ぼす影響はどの程度長く持続するのか？ 第 2 に，動学的な効果はデータのある 51 年間を通して安定的だったのか，それとも変化があったのか？ もし変化したのなら，それはどのように変化したのか？

ここではまず，15.3 節の手法，すなわち分布ラグ係数の OLS 推定により動学的な因果関係の効果を推定します．ここで推定式は，価格のパーセント変化（$\%ChgP_t$）を，氷点下気温日数（FDD_t）とそのラグ項で回帰します．分布ラグの OLS 推定量が一致性を持つためには，FDD は（過去と現在の）外生でなければなりません．15.2 節で議論したように，その仮定は妥当なものといえます．人間は天候に影響を及ぼすことができないため，天気を実験によりランダムに割り当てられたものと見なすことは適当でしょう．FDD は外生なので，(15.4) 式の分布ラグモデルの係数を OLS 推定し，動学的な因果関係の効果を推定できます（基本概念 15.1）．

15.3 節と 15.4 節で述べたように，分布ラグ回帰の誤差項は系列相関を持つ可能性があります．したがって HAC 標準誤差を使って，系列相関を調整することが重要です．最初の推定結果を得るため，Newey-West 標準誤差のトランケーション・パラメータ（15.4 節の記号では m）を (15.17) 式のルールを使って選択します．いま 612 ヶ月分の観測値があるので，そのルールから，$m = 0.75T^{1/3} = 0.75 \times 612^{1/3} = 6.37$．しかし m は整数なので，端数を丸めて $m = 7$ とします．このトランケーション・パラメータを変化させたときの結果への影響（sensitivity）については，後ほど検証します．

分布ラグ回帰の推定結果，すなわち $\%ChgP_t$ を $FDD_t, FDD_{t-1}, \ldots, FDD_{t-18}$ で回帰した OLS 推定の結果は，表 15.1 の (1) 列にまとめられています．この回帰式の係数（表では部分的にのみ報告）は，ある月に氷点下の気温日数が 1 単位増えたとき，それから 18 ヶ月間，オレンジジュース価格の変化（%）に対してどれほどの動学的な因果関係の効果を及ぼしたかを表しています．たとえば，氷点下気温日数が 1 上昇したことで，同じ月の価格は 0.50% 上昇します．そして，その後の価格への影響はより小さく，1 ヶ月後の効果は価格がさらに 0.17% 上昇，2 ヵ月後の効果は追加的に 0.07% 上昇といった具合です．この回帰による R^2 が 0.12 で，オレンジジュース価格の毎月の変動は，現在と過去の FDD ではあまり説明されていないことを示唆しています．

動学乗数を図で表すと，表 15.1 のような表と比べて情報をより効果的に伝えられま

表 15.1 氷点下気温日数（FDD）のオレンジジュース価格への動学効果：推定された動学乗数と累積的な動学乗数

ラグ次数	(1) 動学乗数	(2) 累積的な乗数	(3) 累積的な乗数	(4) 累積的な乗数
0	0.50 (0.14)	0.50 (0.14)	0.50 (0.14)	0.51 (0.15)
1	0.17 (0.09)	0.67 (0.14)	0.67 (0.13)	0.70 (0.15)
2	0.07 (0.06)	0.74 (0.17)	0.74 (0.16)	0.76 (0.18)
3	0.07 (0.04)	0.81 (0.18)	0.81 (0.18)	0.84 (0.19)
4	0.02 (0.03)	0.84 (0.19)	0.84 (0.19)	0.87 (0.20)
5	0.03 (0.03)	0.87 (0.19)	0.87 (0.19)	0.89 (0.20)
6 ． ． ．	0.03 (0.05)	0.90 (0.20)	0.90 (0.21)	0.91 (0.21)
12 ． ． ．	−0.14 (0.08)	0.54 (0.27)	0.54 (0.28)	0.54 (0.28)
18	0.00 (0.02)	0.37 (0.30)	0.37 (0.31)	0.37 (0.30)
月次ダミーの有無	なし	なし	なし	あり $F = 1.01$ ($p = 0.43$)
HAC 標準誤差の トランケーション・パラメーター (m)	7	7	14	7

注：すべての回帰は，1950 年 1 月から 2000 年 12 月までの月次データ（合計で $T = 612$ の観測値，詳細は付論 15.1）を使って，OLS により推定されている．被説明変数はオレンジジュース価格の前月比変化率（%$ChgPt$）．(1) 列は分布ラグ回帰モデルで，説明変数は当月の氷点下気温日数とその 18 期ラグ，つまり $FDD_t, FDD_{t-1}, \ldots, FDD_{t-18}$．報告される係数は動学乗数の OLS 推定値．累積的な乗数とは，推定された動学乗数を累積的に足し合わせた値．ここでは報告されないが，すべての回帰式に定数項は含まれる．カッコ内には Newey-West HAC 標準誤差（トランケーション・パラメーターの値は最下段）が示されている．

す．表 15.1 の (1) 列に示された動学乗数は，95% の信頼区間とともに，図 15.2(a) に示されています．ここで信頼区間は，推定された係数 ±1.96HAC 標準誤差で求められます．当初は顕著な価格上昇が見られますが，その後の価格上昇はより小さくなります．もっとも寒波が発生して最初の 6 ヶ月はわずかながら価格は上昇すると推定されています．図 15.2(a) に見られるように，最初の月以外は，動学乗数は 5% 有意水準で統計的に有意にゼロとは異なりません．ただし当初 7 ヶ月はプラスの動学乗数が推定されています．

表 15.1 の (2) 列には累積的な動学乗数，この場合には (1) 列で報告された毎月の動学乗

図 15.2 氷点下気温日数（FDD）がオレンジジュース価格へ及ぼす動学的な効果

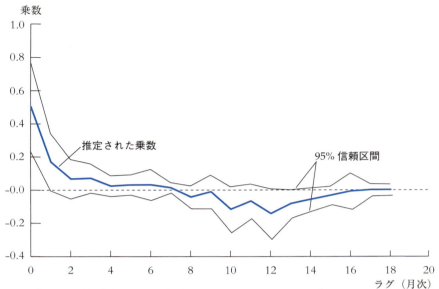

(a) 推定された動学乗数と95%信頼区間

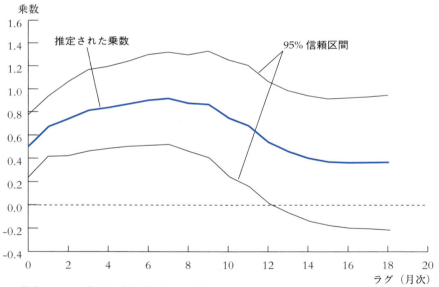

(b) 推定された累積的な動学乗数と95%信頼区間

推定された動学乗数は，氷点下の気温により直ちに価格が上昇することを示している．将来の価格上昇の効果は当初の効果と比べると非常に小さい．一方，累積的な動学乗数を見ると，氷点下の気温はオレンジジュース価格の水準に対して持続的な効果を及ぼしており，気温零下となって7ヶ月後に価格上昇がピークとなる．

数を累積した和が表されています．これら累積的な動学乗数は，95%の信頼区間とともに，図15.2(b)に示されています．氷点下の気温日数が1増えることの1ヵ月後の累積効果は価格が0.67%上昇，2ヵ月後では価格は0.74%上昇，そして6ヶ月後には価格は0.90%上昇と推定されました．図15.2(b)が示すとおり，これらの累積効果は初めの7ヶ月間増大すると推定されています．8ヶ月後には動学乗数の値はマイナスとなり，オレンジジュース価格の累積効果はピークから徐々に下落しはじめます．そして18ヶ月後には，累積的な価格上昇幅は0.37%に縮小し，長期的な累積の動学効果は0.37%と示唆されます．この長期の累積効果は，10%有意水準の下，統計的に有意にゼロから離れていません（$t = 0.37/0.30 = 1.23$）．

頑健性の検討　どの実証分析でもそうですが，大切なのは，これらの結果が実証分析の詳細を少し変更することで影響を受けないか確認することです（結果のsensitivityもしくは「頑健性」の検討）．ここでは本分析の頑健性を3つの側面から検討します．HAC標準誤差の特定化，潜在的な除外された変数バイアスを考慮する他のモデル，推定された動学乗数の時間を通じた安定性の分析です．

　はじめに，表15.1の(2)列にある標準誤差がHACトランケーション・パラメーターmの選択に依存するかどうかを調べます．(3)列には，$m = 14$，つまり(2)列とは倍の値を使ったときの結果が示されています．回帰モデル自体は(2)列と同じなので，推定された係数および動学乗数は同一です．つまり標準誤差だけ異なるのですが，しかし大きくは変わっていません．したがって，HACトランケーション・パラメーターの変化には影響を受けないと結論できます．

　次に，除外された変数バイアスの要因について検討します．フロリダの寒波は1年を通じてランダムに割り当てられるというより，（もちろんですが）冬に発生します．もしオレンジジュースへの需要に季節性がある（たとえば夏より冬に需要がより増える？）のなら，オレンジジュース需要の季節変動がFDDと相関し，それが除外された変数バイアスをもたらすかもしれません．ここでジュース用に販売されるオレンジの数量は内生的です．というのは，価格と数量は需要と供給の両方の要因から同時に決定されるからです．したがって，9.2節で議論したように，数量を説明変数に含めることは同時性バイアスにつながる可能性があります．それでもなお，需要の季節変動は，季節性を持つ変数を加えることで捉えられるでしょう．そこで表15.1の(4)列の推定には，各月を表す11個の$(0,1)$変数，すなわち1月に1を取るダミー変数，2月に1を取るダミー変数といった変数が含まれます（いつもと同じく，定数項との完全な多重共線性を防ぐために，$(0,1)$変数は1つ除かれます）．これら各月を表すダミー変数について，すべての係数に関する結合テストで有意性を検証した結果，10%水準で有意ではありません（p値 = 0.43）．そして推定された累積的な動学乗数は，ダミー変数なしの場合とほとんど変わりません．以上をまとめると，需要の季節的な変動は，除外された変数バイアスの重要な要因ではないこ

とがわかります．

動学乗数は時間を通じて安定的か？ 動学乗数の安定性を評価するため，分布ラグの係数が時間を通じて一定かどうかチェックする必要があります．いま構造変化の時期について特に候補はないので，クウォント尤度比（Quandt Likelihood Ratio, QLR）統計量を使って回帰係数の変化についてテストします（基本概念14.9）．QLR統計量（サンプルの両端15%をカットし，HAC分散推定量を用いる）を，(1)列のモデルのすべての係数に関して計算したところ，$q = 20$ の自由度（FDD_t とその18期のラグ，そして定数項）で値は21.19です．表14.6の1%有意水準は2.43なので，QLR統計量は1%水準で（安定的とする帰無仮説を）棄却します．このQLR回帰式は合計40個もの数多くの説明変数を含むため，ラグを6期までとして再計算しました（説明変数の数は16，$q = 8$）．しかし帰無仮説は同じく1%水準で棄却されました．

動学乗数は時間を通じてどう変化するのか．それを理解する1つの方法は，全サンプルを異なる期間に分けて動学乗数を推定することです．いま期間を3つに分けて，最初の3分の1（1950-1966年），次の3分の1（1967-1983年），最後の3分の1（1984-2000年）の各期間について累積的な動学乗数を個別に推定しました．その結果が図15.3に表示されています．その推定結果は興味深い明確なパターンを示しています．1950年代〜1960年代前半には，氷点下の気温は価格に対して大きくかつ持続的な効果を及ぼしていました．その効果の規模は1970年代に減少しましたが，非常に持続的という特徴は同じでした．それが1980年代後半から1990年代に入ると，短期的な効果は1970年代と同じですが，効果の持続性は顕著に弱まり，1年後の効果は事実上ゼロということがわかりました．これらの推定結果から，フロリダ州の寒波がオレンジジュース価格へ及ぼす動学的な因果関係の効果は，20世紀の後半以降，より小さく，持続性も低下したということを示唆しています．

ADLとGLS推定 15.5節で議論したように，分布ラグ回帰の誤差項に系列相関があり，FDD が強い外生であれば，動学乗数はOLS推定よりも効率的に推定できます．しかしGLSかADLモデルかの議論の前に，FDD が本当に強い意味の外生かどうか検討する必要があります．人間は天候に影響を及ぼしえないことは事実ですが，しかし天候は本当に強い外生なのでしょうか？ 分布ラグモデルの誤差項は，過去，現在そして将来の FDD の値を所与とした条件付平均ゼロといえるのでしょうか？

表15.1，(1)列の母集団分布ラグモデルの誤差項は，過去18ヶ月の天候から予測される母集団での予想値と現実値の差です．この差は多くの理由から発生しますが，その1つは，市場参加者がオーランドの天候を予想するという場合です．たとえば，特に寒い冬が予想されるとき，市場参加者はその予想が及ぼす価格への影響を考慮し，その結果，価格は母集団回帰式の予測値よりも上昇するでしょう．つまり，誤差項は正となります．も

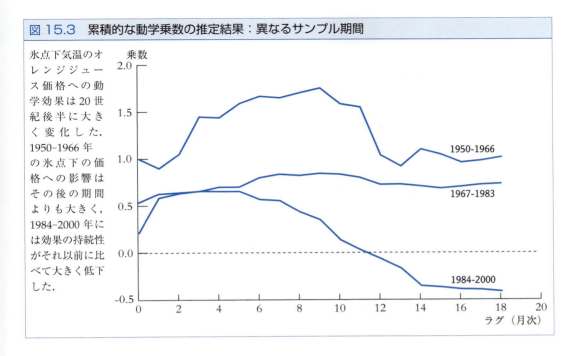

図 15.3 累積的な動学乗数の推定結果：異なるサンプル期間

氷点下気温のオレンジジュース価格への動学効果は 20 世紀後半に大きく変化した．1950–1966 年の氷点下の価格への影響はその後の期間よりも大きく，1984–2000 年には効果の持続性がそれ以前に比べて大きく低下した．

しこの予測が正確ならば，実際に将来寒波が訪れます．このように，現在の価格がいつも以上に高いと（$u_t > 0$），将来の氷点下気温日数はプラス（$X_{t+1} > 0$）となり，その結果 $\text{corr}(X_{t+1}, u_t)$ は正となります．より単純に述べると，オレンジジュース市場のトレーダーは天候に影響を及ぼすことはできませんが，将来の天候を予測することは可能です（ボックスを参照）．その結果，価格を天気で回帰する際の誤差項は将来の天候と相関するかもしれません．言い換えれば，FDD は外生ですが，しかしもしこのロジックが真実なら，強い外生ではありません．その結果，GLS 推定も ADL 推定も動学乗数の一致推定量とはならず，ここでの検証には使えなくなります．

15.7 外生性の仮定は妥当か？いくつかの具体例

クロスセクション・データの回帰と同じく，分布ラグモデルの係数を動学的な因果関係の効果と解釈するには，X が外生という仮定に依存します．もし X_t もしくはそのラグが u_t と相関するならば，u_t の条件付平均は X_t とそのラグに依存することになり，そのとき X は（過去と現在の）外生ではありません．説明変数と誤差項の相関には，さまざまな理由が考えられます．しかし時系列データの場合に特に重要なのは，双方向の因果関係の問題です．そのとき説明変数は，（9.2 節や 12.1 節で議論したように）内生となります．15.6 節では，氷点下気温日数について外生性と強い外生性の仮定が成り立つのか詳細に議論しました．この節では，経済学の別の 4 つの例を使って，外生性の仮定を検討します．

BOX：ニュースフラッシュ：商品トレーダーがディズニーワールドで身震い

　フロリダ州オーランドのディズニーワールドは，通常なら気候は快適ですが，ごくたまに寒波に襲われるときがあります．もし冬の晩にディズニーワールドを訪問するなら，あなたなら厚手のコートを持っていくでしょうか？　普通であれば，テレビの天気予報をチェックするでしょう．しかし事情をよく知る人にはもっと良い方法があります．それは，ニューヨークのオレンジジュース先物市場の終値をチェックすることです！

　金融エコノミストのRichard Rollは，オレンジジュース価格と天候の関係について詳細な分析を行いました．Roll（1984）はオーランドの寒波が価格へ及ぼす影響を調べました．しかし彼はまた，オレンジジュース先物契約（冷凍濃縮オレンジジュースを将来のある時点で購入する契約）の価格変化が天候へ及ぼす「効果」も調べたのです．Rollが使ったデータは，ニューヨーク綿花取引所で取引されるオレンジジュース先物契約の価格，そしてオーランドの昼間と夜間の気温，それぞれの1975年から1981年までの日次データです．彼が見つけたのは，特に真冬の時期，ニューヨークの取引時間中に先物契約価格が上昇すると，オーランドの翌日は気温低下を予測するという関係です．実際，その先物市場がもたらすフロリダ寒波の予測は非常に有効で，取引時間中の価格上昇は，米国政府公式のその日の夜の天気予報の誤りを言い当ててしまうほどだったのです．

　Rollの研究は，彼が何を見出さなかったのかという点でも興味深いものです．彼の詳細な気温データは，オレンジジュース先物契約価格の日々の変化をある程度は説明しましたが，しかし先物価格の多くの部分が説明されないままになっています．彼がそこで示唆したのは，オレンジジュース先物価格は，「過度に変動が激しい（excess volatility）」，すなわちオレンジジュース先物価格について，その基礎的条件（ファンダメンタルズ）の変化が説明するよりも変動が大きくなるという点です．金融市場において過度の変動がなぜ発生したのか理解することは，金融分野の非常に重要な研究課題です．

　また，Rollの実証結果は，予測することと因果関係の効果を推定することは別ものだということも例示しています．オレンジジュース先物の価格変化は寒波を予測するうえで有用です．しかし，だからといって商品市場のトレーダーたちにパワーがあって，気温低下を実際引き起こせるわけではありません．ディズニーワールドを訪れる客は，オレンジジュース先物価格が上昇すると寒波に震えるかもしれません．しかし，先物価格の上昇が理由で震えているわけではないのです．もちろん，彼らが先物市場で売り持ちポジションを持っていなければの話ですが．

アメリカの所得とオーストラリアの輸出

オーストラリアにとってアメリカは，重要な輸出相手国です．オーストラリアの輸出がアメリカの総所得の変動にどれほど敏感に反応するかは，オーストラリアの米国向け輸出を米国の所得で回帰すれば検証できます．厳密に言えば，世界経済は統合しているので，その関係には同時双方向の因果関係の問題が発生します．すなわち，豪州の輸出が減少すると豪州の所得は減少し，アメリカからの輸出品に対する需要を減らすので，アメリカの所得も減少します．しかし現実的には，オーストラリア経済は米国経済に比べてはるかに小さいので，この効果は非常に小さいものです．したがって，この回帰において米国の所得は外生とみなすことができるでしょう．

これに対して，欧州連合（EU）の米国向け輸出を米国所得で回帰する場合には，米国所得を外生とみなすことは説得的ではありません．なぜならEUの人々の米国からの輸出品に対する需要は，米国輸出全体の中で大きな割合を占めるからです．したがって，EUから米国向け輸出の減少はEU所得を減らし，EUの米国からの輸出品に対する需要を減らし，その結果，米国の所得も減少します．国際貿易を通じたこれらのリンクはEUの対米輸出と米国所得は同時に決定され，その結果，この回帰式の米国所得は外生ではないと考えられます．以上の例は，ある変数が外生かどうかは問題の背景や状況に依存するという一般的なポイントを示しています．米国所得はオーストラリアの輸出を説明する場合にはおそらく外生ですが，しかし欧州の輸出を説明する場合には外生ではないでしょう．

石油価格とインフレーション

1970年代の石油価格の高騰以来，マクロ経済学者は，原油価格がインフレ率へ与える動学的な効果に強い関心を抱いてきました．石油価格は世界市場において主に産油国の生産動向を反映して決定されるため，石油価格は外生という印象があるかもしれません．しかし石油価格は天候と同じではありません．OPECメンバー国は，世界経済の動向など多くの要因を考慮に入れならが，石油生産量を戦略的に設定します．石油価格（および数量）が米国のインフレ率なども含め世界経済の動向に依存して設定される限り，石油価格は内生的なのです．

金融政策とインフレーション

金融政策の舵取りを行う中央銀行は，金融政策がインフレ率へ及ぼす影響について理解する必要があります．金融政策の主要な政策ツールは短期金利なので，中央銀行は，短期金利変化のインフレ率へ及ぼす動学的な因果関係の効果を知らなければなりません．短期金利は中央銀行によって決定されますが，それは（無作為に割り当てられた理想的な

実験のように）ランダムに設定されるわけではなく，むしろ内生的に設定されます．中央銀行は，現在と将来の経済動向の評価，とりわけインフレ見通しなどに基づき，短期金利を決定するのです．短期金利はインフレ率に影響を与えます（金利の上昇は総需要を減少させ，物価に影響を及ぼします）が，短期金利はインフレ率の現在，過去，そして将来の（予想）値に依存します．このように短期金利は内生的であり，短期金利の変化が将来のインフレ率に及ぼす動学的な因果関係の効果を OLS で——つまりインフレ率を現在と過去の短期金利で説明する OLS 回帰で——推定しようとしても，一致性は満たされません．

フィリップス曲線

第 14 章で検討したフィリップス曲線は，インフレ率の変化をインフレ率変化のラグと失業率のラグで回帰するというモデルでした．失業率のラグは過去の値なので，現在のインフレ率の影響は過去の失業率へフィードバックしない，したがって過去の失業率は外生的であると思われるかもしれません．しかし，過去の失業率は実験によってランダムに割り当てられたものではなく，むしろ過去のインフレ率と同時に決定されたものです．インフレ率と失業率が同時に決定されるので，誤差項 u_t に含まれるインフレ率を決定する他の要因は失業率の過去の値と相関がある，つまり失業率は外生ではない可能性があるのです．その場合，失業率は強い意味の外生でもないため，失業率変化がインフレ率へ及ぼす動学的な因果関係の効果を推定する際，フィリップス曲線の実証モデル（たとえば (14.17) 式のような ADL モデル）に基づく動学乗数の推定値は一致性を持ちません．

15.8　結論

時系列データがあれば，X の変化が Y へ及ぼす効果の時間を通じた推移，すなわち X 変化の Y へ及ぼす動学的な因果関係の効果を推定することができます．しかし，分布ラグ回帰を使って動学的な因果関係の効果を推定するためには，X は外生でなければなりません．つまり，その値は理想的な無作為実験のようにランダムに決定されている必要があります．もし X が単に外生ではなく強い外生であれば，動学的な因果関係の効果は自己回帰・分布ラグモデルもしくは GLS により推定できます．

いくつかの応用例では，たとえばフロリダ州の寒波がオレンジジュース価格へ及ぼす動学的な効果を推定する際のように，説明変数（氷点下気温日数）は外生であると納得できるケースがあります．そのときは，分布ラグモデルの係数を OLS 推定することにより，動学的な因果関係の効果を推定できます．しかしその例においても，経済理論から，天候は強い意味の外生ではないかもしれず，だとすれば ADL や GLS 推定は使えません．さらに，計量経済学の研究者にとって関心の高い多くの関係式では，双方向の因果関係が考えられ，その場合説明変数は外生でも強い外生でもありません．説明変数が外生（もしく

は強い外生）かどうか確かめるには，結局のところ，経済理論，制度的な知識，注意深い判断のすべてを組み合わせることが必要なのです．

要約

1. 時系列データにおける動学的な因果関係は，ランダムな実験の文脈で定義される．そこでは，同じ主体に対してランダムに割り当てられた異なる処置が異なる時点で施される．Y を X とそのラグで説明する分布ラグ回帰モデルにおいて，変数 X の時間的な推移がランダムに決定され，Y に影響を及ぼす他の要因とは独立して決定されるときに，モデルの係数は動学的な因果関係の効果として解釈できる．
2. 変数 X が（過去と現在の）外生であるとは次のような状況をさす．すなわち，Y を X とそのラグで説明する分布ラグ回帰モデルにおいて，誤差項 u_t の条件付平均が，X の現在と過去の値に依存しないとき，X は外生と定義される．もし，それに加えて，u_t の条件付平均が X の将来の値にも依存しないとき，X は強い意味での外生となる．
3. X が外生であるとき，Y を X とそのラグで説明する分布ラグ回帰モデルにおいて係数の OLS 推定量は，動学的な因果関係の効果の一致推定量となる．一般に，回帰モデルの誤差項 u_t に系列相関が存在するとき，通常の標準誤差は誤りであり，代わりに HAC 標準誤差を用いなければならない．
4. X が強い意味で外生的であるとき，動学的な乗数効果は，自己回帰・分布ラグ（ADL）モデルの OLS，あるいは GLS によって推定できる．
5. 外生性は強い仮定である．経済の時系列データでは，変数間に双方向の因果関係があるため，満たされないことが多い．強い意味での外生性はさらに強い仮定である．

キーワード

動学的な因果関係の効果 [dynamic causal effect] 527
分布ラグモデル [distributed lag model] 532
外生性 [exogeneity]（過去と現在の外生性 [past and present exogeneity]） 534
強い外生性 [strict exogeneity]（過去，現在そして将来の外生性 [past, present, and future exogeneity]） 534
動学乗数 [dynamic multiplier] 537
インパクト効果 [impact effect] 538
累積的な動学乗数 [cumulative dynamic multiplier] 538
長期の累積的な動学乗数 [long-run cumulative dynamic multiplier] 538
不均一分散・自己相関を考慮した（HAC）標準誤差 [heteroscedasticity- and autocorrelation-consistent〈HAC〉standard error] 541
トランケーション・パラメター [truncation parameter] 542
Newey-West の分散推定量 [Newey-West variance estimator] 542
一般化最小二乗法（GLS）[generalized least

squares] 544
擬似的階差 [quasi-difference] 545
実行不可能な GLS 推定量 [infeasible GLS estimator] 548
実行可能な GLS 推定量 [feasible GLS estimator] 548

練習問題

15.1 石油価格の上昇は，先進国の景気後退をもたらす原因として批判されてきました．研究者たちは，実体経済活動に対する石油価格の効果を定量的に議論するために，この章で議論したような回帰分析を行ってきました．GDP_t を米国 GDP（国内総生産）の四半期の値とし，$Y_t = 100\ln(GDP_t/GDP_{t-1})$ を GDP の四半期パーセント変化であるとします．計量経済学者でありマクロ経済学者である James Hamilton は，石油価格が直近のピーク値以上に上昇したときに限り，経済に対して悪影響を及ぼすということを主張してきました．具体的には，O_t を 0，もしくは t 期の石油価格とその期より過去 1 年間での最大値との差（パーセントポイント），いずれか大きいほうの値であるとします．1955:I–2000:IV の期間について，Y_t と O_t を関連付ける分布ラグ回帰を推定した結果，以下のようになりました：

$$\hat{Y}_t = 1.0 - 0.055\,O_t - 0.026\,O_{t-1} - 0.031\,O_{t-2} - 0.109\,O_{t-3} - 0.128\,O_{t-4}$$
$$\phantom{\hat{Y}_t = }(0.1)\ \ (0.054)\ \ \ \ \ (0.057)\ \ \ \ \ (0.048)\ \ \ \ \ (0.042)\ \ \ \ \ (0.053)$$
$$+\,0.008\,O_{t-5} + 0.025\,O_{t-6} - 0.019\,O_{t-7} + 0.067\,O_{t-8}.$$
$$(0.025)\ \ \ \ \ \ (0.048)\ \ \ \ \ \ (0.039)\ \ \ \ \ \ (0.042)$$

a. いま石油価格が過去 1 年間のピーク値以上に 25% 上昇し，それ以降その新しい高値にとどまるとします（つまり $O_t = 25$ で，$O_{t+1} = O_{t+2} = \cdots = 0$）．向こう 2 年間における各四半期の GDP 成長率への効果の予測値はどのような大きさになりますか．

b. (a) の答えに関する 95% 信頼区間を求めなさい．

c. 8 四半期の間に累積される GDP 成長率の変化の予測値はどのような大きさになりますか．

d. O_t とそのラグ値の係数がゼロかどうかをテストする HAC F 統計量を計算したところ，3.49 でした．それらの係数は統計的にゼロと異なるでしょうか．

15.2 マクロ経済学者は，石油価格が上昇するとその後金利が変化することにも気づいています．R_t を 3 か月物の短期国債金利（年率，パーセントポイント）とします．1955:I–2000:IV の期間について，R_t の変化（ΔR_t）と O_t とを関連付ける分布ラグ回帰式を推定した結果，以下のようになりました：

$$\widehat{\Delta R_t} = 0.07 + 0.062\,O_t + 0.048\,O_{t-1} - 0.014\,O_{t-2} - 0.086\,O_{t-3} - 0.000\,O_{t-4}$$
$$\phantom{\widehat{\Delta R_t} = }(0.06)\ \ (0.045)\ \ \ \ \ (0.034)\ \ \ \ \ (0.028)\ \ \ \ \ (0.169)\ \ \ \ \ (0.058)$$
$$+\,0.023\,O_{t-5} - 0.010\,O_{t-6} - 0.100\,O_{t-7} - 0.014\,O_{t-8}.$$
$$(0.065)\ \ \ \ \ \ (0.047)\ \ \ \ \ \ (0.038)\ \ \ \ \ \ (0.025)$$

a. いま石油価格が過去 1 年間のピーク値以上に 25% 上昇し，それ以降その新しい高値にとどまるとします（つまり $O_t = 25$ で，$O_{t+1} = O_{t+2} = \cdots = 0$）．向こう 2 年間における各四半期の金利変化の予測値はどのような大きさになりますか．

b. (a) の答えに関する 95% 信頼区間を求めなさい．

c. この石油価格変化が $t+8$ 期の金利水準に及ぼす効果はどのような大きさですか．あなたの答えは，累積的な動学乗数とどのような関係にありますか．

d. O_t とそのラグ値の係数がゼロかどうかをテストする HAC F 統計量を計算したところ，4.25 でした．それらの係数は統計的にゼロと異なるでしょうか．

15.3 無作為に行われた 2 つの実験について考えましょう．実験 A では，石油価格はランダムに設定され，中央銀行は，石油価格の変化も含め，経済状況に反応する通常の政策ルールに従って行動をします．実験 B では，石油価格はランダムに設定され，中央銀行は金利を固定し，特に石油価格の変化に反応しません．両方の実験において，GDP 成長率は観測されます．いま石油価格は，練習問題 15.1 の回帰において外生であるとします．練習問題 15.1 で推定された動学的な因果関係の効果は，実験 A もしくは実験 B のどちらに対応しているでしょうか．

15.4 石油価格は強い外生であるとします．練習問題 15.1 で求めた動学乗数の推定値はどう改善できるか，議論しなさい．

15.5 (15.4) 式から (15.7) 式を導出し，$\delta_0 = \beta_0$，$\delta_1 = \beta_1$，$\delta_2 = \beta_1 + \beta_2$，$\delta_3 = \beta_1 + \beta_2 + \beta_3$ などについて示しなさい（ヒント：$X_t = \Delta X_t + \Delta X_{t-1} + \cdots + \Delta X_{t-p-1} + X_{t-p}$ となることに注意しなさい）．

15.6 回帰モデル $Y_t = \beta_0 + \beta_1 X_t + u_t$ を考えます．ここで u_t は定常 AR(1) モデル $u_t = \phi_1 u_{t-1} + \widetilde{u}_t$ に従い，$\widetilde{u}_t$ は平均 0 で分散が $\sigma_{\widetilde{u}}^2$ を持つ i.i.d.，そして $|\phi_1| < 1$ です．また，説明変数 X_t は定常 AR(1) モデル $X_t = \gamma_1 X_{t-1} + e_t$ に従い，e_t は平均 0 で分散 σ_e^2 を持つ i.i.d.，$|\gamma_1| < 1$ とします．そして，すべての t と i に関して，e_t は $\widetilde{u}_i$ と独立です．以下の問いに答えなさい．

a. $\mathrm{var}(u_t) = \dfrac{\sigma_{\widetilde{u}}^2}{1 - \phi_1^2}$，そして $\mathrm{var}(X_t) = \dfrac{\sigma_e^2}{1 - \gamma_1^2}$ であることを示しなさい．

b. $\mathrm{cov}(u_t, u_{t-j}) = \phi_1^j \mathrm{var}(u_t)$，そして $\mathrm{cov}(X_t, X_{t-j}) = \gamma_1^j \mathrm{var}(X_t)$ であることを示しなさい．

c. $\mathrm{corr}(u_t, u_{t-j}) = \phi_1^j$，そして $\mathrm{corr}(X_t, X_{t-j}) = \gamma_1^j$ であることを示しなさい．

d. (15.14) 式の 2 つの項 σ_v^2 と f_T について考えましょう．

　i. $\sigma_v^2 = \sigma_X^2 \sigma_u^2$ となることを示しなさい．ここで σ_X^2 は X の分散，σ_u^2 は u の分散です．

　ii. f_∞ の表現を導出しなさい．

15.7 回帰モデル $Y_t = \beta_0 + \beta_1 X_t + u_t$ について考えます．ここで u_t は定常 AR(1) モデル $u_t = \phi_1 u_{t-1} + \widetilde{u}_t$ に従い，$\widetilde{u}_t$ は平均 0 で分散が $\sigma_{\widetilde{u}}^2$ を持つ i.i.d，そして $|\phi_1| < 1$ です．

a. すべての t と j に関して，X_t は $\widetilde{u}_j$ と独立であるとします．X_t は外生（つまり過去と

現在の外生）でしょうか．X_t は強い外生（過去，現在，そして将来の外生）でしょうか．

b. $X_t = \widetilde{u}_{t+1}$ であるとします．X_t は外生でしょうか．X_t は強い外生でしょうか．

15.8 練習問題 15.7 で，$X_t = \widetilde{u}_{t+1}$ のモデルについて考えます．

a. β_1 の OLS 推定量は一致性を持つでしょうか．説明しなさい．

b. なぜ β_1 の GLS 推定量は一致性を持たないのか，説明しなさい．

c. 実行不可能な GLS 推定量は $\hat{\beta}_1^{GLS} \xrightarrow{p} \beta_1 - \dfrac{\phi_1}{1+\phi_1^2}$ となることを示しなさい．（ヒント：除外された変数の公式 (6.1) 式を疑似的な階差回帰式 (15.23) 式に適用したものを利用しなさい．）

15.9 「定数項のみ」の回帰式 $Y_t = \beta_0 + u_t$ を考えます．ここで u_t は定常 AR(1) モデル $u_t = \phi_1 u_{t-1} + \widetilde{u}_t$ に従い，$\widetilde{u}_t$ は平均 0 で分散が $\sigma_{\widetilde{u}}^2$ を持つ i.i.d.，そして $|\phi_1| < 1$ です．

a. OLS 推定量は $\hat{\beta}_0 = T^{-1} \sum_{t=1}^{T} Y_t$ となることを示しなさい．

b. （実行不可能な）GLS 推定量は $\hat{\beta}_0^{GLS} = (1-\phi_1)^{-1}(T-1)^{-1} \sum_{t=2}^{T-1} (Y_t - \phi_1 Y_{t-1})$ となることを示しなさい．（ヒント：β_0 の GLS 推定量は $(1-\phi_1)^{-1}$ に (15.23) 式の α_0 の OLS 推定量を掛けたものになります．なぜでしょうか．）

c. $\hat{\beta}_0^{GLS}$ は $\hat{\beta}_0^{GLS} = (T-1)^{-1} \sum_{t=2}^{T-1} Y_t + (1-\phi_1)^{-1}(T-1)^{-1}(Y_T - \phi_1 Y_1)$ と書き直せることを示しなさい．（ヒント：(b) の公式を修正してみましょう．）

d. 推定量の差 $\hat{\beta}_0 - \hat{\beta}_0^{GLS}$ を導出し，T が大きいとき，その差はなぜ小さくなるか議論しなさい．

15.10 ADL モデル $Y_t = 3.1 + 0.4Y_{t-1} + 2.0X_t - 0.8X_{t-1} + \widetilde{u}_t$ を考えます．ここで X_t は強い外生です．

a. X の Y に対するインパクト効果を求めなさい．

b. 最初の 5 期までの動学乗数を求めなさい．

c. 最初の 5 期までの累積的な動学乗数を求めなさい．

d. 長期の累積的な動学乗数を求めなさい．

実証練習問題

E15.1 この練習問題では，石油価格がマクロ経済活動へ及ぼす影響について推定します．用いるデータは，鉱工業生産（Industrial Production，IP）指数と，練習問題 15.1 で定義した O_t の月次指標です．これらのデータは，本書の補助教材にあるデータファイル USMacro_Monthly から利用可能です．

a. IP の月次成長率（パーセントポイント）を $ip\_growth_t = 100\ln(IP_t/IP_{t-1})$ とします．1952:1–2004:12 のサンプル期間について，ip_growth_t の平均と標準偏差はどのような値になりますか．

b. O_t の値をグラフに示しなさい．O_t の値は，なぜほとんどがゼロなのでしょうか．O_t

には，なぜ負の値がみられないのでしょうか．

c. ip_growth_t を O_t の現在値と 18 期までのラグで説明する分布ラグモデルを推定しなさい．HAC 推定のトランケーション・パラメター m としてどの値を用いましたか．それはなぜですか．

d. O_t に掛かる係数は，全体として，統計的に有意にゼロから異なりますか．

e. 図 15.2 のようなグラフを求め，推定された動学乗数，累積的な動学乗数，95% 信頼区間を示しなさい．現実社会での乗数の大きさについてコメントしなさい．

f. 米国での高い石油需要（ip_growth_t の高い値で示される）は石油価格の上昇につながるとします．O_t は外生的ですか．(e) のグラフで示された乗数の推定値は信頼できますか．説明しなさい．

E15.2 データファイル USMacro_Monthly には，米国の 2 つの総合物価指数データ，消費者物価指数（Consumer price index, CPI）と個人消費支出デフレータ（Personal Consumption Expenditure Deflator, PCED）が入っています．これらは共に米国の消費者物価を計る指標です．CPI は財のバスケットの価格を表すもので，その構成は 5-10 年ごとに更新されます．PCED は連鎖的なウエイトを使って財のバスケットの価格を表すもので，その構成は毎月変わります．経済学者によれば，CPI は相対価格が変化したときの人々の需要の変化（代替効果）を考慮しないため，物価上昇率を過大評価すると議論してきました．この代替効果のバイアスが大きければ，平均的な CPI インフレ率は PCED インフレ率よりもシステマティックに高くなるはずです．いま，$\pi_t^{CPI} = 1200 \times \ln[CPI(t)/CPI(t-1)]$，$\pi_t^{PCED} = 1200 \times \ln[PCED(t)/PCED(t-1)]$，そして $Y_t = \pi_t^{CPI} - \pi_t^{PCED}$ とします．つまり，π_t^{CPI} は，CPI に基づく月次物価上昇率（前月比年率，パーセントポイント），π_t^{PCED} は，PCDE に基づく月次物価上昇率（前月比年率，パーセントポイント），そして Y_t は両者の差です．1959:1 から 2004:12 までのデータを使って，次の問題に答えなさい．

a. π_t^{CPI} と π_t^{PCED} の標本平均を求めなさい．この点推定値は，CPI に経済学的な代替効果のバイアスが存在するという見方と整合的でしょうか．

b. Y_t の標本平均を求めなさい．この値は (a) で求めた 2 つの平均の差と等しくなります．その理由を説明しなさい．

c. Y_t の母集団平均は，2 つのインフレ率の母集団平均の差と等しくなることを示しなさい．

d. 「定数項のみ」の回帰式 $Y_t = \beta_0 + u_t$ を考えます．$\beta_0 = E(Y)$ となることを示しなさい．u_t には系列相関があると思いますか．説明しなさい．

e. β_0 に対する 95% 信頼区間を求めなさい．HAC 推定のトランケーション・パラメター m としてどの値を用いましたか．それはなぜですか．

f. CPI の平均インフレ率は PCED の平均インフレ率よりも大きいという統計的に有意な証拠はありますか．

付論 15.1 オレンジジュース・データセット

オレンジジュース価格データは，生産者物価指数（Producer Price Index, PPI）の加工食品項目にある冷凍オレンジジュースの価格で，米国の労働統計局（Bureau of Labor Statistics, BLS）が作成したものです．オレンジジュース価格データは，最終財全体の PPI で割ることで，一般物価のインフレ率を調整しています．氷点下気温日数（freezing degree days, FDD）は，オーランド地域の空港で記録される最低気温に基づき作成されており，アメリカ商務省の海洋大気庁（National Oceanic and Atmospheric Administration, NOAA）から得たものです．FDD 系列は，オレンジジュース価格データとタイミングが一致するように作成されています．具体的には，冷凍オレンジジュース価格データは，毎月半ばの生産者への調査により集められたものです．もっとも，正確な日付は月により異なります．その結果，FDD 系列は，ある月の 11 日から翌月の 10 日までの氷点下気温を記録した数値となります．すなわち，FDD は，（華氏）32 度から最低気温を引いた値とゼロの大きいほうの値を 11 日から翌月 10 日まで合計した「延べ気温・日数」となります．以上から，たとえば 2 月の %$ChgP_t$ は，実質オレンジジュース価格の 1 月半ばから 2 月半ばへのパーセント変化，2 月の FDD_t は，1 月 11 日から 2 月 10 日までの氷点下気温日数となります．

付論 15.2 ラグオペレータ表現を使った ADL モデルと一般化最小二乗法

この付論では，ラグオペレータを使って分布ラグモデルを表現し，そこから ADL と擬似的階差モデルを導出します．その上で，ADL モデルが分布ラグモデルよりも少ないパラメーターを持つための条件について議論します．

分布ラグ，ADL，擬似的階差モデルのラグオペレータ表現

付論 14.3 で定義されたように，ラグオペレータ L は，$L^j X_t = X_{t-j}$ という性質を持ち，分布ラグ $\beta_1 X_t + \beta_2 X_{t-1} + \cdots + \beta_{r+1} X_{t-r}$ は，$\beta(L) X_t$ と表されます．ここで $\beta(L) = \sum_{j=0}^{r} \beta_{j+1} L^j$ であり，$L^0 = 1$ です．このように，基本概念 15.1 で表した分布ラグモデル〔(15.4) 式〕は，ラグオペレータ記号を使うと，

$$Y_t = \beta_0 + \beta(L) X_t + u_t \tag{15.40}$$

と表現されます．

さらに，誤差項 u_t が AR(p) モデルに従うならば，この式は，

$$\phi(L) u_t = \widetilde{u}_t \tag{15.41}$$

と表されます．ここで，$\phi(L) = \sum_{j=0}^{r} \phi_j L^j$ であり，$\phi_0 = 1$，$\widetilde{u}_t$ は系列相関を持ちません〔注：ここで定義される $\phi_1, \cdots, \phi_p$ は，(15.31) 式の $\phi_1, \cdots, \phi_p$ の負の値に相当します〕．

ADL モデルを導出するには，(15.40) 式の両辺に $\phi(L)$ を掛け，その結果，

$$\phi(L)Y_t = \phi(L)[\beta_0 + \beta(L)X_t + u_t] = \alpha_0 + \delta(L)X_t + \widetilde{u}_t \tag{15.42}$$

となります．ここで，

$$\alpha_0 = \phi(1)\beta_0 \text{ そして } \delta(L) = \phi(L)\beta(L), \text{ ここで } \phi(1) = \sum_{j=0}^{p} \phi_j \tag{15.43}$$

です．

擬似的階差モデルを導出するには，$\phi(L)\beta(L)X_t = \beta(L)\phi(L)X_t = \beta(L)\widetilde{X}_t$，ここで $\widetilde{X}_t = \phi(L)X_t$ です．したがって，(15.42) 式を整理し直すと，

$$\widetilde{Y}_t = \alpha_0 + \beta(L)\widetilde{X}_t + \widetilde{u}_t \tag{15.44}$$

が得られます．ここで，$\widetilde{Y}_t$ は Y_t の擬似的階差，すなわち，$\widetilde{Y}_t = \phi(L)Y_t$ です．

ADL と GLS 推定量

ADL 係数の OLS 推定量は，(15.42) 式を OLS で推定することで得られます．もともとの分布ラグ係数は $\beta(L)$ で，$\beta(L) = \delta(L)/\phi(L)$ です．すなわち，$\beta(L)$ の係数は，$\phi(L)\beta(L) = \delta(L)$ という制約を満たしています．このように，ADL モデルの係数の OLS 推定量（$\hat{\delta}(L), \hat{\phi}(L)$）に基づく動学乗数の推定量は，

$$\hat{\beta}^{ADL}(L) = \hat{\delta}(L)/\hat{\phi}(L) \tag{15.45}$$

と表されます．(15.29) 式の係数の表現は，(15.45) 式の特別ケースとして，$r = 1$，$p = 1$ のときに得られます．

実行可能な GLS 推定量は，事前の推定量 $\phi(L)$ を求め，擬似的階差の系列を計算し，それを使って (15.44) 式で $\beta(L)$ を推定し，そして（望ましければ）収束するまで繰り返すことで得られます．この繰り返し GLS 推定量は，(15.42) 式の ADL モデルを非線形最小二乗法（nonlinear least squares, NLLS）で推定して得られる NLLS 推定量で，その際 (15.43) 式の非線形のパラメター制約が課せられています．

OLS や GLS の推定を行う際，(15.36) 式の議論で強調したように，X_t は（過去と現在の）外生であるだけでは十分でありません．単なる外生性だけでは (15.36) 式は満たされないからです．しかし，もし X_t が強い外生であれば，(15.36) 式は満たされ，基本概念 14.6 の仮定 (2)-(4) が成立する下で，推定量は一致性を持ち，漸近的に正規分布に従います．さらに，各種の統計的な推論には，いつもの（不均一分散を考慮したロバストな）OLS 標準誤差を使うことが妥当です．

ADL モデルを使ったパラメター数の節約

分布ラグの多項式 $\beta(L)$ は，ラグ多項式の比率 $\theta_1(L)/\theta_2(L)$ で表現できるとします．ここで $\theta_1(L)$ と $\theta_2(L)$ はともに低次のラグ多項式です．このとき，(15.43) 式の $\phi(L)\beta(L)$ は，$\phi(L)\beta(L) = \phi(L)\theta_1(L)/\theta_2(L) = [\phi(L)/\theta_2(L)]\theta_1(L)$ となります．もし $\phi(L) = \theta_2(L)$ であれば，$\delta(L) = \phi(L)\beta(L) = \theta_1(L)$ です．$\theta_1(L)$ の次数が低ければ，ADL モデルでの X_t の次数 q は，r よりもかなり小さくなります．したがって，このような仮定の下では，ADL モデルの推定には，もとの分布ラグモデルよ

りも少ないパラメター数の推定で済ませることが潜在的に可能です．この意味において，ADL モデルでは，分布ラグモデルよりもパラメター数を節約できるのです（より数少ない未知パラメターに基づく）．

ここで議論されたような $\phi(L)$ と $\theta_2(L)$ が同じという仮定は，実際の応用では満たされない偶然のように思えます．しかし，ADL モデルは，少ない係数で多くの動学乗数の形状を捉えることができるという点は事実なのです．

ADL あるいは GLS：バイアスか分散か？

動学乗数を推定する際，まず ADL モデルを推定しその係数から動学乗数を計算する方法か，あるいは GLS を使って分布ラグを直接推定する方法か，どちらを選択すべきでしょうか．この問題を考える出発点は，バイアスと分散のトレードオフをどう判断するかです．動学乗数を近似的な ADL モデルを使って推定するとバイアスをもたらしますが，係数の数が少ないことから，動学乗数の推定量の分散は小さくなる可能性があります．それに対して，GLS を使って高次の分布ラグモデルを推定すると，動学乗数に対するバイアスは小さくなりますが，その分散は大きくなります．もし ADL モデルによる動学乗数への近似が良好ならば，GLS 推定よりも分散は小さく，バイアスの増加もわずかでしょう．このことから，（X が強い外生の下で）ADL モデルを Y と X の少数のラグを用いて制約のない形で推定することは，長い分布ラグモデルを近似する有力な手法なのです．

第16章 時系列回帰分析の追加トピック

　本章では時系列回帰分析の追加的なトピックをいくつか取り上げます．はじめに経済変数の予測について説明します．第14章では1変数の予測を議論しました．しかし実際には，インフレ率とGDP成長率など2つ以上の変数を予測する場合もあるでしょう．16.1節では，複数の変数を予測するモデルとして，ベクトル自己回帰（vector autoregression, VAR）を紹介します．そこでは複数の変数の過去の値がそれらの将来の予測に使われます．また第14章では，1期間先の予測（たとえば1四半期先）に焦点を当てていましたが，2期あるいは3期，4期先の予測も重要です．そういった複数期間先の予測方法について，16.2節で議論します．

　16.3節と16.4節は，14.6節で議論した確率トレンドの問題を再び取り上げます．16.3節では確率トレンドの他のモデル，そして自己回帰モデルでの単位根をテストする別の手法を説明します．16.4節では共和分（cointegration）の概念を紹介します．共和分の関係は，2つの変数が同じ確率トレンドを共有するときに発生します．言い換えると，2つの変数にはそれぞれ確率トレンドが含まれ，2つの変数にウエイトをつけて両者の差を取ると確率トレンドが含まれないとき，共和分が発生します．

　時系列データ，特に金融市場データには，時間とともに分散が変化する場合があります．ある時点では変動が大きく，別の時点では変動が小さい，その結果，変動率（ボラティリティ）にかたまりが見られるという場合です．16.5節では，変動率のかたまりについて議論し，予測誤差の分散が時間とともに変化するモデル，つまり予測誤差が条件付不均一分散（conditionally heteroscedastic）であるモデルを紹介します．条件付不均一分散のモデルには，いくつか特別な応用例があります．1つの応用は，予測区間を計算するもので，そこでは不確実性の高い期間か低い期間かを反映してその幅が変化します．別の応用では，資産収益率，たとえば株価収益率の不確実性を予測するもので，それは株式保有にかかるリスクを評価するのに有用です．

16.1　ベクトル自己回帰モデル

　第14章ではインフレ率の予測に焦点を当てました．しかし経済変数を予測する現実

基本概念 16.1　ベクトル自己回帰

ベクトル自己回帰（vector autoregression, VAR）とは，k 本の時系列回帰式の集合で，そこで各式の説明変数は k 変数すべてのラグである．VAR は 1 変数の自己回帰モデルを複数の時系列変数のリスト，もしくは「ベクトル」に拡張したものである．各式のラグ次数が同じ p であるとき，その方程式システムは，VAR(p) と呼ばれる．

2 つの時系列変数 Y_t と X_t の場合，VAR(p) は次の 2 式からなる：

$$Y_t = \beta_{10} + \beta_{11} Y_{t-1} + \cdots + \beta_{1p} Y_{t-p} + \gamma_{11} X_{t-1} + \cdots + \gamma_{1p} X_{t-p} + u_{1t} \tag{16.1}$$

$$X_t = \beta_{20} + \beta_{21} Y_{t-1} + \cdots + \beta_{2p} Y_{t-p} + \gamma_{21} X_{t-1} + \cdots + \gamma_{2p} X_{t-p} + u_{2t}. \tag{16.2}$$

ここで，β と γ は未知の係数で，u_1 と u_2 は誤差項である．

VAR モデルの仮定は，基本概念 14.6 で示された時系列回帰の仮定と同じもので，それが各式に当てはめられる．VAR の係数は各式を OLS 推定することで求められる．

のエコノミストたちは，他の主要なマクロ経済変数，たとえば失業率，GDP 成長率，金利なども予測しています．その際の 1 つの方法は，個々の変数を 14.4 節の手法を使って別々に予測するやり方です．しかし別のアプローチとしては，1 つのモデルを使って変数をすべて予測するという方法で，その場合，各変数の予測は互いに整合的です．複数の変数を 1 つのモデルで予測する方法に，ベクトル自己回帰（vector autoregression, VAR）と呼ばれる手法があります．VAR は 1 変数の自己回帰モデルを複数の時系列変数に拡張したものです．すなわち，1 変数の自己回帰モデルを，時系列変数の「ベクトル」へと拡張するのです．

VAR モデル

ベクトル自己回帰（**vector autoregression, VAR**）とは，2 変数 Y_t と X_t の場合，2 本の式からなります．被説明変数は 1 つの式では Y_t，もう一方の式では X_t になります．説明変数は両方の式とも 2 つの変数のラグです．一般に，k 個の時系列変数の場合の VAR は，各変数に対応する k 本の式からなり，各式の説明変数はすべての変数のラグとなります．VAR の係数は，各式を OLS 推計することで推定されます．

VAR は基本概念 16.1 に要約されます．

VAR における統計的推論　　VAR の仮定の下，OLS 推定量は一致性を持ち，大標本では結合正規分布に従います．その結果，統計的推論は通常どおりに行われます．たとえば係

数の 95% 信頼区間は，推定された係数 ±1.96 標準誤差で求められます．

VAR における仮説検定には新しい側面もあります．k 変数の VAR は k 本の式のひとまとまり，あるいはシステムなので，複数の式にまたがる結合仮説をテストすることが可能となります．

たとえば，2 変数の VAR(p)，(16.1) 式と (16.2) 式において，正しいラグ次数が p か $p-1$ なのかを調べるとしましょう．つまり，これら 2 式の Y_{t-p} と X_{t-p} の係数がゼロかどうかを調べます．このとき，これらの係数がゼロという帰無仮説は，

$$H_0: \beta_{1p} = 0, \ \beta_{2p} = 0, \ \gamma_{1p} = 0, \ \text{そして} \ \gamma_{2p} = 0 \tag{16.3}$$

です．対立仮説は，この 4 つの係数のうち少なくとも 1 つがゼロでない，というものです．このようにこの帰無仮説では，両方の式の係数が，各式から 2 つずつ関わっています．

推定された係数は大標本において結合正規分布に従うので，これら係数にかかる制約のテストは F 統計量を計算して行われます．この統計量の正確な公式は，複数式に関する記号を使った複雑な表現となるため，ここでは割愛します．実際には，近年のほとんどの統計ソフトで，システムの係数に関する仮説検定は自動的に計算されます．

VAR にはいくつの変数を含めるべきか？ VAR の各式の係数の数は，VAR システムに含まれる変数の数に比例して増えます．たとえば 5 変数，4 期ラグの VAR には，各式に合計 21 の係数（5 変数それぞれに 4 つのラグ，プラス定数項）が，システム全体では 105 の係数が含まれます．これらすべての係数を推定することは，予測に含まれる推計誤差を増大させ，その結果，予測の正確性は低下します．

実用上の観点から言うと，VAR に含まれる変数の数は少なくし，そして特に，含まれる変数は相互に関連して予測に有用かどうか確認することが大切です．たとえば，これまでの（第 14 章で議論したような）実証結果や経済理論から，インフレ率と失業率，短期金利は，互いに関係があり，VAR に基づき各変数を予測することは有用と考えられます．しかし，無関係の変数を VAR に含めると，予測力を高めないまま推定誤差だけを大きくし，結局，予測の正確性を低下させることになります．

VAR のラグ次数の決定[1] VAR モデルのラグ次数は，F テストか情報量基準を使って決定されます．

連立方程式システムでの情報量基準は，14.5 節の単一方程式の情報量基準を拡張したものです．その情報量基準の定義には，行列を利用する必要があります．いま Σ_u を $k \times k$ の共分散行列，$\hat{\Sigma}_u$ をその推定値とし，そこで $\hat{\Sigma}_u$ の i, j 要素は，$\frac{1}{T}\sum_{t=1}^{T} \hat{u}_{it}\hat{u}_{jt}$，$\hat{u}_{it}$ は第 i

---

[1] この小節は行列を使うため，数学の負担を軽くしたい読者はスキップして構いません．

式の OLS 残差，$\hat{u}_{jt}$ は第 j 式の OLS 残差と表します．このとき，この VAR モデルの BIC は，

$$\mathrm{BIC}(p) = \ln[\det(\hat{\Sigma}_u)] + k(kp+1)\frac{\ln T}{T} \qquad (16.4)$$

となり，ここで $\det(\hat{\Sigma}_u)$ は $\hat{\Sigma}_u$ の行列式です．情報量基準 AIC は，(16.4) 式の「$\ln T$」を「2」に置き換えて求められます．

(16.4) 式の BIC の表現は VAR モデルの k 本の式に対するもので，それは 14.5 節の単一式の表現を拡張したものです．式が 1 本の場合，第 1 項は単に $\ln(SSR(p)/T)$ となります．(16.4) 式の第 2 項は，変数を追加する際のペナルティ項に相当します．$k(kp+1)$ は VAR モデルの回帰係数の合計数です（全部で k 本の式があり，各式に定数項と k 個の変数それぞれの p 次ラグを含む）．

BIC に基づく VAR ラグ次数の推定は，単一式の場合と同様に行われます．すなわち，次数 p の候補となる値の中で，$\mathrm{BIC}(p)$ を最小にする p の値が $\hat{p}$ となるのです．

VAR を使った因果関係の分析　ここまでの議論は，VAR モデルを使った予測に焦点を当ててきました．VAR モデルの別の利用法として，経済変数間の因果関係の分析があります．実際，計量経済学者でありマクロ経済学者である Christopher Sims（1980）は，その目的で VAR モデルをはじめて経済学に利用しました．因果関係の分析に用いられる VAR は，構造的な VAR モデルとして知られています．「構造的」とされるのは，VAR が背後の経済構造をモデル化するのに使われるからです．構造 VAR 分析は，本節で説明された予測に関する手法に加えて，いくつか別の分析ツールを用います．予測と構造モデル分析で，考え方として最大の違いは，構造モデル分析には経済理論や現実制度の知識から得られた特定の仮定――何が外生的で何がそうでないかに関する仮定――が必要という点です．構造 VAR の具体的な議論は，同時方程式システムの推定という文脈で行うのが最善ですが，それは本書の守備範囲を超えます．予測と政策分析に関する VAR は Stock and Watson（2001）に紹介されています．構造 VAR モデルの数学に関するより詳細な議論は Hamilton（1994）や Watson（1994）を参照してください．

インフレ率と失業率の VAR モデル

具体例として，インフレ率 Inf_t と失業率 $Unemp_t$ からなる 2 変数 VAR を考えましょう．第 14 章と同じく，インフレ率は確率トレンドを含む変数とみなし，したがってその 1 回の階差を取って ΔInf_t に変換することが適切と考えられます．

ΔInf_t と $Unemp_t$ の VAR モデルは 2 本の式を含みます．1 本目は ΔInf_t を被説明変数とする式，2 本目は $Unemp_t$ を被説明変数とする式です．そして両式の説明変数は，ΔInf_t と $Unemp_t$ のラグです．14.7 節の QLR テストで示されたように，フィリップス曲線の関

係には 1980 年代初めにブレイクが見られるため，VAR モデルは 1982:I から 2004:IV までの期間について推定されます．

VAR の 1 本目の式はインフレ率の式です．すなわち，

$$\widehat{\Delta Inf_t} = \underset{(0.55)}{1.47} - \underset{(0.12)}{0.64} \Delta Inf_{t-1} - \underset{(0.10)}{0.64} \Delta Inf_{t-2} - \underset{(0.11)}{0.13} \Delta Inf_{t-3} - \underset{(0.09)}{0.13} \Delta Inf_{t-4}$$

$$- \underset{(0.58)}{3.49} Unemp_{t-1} + \underset{(0.94)}{2.80} Unemp_{t-2} + \underset{(1.07)}{2.44} Unemp_{t-3} - \underset{(0.55)}{2.03} Unemp_{t-4} \quad (16.5)$$

修正済み R^2 は，$\overline{R}^2 = 0.44$ です．

VAR の 2 本目の式は失業率の式です．その説明変数はインフレ率の式と同じで，被説明変数が失業率となります．すなわち，

$$\widehat{Unemp_t} = \underset{(0.12)}{0.22} + \underset{(0.017)}{0.005} \Delta Inf_{t-1} + \underset{(0.018)}{0.004} \Delta Inf_{t-2} - \underset{(0.018)}{0.007} \Delta Inf_{t-3} - \underset{(0.014)}{0.003} \Delta Inf_{t-4}$$

$$+ \underset{(0.11)}{1.52} Unemp_{t-1} - \underset{(0.18)}{0.29} Unemp_{t-2} - \underset{(0.21)}{0.43} Unemp_{t-3} + \underset{(0.11)}{0.16} Unemp_{t-4} \quad (16.6)$$

修正済み R^2 は，$\overline{R}^2 = 0.982$ です．

(16.5) 式と (16.6) 式の両方をあわせて，インフレ率変化 ΔInf_t と失業率 $Unemp_t$ の VAR(4) モデルとなります．

これら VAR モデルの式は，グレンジャーの因果性分析に使われます．いま，次の帰無仮説をテストする F 統計量，すなわちインフレ率変化の式 ((16.5) 式) における $Unemp_{t-1}, Unemp_{t-2}, Unemp_{t-3}, Unemp_{t-4}$ の係数がすべてゼロという帰無仮説をテストする F 統計量を求めると，11.04 となり，その p 値は 0.001 以下です．したがって帰無仮説は棄却され，失業率はそのラグ次数の下で，インフレ率変化を予測するうえで有用であることがわかります（つまり，失業率はインフレ率変化に対して「Granger-cause する (Granger の因果性を持つ)」と呼ばれます）．同様に，失業率の式 ((16.6) 式) における ΔInf_t の 4 つのラグの係数がすべてゼロという帰無仮説をテストする F 統計量を求めると 0.16 となり，その p 値は 0.96 です．したがって，インフレ率変化は失業率に対して 10％ の有意水準で Granger の因果性を持たないと言えます．

インフレ率と失業率の 1 期先予測値は，14.4 節の議論とまったく同様にして求められます．2004:IV から 2005:I へのインフレ率変化の予測値は，(16.5) 式に基づき，$\widehat{\Delta Inf}_{2005:I|2004:IV} = -0.1$ ポイントです．(16.6) 式を使って同様に計算すると，2004:IV までのデータに基づく 2005:I の失業率の予測値は，$\widehat{Unemp}_{2005:I|2004:IV} = 5.4\%$ となり，その現実値 $Unemp_{2005:I} = 5.3\%$ と非常に近い値が得られました．

16.2　多期間の予測

ここまでの予測の議論では，1 期先の予測に主眼を置いてきました．しかし，より遠い

先の将来への予測を必要とすることがしばしばあります．本節では多期間先の予測を行う2つの手法を説明します．通常用いられる手法は，「繰り返し」により予測を求めることです．そこでは，1期先予測モデルが，本節で解説する方法で1期ずつ繰り返し用いられます．2つ目の手法は，「直接」予測を求めるもので，そこでは回帰式での被説明変数がいま予測したい多期間先の変数になります．本節の最後で議論する理由により，実際の応用では，直接求める方法よりも繰り返しによる方法の方が推奨されます．

多期間の繰り返し予測

繰り返しによる予測の基本アイデアは次のようなものです．まず，いま手元にある予測モデルに基づき，T 期までのデータを使って $T+1$ 期への1期先予測を計算します．次に，そのモデルに基づき，T 期までのデータを使って $T+2$ 期への予測を計算します．その際，予測された $T+1$ 期の値が，$T+2$ 期の予測を求めるためのデータとして取り扱われます．このように，1期先予測（「1ステップ先予測」と呼ばれる場合もあります）は，2期先予測を求めるための中間ステップとして使われます．そして，このステップを繰り返して，いまの予測期間である h 期先の予測が得られるのです．

繰り返し AR 予測の手法：AR(1) モデル　　繰り返し AR(1) 予測では，AR(1) モデルに基づいて1期先予測を求めます．たとえば，ΔInf_t に関する1次の自己回帰モデル（(14.7)式）を考えます：

$$\widehat{\Delta Inf_t} = \underset{(0.13)}{0.02} - \underset{(0.10)}{0.24} \Delta Inf_{t-1}. \tag{16.7}$$

ここで (16.7) 式に基づき，2004:IV までのデータを使って，$\Delta Inf_{2005:\text{II}}$ に対する2期先予測を計算しましょう．第1ステップは，2004:IV までのデータを使って $\Delta Inf_{2005:\text{I}}$ に対する1期先予測を計算することです．すなわち，$\widehat{\Delta Inf}_{2005:\text{I}|2004:\text{IV}} = 0.02 - 0.24\Delta Inf_{2004:\text{IV}} = 0.02 - 0.24 \times 1.9 = -0.4$．第2ステップは，この予測値を (16.7) 式に代入して，$\widehat{\Delta Inf}_{2005:\text{II}|2004:\text{IV}} = 0.02 - 0.24\widehat{\Delta Inf}_{2005:\text{I}|2004:\text{IV}} = 0.02 - 0.24 \times (-0.4) = 0.1$．このように，2004年第4四半期までの情報に基づき予測値を求めたところ，インフレ率は2005年第1四半期から第2四半期にかけて 0.1% ポイント上昇すると予想されます．

繰り返し AR 予測の手法：AR(p) モデル　　繰り返し AR(1) 予測の手法は，以下の手続きにそって AR(p) モデルへ拡張されます．すなわち，Y_{T+1} をその予測値 $\hat{Y}_{T+1|T}$ に置き換え，それをデータと見なして，Y_{T+2} の AR(p) 予測を求めます．たとえば，14.3節（(14.13) 式）で推定した AR(4) モデルに基づき，インフレ率変化の2期先予測値を考えます：

$$\widehat{\Delta Inf_t} = 0.02 - 0.26\,\Delta Inf_{t-1} - 0.32\,\Delta Inf_{t-2} + 0.16\,\Delta Inf_{t-3} - 0.03\,\Delta Inf_{t-4} \quad (16.8)$$
$$(0.12)\ (0.09)\qquad\quad (0.08)\qquad\quad (0.08)\qquad\quad (0.09)$$

14.3 節では，この AR(4) に基づき 2004:IV までのデータを使って $\Delta Inf_{2005:I}$ に対する予測値を計算したところ，$\widehat{\Delta Inf}_{2005:I|2004:IV} = 0.4$ でした．したがって，繰り返しによる 2 期先予測は，$\widehat{\Delta Inf}_{2005:II|2004:IV} = 0.02 - 0.26\widehat{\Delta Inf}_{2005:I|2004:IV} - 0.32\Delta Inf_{2004:IV} + 0.16\Delta Inf_{2004:III} - 0.03\Delta Inf_{2004:II} = 0.02 - 0.26 \times 0.4 - 0.32 \times 1.9 + 0.16 \times (-2.8) - 0.03 \times 0.6 = -1.1$ となります．この繰り返しによる AR(4) 予測によれば，2004 年第 4 四半期までのデータに基づくと，2005 年第 1 四半期から第 2 四半期の間にインフレ率は 1.1% ポイント下落すると予想されるのです．

VAR に基づく繰り返し多変数予測の手法　　VAR を使った多変数の繰り返し予測は，1 変数 AR モデルの繰り返し予測と同じ方法で求められます．ここで新しい特徴は，ある変数の 2 期先（$T+2$ 期）予測を計算する際，VAR すべての変数の 1 期先（$T+1$ 期）予測を用いるという点です．たとえばいま，$T+1$ 期から $T+2$ 期へのインフレ率変化の予測値を，ΔInf_t と $Unemp_t$ からなる VAR モデルに基づいて計算するとします．その際，まず中間ステップとして，T 期までのデータを使って ΔInf_{T+1} と $Unemp_{T+1}$ に対する予測値を求め，その次に ΔInf_{T+2} に対する予測値を計算することになります．より一般に，VAR に基づく h 期先の繰り返し予測を計算するには，T 期と $T+h$ 期の間のすべての期間について，すべての変数の予測値が必要です．

具体例として，$\Delta Inf_{2005:II}$ の繰り返し VAR 予測を，16.1 節の ΔInf_t と $Unemp_t$ の VAR(4) モデル（(16.5) 式と (16.6) 式）に基づき，2004:IV までのデータを使って計算しましょう．第 1 ステップは，その VAR から 1 期先予測 $\widehat{\Delta Inf}_{2005:I|2004:IV}$ と $\widehat{Unemp}_{2005:I|2004:IV}$ を計算します．(16.5) 式に基づく $\widehat{\Delta Inf}_{2005:I|2004:IV}$ は -0.1% ポイントと計算されました．(16.6) 式に基づいて同様の計算をすることにより，$\widehat{Unemp}_{2005:I|2004:IV} = 5.4\%$ となります．第 2 ステップでは，これらの予測値が (16.5) 式と (16.6) 式に代入され，2 期先予測 $\widehat{\Delta Inf}_{2005:II|2004:IV}$ が計算されます．その結果，

$$\widehat{\Delta Inf}_{2005:II|2004:IV} = 1.47 - 0.64\widehat{\Delta Inf}_{2005:I|2004:IV} - 0.64\Delta Inf_{2004:IV} - 0.13\Delta Inf_{2004:III}$$
$$- 0.13\Delta Inf_{2004:II} - 3.49\widehat{Unemp}_{2005:I|2004:IV} + 2.80 Unemp_{2004:IV}$$
$$+ 2.44 Unemp_{2004:III} - 2.03 Unemp_{2004:II}$$
$$= 1.47 - 0.64 \times (-0.1) - 0.64 \times 1.9 - 0.13 \times (-2.8) - 0.13 \times 0.6 - 3.49 \times 5.4$$
$$+ 2.80 \times 5.4 + 2.44 \times 5.4 - 2.03 \times 5.6 = -1.1 \quad (16.9)$$

となります．このように，2004 年第 4 四半期までのデータに基づく繰り返し VAR(4) 予測の結果，インフレ率は 2005 年第 1 四半期から第 2 四半期にかけて，1.1% ポイント下落すると予想されました．

基本概念 16.2　多期間の繰り返し予測

多期間の繰り返し AR 予測（iterated multiperiod AR forecast）はステップに分けて計算される．第 1 に，1 期先予測を計算する．次にその予測値を使って 2 期先予測を計算し，それ以降同じステップを繰り返す．AR(p) に基づく 2 期先，3 期先の繰り返し予測は，

$$\hat{Y}_{T+2|T} = \hat{\beta}_0 + \hat{\beta}_1 \hat{Y}_{T+1|T} + \hat{\beta}_2 Y_T + \hat{\beta}_3 Y_{T-1} + \cdots + \hat{\beta}_p Y_{T-p+2} \tag{16.10}$$

$$\hat{Y}_{T+3|T} = \hat{\beta}_0 + \hat{\beta}_1 \hat{Y}_{T+2|T} + \hat{\beta}_2 \hat{Y}_{T+1|T} + \hat{\beta}_3 Y_T + \cdots + \hat{\beta}_p Y_{T-p+3} \tag{16.11}$$

と表される．ここで，推定された係数 $\hat{\beta}$ は，AR(p) 係数の OLS 推定値である．このステップの繰り返し（iterating）により，さらに遠い将来の予測値を求めることができる．

多期間の繰り返し VAR 予測（iterated multiperiod VAR forecast）は，やはりステップに分けて計算される．第 1 に，VAR のすべての変数の 1 期先予測を計算する．次にそれらの予測値を使って 2 期先予測を計算し，それ以降同じステップを繰り返して，求める期先の予測値を計算する．基本概念 16.1 の 2 変数 VAR(p) モデルに基づく Y_{T+2} に対する 2 期先予測は，

$$\begin{aligned}\hat{Y}_{T+2|T} =\ & \hat{\beta}_{10} + \hat{\beta}_{11} \hat{Y}_{T+1|T} + \hat{\beta}_{12} Y_T + \hat{\beta}_{13} Y_{T-1} + \cdots + \hat{\beta}_{1p} Y_{T-p+2} \\ & + \hat{\gamma}_{11} \hat{X}_{T+1|T} + \hat{\gamma}_{12} X_T + \hat{\gamma}_{13} X_{T-1} + \cdots + \hat{\gamma}_{1p} X_{T-p+2}.\end{aligned} \tag{16.12}$$

そこで (16.12) 式の係数は VAR 係数の OLS 推定値である．このプロセスの繰り返しにより，さらに遠い将来の予測値を求めることができる．

多期間の繰り返し予測は，基本概念 16.2 に要約されます．

多期間の直接予測

直接の多期間予測では，繰り返しを使わずに，回帰式を使って直接予測値が計算されます．その回帰式では，被説明変数は予測される多期間先の変数，説明変数は予測する変数です．この方法に基づく予測は，多期間先の予測を行う際に回帰係数が直接用いられることから，「直接予測」と呼ばれます．

多期間の直接予測の手法
いま自己回帰モデルを使って Y_{T+2} の予測を求めるとします．多期間の直接予測の手法では，出発点として ADL モデルが使われますが，右辺の説明変数は，予測期間分だけ後ろにずれます．たとえば，説明変数について 2 期ラグが用いら

れるのであれば，被説明変数は Y_t，説明変数は Y_{t-2}, Y_{t-3}, X_{t-2}, X_{t-3} となります．この回帰の係数は，Y_T, Y_{T-1}, X_T, X_{T-1} のデータを使って，繰り返しをまったく使わずに，直接 Y_{T+2} の予測値を計算することができます．より一般に，h 期先の予測を直接計算するには，説明変数を h 期後ろにずらすことで，その予測を計算することができるのです．

では具体例として，たとえば ΔInf_{t-2} と $Unemp_{t-2}$ の4期ラグを使って，2期先となる ΔInf_t の予測を求めるとします．まず次の回帰式を推定します：

$$\widehat{\Delta Inf}_{t|t-2} = \underset{(0.53)}{-0.15} - \underset{(0.13)}{0.25}\Delta Inf_{t-2} + \underset{(0.13)}{0.16}\Delta Inf_{t-3} - \underset{(0.14)}{0.15}\Delta Inf_{t-4} - \underset{(0.07)}{0.10}\Delta Inf_{t-5} - \underset{(0.70)}{0.17}Unemp_{t-2}$$
$$+ \underset{(1.63)}{1.82}Unemp_{t-3} - \underset{(2.00)}{3.53}Unemp_{t-4} + \underset{(0.91)}{1.89}Unemp_{t-5}. \tag{16.13}$$

そして，2005:I から 2005:II へのインフレ率変化の2期先予測は，(16.13) 式に $\Delta Inf_{2004:IV}$, $\ldots$, $\Delta Inf_{2004:I}$ と $Unemp_{2004:IV}$, $\ldots$, $Unemp_{2004:I}$ の値を代入して求められます．その結果，

$$\widehat{\Delta Inf}_{2005:II|2004:IV} = 0.15 - 0.25\Delta Inf_{2004:IV} + 0.16\Delta Inf_{2004:III} - 0.15\Delta Inf_{2004:II} - 0.10\Delta Inf_{2004:I}$$
$$-0.17Unemp_{2004:IV} + 1.82Unemp_{2004:III} - 3.53Unemp_{2004:II} + 1.89Unemp_{2004:I}$$
$$= -1.38. \tag{16.14}$$

3期先予測となる ΔInf_{T+3} を求めるには，(16.13) 式の説明変数をすべて1期間分だけ後にずらし，その式を推定し，予測値が計算されます．ΔInf_{T+h} に対する h 期先の直接予測は，被説明変数を ΔInf_t，説明変数を ΔInf_{t-h} と $Unemp_{t-h}$ およびそれらのラグ変数を必要な分だけ加えた回帰式を使って計算されます．

多期間の直接予測における回帰の標準誤差　多期間の直接予測の回帰において被説明変数は2期以上将来の値なので，その回帰式の誤差項は系列相関を持つことになります．それを理解するために，具体例として，2期先のインフレ率の予測を考えます．そして，来期に石油価格の予期せぬ上昇が発生したとしましょう．今日の2期先のインフレ率予測は，その予期せぬ出来事を反映していないので，低すぎるものとなります．石油価格上昇は，前の期にも予測されていなかったので，1期前に形成された2期先予測も低すぎるものとなります．このように，来期の予期せぬ石油価格上昇の結果，前期と今期の2期先予測の両方が低すぎることとなります．このような現在と将来の間に起こる出来事により，多期間先回帰の誤差項は系列相関を持つことになるのです．

15.4 節で議論したように，もし誤差項に系列相関が発生すると，通常の OLS に基づく標準誤差は正しいものではなくなります．より正確には，通常の標準誤差は，統計的推論を行う際に信頼できる統計量とはなりません．この問題に対処するためには，不均一分散と自己相関を考慮した標準誤差——HAC（heteroscedasticity- and autocorrelation-consistent）標準誤差——を使わなければなりません．したがって，(16.13) 式の多期間先回帰で報告される標準誤差は，いずれも Newey-West の HAC 標準誤差です．そこで

> **基本概念**
>
> **16.3**
>
> **多期間の直接予測**
>
> 多期間の直接予測（**direct multiperiod forecast**）における h 期先予測を，Y_t の p 次ラグと追加される説明変数 X_t の p 次ラグに基づき計算する．その際，まず次の回帰式を推定する：
>
> $$Y_t = \delta_0 + \delta_1 Y_{t-h} + \cdots + \delta_p Y_{t-p-h+1} + \delta_{p+1} X_{t-h} + \cdots + \delta_{2p} X_{t-p-h+1} + u_t. \tag{16.15}$$
>
> 次に，推定された係数を使って，T 期までのデータに基づき，Y_{T+h} に対する予測値を直接計算する．

は，トランケーション・パラメター m は (15.17) 式に従って求められます．現在のデータ（$T = 92$）で推定すると，(15.17) 式から $m = 3$ となります．より遠い先の予測の場合には，オーバーラップする部分——したがって誤差の系列相関の程度——が増大します．一般に，h 期先回帰における最初の $h - 1$ 期の自己相関係数はゼロではなくなります．したがって，予測期間が長い多期間先回帰の場合，トランケーション・パラメター m は，(15.17) 式で示されるよりも大きな値を使うことが適切となります．

多期間の直接予測は基本概念 16.3 に要約されます．

どの手法を用いるべきか

多期間予測のほとんどの応用例において，繰り返し予測の手法が推奨されます．その理由は次の2点です．第1に，理論的な観点から述べると，もし1期先予測モデル（繰り返し予測で用いられる AR もしくは VAR モデル）が正しく定式化されていれば，1期先回帰で推定される（そして繰り返される）モデルの係数は，多期間先の回帰よりも効率的に推定されます．第2に，実際上の観点から述べると，通常予測者は単に1つの予測期間だけでなく複数の予測期間に関心を持つという点です．繰り返し予測の場合，同じモデルが使われる結果，傾向として，直接予測よりも変動の小さな将来予測の経路が得られます．一方，直接予測の場合には，それぞれの予測期間に対して異なるモデルが使われるため，推定された係数に含まれるサンプリング・エラーが，直接予測の経路に対するランダムな変動要因として加わってしまいます．

しかしながら，ある状況の下では，直接予測の方がより好ましい場合があります．その状況の1つは，1期先予測モデル（AR あるいは VAR モデル）が正しく特定化されていないと十分に信じられる場合です．たとえば，VAR モデルにおいて，いま予測しようとする変数の式は正しくても，（たとえば非線形の項が考慮されていないなどの理由で）他

の式の特定化は誤っているとしましょう．もし1期先予測モデルの特定化に誤りがあれば，一般には，多期間の繰り返し予測はバイアスを持ち，その結果，（たとえ直接予測の方が，分散が大きくとも）繰り返し予測の平均二乗誤差（MSFE）は，直接予測のMSFEを上回ることが起こりえます．直接予測の方が好ましいと考えられる別の状況は，予測に使われる説明変数の数が多い場合です．その場合，VARのそれぞれの式に非常に多くの係数が含まれるため，それらすべての変数を使うVAR予測は信頼できなくなる可能性があるのです．

16.3 和分の次数と DF-GLS 単位根テスト

本節では，14.6節の確率トレンドの議論を拡張し，次の2つのトピックを追加します．第1に，時系列変数のトレンドには，ランダムウォーク・モデルでうまく描写できない場合があります．そこでモデルを拡張して，そのような回帰モデルが持つ意味について議論します．第2に，時系列データの単位根テストについて議論を続け，2つ目のテスト方法であるDF-GSLテストについて紹介します．

トレンドに関する他のモデルと和分の次数

14.6節で説明したトレンドのランダムウォーク・モデルでは，t期のトレンドは，$t-1$期のトレンドと誤差項の和で表現されました．もしY_tがドリフトβ_0を持つランダムウォークに従うなら，

$$Y_t = \beta_0 + Y_{t-1} + u_t. \tag{16.16}$$

ここで誤差項u_tは系列相関を持たないと仮定されます．同じく14.6節の議論を思い起こすと，変数がランダムウォーク・トレンドを持つ場合，その変数は1となる自己回帰の根（autoregressive root）を持ちます．

トレンドのランダムウォーク・モデルは，多くの経済時系列変数の長期的な変動をうまく描写しますが，中には(16.16)式よりもスムーズな——つまり今期から来期への変化がより小さい——トレンドを持つ変数もあります．そのようなトレンドを表現する別のモデルが必要です．

スムーズなトレンドの1つのモデルは，トレンドの1回階差がランダムウォークに従うというものです．すなわち，

$$\Delta Y_t = \beta_0 + \Delta Y_{t-1} + u_t. \tag{16.17}$$

ここで誤差項u_tは系列相関なしです．このように，もしY_tが(16.17)式に従い，ΔY_tがランダムウォークならば，$\Delta Y_t - \Delta Y_{t-1}$は定常的です．1回階差の階差（$\Delta Y_t - \Delta Y_{t-1}$）は

> **基本概念 16.4　和分の次数，階差，定常性**
>
> - もし Y_t が 1 次の和分，すなわち $I(1)$ であれば，Y_t は自己回帰の単位根を 1 つ持ち，その 1 回階差 ΔY_t は定常的である．
> - もし Y_t が 2 次の和分，すなわち $I(2)$ であれば，ΔY_t は自己回帰の単位根を 1 つ持ち，2 回階差 $\Delta^2 Y_t$ は定常的である．
> - もし Y_t が d 次の和分（**integrated of order d**），すなわち $I(d)$ であれば，Y_t は確率トレンドを除去するために d 回階差を取らなければならない．つまり $\Delta^d Y_t$ が定常的である．

Y_t の **2 回階差**（**second difference**）と呼ばれ，$\Delta^2 Y_t = \Delta Y_t - \Delta Y_{t-1}$ です．この用語を使うと，もし Y_t が (16.17) 式に従うなら，その 2 回階差は定常となります．もし，時系列変数が (16.17) 式のトレンドを有するとき，その系列の 1 回階差は 1 となる自己回帰の根（すなわち単位根）を持ちます．

用語：「和分の次数」　　以上の 2 つのトレンド・モデルを区別する有用な用語があります．ランダムウォーク・トレンドを有する変数は，**1 次の和分**（**integrated of order one**，あるいは **$I(1)$**）と呼ばれます．(16.17) 式のトレンドを持つ変数は，**2 次の和分**（**integrated of order two, $I(2)$**）．確率トレンドを持たず定常的な変数は，**0 次の和分**（**integrated of order zero, $I(0)$**）と呼ばれます．

$I(1)$ あるいは $I(2)$ といった用語における和分の次数（**order of integration**）とは，階差を何回とれば定常的になるかというその回数に当たります．もし変数 Y_t が $I(1)$ であれば，その 1 回階差である ΔY_t が定常的となります．もし $I(2)$ であれば，Y_t の 2 回階差 $\Delta^2 Y_t$ が定常的となります．もし Y_t が $I(0)$ なら，Y_t そのものが定常的となります．

和分の次数については，基本概念 16.4 に要約されます．

$I(2)$ か $I(1)$ かをどうテストするのか　　もし Y_t が $I(2)$ であれば，ΔY_t は $I(1)$ となり，したがって，ΔY_t は自己回帰の単位根を 1 つ持ちます．一方，もし Y_t が $I(1)$ であれば，ΔY_t は定常的となります．したがって，Y_t が $I(2)$ という帰無仮説は，Y_t が $I(1)$ という対立仮説に対してテストされ，ΔY_t が自己回帰の単位根を 1 つ持つかどうかが検定されることになります．もし ΔY_t が単位根を 1 つ持つという仮説が棄却された場合，Y_t が $I(2)$ という仮説が棄却され，Y_t が $I(1)$ という対立仮説が採択されます．

$I(2)$ と $I(1)$ 変数の具体例：物価水準とインフレ率　　第 14 章で，アメリカのインフレ率

はランダムウォークの確率トレンドを有する，すなわちインフレ率は $I(1)$ だろうと結論づけました．もしインフレーションが $I(1)$ であれば，その確率トレンドは 1 回の階差を取ることで除去できます．したがって，ΔInf_t は定常的です．14.2 節（(14.2) 式）で述べたように，年率で測った四半期のインフレ率は，対数を取った物価水準の 1 回の階差（四半期の変化）に 400 を掛けた値になります．すなわち，$Inf_t = 400\Delta p_t$, $p_t = \ln(CPI_t)$ です．このように，インフレ率を $I(1)$ とみなすことは，Δp_t を $I(1)$ とみなすことにほかなりません．しかし，それはまた p_t を $I(2)$ とみなすことにもなります．このように，これまでその用語は使ってきませんでしたが，実は物価水準の対数値をずっと $I(2)$ とみなしてきたのです．

物価水準の対数値 p_t とインフレ率は図 16.1 に示されています．物価水準（図 16.1(a)）の長期トレンドは，インフレ率（図 16.1(b)）の長期トレンドよりもよりスムーズに変化しています．物価水準に見られるスムーズなトレンド変化は $I(2)$ 変数に典型的なものです．

DF-GLS 単位根テスト

本節は，14.6 節で行った単位根テストの議論を続けます．はじめに，自己回帰の単位根テストの別の手法として，DF-GLSテストを説明します．次に，数学解説のオプションとして，なぜ単位根テストの統計量は，たとえ標本数が十分に多くても正規分布に従わないのかを説明します．

DF-GLS テスト ADFテストは，単位根が 1 つ含まれるという帰無仮説をテストするために開発された最初のテストで，実際の実証研究で最も一般的に使われています．その後，他のテスト手法が提案され，それらの多くはADFテストより高い検出力（パワー，基本概念 3.5）を持っています．より高い検出力を持つテストは，対立仮説が正しいとき，単位根の帰無仮説をより頻繁に棄却します．よりパワーの高いテストは，自己回帰の根が 1 の場合と 1 より小さい場合の両者をよりうまく区別できるのです．

この小節では，そういったテストの 1 つとして，Elliott, Rotheberg, Stock (1996) が開発した **DF-GLS テスト**（**DF-GLS test**）を紹介します．その手法では，帰無仮説は Y_t はランダムウォーク・トレンドを有する（ドリフト付の可能性も含む），対立仮説は Y_t は線形の時間トレンドの回りで定常的である，という設定で実施されます．

DF-GLS テストは 2 つのステップで計算されます．第 1 ステップでは，定数項と時間トレンドが一般化最小二乗法（generalized least squares, GLS; 15.5 節を参照）で推定されます．その GLS 推定では 3 つの新しい変数 V_t, X_{1t}, X_{2t} を導入します．ここで各変数ですが，V_t は $V_1 = Y_1$ そして $V_t = Y_t - \alpha^* Y_{t-1}$, $t = 2,\ldots,T$, X_{1t} は $X_{11} = 1$ そして $X_{1t} = 1 - \alpha^*$, $t = 2,\ldots,T$, X_{2t} は $X_{21} = 1$ そして $X_{2t} = t - \alpha^*(t-1)$, $t = 2,\ldots,T$ でそれぞれ与えられ，ここで α^* は公式 $\alpha^* = 1 - 13.5/T$ を使って計算されます．その上で，V_t が

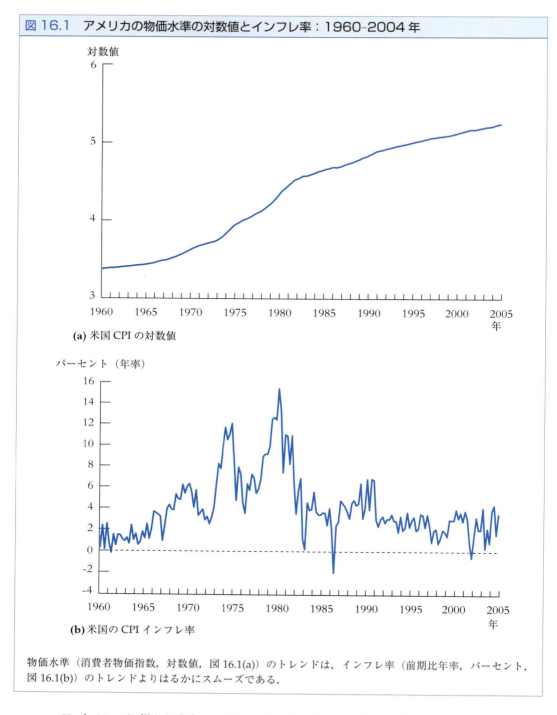

図 16.1 アメリカの物価水準の対数値とインフレ率：1960–2004 年

(a) 米国 CPI の対数値

(b) 米国の CPI インフレ率

物価水準（消費者物価指数，対数値，図 16.1(a)）のトレンドは，インフレ率（前期比年率，パーセント，図 16.1(b)）のトレンドよりはるかにスムーズである．

X_{1t} と X_{2t} で回帰されます．つまり，OLS により次の母集団回帰式，

$$V_t = \delta_0 X_{1t} + \delta_1 X_{2t} + e_t \tag{16.18}$$

の係数が推定されます．そこでは $t = 1, \ldots, T$ の観察値が用いられ，e_t は誤差項です．こ

表 16.1 DF-GLS テストの臨界値

決定論的な定数項・時間トレンド（(16.18) 式の説明変数）	10%	5%	1%
定数項のみ（X_{1t} のみ）	−1.62	−1.95	−2.58
定数項と時間トレンド（X_{1t} と X_{2t}）	−2.57	−2.89	−3.48

出所：Fuller（1976），Elliott, Rothenberg and Stock（1996, Table 1）

の (16.18) 式の回帰には定数項が含まれていないことに注意してください．そして得られた OLS 推定値 $\hat{\delta}_0$, $\hat{\delta}_1$ は，トレンド除去された Y_t（Y_t^d）を計算するために用いられます．すなわち $Y_t^d = Y_t - (\hat{\delta}_0 + \hat{\delta}_1 t)$ です．

第 2 ステップでは，Dickey-Fuller テストを使って，Y_t^d が自己回帰の単位根を持つかどうかテストします．そこでテストの回帰式には，定数項や時間トレンドは含まれません．すなわち，被説明変数 ΔY_t^d を，Y_{t-1}^d と $\Delta Y_{t-1}^d, \ldots, \Delta Y_{t-p}^d$ で回帰します．ラグ次数 p は，14.5 節で議論したように，専門的知見に基づく判断もしくは AIC や BIC などデータに基づく手法を使って決定されます．

もし対立仮説において変数 Y_t は平均を有するものの時間トレンドは含まない場合，上記のステップは修正されます．具体的には，α^* は $\alpha^* = 1 - 7/T$ の式を使って計算され，また X_{2t} は (16.18) 式から取り除かれて，$Y_t^d = Y_t - \hat{\delta}_0$ となります．

DF-GLS テストでは，第 1 ステップで GLS 回帰を行う必要があり，標準的な ADF テストよりも手続きが複雑です．しかしそのお陰で，帰無仮説と対立仮説を区別するパワーが改善されます．実際この改善はとても目覚ましいものです．たとえば，いま Y_t が定常的な AR(1) モデルに従い，自己回帰の係数は $\beta_1 = 0.95$ とします．$T = 200$ の観測値があり，時間トレンドなしで単位根テストが行われたとします（つまり，Dickey-Fuller 回帰式から t が取り除かれ，X_{2t} が (16.18) 式から除かれます）．このとき，5% 有意水準で正しく帰無仮説を棄却する確率は，ADF テストでは約 31% ですが，DF-GLS テストでは 75% に改善するのです．

DF-GLS テストの臨界値　定数項や時間トレンドなどの決定論的（deterministic）な項の推定は，ADF と DF-GLS テストで手続きが異なります．そのため，テストにより臨界値も異なります．DF-GLS テストの臨界値は表 16.1 に示されています．DF-GLS テストの統計量（第 2 ステップの回帰で Y_{t-1}^d の係数に関する t 統計量）がその臨界値よりも小さい場合，Y_t は単位根を持つという帰無仮説は棄却されます．Dickey-Fuller テストの場合と同様に，臨界値は時間トレンドを含むかどうか（(16.18) 式に X_{2t} が含まれるかどうか）によって違ってきます．

インフレ率への応用　DF-GLS 統計量を，CPI（消費者物価指数）インフレ率 Inf_t に対して，1962:I–2004:IV の期間について計算したところ，−2.06 となりました．その際，第

2ステップでの Dickey-Fuller 回帰で ΔY_t^d は 3 期ラグまでを含みました．この統計量は，ちょうど表 16.1 の 5% 臨界値 −1.95（定数項のみ）よりも小さい値です．したがってこの DF-GLS テストから，単位根を有するという帰無仮説は 5% 有意水準で棄却されます．ここでの 3 期ラグの選択は AIC 基準（最大 6 期ラグを想定）に基づくもので，BIC 基準からも同じラグ次数が選択されました．

DF-GLS テストは，単位根を有するという帰無仮説と定常的とする対立仮説をより良く区別しうる手法であることから，このテスト結果からインフレ率は実際に定常的であると解釈できます．しかし，14.6 節の Dickey-Fuller テストでは，その結果（帰無仮説の棄却）を 5% 水準で検出できませんでした．テスト手法によって異なるこれらの結果は，どう理解すればよいでしょうか．この点について，テスト結果がラグ次数の選択によってどう影響を受けるかを調べることで考察してみましょう．4 期ラグを用いて DF-GLS テストを行った場合，10% 水準では棄却されますが，5% 水準では棄却されません．2 期ラグを用いると，10% 水準でも棄却されません．また，テスト結果はサンプル期間の選択によっても影響を受けます．同じ DF-GLS テストを 1963:I から 2004:IV の期間について行った場合（つまり最初の 1 年のサンプルを除いた場合），10% 水準では棄却されましたが，5% 水準では棄却されません．したがって，これらの結果を全体として見た場合，むしろはっきりしないということがわかります（ADF テストの結果について，(14.34) 式の後に議論した際もそうでした）．インフレ率を予測する場合，予測者はモデルを $I(1)$ とするか定常的とするかについて，これらの議論を踏まえた判断をしなければなりません．

なぜ単位根テストは正規分布とは異なる分布に従うのか

回帰分析では標本数が十分大きい場合に正規分布に従うということを拠り所としていますが，14.6 節で強調したとおり，説明変数が非定常的な場合にはそれは成り立ちません．回帰式に単位根が含まれるという帰無仮説の下，Dickey-Fuller 回帰式の説明変数 Y_{t-1}（あるいは DF-GLS テストの第 2 ステップの回帰における Y_{t-1}^d）は，非定常です．単位根テストの統計量が非正規分布に従うという結果は，この説明変数の非定常性によるものです．

なぜ分布が非正規なのかを数学的に理解するために，最も単純な Dickey-Fuller 回帰を考えましょう．そこでは ΔY_t が Y_{t-1} によって回帰され，定数項も除外されます．基本概念 14.8 の表記に従うと，この回帰式の OLS 推定量は，$\hat{\delta} = \sum_{t=1}^T Y_{t-1} \Delta Y_t / \sum_{t=1}^T Y_{t-1}^2$ となります．その結果，

$$T\hat{\delta} = \frac{\frac{1}{T}\sum_{t=1}^T Y_{t-1}\Delta Y_t}{\frac{1}{T^2}\sum_{t=1}^T Y_{t-1}^2} \tag{16.19}$$

が成り立ちます．

ここで (16.19) 式の分子を考えてみましょう．追加として $Y_0 = 0$ と仮定すると，若干の計算（練習問題 16.5）により，

$$\frac{1}{T}\sum_{t=1}^{T} Y_{t-1}\Delta Y_t = \frac{1}{2}\left[(Y_T/\sqrt{T})^2 - \frac{1}{T}\sum_{t=1}^{T}(\Delta Y_t)^2\right] \tag{16.20}$$

が得られます．

帰無仮説の下では $\Delta Y_t = u_t$ となり，系列相関がなく有限の分散を持ちます．したがって，(16.20) 式右辺の第 2 項は確率収束の表現（probability limit）を持ち，$\frac{1}{T}\sum_{t=1}^{T}(\Delta Y_t)^2 \xrightarrow{p} \sigma_u^2$ に収束します．$Y_0 = 0$ の仮定の下，(16.20) 式の第 1 項は，$Y_T/\sqrt{T} = \sqrt{\frac{1}{T}\sum_{t=1}^{T}\Delta Y_t} = \sqrt{\frac{1}{T}\sum_{t=1}^{T}u_t}$ と表現され，それは中心極限定理に従います．すなわち，$Y_T/\sqrt{T} \xrightarrow{d} N(0, \sigma_u^2)$．この結果，$(Y_T/\sqrt{T})^2 - \frac{1}{T}\sum_{t=1}^{T}(\Delta Y_t)^2 \xrightarrow{d} \sigma_u^2(Z^2 - 1)$，そこで Z は標準正規分布に従う確率変数です．ここで標準正規分布の二乗は自由度 1 のカイ二乗分布に従います．したがって (16.20) 式から，(16.19) 式の分子は帰無仮説の下，次のような収束先分布（limiting distribution）を有することが示されます：

$$\frac{1}{T}\sum_{t=1}^{T} Y_{t-1}\Delta Y_t \xrightarrow{d} \frac{\sigma_u^2}{2}(\chi_1^2 - 1). \tag{16.21}$$

(16.21) 式の大標本分布は，説明変数が定常的な場合に得られる通常の大標本正規分布とは異なるものです．Dickey-Fuller 回帰の Y_t の係数にかかる OLS 推定量は，正規分布の代わりに，自由度 1 のカイ二乗分布から 1 を引いた値に比例する分布に従うのです．

以上の議論では，分子の $T\hat{\delta}$ のみを検討しました．分母もまた，帰無仮説の下，通常ではない分布に従います．Y_t は，帰無仮説の下，ランダムウォークに従うため，$\frac{1}{T}\sum_{t=1}^{T}Y_{t-1}^2$ は定数に確率収束しません．その代わりに，(16.19) 式の分母は，大標本の下でも確率変数となります．つまり $\frac{1}{T^2}\sum_{t=1}^{T}Y_{t-1}^2$ は，帰無仮説の下，分子とともに分布において収束することとなります．(16.19) 式の分子と分母がそれぞれ通常でない分布に従うということが，Dickey-Fuller テスト統計量が標準的でない分布となり，独自の特別な臨界値表に従うという理由なのです．

16.4 共和分

2 つかそれ以上の変数が，共通して同じ確率トレンドを有する場合が時としてあります．そういった特別な場合，それは共和分（cointegration）と呼ばれ，回帰分析は時系列変数間の長期的な関係を浮き彫りにします．しかし，その分析には新しい手法が必要となります．

BOX：Robert Engle, Clive Granger 両教授のノーベル賞受賞

2003年，2人の計量経済学者エンゲル教授（Robert F. Engle）とグレンジャー教授（Clive W. J. Granger）は，彼らが1970年代終わりから1980年代初めにかけて行った時系列分析の基礎的な理論研究が評価され，ノーベル経済学賞を受賞しました．

Clive W. J. Granger

グレンジャー教授の研究は，経済の時系列データに含まれる確率トレンドをどう取り扱うかについて焦点を当てたものでした．グレンジャー教授は，初期の段階から，確率トレンドを含む2つの無関係な系列は，通常の t 統計量や回帰分析の R^2 などの指標から，関係があると誤って判断されるという問題を認識していました．これは「見せかけの回帰（spurious regression）」と呼ばれる問題です．1970年代，見せかけの回帰の問題を回避するための標準的な対応策は，時系列データの階差を取ることでした．そのことからグレンジャー教授は，英国の計量経済学者による研究（Davidson, Hendry, Srba, and Yeo 1978）に対して懐疑的でした．というのも，その研究では，消費の対数値と所得の対数値の差のラグ（$\ln C_{t-1} - \ln Y_{t-1}$）は，消費の成長率（$\Delta \ln C_t$）に対する有用な予測変数であると主張していたからです．$\ln C_{t-1}$ と $\ln Y_{t-1}$ は，それぞれ1つの単位根を有するのでレベルのまま用いることは問題であり，当時の標準的な対応としては1回階差を取った上で回帰式に含まれるべきと考えられていたのです．

グレンジャー教授は当初，英国の研究者たちの分析が誤りであることを数学的に証明しようと研究を始めました．しかし彼は逆にその特定化は正しいことを証明したのです．すなわち，個々の時系列変数が $I(1)$ であってもその線形関係が $I(0)$ である場合に，数学的に正しく導かれた表現——ベクトル誤差修正モデル——が存在するということを示したのです．グレンジャー教授はそのような状況を「共和分（cointegration）」と名付けました．その後，大学（カリフォルニア州立大学サンディエゴ校）の同僚であるエンゲル教授との共同研究により，共和分の存在をテストする手法を提唱しました．その中でも最もよく知られている手法が，16.4節で説明するEngle-Granger ADFテストです．いまや共和分分析は，現代のマクロ計量経済学にとって定番の手法となっています．

そのほぼ同じ時期に，エンゲル教授は米国インフレ率の変動の程度（ボラティリティ）が1970年代に顕著に高まったという事実について熟考していました（図16.1(b)参照）．

Robert F. Engle

もしインフレ率のボラティリティが上昇したのであれば，インフレ率を予測する際の予測区間は，当時の標準モデルが示すものよりも幅広くなると考えました．なぜなら当時の標準モデルではインフレ率の分散は一定と仮定されていたからです．しかし，ではどのようにして正確に，

(観測されない) 誤差項の (やはり観測されない) 時間とともに変化する分散を予測することができるのでしょうか．

エンゲル教授による答えは，16.5節で述べるように，「自己回帰の条件付不均一分散 (autoregressive conditional heteroskedasticity, ARCH) モデル」を開発するというものでした．ARCH モデルとその拡張は，主としてエンゲル教授と彼の弟子たちによってなされ，とりわけ資産収益率のボラティリテ ィをモデル化するのに有益であることが判明しました．そして，その結果得られるボラティリティの予測は，金融派生商品（デリバティブ）の価格付けや，金融資産保有にかかるリスク評価に使われています．今日では，ボラティリティ指標とその予測は，ファイナンス計量分析のコアであり，ARCH モデルとその後継モデルはボラティリティ分析でもっとも多用される分析手法です．

共和分と誤差修正

確率トレンドを持つ2つかそれ以上の変数は，長期間にわたって互いに緊密な関係を維持しながら変動し，同じトレンド部分，すなわち共通トレンド (**common trend**) を持っているように見えることがあります．たとえば，アメリカ国債の2つの金利が図 16.2 に示されています．その1つは，90日間の米国財務省証券の金利です（年率表示，$R90_t$）．もう1つは，1年もの米国財務省証券の金利です（$R1yr_t$）．これらの金利の詳細は付論 16.1 で説明します．2つの金利は，同じ長期的な傾向もしくはトレンドを示しています．1960年代はともに低く，1970年代にかけてともに上昇して1980年代初旬にピークを迎え，そして1990年代にはともに低下しています．そして2つの金利の差 $R1yr_t - R90_t$，それは金利の「スプレッド」とも呼ばれ図 16.2 に表示されていますが，そこにはトレンド部分は含まれていないように見えます．すなわち，1年もの金利から90日もの金利を差し引くと，両方の金利それぞれに含まれていたトレンドが取り除かれたように見えます．別の言い方をすると，2つの金利は異なりますが，それらは共通の確率トレンドを有しているように見えます．一方から他方を差し引くことで個々の変数のトレンドが除去されるとき，それら2つの系列は同じトレンド，すなわち共通の確率トレンドを有しているに違いありません．

2つかそれ以上の変数が共通の確率トレンドを持つ場合，それらは共和分の関係にある (**cointegrated**) と呼ばれます．共和分の正式な定義（計量経済学者 Clive Granger 1983 に基づく定義，Clive Granger と Robert Engle に関するボックスを参照）は，基本概念 16.5 に述べられています．この節では，共和分が存在するかどうかのテスト手法を紹介し，共和分が存在する変数間の回帰係数の推定方法について議論し，そして共和分関係を使った予測について例示します．以下ではまず，変数が2つ，X_t と Y_t のみの場合に焦点

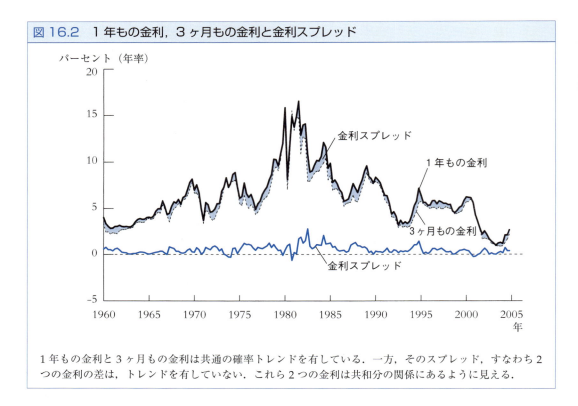

図16.2 1年もの金利,3ヶ月もの金利と金利スプレッド

1年もの金利と3ヶ月もの金利は共通の確率トレンドを有している.一方,そのスプレッド,すなわち2つの金利の差は,トレンドを有していない.これら2つの金利は共和分の関係にあるように見える.

を当てて議論を進めます.

ベクトル誤差修正モデル　前節まで,$I(1)$ 変数 Y_t の確率トレンドは,その階差 ΔY_t を求めることで取り除いてきました.確率トレンドがもたらす問題は,時系列データの回帰分析において,Y_t ではなく ΔY_t を用いることで回避されてきました.しかし,もし X_t と Y_t が共和分の関係にあるのなら,確率トレンドを取り除く別の方法として,両者の差 $Y_t - \theta X_t$ を計算することが考えられます.$Y_t - \theta X_t$ の項は定常的なので,それも回帰分析に用いることができます.

実際,もし X_t と Y_t が共和分の関係にあるなら,X_t と Y_t の1回の階差はVARを使って,その上で $Y_{t-1} - \theta X_{t-1}$ を説明変数として追加して,モデル化できます:

$$\Delta Y_t = \beta_{10} + \beta_{11}\Delta Y_{t-1} + \cdots + \beta_{1p}\Delta Y_{t-p} + \gamma_{11}\Delta X_{t-1} + \cdots + \gamma_{1p}\Delta X_{t-p} + \alpha_1(Y_{t-1} - \theta X_{t-1}) + u_{1t} \tag{16.22}$$

$$\Delta X_t = \beta_{20} + \beta_{21}\Delta Y_{t-1} + \cdots + \beta_{2p}\Delta Y_{t-p} + \gamma_{21}\Delta X_{t-1} + \cdots + \gamma_{2p}\Delta X_{t-p} + \alpha_2(Y_{t-1} - \theta X_{t-1}) + u_{2t}. \tag{16.23}$$

ここで $Y_t - \theta X_t$ の項は,誤差修正項(**error correction term**)と呼ばれます.(16.22)式と(16.23)式を合わせたモデルは,ベクトル誤差修正モデル(**vector error correction**

基本概念 16.5　共和分

いま X_t と Y_t がともに1次の和分変数とする．もし，ある係数 θ について，$Y_t - \theta X_t$ が0次の和分であるなら，2変数 X_t と Y_t は共和分の関係にある（**cointegrated**）と呼ばれる．また係数 θ は共和分係数（**cointegrating coefficient**）と呼ばれる．

X_t と Y_t に共和分が存在するのであれば，2つの変数は同じ共通した確率トレンドを持つ．両者の差 $Y_t - \theta X_t$ を求めることで，共通の確率トレンドは取り除かれる．

model, VECM）と呼ばれます．VECM では，$Y_t - \theta X_t$ の過去の値が ΔX_t と ΔY_t の将来の値を予測する際に役立つのです．

2変数が共和分の関係にあるかどうかをどう判断するか

2つの変数が共和分モデルとして特定されるかどうかを決定するには，次の3つの方法が考えられます．専門的な知識および経済理論を利用する，変数の動きをグラフに示しそれらが共通の確率トレンドを持つかどうか判断する，そして統計的な共和分テストを実施する．実際の応用では，これら3つの方法をすべて用いることが重要です．

第1に，共和分モデルが妥当かどうか決めるにあたり，これらの変数に関する専門知識を利用する必要があります．たとえば図16.2の2つの金利変数は，金利の期間構造に関する「期待理論」と呼ばれる考え方によってリンクしています．その理論では，1年もの財務省証券の1月1日の金利は，90日もの財務省証券の第1四半期の金利，および第2，第3，第4四半期の予想金利の平均と等しくなります．なぜなら，もし両者が等しくなければ，投資家は1年もの財務省証券を保有するか，あるいは90日もの財務省証券を繰り返し保有するかで超過収益を上げることができるため，その結果，証券価格は上昇し（金利は下落），最終的に予想収益が等しくなると考えられるからです．もし90日もの金利にランダムウォークの確率トレンドが存在すれば，期待理論から，その確率トレンドは1年もの金利にも受け継がれることになり，それら2つの金利差，つまり金利スプレッドは定常的となります．このように，もし2つの金利が $I(1)$ であれば，金利の期間構造の期待理論から，それらは共和分係数 $\theta = 1$ の共和分関係にあることが示唆されるのです（練習問題 16.2）．

第2に，変数の動きを目で確かめることも，共和分が妥当かどうか識別する上で役立ちます．たとえば図16.2で示した2つの金利のグラフから，それぞれの系列は $I(1)$ であり，しかし両者のスプレッドは $I(0)$ のように見える，したがって2変数は共和分の関係にあることがうかがわれます．

第3に，これまで説明してきた単位根テストの手法は，共和分テストに拡張可能です．単位根テストをベースにできる基本的な理由は次のようなものです．すなわち，もし Y_t と X_t が共和分係数 θ の共和分の関係にあるとすると，$Y_t - \theta X_t$ は定常的です．もしそれ以外であれば，$Y_t - \theta X_t$ は非定常的（$I(1)$）となります．したがって，Y_t と X_t が共和分の関係にない（すなわち $Y_t - \theta X_t$ が $I(1)$）という仮説は，$Y_t - \theta X_t$ に単位根が存在するという帰無仮説をテストすることで検証できます．もし帰無仮説が棄却されれば，Y_t と X_t の共和分モデルが支持されます．このテストの具体的な手続きは，共和分係数 θ が既知か未知かに依存することになります．

θ が既知である場合の共和分テスト　　専門的知識もしくは経済理論から，θ の値が示唆されることがあります．θ の値がわかっているとき，Dickey-Fuller そして DF-GLS 単位根テストを応用して共和分の存在を検証できます．それは，まず系列 $z_t = Y_t - \theta X_t$ を作成し，そして z_t が単位根を持つという帰無仮説をテストすることで実施されます．

θ が未知である場合の共和分テスト　　共和分係数 θ の値が未知のとき，誤差修正項に対して単位根テストを実施する前に，まずその係数を推定しなければなりません．その準備作業のステップがあるため，その後の単位根テストでは，異なる臨界値を使う必要があります．

具体的には，第1ステップで，次の回帰式を OLS 推定し，共和分係数 θ が求められます：

$$Y_t = \alpha + \theta X_t + z_t. \tag{16.24}$$

第2ステップで，Dickey-Fuller t テスト（定数項を含み，時間トレンドは含まない）が，この回帰から得られた残差 $\hat{z}_t$ の単位根をテストするために使われます．この2ステップの手続きは，Engle-Granger Augmented Dickey-Fuller 共和分テスト，あるいは **EG-ADF テスト**（**EG-ADF test**）と呼ばれます（Engle and Granger, 1987）．

EG-ADF テスト統計量の臨界値は表 16.2 に与えられています[2]．最初の行の臨界値は，(16.24) 式において説明変数が1つの場合，すなわち共和分変数が2つ（X_t と Y_t）の場合に用いられます．それ以降の行は共和分変数が3つ以上の場合の臨界値で，それは本節の最後に議論します．

---

[2] 表 16.2 の臨界値の出所は Fuller（1976）と Phillips and Ouliaris（1990）．Hansen（1992）の提言に従い，表 16.2 の臨界値は，X_t と Y_t がドリフト項を持っているかどうかにかかわらず適用可能となるよう選択されています．

表 16.2　Engle-Granger ADF 統計量の臨界値

(16.24) 式の説明変数 X の数	10%	5%	1%
1	−3.12	−3.41	−3.96
2	−3.52	−3.80	−4.36
3	−3.84	−4.16	−4.73
4	−4.20	−4.49	−5.07

共和分係数の推定

もし X_t と Y_t が共和分の関係にあれば，(16.24) 式の共和分係数に関する OLS 推定量は一致性を持ちます．しかし一般に，OLS 推定量は非正規分布に従い，その t 統計量に基づく統計的推論は，HAC 標準誤差を使うかどうかにかかわらず，誤りとなる可能性があります．θ の OLS 推定量にはこういった問題があるため，計量経済学の研究者たちは共和分係数を推定する別の推定量を数多く開発してきました．

その 1 つの推定量で，実際にも容易に応用できる手法として，ダイナミック OLS (dynamic OLS, DOLS) と呼ばれる推定量があります (Stock and Watson, 1993)．DOLS 推定量は，(16.24) 式を修正して，X_t の変化の過去，現在，未来の値を回帰式に含めます．すなわち，

$$Y_t = \beta_0 + \theta X_t + \sum_{j=-p}^{p} \delta_j \Delta X_{t-j} + u_t. \tag{16.25}$$

この (16.25) 式の説明変数は，X_t, $\Delta X_{t+p}, \ldots, \Delta X_{t-p}$ です．θ の DOLS 推定量は，この (16.25) 式の回帰における θ の OLS 推定量に当たります．

X_t と Y_t の間に共和分関係が存在する場合，DOLS 推定量は大標本において効率性の性質を満たします．さらに，HAC 標準誤差に基づく係数 θ と δ の統計的推論は正しいものとなります．たとえば，DOLS 推定量と HAC 標準誤差を使って得られた t 統計量は，大標本の場合，標準正規分布に従うことが知られています．

(16.25) 式を解釈する 1 つの考え方として，15.3 節の議論を思い出してください．そこでは，Y_t を X_t とそのラグで回帰する分布ラグ回帰を修正することで，累積的な動学乗数が計算されました．具体的には，(15.7) 式において，累積的な動学乗数が，Y_t を ΔX_t と ΔX_t のラグ，そして X_{t-r} で回帰することで求められ，X_{t-r} の係数が長期的な累積的動学乗数に相当します．同様に，もし X_t が強い意味での外生であれば，(16.25) 式で X_t の係数 θ は長期的な累積的動学乗数，すなわち X_t の変化が Y_t へ及ぼす長期的な効果に当たることになります．もし X_t が強い意味での外生でなければ，この解釈は成り立ちません．しかしそれでもなお，X_t と Y_t は共和分のとき共通の確率トレンドを有するため，DOLS 推定量は，たとえ X_t が内生変数であっても，一致性が満たされるのです．

DOLS 推定量は，共和分係数に関する唯一の効率的な推定量というわけではありません．最初の効率的な推定量は Søren Johansen により開発されました（Johansen, 1988）．Johansen の手法およびその他の共和分係数の推定手法については，Hamilton（1994，第 20 章）の議論を参照してください．

たとえ経済理論が特定の共和分係数の値を示唆しなくても，推定された共和分関係が実際に意味のあるものかチェックすることは重要です．共和分テストは誤った結果をもたらしうる（共和分が存在しないという帰無仮説をそれが実際に正しい場合に誤って棄却する，もしくは帰無仮説が実際には正しくない場合に棄却しない）ため，共和分関係を利用し推定する際には，経済理論や制度に関する知識，そして常識といったものを考慮することが特に重要となります．

3 変数以上の共和分への拡張

以上議論した概念，テスト，そして推定量は，変数が 3 つ以上の場合へも拡張できます．たとえば，3 つの変数 Y_t，X_{1t} そして X_{2t} があり，そのいずれもが $I(1)$ 変数である場合を考えます．もし $Y_t - \theta_1 X_{1t} - \theta_2 X_{2t}$ が定常的なら，それら 3 変数には，θ_1，θ_2 の共和分係数を持つ共和分が存在するといえます．また変数が 3 つ以上の場合には，複数の共和分関係の存在が可能性として考えられます．たとえば，3 つの金利変数：3ヶ月もの金利，1 年もの金利，そして 5 年もの金利（R5yr）の関係をモデル化することを考えます．もしそれらがすべて $I(1)$ なら，金利の期間構造に関する期待理論より，共和分が存在することが示唆されます．期待理論が示唆する 1 つの共和分関係は，$R1yr_t - R90_t$ です．そして同じく 2 つ目の共和分関係は，$R5yr_t - R90_t$ が考えられます．（もう 1 つ，$R5yr_t - R1yr_t$ も共和分関係ですが，それは他の 2 つの共和分関係と完全に多重共線的であり，追加情報は何ら含まれていません．）

3 つ以上の変数間の 1 つの共和分関係をテストする EG-ADF 手法は，2 変数の場合と同じで，違いは (16.24) 式の回帰で X_{1t} と X_{2t} の両方が説明変数という形で修正される点だけです．EG-ADF テストの臨界値は表 16.2 に示されていますが，第 1 ステップの OLS 共和分回帰に含まれる説明変数の数に応じて，テストに用いるべき値が変わります．複数の X を含む共和分係数の DOLS 推定は，それぞれの X のレベルと，それぞれの X の 1 回階差のリードとラグを回帰式に含みます．3 つ以上の変数の場合の共和分テストは，Johansen（1988）の手法のように，多変数システムの手法を利用することも可能です．そして，DOLS 推定量も複数の共和分関係に拡張され，それぞれの共和分関係を表す複数の回帰式を推定することで分析されます．多変数の共和分分析に関するより詳細な議論は，Hamilton（1994）を参照してください．

注意点　2 つ以上の変数が共和分関係にある場合，誤差修正項はそれぞれの変数を予測

する際に役立ちます．また，他の関連する変数を予測する際にも，役立つかもしれません．しかし，共和分が存在するには，各変数が同じ確率トレンドを有していなければなりません．経済変数のトレンドは，本質的に異なる要因が複雑かつ相互に作用しながら発生するものです．何かとらえがたい理由により，密接にかかわる変数が異なるトレンドを持つ場合もあります．もし共和分関係にない変数が誤って VECM としてモデル化されると，誤差修正項は $I(1)$ となり，予測に確率トレンドが入り込むことになります．その結果，サンプル外予測のパフォーマンスは悪化するでしょう．したがって，VECM を用いた予測には，共和分を示唆する信頼できる理論的根拠と，注意深い実証分析の両方の組合せが不可欠なのです．

金利への応用

これまでに議論してきたとおり，金利の期間構造に関する期待理論から，満期までの期間が異なる2つの金利が $I(1)$ 変数の場合，それらは共和分係数 $\theta = 1$ の共和分関係にある，換言すると2つの金利のスプレッドは定常的，という仮説が示唆されます．図16.2 を調べると，1年もの金利と3ヶ月もの金利は共和分の関係にあるという仮説は，定性的に支持されるように見受けられます．私たちは，単位根テストと共和分テストの統計量を使って，この仮説のよりフォーマルな証拠を提示します．そして2つの金利に関するベクトル誤差修正モデルを推定します．

単位根テストと共和分テスト　単位根テストと共和分テストを2つの金利変数について実施しました．その結果が表16.3 に表されています．最初の2行の単位根テストでは，2つの金利変数，3ヶ月もの金利（$R90_t$）と1年もの金利（$R1yr_t$）について，それぞれ個々に単位根を持つかどうかがテストされます．最初の2行に示された4つの統計量のうち，2つについて帰無仮説は10% 有意水準で棄却されません．そして5% 水準では4つのうち3つの統計量で棄却されませんでした．例外は3ヶ月もの金利に関する ADF 統計量（−2.96）で，単位根を有するという帰無仮説が5% 水準で棄却されています．つまり，3ヶ月もの金利に関しては，ADF 統計量と DF-GLS 統計量で異なるテスト結果が得られています（ADF テストでは 5% 水準で帰無仮説が棄却，一方 DF-GLS テストでは棄却されない）．したがって私たちは，各変数を $I(1)$ と見なすことが妥当かどうか，何らかの判断をしなくてはなりません．そして結論としては，上記の推定結果から総合的に見て，金利変数は $I(1)$ と見なすことがもっともらしいと判断することとします．

金利スプレッド $R1yr_t - R90_t$ に対する単位根テストは，「これらの2変数間には共和分は存在しない」という仮説を，「共和分は存在する」という仮説に対して，テストすることになります．金利スプレッドが単位根を含むという帰無仮説は，両方のテスト手法から，1% 水準で棄却されます．したがって，2つの変数間に共和分は存在しないという帰

表 16.3　2 つの金利変数に対する単位根テストと共和分テストの統計量

系列	ADF 統計量	DF-GLS 統計量
$R90_t$	−2.96*	−1.88
$R1yr_t$	−2.22	−1.37
$R1yr_t - R90_t$	−6.31**	−5.59**
$R1yr_t - 1.046 R90_t$	−6.97**	−

$R90_t$ は 90 日間の米国財務省証券の金利（年率表示），$R1yr_t$ は 1 年もの米国財務省証券の金利．回帰式は 1962:I–2004:IV の四半期データを用いて推定．ラグ次数は AIC より選択（最大ラグ次数は 6 期）．単位根テスト統計量は，*5％，**1％ 有意水準でそれぞれ有意．

無仮説は，共和分が存在するとする対立仮説に対して，共和分係数 $\theta = 1$ の下，棄却されました．以上を総合すると，表 16.3 の初めの 3 行に示されたテスト結果から，これら 2 変数は共和分係数 $\theta = 1$ の下，共和分関係にあると判断されます．

この応用例では，経済理論から θ の値が示唆され（金利の期間構造の期待理論から $\theta = 1$)，そしてその値に基づく誤差修正項は $I(0)$（金利スプレッドが定常的）でした．したがって，原則として，θ が推定される EG-ADF テストをここで行う必要はありません．しかしそれでもなお，私たちは例示のためにそのテストを行います．EG-ADF テストの第 1 ステップは，OLS 回帰により θ を推定することです．その結果，

$$\widehat{R1yr}_t = 0.361 + 1.046 R90_t, \quad \overline{R}^2 = 0.973 \tag{16.26}$$

が得られました．

第 2 ステップは，この回帰式の残差項 $\hat{z}_t$ について，ADF 統計量を計算します．その結果は，表 16.3 の最後の行に示されているように，統計量は 1％ 水準の臨界値 −3.96（表 16.2）よりも小さく，したがって $\hat{z}_t$ が単位根を持つという帰無仮説は棄却されました．この統計テストの結果は，先と同じく，2 つの金利変数は共和分関係にあることを示しています．ここで，(16.26) 式では，標準誤差を表示していないことに注意してください．共和分係数の OLS 推定量は，先に述べたとおり，非正規分布に従うため，t 統計量は正規分布に従いません．ここで標準誤差（HAC であろうとなかろうと）を報告すると誤った統計的推論を招く恐れがあり，そのため表示を控えているのです．

2 つの金利変数のベクトル誤差修正モデル

もし Y_t と X_t が共和分関係にあれば，ΔY_t と ΔX_t の予測は，ΔY_t と ΔX_t の VAR に誤差修正項のラグを追加することで改善されます．すなわち，(16.22) 式と (16.23) 式の VECM を使って予測すれば改善されるのです．もし θ が既知の場合，VECM の係数は OLS で推定され，そこで $z_{t-1} = Y_{t-1} - \theta X_{t-1}$ が追加の説明変数として含まれます．もし θ が未知の場合には，VECM は推定された $\hat{z}_{t-1} = Y_{t-1} - \hat{\theta} X_{t-1}$ を使って推定されます（そこで $\hat{\theta}$ は θ の推定量）．

2 つの金利変数の応用例で考えると，経済理論から $\theta = 1$ と示唆され，そして単位根テ

ストからも 共和分係数 = 1 の下で 2 つの金利の共和分モデルが支持されました．したがってここでは，理論が示した $\theta = 1$ の値を使って VECM を特定化します．すなわち，金利スプレッドのラグ $R1yr_{t-1} - R90_{t-1}$ を $\Delta R1yr_t$ と $\Delta R90_t$ の VAR に追加します．1 回階差の 2 期ラグモデルとして特定化すると，VECM は，

$$\widehat{\Delta R90}_t = \underset{(0.17)}{0.14} - \underset{(0.32)}{0.24}\Delta R90_{t-1} - \underset{(0.34)}{0.44}\Delta R90_{t-2} - \underset{(0.39)}{0.01}\Delta R1yr_{t-1}$$
$$+ \underset{(0.27)}{0.15}\Delta R1yr_{t-2} - \underset{(0.27)}{0.18}(R1yr_{t-1} - R90_{t-1}) \quad (16.27)$$

$$\widehat{\Delta R1yr}_t = \underset{(0.16)}{0.36} - \underset{(0.30)}{0.14}\Delta R90_{t-1} - \underset{(0.29)}{0.33}\Delta R90_{t-2} - \underset{(0.35)}{0.11}\Delta R1yr_{t-1}$$
$$+ \underset{(0.25)}{0.10}\Delta R1yr_{t-2} - \underset{(0.24)}{0.52}(R1yr_{t-1} - R90_{t-1}) \quad (16.28)$$

と表現されます．

最初の式では，個別の係数はどれも 5% 水準で有意ではなく，金利変数の階差のラグに関する（係数がいずれもゼロという）結合テストでも 5% 水準で有意ではありません．2 番目の式では，金利変数の階差のラグに関する結合テストについてはやはり有意ではありませんが，金利スプレッドのラグ（誤差修正項）に係る係数は -0.52 と推定され，t 統計量は -2.17，したがって 5% 水準で統計的に有意となります．金利変数の階差のラグは，将来の金利を予測する際に有用ではありませんが，金利スプレッドのラグは 1 年もの米国債金利の変化を予測する際に有用です．すなわち，((16.28) 式の誤差修正項の係数が負であることから）1 年もの金利が 90 日もの金利を上回るとき，1 年もの金利は将来下落すると予測されるのです．

16.5 変動率のかたまりと自己回帰の条件付不均一分散

ある時期の変動は穏やかで，また別の時期では激しく変動するという現象——つまり，分散が固まりとなって変化するような現象——は，多くの経済時系列データで観察されます．本節では，変動率のかたまり（volatility clustering）を定量化するモデル，あるいは条件付不均一分散（conditional heteroscadasticity）として知られるモデルを説明します．

変動率のかたまり

多くのファイナンスあるいはマクロ経済変数では，その変動の程度（ボラティリティ）が時間とともに変化します．たとえば，ニューヨーク証券取引所（New York Stock Exchange, NYSE）の株価指数の日次変化率を見ると，図 16.3 に示されているように，1990

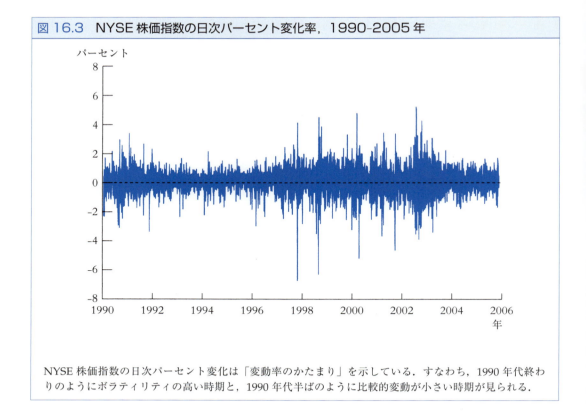

図 16.3 NYSE 株価指数の日次パーセント変化率，1990-2005 年

NYSE 株価指数の日次パーセント変化は「変動率のかたまり」を示している．すなわち，1990 年代終わりのようにボラティリティの高い時期と，1990 年代半ばのように比較的変動が小さい時期が見られる．

年と 2003 年といったボラティリティの高い時期や，1993 年のようにボラティリティが低い時期とが見られます．このようにボラティリティの高い時期と低い時期が観察される系列は，変動率のかたまり（**volatility clustering**）を示すと言われます．変動の程度がかたまりとして現れるため，NYSE 株価指数の日次価格変化率の分散は予測可能となります．もっとも，その価格変化そのものの予測は非常に困難ですが．

ある系列の分散を予測することは，いくつかの理由から興味深い問題です．第 1 に，ある資産価格の分散は，その資産を保有することのリスクを測る指標となります．日次の株価変化の分散が大きければ，その日の取引でより大きな収益を得る——あるいは，より大きな損失を出す——可能性が高まります．価格変動リスクを懸念する投資家は，ボラティリティの高い時期には，マーケットに参加するのを控えるでしょう．

第 2 に，オプションなど金融派生商品の価格は，そのベースとなる資産の分散に依存します．オプション取引を行うトレーダーは，オプションの売買価格を知るために，将来のボラティリティに関するベストな予測を必要とするでしょう．

第 3 に，分散を予測することで，正確な予測区間を求めることが可能となります．たとえばいま，将来のインフレ率を予測するとします．もし予測誤差の分散が一定であれば，近似的な予測の信頼区間は，14.4 節で議論した方法に沿って，すなわち予測値に SER の倍数を上下に加えた幅として，求めることができます．しかし，もし予測誤差の

分散が時間とともに変化するならば，予測区間の幅も時間とともに変化するでしょう．インフレ率が特に大きな変動要因あるいはショックに見舞われる時期では，予測区間の幅も拡大するでしょうし，比較的変動の小さい期間では，その幅は縮小すると考えられます．

変動率のかたまりは，誤差項の分散の時間を通じたかたまりとも解釈できます．すなわち，ある期において回帰誤差の分散が小さければ，次の期の分散も小さい傾向にあると考えられます．言い換えれば，変動率のかたまりは，誤差項の不均一分散が時間とともに変化する状況を表しているのです．

自己回帰の条件付不均一分散

本節では，変動率のかたまりを表す2つのモデルを紹介します．1つは，自己回帰の条件付不均一分散（**autoregressive conditional heteroscedasticity, ARCH**）モデル，もう1つはその拡張で，一般化 **ARCH**（**generalized ARCH, GARCH**）モデルです．

ARCH　次の ADL(1,1) モデルを考えましょう：

$$Y_t = \beta_0 + \beta_1 Y_{t-1} + \gamma_1 X_{t-1} + u_t. \tag{16.29}$$

ARCH モデルは，計量経済学者の Robert Engle（Engle, 1982）によって開発されたもので，誤差項 u_t が平均ゼロ，分散 σ_t^2 の正規分布に従うと想定されます．そこで σ_t^2 は u_t の過去の二乗に依存します．具体的に説明すると，p 次の ARCH モデル，ARCH(p) は，

$$\sigma_t^2 = \alpha_0 + \alpha_1 u_{t-1}^2 + \alpha_2 u_{t-2}^2 + \cdots + \alpha_p u_{t-p}^2 \tag{16.30}$$

と表され，そこで $\alpha_0, \alpha_1, \ldots, \alpha_p$ は未知の係数です．これらの係数が正であるとき，もし最近の誤差項の二乗が大きければ，誤差項の分散 σ_t^2 が大きくなり，その意味で ARCH モデルでは現在の誤差の二乗も大きくなると予測されます．

ここでは (16.29) 式の ADL(1,1) モデルを使いましたが，ARCH モデルは，どんな時系列回帰分析の誤差項の分散に対しても応用可能です．そこで，誤差項は条件付平均ゼロであり，モデルとしては，より高次の ADL モデル，自己回帰モデル，複数の説明変数を含む時系列回帰モデルなどに適用されます．

GARCH　一般化 ARCH（GARCH）モデルは，計量経済学者 Timothy Bollerslev（1986）により考案されたもので，ARCH モデルが以下のように拡張されます．すなわち，σ_t^2 が誤差の二乗のラグだけでなく自分自身のラグにも依存するというモデルです．GARCH(p, q) モデルは，

$$\sigma_t^2 = \alpha_0 + \alpha_1 u_{t-1}^2 + \cdots + \alpha_p u_{t-p}^2 + \phi_1 \sigma_{t-1}^2 + \cdots + \phi_q \sigma_{t-q}^2 \tag{16.31}$$

と表され，そこで $\alpha_0, \alpha_1, \ldots, \alpha_p$, $\phi_1, \ldots, \phi_q$ は未知の係数です．

ARCH モデルの特定化は分布ラグモデルと類似しており，GARCH モデルは ADL モデルと類似しています．付論 15.2 で議論したように，ADL モデルは，分布ラグモデルに比べて変数を節約した形で動学乗数の効果を分析することができます．同様に GARCH モデルは，σ_t^2 のラグを含めることで，ARCH モデルよりも少ないパラメーターで徐々に変化する分散の動きを捉えることができます．

ARCH モデルと GARCH モデルの重要な応用例は，時間とともに変化する金融資産収益率のボラティリティ，とりわけ日次の株価収益率（図 14.2(d)）など高頻度サンプルの資産収益率のボラティリティについて，測定し予測することです．そういった応用例では，しばしば収益そのものが予測不可能とモデル化され，(16.29) 式の回帰には定数項のみが含まれます．

推定と統計的推論　ARCH モデル，GARCH モデルは，それぞれ最尤法（付論 11.2）を使って推定されます．ARCH, GARCH の係数は，大標本の下で正規分布に従います．したがって，t 統計量は大標本の下で標準正規分布に従い，係数の信頼区間は「最尤法推定値 ± 1.96 標準誤差」で求められます．

株価ボラティリティへの応用

NYSE 株価指数の日次変化率に関する GARCH(1,1) モデルを構築し，1990 年 1 月 2 日から 2005 年 11 月 11 日までのすべての取引日データに基づいて推定しました．その結果，

$$\hat{R}_t = \underset{(0.012)}{0.049} \tag{16.32}$$

$$\hat{\sigma}_t^2 = \underset{(0.0014)}{0.0079} + \underset{(0.005)}{0.072}\, u_{t-1}^2 + \underset{(0.006)}{0.919}\, \sigma_{t-1}^2. \tag{16.33}$$

(16.32) 式では，ラグ変数は説明変数に含まれていません．なぜなら，NYSE 価格の日次変化は基本的に予測不可能だからです．

GARCH モデルの 2 つの係数（u_{t-1}^2 と σ_{t-1}^2 にかかる係数）は，ともにそれぞれ 5% 有意水準で統計的に有意です．分散の変化の持続性を測る 1 つの指標として，u_{t-1}^2 と σ_{t-1}^2 にかかる係数の和があります（練習問題 16.9）．この和 (0.991) は大きな値であり，条件付分散の変化は持続的であることが示唆されます．言い方を変えると，推定された GARCH モデルの結果から，NYSE 株価指数の高ボラティリティの時期は長く続くことが示されました．この解釈は，図 16.3 で観察される変動率のかたまりが長期間続いていることと整合的です．

t 期における推定された条件付分散 $\hat{\sigma}_t^2$ は，(16.32) 式の残差と (16.33) 式の係数から計算

図 16.4　NYSE 株価指数の日次変化率と GARCH(1, 1) に基づく標準誤差バンド

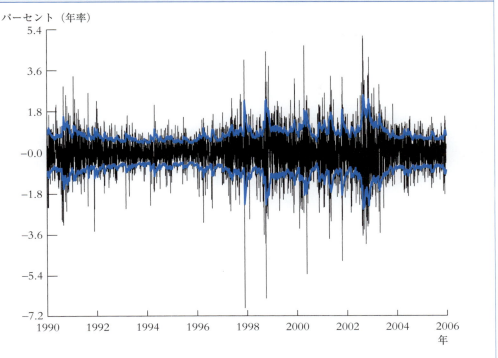

GARCH(1, 1) の標準誤差バンド（$\pm\hat{\sigma}_t$）は，(16.33) 式に基づき計算される．そのバンドの幅は条件付分散が小さければ狭く，大きければ広い．株価変化の条件付分散は，1990-2005 年の期間を通じて，大きく変化していることが示される．

できます．図 16.4 には，株価の日次変化率（平均からの乖離）とともに，GARCH(1, 1) モデルに基づき推定された条件付 1 標準誤差分のプラス・マイナスを取ったバンド（$\pm\hat{\sigma}_t$）が表示されています．この条件付標準誤差バンドは，時間とともに変化する日次変化率のボラティリティを定量的に計測するものです．1990 年代半ばの時期には，この条件付標準誤差バンドの幅は狭く，NYSE 株価指数保有に伴う価格変動リスクは相対的に小さかったことが示されます．それに対して，今世紀に入って以降，条件付標準誤差バンドは広くなり，株価変化のボラティリティはより高い時期であることがうかがわれます．

16.6　結論

　本章では，時系列回帰分析においてもっとも頻繁に使われる分析ツールと概念についてカバーしました．経済の時系列分析で用いられるその他多くの分析ツールは，それぞれ特定の問題ごとに開発されています．経済の予測についてより多くを学びたい読者の皆さんには，Enders（1995）や Diebold（2000）といった入門テキストが参考になります．時系列分析の計量経済学に関する上級の解説書としては Hamilton（1994）を参照してく

ださい.

要約

1. ベクトル自己回帰は，k 個の時系列変数の「ベクトル」をモデル化するもので，各変数がそれ自身の変数のラグと他の $k-1$ 個の変数のラグに依存する．VAR に基づいて求められる各変数の予測は，それぞれ同じ情報に基づいているという意味で，互いに整合的である．

2. 2 期あるいはそれ以上先の予測は，1 期先モデル（AR あるいは VAR）の予測を将来の方向へ繰り返すことで，あるいは多期間先の回帰を推定することで，求められる．

3. 共通の確率トレンドを有する 2 つの変数は共和分の関係にある．つまり，もし Y_t と X_t がともに $I(1)$ で，しかし $Y_t - \theta X_t$ が $I(0)$ ならば，Y_t と X_t には共和分が存在する．もし Y_t と X_t に共和分が存在するならば，誤差修正項 $Y_t - \theta X_t$ は ΔY_t もしくは ΔX_t の予測に役立つ．ベクトル誤差修正モデルは，ΔY_t と ΔX_t の VAR モデルに誤差修正項のラグを追加したモデルである．

4. 変動率のかたまり——変数の分散がある時期には高く別の時期には低い——は，経済の時系列変数，とりわけファイナンス関連の変数に，よく見られる性質である．

5. 変動率のかたまりに関する ARCH モデルは，回帰誤差の条件付分散が，過去の回帰誤差の二乗の関数として表現される．GARCH モデルは ARCH モデルに条件付分散のラグも追加的に含む形で拡張される．推定された ARCH, GARCH モデルの予測区間は，直前の回帰残差の分散に依存する形で求められる．

キーワード

ベクトル自己回帰（VAR）[vector autoregression] 570
多期間の繰り返し AR 予測 [iterated multi-period AR forecast] 576
多期間の繰り返し VAR 予測 [iterated multi-period VAR forecast] 576
多期間の直接予測 [direct multiperiod forecast] 578
2 回階差 [second difference] 580
d 次の和分 [integrated of order d, $I(d)$] 580
$I(0)$, $I(1)$, $I(2)$ 580
和分の次数 [order of integration] 580

DF-GLS テスト [DF-GLS test] 581
共通トレンド [common trend] 587
共和分 [cointegration] 587
誤差修正項 [error correction term] 588
ベクトル誤差修正モデル [vector error correction model] 588
共和分係数 [cointegrating coefficient] 589
EG-ADF テスト [EG-ADF test] 590
ダイナミック OLS（DOLS）推定量 [dynamic OLS estimator] 591
変動率のかたまり [volatility clustering] 596
自己回帰の条件付不均一分散（ARCH）[au-

toregressive conditional heteroscedasticity] 597

一般化 ARCH（GARCH）[generalized ARCH] 597

練習問題

16.1 Y_t は定常 AR(1) モデル $Y_t = \beta_0 + \beta_1 Y_{t-1} + u_t$ に従うものとします．

  a. Y_t に対する h 期先の予測は，$Y_{t+h|t} = \mu_Y + \beta_1^h(Y_t - \mu_Y)$ となることを示しなさい．ここで $\mu_Y = \beta_0/(1-\beta_1)$ です．

  b. X_t と Y_t は，$X_t = \sum_{i=0}^{\infty} \delta^i Y_{t+i|t}$ という関係にあるものとします．ここで $|\delta| < 1$ です．$X_t = \frac{\mu_Y}{1-\delta} + \frac{Y_t - \mu_Y}{1-\beta_1\delta}$ となることを示しなさい．

16.2 金利の期間構造に関する期待理論によれば，長期金利は将来における短期金利の期待値の平均に $I(0)$ のタームプレミアムを足したものに等しくなる，という考え方があります．具体的には，Rk_t を k 期間の金利，$R1_t$ を 1 期間の金利，e_t を $I(0)$ のタームプレミアムとすると，$Rk_t = \frac{1}{k}\sum_{i=0}^{k-1} R1_{t+i|t} + e_t$ と表されます．なお，$R1_{t+i|t}$ は $t+i$ 期の $R1$ に対する t 期における予測です．そして $R1_t$ はランダムウォークに従う，つまり $R1_t = R1_{t-1} + u_t$ とします．

  a. $Rk_t = R1_t + e_t$ となることを示しなさい．

  b. RK_t と $R1_t$ は共和分の関係にあることを示しなさい．共和分係数はいくつですか．

  c. いま $\Delta R1_t = 0.5\Delta R1_{t-1} + u_t$ とします．(b) の答えはどのように変わりますか．

  d. いま $R1_t = 0.5 R1_{t-1} + u_t$ とします．(b) の答えはどのように変わりますか．

16.3 u_t は ARCH モデル $\sigma_t^2 = 1.0 + 0.5 u_{t-1}^2$ に従うものとします．

  a. $E(u_t^2) = \mathrm{var}(u_t)$ は，u_t の条件無しの分散とします．$\mathrm{var}(u_t) = 2$ となることを示しなさい．

  b. u_t のラグ値を条件とした u_t の分布は $N(0, \sigma_t^2)$ に従うものとします．$u_{t-1} = 0.2$ ならば，$\Pr(-3 \leq u_t \leq 3)$ はいくつでしょうか．$u_{t-1} = 2$ ならば，$\Pr(-3 \leq u_t \leq 3)$ はいくつでしょうか．

16.4 Y_t は，定常 AR(p) モデル $Y_t = \beta_0 + \beta_1 Y_{t-1} + \cdots + \beta_p Y_{t-p} + u_t$ に従うものとします．ここで $E(u_t|Y_{t-1}, Y_{t-2}, \cdots) = 0$ です．$Y_{t+h|t} = E(Y_{t+h}|Y_t, Y_{t-1}, \cdots)$ とします．$h > p$ のとき，$Y_{t+h|t} = \beta_0 + \beta_1 Y_{t-1+h|t} + \cdots + \beta_p Y_{t-p+h|t}$ となることを示しなさい．

16.5 (16.20) 式を導出しなさい．（ヒント：$\sum_{t=1}^{T} Y_t^2 = \sum_{t=1}^{T}(Y_{t-1} + \Delta Y_t)^2$ を使って，$\sum_{t=1}^{T} Y_t^2 = \sum_{t=1}^{T} Y_{t-1}^2 + 2\sum_{t=1}^{T} Y_{t-1}\Delta Y_t + \sum_{t=1}^{T} \Delta Y_t^2$ を示し，$\sum_{t=1}^{T} Y_{t-1}\Delta Y_t$ について解きなさい．）

16.6 Y_t を X_t の現在，過去，将来の値で回帰すると，以下の結果が得られました：

$$Y_t = 3.0 + 1.7 X_{t+1} + 0.8 X_t - 0.2 X_{t-1} + u_t.$$

  a. この回帰式を (16.25) 式の形に整理し直しなさい．$\theta, \delta_{-1}, \delta_0$，そして δ_1 の値はいくつになりますか．

b. i. X_t は $I(1)$, u_t は $I(1)$ とします. Y と X は共和分の関係にありますか.
  ii. X_t は $I(0)$, u_t は $I(1)$ とします. Y と X は共和分の関係にありますか.
  iii. X_t は $I(1)$, u_t は $I(0)$ とします. Y と X は共和分の関係にありますか.

16.7 $\Delta Y_t = u_t$ とし, u_t は i.i.d. で $N(0,1)$ に従います. いま回帰式 $Y_t = \beta X_t + error$ を考えます. ここで $X_t = \Delta Y_{t+1}$ で, $error$ は回帰の誤差項です. $\hat{\beta} \xrightarrow{d} \frac{1}{2}(\chi_1^2 - 1)$ となることを示しなさい.（ヒント：(16.21) 式と同様の分析を使って, $\hat{\beta}$ の分子を検討しなさい. その分母については大数の法則を使いなさい.）

16.8 以下のような, 1 期ラグ, 定数項無しの 2 変数 VAR モデルを考えます.

$$Y_t = \beta_{11} Y_{t-1} + \gamma_{11} X_{t-1} + u_{1t}$$
$$X_t = \beta_{21} Y_{t-1} + \gamma_{21} X_{t-1} + u_{2t}$$

a. Y に対する 2 期先の繰り返し予測は, $Y_{t|t-2} = \delta_1 Y_{t-2} + \delta_2 X_{t-2}$ と表されることを示しなさい. また, VAR の係数を使って, δ_1 と δ_2 の値を導出しなさい.

b. (a) の答えを踏まえて, 多期間の繰り返し予測は, 多期間の直接予測と異なるでしょうか. 説明しなさい.

16.9 a. いま $E(u_t|u_{t-1}, u_{t-2}, \cdots) = 0$, $\mathrm{var}(u_t|u_{t-1}, u_{t-2}, \cdots)$ は ARCH(1) モデル $\sigma_t^2 = \alpha_0 + \alpha_1 u_{t-1}^2$ に従い, そして u_t は定常的とします. $\mathrm{var}(u_t) = \alpha_0/(1 - \alpha_1)$ となることを示しなさい.（ヒント：繰り返し期待値の法則 $E(u_t^2) = E[E(u_t^2|u_{t-1})]$ を使いなさい.）

b. (a) の結果を ARCH(p) モデルに拡張しなさい.

c. 定常的な ARCH(p) モデルの場合, $\sum_{i=1}^{p} \alpha_i < 1$ となることを示しなさい.

d. (a) の結果を GARCH(1,1) モデルに拡張しなさい.

e. 定常的な GARCH(1,1) モデルの場合, $\alpha_1 + \phi_1 < 1$ となることを示しなさい.

16.10 共和分モデル $Y_t = \theta X_t + \nu_{1t}$, $X_t = X_{t-1} + \nu_{2t}$ について考えましょう. ここで ν_{1t} と ν_{2t} は, 平均ゼロ, 系列相関のない確率変数で, すべての t と j に関して $E(\nu_{1t}\nu_{2j}) = 0$ とします. X と Y に関するベクトル誤差修正モデル [(16.22) 式および (16.23) 式] を導出しなさい.

実証練習問題

以下の練習問題では, 第 14 章と第 15 章の実証練習問題で説明したデータファイル USMacro_Quarterly および USMacro_Monthly の系列を用います. $Y_t = \ln(GDP_t)$, R_t は 3 か月もの短期国債金利, π_t^{CPI} と π_t^{PCED} はそれぞれ CPI, PCE デフレータのインフレ率を表します.

E16.1 1955:1 から 2004:4 までの四半期データを使って, ΔY_t と ΔR_t に関する VAR(4)（4 期ラグの VAR）を推定しなさい.

a. ΔR は ΔY に対してグレンジャーの因果性を持ちますか. ΔY は ΔR に対してグレンジャーの因果性を持ちますか.

b. VARには4期より長いラグを含めるべきでしょうか.

E16.2 この練習問題では，1989:4からサンプル終期まで，ΔYに対する2期先の準サンプル外予測を計算します（$\widehat{\Delta Y}_{1990:2|1989:4}$, $\widehat{\Delta Y}_{1990:3|1990:1}$ などを計算）.

a. AR(1) モデルを使って，2期先の準サンプル外・繰り返し予測を計算しなさい.

b. ΔY と ΔR に関する VAR(4) モデルを使って，2期先の準サンプル外・繰り返し予測を計算しなさい.

c. ナイーブな予測 $\Delta Y_{t+2|t} = (\Delta Y_t + \Delta Y_{t-1} + \Delta Y_{t-2} + \Delta Y_{t-3})/4$ を使って，2期先の準サンプル外・繰り返し予測を計算しなさい.

d. 予測の平方根平均二乗誤差が最も小さいのはどのモデルでしょうか.

E16.3 DF-GLS テストを使って，Y_t に対して自己回帰の単位根テストを行いなさい．対立仮説としては，Y_t は決定論的な時間トレンドの周りで定常的であるとします．このテスト結果を実証練習問題 14.3 の結果と比較しなさい.

E16.4 実証練習問題 15.2 では，サンプル期間 1959:1 から 2004:12 までの $\pi_t^{CPI} - \pi_t^{PCED}$ について分析しました．その際，$\pi_t^{CPI} - \pi_t^{PCED}$ は $I(0)$ と仮定していました．

a. $\pi_t^{CPI} - \pi_t^{PCED}$ に対して，自己回帰の単位根テストを行いなさい．具体的には，定数項と $\pi_t^{CPI} - \pi_t^{PCED}$ の1回階差の12期ラグを含む ADF テストを行いなさい．さらに DF-GLS テストを行いなさい.

b. π_t^{CPI} と π_t^{PCED} とそれぞれに対して，自己回帰の単位根テストを行いなさい．(a) と同様に，定数項と1回階差の12期ラグを含む ADF テストおよび DF-GLS テストを行いなさい.

c. (a) と (b) の結果から，これら2つのインフレ率の間の共和分関係について，どのようなことが言えるでしょうか．(a) と (b) の答えが意味する共和分係数 (θ) の値はいくつですか.

d. 共和分係数は $\theta = 1$ ということを知らなかったとしましょう．どのように共和分テストを行いますか．その共和分テストを実行しなさい．どのように θ を推定しますか．DOLS 回帰を使って θ の値を推定しなさい．その際，π_t^{CPI} を π_t^{PCED} と $\Delta \pi_t^{PCED}$ の6期までのリーズとラグを使いなさい．推定された θ の値は1に近いでしょうか.

E16.5 a. 1955:1 から 2004:4 までの ΔY（GDPの成長率）のデータを使って，GARCH(1,1) の誤差項を持つ AR(1) モデルを推定しなさい.

b. 図 16.4 と同様に，AR(1) モデルからの残差を，標準誤差バンド（$\pm \hat{\sigma}_t$）とともにグラフに示しなさい.

c. マクロ経済学者の間では，ΔY の変動幅は 1983 年ごろから劇的に低下したとの主張があり，その現象は「大いなる安定（Great Moderation）」と呼ばれています．(b) で作成したグラフから，この Great Moderation の現象ははっきりとわかりますか.

付論 16.1 本章で使われる米国金融データ

　米国の3か月物短期国債金利と1年物の国債金利は，連邦準備銀行によって報告されているとおり，日次データの月中平均値で，年率ベースに変換されています．この章で使用する四半期の金利データは，各四半期の最終月の月中平均値です．

第Ⅴ部 回帰分析に関する計量経済学の理論

第 17 章　線形回帰分析の理論：1 説明変数モデル

第 18 章　多変数回帰分析の理論

第 17 章 線形回帰分析の理論：1説明変数モデル

実証研究を行う皆さんは，なぜ計量経済学の理論を学ばなければならないのでしょうか．それにはいくつか理由があります．計量経済学の理論を学ぶと，皆さんの統計ソフトは，「ブラックボックス」から，使いやすい「ツールキット」に変身し，問題に応じて必要な分析手法を選別できるようになります．計量理論を理解することで，なぜこれらの分析ツールが役に立ち，また各ツールがうまく働くためにどのような仮定が必要かについて，十分理解することができます．おそらく最も重要なのは，計量経済理論を知ることで，ある分析手法がいつうまく働かないか，いつ別の計量アプローチを試さなければならないかを認識できるという点です．

　本章は，線形回帰分析の計量経済理論を1説明変数モデルに基づいて説明します．本章の説明は，第4章と第5章の内容を補足することを目的としており，それらの代わりとなるものではありません．したがって第4章と第5章はあらかじめ読んでおく必要があります．

　本章は，第4章と第5章を次の2つの意味で拡張します．

　第1に，OLS推定量と t 統計量の標本分布について数学的な取り扱いを説明します．そこでは大標本の下で基本概念4.3の3つの最小二乗法の仮定を前提とした場合，そして小標本の下で均一分散と正規分布に従う誤差項という2つの追加的な仮定を置いた場合の両方について説明します．17.1節ではこれら合計5つの拡張された最小二乗法の仮定について解説します．17.2節と17.3節では，付論17.2の解説とともに，OLS推定量と t 統計量の大標本分布を数学的に導出します．そこでは最初の3つの仮定（基本概念4.3の3つの最小二乗法の仮定）が置かれています．17.4節は，2つの追加的な仮定である均一分散と誤差項の正規分布という仮定を加えた下で，OLS推定量と t 統計量の正確な分布を導出します．

　第2に，本章では，不均一分散を取り扱う別の手法を説明して，第4章と第5章の議論を拡張します．第4章と第5章のアプローチは，たとえ誤差項が不均一分散であったとしても統計的推論が有効となるように，不均一分散を考慮した標準誤差を使うというものでした．しかし，その方法はコストも伴います．すなわち，もし誤差項が不均一分散であれば，理論的には，OLSよりも効率的な（つまり分散がより小さい）推定量が利用可

能だからです．その推定量はウエイト付き最小二乗法（weighted least squares）と呼ばれ，17.5 節で説明されます．ただし，ウエイト付き最小二乗法を実際に行うには，不均一分散の正確な形状——すなわち，X が与えられた下で誤差項 u の条件付分散——について事前に多くの情報を得ておくことが必要です．もしそのような情報が利用可能であれば，ウエイト付き最小二乗法による推定は OLS よりも改善されたものとなります．しかし実際には，ほとんどの応用例で，そのような情報は利用できません．そのような場合には，不均一分散を考慮した標準誤差を用いることが望ましいアプローチとなります．

17.1 最小二乗法の仮定の拡張と OLS 推定量

本節では，第 4 章で説明した最小二乗法の 3 つの仮定を拡張し，強めます．より強い仮定を想定することで，後の節で議論するように，これまでの（現実的な）仮定から得られるよりも強い理論的結果が導かれます．

拡張された最小二乗法の仮定

拡張された最小二乗法の仮定 1，2，3　拡張された最小二乗法の仮定において，最初の 3 つの仮定は，基本概念 4.3 の 3 つの仮定と同一です．すなわち，1. X_i が与えられた下，誤差項 u_i の条件付平均はゼロ，2. (X_i, Y_i)，$i = 1, \ldots, n$ は，独立かつ同一の結合分布（i.i.d.）から抽出された確率変数，3. (X_i, u_i) は有限の 4 次のモーメントを持つ，という仮定です．

これら 3 つの仮定の下，OLS 推定量は不偏で，一致性を有し，そしてその標本分布が漸近的に正規分布に従います．もしこれら 3 つの仮定が満たされれば，第 4 章で説明した統計的推論の手法——t 統計量や 95％ 信頼区間（±1.96 標準誤差）を使った仮説検定——は標本数が十分大きいとき正当なものとなります．一方，OLS に基づく効率的な推定を理論的に考察する，あるいは OLS 推定量の正確な標本分布を導出するには，より強い仮定が必要です．

拡張された最小二乗法の仮定 4　拡張された最小二乗法の仮定の 4 つ目は，誤差項 u_i が均一分散，つまり $\mathrm{var}(u_i|X_i) = \sigma_u^2$（$\sigma_u^2$ は一定）という仮定です．5.5 節で議論したように，この追加想定が満たされれば，OLS 推定量は，説明変数 $X_1, \ldots, X_n$ の下，不偏であるすべての線形推定量の中で最も効率的（分散が最小）となります．

拡張された最小二乗法の仮定 5　拡張された最小二乗法の仮定の 5 つ目は，X_i が与えられた下で u_i の条件付分布が正規分布という仮定です．

基本概念 17.1　拡張された最小二乗法の仮定：1 説明変数モデル

説明変数が 1 つの場合の線形回帰モデルは

$$Y_i = \beta_0 + \beta_1 X_i + u_i, \quad i = 1, \ldots, n \tag{17.1}$$

と表される．拡張された最小二乗法の仮定は，

1. $E(u_i|X_i) = 0$（誤差項の条件付平均はゼロ）
2. (X_i, Y_i), $i = 1, \ldots, n$ は，独立かつ同一の分布（i.i.d.）に従い，その結合分布から抽出された確率変数．
3. (X_i, u_i) は，ゼロではない有限の 4 次のモーメントを持つ
4. $\text{var}(u_i|X_i) = \sigma_u^2$（均一分散）
5. X_i の下，u_i の条件付分布は正規分布（正規分布に従う誤差項）

　最小二乗法の仮定 1 と 2，および拡張された最小二乗法の仮定 4 と 5 の下で，u_i は i.i.d. で正規分布 $N(0, \sigma_u^2)$ に従い，そして u_i と X_i は互いに独立した分布に従います．このことを理解するために，まず拡張された仮定 5 から，$u_i|X_i$ の条件付分布は $N(0, \text{var}(u_i|X_i))$ です．そして拡張された仮定 4 から，$\text{var}(u_i|X_i) = \sigma_u^2$．したがって，$u_i|X_i$ の条件付分布は $N(0, \sigma_u^2)$ となります．この条件付分布は X_i に依存していないため，u_i と X_i は独立した分布に従います．最小二乗法の仮定 2 より，u_i はすべての $j \neq i$ に関して u_j と独立して分布しています．したがって，拡張された最小二乗法の仮定 1，2，4，5 より，u_i と X_i は独立した分布に従い，そして u_i は i.i.d. で $N(0, \sigma_u^2)$ に従うことがわかります．

　17.4 節で考察するように，もしこれら 5 つの最小二乗法の仮定が満たされれば，OLS 推定量の標本分布は正確な正規分布に従い，そして均一分散の場合のみに成立する t 統計量は，正確なステューデント t 分布に従うことが示されます．

　拡張された第 4，第 5 の仮定は，最初の 3 つの仮定よりも非常に強い制約を課すものです．実際に応用する際，はじめの 3 つの仮定は妥当かもしれませんが，最後の 2 つを仮定することはやや非現実的です．もっとも，たとえ最後の 2 つの仮定は実際には満たされなくとも，理論的には重要な意味を持ちます．もし，そのどちらか一方，あるいは両方が成立すれば，OLS 推定量は第 4 章で議論した性質を超えた，追加的な性質を持つからです．これら強い仮定の下で，私たちは，OLS 推定量に対する理解，ひいては線形回帰モデル推定全般に対する理解をさらに深めることができるのです．

　拡張された 5 つの最小二乗法の仮定（1 説明変数モデル）は，基本概念 17.1 に要約されます．

OLS 推定量

ここで参照のため，β_0 と β_1 の OLS 推定量を再掲しましょう：

$$\hat{\beta}_1 = \frac{\sum_{i=1}^{n}(X_i - \overline{X})(Y_i - \overline{Y})}{\sum_{i=1}^{n}(X_i - \overline{X})^2} \tag{17.2}$$

$$\hat{\beta}_0 = \overline{Y} - \hat{\beta}_1 \overline{X}. \tag{17.3}$$

(17.2) 式と (17.3) 式は，付論 4.2 で導出されています．

17.2 漸近分布理論の基礎

漸近分布理論とは，推定量，テスト統計量，信頼区間といった統計量の分布に関する理論で，標本数が大きいときに成立するものです．正式には，標本数が増大を続けていく一連の過程で，ある統計量の標本分布がどう振る舞うのか，その特徴を記述する理論です．それが「漸近的（asymptotic）」と呼ばれるのは，標本数 n が無限大に収束した先，$n \to \infty$ における統計量の特徴を議論するところから来ています．

現実の標本数は，もちろん決して無限にはならないのですが，たとえそうであっても，漸近分布理論は計量経済学ならびに統計学において中心的な役割を果たします．それには 2 つ理由があります．第 1 に，実際の実証研究において観測値の数が十分に大きければ，漸近的収束の議論によって，有限の標本分布を非常にうまく近似できるからです．理由の第 2 は，漸近的な標本分布は，有限標本の正確な分布より，一般に非常にシンプルな形をしていて，実際にも使いやすいという点です．これらを総合して考えると，漸近理論から導出される標本分布の近似は，信頼性があり簡潔な統計的推論——t 統計量や 95% 信頼区間（±1.96 標準誤差）に基づくテスト——を行うための重要なベースとなりうることが理解できるでしょう．

漸近分布理論の 2 つの柱は，大数の法則と中心極限定理です．それらは，ともに 2.6 節で紹介しました．本節では，大数の法則と中心極限定理の続きの議論からはじめ，大数の法則の証明も行います．次に，追加的に 2 つの道具を説明します．すなわち，スルツキー定理と連続マッピング定理（continuous mapping theorem）で，それらは大数の法則と中心極限定理の利用範囲をさらに拡大してくれます．たとえば，これら 2 つの定理は，$\overline{Y}$（標本平均）に基づき $E(Y) = \mu_0$ をテストする t 統計量の分布が，帰無仮説の下で正規分布に従うという結果を証明する際に使われます．

確率における収束と大数の法則

確率における収束と大数の法則の概念は，2.6 節で導入されました．ここでは，確率に

おける収束の正確な数学的定義を説明し，それに続き，大数の法則に関する定義と証明について議論します．

一致性と確率における収束　いま $S_1,\ldots,S_n,\ldots$ を一続きの確率変数とします．たとえば S_n の具体例としては，確率変数 Y の n 個の観測値からなる標本の標本平均 $\overline{Y}$ などが考えられます．いま一続きの確率変数 $\{S_n\}$ は，次のような状況のとき，極限値 μ へ確率において収束する（**converge in probability**）と呼ばれます（$S_n \xrightarrow{p} \mu$）．すなわち，$n \longrightarrow \infty$ につれて，正の定数 δ について，S_n が μ の $\pm\delta$ の範囲に入る確率が 1 となる傾向にあるときです．正確に表現すると，すべての $\delta > 0$ について，$n \to \infty$ につれて，

$$\text{もし } \Pr[|S_n - \mu| \geq \delta] \longrightarrow 0 \text{ ならば，そしてそのときのみ，} S_n \xrightarrow{p} \mu. \tag{17.4}$$

もし $S_n \xrightarrow{p} \mu$ ならば，S_n は μ の**一致推定量**（**consistent estimator**）と呼ばれます．

大数の法則　大数の法則とは，$Y_1,\ldots,Y_n$ に関するある条件の下，標本平均 $\overline{Y}$ が母集団の平均へ確率において収束することを指します．確率論の理論家は，その $Y_1,\ldots,Y_n$ に関する条件に応じて，大数の法則のさまざまなバージョンを開発してきました．本書で用いる大数の法則では，$Y_1,\ldots,Y_n$ は有限の分散を持つ分布から抽出した i.i.d 確率変数という条件を想定します．この大数の法則は（基本概念 2.6 にも述べられていますが），

$$\text{もし } Y_1,\ldots,Y_n \text{ が i.i.d. で } E(Y_i) = \mu_Y, \text{ そして } \text{var}(Y_i) < \infty \text{ ならば，} \overline{Y} \xrightarrow{p} \mu_Y \tag{17.5}$$

と表されます．

　大数の法則の考え方は図 2.8 に示されています．標本数が大きくなると，$\overline{Y}$ の標本分布は母集団の平均 μ_Y の周りに集まるという傾向が見られます．標本分布の 1 つの特徴は，標本数が大きくなるにつれ，$\overline{Y}$ の分散が減少する点です．もう 1 つの特徴は，$\overline{Y}$ が μ_Y の $\pm\delta$ の範囲から外れる確率は，n が増えるに従って消滅していくという点です．標本分布に関するこれらの 2 つの特徴は互いにリンクしており，その関係は次に述べる大数の法則の証明においても使われます．

大数の法則の証明　$\overline{Y}$ の分散と，$\overline{Y}$ が μ_Y の $\pm\delta$ の範囲内に入る確率とのつながりは，チェビチェフの不等式（**Chebychev's inequality**）で与えられます．チェビチェフの不等式については，付論 17.2 で記述し証明します（(17.42) 式を参照）．いま $\overline{Y}$ に関するチェビチェフの不等式は，あらゆる正の定数 δ について，

$$\Pr(|\overline{Y} - \mu_Y| \geq \delta) \leq \text{var}(\overline{Y})/\delta^2. \tag{17.6}$$

いま $Y_1,\ldots,Y_n$ は i.i.d. で分散 σ_Y^2 なので，$\text{var}(\overline{Y}) = \sigma_Y^2/n$．したがって，あらゆる $\delta > 0$ について，$\text{var}(\overline{Y})/\delta^2 = \sigma_Y^2/(\delta^2 n) \longrightarrow 0$．ここで (17.6) 式より，すべての $\delta > 0$ について，

$\Pr(|\overline{Y} - \mu_Y| \geq \delta) \longrightarrow 0$, つまり大数の法則が成り立ちます.

具体例 一致性は漸近分布理論における基礎的な概念です.そこで具体例として,母集団の平均 μ_Y について,一致推定量とそうでない推定量をいくつか紹介しましょう.いま Y_i, $i = 1, \ldots, n$ が i.i.d. で,正で有限の分散 σ_Y^2 を持つとします.ここで μ_Y に関する次の3つの推定量を考えます.(a) $m_a = Y_1$,(b) $m_b = \left(\frac{1-a^n}{1-a}\right)^{-1} \sum_{i=1}^n a^{i-1} Y_i$,ここで $0 < a < 1$,(c) $m_c = \overline{Y} + 1/n$.これらの推定量は一致性を持つでしょうか?

最初の推定量 m_a は単に第1観測値です.したがって,$E(m_a) = E(Y_1) = \mu_Y$ であり,m_a は不偏性を持ちます.しかし m_a は一致性を持ちません.$\Pr(|m_a - \mu_Y| \geq \delta) = \Pr(|Y_1 - \mu_Y| \geq \delta)$ となり,この値は十分小さい δ について正となります(なぜなら $\sigma_Y^2 > 0$).したがって,$\Pr(|m_a - \mu_Y| \geq \delta)$ は,$n \to \infty$ につれて,ゼロに近づくという傾向はありません.したがって m_a は一致性を持たないのです.この結果は驚くことではないでしょう.なぜなら m_a の作成には,たった1つの観測値しか情報として使われていないため,その分布は,たとえ標本数が増加しても,μ_Y の周りに集まることができないからです.

2番目の推定量 m_b は不偏です.しかし一致性を持ちません.不偏であることは,以下の式より理解できます:

$$E(m_b) = E\left[\left(\frac{1-a^n}{1-a}\right)^{-1} \sum_{i=1}^n a^{i-1} Y_i\right] = \left(\frac{1-a^n}{1-a}\right)^{-1} \sum_{i=1}^n a^{i-1} \mu_Y = \mu_Y,$$

なぜなら $\sum_{i=1}^n a^{i-1} = (1-a^n) \sum_{i=0}^\infty a^i = (1-a^n)/(1-a)$.

一方,m_b の分散は,

$$\mathrm{var}(m_b) = \left(\frac{1-a^n}{1-a}\right)^{-2} \sum_{i=1}^n a^{2(i-1)} \sigma_Y^2 = \sigma_Y^2 \frac{(1-a^{2n})(1-a)^2}{(1-a^2)(1-a^n)^2} = \sigma_Y^2 \frac{(1-a^n)(1-a)}{(1-a^n)(1+a)}.$$

と表されます.その収束先の極限は,$n \longrightarrow \infty$ のとき,$\mathrm{var}(m_b) \longrightarrow \sigma_Y^2 (1-a)/(1+a)$ です.したがって,この推定量の分散はゼロに近づく傾向になく,標本分布も μ_Y の周りに集まる傾向にもありません.したがって,この推定量は,不偏性はありますが,一致性は持たないことがわかります.この結果には驚かれるかもしれません.なぜならこの推定量にはすべての観測値の情報が入っているからです.しかし一方で,ほとんどの観測値はとても小さなウエイトしか与えられていません(第 i 番目の観測値は a^{i-1} に比例するウエイトが付きますが,それは i が大きくなるにつれゼロとなります).そしてこの理由により,サンプリングによる誤差を十分に打ち消すことができず,推定量が一致性を持たないのです.

3番目の推定量 m_c は,偏りはありますが一致性を有しています.そのバイアスは $1/n$,すわなち $E(m_c) = E(\overline{Y} + 1/n) = \mu_Y + 1/n$ です.しかし,そのバイアスは,標本数が大きくなるにつれ,ゼロとなる傾向にある,つまり m_c は一致性を持ちます.$\Pr(|m_c - \mu_Y| \geq \delta) = $

$\Pr(|\overline{Y} + 1/n - \mu_Y| \geq \delta) = \Pr(|(\overline{Y} - \mu_Y) + 1/n| \geq \delta)$ となります.ここで $|(\overline{Y} - \mu_Y) + 1/n| \leq |\overline{Y} - \mu_Y| + 1/n$ なので,もし $|(\overline{Y} - \mu_Y) + 1/n| \geq \delta$ ならば,$|\overline{Y} - \mu_Y| + 1/n \geq \delta$. したがって $\Pr(|(\overline{Y} - \mu_Y) + 1/n| \geq \delta) \leq \Pr(|\overline{Y} - \mu_Y| + 1/n \geq \delta)$. しかし $\Pr(|\overline{Y} - \mu_Y| + 1/n \geq \delta) = \Pr(|\overline{Y} - \mu_Y| \geq \delta - 1/n) \leq \sigma_Y^2 / [n(\delta - 1/n)^2] \longrightarrow 0$ となります.ここで最後の不等式はチェビチェフ不等式から成り立ちます((17.6)式の δ を,$n > 1/\delta$ について,$\delta - 1/n$ に置き換えます).以上から m_c は一致性を有します.この例から,推定量は有限の標本数の下でバイアスが存在しても,標本数が大きくなるとそのバイアスが消滅し,一致性を有する場合があるという一般的な可能性を示しています(練習問題 17.10).

中心極限定理と分布における収束

一続きの確率変数の分布が,$n \longrightarrow \infty$ につれて,ある極限に収束するとき,その一連の確率変数は「分布において収束する」と呼ばれます.そして中心極限定理とは,ある一般的な条件の下,標準化された標本平均が,正規分布に従う確率変数に分布において収束することを表します.

分布における収束 いま $F_1, F_2, \ldots, F_n, \ldots$ を,一続きの確率変数 $S_1, S_2, \ldots, S_n, \ldots$ それぞれに対応する一連の累積分布関数とします.たとえば S_n は,標準化された標本平均 $(\overline{Y} - \mu_Y)/\sigma_{\overline{Y}}$ などが考えられます.いま一連の確率変数 S_n は,次のような状況のとき,S に向かって分布において収束する(**converge in distribution**)といわれます($S_n \xrightarrow{d} S$ と表記).その状況とは,一連の分布関数 $\{F_n\}$ が S の分布である F に収束するときで,すなわち

$$\text{もし } \lim_{n \to \infty} F_n(t) = F(t) \text{ ならば,そしてそのときのみ,} S_n \xrightarrow{d} S. \tag{17.7}$$

ここでその収束はすべての時点 t で成立し,収束先の分布 F は毎時点で連続的です.その分布 F は,S_n の**漸近分布**(**asymptotic distribution**)と呼ばれます.

ここで,確率における収束($\xrightarrow{p}$)と分布における収束($\xrightarrow{d}$)を比較してみましょう.もし $S_n \xrightarrow{p} \mu$ ならば,S_n は,n が大きくなるにつれて,高い確率で μ の近くにいることになります.それに対して,もし $S_n \xrightarrow{d} S$ ならば,S_n の分布が,n が大きくなるにつれて,S の分布に近づくことになります.

中心極限定理 では分布における収束の概念を使って,中心極限定理を改めて定義してみましょう.基本概念 2.7 において中心極限定理は,$Y_1, \ldots, Y_n$ が i.i.d. で $0 < \sigma_Y^2 < \infty$ であるとき,$(\overline{Y} - \mu_Y)/\sigma_{\overline{Y}}$ は $N(0,1)$ に従う,と表されました.ここで $\sigma_{\overline{Y}} = \sigma_Y/\sqrt{n}$ なので,$(\overline{Y} - \mu_Y)/\sigma_{\overline{Y}} = \sqrt{n}(\overline{Y} - \mu_Y)/\sigma_Y$ です.したがって中心極限定理は,$\sqrt{n}(\overline{Y} - \mu_Y) \xrightarrow{d} \sigma_Y Z$,$Z$ は標準正規分布に従う確率変数,と表現し直すことができます.これは,$n \longrightarrow \infty$ につれ

て，$\sqrt{n}(\overline{Y}-\mu_Y)$ の分布が $N(0,\sigma_Y^2)$ に収束することを意味します．これを簡単に表記すると，

$$\sqrt{n}(\overline{Y}-\mu_Y) \xrightarrow{d} N(0,\sigma_Y^2) \tag{17.8}$$

となります．すなわち，もし $Y_1,\ldots,Y_n$ が i.i.d. で，$0<\sigma_Y^2<\infty$ であれば，$\sqrt{n}(\overline{Y}-\mu_Y)$ の分布は，平均ゼロ，分散 σ_Y^2 の正規分布に収束する，これが中心極限定理の別表現となります．

時系列データへの拡張 2.6 節で述べた大数の法則と中心極限定理は i.i.d. 観測値に対するものでした．しかし，第 14 章で議論したように，時系列データにとって i.i.d. の仮定は妥当ではありません．したがって，これらの定理は，時系列変数に応用する前に拡張される必要があります．ただしこれらの拡張は技術的なもので，大数の法則，中心極限定理，それぞれの定理の結論は同じで，それを適用する際の条件が異なります．この点は 14.4 節で手短に議論したとおりです．時系列変数の漸近分布理論に関する数学的な取扱いは，本書の守備範囲を超えています．興味のある読者は，Hayashi（2000，第 2 章）を参照してください．

スルツキー定理と連続マッピング定理

スルツキー定理（**Slutsky's theorem**）とは，一致性と分布における収束を合わせたもので，次のように表されます．いま $a_n \xrightarrow{p} a$，a は定数，そして $S_n \xrightarrow{d} S$ とします．このとき，

$$a_n + S_n \xrightarrow{d} a+S,\ a_nS_n \xrightarrow{d} aS,\ \text{そしてもし } a \neq 0 \text{ ならば } S_n/a_n \xrightarrow{d} S/a \tag{17.9}$$

これら 3 つの結果すべて合わせて，スルツキー定理と呼ばれます．

連続マッピング定理（**continuous mapping theorem**）とは，一続きの確率変数 S_n の連続関数 g に関する漸近的な性質にかかわるものです．その定理は 2 つのパートからなっています．第 1 は，もし S_n が確率において定数 a に収束するならば，$g(S_n)$ は確率において $g(a)$ に収束する．第 2 は，もし S_n が分布において S に収束するならば，$g(S_n)$ は $g(S)$ の分布に収束する．つまり，g が連続関数である場合，連続マッピング定理とは，

$$\begin{aligned}&\text{(i) もし } S_n \xrightarrow{p} a \text{ ならば } g(S_n) \xrightarrow{p} g(a)\\ &\text{(ii) もし } S_n \xrightarrow{d} S \text{ ならば } g(S_n) \xrightarrow{d} g(S).\end{aligned} \tag{17.10}$$

(i) の具体例として，もし $s_Y^2 \xrightarrow{p} \sigma_Y^2$ ならば，$\sqrt{s_Y^2}=s_Y \xrightarrow{p} \sigma_Y$ となります．(ii) の具体例としては，いま $S_n \xrightarrow{d} Z$，そこで Z は標準正規分布に従う確率変数，そして $g(S_n)=S_n^2$ としましょう．g は連続関数なので，連続マッピング定理を当てはめることができま

す．$g(S_n) \xrightarrow{d} g(Z)$，すなわち $S_n^2 \xrightarrow{d} Z^2$ となります．言い換えると，S_n^2 の分布は，標準正規分布を持つ確率変数の二乗の分布に収束し，それはカイ二乗分布 χ_1^2 に従う，すなわち $S_n^2 \xrightarrow{d} \chi_1^2$ です．

標本平均に基づいた t 統計量への応用

ではここで，中心極限定理，大数の法則，スルツキー定理を使って，以下を証明します．すなわち，いま $Y_1, \ldots, Y_n$ が i.i.d. で $0 < E(Y_i^4) < \infty$ であるとき，帰無仮説の下，$\overline{Y}$ に基づいた t 統計量は標準正規分布に従うという仮説を証明しましょう．

標本平均を使って，$E(Y_i) = \mu_0$ という帰無仮説をテストする t 統計量は，(3.8) 式と (3.11) 式に表されており，

$$t = \frac{\overline{Y} - \mu_0}{s_Y / \sqrt{n}} = \left(\frac{\sqrt{n}(\overline{Y} - \mu_0)}{\sigma_Y} \right) \div \left(\frac{s_Y}{\sigma_Y} \right) \tag{17.11}$$

と表記できます．ここで 2 つ目の等式は，分子分母ともに σ_Y で割ることで得られます．

$Y_1, \ldots, Y_n$ は 2 次のモーメントを持ち（それは 4 次のモーメントを持つことから導かれます；練習問題 17.5 参照），$Y_1, \ldots, Y_n$ が i.i.d. なので，(17.11) 式最後の等式の右辺最初の括弧の項は中心極限定理に従い，$\sqrt{n}(\overline{Y} - \mu_Y)/\sigma_Y \xrightarrow{d} N(0,1)$ となります．それに加え，$s_Y^2 \xrightarrow{p} \sigma_Y^2$（付論 3.3 で証明されています）なので，$s_Y^2/\sigma_Y^2 \xrightarrow{p} 1$ です．したがって，(17.11) 式右辺の第 2 項は 1 に収束します（練習問題 17.4）．以上から，(17.11) 式の最後の等式の右辺は，(17.9) 式の最後の表現に対応します．すなわち，(17.9) 式の記号を使うと，$S_n = \sqrt{n}(\overline{Y} - \mu_0)/\sigma_Y \xrightarrow{d} N(0,1)$，そして $a_n = s_Y/\sigma_Y \xrightarrow{p} 1$ です．したがって，スルツキー定理を適用して，$t \xrightarrow{d} N(0,1)$ が証明されます．

17.3 OLS 推定量と t 統計量の漸近分布

第 4 章の議論を思い起こすと，基本概念 4.3 の仮定（基本概念 17.1 の最初の 3 つの仮定）の下で，OLS 推定量 $\hat{\beta}_1$ は一致性を持ち，$\sqrt{n}(\hat{\beta}_1 - \beta_1)$ は漸近的な正規分布に従います．さらに，$\beta_1 = \beta_{1,0}$ という帰無仮説をテストする t 統計量は，帰無仮説の下で漸近的な標準正規分布に従います．本節ではこれらの結果を要約し，その証明の詳細について補足します．

OLS 推定量の一致性と漸近的な正規性

$\hat{\beta}_1$ の大標本分布は，もともとは基本概念 4.4 で述べたものですが，

$$\sqrt{n}(\hat{\beta}_1 - \beta_1) \xrightarrow{d} N\left(0, \frac{\mathrm{var}(v_i)}{[\mathrm{var}(X_i)]^2}\right) \tag{17.12}$$

と表されます．ここで，$v_i = (X_i - \mu_X)u_i$ です．この結果の証明は付論 4.3 で描かれていますが，その証明では正式な近似の議論など詳細が一部省かれていました．そこで省かれた証明のステップは，練習問題 17.3 で確認できます．

(17.12) 式はまた，$\hat{\beta}_1$ が一致性を持つことも意味します（練習問題 17.4）．

不均一分散を考慮した標準誤差の一致性

最小二乗法の 3 つの仮定の下，$\hat{\beta}_1$ に関する不均一分散を考慮した標準誤差は，統計的推論を行うベースとなります．具体的に言うと，

$$\frac{\hat{\sigma}^2_{\hat{\beta}_1}}{\sigma^2_{\hat{\beta}_1}} \xrightarrow{p} 1. \tag{17.13}$$

ここで，$\sigma^2_{\hat{\beta}_1} = \mathrm{var}(v_i)/\{n[\mathrm{var}(X_i)]^2\}$，そして $\hat{\sigma}^2_{\hat{\beta}_1}$ は，(5.4) 式で定義された，不均一分散を考慮した標準誤差の二乗です．すなわち，

$$\hat{\sigma}^2_{\hat{\beta}_1} = \frac{1}{n} \frac{\frac{1}{n-2}\sum_{i=1}^{n}(X_i - \overline{X})^2 \hat{u}_i^2}{\left[\frac{1}{n}\sum_{i=1}^{n}(X_i - \overline{X})^2\right]^2}. \tag{17.14}$$

(17.13) 式の結果を示すには，まず $\sigma^2_{\hat{\beta}_1}$ と $\hat{\sigma}^2_{\hat{\beta}_1}$ の定義を使って，(17.13) 式を次のように書き直します：

$$\frac{\hat{\sigma}^2_{\hat{\beta}_1}}{\sigma^2_{\hat{\beta}_1}} = \left[\frac{n}{n-2}\right] \left[\frac{\frac{1}{n}\sum_{i=1}^{n}(X_i - \overline{X})^2 \hat{u}_i^2}{\mathrm{var}(v_i)}\right] \div \left[\frac{\frac{1}{n}\sum_{i=1}^{n}(X_i - \overline{X})^2}{\mathrm{var}(X_i)}\right]^2. \tag{17.15}$$

ここで，(17.15) 式右辺にある 3 つのカギ括弧の項それぞれが，確率において 1 に収束することを示す必要があります．明らかに第 1 項は 1 に収束し，標本分散の一致性（付論 3.3 参照）により，最後の項も 1 に収束します．したがって，示さなければならないのは，2 つ目の項が確率において 1 に収束すること，すなわち，$\frac{1}{n}\sum_{i=1}^{n}(X_i - \overline{X})^2 \hat{u}_i^2 \xrightarrow{p} \mathrm{var}(v_i)$ です．

この $\frac{1}{n}\sum_{i=1}^{n}(X_i - \overline{X})^2 \hat{u}_i^2 \xrightarrow{p} \mathrm{var}(v_i)$ の証明は，2 つのステップで行われます．第 1 ステップでは，$\frac{1}{n}\sum_{i=1}^{n} v_i^2 \xrightarrow{p} \mathrm{var}(v_i)$ を示し，第 2 ステップでは，$\frac{1}{n}\sum_{i=1}^{n}(X_i - \overline{X})^2 \hat{u}_i^2 - \frac{1}{n}\sum_{i=1}^{n} v_i^2 \xrightarrow{p} 0$ を示します．

いましばらく，X_i と u_i は有限の 8 次のモーメントを持つと仮定します（つまり $E(X_i^8) < \infty$，$E(u_i^8) < \infty$）．これは 4 次のモーメントを持つという最小二乗法の 3 番目の仮定よりも強い仮定です．第 1 ステップを示すには，$\frac{1}{n}\sum_{i=1}^{n} v_i^2$ が (17.5) 式の大数の法則に従うことを示す必要があります．そのためには，v_i は i.i.d. で（最小二乗法の第 2 の仮定），

$\mathrm{var}(v_i^2)$ は有限でなければなりません．$\mathrm{var}(v_i^2) < \infty$ を示すには，コーシー・シュワルツ不等式を適用します（付論17.2参照）．すなわち，$\mathrm{var}(v_i^2) \leq E(v_i^4) = E[(X_i - \mu_X)^4 u_i^4] \leq \{E[(X_i - \mu_X)^8] E(u_i^8)\}^{1/2}$．このように，もし X_i と u_i が有限の8次のモーメントを持つのなら，v_i^2 は有限の分散を持ち，(17.5) 式の大数の法則を満たします．

第2ステップは，$\frac{1}{n}\sum_{i=1}^{n}(X_i - \overline{X})^2 \hat{u}_i^2 - \frac{1}{n}\sum_{i=1}^{n} v_i^2 \xrightarrow{p} 0$ を示すことです．$v_i = (X_i - \mu_X) u_i$ なので，この第2ステップを示すことは，

$$\frac{1}{n}\sum_{i=1}^{n}[(X_i - \overline{X})^2 \hat{u}_i^2 - (X_i - \mu_X)^2 u_i^2] \xrightarrow{p} 0 \tag{17.16}$$

を示すことと同じです．この結果を示すには，$\hat{u}_i = u_i - (\hat{\beta}_0 - \beta_0) - (\hat{\beta}_1 - \beta_1) X_i$ を使って，(17.16) 式のカギ括弧に代入し，コーシー・シュワルツ不等式を繰り返し適用し，そして $\hat{\beta}_0$ と $\hat{\beta}_1$ の一致性を利用します．この導出の詳細は練習問題17.9で確認してください．

以上の議論では，X_i と u_i は8次のモーメントを持つと仮定してきました．しかし，これは必ず必要というわけではなく，$\frac{1}{n}\sum_{i=1}^{n}(X_i - \overline{X})^2 \hat{u}_i^2 \xrightarrow{p} \mathrm{var}(v_i)$ の証明は，X_i と u_i は4次のモーメントを持つというより弱い仮定の下，つまり最小二乗法の3つ目の仮定の下でも示すことができます．しかし，その証明は本書の範囲を超えており，詳細は Hayashi（2000，2.5節）を参照してください．

不均一分散を考慮した t 統計量の漸近的な正規性

では次に，$\beta_1 = \beta_{1,0}$ の仮説をテストする不均一分散を考慮した OLS t 統計量が，帰無仮説の下，そして最小二乗法の最初の3つの仮定が成立する下で，漸近的な標準正規分布に従うことを示します．

不均一分散を考慮した標準誤差 $SE(\hat{\beta}_1) = \hat{\sigma}_{\hat{\beta}_1}$（(17.14) 式で定義）に基づく t 統計量は，

$$t = \frac{\hat{\beta}_1 - \beta_{1,0}}{\hat{\sigma}_{\hat{\beta}_1}} = \left[\frac{\sqrt{n}(\hat{\beta}_1 - \beta_{1,0})}{\sqrt{n\sigma_{\hat{\beta}_1}^2}}\right] \div \sqrt{\frac{\hat{\sigma}_{\hat{\beta}_1}^2}{\sigma_{\hat{\beta}_1}^2}} \tag{17.17}$$

ここで，(17.17) 式右辺にあるカギ括弧の項は，(17.12) 式より，分布において標準正規分布に収束します．さらに，不均一分散を考慮した標準誤差は一致性を有するので（(17.13) 式），$\sqrt{\hat{\sigma}_{\hat{\beta}_1}^2 / \sigma_{\hat{\beta}_1}^2} \xrightarrow{p} 1$ となります（練習問題17.4）．したがって，スルツキー定理により，$t \xrightarrow{d} N(0,1)$ が示されます．

17.4 誤差項が正規分布に従うときの正確な標本分布

小標本の下での OLS 推定量および t 統計量の分布は，回帰式の誤差項の分布に依存し，通常その形は複雑です．しかし，もし誤差項が均一分散で正規分布に従うのなら，それら

の分布は単純になります．具体的には，もし基本概念17.1に示した最小二乗法の5つの仮定すべてが満たされるならば，OLS推定量は，$X_1,\ldots,X_n$の条件の下，正規分布に従います．さらにt統計量はステューデントt分布に従います．以下では，これらの結果について，$\hat{\beta}_1$に基づき説明します．

誤差項が正規分布に従うときの$\hat{\beta}_1$の分布

もし誤差項がi.i.d.で正規分布に従い，そして説明変数と独立ならば，$\hat{\beta}_1$の分布は，$X_1,\ldots,X_n$の条件の下，正規分布$N(\beta_1, \sigma^2_{\hat{\beta}_1|X})$となり，そこで

$$\sigma^2_{\hat{\beta}_1|X} = \frac{\sigma^2_u}{\sum_{i=1}^n (X_i - \overline{X})^2} \tag{17.18}$$

となります．

$X_1,\ldots,X_n$の下，正規分布$N(\beta_1, \sigma^2_{\hat{\beta}_1|X})$に従うことを示すには，(i)分布が正規分布である，(ii)$E(\hat{\beta}_1|X_1,\ldots,X_n) = \beta_1$を示す，(iii)(17.18)式を確認する，という3つが必要となります．

まず(i)を示すには，$X_1,\ldots,X_n$の条件の下，$\hat{\beta}_1 - \beta_1$は，$u_1,\ldots,u_n$の加重平均として表されます．すなわち，

$$\hat{\beta}_1 = \beta_1 + \frac{\frac{1}{n}\sum_{i=1}^n (X_i - \overline{X})u_i}{\frac{1}{n}\sum_{i=1}^n (X_i - \overline{X})^2} \tag{17.19}$$

です（この式は付論4.3，(4.30)式で導出されたもので，それを再掲しています）．拡張された仮定1，2，4，5からu_iはi.i.d.で正規分布に従い，そしてu_iとX_iは独立して分布します．正規分布に従う変数の加重平均は，それ自体も正規分布に従うため，$\hat{\beta}_1$は$X_1,\ldots,X_n$の下，正規分布に従います．

次に(ii)を示すには，(17.19)式の両辺に条件付期待値を取ります．すると，$E(\hat{\beta}_1 - \beta_1)|X_1,\ldots,X_n) = E[\sum_{i=1}^n (X_i - \overline{X})u_i / \sum_{i=1}^n (X_i - \overline{X})^2 | X_1,\ldots,X_n] = \sum_{i=1}^n (X_i - \overline{X})E(u_i|X_1,\ldots,X_n)/\sum_{i=1}^n (X_i - \overline{X})^2 = 0$となります．ここで最後の等式は，$E(u_i|X_1,\ldots,X_n) = E(u_i|X_i) = 0$により成り立ちます．以上から，$\hat{\beta}_1$は条件付不偏性を持つ，すなわち，

$$E(\hat{\beta}_1|X_1,\ldots,X_n) = \beta_1 \tag{17.20}$$

が示されます．

最後に(iii)を示すには，$X_1,\ldots,X_n$が与えられている下，誤差項は独立した分布に従うことを利用して，$\hat{\beta}_1$の条件付分散を(17.19)式から計算します．すなわち，

$$\mathrm{var}(\hat{\beta}_1|X_1,\ldots,X_n) = \mathrm{var}\left(\frac{\sum_{i=1}^{n}(X_i-\overline{X})u_i}{\sum_{i=1}^{n}(X_i-\overline{X})^2}|X_1,\ldots,X_n\right)$$

$$= \frac{\sum_{i=1}^{n}(X_i-\overline{X})^2\,\mathrm{var}(u_i|X_1,\ldots,X_n)}{\left[\sum_{i=1}^{n}(X_i-\overline{X})^2\right]^2}$$

$$= \frac{\sum_{i=1}^{n}(X_i-\overline{X})^2\sigma_u^2}{\left[\sum_{i=1}^{n}(X_i-\overline{X})^2\right]^2} \quad (17.21)$$

となります．(17.21) 式の最後の表現から分子・分母をキャンセルすることで，(17.18) 式の条件付分散の式が得られます．

均一分散のみに有効な t 統計量の分布

$\beta_1 = \beta_{1,0}$ をテストする t 統計量で，均一分散のみに有効な統計量は，

$$t = \frac{\hat{\beta}_1 - \beta_{1,0}}{SE(\hat{\beta}_1)} \quad (17.22)$$

です．ここで，$SE(\hat{\beta}_1)$ は，均一分散のみに有効な $\hat{\beta}_1$ の標準誤差を使って計算されます．$SE(\hat{\beta}_1)$ の式（付論 5.1 の (5.29) 式）を (17.22) 式に代入して，整理すると，

$$t = \frac{\hat{\beta}_1-\beta_{1,0}}{\sqrt{s_{\hat{u}}^2/\sum_{i=1}^{n}(X_i-\overline{X})^2}} = \frac{\hat{\beta}_1-\beta_{1,0}}{\sqrt{\sigma_u^2/\sum_{i=1}^{n}(X_i-\overline{X})^2}} \div \sqrt{\frac{s_{\hat{u}}^2}{\sigma_u^2}}$$

$$= \frac{(\hat{\beta}_1-\beta_{1,0})/\sigma_{\hat{\beta}_1|X}}{\sqrt{W/(n-2)}} \quad (17.23)$$

が得られます．ここで $s_{\hat{u}}^2 = \frac{1}{n-2}\sum_{i=1}^{n}\hat{u}_i^2$，$W = \sum_{i=1}^{n}\hat{u}_i^2/\sigma_u^2$ です．帰無仮説の下で $\hat{\beta}_1$ は，$X_1,\ldots,X_n$ の下，$N(\beta_{1,0},\sigma_{\hat{\beta}_1|X}^2)$ の分布に従います．したがって，(17.23) 式の最後の表現における分子の分布は $N(0,1)$ となります．そして 18.4 節において，W は自由度 $n-2$ のカイ二乗分布に従うことが示され，さらに W は標準化された OLS 推定量，すなわち (17.23) 式の分子とは独立した分布となります．したがって，ステューデント t 分布の定義（付論 17.1）から，5 つの拡張された最小二乗法の仮定の下，均一分散のみに有効な t 統計量は，自由度 $n-2$ のステューデント t 分布に従います．

自由度の修正はどこで必要となるか

$s_{\hat{u}}^2$ における自由度の修正は，$s_{\hat{u}}^2$ が σ_u^2 の不偏推定量となり，そして誤差項が正規分布のときに t 統計量がステューデント t 分布に従うために必要となります．

$W = \sum_{i=1}^{n}\hat{u}_i^2/\sigma_u^2$ は自由度 $n-2$ のカイ二乗分布なので，その平均 $E(W) = n-2$．つまり $E[W/(n-2)] = (n-2)/(n-2) = 1$ となります．W の定義を代入して整理すると，

$E(\frac{1}{n-2}\sum_{i=1}^{n}\hat{u}_i^2) = \sigma_u^2$. したがって，自由度の修正の結果，$s_u^2$ が σ_u^2 の不偏推定量となるのです．さらに，n ではなく $n-2$ で割ることで，(17.23) 式の最後の表現における分母は，ステューデント t 分布に従う確率変数の定義（付論 17.1）と一致します．つまり，標準誤差を求める際に自由度の修正を施すことで，誤差項が正規分布のとき，t 統計量はステューデント t 分布に従うことになるのです．

17.5 ウエイト付き最小二乗法

拡張された最小二乗法の最初の 4 つの仮定の下，OLS 推定量は，（$Y_1, \ldots, Y_n$ に関して）線形で（$X_1, \ldots, X_n$ が与えられた下で）条件付不偏推定量の中で最も効率的です．すなわち OLS は BLUE（Best Linear Unbiased Estimator）です．この結果はガウス・マルコフ定理と呼ばれ，5.5 節で議論し，付論 5.2 で証明しました．ガウス・マルコフ定理は OLS 推定量を利用することの理論的な理由となります．その一方で，ガウス・マルコフ定理の大きな限界は，それが誤差項の均一分散を必要とすることです．もし誤差項が不均一分散であれば，ガウス・マルコフ定理は成立せず，OLS 推定量は BLUE とはなりません．

本節では，OLS 推定量を修正したウエイト付き最小二乗法（**weighted least squares, WLS**）を説明します．WLS は誤差項が不均一分散である場合に OLS よりも効率的となります．

WLS 推定を行うには，条件付分散の関数 $\mathrm{var}(u_i|X_i)$ について，かなりの知識が必要となります．ここでは 2 つのケースを検討します．第 1 のケースでは，$\mathrm{var}(u_i|X_i)$ の形状が，ある関数の比例でその係数までわかっており，WLS が BLUE となる場合です．第 2 のケースでは，$\mathrm{var}(u_i|X_i)$ の関数形はわかっているが，その関数形には推定すべき未知のパラメーターが含まれている場合です．いくつかの追加的な想定の下，第 2 のケースでの WLS の漸近分布は，条件付分散の関数のパラメーターがわかっている場合と同一となります．したがって，その意味で，WLS 推定量は漸近的に BLUE となります．本節の最後では，WLS で不均一分散に対処することの実際上のメリットとデメリットを議論し，不均一分散を考慮した標準誤差を利用する場合と比較します．

不均一分散の形状が既知のときの WLS

いま条件付分散 $\mathrm{var}(u_i|X_i)$ が，ある関数の比例であることがわかっているとします．すなわち，

$$\mathrm{var}(u_i|X_i) = \lambda h(X_i) \tag{17.24}$$

で λ は定数，h は既知の関数です．この場合の WLS 推定量は，まず被説明変数と説明変数を h の平方根で割り，そして修正された被説明変数を修正された説明変数で OLS 回帰

することで得られます．具体的には，1 説明変数の回帰モデルで両辺を $\sqrt{h(X_i)}$ で割り，その結果，

$$\widetilde{Y}_i = \beta_0 \widetilde{X}_{0i} + \beta_1 \widetilde{X}_{1i} + \widetilde{u}_i \tag{17.25}$$

を求めます．ここで $\widetilde{Y}_i = Y_i/\sqrt{h(X_i)}$, $\widetilde{X}_{0i} = 1/\sqrt{h(X_i)}$, $\widetilde{X}_i = X_i/\sqrt{h(X_i)}$, $\widetilde{u}_i = u_i/\sqrt{h(X_i)}$ です．

WLS 推定量（**WLS estimator**）とは，(17.25) 式における β_1 の OLS 推定量を指します．すなわち，$\widetilde{Y}_i$ を $\widetilde{X}_{0i}$ と $\widetilde{X}_{1i}$ で OLS 回帰することで得られる推定量です．ここで $\widetilde{X}_{0i}$ は，ウエイトなしの回帰における定数項の代わりとなります．

基本概念 17.1 の最初の 3 つの仮定と (17.24) 式の不均一分散の仮定の下，WLS は BLUE となります．ここで WLS が BLUE となる理由は，ウエイト付けすることで誤差項 $\widetilde{u}_i$ が均一分散となる，すなわち，

$$\text{var}(\widetilde{u}_i|X_i) = \text{var}\left(\frac{u_i}{\sqrt{h(X_i)}}\bigg|X_i\right) = \frac{\text{var}(u_i|X_i)}{h(X_i)} = \frac{\lambda h(X_i)}{h(X_i)} = \lambda \tag{17.26}$$

となり，$\widetilde{u}_i$ の条件付分散 $\text{var}(\widetilde{u}_i|X_i)$ が定数となるからです．したがって，最小二乗法の最初の 4 つの仮定が (17.25) 式に当てはまることとなります．厳密に言うと，付論 5.2 のガウス・マルコフ定理は (17.1) 式に基づいて証明されており，そこには切片 β_0 が含まれています．したがって，切片が $\beta_0 \widetilde{X}_{0i}$ に置き換わっている (17.25) 式の場合には，ガウス・マルコフ定理は当てはまりません．しかし，ガウス・マルコフ定理の多変数回帰の拡張版（18.5 節）を用いて，それを (17.25) 式のウエイト付き母集団回帰における β_1 の推定に適用できます．以上の結果，(17.25) 式の β_1 に対する OLS 推定量——β_1 に対する WLS 推定量——は BLUE となります．

実際には，関数形 h は未知であることが多く，その場合は (17.25) 式のウエイト付き変数，そして WLS 推定量とも計算できません．そのため，この WLS 推定量は**実行不可能な WLS**（**infeasible WLS**）と呼ばれることがあります．実際に WLS 推定を実行するには，関数 h を推定しなければならず，それが次のトピックとなります．

不均一分散の関数形が既知のときの WLS

不均一分散の関数形がわかっている場合には，関数 h を推定し，その推定された関数を使って WLS 推定量を計算することができます．

具体例 1：誤差項 u の分散が X の 2 次関数の場合　　いま条件付分散が次の 2 次関数であることがわかっているとします：

$$\text{var}(u_i|X_i) = \theta_0 + \theta_1 X_i^2. \tag{17.27}$$

ここで θ_0 と θ_1 は未知のパラメターで，$\theta_0 > 0$，$\theta_1 \geq 0$ とします．

θ_0 と θ_1 は未知であるため，ウエイト付きの変数 $\widetilde{Y}_i$，$\widetilde{X}_{0i}$，$\widetilde{X}_{1i}$ を求めることはできません．しかし θ_0 と θ_1 を推定することは可能であり，それらの推定値を使って $\text{var}(u_i|X_i)$ を推定することができます．いま $\hat{\theta}_0$ と $\hat{\theta}_1$ を θ_0 と θ_1 の推定量とし，$\widehat{\text{var}}(u_i|X_i) = \hat{\theta}_0 + \hat{\theta}_1 X_i^2$ とします．そしてウエイト付きの変数を次のように定義します：$\hat{\widetilde{Y}}_i = Y_i / \sqrt{\widehat{\text{var}}(u_i|X_i)}$，$\hat{\widetilde{X}}_{0i} = 1 / \sqrt{\widehat{\text{var}}(u_i|X_i)}$，$\hat{\widetilde{X}}_{1i} = X_i / \sqrt{\widehat{\text{var}}(u_i|X_i)}$．ここでWLS推定量は，$\hat{\widetilde{Y}}_i$ を $\hat{\widetilde{X}}_{0i}$ と $\hat{\widetilde{X}}_{1i}$ で回帰する係数のOLS推定量に相当します（ここで $\beta_0 \hat{\widetilde{X}}_{0i}$ は切片 β_0 に代わる項となります）．

この推定量を計算するには，条件付分散の関数を推定する，すなわち (17.27) 式の θ_0 と θ_1 を推定することが必要です．θ_0 と θ_1 の一致推定量を求める1つの方法は，OLSを使って $\hat{u}_i^2$ を X_i^2 で回帰することです．そこで $\hat{u}_i^2$ はオリジナルの回帰式における第 i 番目のOLS残差の二乗です．

いま条件付分散が (17.27) 式の形状を持ち，$\hat{\theta}_0$ と $\hat{\theta}_1$ を θ_0 と θ_1 の一致推定量とします．基本概念17.1の仮定1から3，および θ_0 と θ_1 の推定に係る追加的なモーメント条件が満たされる下で，WLS推定量の漸近分布は，θ_0 と θ_1 が既知である場合と同一になります．したがって，推定された θ_0 と θ_1 に基づくWLS推定量は，実行不可能なWLS推定量と同じ漸近分布を持つことになり，その意味において漸近的にBLUEとなります．

このWLS推定の手法は，条件付分散の未知パラメターを推定することで実行可能となるため，**実行可能なWLS（feasible WLS）**あるいは**推定されたWLS（estimated WLS）**と呼ばれます．

具体例2：分散が第3の変数に依存する場合　次の例として，条件付分散が回帰式には現れない第3の変数 W_i に依存する場合を考えると，この場合にも，WLSを用いることができます．具体的に，いま3つの変数 X_i，Y_i，そして W_i のデータが手元にあるとします．母集団の回帰関数は X_i には依存するものの，W_i には依存しません．そして条件付分散は X_i には依存せず，W_i に依存するとします．すなわち，母集団の回帰関数は $E(Y_i|X_i, W_i) = \beta_0 + \beta_1 X_i$，条件付分散は $\text{var}(u_i|X_i, W_i) = \lambda h(W_i)$，そこで λ は定数，h は推定される関数とします．

たとえばいま研究者は，ある州の失業率と州の経済政策変数（X_i）との関係に関心があるとします．しかしデータとして観察される失業率（Y_i）は，真の失業率（Y_i^*）のサーベイ調査に基づく推定値です．その結果，Y_i は誤差を伴って Y_i^* を計測したものとなり，その誤差はサーベイに基づくランダムな要因によって発生します．つまり，$Y_i = Y_i^* + v_i$ と表されます（v_i はサーベイ調査に起因する計測誤差）．この例では，サーベイ調査の標本の大きさ W_i は，真の州失業率の決定要因ではありません．したがって，母集団回帰式

は W_i に依存しません．すなわち $E(Y_i^*|X_i, W_i) = \beta_0 + \beta_1 X_i$ です．以上の設定は，次の2式にまとめられます：

$$Y_i^* = \beta_0 + \beta_1 X_i + u_i^*, \tag{17.28}$$

$$Y_i = Y_i^* + v_i. \tag{17.29}$$

ここで (17.28) 式は，州の経済政策変数と真の州失業率の関係をモデル化したもので，(17.29) 式は測定された失業率 Y_i と真の失業率 Y_i^* の関係を表します．

これら (17.28) 式と (17.29) 式のモデルから得られる母集団の回帰式では，誤差項の条件付分散は W_i に依存し，X_i には依存しません．(17.28) 式の誤差項 u_i^* はこの回帰式では除外された他の要因を表し，(17.29) 式の誤差項 v_i はサーベイ調査に起因する計測誤差です．もし u_i^* が均一分散なら，$\text{var}(u_i^*|X_i, W_i) = \sigma_{u^*}^2$ は一定となります．サーベイの計測誤差は，サーベイ調査の標本数 W_i の逆数に依存する，すなわち $\text{var}(v_i|X_i, W_i) = a/W_i$ です（a は定数）．v_i はランダムなサーベイに起因する誤差なので，u_i^* と相関はないと仮定して大丈夫でしょう．したがって，$\text{var}(u_i^* + v_i|X_i, W_i) = \sigma_{u^*}^2 + a/W_i$．以上から，(17.28) 式を (17.29) 式に代入することで，不均一分散の回帰モデル：

$$Y_i = \beta_0 + \beta_1 X_i + u_i, \tag{17.30}$$

$$\text{var}(u_i|X_i, W_i) = \theta_0 + \theta_1(1/W_i) \tag{17.31}$$

が導かれます．ここで，$u_i = u_i^* + v_i$，$\theta_0 = \sigma_{u^*}^2$，$\theta_1 = a$，そして $E(u_i|X_i, W_i) = 0$ です．

もし θ_0 と θ_1 の値を知っているなら，(17.31) 式の条件付分散の関数を使って，WLS により β_0 と β_1 を推定できます．しかし，この例では θ_0 と θ_1 は未知なので，それらは OLS 残差（つまり (17.30) 式の OLS 推定からの残差）の二乗を $1/W_i$ で回帰することで推定できます．そして，推定された条件付分散の関数を使って，利用可能な WLS のウエイトを求めることができます．

ここで強調すべきなのは，$E(u_i|X_i, W_i) = 0$ がきわめて重要であるという点です．もしこれが成立しなければ，ウエイト付けされた誤差項はゼロではない条件付平均を持つこととなり，WLS は一致性を持たなくなります．言い換えると，もし実際 W_i が Y_i の1つの決定要因であれば，(17.30) 式は多変数回帰式として X_i と W_i の両方を含めなければなりません．

実行可能な WLS の一般的手法

一般に，利用可能な WLS は次の4つのステップで行われます．

1. OLS により Y_i を X_i で回帰し，OLS 残差 $\hat{u}_i, i = 1, \ldots, n$ を求める．
2. 条件付分散の関数 $\text{var}(u_i|X_i)$ のモデルを推定する．たとえば，条件付分散の関数が (17.27) 式の形状なら，$\hat{u}_i^2$ を X_i^2 で回帰する．一般にこのステップで，条件付分散 $\text{var}(u_i|X_i)$ の関数が推定される．

3. 推定された関数を使って，条件付分散の関数の予測値 $\widehat{\text{var}}(u_i|X_i)$ を求める．
4. 被説明変数と説明変数（含む定数項）に対してウエイトを付ける．そのウエイトには，推定された条件付分散の平方根の逆数を用いる．
5. ウエイト付けされた回帰式の係数を OLS により推定する．その結果得られた推定量が WLS 推定量となる．

通常，回帰分析の統計ソフトには，オプションとしてウエイト付き最小二乗法のコマンドが含まれており，それを使うと第 4 と第 5 のステップが自動的に計算されます．

不均一分散を考慮した標準誤差か WLS か

不均一分散に対処するには 2 つの方法があります．β_0 と β_1 を WLS で推定するか，それとも β_0 と β_1 を OLS で推定して不均一分散を考慮した標準誤差を用いるかです．実際どちらのアプローチを使うのかは，それぞれのメリットとデメリットを比較して決めるべきでしょう．

WLS のメリットとは，オリジナルな回帰式における係数の OLS 推定量に比べて，少なくとも漸近的に，より効率的という点です．WLS のデメリットとは，条件付分散の形状を知らなければならず，パラメーターの推定も必要となる点です．もし条件付分散が，(17.27) 式のような 2 次関数であれば，それは容易に推定できます．しかしながら，実際には，条件付分散の関数形を知ることはきわめてまれです．さらに，もしその関数形が誤りであれば，WLS 回帰からの標準誤差は誤った統計的推論を導く（テストが誤ったサイズを持つ）ことになります．

一方，不均一分散を考慮した標準誤差を用いることのメリットは，たとえ条件付分散の形状を知らなくとも，漸近的には正しい統計的推論が導かれるという点です．別のメリットとしては，不均一分散を考慮した標準誤差の場合，近年の回帰ソフトではオプションとして簡単に計算できます．したがって，誤った推論を導かないようさらに何か骨を折る必要はありません．不均一分散を考慮した標準誤差のデメリットは，OLS 推定量は WLS 推定量と比べて，少なくとも漸近的には，分散がより大きいという点です．

実際には，$\text{var}(u_i|X_i)$ の関数形を知ることはほとんどありません．したがって，現実の応用に WLS を使うことは問題があります．それは，たとえ 1 説明変数モデルであっても十分困難な問題であり，多変数モデルともなれば，条件付分散の形状を知ることはさらに難しくなります．その理由から，WLS を実際に使うには大きなハードルが存在するのです．それに対して，不均一分散を考慮した標準誤差は，近年の統計ソフトにおいて簡単に利用できて，そこから得られる統計的推論も，非常に一般的な仮定の下で，信頼できるものです．特に，条件付分散の関数形を特定化しなくても使えるという点が，不均一分散を考慮した標準誤差の大きなメリットです．以上の理由から，WLS の理論的な魅力にもかかわらず，不均一分散を考慮した標準誤差の方がほとんどの応用に対応でき，より優れた

アプローチであると本書では考えています．

要約

1. OLS 推定量が漸近的に正規分布に従うという性質は，不均一分散を考慮した標準誤差が一致性を有するという性質とともに，次のことを意味する．すなわち，もし基本概念 17.1 の最初の 3 つの仮定が成り立つのであれば，不均一分散を考慮した t 統計量は帰無仮説の下で標準正規分布に従う．

2. もし回帰式の誤差項が i.i.d. で説明変数の条件の下で正規分布に従うとき，$\hat{\beta}_1$ の標本分布は，説明変数の条件の下で正確に正規分布に従う．さらに，均一分散を仮定した t 統計量の標本分布は，正確にステューデント t_{n-2} 分布に従う．

3. ウエイト付き最小二乗法（WLS）は，ウエイト付き回帰式に OLS を応用したもので，そこですべての変数は，条件付分散 $\text{var}(u_i|X_i)$，あるいはその推定値の逆数の平方根によってウエイト付けされる．WLS は OLS に比べて漸近的により効率的であるが，WLS を実施するには条件付分散の関数の形状を知らなければならず，それは通常困難である．

キーワード

確率における収束 [convergence in probability] 611
一致推定量 [consistent estimator] 611
分布における収束 [convergence in distribution] 613
漸近分布 [asymptotic distribution] 613
スルツキー定理 [Slutsky's theorem] 614
連続マッピング定理 [continuous mapping theorem] 614

ウエイト付き最小二乗法（WLS）[weighted least squares] 620
WLS 推定量 [WLS estimator] 621
実行不可能な WLS [infeasible WLS] 621
実行可能な WLS [feasible or estimated WLS] 622
正規分布の p.d.f. [normal p.d.f.] 628
2 変数正規分布の p.d.f. [bivariate normal p.d.f.] 628

練習問題

17.1 定数項なしの回帰モデル $Y_i = \beta_1 X_i + u_i$ を考えます（定数項 β_0 の真の値はゼロとみなします）．

a. 制約付き回帰モデル $Y_i = \beta_1 X_i + u_i$ の β_1 に関する最小二乗推定量を導出しなさい．ここでは「$\beta_0 = 0$」という制約の下で回帰式を推定するので，これを β_1 に関する「制約付き最小二乗推定量（$\hat{\beta}_1^{RLS}$）」と呼びます．

b. 基本概念 17.1 の仮定 1 から 3 の下，$\hat{\beta}_1^{RLS}$ の漸近分布を導出しなさい．

c. $\hat{\beta}_1^{RLS}$ は線形で［(5.24) 式］，基本概念 17.1 の仮定 1 と 2 の下，条件付不偏［(5.25) 式］であることを示しなさい．

d. ガウス・マルコフ条件（基本概念 17.1 の仮定 1 から 4）の下，$\hat{\beta}_1^{RLS}$ の条件付分散を導出しなさい．

e. ガウス・マルコフ条件の下，(d) で求めた $\hat{\beta}_1^{RLS}$ の条件付分散と，（定数項を含む回帰からの）OLS 推定量 $\hat{\beta}_1$ の条件付分散を比較しなさい．どちらの推定量のほうがより効率的でしょうか．分散に関する公式を使って，その理由を説明しなさい．

f. 基本概念 17.1 の仮定 1 から 5 の下，$\hat{\beta}_1^{RLS}$ の正確な標本分布を導出しなさい．

g. いま推定量 $\widetilde{\beta}_1 = \sum_{i=1}^n Y_i / \sum_{i=1}^n X_i$ を考えます．ガウス・マルコフ条件の下，$\text{var}(\widetilde{\beta}_1|X_1, \cdots, X_n) - \text{var}(\hat{\beta}_1^{RLS}|X_1, \cdots, X_n)$ の表現を導出しなさい．この表現を使って，$\text{var}(\widetilde{\beta}_1|X_1, \cdots, X_n) \geq \text{var}(\hat{\beta}_1^{RLS}|X_1, \cdots, X_n)$ となることを示しなさい．

17.2 (X_i, Y_i) は i.i.d. で有限の 4 次モーメントを持つとします．標本共分散が母集団共分散の一致推定量，つまり $s_{XY} \xrightarrow{p} \sigma_{XY}$ であることを証明しなさい．ここで s_{XY} は，(3.24) 式で定義されたものです．（ヒント：付論 3.3 の議論とコーシー・シュワルツ不等式を使いなさい．）

17.3 この練習問題では，付論 4.3 で説明した $\hat{\beta}_1$ の漸近分布導出の議論を補足します．

a. (17.19) 式を使って，以下の表現を導出しなさい：

$$\sqrt{n}(\hat{\beta}_1 - \beta_1) = \frac{\sqrt{\frac{1}{n}} \sum_{i=1}^n v_i}{\frac{1}{n} \sum_{i=1}^n (X_i - \overline{X})^2} - \frac{(\overline{X} - \mu_X) \sqrt{\frac{1}{n}} \sum_{i=1}^n u_i}{\frac{1}{n} \sum_{i=1}^n (X_i - \overline{X})^2}.$$

ここで $v_i = (X_i - \mu_X) u_i$ です．

b. 中心極限定理，大数の法則，スルツキー定理を使って，この式の最終項が確率においてゼロに収束することを示しなさい．

c. コーシー・シュワルツ不等式と基本概念 17.1 の仮定 3 を使って，$\text{var}(v_i) < \infty$ となることを証明しなさい．項 $\sqrt{\frac{1}{n}} \sum_{i=1}^n v_i / \sigma_v$ は中心極限定理を満たしますか．

d. 中心極限定理とスルツキー定理を応用して，(17.12) 式の結果を示しなさい．

17.4 以下の結果を示しなさい．

a. $\sqrt{n}(\hat{\beta}_1 - \beta_1) \xrightarrow{d} N(0, a^2)$ (a^2 は定数) は，$\hat{\beta}_1$ が一致推定量であることを意味する．（ヒント：スルツキー定理を使いなさい．）

b. $s_u^2/\sigma_u^2 \xrightarrow{p} 1$ は，$s_u/\sigma_u \xrightarrow{p} 1$ を意味する．

17.5 W は，$E(W^4) < \infty$ を満たす確率変数であるとします．$E(W^2) < \infty$ を示しなさい．

17.6 $\hat{\beta}_1$ が条件付不偏ならば，それは条件なし不偏推定量である，すなわち，$E(\hat{\beta}_1|X_1, \cdots, X_n) = \beta_1$ ならば，$E(\hat{\beta}_1) = \beta_1$ となることを示しなさい．

17.7 X と u は連続的な確率変数であり，(X_i, u_i) $i = 1, \cdots, n$ は i.i.d. とします．

a. (u_i, u_j, X_i, X_j) の結合確率密度関数 (p.d.f.) は，$i \neq j$ のとき，$f(u_i, X_i) f(u_j, X_j)$ と表されることを示しなさい．ここで $f(u_i, X_i)$ は，u_i と X_i の結合 p.d.f. です．

b. $i \neq j$ のとき，$E(u_i u_j | X_i, X_j) = E(u_i | X_i) E(u_j | X_j)$ を示しなさい．
   c. $E(u_i | X_1, \cdots, X_n) = E(u_i | X_i)$ を示しなさい．
   d. $i \neq j$ のとき，$E(u_i u_j | X_1, X_2, \cdots, X_n) = E(u_i | X_i) E(u_j | X_j)$ を示しなさい．

17.8 基本概念 17.1 の回帰モデルについて考えます．いま仮定 1，2，3，5 が満たされており，仮定 4 は $\mathrm{var}(u_i | X_i) = \theta_0 + \theta_1 |X_i|$ という条件に置き換えられたとします．ここで $|X_i|$ は X_i の絶対値，$\theta_0 > 0, \theta_1 \geq 0$ です．

   a. β_1 の OLS 推定量は BLUE ですか．
   b. θ_0 と θ_1 は既知であるとします．β_1 の BLUE 推定量はどのようになりますか．
   c. $X_1, \cdots, X_n$ が与えられた下で，OLS 推定量 $\hat{\beta}_1$ の正確な標本分布を導出しなさい．
   d. $X_1, \cdots, X_n$ が与えられた下で，（θ_0 と θ_1 は既知の下で）WLS 推定量の正確な標本分布を導出しなさい．

17.9 基本概念 17.1 の仮定 1 と 2 に，X_i と u_i が 8 次のモーメントを持つという仮定を加えた下で，(17.16) 式を証明しなさい．

17.10 $\hat{\theta}$ をパラメータ θ の推定値とします．そしていま $\hat{\theta}$ にはバイアスが含まれている可能性があります．$n \to \infty$ につれて $E[(\hat{\theta} - \theta)^2] \to 0$（つまり $\hat{\theta}$ の平均二乗誤差がゼロに近づく）ならば，$\hat{\theta} \xrightarrow{p} \theta$ となることを示しなさい．（ヒント：$W = \hat{\theta} - \theta$ として，(17.43) 式を使いなさい．）

付論 17.1 連続的な確率変数に関する正規分布および関連する分布とモーメント

　この付論では，正規分布と関連する分布を定義し，議論します．カイ二乗分布，F 分布，ステューデント t 分布の定義は，すでに 2.4 節で説明していますが，ここでは参照するために再掲します．以下では連続的な確率変数に関する確率とモーメントの定義から説明します．

連続的な確率変数の確率とモーメント

　2.1 節で議論したように，もし Y が連続的な確率変数ならば，その確率は確率密度関数（probability density function, p.d.f.）で記述されます．Y が 2 つの値の間に入る確率は，2 つの値の間の p.d.f. の領域にあたります．離散変数の場合と同じく，Y の期待値は確率でウエイト付けされた平均値であり，そこでウエイトは p.d.f. により与えられます．しかし，いま Y は連続変数なので，離散変数のときの和記号とは異なり，確率と期待値の数学的表現には積分を用います．

　Y の確率密度関数を f_Y と表します．確率はマイナスにはならないので，すべての y について，$f_Y(y) > 0$ です．Y が a から b の間に入る確率（$a < b$）は，

$$\Pr(a \leq Y \leq b) = \int_a^b f_Y(y) dy \tag{17.32}$$

です．Y は実数線上のどこかの値を取らなければならないので，$\Pr(-\infty \leq Y \leq \infty) = 1$ となり，

$\int_{-\infty}^{\infty} f_Y(y)dy = 1$ です．連続的な確率変数の期待値とモーメントは，離散的な確率変数の場合と同じく，取りうる値を確率でウエイト付けした平均値ですが，その際，離散変数の場合の和記号［たとえば (2.3) 式の和記号］を積分に置き換えます．すなわち，

$$E(Y) = \mu_Y = \int y f_Y(y) dy. \tag{17.33}$$

ここで積分の範囲は，ゼロではない f_Y に対応する値の集合です．分散は $(Y - \mu_Y)^2$ の期待値，r 次のモーメントは Y^r の期待値です．したがって，

$$\mathrm{var}(Y) = E(Y - \mu_Y)^2 = \int (y - \mu_Y)^2 f_Y(y) dy \tag{17.34}$$

$$E(Y^r) = \int y^r f_Y(y) dy \tag{17.35}$$

となります．

正規分布

1 変数の正規分布　正規分布に従う確率変数の確率密度関数（正規分布の **p.d.f.** 〈normal p.d.f.〉）は，

$$f_Y(y) = \frac{1}{\sigma \sqrt{2\pi}} \exp\left[-\frac{1}{2}\left(\frac{y-\mu}{\sigma}\right)^2\right]. \tag{17.36}$$

ここで $\exp(x)$ は x の指数関数です．(17.36) 式において $1/(\sigma \sqrt{2\pi})$ を掛けることで，$\Pr(-\infty \leq Y \leq \infty) = \int_{-\infty}^{\infty} f_Y(y) dy = 1$ となります．

正規分布の平均は μ，分散は σ^2 です．また正規分布は左右対称です．そのため，3 次以上の奇数次の（平均の周りの）モーメントはゼロとなります．4 次のモーメントは $3\sigma^4$ です．一般に，Y が $N(\mu, \sigma^2)$ に従うとき，偶数次の（平均の周りの）モーメントは，以下で与えられます：

$$E(Y - \mu)^k = \frac{k!}{2^{k/2}(k/2)!} \sigma^k \quad (k \text{ は偶数}). \tag{17.37}$$

$\mu = 0$ で $\sigma^2 = 1$ のとき，正規分布は標準正規分布と呼ばれます．標準正規分布の p.d.f. は ϕ，その c.d.f. は Φ と表記します．したがって，標準正規分布の密度関数は，$\phi(y) = \frac{1}{\sqrt{2\pi}} \exp(-\frac{y^2}{2})$，$\Phi(y) = \int_{-\infty}^{y} \phi(s) ds$ となります．

2 変数正規分布　2 つの確率変数 X，Y に関する **2 変数正規分布**の **p.d.f.**（bivariate normal p.d.f.）は，

$$g_{X,Y}(x, y) = \frac{1}{2\pi \sigma_X \sigma_Y \sqrt{1 - \rho_{XY}^2}}$$
$$\times \exp\left\{\frac{1}{-2(1-\rho_{XY}^2)}\left[\left(\frac{x-\mu_X}{\sigma_X}\right)^2 - 2\rho_{XY}\left(\frac{x-\mu_X}{\sigma_X}\right)\left(\frac{y-\mu_Y}{\sigma_Y}\right) + \left(\frac{y-\mu_Y}{\sigma_Y}\right)^2\right]\right\} \tag{17.38}$$

と表され，ここで ρ_{XY} は X と Y の相関係数です．

X と Y が無相関のとき（$\rho_{XY} = 0$），$g_{X,Y}(x.y) = f_X(x) f_Y(y)$ です．ここで f は (17.36) 式で表される正規分布の密度関数です．したがって，X と Y が結合正規分布に従い無相関ならば，それらの分布は独立していることを表しています．これは，他の分布では必ずしも成立しない，正規分布に特別

な性質です．多変数正規分布は，2 変数正規分布をより多くの確率変数のケースに拡張するものです．その分布は行列表現を使うと便利であり，付論 18.1 で説明します．

条件付正規分布　いま X と Y は結合正規分布に従うとします．このとき X が与えられた下での Y の条件付分布は，$N(\mu_{Y|X}, \sigma^2_{Y|X})$ となります．ここで平均 $\mu_{Y|X} = \mu_Y + (\sigma_{XY}/\sigma^2_X)(X - \mu_X)$，分散 $\sigma^2_{Y|X} = (1 - \rho^2_{XY})\sigma^2_Y$ です．この条件付分布の平均は，$X = x$ の条件の下，x の線形関数です．そして，その分散は x に依存しません．

関連する分布

カイ二乗分布　$Z_1, Z_2, \cdots, Z_n$ を標準正規分布に従う n 個の i.i.d. 確率変数とします．このとき，確率変数

$$W = \sum_{i=1}^{n} Z_i^2 \tag{17.39}$$

は，自由度 n のカイ二乗分布に従い，それは χ^2_n と表記します．$E(Z_i^2) = 1$，$E(Z_i^4) = 3$ なので，$E(W) = n$，$\mathrm{var}(W) = 2n$ となります．

ステューデント t 分布　Z は標準正規分布に従い，W は χ^2_m 分布に従い，Z と W の分布は独立しているとします．このとき，確率変数

$$t = \frac{Z}{\sqrt{W/m}} \tag{17.40}$$

は，自由度 m のステューデント t 分布に従い，それは t_m と表記します．t_∞ 分布は，標準正規分布となります．

F 分布　W_1，W_2 は独立した確率変数で，それぞれ自由度 n_1 と n_2 のカイ二乗分布に従うとします．このとき，確率変数

$$F = \frac{W_1/n_1}{W_2/n_2} \tag{17.41}$$

は，自由度 (n_1, n_2) の F 分布に従い，それは F_{n_1, n_2} と表記します．

F 分布は，分子の自由度 n_1 と分母の自由度 n_2 に依存します．分母の自由度が大きくなれば，F_{n_1, n_2} は，n_1 で割った $\chi^2_{n_1}$ に近似できます．つまり，$\chi^2_{n_1}/n_1$ 分布と同じになります．

付論 17.2　2 つの不等式

この付論では，チェビチェフの不等式（Chebychev's inequality）とコーシー・シュワルツ不等式（Cauchy-Schwarz inequality）について説明し，証明します．

チェビチェフの不等式

チェビチェフの不等式は，確率変数 V の分散を用いて，V が平均より $\pm\delta$ 以上離れる確率の限度を定める式です（δ は正の定数）．すなわち，

$$\Pr(|V - \mu_V| \geq \delta) \leq \mathrm{var}(V)/\delta^2 \quad (\text{チェビチェフの不等式}). \tag{17.42}$$

(17.42) 式を証明するために，$W = V - \mu_V$, f を W の p.d.f., δ をある正の数とします．いま，

$$\begin{aligned}
E(W^2) &= \int_{-\infty}^{\infty} w^2 f(w) dw \\
&= \int_{-\infty}^{-\delta} w^2 f(w) dw + \int_{-\delta}^{\delta} w^2 f(w) dw + \int_{\delta}^{\infty} w^2 f(w) dw \\
&\geq \int_{-\infty}^{-\delta} w^2 f(w) dw + \int_{\delta}^{\infty} w^2 f(w) dw \\
&\geq \delta^2 \left[\int_{-\infty}^{-\delta} f(w) dw + \int_{\delta}^{\infty} f(w) dw \right] \\
&= \delta^2 \Pr(|W| \geq \delta).
\end{aligned} \tag{17.43}$$

ここで最初の等式は $E(W^2)$ の定義，2つ目の等式は積分の範囲を実数線上で分割したもの，最初の不等式は非負の項を落としたもの，2つ目の不等式は積分の範囲において $w^2 > \delta^2$, そして最後の等式は $\Pr(|W| \geq \delta)$ の定義から，それぞれ成立します．最後の表現に $W = V - \mu_v$ を代入し，$E(W^2) = E[(V - \mu_v)^2] = \mathrm{var}(V)$ を踏まえて整理すると，(17.42) 式の不等式が得られます．もし V が離散変数であれば，積分を和記号に入れ替えて，同じ証明が当てはまります．

コーシー・シュワルツ不等式

コーシー・シュワルツ不等式は，相関係数の不等式 $|\rho_{XY}| \leq 1$ の拡張で，ゼロではない平均を考慮することで得られます．コーシー・シュワルツ不等式は，

$$|E(XY)| \leq \sqrt{E(X^2)E(Y^2)} \quad (\text{コーシー・シュワルツ不等式}). \tag{17.44}$$

(17.44) 式の証明は，付論 2.1 で示した相関係数の不等式の証明と同様です．$W = Y + bX$ とします（b は定数）．このとき $E(W^2) = E(Y^2) + 2bE(XY) + b^2 E(X^2)$ となります．いま $b = -E(XY)/E(X^2)$ とすると，（若干の整理により）先の表現は，$E(W^2) = E(Y^2) - [E(XY)]^2/E(X^2)$ となります．$E(W^2) \geq 0$（なぜなら $W^2 \geq 0$）なので，$[E(XY)]^2 \leq E(X^2)E(Y^2)$．したがって，両辺に平方根を取り，コーシー・シュワルツ不等式が得られます．

第 18 章 多変数回帰分析の理論

本章は，多変数回帰分析の理論について導入的な解説を行います．ここでは 4 つの目的があります．第 1 の目的は，多変数回帰モデルの行列表示を提示することです．行列表示にすることで，OLS 推定量や t 統計量の式の表記がコンパクトになります．第 2 に，OLS 推定量の標本分布の特性について，大標本（そこでは漸近理論に基づく）と小標本（そこでは誤差項が均一分散で正規分布に従う），それぞれの場合について解説します．第 3 に，多変数回帰モデルの効率的な推定の理論について学び，一般化最小二乗法（generalized least squares, GLS）について説明します．GLS は，誤差項が不均一分散の場合あるいは観測値間に系列相関がある場合に，係数を効率的に推定する方法です．第 4 の目的は，線形の操作変数（instrumental variables, IV）回帰における漸近分布理論の解説を簡潔に行うことです．そこでは，誤差項が不均一分散の場合の一般化モーメント法（generalized method of moment, GMM）に関する入門的な説明も行います．

以下では，まず 18.1 節で，多変数回帰モデルと OLS 推定量の行列表示について解説します．その節では，多変数回帰モデルでの最小二乗法の仮定についても説明します．そのうち最初の 4 つの仮定は基本概念 6.4 で述べた仮定と同じもので，漸近分布理論の基礎となり，第 6 章および第 7 章の分析手続きの根拠となるものです．残り 2 つの仮定はより強いもので，それを課すことで，多変数モデルにおける OLS 推定量の理論的特性をより詳細に議論することができます．

その次の 3 つの節では，OLS 推定量とテスト統計量の標本分布について調べます．18.2 節では，基本概念 6.4 で示した最小二乗法の仮定の下，OLS 推定量と t 統計量の漸近分布について説明します．18.3 節では，複数の係数に関する仮説検定の議論（7.2 節と 7.3 節）を一般化して，F 統計量の漸近分布を示します．18.4 節では，誤差項が均一分散で正規分布に従うという特別な場合の，OLS 推定量とテスト統計量の正確な標本分布について議論します．均一分散で正規分布に従う誤差項は，計量経済学の実際の応用にとっては現実的な想定ではありませんが，その正確な分布を議論することは理論的には重要であり，その分布に基づいて計算される p 値は回帰分析ソフトの計算結果にしばしば登場します．

続く 2 つの節では，多変数回帰モデルの効率的な推定の理論について説明します．18.5 節はガウス・マルコフ定理を多変数回帰分析へと一般化します．18.6 節は GLS を説明し

ます.

　最後の節は，一般的なIV回帰モデルにおけるIV推定の問題を取り上げます．その際，操作変数は正当であり，説明変数との相関は強いと想定します．この節では，誤差項が不均一分散の場合における2段階最小二乗法（TSLS）の漸近分布を導出し，TSLS推定量の標準誤差の表現を示します．TSLS推定量は数多くのGMM推定量の1つであり，ここでは導入として，線形IV回帰モデルにおけるGMM推定を議論します．TSLS推定量は，誤差項が均一分散であれば，効率的なGMM推定量であることが示されます.

数学の予備知識　　本章の線形モデルの説明は行列表現と線形代数の基礎知識を用います．したがって本章の読者は，線形代数の入門コースを履修済みであることを想定しています．付論18.1では，本章で用いるベクトル，行列，そして行列計算を復習します．また，18.1節でOLS推定量を導出する際には，多変数の微積分が使われます.

18.1　多変数線形回帰モデルとOLS推定量の行列表現

　多変数線形回帰モデルとOLS推定量は，それぞれ行列表記にすることで，簡潔に表すことができます.

多変数回帰モデルの行列表現

　多変数回帰モデルの一般式（基本概念6.2）は，

$$Y_i = \beta_0 + \beta_1 X_{1i} + \beta_2 X_{2i} + \cdots + \beta_k X_{ki} + u_i, \quad i = 1, \ldots, n \tag{18.1}$$

です．これを行列表現で表すために，次のベクトルと行列を定義します：

$$\boldsymbol{Y} = \begin{pmatrix} Y_1 \\ Y_2 \\ \vdots \\ Y_n \end{pmatrix}, \boldsymbol{U} = \begin{pmatrix} u_1 \\ u_2 \\ \vdots \\ u_n \end{pmatrix}, \boldsymbol{X} = \begin{pmatrix} 1 & X_{11} & \cdots & X_{k1} \\ 1 & X_{12} & \cdots & X_{k2} \\ \vdots & \vdots & \ddots & \vdots \\ 1 & X_{1n} & \cdots & X_{kn} \end{pmatrix} = \begin{pmatrix} \boldsymbol{X}'_1 \\ \boldsymbol{X}'_2 \\ \vdots \\ \boldsymbol{X}'_n \end{pmatrix}, \boldsymbol{\beta} = \begin{pmatrix} \beta_0 \\ \beta_1 \\ \vdots \\ \beta_k \end{pmatrix}. \tag{18.2}$$

ここで $\boldsymbol{Y}$ は $n \times 1$，$\boldsymbol{X}$ は $n \times (k+1)$，$\boldsymbol{U}$ は $n \times 1$，$\boldsymbol{\beta}$ は $(k+1) \times 1$ です．以下，行列およびベクトルの変数は太字で表記します．この記号の下，各変数の定義は以下のとおりに整理できます.

- $\boldsymbol{Y}$ は $n \times 1$ のベクトルで，被説明変数の n 個の観測値を表す．
- $\boldsymbol{X}$ は $n \times (k+1)$ の行列で，$(k+1)$ 個の説明変数（定数項を含む）の n 個の観測値を表す．
- $(k+1) \times 1$ の列ベクトル $\boldsymbol{X}_i$ は，$k+1$ 個の説明変数の第 i 番目の観測値を表す．つまり

- $X'_i = (1\ X_{1i}\ \cdots\ X_{ki})$ で，X'_i は X_i の転置行列．
- U は $n \times 1$ のベクトルで，n 個の誤差項を表す．
- β は $(k+1) \times 1$ のベクトルで，$k+1$ 個の未知の回帰係数を表す．

第 i 観測値に関する (18.1) 式の多変数回帰モデルは，ベクトル β と X'_i を用いて表記すると，

$$Y_i = X'_i \beta + u_i, \quad i = 1, \ldots, n \tag{18.3}$$

となります．(18.3) 式における最初の説明変数は，常に 1 を取る「定数の」説明変数で，その係数は切片に当たります．このように，(18.3) 式で切片は，切り離されて表記されるのではなく，係数ベクトル β の第 1 要素となります．

(18.3) 式の n 個の観測値をすべて縦方向に積み重ねる（stack する）と，多変数回帰モデルの行列表現：

$$Y = X\beta + U \tag{18.4}$$

が得られます．

拡張された最小二乗法の仮定

多変数回帰モデルの場合，拡張された最小二乗法の仮定は，基本概念 6.4 の 4 つの仮定，および誤差項が均一分散そして正規分布に従うという 2 つの仮定を追加して，合計 6 つの仮定からなります．均一分散の仮定は OLS 推定量の効率性を議論する際に使われます．そして正規分布の仮定は，OLS 推定量とテスト統計量の正確な標本分布を導出する際に使われます．

拡張された最小二乗法の仮定は，基本概念 18.1 に要約されます．

基本概念 18.1 の最初の 3 つの仮定は，表記上の違いを除けば，基本概念 6.4 の最初の 3 つの仮定と同一です．

基本概念 18.1 と基本概念 6.4 の 4 番目の仮定は，異なるものに見えるかもしれませんが，しかし実際には同じものです．それらはともに，完全な多重共線性は存在しないことを表していて，それを異なる表現で述べているに過ぎません．完全な多重共線性は，1 つの説明変数が他の説明変数の完全な線形結合で表されるとき発生します．(18.2) 式の行列表現で言えば，完全な多重共線性とは，X の 1 つの列が，X の他の列の完全な線形結合となる場合です．しかしその場合には，行列 X の階数は列に関するフル・ランクとはなりません．したがって，X が $k+1$ の階数を持つ，つまりそのランクが X の列の数と同じであることは，説明変数に完全な多重共線性はないことと同一なのです．

基本概念 18.1 の 5 番目の仮定は誤差項が均一分散であること，そして 6 番目の仮定は X_i の下，誤差項 u_i の条件付分布は正規分布に従うことをそれぞれ表しています．これら

基本概念 18.1　拡張された最小二乗法の仮定：多変数回帰モデル

複数の説明変数を含む線形回帰モデルは，

$$Y_i = X_i'\beta + u_i, \quad i = 1,\ldots,n \tag{18.5}$$

と表される．拡張された最小二乗法の仮定は，

1. $E(u_i|X_i) = 0$（誤差項 u_i の条件付平均はゼロ）
2. $(X_i, Y_i), i = 1,\ldots,n$ は，独立かつ同一の分布（i.i.d.）に従って，その結合分布から抽出された確率変数
3. (X_i, u_i) は，ゼロではない有限の 4 次のモーメントを持つ
4. X は列に関するフル・ランクを持つ（完全な多重共線性はない）
5. $\text{var}(u_i|X_i) = \sigma_u^2$（均一分散）
6. X_i の下，u_i の条件付分布は正規分布（正規分布に従う誤差項）

の 2 つの仮定は，多変数モデルであることを除けば，基本概念 17.1 の最後の 2 つの仮定と同じものです．

U の平均と共分散行列への意味合い　　基本概念 18.1 の仮定は，説明変数行列 X の下，U の条件付分布の平均と共分散行列に対して次のような簡潔な表現上の意味合いを持っています（確率変数ベクトルの平均と共分散行列は付論 18.2 で定義されます）．具体的には，基本概念 18.1 の第 1 と第 2 の仮定から，$E(u_i|X) = E(u_i|X_i) = 0$，そして $\text{cov}(u_i, u_j|X) = E(u_i u_j|X) = E(u_i u_j|X_i, X_j) = E(u_i|X_i)E(u_j|X_j) = 0, i \neq j$（練習問題 17.7）が得られます．さらに第 1，第 2，第 5 の仮定から，$E(u_i^2|X) = E(u_i^2|X_i) = \sigma_u^2$ が得られます．これらの結果を総合すると，

$$\text{仮定 1, 2 の下，} \quad E(U|X) = \mathbf{0}_n \tag{18.6}$$

$$\text{仮定 1, 2, 5 の下，} \quad E(UU'|X) = \sigma_u^2 I_n. \tag{18.7}$$

ここで $\mathbf{0}_n$ は n 次元のゼロ・ベクトル，I_n は $n \times n$ の単位行列です．

同様に，基本概念 18.1 の第 1，第 2，第 5 そして第 6 の仮定から，説明変数 X の下，n 次元の確率変数ベクトル U の条件付分布は多変数正規分布（定義は付論 18.2）に従います．すなわち，

$$\text{仮定 1, 2, 5, 6 の下，} X \text{ の下での } U \text{ の条件付分布は } N(\mathbf{0}_n, \sigma_u^2 I_n). \tag{18.8}$$

OLS 推定量

OLS 推定量は，予測ミスの二乗をすべて足し合わせた値 $\sum_{i=1}^{n}(Y_i - b_0 - b_1 X_{1i} - \cdots - b_k X_{ki})^2$ ((6.8) 式) を最小化することで導出されます．OLS 推定量の公式は，予測ミスの二乗和に対して係数ベクトル各要素に関する微分を取り，それらの微分 = 0 の式を設定し，それらを解いて推定量 $\hat{\beta}$ を求めます．

予測ミスの二乗和に対する第 j 番目の回帰係数 b_j に関する微分は，

$$\frac{\partial}{\partial b_j} \sum_{i=1}^{n}(Y_i - b_0 - b_1 X_{1i} - \cdots - b_k X_{ki})^2 = -2 \sum_{i=1}^{n} X_{ji}(Y_i - b_0 - b_1 X_{1i} - \cdots - b_k X_{ki}). \quad (18.9)$$

ここで $j = 0, \ldots, k$ です（$j = 0$ のときは，すべての i に対して $X_{0i} = 1$）．(18.9) 式の右辺の微分は，$k+1$ 次元のベクトル $-2X'(Y - Xb)$ の第 j 要素に相当します（b は $k+1$ 次元のベクトル $b_0, \ldots, b_k$）．すなわち，b の各要素に対応して，そのような微分の表現が $k+1$ 個存在します．それらをすべて合わせて，各微分をゼロと置くと，$k+1$ 本の 1 階の条件式からなる連立方程式システムとなり，それにより OLS 推定量 $\hat{\beta}$ が決定されます．すなわち，$\hat{\beta}$ は，$k+1$ 本の連立方程式，

$$X'(Y - X\hat{\beta}) = \mathbf{0}_{k+1} \quad (18.10)$$

あるいは $X'Y = X'X\hat{\beta}$ を解くことで求められます．

(18.10) 式を解くと，OLS 推定量 $\hat{\beta}$ の行列表現，

$$\hat{\beta} = (X'X)^{-1} X'Y \quad (18.11)$$

が得られます．ここで $(X'X)^{-1}$ は，行列 $X'X$ の逆行列です．

「完全な多重共線性はない」という仮定の役割 基本概念 18.1 の第 4 の仮定は，X が列に関するフル・ランクを持つということです．そのことは，$X'X$ もフル・ランクを持つ，つまり $X'X$ は非特異（nonsingular）ということを意味します．$X'X$ は非特異なので，その逆行列を取ることができます．したがって，完全な多重共線性がないという仮定は，$(X'X)^{-1}$ の存在を保証することになり，その結果 (18.10) 式は唯一の解を持ち，(18.11) 式の公式が実際に計算できるのです．別の言い方をすると，もし X がフル・ランクを持たなければ，(18.10) 式に唯一の解が存在せず，$X'X$ は特異行列となります．したがって $(X'X)^{-1}$ を計算できず，(18.11) 式から $\hat{\beta}$ を求めることもできません．

18.2 OLS 推定量と t 統計量の漸近分布

もし標本数が大きく，基本概念 18.1 の最初の 4 つの仮定が満たされるならば，OLS 推

基本概念	多変数の中心極限定理
18.2	いま $W_1, \ldots, W_n$ を i.i.d. で m 次元の確率変数ベクトルとし，それぞれの平均は $E(W_i) = \mu_W$，共分散行列は $E[(W_i - \mu_W)(W_i - \mu_W)'] = \Sigma_W$，$\Sigma_W$ は正値定符号かつ有限とする．そして $\overline{W} = \frac{1}{n}\sum_{i=1}^n W_i$ とする．このとき，$\sqrt{n}(\overline{W} - \mu_W) \xrightarrow{d} N(0_m, \Sigma_W)$ となる．

定量は漸近的な結合正規分布に従い，不均一分散を考慮した共分散行列は一致性を持ち，そして不均一分散を考慮した OLS t 統計量は漸近的な標準正規分布に従うこととなります．これらの結果は，多変数正規分布（付論18.2）と中心極限定理の多変数バージョンを利用して得られます．

多変数の中心極限定理

基本概念2.7で述べた中心極限定理は1つの確率変数に関するものでした．OLS推定量 $\hat{\beta}$ のすべての要素に関する結合漸近分布を求めるには，確率変数のベクトルに応用できる多変数バージョンの中心極限定理が必要です．

多変数の中心極限定理は，1変数の中心極限定理を確率変数のベクトル表現 W の標本平均に拡張したものです（W の次元は m）．スカラー（1変数）の場合とベクトルの場合の違いは，分散に関する条件が異なるという点です．基本概念2.7のスカラーの場合には，分散はゼロではなく有限であることが必要でした．一方ベクトルの場合には，共分散行列が正値定符号（positive definite）でかつ有限であることが必要となります．もし確率変数のベクトル W が有限で正値定符号の共分散行列を持つなら，ゼロではないすべての m 次元ベクトル C に対して，$0 < \text{var}(c'W) < \infty$ となります（練習問題18.3）．

本書で用いる多変数バージョンの中心極限定理は，基本概念18.2に説明されます．

$\hat{\beta}$ の漸近的な正規性

大標本では，OLS推定量は多変数の正規分布に従います．すなわち，

$$\sqrt{n}(\hat{\beta} - \beta) \xrightarrow{d} N(0_{k+1}, \Sigma_{\sqrt{n}(\hat{\beta}-\beta)}), \quad \text{ここで } \Sigma_{\sqrt{n}(\hat{\beta}-\beta)} = Q_X^{-1} \Sigma_V Q_X^{-1}. \tag{18.12}$$

ここで Q_X は $(k+1) \times (k+1)$ 次元を持つ説明変数の2次のモーメント行列，すなわち $Q_X = E(X_i X_i')$，そして Σ_V は $(k+1) \times (k+1)$ 次元を持つ $V_i = X_i u_i$ の共分散行列，すなわち $\Sigma_V = E(V_i V_i')$ です．基本概念18.1の第2の仮定から，V_i，$i = 1, \ldots, n$ は i.i.d. と想定されます．

ここで $\sqrt{n}(\hat{\beta} - \beta)$ ではなく $\hat{\beta}$ に関して表記すると，(18.12) 式の正規分布への近似は次のように表されます：

大標本において，$\hat{\beta}$ は正規分布 $N(\beta, \Sigma_{\hat{\beta}})$ に従う．

$$\text{ここで } \Sigma_{\hat{\beta}} = \Sigma_{\sqrt{n}(\hat{\beta}-\beta)}/n = Q_X^{-1}\Sigma_V Q_X^{-1}/n. \tag{18.13}$$

(18.13) 式の共分散行列 $\Sigma_{\hat{\beta}}$ は，$\hat{\beta}$ に関する漸近的な正規分布の共分散行列です．一方，(18.12) 式の $\Sigma_{\sqrt{n}(\hat{\beta}-\beta)}$ は，$\sqrt{n}(\hat{\beta} - \beta)$ に関する漸近的な正規分布の共分散行列です．これら 2 つの共分散行列は，OLS 推定量が $\sqrt{n}$ を掛けて測られるかどうかに依存して，n 倍だけ異なります．

(18.12) 式の導出 (18.12) 式を導出するには，はじめに (18.4) 式と (18.11) 式を用いて $\hat{\beta} = (X'X)^{-1}X'Y = (X'X)^{-1}X'(X\beta + U)$ を求め，その結果，

$$\hat{\beta} = \beta + (X'X)^{-1}X'U \tag{18.14}$$

となります．したがって，$\hat{\beta} - \beta = (X'X)^{-1}X'U$ なので，

$$\sqrt{n}(\hat{\beta} - \beta) = \left(\frac{X'X}{n}\right)^{-1}\left(\frac{X'U}{\sqrt{n}}\right). \tag{18.15}$$

(18.12) 式の導出は，第 1 に (18.15) 式の「分母」の行列 $X'X/n$ が一致性を持ち，第 2 に「分子」の行列 $X'U/\sqrt{n}$ に対して多変数の中心極限定理（基本概念 18.2）を応用できることを利用します．導出の詳細は付論 18.3 を参照してください．

不均一分散を考慮した標準誤差

$\Sigma_{\sqrt{n}(\hat{\beta}-\beta)}$ に関する不均一分散を考慮した推定量は，その母集団のモーメント表現（(18.12) 式）を標本のモーメント表現に置き換えることで求められます．その結果，$\sqrt{n}(\hat{\beta} - \beta)$ の共分散行列の不均一分散を考慮した推定量は，

$$\hat{\Sigma}_{\sqrt{n}(\hat{\beta}-\beta)} = \left(\frac{X'X}{n}\right)^{-1}\hat{\Sigma}_{\hat{V}}\left(\frac{X'X}{n}\right)^{-1}, \text{ ここで } \hat{\Sigma}_{\hat{V}} = \frac{1}{n-k-1}\sum_{i=1}^{n} X_i X_i' \hat{u}_i^2 \tag{18.16}$$

となります．

$\hat{\Sigma}_{\hat{V}}$ の表現は，多変数回帰モデルの SER を計算する際に（6.4 節），$k+1$ 個の回帰係数の推定にともなう下方バイアスを調整したのと同じ自由度調整を含んでいます．

$\hat{\Sigma}_{\sqrt{n}(\hat{\beta}-\beta)} \xrightarrow{p} \Sigma_{\sqrt{n}(\hat{\beta}-\beta)}$ の証明は，17.3 節で示した証明，すなわち不均一分散を考慮した標準誤差の一致性に関する 1 説明変数モデルにおける証明と概念的に同じものです．

不均一分散を考慮した標準誤差 $\hat{\beta}$ の共分散行列 $\Sigma_{\hat{\beta}}$ に関する不均一分散を考慮した推

定量は，

$$\hat{\boldsymbol{\Sigma}}_{\hat{\beta}} = n^{-1}\hat{\boldsymbol{\Sigma}}_{\sqrt{n}(\hat{\beta}-\beta)}. \tag{18.17}$$

第 j 番目の回帰係数に関する不均一分散を考慮した標準誤差は，$\hat{\boldsymbol{\Sigma}}_{\hat{\beta}}$ の第 j 番目の対角要素の平方根に当たります．つまり第 j 番目の係数に関する不均一分散を考慮した標準誤差は，

$$SE(\hat{\beta}_j) = \sqrt{(\hat{\boldsymbol{\Sigma}}_{\hat{\beta}})_{jj}} \tag{18.18}$$

と表されます．ここで $(\hat{\boldsymbol{\Sigma}}_{\hat{\beta}})_{jj}$ は，$\hat{\boldsymbol{\Sigma}}_{\hat{\beta}}$ の第 (j, j) 要素です．

予測される効果の信頼区間

8.1 節では，（非線形回帰モデルに基づいて）2 つ以上の説明変数の変化がもたらす予測される効果を取り上げ，その標準誤差を計算する際の 2 つの方法を説明しました．それらの予測される効果の標準誤差そして信頼区間の表現についても，行列を用いることで，コンパクトになります．

いま説明変数の第 i 観測値が，初期の値 $X_{i,0}$ から新しい値 $X_{i,0} + d$ へ変化する場合を考えます．X_i の変化は $\Delta X_i = d$ と表され，d は $(k + 1)$ 次元のベクトルです．この X の変化は，複数の説明変数（X_i の複数の要素）がかかわっています．たとえば，いま 2 つの説明変数が，ある独立した変数とその二乗だとすると，d はこれら 2 つの変数の初期の値と変化後の値との差となります．

X_i の変化がもたらす予測される効果は $d'\beta$，その効果の推定量は $d'\hat{\beta}$ と表されます．正規分布に従う確率変数の線形結合はやはり正規分布に従うため，$\sqrt{n}(d'\hat{\beta} - d'\beta) = d'\sqrt{n}(\hat{\beta} - \beta) \xrightarrow{d} N(0, d'\boldsymbol{\Sigma}_{\sqrt{n}(\hat{\beta}-\beta)}d)$．したがって，この予測される効果の標準誤差は，$(d'\hat{\boldsymbol{\Sigma}}_{\hat{\beta}}d)^{1/2}$ となります．そして，この予測される効果の 95% の信頼区間は，

$$d'\hat{\beta} \pm 1.96\sqrt{d'\hat{\boldsymbol{\Sigma}}_{\hat{\beta}}d} \tag{18.19}$$

と表されます．

t 統計量の漸近的な正規性

帰無仮説 $\beta_j = \beta_{j,0}$ をテストする t 統計量は，不均一分散を考慮した標準誤差（(18.18) 式）に基づく場合，基本概念 7.1 に与えられています．その t 統計量が漸近的な標準正規分布に従うという議論は，17.3 節の 1 説明変数モデルの議論と同様です．

18.3 結合仮説のテスト

7.2 節では，複数の制約に関する結合仮説のテストを考えました．そこでそれぞれの制約式には1つの係数がかかわっていました．7.3 節では，2つ以上の係数がかかわる1つの制約式に関するテストを考えました．本節では，18.1 節の行列表現を使うことで，これら2つのタイプの仮説検定を統合し，係数ベクトルに関する線形制約として議論します．基本概念 18.1 で表した最初の4つの仮定の下，これらの仮説をテストする不均一分散を考慮した OLS の F 統計量は，帰無仮説の下で漸近的な $F_{q,\infty}$ 分布に従います．

結合仮説の行列表示

係数に関して線形の制約を q 個課す結合仮説を考えます．そこで q は，$q \leq k+1$ です．そして，これら q 本の制約式は，それぞれ1つかそれ以上の回帰係数が関係しているとします．この結合帰無仮説は，行列表示では，

$$R\beta = r \tag{18.20}$$

と表されます．ここで R は確率変数ではない $q \times (k+1)$ の行列で行に関するフル・ランクを持ち，r は確率変数ではない $q \times 1$ ベクトルです．R の行の数は q で，帰無仮説で課される制約数に相当します．

(18.20) 式の帰無仮説は，7.2 節と 7.3 節で議論されたすべての帰無仮説を包含しています．たとえば，7.2 節で考えられた帰無仮説のタイプは，$\beta_0 = 0, \beta_1 = 0, \ldots, \beta_{q-1} = 0$ でした．この結合仮説は，(18.20) 式の行列表現では，$R = [I_q \ 0_{q \times (k+1-q)}]$ と $r = 0_q$ になります．

(18.20) 式の表現は，複数の回帰係数がかかわる 7.3 節のタイプの制約にも使えます．たとえば，いま $k = 2$ として，$\beta_1 + \beta_2 = 1$ という帰無仮説は，(18.20) 式の表現では，$R = [0 \ 1 \ 1]$，$r = 1$，$q = 1$ で表されます．

F 統計量の漸近分布

(18.20) 式の結合仮説をテストする際の不均一分散を考慮した F 統計量は，

$$F = (R\hat{\beta} - r)'[R\hat{\Sigma}_{\hat{\beta}}R']^{-1}(R\hat{\beta} - r)/q \tag{18.21}$$

となります．

もし基本概念 18.1 の最初の4つの仮定が満たされるなら，帰無仮説の下，

$$F \xrightarrow{d} F_{q,\infty} \tag{18.22}$$

が成立します．

この結果は、$\hat{\beta}$ の漸近的な正規性と、不均一分散を考慮した共分散行列の推定量 $\hat{\Sigma}_{\hat{\beta}}$ の一致性の議論を組み合わせることで得られます。具体的には、まず (18.12) 式と付論 18.2 の (18.74) 式から、帰無仮説の下で $\sqrt{n}(R\hat{\beta} - r) = \sqrt{n}R(\hat{\beta} - \beta) \xrightarrow{d} N(0, R\Sigma_{\sqrt{n}(\hat{\beta}-\beta)}R')$。そして (18.77) 式から、帰無仮説の下、$(R\hat{\beta}-r)'[R\Sigma_{\hat{\beta}}R']^{-1}(R\hat{\beta}-r) = [\sqrt{n}R(\hat{\beta}-\beta)]'[R\Sigma_{\sqrt{n}(\hat{\beta}-\beta)}R']^{-1}[\sqrt{n}R(\hat{\beta}-\beta)] \xrightarrow{d} \chi_q^2$。しかし、$\hat{\Sigma}_{\sqrt{n}(\hat{\beta}-\beta)} \xrightarrow{p} \Sigma_{\sqrt{n}(\hat{\beta}-\beta)}$ なので、スルツキー定理より、$[\sqrt{n}R(\hat{\beta}-\beta)]'[R\hat{\Sigma}_{\sqrt{n}(\hat{\beta}-\beta)}R']^{-1}[\sqrt{n}R(\hat{\beta}-\beta)] \xrightarrow{d} \chi_q^2$、あるいは同じことですが、($\hat{\Sigma}_{\hat{\beta}} = \hat{\Sigma}_{\sqrt{n}(\hat{\beta}-\beta)}/n$ なので) $F \xrightarrow{d} \chi_q^2/q$、そしてそれが $F_{q,\infty}$ 分布となります。

複数の回帰係数に対する信頼集合

7.4 節で議論したように、β の 2 つ以上の要素に対する漸近的な信頼集合は、帰無仮説としてテストされた場合に F 統計量から棄却できない、そのような値の集合として求められます。この信頼集合は、原則的には、β の数多くの値に対して F 統計量を繰り返し計算し評価することで求めることができます。しかし、1 つの係数に関する信頼区間の場合と同様に、テスト統計量の公式を利用して、信頼集合についての明確な表現を求める方がより簡単です。

以下では、β の 2 つ以上の要素に対する信頼集合を計算するための手続きを説明します。いま δ を、信頼集合を求める係数からなる q 次元のベクトルとします。たとえば、2 つの回帰係数 β_1 と β_2 に関する信頼集合を求める場合、$q = 2$ となり、$\delta = (\beta_1, \beta_2)$ です。一般には、$\delta = R\beta$ と表現できます。そこで R は 0 もしくは 1 からなる行列です ((18.20) 式以下の説明と同様です)。仮説 $\delta = \delta_0$ をテストする F 統計量は、$F = (\hat{\delta} - \delta_0)'[R\hat{\Sigma}_{\hat{\beta}}R']^{-1}(\hat{\delta} - \delta_0)/q$、ここで $\hat{\delta} = R\hat{\beta}$ です。δ に対する 95% 信頼集合は、δ_0 の値の中で F 統計量で棄却されない値の集合です。すなわち、$\delta = R\beta$ のとき、δ に対する 95% 信頼集合は、

$$\{\delta : (\hat{\delta} - \delta)'[R\hat{\Sigma}_{\hat{\beta}}R']^{-1}(\hat{\delta} - \delta)/q \leq c\}. \tag{18.23}$$

ここで c は、$F_{q,\infty}$ 分布の下から 95% 分位の値(5% 臨界値)です。

(18.23) 式の集合は、(18.23) 式の不等式が等式として成立するときに得られる楕円形を求め、その内側すべての点(それは $q > 2$ のとき楕円面)に当たります。このように、(18.23) 式の境界となる楕円形を求めることで、δ の信頼集合は計算されるのです。

18.4 誤差項が正規分布に従うときの回帰統計量の分布

18.2 節と 18.3 節で議論した分布は、大数の法則と中心極限定理に基づいて正当化され、サンプル数が大きいときに応用されます。しかし、もし誤差項が X の下で均一分散かつ正規分布に従うのなら、OLS 推定量は X の下で多変数正規分布に従います。それに加えて、回帰の標準誤差の二乗に関する小標本分布は自由度 $n - k - 1$ のカイ二乗分布に比例

し，均一分散のみに有効な OLS t 統計量は自由度 $n-k-1$ のスチューデント t 分布に従い，さらに均一分散のみに有効な F 統計量は $F_{q,n-k-1}$ 分布に従います．本節では，はじめに OLS 回帰統計量に関する行列表記の特別な公式を説明します．

OLS 回帰統計量の行列表現

OLS 回帰による予測値，残差，残差の二乗和は，それぞれ簡潔な行列表現を持ちます．それらの行列表現には，P_X と M_X を使います．

P_X 行列と M_X 行列

多変数 OLS の数式表現は，2 つの $n \times n$ 対称行列 P_X と M_X に基づきます：

$$P_X = X(X'X)^{-1}X' \tag{18.24}$$

$$M_X = I_n - P_X. \tag{18.25}$$

ある行列 C が正方行列で $CC = C$ のとき，ベキ等（idempotent）行列と呼ばれます（付論 18.1 を参照）．$P_X = P_X P_X$，$M_X = M_X M_X$ であり（練習問題 18.5），P_X と M_X はともに対称行列なので，P_X と M_X は対称なベキ等行列となります．

P_X と M_X には，さらに便利な性質があります．すなわち，(18.24) 式と (18.25) 式の定義から，以下の性質が直ちに導かれます：

$$P_X X = X, \quad M_X X = \mathbf{0}_{n \times (k+1)},$$
$$\mathrm{rank}(P_X) = k + 1, \quad \mathrm{rank}(M_X) = n - k - 1. \tag{18.26}$$

ここで $\mathrm{rank}(P_X)$ は P_X の階数です

行列 P_X と M_X は，n 次元のベクトル Z を 2 つの部分に分解する際に使われます．2 つの部分とは，X の列によって拡張される部分と，X の列と直交する部分です．つまり，$P_X Z$ は Z を X の列で拡張されたスペースへ投影したもの（プロジェクション），$M_X Z$ は，X の列と直交する Z の部分，そして $Z = P_X Z + M_X Z$ となるのです．

OLS の予測値と残差

OLS の予測値と残差の式は，行列 P_X と M_X を使うことで，シンプルに表現されます．OLS 予測値 $\hat{Y} = X\hat{\beta}$，そして OLS 残差 $\hat{U} = Y - \hat{Y}$ は次式のように表現できます（練習問題 18.5）：

$$\hat{Y} = P_X Y, \tag{18.27}$$

$$\hat{U} = M_X Y = M_X U. \tag{18.28}$$

(18.27) 式と (18.28) 式の表現から，OLS 残差と予測値が直交すること，言い換えると (4.37) 式が成立することを簡潔に証明できます．すなわち，$\hat{Y}'\hat{U} = Y'P_X' M_X Y = 0$ とな

るからです．最後の等式は，$P_X'M_X = 0_{n \times n}$ から得られます．そしてそれは，(18.26) 式の $M_X X = 0_{n \times (k+1)}$ から導かれます．

回帰の標準誤差　回帰の標準誤差（standard error of the regression, SER），すなわち $s_{\hat{u}}$ は，4.3 節で定義されたとおりであり，そこで，

$$s_{\hat{u}}^2 = \frac{1}{n-k-1} \sum_{i=1}^{n} \hat{u}_i^2 = \frac{1}{n-k-1} \hat{U}'\hat{U} = \frac{1}{n-k-1} U'M_X U \tag{18.29}$$

です．ここで最後の等式は，$\hat{U}'\hat{U} = (M_X U)'(M_X U) = U'M_X M_X U = U'M_X U$ です（M_X は対称なベキ等行列なので）．

誤差項が正規分布の場合の $\hat{\beta}$ の分布

いま $\hat{\beta} = \beta + (X'X)^{-1}X'U$（(18.14) 式），そして X の下での U の分布は，仮定より $N(0_n, \sigma_u^2 I_n)$ です（(18.8) 式）．以上のことから，X の下での $\hat{\beta}$ の条件付分布は，平均 β を持つ多変数正規分布となります．X の下での $\hat{\beta}$ の共分散行列は，$\Sigma_{\hat{\beta}|X} = E[(\hat{\beta} - \beta)(\hat{\beta} - \beta)'|X] = E[(X'X)^{-1}X'UU'X(X'X)^{-1}|X] = (X'X)^{-1}X'(\sigma_u^2 I_n)X(X'X)^{-1} = \sigma_u^2(X'X)^{-1}$ となります．これらの結果，基本概念 18.1 の 6 つすべての仮定の下，X の下での $\hat{\beta}$ の条件付小標本分布は，

$$\hat{\beta} \sim N(\beta, \Sigma_{\hat{\beta}|X}), \quad \text{ここで } \Sigma_{\hat{\beta}|X} = \sigma_u^2(X'X)^{-1} \tag{18.30}$$

となります．

$s_{\hat{u}}^2$ の分布

基本概念 18.1 の 6 つのすべての仮定が成立するとき，$s_{\hat{u}}^2$ は正確な標本分布を有し，それは自由度 $n-k-1$ のカイ二乗分布に比例します．すなわち，

$$s_{\hat{u}}^2 \sim \frac{\sigma_u^2}{n-k-1} \times \chi_{n-k-1}^2. \tag{18.31}$$

(18.31) 式の証明は，(18.29) 式から始まります．U は X の下で正規分布に従い，そして M_X は対称なベキ等行列なので，2 次形式 $U'M_X U/\sigma_u^2$ は，M_X の階数の自由度を持つ正確なカイ二乗分布に従います（付論 18.2 の (18.78) 式を参照）．そして (18.26) 式から，M_X の階数は $n-k-1$ です．したがって $U'M_X U/\sigma_u^2$ は，自由度 $n-k-1$ の正確な χ_{n-k-1}^2 分布に従うことになり，そこから (18.31) 式が導かれます．

この自由度による調整は，$s_{\hat{u}}^2$ が不偏となるために必要です．χ_{n-k-1}^2 に従う確率変数の期待値は $n-k-1$ です．したがって，$E(U'M_X U) = (n-k-1)\sigma_u^2$，なので $E(s_{\hat{u}}^2) = \sigma_u^2$ です．

均一分散のみに有効な標準誤差

X の下での $\hat{\beta}$ の共分散行列の推定量で，均一分散のみに有効な推定量 $\widetilde{\Sigma}_{\hat{\beta}}$ は，(18.30) 式の $\Sigma_{\hat{\beta}|X}$ の表現で母集団の分散 σ_u^2 に代わって標本分散 $s_{\hat{u}}^2$ を代入することで求められます．その結果，

$$\widetilde{\Sigma}_{\hat{\beta}} = s_{\hat{u}}^2 (X'X)^{-1} \quad \text{(均一分散のみに有効)}. \tag{18.32}$$

X の下，$\hat{\beta}_j$ の条件付正規分布の分散の推定量は，$\widetilde{\Sigma}_{\hat{\beta}}$ の (j,j) 要素となります．したがって，$\hat{\beta}_j$ の均一分散のみに有効な標準誤差は，

$$\widetilde{SE}(\hat{\beta}_j) = \sqrt{(\widetilde{\Sigma}_{\hat{\beta}})_{jj}} \quad \text{(均一分散のみに有効)}. \tag{18.33}$$

t 統計量の分布

いま $\widetilde{t}$ を，$\beta_j = \beta_{j,0}$ をテストする t 統計量とします．均一分散のみに有効な標準誤差を使って表現すると，

$$\widetilde{t} = \frac{\hat{\beta}_j - \beta_{j,0}}{\sqrt{(\widetilde{\Sigma}_{\hat{\beta}})_{jj}}}. \tag{18.34}$$

基本概念 18.1 の 6 つの仮定すべての下で，$\widetilde{t}$ の正確な標本分布は，自由度 $n-k-1$ のスチューデント t 分布に従います．すなわち，

$$\widetilde{t} \sim t_{n-k-1}. \tag{18.35}$$

(18.35) 式の証明は，付論 18.4 で与えられます．

F 統計量の分布

基本概念 18.1 の 6 つの仮定がすべて満たされる場合，(18.20) 式の仮説をテストする F 統計量は，均一分散のみに有効な共分散行列の推定量を使って計算され，帰無仮説の下で正確な $F_{q, n-k-1}$ 分布に従います．

均一分散のみに有効な F 統計量 均一分散のみに有効な F 統計量は，(18.21) 式で示した不均一分散を考慮する F 統計量とよく似ています．違いは，不均一分散を考慮する共分散行列の推定量 $\hat{\Sigma}_{\hat{\beta}}$ の代わりに，均一分散のみに有効な推定量 $\widetilde{\Sigma}_{\hat{\beta}}$ を用いる点です．(18.21) 式の F 統計量の表現に，$\widetilde{\Sigma}_{\hat{\beta}} = s_{\hat{u}}^2 (X'X)^{-1}$ を代入して，(18.20) 式の帰無仮説をテストする均一分散のみに有効な F 統計量が得られます．すなわち，

$$\widetilde{F} = \frac{(R\hat{\beta}-r)'[R(X'X)^{-1}R']^{-1}(R\hat{\beta}-r)/q}{s_{\hat{u}}^2}. \tag{18.36}$$

基本概念 18.1 の 6 つの仮定すべてが成立する場合，帰無仮説の下で，

$$\widetilde{F} \sim F_{q,n-k-1}. \tag{18.37}$$

(18.37) 式の証明は，付論 18.4 に与えられます．

　(18.36) 式の F 統計量はワルド・バージョンの F 統計量と呼ばれます（統計学者 Abraham Wald にちなんで名付けられています）．一方，(7.13) 式で議論した F 統計量の公式は，(18.36) 式のワルド統計量の式とは大きく異なって見えます．しかし実際，これら 2 つの統計量はまったく同一です．この結果については，練習問題 18.13 で示されます．

18.5　誤差項が均一分散の下での OLS 推定量の効率性

　多変数回帰のガウス・マルコフ条件の下で，β の OLS 推定量は，すべての線形で不偏な推定量のなかでもっとも効率的，すなわち BLUE であることが示されます．

多変数回帰のガウス・マルコフ条件

　多変数回帰のガウス・マルコフ条件（**Gauss-Markov conditions for multiple regression**）は，

$$\begin{aligned}&\text{(i)}\ \ E(\boldsymbol{U}|\boldsymbol{X}) = \boldsymbol{0}_n, \\ &\text{(ii)}\ \ E(\boldsymbol{U}\boldsymbol{U}'|\boldsymbol{X}) = \sigma_u^2 \boldsymbol{I}_n, \\ &\text{(iii)}\ \ \boldsymbol{X}\ \text{は列に関するフル・ランクを持つ}\end{aligned} \tag{18.38}$$

です．このガウス・マルコフ条件は，基本概念 18.1 の最初の 5 つの仮定から示されるもので（(18.6) 式と (18.7) 式を参照），1 説明変数のガウス・マルコフ条件を多変数に拡張したものです（行列表現を使うため，(5.31) 式の第 2 番目，第 3 番目のガウス・マルコフ条件は 1 つにまとめられて，(18.38) 式における (ii) の条件式となります）．

線形の条件付不偏推定量

　ここではまず線形で不偏な推定量のグループについて説明し，その中での OLS 推定量を説明します．

線形の条件付不偏推定量のグループ　　β の推定量が線形と呼ばれるのは，それが

$Y_1, \ldots, Y_n$ の線形関数で表されるときです．つまり，推定量 $\widetilde{\beta}$ が次のような形で表現されるとき，Y に関して線形となります：

$$\widetilde{\beta} = A'Y. \tag{18.39}$$

ここで A は，$n \times (k+1)$ のウエイト行列で，X と確率変数ではない定数に依存し，Y には依存しない行列です．

推定量が条件付不偏と呼ばれるのは，X の下で条件付標本分布の平均が β であるときです．つまり推定量 $\widetilde{\beta}$ は，$E(\widetilde{\beta}|X) = \beta$ のとき条件付不偏となります．

OLS 推定量は線形の条件付不偏推定量　(18.11) 式と (18.39) 式を比較すると，OLS 推定量は Y に関して線形です．具体的に述べると，$\hat{\beta} = \hat{A}'Y$，ここで $\hat{A} = X(X'X)^{-1}$ です．$\hat{\beta}$ が条件付不偏であることを示すには，(18.14) 式から $\hat{\beta} = \beta + (X'X)^{-1}X'U$ であることを思い出してください．この両辺に期待値を取ると，$E(\hat{\beta}|X) = \beta + E[(X'X)^{-1}X'U|X] = \beta + (X'X)^{-1}X'E(U|X) = \beta$ となります．ここで最後の等式は，最初のガウス・マルコフ条件により $E(U|X) = 0$ であることから示されます．

多変数回帰のガウス・マルコフ定理

多変数回帰のガウス・マルコフ定理（Gauss-Markov theorem for multiple regression）は，OLS 推定量がすべての線形かつ条件付不偏な推定量のなかで効率的となるための条件を表します．ここで注意すべきなのは，$\hat{\beta}$ はベクトルであり，その「分散」は共分散行列という点です．推定量の分散が行列表現の場合，ある推定量の分散が他よりも小さいという性質はどう捉えればよいでしょうか．

ガウス・マルコフ定理ではこの問題を次のように対処します．すなわち，まず β の要素の線形結合に関する候補推定量を求め，それを $\hat{\beta}$ の対応する線形結合の分散と比較します．具体的には，いま c を $k+1$ 次元のベクトルとして，線形結合 $c'\beta$ を推定する問題を考えます．その際，候補推定量として $c'\widetilde{\beta}$（ここで $\widetilde{\beta}$ は線形不偏推定量），そして $c'\hat{\beta}$ を使います．$c'\widetilde{\beta}$, $c'\hat{\beta}$ ともスカラーで，$c'\beta$ の線形かつ条件付不偏な推定量なので，それらの分散を比較することは意味のあることです．

多変数回帰のガウス・マルコフ定理によれば，$c'\beta$ の OLS 推定量は効率的である，すなわちそれはすべての線形かつ条件付不偏な推定量の中で最小の条件付分散を持ちます．特筆すべきことに，これはどんな線形結合をとっても成立します．その意味において，OLS 推定量は BLUE なのです．

ガウス・マルコフ定理は基本概念 18.3 に要約されます．そして，付論 18.5 で証明されます．

基本概念	多変数回帰のガウス・マルコフ定理
18.3	(18.38)式のガウス・マルコフ条件が満たされるとする．そのとき OLS 推定量 $\hat{\beta}$ は BLUE となる．すなわち，$\tilde{\beta}$ を β の線形で条件付不偏な推定量とし，c を確率変数ではない $k+1$ 次元のベクトルとする．このときゼロではないすべてのベクトル c について，$\text{var}(c'\hat{\beta}|X) \leq \text{var}(c'\tilde{\beta}|X)$ となる．そして，この不等式がすべての c に対して等号で成り立つのは，$\tilde{\beta} = \hat{\beta}$ のときのみである．

18.6　一般化最小二乗法[1]

　標本データが i.i.d. という仮定は，多くの応用分析に当てはまります．たとえば，いま Y_i と X_i は賃金，教育，性格などの個人の属性に関する情報を表し，各人のサンプルはある母集団から単純な無作為抽出で選ばれるとします．この場合，単純な無作為抽出という手法のため，(X_i, Y_i) は必然的に i.i.d. です．また (X_i, Y_i) と (X_j, Y_j) $(i \neq j)$ は独立な分布に従うので，u_i と u_j も $i \neq j$ のとき独立な分布に従います．ガウス・マルコフ条件の文脈で考えると，観測値が互いに独立に分布するようデータ収集されているのなら，$E(uu'|X)$ は対角行列という仮定は妥当といえます．

　しかし計量経済学で用いられるサンプリングの手法には，独立した観測値をもたらさず，代わりに誤差項 u_i とその隣の値の相関を導くといった場合も見受けられます．その代表的な例は，同じ主体に関するデータが時間を通じて抽出される場合，つまり標本が時系列データである場合です．15.3 節で議論したように，時系列データを用いる回帰分析では，考慮されなかった多くの要因に時点間の相関があり，その結果，回帰の誤差項の系列（そこには考慮されなかった要因が含まれる）にも相関が発生します．すなわち，ある時点での誤差項は，次の期の誤差項と相関する可能性があるのです．

　誤差項の系列に相関がある場合，OLS に基づく統計的推論には2つの問題が生じます．第1に，不均一分散を考慮した標準誤差も均一分散のみに有効な標準誤差も，正しい統計的推論の基礎にはどちらもならないということです．この問題の解決方法は，不均一分散と誤差項の自己相関との両方を考慮した標準誤差を用いることです．そのトピック──不均一分散と自己相関を考慮した（heteroscedascitiy- and autocorrecation-consistent, HAC）共分散行列の推定──は 15.4 節で議論したテーマであり，ここではこれ以上の説明は割愛します．

---

[1]15.5 節では GLS を分布ラグ・時系列モデルの文脈で紹介しました．一方ここでの GLS の議論は，本節だけで完結する数学的な取扱いを説明するもので，15.5 節とは独立して読むことができます．しかしながら，15.5 節を先に読むことは，数学的な概念をより具体的に理解するのに役立つでしょう．

第 2 に，もし誤差項に観測値間の相関がある場合，$E(UU'|X)$ は対角行列とはならず，(18.38) 式で示したガウス・マルコフ条件の 2 つ目が成立しません．したがって，OLS は BLUE ではなくなります．本節では，**一般化最小二乗法（generalized least squares, GLS）** と呼ばれる推定量を学びます．その推定量は，条件付共分散行列が単位行列に比例する形でないときにでも（少なくとも漸近的に）BLUE となります．GLS の特別ケースは，17.5 節で議論したウエイト付き最小二乗法（WLS）です．そこでは，条件付共分散行列は対角行列で，第 i 番目の対角要素は X_i の関数で表されます．WLS と同じく GLS においても回帰モデルを変換し，変換後のモデルの誤差項がガウス・マルコフ条件を満たすことになります．そして変換されたモデルに対する OLS 推定量が GLS 推定量となるのです．

GLS の仮定

GLS 推定が妥当となるには 4 つの仮定があります．GLS の第 1 の仮定は，$X_1, \ldots, X_n$ の条件の下，u_i の平均はゼロである．すなわち，

$$E(U|X) = \mathbf{0}_n. \tag{18.40}$$

この仮定は，基本概念 18.1 の最初の 2 つの最小二乗法の仮定からの含意です．すなわち，$E(u_i|X_i) = 0$ で (X_i, Y_i), $i = 1, \ldots, n$ が i.i.d. であれば，$E(U|X) = \mathbf{0}_n$ です．しかし GLS において，i.i.d. の仮定は維持したくありません．GLS の目的の 1 つは，誤差項が観測値間で相関するという状況に対処することだからです．(18.40) 式の仮定の重要性については，GLS 推定量を紹介した後で議論します．

GLS の第 2 の仮定は，X の下，U の条件付共分散行列が X の関数であることです：

$$E(UU'|X) = \Omega(X). \tag{18.41}$$

ここで $\Omega(X)$ は，$n \times n$ の正値定符号を持つ X の関数の行列です．

いま述べた仮定でカバーされる主要な GLS 推定の応用が 2 つあります．1 つ目は，不均一分散の誤差項の下で独立な標本抽出を行うことです．そこで $\Omega(X)$ は対角行列で対角要素は $\lambda h(X_i)$，λ は定数，h は関数です．この場合，17.5 節で議論されたように，GLS は WLS となります．

2 つ目の応用は，誤差項が均一分散で系列相関を有する場合です．実際，この例は系列相関のモデルとして考察されます．たとえば誤差項が隣同士だけで相関するモデルを考えると，$\text{corr}(u_i, u_j) = \rho \neq 0$ ($|i-j|=1$)，しかし $\text{corr}(u_i, u_j) = 0$ ($|i-j| \geq 2$) です．この場合，$\Omega(X)$ は σ_u^2 が対角要素に入り，$\rho \sigma_u^2$ が対角から 1 つ離れた要素に入り，それ以外はすべてゼロとなります．したがって $\Omega(X)$ は X に依存せず，$\Omega_{ii} = \sigma_u^2$，$\Omega_{ij} = \rho \sigma_u^2$ ($|i-j|=1$)，そして $\Omega_{ij} = 0$ ($|i-j|>1$) です．1 次の自己回帰モデルを含め，系列相関の他のモデルに

> **基本概念**
>
> **18.4**
>
> ## GLS の仮定
>
> 線形回帰モデル $Y = X\beta + U$ において，GLS の仮定は，
>
> 1. $E(U|X) = \mathbf{0}_n$.
> 2. $E(UU'|X) = \Omega(X)$，ここで $\Omega(X)$ は X に依存しうる $n \times n$ の正値定符号行列．
> 3. X_i と u_i は，適切なモーメントの条件が満たされる．
> 4. X は列に関するフル・ランクを持つ（完全な多重共線性はない）．

については，GLS の文脈で 15.5 節において議論されます（練習問題 18.8 も参照してください）．

クロスセクション・データの場合に，これまで最小二乗法の仮定の全リストで置かれてきた 1 つの仮定は，X_i と u_i がゼロではない有限の 4 次のモーメントを持つという想定です．これは漸近的な結果を導くために必要となる仮定ですが，GLS の場合には，モーメントに関する特定の仮定が，$\Omega(X)$ の関数形の性質に応じて置かれます．また，モーメントに関する特定の仮定は，GLS 推定量，GLS t 統計量，あるいは F 統計量の何を分析するかに依存します．さらに，$\Omega(X)$ が既知なのか，それとも推定されるパラメターを含むのかにも依存します．このように GLS の場合，モーメントに関する仮定が特定のケースやモデルに依存するため，ここでは具体的な仮定を提示することはしません．GLS の大標本特性の議論では，それぞれの個別ケースに応じて適切なモーメントの条件が満たされていると仮定するのです．したがって，GLS の 3 番目の仮定では，単に「適切なモーメントの条件が満たされる」と仮定します．

GLS の第 4 の仮定は，行列 X は列に関するフル・ランクを持つ，つまり説明変数には完全な多重共線性はない，というものです．

GLS の仮定は基本概念 18.4 に要約されます．

以下では 2 つの場合に分けて GLS 推定を検討します．第 1 は $\Omega(X)$ が既知のケース．第 2 は，$\Omega(X)$ の関数形が，推定されるパラメターの形までわかっているケースです．また表記を単純化するため，$\Omega(X)$ を単に行列 Ω と表すこととします．

Ω が既知のときの GLS

Ω が既知の場合の GLS 推定は，Ω を使って，誤差項がガウス・マルコフ条件を満たすような形へと回帰モデルを変換します．具体的には，F を Ω^{-1} の平方根の行列とします．すなわち F は，$FF' = \Omega^{-1}$ を満たします（このような行列は常に存在します）．この F の性質として，$F\Omega F' = I_n$ となります．(18.4) 式の両辺に F を掛けると，

$$\widetilde{Y} = \widetilde{X}\beta + \widetilde{U}. \tag{18.42}$$

ここで $\widetilde{Y} = FY$, $\widetilde{X} = FX$, $\widetilde{U} = FU$ です.

　GLS 推定の鍵となるロジックは，GLS の仮定の下，変換された (18.42) 式においてガウス・マルコフ条件が満たされるという点です．すなわち，すべての変数を Ω の逆行列の平方根を使って変換することで，変換後の回帰の誤差は条件付平均がゼロ，共分散行列は単位行列となります．これを数学的に表すと，まず GLS の第 1 の仮定（(18.40) 式）より，$E(\widetilde{U}|\widetilde{X}) = E(FU|FX) = FE(U|FX) = 0_n$ となります．さらに，$E(\widetilde{U}\widetilde{U}'|\widetilde{X}) = E[(FU)(FU)'|FX] = FE(UU'|FX)F' = F\Omega F' = I_n$. ここで 2 つ目の等号は $(FU)' = U'F'$ から導かれ，最後の等号は F の定義から得られます．このように，(18.42) 式の変換された回帰モデルは，基本概念 18.3 で述べたガウス・マルコフ条件を満たすのです．

　GLS 推定量 $\widetilde{\beta}^{GLS}$ は，(18.42) 式における β の OLS 推定量です．すなわち，$\widetilde{\beta}^{GLS} = (\widetilde{X}'\widetilde{X})^{-1}(\widetilde{X}'\widetilde{Y})$ です．変換された回帰モデルはガウス・マルコフ条件を満たすことから，GLS 推定量は，$\widetilde{Y}$ に関する線形推定量の中で最良かつ条件付不偏な推定量となります．しかし，$\widetilde{Y} = FY$ で F は（ここでは）既知であり，そして F は逆行列を取ることが可能（なぜなら Ω は正値定符号）なので，$\widetilde{Y}$ に関する線形推定量のグループは，Y に関する線形推定量のグループと同一です．したがって，(18.42) 式における β の OLS 推定量は，Y に関する線形推定量の中で最良かつ条件付不偏な推定量となります．言い換えると，GLS の仮定の下，GLS 推定量は BLUE なのです．

　GLS 推定量は，Ω を使って直接表現することができます．したがって，平方根行列 F を計算する必要はありません．$\widetilde{X} = FX$, $\widetilde{Y} = FY$ なので，$\widetilde{\beta}^{GLS} = (X'F'FX)^{-1}(X'F'FY)$ です．しかし，$F'F = \Omega^{-1}$ なので，

$$\widetilde{\beta}^{GLS} = (X'\Omega^{-1}X)^{-1}(X'\Omega^{-1}Y). \tag{18.43}$$

　もっとも，現実には Ω は既知でないことが多く，その場合 (18.43) 式の GLS 推定量は計算できません．そのことから，実行不可能な GLS（**infeasible GLS**）推定量と呼ばれることがあります．しかし，Ω の関数の形状はわかっており，その関数のパラメーターが未知である場合には，Ω は推定可能となり，実行可能な形での GLS 推定量が計算できます．

Ω が未知パラメーターを含むときの GLS

　いま Ω があるパラメーターに関する既知の関数を持ち，そのパラメーターが推定できる場合，推定されたパラメーターを使って共分散行列 Ω の推定量を求めることができます．具体例として，(18.41) 式に続くパラグラフで議論された時系列データへの応用について考えます．そこで $\Omega(X)$ は X に依存せず，$\Omega_{ii} = \sigma_u^2$, $\Omega_{ij} = \rho\sigma_u^2$ ($|i - j| = 1$)，そして

$\Omega_{ij} = 0$ ($|i - j| > 1$) です．このとき Ω は 2 つの未知パラメター σ_u^2 と ρ を持ちます．これらのパラメターは，予備的に行う OLS 回帰の残差を使って推定できます．具体的には，σ_u^2 と ρ は，OLS 残差の隣同士のすべてのペアに関する標本相関から推定されます．これらの推定されたパラメターは，Ω の推定量，すなわち $\hat{\Omega}$ を計算するのに使われます．

一般に，いま Ω の推定量 $\hat{\Omega}$ が手元にあるとします．そのとき，GLS 推定量は，

$$\hat{\beta}^{GLS} = (X'\hat{\Omega}^{-1}X)^{-1}(X'\hat{\Omega}^{-1}Y) \tag{18.44}$$

となります．

(18.44) 式の GLS 推定量は**実行可能な GLS（feasible GLS）**と呼ばれることがあります．なぜなら共分散行列に推定可能な未知パラメターが含まれており，その推定量を実際に計算することができるからです．

条件付平均ゼロの仮定と GLS

OLS 推定量が一致性を持つためには，最小二乗法の第 1 の仮定が満たされなければなりません．つまり，$E(u_i|X_i)$ はゼロでなければなりません．一方，GLS の第 1 の仮定は，$E(u_i|X_1, \ldots, X_n) = 0$ です．言い換えると，OLS の第 1 の仮定では，第 i 観測値の誤差項の条件付平均が，説明変数の同じ第 i 観測値の下でゼロであるのに対し，GLS の第 1 の仮定では，u_i の条件付平均が，説明変数のす$\widetilde{\text{べ}}$ての観測値の下でゼロと仮定されます．

18.1 節で議論したように，$E(u_i|X_i)=0$ と標本が i.i.d. という両方の仮定により，$E(u_i|X_1, \ldots, X_n)=0$ が成り立ちます．したがって，サンプリングが i.i.d. で，その結果 GLS が WLS であるとき，GLS の第 1 の仮定は，基本概念 18.1 で述べた最小二乗法の第 1 の仮定から導かれます．

しかし，もしサンプリングが i.i.d. でなければ，GLS の第 1 の仮定は $E(u_i|X_i) = 0$ から導かれません．したがって，GLS の第 1 の仮定の方がより強い仮定となります．これら 2 つの仮定の違いはわずかだと思われるかもしれませんが，時系列データを使った応用には大変重要な意味を持ちます．この区別の問題は，15.5 節で，説明変数が「過去と現在の外生（"past and present" exogenous）」か「強い外生（"strictly" exogenous）」かという文脈で議論しました．強い外生性は $E(u_i|X_1, \ldots, X_n) = 0$ の仮定に対応します．ここでは，その 2 つの仮定の区別について，行列表記を用いてより一般的に議論します．そのために，U は均一分散，Ω は既知，そして Ω はゼロではない対角外の要素を持つ場合に焦点を当てます．

GLS の第 1 の仮定の役割 2 つの仮定の違いは何に起因するのかを理解するために，一致性の議論を GLS と OLS で対比することにします．

まず (18.43) 式の GLS 推定量の一致性について検討します．(18.4) 式を (18.43) 式に代

入すると，$\widetilde{\beta}^{GLS} = \beta + (X'\Omega^{-1}X/n)^{-1}(X'\Omega^{-1}U/n)$ が得られます．GLS の仮定の下では，$E(X'\Omega^{-1}U) = E[X'\Omega^{-1}E(U|X)] = 0_n$．いま $X'\Omega^{-1}U/n$ の分散が漸近的にゼロに向かう傾向にあり，$X'\Omega^{-1}X/n \xrightarrow{p} \widetilde{Q}$，ここで $\widetilde{Q}$ は逆行列が存在する行列とします．このとき，$\widetilde{\beta}^{GLS} \xrightarrow{p} \beta$ となります．特に重要なのは，Ω に対角外の要素が入っているとき，$X'\Omega^{-1}U = \sum_{i=1}^{n}\sum_{j=1}^{n} X_i(\Omega^{-1})_{ij}u_j$ の項には，X_i と u_j の積（異なる i, j について）が含まれる点です（そこで $(\Omega^{-1})_{ij}$ は，Ω^{-1} の第 (i, j) 要素）．このように，$X'\Omega^{-1}U$ が平均ゼロとなるためには，$E(u_i|X_i) = 0$ では不十分で，$(\Omega^{-1})_{ij}$ のゼロではない値に対応して $E(u_i|X_j)$ がすべてのペア (i, j) についてゼロが成り立つことが必要です．誤差項の共分散構造に依存して，いくつか，あるいはすべての $(\Omega^{-1})_{ij}$ の要素がゼロではないかもしれません．たとえば，もし u_i が 1 次の自己回帰モデルに従うのであれば（15.5 節の議論を参照），$(\Omega^{-1})_{ij}$ でゼロではないのは $|i - j| \leq 1$ の要素だけです．しかし一般には，Ω^{-1} のすべての要素がゼロではない値を取り得るので，$X'\Omega^{-1}U/n \xrightarrow{p} 0_{(k+1)\times 1}$ となる（その結果 $\widetilde{\beta}^{GLS}$ は一致性を持つ）ためには，$E(U|X) = 0_n$，つまり GLS の第 1 の仮定が満たされなければなりません．

他方，OLS 推定量が一致性を持つことを示した議論を思い出してください．(18.14) 式を書き換えると，$\hat{\beta} = \beta + (X'X/n)^{-1}\frac{1}{n}\sum_{i=1}^{n} X_i u_i$ が得られます．もし $E(u_i|X_i) = 0$ なら，$\frac{1}{n}\sum_{i=1}^{n} X_i u_i$ の項は平均ゼロとなり，もしこの項の分散が漸近的にゼロへ向かうのなら，この項はゼロへ確率収束します．もし，それに加えて $X'X/n \xrightarrow{p} Q_X$ ならば，$\hat{\beta} \xrightarrow{p} \beta$ となります．

GLS の第 1 の仮定は強い制約か？

GLS の第 1 の仮定は，誤差項の第 i 番目の観測値が説明変数のすべての観測値と無相関というものでした．しかしこの仮定は，いくつかの時系列分析の応用において疑わしい場合があります．この問題は，15.6 節の実証研究の文脈で，すなわち冷凍オレンジジュースの将来価格とフロリダの天候の関係に関する研究において議論しました．そこで説明したように，価格変化を天候で回帰した場合の誤差項は，現在そして過去の天候の状態とはおそらく無相関です．したがって OLS の第 1 の仮定は満たされます．しかし，（将来の天気の予想が価格動向に影響を与えるとすると）現在の誤差項は将来の天候状態と相関があると考えられ，その結果，GLS の第 1 の仮定は満たされません．

この例が示すのは，経済の時系列データにおける一般的な問題であり，ある経済変数の今日の値が将来の予想に部分的にでも依存しているとき発生します．そのような将来予想の役割を考えることで，今日の誤差項は明日の説明変数の予側値に依存する，そしてその予測値は概して明日の説明変数の実際の値と相関を持つでしょう．このような理由により，GLS の第 1 の仮定を置くことは，OLS の第 1 の仮定より，実際はるかに強いものといえます．その結果，経済の時系列データに基づく応用においては，OLS 推定量は一致性を持つとしても GLS 推定量は一致性を持たない，ということがありうるのです．

18.7 操作変数法と一般化モーメント法推定

本節では，操作変数（instrmental variables, IV）法による推定の導入とIV推定量の漸近分布について説明します．本節を通して，基本概念 12.3 と 12.4 で議論した IV 回帰の仮定は満たされるものとし，さらに操作変数は（説明変数との相関において）強いものであると仮定します．これらの仮定は，i.i.d. のクロスセクション・データの場合に当てはまります．また，ある条件の下では，ここでの結果は時系列データにも当てはまります．時系列データへの拡張は本節の最後に議論されます．本節の漸近理論に基づく結果は，強い操作変数の仮定の下に導出されます．

本節ではまず，操作変数回帰モデルである 2 段階最小二乗（two stage least squares, TSLS）推定量，そして一般的な不均一分散の場合の漸近分布について，すべて行列表現を用いて説明します．次に，特別ケースである均一分散の場合には，TSLS推定量が，IV推定量の中で漸近的に最も効率的であることを示します．その際，操作変数は外生変数の線形結合で表されます．さらに，J 統計量は漸近的にカイ二乗分布に従うことも示されます．そこで，カイ二乗分布の自由度は過剰識別制約の数に等しいものです．本節の最後には，誤差項が不均一分散である場合の効率的な IV 推定と過剰識別制約のテストを議論します．その効率的な IV 推定量は，効率的な一般化モーメント法推定量として知られています．

操作変数（IV）推定量の行列表現

この小節では，X をいま問題とする式における $n \times (k+r+1)$ の説明変数行列とします．したがって X には内生的な説明変数（基本概念 12.1 の X 変数，誤差項と相関あり）と外生的な説明変数（基本概念 12.1 の W 変数，誤差項と無相関）の両方を含みます．すなわち，基本概念 12.1 の変数表記に従うと，X の第 i 行は，$X_i' = (1\ X_{1i}\ X_{2i} \cdots X_{ki}\ W_{1i}\ W_{2i} \cdots W_{ri})$ となります．また Z を $n \times (m+r+1)$ の行列ですべての外生的な説明変数行列とし，その行列は，いまの推定式に含まれる外生変数（W 変数）と推定式から除かれている外生変数（操作変数）の両方からなります．すなわち，基本概念 12.1 の変数表記に従うと，Z の第 i 行は，$Z_i' = (1\ Z_{1i}\ Z_{2i} \cdots Z_{mi}\ W_{1i}\ W_{2i} \cdots W_{ri})$ となります．

これらの表記の下で，基本概念 12.1 の IV 回帰モデルを行列表現で表すと，

$$Y = X\beta + U \tag{18.45}$$

となります．ここで U は $n \times 1$ の誤差項ベクトルで，その第 i 要素は u_i です．

行列 Z はすべての外生的な説明変数を含みます．したがって基本概念 12.4 で述べた IV 回帰の仮定の下では，

$$E(\mathbf{Z}_i u_i) = \mathbf{0} \quad \text{(操作変数の外生性)} \tag{18.46}$$

と表されます．いま内生的な説明変数が k 個含まれているので，第 1 段階の回帰は k 本の式からなります．

TSLS 推定量

2 段階最小二乗（TSLS）推定量は，第 1 段階の OLS 回帰で推定された $\mathbf{X}$ の値を操作変数とした操作変数推定量です．その第 1 段階で推定された値の行列を $\hat{\mathbf{X}}$ とします．すなわち $\hat{\mathbf{X}}$ の第 i 列は $(1\ \hat{X}_{1i}\ \hat{X}_{2i}\cdots \hat{X}_{ki}\ W_{1i}\ W_{2i}\cdots W_{ri})$，そこで $\hat{X}_{1i}$ は，X_{1i} を $\mathbf{Z}$ で回帰した式で予測された被説明変数の値であり，以下も同様です．W 変数は $\mathbf{Z}$ のなかに含まれているので，W_{1i} を $\mathbf{Z}$ で回帰して予測された値は W_{1i} となり，以下も同様です．したがって，$\hat{\mathbf{X}} = P_Z \mathbf{X}$，ここで $P_Z = \mathbf{Z}(\mathbf{Z}'\mathbf{Z})^{-1}\mathbf{Z}'$ です（(18.27) 式を参照）．その結果，TSLS 推定量は，

$$\hat{\boldsymbol{\beta}}^{TSLS} = (\hat{\mathbf{X}}'\mathbf{X})^{-1}\hat{\mathbf{X}}'\mathbf{Y} \tag{18.47}$$

と表されます．$\hat{\mathbf{X}} = P_Z \mathbf{X}$，$\hat{\mathbf{X}}'\mathbf{X} = \mathbf{X}'P_Z\mathbf{X} = \hat{\mathbf{X}}'\hat{\mathbf{X}}$，そして $\hat{\mathbf{X}}'\mathbf{Y} = \mathbf{X}'P_Z\mathbf{Y}$ なので，TSLS 推定量は以下のように書き換えられます：

$$\hat{\boldsymbol{\beta}}^{TSLS} = (\mathbf{X}'P_Z\mathbf{X})^{-1}\mathbf{X}'P_Z\mathbf{Y}. \tag{18.48}$$

TSLS 推定量の漸近分布

(18.45) 式の $\mathbf{Y}$ の表現を (18.48) 式へ代入して整理し，両辺に $\sqrt{n}$ をかけると，TSLS 推定量の（真の係数の周りで）中心化され（標本数で）スケール調整された表現が得られます．すなわち，

$$\begin{aligned}\sqrt{n}(\hat{\boldsymbol{\beta}}^{TSLS} - \boldsymbol{\beta}) &= \left(\frac{\mathbf{X}'P_Z\mathbf{X}}{n}\right)^{-1} \frac{\mathbf{X}'P_Z\mathbf{U}}{\sqrt{n}} \\ &= \left[\frac{\mathbf{X}'\mathbf{Z}}{n}\left(\frac{\mathbf{Z}'\mathbf{Z}}{n}\right)^{-1}\frac{\mathbf{Z}'\mathbf{X}}{n}\right]^{-1}\left[\frac{\mathbf{X}'\mathbf{Z}}{n}\left(\frac{\mathbf{Z}'\mathbf{Z}}{n}\right)^{-1}\frac{\mathbf{Z}'\mathbf{u}}{\sqrt{n}}\right]. \end{aligned} \tag{18.49}$$

ここで 2 つ目の等号の導出には P_Z の定義が用いられます．IV 回帰の仮定から，$\mathbf{X}'\mathbf{Z}/n \xrightarrow{p} Q_{XZ}$，$\mathbf{Z}'\mathbf{Z}/n \xrightarrow{p} Q_{ZZ}$，そこで $Q_{XZ} = E(X_i Z_i')$，$Q_{ZZ} = E(Z_i Z_i')$ です．それに加え，IV 回帰の仮定の下で，$Z_i u_i$ は i.i.d. で平均ゼロ（(18.46) 式参照），したがって，その和を $\sqrt{n}$ で割った値は中心極限定理の条件を満たし，

$$\mathbf{Z}'\mathbf{U}/\sqrt{n} \xrightarrow{d} \boldsymbol{\Psi}_{Zu}, \quad \text{ここで } \boldsymbol{\Psi}_{Zu} \sim N(0, H), \quad H = E(Z_i Z_i' u_i^2) \tag{18.50}$$

が成り立ちます．ここで $\boldsymbol{\Psi}_{Zu}$ は $(m+r+1) \times 1$ です．

(18.50) 式と極限の表現 $\mathbf{X}'\mathbf{Z}/n \xrightarrow{p} Q_{XZ}$，$\mathbf{Z}'\mathbf{Z}/n \xrightarrow{p} Q_{ZZ}$ を (18.49) 式に当てはめると，

次の結果が導かれます．すなわち，IV 回帰の仮定の下，TSLS 推定量は漸近的に正規分布に従います：

$$\sqrt{n}(\hat{\beta}^{TSLS} - \beta) \xrightarrow{d} (Q_{xz}Q_{zz}^{-1}Q_{zx})^{-1}Q_{xz}Q_{zz}^{-1}\Psi_{zu} \sim N(0, \Sigma^{TSLS}). \quad (18.51)$$

ここで

$$\Sigma^{TSLS} = (Q_{xz}Q_{zz}^{-1}Q_{zx})^{-1}Q_{xz}Q_{zz}^{-1}HQ_{zz}^{-1}Q_{zx}(Q_{xz}Q_{zz}^{-1}Q_{zx})^{-1} \quad (18.52)$$

であり，H は (18.50) 式で定義されています．

TSLS の標準誤差

(18.52) 式の共分散行列の表現は気が滅入るような形をしています．しかしそれでもなお，この式は，真のモーメントの表現に標本モーメントを代入することで，Σ^{TSLS} を推定する方法を示してくれます．その結果得られる共分散行列の推定量は，

$$\hat{\Sigma}^{TSLS} = (\hat{Q}_{xz}\hat{Q}_{zz}^{-1}\hat{Q}_{zx})^{-1}\hat{Q}_{xz}\hat{Q}_{zz}^{-1}\hat{H}\hat{Q}_{zz}^{-1}\hat{Q}_{zx}(\hat{Q}_{xz}\hat{Q}_{zz}^{-1}\hat{Q}_{zx})^{-1}. \quad (18.53)$$

ここで，$\hat{Q}_{xz} = X'Z/n$, $\hat{Q}_{zz} = Z'Z/n$, $\hat{Q}_{zx} = Z'X/n$, そして

$$\hat{H} = \frac{1}{n}\sum_{i=1}^{n} Z_i Z_i' \hat{u}_i^2, \quad \text{そこで } \hat{U} = Y - X\hat{\beta}^{TSLS} \quad (18.54)$$

であり，そこで $\hat{U}$ は TSLS 残差のベクトル，$\hat{u}_i$ はそのベクトルの第 i 要素です（第 i 観測値についての TSLS 残差）．

そして TSLS 標準誤差は，$\hat{\Sigma}^{TSLS}$ の対角上の要素の平方根になります．

誤差項が均一分散のときの TSLS 推定量の性質

もし誤差項が均一分散であれば，TSLS 推定量は，Z の線形結合を操作変数として用いる IV 推定量のグループの中で，漸近的に最も効率的となります．この結果はガウス・マルコフ定理の操作変数バージョンであり，TSLS の利用を正当化する上で重要です．

均一分散の下での TSLS 推定量の分布

もし誤差項が均一分散であれば，$E(u_i^2|Z_i) = \sigma_u^2$ となり，したがって $H = E(Z_iZ_i'u_i^2) = E[E(Z_iZ_i'u_i^2|Z_i)] = E[Z_iZ_i'E(u_i^2|Z_i)] = Q_{zz}\sigma_u^2$. この場合，TSLS 推定量の漸近分布の分散は，(18.52) 式から単純な表現となり，

$$\Sigma^{TSLS} = (Q_{xz}Q_{zz}^{-1}Q_{zx})^{-1}\sigma_u^2 \quad (\text{均一分散のみに有効}) \quad (18.55)$$

その結果，均一分散のみに有効な TSLS 分散行列の推定量は，

$$\widetilde{\Sigma}^{TSLS} = (\hat{Q}_{xz}\hat{Q}_{zz}^{-1}\hat{Q}_{zx})^{-1}\hat{\sigma}_u^2, \quad \text{そこで } \hat{\sigma}_u^2 = \frac{\hat{U}'\hat{U}}{n-k-r-1} \quad (\text{均一分散のみに有効}) \quad (18.56)$$

そして均一分散のみに有効な TSLS 標準誤差は，$\widetilde{\Sigma}^{TSLS}$ の対角上の要素の平方根となります．

Z の線形結合を用いる IV 推定量のグループ　Z の線形結合を操作変数として用いる IV 推定量のグループは，2 つの同等の方法により求められます．

最初の方法は，2 次形式の目的関数を最小化することで推定するという方法で，それはちょうど OLS 推定量が残差の二乗和を最小化して求められるのと同じ考え方です．操作変数が外生であるという仮定の下，誤差項 $U = Y - X\beta$ は外生的な操作変数と無相関です．すなわち，β の真の値の下で，(18.46) 式は，

$$E[(Y - X\beta)'Z] = 0 \tag{18.57}$$

を意味します．(18.57) 式は $m + r + 1$ 本の連立した式からなるシステムで，未知の β の要素は $k + r + 1$ 個です．母集団の下では，これらの式はすべて真の β の値の下で満たされるため，いくつかの式は余分です．これらの母集団のモーメントが標本のモーメントに置き換えられると，連立式のシステムである $(Y - Xb)'Z = 0$ は，式の数と未知の要素の数が等しく「過不足ない識別（exact identification）」のとき，b について解くことができます．こうして得られた b の値が β の IV 推定量です．しかし，もし連立システムの式の数がより多く（すなわち $m > k$）で「過剰な識別（overidentification）」の場合には，同じ b の値ですべての式が満たされず，一般にこのシステムを解くことはできません．

過剰識別のときに β を推定する 1 つのアプローチは，各式をすべて満たすことは断念する代わりに，すべての式が含まれる 2 次形式を最小化することで推定量を求めます．具体的には，いま A を $(m+r+1) \times (m+r+1)$ の対称で半正値定符号（positive semidefinte）であるウエイト行列とします．そして $\hat{\beta}_A^{IV}$ を，次の表現を最小化する推定量とします：

$$\min_b (Y - Xb)'ZAZ'(Y - Xb). \tag{18.58}$$

この最小化問題の解は，目的関数について b に関する微分を取り，それをゼロと等しいと置き，整理することで求められます．その結果，$\hat{\beta}_A^{IV}$，すなわちウエイト行列 A に基づく IV 推定量が次のように導出されます：

$$\hat{\beta}_A^{IV} = (X'ZAZ'X)^{-1}X'ZAZ'Y. \tag{18.59}$$

ここで (18.59) 式と (18.48) 式を見比べると，TSLS は $A = (Z'Z)^{-1}$ とした IV 推定量であることがわかります．すなわち TSLS は，$A = (Z'Z)^{-1}$ として求めた (18.58) 式の最小化問題の解なのです．

そして，(18.51) 式と (18.52) 式を導出した計算を $\hat{\beta}_A^{IV}$ に当てはめると，

$$\sqrt{n}(\hat{\boldsymbol{\beta}}_A^{IV} - \boldsymbol{\beta}) \xrightarrow{d} N(0, \boldsymbol{\Sigma}_A^{IV}),$$

$$\text{ここで } \boldsymbol{\Sigma}_A^{IV} = (\boldsymbol{Q}_{xz}\boldsymbol{A}\boldsymbol{Q}_{zx})^{-1}\boldsymbol{Q}_{xz}\boldsymbol{A}\boldsymbol{H}\boldsymbol{A}\boldsymbol{Q}_{zx}(\boldsymbol{Q}_{xz}\boldsymbol{A}\boldsymbol{Q}_{zx})^{-1} \tag{18.60}$$

という漸近分布が示されます.

$\boldsymbol{Z}$ の線形結合を用いて IV 推定量を導出する 2 つ目の手法は,操作変数を $\boldsymbol{ZB}$ とし,$\boldsymbol{B}$ は $(m+r+1)\times(k+r+1)$ の行列で行に関するフル・ランクを持つものとして,その下で IV 推定量を考えます.このとき,$(k+r+1)$ 本の連立式のシステム $(\boldsymbol{Y}-\boldsymbol{Xb})'\boldsymbol{ZB}=0$ は,$\boldsymbol{b}$ の $(k+r+1)$ 個の未知の要素をユニークに決定できます.この連立式システムを $\boldsymbol{b}$ について解くと,$\hat{\boldsymbol{\beta}}^{IV} = (\boldsymbol{B}'\boldsymbol{Z}'\boldsymbol{X})^{-1}(\boldsymbol{B}'\boldsymbol{Z}'\boldsymbol{Y})$ となり,そこに $\boldsymbol{B}=\boldsymbol{AZ}'\boldsymbol{X}$ を代入すると (18.59) 式が得られます.したがって,操作変数の線形結合に基づいて IV 推定量を導出する 2 つのアプローチは,同じタイプの操作変数推定量を生み出すことが示されました.慣習的には,最初のアプローチに従って,(18.58) 式の 2 次形式の最小化問題を解いて求めることが多いため,本書でもそれに従います.

均一分散の下での TSLS の漸近的な効率性

もし誤差項が均一分散ならば,$\boldsymbol{H}=\boldsymbol{Q}_{zz}\sigma_u^2$ となり,(18.60) 式の $\boldsymbol{\Sigma}_A^{IV}$ の表現は,

$$\boldsymbol{\Sigma}_A^{IV} = (\boldsymbol{Q}_{xz}\boldsymbol{A}\boldsymbol{Q}_{zx})^{-1}\boldsymbol{Q}_{xz}\boldsymbol{A}\boldsymbol{Q}_{zz}\boldsymbol{A}\boldsymbol{Q}_{zx}(\boldsymbol{Q}_{xz}\boldsymbol{A}\boldsymbol{Q}_{zx})^{-1}\sigma_u^2. \tag{18.61}$$

となります.

均一分散の場合,TSLS が $\boldsymbol{Z}$ の線形結合に基づく推定量の中で漸近的にもっとも効率的であることを示すには,均一分散の下で,

$$\boldsymbol{c}'\boldsymbol{\Sigma}_A^{IV}\boldsymbol{c} \geq \boldsymbol{c}'\boldsymbol{\Sigma}^{TSLS}\boldsymbol{c} \tag{18.62}$$

という関係が成り立つことを,すべて半正値定符号の行列 $\boldsymbol{A}$ とすべての $(k+r+1)\times 1$ のベクトル $\boldsymbol{c}$ について示す必要があります.ここで,$\boldsymbol{\Sigma}^{TSLS} = (\boldsymbol{Q}_{xz}\boldsymbol{Q}_{zz}^{-1}\boldsymbol{Q}_{zx})^{-1}\sigma_u^2$((18.55) 式)です.(18.62) 式の証明は付論 18.6 で行われますが,この式自体は,基本概念 18.3 で示した多変数のガウス・マルコフ定理で使われた効率性の基準と同じものです.以上の議論から,TSLS は,均一分散の場合,$\boldsymbol{Z}$ の線形結合を操作変数とする IV 推定量のグループのなかでもっとも効率的となるのです.

均一分散の下での J 統計量

J 統計量(基本概念 12.6)は,すべての過剰識別制約が満たされるという帰無仮説を,その制約の一部かすべてが満たされないという対立仮説に対してテストする際の統計量です.

J 統計量の考え方は,もし過剰識別制約が成立するなら,u_i は操作変数や他の外生変数とは無相関であり,したがって $\boldsymbol{U}$ を $\boldsymbol{Z}$ で回帰すると母集団の回帰係数はすべてゼロになるはず,というものです.実際には,$\boldsymbol{U}$ は観察されないので,推定された TSLS 残差 $\hat{\boldsymbol{U}}$

が使われます．すなわち，$\hat{U}$ を Z で回帰するとすべての係数について統計的に有意でないという結果が得られるはずです．そして，TSLS の J 統計量は，均一分散のみに有効な F 統計量に基づいて求められます．具体的には $\hat{U}$ を Z で回帰した式の Z の係数がすべてゼロをテストする F 統計量に $(m+r+1)$ を掛けることで，漸近的なカイ二乗分布に従う表現になります．

J 統計量の正確な公式は，均一分散のみに有効な F 統計量である (7.13) 式を使って導出されます．そこで制約なしの回帰は $\hat{U}$ を $(m+r+1)$ 個のすべての外生的な説明変数 Z で回帰する式，制約付きの回帰は説明変数がない式です．したがって，(7.13) 式の表記に従えば，$SSR_{unrestricted} = \hat{U}'M_Z\hat{U}$，そして $SSR_{restricted} = \hat{U}'\hat{U}$，したがって，$SSR_{restricted} - SSR_{unrestricted} = \hat{U}'\hat{U} - \hat{U}'M_Z\hat{U} = \hat{U}'P_Z\hat{U}$ となり，J 統計量は，

$$J = \frac{\hat{U}'P_Z\hat{U}}{\hat{U}'M_Z\hat{U}/(n-m-r-1)} \tag{18.63}$$

となります．

基本概念 12.6 で説明した J 統計量の計算方法では，操作変数だけの係数がゼロという仮説をテストするものでした．これらの2つの方法は，計算上は異なるステップを踏みますが，最終的には同じ J 統計量が得られます（練習問題 18.14）．

付論 18.6 では，$E(u_iZ_i) = 0$ という帰無仮説の下，J 統計量は，

$$J \xrightarrow{d} \chi^2_{m-k} \tag{18.64}$$

となることが示されます．

線形モデルにおける一般化モーメント法推定

もし誤差項が不均一分散の場合，TSLS 推定量は，Z の線形結合を操作変数とする IV 推定量のグループの中で最も効率的とはなりません．この場合の効率的な推定量は，効率的な一般化モーメント法（generalized method of moments, GMM）推定量として知られます．さらに，誤差項が不均一分散の場合には，(18.63) 式で定義された J 統計量はカイ二乗分布に従いません．しかし，効率的な GMM 推定量に基づいて求められる別の J 統計量の表現は，自由度 $m-k$ のカイ二乗分布に従います．

これらの結果は，通常の回帰分析で外生的な説明変数と不均一分散の誤差項の場合に得られる結果とパラレルなものです．すなわち，もし誤差項が不均一分散の場合，OLS 推定量は，Y に関する線形推定量のなかで，最も効率的ではありません（ガウス・マルコフ条件が満たされない）．そしてその場合，均一分散のみに有効な F 統計量は，たとえ大標本であっても F 分布に従いません．外生的な説明変数と不均一分散の場合の回帰モデルでは，効率的な推定量はウエイト付き最小二乗法でした．不均一分散の場合の IV 回帰モデルでは，効率的な推定量を求めるには TSLS と異なるウエイト行列を用います．その結

果得られる推定量が，効率的な GMM 推定量なのです．

GMM 推定　　一般化モーメント法（generalized method of moments, GMM）は，線形モデル，非線形モデルにかかわらず適用可能な一般的な推定方法で，標本のモーメントがゼロと設定されている連立方程式システムについて，そのフィットが最も良くなるようにパラメターを選ぶ方法です．これらの連立式は，GMM の文脈ではモーメント条件と呼ばれますが，通常，すべての条件式を同時に満たすことはできません．GMM 推定量では，各式すべてを満たすことは断念する代わりに，2 次形式の目的関数を最小化します．

　外生変数 Z を有する線形の IV 回帰モデルでは，GMM 推定量は，(18.58) 式の 2 次形式の最小化問題の解となるすべての推定量で構成されます．したがって，（外生変数を含んだ）フル・セットの操作変数 Z とウエイト行列 A に基づく GMM 推定量と，Z の線形結合を操作変数とする線形の IV 推定量とは，同じグループの推定量であることがわかります．線形の IV 回帰モデルにおいて GMM とは，これまで議論してきたグループの推定量の別名であり，(18.58) 式を解いて得られる推定量なのです．

漸近的に効率的な GMM 推定量　　GMM 推定量の中で，効率的な **GMM**（efficient GMM）推定量とは，漸近的な分散行列が最小となる GMM 推定量を表します（ここで最小の分散行列とは (18.62) 式で定義されます）．いま，(18.62) 式の結果を言い換えると，誤差項が均一分散の場合，TSLS は線形回帰モデルにおいて効率的な GMM 推定量となります．

　では誤差項が不均一分散の場合に効率的な GMM 推定量はどう表現されるか考えましょう．そのために，以下の諸点を思い出してください．すなわち，誤差項が均一分散である場合に H（すなわち $Z_i u_i$ の分散行列，(18.50) 式）は $Q_{ZZ}\sigma_u^2$ に等しく，漸近的に効率的なウエイト行列は $A = (Z'Z)^{-1}$ となる，その結果，TSLS 推定量が得られる，といった点です．大標本において，ウエイト行列 $A = (Z'Z)^{-1}$ を使うことは，$A = (Q_{ZZ}\sigma_u^2)^{-1} = H^{-1}$ を使うことと同じです．TSLS のこの解釈から，不均一分散の下での効率的な IV 推定量は，$A = H^{-1}$ として，以下の最小化問題を解くことで得られると類推されます：

$$\min_b (Y - Xb)'ZH^{-1}Z'(Y - Xb). \tag{18.65}$$

　実際，この類推は正しいものです．(18.65) 式の最小化問題の解は，効率的な GMM 推定量となります．いま $\widetilde{\beta}^{Eff.GMM}$ を (18.65) 式の最小化問題の解とします．(18.59) 式から，この推定量は，

$$\widetilde{\beta}^{Eff.GMM} = (X'ZH^{-1}Z'X)^{-1}X'ZH^{-1}Z'Y \tag{18.66}$$

と表されます．

$\widetilde{\beta}^{Eff.GMM}$ の漸近的な分布は，$A = H^{-1}$ を (18.60) 式に代入し，整理することで得られます．すなわち，

$$\sqrt{n}(\widetilde{\beta}^{Eff.GMM} - \beta) \xrightarrow{d} N(0, \Sigma^{Eff.GMM}),$$
$$\Sigma^{Eff.GMM} = (Q_{XZ}H^{-1}Q_{ZX})^{-1}. \tag{18.67}$$

$\widetilde{\beta}^{Eff.GMM}$ が効率的な GMM 推定量であるという結果は，すべてのベクトル c について，$c'\Sigma_A^{IV}c \geq c'\Sigma_A^{Eff.GMM}c$ を示すことで証明されます（ここで Σ_A^{IV} は (18.60) 式で与えられています）．この結果の証明については付論 18.6 に示されます．

実行可能な効率的 GMM 推定

(18.66) で示された GMM 推定量は，実行可能ではありません．なぜなら，それは未知の行列 H に依存するからです．しかしながら，実行可能な効率的 GMM 推定量は，H の一致推定量を (18.65) 式の最小化問題に代入することで，あるいは同じことですが，(18.66) 式の $\beta^{Eff.GMM}$ の公式に H の一致推定量を代入することで，算出することができます．

効率的な GMM 推定量は 2 つのステップで計算されます．第 1 ステップでは，何らかの一致推定量を使って，β を推定することです．この β の推定量を使って，いま関心のある式の残差を推定します．そして，その残差を使って H の推定値を計算します．第 2 ステップでは，この H の推定量を使って最適なウエイト行列 H^{-1} を計算し，そして効率的な GMM 推定量を求めます．具体的に述べると，線形の IV 回帰モデルでは，TSLS 推定量を第 1 ステップで用いるのは自然であり，また H を推定するために TSLS 残差を用いることも自然です．もし TSLS が第 1 ステップに用いられるのなら，第 2 ステップで算出される実行可能な効率的 GMM 推定量は，

$$\hat{\beta}^{Eff.GMM} = (X'Z\hat{H}^{-1}Z'X)^{-1}X'Z\hat{H}^{-1}Z'Y. \tag{18.68}$$

ここで $\hat{H}$ は (18.54) 式で与えられています．

$\hat{H} \xrightarrow{p} H$ なので，$\sqrt{n}(\hat{\beta}^{Eff.GMM} - \widetilde{\beta}^{Eff.GMM}) \xrightarrow{p} 0$（練習問題 18.12），そして，

$$\sqrt{n}(\hat{\beta}^{Eff.GMM} - \beta) \xrightarrow{d} N(0, \Sigma^{Eff.GMM}) \tag{18.69}$$

が得られます．ここで $\Sigma^{Eff.GMM} = (Q_{XZ}H^{-1}Q_{ZX})^{-1}$（(18.67) 式）です．すなわち，(18.68) 式で表された実行可能な 2 段階推定量 $\hat{\beta}^{Eff.GMM}$ は，漸近的に，効率的な GMM 推定量となるのです．

不均一分散を考慮した J 統計量

不均一分散を考慮した J 統計量（**heteroscedasticity-robust J-statistics**）は，あるいは **GMM J 統計量**（**GMM J-statistics**）としても知られていますが，TSLS ベースの J 統計量に対応するもので，効率的な GMM 推定量とウエイト関数に基づいて計算されます．すなわち，GMM J 統計量は，

$$J^{GMM} = \hat{U}^{GMM\prime}\hat{H}^{-1}\hat{U}^{GMM} \tag{18.70}$$

で与えられます．ここで $\hat{U}^{GMM} = Y - X\hat{\beta}^{Eff.GMM}$ は，問題とする式からの残差で，（実行可能な）効率的な GMM によって推定されたもの，また $\hat{H}^{-1}$ は $\hat{\beta}^{Eff.GMM}$ を計算するために用いられたウエイト行列です．

帰無仮説 $E(Z_i u_i) = 0$ の下で，$J^{GMM} \xrightarrow{d} \chi^2_{m-k}$ が示されます（付論 18.6 参照）．

時系列データを用いた GMM　本節の結果は，IV 回帰の仮定の下，クロスセクション・データに対して得られたものでした．しかしながら，これらの結果は時系列データを使った IV 回帰や GMM の実証にも拡張されます．時系列データに対する GMM のフォーマルな数学的取り扱いは，本書の守備範囲を超えます（その数学的な取り扱いは，Hayashi 2000 の第 6 章を参照）．そこで，ここではポイントとなる考え方だけ要約しておきます．ここでの解説は，第 14 章と第 15 章の内容を理解していることを前提とします．以下の議論では，変数はすべて定常的であると仮定します．

実際の応用例として，2 つのタイプを区別することが有用です．1 つは誤差項 u_t に系列相関がある場合，もう 1 つは u_t に系列相関がない場合です．u_t に系列相関がある場合には，GMM 推定量の漸近分布は正規分布のままですが，(18.50) 式の H の式は正しくはありません．H の正しい表現は $Z_t u_t$ の自己共分散に依存し，(15.14) 式で示したように，系列相関がある場合の OLS 推定量の分散に類似した形状になります．効率的な GMM 推定量は H の一致推定量を使って引き続き導出されます．しかし，その一致推定量は，第 15 章で議論した HAC アプローチを使って求めなければなりません．

一方，誤差項に系列相関がない場合には，H の HAC 推定は必要なく，本節で述べた GMM の公式は時系列データに応用可能です．ファイナンスやマクロ計量経済学の近年の実証研究では，誤差項が予期されない，あるいは予測不可能なショックを表すといったモデルがしばしば登場します．たとえば，1 つの内生変数を含み外生変数は 1 つも含まないモデルを考えます．その結果，モデルを表現する式は，$Y_t = \beta_0 + \beta_1 X_t + u_t$ です．いま経済理論から，誤差項 u_t は，過去の情報が与えられた下で，予測不可能であるとします．そのとき，その理論が意味するのは，次のようなモーメント条件式です．すなわち，

$$E(u_t | Y_{t-1}, X_{t-1}, Z_{t-1}, Y_{t-2}, X_{t-2}, Z_{t-2}, \ldots) = 0. \tag{18.71}$$

ここで Z_{t-1} はその他の変数のラグ値です．(18.71) 式のモーメント条件は，すべてのラグ変数 $Y_{t-1}, X_{t-1}, Z_{t-1}, Y_{t-2}, X_{t-2}, Z_{t-2}, \cdots$ が正当な操作変数の候補であることを意味します（それらは外生条件を満たすからです）．さらに，$u_{t-1} = Y_{t-1} - \beta_0 - \beta_1 X_{t-1}$ なので，(18.71) 式のモーメント条件は，$E(u_t | u_{t-1}, X_{t-1}, Z_{t-1}, u_{t-2}, X_{t-2}, Z_{t-2}, \cdots) = 0$ となります．u_t には系列相関がないので，H の HAC 推定は必要ありません．本節の GMM 推定の理論は，効率的な GMM 推定や GMM J 統計量も含めて，(18.71) 式のモーメント条件式を意味する

時系列データの実証研究に——そのモーメント条件が正しいという仮説の下で——直接応用できるのです．

要約

1. 多変数線形回帰モデルの行列表現は $Y = X\beta + U$．ここで Y は被説明変数の n 個の観測値からなる $n \times 1$ ベクトル，X は $k+1$ 個の説明変数（定数項を含む）の n 個の観測値からなる $n \times (k+1)$ 行列，β は $k+1$ 個の未知パラメターからなる $(k+1) \times 1$ ベクトル，そして U は n 個の誤差項からなる $n \times 1$ ベクトルである．

2. OLS 推定量は $\hat{\beta} = (X'X)^{-1}X'Y$．基本概念 18.1 に示された最初の 4 つの最小二乗法の仮定の下，$\hat{\beta}$ は一致性を有し，漸近的に正規分布に従う．もし追加的に均一分散が仮定されれば，$\hat{\beta}$ の条件付分散は，$\mathrm{var}(\hat{\beta}|X) = \sigma_u^2 (X'X)^{-1}$ となる．

3. β に関する制約は，一般に，q 本の式で $R\beta = r$ と表記される．この制約式の表現は，複数の係数に関する結合仮説のテストや β の要素に対する信頼集合を求める際に使われる．

4. 回帰式の誤差項は i.i.d. で X が与えられた下で正規分布に従うとき，β は正確な正規分布に従う．均一分散の場合の t 統計量や F 統計量は，それぞれ正確な t_{n-k-1} 分布，$F_{q,n-k-1}$ 分布に従う．

5. ガウス・マルコフ定理によれば，誤差項は均一分散，観測値は互いに条件付無相関，そして $E(u_i|X) = 0$ である場合，OLS 推定量は線形の不偏推定量の中でもっとも効率的となる（すなわち OLS は Best Linear Unbiased Estimator, BLUE となる）．

6. 誤差項の共分散行列 Ω が単位行列に比例する形でなく，そして Ω が既知もしくは推定可能であるならば，GLS 推定は OLS に比べて漸近的により効率的である．しかし，GLS において u_i は，一般に，説明変数のすべての観測値と無相関でなければならない．この点，単に X_i との無相関が必要である OLS とは状況が異なる．この条件が GLS を応用する実証例において実際に満たされるかどうかは注意深く検討されなければならない．

7. TSLS 推定量は線形モデルの GMM 推定量の 1 つである．GMM 推定では，回帰式の誤差項と外生変数との標本共分散をできるだけ小さくするように係数が決定される．具体的には，$[(Y - Xb)'Z]A[Z'(Y - Xb)]$ を最小化する問題を b に関して解くことで決定される．そこで A はウエイト行列である．漸近的に効率的な GMM 推定量は，ウエイト行列を $A = [E(Z_i Z_i' u_i^2)]^{-1}$ に設定して得られる．誤差項が均一分散のとき，線形の IV 回帰モデルにおける漸近的に効率的な GMM 推定量は TSLS となる．

キーワード

多変数回帰のガウス・マルコフ条件 [Gauss-Markov conditions for multiple regression]　644

多変数回帰のガウス・マルコフ定理 [Gauss-Markov theorem for multiple regression]　645

一般化最小二乗法（GLS）[generalized least squares]　647

実行不可能な GLS [infeasible GLS]　649

実行可能な GLS [feasible GLS]　650

一般化モーメント法（GMM）[generalized method of moments]　658

効率的な GMM [efficient GMM]　658

不均一分散を考慮した J 統計量 [heteroscedasticity-robust J-statistic]　659

GMM J 統計量 [GMM J-statistic]　659

平均ベクトル [mean vector]　669

共分散行列 [covariance matrix]　669

練習問題

18.1 テスト成績を所得と所得の 2 乗で説明する (8.1) 式の母集団回帰式を考えます．

　a. (8.1) 式の回帰を (18.4) 式の行列表現で表記しなさい．Y, X, U, β を定義しなさい．

　b. テスト成績と所得は線形関係にあるという帰無仮説を，2 次関数の関係にあるという対立仮説に対してテストする方法を説明しなさい．(18.20) 式の形で帰無仮説を表記しなさい．R, r, q はそれぞれ何か，説明しなさい．

18.2 いま標本数 $n = 20$ の家計から成るサンプルがあるものとし，被説明変数と 2 つの説明変数に関する標本平均と標本共分散は，次の表で与えられています．

	標本平均	標本共分散		
		Y	X_1	X_2
Y	6.39	0.26	0.22	0.32
X_1	7.24		0.80	0.28
X_2	4.00			2.40

　a. $\beta_0, \beta_1, \beta_2$ の OLS 推定量を計算しなさい．$s_{\hat{u}}^2$，回帰の R^2 を計算しなさい．

　b. 基本概念 18.1 の 6 つすべての仮定が成立しているとします．$\beta_1 = 0$ という仮説を有意水準 5% でテストしなさい．

18.3 W は，共分散行列 Σ_W を持つ $m \times 1$ ベクトルとします．ここで Σ_W は有限かつ正値定符号です．c を $m \times 1$ ベクトルの非確率変数とし，$Q = c'W$ とします．

　a. $\text{var}(Q) = c'\Sigma_W c$ を示しなさい．

　b. $c \neq 0_m$ とします．$0 < \text{var}(Q) < \infty$ を示しなさい．

18.4 第 4 章の回帰モデル $Y_i = \beta_0 + \beta_1 X_i + u_i$ を考えます．そして基本概念 4.3 の仮定が成立しているとします．

    a. 回帰モデルを (18.2) 式と (18.5) 式で与えられた行列表現で表しなさい．

    b. 基本概念 18.1 の仮定 1–4 が成立することを示しなさい．

    c. (18.11) 式で表した $\hat{\beta}$ の一般公式を使って，基本概念 4.2 で与えられた $\hat{\beta}_0$ と $\hat{\beta}_1$ を求めなさい．

    d. (18.13) 式で表した $\Sigma_{\hat{\beta}}$ の (1,1) 要素が，基本概念 4.4 で与えられた $\sigma^2_{\hat{\beta}_0}$ と等しいことを示しなさい．

18.5 P_X と M_X は，(18.24) 式と (18.25) 式で定義されたものとします．

    a. $P_X M_X = \mathbf{0}_{n \times n}$ であり，P_X と M_X はベキ等行列であることを証明しなさい．

    b. (18.27) 式と (18.28) 式を導出しなさい．

18.6 行列表示の回帰モデル $Y = X\beta + W\gamma + u$ を考えます．ここで X は $n \times k_1$ の説明変数行列，W は $n \times k_2$ の説明変数行列です．このとき，OLS 推定量 $\hat{\beta}$ は，以下のように表記できます：

$$\hat{\beta} = (X'M_W X)^{-1}(X'M_W Y).$$

いま，$\hat{\beta}_1^{BV}$ は，(10.11) 式の OLS 推定から得られた「(0,1) 変数の」固定効果推定量とし，$\hat{\beta}_1^{DM}$ は，X と Y から主体ごとの標本平均を除去した OLS 推定 ((10.14) 式) から得られた「平均除去の」固定効果推定量とします．上記の $\hat{\beta}$ の表現を使って，$\hat{\beta}_1^{BV} = \hat{\beta}_1^{DM}$ を証明しなさい．（ヒント：(10.11) 式を，定数項を含めないフルの固定効果 $D1_i, D2_i, \cdots, Dn_i$ を使って整理し，すべての固定効果の項を W に含めます．そして行列 $M_W X$ を書き出しなさい．）

18.7 回帰モデル $Y_i = \beta_1 X_i + \beta_2 W_i + u_i$ を考えます．ここでは，単純化のため定数項を除き，すべての変数の平均はゼロと仮定します．X_i は (W_i, u_i) と独立に分布していますが，W_i と u_i は相関する可能性があるとします．そして $\hat{\beta}_1$ と $\hat{\beta}_2$ は，このモデルの OLS 推定量です．以下のことを示しなさい．

    a. W_i と u_i が相関するかどうかに関わらず，$\hat{\beta}_1 \xrightarrow{p} \beta_1$ である．

    b. W_i と u_i が相関するならば，$\hat{\beta}_2$ は一致推定量ではない．

    c. $\hat{\beta}_1^r$ を，Y を X で回帰した OLS 推定量（W を除いた制約付き回帰）とします．W_i と u_i が相関する可能性を認めた上で，$\hat{\beta}_1$ の漸近的な分散が $\hat{\beta}_1^r$ よりも小さくなるための条件を求めなさい．

18.8 回帰モデル $Y_i = \beta_0 + \beta_1 X_i + u_i$ を考えます．ここで u_i は，$u_1 = \tilde{u}_1$，$i = 2, 3, \cdots, n$ については $u_i = 0.5 u_{i-1} + \tilde{u}_i$ とします．そして $\tilde{u}_i$ は i.i.d. で平均 0，分散 1 を持ち，すべての i, j について X_j と独立に分布しているものとします．

    a. $E(UU') = \Omega$ の表現を求めなさい．

    b. この回帰モデルを，Ω の逆行列を取らずに，GLS で推定する方法を説明しなさい．

(ヒント：回帰誤差が $\tilde{u}_1, \tilde{u}_2, \cdots, \tilde{u}_n$ となるようにモデルを変形しなさい．)

18.9 この練習問題では，付論 13.3 で説明した「条件付平均の独立」の仮定の下，一部の回帰係数の OLS 推定量が一致推定量であることを示します．行列表現での多変数回帰モデル $Y = X\beta + W\gamma + u$ を考えます．ここで X と W は，それぞれ $n \times k_1$, $n \times k_2$ の説明変数行列です．X'_i と W'_i を，それぞれ X と W の i 行目の要素を表すものとします［(18.3) 式と同様］．以下を仮定します：(i) $E(u_i|X_i, W_i) = W'_i \delta$ （δ は $k_2 \times 1$ の未知パラメーターベクトル），(ii) (X_i, W_i, Y_i) は i.i.d., (iii) (X_i, W_i, u_i) は有限かつゼロではない 4 次のモーメントを持つ，そして (iv) 完全な多重共線性はない．これらの仮定は，基本概念 18.1 の仮定 1-4 に対応しており，通常の条件付平均ゼロの仮定を，「条件付平均の独立」の仮定（上記の (i)）に置き換えたものです．

   a. 練習問題 18.6 で与えられた $\hat{\beta}$ の表現を使って，$\hat{\beta} - \beta = (n^{-1}X'M_W X)^{-1}(n^{-1}X'M_W U)$ を示しなさい．

   b. $n^{-1}X'M_W X \xrightarrow{p} \Sigma_{XX} - \Sigma_{XW}\Sigma_{WW}^{-1}\Sigma_{WX}$ を示しなさい．ここで $\Sigma_{XX} = E(X_i X'_i)$, $\Sigma_{XW} = E(X_i W'_i)$ などです．［すべての i,j に関して，$A_{n,ij} \xrightarrow{p} A_{ij}$ ならば，行列 $A_n \xrightarrow{p} A$ となります．ここで $A_{n,ij}$ および A_{ij} は，A_n および A の (i, j) 要素です．］

   c. 仮定 (i) と (ii) は，$E(U|X, W) = W\delta$ を意味することを示しなさい．

   d. (c) と繰返し期待値の法則を使って，$n^{-1}X'M_W U \xrightarrow{p} 0_{k_1 \times 1}$ を示しなさい．

   e. (a)-(d) を使って，(i)-(iv) の条件の下，$\hat{\beta} \xrightarrow{p} \beta$ を導きなさい．

18.10 C を対称なベキ等行列とします．

   a. C の固有値は 0 もしくは 1 であることを示しなさい．（ヒント：$Cq = \gamma q$ は，$0 = Cq - \gamma q = CCq - \gamma q = \gamma Cq - \gamma q = \gamma^2 q - \gamma q$ を意味することに着目し，γ について解きなさい．）

   b. $\text{trace}(C) = \text{rank}(C)$ を示しなさい．

   c. d を $n \times 1$ ベクトルとします．$d'Cd \geq 0$ を示しなさい．

18.11 C は，ランク k で $n \times n$ の対称なベキ等行列とします．そして $V \sim N(0, I_n)$ とします．

   a. $C = AA'$ を示しなさい．ここで A は $n \times r$ 行列で，$A'A = I_r$ となります．（ヒント：C は半正値定符号であり，付論 18.1 で説明するように $Q\Lambda Q'$ と表すことができます．）

   b. $A'V \sim N(0, I_r)$ を示しなさい．

   c. $V'CV \sim \chi^2_r$ を示しなさい．

18.12 **a.** $\widetilde{\beta}^{Eff.GMM}$ は効率的な GMM 推定量，つまり (18.66) 式の $\widetilde{\beta}^{Eff.GMM}$ が (18.65) 式の解であることを示しなさい．

   b. $\sqrt{n}(\hat{\beta}^{Eff.GMM} - \widetilde{\beta}^{Eff.GMM}) \xrightarrow{p} 0$ を示しなさい．

   c. $J^{GMM} \xrightarrow{d} \chi^2_{m-k}$ を示しなさい．

18.13 $Rb = r$ の制約の下で，残差の二乗和を最小化する問題を考えます．ここで R はランク q の $q \times (k+1)$ 行列です．$\widetilde{\beta}$ を，制約付き最小化問題を解いた b の値とします．

   a. 最小化問題に関するラグランジュ関数は，$L(b, r) = (Y - Xb)'(Y - Xb) + \gamma'(Rb - r)$ と

なることを示しなさい．ここで γ は $q \times 1$ のラグランジュ乗数ベクトルです．

b. $\widetilde{\beta} = \hat{\beta} - (X'X)^{-1}R'[R(X'X)^{-1}R']^{-1}(R\hat{\beta} - r)$ を示しなさい．

c. $(Y - X\widetilde{\beta})'(Y - X\widetilde{\beta}) - (Y - X\hat{\beta})'(Y - X\hat{\beta}) = (R\hat{\beta} - r)'[R(X'X)^{-1}R']^{-1}(R\hat{\beta} - r)$ を示しなさい．

d. (18.36) 式の $\widetilde{F}$ は，(7.13) 式の均一分散のみに有効な F 統計量と等しいことを示しなさい．

18.14 回帰モデル $Y = X\beta + U$ を考えます．X を $[X_1 \; X_2]$ に分割し，β を $[\beta_1' \; \beta_2']'$ に分けます．ここで X_1 は k_1 列，X_2 は k_2 列からなります．いま $X_2'Y = 0_{k_2 \times 1}$ と仮定します．$R = [I_{k_1} \; 0_{k_1 \times k_2}]$ とします．

a. $\hat{\beta}'(X'X)\hat{\beta} = (R\hat{\beta})'[R(X'X)^{-1}R]^{-1}(R\hat{\beta})$ を示しなさい．

b. (12.17) 式で表される回帰について考えてみましょう．$W = [1 \; W_1 \; W_2 \; \cdots \; W_r]$ とします．ここで 1 は 1 から成る $n \times 1$ ベクトルで，W_1 は i 番目の要素が W_{1i} となる $n \times 1$ ベクトル，などとなります．$\hat{U}^{TSLS}$ は，2段階最小二乗推定量の残差のベクトルを表します．

  i. $W'\hat{U}^{TSLS} = 0$ を示しなさい．

  ii. （均一分散のみに有効な F 統計量を使った）基本概念 12.6 で説明した J 統計量の計算方法と，(18.63) 式の公式とでは，同じ J 統計量の値が得られることを示しなさい．（ヒント：(a)，(b,i)，および練習問題 18.13 の結果を使いなさい．）

18.15 （クラスター標準誤差の一致性）パネルデータモデル $Y_{it} = \beta X_{it} + \alpha_i + u_{it}$ を考えます（変数はすべてスカラー表示）．ここで基本概念 10.3 の仮定 1, 2, 4 が成立しているとし，仮定 3 を強めて，X_{it} と u_{it} はゼロではない有限の 8 次のモーメントを持つとします．しかし，仮定 5 は成立せず，誤差項は条件付きで系列相関があるとします．いま $M = I_T - T^{-1}ii'$ とします．ここで i は 1 からなる $T \times 1$ ベクトルです．また，$Y_i = (Y_{i1} \; Y_{i2} \; \cdots \; Y_{iT})'$，$X_i = (X_{i1} \; X_{i2} \; \cdots \; X_{iT})'$，$u_i = (u_{i1} \; u_{i2} \; \cdots \; u_{iT})'$，$\widetilde{Y}_i = MY_i$，$\widetilde{X}_i = MX_i$，そして $\widetilde{u}_i = Mu_i$ とします．この練習問題では漸近的な計算をするので，T は固定し，$n \longrightarrow \infty$ とします．

a. 10.3 節で議論した β の固定効果推定量は，$\hat{\beta} = \left(\sum_{i=1}^{n} \widetilde{X}_i' \widetilde{X}_i \right)^{-1} \sum_{i=1}^{n} \widetilde{X}_i' \widetilde{Y}_i$ と表されることを示しなさい．

b. $\hat{\beta} - \beta = \left(\sum_{i=1}^{n} \widetilde{X}_i' \widetilde{X}_i \right)^{-1} \sum_{i=1}^{n} \widetilde{X}_i' u_i$ を示しなさい．（ヒント：M はベキ等行列です．）

c. $Q_{\widetilde{X}} = T^{-1}E(\widetilde{X}_i'\widetilde{X}_i)$，そして $\hat{Q}_{\widetilde{X}} = \frac{1}{nT} \sum_{i=1}^{n} \sum_{t=1}^{T} \widetilde{X}_{it}^2$ とします．$\hat{Q}_{\widetilde{X}} \xrightarrow{p} Q_{\widetilde{X}}$ を示しなさい．

d. $\eta_i = \widetilde{X}_i'\widetilde{u}_i / \sqrt{T}$，そして $\sigma_\eta^2 = \text{var}(\eta_i)$ とします．このとき，$\sqrt{\frac{1}{n}} \sum_{i=1}^{n} \eta_i \xrightarrow{d} N(0, \sigma_\eta^2)$ を示しなさい．

e. (b)-(d) の答えを使って，(10.25) 式を証明しなさい．つまり，$\sqrt{nT}(\hat{\beta} - \beta) \xrightarrow{d} N(0, \sigma_\eta^2 / Q_{\widetilde{X}}^2)$ を示しなさい．

f. $\widetilde{\sigma}_{\eta,clustered}^2$ を，残差の代わりに真の誤差を用いて計算した，実行不可能なクラスター分散の推定量とします．それは，$\widetilde{\sigma}_{\eta,clustered}^2 = \frac{1}{nT} \sum_{i=1}^{n} (\widetilde{X}_i' u_i)^2$ と表されます．$\widetilde{\sigma}_{\eta,clustered}^2 \xrightarrow{p} \sigma_\eta^2$ を示しなさい．

g. $\hat{\widehat{u}}_i = \widetilde{Y}_i - \hat{\beta}\widetilde{X}_i$，そして $\hat{\sigma}^2_{\eta,clustered} = \frac{1}{nT}\sum_{i=1}^{n}(\widetilde{X}'_i\hat{\widehat{u}}_i)^2$ とします [これは (10.29) 式の行列表現です]．$\hat{\sigma}^2_{\eta,clustered} \xrightarrow{p} \sigma^2_\eta$ を示しなさい．（ヒント：(17.16) 式を示すために使ったものと同様の議論を使って，$\hat{\sigma}^2_{\eta,clustered} - \widetilde{\sigma}^2_{\eta,clustered} \xrightarrow{p} 0$ を示し，それから (f) の答えを使いなさい．）

付論 18.1 行列の代数に関する要約

この付論では，第 18 章で使われるベクトル，行列，そして行列の代数に関する基本原則について要約します．この付論の目的は，線形代数の講義で使われる概念や定義を復習することであって，その講義を代用することではありません．

ベクトルと行列の定義

ベクトル（**vector**）とは，n 個の数もしくは要素をある列に（列ベクトル，**column vector**），もしくはある行に（行ベクトル，**row vector**）集めたものです．n 次元の列ベクトル b と n 次元の行ベクトル c は，以下のように表されます：

$$b = \begin{bmatrix} b_1 \\ b_2 \\ \vdots \\ b_n \end{bmatrix} \text{および } c = \begin{bmatrix} c_1 & c_2 & \cdots & c_n \end{bmatrix}.$$

ここで b_1 は b の第 1 要素，一般に b_i は b の第 i 要素です．

全体を通じて，太字体の文字は，ベクトルか行列を表します．

行列（**matrix**）とは，数字や要素が集合したもの，もしくは配列のことを言います．各要素は行と列に並べられています．行列の次元は $n \times m$ と表記され，n は行の数，m は列の数を表しています．$n \times m$ の行列 A は，

$$A = \begin{bmatrix} a_{11} & a_{12} & \cdots & a_{1m} \\ a_{21} & a_{22} & \cdots & a_{2m} \\ \vdots & \vdots & & \vdots \\ a_{n1} & a_{n2} & \cdots & a_{nm} \end{bmatrix}$$

となり，a_{ij} は，行列 A の (i,j) 要素，つまり a_{ij} は i 行，j 列にある要素を指します．$n \times m$ 行列は，n 個の行ベクトルからなっている，もしくは m 個の列ベクトルから成っているのです．

1 次元の数をベクトルや行列と区別するために，1 次元の数はスカラー（**scalar**）と呼ばれます．

行列の種類

正方，対称，対角行列 行の数と列の数が等しい場合，その行列を正方（**square**）行列と言います．正方行列の (i,j) 要素と (j,i) 要素が等しい場合，その正方行列のことを対称（**symmetric**）行列と言います．対角（**diagonal**）行列とは，すべての対角外の要素がゼロの正方行列のことを言いま

す．つまり，正方行列 A が対角行列ならば，$i \neq j$ に関して $a_{ij} = 0$ が成り立ちます．

特別な行列 $n \times n$ の対角行列の対角要素がすべて 1 である単位行列（**identity matrix**）I_n は重要な行列です．また，ゼロ行列（**null matrix**）$0_{n \times m}$ とは，すべての要素がゼロとなる $n \times m$ 行列のことです．

転置 行列の転置（**transpose**）とは，行と列を入れ替えることを言います．つまり，行列の転置とは，$n \times m$ 行列 A の (i, j) 要素が (j, i) 要素になるような $m \times n$ 行列（A' と表記します）に変換することを言います．別の言い方をすると，行列 A の転置は A の行を A' の列に変えることを指します．もし a_{ij} が A の (i, j) 要素ならば，A'（A の転置）は以下のようになります：

$$A' = \begin{bmatrix} a_{11} & a_{12} & \cdots & a_{n1} \\ a_{21} & a_{22} & \cdots & a_{n2} \\ \vdots & \vdots & & \vdots \\ a_{1m} & a_{2m} & & a_{nm} \end{bmatrix}.$$

ベクトルの転置は，行列の転置の特殊ケースです．したがって，ベクトルの転置とは，列ベクトルを行ベクトルにします．つまり b が $n \times 1$ の列ベクトルならば，その転置は，次のとおり $1 \times n$ の行ベクトルとなります：

$$b' = \begin{bmatrix} b_1 & b_2 & \cdots & b_n \end{bmatrix}.$$

逆に，行ベクトルの転置は列ベクトルとなります．

行列代数の基本原則

和と積

行列の和 2つの行列 A と B は，両方とも同じ次元（$n \times m$）のとき，足し合わせることができます．2つの行列の和は，それぞれの要素の和となります．つまり，もし $C = A + B$ ならば，$c_{ij} = a_{ij} + b_{ij}$ となります．行列の和の特殊ケースは，ベクトルの和です．もし a と b が両方とも $n \times 1$ の列ベクトルならば，それらの和 $c = a + b$ は要素ごとの和，つまり $c_i = a_i + b_i$ となります．

ベクトルおよび行列の積 a と b は2つの $n \times 1$ 列ベクトルとしましょう．a の転置（行ベクトルとなります）と b の積は，$a'b = \sum_{i=1}^{n} a_i b_i$ となります．$b = a$ の場合にこの定義を適用すると，$a'a = \sum_{i=1}^{n} a_i^2$ となります．

同様に，行列 A と B が適合する（**conformable**），つまり A の列数と B の行数が等しいならば，行列 A と B は掛け合わせることができます．具体的に，A は $n \times m$ の次元を持ち，B を $m \times r$ の次元を持つとします．このとき，A と B の積は，$n \times r$ の行列 C，つまり $C = AB$ で，C の (i, j) 要素は $c_{ij} = \sum_{k=1}^{m} a_{ik} b_{kj}$ となります．別の言い方をすると，AB の (i, j) 要素は，A の i 行目である行ベクトルと B の j 列目の列ベクトルの積となります．

スカラー d と行列 A の積は，(i, j) 要素が da_{ij}，つまり A の各要素をスカラー d で掛けたものとなります．

行列の和と積に関する便利な性質 A と B は行列であるとします．そのとき，

a. $A + B = B + A$
b. $(A + B) + C = A + (B + C)$
c. $(A + B)' = A' + B'$
d. A が $n \times m$ ならば，$AI_m = A$ および $I_n A = A$
e. $A(BC) = (AB)C$
f. $(A + B)C = AC + BC$
g. $(AB)' = B'A'$

一般に，行列の積は前後の入れ替えができません，つまり $AB \neq BA$ です．しかし，積の入れ替えが可能な特殊な場合もあります．たとえば，A と B が両方とも $n \times n$ の対角行列ならば，$AB = BA$ が成り立ちます．

逆行列，行列の平方根，関連するトピックス

逆行列 A を正方行列とします．逆行列が存在するという仮定の下，行列 A の逆行列（**inverse**）は，$A^{-1}A = I_n$ となる行列として定義されます．もし実際に逆行列 A^{-1} が存在するならば，A は可逆（**invertible**），もしくは非特異（**nonsingular**）と言います．もし A および B が可逆ならば，$(AB)^{-1} = B^{-1}A^{-1}$ となります．

正値定符号行列，半正値定符号行列 V を $n \times n$ 正方行列とします．そのとき，すべてのゼロではない $n \times 1$ ベクトル c に関して $c'Vc > 0$ が成り立つならば，V は正値定符号（**positive definite**）となります．同様に，すべてのゼロではない $n \times 1$ ベクトル c に関して $c'Vc \geq 0$ が成り立つならば，V は半正値定符号（**positive semidefinite**）となります．もし V が正値定符号ならば，その行列は可逆となります．

線形独立 $n \times 1$ のベクトル a_1 と a_2 に関して，もし $c_1 a_1 + c_2 a_2 = \mathbf{0}_{n \times 1}$ となるようなゼロではないスカラー c_1 および c_2 が存在しないならば，a_1 と a_2 は線形独立（**linearly independent**）と呼ばれます．一般には，k 個のベクトルの集合 $a_1, a_2, \cdots, a_k$ に関して，もし $c_1 a_1 + c_2 a_2 + \cdots + c_k a_k = \mathbf{0}_{n \times 1}$ となるようなゼロではないスカラー $c_1, c_2, \cdots, c_k$ が存在しないならば，$a_1, a_2, \cdots, a_k$ は線形独立と呼ばれます．

行列の階数 $n \times m$ 行列 A の階数（**rank**）とは，A の線形独立である列の数のことを言います．A の階数は rank(A) と表記されます．もし A の階数が A の列の数と等しいならば，A は列（あるいは行）のフル・ランクを持つと言われます．もし $n \times m$ 行列 A が列のフル・ランクならば，$Ac = \mathbf{0}_{n \times 1}$ となるようなゼロではない $m \times 1$ ベクトル c は存在しません．もし A が rank(A) $= n$ となる $n \times n$ 行列ならば，A は非特異となります．もし $n \times m$ 行列 A が列のフル・ランクならば，$A'A$ は非特異となります．

行列平方根 V を $n \times n$ の正方で対称な正値定符号行列とします．V の行列平方根（**matrix square root**）は，$F'F = V$ となるような $n \times n$ 行列 F のことを言います．正値定符号行列の行列平方根は必ず存在しますが，一意ではありません．行列平方根は，$FV^{-1}F' = I_n$ という性質を持ちます．加えて，正値定符号行列の行列平方根は可逆，つまり $F^{-1}VF^{-1} = I_n$ となります．

固有値，固有ベクトル A を $n \times n$ 行列であるとします．もし $n \times 1$ のベクトル q およびスカラー λ が $Aq = \lambda q$ を満たし，そこで $q'q = 1$ ならば，λ は A の固有値（**eigenvalue**），q はその固有値に

関する A の固有ベクトル（**eigenvector**）と言います．$n \times n$ 行列は n 個の固有値（それは必ずしも別々の値を取るわけではありません）と n 個の固有ベクトルを持ちます．

もし V が $n \times n$ の対称な正値定符号行列ならば，V の固有値はすべて正の実数値となり，V の固有ベクトルは実数となります．また，V は次のように固有値と固有ベクトルの形で書くことができます．すなわち，$V = Q\Lambda Q'$ と表され，ここで Λ は対角要素が V の固有値を取る $n \times n$ の対角行列，Q は V の固有ベクトルからなる行列で，Q の i 列が Λ の i 番目の対角要素の固有値に対応する固有ベクトルとなるように配置されたものです．固有ベクトルは直交しており，$Q'Q = I_n$ となります．

ベキ等行列　C が正方行列で，かつ $CC = C$ となるならば，行列 C はベキ等（**idempotent**）行列と呼ばれます．もし C が $n \times n$ のベキ等行列で，かつ対称ならば，C は半正値定符号行列であり，C は r 個の固有値が 1，$n - r$ 個の固有値が 0 となり，そこで $r = \text{rank}(C)$ です（練習問題 18.10）．

18.2　多変数の確率分布

この付論では，確率変数ベクトルの分布に関するさまざまな定義と事実をまとめることにします．まず n 次元の確率変数 V について，その平均と共分散行列を定義することから始めます．次に，多変数正規分布を紹介し，結合標準正規分布に従う確率変数の線形関数と 2 次関数の分布について，いくつかの事実を整理します．

平均ベクトルと共分散行列

$m \times 1$ の確率変数ベクトル $V = (V_1\ V_2\ \cdots\ V_m)'$ の 1 次および 2 次のモーメントは，その平均ベクトルおよび共分散行列として表されます．

V はベクトルなので，その平均からなるベクトル，つまり平均ベクトル（**mean vector**）は，$E(V) = \mu_V$ となります．平均ベクトルの i 番目の要素は，V の i 番目の要素の平均となります．

V の共分散行列（**covariance matrix**）は，その $i = 1, \cdots, m$ の対角要素が分散 $\text{var}(V_i)$ で，(i, j) の対角外の要素が $\text{cov}(V_i, V_j)$ となる行列のことを言います．行列で表記すれば，共分散行列 Σ_V は，

$$\Sigma_V = E[(V - \mu_V)(V - \mu_V)'] = \begin{pmatrix} \text{var}(V_1) & \cdots & \text{cov}(V_1, V_m) \\ \vdots & \ddots & \vdots \\ \text{cov}(V_m, V_1) & \cdots & \text{var}(V_m) \end{pmatrix} \tag{18.72}$$

と表されます．

多変数正規分布

$m \times 1$ の確率変数ベクトル V は，次のような結合確率密度関数を持つ場合，平均 μ_V および共分散行列 Σ_V を持つ多変数正規分布に従います．すなわち，

$$f(V) = \frac{1}{\sqrt{(2\pi)^m \det(\Sigma_V)}} \exp\left[-\frac{1}{2}(V - \mu_V)' \Sigma_V^{-1} (V - \mu_V)\right]. \tag{18.73}$$

ここで，$\det(\boldsymbol{\Sigma}_V)$ は行列 $\boldsymbol{\Sigma}_V$ の行列式です．多変数正規分布は，$N(\boldsymbol{\mu}_V, \boldsymbol{\Sigma}_V)$ と表記されます．

多変数正規分布についての重要な事実は，結合正規分布に従う 2 つの確率変数が相関しないならば（同じことですが，共分散行列が対角ならば），それらは互いに独立に分布します．つまり，V_1 と V_2 は，それぞれ $m_1 \times 1$ と $m_2 \times 1$ の結合正規分布に従う確率変数であるとすると，もし $\text{cov}(V_1, V_2) = E[(V_1 - \boldsymbol{\mu}_{V_1})(V_2 - \boldsymbol{\mu}_{V_2})'] = \mathbf{0}_{m_1 \times m_2}$ ならば，V_1 と V_2 は独立となります．

もし $\{V_i\}$ が i.i.d. $N(0, \sigma_v^2)$ ならば，$\boldsymbol{\Sigma}_V = \sigma_v^2 \mathbf{I}_m$ となり，多変数正規分布は単純に m 個の 1 変数正規密度関数の積の形で表されます．

正規確率変数の線形結合と 2 次形式の分布

多変数正規分布に従う確率変数（= 多変数正規確率変数）の線形結合は正規分布に従い，多変数正規確率変数の 2 次形式はカイ 2 乗分布に従います．いま V を $N(\boldsymbol{\mu}_V, \boldsymbol{\Sigma}_V)$ に従う $m \times 1$ の確率変数，A および B を $a \times m$ 行列および $b \times m$ 行列の非確率変数，そして d を $a \times 1$ ベクトルの非確率変数とします．そのとき，

$$d + AV \text{ は } N(d + A\boldsymbol{\mu}_V, A\boldsymbol{\Sigma}_V A') \text{ に従う}, \tag{18.74}$$

$$\text{cov}(AV, BV) = A\boldsymbol{\Sigma}_V B', \tag{18.75}$$

$$\text{もし } A\boldsymbol{\Sigma}_V B' = \mathbf{0}_{a \times b} \text{ ならば，} AV \text{ と } BV \text{ は独立した分布に従う}, \tag{18.76}$$

$$V' \boldsymbol{\Sigma}_V^{-1} V \text{ は } \chi_m^2 \text{ 分布に従う}. \tag{18.77}$$

U を m 次元の多変数標準正規分布 $N(\mathbf{0}, \mathbf{I}_m)$ に従う確率変数とします．C は対称なベキ等行列とすると，

$$U'CU \text{ は } \chi_r^2 \text{ 分布に従う，ここで } r = \text{rank}(C). \tag{18.78}$$

(18.78) 式は，練習問題 18.11 において証明されます．

付論 18.3 $\hat{\boldsymbol{\beta}}$ の漸近分布の導出

この付論では，(18.12) 式で与えられた $\sqrt{n}(\hat{\boldsymbol{\beta}} - \boldsymbol{\beta})$ の漸近的な正規分布を導出します．この結果は，$\hat{\boldsymbol{\beta}} \xrightarrow{p} \boldsymbol{\beta}$ を意味します．

まず，(18.15) 式の「分母」行列，$X'X/n = \frac{1}{n}\sum_{i=1}^{n} X_i X_i'$ を考えます．この行列の (j, l) 要素は $\frac{1}{n}\sum_{i=1}^{n} X_{ji} X_{li}$ です．基本概念 18.1 の第 2 の仮定より，X_i は i.i.d. 確率変数なので，$X_{ji} X_{li}$ は i.i.d. となります．基本概念 18.1 の第 3 の仮定より，X_i の各要素は 4 次のモーメントを持つので，コーシー・シュワルツ不等式（付論 17.2）より，$X_{ji} X_{li}$ は有限の 2 次のモーメントを持ちます．$X_{ji} X_{li}$ は 2 次のモーメントを持つ i.i.d. 確率変数なので，$\frac{1}{n}\sum_{i=1}^{n} X_{ji} X_{li}$ は，大数の法則に従って，$\frac{1}{n}\sum_{i=1}^{n} X_{ji} X_{li} \xrightarrow{p} E(X_{ji} X_{li})$．これは，$X'X/n$ のすべての要素に関して成立するので，$X'X/n \xrightarrow{p} E(X_i X_i') = \mathbf{Q}_X$ となります．

次に，(18.15) 式の「分子」行列，$X'U/\sqrt{n} = \sqrt{\frac{1}{n}}\sum_{i=1}^{n} V_i$ を考えます．ここで $V_i = X_i u_i$ です．基本概念 18.1 の第 1 の仮定と繰り返し期待値の法則により，$E(V_i) = E[X_i E(u_i | X_i)] = \mathbf{0}_{k+1}$ となり

ます．最小二乗推定量の第 2 の仮定により，V_i は i.i.d. 確率変数です．c を $k+1$ 次元の有限のベクトルとします．コーシー・シュワルツ不等式より，$E[(c'V_i)^2] = E[(c'X_iu_i)^2] = E[(c'X_i)^2(u_i)^2] \leq \sqrt{E[(c'X_i)^4]E(u_i^4)}$ となり，最小二乗推定量の第 3 の仮定より有限となります．これは，どのような c でも成立するので，$E(V_iV_i') = \Sigma_V$ は有限で，かつ仮定より正値定符号となります．したがって，基本概念 18.2 の多変数の中心極限定理を $\sqrt{\frac{1}{n}} \sum_{i=1}^n V_i = \frac{1}{\sqrt{n}} X'U$ に適用できます．すなわち，

$$\frac{1}{\sqrt{n}} X'U \xrightarrow{d} N(\mathbf{0}_{k+1}, \Sigma_V). \tag{18.79}$$

(18.12) 式の結果は，(18.15) 式と (18.79) 式，$X'X/n$ の一致性，最小二乗推定の第 4 の仮定（$(X'X)^{-1}$ の存在を保障するもの），そしてスルツキー定理から導出されます．

付論 18.4 誤差項が正規分布に従うときの OLS テスト統計量：正確な分布の導出

この付論では，基本概念 18.1 の 6 つの仮定がすべて満たされている下で，均一分散のみに有効な t 統計量（(18.35) 式）と F 統計量（(18.37) 式）の分布を証明します．

(18.35) 式の証明

(i)Z は標準正規分布に従う，(ii)W は χ_m^2 分布に従う，そして (iii)Z と W の分布が独立ならば，確率変数 $Z/\sqrt{W/m}$ は自由度 m の t 分布に従います（付論 17.1）．$\tilde{t}$ をこの形で表現するために，$\hat{\Sigma}_{\hat{\beta}} = (s_{\hat{u}}^2/\sigma_u^2)\hat{\Sigma}_{\hat{\beta}|X}$ となることに注目します．このとき，(18.34) 式は，以下のように書き換えることができます：

$$\tilde{t} = \frac{(\hat{\beta}_j - \beta_{j,0})/\sqrt{(\hat{\Sigma}_{\hat{\beta}|X})_{jj}}}{\sqrt{W/(n-k-1)}}. \tag{18.80}$$

ここで，$W = (n-k-1)(s_{\hat{u}}^2/\sigma_u^2)$，$Z = (\hat{\beta}_j - \beta_{j,0})/\sqrt{(\hat{\Sigma}_{\hat{\beta}|X})_{jj}}$，そして $m = n-k-1$ とします．これらの定義に基づくと，$\tilde{t} = Z/\sqrt{W/m}$ となります．したがって，(18.35) 式の結果を証明するためには，Z, W, m の上記の定義に関して，先ほどの (i)–(iii) を証明しなければなりません．

  i. (18.30) 式の含意から，帰無仮説の下，$Z = (\hat{\beta}_j - \beta_{j,0})/\sqrt{(\hat{\Sigma}_{\hat{\beta}|X})_{jj}}$ が正確な標準正規分布に従う（(i) を証明）．
  ii. (18.31) から，W は χ_{n-k-1}^2 分布に従う（(ii) を証明）．
  iii. (iii) を証明するために，$\hat{\beta}_j$ と $s_{\hat{u}}^2$ が独立であることを示す．

(18.14) 式と (18.29) 式から，$\hat{\beta} - \beta = (X'X)^{-1}X'U$，そして $s_{\hat{u}}^2 = (M_XU)'(M_XU)/(n-k-1)$ となります．したがって，$(X'X)^{-1}X'U$ と M_XU が独立ならば，$\hat{\beta} - \beta$ と $s_{\hat{u}}^2$ は独立となります．$(X'X)^{-1}X'U$ と M_XU はともに，U の線形結合になっており，そこで，U は，X の条件付きの下で，$N(\mathbf{0}_{n\times 1}, \sigma_u^2 I_n)$ に従います．しかし，(18.26) 式より，$M_XX(X'X)^{-1} = \mathbf{0}_{n\times(k+1)}$ なので，$(X'X)^{-1}X'U$ と M_XU は独立になります（(18.76) 式）．以上の結果から，基本概念 18.1 の 6 つすべての仮定の下，

$$\hat{\beta} \text{ と } s_{\hat{u}}^2 \text{ の分布は独立である．} \tag{18.81}$$

これにより (iii) が示され，(18.35) 式が証明されます．

(18.37) 式の証明

$(W_1/n_2)/(W_1/n_2)$ の分布が F_{n_1,n_2} 分布となるのは，(i) W_1 が $\chi^2_{n_1}$ 分布に従う，(ii) W_2 が $\chi^2_{n_2}$ 分布に従う，そして (iii) W_1 と W_2 の分布が独立であるときです（付論 17.1）。$\widetilde{F}$ をこの形で表現するために，$W_1 = (R\hat{\beta} - r)'[R(X'X)^{-1}R'\sigma_u^2]^{-1}(R\hat{\beta} - r)$ そして，$W_2 = (n - k - 1)s_{\hat{u}}^2/\sigma_u^2$ とします。これらの定義を (18.36) 式に代入すると，$\widetilde{F} = (W_1/q)/[W_2/(n-k-1)]$ となります。したがって，F 分布の定義より，$n_1 = q$ および $n_2 = n - k - 1$ であるときに (i)-(iii) を満たしているならば，$\widetilde{F}$ は $F_{q,n-k-1}$ 分布に従うことになります。

i. 帰無仮説の下，$R\hat{\beta} - r = R(\hat{\beta} - \beta)$ となります。$\hat{\beta}$ は (18.30) 式より条件付正規分布に従い，また R は非確率変数の行列なので，$R(\hat{\beta} - \beta)$ は X の条件付きとする $N(0_{q \times 1}, R(X'X)^{-1}R'\sigma_u^2)$ の分布に従います。したがって，付論 18.2 の (18.77) 式より，$(R\hat{\beta} - r)'[R(X'X)^{-1}R'\sigma_u^2]^{-1}(R\hat{\beta} - r)$ は χ^2_q 分布に従っていることになり，(i) が証明されました。

ii. (ii) の条件は，(18.31) 式で示されています。

iii. (18.81) 式において，$\hat{\beta} - \beta$ と $s_{\hat{u}}^2$ は独立であることが示されました。これにより，$R\hat{\beta} - r$ と $s_{\hat{u}}^2$ が独立であることがわかります。それは W_1 と W_2 が独立であることを意味します。したがって (iii) が示され，証明が終了します。

付論 18.5　多変数回帰におけるガウス・マルコフ定理の証明

この付論では，多変数回帰モデルにおけるガウス・マルコフ定理（基本概念 18.3）を証明します。$\widetilde{\beta}$ を β の条件付線形不偏推定量とします。つまり $\widetilde{\beta} = A'Y$, $E(\widetilde{\beta}|X) = \beta$ であり，A は X と定数項に依存する $n \times (k+1)$ の行列です。ここでは，すべての $k+1$ 次元ベクトル c に関して，$\text{var}(c'\hat{\beta}) \leq \text{var}(c'\widetilde{\beta})$ となり，$\widetilde{\beta} = \hat{\beta}$ のときのみ等号で成立するということを示します。

$\widetilde{\beta}$ は線形なので，$\widetilde{\beta} = A'Y = A'(X\beta + U) = (A'X)\beta + A'U$ と書けます。1 つ目のガウス・マルコフ条件より，$E(U|X) = 0_{n \times 1}$，したがって $E(\widetilde{\beta}|X) = (A'X)\beta$。しかし，$\widetilde{\beta}$ は条件付不偏推定量なので，$E(\widetilde{\beta}|X) = \beta = (A'X)\beta$，つまり $A'X = I_{k+1}$ となります。したがって，$\widetilde{\beta} = \beta + A'U$ となるので，$\text{var}(\widetilde{\beta}|X) = \text{var}(A'U|X) = E(A'UU'A|X) = A'E(UU'|X)A = \sigma_u^2 A'A$。ここで 3 番目の等号は，$A$ が X には依存するが U には依存しないため成立し，最後の等号は，2 つ目のガウス・マルコフ条件から成立します。したがって，$\widetilde{\beta}$ が線形不偏推定量ならば，ガウス・マルコフ条件の下，以下が成立します：

$$A'X = I_{k+1}, \quad \text{var}(\widetilde{\beta}|X) = \sigma_u^2 A'A. \tag{18.82}$$

(18.82) 式の結果は，$A = \hat{A} = X(X'X)^{-1}$ の下で，$\hat{\beta}$ に関しても成り立ちます（3 つ目のガウス・マルコフ条件の下，$(X'X)^{-1}$ が存在します）。

いま，$A = \hat{A} + D$ とすると，D はウエイト行列 A と $\hat{A}$ の差を表します。$\hat{A}'A = (X'X)^{-1}(X'A) = (X'X)^{-1}$（(18.82) 式より），そして $\hat{A}'\hat{A} = (X'X)^{-1}X'X = (X'X)^{-1}$。したがって，$\hat{A}'D = \hat{A}'(A - \hat{A}) = \hat{A}'A - \hat{A}'\hat{A} = 0_{(k+1) \times (k+1)}$ となることに注目します。$A = \hat{A} + D$ を (18.82) 式の共分散行列の式に代入すると，

$$\mathrm{var}(\widetilde{\boldsymbol{\beta}}|X) = \sigma_u^2(\hat{A}+D)'(\hat{A}+D)$$
$$= \sigma_u^2[\hat{A}'\hat{A} + \hat{A}'D + D'\hat{A} + D'D] \qquad (18.83)$$
$$= \sigma_u^2(X'X)^{-1} + \sigma_u^2 D'D$$

が得られます．そこで最後の等式は $\hat{A}'\hat{A} = (X'X)^{-1}$ と $A\hat{D}' = \mathbf{0}_{(k+1)\times(k+1)}$ という事実を用いています． $\mathrm{var}(\hat{\boldsymbol{\beta}}|X) = \sigma_u^2(X'X)^{-1}$ なので，(18.82) 式と (18.83) 式は，$\mathrm{var}(\widetilde{\boldsymbol{\beta}}|X) - \mathrm{var}(\hat{\boldsymbol{\beta}}|X) = \sigma_u^2 D'D$ を意味します．したがって線形結合 $c'\boldsymbol{\beta}$ に対する 2 つの推定量の分散の差は，次のようになります．

$$\mathrm{var}(c'\widetilde{\boldsymbol{\beta}}|X) - \mathrm{var}(c'\hat{\boldsymbol{\beta}}|X) = \sigma_u^2 c' D'Dc \geq 0 \qquad (18.84)$$

(18.84) 式の不等号は，すべての線形結合 $c'\boldsymbol{\beta}$ について成立し，ゼロではないすべての c に関して，$D = \mathbf{0}_{n\times(k+1)}$ の場合にのみ——つまり $A = \hat{A}$，もしくは $\widetilde{\boldsymbol{\beta}} = \hat{\boldsymbol{\beta}}$ の場合にのみ——等号で成立します．したがって，$c'\hat{\boldsymbol{\beta}}$ は，$c'\boldsymbol{\beta}$ のすべての条件付線形不偏推定量の中で分散が最小となり，OLS 推定量は BLUE となります．

付論 18.6 操作変数および GMM 推定に関するいくつかの結果の証明

均一分散の下での TSLS の効率性 [(18.62) 式の証明]

誤差項 u_i が均一分散のとき，$\boldsymbol{\Sigma}_A^{IV}$ [(18.61) 式] と $\boldsymbol{\Sigma}^{TSLS}$ [(18.55) 式] の差は以下のようになります：

$$\boldsymbol{\Sigma}_A^{IV} - \boldsymbol{\Sigma}^{TSLS}$$
$$= (Q_{xz}AQ_{zx})^{-1}Q_{xz}AQ_{zz}AQ_{zx}(Q_{xz}AQ_{zx})^{-1}\sigma_u^2 - (Q_{xz}Q_{zz}^{-1}Q_{zx})^{-1}\sigma_u^2 \qquad (18.85)$$
$$= (Q_{xz}AQ_{zx})^{-1}Q_{xz}A[Q_{zz} - Q_{zx}(Q_{xz}Q_{zz}^{-1}Q_{zx})^{-1}Q_{xz}]AQ_{zx}(Q_{xz}AQ_{zx})^{-1}\sigma_u^2.$$

ここで 2 つ目の等式のカギ括弧内の第 2 項は，$(Q_{xz}AQ_{zx})^{-1}Q_{xz}AQ_{zx} = I_{(k+r+1)}$ を利用しています．F を Q_{zz} の行列平方根とすると，$Q_{zz} = F'F$ そして $Q_{zz}^{-1} = F^{-1}F^{-1\prime}$ [ここで後者の等号は，$(F'F)^{-1} = F^{-1}F^{-1\prime}$ および $F'^{-1} = F^{-1\prime}$ から得られます]．このとき，(18.85) 式の最後の表現を書き換えると，

$$\boldsymbol{\Sigma}_A^{IV} - \boldsymbol{\Sigma}^{TSLS} = (Q_{xz}AQ_{zx})^{-1}Q_{xz}AF'[I - F^{-1\prime}Q_{zx}(Q_{xz}F^{-1}F^{-1\prime}Q_{zx})^{-1}Q_{xz}F^{-1}]$$
$$FAQ_{zx}(Q_{xz}AQ_{zx})^{-1}\sigma_u^2. \qquad (18.86)$$

ここでカギ括弧内の 2 つ目の表現には，$F'F^{-1\prime} = I$ を使っています．したがって，

$$c'(\boldsymbol{\Sigma}_A^{IV} - \boldsymbol{\Sigma}^{TSLS})c = d'[I - D(D'D)^{-1}D']d\sigma_u^2. \qquad (18.87)$$

ここで $d = FAQ_{zx}(Q_{xz}AQ_{zx})^{-1}c$，そして $D = F^{-1\prime}Q_{zx}$ です．いま，$I - D(D'D)^{-1}D'$ は対称なベキ等行列となります（練習問題 18.5）．結果として，$I - D(D'D)^{-1}D'$ は，0 か 1 の固有値をもち，$d'[I - D(D'D)^{-1}D']d \geq 0$ となります（練習問題 18.10）．したがって，$c'(\boldsymbol{\Sigma}_A^{IV} - \boldsymbol{\Sigma}_A^{TSLS})c \geq 0$ となり，TSLS が均一分散の下で効率的であることが証明されます．

均一分散の下での J 統計量の漸近分布

J 統計量を (18.63) 式のように定義します．まず以下を確認しましょう：

$$\begin{aligned}
\hat{U} &= Y - X\hat{\beta}^{TSLS} \\
&= Y - X(X'P_Z X)^{-1}X'P_Z Y \\
&= (X\beta + U) - X(X'P_Z X)^{-1}X'P_Z(X\beta + U) \\
&= U - X(X'P_Z X)^{-1}X'P_Z U \\
&= [I - X(X'P_Z X)^{-1}X'P_Z]U.
\end{aligned} \tag{18.88}$$

したがって，

$$\begin{aligned}
\hat{U}'P_Z\hat{U} &= U'[I - P_Z X(X'P_Z X)^{-1}X']P_Z[I - X(X'P_Z X)^{-1}X'P_Z]U \\
&= U'[P_Z - P_Z X(X'P_Z X)^{-1}X'P_Z]U.
\end{aligned} \tag{18.89}$$

ここで 2 つ目の等号は，その前の表現を整理することで得られます．$Z'Z$ は対称かつ正値定符号行列なので，$Z'Z = (Z'Z)^{1/2\prime}(Z'Z)^{1/2}$ のような行列平方根の形で書くことができます．また，この行列平方根は可逆なので，$(Z'Z)^{-1} = (Z'Z)^{-1/2}(Z'Z)^{-1/2\prime}$ （ここで $(Z'Z)^{-1/2} = [(Z'Z)^{1/2}]^{-1}$）．したがって，$P_Z = Z(Z'Z)^{-1}Z' = BB'$ と表されます（ここで $B = Z(Z'Z)^{-1/2}$）．この P_Z を (18.89) 式の最後の表現に代入すると，

$$\begin{aligned}
\hat{U}'P_Z\hat{U} &= U'[BB' - BB'X(X'BB'X)^{-1}X'BB']U \\
&= U'B[I - B'X(X'BB'X)^{-1}X'B]B'U \\
&= U'BM_{B'X}B'U.
\end{aligned} \tag{18.90}$$

ここで，$M_{B'X} = I - B'X(X'BB'X)^{-1}X'B$ は，対称なベキ等行列となります．

帰無仮説の下で，$\hat{U}'P_Z\hat{U}$ の漸近分布は，(18.90) 式の最後の表現にあるさまざまな項に対して，確率における収束表現と分布における収束表現を求めることで得られます．$E(Z_i u_i) = 0$ という帰無仮説の下で，$Z'U/\sqrt{n}$ は平均ゼロで，中心極限定理を適用すると，$Z'U/\sqrt{n} \xrightarrow{d} N(0, Q_{ZZ}\sigma_u^2)$ となります．加えて，$Z'Z/n \xrightarrow{p} Q_{ZZ}$ そして $X'Z/n \xrightarrow{p} Q_{XZ}$. したがって，$B'U = (Z'Z)^{-1/2\prime}Z'U = (Z'Z/n)^{-1/2\prime}(Z'U/\sqrt{n}) \xrightarrow{d} \sigma_u z$ となります（ここで z は $N(0, I_{m+r+1})$ に従います）．加えて，$B'X/\sqrt{n} = (Z'Z/n)^{-1/2\prime}(Z'X/n) \xrightarrow{p} Q_{ZZ}^{-1/2}Q_{ZX}$ となるので，$M_{B'X} \xrightarrow{p} I - Q_{ZZ}^{-1/2}Q_{ZX}(Q_{XZ}Q_{ZZ}^{-1/2\prime}Q_{ZZ}^{-1/2}Q_{ZX})^{-1}Q_{XZ}Q_{ZZ}^{-1/2\prime} = M_{Q_{ZZ}^{-1/2}Q_{ZX}}$. その結果，

$$\hat{U}'P_Z\hat{U} \xrightarrow{d} (z'M_{Q_{XZ}Q_{ZZ}^{-1/2}}z)\sigma_u^2 \tag{18.91}$$

が得られます．

帰無仮説の下で，TSLS 推定量は一致性を持ち，$\hat{U}$ を Z で回帰をした係数は，確率においてゼロに収束します [(18.91) 式の含意]．そして，J 統計量の定義における分母は σ_u^2 の一致推定量になります：

$$\hat{U}'M_Z\hat{U}/(n - m - r - 1) \xrightarrow{p} \sigma_u^2. \tag{18.92}$$

J 統計量の定義，および (18.91) 式，(18.92) 式から，以下を導くことができます：

$$J = \frac{\hat{U}'P_Z\hat{U}}{\hat{U}'M_Z\hat{U}/(n-m-r-1)} \xrightarrow{d} z'M_{Q_{ZZ}^{-1/2}Q_{xz}}z. \tag{18.93}$$

z は標準正規分布に従う確率変数ベクトル，そして $M_{Q_{ZZ}^{-1/2}Q_{zx}}$ は対称なベキ等行列なので，J はカイ二乗分布に従い，自由度は $M_{Q_{ZZ}^{-1/2}Q_{zx}}$ の階数と等しい値となります [(18.78) 式]．$Q_{ZZ}^{-1/2}Q_{ZX}$ は $(m+r+1)\times(k+r+1)$ 行列かつ $m>k$ なので，$M_{Q_{ZZ}^{-1/2}Q_{zx}}$ の階数は $m-k$．したがって，$J \xrightarrow{d} \chi^2_{m-k}$ となり，(18.64) 式の結果が示されました．

効率的な GMM 推定量の効率性

実行不可能で効率的な GMM 推定量 $\tilde{\beta}^{Eff.GMM}$ は，(18.66) 式で定義されています．$\tilde{\beta}^{Eff.GMM}$ が効率的であることの証明は，すべてのベクトル c に関して，$c'(\Sigma_A^{IV} - \Sigma^{Eff.GMM})c \geq 0$ が成立することを示せばよいことになります．その証明は，この付論の最初の小節で行った TSLS 推定量の効率性の証明と同様で，(18.85) 式とそれ以降の $Q_{zz}\sigma_u^2$ の部分を H^{-1} で置き換えれば後は同じです．

GMM J 統計量の分布

GMM J 統計量は (18.70) 式で与えられています．帰無仮説の下，$J^{GMM} \xrightarrow{d} \chi^2_{m-k}$ となることの証明は，均一分散の下での TSLS J 統計量の対応する証明とまったくパラレルに示されます．

付　表

付表 1　標準正規分布の累積分布関数：$\Phi(z) = \Pr(Z \leq z)$

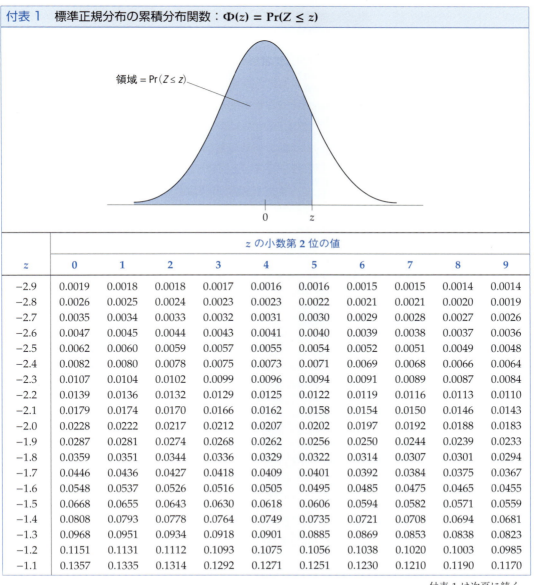

z	0	1	2	3	4	5	6	7	8	9
−2.9	0.0019	0.0018	0.0018	0.0017	0.0016	0.0016	0.0015	0.0015	0.0014	0.0014
−2.8	0.0026	0.0025	0.0024	0.0023	0.0023	0.0022	0.0021	0.0021	0.0020	0.0019
−2.7	0.0035	0.0034	0.0033	0.0032	0.0031	0.0030	0.0029	0.0028	0.0027	0.0026
−2.6	0.0047	0.0045	0.0044	0.0043	0.0041	0.0040	0.0039	0.0038	0.0037	0.0036
−2.5	0.0062	0.0060	0.0059	0.0057	0.0055	0.0054	0.0052	0.0051	0.0049	0.0048
−2.4	0.0082	0.0080	0.0078	0.0075	0.0073	0.0071	0.0069	0.0068	0.0066	0.0064
−2.3	0.0107	0.0104	0.0102	0.0099	0.0096	0.0094	0.0091	0.0089	0.0087	0.0084
−2.2	0.0139	0.0136	0.0132	0.0129	0.0125	0.0122	0.0119	0.0116	0.0113	0.0110
−2.1	0.0179	0.0174	0.0170	0.0166	0.0162	0.0158	0.0154	0.0150	0.0146	0.0143
−2.0	0.0228	0.0222	0.0217	0.0212	0.0207	0.0202	0.0197	0.0192	0.0188	0.0183
−1.9	0.0287	0.0281	0.0274	0.0268	0.0262	0.0256	0.0250	0.0244	0.0239	0.0233
−1.8	0.0359	0.0351	0.0344	0.0336	0.0329	0.0322	0.0314	0.0307	0.0301	0.0294
−1.7	0.0446	0.0436	0.0427	0.0418	0.0409	0.0401	0.0392	0.0384	0.0375	0.0367
−1.6	0.0548	0.0537	0.0526	0.0516	0.0505	0.0495	0.0485	0.0475	0.0465	0.0455
−1.5	0.0668	0.0655	0.0643	0.0630	0.0618	0.0606	0.0594	0.0582	0.0571	0.0559
−1.4	0.0808	0.0793	0.0778	0.0764	0.0749	0.0735	0.0721	0.0708	0.0694	0.0681
−1.3	0.0968	0.0951	0.0934	0.0918	0.0901	0.0885	0.0869	0.0853	0.0838	0.0823
−1.2	0.1151	0.1131	0.1112	0.1093	0.1075	0.1056	0.1038	0.1020	0.1003	0.0985
−1.1	0.1357	0.1335	0.1314	0.1292	0.1271	0.1251	0.1230	0.1210	0.1190	0.1170

付表 1 は次頁に続く．

付表 1 （続き）

z	\multicolumn{10}{c}{z の小数第 2 位の値}

z	0	1	2	3	4	5	6	7	8	9
−1.0	0.1587	0.1562	0.1539	0.1515	0.1492	0.1469	0.1446	0.1423	0.1401	0.1379
−0.9	0.1841	0.1814	0.1788	0.1762	0.1736	0.1711	0.1685	0.1660	0.1635	0.1611
−0.8	0.2119	0.2090	0.2061	0.2033	0.2005	0.1977	0.1949	0.1922	0.1894	0.1867
−0.7	0.2420	0.2389	0.2358	0.2327	0.2296	0.2266	0.2236	0.2206	0.2177	0.2148
−0.6	0.2743	0.2709	0.2676	0.2643	0.2611	0.2578	0.2546	0.2514	0.2483	0.2451
−0.5	0.3085	0.3050	0.3015	0.2981	0.2946	0.2912	0.2877	0.2843	0.2810	0.2776
−0.4	0.3446	0.3409	0.3372	0.3336	0.3300	0.3264	0.3228	0.3192	0.3156	0.3121
−0.3	0.3821	0.3783	0.3745	0.3707	0.3669	0.3632	0.3594	0.3557	0.3520	0.3483
−0.2	0.4207	0.4168	0.4129	0.4090	0.4052	0.4013	0.3974	0.3936	0.3897	0.3859
−0.1	0.4602	0.4562	0.4522	0.4483	0.4443	0.4404	0.4364	0.4325	0.4286	0.4247
−0.0	0.5000	0.4960	0.4920	0.4880	0.4840	0.4801	0.4761	0.4721	0.4681	0.4641
0.0	0.5000	0.5040	0.5080	0.5120	0.5160	0.5199	0.5239	0.5279	0.5319	0.5359
0.1	0.5398	0.5438	0.5478	0.5517	0.5557	0.5596	0.5636	0.5675	0.5714	0.5753
0.2	0.5793	0.5832	0.5871	0.5910	0.5948	0.5987	0.6026	0.6064	0.6103	0.6141
0.3	0.6179	0.6217	0.6255	0.6293	0.6331	0.6368	0.6406	0.6443	0.6480	0.6517
0.4	0.6554	0.6591	0.6628	0.6664	0.6700	0.6736	0.6772	0.6808	0.6844	0.6879
0.5	0.6915	0.6950	0.6985	0.7019	0.7054	0.7088	0.7123	0.7157	0.7190	0.7224
0.6	0.7257	0.7291	0.7324	0.7357	0.7389	0.7422	0.7454	0.7486	0.7517	0.7549
0.7	0.7580	0.7611	0.7642	0.7673	0.7704	0.7734	0.7764	0.7794	0.7823	0.7852
0.8	0.7881	0.7910	0.7939	0.7967	0.7995	0.8023	0.8051	0.8078	0.8106	0.8133
0.9	0.8159	0.8186	0.8212	0.8238	0.8264	0.8289	0.8315	0.8340	0.8365	0.8389
1.0	0.8413	0.8438	0.8461	0.8485	0.8508	0.8531	0.8554	0.8577	0.8599	0.8621
1.1	0.8643	0.8665	0.8686	0.8708	0.8729	0.8749	0.8770	0.8790	0.8810	0.8830
1.2	0.8849	0.8869	0.8888	0.8907	0.8925	0.8944	0.8962	0.8980	0.8997	0.9015
1.3	0.9032	0.9049	0.9066	0.9082	0.9099	0.9115	0.9131	0.9147	0.9162	0.9177
1.4	0.9192	0.9207	0.9222	0.9236	0.9251	0.9265	0.9279	0.9292	0.9306	0.9319
1.5	0.9332	0.9345	0.9357	0.9370	0.9382	0.9394	0.9406	0.9418	0.9429	0.9441
1.6	0.9452	0.9463	0.9474	0.9484	0.9495	0.9505	0.9515	0.9525	0.9535	0.9545
1.7	0.9554	0.9564	0.9573	0.9582	0.9591	0.9599	0.9608	0.9616	0.9625	0.9633
1.8	0.9641	0.9649	0.9656	0.9664	0.9671	0.9678	0.9686	0.9693	0.9699	0.9706
1.9	0.9713	0.9719	0.9726	0.9732	0.9738	0.9744	0.9750	0.9756	0.9761	0.9767
2.0	0.9772	0.9778	0.9783	0.9788	0.9793	0.9798	0.9803	0.9808	0.9812	0.9817
2.1	0.9821	0.9826	0.9830	0.9834	0.9838	0.9842	0.9846	0.9850	0.9854	0.9857
2.2	0.9861	0.9864	0.9868	0.9871	0.9875	0.9878	0.9881	0.9884	0.9887	0.9890
2.3	0.9893	0.9896	0.9898	0.9901	0.9904	0.9906	0.9909	0.9911	0.9913	0.9916
2.4	0.9918	0.9920	0.9922	0.9925	0.9927	0.9929	0.9931	0.9932	0.9934	0.9936
2.5	0.9938	0.9940	0.9941	0.9943	0.9945	0.9946	0.9948	0.9949	0.9951	0.9952
2.6	0.9953	0.9955	0.9956	0.9957	0.9959	0.9960	0.9961	0.9962	0.9963	0.9964
2.7	0.9965	0.9966	0.9967	0.9968	0.9969	0.9970	0.9971	0.9972	0.9973	0.9974
2.8	0.9974	0.9975	0.9976	0.9977	0.9977	0.9978	0.9979	0.9979	0.9980	0.9981
2.9	0.9981	0.9982	0.9982	0.9983	0.9984	0.9984	0.9985	0.9985	0.9986	0.9986

この表は，標準正規確率変数 Z に関して，確率 $\Pr(Z \leq z)$ を求めるために使われる．たとえば $z = 1.17$ のとき，この確率は 0.8790 となる（「1.1」の行と「7」の列の数値）．

付表 2　ステューデント t 分布に基づく両側テストと片側テストの臨界値

自由度	有意水準				
	20%（両側） 10%（片側）	10%（両側） 5%（片側）	5%（両側） 2.5%（片側）	2%（両側） 1%（片側）	1%（両側） 0.5%（片側）
1	3.08	6.31	12.71	31.82	63.66
2	1.89	2.92	4.30	6.96	9.92
3	1.64	2.35	3.18	4.54	5.84
4	1.53	2.13	2.78	3.75	4.60
5	1.48	2.02	2.57	3.36	4.03
6	1.44	1.94	2.45	3.14	3.71
7	1.41	1.89	2.36	3.00	3.50
8	1.40	1.86	2.31	2.90	3.36
9	1.38	1.83	2.26	2.82	3.25
10	1.37	1.81	2.23	2.76	3.17
11	1.36	1.80	2.20	2.72	3.11
12	1.36	1.78	2.18	2.68	3.05
13	1.35	1.77	2.16	2.65	3.01
14	1.35	1.76	2.14	2.62	2.98
15	1.34	1.75	2.13	2.60	2.95
16	1.34	1.75	2.12	2.58	2.92
17	1.33	1.74	2.11	2.57	2.90
18	1.33	1.73	2.10	2.55	2.88
19	1.33	1.73	2.09	2.54	2.86
20	1.33	1.72	2.09	2.53	2.85
21	1.32	1.72	2.08	2.52	2.83
22	1.32	1.72	2.07	2.51	2.82
23	1.32	1.71	2.07	2.50	2.81
24	1.32	1.71	2.06	2.49	2.80
25	1.32	1.71	2.06	2.49	2.79
26	1.32	1.71	2.06	2.48	2.78
27	1.31	1.70	2.05	2.47	2.77
28	1.31	1.70	2.05	2.47	2.76
29	1.31	1.70	2.05	2.46	2.76
30	1.31	1.70	2.04	2.46	2.75
60	1.30	1.67	2.00	2.39	2.66
90	1.29	1.66	1.99	2.37	2.63
120	1.29	1.66	1.98	2.36	2.62
∞	1.28	1.64	1.96	2.33	2.58

各数値は，両側の対立仮説（≠）と片側の対立仮説（>）それぞれに対する臨界値を表す．片側テスト（<）の臨界値は，表に示されている片側テスト（>）の臨界値を負にした値となる．たとえば 2.13 は，自由度 15 のステューデント t 分布に基づく 5% 有意水準の両側テストに対する臨界値である．

付表3　カイ二乗分布の臨界値

自由度	有意水準		
	10%	5%	1%
1	2.71	3.84	6.63
2	4.61	5.99	9.21
3	6.25	7.81	11.34
4	7.78	9.49	13.28
5	9.24	11.07	15.09
6	10.64	12.59	16.81
7	12.02	14.07	18.48
8	13.36	15.51	20.09
9	14.68	16.92	21.67
10	15.99	18.31	23.21
11	17.28	19.68	24.72
12	18.55	21.03	26.22
13	19.81	22.36	27.69
14	21.06	23.68	29.14
15	22.31	25.00	30.58
16	23.54	26.30	32.00
17	24.77	27.59	33.41
18	25.99	28.87	34.81
19	27.20	30.14	36.19
20	28.41	31.41	37.57
21	29.62	32.67	38.93
22	30.81	33.92	40.29
23	32.01	35.17	41.64
24	33.20	36.41	42.98
25	34.38	37.65	44.31
26	35.56	38.89	45.64
27	36.74	40.11	46.96
28	37.92	41.34	48.28
29	39.09	42.56	49.59
30	40.26	43.77	50.89

この表は，カイ二乗分布の 90%，95%，99% 分位値を示す．これらの値は，10%，5%，1% 有意水準のテストに対する臨界値として用いられる．

付表 4　$F_{m,\infty}$ 分布の臨界値

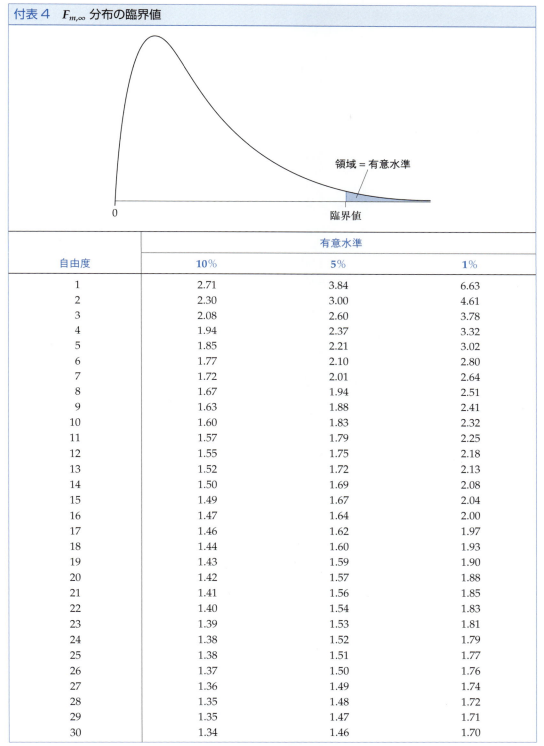

自由度	有意水準		
	10%	5%	1%
1	2.71	3.84	6.63
2	2.30	3.00	4.61
3	2.08	2.60	3.78
4	1.94	2.37	3.32
5	1.85	2.21	3.02
6	1.77	2.10	2.80
7	1.72	2.01	2.64
8	1.67	1.94	2.51
9	1.63	1.88	2.41
10	1.60	1.83	2.32
11	1.57	1.79	2.25
12	1.55	1.75	2.18
13	1.52	1.72	2.13
14	1.50	1.69	2.08
15	1.49	1.67	2.04
16	1.47	1.64	2.00
17	1.46	1.62	1.97
18	1.44	1.60	1.93
19	1.43	1.59	1.90
20	1.42	1.57	1.88
21	1.41	1.56	1.85
22	1.40	1.54	1.83
23	1.39	1.53	1.81
24	1.38	1.52	1.79
25	1.38	1.51	1.77
26	1.37	1.50	1.76
27	1.36	1.49	1.74
28	1.35	1.48	1.72
29	1.35	1.47	1.71
30	1.34	1.46	1.70

この表は，$F_{m,\infty}$ 分布の 90%，95%，99% 分位値を示す．これらの値は，10%，5%，1% 有意水準のテストに対する臨界値として用いられる．

付表 5A $F_{n1,n2}$ 分布の臨界値：10% 有意水準

分母の自由度（n_2）	分子の自由度（n_1)									
	1	2	3	4	5	6	7	8	9	10
1	39.86	49.50	53.59	55.83	57.24	58.20	58.90	59.44	59.86	60.20
2	8.53	9.00	9.16	9.24	9.29	9.33	9.35	9.37	9.38	9.39
3	5.54	5.46	5.39	5.34	5.31	5.28	5.27	5.25	5.24	5.23
4	4.54	4.32	4.19	4.11	4.05	4.01	3.98	3.95	3.94	3.92
5	4.06	3.78	3.62	3.52	3.45	3.40	3.37	3.34	3.32	3.30
6	3.78	3.46	3.29	3.18	3.11	3.05	3.01	2.98	2.96	2.94
7	3.59	3.26	3.07	2.96	2.88	2.83	2.78	2.75	2.72	2.70
8	3.46	3.11	2.92	2.81	2.73	2.67	2.62	2.59	2.56	2.54
9	3.36	3.01	2.81	2.69	2.61	2.55	2.51	2.47	2.44	2.42
10	3.29	2.92	2.73	2.61	2.52	2.46	2.41	2.38	2.35	2.32
11	3.23	2.86	2.66	2.54	2.45	2.39	2.34	2.30	2.27	2.25
12	3.18	2.81	2.61	2.48	2.39	2.33	2.28	2.24	2.21	2.19
13	3.14	2.76	2.56	2.43	2.35	2.28	2.23	2.20	2.16	2.14
14	3.10	2.73	2.52	2.39	2.31	2.24	2.19	2.15	2.12	2.10
15	3.07	2.70	2.49	2.36	2.27	2.21	2.16	2.12	2.09	2.06
16	3.05	2.67	2.46	2.33	2.24	2.18	2.13	2.09	2.06	2.03
17	3.03	2.64	2.44	2.31	2.22	2.15	2.10	2.06	2.03	2.00
18	3.01	2.62	2.42	2.29	2.20	2.13	2.08	2.04	2.00	1.98
19	2.99	2.61	2.40	2.27	2.18	2.11	2.06	2.02	1.98	1.96
20	2.97	2.59	2.38	2.25	2.16	2.09	2.04	2.00	1.96	1.94
21	2.96	2.57	2.36	2.23	2.14	2.08	2.02	1.98	1.95	1.92
22	2.95	2.56	2.35	2.22	2.13	2.06	2.01	1.97	1.93	1.90
23	2.94	2.55	2.34	2.21	2.11	2.05	1.99	1.95	1.92	1.89
24	2.93	2.54	2.33	2.19	2.10	2.04	1.98	1.94	1.91	1.88
25	2.92	2.53	2.32	2.18	2.09	2.02	1.97	1.93	1.89	1.87
26	2.91	2.52	2.31	2.17	2.08	2.01	1.96	1.92	1.88	1.86
27	2.90	2.51	2.30	2.17	2.07	2.00	1.95	1.91	1.87	1.85
28	2.89	2.50	2.29	2.16	2.06	2.00	1.94	1.90	1.87	1.84
29	2.89	2.50	2.28	2.15	2.06	1.99	1.93	1.89	1.86	1.83
30	2.88	2.49	2.28	2.14	2.05	1.98	1.93	1.88	1.85	1.82
60	2.79	2.39	2.18	2.04	1.95	1.87	1.82	1.77	1.74	1.71
90	2.76	2.36	2.15	2.01	1.91	1.84	1.78	1.74	1.70	1.67
120	2.75	2.35	2.13	1.99	1.90	1.82	1.77	1.72	1.68	1.65
∞	**2.71**	**2.30**	**2.08**	**1.94**	**1.85**	**1.77**	**1.72**	**1.67**	**1.63**	**1.60**

この表は，$F_{n1,n2}$ 分布の 90% 分位値を示し，10% 有意水準のテストに対する臨界値として用いられる．

付表 5B　$F_{n1,n2}$ 分布の臨界値：5% 有意水準

分母の自由度（n_2）	分子の自由度（n_1）									
	1	2	3	4	5	6	7	8	9	10
1	161.40	199.50	215.70	224.60	230.20	234.00	236.80	238.90	240.50	241.90
2	18.51	19.00	19.16	19.25	19.30	19.33	19.35	19.37	19.39	19.40
3	10.13	9.55	9.28	9.12	9.01	8.94	8.89	8.85	8.81	8.79
4	7.71	6.94	6.59	6.39	6.26	6.16	6.09	6.04	6.00	5.96
5	6.61	5.79	5.41	5.19	5.05	4.95	4.88	4.82	4.77	4.74
6	5.99	5.14	4.76	4.53	4.39	4.28	4.21	4.15	4.10	4.06
7	5.59	4.74	4.35	4.12	3.97	3.87	3.79	3.73	3.68	3.64
8	5.32	4.46	4.07	3.84	3.69	3.58	3.50	3.44	3.39	3.35
9	5.12	4.26	3.86	3.63	3.48	3.37	3.29	3.23	3.18	3.14
10	4.96	4.10	3.71	3.48	3.33	3.22	3.14	3.07	3.02	2.98
11	4.84	3.98	3.59	3.36	3.20	3.09	3.01	2.95	2.90	2.85
12	4.75	3.89	3.49	3.26	3.11	3.00	2.91	2.85	2.80	2.75
13	4.67	3.81	3.41	3.18	3.03	2.92	2.83	2.77	2.71	2.67
14	4.60	3.74	3.34	3.11	2.96	2.85	2.76	2.70	2.65	2.60
15	4.54	3.68	3.29	3.06	2.90	2.79	2.71	2.64	2.59	2.54
16	4.49	3.63	3.24	3.01	2.85	2.74	2.66	2.59	2.54	2.49
17	4.45	3.59	3.20	2.96	2.81	2.70	2.61	2.55	2.49	2.45
18	4.41	3.55	3.16	2.93	2.77	2.66	2.58	2.51	2.46	2.41
19	4.38	3.52	3.13	2.90	2.74	2.63	2.54	2.48	2.42	2.38
20	4.35	3.49	3.10	2.87	2.71	2.60	2.51	2.45	2.39	2.35
21	4.32	3.47	3.07	2.84	2.68	2.57	2.49	2.42	2.37	2.32
22	4.30	3.44	3.05	2.82	2.66	2.55	2.46	2.40	2.34	2.30
23	4.28	3.42	3.03	2.80	2.64	2.53	2.44	2.37	2.32	2.27
24	4.26	3.40	3.01	2.78	2.62	2.51	2.42	2.36	2.30	2.25
25	4.24	3.39	2.99	2.76	2.60	2.49	2.40	2.34	2.28	2.24
26	4.23	3.37	2.98	2.74	2.59	2.47	2.39	2.32	2.27	2.22
27	4.21	3.35	2.96	2.73	2.57	2.46	2.37	2.31	2.25	2.20
28	4.20	3.34	2.95	2.71	2.56	2.45	2.36	2.29	2.24	2.19
29	4.18	3.33	2.93	2.70	2.55	2.43	2.35	2.28	2.22	2.18
30	4.17	3.32	2.92	2.69	2.53	2.42	2.33	2.27	2.21	2.16
60	4.00	3.15	2.76	2.53	2.37	2.25	2.17	2.10	2.04	1.99
90	3.95	3.10	2.71	2.47	2.32	2.20	2.11	2.04	1.99	1.94
120	3.92	3.07	2.68	2.45	2.29	2.18	2.09	2.02	1.96	1.91
∞	3.84	3.00	2.60	2.37	2.21	2.10	2.01	1.94	1.88	1.83

この表は，$F_{n1,n2}$ 分布の 95% 分位値を示し，5% 有意水準のテストに対する臨界値として用いられる．

付表 5C $F_{n1,n2}$ 分布の臨界値：1% 有意水準

分母の自由度 (n_2)	分子の自由度 (n_1)									
	1	2	3	4	5	6	7	8	9	10
1	4052.00	4999.00	5403.00	5624.00	5763.00	5859.00	5928.00	5981.00	6022.00	6055.00
2	98.50	99.00	99.17	99.25	99.30	99.33	99.36	99.37	99.39	99.40
3	34.12	30.82	29.46	28.71	28.24	27.91	27.67	27.49	27.35	27.23
4	21.20	18.00	16.69	15.98	15.52	15.21	14.98	14.80	14.66	14.55
5	16.26	13.27	12.06	11.39	10.97	10.67	10.46	10.29	10.16	10.05
6	13.75	10.92	9.78	9.15	8.75	8.47	8.26	8.10	7.98	7.87
7	12.25	9.55	8.45	7.85	7.46	7.19	6.99	6.84	6.72	6.62
8	11.26	8.65	7.59	7.01	6.63	6.37	6.18	6.03	5.91	5.81
9	10.56	8.02	6.99	6.42	6.06	5.80	5.61	5.47	5.35	5.26
10	10.04	7.56	6.55	5.99	5.64	5.39	5.20	5.06	4.94	4.85
11	9.65	7.21	6.22	5.67	5.32	5.07	4.89	4.74	4.63	4.54
12	9.33	6.93	5.95	5.41	5.06	4.82	4.64	4.50	4.39	4.30
13	9.07	6.70	5.74	5.21	4.86	4.62	4.44	4.30	4.19	4.10
14	8.86	6.51	5.56	5.04	4.69	4.46	4.28	4.14	4.03	3.94
15	8.68	6.36	5.42	4.89	4.56	4.32	4.14	4.00	3.89	3.80
16	8.53	6.23	5.29	4.77	4.44	4.20	4.03	3.89	3.78	3.69
17	8.40	6.11	5.18	4.67	4.34	4.10	3.93	3.79	3.68	3.59
18	8.29	6.01	5.09	4.58	4.25	4.01	3.84	3.71	3.60	3.51
19	8.18	5.93	5.01	4.50	4.17	3.94	3.77	3.63	3.52	3.43
20	8.10	5.85	4.94	4.43	4.10	3.87	3.70	3.56	3.46	3.37
21	8.02	5.78	4.87	4.37	4.04	3.81	3.64	3.51	3.40	3.31
22	7.95	5.72	4.82	4.31	3.99	3.76	3.59	3.45	3.35	3.26
23	7.88	5.66	4.76	4.26	3.94	3.71	3.54	3.41	3.30	3.21
24	7.82	5.61	4.72	4.22	3.90	3.67	3.50	3.36	3.26	3.17
25	7.77	5.57	4.68	4.18	3.85	3.63	3.46	3.32	3.22	3.13
26	7.72	5.53	4.64	4.14	3.82	3.59	3.42	3.29	3.18	3.09
27	7.68	5.49	4.60	4.11	3.78	3.56	3.39	3.26	3.15	3.06
28	7.64	5.45	4.57	4.07	3.75	3.53	3.36	3.23	3.12	3.03
29	7.60	5.42	4.54	4.04	3.73	3.50	3.33	3.20	3.09	3.00
30	7.56	5.39	4.51	4.02	3.70	3.47	3.30	3.17	3.07	2.98
60	7.08	4.98	4.13	3.65	3.34	3.12	2.95	2.82	2.72	2.63
90	6.93	4.85	4.01	3.53	3.23	3.01	2.84	2.72	2.61	2.52
120	6.85	4.79	3.95	3.48	3.17	2.96	2.79	2.66	2.56	2.47
∞	6.63	4.61	3.78	3.32	3.02	2.80	2.64	2.51	2.41	2.32

この表は，$F_{n1,n2}$ 分布の 99% 分位値を示し，1% 有意水準のテストに対する臨界値として用いられる．

参考文献

Anderson, Theodore W., and Herman Rubin. 1950. "Estimators of the Parameters of a Single Equation in a Complete Set of Stochastic Equations." *Annals of Mathematical Statistics* 21: 570–582.

Andrews, Donald W.K. 1991. "Heteroskedasticity and Autocorrelation Consistent Covariance Matrix Estimation." *Econometrica* 59(3): 817–858.

Andrews, Donald W.K. 1993. "Tests for Parameter Instability and Structural Change with Unknown Change Point." *Econometrica* 61(4): 821–856.

Andrews, Donald W.K. 2003. "Tests For Parameter Instability and Structural Change with Unknown Change Point: A Corrigendum." *Econometrica* 71: 395–397.

Angrist, Joshua D. 1990. "Lifetime Earnings and the Vietnam Era Draft Lottery: Evidence from Social Security Administrative Records." *American Economic Review* 80(3): 313–336.

Angrist, Joshua, and William Evans. 1998. "Children and Their Parents' Labor Supply: Evidence from Exogenous Variation in Family Size." *American Economic Review* 88(3): 450–477.

Angrist, Joshua D., Kathryn Graddy, and Guido Imbens. 2000. "The Interpretation of Instrumental Variables Estimators in Simultaneous Equations Models with an Application to the Demand for Fish." *Review of Economic Studies* 67(232): 499–527.

Angrist, Joshua, and Alan Krueger. 1991. "Does Compulsory School Attendance Affect Schooling and Earnings?" *Quarterly Journal of Economics* 106(4): 979–1014.

Angrist, Joshua D., and Alan B. Krueger. 2001. "Instrumental Variables and the Search for Identification: From Supply and Demand to Natural Experiments." *Journal of Economic Perspectives* 15(4), Fall: 69–85.

Arellano, Manuel 2003. *Panel Data Econometrics*. Oxford, U.K.: Oxford University Press.

Ayres, Ian, and John Donohue. 2003. "Shooting Down the 'More Guns Less Crime' Hypothesis." *Stanford Law Review* 55: 1193–1312.

Barendregt, Jan J. 1997. "The Health Care Costs of Smoking." *The New England Journal of Medicine* 337(15): 1052–1057.

Beck, Thorsten, Ross Levine, and Norman Loayza. 2000. "Finance and the Sources of Growth." *Journal of Financial Economics* 58: 261–300.

Bergstrom, Theodore A. 2001. "Free Labor for Costly Journals?" *Journal of Economic Perspectives* 15(4), Fall: 183–198.

Bertrand, Marianne, and Kevin Hallock. 2001. "The Gender Gap in Top Corporate Jobs." *Industrial and Labor Relations Review* 55(1): 3–21.

Bertrand, Marianne, and Sendhil Mullainathan. 2004. "Are Emily and Greg More Employable than Lakisha and Jamal? A Field Experiment on Labor Market Discrimination." *American Economic Review* 94(4): 991–1013.

Bollersev, Tim. 1986. "Generalized Autoregressive Conditional Heteroskedasticity." *Journal of Econometrics* 31(3): 307–327.

Bound, John. David A. Jaeger, and Regina M. Baker. 1995. "Problems with Instrumental Variables Estimation When the Correlation Between the Instrument and the Endogenous Explanatory Variable Is Weak." *Journal of the American Statistical Association* 90(430): 443–450.

Campbell, John Y. 2003. "Consumption-Based Asset Pricing." Chap. 13 in *Handbook of the Economics of Finance*, edited by Milton Harris and Rene Stulz. Amsterdam: Elsevier.

Campbell, John Y., and Motohiro Yogo. 2005. "Efficient Tests of Stock Return Predictability." *Journal of Financial Economics* (forthcoming).

Card, David. 1990. "The Impact of the Mariel Boatlift on the Miami Labor Market." *Industrial and Labor Relations Review* 43(2): 245–257.

Card, David. 1999. "The Causal Effect of Education on Earnings." Chap. 30 in *The Handbook of Labor Economics*, edited by Orley C. Ashenfelter and David Card. Amsterdam: Elsevier.

Card, David, and Alan B. Krueger. 1994. "Minimum Wages and Employment: A Case Study of the Fast Food Industry." *American Economic Review* 84(4): 772–793.

Carhart, Mark M. 1997. "On Persistence in Mutual Fund Performance." *The Journal of Finance* 52(1): 57–82.

Chaloupka, Frank J., and Kenneth E. Warner. 2000. "The Economics of Smoking." Chap. 29 in *The Handbook of Health Economics*, edited by Joseph P. Newhouse and Anthony J. Cuyler. New York: North Holland, 2000.

Chow, Gregory. 1960. "Tests of Equality Between Sets of Coefficients in Two Linear Regressions." *Econometrica* 28(3): 591–605.

Clements, Michael P. 2004. "Evaluating the Bank of England Density Forecasts of Inflation." *Economic Journal* 114: 844–866.

Cochrane, D., and Guy Orcutt. 1949. "Application of Least Squares Regression to Relationships Containing Autocorrelated Error Terms." *Journal of the American Statistical Association* 44(245): 32–61.

Cohen, Alma, and Liran Einav. 2003. "The Effects of Mandatory Seat Belt Laws on Driving Behavior and Traffic Fatalities." *The Review of Economics and Statistics* 85(4): 828–843.

Cook, Philip J., and Michael J. Moore. 2000. "Alcohol." Chap. 30 in *The Handbook of Health Economics*, edited by Joseph P. Newhouse and Anthony J. Cuyler. New York: North Holland, 2000.

Cooper, Harris, and Larry. V. Hedges. 1994. *The Handbook of Research Synthesis*. New York: Russell Sage Foundation.

Davidson, James E.H., David F. Hendry, Frank Srba, and Stephen Yeo. 1978. "Econometric Modelling of the Aggregate Time-Series Relationship Between Consumers' Expenditure and Income in the United Kingdom." *Economic Journal* 88: 661–692.

Dickey, David A., and Wayne A. Fuller. 1979. "Distribution of the Estimators for Autoregressive Time Series with a Unit Root." *Journal of the American Statistical Association* 74(366): 427–431.

Diebold, Francis X. 1997. *Elements of Forecasting* (second edition). Cincinnati, OH: South-Western.

Ehrenberg, Ronald G., Dominic J. Brewer, Adam Gamoran, and J. Douglas Willms. 2001a. "Class Size and Student Achievement." *Psychological Science in the Public Interest* 2(1): 1–30.

Ehrenberg, Ronald G., Dominic J. Brewer, Adam Gamoran, and J. Douglas Willms. 2001b. "Does Class Size Matter?" *Scientific*

American 285(5): 80–85.

Eicker, F. 1967. "Limit Theorems for Regressions with Unequal and Dependent Errors," *Proceedings of the Fifth Berkeley Symposium on Mathematical Statistics and Probability*, 1, 59–82. Berkeley: University of California Press.

Elliott, Graham, Thomas J. Rothenberg, and James H. Stock. 1996. "Efficient Tests for an Autoregressive Unit Root." *Econometrica* 64(4): 813–836.

Enders, Walter. 1995. *Applied Econometric Time Series*. New York: Wiley.

Engle, Robert F. 1982. "Autoregressive Conditional Heteroskedasticity with Estimates of the Variance of United Kingdom Inflation." *Econometrica* 50(4): 987–1007.

Engle, Robert F., and Clive W.J. Granger. 1987. "Cointegration and Error Correction: Representation, Estimation and Testing." *Econometrica* 55(2): 251–276.

Evans, William, Matthew Farrelly, and Edward Montgomery. 1999. "Do Workplace Smoking Bans Reduse Smoking?" *American Economic Review* 89(4): 728–747.

Foster, Donald. 1996. "Primary Culprit: An Analysis of a Novel of Politics." *New York Magazine* 29(8), February 26.

Fuller, Wayne A. 1976. *Introduction to Statistical Time Series*. New York: Wiley.

Garvey, Gerald T., and Gordon Hanka. 1999. "Capital Structure and Corporate Control: The Effect of Antitakeover Statutes on Firm Leverage." *The Journal of Finance* 54(2): 519–546.

Gillespie, Richard. 1991. *Manufacturing Knowledge: A History of the Hawthorne Experiments*. New York: Cambridge University Press.

Goering, John, and Ron Wienk, eds. 1996. *Mortgage Lending, Racial Discrimination, and Federal Policy*. Washington, DC: Urban Institute Press.

Goyal, Amit, and Ivo Welch. 2003. "Predicting the Equity Premium with Dividend Ratios." *Management Science* 49(5): 639–654.

Granger, Clive W.J. 1969. "Investigating Causal Relations by Econometric Models and Cross-Spectral Methods." *Econometrica* 37(3): 424–438.

Granger, Clive W.J., and A.A. Weiss. 1983. "Time Series Analysis of Error-Correction Models." In *Studies in Econometrics: Time Series and Multivariate Statistics*, edited by S. Karlin, T. Amemiya, and L.A. Goodman, 255–278. New York: Academic Press.

Greene, William H. 2000. *Econometric Analysis* (fourth edition). Upper Saddle River, NJ: Prentice Hall.

Gruber, Jonathan. 2001. "Tobacco at the Crossroads: The Past and Future of Smoking Regulation in the United States." *The Journal of Economic Perspectives* 15(2): 193–212.

Haldrup, Niels and Michael Jansson, 2006. "Improving Size and Power in Unit Root Testing." *Palgrave Handbook of Econometrics, Volumn 1: Econoetric Theory*, 252–277.

Hamermesh, Daniel, and Amy Parker. 2005. "Beauty in the Classroom: Instructors' Pulchritude and Putative Pedagogical Productivity." *Economics of Education Review* 24(4): 369–376.

Hamilton, James D. 1994. *Time Series Analysis*. Princeton, NJ: Princeton University Press.

Hansen, Bruce. 1992. "Efficient Estimation and Testing of Cointegrating Vectors in the Presence of Deterministic Trends." *Journal of Econometrics* 53(1–3): 86–121.

Hansen, Bruce. 2001. "The New Econometrics of Structural Change: Dating Breaks in U.S. Labor Productivity." *The Journal of Economic Perspectives* 15(4), Fall: 117–128.

Hanushek, Eric. 1999a. "Some Findings from an Independent Investigation of the Tennessee STAR Experiment and from Other Investigations of Class Size Effects." *Educational Evaluation and Policy Analysis* 21:

143-164.

Hanushek, Eric. 1999b. "The Evidence on Class Size." Chap. 7 in *Earning and Learning: How Schools Matter*, edited by S. Mayer and P. Peterson. Washington, DC: Brookings Institution Press.

Hayashi, Fumio. 2000. *Econometrics*. Princeton, NJ: Princeton University Press.

Heckman, James J. 2001. "Micro Data, Heterogeneity, and the Evaluation of Public Policy: Nobel Lecture." *Journal of Political Economy* 109(4): 673-748.

Heckman, James J., Robert J. LaLonde, and Jeffrey A. Smith. 1999. "The Economics and Econometrics of Active Labor Market Programs." Chap. 31 in *Handbook of Labor Economics*, edited by Orley Ashenfelter and David Card. Amsterdam: Elsevier.

Hedges, Larry V., and Ingram Olkin. 1985. *Statistical Methods for Meta-analysis*. San Diego: Academic Press.

Hetland, Lois. 2000. "Listening to Music Enhances Spatial-Temporal Reasoning: Evidence for the 'Mozart Effect.'" *Journal of Aesthetic Education* 34(3-4): 179-238.

Hoxby, Caroline M. 2000. "The Effects of Class Size on Student Achievement: New Evidence from Population Variation." *The Quarterly Journal of Economics* 115(4): 1239-1285.

Huber, P.J. 1967. "The Behavior of Maximum Likelihood Estimates Under Nonstandard Conditions," *Proceedings of the Fifth Berkeley Symposium on Mathematical Statistics and Probability*, 1, 221-233. Berkeley: University of California Press.

Imbens, Guido W., and Johsua D. Angrist. 1994. "Identification and Estimation of Local Average Treatment Effects." *Econometrica* 62: 467-476.

Johansen, Søren. 1988. "Statistical Analysis of Cointegrating Vectors." *Journal of Economic Dynamics and Control* 12: 231-254.

Jones, Stephen R.G. 1992. "Was There a Hawthorne Effect?" *American Journal of Sociology* 98(3): 451-468.

Krueger, Alan B. 1999. "Experimental Estimates of Education Production Functions." *The Quarterly Journal of Economics* 14(2): 497-562.

Ladd, Helen. 1998. "Evidence on Discrimination in Mortgage Lending." *Journal of Economic Perspectives* 12(2), Spring: 41-62.

Levitt, Steven D. 1996. "The Effect of Prison Population Size on Crime Rates: Evidence from Prison Overcrowding Litigation." *The Quarterly Journal of Economics* 111(2): 319-351.

Levitt, Steven D., and Jack Porter. 2001. "How Dangerous Are Drinking Drivers?" *Journal of Political Economy* 109(6): 1198-1237.

List, John. 2003. "Does Market Experience Eliminate Market Anomalies." *Quarterly Journal of Economics* 118(1): 41-71.

Maddala, G.S. 1983. *Limited-Dependent and Qualitative Variables in Econometrics*. Cambridge: Cambridge University Press.

Maddala, G.S., and In-Moo Kim. 1998. *Unit Roots, Cointegration, and Structural Change*. Canbridge: Cambridge University Press.

Madrian, Brigette C., and Dennis F. Shea. 2001. "The Power of Suggestion: Inertia in 401(k) Participation and Savings Behavior." *Quarterly Journal of Economics* CXVI (4): 1149-1187.

Malkiel, Burton G. 2003. *A Random Walk Down Wall Street*. New York: W.W. Norton.

Manning, Willard G., et al. 1989. "The Taxes of Sin: Do Smokers and Drinkers Pay Their Way?" *Journal of the American Medical Association* 261(11): 1604-1609.

McClellan, Mark, Barbara J. McNeil, and Joseph P. Newhouse. 1994. "Does More Intensive Treatment of Acute Myocardial Infarction in the Elderly Reduce Mortality?" *Journal of the American Medical Association* 272(11): 859-866.

Meyer, Bruce D. 1995. "Natural and Quasi-Experiments in Economics." *Journal of Busi-

ness and Economic Statistics 13(2): 151–161.

Meyer, Bruce D., W. Kip Viscusi, and David L. Durbin. 1995. "Workers' Compensation and Injury Duration: Evidence from a Natural Experiment." *American Economic Review* 85(3): 322–340.

Mosteller, Frederick. 1995. "The Tennessee Study of Class Size in the Early School Grades." *The Future of Children: Critical Issues for Children and Youths* 5(2), Summer/Fall: 113–127.

Mosteller, Frederick, Richard Light, and Jason Sachs. 1996. "Sustained Inquiry in Education: Lessons from Skill Grouping and Class Size." *Harvard Educational Review* 66(4), Winter: 631–676.

Mosteller, Frederick, and David L. Wallace. 1963. "Inference in an Authorship Problem." *Journal of the American Statistical Association* 58: 275–309.

Munnell, Alicia H., Geoffrey M.B. Tootell, Lynne E. Browne, and James McEneaney. 1996. "Mortgage Lending in Boston: Interpreting HMDA Data." *American Economic Review* 86(1): 25–53.

Neumark, David, and William Wascher. 2000. "Minimum Wages and Employment: A Case Study of the Fast-Food Industry in New Jersey and Pennsylvania: Comment." *American Economic Review* 90(5): 1362–1396.

Newey, Whitney, and Kenneth West. 1987. "A Simple Positive Semi-definite, Heteroskedastic and Autocorrelation Consistent Covariance Matrix." *Econometrica* 55(3): 703–708.

Newhouse, Joseph P., et. al. 1993. *Free for All? Lessons from the Rand Health Insurance Experiment*. Cambridge: Harvard University Press.

Perry, Craig, and Harvey S. Rosen. 2004. "The Self-Employed Are Less Likely Than Wage-Earners to Have Health Insurance. So What?" In *Entrepeneurship and Public Policy*, edited by Douglas Holtz-Eakin and Harvey S. Rosen. Boston: MIT Press.

Phillips, Peter C.B., and Sam Ouliaris. 1990. "Asymptotic Properties of Residual Based Tests for Cointegration." *Econometrica* 58(1): 165–194.

Porter, Robert. 1983. "A Study of Cartel Stability: The Joint Executive Committee, 1880–1886." *The Bell Journal of Economics* 14(2): 301–314.

Quandt, Richard. 1960. "Tests of the Hypothesis That a Linear Regression System Obeys Two Separate Regimes." *Journal of the American Statistical Association* 55(290): 324–330.

Rauscher, Frances, Gordon L. Shaw, and Katherine N. Ky. 1993. "Music and Spatial Task Performance." *Nature* 365(6447): 611.

Roll, Richard. 1984. "Orange Juice and Weather." *American Economic Review* 74(5): 861–880.

Rosenzweig, Mark R., and Kenneth I. Wolpin. 2000. "Natural 'Natural Experiments' in Economics." *Journal of Economic Literature* 38(4): 827–874.

Rouse, Cecilia. 1995. "Democratization or Diversion? The Effect of Community Colleges on Educational Attainment." *Journal of Business and Economic Statistics* 12(2): 217–224.

Ruhm, Christopher J. 1996. "Alcohol Policies and Highway Vehicle Fatalities." *Journal of Health Economics* 15(4): 435–454.

Ruud, Paul. 2000. *An Introduction to Classical Econometric Theory*. New York: Oxford University Press.

Shadish, William R., Thomas D. Cook, and Donald T. Campbell. 2002. *Experimental and Quasi-Experimental Designs for Generalized Causal Inference*. Boston: Houghton Mifflin.

Shiller, Robert J. 2005. *Irrational Exuberance* (second edition). Princeton: Princeton University Press.

Sims, Christopher A. 1980. "Macroeconomics and Reality." *Econometrica* 48(1): 1–48.

Stock, James H. 1994. "Unit Roots, Structural Breaks, and Trends." Chap. 46 in *Handbook* of *Econometrics*, volume IV, edited by Robert Engle and Daniel McFadden. Amsterdam: Elsevier.

Stock, James H., and Francesco Trebbi. 2003. "Who Invented Instrumental Variable Regression." *Journal of Economic Perspectives* 17: 177-194.

Stock, James H., and Mark W. Watson. 1988. "Variable Trends in Economic Time Series." *Journal of Economic Perspectives* 2(3): 147-174.

Stock, James H., and Mark W. Watson. 1993. "A Simple Estimator of Cointegrating Vectors in Higher-Order Integrated Systems." *Econometrica* 61(4): 783-820.

Stock, James H., and Mark W. Watson. 2001. "Vector Autoregressions." *Journal of Economic Perspectives* 15(4), Fall: 101-115.

Stock, James H., and Motohiro Yogo. 2005. "Testing for Weak Instruments in Linear IV Regression." Chap. 5 in *Identification and Inference in Econometric Models: Essays in Honor of Thomas J. Rothenberg*, edited by Donald W.K. Andrews and James H. Stock. Cambridge: Cambridge University Press.

Tobin, James. 1958. "Estimation of Relationships for Limited Dependent Variables." *Econometrica* 26(1): 24-36.

Watson, Mark W. 1994. "Vector Autoregressions and Cointegration." Chap. 47 in *Handbook of Econometrics*, volume IV, edited by Robert Engle and Daniel McFadden. Amsterdam: Elsevier.

White, Halbert. 1980. "A Heteroskedasticity-Consistent Covariance Matrix Estimator and a Direct Test for Heteroskedasticity." *Econometrica*, 48, 827-838.

Winner, Ellen, and Monica Cooper. 2000. "Mute Those Claims: No Evidence (Yet) for a Causal Link Between Arts Study and Academic Achievement." *Journal of Aesthetic Education* 34(3-4): 11-76.

Wright, Philip G. 1915. "Moore's Economic Cycles." *The Quarterly Journal of Economics* 29: 631-641.

Wright, Philip G. 1928. *The Tariff on Animal and Vegetable Oils*. New York: Macmillan.

用語集

(0,1) 変数 [Binary variable]
0か1を取る変数で，二者択一の結果を表すために用いられる．たとえば，人の性別に関して，女性なら $X = 1$，男性なら $X = 0$ を取る変数 X は，(0,1) 変数（インディケーター変数，ダミー変数とも呼ばれる）．

95% 信頼集合 [95% confidence set]
95% 信頼水準を持つ信頼集合．信頼区間 [confidence interval] を参照．

Augmented Dickey-Fuller (ADF) テスト [Augmented Dickey-Fuller〈ADF〉test]
AR(p) モデルに基づく回帰ベースの単位根テスト．

ADL(p, q)
自己回帰・分布ラグモデル [autoregressive distributed lag model] を参照．

AIC
情報量基準 [information criterion] を参照．

AR(p)
自己回帰 [autoregression] を参照．

ARCH
自己回帰の条件付不均一分散 [autoregressive conditional heteroscedasticity] を参照．

BIC
情報量基準 [information criterion] を参照．

BLUE
最良な線形不偏推定量 [best linear unbiased estimator] を参照．

Dickey-Fuller テスト [Dickey-Fuller test]
1次の自己回帰（AR(1)）モデルに基づく単位根テストの手法．

F 統計量 [F-statistic]
複数の回帰係数に関する結合仮説をテストする統計量．

$F_{m,n}$ 分布 [$F_{m,n}$ distribution]
独立な確率変数の比率の分布．分子の確率変数は自由度 m のカイ二乗分布に従い m で割られ，分母は自由度 n のカイ二乗分布に従い n で割られる．

$F_{m,\infty}$ 分布 [$F_{m,\infty}$ distribution]
自由度 m のカイ二乗分布に従い m で割られた確率変数の分布．

GARCH
一般化自己回帰の条件付不均一分散 [generalized autoregressive conditional heteroscedasticity] を参照．

GMM
一般化モーメント法 [generalized method of moments] を参照．

HAC 標準誤差 [HAC standard error]
不均一分散と自己相関を考慮した（HAC）標準誤差 [heteroscedasticity- and autocorrelation-consistent〈HAC〉standard error] を参照．

用語集

$I(0), I(1), I(2)$
　和分の次数 [order of integration] を参照.

i.i.d.
　独立で同一の分布 [independently and identically distributed] を参照.

J 統計量 [J-statistic]
　操作変数回帰において過剰識別制約をテストする統計量.

OLS 回帰線 [OLS regression line]
　母集団の係数を OLS 推定量に置き換えて得られる回帰線.

OLS 残差 [OLS residual]
　Y_i と OLS 回帰線との差. 本書では $\hat{u}_i$ と表記される.

p 値 [p-value]
　帰無仮説が正しいと仮定する下で, 手元の統計量よりも, 帰無仮説との距離がより離れた統計量（より棄却されやすい統計量）を引き出す確率. p 値は帰無仮説を棄却できる最小の有意水準なので, 限界的な有意確率（marginal significance probability）とも呼ばれる.

R^2
　回帰モデルにおいて, 被説明変数の標本分散のうち説明変数によって説明される割合.

$\overline{R}^2$
　修正済み R^2 [adjusted R^2] を参照.

TSLS
　2 段階最小二乗法 [two stage least squares] を参照.

t 統計量 [t-statistic]
　仮説検定に使われる統計量. 基本概念 5.1 を参照.

t 比率 [t-ratio]
　t 統計量 [t-statistic] を参照.

t 分布 [t-distribution]
　ステューデント t 分布 [Student t-distribution] を参照.

VAR
　ベクトル自己回帰 [vector autoregression] を参照.

赤池情報量基準 [Akaike Information Criterion]
　情報量基準 [information criterion] を参照.

アンバランスなパネル [Unbalanced panel]
　データの欠落があるパネルデータ.

異常値 [Outliner]
　確率変数の例外的に大きいあるいは小さい値.

1 回階差 [First difference]
　時系列変数 Y_t の 1 回階差は $Y_t - Y_{t-1}$. ΔY_t と表記される.

一致推定量 [Consistent estimator]
　推定される真のパラメーターに確率において収束する推定量.

一致性 [Consistency]
　一致推定量 [consistent estimator] を参照.

一定の説明変数 [Constant regressor]
　回帰式の切片を表す説明変数. 常に 1 の値を取る.

一般化最小二乗法（GLS）[Generalized least squares (GLS)]
　一般化された OLS. 不均一分散の形状が既知のとき（その場合 GLS はウエイト付き最小二乗法 WLS とも呼ばれる), あるいは系列相関の形状が既知のとき用いられる.

一般化自己回帰の条件付不均一分散 [Generalized autoregressive conditional heteroscedasticity]
　条件付不均一分散を説明する時系列モデル.

一般化モーメント法 [Generalized method of moments]
　未知パラメーターの関数である母集団モーメントに標本モーメントをフィットさせて推定する手法. 操作変数推定量はその重要

な特別ケース．

因果関係の効果 [Causal effect]
ランダムにコントロールされた理想的な実験において，所定の処置または介入がもたらす予想された効果．

因果関係の平均的な効果 [Average causal effect]
異質な母集団における，各個人の因果関係の効果の母集団平均．処置の平均的な効果（average treatment effect）とも呼ばれる．

インディケーター変数 [Indicator variable]
(0,1) 変数 [binary variable] を参照．

インパクト効果 [Impact effect]
時系列変数 X_t の 1 単位変化が Y_t へ同時点に（即座に）及ぼす効果．

ウエイト付き最小二乗法 [Weighted least squares]
OLS に代わる推定方法で，回帰誤差が不均一分散でその形状が既知である，あるいは推定可能な場合に用いられる．

回帰の特定化 [Regression specification]
特定化された回帰式の説明．含まれる説明変数や実施された非線形の変換などが説明される．

回帰の標準誤差（SER）[Standard error of the regression (SER)]
回帰誤差 u の標準偏差の推定量．

階差推定量 [Differences estimator]
因果関係の効果の推定量の 1 つ．トリートメント・グループとコントロール・グループの結果に関する標本平均の差によって測られる．

階差の階差推定量 [Differences-in-differences estimator]
トリートメント・グループの Y の平均の変化から，コントロール・グループの Y の平均の変化を引いた値．

外生変数 [Exogenous variable]
回帰の誤差項と相関のない変数．

カイ二乗分布 [Chi-squared distribution]
m 個の二乗された独立な標準正規確率変数の和の分布．パラメター m はカイ二乗分布の自由度と呼ばれる．

外部の正当性 [External validity]
統計分析からの推論や結論が外部に正当であるとは，その推論や結論をいま分析対象とする母集団や設定から他の母集団や設定へ一般化できる場合．

ガウス・マルコフ定理 [Gauss-Markov theorem]
数学理論の 1 つの結果．特定の条件の下，回帰係数の OLS 推定量は，説明変数の値が与えられた下で最良な線形の条件付不偏推定量となる．

価格弾力性 [Price elasticity]
1% の価格上昇によってもたらされる需要量の変化．

確率 [Probability]
長期的に見て，ある事象（あるいはイベント）が起こる時間的な割合．

確率トレンド [Stochastic trend]
時間を通じて観察される，持続的でしかしランダムな長期的な変動．

確率における収束 [Convergence in probability]
一続きの確率変数がある特定の値に収束するとき．たとえば，標本数が大きくなるにつれて標本平均が母集団平均に近づく場合．基本概念 2.6 および 17.2 節を参照．

確率分布 [Probability distribution]
離散的な確率変数に関して，確率変数が取りうるすべての値とそれぞれに伴う確率のリスト．

確率変数の標準化 [Standardizing a random variable]
確率変数から平均を差し引き標準偏差で割るという操作．それにより確率変数は平均ゼロで標準偏差 1 となる．Y の標準化された値は $(Y - \mu_Y)/\sigma_Y$．

確率密度関数（p.d.f.）[Probability density function (p.d.f.)]
連続的な確率変数に関する確率を表す．2点間の確率密度関数の面積は，確率変数がその2点の間に入る確率にあたる．

過少な識別 [Underidentification]
操作変数の数が，モデルに含まれる内生的な説明変数の数より少ない場合．

過剰な識別 [Overidentification]
操作変数の数が，モデルに含まれる内生的な説明変数の数より多い場合．

仮説検定 [Hypothesis test]
母集団に関する特定の仮説が正しいかどうか判断する手法．標本データからの証拠を利用する．

片側の対立仮説 [One-sided alternative hypothesis]
そこでは関心あるパラメターが，帰無仮説で与えられた値のどちらか片方の側にある．

過不足ない識別 [Exact identification]
操作変数と内生的な説明変数の数が同じ場合．

関数形の特定化ミス [Functional form misspecification]
推定された回帰関数の形が母集団の回帰関数と適合しない場合．たとえば真の回帰が2次関数のときに線形モデルが使われる場合．

完全な多重共線性 [Perfect multicollinearity]
ある説明変数が正確に他の説明変数の線形関数となるとき発生する．

観測値番号 [Observation number]
データセットの各主体に割り当てられた固有の識別番号．

観測データ [Observational data]
実際の行動を観察し，あるいは計測して得られるデータ．それは実験の設定以外から得られる．

棄却域 [Rejection region]
帰無仮説を棄却するテスト統計量の値の領域．

期待値 [Expected value]
多くの繰り返し試行により求められる確率変数の長期的な平均値．それは確率変数が取りうるすべての値をそれぞれの確率で加重平均した値となる．Y の期待値は $E(Y)$ と表記され，Y の期待（expectation）とも呼ばれる．

基本となるモデル特定化 [Base model specification]
ベンチマークとなる回帰モデルの特定化．説明変数は，専門家の判断，経済理論，そしてデータがどう収集されたかの知識を総合して選択される．

帰無仮説 [Null hypothesis]
仮説検定においてテストされる仮説．H_0 と表記される．

共通トレンド [Common trend]
2つ以上の時系列変数に共有されるトレンド．

共分散 [Covariance]
2つの確率変数がともに変動する程度を表す指標．X と Y の間の共分散は期待値 $E[(X-\mu_X)(Y-\mu_Y)]$ で，$\mathrm{cov}(X,Y)$ あるいは σ_{XY} と表記される．

共分散行列 [Covariance matrix]
確率変数ベクトルの分散と共分散からなる行列．

共和分 [Cointegration]
2つ以上の時系列変数が共通の確率トレンドを有するとき．

均一分散 [Homoscedasticity]
誤差項 u_i の分散——説明変数の条件付き——が一定の場合．

均一分散のみに有効な F 統計量 [Homoscedasticity-only F-statistic]
誤差項が均一分散の場合のみに有効な F 統計量．

均一分散のみに有効な標準誤差 [Homoscedasticity-only standard error]
OLS 推定量の標準誤差．誤差項が均一分散の場合のみに有効．

繰り返し期待値の法則 [Law of iterated expectations]
確率理論の1つの結果．Y の期待値は，X が与えられた下での Y の条件付期待値に期待値を取った値と等しい，すなわち $E(Y) = E[E(Y|X)]$．

繰り返しクロスセクション・データ [Repeated cross-sectional data]
異なる時点のクロスセクション・データを集計したデータセット．

グレンジャーの因果性テスト [Granger causality test]
ある時系列変数の現在と過去の値が，別の時系列変数の将来の値を予測するのに役立つかどうかテストする手法．

クロスセクション・データ [Cross-sectional data]
ある一時点の異なる主体に関して収集されたデータ．

系列相関 [Serial correlation]
自己相関 [autocorrelation] を参照．

系列相関がない [Serially uncorrelated]
時系列変数の自己相関がすべてゼロであるとき．

結合確率分布 [Joint probability distribution]
2つ以上の確率変数がかかわる事象の確率を決定する確率分布．

結合仮説 [Joint hypothesis]
2つ以上の個々の仮説からなる仮説．すなわち，モデルのパラメターに関する複数の制約がかかわる仮説．

決定係数 [Coefficient of determination]
R^2 を参照．

決定論的トレンド [Deterministic trend]
変数の時間を通じた持続的，長期的な変動．非確率的な時間の関数で表される．

限界確率分布 [Marginal probability distribution]
確率変数の確率分布に対する別名．Y だけの分布（限界分布）と Y と別の確率変数との結合分布とを区別する．

限定された被説明変数 [Limited dependent variable]
限られた範囲の値しか取らない被説明変数．たとえば (0,1) 変数，あるいは付論 11.3 で紹介されたモデルなど．

誤差項 [Error term]
Y と母集団回帰関数との差．本書では u と表記される．

固定効果 [Fixed effects]
パネルデータ回帰に含まれる，主体もしくは時点を表す (0,1) 変数．

固定効果回帰モデル [Fixed effects regression model]
主体の固定効果を含むパネルデータ回帰モデル．

コントロール・グループ [Control group]
実験において処置や介入を受け取らないグループ．

コントロール変数 [Control variable]
説明変数の別名．具体的には，被説明変数の決定要因をコントロールする説明変数．

最小二乗推定量 [Ordinary least squares 〈OLS〉 estimator, least squares estimator]
残差の二乗和を最小化して求められる，回帰式の切片と傾きの推定量．

最小二乗法の仮定 [Least squares assumptions]
線形回帰モデルにおける仮定．基本概念 4.3（1説明変数の回帰），そして基本概念 6.4（多変数回帰）を参照．

採択域 [Acceptance region]
帰無仮説を採択する（棄却しない）テスト統計量の値の領域．

最尤推定量（**MLE**）[Maximum likelihood estimator (MLE)]
　尤度関数の最大化によって得られる未知パラメーターの推定量．付論 11.2 を参照．

最良な線形不偏推定量 [Best linear unbiased estimator]
　標本 Y に関する線形かつ不偏で最小の分散を持つ推定量．ガウス・マルコフ条件の下，OLS 推定量は，説明変数の値が与えられた下で最良の線形の条件付不偏推定量となる．

残差の二乗和（**SSR**）[Sum of squared residuals (*SSR*)]
　OLS 残差の二乗の和．

3 次の回帰モデル [Cubic regression model]
　説明変数に X，X^2，X^3 を含む線形回帰モデル．

散布図 [Scatter plot]
　X_i と Y_i の n 個の観測値を示したグラフ．そこで各観測値は，(X_i, Y_i) の点で表される．

時間効果 [Time effects]
　パネルデータ回帰において，時点を表す (0,1) 変数．

時間縦断的データ [Longitudinal data]
　パネルデータ [panel data] を参照．

時間と主体の固定効果回帰モデル [Time and entity fixed effects regression model]
　主体の固定効果と時間の固定効果の両方を含むパネルデータ回帰．

時間の固定効果 [Time fixed effects]
　時間効果 [time effects] を参照．

時系列データ [Time series data]
　同じ主体の多くの時点に関するデータ．

自己回帰 [Autoregression]
　時系列変数とその過去の値（ラグ値）とを関係づける線形回帰モデル．p 個のラグ値を説明変数とする自己回帰は，AR(p) と表記される．

自己回帰の条件付不均一分散（**ARCH**）[Autoregressive conditional heteroscedasticity (ARCH)]
　条件付不均一分散の時系列モデル

自己回帰・分布ラグモデル [Autoregressive distributed lag model]
　ADL(p,q) と表記される線形回帰モデル．そこで時系列変数 Y_t は，Y_t および他の変数 X_t のラグ値の関数として表現される（p は Y_t のラグ次数，q は X_t のラグ次数）．

自己共分散 [Autocovariance]
　時系列変数の現在と過去の値の共分散．Y の j 次の自己共分散は，Y_t と Y_{t-j} の共分散を表す．

自己相関 [Autocorrelation]
　時系列変数の現在と過去の値の相関．Y の j 次の自己相関は，Y_t と Y_{t-j} の相関を表す．

自然実験 [Natural experiment]
　準実験 [quasi-experiment] を参照．

自然対数 [Natural logarithm]
　対数 [logarithm] を参照．

実験参加による影響 [Experimental effect]
　被験者が実験へ参加することで行動を変えてしまうこと．

実験データ [Experimental data]
　実験から得られたデータ．実験は，処置や政策の評価，あるいは因果関係の効果の検証のためにデザインされたもの．

実行可能な **GLS** [Feasible GLS]
　一般化最小二乗法（GLS）の 1 つのバージョン．回帰誤差の条件付分散，および回帰誤差の異なる時点間の共分散の推定量を使って計算する．

実行可能な **WLS** [Feasible WLS]
　ウエイト付き最小二乗法（WLS）の 1 つのバージョン．回帰誤差の条件付分散を使って計算する．

修正済み R^2（$\overline{R}^2$）[Adjusted R^2]
　説明変数が回帰式に追加されても増大し

ないよう修正された R^2.

準サンプル外予測 [Pseudo out-of-sample forecast]
サンプル期間の一部に対する予測．その手法では，それらのサンプルはあたかもまだ実現していないとみなして計測する．

準実験 [Quasi-experiment]
個々人の環境の変化によって，処置があたかもランダムに割り当てられたかのようにみなせる状況．自然実験とも呼ばれる．

条件付期待値 [Conditional expectation]
別の確率変数が特定の値を取る下で表される確率変数の期待値．

条件付不均一分散 [Conditional heteroscedasticity]
他の変数に依存する，通常は誤差項の分散．

条件付分散 [Conditional variance]
条件付分布の分散．

条件付分布 [Conditional distribution]
別の確率変数が特定の値を取る下で表される確率変数の確率分布．

条件付平均 [Conditional mean]
条件付分布の平均．条件付分布 [conditional distribution] を参照．

条件付平均の独立 [Conditional mean independence]
説明変数が与えられた下，回帰誤差 u_t の条件付期待値が一部の（しかしすべてではない）説明変数に依存するとき．

情報量基準 [Information criterion]
自己回帰あるいは分布ラグモデルに含まれるラグ次数を推定する統計量．主要例は赤池情報量基準（AIC）とベイズ情報量基準（BIC）．

除外された変数のバイアス [Omitted variable bias]
推定量におけるバイアスの1つ．Y の決定要因で説明変数との相関を持つ変数が回帰式から除外されることで発生する．

処置の効果 [Treatment effect]
実験あるいは準実験における因果関係の効果．因果関係の効果 [causal effect] を参照．

処置のローカル平均の効果 [Local average treatment effect]
加重平均された処置の効果．たとえば TSLS によって推定される．

人員減少 [Attrition]
プログラム参加メンバーの退出．被験者がトリートメント・グループかコントロール・グループに割り当てられた後に発生する人員の減少．

信頼区間（または信頼集合）[Confidence interval (or confidence set)]
母集団のパラメーターがあらかじめ設定された確率で含まれる区間もしくは集合．繰り返しサンプルによって計算される．

信頼水準 [Confidence level]
信頼区間もしくは信頼集合にパラメーターの真の値が含まれる，あらかじめ設定された確率．

推定値 [Estimate]
特定の標本データから計算された推定量の数値．

推定量 [Estimator]
母集団からランダムに抽出される標本データの関数．推定量とは，標本データを使って，母集団の平均など母集団パラメーターの値に対して「知識に基づく推測（educated guess）」を計算するための手続き．

推定量の標準誤差 [Standard error of an estimator]
推定量の標準偏差の推定量．

ステューデント t 分布 [Student t distribution]
自由度 m のステューデント t 分布は，標準正規確率変数と，それとは独立な自由度 m のカイ二乗確率変数を m で割って平方根を取ったもの，その両者の比率の分布．m が大きくなるにつれ，ステューデント t 分

布は標準正規分布に収束する.

正規分布 [Normal distribution]
広く一般に用いられる連続的な確率変数の分布．形状は釣鐘型．

正確な分布 [Exact distribution]
確率変数に関する正確な確率分布．

制約付きの回帰 [Restricted regression]
ある条件を満たすよう係数に制約を課した回帰．たとえば均一分散のみに有効な F 統計量を求める際，帰無仮説を満たすよう係数に制約を課した回帰を用いる．

制約なしの回帰 [Unrestricted regression]
たとえば均一分散のみに有効な F 統計量を計算する際に用いる，対立仮説が正しい下での——したがって係数には帰無仮説が正しいとの制約は課されていない——回帰．

切片 [Intercept]
線形回帰モデルにおける β_0 の値．

説明された二乗和（ESS）[Explained sum of squares (ESS)]
Y の予測値（$\hat{Y}$）とその平均との差の二乗和．(4.14) 式を参照．

説明変数 [Regressor, explanatory variable]
回帰式の右辺にある変数．回帰において独立な変数．

漸近的な正規分布 [Asymptotic normal distribution]
統計量の標本分布の大標本近似となる正規分布．

漸近分布 [Asymptotic distribution]
確率変数に関する近似的な標本分布で，大標本を用いて計算される．たとえば，標本平均の漸近分布は正規分布となる．

線形回帰モデル [Linear regression model]
傾きが一定の回帰関数．

線形確率モデル [Linear probability model]
Y が $(0,1)$ 変数の回帰モデル．

線形・対数モデル [Linear-log model]
非線形の回帰関数．被説明変数は Y，説明変数は $\ln(X)$．

全体の二乗和（TSS）[Total sum of squares (TSS)]
Y_i とその平均 $\bar{Y}$ との差の二乗和．

尖度 [Kurtosis]
確率分布のすその厚みを測る指標．

相関 [Correlation]
2 つの確率変数がともに変動する程度を表す無単位の指標．X と Y の間の相関（あるいは相関係数）は $\sigma_{XY}/\sigma_X\sigma_Y$ で，$\mathrm{corr}(X,Y)$ と表記される．

相関係数 [Correlation coefficient]
相関 [correlation] を参照．

相互作用項 [Interaction term]
他の説明変数との積で表される説明変数．たとえば $X_{1i} \times X_{i2}$．

操作変数 [Instrumental variable, instrument]
内生的な説明変数と相関があり（操作変数の妥当性），回帰誤差とは相関のない（操作変数の外生性）変数．

操作変数（IV）回帰 [Instrumental variables ⟨IV⟩ regression]
説明変数 X が誤差項 u と相関するときに，母集団回帰関数の未知係数の一致推定量を得る手法．

第 1 段階の回帰 [First-stage regression]
2 段階最小二乗法における第 1 段階．モデルに含まれた内生変数を，操作変数と（もしあれば）付加された外生変数で説明する回帰．

第 1 のタイプの誤り，タイプ I エラー [Type I error]
仮説検定において，帰無仮説が正しいときに棄却してしまうというエラー．

第 2 のタイプの誤り，タイプ II エラー [Type II error]
仮説検定において，帰無仮説が誤りであるときに棄却されないというエラー．

対数 [Logarithm]
　正の値に関して定義される数学の関数．傾きは常に正だがゼロに近づいていく．自然対数は指数関数の逆関数，すなわち $X = \ln(e^X)$．

対数・線形モデル [Log-linear model]
　非線形の回帰関数．被説明変数は $\ln(Y)$，説明変数は X．

対数・対数モデル [Log-log model]
　非線形の回帰関数．被説明変数は $\ln(Y)$，説明変数は $\ln(X)$．

大数の法則 [Law of large numbers]
　確率理論の1つの結果．それによると，一般的な条件そして大標本の下，標本平均は母集団の平均に高い確率で近づく．

対立仮説 [Alternative hypothesis]
　帰無仮説が誤りであるとき，代わりに正しいと仮定される仮説．対立仮説はしばしば H_1 と記載される．

多項式回帰モデル [Polynomial regression model]
　非線形の回帰関数．説明変数には $X, X^2, \ldots, X^r$ が含まれる（r は整数）．

多重共線性 [Multicollinearity]
　完全な多重共線性 [perfect multicollinearity] と不完全な多重共線性 [imperfect multicollinearity] を参照．

多変数回帰モデル [Multiple regression model]
　1説明変数回帰モデルの拡張．Y は k 個の説明変数に依存する．

ダミー変数 [Dummy variable]
　(0,1) 変数 [binary variable] を参照．

ダミー変数のわな [Dummy variable trap]
　フルセットの (0,1) 変数と定数項（切片）を回帰式に含めることで生じる問題．完全な多重共線性．

単位根 [Unit root]
　自己回帰の最大の解（あるいは根）が1である場合．

単純な無作為抽出 [Simple random sampling]
　母集団から主体がランダムに抽出されるとき．その手法では，どの主体も選ばれる可能性が等しいことが保証されている．

チャウ・テスト [Chow test]
　時系列回帰係数の変化（ブレイク）に関するテスト．ブレイク日付は既知．

中心極限定理 [Central limit theorem]
　数理統計の1つの結果．一般的な条件そして大標本の下，標準化された標本平均の標本分布は標準正規分布に近似される．

長期の累積的な動学乗数 [Long-run cumulative dynamic multiplier]
　時系列変数 X の1単位変化が Y へ及ぼす長期の累積的な効果．

強い外生性 [Strict exogeneity]
　分布ラグモデルにおいて，説明変数の過去，現在，将来の値の下で回帰誤差の条件付平均がゼロのとき．

定常性 [Stationarity]
　時系列変数とそのラグの結合分布が時間を通じて変化しないとき．

定数項 [Constant term]
　回帰式の切片．

テストのサイズ [Size of a test]
　帰無仮説が正しいときに，テストが誤って帰無仮説を棄却する確率．

同一の分布 [Identically distributed]
　複数の確率変数が同じ分布を持っている場合．

動学乗数 [Dynamic multiplier]
　h 期の動学乗数とは，時系列変数 X_t の1単位変化が Y_{t+h} へ及ぼす効果．

動学的な因果関係の効果 [Dynamic causal effect]
　ある変数が別の変数の現在と将来の値に及ぼす因果関係の効果．

統計的に有意である [Statistically signifi-

cant]
　　帰無仮説（典型的には回帰係数＝ゼロ）が設定された有意水準で棄却されるとき．

統計的に有意でない [Statistically insignificant]
　　帰無仮説（典型的には回帰係数＝ゼロ）が設定された有意水準で棄却されないとき．

同時双方向の因果関係によるバイアス [Simultaneous causality bias]
　　関心のある X から Y への因果関係に加えて，Y から X への因果関係も存在する場合．このとき，母集団回帰において X と誤差項は相関する．

同時方程式バイアス [Simultaneous equation bias]
　　同時双方向の因果関係によるバイアス [simultaneous causality bias] を参照．

独立 [Independence]
　　ある確率変数の値を知ることで，別の確率変数の値について何も情報を提供しないとき．2つの確率変数は，その結合分布が各々の限界分布の積となるとき独立である．

ドリフト付きランダムウォーク [Random walk with drift]
　　ランダムウォークの一般化．その変数の変化はゼロではない平均を持つが，それ以外は予測不可能である．

内生変数 [Endogenous variable]
　　誤差項と相関のある変数．

内部の正当性 [Internal validity]
　　因果関係の効果に関する統計的推論が，対象とする母集団において正当であるとき．

2次の回帰モデル [Quadratic regression model]
　　説明変数に X と X^2 を含む非線形回帰関数．

2段階最小二乗法 [Two stage least squares]
　　基本概念12.2で表される操作変数推定量．

2変数正規分布 [Bivariate normal distribution]
　　2つの確率変数の結合分布を表す拡張された正規分布．

バイアス [Bias]
　　推定量と推定される真のパラメターとの差の期待値．μ_Y の推定量が $\hat{\mu}_Y$ のとき，$\hat{\mu}_Y$ のバイアスは $E(\hat{\mu}_Y) - \mu_Y$．

パネルデータ [Panel data]
　　多数の主体に関するデータで，2つ以上の時点で観測される．

パラメター [Parameter]
　　確率分布や母集団回帰の特性を表す定数．

バランスしたパネル [Balanced panel]
　　欠損値のないパネルデータ．そこで変数は各主体と各時点について観測される．

パワー [Power]
　　対立仮説が正しいときに，テストが正しく帰無仮説を棄却する確率．

被説明変数 [Dependent variable, regressand]
　　回帰や他の統計モデルにおいて説明される変数．回帰式の左辺の変数．

非線形回帰関数 [Nonlinear regression function]
　　傾きが一定でない回帰関数．

非線形最小二乗推定量 [Nonlinear least squares estimator]
　　残差の二乗和を最小化して求める推定量で，回帰関数がパラメターの非線形関数のときに用いられる．

非線形最小二乗法 [Nonlinear least squares]
　　OLSと類似した手法で，回帰関数が未知パラメターの非線形関数のときに用いられる．

非定常的 [Nonstationary]
　　時系列変数とそのラグの結合分布が時間を通じて変化する場合．

標準正規分布 [Standard normal distribution]

平均0，分散1を持つ正規分布．$N(0,1)$と表記される．

標準偏差 [Standard deviation]
　分散の平方根．確率変数Yの標準偏差は，σ_Yと表記され，Yと同じ単位を持ち，平均の周りのYの分布の散らばりを測る．

標本共分散 [Sample covariance]
　2つの確率変数間の共分散に関する推定量．

標本セレクションによるバイアス [Sample selection bias]
　回帰係数の推定量におけるバイアスの1つ．標本の選別プロセスがデータの利用可能性に影響し，そのプロセスが被説明変数とも関係がある場合に発生する．これは説明変数と誤差項の相関につながる．

標本相関 [Sample correlation]
　2つの確率変数間の相関に関する推定量．

標本標準偏差 [Sample standard deviation]
　確率変数の標準偏差に関する推定量．

標本分散 [Sample variance]
　確率変数の分散に関する推定量．

標本分布 [Sampling distribution]
　起こりうるすべての標本に基づく統計量の分布．同じ母集団から繰り返しサンプルを抽出して統計量を求めることでその分布は形成される．

付加された外生変数 [Included exogenous variables]
　操作変数回帰において付加される，誤差項と相関のない説明変数．

不完全な多重共線性 [Imperfect multicollinearity]
　2つ以上の説明変数が強く相関している状況．

不均一分散 [Heteroscedasticity]
　誤差項u_iの分散（説明変数の条件付き）が一定でない状況．

不均一分散と自己相関を考慮した（HAC）標準誤差 [Heteroscedasticity- and autocorrelation-consistent〈HAC〉standard error]
　OLS推定量の標準誤差．回帰誤差に不均一分散あるいは自己相関が存在する場合に利用される．

不均一分散を考慮したt統計量 [Heteroscedasticity-robust t-statistic]
　不均一分散を考慮した標準誤差を使って作成されたt統計量．

不均一分散を考慮した標準誤差 [Heteroscedasticity-robust standard error]
　OLS推定量の標準誤差．その利用は，誤差項が均一分散か不均一分散かにかかわらず適切である．

含まれた内生変数 [Included endogenous variables]
　操作変数回帰において含まれる，誤差項と相関のある説明変数．

部分的な効果 [Partial effect]
　ある説明変数の変化がもたらすYへの効果．その際，他の説明変数は一定と仮定される．

部分的な順守 [Partial compliance]
　ランダムにコントロールされた実験において，処置の手順に従わない被験者がいる場合に発生する．

不偏推定量 [Unbiased estimator]
　バイアスがゼロの推定量．

ブレイクの日付 [Break date]
　母集団の時系列回帰の係数が変化する日付．

プログラム評価 [Program evaluation]
　プログラム，政策，介入など「処置（トリートメント）」の効果を推定する研究分野．

プロビット回帰 [Probit regression]
　(0,1)被説明変数の非線形回帰モデル．母集団回帰関数は標準正規累積分布関数を使ってモデル化される．

分散 [Variance]
　確率変数とその平均の差の二乗に対する期待値．Yの分散はσ_Y^2と表記される．

分布における収束 [Convergence in distribution]
　一続きの分布がある極限に収束するとき．正確な定義は17.2節に与えられる．

分布のモーメント [Moments of a distribution]
　確率変数の累乗の期待値．Yのi次のモーメントは$E(Y^i)$．

分布ラグモデル [Distributed lag model]
　説明変数がXの現在およびラグの値からなる回帰モデル．

平均 [Mean]
　確率変数の期待値．Yの平均はμ_Yと表記される．

平均の差のテスト [Test for a difference in mean]
　2つの母集団が同じ平均を持つかどうかのテスト．

ベイズ情報量基準 [Bayes information criterion]
　情報量基準 [information criterion] を参照．

ベクトル自己回帰 [Vector autoregression]
　k本の式からなるk個の時系列変数に関するモデル．各式はそれぞれの変数に対応し，各式の説明変数はすべての変数のラグ値を含む．

ベルヌーイ確率変数 [Bernoulli random variable]
　2つの値(0,1)を取る確率変数．

ベルヌーイ分布 [Bernoulli distribution]
　ベルヌーイ確率変数の確率分布．

変数の計測誤差によるバイアス [Errors-in-variables bias]
　説明変数の計測誤差によって生じる回帰係数の推定量のバイアス．

変動率のかたまり [Volatility clustering]
　時系列変数が，分散の高い時期のかたまりと分散の低い時期のかたまりを示す場合．

母集団 [Population]
　分析される主体の集合——人々，企業，学区など．

母集団回帰線 [Population regression line]
　1説明変数回帰の母集団回帰線は$\beta_0 + \beta_1 X_i$．多変数回帰では$\beta_0 + \beta_1 X_{1i} + \beta_2 X_{2i} + \cdots + \beta_k X_{ki}$．

母集団の係数 [Population coefficients]
　母集団の切片と傾き [population intercept and slope] を参照．

母集団の切片と傾き [Population intercept and slope]
　1説明変数回帰における切片β_0と傾きβ_1の真の（母集団の）値．多変数回帰においては各説明変数に対応して多数の傾きの係数が存在する（$\beta_1, \beta_2, \ldots, \beta_k$）．

母集団の多変数回帰モデル [Population multiple regression model]
　基本概念6.2の多変数回帰モデル．

ホーソン効果 [Hawthorne effect]
　実験参加による影響 [experimental effect] を参照．

無相関な [Uncorrelated]
　2つの確率変数の相関がゼロであるとき．

有意水準 [Significance level]
　統計的な仮説検定において，帰無仮説が正しい下で帰無仮説を棄却する確率．有意水準はあらかじめ設定される．

予測区間 [Forecast interval]
　時系列変数の将来の値があらかじめ設定された確率で含まれる区間．

予測誤差 [Forecast error]
　変数の現実の値と予測された値との差．

予測値 [Predicted value, fitted value]
　OLS回帰線から予測されるY_iの値．本書では$\hat{Y}_i$と表記される．

予測の平方根平均二乗誤差 [Root mean squared forecast error]
　予測誤差を二乗して平均を取り，その平方根を取った値．

弱い操作変数 [Weak instruments]
　内生的な説明変数との相関が弱い操作変数．

ラグ [Lags]
　時系列変数の過去の時点における値．Y_t の j 期ラグは Y_{t-j}．

ランダムウォーク [Random walk]
　時系列過程のモデル．その変数の値は1期前の値と予測されない誤差項の和に等しい．

ランダムにコントロールされた実験 [Randomized controlled experiment]
　その実験において参加者は，（処置を受け取らない）コントロール・グループと（処置を受け取る）トリートメント・グループにランダムに割り当てられる．

離散的な確率変数 [Discrete random variable]
　離散的な値を取る確率変数．

両側の対立仮説 [Two-sided alternative hypothesis]
　その対立仮説において関心あるパラメターは，帰無仮説で与えられた値と異なる．

臨界値 [Critical value]
　与えられた有意水準で帰無仮説を棄却するテスト統計量の値．

累積確率分布 [Cumulative probability distribution]
　確率変数がある値以下となる確率を表す関数．

累積的な動学乗数 [Cumulative dynamic multiplier]
　時系列変数 X の1単位変化が Y へ及ぼす累積的な効果．h 期の累積的な動学乗数とは，X_t の1単位変化が $Y_t + Y_{t+1} + \cdots + Y_{t+h}$ へ及ぼす効果．

累積分布関数 [Cumulative distribution function (c.d.f.)]
　累積確率分布 [cumulative probability distribution] を参照．

連続的な確率変数 [Continuous random variable]
　連続した値を取る確率変数．

ロジット回帰 [Logit regression]
　(0,1) 被説明変数の非線形回帰モデル．母集団回帰関数はロジスティック累積分布関数を使ってモデル化される．

歪度 [Skewness]
　確率分布の非対称性を測る指標．

和分の次数 [Order of integration]
　時系列変数が定常的になるために必要な階差の回数．p 次の和分時系列変数は p 回階差を取らなければならない．$I(p)$ と表記される．

英（和）索引

■ A

acceptance region（採択域）, 71
ADF（augmented Dickey-Fuller）test（ADF テスト）, 500
ADF（augmented Dickey-Fuller）statistic（ADF 統計量）, 499
adjusted R^2（修正済み R^2）, 179
ADL（autoregressive distributed lag, 自己回帰・分布ラグ）model, 482
AIC（Akaike information criterion, 赤池情報量基準）, 490
Akaike information criterion, AIC（赤池情報量基準）, 490
alternative hypothesis（対立仮説）, 65
alternative specification（代替的なモデル特定化）, 210
AR（autoregression, 自己回帰）, 474
ARCH（autoregressive conditional heteroscedasticity, 自己回帰の条件付不均一分散）, 587, 597
ARMA（autoregressive-moving average, 自己回帰・移動平均）model, 524
asymptotic distribution（漸近分布）, 44, 613
asymptotic（漸近的）, 44, 610
asymptotically normally distributed（漸近的に正規分布に従う）, 50
attrition（人員減少）, 420
augmented Dickey-Fuller〈ADF〉statistic（augmented Dickey-Fuller〈ADF〉統計量）, 499
augmented Dickey-Fuller〈ADF〉test（augmented Dickey-Fuller〈ADF〉テスト）, 500
autocorrelated（自己相関がある）, 322
autocorrelation coefficient（自己相関係数）, 471

autocorrelation（自己相関）, 471
autocovariance（自己共分散）, 471
autoregression, AR（自己回帰）, 474
autoregressive conditional heteroscedasticity, ARCH（自己回帰の条件付不均一分散）, 587, 597
autoregressive distributed lag〈ADL〉model（自己回帰・分布ラグモデル）, 482
autoregressive-moving average〈ARMA〉model（自己回帰・移動平均モデル）, 524
average causal effect（因果関係の平均的な効果）, 447
average treatment effect（処置の平均的な効果）, 447

■ B

balanced panel（バランスしたパネル）, 308
base specification（基本となるモデル特定化）, 210
Bayes information criterion, BIC（ベイズ情報量基準）, 489
behavioral economics（行動経済学）, 81
Bernoulli distribution（ベルヌーイ分布）, 18
Bernoulli random variable（ベルヌーイ確率変数）, 18
Best Linear conditionally Unbiased Estimator, BLUE（最良な線形の条件付不偏推定量）, 149–150
Best Linear Unbiased Estimator, BLUE（最良な線形不偏推定量）, 62, 549, 620, 645, 649
bias（偏り）, 62
biased（偏りを持つ）, 61
BIC（Bayes information criterion, ベイズ情報量基準）, 489
binary variable（(0,1) 変数）, 141

bivariate normal distribution（2変数正規分布）, 37
BLUE（Best Linear Unbiased Estimator）, 62, 149-150, 549, 620, 645, 649
Bonferroni test（ボンフェローニ・テスト）, 223
break date（ブレイクの日付）, 503

■ C

capital asset pricing model, CAPM（資産価格決定モデル）, 109
causal effect（因果関係の効果）, 7-9, 77, 417
causality（因果性）, 7
censored regression model（取り除かれた回帰モデル）, 368
central limit theorem（中心極限定理）, 46
Chebychev's inequality（チェビチェフの不等式）, 611
chi-squared distribution, χ_m^2（カイ二乗分布）, 39
ClassSize（クラス規模）, 100
clustered standard error（クラスター標準誤差）, 323
coefficient(s)（係数）, 102
—— multiplying D_i（D_i にかかる係数）, 142
—— on D_i（D_i の係数）, 142
—— on X_{1i}（X_{1i} の係数）, 172
—— on X_{2i}（X_{2i} の係数）, 172
cointegrated（共和分の関係にある）, 587, 589
cointegrating coefficient（共和分係数）, 589
column vector（列ベクトル）, 666
common stochastic trend（共通した確率トレンド）, 497
common trend（共通トレンド）, 587
conditional distribution of Y given X（X が与えられた下での Y の条件付分布）, 27
conditional expectation of Y given X（X が与えられた下での Y の条件付期待値）, 28
conditional mean independence（条件付平均の独立）, 424
conditional mean of Y given X（X が与えられた下での Y の条件付平均）, 28
conditional variance（条件付分散）, 30
confidence interval（信頼区間）, 73
—— for β_1（β_1 の信頼区間）, 140
confidence level（信頼水準）, 73, 140
confidence set（信頼集合）, 73
consistency（一致性）, 45, 61
consistent estimator（一致推定量）, 62, 611

constant regressor（一定の説明変数）, 173
constant term（定数項）, 173
Consumer Price Index, CPI（消費者物価指数）, 11, 79
continuous mapping theorem（連続マッピング定理）, 614
continuous random variable（連続的な確率変数）, 16
control group（コントロール・グループ）, 8
control variable（コントロール変数）, 172
controlling for X_2（X_2 をコントロールした下での）, 172
convergence in distribution（分布における収束）, 613
convergence in probability（確率における収束）, 45, 611
correlation（相関）, 31
count data（カウントデータ）, 369
covariance（共分散）, 31
covariance matrix（共分散行列）, 669
coverage probability（カバー確率）, 74
CPI（Consumer Price Index, 消費者物価指数）, 11, 79
critical value（臨界値）, 71
cross-sectional data（クロスセクション・データ）, 10
cubic regression model（3次の回帰モデル）, 234
cumulative distribution function, c.d.f.（累積分布関数）, 18
cumulative distribution（累積分布）, 18
cumulative dynamic multiplier（累積的な動学乗数）, 538
cumulative probability distribution（累積確率分布）, 17
Current Population Survey, CPS（現代人口調査）, 32, 78, 64, 94

■ D

degrees of freedom（自由度）, 68
density（密度）, 18
density function（密度関数）, 18
dependent variable（被説明変数）, 101
deterministic trend（決定論的トレンド）, 493
DF-GLS test（DF-GLS テスト）, 581
diagonal matrix（対角行列）, 666
Dickey-Fuller statistic（Dickey-Fuller 統計量）, 498
Dickey-Fuller test（Dickey-Fuller テスト）, 498

differences estimator（階差推定量），418
　　── with additional regressors（説明変数を追加した階差推定量），424
differences-in-differences estimator（階差の階差推定量），427
　　── with additional regressors（説明変数を追加した階差の階差推定量），429
direct multiperiod forecast（多期間の直接予測），578
discrete choice（離散選択），370
discrete random variable（離散的な確率変数），16
distributed lag model（分布ラグモデル），532
DOLS（dynamic OLS，ダイナミック OLS），591
dummy variable（ダミー変数），141
　　── trap（ダミー変数のわな），186
dynamic causal effect（動学的な因果関係の効果），527
dynamic multiplier（動学乗数），537
dynamic OLS, DOLS（ダイナミック OLS），591

■ E
econometrics（計量経済学），3
efficiency（効率性），61
efficient（効率的），62
efficient GMM（効率的な GMM），658
EG-ADF test（EG-ADF テスト），590
eigenvalue（固有値），668
eigenvector（固有ベクトル），668
elasticity（弾力性），236
endogenous variable（内生変数），372
Engle-Granger ADF test（Engle-Granger ADF テスト），590
entity and time fixed effects regression model（主体と時間の固定効果回帰モデル），319
entity fixed effects（主体の固定効果），314
error correction term（誤差修正項），588
error term（誤差項），102
errors-in-variables bias（変数の計測誤差によるバイアス），282
ESS（explained sum of squares），110, 178
estimate（推定値），61
estimated WLS（推定された WLS），622
estimator（推定量），61
event（イベント），16
exact distribution（正確な分布），44

exactly identified（過不足なく識別される），381
exogeneity（外生性），534
exogenous variable（外生変数），372
expectation（期待），20
expected value（期待値），20
experiment（実験），8, 77, 416
experimental data（実験データ），9
explained sum of squares, ESS（説明された二乗和），110, 178
exponential function（指数関数），236
externally valid（外部に正当），276

■ F
F distribution（F 分布），40
feasible GLS（実行可能な GLS），650
　　── estimator（実行可能な GLS 推定量），548
feasible WLS（実行可能な WLS），622
finite-sample distribution（有限標本の分布），44
first difference（1 回階差），469
first lag（1 期ラグ），469
first lagged value（1 期のラグ値），469
first-stage F-statistic（第 1 段階での F 統計量），389
first-stage regression(s)（第 1 段階の回帰），383
fixed effects regression model（固定効果回帰モデル），314
forecast（予測），475
forecast error（予測誤差），475
forecast interval（予測区間），487
fraction correctly predicted（正しく予測される割合），352
freezing degree days（氷点下気温日数），529
F-statistic（F 統計量），202
functional form misspecification（関数形の特定化ミス），281

■ G
Gauss-Markov conditions（ガウス・マルコフ条件），161
　　── for multiple regression（多変数回帰のガウス・マルコフ条件），644
Gauss-Markov theorem（ガウス・マルコフ定理），150
　　── for multiple regression（多変数回帰のガウス・マルコフ定理），645
generalized ARCH, GARCH（一般化

ARCH), 597
generalized least squares, GLS（一般化最小二乗法）, 544, 647
generalized method of moments, GMM（一般化モーメント法）, 398, 658
GARCH（generalized ARCH, 一般化ARCH）, 597
GLS（generalized least squares, 一般化最小二乗法）, 544, 647
GMM（generalized method of moments, 一般化モーメント法）, 398, 658
—— J-statistic（GMM J 統計量）, 659
Granger causality statistic（グレンジャーの因果性統計量）, 485
Granger causality test（グレンジャーの因果性テスト）, 485
Granger predictability（グレンジャーの予測力）, 485

■ H
HAC standard error（HAC 標準誤差）, 541-543
Hawthorne effect（ホーソン効果）, 420
heavy tail（厚いすそ）, 25
heteroscedasticity（不均一分散）, 144, 174
heteroscedasticity- and autocorrelation-consistent〈HAC〉standard error（不均一分散と自己相関を考慮した標準誤差）, 323, 541-543
heteroscedasticity-robust J-statistics（不均一分散を考慮した J 統計量）, 659
heteroscedasticity-robust standard error（不均一分散を考慮した標準誤差）, 147
holding X_2 constant（X_2 を一定にした下での）, 172
homoscedasticity（均一分散）, 144, 174
homoscedastic normal regression assumptions（均一分散・正規分布回帰の仮定）, 152
homoscedasticity-only F-statistic（均一分散のみに有効な F 統計量）, 205
homoskedasticity-only standard error（均一分散のみに有効な標準誤差）, 146
hypothesis test（仮説検定）, 64

■ I
idempotent matrix（ベキ等行列）, 641, 669
identically distributed（同一の分布に従う）, 42
identity matrix I_n（単位行列）, 666

impact effect（インパクト効果）, 538
imperfect multicollinearity（不完全な多重共線性）, 186
included exogenous variables（付加された外生変数）, 381
independent variable（説明変数）, 101
independence（独立）, 30
independently and indentically distributed, i.i.d.（独立で同一の分布に従う）, 42
independently distributed（独立した分布に従う）, 30
indicator variable（インディケーター変数）, 141
infeasible GLS（実行不可能な GLS）, 649
—— estimator（実行不可能な GLS 推定量）, 548
infeasible WLS（実行不可能な WLS）, 621
in-sample（サンプル内の）, 475
instrument exogeneity（操作変数の外生性）, 373
instrument relevance（操作変数の妥当性）, 372
instrumental variables〈IV〉regression（操作変数回帰）, 371
instrumental variables, instruments（操作変数）, 371
integrated of order d, $I(d)$（d 次の和分）, 580
integrated of order one, $I(1)$（1 次の和分）, 580
integrated of order two, $I(2)$（2 次の和分）, 580
integrated of order zero, $I(0)$（0 次の和分）, 580
interacted regressor（相互作用の説明変数）, 246
interaction regression model（相互作用回帰モデル）, 246
interaction term（相互作用項）, 246
intercept（切片）, 102, 172
internally valid（内部に正当）, 276
inverse（逆行列）, 668
invertible（可逆）, 668
iterated multiperiod AR forecast（多期間の繰り返し AR 予測）, 576
iterated multiperiod VAR forecast（多期間の繰り返し VAR 予測）, 576
IV（instrumental variables, 操作変数）, 371

英(和)索引　709

■ J

joint hypothesis（結合仮説），200
joint probability distribution（結合確率分布），26
jointly stationary（結合して定常的），483
j^{th} autocovariance（j次の自己共分散），471

■ K

kurtosis（尖度），25

■ L

LAD（least absolute deviations，最小絶対乖離推定量），151
lag operator（ラグオペレータ），523
lag polynominal（ラグ多項式），523
large n（大標本），50
law of average（平均の法則），45
law of iterated expectations（繰り返し期待値の法則），29
law of large numbers（大数の法則），45
least absolute deviations, LAD（最小絶対乖離推定量），151
least squares assumptions（最小二乗法の仮定），113
least squares estimator（最小二乗推定量），63
left-hand variable（左辺の変数），102
leptokurtic（急尖的），25
likelihood function（尤度関数），350
limited dependent variable（限定された被説明変数），338
limited information maximum likelihood, LIML（限定情報最尤推定量），413
LIML（limited information maximum likelihood，限定情報最尤推定量），413
linear probability model（線形確率モデル），340
linear regression model with a single regressor（1つの説明変数を持つ線形回帰モデル），101
linear-log model（線形・対数モデル），238
linearly independent（線形独立），668
local average treatment effect（処置のローカル平均の効果），449
logistic regression（ロジスティック回帰），342
logit（ロジット），342
log-linear model（対数・線形モデル），239
log-log model（対数・対数モデル），240
longitudinal data（時間縦断的データ），12
long-run cumulative dynamic multiplier（長期の累積的な動学乗数），538

■ M

MA（moving average，移動平均），519
marginal probability distribution（限界確率分布），26
matrix（行列），666
maximum likelihood（最尤法），346, 349
maximum likelihood estimator，MLE（最尤推定量），36, 350
mean, μ_Y（平均），20
mean squared forecast error, MSFE（予測の平均二乗誤差），486
mean vector（平均ベクトル），669
meta-analysis（メタ分析），278
MLE（maximum likelihood estimator，最尤推定量），350
moments of a distribution（分布のモーメント），23
moving average〈MA〉model（移動平均モデル），519
MSFE（mean squared forecast error，予測の平均二乗誤差），486
multicollinearity（多重共線性），370
multinominal logit（多項ロジット），370
multinominal probit（多項プロビット），370
multiple choice（複数選択），370
multiple regression model（多変数回帰モデル），171
multivariate normal distribution（多変数正規分布），37

■ N

natural experiment（自然実験），79, 439
natural logarithm（自然対数），236
Newey-West variance estimator（Newey-Westの分散推定量），542
nonlinear least squares, NLLS（非線形最小二乗法），273, 548
―― estimator（非線形最小二乗推定量），273
nonlinear regression function（非線形回帰関数），230
nonsingular（非特異），635, 668
nonstationary（非定常的），483
normal distribution（正規分布），35
null hypothesis（帰無仮説），65, 135
null matrix $0_{n \times m}$（ゼロ行列），666

■ O

observation number (観測値番号), 10
observational data (観測データ), 9
OLS (ordinary least squares, 最小二乗法), 106, 175
OLS regression line (OLS 回帰線), 106, 175
OLS residual (OLS 残差), 175
omitted variable bias (除外された変数のバイアス), 166
one-sided alternative hypothesis (片側の対立仮説), 73
order of integration (和分の次数), 580
ordered probit model (順序付けられたプロビットモデル), 370
ordered response data (順序付けられた反応データ), 369
ordinary least squares 〈OLS〉estimator (最小二乗〈OLS〉推定量), 106, 175
outcomes (事象), 16
outlier (異常値), 25
out-of-sample (サンプル外の), 475
overidentified (過剰に識別される), 381

■ P

panel data (パネルデータ), 12, 308
parameters (パラメター), 102
partial compliance (部分的な順守), 419
partial effect (部分的な効果), 173
past and present exogeneity (過去と現在の外生性), 534
past, present, and future exogeneity (過去, 現在そして将来の外生性), 534
percentile (分位値, パーセンタイル値), 32
perfect multicollinearity (完全な多重共線性), 181
perfectly multicollinear (完全に多重共線的), 181
polynominal regression model (多項式回帰モデル), 234
population (母集団), 41
—— of interest (関心ある母集団), 276
—— studied (分析される母集団), 276
—— multiple regression model (母集団の多変数回帰モデル), 173
—— regression function (母集団の回帰関数), 101, 172
—— regression line (母集団の回帰線), 101, 172
positive definite (正値定符号), 636, 668
——matrix, 668

positive semidefinite (半正値定符号), 655, 668
——matrix, 668
power (パワー), 71
predicted value (予測値), 106, 175, 475
predictors (予測変数), 478
price elasticity of demand (需要の価格弾力性), 5
probability (確率), 16
probability density function (確率密度関数), 18
probability distribution (確率分布), 16
probit (プロビット), 342
program evaluation (プログラム評価), 415
pseudo out-of-sample forecasting (準サンプル外予測), 508
pseudo-R^2 (疑似的 R^2), 352
pth order autoregressive model, AR(p) (p 次の自己回帰モデル), 477
p-value (p 値), 66, 135

■ Q

quadratic regression model (2 次の回帰モデル), 227
Quandt likeihood ratio statistic, QLR (クウォント尤度比統計量), 504
quasi-difference (疑似的階差), 545
quasi-experiment (準実験), 79, 439

■ R

random sampling (無作為な標本抽出, ランダム・サンプリング), 41, 63
random variable (確率変数), 16
random walk (ランダムウォーク), 494
—— with drift (ドリフト付きランダムウォーク), 494
randomized controlled experiment (ランダムにコントロールされた実験), 8
rank (階数), 668
reduced form (誘導形), 382
regressand (被説明変数), 101
regression R^2 (回帰の R^2, 決定係数), 110
regressor (説明変数), 101
rejection region (棄却域), 71
repeated cross-sectional data (繰り返しクロスセクション・データ), 442
residual (残差), 106
restricted regression (制約付きの回帰), 205
restrictions (制約), 200
right-hand variable (右辺の変数), 102

RMSFE（root mean squared forecast error, 予測の平方根平均二乗誤差），475
root mean squared forecast error, RMSFE（予測の平方根平均二乗誤差），475
R^2（決定係数），110, 111, 178, 211
r^{th} moment（r 次のモーメント），25

■ S

sample correlation（標本相関），85
sample correlation coefficient（標本相関係数），85
sample covariance（標本共分散），85
sample selection bias（標本セレクションによるバイアス），284
sample space（標本空間），16
sample standard deviation（標本標準偏差），68
sample variance（標本分散），67
sampling distribution（標本分布），43
scalar（スカラー），666
scatterplot（散布図），84
Schwarz information criterion, SIC（シュワルツ情報量基準），489
second difference（2 回階差），580
second-stage regression（第 2 段階の回帰），383
SER（standard error of the regression, 回帰の標準誤差），111, 178
serial correlation（系列相関），289, 471
serially correlated（系列相関がある），322
setting（設定），276, 277
SIC（Schwarz information criterion, シュワルツ情報量基準），489
significance level（有意水準），71
significance probability（有意確率），66
simple random sampling（単純な無作為抽出），41
simultaneous causality（同時双方向の因果関係），6, 285
simultaneous equations bias（同時方程式バイアス），287
size（サイズ），71
skewnes（歪度），23
slope（傾き），102
slope coefficient of X_{1i}（X_{1i} の傾きの係数），172
slope coefficient of X_{2i}（X_{2i} の傾きの係数），172
Slutsky's theorem（スルツキー定理），614
small n（小標本），50

spurious regression（見せかけの回帰），497, 586
square matrix（正方行列），666
SSR（sum of squared residuals, 残差の二乗和），111, 178, 205
standard deviation（標準偏差），21
standard error（標準誤差），68
── of $\hat{\beta}_1$（$\hat{\beta}_1$ の標準誤差），135
── of the regression, SER（回帰の標準誤差），111, 178
standard normal distribution（標準正規分布），35
standardize（標準化），35
stationarity（定常性），483
stationary（定常的），483
stochastic trend（確率トレンド），493
STR（生徒・教師比率），112, 180
strict exogeneity（強い外生性），534
Student t distribution（ステューデント t 分布），40
sum of squared residuals, SSR（残差の二乗和），111, 178, 205
sup-Wald statistic（最大ワルド統計量），504
survivorship bias（生存者バイアス），286
symmetric matrix（対称行列），666

■ T

t distribution（t 分布），40
test of overidentifying restrictions（過剰識別制約のテスト），392
test statistic（テスト統計量），69
TestScore（テスト成績，共通テスト成績），112, 180
time fixed effects regression model（時間の固定効果回帰モデル），318
time fixed effects（時間の固定効果），318
time series data（時系列データ），11, 116
tobit（トービット），368
total sum of squares, TSS（全体の二乗和），110, 178
transpose（転置），667
t-ratio（t 比率），69
treatment（トリートメント，処置），77, 417
treatment effect（処置の効果），77, 418
treatment group（トリートメント・グループ），8
trend（トレンド），493
truncated regression model（切断された回帰モデル），369
truncation parameter（トランケーション・

パラメーター), 542
TSS (total sum of squares, 全体の二乗和), 110, 178
TSLS (two stage least squares, 2段階最小二乗法), 373, 383
t-statistic (t 統計量), 69, 135
two stage least squares, TSLS (2段階最小二乗法), 373, 383
two-sided alternative hypothesis (両側の対立仮説), 65, 135
t-value (t 値), 69

■ U

unbalanced panel (アンバランスなパネル), 308
unbiased estimator (不偏推定量), 62
unbiasedness (不偏性), 60
uncorrelated (無相関), 31
underidentified (過少に識別される), 381
unit autoregressive root (自己回帰の単位根), 495
unit root (単位根), 495
unrestricted regression (制約なしの回帰), 205

■ V

VAR (vector autoregression, ベクトル自己回帰), 570
variance (分散), 21
—— of Y conditional on X (X の下での Y の条件付分散), 30
VECM (vector error correction model, ベクトル誤差修正モデル), 588
vector (ベクトル), 666
vector autoregression, VAR (ベクトル自己回帰), 570
vector error correction model, VECM (ベクトル誤差修正モデル), 588
volatility clustering (変動率のかたまり), 596

■ W

weak dependence (弱依存性), 484
weak instruments (弱い操作変数), 388
weighted least squares, WLS (ウエイト付き最小二乗法), 151, 620
WLS (weighted least squares, ウエイト付き最小二乗法), 151, 620
—— estimator (WLS 推定量), 621
Wold decomposition theorem (ワルド分解定理), 524
Wright, Philip G. (フィリップ・ライト), 374
Wright, Sewall (セウォール・ライト), 374

和(英)索引

■記号／数字

$\hat{\beta}$（係数 β の推定量）
　　――の漸近的な正規性, 636
　　――の漸近分布の導出, 670
β_0（切片）
　　――の信頼区間, 140
$\hat{\beta}_0$（β_0 の推定量）
　　――と $\hat{\beta}_1$ の大標本分布, 119
　　――, $\hat{\beta}_1$, ..., $\hat{\beta}_k$ の大標本分布, 184
β_1（傾き）
　　――に関する片側テスト, 137
　　――に関する両側テスト, 134
　　――の信頼区間（confidence interval for β_1）, 140
　　――の信頼区間, 140
$\hat{\beta}_1$（β_1 の推定量）
　　――が一致性を持つ, 616
　　――が不偏, 129
　　――の大標本分布, 615
　　――の標準誤差（standard error of $\hat{\beta}_1$）, 135
$\hat{\beta}_1^{TSLS}$（β_1 の TSLS 推定量）
　　――の一致性, 378
　　――の標本分布, 378
χ_m^2（カイ二乗分布）, 39, 629
μ_Y（期待値または平均）, 20
Ω（誤差項の条件付共分散行列）, 647
　　――が既知のときの GLS, 648
　　――が未知パラメーターの非線形関数, 649
ρ_j（j 次の自己相関）, 471
$\hat{\rho}_j$（j 次の標本自己相関）, 471
ρ_{Xu}（X_i と u_i の相関，corr(X_i, u_i)）, 168
σ_{XY}（共分散）, 31
σ_Y（標準偏差）, 21
　　――が既知, 66
　　――が未知, 69
σ_Y^2（分散）, 21
$\sigma_{\bar{Y}}$（$\bar{Y}$ の標準偏差）, 43
$\sigma_{\bar{Y}}^2$（$\bar{Y}$ の分散）, 43
$\hat{\sigma}_{\bar{Y}}$（$\bar{Y}$ の標準誤差）, 68
$\Phi(c)$（標準正規分布の累積分布関数）, 35
(0,1) 被説明変数, 338
(0,1) 変数（binary variable）, 141
　　――を使った固定効果回帰モデル, 314
0 次の和分（integrated of order zero, $I(0)$）, 580
1 回階差（first difference）, 469
1 期のラグ値（first lagged value）, 469
1 期ラグ（first lag）, 469
1 次の自己回帰, 475
1 次の自己回帰モデル, 474
1 次の和分（integrated of order one, $I(1)$）, 580
1 変数の正規分布, 628
2 回階差（second difference）, 580
2 次の回帰モデル（quadratic regression model）, 227
2 次の和分（integrated of order two, $I(2)$）, 580
2 段階最小二乗法（two stage least squares, TSLS）, 373, 383
2 変数正規分布（bivariate normal distribution）, 37, 628
3 次の回帰モデル（cubic regression model）, 234
401(k), 80
95% 信頼集合（95% confidence set）, 208

■A

ADF テスト, 500
　　――の検出力, 502
ADF 統計量, 490

——の臨界値, 500
ADL（autoregressive distributed lag, 自己回帰・分布ラグ）モデル, 482
AIC（Akaike information criterion, 赤池情報量基準）, 490
Anderson-Rubin テスト, 412
Anderson-Rubin 統計量, 412
Angrist, Joshua, 390
AR（autoregression, 自己回帰）, 474
AR(1) モデル, 475
　　——における Dickey-Fuller テスト, 498
　　——の定常性, 522
AR(p) モデル, 477
　　——における Dickey-Fuller テスト, 499
ARCH（autoregressive conditional heteroscedasticity, 自己回帰の条件付不均一分散）, 587, 597
ARMA（autoregressive-moving average, 自己回帰・移動平均）モデル, 524
AR 単位根テスト, 497
augmented Dickey-Fuller〈ADF〉統計量（augmented Dickey-Fuller〈ADF〉statistic）, 499

■ B

Bergstrom, Theodore, 257
BIC（Bayes information criterion, ベイズ情報量基準）, 489
　　——によるラグ次数推定量の一致性, 524
BLUE（Best Linear Unbiased Estimator, 最良な線形不偏推定量）, 62, 149-150, 549, 620, 645, 649
Bollerslev, Timothy, 597
Bound, John, 390

■ C

Car, David, 251
Chow, Gregory, 504
$ClassSize$（クラス規模）, 100
Coooper, Monica, 169
corr(X, Y)（相関）, 31
corr(X_i, u_i)（X_i と u_i の相関, ρ_{Xu}）, 168
corr(Y_t, Y_{t-j})（j 次の自己相関, ρ_j）, 471
cov(X, Y)（共分散）, 31
cov(Y_t, Y_{t-j})（j 次の自己共分散）, 471
CPI（Consumer Price Index, 消費者物価指数）, 11, 79

■ D

DF-GLS テスト（DF-GLS test）, 581

Dickey, David, 498
Dickey-Fuller テスト（Dickey-Fuller test）, 498
　　AR(1) モデルにおける——, 498
　　AR(p) モデルにおける——, 499
　　自己回帰モデルの単位根に対する augmented-——, 500
Dickey-Fuller 統計量（Dickey-Fuller statistic）, 498
D_i にかかる係数（coefficient multiplying D_i）, 142
D_i の係数（coefficient on D_i）, 142
d 次の和分（integrated of order d, $I(d)$）, 580

■ E

$E(Y)$（期待値または平均）, 20-21
EG-ADF テスト（EG-ADF test）, 590
　　——統計量の臨界値, 590
Eicker-Huber-White の標準誤差, 147
Engle, Robert F., 586, 597
Engle-Granger ADF テスト, 586
Engle-Granger ADF 統計量の臨界値, 591
Engle-Granger Augmented Dickey-Fuller〈EG-ADF〉共和分テスト, 590
ESS（explained sum of squares, 説明された二乗和）, 110, 178

■ F

$F_{q,\infty}$ 分布, 202
　　——の臨界値, 681
$F_{m,n}$ 分布, 40
　　——の臨界値, 682-684
Fuller, Wayne, 498
F 統計量（F-statistic）, 202
　　——アプローチ, 489, 492
　　回帰式「全体」の——, 203
　　均一分散のみに有効な——（homoscedasticity-only F-statistic）, 204, 205, 643
　　第 1 段階での——（first-stage F-statistic）, 389
　　——の p 値, 203
　　——の漸近分布, 639
　　——の標本分布, 202
　　——の分布, 643
　　不均一分散を考慮した——, 202, 204, 639
　　ワルド・バージョンの——, 644
F 分布（F distribution）, 40, 629

■ G

GARCH（generalized ARCH，一般化 ARCH），597
GLS（generalized least squares，一般化最小二乗法）
 実行可能な——（feasible GLS），548, 650
 実行不可能な——（infeasible GLS），548, 649
 ——の仮定，647
 ——の第 1 の仮定の役割，650
GLS 推定量
 実行可能な——（feasible GLS estimator），548
 実行不可能な——（infeasible GLS estimator），548
GMM（generalized method of moments，一般化モーメント法）
 —— J 統計量（GMM J-statistic），659
 効率的な——（efficient GMM），658
 実行可能な効率的——，659
Granger, Clive W., 586, 587

■ H

HAC 標準誤差（HAC standard error），539–543
HAC 分散の公式，541
Hamilton, James , 562
Heckman, James J. , 359
Hetland, Lois , 169

■ I

$I(0)$（0 次の和分），580
$I(1)$（1 次の和分），580
$I(d)$（d 次の和分），580
i.i.d.（independently and identically distributed，独立で同一の分布），41
 ——の仮定，115
I_n（identity matrix，単位行列），666
IV 回帰の仮定，385
IV 推定量の標準誤差，379

■ J

j 期のラグ値，469
j 期ラグ，469
j 次の系列相関（corr$(Y_t, Y_{t-j}), \rho_j$），471
j 次の自己共分散（j^{th} autocovariance, cov(Y_t, Y_{t-j})），471
j 次の自己相関（corr$(Y_t, Y_{t-j}), \rho_j$），471
J 統計量，393
 GMM——，659
 均一分散の下での——，656
 不均一分散を考慮した——（heteroscedasticity-robust J-statistic），659

■ K

Krueger, Alan, 390

■ M

Madrian, Brigitte , 80
McFadden, Daniel L. , 359

■ N

$N(0,1)$（標準正規分布），35
$N(\mu, \sigma^2)$（正規分布），35
NLLS（nonlinear least squares，非線形最小二乗法），273, 548
Newey, Whitney , 542
Newey-West の分散推定量（Newey-West variance estimator），542

■ O

OLS（ordinary least squares，最小二乗法），106, 175
OLS 回帰線（OLS regression line），106, 175
 ——に基づく予測値，107
OLS 回帰統計量の行列表現，641
OLS 残差（OLS residual），175
OLS 推定量（ordinary least squares〈OLS〉estimator），105–106, 108, 175, 610
 ——$\hat{\beta}$ の行列表現，635
 ——の一致性，615
 ——の正規分布への近似，119
 ——の大標本正規分布，129
 ——の導出，127
 ——の標本分布，118, 128
 ——は一致性，120
OLS 標準誤差の公式，159
OLS 予測値（OLS predicted value），106, 475

■ P

p.d.f.（probability density function，確率密度関数），18
p 次の自己回帰モデル（p^{th} order autoregressive model, AR(p)），477
p 値（p-value），66, 135
 F 統計量の——，203
 ——の計算，66, 69
 ——の公式，70
 ——の求め方，67, 73

■ Q

QLR（quandt likelihood ratio）統計量, 504, 556
　　――の臨界値, 505
Quandt, Richard, 504

■ R

R^2（決定係数）, 110, 111, 178, 211
　　回帰の――（regression R^2）, 110
　　疑似的――（pseudo-R^2）, 352, 367
　　修正済み――（adjusted R^2）, 179, 211
$\bar{R}^2$（修正済み R^2）, 179
r_{XY}（標本相関，標本相関係数）, 85
Roll, Richard, 558
r 次のモーメント（r^{th} moment）, 25

■ S

$SE(\hat{\beta}_1)$（$\hat{\beta}_1$ の標準誤差）, 135
$SE(\bar{Y})$（$\bar{Y}$ の標準誤差）, 68
SER（standard error of the regression, 回帰の標準誤差）, 111, 178
Shea, Dennis, 80
Sims, Christopher, 572
SSR（sum of squared residuals, 残差の二乗和）, 111, 178
Stock-Yogo テスト, 412
STR（生徒・教師比率）, 107
$s_{\hat{u}}$（回帰の標準誤差, SER）, 112
s_{XY}（標本共分散）, 85
s_Y（標本標準偏差）, 68
s_Y^2（標本分散）, 67

■ T

TestScore（テスト成績，共通テスト成績）, 107
t_m（t 分布）, 40
TSLS（two stage least squares, 2 段階最小二乗法）, 373, 383
TSLS（two stage least squares）推定量, 653
　　――に関する公式の導出, 409
　　――の公式, 378
　　――の漸近分布, 653
　　――の大標本分布, 409
　　――の標準誤差, 386
　　――の標本分布, 378, 385
　　1 つの操作変数の場合の――, 378
TSS（total sum of squares, 全体の二乗和）, 110, 178
type I error（第 1 のタイプの誤り）, 71
type II error（第 2 のタイプの誤り）, 71
t 値（t 統計量または t 比率）, 69

t 統計量（t-statistic, t 値または t 比率）, 69, 135
　　均一分散のみに有効な――の分布, 619
　　――の一般表現, 134
　　――の漸近的な正規性, 638
　　――の非正規分布, 496
　　――の分布, 643
　　平均の差をテストする――, 82
　　平均をテストする――, 81
t 比率（t-ratio, t 統計量または t 値）, 69
t 分布（t distribution）, 40

■ U

u_t の標準偏差, 476

■ V

var(Y)（分散）, 21
VAR（vector autoregression, ベクトル自己回帰）, 570
　　構造的な――モデル, 572
　　――における統計的推論, 570
　　――に基づく繰り返し多変数予測の手法, 575
　　――のラグ次数の決定, 571
　　――モデル, 570
　　――を使った因果関係の分析, 572

■ W

Wald, Abraham, 644
Warner, Ellen, 169
West, Kenneth, 542
WLS（weighted least squares, ウエイト付き最小二乗法）, 621
　　実行可能な――（feasible WLS）, 622
　　実行不可能な――（infeasible WLS）, 621
　　推定された――（estimated WLS）, 622
WLS 推定量（WLS estimator）, 621
Wright, Philip G., 374
Wright, Sewall, 374

■ X

X_{1i} の傾きの係数（slope coefficient of X_{1i}）, 172
X_{1i} の係数（coefficient on X_{1i}）, 172
X_{2i} の傾きの係数（slope coefficient of X_{2i}）, 172
X_{2i} の係数（coefficient on X_{2i}）, 172
X_2 を一定にした下での（holding X_2 constant）, 172
X_2 をコントロールした下での（controlling

for X_2), 172
X_i と u_i の相関（corr(X_i, u_i), ρ_{Xu}）, 168
X_i と u_i が無相関, 114
X が与えられた下での Y の条件付期待値（conditional expectation of Y given X）, 28
X が与えられた下での Y の条件付分布（conditional distribution of Y given X）, 27
X が与えられた下での Y の条件付平均（conditional mean of Y given X）, 28
X が確率変数でないときのガウス・マルコフ定理, 163
X に関する Y の弾力性, 240
X の下での Y の条件付分散（variance of Y conditional on X）, 30

■ Y

$\overline{Y}$ の標準誤差（$SE(\overline{Y})$ または $\hat{\sigma}_{\overline{Y}}$）, 68
$\overline{Y}$ の標準偏差 $\sigma_{\overline{Y}}$, 43
$\overline{Y}$ の標本分布, 43, 66, 118
$\overline{Y}$ の分散 $\sigma^2_{\overline{Y}}$, 43
$\overline{Y}$ の平均, 43

■ ア

赤池情報量基準（Akaike information criterion, AIC）, 490
厚いすそ（heavy tail）, 25
アンバランスなパネル（unbalanced panel）, 308

■ イ

異常値（outlier）, 25, 116, 181
一致推定量（consistent estimator）, 62, 611
一致性（consistency）, 45, 61, 611
　　BIC によるラグ次数推定量の――, 524
　　$\hat{\beta}_1^{TSLS}$ の――, 378
　　OLS 推定量の――, 120, 615
　　説明変数を追加した階差推定量の――, 426
　　標本共分散と標本相関の――, 86
　　標本分散の――, 68
　　不均一分散を考慮した標準誤差の――, 616
　　――を満たさない標準誤差, 288
一定の説明変数（constant regressor）, 173
一般化 ARCH（generalized ARCH, GARCH）, 597
一般化最小二乗法（generalized least squares, GLS）, 544, 647

一般化モーメント法（generalized method of moments, GMM）, 398, 658
一般均衡的な影響, 422
一般的な操作変数（IV）回帰モデル, 381
　　――における操作変数の妥当性と外生性, 384
　　――における 2 段階最小二乗法（TSLS）, 382
移動平均（moving average, MA）モデル, 519
イベント（event）, 16
　　――の確率, 17
因果関係
　　同時双方向の――（simultaneous causality）, 6, 285
　　――の平均的な効果（average causal effect）, 447
　　予測と――, 9
因果関係の効果（causal effect）, 7-9, 77, 417
　　動学的な――（dynamic causal effect）, 527, 530
　　――と時系列データ, 531
　　トリートメントによる――, 77
因果性（causality）, 7
インディケーター変数（indicator variable）, 141
インパクト効果（impact effect）, 538
インフレ率（前期比年率）, 470
　　――の予測, 6, 476, 478

■ ウ

ウエイト付き最小二乗法（weighted least squares, WLS）, 151, 620
右辺の変数（right-hand variable）, 102

■ オ

オレンジジュース価格データ, 566
オレンジジュース先物価格, 558

■ カ

回帰（regression）
　　制約付きの――（restricted regression）, 205
　　制約なしの――（unrestricted regression）, 205
　　操作変数――（instrumental variables〈IV〉regression）, 371
　　第 1 段階の――（first-stage regression(s)）, 383
　　第 2 段階の――（second-stage

regression), 383
　　プロビット——（probit regression），343
　　見せかけの——（spurious regression），497, 586
　　ロジスティック——（logistic regression），342
　　ロジット——（logit regression），347
回帰関数
　　母集団の——（population regression function），101, 172
回帰線
　　母集団の——（population regression line），101, 172
回帰の R^2（regression R^2），110
回帰の標準誤差（standard error of the regression, SER），111, 178, 476, 642
回帰モデル
　　2次の——（quadratic regression model），227
　　3次の——（cubic regression model），234
　　一般的な操作変数（IV）——，381
　　固定効果——（fixed effects regression model），313-314
　　時間の固定効果——（time fixed effects regression model），318
　　主体と時間の固定効果——（entity and time fixed effects regression model），319
　　切断された——（truncated regression model），369
　　相互作用——（interaction regression model），246
　　対数——，238
　　多項式——（polynominal regression model），234
　　多変数——（multiple regression model），171
　　トービット（tobit）——，368
　　取り除かれた——（censored regression model），368
　　1つの説明変数を持つ線形——（linear regression model with a single regressor），101
　　プロビット——（probit regression model），343
　　分布ラグ——，530
　　ロジット——（logit regression model），347
階差推定量（differences estimator），418

説明変数を追加した——（differences estimator with additional regressors），424
階差の階差推定量（differences-in-differences estimator），427
　　繰り返しクロスセクション・データを使った——，442
　　説明変数を追加した——（differences-in-differences estimator with additional regressors），429
階数（rank），668
　　行列の——，668
外生性（exogeneity），534
　　過去，現在そして将来の——（past, present, and future exogeneity），534
　　過去と現在の——（past and present exogeneity），534
　　操作変数の——（instrument exogeneity），373, 391
　　強い——（strict exogeneity），534
　　内生性と——，372
外生変数（exogenous variable），372
カイ二乗分布，χ^2_m（chi-squared distribution），39, 629
　　——の臨界値，679
外部の正当性（externally valid），276
　　——を危うくする要因，277-278
　　実験における——の問題，421-423
　　準実験における——の問題，446
ガウス・マルコフ条件（Gauss-Markov conditions），161
　　多変数回帰の——（Gauss-Markov conditions for multiple regression），644
ガウス・マルコフ定理（Gauss-Markov theorem），150
　　Xが確率変数でないときの——，163
　　多変数回帰の——（the Gauss-Markov theorem for multiple regression），645
　　——の証明，162
カウントデータ（count data），369
可逆（invertible），668
拡張された最小二乗法の仮定，608-609, 633-634
確率（probability），16
　　イベントの——，17
　　カバー——（coverage probability），74

——における収束（convergence in probability), 45, 611
　　有意——（significance probability), 66
確率トレンド（stochastic trend), 493
　　共通した——（common stochastic trend), 497
　　——と単位根, 495
　　——の検出, 497
　　——のランダムウォーク・モデル, 494
確率分布（probability distribution), 16
　　結合——（joint probability distribution), 26
　　限界——（marginal probability distribution), 26
　　多変数の——, 669
　　累積——（cumulative probability distribution), 17
確率変数（random variable), 16
　　——の独立, 30
　　——の和, 34
　　——ベクトルの分布, 669
　　ベルヌーイ——, 45
　　離散的な——（discrete random variable), 16
　　連続的な——（continuous random variable), 16
確率密度関数（probability density function), 18
　　正規分布の——, 35
過去，現在そして将来の外生性（past, present, and future exogeneity), 534
過去と現在の外生性（past and present exogeneity), 534
過剰識別制約のテスト（test of overidentifying restrictions), 392
過剰に識別される（overidentified), 381
過少に識別される（underidentified), 381
仮説
　　帰無——（null hypothesis), 65, 135
　　結合——（joint hypothesis), 200
　　対立——（alternative hypothesis), 65
仮説検定（hypothesis test), 64
　　傾き β_1 に関する——, 135
　　切片 β_0 に関する——, 139
　　多変数回帰における1つの係数に関する——, 196-197
　　逐次的（sequential）な——, 235
　　2つ以上の係数に関する——, 200
　　2つの平均の差に関する——, 75-76
　　母集団の平均に関する——, 64, 134

片側の対立仮説（one-sided alternative hypothesis), 73
傾き（slope), 102
　　—— β_1 に関する仮説検定, 135
偏り（bias), 62
　　——を持つ（biased), 61
仮定
　　GLS の——, 647
　　i.i.d. の——, 115
　　拡張された最小二乗法の——, 608, 633
　　均一分散・正規分布回帰の——（homoscedastic normal regression assumption), 152
　　固定効果回帰の——, 321
　　最小二乗法の——（least squares assumptions), 113
　　時系列回帰モデルの——, 483
　　条件付平均の—— $E(u_i|X_i) = 0$, 114
　　操作変数回帰の——, 385
カバー確率（coverage probability), 74
株式の「ベータ」, 109
過不足なく識別される（exactly identified), 381
カリフォルニア州420学区におけるテスト成績とクラス規模, 10-11, 104
カリフォルニア州のテスト成績データ, 10-11, 127
関心ある母集団（population of interest), 276
関数
　　確率密度——（probability density function), 18
　　指数——（exponential function), 236
　　対数——, 237
　　尤度——（likelihood function), 350
　　累積分布——（cumulative distribution function, c.d.f.), 18
関数形の特定化ミス（functional form misspecification), 281
完全な多重共線性（perfect multicollinearity), 181
　　——の実例, 184
　　——はないという仮定の役割, 635
完全に多重共線的（perfectly multicollinear), 181
観測値番号（observation number), 10
観測データ（observational data), 9

■キ
棄却域（rejection region), 71
疑似的 R^2（pseudo-R^2), 352, 367

疑似的階差（quasi-difference）, 545
期待（expectation）, 20
期待値（expected value）, 20
喫煙の外部性, 395
基本となるモデル特定化（base specification）, 210
帰無仮説（null hypothesis）, 65, 135
　　結合——, 200
　　——を「採択する（accept）」, 65
逆行列（inverse）, 668
急尖的（leptokurtic）, 25
教育の経済的メリットと男女格差, 250
共通した確率トレンド（common stochastic trend）, 497
共通トレンド（common trend）, 587
共分散（covariance）, 31
　　——の不等式, 57
　　標本——s_{XY}（sample covariance）, 85
　　標本自己——$\overline{cov(Y_t, Y_{t-j})}$, 471
共分散行列（covariance matrix）, 669
　　不均一分散を考慮した——, 203
行ベクトル（row vector）, 666
行列（matrix）, 666
　　逆——（inverse）, 668
　　共分散——（covariance matrix）, 669
　　正値定符号（positive definite）——, 668
　　正方（square）——, 666
　　ゼロ——（null matrix）$0_{n \times m}$, 666
　　対角（diagonal）——, 666
　　対称（symmetric）——, 666
　　対称なベキ等——, 641
　　——代数の基本原則, 667
　　単位——（identity matrix）I_n, 666
　　——の階数, 668
　　——の代数に関する要約, 666
　　半正値定符号（positive semidefinite）——, 668
　　——平方根（matrix square root）, 668
　　ベキ等（idempotent）——, 641, 669
共和分（cointegration）, 587, 589
　　——係数（cointegrating coefficient）, 589
　　——係数の推定, 591
　　——の関係にある（cointegrated）, 497, 587, 589
均一分散（homoscedasticity）, 144, 174
　　——・正規分布回帰の仮定（homoscedastic normal regression assumptions）, 152
　　——の下での J 統計量, 656

　　——の下での TSLS の漸近的な効率性, 656
　　——のみに有効な F 統計量（homoscedasticity-only F-statistic）, 204–205, 643
　　——のみに有効な t 統計量の分布, 619
　　——のみに有効な標準誤差（homoskedasticity-only standard error）, 146, 160, 643
　　——のみに有効な分散, 160
近似, 44
　　OLS 推定量の正規分布への——, 119
　　正規分布に——, 66
　　大標本——, 44
　　大標本の正規——, 197
金利の期間構造に関する期待理論, 589
金利のスプレッド, 587–588

■ク
クウォント尤度比統計量（Quandt likeihood ratio statistic, QLR）, 504, 556
クラス規模, 100
　　テスト成績と——, 100, 291
クラスター標準誤差（clustered standard error）, 323
繰り返し AR 予測, 574
　　——の手法：AR(1) モデル, 574
　　——の手法：AR(p) モデル, 574
繰り返し期待値の法則（law of iterated expectations）, 29
繰り返しクロスセクション・データ（repeated cross-sectional data）, 442
　　——使った階差の階差推定量, 442
繰り返しコクレン・オーカット推定量, 548
グレンジャーの因果性テスト（Granger causality test）, 485
グレンジャーの因果性統計量（Granger causality statistic）, 485
グレンジャーの予測力（Granger predictability）, 485
クロスセクション・データ（cross-sectional data）, 10

■ケ
経済学専門誌への需要, 255
　　——に対する価格弾力性, 257
係数（coefficient（s））, 102
　　D_i にかかる——（coefficient multiplying D_i）, 142
　　D_i の——（coefficient on D_i）, 142

X_{1i} の―― (coefficient on X_{1i}), 172
X_{1i} の傾きの―― (slope coefficient of X_{1i}), 172
X_{2i} の―― (coefficient on X_{2i}), 172
X_{2i} の傾きの―― (slope coefficient of X_{2i}), 172
――の安定性に関する QLR テスト, 506
標本相関―― (sample correlation coefficient), 85
計量経済学 (econometrics), 3
系列相関 (serial correlation), 289, 471
　j 次の――, 471
　――がある (serially correlated), 322
結合確率分布 (joint probability distribution), 26
結合仮説 (joint hypothesis), 200
　――の行列表示, 639
結合帰無仮説, 200
結合して定常的 (jointly stationary), 483
決定論的トレンド (deterministic trend), 493
限界確率分布 (marginal probability distribution), 26
現代人口調査 (Current Population Survey, CPS), 32, 64, 78, 94
限定された被説明変数 (limited dependent variable), 338, 359, 369
　その他の――, 368
限定情報最尤 (limited information maximum likelihood, LIML) 推定量, 413

■コ
効果
　因果関係の―― (causal effect), 7-9, 77, 417
　因果関係の平均的な―― (average causal effect), 447
　インパクト―― (impact effect), 538
　処置の―― (treatment effect), 77, 418
　処置の平均的な―― (average treatment effect), 447
　処置のローカル平均の―― (local average treatment effect), 449
　第 i 個人独自の処置の――, 447
　部分的な―― (partial effect), 173, 187
　ホーソン―― (Hawthorne effect), 420
　モーツアルト――, 169
構造的な VAR モデル, 572
交通事故死亡者比率と実質ビール税, 309-310, 317

行動経済学 (behavioral economics), 81
効率性 (efficiency), 61
効率的 (efficient), 62
　――な GMM (efficient GMM), 658
効率的市場仮説, 511
コーシー・シュワルツ不等式, 630
誤差
　予測―― (forecast error), 475
誤差項 (error term), 102
　――が正規分布に従うときの $\hat{\beta}_1$ の分布, 618
　――に系列相関がある分布ラグモデルの ADL 表現, 545
　――に系列相関がある分布ラグモデルの擬似的な階差表現, 545
　――の観測値間の相関, 288
誤差修正項 (error correction term), 588
固定効果
　――回帰の仮定, 321
　――回帰の標準誤差, 323
　時間の―― (time fixed effects), 318
　主体と時間両方の――, 319
　主体の―― (entity fixed effects), 314
固定効果回帰モデル (fixed effects regression model), 313-315
　時間の―― (time fixed effects regression model), 318
　主体と時間の―― (entity and time fixed effects regression model), 319
　(0,1) 変数を使った――, 314
固有値 (eigenvalue), 668
固有ベクトル (eigenvector), 668
コントロール・グループ (control group), 8, 77, 417-418
コントロール変数 (control variables), 172, 424

■サ
最小二乗推定量 (least squares estimator, または ordinary least squares ⟨OLS⟩, estimator), 63, 106
最小二乗法 (ordinary least squares, OLS)
　一般化―― (generalized least squares, GLS), 544, 647
　ウエイト付き―― (weighted least squares, WLS), 151, 620
　――の仮定 (least squares assumptions), 113
　拡張された――の仮定, 608, 633
　2 段階―― (two stage least squares,

TSLS), 373, 382-383
非線形―― (nonlinear least squares, NLLS), 273, 548
最小絶対乖離 (least absolute deviations, LAD) 推定量, 151
サイズ (size), 71
最大ワルド統計量 (sup-Wald statistic), 504
採択域 (acceptance region), 71
最尤推定量 (maximum likelihood estimator, MLE), 350
――に基づく統計的推論, 351
最尤法 (maximum likelihood), 346, 349
最良な線形の条件付不偏推定量 (Best Linear conditionally Unbiased Estimator, BLUE), 149-150
最良な線形不偏推定量 (Best Linear Unbiased Estimator, BLUE), 62, 549, 620, 645, 649
左辺の変数 (left-hand variable), 102
残差 (residual), 106
――の二乗和 (sum of squared residuals, SSR), 111, 178, 205
散布図 (scatterplot), 84, 87
サンプリング方法, 115
サンプル外の (out-of-sample), 475
サンプル内の (in-sample), 475

■シ
時間当たり平均賃金, 32, 33
時間縦断的データ (longitudinal data), 12
時間の固定効果 (time fixed effects), 318
――回帰モデル (time fixed effects regression model), 318
時系列回帰モデルの仮定, 483
時系列データ (time series data), 11, 116
――を用いた GMM, 660
自己回帰 (autoregression, AR), 474
1 次の――, 475
――の係数が持つゼロ方向へのバイアス, 496
――の単位根 (unit autoregressive root), 495
ベクトル―― (vector autoregression, VAR), 570
自己回帰・移動平均モデル (autoregressive-moving average 〈ARMA〉 model), 524
自己回帰の条件付不均一分散 (autoregressive conditional heteroscedasticity, ARCH), 587, 597

自己回帰・分布ラグモデル (autoregressive distributed lag 〈ADL〉 model), 482
自己回帰モデル (autoregressive model), 474
1 次の――, AR(1), 474
p 次の―― (p^{th} order autoregressive model, AR(p)), 477
――の誤差項を持つ一般的な分布ラグモデル, 549
――の単位根に対する augmented-Dickey Fuller テスト, 500
――のラグ次数の決定, 489
自己共分散 (autocovariance), 471
j 次の―― (j^{th} autocovariance, $\text{cov}(Y_t, Y_{t-j})$), 471
自己相関 (autocorrelation), 471
j 次の――$\text{corr}(Y_i, Y_{t-j})$, ρ_j, 471
――がある (autocorrelated), 322
――係数 (autocorrelation coefficient), 471
標本――$\hat{\rho}_j$, 471
資産価格決定モデル (capital asset pricing model, CAPM), 109
事象 (outcomes), 16
二乗和
残差の―― (sum of squared residuals, SSR), 111, 205
説明された―― (explained sum of squares, ESS), 110, 178
全体の―― (total sum of squares, TSS), 110, 178
予測ミスの――, 63, 106, 175
指数関数 (exponential function), 236
自然実験 (natural experiment), 79, 439
自然対数 (natural logarithm), 236
「事前と事後」の比較, 311
実験 (experiment), 8, 77, 416
――参加による影響, 420, 445
――手続きが部分的に順守されないときの推定, 430
――における外部正当性の問題, 421-423
――における内部正当性の問題, 418-421
ランダムにコントロールされた――, 8, 77
理想的な――, 7, 416
実験データ (experimental data), 9
――に基づく因果関係の効果の推定, 77, 423
実行可能な GLS (feasible GLS), 548, 650
――推定量 (feasible GLS estimator),

548
実行可能な WLS（feasible WLS）, 622
　　――の一般的手法, 623
実行可能な効率的 GMM 推定, 659
実行不可能な GLS（infeasible GLS）, 548, 649
　　――推定量（infeasible GLS estimator）, 548
実行不可能な WLS（infeasible WLS）, 621
実質ビール税と交通事故死亡者比率, 309-310, 317
弱依存性（weak dependence）, 484
修正されたチャウ・テスト, 504
修正済み R^2（adjusted R^2, $\bar{R}^2$）, 179, 211
収束（convergence）
　　確率における――（convergence in probability）, 45, 611
　　分布における――（convergence in distribution）, 613
住宅ローンの借入れと人種差別, 4-5
自由度（degrees of freedom）, 39, 40, 68
　　――の修正, 68, 112, 178, 619
主体と時間の固定効果回帰モデル（entity and time fixed effects regression model）, 319
主体の固定効果（entity fixed effects）, 314
「主体の平均除去」に基づく OLS 推定量の計算法, 316
需要の価格弾力性（price elasticity of demand）, 5
シュワルツ情報量基準（Schwarz information criterion, SIC）, 489
準サンプル外予測（pseudo out-of-sample forecasting）, 508
準実験（quasi-experiment）, 79, 439
　　――における外部正当性の問題, 446
　　――における操作変数の正当性, 445
　　――における内部正当性の問題, 443-446
　　――の 2 つのタイプ, 440
　　――を分析する計量経済手法, 442
順序付けられた反応データ（ordered response data）, 369
順序付けられたプロビットモデル（ordered probit model）, 370
条件付確率分布
　　――と母集団の回帰線, 114
条件付期待値（conditional expectation）, 28
　　X が与えられた下での Y の条件付期待値
　　――（conditional expectation of Y given X）, 28
条件付正規分布, 628

条件付不偏推定量, 150
条件付分散（conditional variance）, 30
　　X の下での Y の条件付分散――
　　（variance of Y conditional on X）, 30
条件付分布（conditional distribution）, 27
　　X が与えられた下での Y の条件付分布
　　――（conditional distribution of Y given X）, 27
　　時間当たり平均賃金の――, 32, 33
条件付平均（conditional mean）, 28
　　X が与えられた下での Y の――
　　（conditional mean of Y given X）, 28
　　――の仮定 $E(u_i|X_i) = 0$, 114
　　――の独立（conditional mean independence）, 424
　　ランダムにコントロールされた実験における誤差項 u の――, 113
消費者物価指数（Consumer Price Index, CPI）, 11, 79
　　――インフレ率と失業率, 12
小標本（small n）, 50
情報量基準（information criterion）, 489-492
　　赤池――（Akaike information criterion, AIC）, 490
　　シュワルツ――（Schwarz information criterion, SIC）, 489
　　ベイズ――（Bayes information criterion, BIC）, 489
除外された変数のバイアス（omitted variable bias）, 166, 279
　　――の解決策, 279-281
　　――の公式, 168, 193
　　――への対応, 170
処置の効果（treatment effect）, 77, 418
処置の実施手順に従わない場合, 419, 445
処置の平均的な効果（average treatment effect）, 447
処置のローカル平均の効果（local average treatment effect）, 449
人員減少（attrition）, 420, 445
信頼区間（confidence interval）, 73
　　β_0 の――, 140
　　β_1 の――, 140
　　多変数回帰における 1 つの係数に関する――, 197
　　2 つの平均の差に関する――, 76-77
　　母集団の平均に関する――, 75
　　予測される効果の――, 638
信頼集合（confidence set）, 73
信頼水準（confidence level）, 73, 140

■ス

推定値（estimate）, 61
推定量（estimator）, 60-61
    Newey-West の分散——（Newey-West variance estimator）, 542
    OLS——（OLS estimator）, 105-106, 108, 610
    WLS——（WLS estimator）, 621
    一致——（consistent estimator）, 62, 611
    階差——（differences estimator）, 418
    階差の階差——（differences-in-differences estimator）, 427
    繰り返しコクレン・オーカット——, 548
    限定情報最尤（limited information maximum likelihood, LIML）——, 413
    最小二乗——（least squares estimatior, ordinary least squares〈OLS〉estimator）, 63, 106
    最小絶対乖離（least absolute deviations, LAD）——, 151
    最尤——（maximum likelihood estimator, MLE）, 350
    条件付不偏——, 150
    線形の——, 150
    線形の条件付不偏——, 150
    非線形最小二乗——（nonlinear least square estimators）, 273
    プールされた分散の——, 83
    不偏——（unbiased estimator）, 62
スカラー（scalar）, 666
ステューデント t 分布（Student t distribution）, 40, 82, 629
    ——の実際の利用, 83
    ——の臨界値, 679
スルツキー定理（Slutsky's theorem）, 614

■セ

正確な分布（exact distribution）, 44
正規性（normality）
    $\hat{\beta}$ の漸近的な——, 636
    t 統計量の漸近的な——, 638
正規分布（normal distribution）, 35
    1 変数の——, 628
    2 変数——（bivariate normal distribution）, 37, 628
    条件付——, 628
    多変数——（multivariate normal distribution）, 37, 669
    ——に近似, 66
    ——の確率密度関数, 35
    標準——（standard normal distribution）, 35
    連続的な確率変数に関する——, 627
生存者バイアス（survivorship bias）, 286
正値定符号（positive definite）, 636, 668
    ——行列, 668
生徒・教師比率（STR）, 10, 99, 104, 107, 112, 180
    ——と英語学習者の割合, 247, 251, 253
正方行列（square matrix）, 666
制約（restrictions）, 200
    ——付きの回帰（restricted regression）, 205
    ——なしの回帰（unrestricted regression）, 205
セウォール・ライト（Sewall Wright）, 374
切断された回帰モデル（truncated regression model）, 369
設定（setting）, 276, 277
切片（intercept）, 102, 172
    ——β_0 に関する仮説検定, 139
説明された二乗和（explained sum of squares, ESS）, 110, 178
説明変数（independent variable, regressor）, 101
    一定の——（constant regressor）, 173
    相互作用の——（interacted regressor）, 246
    ——の単位, 213
    ——を追加した階差推定量（difference estimator with additional regressors）, 424
    ——を追加した階差の階差推定量（differences-in-differences estimator with additional regressors）, 429
ゼロ行列 $0_{n \times m}$（null matrix）, 666
漸近的（asymptotic）, 44
    ——な正規性（asymptotic normality）, 615, 636
    ——に効率的な GMM 推定量, 658
    ——に正規分布に従う（asymptotically normally distributed）, 50
漸近分布（asymptotic distribution）, 44, 613
    F 統計量の——, 639
    OLS 推定量と t 統計量の——, 615, 635
    TSLS 推定量の——, 653
    効率的な GMM 推定量の——, 659

固定効果モデルの推定量の——, 334
——理論の基礎, 610
線形・対数モデル（linear-log model）, 238
線形確率モデル（linear probability model）, 340
——の短所, 342
線形独立（linearly independent）, 668
線形の時間トレンド, 499
線形の条件付不偏推定量, 149–150
線形の推定量, 150
線形不偏推定量
　　　最良な——（Best Linear Unbiased Estimator, BLUE）, 62, 549, 620, 645, 649
線形モデルにおける一般化モーメント法推定, 657
先験的な推論, 280
全体の二乗和（total sum of squares, TSS）, 110, 178
尖度（kurtosis）, 25
　　　有限の——, 116, 181

■ソ

相関（correlation）, 31
　　　X_i と u_i の——ρ_{Xu}, 168
　　　X_i と u_i は無——, 114
　　　系列——（serial correlation）, 289, 471
　　　誤差項の観測値間の——, 288
　　　——の不等式, 33
　　　標本——（sample correlation）, 85
　　　無——（uncorrelated）, 31
相互作用回帰モデル（interaction regression model）, 246
相互作用項（interaction term）, 246
相互作用の説明変数（interacted regressor）, 246
操作変数（instrumental variable, instrument）, 371
　　　——が正当であるための2つの条件, 372
　　　——が正当ではない時の TSLS 推定量の大標本分布, 410
　　　——が内生であるときの $\hat{\beta}_1^{TSLS}$ の大標本分布, 411
　　　——が弱い場合の $\hat{\beta}_1^{TSLS}$ の大標本分布, 411
　　　——が弱い場合の操作変数分析, 412
　　　——の外生性（instrument exogeneity）, 373, 391
　　　——の妥当性（instrument relevance）, 373, 384, 388
　　　弱い——（weak instruments）, 388
操作変数回帰（instrumental variables〈IV〉 regression）, 371
　　　——の仮定, 384

■タ

第1段階での F 統計量（first-stage F-statistic）, 389
第1段階の回帰（first-stage regression(s)）, 383
第1のタイプの誤り（type I error）, 71
第2段階の回帰（second-stage regression）, 383
第2のタイプの誤り（type II error）, 71
第 i 個人独自の処置の効果, 447
対角行列（diagonal matrix）, 666
対称行列（symmetric matrix）, 666
対称なベキ等行列, 641
退職年金プラン, 80
対数（logarithm）, 236
　　　——回帰モデル, 238
　　　——関数, 237
　　　自然——（natural logarithm）, 236
　　　——・線形モデル（log-linear model）, 239
　　　——・対数モデル（log-log model）, 240
　　　——とパーセント, 237
大数の法則（law of large numbers）, 45, 611
　　　——の証明, 611
対数モデル, 243
代替的なモデル特定化（alternative specification）, 210
ダイナミック OLS（dynamic OLS, DOLS）, 591
大標本（large n）, 50
　　　——の正規近似, 197
大標本近似, 44
大標本正規分布
　　　OLS 推定量の——, 129
大標本分布
　　　$\hat{\beta}_0, \hat{\beta}_1, \ldots, \hat{\beta}_k$ の——, 184
　　　$\hat{\beta}_0$ と $\hat{\beta}_1$ の——, 119
　　　$\hat{\beta}_1$ の——, 615
　　　TSLS 推定量の——, 409
　　　操作変数が正当ではない時の TSLS 推定量の——, 410
　　　操作変数が内生であるときの $\hat{\beta}_1^{TSLS}$ の——, 411
　　　操作変数が弱い場合の $\hat{\beta}_1^{TSLS}$ の——, 411
タイプ I エラー（type I error）, 71

タイプ II エラー（type II error），71
対立仮説（alternative hypothesis），65
　　片側の――（one-sided alternative hypothesis），73
　　両側の――（two-sided alternative hypothesis），65, 135
ダウ・ジョーンズ工業平均株価，38
多期間の繰り返し AR 予測（iterated multiperiod AR forecast），576
多期間の繰り返し VAR 予測（iterated multiperiod VAR forecast），576
多期間の繰り返し予測，574
多期間の直接予測（direct multiperiod forecast），576, 578
多項式回帰モデル（polynominal regression model），234
多項式の次数の決定，235
多項プロビット（multinominal probit），370
多項ロジット（multinominal logit），370
多重共線性（multicollinearity），183
　　完全な――（perfect multicollinearity），181
　　不完全な――（imperfect multicollinearity），186, 199
多重共線的（multicollinear），183
正しく予測される割合（fraction correctly predicted），352
たばこ需要の弾力性，379, 394
たばこ消費のパネルデータセット，409
たばこ税と喫煙，7-9
多変数回帰（multiple regression）
　　――における OLS 推定量の分散，194
　　――における除外された変数のバイアス，209
　　――における 1 つの係数に関する仮説検定，196
　　――における 1 つの係数に関する信頼区間，197
　　――のガウス・マルコフ条件（Gauss-Markov conditions for multiple regression），644
　　――のガウス・マルコフ定理（Gauss-Markov theorem for multiple regression），645
多変数回帰モデル（multiple regression model），171
　　――における OLS 推定量の標本分布，182
　　――における最小二乗法の仮定，180-181
　　――の行列表現，632

　　母集団の――（population multiple regression model），173
多変数正規分布（multivariate normal distribution），37, 669
多変数の確率分布，669
多変数の中心極限定理，636
ダミー変数（dummy variable），141
　　――のわな（dummy variable trap），185, 186
単位行列（identity matrix）I_n，666
単位根（unit root），495
単純な無作為抽出（simple random sampling），41
弾力性（elasticity），236

■チ
チェビチェフの不等式（Chebychev's inequality），611, 629
逐次的（sequential）な仮説検定，235
チャウ・テスト，504
　　修正された――，504
中心極限定理（central limit theorem），46, 613
　　多変数の――，636
長期の価格弾力性，396
長期の累積的な動学乗数（long-run cumulative dynamic multiplier），538
賃金に関する男女格差，32, 78
賃金の分布，32

■ツ
強い外生性（strict exogeneity），534

■テ
定常性（stationarity），483
定常的（stationary），483
　　結合して――（jointly stationary），483
定数項（constant term），173
定理（theorem）
　　ガウス・マルコフ――（Gauss-Markov theorem），150
　　スルツキー――（Slutsky's Theorem），614
　　中心極限――（central limit theorem），46, 613
　　連続マッピング――（continuous mapping theorem），614
　　ワルド分解――（Wold decomposition theorem），524
データ（data）

因果関係の効果と時系列——, 531
オレンジジュース価格——, 566
カウント——（count data）, 369
カリフォルニア州テスト成績——, 10-11, 127
観測——（observational data）, 9
繰り返しクロスセクション・——（repeated cross-sectional data）, 442
クロスセクション・——（cross-sectional data）, 10
時間縦断的——（longitudinal data）, 12
時系列——（time series data）, 11, 116
実験——（experimental data）, 9
順序付けられた反応——（ordered response data）, 369
——のグループ分け, 170
パネル——（panel data）, 12, 308
ボストン住宅ローン——, 341, 347, 365
離散選択——, 370
テスト（test）
Anderson-Rubin——, 412
AR 単位根——, 497
DF-GLS——（DF-GLS test）, 581
Dickey-Fuller——（Dickey-Fuller test）, 498
EG-ADF——（EG-ADF test）, 590
Engle-Granger ADF——, 586
Engle-Granger Augmented Dickey-Fuller 共和分——, 590
Stock-Yogo——, 412
過剰識別制約の——（test of overidentifying restrictions）, 392
既知のブレイク日付に対する——, 504
グレンジャーの因果性——（Granger causality test）, 485
線形トレンド周りの定常性という対立仮説に対する——, 499
チャウ・——, 504
ボンフェローニ・——（Bonferroni test）, 222-223
弱い操作変数に関する——, 412
テスト成績（TestScore）, 100, 180
——と学区の所得, 243
——とクラス規模, 100, 291
——と生徒・教師比率, 107, 176, 198, 204, 206, 254
——と生徒・教師比率の散布図, 103, 105
テスト統計量（test statistic）, 69
転置（transpose）, 667

■ト
同一の分布に従う（identically distributed）, 42
独立で——（independently and indentically distributed, i.i.d.）, 42
動学乗数（dynamic multiplier）, 537
長期の累積的な——（long-run cumulative dynamic multiplier）, 538
累積的な——（cumulative dynamic multiplier）, 538
動学的な因果関係の効果（dynamic causal effect）, 527, 530
統計量（statistic）
Anderson-Rubin——, 412
augmented Dickey-Fuller（ADF）——（augmented Dickey-Fuller〈ADF〉statistic）, 499
Dickey-Fuller——（Dickey-Fuller statistic）, 498
F——（F-statistic）, 202
GMM J——（GMM J-statistic）, 659
t——（t-statistic, t 値または t 比率）, 69, 135
クウォント尤度比——（Quandt likelihood ratio statistic, QLR）, 504
グレンジャーの因果性——（Granger causality statistic）, 485
最大ワルド——（sup-Wald statistic）, 504
テスト——（test statistic）, 69
プールされた t——, 83
同時双方向の因果関係（simultaneous causality）, 6, 285
同時方程式バイアス（simultaneous equations bias）, 287
トービット（tobit）回帰モデル, 368
独立（independence）, 30
確率変数の——, 30
条件付平均の——（conditional mean independence）, 424
独立した分布に従う（independently distributed）, 30
独立で同一の分布に従う（independently and indentically distributed：i.i.d.）, 42
トランケーション・パラメター（truncation parameter）, 542
トリートメント（処置, treatment）, 77, 417
トリートメント・グループ（treatment group）, 8, 77, 417-418

取り除かれた回帰モデル（censored regression model），368
ドリフト付きランダムウォーク（random walk with drift），494
トレンド（trend），493
　　確率——（stochastic trend），493
　　共通——（common trend），587
　　決定論的——（deterministic trend），493
　　線形の時間——，499
　　非線形の決定論的——，500

■ナ
内生性と外生性，372
内生変数（endogenous variable），372
内部の正当性（internally valid），276
　　——を危うくする要因，276，279-289
　　実験における——の問題，418-421
　　準実験における——の問題，443-446

■ノ
ノーベル経済学賞，359

■ハ
バイアス（bias）
　　自己回帰の係数が持つゼロ方向への——，496
　　除外された変数の——（omitted variable bias），166，279
　　除外された変数の——：公式，168
　　生存者——（survivorship bias），286
　　多変数回帰における除外された変数の——，209
　　同時方程式——（simultaneous equations bias），287
　　標本セレクションによる——（sample selection bias），284
　　変数の計測誤差による——（errors-in-variables bias），282
パネルデータ（panel data），12，308
パラメター（parameters），102
バランスしたパネル（balanced panel），308
パワー（power），71
犯罪比率と囚人者比率，399
半正値定符号（positive semidefinite），655，668
　　——行列，668

■ヒ
ビール税，309
被説明変数（dependent variable または regressand），101
　　限定された——（limited dependent variable），338，359
非線形回帰関数（nonlinear regression function），230
非線形回帰モデルの一般式，230
非線形最小二乗推定量（nonlinear least squares〈NLLS〉estimator），273，349
非線形最小二乗法（nonlinear least squares, NLLS），273，548
非線形の決定論的トレンド，500
非定常的（nonstationary），483
非特異（nonsingular），635，668
1つの説明変数を持つ線形回帰モデル（linear regression model with a single regressor），101
1つの操作変数の場合の TSLS 推定量，378
標準化（standardize），35
標準誤差（standard error, SE），68
　　$\hat{\beta}_1$ の——（standard error of $\hat{\beta}_1$），135
　　Eicker-Huber-White の——，147
　　HAC——（HAC standard error），541
　　IV 推定量の——，379
　　TSLS 推定量の——，386
　　$\overline{Y}$ の——，68
　　一致性を満たさない——，288
　　回帰の——（standard error of the regression, SER），111，178，476，642
　　均一分散のみに有効な——（homoskedasticity-only standard error），146，160，643
　　クラスター——（clustered standard error），323
　　固定効果回帰の——，323
　　推定された効果の——，232
　　多変数回帰における OLS 推定量の——，195
　　プールされた——，83
　　不均一分散と自己相関を考慮した——（heteroscedasticity- and autocorrelation-consistent〈HAC〉standard error），323，541-543
　　不均一分散を考慮した——（heteroscedasticity-robust standard error），147，159，637
　　平均の差に関するプールされた——，83
　　予測された確率の——，367
標準正規分布（standard normal distribution），35
　　——の累積分布関数 $\Phi(c)$，35，343，

677–678

標準偏差 σ_Y (standard deviation), 21
 u_t の——, 476
 $\overline{Y}$ の—— $\sigma_{\overline{Y}}$, 43
 標本—— s_Y (sample standard deviation), 68

標準ロジスティック累積分布関数, 347

氷点下気温日数 (freezing degree days), 529

標本共分散 (sample covariance) s_{XY}, 85
 ——と標本相関の一致性, 86

標本空間 (sample space), 16

標本自己共分散 $\mathrm{cov}(Y_t, Y_{t-j})$, 471

標本自己相関 $\hat{\rho}_j$, 471

標本セレクション, 284
 ——によるバイアス (sample selection bias), 284
 ——の問題に対処する手法, 359
 ——・モデル, 369

標本相関 r_{XY} (sample correlation), 85

標本相関係数 r_{XY} (sample correlation coefficient), 85

標本抽出 (sampling)
 無作為な——(ランダム・サンプリング, random sampling), 41, 63

標本標準偏差 s_Y (sample standard deviation), 68

標本分散 s_Y^2 (sample variance), 67–68
 ——の一致性, 68

標本分布 (sampling distribution), 43
 $\hat{\beta}_1^{TSLS}$ の——, 378
 F 統計量の——, 202
 OLS 推定量の——, 118, 128
 TSLS 推定量の——, 378, 385
 固定効果 OLS 推定量の——, 316
 多変数回帰モデルにおける OLS 推定量の——, 182
 標本平均 $\overline{Y}$ の——, 42, 66, 118

標本平均 $\overline{Y}$, 42
 ——の標準誤差 $\hat{\sigma}_{\overline{Y}}$ ($SE(\overline{Y})$), 68
 ——の標準偏差 $\sigma_{\overline{Y}}$, 43
 ——の標本分布, 43, 46, 67, 118
 ——の分散 $\sigma_{\overline{Y}}^2$, 43
 ——の平均, 43

■フ

フィリップス曲線, 6, 478, 507, 560

フィリップ・ライト (Philip G. Wright), 374

プールされた t 統計量, 83

プールされた標準誤差, 83

プールされた分散の推定量, 83

付加された外生変数 (included exogenous variables), 381

不完全な多重共線性 (imperfect multicollinearity), 186, 199
 ——が OLS 推定量の分散に与える影響, 187

不均一分散 (heteroscedasticity), 144, 174, 288
 ——と自己相関を考慮した標準誤差 (heteroscedasticity- and autocorrelation-consistent ⟨HAC⟩ standard error), 323, 541–543
 ——を考慮した F 統計量, 202, 204, 639
 ——を考慮した J 統計量 (heteroscedasticity-robust J-statistics), 659
 ——を考慮した t 統計量の漸近的な正規性, 617
 ——を考慮した共分散行列, 203
 ——を考慮した標準誤差 (heteroscedasticity-robust standard error), 147, 159, 637
 ——を考慮した標準誤差の一致性, 616

複数選択 (multiple choice), 370

複数の予測変数を含む時系列回帰, 483

2 つ以上の係数に関する仮説検定, 200

2 つの (0,1) 変数の相互作用, 245

2 つのタイプの外生性, 533

2 つの平均の差に関する仮説検定, 75–76

2 つの平均の差に関する信頼区間, 76–77

2 つの連続変数の相互作用, 253

不等式
 共分散の——, 57
 コーシー・シュワルツ——, 630
 相関の——, 33
 チェビチェフの——(Chebychev's inequality), 611, 629
 ボンフェローニの——, 223

部分的な効果 (partial effect), 173, 187

部分的な順守 (partial compliance), 419

不偏推定量 (unbiased estimator), 62

不偏性 (unbiasedness), 60

ブラック・マンデー (暗黒の月曜日), 38

ブレイクの日付 (break date), 503
 ——が未知の場合のブレイクの検出, 504
 既知の——に対するテスト, 504

プログラム評価 (program evaluation), 415

プロビット (probit), 342
 ——回帰, 343
 ——係数の推定, 346

多項——（multinominal probit），370
——モデルの MLE, 366
分位値（パーセンタイル値，percentile），32
分散（variance），21
　　$\bar{Y}$ の——，43
　　均一——（homoscedasticity），144, 174
　　均一分散のみに有効な——，160
　　条件付——，30
　　多変数回帰における OLS 推定量の——，194
　　標本——（sample variance），67
　　不均一——（heteroscedasticity），144, 174, 288
分析される母集団（population studied），276
分布（distribution）
　　F 統計量の——，643
　　F——（F distribution），40, 629
　　t 統計量の——，643
　　t 統計量は非正規の——に従う，496
　　t——（t distribution），40
　　カイ二乗——（chi-squared distribution），39, 629
　　確率——（probability distribution），16
　　確率変数ベクトルの——，669
　　均一分散のみに有効な t 統計量の——，619
　　誤差項が正規分布に従うときの $\hat{\beta}_1$ の——，618
　　条件付——，27
　　ステューデント t——（Student t distribution），40, 82, 629
　　正確な——（exact distribution），44
　　正規——（normal distribution），35
　　漸近——（asymptotic distribution），44, 613
　　賃金の——，32
　　——における収束（convergence in distribution），613
　　——のモーメント（moments of a distribution），23
　　標本——（sampling distribution），43
　　ベルヌーイ——（Bernoulli distribution），18
　　有限標本の——（finite-sample distribution），44
　　累積——（cumulative distribution），18
分布ラグモデル（distributed lag model），532

■ヘ

平均（mean），20
　　——の差に関するプールされた標準誤差，83
　　——の差による推定，77
　　——の差をテストする t 統計量，82
　　——をテストする t 統計量，81
平均の法則（law of average），45
平均ベクトル（mean vector），669
ベイズ情報量基準（Bayes information criterion, BIC），489
ベキ等行列（idempotent matrix），641, 669
ベクトル（vector），666
ベクトル誤差修正モデル（vector error correction model, VECM），588
ベクトル自己回帰（vector autoregression, VAR），570
ベルヌーイ確率変数，45
　　——（Bernoulli random variable），18
　　——に関する最尤推定量，366
ベルヌーイ分布（Bernoulli distribution），18
返済・所得比率，339
変数（variable）
　　インディケーター——（indicator variable），141
　　右辺の——（right-hand variable），102
　　確率——（random variable），16
　　コントロール——（control variables），172, 424
　　左辺の——（left-hand variable），102
　　ダミー——（dummy variable），141
　　予測——（predictors），478
変数の計測誤差，281
　　——によるバイアス（errors-in-variables bias），282
変動率のかたまり（volatility clustering），596

■ホ

法則
　　繰り返し期待値の——（law of iterated expectations），29
　　大数の——（law of large numbers），45, 611
　　平均の——（law of average），45
ホーソン効果（Hawthorne effect），420
母集団（population），41
　　関心ある——（population of interest），276
　　——における平均の差，142
　　——の異質性，447
　　——の回帰関数（population regression function），101, 172

――の回帰線（population regression line）, 101, 172
――の多変数回帰モデル（population multiple regression model）, 173
――の平均に関する仮説検定, 64, 134
――の平均に関する信頼区間, 75
分析される――（population studied）, 276
ボストン住宅ローンデータ, 341, 347, 365
ボンフェローニ・テスト（Bonferroni test）, 223
ボンフェローニの不等式, 223
ボンフェローニ法, 201

■マ
マーケット・ポートフォリオ, 109

■ミ
見せかけの回帰（spurious regression）, 497, 586
密度（density）, 18
密度関数（density function）, 18

■ム
無作為な標本抽出（ランダム・サンプリング, random sampling）, 41, 63
無相関（uncorrelated）, 31

■メ
メタ分析（meta-analysis）, 278

■モ
モーツアルト効果, 169
モーメント（moment）, 25
モデル選択の理論と現実, 210

■ユ
有意確率（significance probability）, 66
有意水準（significance level）, 71
有限の尖度, 116, 181
有限の4次のモーメント, 68, 86, 116, 181
有限標本の分布（finite-sample distribution）, 44
誘導形（reduced form）, 382
尤度関数（likelihood function）, 350

■ヨ
予想される超過収益, 109
予測（forecast）, 475
インフレ率の――, 6, 476, 478

――対 OLS 予測値, 485
――と因果関係, 9
――と予測誤差, 475
――の不確実性, 486
――の平均二乗誤差（mean squared forecast error, MSFE）, 486
――の平方根平均二乗誤差（root mean squared forecast error, RMSFE）, 475
予測区間（forecast interval）, 487
予測誤差（forecast error）, 475
予測と――, 475
予測された確率の標準誤差, 367
予測される効果の信頼区間, 638
予測値（predicted value）, 106, 175
OLS 回帰線に基づく――, 107
OLS――（OLS predicted value）, 475, 106
予測対 OLS――, 475
予測変数（predictors）, 478
予測ミスの二乗和, 63, 106, 175, 350, 635
弱い操作変数（weak instruments）, 388
――に関するテスト, 412

■ラ
ラグオペレータ（lag operator）, 523
ラグオペレータ表現, 523
ラグ多項式（lag polynominal）, 523
ランダムウォーク（random walk）, 494
ドリフト付き――（random walk with drift）, 494
ランダムとみなせない場合, 444
ランダムな割り当ての失敗, 418
ランダムにコントロールされた実験（randomized controlled experiment）, 8
――における誤差項 u の条件付平均, 113
ランダムにコントロールされた理想的な実験, 8, 416

■リ
離散選択（discrete choice）, 370
離散選択データ, 370
離散的な確率変数（discrete random variable）, 16
理想的な実験, 7-9
両側の対立仮説（two-sided alternative hypothesis）, 65, 135
臨界値（critical value）, 71
EG-ADF テスト統計量の――, 590
Engle-Granger ADF 統計量の――, 591
QLR 統計量の――, 505

■ル
累積確率分布（cumulative probability distribution）, 17
累積的な動学乗数（cumulative dynamic multiplier）, 538
累積分布（cumulative distribution）, 18
累積分布関数（cumulative distribution function, c.d.f.）, 18
　　標準正規分布の――, 35, 343
　　標準ロジスティック――, 347

■レ
列に関するフル・ランク, 633
列ベクトル（column vector）, 666
連続的な確率変数（continuous random variable）, 16
　　――に関する正規分布, 627
　　――の確率とモーメント, 627
連続変数と (0,1) 変数の相互作用, 247
連続マッピング定理（continuous mapping theorem）, 614

■ロ
ロジスティック c.d.f., 342
ロジスティック回帰（logistic regression）, 342
ロジット（logit）, 342
　　多項――（multinominal logit）, 370
　　――回帰, 347
　　――回帰モデル, 347
　　――モデルの MLE, 367

■ワ
歪度（skewnes）, 23
和分の次数（order of integration）, 580
ワルド・バージョンの F 統計量, 644
ワルド分解定理（Wold decomposition theorem）, 524

〈訳者紹介〉

宮尾 龍蔵（みやお りゅうぞう）
略歴
1987 年 3 月　神戸大学経済学部卒業
1989 年 3 月　神戸大学大学院経済学研究科博士前期課程修了
1989 年 11 月　神戸大学経済経営研究所 助手
1994 年 11 月　ハーバード大学大学院修了（Ph.D. in Economics）
1995 年 4 月　神戸大学経済経営研究所 助教授
2003 年 4 月　同 教授
2008 年 4 月　同 所長
2010 年 3 月　日本銀行政策委員会 審議委員
2015 年 3 月　東京大学大学院経済学研究科 教授
2020 年 4 月　神戸大学大学院経済学研究科 教授

主著
『コアテキスト マクロ経済学』，新世社，2005.
『マクロ金融政策の時系列分析―政策効果の理論と実証』，日本経済新聞社，2006.

入門 計量経済学	訳　者　宮尾 龍蔵 ⓒ 2016
（原題：Introduction to Econometrics 2nd ed.）	原著者　James H. Stock（ストック） 　　　　Mark W. Watson（ワトソン）
2016 年 5 月 25 日　初版 1 刷発行 2024 年 5 月 10 日　初版 4 刷発行	発行者　南條光章
	発行所　共立出版株式会社 　　　　東京都文京区小日向 4-6-19 　　　　電話　03-3947-2511（代表） 　　　　郵便番号　112-0006 　　　　振替口座　00110-2-57035 　　　　www.kyoritsu-pub.co.jp
	印　刷　大日本法令印刷
	製　本　加藤製本
検印廃止 NDC 331.19, 417 ISBN 978-4-320-11146-2	一般社団法人 自然科学書協会 会員 Printed in Japan

<JCOPY> ＜出版者著作権管理機構委託出版物＞
本書の無断複製は著作権法上での例外を除き禁じられています．複製される場合は，そのつど事前に，出版者著作権管理機構（ＴＥＬ：03-5244-5088，ＦＡＸ：03-5244-5089，e-mail：info@jcopy.or.jp）の許諾を得てください．

■経済・経営工学関連書

www.kyoritsu-pub.co.jp　共立出版

- SCMハンドブック………日本ロジスティクスシステム学会監修
- 理工系のための実践・特許法 第3版……古谷栄男著
- アジャイルリーダーシップ 変化に適応するアジャイルな組織をつくる……岩見恭孝訳
- デザイン人間工学 魅力ある製品・UX・サービス構築のために……山岡俊樹著
- Tableau徹底入門 基礎から実務まで完全マスター……酒井悠亮他著
- データストーリー データで行動を変える………渡辺翔大他訳
- Rによる実践的マーケティングリサーチと分析 原著第2版 鳥居弘志訳
- コンシューマーニューロサイエンス……福島誠監訳
- マーケティング・モデル 第2版 (Rで学ぶDS 13)……里村卓也著
- リスクマネジメントの本質 第2版………三浦良造訳者代表
- 進化経済学ハンドブック………進化経済学会編
- 金利の計算 解析学への入り口(早稲田大学全学基盤教育S) 髙木悟他著
- 思考ツールとしての数学 第2版………川添充他著
- 悩める学生のための経済・経営数学入門…白田由香利著
- Maximaで学ぶ経済・ファイナンス基礎数学 岩城秀樹著
- 経済学とファイナンスのための基礎数学……伊藤幹夫他著
- 経済系のための微分積分 増補版………西原健二他著
- 経済・経営統計入門 第4版………稲葉三男他著
- 経営系学生のための基礎統計学 改訂版……塩出省吾他著
- 社会の仕組みを信用から理解する(共立SS 33)中丸麻由子著
- 経営と信用リスクのデータ科学(Rで学ぶDS 19) 董彦文著
- 「誤差」「大間違い」「ウソ」を見分ける統計学…竹内惠行他訳
- ローゼンバウム 統計的因果推論入門 観察研究とランダム化実験 阿部貴行他訳
- レベニューマネジメント 収益管理の基礎からダイナミックプライシングまで 佐藤公俊他著
- 経営のための多変量解析………吉田耕作著
- データ分析入門 Excelで学ぶ統計………岩城秀樹著

- 読んで使える!Excelによる経営データ解析 東渕則之著
- 経済経営のデータサイエンス(探検DS)……石垣司他著
- イベント・ヒストリー分析(計量分析OP)……福田亘孝訳
- 固定効果モデル(計量分析OP)………太郎丸博監訳
- 打ち切り・標本選択・切断データの回帰モデル(計量分析OP)水落正明訳
- 傾向スコア(計量分析OP)………大久保将貴他訳
- 入門 計量経済学………宮尾龍蔵訳
- コンピューティング史 人間は情報をいかに取ってきたか 杉本舞監訳
- 現代経済社会入門………稲葉和夫他著
- 政策情報論………佐藤慶一著
- ネットワーク・大衆・マーケット 現代社会の複雑な連結性についての推論 浅野孝夫他訳
- 社会システムモデリング………高橋真吾他著
- 情報システムデザイン 体験で学ぶシステムライフサイクルの実務 高橋真吾他著
- 情報システムの開発法:基礎と実践(未来へつなぐS 21) 村田嘉利編著
- ソフトウェアシステム工学入門(未来へつなぐS 22) 五月女健治他著
- クラウドソーシングが不可能を可能にする(共立SS 32) 森嶋厚行著
- 入門編 生産システム工学 総合生産学への途 第6版 人見勝人著
- ORへのステップ………長畑秀和著
- 金融データ解析の基礎 (Useful R 8)………高柳慎一他著
- データ駆動型ファイナンス 基礎理論からPython機械学習による応用 吉川大介著
- 市場整合的ソルベンシー評価 金融リスクとアクチュアリアル・モデリング 田中周二他監訳
- 保険数理と統計的方法 (理論統計学教程)……清水泰隆著
- 保険と金融の数理 (クロスセクショナル統計S 6)……室井芳史著
- 例題で学ぶ損害保険数理 第2版………小暮雅一他著
- ファイナンスのためのRプログラミング 大﨑秀一他著
- コーポレートファイナンス入門 企業価値向上の仕組み 野間幹晴他著

t 統計量の大標本臨界値：標準正規分布から抜粋			
	有意水準		
	10%	5%	1%
両側テスト （≠） $\|t\|$ が右の臨界値より大きければ棄却	1.64	1.96	2.58
片側テスト （>） t が右の臨界値より大きければ棄却	1.28	1.64	2.33
片側テスト （<） t が右の臨界値より小さければ棄却	−1.28	−1.64	−2.33